아름다운
목가구 만들기

Complete WoodWorker's Manual

아름다운
목가구 만들기

Complete WoodWorker's Manual

앨버트 잭슨 · 데이비드 데이 지음 | 김재묵 옮김

다섯수레

■ 일러두기

- 이 책은 Albert Jackson · David Day의 Complete WoodWorker's Manual을 완역한 것이다.
- 각종 공구와 장비의 이름, 그리고 용어들은 가능한 한 우리말로 표기했으나 적절한 우리말이 없는 경우에는
  영문 표기를 따랐다.
- 외래어는 국립국어연구원 외래어편수지침에 의거해 표기했으나 관용적으로 굳은 것은 관례에 따랐다.

머리말

우리의 일상생활은 나무로 만든 온갖 구조물과 물건으로 가득 차 있습니다. 우리가 살아가는 집이나 일터의 전부 또는 일부가 목재로 되어 있을 뿐 아니라 먹고, 잠자고, 일하는 곳에서도 나무로 만든 도구나 가구가 사용됩니다. 어린이들은 나무로 만든 장난감을 갖고 놀면서 자라고, 어른은 나무로 만든 게임판이나 스포츠 용품을 통해 즐거움을 얻습니다. 한마디로 나무는 우리가 언제나 당연하게 여기는 곳에 항상 그렇게 존재하고 있습니다.

일단 나무로 무언가를 만들어본 사람은 곧 나무의 특별한 매력에 빠지게 됩니다. 나무는 다른 재료와 달리 그 성질이 오래 지속되는 특징이 있습니다. 나무를 만지면 따뜻하고 부드러운 촉감을 느낄 수 있을 뿐 아니라 나무의 다양한 색과 무늬는 우리의 눈을 즐겁게 합니다. 게다가 나무로 만든 물건은 이 세상에 단 하나밖에 없는 유일한 작품이 됩니다.

어떤 목재는 현재 그 수가 줄어들어 점차 희귀종이 되어가고 있습니다. 이 지구상에 얼마 남지 않은 열대우림을 보호하고 매년 줄어들고 있는 자연 활엽수목을 다시 심기 위한 책임 있는 조치가 취해져야 합니다. 우리가 지금 나무로부터 누리고 있는 특권을 우리의 후손들에게 물려주기 위해서는 우리의 소중한 자원을 보호하기 위한 방안이 시급히 마련되어야 합니다. 우리는 그러한 노력을 기울이는 개인과 단체에 전적인 지지를 표명합니다.

Albert Jackson   David J. Day

차례

1장 · 목재와 원자재

목재는 색과 무늬결, 강도나 굽힘성 같은 물리적 성질, 무게와 강도의 비례 등이 종류별로 모두 다르다. 이처럼 다양한 목재의 특징은 목작업자의 도전 의식을 자극하고 창조적 영감을 떠올리게 했다. 전통적으로 목작업 기술은 수세기 동안 건축 구조물이나 가구를 디자인하고 제작하는 데 쓰여왔다. 목재는 이처럼 오랫동안 사랑받았으며, 매우 현대적인 재료이다. 과거 어느 때보다 사용량이 많고, 최신 제조 기법으로 더 좋은 재료들이 계속 개발되고 있어 그 응용 범위도 점점 더 넓어지고 있다.

1장에서는 전 세계에서 생산되는 경재 및 연재를 선택하는 방법과 무늬목이나 인공 판재 형태로 만들어진 재료에 대해서 자세히 살펴본다.

나무의 성장

나무는 황금만큼 가치가 있다고는 할 수 없지만 인류의 소중한 자원임에 틀림없다.
나무는 또한 귀금속에 버금갈 정도로 아름답고 매력적인 재료이지만 나무의 진정한 가치는
재활용이 가능한 자원이라는 점에 있다. 역사적으로도 나무만큼 그 무한한 다양성과 쓰임새로
인류에게 헤아릴 수 없는 이득을 주며, 두루 쓰임새가 많은 재료도 없다.

살아 있는 나무

목재의 성질과 취급 방법을 제대로 이해하기 위해서는 나무의 성장 과정을 어느 정도 이해할 필요가 있다.

종자식물(종자를 수확하는 식물)로 알려진 나무는 식물계에서 중요한 속(屬)을 차지하고 있다. 이 속은 또 겉씨식물과 속씨식물로 나뉜다. 겉씨식물은 부드러운 나무로 잎이 바늘처럼 생긴 침엽수이고, 속씨식물은 단단한 나무로 잎이 넓은 활엽수인데, 낙엽수 또는 상록수로 구분하기도 한다.

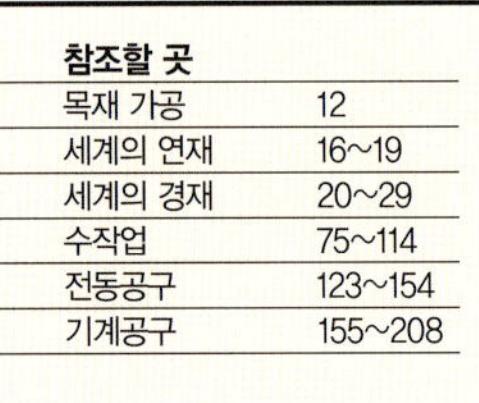

잎이 달린 가지
나뭇잎은 광합성을 통해 영양분을 생성하고 공급한다.

속씨식물
잎이 넓은 나무

겉씨식물
잎이 바늘처럼 뾰족한 나무

줄기
잎이 달린 가지를 지탱하는 목재의 주요 요소이다.

뿌리
나무를 땅에 고정시키며 땅에서 물과 미네랄을 흡수한다.

나무의 구조

나무에는 잎이 달린 가지가 매달려 있는 주요 대(줄기) 부분이 있다. 뿌리는 나무를 땅에 고정시키는 역할을 하며, 나무가 살아갈 수 있도록 땅에서 물과 미네랄을 흡수한다. 줄기는 세포계를 통해 뿌리에서 잎으로 수액을 전달하는 통로 역할을 한다.

영양분 저장

나무는, 잎에서 증발이 일어나면 나무의 조직을 형성하는 미세세포를 통해 수액을 빨아들인다. 나무는 잎에 나 있는 기공으로 알려진 작은 구멍을 통해 공기 중의 이산화탄소를 들이마신다. 잎에서 생성된 영양분은 나무의 각 부분으로 전달되기도 하고, 세포의 일부에 저장되기도 한다.

광합성

광합성(이산화탄소와 물에서 유기물을 합성하는 반응)은 잎에 있는 녹색 색소인 엽록소에 빛에너지가 흡수되어 반응이 일어나는 것으로, 나무가 살아갈 수 있는 영양분을 생성한다. 이 과정에서 산소가 부산물로 생성되어 대기 중으로 배출된다.

목재의 구조

목재는 리그닌(Lignin)이라는 유기화학물질과 결합된 셀룰로오스 관상세포의 집합체이다. 이 세포는 크기와 형상이 매우 다양하지만 대체로 길고 얇으며, 줄기나 가지의 중심축과 나란하게 발달되어 있다. 목재 무늬결의 방향을 결정하는 것은 이러한 세포 배열 방향이다.

나무의 토대를 이루는 세포는 수액을 순환시키고 영양분을 저장하는 역할을 한다. 연재(Softwood) 또는 침엽수의 세포조직은 단순하며, 주로 나무를 물리적으로 지탱하고 수액을 끌어들이는 역할을 하는 섬유 같은 헛물관세포로 이루어져 있다. 이 세포는 규칙적인 방사상 열(Radiating rows) 형태로 이루어져 있으며, 나무의 주요 몸통을 구성한다.

경재(Hardwood) 또는 활엽수에는 연재보다 헛물관세포가 더 적으며, 주로 수액을 끌어들이는 도관 및 기공과 나무를 지탱하는 섬유로 이루어져 있다. 나무를 잘랐을 때 절단면에 있는 이러한 세포의 특성을 보면 그 목재가 경재인지 연재인지 구별할 수 있다. 세포의 크기와 분포는 나무의 종(種)마다 다르며, 그에 따라 고급 목재와 저급 목재로 나누어진다.

나무가 성장한다는 것은 형성층에 새로운 세포가 계속 쌓인다는 것을 의미한다. 이 형성

층은 나무껍질과 목질부 사이에 있는 세포가 활발하게 활동하는 얇은 층이다. 나무의 성장기간에 세포는 새로운 목질부를 생성하는 안쪽 부분과 합성된 영양분을 나무 전체로 전달하는 바깥쪽의 내수피로 다시 나뉜다.

나무 둘레가 더 커질수록 오래된 나무껍질은 벗겨지고 새로운 나무껍질이 생겨난다. 이처럼 새로 생성된 나무세포는 주로 변재를 형성하는 세포로만 발전된다. 변재의 일부는 양분을 저장하는 살아 있는 세포이며, 다른 일부는 양분을 저장하지는 않지만 나무 위쪽으로 수액을 빨아들일 수 있는 죽은 세포이다.

나무의 세포에는 줄기 축을 따라 발달된 세포 이외에 나무의 중심에서 사방으로 퍼져 나가는 방사세포도 있다. 이 방사세포는 변재를 가로질러 수평으로 영양분을 나르고 저장하는 역할을 한다. 방사세포는 편평한 수직 띠를 형성하는데, 연재에서는 거의 나타나지 않지만 오크(Oak)와 같은 일부 경재를 정목절단하면 뚜렷하게 나타난다.

나무가 성장할수록 전년도에 성장한 부분 주위로 새롭게 생성된 고리 모양의 변재 층이 생긴다. 가장 오래된 변재는 더는 물을 끌어들이지 않으며, 점차 화학적 변화가 일어나서 나무의 척추 역할을 하는 심재로 변한다. 심재가 이런 식으로 점점 넓어지는 반면, 변재의 두께는 나무의 일생 동안 상대적으로 일정하게 유지된다.

변재와 심재

변재는 심재보다 더 밝은 색을 띠기 때문에 보통 쉽게 구별할 수 있다. 하지만 밝은 색을 띠는 목재, 특히 연재에서는 그 차이가 뚜렷이 나타나지는 않는다. 변재는 심재보다 질이 떨어지기 때문에 가구 제작자들은 보통 잘라내서 버린다.

변재는 또 곰팡이에 의한 부패에 대한 저항성이 약하고 일부 세포에는 탄수화물이 포함되어 있기 때문에 벌레의 공격을 받기도 쉽다. 변재의 세포는 벽이 상대적으로 얇고 다공질로 되어 있어 수분이 쉽게 빠져나가기 때문에 심재보다 더 많은 수축이 일어난다. 하지만 염료나 방부제는 변재에 더 잘 흡수된다.

심재는 성장하는 나무의 안쪽 부분이고 오래된 변재가 변해 생성되는 부분이기 때문에 나무의 성장에는 거의 기여하지 못한다. 따라서 죽은 세포는 유기물질로 막히게 되며, 생성되는 화학물질에 의해 세포벽의 색이 변한다. 경재에서 흔히 볼 수 있듯이 이 추출물로 인해 심재는 짙은 색을 띠게 된다. 심재는 또 균이나 벌레의 공격에도 잘 견디는 특징이 있다.

춘재(春材)와 추재(秋材)

다른 식물처럼 나무의 성장도 기후 조건에 크게 영향을 받는다. 온대기후에서는 봄에 성장 속도가 빠르고, 여름에는 속도가 줄어들다가 겨울에는 성장이 멈춘다.

춘재란 그 이름에서도 알 수 있듯이 성장기 초반에 형성된 나이테의 일부이다. 연재에 있는, 벽이 얇은 헛물관세포와 경재에 있는 열린 튜브 모양의 관이 춘재의 대부분을 형성하며, 수액을 빨아들이는 것을 촉진하는 역할을 한다. 춘재는 일반적으로 각각의 나이테에서 색이 더 엷은, 목재의 더 넓은 부분이다.

추재는 성장기 후반에 형성된 나이테의 일부로, 벽이 두꺼운 세포로 이루어져 있어 조직이 더 치밀하다. 일반적으로 더 어두운 색을 띠며, 수액을 잘 끌어들이지는 못하지만 나무를 지탱하는 역할을 한다.

이처럼 춘재와 추

재가 확연히 구별되는 이유는 계절에 따라 나무의 성장이 다르기 때문이다. 나무를 잘랐을 때 절단면에 나 있는 춘재와 추재를 보면 그 나무의 나이와 성장, 나무가 자란 지역의 기후 조건을 알 수 있다. 나이테가 더 넓으면 성장 조건이 좋음을 의미하지만 나이테가 좁으면 성장 조건이 나쁘거나 건조한 기후 조건임을 나타낸다.

춘재와 추재의 조직 차이는 목작업을 하는 사람에게 매우 중요하다. 이는 그 차이에 따라 목재의 가공성이 결정되기 때문이다. 가벼운 춘재를 자르는 것이 치밀한 추재를 자르는 것보다 쉽다. 하지만 날카로운 절단 공구를 사용하면 대부분의 수작업 또는 기계 작업에서 그 차이는 특별히 문제가 되지는 않는다.

하지만 연마기(Sander)로 마감을 하고 나면 춘재와 추재의

경도 차이 때문에 약간 울퉁불퉁한 면이 나타날 수 있다. 나이테의 조직이 균일한 목재가 가공이나 마감이 가장 쉽다. 경재에서는 세포의 분포가 목재의 조직에 큰 영향을 미친다. 참나무나 물푸레나무와 같은 환공재의 춘재에서는 구멍이 큰 관으로 이루어진 링 모양이 뚜렷이 관찰되며, 추재에서는 치밀한 섬유질과 세포조직이 발달된다. 너도밤나무와 같은 산공재에서는 도관과 섬유조직이 상대적으로 균일하게 분포되어 있다. 일반적으로 환공재가 산공재를 마감질하는 것보다 더 어렵다. 마호가니와 같은 일부 목재는 때때로 산공재인데도 큰 세포들로 인해 조직의 간격이 넓어지기도 한다.

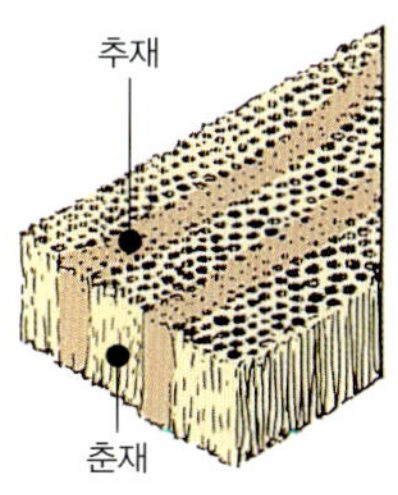

춘재와 추재

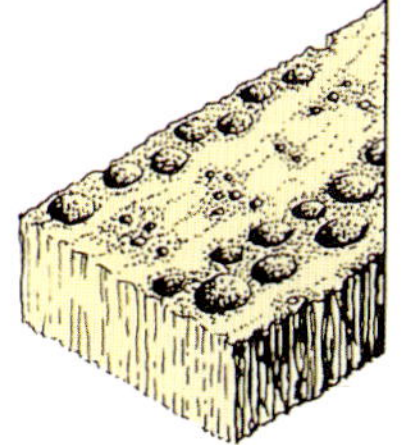

환공재

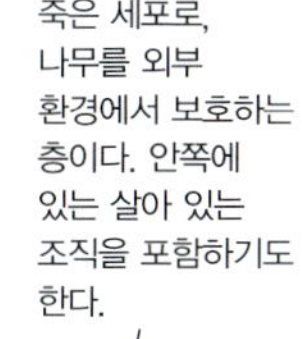

산공재

형성층(Cambium layer)
새로운 목질부와 나무껍질을 생성하는 활동 세포조직으로 이루어진 층.

변재(Sapwood)
새롭게 형성되며 영양분을 공급하거나 저장한다.

심재(Heartwood)
성장한 나무의 중심 구조를 형성한다.

수심(Pith)
세포의 핵심 부위로, 연약하고 세균의 공격에 취약하다.

성장륜(Growth ring)
1회의 생장 기간 동안 형성되는 층으로, 넓은 춘재와 좁은 추재가 하나의 나이테를 구성한다.

방사세포(Ray cells)
중심에서 사방으로 퍼져나가면서 수평으로 영양분을 전달하는 세포로 사출수(射出髓)로 알려져 있다.

내수피(Phloem or bast)
나무껍질 안쪽 조직으로, 합성 양분을 끌어들이는 역할을 한다.

나무껍질(Bark)
죽은 세포로, 나무를 외부 환경에서 보호하는 층이다. 안쪽에 있는 살아 있는 조직을 포함하기도 한다.

목재 가공

상업적으로 사용할 수 있을 정도의 크기로 나무가 자라려면 수십 년이 걸리며, 어떤 종의 나무는 수백 년이 걸리기도 한다. 하지만 현대의 산림가공 공정에서는 소나무처럼 곧게 자라는 나무를 잘라서 가지를 쳐내고 껍질까지 벗기는 데 한 시간이 채 걸리지 않는다. 침엽수는 상대적으로 빨리 자라기 때문에 제대로 관리하고 보호한다면 침엽수의 공급과 수요를 관리하는 것은 충분히 가능하다. 하지만 애석하게도 전 세계적으로 숲이 점차 줄어들고 있으며, 특히 성장 속도가 느린 활엽수는 문제가 더 심각하다. 더구나 대부분의 전문 공급업체가 보유하고 있는 외국산 목재 재고량도 얼마 되지 않는다.

가공 방법

대부분의 상업용 목재는 나무의 줄기에서 얻어진다. 몇몇 큰 가지에서 통나무를 얻기도 하지만 이러한 목재는 성장륜이 비대칭적으로 발달되어 있기 때문에 휘거나 쪼개지기 쉽다. 즉 가지나 똑바로 자라지 못한 줄기에서는 응력이 생긴 목재가 얻어진다. 침엽수(연재)에서는 성장이 주로 아래쪽에서 일어나기 때문에 압축 응력이 일어난 목재가 만들어지는 반면, 활엽수(경재)에서는 성장이 주로 위쪽에서 일어나기 때문에 인장 응력이 일어난 목재가 만들어진다.

벌목한 나무는 적절한 절단 과정을 거쳐 원목 또는 나무토막으로 만들어진 뒤, 현지 제재소에서 거칠게 켠 벌목재로 만들어진다. 이 과정에서 나오는 부스러기는 보통 제지나 보드를 제조하는 데 사용된다. 벌목재 수출업자는 원목을 통째로 취급하거나, 적당한 크기로 잘라 판매하기도 하고, 이 두 가지를 모두 취급하기도 한다. 하지만 말레이시아, 인도네시아, 필리핀, 브라질에 있는 일부 외국산 경재 제조업체는 가공한 목재만을 거래하고 있다. 그 이유는 과잉 벌목을 막음과 동시에 자국의 고용을 늘리거나 더 높은 수익을 올리기 위해서이다. 크고 곧은 줄기를 가공해 만든 최상급 원목은 값이 매우 비싸며, 일반적으로 무늬목으로 가공된다.

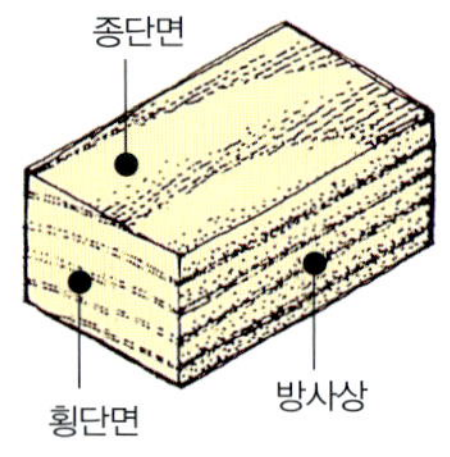

종단면
횡단면
방사상

기준면
위 용어는 성장륜과 절단 방향 사이의 관계를 나타낸다.

절단가공 방법
1 판목제재
2 측면경사제재
3 정목제재

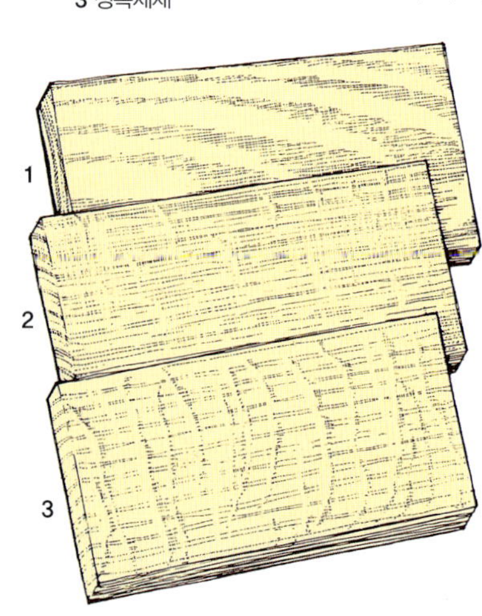

밀링(평평하게 자르기)

오늘날 대부분의 원목은 띠톱이나 회전톱 기계를 사용해 판재로 가공된다. 하지만 기계톱이 실용화되기 전에는 사람들이 일일이 톱으로 원목을 잘랐다. 가장 많이 쓰인 방법은 두 명이 동시에 켜게 되어 있는 대형 톱을 사용하는 것인데, 한 명은 원목 밑에 우묵하게 파인 공간 안에서 톱을 잡고, 다른 한 명은 원목 위에서 톱을 잡고는 서로 밀고 당기며 톱질을 하면서 원목을 판재나 보로 만들었다.

현재 가장 많이 사용되는 원목 자르는 방법은 판목제재 방식과 정목제재 방식이다. 판목제제 방식은 넓은 의미로 성장륜과 판재면이 만나는 각도가 45도보다 작게 자르는 방법이다.

정목제재 방식은 대체로 성장륜과 판재면이 만나는 각도가 45도보다 크게 자르는 방법이다.

이 두 분류 내에서도 다른 용어를 사용할 수도 있다. 다시 말해 판목제제 방식을 평면제재, 무늬결, 슬러시제재라고도 하며, 정목제재 방식을 측면경사제재, 콤제재, 곧은결, 수직결이라고도 한다.

미국에서는 판목제재 방식을 성장륜과 판재면이 만나는 각도가 30도보다 작게 해서 자르는 방법이며, 그 각도가 30~60도가 되도록 해서 자르는 방법을 측면경사제재라고 부른다.

엄밀히 말해 정목제재 방식은 나이테와 판재면이 수직이 되도록 방사상으로 자르는 방법을 말하지만, 통상 성장륜과 판재면의 각도가 60도보다 크게 자르는 방법을 말한다.

판목제재 방식은 나이테와 판재면이 접하도록 자르는 방법으로, 매우 아름답고 뚜렷한 타원형 무늬가 나타난다.

측면경사제재로 켜면 직선 무늬가 나타나고 일부 방사세포 형태도 함께 생긴다. 이를 콤제재 방식이라고도 부른다.

정목제재 방식으로 자르면 오크와 같은 경재에서 볼 수 있는 리본 또는 얇은 파편무늬와 직선무늬가 서로 직각을 이룬다.

원목 가공

목재의 품질과 무늬는 톱으로 자르는 면과 나이테가 이루는 각도에 따라 결정된다. 가장 경제적으로 원목을 자르는 방법은 원목의 길이 방향을 따라 처음부터 끝까지 평행하게 자르는 원심켜기 방식이다.[1] 이 방식으로 원목을 켜면 판목재와 측면경사제재를 얻을 수 있으며, 약간의 정목재도 얻을 수 있다. 판목제재 방식은 원목을 부분적으로 원심켜기 방식과 같이 자르는 방법으로, 이 방식으로 원목을 자르면 널결 판재와 측면경사제재가 동시에 얻어진다.[2]

원목을 정목재로 만드는 방법에는 여러 가지가 있다. 가장 이상적인 방법은 바퀴의 바퀴살과 같이 방사상 조직과 평행하게 잘라 판재를 만드는 방법이다. 하지만 이 방법은 낭비되는 부분이 많아 잘 쓰이지는 않는다. 절충안이긴 하지만 전통적으로 많이 사용되어온 방법은 원목을 네 등분한 뒤 각각을 판재로 자르는 방법이다.[3] 상업적으로 쓰이는 정목제재 방법은 원목을 두꺼운 슬라이스로 잘라낸 다음 각각을 곧은결 판재로 자르는 방법이다.[4] 정목재인지 확인하려면 목재 끝부분의 무늬를 보면 된다. 정목재는 그 면과 성장륜의 각도가 90도를 이룬다. 모든 판매상들이 목재를 마음대로 선택하도록 두지는 않을 것이다. 경우에 따라서 선택한 판재가 더 비쌀 수도 있다.

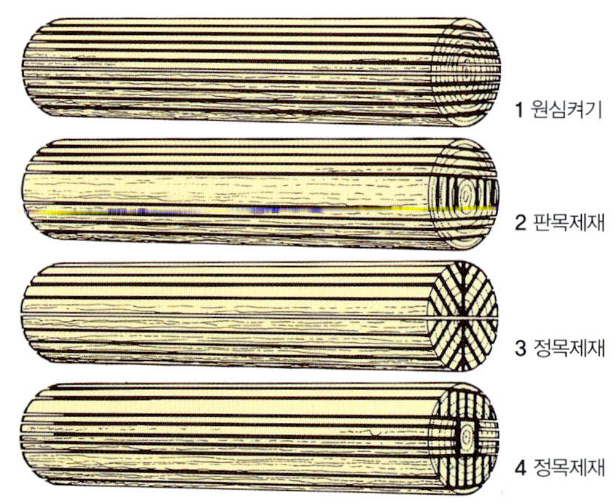

1 원심켜기

2 판목제재

3 정목제재

4 정목제재

목재 건조

막 잘라낸 목재에는 수분이 많이 포함되어 있다. 이런 목재의 세포벽은 포화되어 있으며, 자유수(Free water)가 세포 구멍에 붙잡혀 있다. 목재를 건조한다는 것은 이러한 자유수와 세포벽에 결합되어 있는 많은 양의 수분을 제거하는 과정이라고 할 수 있다. 건조가 진행될수록 세포 구멍에 있던 자유수는 모두 제거되고, 세포벽에만 수분이 약간 남아 있게 되는데, 이 때를 섬유포화점이라 한다. 이 섬유포화점에 이르면 목재들은 종류에 따라 차이는 있지만 수분함유량이 대략 30%에 이르게 된다. 세포벽에서 수분이 더 빠져나가서 수분함유량이 이보다 더 낮아지면 수축되기 시작한다. 수분함유량이 주변의 상대습도와 평형을 이루게 되면 더는 수분이 빠져나가지 않게 되는데, 이때를 평형수분함유량(EMC)이라고 한다.

목재 내부에 응력이 발생되지 않고 팽창이나 수축 등의 문제가 일어나지 않도록 EMC가 적절한 수준에 있도록 하기 위해서는 목재 건조 과정이 무엇보다 중요하다.

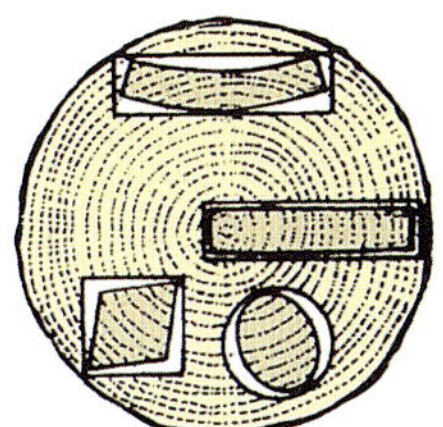

집에서 하는 목재 건조
공기가 잘 통하도록 판재 사이에 분리 막대를 넣어야 한다.

천연 건조

전통적으로 사용되던 목재 건조 방법이다. 보통 판재 위에 약 25mm의 사각형 분리 막대를 450mm 간격으로 올려놓고 그 위에 다시 판재를 올려놓는 식으로 여러 층을 쌓는다. 판재를 쌓은 층은 반드시 지면에서 일정한 거리 이상 떨어져야 하며, 비를 맞거나 직사광선이 들지 않는 안전한 장소에 보관해야 한다. 판재 층마다 자연적으로 공기가 순환하여 목재가 서서히 건조된다. 두께가 25mm인 경재를 건조하는 데 1년 정도가 걸리는 반면, 연재를 건조하는 데 걸리는 기간은 6개월 정도이다.

이 방법은 비용이 적게 들지만 상대 습도에 따라 수분함유량을 약 14~16% 정도로밖에 줄일 수 없다. 실내에서 사용할 목재는 가마에서 더 건조를 시키거나 그 목재가 사용될 환경에서 자연적으로 더 건조되도록 한다.

인공 건조

실내에서 사용할 목재는 장소의 습도에 따라 수분함유량이 8~10% 또는 그 이하가 되어야 한다.

인공 건조는 천연 건조된 목재의 수분함유량을 더욱 낮추기 위해 사용되며, 불과 며칠밖에 걸리지 않는다. 바퀴가 달린 수레에 분리 막대와 함께 판재를 쌓은 다음 건조 가마 안으로 통째로 집어넣고 건조시킨다. 이때 가마 내부에서는 정밀하게 제어되는 뜨거운 공기와 증기가 적재된 판재 사이사이로 공급되며, 건조하고 있는 목재의 종류에 따라 지정된 수분함유량에 맞추어 서서히 건조가 진행된다. 공기 중의 습도보다 더 낮은 수분을 함유한 채 건조된 목재를 공기 중에 그냥 놔두면 수분이 다시 흡수된다. 따라서 인공 건조된 목재는 그 목재를 사용하고자 하는 곳과 같은 환경에 보관해야 한다.

안정성

목재가 건조되면 수축이 일어나며, 목재가 수축되면 모양도 변한다. 일반적으로 나이테 선을 따라 진행되는 수축은 나이테와 횡단으로 일어나는 수축보다 약 두 배나 크다.

따라서 비스듬히 자른 판목재에서는 너비 방향의 수축이 더 심하다. 정목재는 너비 방향으로 약간의 수축이 일어나고 두께 방향으로는 거의 수축되지 않는다.

수축은 또 비틀림을 일으키기도 한다. 비스듬하게 자른 판목재의 동심 성장륜은 대개 모서리와 모서리 그리고 길이 방향으로 이어진다. 바깥쪽 성장륜이 안쪽 성장륜보다 더 많이 수축되기 때문에 판재가 너비 방향으로 휘어진다. 직사각형 단면은 평행사변형으로 변하고, 원형 단면은 타원형으로 변한다.

정목재에서는 성장륜이 면에서 면으로 이어지기 때문에 모든 방향에서 동일한 수축이 일어나므로 뒤틀림이 거의 없거나 전혀 없다. 이처럼 정목재는 안정적일 뿐 아니라 면이 고르기 때문에 바닥재료나 가구 제작에 많이 쓰인다.

수축
성장륜의 배열 방향에 따라 목재 단면은 서로 다르게 수축된다.

상업적인 용도로 사용되는 목재의 천연 건조
판재를 분리 막대와 함께 번갈아 쌓아 놓고 건조하고 있는 제재소

수분함유량 검사

목재의 수분함유량은 오븐에서 건조시킨 무게의 비율로 구한다. 수분함유량을 계산하는 방법은 샘플 목재 조각(판재의 가장자리보다는 중심 부분에서 잘라낸 조각)의 원래 무게와 그 샘플을 오븐에서 완전히 건조시켰을 때 무게를 비교하여 측정한다. 무게 손실은 원래 무게에서 건조된 상태의 무게를 빼서 구한다. 수분함유량을 계산하는 공식은 다음과 같다.

$$\frac{\text{샘플에서 손실된 수분의 무게}}{\text{가마에서 건조한 샘플의 무게}} \times 100$$

두 개의 핀 전극이 달린 수분 측정기를 사용하면 쉽고 간편하게 수분함유량을 측정할 수 있다. 이 측정기는 습기가 있는 목재의 저항을 측정한 뒤 그 자리에서 수분함유량을 계산해 보여준다. 건조 속도가 판재의 모든 부분에서 같지는 않으므로 판재에 따라 여러 지점에서 측정한 값의 평균을 구한다.

목재의 선택

목재 공급업체는 가문비나무, 전나무, 소나무 등 목작업이나 가구 제작에 가장 많이 사용되는 연재를 갖추고
있다. 이러한 목재는 일정한 규격으로 나누거나 가공한 상품, 즉 규격에 맞는 크기로 자르고 표면을 대패질한
상태로 판매된다. 대개 하나 이상의 면이 다듬질된다. 실제로 이 목재를 사용할 때는 대패로 목재의 각 면을 최소한
3mm 정도 깎아내기 때문에 실제로 사용할 목재의 크기는 공급업체에서 구입한 상태보다 약간 작아진다는 것을
고려해야 한다. 반면 길이는 언제나 일정하다. 대부분의 경재는 너비와 길이가 일정하지 않은 판재 형태로
판매되지만 마호가니, 티크, 오크, 라민 등의 일부 목재는 일정한 치수로 제작되어 판매되기도 한다.
이처럼 일정한 치수의 목재를 판매할 때는 피트 또는 300mm 단위가 사용된다. 공급업체에서 어떤 단위를
사용하는지 반드시 확인할 필요가 있다. 왜냐하면 미터법 단위는 영국식 피트보다 약 5mm 정도 짧기 때문이다.
항상 버려지는 부분과 여분을 고려해야 한다.

등급 분류

연재의 등급은 나뭇결이 얼마나 균일한지, 옹이처럼 어느 정도
허용되는 결함이 얼마나 포함되어 있는지에 따라 매겨진다. 일반
목작업자의 관심을 가장 많이 끄는 목재는 최상급의 외관 등급
(Appearance grade)과 무응력 등급(Non-stress grade) 목재이
다. 응력 등급(Stress-grade) 연재는, 강도가 중요한 구조용으로
분류된다. 완벽한 목재(Clear timber)라는 용어는 옹이나 기타
결함이 없는 목재를 지칭한다. 이러한 목재는 공급업체에 특별히
주문해야 구할 수 있다.

경재의 등급은 결함이 없는 목재의 면적에 따라 정해진다. 이 면
적이 넓을수록 등급은 높아진다. 가장 좋은 등급은 1급(First)과
1~2급(Firsts and seconds, FAS)이다.
목재 전문업체 중 상당수가 인터넷 등을 통해 목재를 공급한다.
하지만 가능한 한 직접 구입하는 것이 좋다. 목재를 구입하러 갈
때는 작은 대패를 가져가는 것이 좋다. 먼지나 톱질 때문에 샘플
의 나뭇결을 제대로 볼 수 없을 때 그 대패로 살짝 밀어주면 나뭇
결을 정확히 볼 수 있기 때문이다.

목재의 결함

목재가 제대로 건조되지 않으면 응력이 발생해서 외관이 손상되거나
가공이 어렵게 될 수도 있다. 이럴 경우 치수가 줄어들거나 맞춤부가
벌어지기도 하고 휘어지거나 쪼개질 수도 있다.
목재를 구입하기 전에는 항상 표면에 쪼개진 부분, 옹이, 불규칙한 무늬결

등의 결함이 있는지 확인해야 한다. 목재의 끝을 관찰해서 원목에서 어떤
절단 방법으로 가공되었는지 확인해야 한다. 목재의 길이 방향을 보면
뒤틀리거나 휘었는지 확인할 수 있다.

벌집 균열
판재 내부가 건조되기 전에
외부가 안정화될 때
나타난다. 목재 내부가
외부보다 더 많이 수축되어
내부의 섬유질이
손상되었다.

쪼개짐
성장하면서 발생되는 결함
또는 수축에 의한 응력 때문에
목재가 쪼개지는 결함이다. 컵
쪼개짐 또는 원형 쪼개짐은
나이테 사이가 벌어지는
쪼개짐이다.

옹이
이 결함은 목재의 외관을
해치고 조직을 약화시킨다.

죽은 옹이
죽은 가지가 남아 있는 부분으로,
이 부분은 새로운 성장륜으로 뒤
덮인다. 죽은 옹이는 목재가
건조될 때 떨어져나가기도 한다.
죽은 옹이 주변의 나뭇결은
불규칙하고 가공하기 매우
어렵다.

표면 균열
보통 방사상 조직을 따라
나타나는 결함으로,
일반적으로 표면이 급속하게
건조되기 때문에 발생한다.

끝 갈라짐
흔히 볼 수 있는 결함으로,
목재의 노출된 끝이 급격히
건조되면서 발생된다. 목재의
끝에 방수 페인트를 바르면
막을 수 있다.

휨/틀어짐
판재를 잘못 적재했을 때
나타나는 결함으로, 이 결함이
나타난 목재는 자르기가 매우
어렵다. 응력된 목재도
건조하거나 자를 때 휘어지기
쉽다.

목재의 특성

목재는 자연재이기 때문에 각각의 판재에서 다양한 현상이 일어난다. 같은 나무에서, 심지어 같은 판재에서 잘라냈더라도 목재 조각은 그 성질이 제각각이다. 강도나 색은 비슷할지 몰라도 각각의 나뭇결 모양은 같지 않다. 목작업자가 매력을 느끼는 점은 바로 목재의 성질, 강도, 색, 가공성, 향이 모두 다르다는 점이다. 목작업은 과정을 통해 배우는 일이며, 목재의 특성을 완전히 이해하기 위해서는 목재를 많이 다루어보아야 하고 목재가 어떻게 작용하는지 경험으로 터득해야 한다.

자연적 특성

목재를 선택할 때 가장 먼저 고려할 점은 나뭇결, 색, 질감 등 목재의 외관이다. 강도 및 작업 특성은 그 다음에 생각할 사항이다. 하지만 작업 목적에 걸맞은 목재를 선택할 때는 이 역시 매우 중요하다. 목재를 선택한다는 것은 강도, 가공성, 유연성, 가격, 무게, 유용성 등 목재의 특별한 성질과 외관의 균형을 맞추는 과정이라고 할 수 있다.

목재의 주요 성질은 세포조직의 특성에 따라 결정된다.

나뭇결

세포조직이 모여 목재의 나뭇결을 구성하며, 이 세포조직은 줄기와 나란한 방향으로 형성된다. 나뭇결의 성질은 길이 방향으로 형성된 세포가 어떤 상태로, 어떤 방향으로 배열되어 있는지에 따라 달라진다.

똑바로 성장하는 나무에서 얻은 목재에는 곧은 나뭇결이 만들어진다. 세포조직이 나무의 주축에서 벗어나면 교차형 나뭇결이 생성된다. 어떤 나무는 꼬면서 성장함으로써 나선형 나뭇결이 발달한다. 이 나선형 나뭇결은 한 방향에서 다른 방향으로 성장함으로써 각각 다른 나뭇결들이 나타나게 되고 결국 연결된 나뭇결이 형성된다. 세포조직이 물결 무늬로 형성된 목재에는 파도 나뭇결 또는 물결 나뭇결이 만들어진다. 파도 나뭇결이 더 작고 균일한 파도 무늬인 반면, 물결 모양의 나뭇결은 불규칙적인 무늬이다.

나뭇결이 불규칙한 목재는 세포의 배열 방향이 일정하지 않기 때문에 가공하기 매우 어렵다. 나뭇결이 불규칙하거나 물결무늬인 판재는 표면과의 각도 또는 세포조직의 빛 반사도에 따라 다양한 무늬를 갖는다. 이러한 효과는 무늬목을 만드는 데 활용된다. 나뭇결이란 말은 목재를 가공하는 방법을 표현할 때도 사용된다. '나뭇결을 따라 톱질하다' 라고 하면 목재의 길이 방향, 즉 세로 방향의 세포조직을 따라서 톱질한다는 뜻이다. '나뭇결을 따라 대패질하다' 는 말은 목재의 섬유질이 대패질 방향과 평행하거나 그 방향으로 기울어 있다는 것을 의미한다. 이렇게 대패질하면 부드럽고 장애 없는 면을 얻을 수 있다. '나뭇결과 반대로 대패질하다' 는 나뭇결과 반대 방향으로 대패질해서 표면이 거칠게 된다는 의미이다. '나뭇결을 가로질러 톱질/대패질하다' 라고 하면 나뭇결에 대해 거의 직각으로 톱질/대패질하는 것을 의미한다.

무늬

나뭇결이라는 말은 목재의 외관을 표현하는 데 쓰이기도 하지만 실제로는 자연적인 특징을 한마디로 요약해표현하는 말인 무늬를 의미한다. 춘재와 추재의 성장 속도, 나이테의 밀도, 나이테의 중심성 및 편심성, 색의 분포, 질병이나 물리적 손상의 영향, 목재를 판재로 가공하는 방법은 모두 목재의 무늬에 영향을 미친다.

대부분의 나무 줄기는 위로 올라갈수록 더 얇아지는데, 이것을 판목제재 방식으로 자르면 절단면에 U자 모양의 나이테 층이 드러난다. 원목을 방사상으로 자르거나 정목제재 방식으로 자르면 나이테는 절단면과 수직이 되고 형상은 별다른 특징 없이 길이 방향으로 연속적인 선이 나타난다. 어떤 목재는 뚜렷한 방사상 세포조직을 갖고 있는데, 이러한 목재를 정목제재 방식으로 자르면 매력적인 방사점 무늬가 얻어진다. 이러한 무늬는 곧게 뻗은 줄기에서 얻은 목재에만 국한되는 것은 아니다. 가지와 나무 줄기 사이에 갈라지는 부분에는 물결 모양 또는 띠 모양이 나타나기도 하는데, 이 형상은 어떤 손상에 의해 비정상적으로 성장한 버 목재(Burr wood)와 마찬가지로 무늬목을 만들기에 매우 좋다. 벌목한 나무의 밑동으로 만든 목재에도 불규칙한 무늬가 나타난다.

조직

세포의 상대적 크기를 말한다. 조직이 '미세하다' 고 하면 세포가 작고 촘촘히 배열되어 있다는 말이고 '조직이 거칠다' 라고 하면 세포가 상대적으로 크다는 것을 의미한다. 또 나이테와 세포의 상대적인 분포를 나타내는 데 사용되기도 한다. 춘재와 추재의 차이가 크지 않은 목재에서는 조직이 고른 반면, 그 차이가 큰 목재에서는 조직이 비교적 불규칙하다.

분류

다음 몇 페이지에서는 규격별, 이름별로 목재의 분류를 다룬다. 상업적으로 통용되는 명칭이나 해당 지역에서 사용되는 명칭도 덧붙였다. 각각의 속과 종은 이탤릭체로 표시되어 있다. 목재를 분류하는 방법 중 가장 확실한 것은 이처럼 식물 이름별로 분류하는 것이기 때문에 이러한 속과 종은 매우 중요하다. 일반적으로 책이나 카탈로그에 나오는 sp. 또는 spp. 표시는 그 목재가 그 식물 속 또는 군에 속한 나무에서 얻은 목재라는 것을 의미한다. 각 목재마다 주요 원산지도 함께 표시되어 있다. 어느 곳이나 가장 많이 사용되는 목재는 그 지역의 토착종이다. 하지만 수입 목재도 쉽게 접할 수 있다. 이들 수입 목재의 효용성은 수요와 공급의 원칙에 따라 결정된다.

나무의 보호

전 세계적으로 열대우림의 고갈 문제에 대한 관심이 높아졌다. 하지만 나무는 복구가 가능한 자원이기 때문에 친환경적인 관리 프로그램이 가동된다면 열대우림에서 얻어지는 경재를 지속적으로 공급할 수 있을 것이다. 확실한 복원 대책이 마련된 곳에서 생산되는 목재만을 거래하고 취급하도록 하기 위한 많은 압력이 벌목재 생산업체, 공급업체, 사용자에게 가해지고 있다.

협약

나무의 보호와 관련된 유일한 국제보호규정은 멸종 위험에 처한 야생동식물의 국제 거래에 대한 협약인 CITES(the Convention on International Trade in Endangered Species of Wild Flora and Fauna) 규정이다. 이 규정은 세 등급으로 구분되며, 각 등급은 정기적으로 재심사된다. 등급 I에는 멸종 위기에 처한 종이 포함된다. 이 등급에 속한 나무의 종자에서 이 나무로 만든 목제품에 이르기까지 그 종과 관련된 모든 거래가 금지된다. 등급 II에는 거래가 엄격하게 통제되지 않으면 멸종 위기에 처해질 수도 있는 종이 포함된다. 이 등급에 속한 종을 수출하기 위해서는 정부 당국의 수출허가증을 교부받아 첨부해야 하며, 수입업자도 허가증을 받아야 한다. 등급 III에는 그 종이 분포하는 국가에서 위험성 등급을 받고 결과적으로 등급 I 또는 등급 II에 포함될 것으로 예측되는 종이 포함된다. 등급 III에 해당되는 종을 수출할 때는 수출량이 통제되며, 수입업자도 수입허가증을 받아야 한다.

CITES 규정은 어떤 목재는 머지않아 매우 희귀해지고, 재고로 확보하고 있는 것 이외에 새로 구할 수 없게 될 수도 있다는 것을 의미한다. 하지만 이름 있는 벌목재 공급업체가 잘 관리되고 있는 자원을 통해 대안을 제시할 수도 있을 것이다.

세계의 연재

연재(Softwood)라는 용어는 그 목재가 갖는 물리적인 성질보다는 그 목재가 속하는 식물의 분류를 지칭한다. 연재는 침엽수에서 얻어진다. 침엽수는 식물 분류상 겉씨식물(종자가 외부에 노출된 식물)에 속한다. 솔방울 같은 열매가 열리는 나무는 대부분 상록수에 속하며, 가느다란 바늘 모양의 잎을 가지고 있다. 침엽수는 대체로 키가 크고 전체적으로 뾰족한 모양을 하고 있지만 모든 침엽수가 다 그런 것은 아니다. 침엽수로 판재를 만들면 엷은 노란색에서 적갈색에 이르기까지 비교적 밝은 색을 띠며, 나이테의 춘재와 추재 사이에 색과 밀도가 서로 대비되는 고유한 나뭇결이 나타난다.

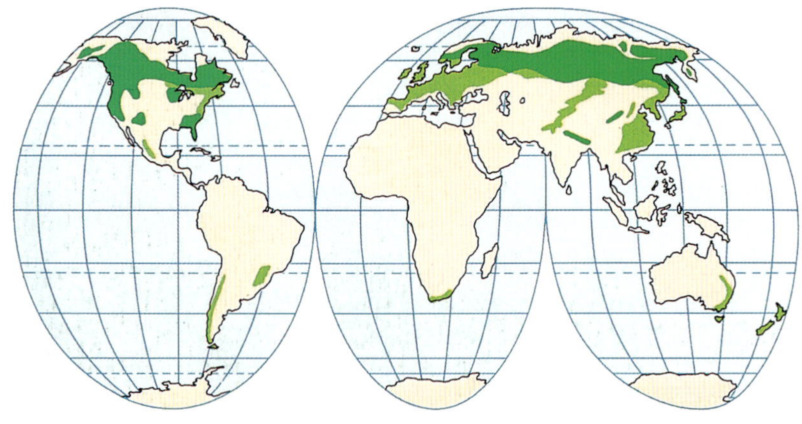

연재의 분포
- ■ 침엽수 삼림지대
- ■ 침엽수와 활엽수 혼합 삼림지대

이 지도는 침엽수 분포 지역을 개략적으로 보여준다.

전 세계의 침엽수 분포

전 세계적으로 상업적 침엽수의 주요 원산지는 북반구로, 유럽과 북미의 북극 지방을 거쳐 미국 남동부까지 분포되어 있다. 침엽수는 상대적으로 빨리 성장하고 줄기가 곧게 뻗기 때문에 인공 삼림지대에서 기르는 데 적합하다. 이 밖에 활엽수보다 값이 싸고, 건축용 구조재나 가구 제작에 많이 쓰이며, 섬유질 판재나 제지를 만드는 데도 널리 사용된다.

연재 판재

인근 제재소에서 웨이니 에지(Waney edge)와 나무껍질도 포함해 벌목재의 전체 판재를 구입할 수 있다. 웨이니 에지는 보드의 자르지 않은 가장자리를 말한다. 수입된 판재는 보통 나무껍질을 벗기거나 사각형으로 가공한 상태로 판매된다. 오른쪽 예 중 낙엽송 그림에는 나무껍질, 변재, 성장한 심재가 모두 나타나 있다. 변재는 밝은 색을 띠며, 심재보다 균이나 벌레에 더 강하다.

색 변화

같은 종(種)이나 같은 나무에서 얻은 것이라 해도 목재의 색은 서로 상당히 다를 수 있다. 빛에 노출된 목재는 대부분 어둡게 변하지만 어떤 목재는 오히려 더 밝아지거나 변하지 않기도 한다. 마감을 하게 되면 그 정도에 상관없이 색이 더 어두워진다. 작은 직사각형 샘플 사진은 마감했을 때와 하지 않았을 때의 색 차이를 보여준다.
손가락에 침을 묻힌 다음 목재의 표면에 묻혀보면 마감에 의해 색이 어떻게 변하는지 쉽게 확인할 수 있다.

레바논 삼나무
Cedrus libani
다른 이름 : True cedar.
주요 원산지 : 중동.
특징 : 향이 나는 목재로, 심재는 밝은 갈색을 띤다. 심재와 변재가 뚜렷이 대비되기 때문에 나뭇결이 분명히 드러난다. 옹이가 다소 있을 수 있다.
작업성 : 좋음.
건조 시의 평균 무게 : 560 kg/m³.
주용도 : 실내 및 정원 가구, 건축, 가구.
마감 특성 : 좋음.

삼나무, 웨스턴 레드
Thuja plicata
다른 이름 : Giant arbor vitae(미국), Red cedar(캐나다), British Columbia red cedar(영국).
주요 원산지 : 캐나다, 미국, 영국, 뉴질랜드.
특징 : 비교적 연한 향이 나는 목재로, 적갈색을 띤다. 풍화에 오래 노출되면 엷은 은회색으로 변한다.
작업성 : 좋음.
건조 시의 평균 무게 : 370 kg/m³.
주용도 : 지붕널, 실외 판재 또는 덧대는 판, 건조실, 창고.
마감 특성 : 좋음.

● 색 변화
오른쪽 정사각형 샘플 사진은 각 종의 실제 나뭇결의 크기, 그리고 마감했을 때와 하지 않았을 때의 색 차이를 보여준다.

Cedar of Lebanon

Cedar, Western Red

삼나무, 옐로

Chamaecyparis nootkatensis

다른 이름 : Alaska yellow cedar, Pacific coast yellow cedar.

주요 원산지 : 북아메리카 태평양 연안.

특징 : 옅은 노란색을 띠며, 조직이 균일하고 나뭇결은 미세하고 곧다. 건조했을 때 비교적 가볍고 단단하고 안정적이다.

작업성 : 좋음.

건조 시의 평균 무게 : 500 kg/m³.

주용도 : 가구, 선박, 구조재, 무늬목.

마감 특성 : 좋음.

전나무, 더글러스

Pseudotsuga menziesii

다른 이름 : British Columbian pine, Oregon pine.

주요 원산지 : 캐나다, 미국 서부, 영국.

특징 : 적갈색을 띠며, 나뭇결이 곧고 뚜렷하다. 옹이 없는 넓은 목재를 얻을 수 있다.

작업성 : 좋음.

건조 시의 평균 무게 : 530 kg/m³.

주용도 : 합판, 구조재, 건축(주로 북미).

마감 특성 : 상당히 좋음.

전나무, 실버

Abies alba

다른 이름 : Whitewood.

주요 원산지 : 중부유럽, 남부유럽.

특징 : 옅은 담황색에서 무색에 가깝고 비수지성이다. 나뭇결은 곧고 조직은 미세하다. 노르웨이 가문비나무(Picea abies)와 비슷하며, 종종 이것과 함께 판매된다.

작업성 : 좋음.

건조 시의 평균 무게 : 480 kg/m³.

주용도 : 구조재, 건축, 상자, 합판, 봉.

마감 특성 : 좋음.

헴록, 웨스턴

Tsuga heterophylla

다른 이름 : Pacific hemlock, British Columbia hemlock.

주요 원산지 : 캐나다, 미국, 영국.

특징 : 옅은 갈색을 띠는 반광택 목재로, 성장륜이 비교적 뚜렷하다. 조직이 고르고 나뭇결이 곧으며, 비수지성이다.

작업성 : 좋음.

건조 시의 평균 무게 : 500 kg/m³.

주용도 : 건축, 구조재, 합판.

마감 특성 : 좋음.

카우리 소나무, 퀸즐랜드산

Agathis spp.

다른 이름 : North Queensland kauri, South Queensland kauri.

주요 원산지 : 호주.

특징 : 나뭇결은 곧고 조직은 미세하다. 옅은 담황색에서 연분홍 갈색까지 색이 다양하다.

작업성 : 좋음.

건조 시의 평균 무게 : 480 kg/m³.

주용도 : 구조재, 가구.

마감 특성 : 좋음.

낙엽송

Larix decidua

다른 이름 : 없음.

주요 원산지 : 유럽(특히 산악지대).

특징 : 나뭇결이 곧고 조직이 고른 다른 침엽수(연재)보다 강인하다. 심재는 옅은 적색에서 진한 적색을 띠고 변재는 밝은 색을 띤다. 겨울에는 바늘 잎이 떨어진다.

작업성 : 보통.

건조 시의 평균 무게 : 590 kg/m³.

주용도 : 구조재, 무대 바닥재, 선박용 판자.

마감 특성 : 상당히 좋음.

Cedar, Yellow

Fir, Douglas

Fir, Silver

Hemlock, Western

Kauri, Queensland

Larch

소나무, 후프
Araucaria cunninghamii
다른 이름 : Queensland pine(실제로는 소나무 계열에 속하지 않음).
주요 원산지 : 호주, 파푸아 뉴기니.
특징 : 나뭇결이 곧고 조직은 미세하다. 외관은 파라나 소나무와 비슷하다. 심재는 황갈색이고 변재는 밝은 갈색을 띤다.
작업성 : 좋음.
건조 시의 평균 무게 : 560kg/m³.
주용도 : 구조재, 가구, 선반가공, 건축.
마감 특성 : 좋음.

소나무, 파라나산
Araucaria angustifolia
다른 이름 : Brazilian pine(미국).
주요 원산지 : 아르헨티나, 브라질, 파라과이.
특징 : 조직은 고르고 나뭇결은 곧다. 성장륜은 명확하지 않다. 심재는 밝은 갈색이고 코어는 어두운 갈색을 띤다. 간혹 밝은 적색 줄이 나타나기도 한다.
작업성 : 좋음.
건조 시의 평균 무게 : 540kg/m³.
주용도 : 구조재, 가구, 선반가공.
마감 특성 : 좋음.

소나무, 폰더로사
Pinus ponderosa
다른 이름 : Western yellow pine, California white pine (미국), British Columbia soft pine (캐나다).
주요 원산지 : 캐나다 서부, 미국.
특징 : 넓게 분포하고 얇은 노란색을 띠는 변재는 유연하고, 비수지성이고, 조직이 고르다. 이보다 더 무거운 심재는 진한 황색에서 적갈색을 띠고 수지성이다.
작업성 : 좋음/상당히 좋음.
건조 시의 평균 무게 : 480kg/m³.
주용도 : 패턴 제작, 문, 가구(변재), 구조재, 건축(심재).
마감 특성 : 상당히 좋음.

소나무, 슈거
Pinus lambertiana
다른 이름 : California sugar pine.
주요 원산지 : 미국.
특징 : 적당히 유연하며, 조직은 보통에서 치밀한 편이고 나뭇결은 고르다. 변재는 흰색이고 심재는 얇은 갈색에서 적갈색을 띤다.
작업성 : 좋음.
건조 시의 평균 무게 : 430kg/m³.
주용도 : 구조재, 간단한 건축.
마감 특성 : 상당히 좋음.

소나무, 웨스턴 화이트
Pinus monticola
다른 이름 : Idaho white pine.
주요 원산지 : 캐나다, 미국.
특징 : 나뭇결은 곧고 조직은 고르다. 얇은 황색에서 적갈색을 띠며, 춘재와 추재 사이의 색 변화가 거의 없다.
작업성 : 좋음.
건조 시의 평균 무게 : 450kg/m³.
주용도 : 구조재, 건축, 가구, 선박, 합판.
마감 특성 : 좋음.

소나무, 옐로
Pinus strobus
다른 이름 : Eastern white pine(미국), Northern white pine(미국), Quebec pine(영국), Weymouth pine(영국).
주요 원산지 : 미국, 캐나다 동부.
특징 : 유연하며, 나뭇결은 곧고 조직은 미세하면서 고르다. 성장륜은 명확하지 않다. 얇은 황색에서 얇은 갈색을 띠며, 미세한 송진가루 흔적이 나타난다.
작업성 : 좋음.
건조 시의 평균 무게 : 420kg/m³.
주용도 : 패턴 제작, 구조재, 악기, 가구, 건축.
마감 특성 : 좋음.

● 색 변화
작은 정사각형 샘플 사진은 각 종의 실제 나뭇결의 크기와, 마감했을 때와 하지 않았을 때의 색 차이를 보여주고 있다.

Pine, Hoop   Pine, Parana   Pine, Ponderosa   Pine, Sugar   Pine, Western White   Pine, Yellow

리무
Dacrydium cupressinum
다른 이름 : Red pine.
주요 원산지 : 뉴질랜드.
특징 : 나뭇결은 곧고 조직은 미세하며 고르다. 심재는 적갈색을 띠고 변재는 갈색에서 황색을 띤다.
작업성 : 좋음.
건조 시의 평균 무게 : 530kg/m³.
주용도 : 가구, 구조재, 합판, 무늬목.
마감 특성 : 좋음.

적색나무, 유럽산
Pinus sylvestris
다른 이름 : Scots pine, Scandinavian redwood, Russian redwood.
주요 원산지 : 유럽, 북아시아.
특징 : 밝은 색을 띠고 수지성이다. 심재는 황갈색에서 적갈색을 띠고 변재는 밝은 백황색을 띤다. 무늬가 뚜렷하며, 춘재는 밝은 색을 띠고 추재는 적색을 띤다.
작업성 : 보통.
건조 시의 평균 무게 : 510kg/m³.
주용도 : 가구, 구조재, 건축 작업.
마감 특성 : 좋음.

세쿼이아
Sequoia sempervirens
다른 이름 : California redwood.
주요 원산지 : 미국.
특징 : 나뭇결이 곧고 적갈색을 띤다. 춘재와 추재의 대비가 뚜렷하다. 조직은 미세하고 고른 것부터 비교적 조악한 것까지 다양하다. 비수지성이다.
작업성 : 상당히 좋음.
건조 시의 평균 무게 : 420kg/m³.
주용도 : 지붕널, 실외 클래딩, 실내 구조재, 관, 봉, 합판.
마감 특성 : 좋음.

가문비나무, 노르웨이산
Picea abies
다른 이름 : European whitewood, European spruce.
주요 원산지 : 유럽.
특징 : 나뭇결은 뚜렷하고 곧으며, 조직은 고르다. 춘재는 흰색에 가깝고 추재는 엷은 황갈색을 띤다.
작업성 : 좋음.
건조 시의 평균 무게 : 470kg/m³.
주용도 : 건축, 구조재, 상자, 합판, 피아노 사운드보드, 바이올린 앞판.
마감 특성 : 좋음.

가문비나무, 시트카
Picea sitchensis
다른 이름 : Silver spruce.
주요 원산지 : 캐나다.
특징 : 비수지성이고 담황색을 띤다. 심재는 연한 분홍색을 띤다. 나무의 성장 속도에 따라 다르지만 대체로 나뭇결은 곧고 조직은 균일하다.
작업성 : 좋음.
건조 시의 평균 무게 : 450kg/m³.
주용도 : 선박, 실내 구조재, 건축, 악기, 글라이더, 경주용 보트, 합판.
마감 특성 : 좋음.

주목
Taxus baccata
다른 이름 : Common yew, European yew.
주요 원산지 : 유럽, 중앙아시아, 북아프리카, 버마, 히말라야 산맥.
특징 : 강인하고 단단한 연재로, 심재는 황적색을 띠고 변재는 밝은 색을 띤다. 성장 패턴으로 인해 무늬가 매우 아름답다.
작업성 : 나쁨.
건조 시의 평균 무게 : 670kg/m³.
주용도 : 가구, 선반가공, 구조재.
마감 특성 : 좋음.

세계의 경재

경재(Hard wood)라는 용어도 연재와 마찬가지로 목재의 물리적인 성질보다는 목재가 속하는 식물 분류를 지칭한다. 하지만 대다수의 경재는 연재보다 더 단단하기 때문에 그렇게 부르는 것이 전혀 틀렸다고 할 수는 없다.

하지만 발사(Balsa)와 같은 목재는 분류상 경재에 속하지만 경재와 연재 모두 합쳐 가장 부드러운 목재이다.

경재는 식물 분류상 속씨식물(꽃이 열리는 식물)에 속하는, 잎이 넓은 나무에서 얻어진다. 속씨식물에는 씨가 열리는 씨방이 생기며, 이것은 수정된 후 과일이나 열매로 변한다. 속씨식물은 또 지구상에 오래전부터 존재해왔고 식물 중에 가장 진화한 형태로 알려져 있다.

온대지방에서 자라는 잎이 넓은 대부분의 활엽수는 겨울에 잎이 지는 낙엽수이지만, 몇몇 활엽수는 겨울에도 잎이 지지 않는 상록수로 자란다. 열대삼림지대에서 자라는 활엽수는 대부분 상록수에 속한다.

경재는 연재보다 일반적으로 내구성이 더 뛰어나고 색, 조직, 무늬도 더 다양하다. 경재는 연재보다 값이 더 비싸다. 대부분의 경재, 특히 매우 값비싼 외국산 목재는 무늬목으로 만들어진다.

<table>
<tr><td colspan="2">참조할 곳</td></tr>
<tr><td>나무의 성장</td><td>10–11</td></tr>
<tr><td>세계의 연재</td><td>16–19</td></tr>
<tr><td>무늬목</td><td>30–33</td></tr>
<tr><td>표면 준비</td><td>284–294</td></tr>
</table>

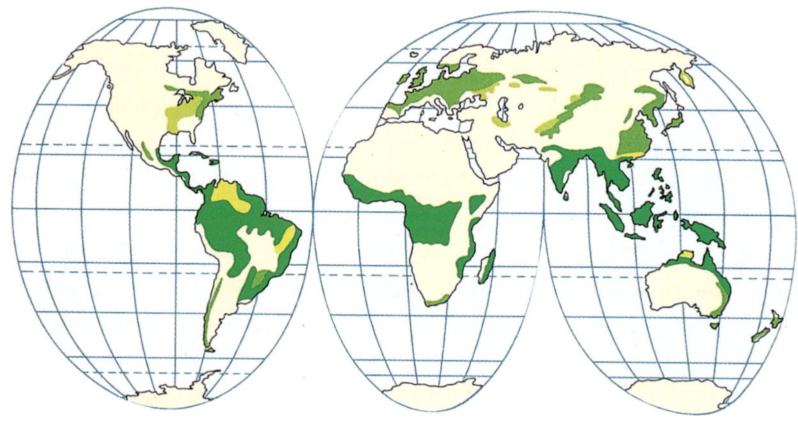

활엽수(경재) 분포
- 상록 활엽수 삼림지대
- 낙엽 활엽수 삼림지대
- 상록 활엽수와 낙엽 활엽수 혼합 삼림지대
- 낙엽 활엽수와 침엽수 혼합 삼림지대

이 지도는 침엽수 분포 지역을 개략적으로 나타낸다.

전 세계 활엽수 분포

전 세계적으로 수천 종의 활엽수가 분포해 있으며, 그중 수백 종이 상업적 목적으로 길러지고 있다. 나무가 자라는 지역의 기후에 따라 그 지역에서 자라는 나무의 종이 결정된다. 일반적으로 낙엽 활엽수는 북반구 온대지방에서 주로 자라는 반면, 상록 활엽수는 열대지방과 남반구에서 자란다.

활엽수(경재)는 비교적 성장이 느리다. 숲을 보전하기 위한 삼림 보건 프로그램이 있기는 하지만 새로 자라는 나무에서 예전처럼 높은 품질의 목재를 항상 얻을 수 있는 것도 아니다.

위 지도는 상록 활엽수 삼림지대, 낙엽 활엽수 삼림지대, 상록 활엽수와 낙엽 활엽수 혼합 삼림지대, 낙엽 활엽수와 침엽수 혼합 삼림지대의 분포를 보여준다.

위기에 처한 종
전 세계적으로 우림지역이 무차별적으로 파괴되고 있어 열대 활엽수의 수가 크게 줄어들고 있다. 이 소중한 자원을 보호하기 위해서는 보존 프로그램이 실시되고 있는 지대에서 생산되는 목재만 사용해야 한다. 가장 심각한 위기에 처한 종에는 쓰러진 나무 그림으로 표시했다.

● 색 변화
작은 정사각형 샘플 사진은 각 종의 실제 나뭇결의 크기와 마감했을 때와 하지 않았을 때의 색 차이를 보여준다.

아프로모시아
Pericopsis elata
다른 이름 : Assemela (코트디부아르, 프랑스), Kokrodua(가나, 코트디부아르), Ayin, Egbi(나이지리아).
주요 원산지 : 서아프리카.
특징 : 내구성이 강하고 곧은 나뭇결 또는 교차형 나뭇결이 나타난다. 심재는 황갈색을 띠거나 티크와 같이 어두운 색을 띠기도 한다. 티크보다 조직은 더 세밀하고 기름기는 적다.
작업성 : 좋음.
건조 시의 평균 무게 : 710kg/m³.
주용도 : 무늬목, 실내/실외 구조재, 실내/실외 가구, 건축.
마감 : 좋음.
CITES II 등급에 속함.

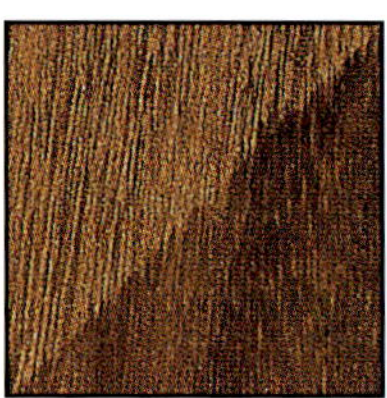

오리나무, 레드
Alnus rubra
다른 이름 : Western alder, Oregon alder.
주요 원산지 : 북아메리카 태평양 연안.
특징 : 유연하며, 나뭇결은 비교적 곧고 조직은 균일하다. 엷은 황색에서 적갈색을 띤다.
작업성 : 좋음.
건조 시의 평균 무게 : 530kg/m³.
주용도 : 가구, 선반가공, 조각, 합판, 무늬목.
마감 : 좋음.

Afrormosia

Alder, Red

물푸레나무, 미국산

Fraxinus americana
다른 이름 : Canadian ash(영국), White ash(미국).
주요 원산지 : 캐나다, 미국.
특징 : 나뭇결은 거칠지만 대체로 곧다. 변재는 거의 흰색에 가깝고 심재는 유럽 물푸레나무와 비슷한 엷은 갈색을 띤다.
작업성 : 보통.
건조 시의 평균 무게 : 670kg/m³.
주용도 : 스포츠 장비, 공구 손잡이, 선박, 구조재.
마감 : 좋음.

물푸레나무, 유럽산

Fraxinus excelsior
다른 이름 : English ash, French ash, Polish ash 등 원산지에 따라 다르게 부른다.
주요 원산지 : 유럽.
특징 : 강인하며, 조직은 거칠고 나뭇결은 곧다. 색은 흰색에서 엷은 갈색을 띤다. 심재가 진한 색을 띠는 통나무를 올리브 물푸레나무라고 부른다.
작업성 : 좋음.
건조 시의 평균 무게 : 710kg/m³.
주용도 : 스포츠 장비, 공구 손잡이, 굽은 나무로 만드는 가구, 캐비닛, 합판, 무늬목.
마감 : 좋음.

발사 목

Ochroma lagopus
다른 이름 : Guano (푸에르토리코, 온두라스), Lanero(쿠바), Polak(벨리즈, 니카라과), Topa(페루), Tami(볼리비아).
주요 원산지 : 남미.
특징 : 시중에서 판매되고 있는 경재 중에서 가장 연하고 가볍다. 곧은 나뭇결을 갖고 있다. 광택이 있으며, 아주 엷은 베이지색에서 연분홍색을 띤다.
작업성 : 좋음.
건조 시의 평균 무게 : 160kg/m³.
주용도 : 단열재, 부력 보조재, 모델 제작, 포장.
마감 : 상당히 좋음.

참피나무

Tilia americana
다른 이름 : American lime.
주요 원산지 : 캐나다, 미국.
특징 : 나뭇결은 미세하고 곧으며, 조직은 균일하다. 담황색을 띠며, 공기 중에 노출되면 엷은 갈색으로 변한다.
작업성 : 좋음.
건조 시의 평균 무게 : 416kg/m³.
주용도 : 조각, 선반가공, 패턴 제작, 무늬목, 구조재.
마감 : 좋음.

너도밤나무, 미국산

Fagus grandifolia
다른 이름 : 없음.
주요 원산지 : 캐나다, 미국.
특징 : 나뭇결은 곧고 조직은 미세하고 균일하다. 밝은 갈색에서 적갈색을 띤다. 유럽 너도밤나무보다 약간 거칠다.
작업성 : 보통.
건조 시의 평균 무게 : 740kg/m³.
주용도 : 캐비닛, 휨가공 목재로 만드는 가구, 실내 구조재, 선반 가공.
마감 : 좋음.

너도밤나무, 유럽산

Fagus sylvatica
다른 이름 : English beech, Danish beech, French beech 등 원산지에 따라 다르게 부른다.
주요 원산지 : 유럽.
특징 : 나뭇결은 곧고 조직은 미세하고 균일하다. 밝은 갈색을 띠며, 공기 중에 노출되면 황갈색으로 변한다. 증기를 쏘이면 적갈색으로 변한다.
작업성 : 보통.
건조 시의 평균 무게 : 720kg/m³.
주용도 : 캐비닛, 휨가공 목재로 만드는 가구, 실내 구조재, 무늬목, 선반가공, 합판.
마감 : 좋음.

Ash, American white

Ash, European

Balsa

Basswood

Beech, American

Beech, European

자작나무, 페이퍼
Betula papyrifera
다른 이름 : 미국 자작나무(영국), White birch(캐나다).
주요 원산지 : 캐나다, 미국.
특징 : 나뭇결은 곧고 조직은 균일하다. 변재는 담황색이 가미된 흰색이고 심재는 엷은 갈색을 띤다.
작업성 : 좋음.
건조 시의 평균 무게 : 640kg/m³.
주용도 : 선반가공, 가정용 나무 제품, 합판, 무늬목.
마감 : 좋음.

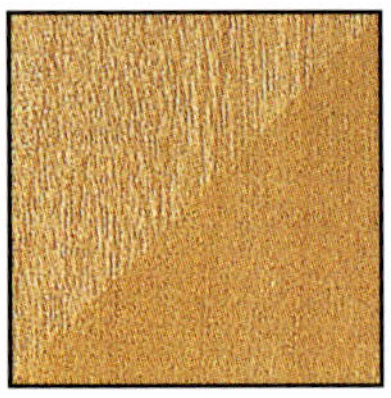

자작나무, 옐로
Betula alleghaniensis
다른 이름 : Hard birch (캐나다), betula wood (캐나다), Canadian yellow birch(영국), Quebec birch(영국), American birch(영국).
주요 원산지 : 캐나다, 미국.
특징 : 나뭇결은 곧고 조직은 미세하고 균일하다. 변재는 밝은 황색을 띠고 심재는 적갈색을 띤다. 성장륜은 뚜렷하고 어두운 색을 띤다.
작업성 : 좋음.
건조 시의 평균 무게 : 710kg/m³.
주용도 : 가구, 구조재, 선반가공, 합판.
마감 : 좋음.

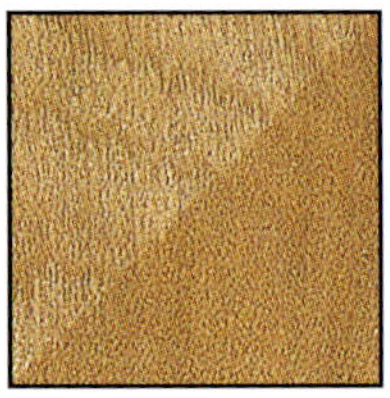

블랙빈
Castanospermum australe
다른 이름 : Moreton Bay bean, Moreton Bay chestnut, Bean tree.
주요 원산지 : 호주 동부.
특징 : 나뭇결은 대체로 곧지만 간혹 연결된 무늬결도 나타난다. 단단하고 무겁다. 짙은 갈색을 띠고 회갈색 줄이 나타난다.
작업성 : 보통.
건조 시의 평균 무게 : 720kg/m³.
주용도 : 가구, 구조재, 무늬목.
마감 : 좋음.

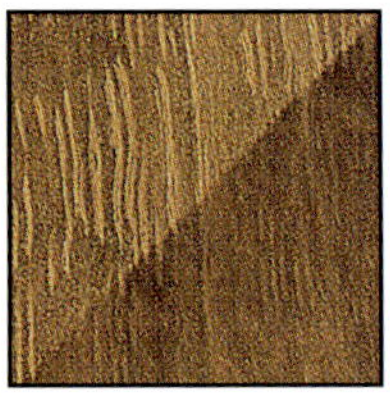

블랙우드, 호주산
Acacia melanoxylon
다른 이름 : Black wattle.
주요 원산지 : 호주.
특징 : 나뭇결은 대체로 곧지만 간혹 연결된 무늬결이나 파도 나뭇결도 나타난다. 조직은 대체로 균일한 편이다. 광택이 있고 황갈색이나 진한 갈색을 띤다.
작업성 : 보통.
건조 시의 평균 무게 : 670kg/m³.
주용도 : 가구, 실내 구조재, 선반가공, 당구대, 총 자루, 장식 무늬목.
마감 : 좋음.

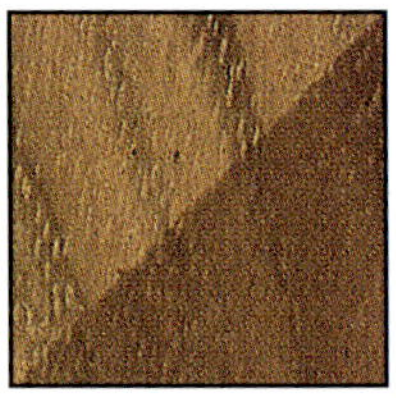

회양목
Baxus sempervirens
다른 이름 : European boxwood, Turkish boxwood, Iranian boxwood 등 원산지에 따라 다르게 부른다.
주요 원산지 : 유럽 남부, 중앙아시아, 서아시아.
특징 : 조직은 미세하고 균일하며, 단단하고 무겁다. 나뭇결은 곧거나 불규칙하다. 밝은 황색을 띤다.
작업성 : 보통.
건조 시의 평균 무게 : 930kg/m³.
주용도 : 조각, 공구 손잡이, 선반가공, 자, 상감.
마감 : 좋음.

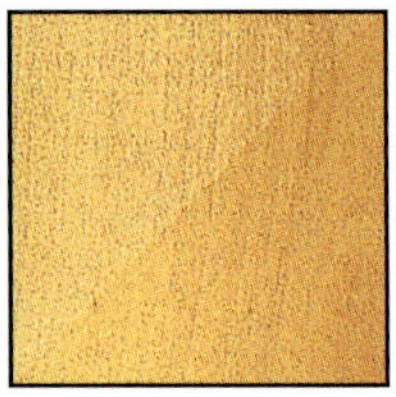

브라질 우드
Guilandina echinata
다른 이름 : Pernambuco wood, Bahia wood, Para wood.
주요 원산지 : 브라질.
특징 : 단단하고 무겁다. 나뭇결은 곧고 조직은 미세하고 고르다. 변재는 엷은 색이며, 밝은 황적색에서 적갈색을 띠는 심재와 대비되는 줄무늬를 갖고 있다.
작업성 : 보통.
건조 시의 평균 무게 : 1280kg/m³.
주용도 : 염료 나무, 선반 가공, 바이올린 활, 총 자루, 실외 구조재, 무늬목.
마감 : 좋음.

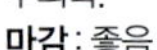

Birch, Paper

Birch, Yellow

Blackbean

Blackwood Australian

Boxwood

Brazil wood

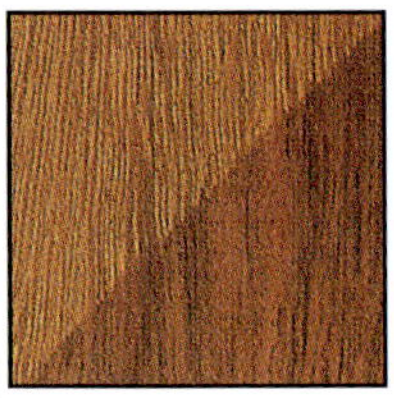

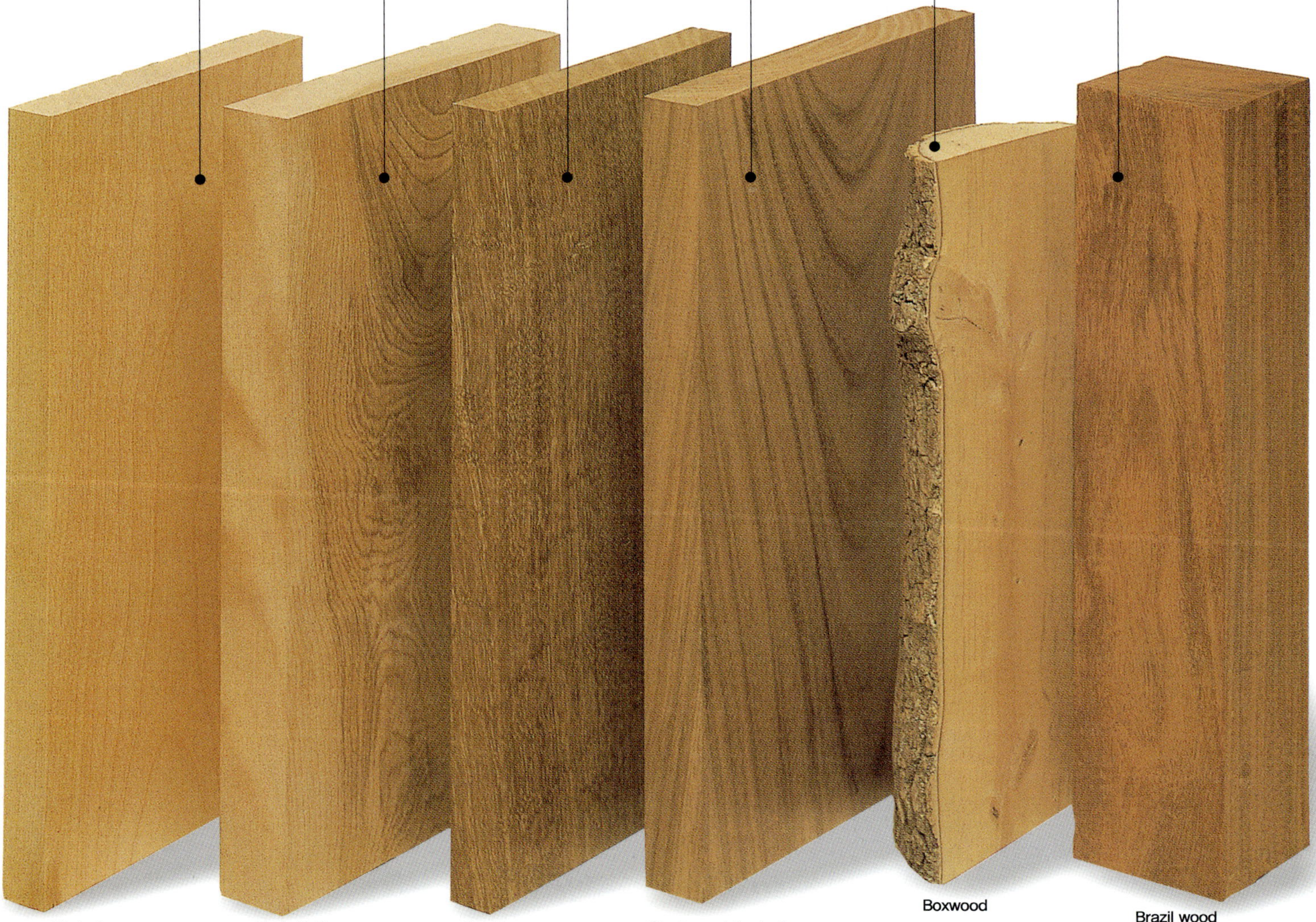

부빙가
Guibourtia demeusei
다른 이름 : African rosewood, Kevazingo(가봉), Essingang(카메룬).
주요 원산지 : 카메룬, 가봉.
특징 : 조직이 어느 정도 치밀하고 균일하며, 곧은 나뭇결 및 연결된 나뭇결 또는 불규칙 나뭇결이 나타난다. 적갈색을 띠고 자주색 결이 나타난다.
작업성 : 좋음.
건조 시의 평균 무게 : 880kg/m³.
주용도 : 가구, 무늬목, 목제품.
마감 : 좋음.

버터넛
Juglans cinerea
다른 이름 : White walnut.
주요 원산지 : 캐나다, 미국.
특징 : 조직은 거칠고 나뭇결은 곧다. 심재는 어느 정도 갈색을 띤다.
작업성 : 좋음.
건조 시의 평균 무게 : 450kg/m³.
주용도 : 가구, 조각, 실내 구조재, 무늬목.
마감 : 좋음.

벚나무, 미국산
Prunus serotina
다른 이름 : Black cherry (캐나다, 미국), Cabinet cherry(미국).
주요 원산지 : 캐나다, 미국.
특징 : 단단하며, 나뭇결은 곧고 조직은 세밀하다. 심재는 적황색에서 진한 적색으로, 갈색 반점과 약간의 고무 구멍이 나타나기도 한다.
작업성 : 좋음.
건조 시의 평균 무게 : 580kg/m³.
주용도 : 가구, 패턴 제작, 구조재, 악기, 담배 파이프.
마감 : 좋음.

밤나무, 미국산
Castanea dentate
다른 이름 : Wormy chestnut.
주요 원산지 : 캐나다, 미국.
특징 : 조직은 거칠고 성장륜은 넓다. 외관은 오크와 비슷하지만 넓은 방사상 조직은 없다. 벌레 먹으면 질이 떨어진다.
작업성 : 좋음.
건조 시의 평균 무게 : 480kg/m³.
주용도 : 가구, 관, 봉, 막대.
마감 : 좋음.

밤나무, 스위트
Castanea sativa
다른 이름 : Spanish chestnut, European chestnut.
주요 원산지 : 유럽, 중앙아시아.
특징 : 조직은 거칠고 곧은 나뭇결 또는 나선형 나뭇결이 나타난다. 색과 조직이 참나무와 비슷하지만 참나무에서 흔히 나타나는 방사형 무늬는 없다. 철을 함유한 금속에 반응을 일으킨다.
작업성 : 좋음.
건조 시의 평균 무게 : 560kg/m³.
주용도 : 가구, 선반가공, 관, 봉, 막대.
마감 : 좋음.

코코볼로
Dalbergia retusa
다른 이름 : Granadillo (멕시코).
주요 원산지 : 중앙 아메리카 서부 연안.
특징 : 단단하고 무겁고 강인하다. 나뭇결은 불규칙하고 조직은 어느 정도 미세하다. 자주색에서 노란색까지 매력적인 변화가 나타난다. 중간중간 검은색 반점이 나타나기도 하는데, 공기 중에 노출되면 진한 황적색으로 변한다.
작업성 : 좋음.
건조 시의 평균 무게 : 1100kg/m³.
주용도 : 선반가공, 수저 손잡이, 빗 등, 무늬목.
마감 : 좋음.

Bubinga | Butternut | Cherry, American | Chestnut, American | Chestnut, Sweet | Cocobolo

위기에 처한 종
전 세계 우림지역이 무차별적으로 파괴되고 있어 열대 활엽수가 크게 줄어들고 있다. 이 소중한 자원을 보호하기 위해서는 보존 프로그램이 실시되고 있는 지대에서 생산되는 목재만 사용해야 한다. 가장 심각한 위기에 처한 종에는 쓰러진 나무 그림으로 표시했다.

● **색 변화**
정사각형 샘플 사진은 각 종의 실제 나뭇결의 크기와 마감했을 때와 하지 않았을 때의 색 차이를 보여주고 있다.

흑단
Diospyros ebenum
다른 이름 : Tendu, Tuki, Ebans.
주요 원산지 : 스리랑카, 인도.
특징 : 단단하고 치밀하며 무겁다. 조직은 미세하고 균일하며, 곧은 나뭇결, 불규칙 나뭇결, 파도 나뭇결이 나타난다. 변재는 황색이고 심재는 짙은 갈색에서 검은색까지 나타난다.
작업성 : 나쁨.
건조 시의 평균 무게 : 1190kg/m³.
주용도 : 선반가공, 악기, 수저 손잡이, 상감.
마감 : 좋음.

느릅나무, 미국산 화이트
Ulmus americana
다른 이름 : Water elm (미국), Swamp elm (미국), Soft elm(미국), Orhamwood(캐나다).
주요 원산지 : 캐나다, 미국.
특징 : 튼튼하고 강인하며 중간 정도의 밀도를 갖고 있다. 조직은 거칠며, 대체로 직선형 나뭇결이 나타나지만 종종 불규칙한 나뭇결이 보이기도 한다. 굽힘성이 우수하다. 심재는 엷은 적갈색을 띤다.
작업성 : 좋음.
건조 시의 평균 무게 : 580kg/m³.
주용도 : 선박, 나무 통, 가구, 농기구.
마감 : 좋음.

느릅나무, 네덜란드와 영국산
Ulmus hollandica
Ulmus procera
다른 이름 : Cork bark elm(네덜란드어), Red elm(영어).
주요 원산지 : 유럽.
특징 : 조직이 조대하다. 성장륜은 뚜렷하고 불규칙하며, 매우 아름다운 무늬를 갖고 있다. 심재는 베이지 갈색을 띤다. 네덜란드산이 줄어들어 수급이 어려울 때도 있다.
작업성 : 보통.
건조 시의 평균 무게 : 560kg/m³.
주용도 : 가구, 휨가공 목재로 만든 가구, 선반가공, 선박.
마감 : 좋음.

곤칼로 알베스
Astronium fraxinifolium
다른 이름 : Zebrawood (영국), Tigerwood(미국).
주요 원산지 : 브라질.
특징 : 단단하고 조직이 중간 정도로 세밀하다. 불규칙한 나뭇결이나 연결된 나뭇결이 나타난다. 단단한 부분과 유연한 부분이 층을 이루고 있다. 전체적으로 적갈색을 띠고 어두운 색의 줄무늬가 들어 있으며, 외관은 장미목과 비슷하다.
작업성 : 나쁨.
건조 시의 평균 무게 : 950kg/m³.
주용도 : 가구, 선반가공, 무늬목.
마감 : 좋음.

히코리, 피칸
Carya illinoensis
다른 이름 : Sweet pecan.
주요 원산지 : 미국.
특징 : 조직이 균일하지 못하고 곧은결인데 간혹 불규칙한 나뭇결이나 파도 나뭇결도 나타난다. 변재는 흰색이고 심재는 적갈색을 띤다.
작업성 : 나쁨.
건조 시의 평균 무게 : 750kg/m³.
주용도 : 망치나 도끼 손잡이, 스포츠 장비, 의자, 휨가공 목재로 만든 가구.
마감 : 좋음.

젤루통
Dyera costulata
다른 이름 : Jelutong bukit, Jelutong paya (사라와크).
주요 원산지 : 동남아시아.
특징 : 나뭇결이 곧고 부드러우며 광택이 있고 정교하다. 담황색이 가미된 엷은 갈색을 띤다. 라텍스 도관이 보이기도 한다.
작업성 : 좋음.
건조 시의 평균 무게 : 470kg/m³.
주용도 : 패턴 제작, 스케치 보드, 실내 구조재, 조각.
마감 : 좋음.

Jelutong

Ebony

Elm, American White

Elm, Dutch & English

Gonçalo Alves

Hickory, Pecan

카우불라

Endospermum medullosum

다른 이름 : Sasa, New Guinea basswood.
주요 원산지 : 파푸아 뉴기니, 솔로몬 군도.
특징 : 조직은 균일하고 엷은 황갈색을 띤다. 외관은 다소 단순하다.
작업성 : 좋음.
건조 시의 평균 무게 : 480kg/m³.
주용도 : 실내 구조재, 가구.
마감 : 좋음.

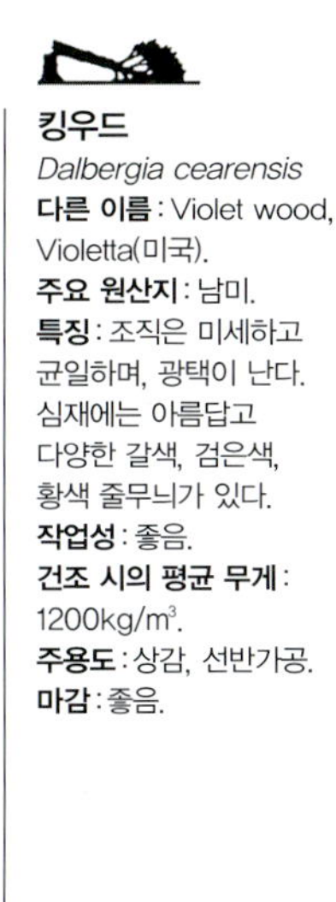

킹우드

Dalbergia cearensis

다른 이름 : Violet wood, Violetta(미국).
주요 원산지 : 남미.
특징 : 조직은 미세하고 균일하며, 광택이 난다. 심재에는 아름답고 다양한 갈색, 검은색, 황색 줄무늬가 있다.
작업성 : 좋음.
건조 시의 평균 무게 : 1200kg/m³.
주용도 : 상감, 선반가공.
마감 : 좋음.

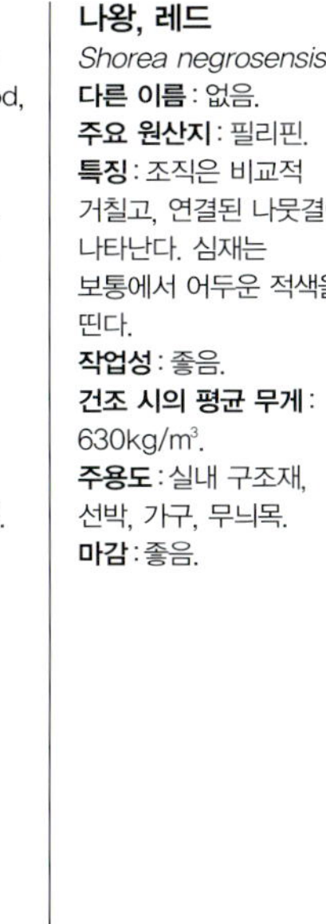

나왕, 레드

Shorea negrosensis

다른 이름 : 없음.
주요 원산지 : 필리핀.
특징 : 조직은 비교적 거칠고, 연결된 나뭇결이 나타난다. 심재는 보통에서 어두운 적색을 띤다.
작업성 : 좋음.
건조 시의 평균 무게 : 630kg/m³.
주용도 : 실내 구조재, 선박, 가구, 무늬목.
마감 : 좋음.

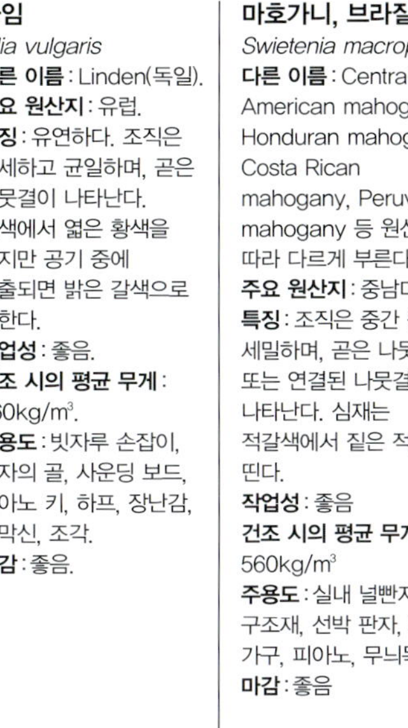

라임

Tilia vulgaris

다른 이름 : Linden(독일).
주요 원산지 : 유럽.
특징 : 유연하다. 조직은 미세하고 균일하며, 곧은 나뭇결이 나타난다. 흰색에서 엷은 황색을 띠지만 공기 중에 노출되면 밝은 갈색으로 변한다.
작업성 : 좋음.
건조 시의 평균 무게 : 560kg/m³.
주용도 : 빗자루 손잡이, 모자의 골, 사운딩 보드, 피아노 키, 하프, 장난감, 나막신, 조각.
마감 : 좋음.

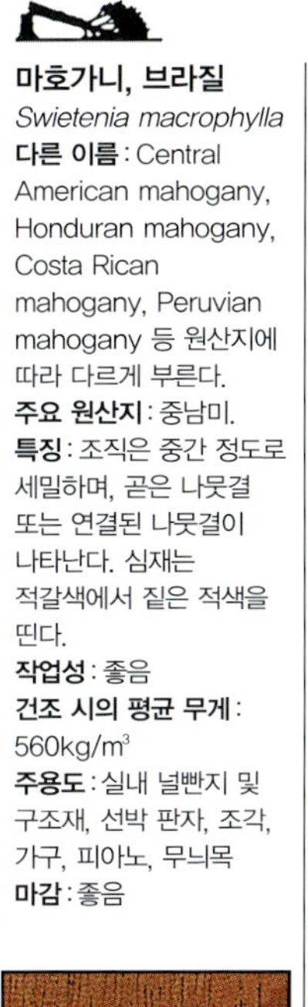

마호가니, 브라질

Swietenia macrophylla

다른 이름 : Central American mahogany, Honduran mahogany, Costa Rican mahogany, Peruvian mahogany 등 원산지에 따라 다르게 부른다.
주요 원산지 : 중남미.
특징 : 조직은 중간 정도로 세밀하며, 곧은 나뭇결 또는 연결된 나뭇결이 나타난다. 심재는 적갈색에서 짙은 적색을 띤다.
작업성 : 좋음
건조 시의 평균 무게 : 560kg/m³
주용도 : 실내 널빤지 및 구조재, 선박 판자, 조각, 가구, 피아노, 무늬목
마감 : 좋음

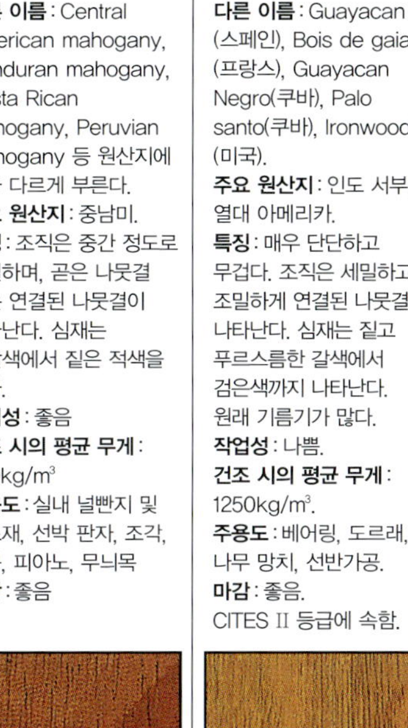

리그넘 바이티

Guaiacum officinale

다른 이름 : Guayacan (스페인), Bois de gaiac (프랑스), Guayacan Negro(쿠바), Palo santo(쿠바), Ironwood (미국).
주요 원산지 : 인도 서부, 열대 아메리카.
특징 : 매우 단단하고 무겁다. 조직은 세밀하고 조밀하게 연결된 나뭇결이 나타난다. 심재는 짙고 푸르스름한 갈색에서 검은색까지 나타난다. 원래 기름기가 많다.
작업성 : 나쁨.
건조 시의 평균 무게 : 1250kg/m³.
주용도 : 베어링, 도르래, 나무 망치, 선반가공.
마감 : 좋음.
CITES II 등급에 속함.

Kauvula

Kingwood

Lauan, Red

Lime

Mahogany, Brazilian

Lignum Vitae

위기에 처한 종
전 세계 우림지역이 무차별적으로 파괴되고 있어 열대 활엽수가 크게 줄어들고 있다. 이 소중한 자원을 보호하기 위해서는 보존 프로그램이 실시되고 있는 지대에서 생산되는 목재만 사용해야 한다. 가장 심각한 위기에 처한 종에는 쓰러진 나무 그림으로 표시했다.

● 색 변화
정사각형 샘플 사진은 각 종의 실제 나뭇결의 크기와 마감했을 때와 하지 않았을 때의 색 차이를 보여주고 있다.

단풍나무, 하드
Acer saccharum
다른 이름 : Rock maple, Sugar maple
주요 원산지 : 캐나다, 미국.
특징 : 단단하고 무겁다. 곧은 나뭇결이 나타나며, 조직은 세밀하다. 변재는 흰색에 가깝고 심재는 밝은 적갈색을 띤다.
작업성 : 나쁨.
건조 시의 평균 무게 : 740kg/m³.
주용도 : 가구, 선반가공, 악기, 정육점 작업대, 마룻바닥, 무늬목.
마감 : 좋음.

단풍나무, 소프트
Acer rubrum
다른 이름 : Red mapl.
주요 원산지 : 캐나다, 미국.
특징 : 나뭇결은 곧고 조직은 세밀하다. 하드한 단풍나무만큼 강하지는 않다. 담황색이 가미된 갈색을 띤다.
작업성 : 보통.
건조 시의 평균 무게 : 630kg/m³.
주용도 : 가구, 실내 구조재, 선반가공, 무늬목, 악기, 마룻바닥, 합판.
마감 : 좋음.

오크, 미국산 레드
Quercus rubra
다른 이름 : Northern red oak.
주요 원산지 : 캐나다, 미국.
특징 : 나뭇결은 곧고 조직은 거칠다. 흰색 오크보다 외관은 좋지 않다. 연분홍 적색을 띤다.
작업성 : 좋음.
건조 시의 평균 무게 : 790kg/m³.
주용도 : 가구, 실내 구조재, 마룻바닥, 무늬목.
마감 : 좋음.

오크, 미국산 화이트
Quercus alba
다른 이름 : White oak (미국).
주요 원산지 : 미국, 캐나다.
특징 : 나뭇결은 곧고 조직은 어느 정도 거칠거나 아주 거칠다. 유럽산 오크와 외관이 비슷하지만 색은 더 다양하다.
작업성 : 좋음.
건조 시의 평균 무게 : 770kg/m³.
주용도 : 건축, 마룻바닥, 가구, 실내 구조재, 합판, 무늬목.
마감 : 좋음.

오크, 일본산
Quercus mongolica
다른 이름 : Ohnara.
주요 원산지 : 일본.
특징 : 나뭇결은 곧고 조직은 거칠다. 유럽산 오크나 미국산 흰색 오크보다는 연하다. 밝은 황갈색을 띤다.
작업성 : 좋음.
건조 시의 평균 무게 : 670kg/m³.
주용도 : 가구, 널빤지, 마룻바닥, 선박, 구조재, 무늬목.
마감 : 좋음.

오크, 유럽산
Quercus robur
Quercus petraea
다른 이름 : English oak, French oak, Polish oak 등 원산지에 따라 다르게 부른다.
주요 원산지 : 유럽, 중앙아시아. 북아프리카.
특징 : 조직은 조악하고 나뭇결은 곧다. 정목제재 방식으로 자르면 성장륜과 넓은 사방형 조직이 뚜렷하게 나타난다. 엷은 갈색을 띤다.
작업성 : 좋음.
건조 시의 평균 무게 : 720kg/m³.
주용도 : 가구, 구조재, 실외 목작업, 마룻바닥, 조각, 선박.
마감 : 좋음.

Maple, Hard
Maple, Soft
Oak, American Red
Oak, American White
Oak, Japanese
Oak, , European

오비치

Triplochiton scleroxylon

다른 이름 : Obechi, Arere(나이지리아), Wawa(가나, 코트디부아르), Samba(코트디부아르), Ayous(카메룬).

주요 원산지 : 서아프리카.

특징 : 가볍고 다소 단조롭다. 조직은 균일하고 세밀하며, 연결된 나뭇결이 나타난다. 담황색이 가미된 흰색에서 엷은 황색을 띤다.

작업성 : 좋음.

건조 시의 평균 무게 : 390kg/m³.

주용도 : 실내 구조재, 제도용 자, 가구, 합판, 모델 제작.

마감 : 좋음.

퍼다우크, 아프리카산

Pterocarpus soyauxii

다른 이름 : Camwood, Barwood.

주요 원산지 : 서아프리카.

특징 : 단단하고 무겁다. 조직은 적당히 거칠며, 직선형 나뭇결이나 연결된 나뭇결이 나타난다. 짙은 적색에서 적갈색까지 나타나며, 적색 줄무늬가 있다.

작업성 : 좋음.

건조 시의 평균 무게 : 710kg/m³.

주용도 : 실내 구조재, 가구, 선반가공, 손잡이, 마룻바닥.

마감 : 좋음.

플레인, 유럽산

Platanus acerifolia

다른 이름 : London plane, English plane, French plane 등 원산지에 따라 다르게 부른다.

주요 원산지 : 유럽.

특징 : 나뭇결은 곧고 조직은 세밀하다. 심재는 밝은 적갈색을 띠고 짙은 방사형 조직이다. 정목제재 방식으로 자르면 레이스우드라는 독특하고 아름다운 얼룩점 무늬가 나타난다. 미국 플라타너스와 비슷하지만 더 어두운 색을 띤다.

작업성 : 좋음.

건조 시의 평균 무게 : 640kg/m³.

주용도 : 가구, 구조재, 선반가공, 무늬목.

마감 : 좋음.

퍼플 하트

Peltogyne spp.

다른 이름 : Amaranth(미국), Koroboreli(가이아나), Saka(가이아나), Sakavalli(가이아나), Purplehart(수리남), Pau roxo(브라질), Amarante(브라질).

주요 원산지 : 중남미.

특징 : 조직은 균일하고 매우 세밀하거나 중간 정도로 세밀하다. 대체로 곧은 나뭇결이 나타난다. 아름다운 자줏빛을 띠지만 산화되면 짙은 갈색으로 변한다.

작업성 : 보통.

건조 시의 평균 무게 : 880kg/m³.

주용도 : 건축, 선박, 무늬목, 선반가공, 가구.

마감 : 좋음.

라민

Gonystylus macrophyllum

다른 이름 : Melawis(말레이시아), Ramin lelur(사라와크).

주요 원산지 : 동남아시아.

특징 : 조직은 적당히 세밀하며 대체로 곧은 나뭇결이 나타난다. 엷은 담회색이 가미된 갈색을 띤다.

작업성 : 좋음.

건조 시의 평균 무게 : 670kg/m³.

주용도 : 가구, 실내 구조재, 선반가공, 장난감, 조각, 마룻바닥, 무늬목.

마감 : 좋음.

장미목, 브라질산

Dalbergia nigra

다른 이름 : Rio rosewood, Bahia rosewood(영국), Jacaranda de Bahia, Jacarando preto(브라질), Palisander, Palissandre du Brazil(프랑스).

주요 원산지 : 브라질.

특징 : 단단하고 무겁다. 조직은 균일하지 못하고 나뭇결은 직선형이다. 무늬가 매우 선명하며, 갈색이나 보랏빛 갈색에서 검은색까지 다양한 색을 띤다.

작업성 : 보통.

건조 시의 평균 무게 : 870kg/m³.

주용도 : 무늬목, 가구, 구조재, 선반가공, 조각.

마감 : 좋음.

CITE I 규정에 따라 더 이상 수입되지 않음.

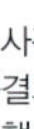

위기에 처한 종
전 세계 우림지역이 무차별적으로 파괴되고 있어 열대 활엽수가 크게 줄어들고 있다. 이 소중한 자원을 보호하기 위해서는 보존 프로그램이 실시되고 있는 지대에서 생산되는 목재만 사용해야 한다. 가장 심각한 위기에 처한 종에는 쓰러진 나무 그림을 표시했다.

● 색 변화
정사각형 샘플 사진은 각 종의 실제 나뭇결의 크기와 마감을 했을 때와 하지 않았을 때의 색 차이를 보여주고 있다.

장미목, 인도산
Dalbergia latifolia
다른 이름 : East Indian rosewood, Bombay rosewood(영국), Bombay blackwood(인도).
주요 원산지 : 인도.
특징 : 무거우며, 조직은 알맞게 거칠고 균일하다. 연결된 나뭇결을 갖고 있기 때문에 좁은 띠가 나타난다. 황갈색에서 보랏빛 갈색을 띠며, 짙은 보라색 또는 검은색 줄무늬가 있다.
작업성 : 보통.
건조 시의 평균 무게 : 870kg/m³.
주용도 : 가구, 작업장 설비, 악기, 선박, 무늬목, 선반가공, 마룻바닥.

새틴 우드
Chloroxylon swietenia
다른 이름 : East Indian satinwood.
주요 원산지 : 인도 중부/남부, 스리랑카.
특징 : 무겁고 광택이 난다. 조직은 세밀하고 균일하며, 연결된 나뭇결을 갖고 있기 때문에 좁은 띠가 나타난다. 황갈색을 띠며, 부분적으로 어두운 줄무늬가 있다.
작업성 : 보통.
건조 시의 평균 무게 : 990kg/m³.
주용도 : 가구, 실내 구조재, 선반가공, 무늬목.
마감 : 좋음.

실키 오크
Cardwellia sublimis
다른 이름 : Bull oak, Northern silky oak(호주), Australian silky oak(영국).
주요 원산지 : 호주.
특징 : 조직은 거칠고 균일하다. 곧은 나뭇결이 나타나고 큰 방사형 조직이 있다. 미국 레드 오크와 비슷한 적갈색을 띤다. 실제로는 오크 계열이 아니다.
작업성 : 좋음.
건조 시의 평균 무게 : 550kg/m³.
주용도 : 가구, 무늬목, 실내 구조재.
마감 : 좋음.

단풍나무, 미국산
Platanus occidentalis
다른 이름 : American plane(영국), Buttonwood(미국).
주요 원산지 : 미국.
특징 : 조직은 세밀하고 균일하며, 대체로 곧은 나뭇결이 나타난다. 식물 분류상 플라타너스 계열이지만 유럽 플라타너스보다는 가볍다. 엷은 갈색을 띠고 짙은 색의 방사형 조직이 뚜렷이 나타난다. 정목제재 방식으로 자르면 레이스우드가 만들어진다.
작업성 : 좋음.
건조 시의 평균 무게 : 560kg/m³.
주용도 : 구조재, 가구, 정육점 작업대, 무늬목.
마감 : 좋음.

단풍나무, 유럽산
Acer pseudoplatanus
다른 이름 : Sycamore plane, Great maple(영국), Plane (스코틀랜드).
주요 원산지 : 유럽, 서아시아.
특징 : 조직은 세밀하고 균일하다. 대체로 곧은 나뭇결이 나타나지만 파도 나뭇결도 있다. 정목제재 방식으로 자르면 피들백(fiddleback) 무늬가 얻어진다. 흰색에서 황백색까지의 색깔을 띤다.
작업성 : 좋음.
건조 시의 평균 무게 : 630kg/m³.
주용도 : 선반가공, 가구, 주방용품, 마룻바닥, 바이올린 등판.
마감 : 좋음.

티크
Tectona grandis
다른 이름 : kyun, Sagwan, Teku, Teka.
주요 원산지 : 남아시아, 동남아시아, 아프리카, 카리브해 연안.
특징 : 조직이 거칠고 균일하지 않으며, 기름기가 있다. 원산지에 따라 곧은 나뭇결 또는 파도 나뭇결이 나타난다. 버마산 티크는 균일한 황갈색을 띠지만 다른 지역에서 생산되는 것은 이보다 더 짙은 색을 띤다.
작업성 : 좋음.
건조 시의 평균 무게 : 660kg/m³.
주용도 : 실내/실외 구조재, 선박, 실외/정원 가구, 합판, 선반가공, 무늬목.
마감 : 좋음.

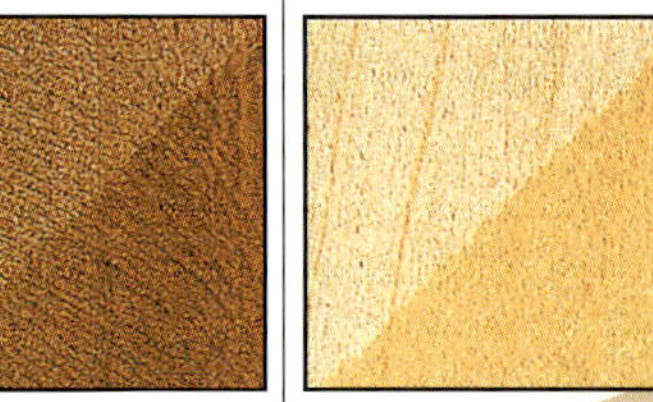

Rosewood, Indian

Satinwood

Silky Oak

Sycamore, American

Sycamore, European

Teak

튤립우드
Dalbergia frutescens
다른 이름 : Pinkwood
(미국), Bois de rose
(프랑스), Pau rosa,
Jacaranda rosa, Pau
de fuso(브라질).
주요 원산지 : 브라질.
특징 : 단단하고 밀도가
높다. 조직은 세밀하고
나뭇결은 보통
불규칙하다. 전체적으로
아름다운 연분홍 황색을
띠고 있으며, 분홍빛에서
자줏빛 적색까지의
줄무늬가 있다.
작업성 : 나쁨.
건조 시의 평균 무게 :
960kg/m³.
주용도 : 선반가공, 목재
제품, 상자, 상감, 무늬목.
마감 : 좋음.

유틸
Entandrophragma utile
다른 이름 : Sipo(코트디
부아르), Assie(카메룬).
주요 원산지 : 아프리카.
특징 : 조직은 세밀한
편이며, 대체로 연결된
나뭇결이 나타난다.
정목제재 방식으로
자르면 줄무늬가
나타난다. 분홍빛 갈색을
띠며, 적갈색으로
변하기도 한다.
작업성 : 좋음.
건조 시의 평균 무게 :
660kg/m³.
주용도 : 가구, 실내/실외
구조재, 선박, 마룻바닥,
합판, 무늬목.
마감 : 좋음.

호두나무, 미국산
Juglans nigra
다른 이름 : Black
America walnut,
Virginia walnut, Black
walnut(영국, 미국).
주요 원산지 : 미국,
캐나다.
특징 : 강인하며 조직은
다소 거칠다. 대체로 곧은
나뭇결이 나타나지만
파도 나뭇결도 나타난다.
짙은 흑갈색에서 자줏빛
흑색까지 나타난다.
작업성 : 좋음.
건조 시의 평균 무게 :
660kg/m³.
주용도 : 가구, 총 자루,
실내 구조재, 악기,
선반가공, 조각, 합판,
무늬목.
마감 : 좋음.

호두나무, 유럽산
Juglans regia
다른 이름 : English
walnut, French walnut,
Italian walnut 등
원산지에 따라 다르게
부른다.
주요 원산지 : 유럽,
중앙아시아, 동남아시아.
특징 : 조직은 다소
조악하며, 곧은
나뭇결이나 파도 나뭇결이
나타난다. 색과 무늬는
원산지에 따라 다양하지만
보통 회갈색을 띠고 짙은
색 줄무늬가 나타난다.
작업성 : 좋음.
건조 시의 평균 무게 :
670kg/m³.
주용도 : 가구, 실내
구조재, 총 자루,
선반가공, 조각, 무늬목.
마감 : 좋음.

호두나무, 퀸즐랜드
*Endiandra
palmerstonii*
다른 이름 : Australian
walnut, Walnut bean,
Oriental wood.
주요 원산지 : 호주.
특징 : 외관은 유럽
호두나무와 비슷하지만
엄밀히 말해 호두나무
계열에 속하지는 않는다.
대체로 연결된
나뭇결이나 파도
나뭇결이 나타난다. 색은
밝은 갈색에서 짙은
갈색까지 다양하다.
작업성 : 나쁨.
건조 시의 평균 무게 :
690kg/m³.
주용도 : 가구, 실내
구조재, 작업장 설비,
마룻바닥, 무늬목.
마감 : 좋음.

화이트우드, 미국산
Liriodendron tulipifera
다른 이름 : Yellow
poplar, Tulip poplar
(미국), Tulip tree(미국,
영국), Canary
whitewood(영국).
주요 원산지 : 미국 동부,
캐나다.
특징 : 알맞은 정도로
유연하고 가볍다. 나뭇결은
곧고 조직은 세밀하다.
변재는 흰색을 띠고
심재는 엷은 녹황색에서
갈색을 띠며, 다른 색의
줄무늬가 나 있다.
작업성 : 좋음.
건조 시의 평균 무게 :
510kg/m³.
주용도 : 구조재, 가구,
조각, 건축, 인테리어,
선박, 장난감, 합판.
마감 : 좋음.

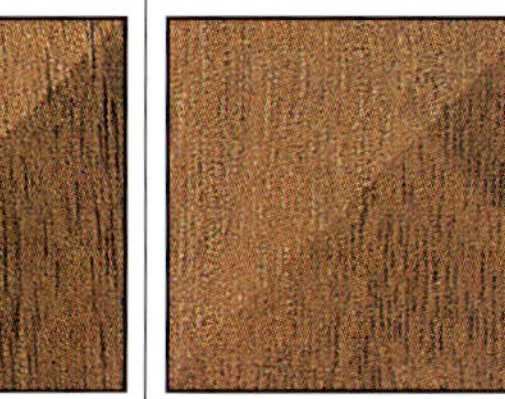

Tulipwood

Utile

Walnut, American

Walnut, European

Walnut, Queensland

Whitewood, American

무늬목 종류

경재는 원목 그대로 사용하기에는 비경제적이고 부적합하다. 하지만 이를 무늬목으로 만들면 효과적으로 활용할 수 있으며 다양한 장식용 무늬목을 얻을 수 있다. 무늬목의 무늬는 색, 나뭇결, 조직 등 목재의 자연적인 특성뿐 아니라 나무의 어느 부위에서 만들어졌는지, 어떤 방법으로 가공했는지에 따라 달라진다. 대부분의 무늬목은 주로 나무 줄기에서 얻어진다. 여기에서 얻은 무늬목은 길이가 가장 길고 폭도 가장 넓다. 원목을 자르는 방법에 따라 다양한 무늬목이 만들어진다. 무늬목 이름은 크라운컷 가공한 호두나무처럼 원목을 자르는 방법에 따라 붙이거나 버 무늬목처럼 나무의 어느 부위에서 얻었느냐에 따라 붙인다. 무늬목의 두께는 일반적으로 0.6mm 내외이다. 몇몇 나무에서 얻은 두꺼운 무늬목은 가구를 복구하는 데 사용하기도 한다.

무늬목 구입

무늬목은 낱장 또는 묶음으로 판매되며, 무늬목 전문 공급업체나 제재소에 미리 주문하거나 직접 방문해 살 수 있다. 무늬목 판매소에는 무늬목이 무늬 연결 순서대로 쌓여 있기 때문에 맨 위에 놓여 있는 무늬목부터 구입할 수 있다. 중간에 있는 무늬목 낱장을 꺼내면 무늬 연결 순서가 맞지 않기 때문에 일반적으로 그런 식으로는 판매하지 않는다. 무늬목을 구입하기 전에는 여유분을 고려해 필요한 양을 정확히 계산해야 한다. 이때 넉넉히 여유를 두어 구입하는 것이 좋은데, 혹시 부족해서 추가로 주문하게 되면 무늬가 제대로 연결되는 무늬목을 구하기 어렵기 때문이다. 무늬목 낱장은 보통 평방미터를 기준으로 가격이 매겨지며, 경우에 따라 미리 일정한 크기로 자른 무늬목에 가격을 매겨 판매하기도 한다. 상감을 위한 무늬목 팩을 조금씩 판매하기도 한다.

소량의 완전한 무늬목을 주문하면 둥글게 말린 상태로 배달되기도 한다. 버 무늬목이나 컬 무늬목처럼 크기가 작은 무늬목은 보통 편평하게 펼친 상태로 포장되어 배달되지만 간혹 둥글게 말린 상태로 배달되기도 하는데, 이때 마는 과정에서 쪼개지지 않도록 세심한 주의를 요한다. 무늬목은 부서지거나 쪼개지기 쉽기 때문에 둥글게 말려 있는 포장을 풀 때는 갑자기 확 펴지지 않도록 주의해야 한다. 무늬목에는 끝 쪼개짐이 흔히 발생된다. 이런 결함이 발견되면 먼지가 들어가는 것을 막기 위해서 즉시 종이 접착 테이프로(특히 밝은 색깔의 목재들) 수선해야 한다. 포장을 풀었을 때 무늬목이 구불구불한 상태로 남아 있으면 주전자로 증기를 쐬어 축축하게 만들거나 물 트레이를 통과시켜서 합판 사이에 넣고 편평하게 눌러주어야 한다. 축축한 상태로 합판 사이에 계속 놓아두면 곰팡이가 생길 수도 있으니 주의해야 한다. 목재는 종류에 따라 빛에 민감하여 색이 변할 수 있기 때문에, 무늬목은 먼지나 빛이 들어오지 않는 장소에 평평한 상태로 보관해야 한다.

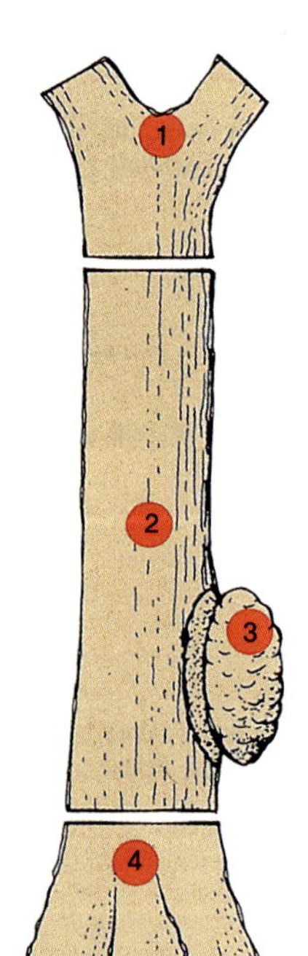

무늬목을 만드는 데 사용되는 부분

1 아귀/갈래
2 줄기
3 줄기의 혹
4 밑동 또는 나무끝

버 무늬목(Burr veneer)

버는 나무 줄기에서 비정상적으로 성장한 혹 부분이다. 버 무늬목에는 고리나 점처럼 생긴 싹 모양이 촘촘히 박혀 있는 아름다운 무늬가 있다. 그것들은 가장 비싸고, 가구나 간단한 목제품을 만드는 데 사용된다. 이 무늬목은 불규칙한 모양으로 판매되며, 크기도 450mm 너비에 150mm×100mm 정도의 작은 것에서부터 대략 1m 길이까지 다양하다.

버트 무늬목(Butt veneer)

이 무늬목은 나무의 밑동 또는 나무 끝(버트)에서 얻는다. 이 부분은 나뭇결이 매우 뒤틀려 있기 때문에 회전선반을 이용해 뒷면절단으로 무늬목을 만들면 매우 화려한 무늬가 나타난다.

착색 무늬목(Colored veneer)

인공적으로 색을 입힌 무늬목은 전문 무늬목 판매점에서 구할 수 있다. 이 무늬목은 플라타너스처럼 밝은 색 목재를 사용해 만든다. 헤어우드(Harewood)를 화학적으로 처리하면 은회색에서 진회색으로 만들 수 있다. 이때 다른 색으로 만들기 위해 염료를 사용하며, 염료가 최대한 흡수되도록 하기 위해서 압력을 가하기도 한다.

대표적인 무늬목

1 투야 버(Thuya burr)
2 미국 호두나무 버트 무늬목
3 화학적으로 착색된 경재
4 컬러 착색된 무늬목
5 장식 무늬목
6 물결띠 모양의 피드백 무늬목
7 마호가니 컬(Mahogany Curl)
8 마슈(Masur) 자작나무
9 버즈아이 매플(Bird's-eye maple)
10 퀼트 모양의 버드나무
11 정목제재 레이스우드(Lacewood)
12 정목제재 방사 오크(Oak)
13 줄무늬 지브라노(Zebrano)
14 띠무늬 아얀(Ayan)

장식 무늬목(Crown-cut veneer)

원목을 평면켜기로 자르면 이 무늬목이 만들어진다. 무늬목 중심을 따라 굵은 곡선과 계란 형태의 아름다운 무늬가 나타나며 가장자리 근처에는 줄무늬가 나타난다. 목재 종류에 따라 길이는 2.4m 이상이고 폭은 225mm에서 600mm까지 다양한 크기로 제작된다. 가구 또는 벽에 대는 패널을 만드는 데 주로 사용된다.

물결띠 무늬목(Curly-figured veneer)

파도 나뭇결이 나 있는 목재로 무늬목을 만들면 너비를 따라 밝은 색과 어두운 색의 띠가 번갈아 나타난다. 대표적인 예로 피들백 플라타너스를 들 수 있다. 이 목재의 이름은 주로 바이올린 등판을 만드는 데 사용된 데서 유래되었다.

물결 무늬목(Curl veneer)

이 무늬목은 나무 줄기가 갈라지는 아귀/갈래 또는 갈래 부위의 목재에서 얻어진다. 아귀/갈래 부위의 목재를 수직으로 얇게 자르면 아름다운 무늬를 얻을 수 있다. 이 부위에서 나타나는, 뒤틀리면서 나뉘는 나뭇결은 위쪽으로 향하는 깃털 무늬를 만든다. 일반적으로 길이는 300mm에서 1m 정도이고 폭은 200mm에서 450mm 크기로 제작된다.

반점 무늬목(Freak-figured veneer)

비정상적으로 성장한 경재 원목을 회전절단 방법으로 자르면 다양한 패턴의 무늬목을 얻을 수 있다. 대표적인 예로 버즈아이 단풍나무 또는 마슈 자작나무를 들 수 있다. 나뭇결이 불규칙한 목재로 무늬목을 만들면 물방울무늬 또는 솜무늬가 나타나는 무늬목을 얻을 수 있다.

방사 무늬목(Ray-figured veneer)

오크나 플라타너스 계열의 목재를 정목제재 방식으로 자르면 독특한 무늬를 얻을 수 있다. 오크는 방사형 세포구조가 뚜렷하기 때문에 방사절 또는 얼룩무늬가 얻어진다. 플라타너스를 정목절단 방법으로 자르면 레이스우드라는 무늬목을 얻을 수 있다.

줄 무늬목(Striped veneer)

성장륜의 가로방향을 가로질러 방사형으로 절단하는 정목절단으로 잘라 무늬목을 만들면 일반적으로 줄무늬가 나타난다. 연결된 역나선형 나뭇결이 있는 목재에서도 이 무늬목을 얻을 수 있다. 이 무늬목의 줄무늬는 바라보는 각도에 따라 밝은 색에서 어두운 색으로 변한다.

인공 판재

인공 판재는 비교적 근래에 개발된 재료로, 산업용과 일반용으로 매우 널리 활용되고 있다. 제조업체들은 계속해서 품질이 더 우수하고, 경제적이며, 가공하기 쉬운 제품을 내놓고 있으며, 그에 따라 오늘날에는 매우 다양한 판재가 시판되고 있다. 인공 판재는 대략 라미네이트 보드, 파티클 보드, 파이버 보드의 3가지로 분류된다. 새로운 제품이 계속 개발됨에 따라 원목 조각 적층판재 등 일부 라미네이트 보드는 저가의 파티클 보드나 파이버 보드로 대체되는 추세이다.

합판

합판은 구조 무늬목, 결, 적층 등 얇은 목재 시트를 겹쳐 만든 강하고 안정적인 판재이다. 얇은 목재를 겹쳐서 두꺼운 판재로 만드는 기술은 오래전부터 쓰였지만 합판은 19세기 중반에 들어서야 상업적으로 생산되기 시작했다. 합판은 크기가 다양하고, 안정적이며, 다루기 쉽기 때문에 실내 내장 마감재 또는 가옥이나 선박의 뼈대를 만드는 데 많이 사용되었다. 1930년대에 방수 접착제가 개발되면서 비로소 건축용으로도 사용되기 시작했다.

합판 제조

원목 판재는 상대적으로 안정적이지 못할 뿐 아니라 섬유 방향으로 더 많이 수축·팽창된다. 게다가 나무를 자르는 방법에 따라 쉽게 뒤틀리거나 변형되기도 한다. 인장강도는 섬유 방향에서 최고이지만 나뭇결을 따라서 쉽게 쪼개지는 단점이 있다.

합판은 각각의 구성요소가 변형되지 못하도록 층마다 섬유 방향이나 나뭇결이 직각이 되도록 여러 층을 겹쳐서 만들기 때문에 쉽게 변형되거나 쪼개지지 않는다.

대부분의 합판은 최소 3개 이상의 홀수 층으로 이루어져 있다. 겹치는 층의 개수는 각 층의 두께 또는 최종적으로 만들어지는 합판의 두께에 따라 다르다. 층이 몇 개든 상관없이 겹치는 층은 합판 두께의 중심선으로부터 대칭을 이루어야 한다.

합판을 이루는 층 중 제일 바깥에 있는 것을 표면판이라 한다. 바깥쪽 층 중 한쪽이 다른 쪽보다 질이 더 좋을 때, 더 좋은 쪽은 앞면이라고 하고 나쁜 쪽을 뒷면이라고 한다. 표면판의 등급은 보통 문자 코드로 표시된다. 표면판 바로 아래 겹쳐 있는 층을 가로지르는 판이라고 하며, 가운데에 있는 것을 코어라고 한다.

크기

합판은 다양한 크기로 만들어진다. 흔히 구할 수 있는 합판의 두께는 3~30mm 정도이다. 이보다 더 얇은 항공용 합판을 구하려면 전문 판매점을 찾아야 한다.

합판의 너비는 대부분 1.22m이고 간혹 1.52m짜리 합판도 있다. 대부분의 합판은 2.44m 길이로 만들어지지만 3.66m 길이로 제작되기도 한다. 치수는 제조업체 또는 판매업체에 따라 미터를 기준으로 하기도 하고 피트를 기준으로 하기도 한다.

표면판의 나뭇결은 대체로 합판의 길이 방향과 나란히지민 항상 그런 것은 아니다. 이것은 일반적으로 제조업체에서 처음에 제작한 합판 치수에 따라 결정된다. 따라서 크기가 1.22×2.44m인 합판에서는 표면판의 나뭇결이 너비 방향과 수직이 된다.

접착

합판의 성질은 각 층의 성질뿐만 아니라 어떤 접착제를 사용하는가에 따라서도 달라진다. 합판은 사용 목적에 따라 다음과 같이 분류할 수 있다.

내장합판(INT)

이 합판은 힘을 받지 않는 내장용으로만 사용될 수 있다. 주로 무늬가 아름다운 목재를 표면판으로 사용하며, 뒷면은 질이 낮은 재료를 사용한다.

내장 합판을 만들 때는 밝은 색을 띠는 요소수지 접착제가 사용된다. 이 합판은 가구나 벽에 대는 패널 등과 같이 건조된 상태로 사용되는 경우에 적합하다. 몇몇 특수 접착제를 사용해 만든 개량 합판은 습기에 저항력을 갖기 때문에 습기가 많은 곳에서도 사용될 수 있다. 내장 합판을 외장용으로 사용하지 말아야 한다.

외장합판

접착제의 질에 따라 구조적 성능이 요구되지 않는 곳에서 완전 노출 또는 부분 노출된 상태로 사용할 수 있다.

완전히 노출된 상태로 사용되는 합판을 만들 때는 어두운 색을 띠는 페놀수지 접착제가 쓰인다. 이처럼 제조된 합판을 내후성 합판(WBP)이라고도 부른다. 이 내후성 합판은 정해진 품질 규격을 만족시켜야 하며, 수년 동안 극심한 기후 조건이나 미생물, 차갑고 끓는 물, 증기, 그리고 건조와 같은 환경에서 검증해야 한다.

외장 합판을 만들 때는 멜라민 요소수지 접착제가 사용되기도 한다. 이 접착제를 사용해 만든 합판은 노출된 상태에서 반영구적으로 사용할 수 있으며 주방이나 욕실 등에 적합하다.

선박용 합판

주로 선박용으로 사용하는 고품질 구조용 합판이다. 이 합판은 몇몇 마호가니 계열 목재를 여러 층으로 겹쳐서 만든다. 선박용 합판에는 빈 공간이나 틈새가 없어야 하며, 내구력이 뛰어난 페놀수지(WBP) 접착제가 사용된다. 실내용 비품을 만드는 데 사용되기도 한다.

구조봉 합판

공업용 합판이라고도 하며, 강도와 내구성이 가장 중요한 분야에 사용된다. 접착제로는 페놀수지 접착제가 사용된다. 질이 다소 떨어지는 저품질 등급의 표면판재가 사용되며, 판재를 연마하지 않아도 된다.

합판의 종류

합판은 종류별로 농업용 장치, 항공기 및 선박, 건축용 구조재, 실내 비품, 장난감, 가구 등 다양한 용도로 쓰인다. 합판의 성능과 용도에 대한 적합성은 합판을 만드는 데 사용한 목재, 접착제의 종류, 무늬목의 질에 따라 결정된다.

합판은 전 세계적으로 많은 곳에서 생산되며, 합판 제조에 사용되는 목재의 종류도 원산지에 따라 매우 다양하다. 마감용 무늬목과 코어가 서로 다른 목재일수도 있고 모두 같은 것일 수도 있다. 연재 합판은 일반적으로 더글러스 전나무 또는 다양한 소나무로 만들며, 경재 합판은 자작나무, 너도밤나무, 참피나무와 같이 밝은 색을 띠는 온대성 목재로 만든다. 합판을 만드는 데 사용되는 열대성 목재로는 나왕, 메란티, 가분이 있으며, 이들은 모두 적색을 띤다.

외관 등급

합판 제조업체에서는 코드 시스템을 활용해 합판 제조에 사용되는 층의 품질 등급을 매긴다.

가장 일반적인 등급 분류법은 A, B, C, C-plugged, D로 분류하는 것이다. A 등급은 최우수 품질로, 외관상 결함이 없고 가공이 쉬운 제품을 말한다. D 등급은 최하위 품질로, 옹이, 구멍, 쪼개짐, 변색 등 결함이 허용 범위 내에서 가장 많이 포함되어 있는 제품이다.

합판에 표시되어 있는 외관 등급은 그 합판의 표면판에만 적용될 뿐 그 합판이 갖고 있는 구조적 성능을 나타내는 것은 아니다. A-A는 양쪽 표면판이 모두 최우수 등급이라는 표시이며, B-C는 표면판이 B 등급이고 뒤판이 C 등급이라는 표시이다. 장식합판에는 최상급 표면판이 사용되며, 연결된 모양과 앞면의 상태에 따라 등급이 매겨진다.

장식합판(Decorative plywood)
아프로시아, 너도밤나무, 벚나무, 오크와 같은 일반적인 경재로 되어 있으며 평면켜기 또는 정목절단으로 잘라낸 무늬목을 마감용으로 사용하여, 주로 덧대는 판재로 쓰인다. 합판의 뒷면은 품질이 다소 떨어지는 무늬목으로 만든다.

3층합판(Three-ply board)
한 개의 코너 무늬목 양쪽에 마감용 무늬목을 하나씩 접착시켜 만든 합판이다. 각 층의 두께가 모두 같도록 만들거나 구조적 균형을 위해서 코어를 좀더 두껍게 만들기도 한다. 이 합판을 균형합판 또는 원목코어합판이라고도 부른다. 두께가 얇은 3층합판은 서랍 바닥이나 캐비닛 뒷판으로 사용된다.

서랍재합판(Drawerside plywood)
이 합판의 제작 기법은 다른 합판과는 전혀 다르다. 즉, 이 합판은 모든 층의 나뭇결 방향이 모두 같다. 일반적으로 경재를 사용해 12mm 두께로 만들며, 주로 원목 대신 서랍의 옆면으로 많이 사용된다.

적층합판(Multi-ply)
이 합판의 코어는 홀수 개의 층으로 이루어져 있다. 각 층의 두께가 모두 같거나 가로지르는 판 층이 더 두껍다. 이렇게 만들어진 합판은 길이 방향과 너비 방향의 강도가 같다. 이 합판은 무늬목 가구를 만드는 데 많이 쓰인다.

4층/6층합판(Four-ply/six-ply)
4층합판은 두꺼운 두 층을 나뭇결 방향이 서로 같도록 접착하고 그 양쪽에 표면판을 나뭇결 방향이 반대가 되도록 접착시켜 만든다. 한 방향으로 접착된 다른 합판보다 단단해서 구조용으로 사용된다. 6층합판(아래 그림)은 4층합판과 비슷하지만 코어와 표면판의 나뭇결 방향이 같고 그 사이에 나뭇결 방향이 직각인 가로지르는 판 층이 들어간다는 점이 다르다.

블록보드와 라민보드

블록보드는 합판의 일종으로, 여러 개의 층이 접착된 구조로 되어 있다. 기존 합판과 다른 점은 코어가 대략 네모난 형태의 두꺼운 원목 각재로 되어 있다는 점이다. 이 원목 긴 각재는 가장자리가 붙어 있지만 접착제로 붙인 것은 아니다. 코어 양쪽에는 각각 한두 개의 층이 붙어 있다. 라민보드는 블록보드와 비슷하지만 폭이 약 5mm 정도인 좁은 긴 각재로 코어를 만들고 대개 접착제로 가장자리를 붙인다는 점이 다르다.

라민보드

블록보드보다는 코어가 덜 드러나기 때문에 무늬목 작업에 더 적합하다. 값도 더 비싸다. 일반적으로 3층 또는 5층으로 제작된다. 5층 라민보드의 각 층은 코어나 가로지르는 판 층과 직각이다.

블록보드

아주 단단하기 때문에 선반이나 작업대 등의 가구를 만드는 데 적합하다. 무늬목 작업을 하기에 매우 좋지만 코어 스트립이 드러나 보일 수도 있다는 단점이 있다. 두께는 보통 12~25mm로, 합판과 비슷하다. 이보다 더 두꺼운 3층 보드의 두께는 44mm에 이른다.

파티클 보드

파티클 보드는 작은 목재 부스러기 또는 조각을 섞은 다음 압력을 가해 서로 결합시켜 제조한다. 파티클의 형태, 크기, 입자의 두께 방향 분포, 입자를 결합하기 위해 사용하는 접착제의 종류에 따라 다양한 파티클 보드를 만들 수 있다. 일반적으로 연재가 사용되며, 경재로 만드는 경우도 간혹 있다.

파티클 보드의 종류

파티클 보드는 안정적이고, 모든 부분에서 성질이 고른 재료이다. 작은 입자로 만든 파티클 보드는 표면이 매끈하고 무늬목 작업에 매우 적합하다. 목재, 종이 호일, 플라스틱 등으로 미리 겉치장을 한 다양한 형태의 장식용 보드도 구할 수 있다. 대부분의 파티클 보드는 비교적 쉽게 깨지고 합판보다 인장강도가 낮다.

칩보드

목작업에 많이 사용되는 대부분의 파티클 보드는 칩보드로, 다른 보드에 비해 질이 다소 떨어진다. 칩보드는 다른 목제품과 마찬가지로 습기에 약하다. 칩보드가 습기를 먹으면 팽창하여 두께가 늘어나지만 건조되더라도 원래 상태로 회복되지는 않는다. 하지만 바닥이나 젖기 쉬운 조건에서도 사용할 수 있는 내습 칩보드도 있다.

보드 보관 및 고정

보관

공간을 절약하기 위해서는 보드를 세워서 보관하는 것이 좋다. 보드가 바닥에 닿지 않도록 바닥에 보조각재를 보강한 후 약간 기울여 세워두는 것이 좋다. 얇은 보드를 보관할 때는 각 보드 아래에 그보다 더 두꺼운 보드를 넣어 지탱해주어야 한다.

고정

나사를 인공 판재의 모서리에 박아 고정하는 것은 면에 박아 고정시키는 것보다 약하다.
합판 모서리에 나사를 박을 때는 미리 나사 구멍을 파놓아야 쪼개지는 것을 막을 수 있다. 나사의 지름은 보드 두께의 25%보다 작아야 한다.
블록보드와 라민보드의 측면 모서리에 나사를 박으면 튼튼하게 고정되지만 맨 끝부분에서는 그렇지 못하다.
칩보드에 나사를 박을 때 얼마나 튼튼히 고정되는가는 칩보드의 밀도에 달려 있다. 칩보드에 나사를 박더라도 그렇게 단단히 고정되지 않는다. 하지만 특별히 고안된 칩보드용 나사를 사용하면 표준 목재 나사보다 더 튼튼하게 고정시킬 수 있다.
모서리에 고정시키건, 면에 고정시키건 언제나 나사 구멍을 미리 파놓아야 한다. 더 튼튼하게 고정시키려면 특수 제작된 고정장치 또는 삽입물을 사용할 수도 있다.

단층 칩보드(Single-layer chipboard)
크기가 비슷한 입자를 고르게 분포시켜 만든 보드로, 비교적 표면이 거칠다. 이 보드는 목재 무늬목 또는 플라스틱 라미네이트로 겉치장을 하는 데 적합하며, 페인트를 칠하기는 어렵다.

3층 칩보드(Three-layer chipboard)
큰 입자로 만든 중심의 코어 층에 세밀한 입자로 만든 고밀도 층을 양쪽에 접착시켜 만든 칩보드로, 바깥쪽 층에 수지가 더 많이 포함되어 있기 때문에 대체로 마감 특성이 우수하다.

고밀도 칩보드(Graded-density chipboard)
작은 입자가 표면 쪽에 분포하고 큰 입자가 중심 쪽에 분포하고 있는 칩보드로, 층 칩보드와는 달리 바깥쪽에서 안쪽으로 갈수록 입자 크기가 점진적으로 작아지는 게 특징이다.

장식 칩보드(Decorative chipboard)
이 칩보드는 목재 무늬목, 플라스틱 라미네이트, 얇은 멜라민 호일 등으로 겉을 씌운 칩보드이다. 목재 무늬목을 씌운 칩보드는 광택연마 특성이 매우 좋고 플라스틱 라미네이트나 멜라민 호일을 씌운 칩보드는 광택연마가 필요 없다. 몇몇 플라스틱 라미네이트를 씌운 작업대 제작용 보드에서는 테두리를 마감 및 윤곽 처리하기도 한다. 멜라민 호일이나 목재 무늬목을 씌운 판재를 덧대는 데 연결되는 테두리 마감 처리 긴 각재를 사용하기도 한다.

배향성 섬유 칩보드(Oriented-strand board)
긴 소나무 섬유로 만든 3층 보드로, 각 층에 있는 섬유는 방향이 모두 같으며, 각 층은 합판처럼 이웃 층과 서로 직각으로 배열되어 있다.

집성합판(Flakeboard 또는 waferboard)
비교적 큰 목재 부스러기를 수평으로 여러 층 쌓고 압축·접착하여 만든 보드로, 표준 칩보드보다 인장강도가 더 높다.

섬유질 판재

섬유질 판재는 나무에서 기본 섬유 성분만을 남긴 뒤 안정적이고 균일한 재료로 재구성해 만든 목재 판재이다. 제조 과정에서 가한 압력의 강도와 사용한 접착제에 따라 다양한 밀도의 판재를 얻을 수 있다.

하드보드

하드보드는 젖은 섬유질을 고온 고압에서 압축해 만든 고밀도 섬유질 판재로, 섬유질에 포함된 천연수지가 서로를 강력하게 결합하는 역할을 한다.

탄성 하드보드 밀도가 중간 정도인 보드로, 수지와 기름이 스며들도록 만들었기 때문에 강하고 물과 마모에 대한 저항력도 높다.
중급 하드보드 한쪽 면만 부드러운 보드로, 두께는 일반적으로 1.5~12mm이다. 값이 싸고 서랍 바닥이나 캐비닛 뒷판으로 많이 사용된다.
양면 하드보드 중급 하드보드와 비슷하지만 양면이 모두 부드럽다는 점이 다르다.
장식 하드보드 구멍이 뚫렸거나, 일정한 문양을 갖고 있거나, 래커 칠을 한 보드를 말한다.

중간 판재

하드보드와 비슷한 방법으로 만들며, 저밀도 보드(LM)와 고밀도 보드(HM)로 분류된다. 저밀도 보드는 6~12mm 두께로 제조되고 핀 보드 또는 벽에 대는 널빤지를 만드는 데 많이 사용된다. 고밀도 보드는 강도가 더 높고 실내용 판재로 많이 쓰인다.

중밀도 섬유판(MDF)

건조 과정에서 만들어진 부드러운 두 면이 있는 보드로, 합성수지 접착제로 섬유질을 접착해 만든다. 조직이 균일하고 미세하기 때문에 모서리나 면에서 깨끗한 가공면을 얻을 수 있다.
이 보드는 마치 목재처럼 가공할 수 있으며, 어떤 용도에서는 원목을 대체하기도 한다. 무늬목을 입히거나 페인트를 칠하기에 적당하다. 일반적으로 6~32mm 두께와 다양한 크기로 제조된다.

참조할 곳

| 캐비닛 제작 | 63, 65, 70 |

중간 판재
1 고밀도 보드
2 저밀도 보드
3 중밀도 섬유판
4 오크 무늬목을 입힌 중밀도 섬유판

하드보드
5 중급 하드보드
6 탄성 하드보드
7 엠보싱 하드보드
8 장식 하드보드
9 구멍 뚫은 하드보드

2장 · 목가구 디자인

3차원 디자인을 하려면 만들고자 하는 오브제가 어떤 모습일지 미리 그려볼 수 있는 능력이 있어야 한다. 디자인은 결코 쉬운 작업이 아니다. 더구나 익숙하지 않은 형태를 빚고 낯선 재료를 사용한다면 평소보다 훨씬 더 어려움을 겪기도 한다. 만들고자 하는 대상의 디자인을 평가하고, 원하는 기능이 제대로 발휘될지 확인하기 위해서 여러 샘플을 만들어볼 필요도 있다. 하지만 초보자라도 오랜 세월 동안 공예가, 디자이너들이 쌓아온 경험과 전문 지식을 활용할 수 있다.

2장에서는 구조, 안전, 사용성뿐 아니라 미학적, 장식적 관점에 이르기까지 디자이너가 고려해야 하는 다양한 부분을 자세히 살펴볼 것이다. 이 밖에 의자, 테이블, 보관함 디자인에 대한 기본 원리를 일러스트와 함께 자세히 다루었다. 이를 통해 적절한 연결부를 선택하는 방법이나 조립 순서 등 가구를 디자인할 때 실제로 필요한 다양한 아이디어와 요령을 익힐 수 있을 것이다.

디자인 과정

새로운 형태나 개념은 단시간에 쉽게 얻을 수 없다. 예를 들어 가구 디자인이 발전해온 역사를 살펴보면 습기에 대한 원목의 반응과 그 과정을 다루는 방법은 오랜 세월 서서히 터득되어왔다는 것을 알 수 있을 것이다. 그 외에도 기술이 점점 변하면서 목공 기법과 가구 디자인도 시대별로 사람들의 기호에 따라 꾸준히 변해왔다는 것을 알게 될 것이다. 하지만 그 변화 속도는 매우 느리다. 대부분의 목가구 작업자들은 오늘날의 개념으로 말하자면 디자이너라기보다 예술가에 속했다. 이들은 그들의 선조들처럼 전부터 내려오던 도구, 방법, 재료를 사용해서 익숙한 물건들을 만들어왔다. 그나마 가장 혁신적인 디자인은 오늘날로 치면 개발 비용이라고 할 수 있는 많은 비용을 부담할 수 있었던 부유층 정도나 누릴 수 있었다. 많은 목가구 작업자가 이러한 혁신적인 디자인을 보편적으로 사용할 수 있을 정도가 되기까지는 많은 노력과 실험이 있었다. 간혹 오랜 세월 동안 이룩된 목공 디자인의 기본 원리를 따르지 않는 경우도 있다. 어느 누구도 창조적 재능을 계발하지 못하도록 방해하지는 않을 것이다. 하지만 단순히 과거로부터 이어져온 것을 따르지 않겠다는 생각만으로 기본 원리를 거스르는 것은 현명하지 못하다. 디자이너는 자신만의 새로운 목공 기술을 창조하기 전에 선택한 재료가 어떻게 작용할지를 완벽하게 이해하고 완성된 물건이 어떻게 기능을 발휘할지를 정확히 파악할 수 있어야 한다.

기능성

많은 이들이 디자인의 기능성을 강조한다. 하지만 이것이 어떤 의미인지 정확히 이해하기 위해서는 그 개념을 여러 각도에서 바라볼 필요가 있다. 등받이가 없는 의자를 디자인한다면 원목 토막을 그대로 사용할 수도 있지만 제대로 디자인한 의자라면 얘기가 달라진다. 일반적으로 사람이 앉기 위한 막대 의자와 소 우유를 짤 때 깔고 앉는 의자는 기능이 전혀 다르고, 그에 따라 치수도 당연히 다르게 마련이다. 의자는 들고 다닐 수 있을 정도로 충분히 가벼워야 하는가? 공공건물 바닥에 볼트로 고정시켜 넘어지지 않도록 할 필요가 있는가? 높이를 조절할 수 있는가? 접어서 보관할 수 있는가? 사람이 쉽게 들어 뒤집을 수 있는가? 디자이너가 만들고자 하는 대상이 어떻게 기능을 발휘할지 제대로 이해하기 위해서는 이러한 수많은 질문을 던져보아야 한다. 그런 다음 질문에 대한 현실적인 요구조건이 충족되도록 디자인해야 한다. 그렇다 하더라도 실제 디자인은 모든 현실적인 요건과 어느 정도 타협한 결과가 될 것이다. 가장 훌륭한 해결 방법은 모든 요건을 최대한 충족시키는 것이지만 현실적으로는 어느 정도 미진한 부분이 있다.

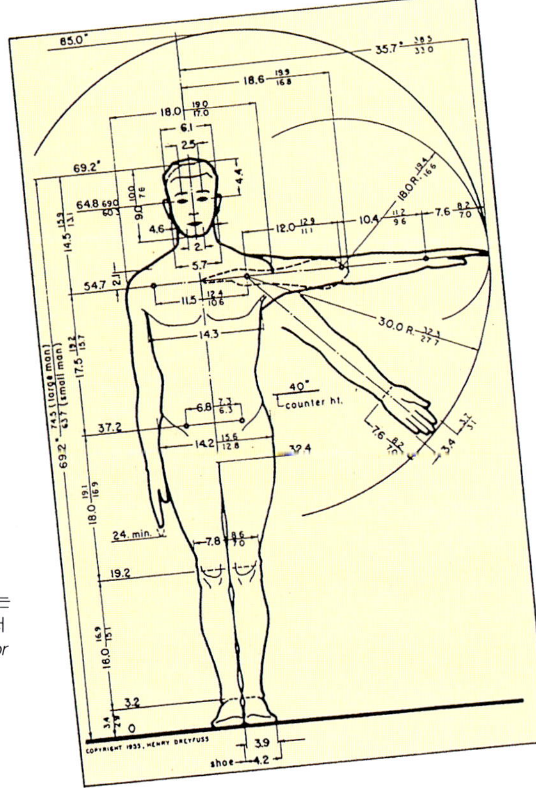

평균 인체 크기
미국의 디자이너 헨리 드레이퍼스는 인체 측정학의 선구자로, 그의 저서 『인간을 위한 디자인*Designing for People*』에서 남성과 여성의 평균 치수를 자세히 제시하고 있다.

인간을 위한 디자인

목제품이 기능적이기 위해서는 대부분 어떤 식으로든 우리 인체와 관련이 있어야 한다. 사람들은 모두 키, 체형, 몸무게가 서로 다르다. 그렇기 때문에 정말로 편안한 의자를 디자인하려면 인체 구조를 정확히 측정할 필요가 있다. 하지만 주변 환경과 인체의 관계를 다루는 통계 과학 분야인 인체측정학과 인간공학에서 이미 인체의 평균 치수에 대한 정보를 제공하고 있다. 이 치수를 기준으로 가구를 만들면 대부분의 사람들이 편안하게 사용할 수 있다. 하지만 어린이나 노인과 같이 특정 부류의 사람들을 위한 가구를 디자인할 때는 특별한 디자인이 필요하다. 2장에서는 이처럼 특별한 인체 치수 데이터를 필요한 곳마다 제시하고 있다.

적합성

다양하게 적용할 수 있는 디자인은 유용성을 증가시킨다. 두 개의 독립 침대로 변신하는 2단 침대를 예로 들 수 있다. 이 침대는 특히 한참 자라는 아이들이 있는 가정에 적합하다. 인체공학적으로 설계된 사무용 의자는 어떤 키에도 맞도록 설계되어 있다. 보조판을 당겨 뺄 수 있도록 설계된 테이블은 간결하고 유연하다. 받침이 고정되어 있는 것보다는 받침 높이를 조절할 수 있는 책장이 사용하기 더 편리하다. 단순한 서랍이나 앞으로 당겨 빼낼 수 있는 받침대 또는 바구니가 찬장에 달려 있으면 훨씬 다양한 용도로 사용할 수 있다.

구조적 요구조건

완벽하게 제작되지 못한 제품은 기능을 제대로 발휘하지 못하며 오래 사용할 수도 없다. 스테이크를 자르는 데 식탁이 흔들린다면 매우 성가실 것이다. 타이핑을 하고 있는데 책상이 흔들리면 작업을 제대로 할 수 없을 것이다. 몸무게를 제대로 받쳐주지 못하는 의자는 신경이 쓰일 뿐 아니라 위험하기까지 하다. 목재로 만든 구조물은 일반적인 용도로 사용될 때 받는 하중에 견딜 수 있도록 설계되어야 변형되지 않으면서 상당한 무게를 지탱할 수 있다. 전형적인 스틱(Stick) 의자의 다리 프레임에는 의자 제작의 원리가 완벽하게 나타나 있다. 4개의 다리는 원목으로 된 좌석 밑에 접합되어 있고 다리마다 가로대가 붙어 있다. 이것은 의자 다리가 힘을 받았을 때 휘거나 따로 움직이지 않도록 해주는 역할을 한다. 앵글 역시 각 구성요소가 만나는 각도는 하중의 방향이 바뀌더라도 서로를 단단히 고정하도록 디자인되어 있다. 연결부에서 직선 방향으로 당겨지는 힘을 받는 경우는 거의 없기 때문이다. 의자에 앉은 채 몸을 뒤로 기울였을 때 어느 각도에서도 그 무게를 지탱할 수 있다. 그 구조는 의도한 바에 걸맞게 설계되었다.

선반은 너무 큰 힘을 받으면 휘어지고 결국 누르는 힘과 늘어나는 힘에 의해 부서지고 만다. 하지만 폭 50mm 정도의 긴 각재를 90도 각도로 세워 선반 아래에 붙이면 휘지 않고 더 많은 하중을 지탱할 수 있다. 다시 말해 긴 각재를 세워서 붙임으로써 빔(Beam)의 효과를 낼 수 있다. 테이블 상판이나 의자 좌판을 지탱하는 가로대도 이와 비슷한 기능을 한다.

예를 들어 빔에 가해지는 하중은 의자나 테이블의 다리와 같이 양쪽 끝에서 그 빔을 받치고 있는 구성요소로 전달된다. 가로대와 다리가 연결되는 연결부는 전단력(단단한 지지대가 받치고 있는 하중의 아래 방향 압력)을 지탱할 수 있어야 한다. 측면으로 압력이 가해지면 연결부에 지렛대 효과가 발생해서 전단력이 매우 커진다. 만약 가로대가 연결부를 위한 적절한 돌출부를 제공하고, 구조를 강화하기 위해서 가로대 안쪽에 코너 블록이 접착되어 있다면, 튼튼한 꽂임촉맞춤이나 장부맞춤촉이 이러한 지렛대 효과를 지탱할 수 있다.

캐비닛이나 상자의 연결부는 특히 측면으로 가해지는 힘을 받기 쉽다. 이 때문에 프레임이 평행사변형으로 변하게 되고 부서지기 쉽다. 하지만 뒷판, 수직 보강 기둥, 코너 플레이트로 단단히 고정시키면 연결부가 움직이는 것을 막을 수 있어 튼튼한 구조로 만들

수 있다. 기둥 밑받침이나 선반 지지 가로대를 붙여도 같은 효과를 얻을 수 있다. 이 밖에 금속으로 만든 가로 지지대로 두 대각선 방향의 반대편 모서리를 단단히 결속하여 구조물을 튼튼하게 할 수도 있다.

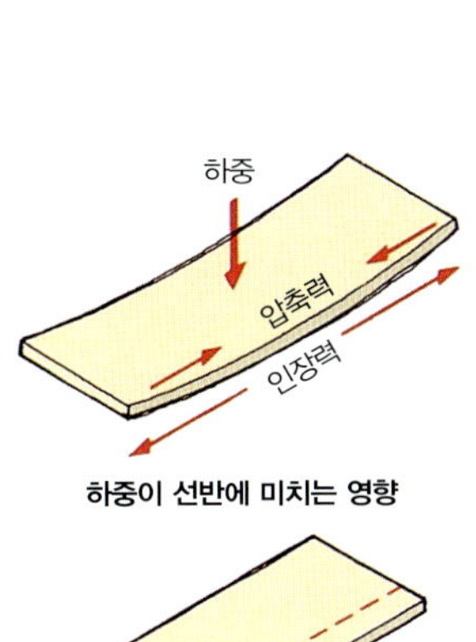

하중이 선반에 미치는 영향

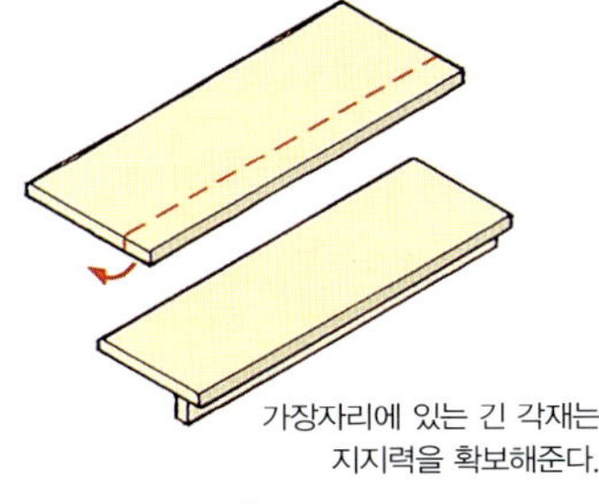

가장자리에 있는 긴 각재는 지지력을 확보해준다.

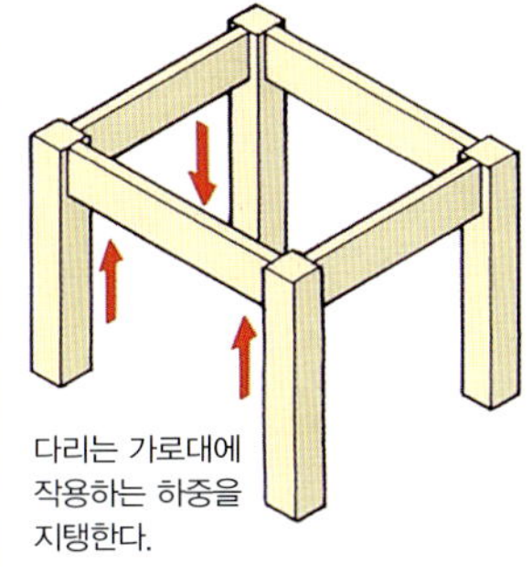

다리는 가로대에 작용하는 하중을 지탱한다.

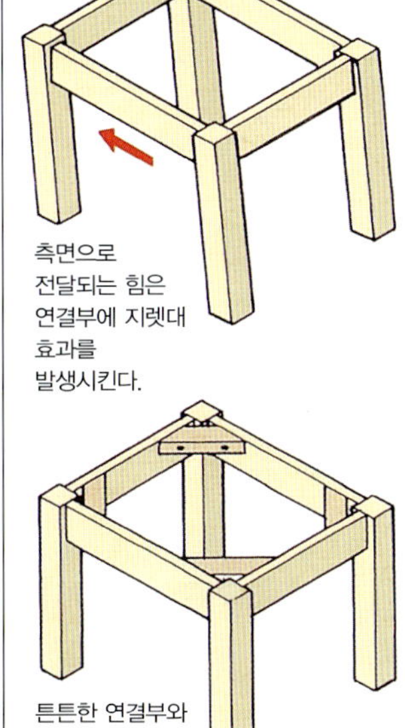

측면으로 전달되는 힘은 연결부에 지렛대 효과를 발생시킨다.

튼튼한 연결부와 코너 블록은 구조물을 단단히 고정시킨다.

전통적인 스틱 의자
좌판 아래의 구성요소는 일상적인 사용 중 발생할 수 있는 다양한 하중에 잘 견딜 수 있도록 설계되어 있다.

완벽하게 기능하는 등받이
인체공학적으로 디자인된 등받이는 외관과 실용성이 모두 뛰어나다.

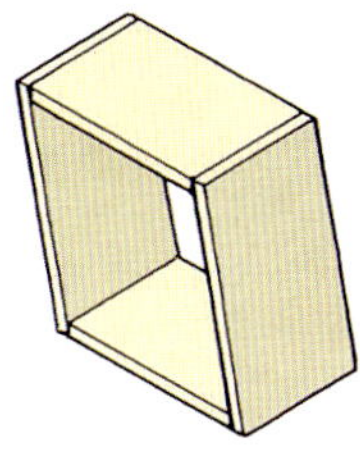

지지대로 고정되지 않은 상자는 부서지기 쉽다.

튼튼한 상자 만들기
캐비닛이나 상자를 튼튼하게 만들기 위해서는 다음 방법을 통해 연결부를 강화해야 한다.

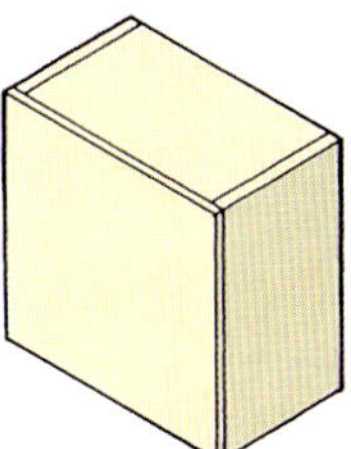

튼튼한 뒷판

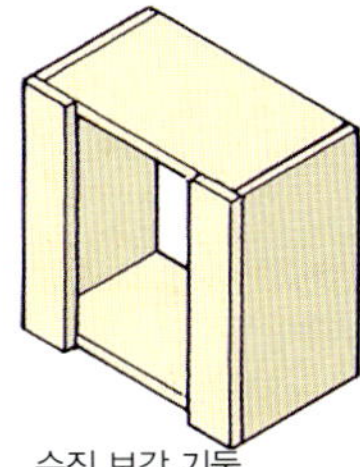

수직 보강 기둥

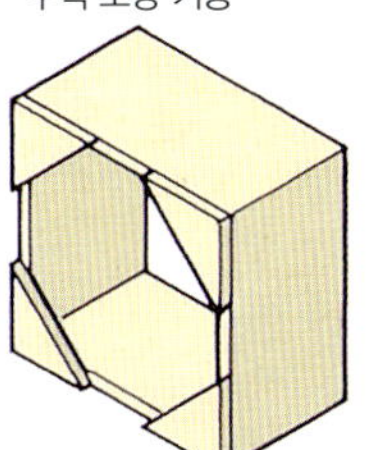

코너 플레이트

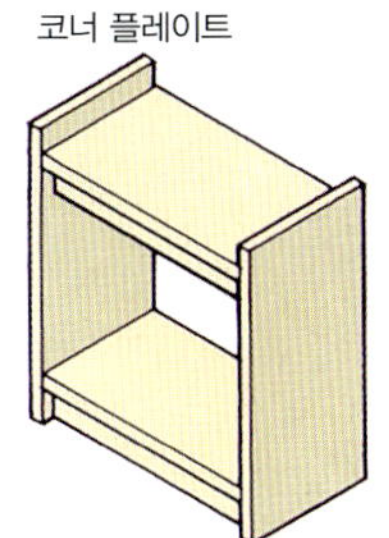

바닥 받침 지지대/ 선반 지지 가로대

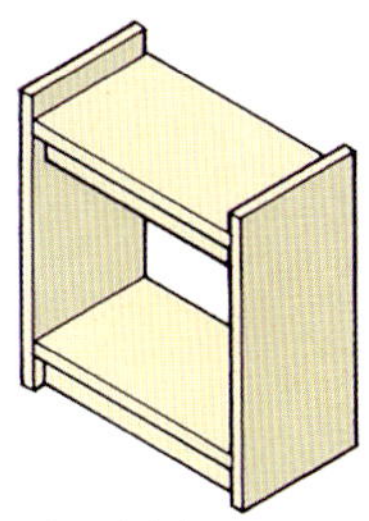

가로 지지대

안전을 위한 디자인

물건을 설계할 때는 누군가 그것을 잘못 사용할 수도 있다는 점을 고려해야 한다. 사람들은 종종 선반 높은 곳에 올려놓은 물건을 내리려고 의자의 가장 약한 부분이나 의자 다리 사이에 걸쳐 있는 가로대를 밟고 올라서기도 한다. 의자를 뒤로 젖혀 앉는 것도 흔히 있는 일이다. 이런 목적으로 의자를 디자인하지 않는다고 해도 그러한 부분이 디자인 과정의 일부로 고려되어야 하며, 가능하다면 사고 위험성을 최소화할 수 있도록 디자인을 수정할 필요가 있다.

지렛대 효과

사람들은 종종 테이블 위에 앉기도 한다. 테이블의 가로대나 연결부가 튼튼하다면 사람이 테이블 위에 앉더라도 바지 뒷주머니의 단추에 긁혀 테이블 상판에 약간의 흠집이 생길 수는 있어도 구조적으로 큰 문제는 없을 것이다. 하지만 장롱에 경첩으로 고정시켜 내려 젖히는 문과 같이 테이블 상판이 한쪽 끝만 고정되어 있다면 경첩에 상당히 큰 지렛대 효과가 발생한다. 이때 장롱문을 금속으로 된, 접히는 버팀목으로 잡아주거나 처짐 받침대(장롱문을 받칠 수 있도록 장롱밖으로 당겨 뺄 수 있도록 만든 받침대)로 받쳐주면 경첩에 가해지는 하중을 지탱할 수 있다. 두 방법 모두 지렛대 받침점을 앞쪽으로 이동시키기 때문에 지렛대 효과를 줄일 수 있다. 찬장이나 주방 싱크대 문이 바로 옆에 있는 서랍 방향으로 열리도록 설계되어 있을 때, 서랍이 완전히 닫히지 않은 상태에서 찬장문을 활짝 열면 서랍 모서리가 지렛대 받침점으로 작용해 문이

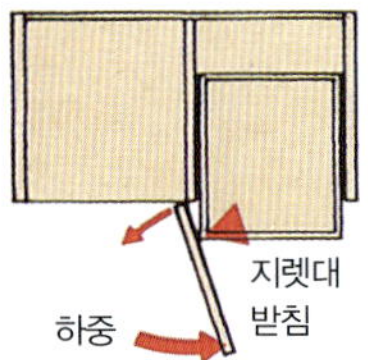

지렛대 효과
서랍 모서리가 지렛대 받침으로 작용해 문이 떨어져 나갈 수도 있다.

오크 서랍장
아래 프레임에서 가죽 손잡이를 잡아 당기면 내려 젖히는 문이 아래로 처지지 않도록 만들 수 있다.

떨어져 나갈 수도 있다. 이러한 문제를 막기 위해 문이나 서랍의 위치를 바꿀 수 없을 때는 문이 90도 이상 열리지 않도록 받침대를 설치해야 한다.

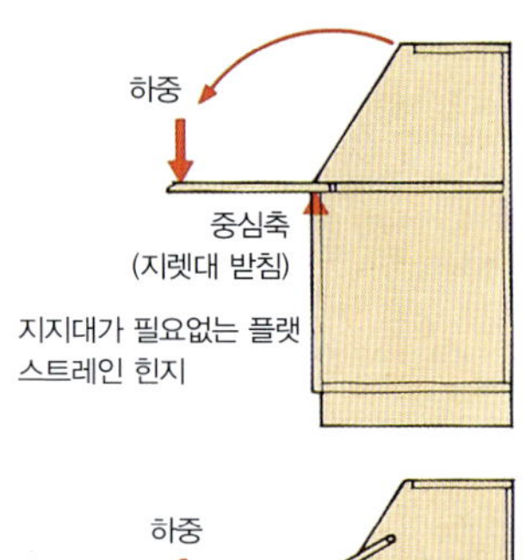

지지대가 필요없는 플랫 스트레인 힌지

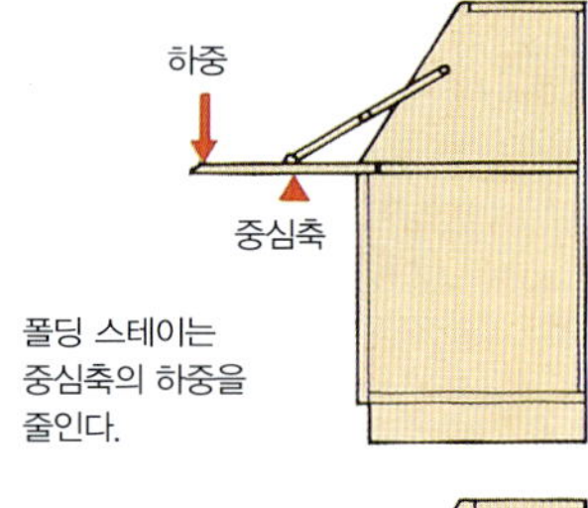

폴딩 스테이는 중심축의 하중을 줄인다.

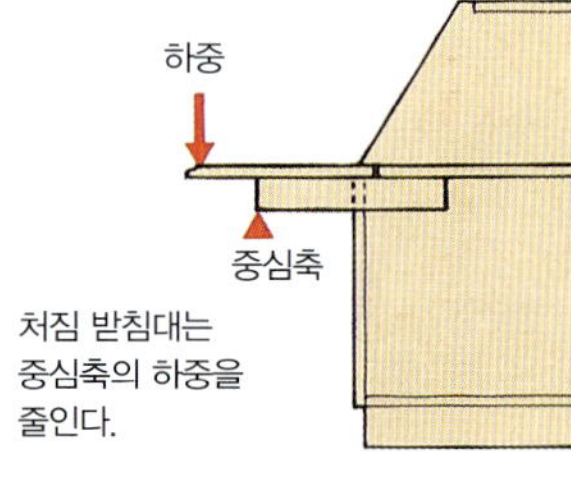

처짐 받침대는 중심축의 하중을 줄인다.

안정성

가구는 일상적인 조건에서는 안정적으로 유지되어야 하는데, 쉽게 흔들리지 않는지 확인해야 한다. 예를 들어 식탁의자를 그대로 놓아둔 상태에서 사용한다면 무게중심이 네 다리 안쪽이 되기 때문에 안정적으로 유지될 것이다.1 하지만 의자를 뒤쪽으로 기울이면 무게중심이 이 범위를 벗어나게 되어 불안정해져 흔들릴 수도 있다.2 이 때문에 의자 뒤쪽 다리에 약간 경사를 주기도 한다.3 그러면 뒤쪽으로 기울여도 무게중심이 바깥으로 벗어나지 않기 때문에 안정적으로 유지된다.4

서랍장의 모든 서랍을 동시에 열어두면 불안정해질 수 있다. 키가 작고 아래쪽 받침이 넓은 캐비닛은 무게중심이 낮기 때문에 일부로 기울이지 않는 한 안정적으로 유지될 것이다. 하지만 키가 큰 장롱은 그렇지 못하기 때문에 벽이나 바닥에 나사를 박아 고정시켜야 하는 경우도 있다. 옷장에 달린 문이 너무 크고 무거워서 문을 열었을 때 옷장이 쓰러질 위험이 있다면 문을 경첩으로 고정시키는 방법 대신 슬라이드식으로 만드는 것이 보통이다.

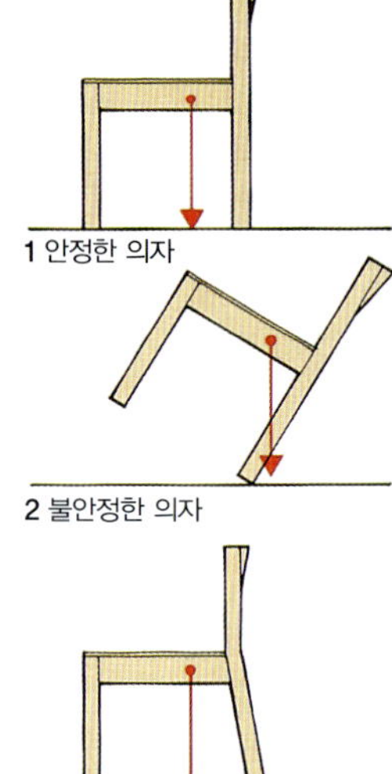

1 안정한 의자

2 불안정한 의자

3 뒤쪽 다리에 경사를 준 의자

4 뒤로 젖혀도 무게중심이 네 다리 안쪽에 유지된다

다리가 벌어진 의자
다리가 벌어진 안락 의자는 쉽게 뒤로 기울어지지 않는다.

위험 요소 방지

아무리 작은 요소라도 심각한 부상을 초래할 수 있다. 뾰족한 모서리나 구석을 디자인할 때는 한번 더 생각해야 한다. 특히 그런 부분이 아이들이 넘어져 부딪힐 수도 있는 높이에 있을 때는 더욱 주의해야 한다. 유리 테이블을 설계할 때는 이 부분에 특별히 주의해야 한다. 테이블 상판은 테두리를 둥글게 깎아주는 것이 더 안전하다. 사각형 유리 테이블은 프레임에 나 있는 맞춤턱에 끼우는 것이 더 바람직하다.

날카로운 모서리 부위가 가위 작용을 하는 곳에는 특별한 주의가 필요하다. 예컨대 상자의 상판을 덮을 때, 상판과 측판 사이에 손가락이 끼기라도 한다면 심한 통증을 느낄 것이다. 이와 비슷하게 접의자가 쓰러질 때, 접히는 부분에 손가락이 끼기라도 한다면 훨씬 더 심하게 다칠 수도 있다.

팔걸이가 달린 회전식 사무용 의자는 언뜻 보기에 위험해 보이지 않는다. 하지만 의자를 회전시킬 때 책상 밑면과 팔걸이 사이에 손가락이 끼어서 다치지 않도록 충분한 공간이 있어야 한다.

뾰족한 손잡이가 밖으로 튀어나와 있으면 심하게 다치지는 않더라도 옷이 걸려 찢어질 수도 있다. 그러므로 손잡이

안전을 고려한 디자인
일체형 서랍 손잡이는 안전하면서도 독특한 모양을 낼 수 있다.

를 둥글게 만들거나 매입형 또는 가죽 소재로 디자인하는 것이 좋다.

목재의 변형을 고려

단일판재일지라도 방향에 따라 변형되는 정도가 달라서 문제가 되기도 한다.

목재의 고유한 나뭇결 구조로 인해 원목 판재는 길이 방향보다 너비 방향으로 더 많이 수축하거나 팽창한다.1 비슷한 판재 네 개로 상자를 만들 때는 모서리마다 판재의 나뭇결 방향이 모두 같도록 만들어야 한다. 그래야 모든 판재의 변형이 같아서 뒤틀리거나 휘지 않는다.2

상자 측면에 나뭇결과 수직으로 가로지지대를 고정시키면 상자의 자연적인 움직임을 구속하기 때문에 결국 나뭇결을 따라 쪼개짐이 발생한다.3 가늘고 긴 나사 구멍에 나사를 박으면 이러한 문제를 해결할 수 있다.

얇은 원목 판재가 변형되는 것을 막기 위한 가장 일반적인 방법은 홈에 끼워 고정시키는 것이다. 이때 접착제로 고정시키지 않는다. 이 방법은 기존의 골재와 널판 구조에서 사용되는 원리이다.

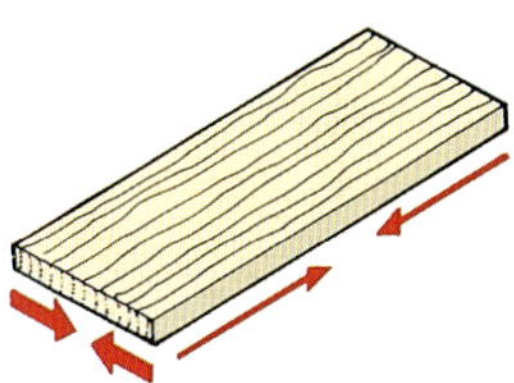

1 길이 방향보다 너비 방향이 더 크게 수축된다.

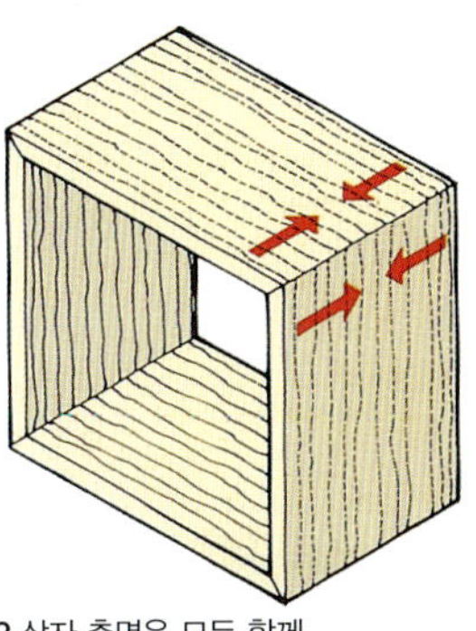

2 상자 측면은 모두 함께 수축·팽창한다.

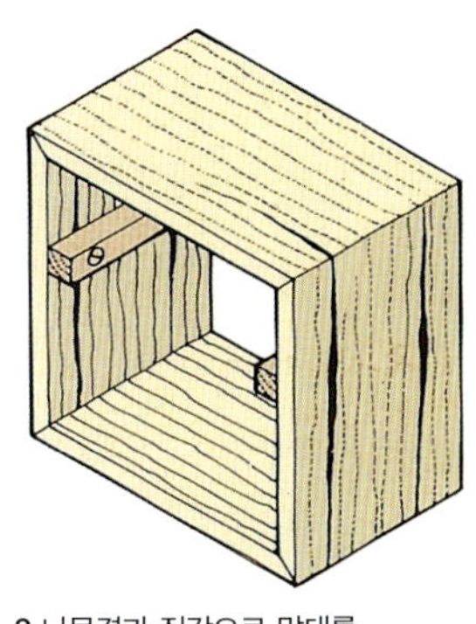

3 나뭇결과 직각으로 막대를 고정시키면 쪼개짐이 생긴다.

디자인을 위한 나무의 이해

기능이나 안전과 관련된 요소는 대부분 사용하는 재료의 종류와는 상관없이 적용이 가능하다. 하지만 목가구 디자인의 경우 나무로부터 목재를 언제 얻었는지에 상관없이 주변의 습도에 따라 수분을 흡수하기도 하고 방출하기도 한다는 점을 고려해야 한다. 예를 들어 100년 전에 만들어진 나무 서랍장을 서늘한 곳에서 히터가 있는 따뜻한 곳으로 옮기면 건조되기 시작한다. 다시 원래 있던 서늘한 곳으로 가져가면 주변 공기로부터 수분을 흡수한다.

목재는 수분을 방출할 때 수축되고 수분을 흡수할 때 팽창하는 성질이 있기 때문에 목가구 디자이너는 이러한 수분의 흡수와 방출에 따라 일어나는 목재의 치수의 변화를 디자인에 반영해야 한다. 이러한 습도의 변화 등이 반복되면 쪼개짐이나 뒤틀림이 나타난다. 하지만 이와 같은 환경 속에서도 목제품이 해를 입지 않도록 하는 것이 목가구 디자이너의 또다른 역할이기도 하다.

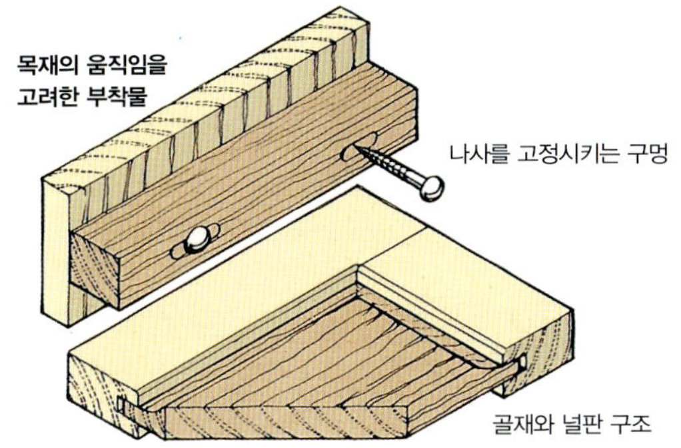

자연적 변형을 활용하는 기법

숙련된 디자이너는 목제품의 세부적인 부분이 수축이나 팽창의 영향을 받을 것으로 예상될 때 오히려 그 영향이 겉으로 나타나도록 만들기도 한다. 삽입형(Inset) 서랍의 앞판이 처음에는 주변 프레임에 딱 들어맞더라도 몇 달이 지나면 보기 싫은 틈이 생길 수 있다. 이때 서랍 앞판에 좁은 몰딩을 붙이거나 서랍 앞판의 가장자리 또는 서랍을 둘러싸는 프레임을 살짝 깎아주는 것만으로도 그 틈새를 감추기에 충분하다.1

이밖에 어떤 식으로든 결국 틈새가 생길 수밖에 없다는 것을 알고 있다면, 처음부터 틈새가 드러나도록 디자인할 수도 있다. 예를 들면, 제혀쪽매이음으로 연결되는 판재에 의도적으로 약간의 직선 간격을 만들어주면 그 사이에서 일어나는 팽창 및 수축의 영향을 감출 수 있다.2

처음에 테이블 상판과 이것을 지탱하는 하부 프레임이 서로 완벽하게 수평이 되도록 만들었다 하더라도 상판이 수축되기 시작하면 수평이 파괴되어 사용할 수 없게 된다.3 하지만 이를 감안해 테이블 상판이나 받침대에 맞춤턱을 만들어주면 그림자 선이 생겨서 상판이 수축되더라도 그 단점을 감출 수 있다.4 이 밖에 테이블 상판이 받침대 밖으로 튀어나오도록 만들거나5 상판의 가장자리에 일정한 모양을 내고 받침대 면에서 약간 안쪽으로 들어가도록 만들 수도 있다.6

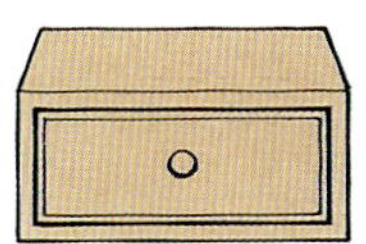

1 틈새 감추기

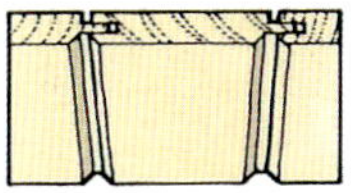

2 디자인된 홈 직선

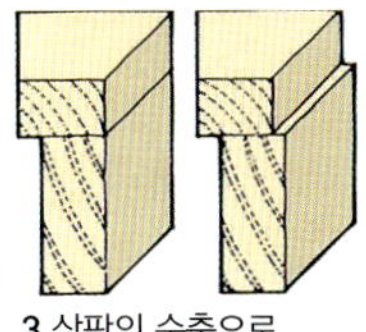

3 상판의 수축으로 수평이 어긋남

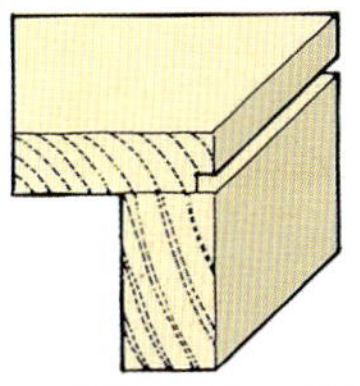

4 맞춤턱이 나 있는 상판

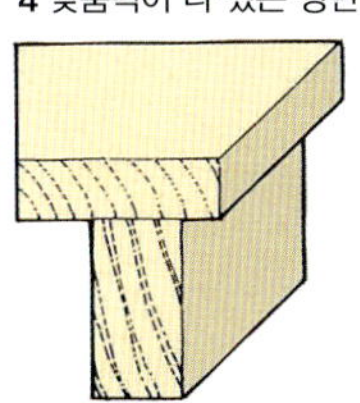

5 상판이 받침대를 덮음

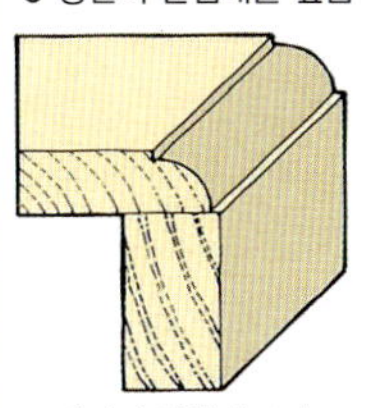

6 상판이 받침대보다 안쪽에 놓임

문제 해결

테이블 상판이나 캐비닛을 만들 때 원목 판재의 수축을 피하기 위해 튼튼하고 안정적인 인공 판재에 무늬목을 입혀 사용하기도 한다.

조형 형태를 위한 디자인

디자인하려는 목가구 제품의 조형 형태는 적절한 비례를 선택했는지, 제 기능을 최대한 활용할 수 있도록 디자인되었는지에 따라 좌우된다고 할 수 있다. 흔히 말하는 '형태는 기능을 따른다'는 말도 이를 전제로 한 것이다. 하지만 이것은 사실 디자인을 너무 간단하게 보는 것이다. 디자이너가 가장 뛰어난 조형 형태에 대한 안목을 갖기 위해서는 오랜 세월이 걸리게 마련이다.

디자이너가 뛰어난 목가구 제품을 만들어내기 위해서는 각 부분을 이렇게 저렇게 셀 수 없이 만들어보고, 목제품의 조형 형태를 더 훌륭하게 만들 수 있는 재료를 선택하는 데 많은 시간을 들이며, 몰딩, 목조각, 상감 등 목제품을 더욱 아름답게 만들 수 있는 모든 방법을 다 동원해야 할 것이다. 한마디로 목가구 제품의 조형 형태는 기능만큼이나 중요하다. 그러나 디자인이 얼마나 아름다운지 객관적으로 평가하는 것은 실질적으로 불가능하다. 아름다운 조형 형태를 디자인하기 위한 유일한 방법은 어떤 디자인이 사람들에게 사랑받고 인정받는지 아는 것이다.

1 퍼다우크(Padauk) 상자
원목을 잘라 만든 사각 너클이 달려 있는 심플한 디자인의 상자

2 육각형 상자
인디언 장미목과 버(burr) 무늬목으로 만든 뚜껑이 있는 육각형 상자

3 도미노
플라타너스 점이 상감되어 있는 아프리카 흑단으로 만든 도미노

4 일체형 상자
주목을 잘라 만든 작은 장식용 상자

앤티크 스타일 접이 테이블
앤티크를 차용한 목가구는 현대 인테리어와 완벽하게 어울린다.

전통적인 오크 공구장
작업장에는 어울리지 않을 정도로 아름답게 균형이 잡힌 공구장.

분위기와 어울리는 디자인

아무런 장식도 없는 단순한 형태의 의자, 또는 윈저 (Windsor) 의자와 매우 화려한 조각이 새겨진 세라턴 (Sheraton) 스타일의 의자를 비교한다면 어떤 차이를 느낄 수 있을까? 실제로 겉모양 외에 큰 차이점은 없을 것이다. 그 이유 중 하나는 사람들이 이 두 종류의 의자는 전혀 다른 분위기와 어울린다고 생각하기 때문이다. 즉 원래 그 의자들이 사용되도록 의도된 장소가 서로 다르기 때문이다. 단순한 디자인의 의자가 화려한 장식을 갖춘 거실에서 반짝반짝 광택이 나는 테이블 옆에 놓여 있다면 어울리지 않을 것이다. 마찬가지로 세라턴 스타일의 의자가 초라한 시골 부엌에 놓여 있는 것도 어색하게 느껴질 것이다. 이 두 의자를 서로 바꾸어 놓는다면 원래 의도된 환경과 자연스럽게 어울릴 것이다.

이와 같이 목가구 제품을 디자인할 때는 만들고자 하는 물건이 언제 어디에서 사용될 것인지 파악한 다음 주변과 가장 잘 어울릴 수 있도록 적절한 목재, 모양, 비율, 마감을 예상해야 한다. 모든 스타일과 시대성을 초월해서 주변과 잘 어울리는 가구를 만들어내는 재능이 있는 사람도 있다. 하지만 목제품이 사용될 장소의 스타일과 장식을 고려하면 훨씬 쉽게 디자인할 수 있을 것이다. 그렇다고 시대별로 유행하는 목가구 제품을 새로 만들어야 한다는 것은 아니다. 그 공간의 스타일이나 실내장식과 유사한 재료와 구조를 사용하는 것만으로도 최소한 주변과 어울릴 수 있는 디자인을 할 수 있다.

무늬목 장
현대적 실내장식을 위한 단순한 장식의 캐비닛. 착색하고 채색한 플라타너스로 만들었다.

식탁의자
가장자리가 좁은 다리와 곧은 시트는 튼튼한 식탁용 의자로서 정교함을 더해주고 있다.

깎아 만든 나무 사발
원목 벚나무, 장미나무, 호두나무를 깎아 만든 나무 사발로, 정교한 주름 조각으로 장식되어 있다.

5

6

5 게임보드와 말
게임보드는 버 느릅나무 무늬목 위에 장미나무와 황동을 상감하였다. 각 말은 회양목과 코코볼로를 선반작업하여 만들었다.

6 책상에 놓는 연필통과 사발
이 두 목제품은 얇은 자작나무 합판을 퍼다우크 버튼으로 고정해 만들었다.

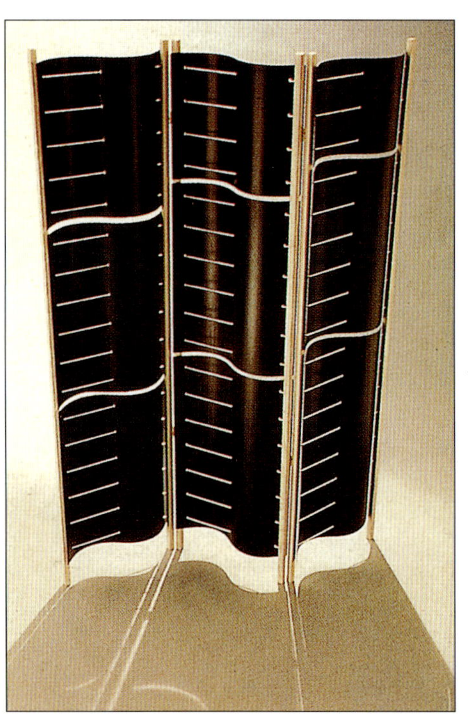

접이식 스크린
대부분 합판을 휘어 만든
접이식 스크린으로, 검은색
래커, 물푸레나무,
스테인리스 스틸이 잘
조화를 이루고 있다 .

런던 전신 거울
심플하고 멋진 전신 회전 거울로, 소품상자의 구성과
비례가 독특하다.

세부 장식
퍼다우크 무늬목을 중간에
삽입해 적층 빛나무를 덧붙여
모양을 냈다.

테이블 기둥 연결부
단순한 연결부라도 다른 색의
목재를 적절히 사용하면
훌륭한 장식이 된다.

세련된 단순함
물푸레나무로 만든 세 발 탁자로,
세련된 공간을 위한 고전적 스타일의
디자인이다.

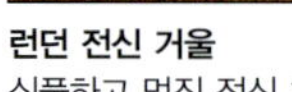

착시효과를 이용한 디자인
바닥판재가 아름답게 휘어 있어서, 마치 공중에
떠오르는 것처럼 보인다.

꼭 필요한 것만 있는 디자인
회전식 서랍과 사각 상판으로 이루어진 책상으로,
불필요한 부분이 전혀 없다.

단순미와 장식

단순미를 살린 디자인

디자인하려는 목가구 제품이
특정 장소에서 사용될 게 아니
라면 어떤 분위기에도 잘 어울
릴 수 있도록 만드는 가장 좋
은 방법은 단순하게 디자인하
는 것이다. 하지만 단순한 디
자인이 쉬운 작업이라는 말은
결코 아니다. 전문 디자이너들
은, 목가구 제품에 불필요한
부분을 없앨 수 있는 안목을
갖추고 조형미를 살리며 섬세
한 비례를 선택할 수 있는 능
력을 갖추기까지 수년 동안 끊
임없이 자신들의 기술을 연마
해왔다. 더욱 단순한 디자인을
위해서는 높은 수준의 장인적
인 솜씨가 있어야 한다. 시선
을 잡아 끄는 단순한 디자인이
아니라면 미흡한 마감, 부정확
한 연결부, 서투른 세부 구조
등은 한눈에 알아볼 수 있기
때문이다.

장식을 포함하는 디자인

앞서 설명한 것과 같이 목재의
수축으로 인한 영향을 감추기
위해서 종종 몰딩이 사용된다.
마찬가지로 얼룩 하나 없이 매
끈하게 연마해야 할 표면에 자
연스러운 질감을 주기 위해 어
떤 문양을 새기기도 한다. 이 방
법은 목공 작업이 손으로 이루
어지던 시대에 주로 사용되던
기법이다. 하지만 오늘날에는
기계를 사용해 쉽게 표면을 매
끈하게 가공할 수 있기 때문에
대부분 풍부한 장식 효과를 내
기 위해 사용되고 있다. 예를 들
어 매혹적인 무늬목은 장식용으
로만 사용되고 있다. 상감, 목조
각, 목재 또는 금속 상감도 마찬
가지다.
디자이너는 시각적 효과를 내
기 위해서 상상하는 것에 따라
다양한 목공 기법을 활용할 수
있다. 실제로 숙련된 디자이너
는 종종 다른 목공 기술자도 감
탄할 만큼 아름다운 사개맞춤
이나 주먹장맞춤을 만드는 데
특별히 주력하기도 한다.

색, 질감, 착시

색과 질감

적절한 목재를 선택하는 것만으로도 일상적인 목제품의 질을 충분히 높일 수 있다. 하지만 목재와 다른 재료를 혼합해 사용하면 한층 더 아름다운 목제품을 만들 수 있다. 시원하고 부드러운 질감의 유리 또는 대리석을 사용해 목재의 풍부한 나뭇결과 아름답게 대비되도록 만들 수 있다. 광이 나도록 잘 연마한 황동 부품을 어두운 색의 목재와 조화시켜 더욱 아름다운 목제품을 만들 수도 있다.

표면 마감을 어떻게 하느냐에 따라 목제품의 외관이 크게 달라진다. 착색하고 표면을 매끈하게 마감하면 목재의 색을 더 깊게 만들 수 있다. 이 밖에 원하는 광택 정도에 따라 무광택 마감이나 광택 마감을 할 수도 있다. 페인트를 스프레이로 뿌리거나 붓으로 칠하면 목제품 외관을 어떤 색으로든 마감할 수 있다.

착시 디자인

만약 완성된 목제품의 비례가 마음에 들지 않거나, 실제보다 더 가볍게 또는 더 무겁게 보이도록 하고 싶을 때는, 원하는 효과를 얻기 위해 착시 효과를 이용하면 된다.

선반이나 판재 가장자리에 두꺼운 덧댐을 하면 실제로는 무게를 크게 늘리지 않고도 중량감을 더 높일 수 있다. 반대로 긴 가로대에 가늘고 긴 몰딩을 붙이거나 상감을 박아 넣으면 더 가벼워 보이기도 한다.

두꺼운 테이블 상판의 밑면을 비스듬하게 살짝 잘라내면 모든 방향에서 테이블 두께가 얇아 보이기 때문에 더 세련되어 보인다.

테이블 다리를 끝으로 갈수록 점점 더 가늘게 만들면 좀더 키가 크고 가벼워 보인다. 무거워 보이는 찬장이나 서랍장의 주기둥 가로대 밑면을 깊고 둥글게 처리하면 한층 더 가벼워 보인다.

또한 목재의 질감이나 색상에 따라서 그 목제품이 달라 보이기도 한다. 어두운 색상의 목재가 많이 들어간 목제품은 전체적으로 방안에 꽉 찬 느낌을 주는 반면, 밝은 색상의 목제품은 공간을 조금 차지하는 것처럼 보인다. 나뭇결이 거친 무늬목은 더 강렬해 보이는 반면, 방사상으로 제재된 곧은결무늬가 있는 무늬목은 차분해 보인다.

화려하게 장식한 보조 테이블
테이블 상판은 화려한 색상과 무늬가 결합된 상감 세공으로 되어 있으며(오른쪽), 다리는 배나무와 웬지(Wenge)목을 선반가공해 만들었다.

장식적 결합부
디자인이 독창적인 라미네이트된 오크로 만든 다리 맞춤부로, 튼튼하면서도 독특하다.

시선을 사로잡는 화려한 색
이 자유롭게 색칠된 테이블은 색이 얼마나 목제품을 독특하게 만들 수 있는지 잘 보여주고 있다.

선반가공한 사발
선반가공을 하고 부분적으로 불에 그을리면 느릅나무 버(burr)의 자연스러운 색과 무늬가 한층 더 두드러진다.

독립형 캐비닛
독창적인 개념으로 만들어진 이 타워 캐비닛은
양쪽에서 열 수 있도록 설계되어 있다.

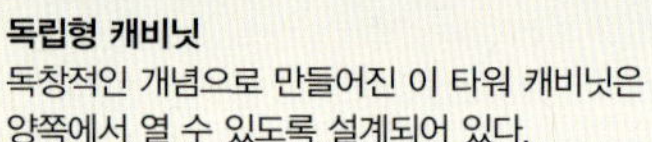

오리 연못 테이블
물속에 뛰어든 오리가 물
표면을 나타내는 테이블
상판을 받치고 있는 모양의
테이블

독창적 디자인의 개발

자신이 만든 목가구 제품에 자신만의 개성을 새겨 넣는 것은 모든 목가구 제품 작업자의 궁극적인 목표일 것이다. 무조건 화려하거나 비정상적이라고 해서 자신만의 독특한 스타일이 되는 것은 아니다. 예를 들어 유명한 고전 스타일에서 영감을 얻을 수도 있다. 이것은 단순히 고전 스타일을 그대로 모방한다는 것이 아니라, 그 스타일을 기초로 자신만의 새로운 스타일을 만든다는 것을 의미한다. 반면 특별한 제조 방법에 강한 영감을 느끼게 되면 그것에 따라서도 목제품의 모양이나 형태가 결정되기도 한다. 목선반 가공 시에 디자인이나 적층무늬목으로 만든 휨가공 구성만 선호하면 작업자의 생각이나 에너지가 특정한 방향으로만 집중되게 된다.

가장 어려운 것은 아마도 기존 규칙에서 벗어나기 시작하는 것일 것이다. 당연히 그렇게 보일 것이라는 기존 개념에 도전하기 위해서는, 뛰어난 상상력과 기술뿐 아니라 그 결과를 성공으로 이끌 수 있는 용기도 필요하다. 사람들은 보통 사물함을 당연히 벽에 기대어 세워놓는다고 생각한다. 하지만 독립적으로 세워두고 모든 방향에서 열 수 있도록 만들 수도 있다. 기존 개념으로 보면 탁자에는 다리가 네 개 달려 있어야 하지만 다리가 세 개 달려 있으면 더 독특해 보일 뿐 아니라 평평하지 않은 바닥에서 더 안정적으로 사용할 수도 있다. 그리고 침대를 천장에 매달 수도 있는데 왜 굳이 바닥에 놓아두어 공간을 차지하게 둘까? 이러한 질문에 대해 항상 독창적인 답을 얻을 수 있는 것은 아니다. 어쩌면 기존에 많이 통용되던 방식을 사용하는 것이 가장 적절하기 때문에 그 방법을 계속 사용해야 할 수도 있다. 그러나 매우 독창적이고 기발한 생각이 우연히 떠오를 수도 있다.

무늬목을 붙인 사이드보드
인상적인 물푸레나무와 장미목으로 만들어졌으며, 아르데코 디자인의
영향을 받은 독특한 캐비닛.

호도나무로 만든 책상과 의자
단단한 호도나무 원목으로 만든 이 책상과 의자는 전통과 현대가 잘
조화를 이루고 있다.

치펀데일 스타일 의자
마호가니 목재를 정교하게
조각한 식탁용 의자

안락의자와 발받침
스팀 벤딩(Steam bending)
으로 휨가공한 형태는 물
흐르는 듯한 부드러운
곡선이 나타난다.

의자 제작의 원리

흔히 볼 수 있는 식탁용 의자는 이미 수세기 전부터 지금과 같은 형태로 사용되었으며, 디자인 개념도 변함없이
이어져왔다. 의자는 앉아 있는 사람이 편안하게 식사를 하거나 일할 수 있도록 앉는 사람을 지탱할 수
있어야 한다. 의자에 팔걸이가 달려 있다면 앉거나 일어서는 데 방해가 되지 않아야 한다. 의자는 앉는 사람의
몸무게를 견딜 수 있도록 튼튼하면서도 쉽게 옮길 수 있도록 가벼워야 한다. 언뜻 보기에 이것은 매우 어려운
주문처럼 생각될지도 모른다. 하지만 이것은 오래전부터 내려온 전통적인 주제로서, 모든 디자이너와 공예가가
이 문제를 적절하게 풀고자 했다. 의자를 제작하는 방법은 많지만 여기에 소개되는 몇몇 대표적인 제작 방법들을
통해 디자인 개발의 첫발을 내디뎌보는 것도 좋을 것이다.

안락한 의자 디자인

대부분의 사람들이 편안하게 앉을 수 있는 의자를 만들기 위해서
디자이너는 표준 치수를 기준으로 의자를 설계한다. 하지만 의자의 주요
구성요소인 높이, 모양, 각도가 정확한지 평가하려면, 실제 크기의 모형을
만들어 세부 사항을 시험하고, 작업이 진행됨에 따라 필요한 부분을
수정하는 경우가 생긴다.

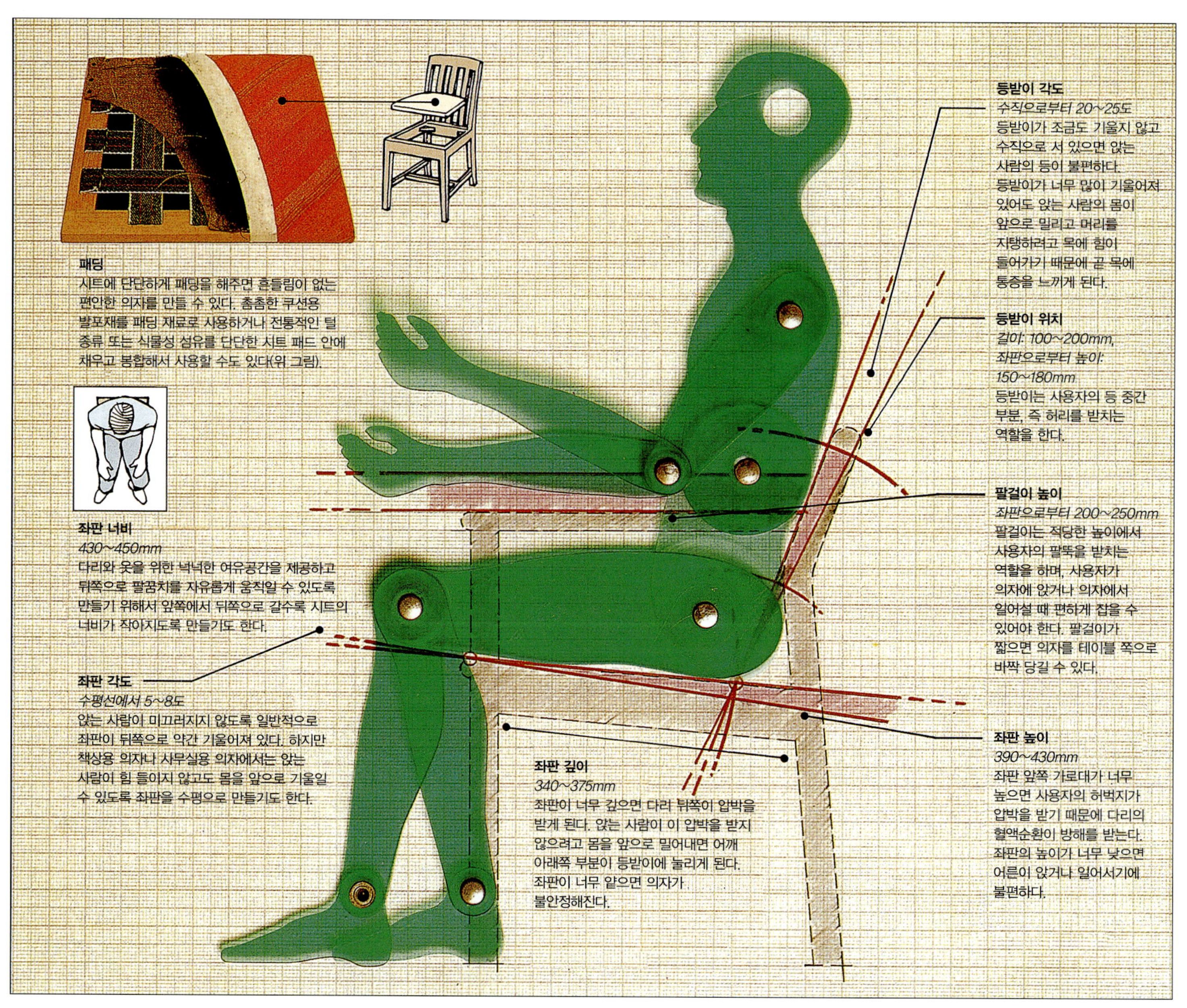

프레임 의자

프레임 의자는 식탁용 의자로 가장 많이 사용되는 형태의 의자이다. 좌판 프레임의 가로대 네 개는 각 모서리에 있는 다리와 결합된다. 뒷다리는 등받이를 받칠 수 있도록 앞다리보다 길게 만든다. 좌판에 천이나 등나무를 대거나 골풀로 덮을 수도 있고 좌판 자체를 등나무나 원목으로 만들 수도 있다.

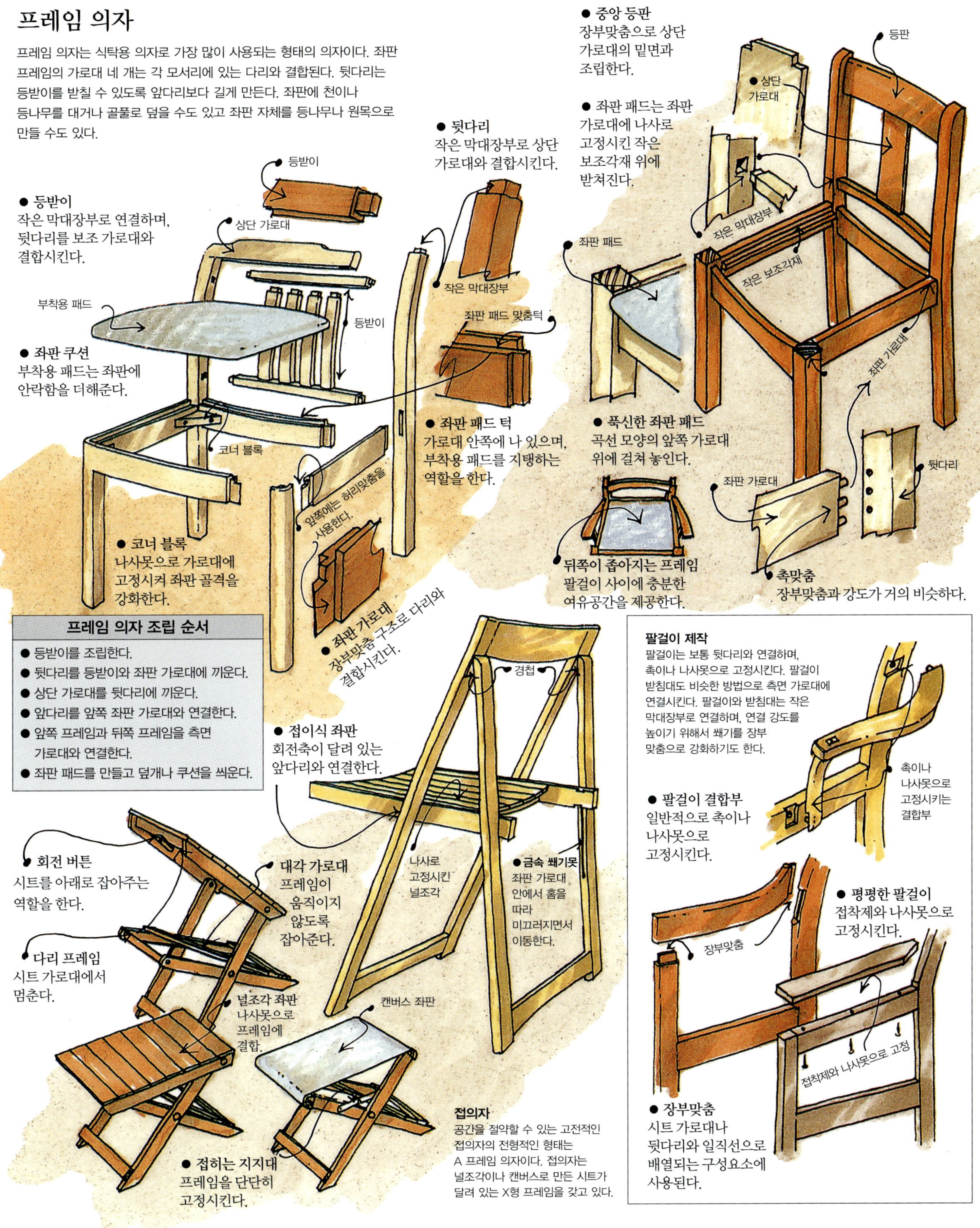

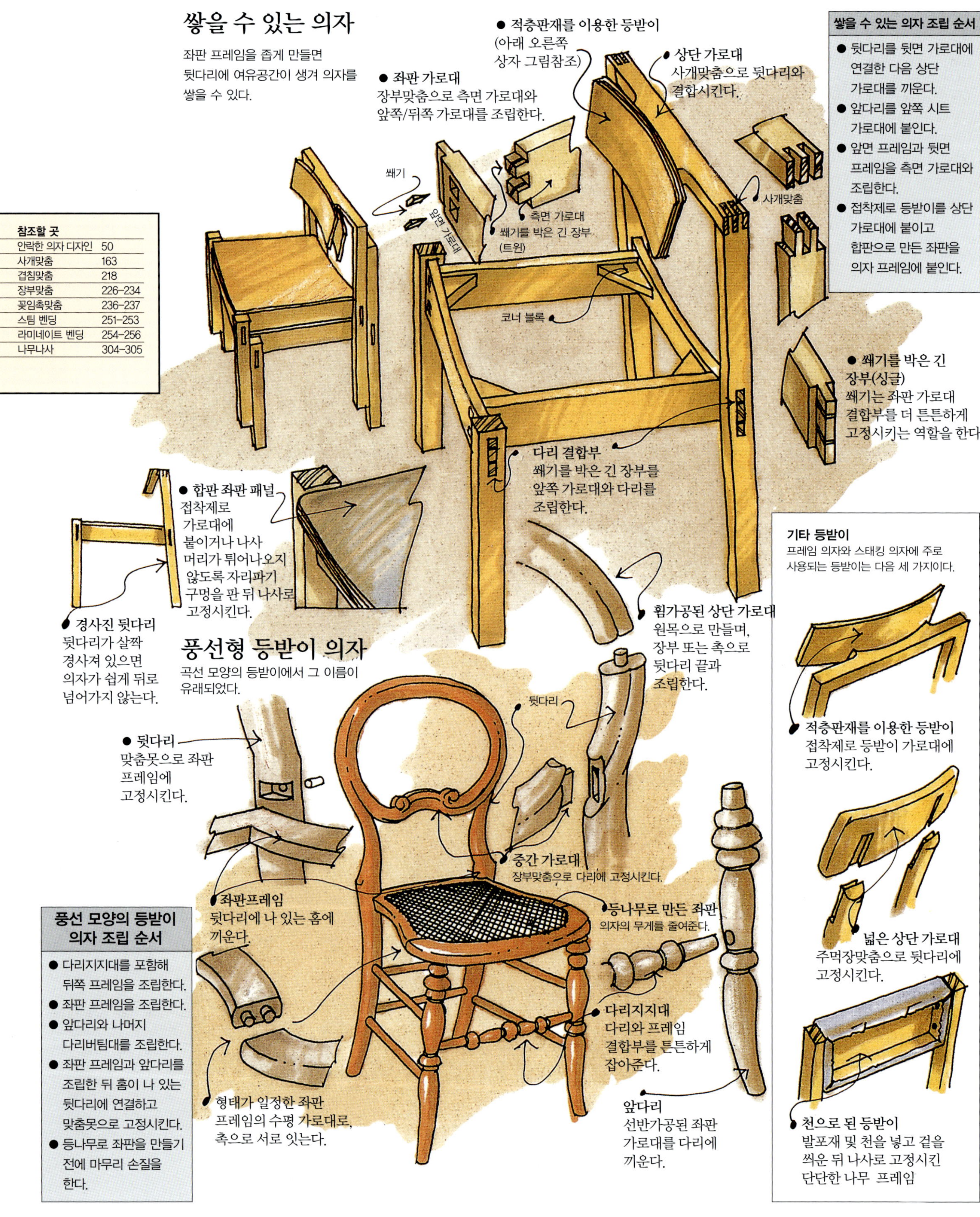

쌓을 수 있는 의자
좌판 프레임을 좁게 만들면 뒷다리에 여유공간이 생겨 의자를 쌓을 수 있다.

● 적층판재를 이용한 등받이 (아래 오른쪽 상자 그림참조)

● 좌판 가로대 장부맞춤으로 측면 가로대와 앞쪽/뒤쪽 가로대를 조립한다.

● 상단 가로대 사개맞춤으로 뒷다리와 결합시킨다.

쌓을 수 있는 의자 조립 순서
● 뒷다리를 뒷면 가로대에 연결한 다음 상단 가로대를 끼운다.
● 앞다리를 앞쪽 시트 가로대에 붙인다.
● 앞면 프레임과 뒷면 프레임을 측면 가로대와 조립한다.
● 접착제로 등받이를 상단 가로대에 붙이고 합판으로 만든 좌판을 의자 프레임에 붙인다.

참조할 곳
안락한 의자 디자인	50
사개맞춤	163
겹침맞춤	218
장부맞춤	226-234
꽂임촉맞춤	236-237
스팀 벤딩	251-253
라미네이트 벤딩	254-256
나무나사	304-305

쐐기

앞쪽 가로대

측면 가로대
쐐기를 박은 긴 장부 (트윈)

사개맞춤

코너 블록

● 쐐기를 박은 긴 장부(싱글)
쐐기는 좌판 가로대 결합부를 더 튼튼하게 고정시키는 역할을 한다.

다리 결합부
쐐기를 박은 긴 장부를 앞쪽 가로대와 다리를 조립한다.

● 합판 좌판 패널
접착제로 가로대에 붙이거나 나사머리가 튀어나오지 않도록 자리파기 구멍을 판 뒤 나사로 고정시킨다.

● 경사진 뒷다리
뒷다리가 살짝 경사져 있으면 의자가 쉽게 뒤로 넘어가지 않는다.

풍선형 등받이 의자
곡선 모양의 등받이에서 그 이름이 유래되었다.

뒷다리

● 휩가공된 상단 가로대
원목으로 만들며, 장부 또는 촉으로 뒷다리 끝과 조립한다.

기타 등받이
프레임 의자와 스태킹 의자에 주로 사용되는 등받이는 다음 세 가지이다.

● 적층판재를 이용한 등받이
접착제로 등받이가 가로대에 고정시킨다.

● 뒷다리
맞춤못으로 좌판 프레임에 고정시킨다.

중간 가로대
장부맞춤으로 다리에 고정시킨다.

좌판프레임
뒷다리에 나 있는 홈에 끼운다.

등나무로 만든 좌판
의자의 무게를 줄여준다.

● 넓은 상단 가로대
주먹장맞춤으로 뒷다리에 고정시킨다.

풍선 모양의 등받이 의자 조립 순서
● 다리지지대를 포함해 뒤쪽 프레임을 조립한다.
● 좌판 프레임을 조립한다.
● 앞다리와 나머지 다리버팀대를 조립한다.
● 좌판 프레임과 앞다리를 조립한 뒤 홈이 나 있는 뒷다리에 연결하고 맞춤못으로 고정시킨다.
● 등나무로 좌판을 만들기 전에 마무리 손질을 한다.

형태가 일정한 좌판 프레임의 수평 가로대로, 촉으로 서로 잇는다.

다리지지대
다리와 프레임 결합부를 튼튼하게 잡아준다.

앞다리
선반가공된 좌판 가로대를 다리에 끼운다.

● 천으로 된 등받이
발포재 및 천을 넣고 겉을 씌운 뒤 나사로 고정시킨 단단한 나무 프레임

휨가공 의자

너도밤나무를 압력통 안에 넣은 후 열을 가해 증기의 작용으로 굽혀 볼트와 나사로 고정시켜 만드는 의자로, 매우 강인하고 탄력이 있을 뿐 아니라 구성요소가 쉽게 헐렁해지거나 풀리지 않는다.

적층판목 의자

두꺼운 적층판목(Laminated veneer) 무늬목으로 의자 프레임을 만들면 구조적인 취약함을 피해갈 수 있다. 이런 형태의 구조는 매우 강하고 탄력이 좋다.

적층판목 의자 조립 순서

- 측면 프레임, 좌판, 등받이로 쓸 판재를 얇게 켠다.
- 얇게 켠 판재를 접착제로 붙여 측면 프레임을 만든다. 채움 블록을 끼워 넣고 접착제로 고정시킨다.
- 측면 프레임에는 홈을 파고 좌판과 등받이에는 연결촉을 만든다.
- 측면 프레임 사이로 좌판, 등받이, 가로대를 끼우고 접착제로 고정시킨다.

휨가공한 나무 의자 조립 순서

- 스팀 벤딩으로 의자의 모든 구성요소를 원하는 형태로 만든다.
- 조립한 등받이 부분을 좌판 원형지지대에 볼트로 고정시킨다.
- 앞다리를 좌판 원형지지대에 끼운다.
- 나사로 원형 다리지지대를 다리에 고정시킨다. 필요할 경우 팔걸이를 설치한다.

스틱 의자

스틱 의자는 그 종류가 매우 다양하다. 아름다운 외관과 뛰어난 기능성을 자랑하는 의자로, 주로 미국과 유럽을 중심으로 숙련된 공예가들에 의해 오랜 세월 꾸준히 발전되어왔다. 의자에 하중이 가해지더라도 여러 구성요소가 제각각 서로 부서지지 않을 정도로 그 하중을 골고루 분산시킨다. 스틱 의자를 만들 때는 언제나 너도밤나무, 물푸레나무, 느릅나무 등 단단하고 밀도가 높은 목재가 사용되었다. 이러한 목재는 스팀으로 유연화시켜 활 모양의 등받이 의자를 만드는 데 사용할 수 있도록 구부릴 수 있다.

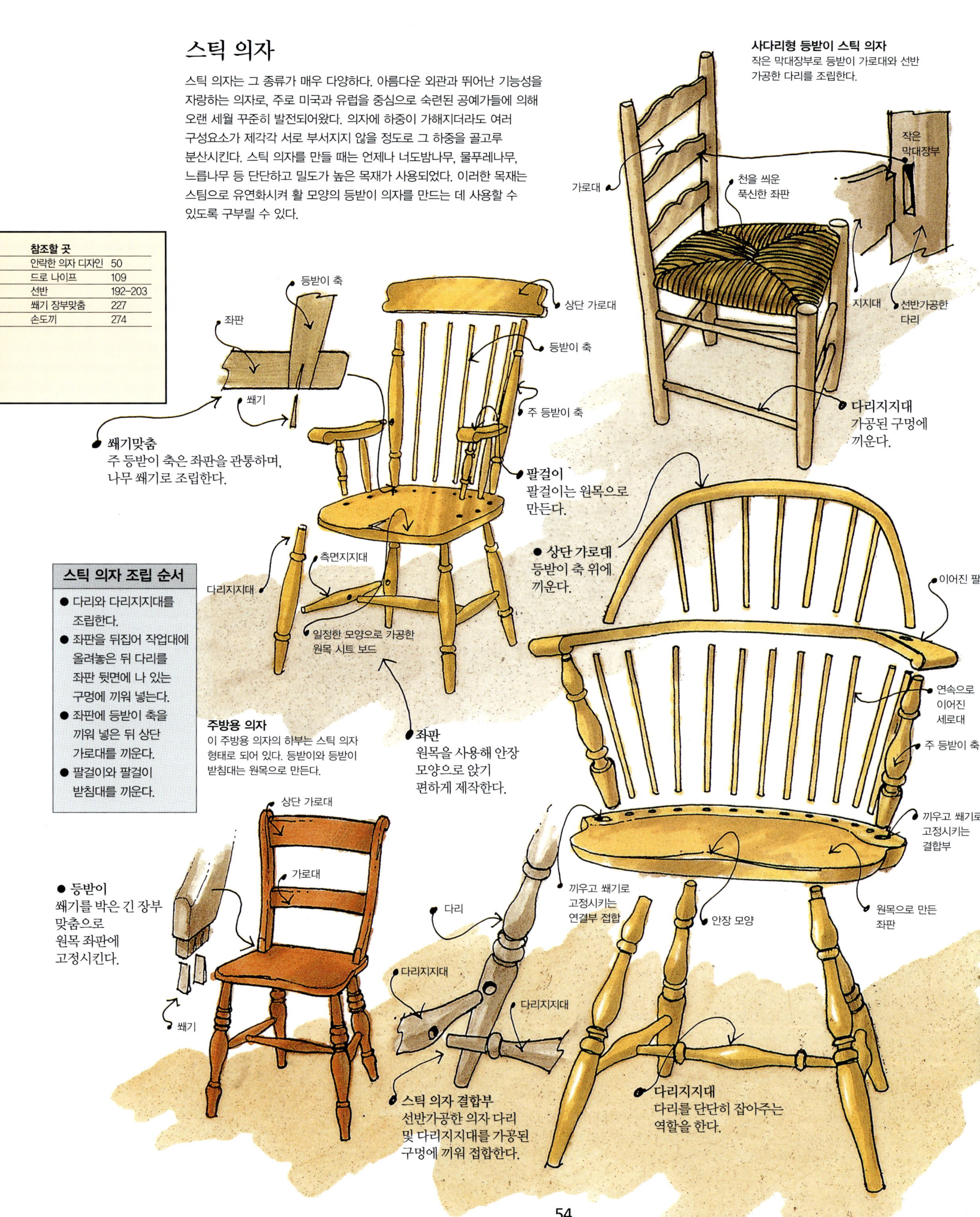

테이블 제작의 원리

테이블이라고 하면 식사와 독서·타이핑을 하거나, 차를 마시기 편한 높이에 평평한 상판이 달려 있는 가구 정도로 생각할 수도 있다. 그러나 간단해 보이는 테이블을 만들기 위해 많은 디자이너들이 오랜 세월 동안 창조적인 노력을 기울여왔다. 지금까지 어떤 크기와 모양의 테이블 상판이 저녁식사를 위한 용도로 가장 적합한지, 어떻게 하면 테이블 아래 공간을 더 넓힐 수 있는지 등에 대한 많은 연구가 있었다. 특히 많은 사람이 동시에 한 테이블을 써야 할 때 공간이 가장 효율적으로 배분되는 테이블을 만드는 방법을 고안하기 위해 많은 노력을 기울였다. 여기서는 테이블을 만들기 위한 기존 방법 몇 가지가 소개되며, 그 방법들은 큰 테이블과 작은 테이블에 모두 적용할 수 있다. 간단한 형태의 접는 테이블과 펼쳐서 사용하는 테이블에 대해서도 살펴보게 될 것이다.

기능적인 테이블 디자인

식탁에서 저녁을 먹는 경우를 생각해보자. 식탁의 공간 설계에 따라 즐거운 식사시간이 되기도 하고, 무릎을 펼 수 없고 팔꿈치가 테이블에 자꾸 부딪혀 매우 불편한 시간이 될 수도 있다. 대부분의 사람들은 높이가 식탁 정도인 테이블에서 글을 쓰거나 그림을 그리는 데 거의 불편을 느끼지 않을 것이다. 하지만 사무용으로 쓰거나 컴퓨터를 올려놓기 위한 테이블이라면 얘기가 다르다. 왜냐하면 최소한 테이블 위에 키보드를 올려놓을 수 있을 정도의 높이를 확보해야 하기 때문이다.

● 식탁

움직이는 의자

700mm

식사하는 사람이 일어서려면 적어도 이 정도의 공간이 있어야 한다.

식탁 높이

700mm

편안하게 식사할 수 있으려면 이 정도의 식탁 높이가 적당하다. 젓가락으로 사발에 든 음식을 먹는 경우에는, 주방에서 쓰는 작업용 테이블과 같은 높이의 테이블에서 식사하거나, 지면에서 약 300mm 정도밖에 되지 않는 낮은 테이블에서 책상다리를 하고 앉아 식사하는 것이 더 편할 것이다.

팔꿈치 공간

600mm

주변 사람을 방해하지 않고 포크와 나이프를 자유롭게 사용할 수 있으려면 팔꿈치 공간이 이 정도는 되어야 한다.

다리 공간

600mm

바닥과 테이블 가로대 사이의 높이가 적어도 이 정도 치수는 되어야 한다.

무릎 공간

250mm

의자를 테이블까지 당겨 앉았을 때 무릎이 테이블 다리에 걸리지 않으려면 테이블 상판의 끝과 테이블 다리 사이의 거리가 이 정도는 되어야 한다.

직사각형 식탁

6명이 앉아 편안히 식사를 할 수 있으려면 식탁 크기가 1.5×1m 이상은 되어야 한다.

원형 식탁

지름이 1m인 식탁에 앉아 편안히 식사를 할 수 있는 최대 인원은 4명이다. 지름이 1.2m가 되면 6명까지 편안히 앉을 수 있고, 지름이 1.5m로 커지면 8명도 앉아 편안히 식사를 할 수 있다.

● 사무용 테이블

책상 높이

700mm

책상 높이는 식탁 높이와 같아야 한다.

컴퓨터 책상

650mm

키보드를 올려놓는 것을 고려해 컴퓨터 책상의 높이는 평균 책상보다 50mm 정도 낮아야 한다.

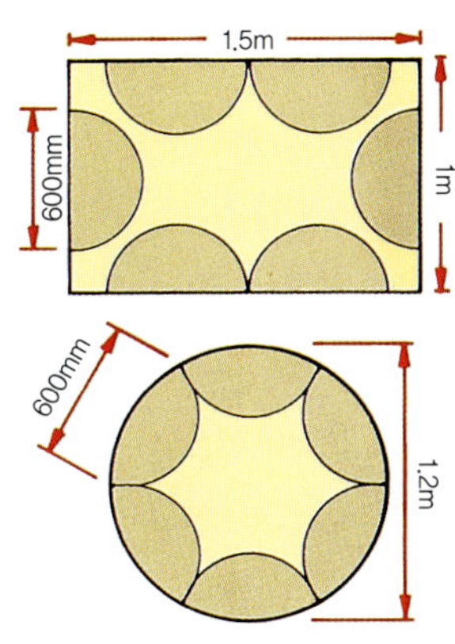

식탁 좌석 배치

손을 뻗을 수 있는 최대 거리

475mm

의자에 앉은 사람이 손을 뻗어 선반에 닿을 수 있는 최대 거리이다.

● 보조 테이블

300~600mm

예비용 테이블이나 커피 테이블의 높이는 사용 목적에 따라 매우 다양하다. 높이가 낮은 테이블은 세련되어 보일 때도 있다. 하지만 너무 낮으면 사용하기 불편하다.

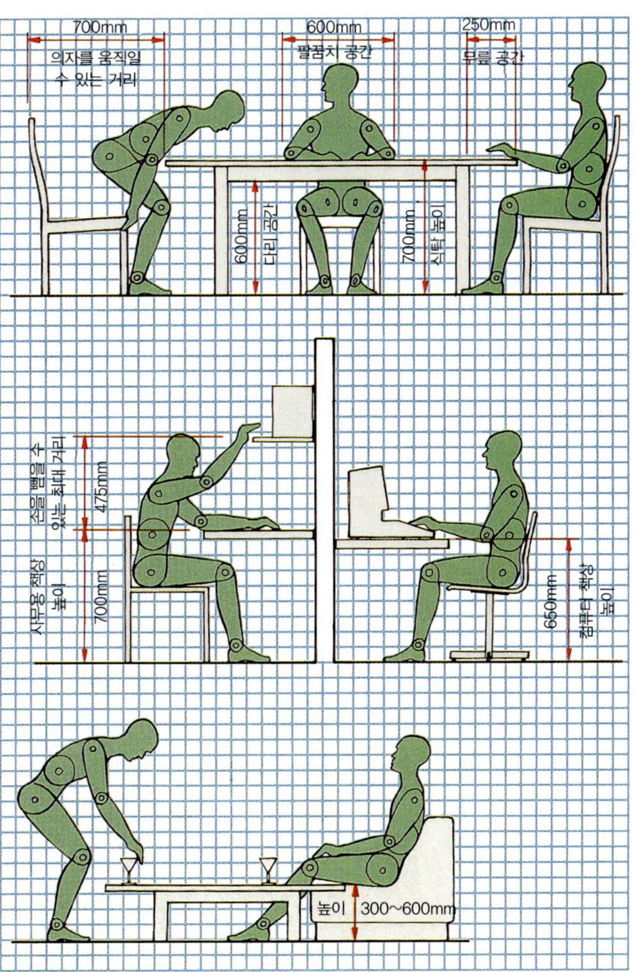

프레임 테이블

프레임 테이블에는 모서리마다 다리가 하나씩 달려 있다. 각 구성요소는 튼튼한 작은 장부맞춤 또는 꽂임촉맞춤으로 조립되어 있으며, 고전적인 디자인은 일반적으로 사용되는 어떤 크기의 테이블에도 적용이 가능하다. 테이블 상판은 판재로 만들 수 있다. 하지만 큰 테이블에서는 안정성을 고려해 원목 붙임 및 무늬목으로 처리한 블록보드로 상판을 만들기도 한다.

참조할 곳	
인공 판재	34–38
테이블 디자인	55
양측면맞춤	222–223
장부맞춤	226–234
꽂임촉맞춤	236–237
주먹장맞춤	238–245
조립식 부속물	308–309

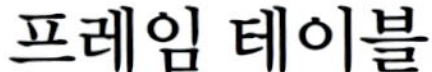

프레임 테이블 조립 순서

- 테이블 다리와 측면 가로대를 접착제로 붙이고 접착제가 굳을 때까지 그대로 둔다.
- 다리와 측면 가로대가 결합된 프레임을 중간의 긴 가로대와 접착제로 붙인다.
- 테이블 상판을 얹는다.

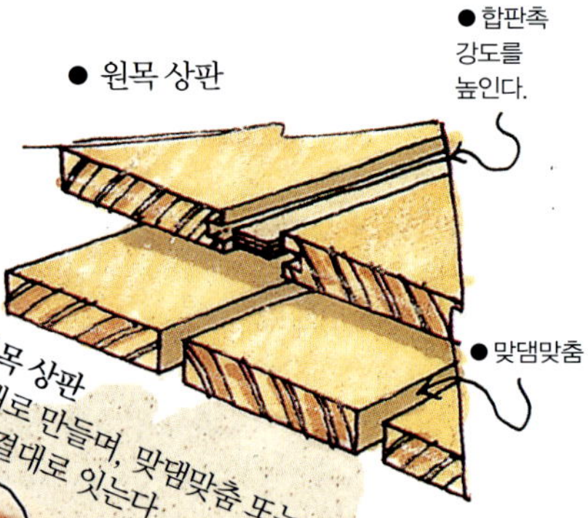

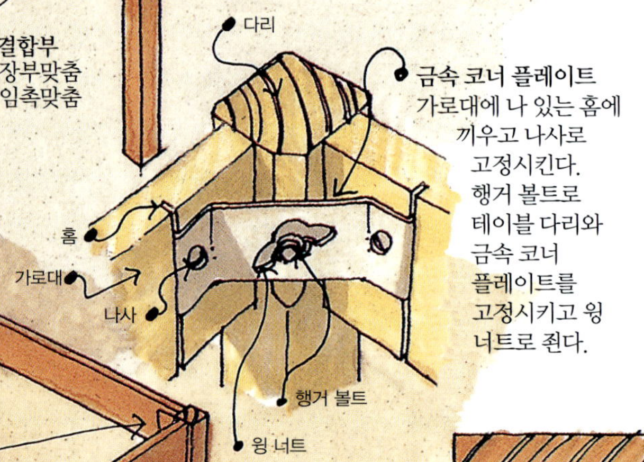

● 원목 상판
● 합판촉
강도를
높인다.
● 맞댐맞춤

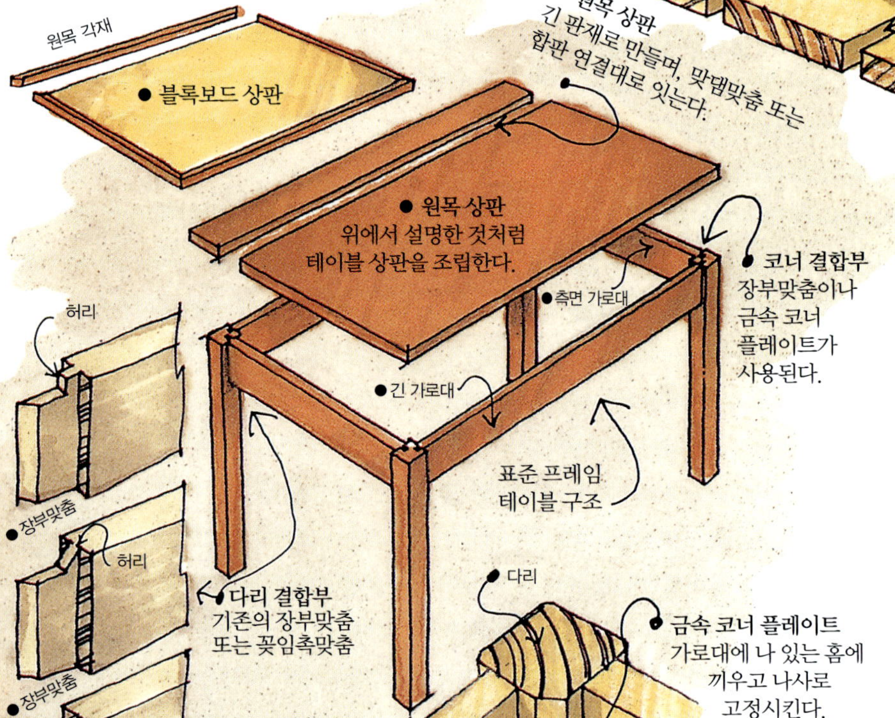

원목 각재
● 블록보드 상판
● 원목 상판
긴 판재로 만들며, 맞댐맞춤 또는 합판 연결대로 잇는다.
● 원목 상판
위에서 설명한 것처럼
테이블 상판을 조립한다.
● 코너 결합부
장부맞춤이나
금속 코너
플레이트가
사용된다.
●측면 가로대
●긴 가로대
표준 프레임
테이블 구조
● 다리 결합부
기존의 장부맞춤
또는 꽂임촉맞춤

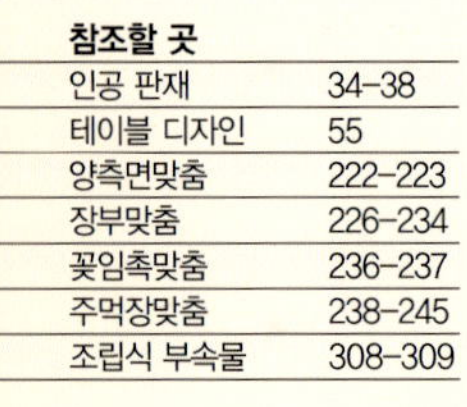

● 블록보드 상판
접착제로 원목 각재를
상판에 붙여 강화하고
코어를 가린다.
허리
●장부맞춤
허리
●장부맞춤
●꽂임촉맞춤
● 원목 각재를 덧붙이고 그 위에 무늬목을 붙인 경우
● 무늬목을 붙인 뒤 원목 각재를 덧붙인 경우
● 무늬목을 붙인 뒤 몰딩한 원목 각재를 덧붙인 경우

● 다리
● 금속 코너 플레이트
가로대에 나 있는 홈에
끼우고 나사로
고정시킨다.
행거 볼트로
테이블 다리와
금속 코너
플레이트를
고정시키고 윙
너트로 죈다.
홈
가로대
나사
행거 볼트
윙 너트

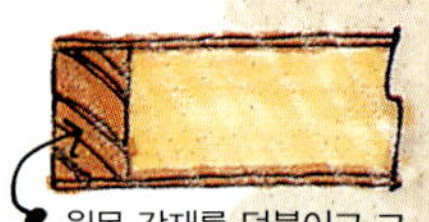

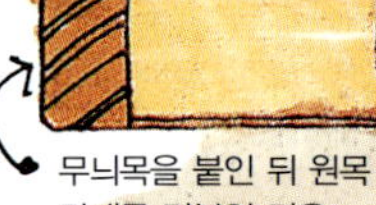

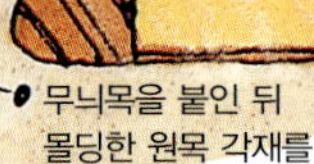

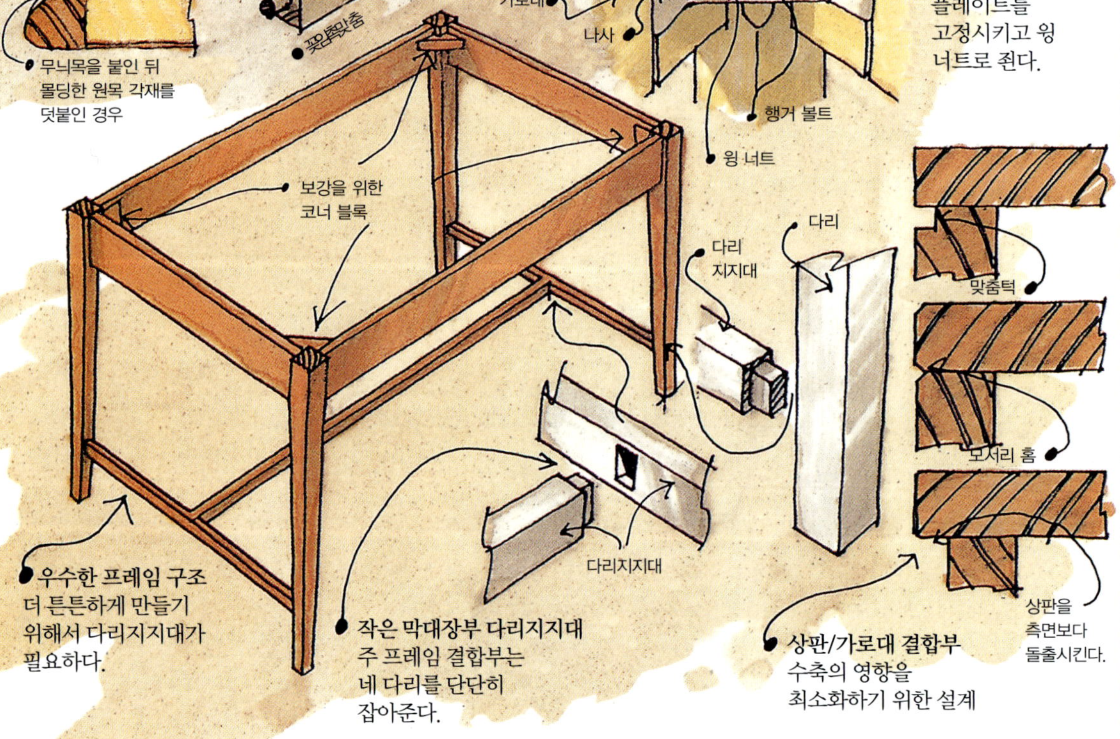

보강을 위한
코너 블록
다리
지지대
다리
맞춤턱
모서리 홈
다리지지대
상판을
측면보다
돌출시킨다.
● 우수한 프레임 구조
더 튼튼하게 만들기
위해서 다리지지대가
필요하다.
● 작은 막대장부 다리지지대
주 프레임 결합부는
네 다리를 단단히
잡아준다.
● 상판/가로대 결합부
수축의 영향을
최소화하기 위한 설계

테이블 상판 붙이기

안정적인 인공 판재로 만든 테이블 상판은 하부 프레임과 단단히 고정시킬 수 있다. 원목으로 만든 테이블 상판은 수축이나 팽창을 고려하여 고정시켜야 한다.

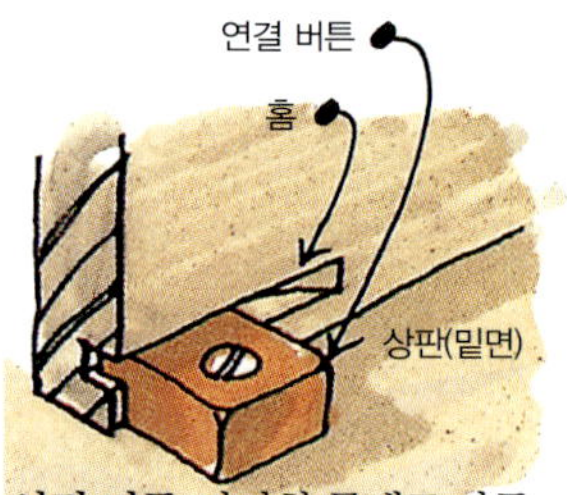

연결 버튼
홈
상판(밑면)

연결 버튼 단단한 목재로 만든 작은 블록으로, 가로대에 나 있는 홈에 끼운다.

수축 조절 플레이트
상판(밑면)

금속 수축 조절 플레이트 나뭇결을 가로지르는 방향으로 나 있는 가늘고 긴 홈에 나사로 가로대와 상판을 조립한다.

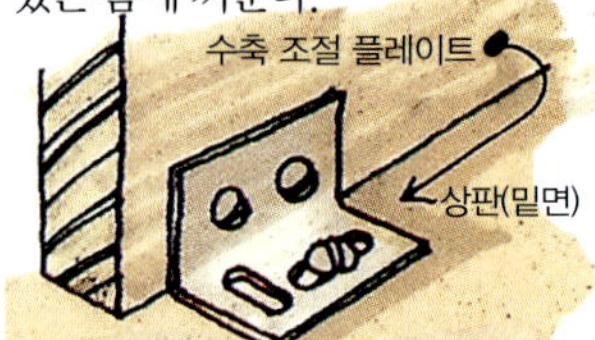

카운터
보어
포켓
나사

라민보드 또는 블록보드 상판은 카운터보어 또는 포켓 나사로 고정시킨다.

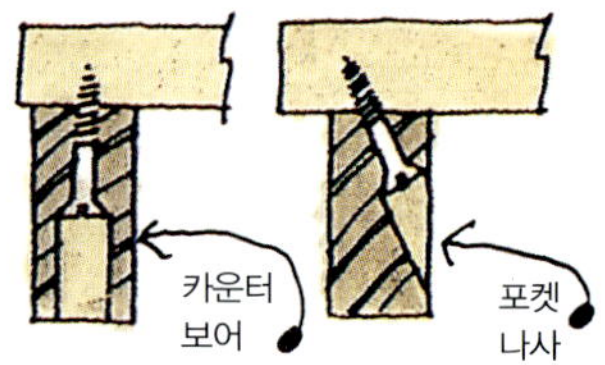

위에서 끼우는 상판
맞춤턱

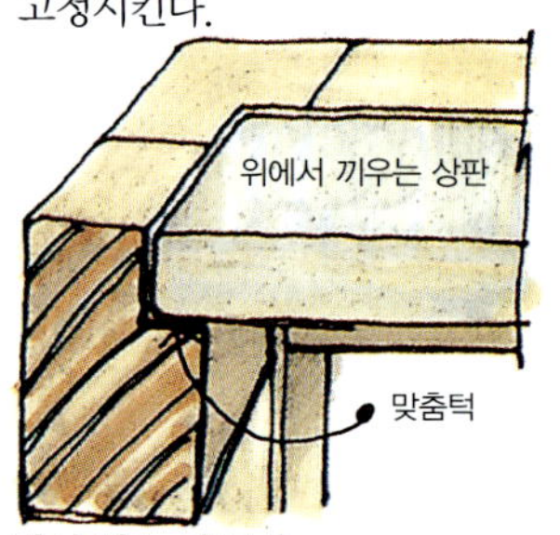

턱이 있는 가로대 위에서 끼우는 상판이나 유리 상판을 끼우기 위한 맞춤턱을 만든다.

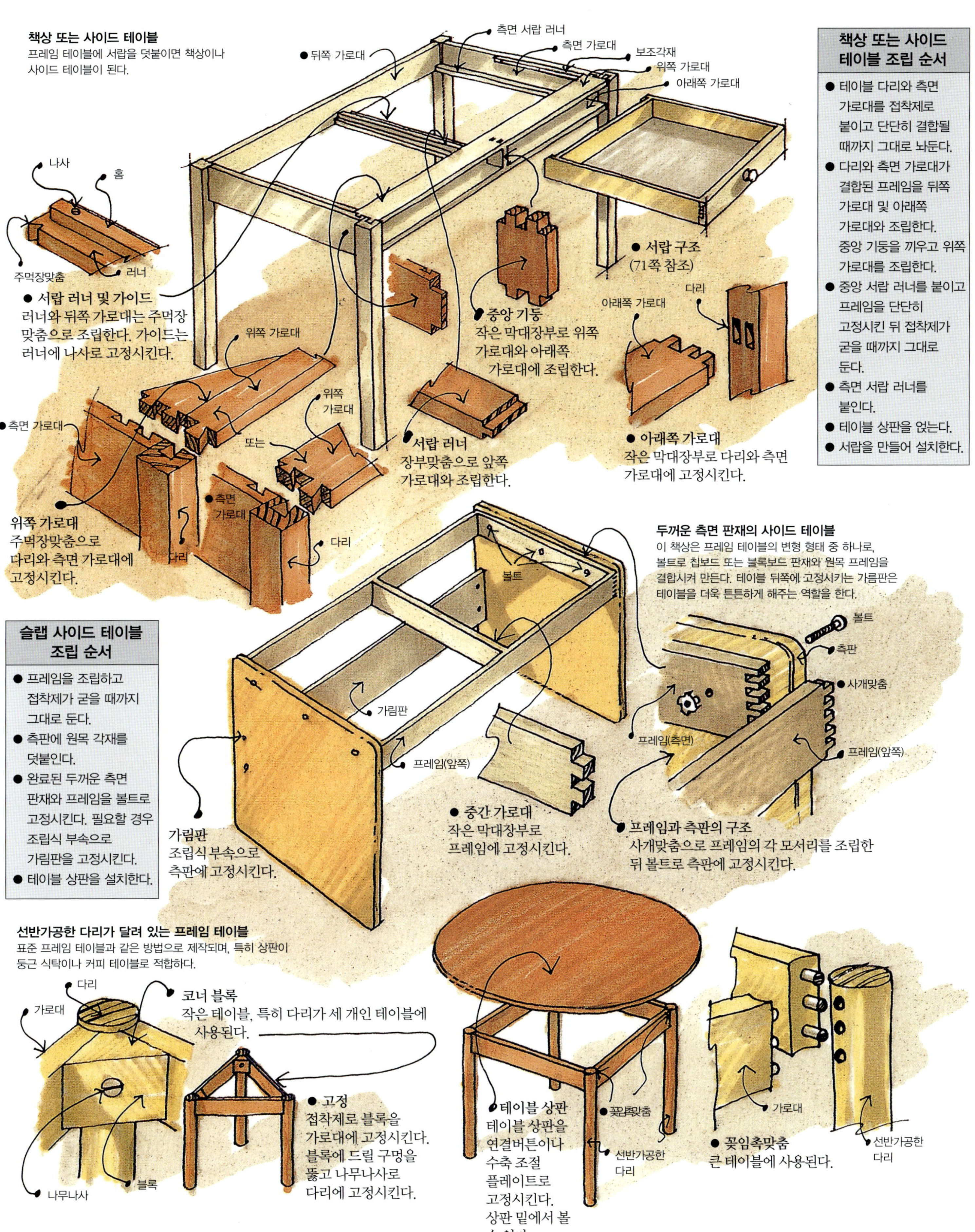

책상 또는 사이드 테이블
프레임 테이블에 서랍을 덧붙이면 책상이나 사이드 테이블이 된다.

측면 서랍 러너
● 뒤쪽 가로대
측면 가로대
보조각재
위쪽 가로대
아래쪽 가로대

나사
홈
주먹장맞춤
러너

● 서랍 러너 및 가이드
러너와 뒤쪽 가로대는 주먹장
맞춤으로 조립한다. 가이드는
러너에 나사로 고정시킨다.

위쪽 가로대

● 측면 가로대

또는

위쪽 가로대

● 측면 가로대

다리

위쪽 가로대
주먹장맞춤으로
다리와 측면 가로대에
고정시킨다.

● 서랍 구조
(71쪽 참조)

중앙 기둥
작은 막대장부로 위쪽
가로대와 아래쪽
가로대에 조립한다.

서랍 러너
장부맞춤으로 앞쪽
가로대와 조립한다.

아래쪽 가로대
다리

● 아래쪽 가로대
작은 막대장부로 다리와 측면
가로대에 고정시킨다.

책상 또는 사이드
테이블 조립 순서
● 테이블 다리와 측면
가로대를 접착제로
붙이고 단단히 결합될
때까지 그대로 놔둔다.
● 다리와 측면 가로대가
결합된 프레임을 뒤쪽
가로대 및 아래쪽
가로대와 조립한다.
중앙 기둥을 끼우고 위쪽
가로대를 조립한다.
● 중앙 서랍 러너를 붙이고
프레임을 단단히
고정시킨 뒤 접착제가
굳을 때까지 그대로
둔다.
● 측면 서랍 러너를
붙인다.
● 테이블 상판을 얹는다.
● 서랍을 만들어 설치한다.

슬랩 사이드 테이블
조립 순서
● 프레임을 조립하고
접착제가 굳을 때까지
그대로 둔다.
● 측판에 원목 각재를
덧붙인다.
● 완료된 두꺼운 측면
판재와 프레임을 볼트로
고정시킨다. 필요할 경우
조립식 부속으로
가림판을 고정시킨다.
● 테이블 상판을 설치한다.

볼트

가림판

프레임(앞쪽)

가림판
조립식 부속으로
측판에 고정시킨다.

● 중간 가로대
작은 막대장부로
프레임에 고정시킨다.

두꺼운 측면 판재의 사이드 테이블
이 책상은 프레임 테이블의 변형 형태 중 하나로,
볼트로 칩보드 또는 블록보드 판재와 원목 프레임을
결합시켜 만든다. 테이블 뒤쪽에 고정시키는 가름판은
테이블을 더욱 튼튼하게 해주는 역할을 한다.

볼트
측판
사개맞춤
프레임(측면)
프레임(앞쪽)

● 프레임과 측판의 구조
사개맞춤으로 프레임의 각 모서리를 조립한
뒤 볼트로 측판에 고정시킨다.

선반가공한 다리가 달려 있는 프레임 테이블
표준 프레임 테이블과 같은 방법으로 제작되며, 특히 상판이
둥근 식탁이나 커피 테이블로 적합하다.

다리
가로대

코너 블록
작은 테이블, 특히 다리가 세 개인 테이블에
사용된다.

● 고정
접착제로 블록을
가로대에 고정시킨다.
블록에 드릴 구멍을
뚫고 나무나사로
다리에 고정시킨다.

나무나사
블록

● 테이블 상판
테이블 상판을
연결버튼이나
수축 조절
플레이트로
고정시킨다.
상판 밑에서 볼
수 있다.

꽂임맞춤
선반가공한
다리

● 꽂임촉맞춤
큰 테이블에 사용된다.

가로대
선반가공한
다리

학교 식당 테이블

이 유형의 하부 프레임은 식탁이나 커피 테이블용으로 적합하다. 보통 쉽게 옮길 수 있도록 조립식으로 만든다. 특히 큰 프레임을 만들어야 할 경우 튼튼하게 만들 수 있다. 원목 상판은 수축 플레이트로 측면 프레임에 고정시킨다. 블록보드 상판을 사용할 때는 측면 프레임의 위쪽 가로대를 통해 나사로 고정시킨다.

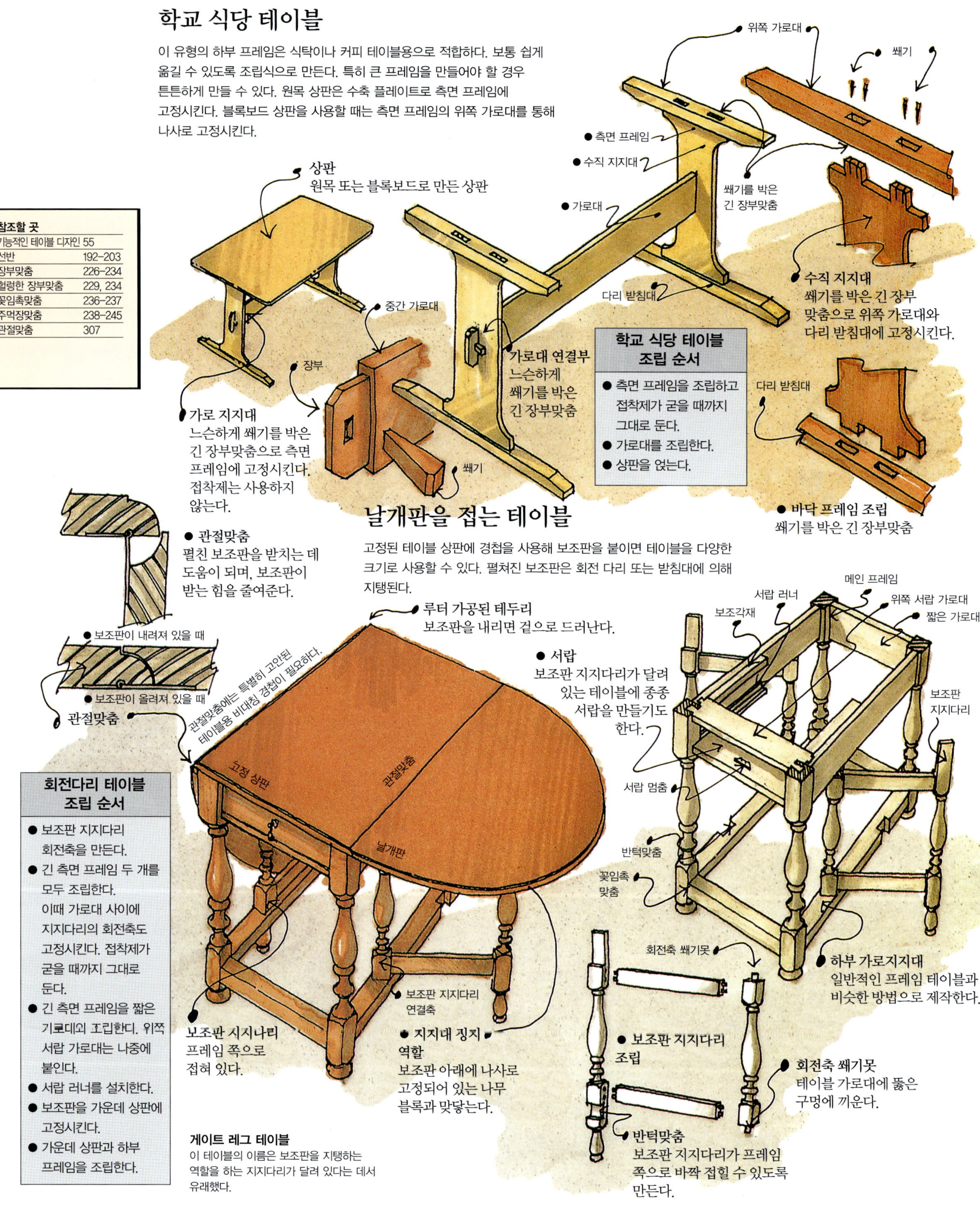

날개판을 접는 테이블

고정된 테이블 상판에 경첩을 사용해 보조판을 붙이면 테이블을 다양한 크기로 사용할 수 있다. 펼쳐진 보조판은 회전 다리 또는 받침대에 의해 지탱된다.

게이트 레그 테이블

이 테이블의 이름은 보조판을 지탱하는 역할을 하는 지지다리가 달려 있다는 데서 유래했다.

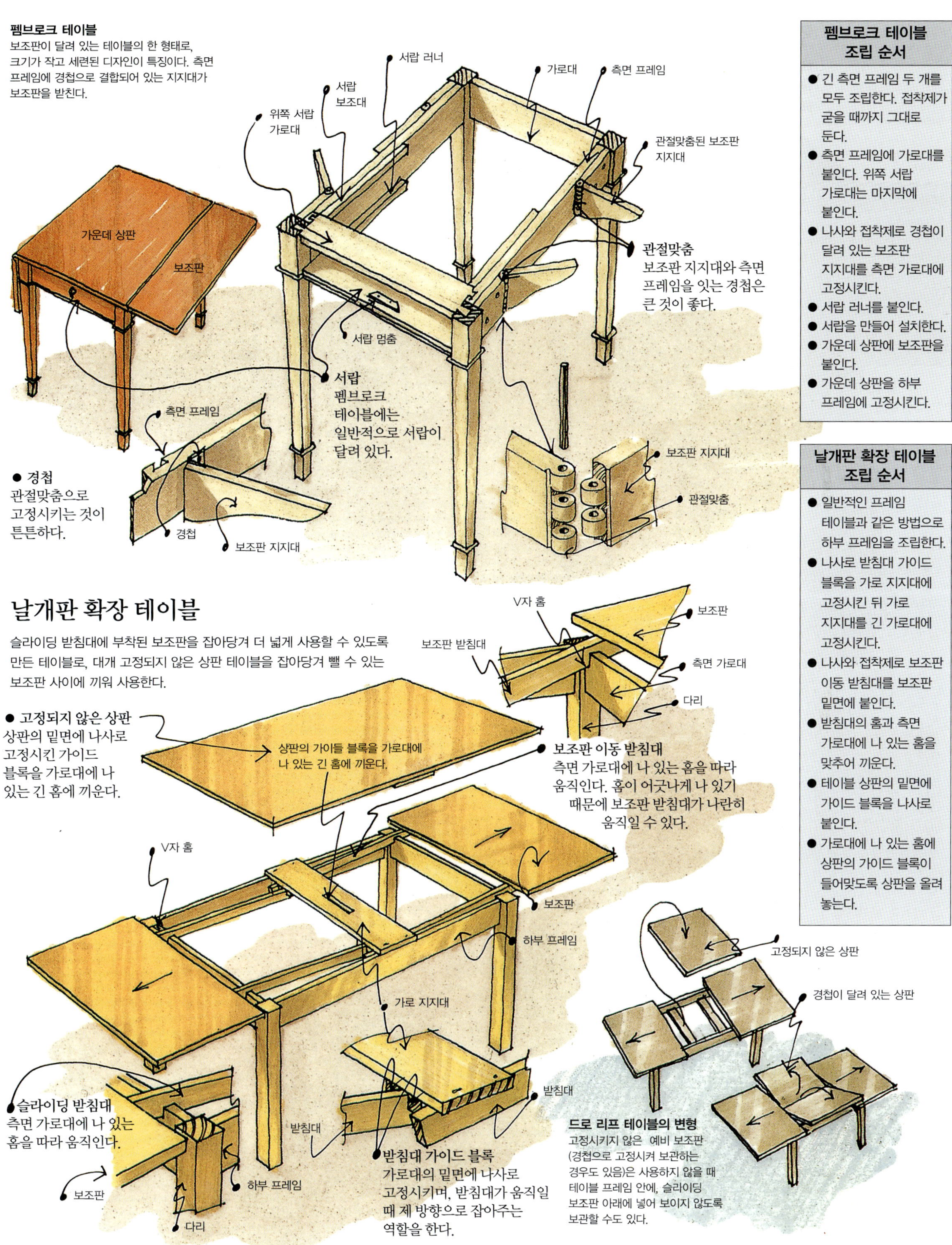

펨브로크 테이블
보조판이 달려 있는 테이블의 한 형태로,
크기가 작고 세련된 디자인이 특징이다. 측면
프레임에 경첩으로 결합되어 있는 지지대가
보조판을 받친다.

서랍 러너
가로대
측면 프레임
서랍 보조대
위쪽 서랍 가로대
관절맞춤된 보조판 지지대

가운데 상판
보조판

관절맞춤
보조판 지지대와 측면
프레임을 잇는 경첩은
큰 것이 좋다.

서랍 멈춤

서랍
펨브로크
테이블에는
일반적으로 서랍이
달려 있다.

측면 프레임

● 경첩
관절맞춤으로
고정시키는 것이
튼튼하다.

경첩
보조판 지지대

보조판 지지대

관절맞춤

날개판 확장 테이블
슬라이딩 받침대에 부착된 보조판을 잡아당겨 더 넓게 사용할 수 있도록
만든 테이블로, 대개 고정되지 않은 상판 테이블을 잡아당겨 뺄 수 있는
보조판 사이에 끼워 사용한다.

V자 홈
보조판
보조판 받침대
측면 가로대
다리

● 고정되지 않은 상판
상판의 밑면에 나사로
고정시킨 가이드
블록을 가로대에 나
있는 긴 홈에 끼운다.

상판의 가이들 블록을 가로대에
나 있는 긴 홈에 끼운다.

보조판 이동 받침대
측면 가로대에 나 있는 홈을 따라
움직인다. 홈이 어긋나게 나 있기
때문에 보조판 받침대가 나란히
움직일 수 있다.

V자 홈

보조판

하부 프레임

가로 지지대

받침대

슬라이딩 받침대
측면 가로대에 나 있는
홈을 따라 움직인다.

보조판

하부 프레임

다리

받침대

받침대 가이드 블록
가로대의 밑면에 나사로
고정시키며, 받침대가 움직일
때 제 방향으로 잡아주는
역할을 한다.

고정되지 않은 상판
경첩이 달려 있는 상판

드로 리프 테이블의 변형
고정시키지 않은 예비 보조판
(경첩으로 고정시켜 보관하는
경우도 있음)은 사용하지 않을 때
테이블 프레임 안에, 슬라이딩
보조판 아래에 넣어 보이지 않도록
보관할 수도 있다.

펨브로크 테이블
조립 순서
● 긴 측면 프레임 두 개를
모두 조립한다. 접착제가
굳을 때까지 그대로
둔다.
● 측면 프레임에 가로대를
붙인다. 위쪽 서랍
가로대는 마지막에
붙인다.
● 나사와 접착제로 경첩이
달려 있는 보조판
지지대를 측면 가로대에
고정시킨다.
● 서랍 러너를 붙인다.
● 서랍을 만들어 설치한다.
● 가운데 상판에 보조판을
붙인다.
● 가운데 상판을 하부
프레임에 고정시킨다.

날개판 확장 테이블
조립 순서
● 일반적인 프레임
테이블과 같은 방법으로
하부 프레임을 조립한다.
● 나사로 받침대 가이드
블록을 가로 지지대에
고정시킨 뒤 가로
지지대를 긴 가로대에
고정시킨다.
● 나사와 접착제로 보조판
이동 받침대를 보조판
밑면에 붙인다.
● 받침대의 홈과 측면
가로대에 나 있는 홈을
맞추어 끼운다.
● 테이블 상판의 밑면에
가이드 블록을 나사로
붙인다.
● 가로대에 나 있는 홈에
상판의 가이드 블록이
들어맞도록 상판을 올려
놓는다.

접이식 테이블

테이블 상판을 반으로 접어서 다른 반쪽 상판 위에 얹어놓을 수 있게 만들면
테이블을 사용하지 않을 때 테이블 상판을 접어 테이블이 차지하는 공간을
줄일 수 있다.

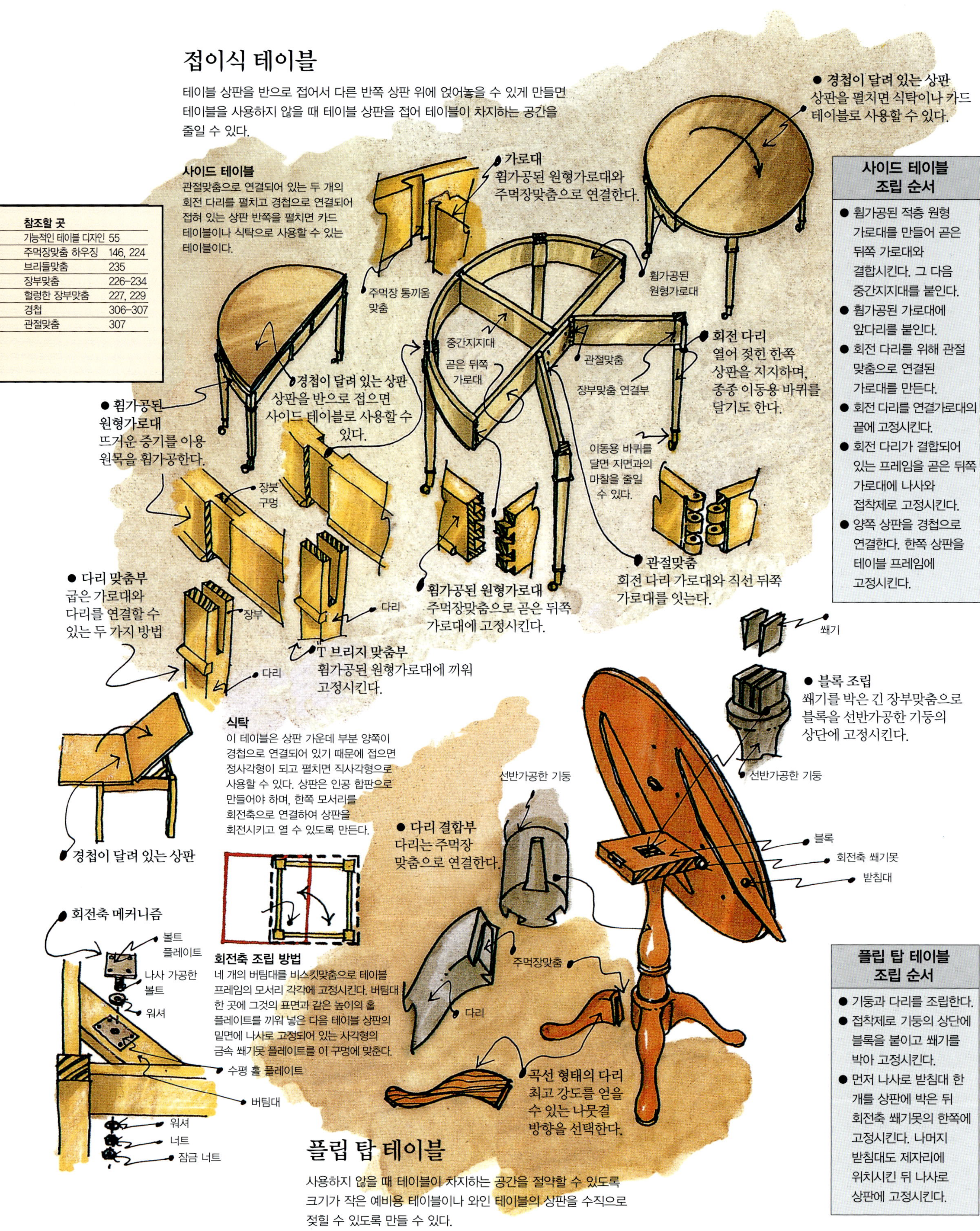

플립 탑 테이블

사용하지 않을 때 테이블이 차지하는 공간을 절약할 수 있도록
크기가 작은 예비용 테이블이나 와인 테이블의 상판을 수직으로
젖힐 수 있도록 만들 수 있다.

수납가구 제작의 원리

사람들은 일반적으로 주변에 널려 있는 물건을 정리하려는 습성을 갖고 있기 때문에 사물을 깔끔하게 정리 정돈할 수 있는 다양한 수납가구가 필요하다. 문이 달려 있지 않은 선반에 책, 음반, 카세트 테이프 등 수집품을 넣어두고 필요할 때 쉽게 찾아 꺼낼 수 있도록 정리 정돈이 필요하다. 이처럼 물건을 보관하는 가구를 그 목적이나 사용 위치에 따라 보통 붙박이장, 침실용 장롱, 책장, 화장대 등으로 부른다. 그러나 요즘 많은 디자이너들은 이런 기존의 분류에 한계가 있다고 생각한다. 실제로도 사용될 장소가 주방이건, 침실이건, 사무실이건 상관없이 공간을 더 편리하고 효율적으로 사용할 수 있도록 선반, 서랍장, 식기장 등을 혼용하기도 한다. 이번에는 식기장, 서랍, 선반 등을 제작하는 방법에 대해 자세히 살펴보기로 한다. 여기에 소개되는 방법 그대로 사용하거나 각자 필요에 따라 여러 가지 방법을 섞어 사용할 수도 있을 것이다.

사물함 설계

사물함을 설계할 때는 신체 치수가 평균 정도인 사람이 손을 뻗었을 때 선반의 맨 위쪽 칸이나 사물함 및 서랍장의 뒤쪽까지 닿을 수 있도록 디자인해야 한다.

최대 선반 높이

1.8~2.0m

보통 어른이 바닥에 섰을 때 손이 선반의 맨 위쪽 칸에 닿으려면 높이가 이 정도는 되어야 한다.

눈높이 선반

1.5~1.7m

사용자가 쉽게 물건을 찾을 수 있도록 책, 서류철, 음반 등을 올려 놓은 선반은 이 정도 높이에 위치해야 한다.

작업대 위로 손을 뻗을 수 있는 최대 높이

1.05m

보통 어른이 표준 작업대에 기대어 손을 뻗을 수 있는 최대 거리는 이 정도이다.

작업대 위로 손을 뻗을 수 있는 최적 높이

900mm

자주 사용하는 물건은 이 높이에 보관한다.

작업대 위에서 최저 높이

450mm

이보다 낮은 위치에 선반을 달면 작업대 위를 잘 볼 수 없고 믹서나 혼합기 등의 기구를 싱크대 위에 올려놓고 사용할 때 방해가 된다.

표준 작업대 높이

900mm

이 정도의 상판 높이가 보통 어른이 사용하기에 가장 편리하다.

작업대 깊이

600mm

세탁기나 식기세척기 등 주요 전기제품은 이 정도 높이의 작업대에 맞도록 설계된다.

벽 찬장 깊이

300mm

작업대 위에 설치하는 벽 찬장의 최저 깊이이다.

몸을 구부릴 수 있는 공간

1m

아래쪽 작업대 앞에는 적어도 이 정도의 공간이 있어야 한다.

통로 공간

900mm

주방이나 작업장이 너무 비좁으면 사고가 일어나기 쉽다. 다른 사람이 안전하게 지나다닐 수 있도록 적어도 이 정도의 통로 공간이 있어야 한다. 이 외에 작업대 앞에 서 있는 사람이 안전하게 작업할 수 있도록 최소한 450mm의 여유 공간이 더 있어야 한다.

서랍을 열 수 있는 공간

1.25m

어른이 무릎을 굽혀 서랍을 열 수 있으려면 이 정도 공간을 확보해야 한다.

옷장 공간

1.45~1.6m

롱코트나 드레스를 걸려면 옷걸이와 옷장 바닥의 거리가 적어도 이 정도는 되어야 한다.

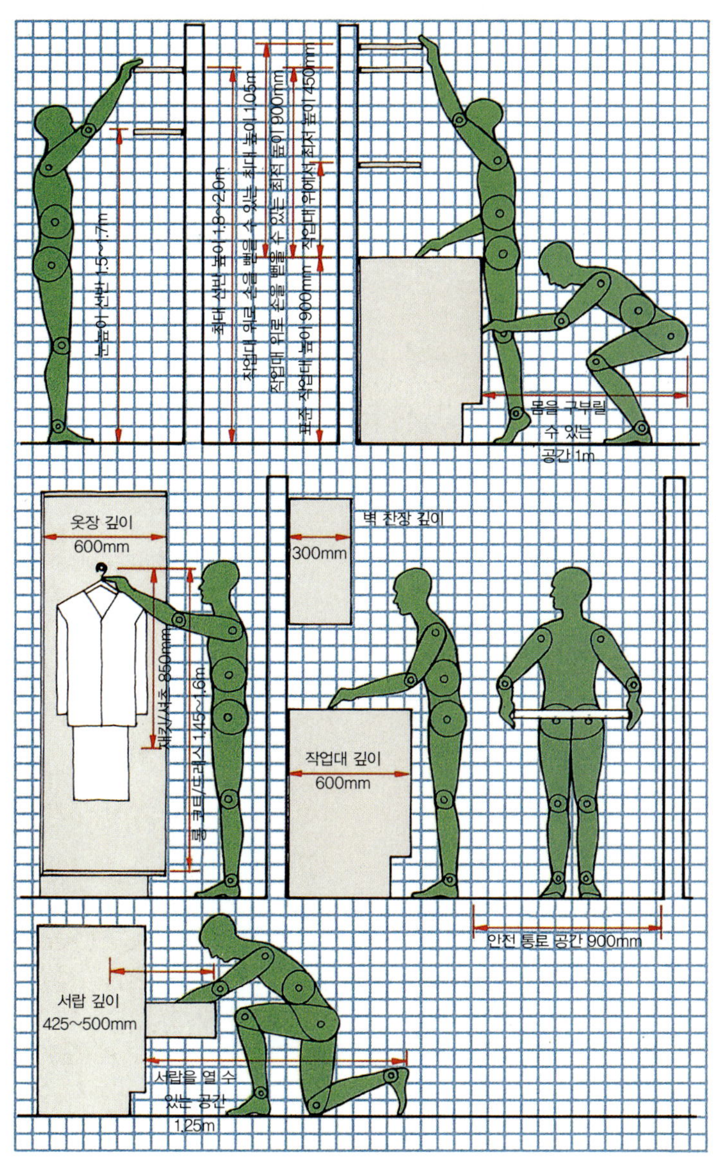

850mm

재킷이나 셔츠를 걸 때 적당한 옷걸이와 옷장 바닥의 거리이다.

600mm

옷걸이에 옷을 제대로 걸려면 옷장 깊이가 이 정도는 되어야 한다.

서랍 깊이

425~500mm

셔츠, 스웨터, 수건 등을 접은 크기를 고려했을 때 적당한 서랍 길이이다.

선반

원목 판재나 인공 합판으로 만든, 단순하고 문이 없는 선반은 책이나 음반을
보관하거나 수집품을 진열하기에 적합하다. 선반을 포함하고 있는 더 복잡한
수납가구를 만들 때도 제작 방법은 비슷하다.

원목 선반

경재나 연재의 원목으로 만든 선반은 인공 합판으로
만든 것보다 더 튼튼하고 외관이 뛰어나다.

원목 선반 조립 방법

- 통끼움맞춤으로 측판과 바닥판을 조립한다.
- 주먹장 이음으로 측판과 상판을 조립한 뒤 똑바로 세운 상태로 접착제가 마를 때까지 그대로 둔다.
- 선반 뒤쪽의 맞춤턱에 뒤판을 끼우고 필렛으로 고정시킨다.
- 높이 조절이 가능한 중간판을 끼워 넣는다.

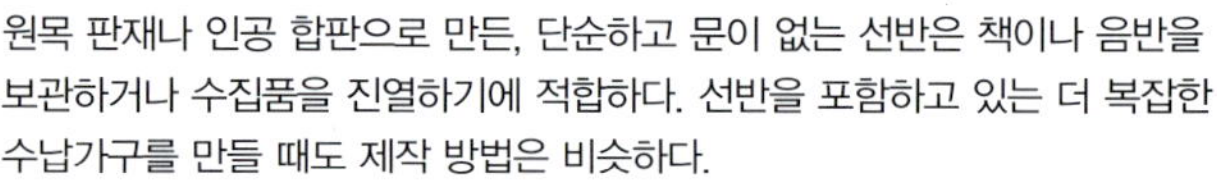

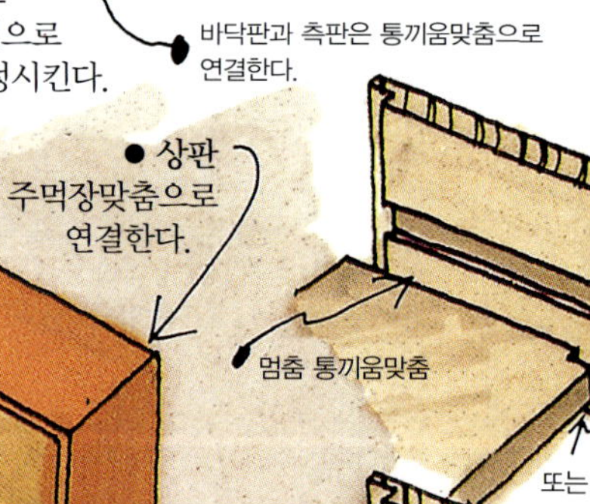

● 강화
책이나 음반 등은 선반에 많은
힘을 가하기 때문에 선반을
강화할 필요가 있다.

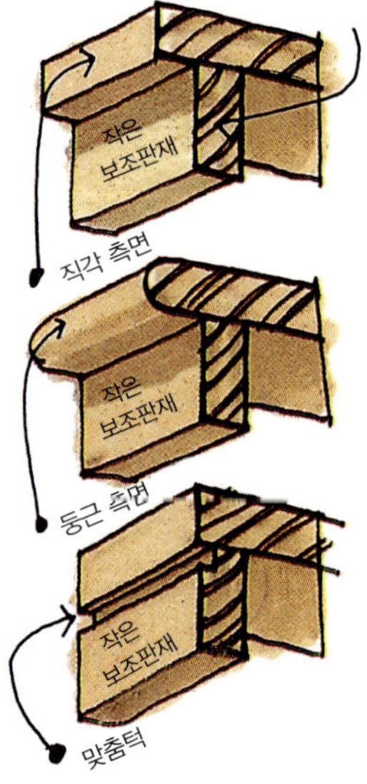

● 키가 큰 선반
선반의 키가 클 때는 중간판을
끼워 넣고 고정시켜 측판을
단단히 잡아준다.

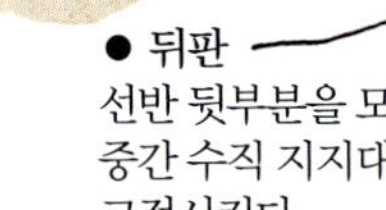

● 뒤판
선반 뒷부분을 모두 덮고
중간 수직 지지대와 나사로
고정시킨다.

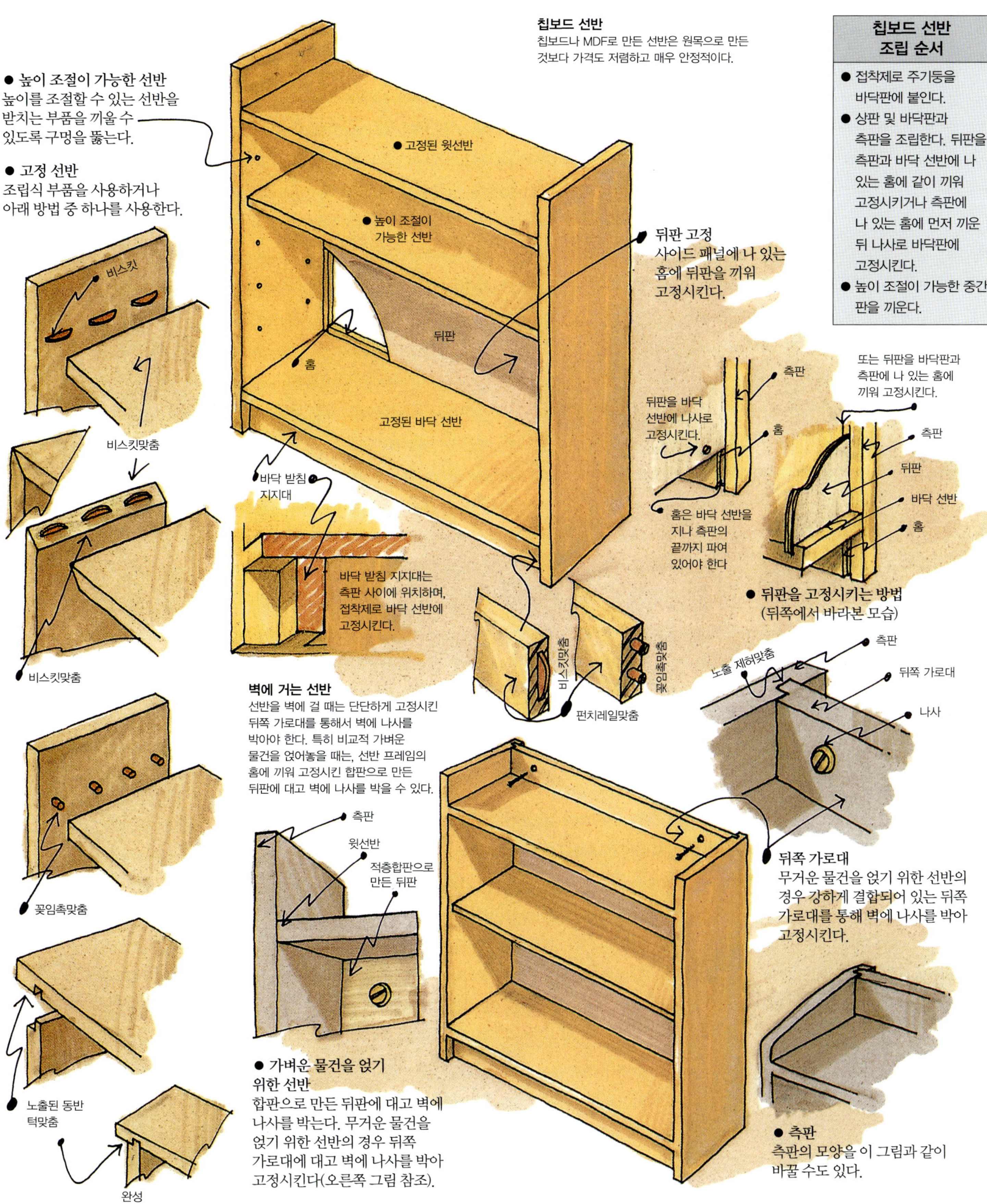
● 높이 조절이 가능한 선반
높이를 조절할 수 있는 선반을
받치는 부품을 끼울 수
있도록 구멍을 뚫는다.

● 고정 선반
조립식 부품을 사용하거나
아래 방법 중 하나를 사용한다.

비스킷

비스킷맞춤

비스킷맞춤

꽂임촉맞춤

노출된 동반
턱맞춤

완성

칩보드 선반
칩보드나 MDF로 만든 선반은 원목으로 만든
것보다 가격도 저렴하고 매우 안정적이다.

● 고정된 윗선반

● 높이 조절이
가능한 선반

홈

고정된 바닥 선반

뒤판

바닥 받침
지지대

바닥 받침 지지대는
측판 사이에 위치하며,
접착제로 바닥 선반에
고정시킨다.

벽에 거는 선반
선반을 벽에 걸 때는 단단하게 고정시킨
뒤쪽 가로대를 통해서 벽에 나사를
박아야 한다. 특히 비교적 가벼운
물건을 얹어놓을 때는, 선반 프레임의
홈에 끼워 고정시킨 합판으로 만든
뒤판에 대고 벽에 나사를 박을 수 있다.

측판
윗선반
적층합판으로
만든 뒤판

● 가벼운 물건을 얹기
위한 선반
합판으로 만든 뒤판에 대고 벽에
나사를 박는다. 무거운 물건을
얹기 위한 선반의 경우 뒤쪽
가로대에 대고 벽에 나사를 박아
고정시킨다(오른쪽 그림 참조).

비스킷맞춤
꽂임촉맞춤
펀치레일맞춤

뒤판 고정
사이드 패널에 나 있는
홈에 뒤판을 끼워
고정시킨다.

뒤판을 바닥
선반에 나사로
고정시킨다.

측판
홈

홈은 바닥 선반을
지나 측판의
끝까지 파여
있어야 한다

또는 뒤판을 바닥판과
측판에 나 있는 홈에
끼워 고정시킨다.

측판
측판
뒤판
바닥 선반
홈

● 뒤판을 고정시키는 방법
(뒤쪽에서 바라본 모습)

노출 제허맞춤
측판
뒤쪽 가로대
나사

뒤쪽 가로대
무거운 물건을 얹기 위한 선반의
경우 강하게 결합되어 있는 뒤쪽
가로대를 통해 벽에 나사를 박아
고정시킨다.

● 측판
측판의 모양을 이 그림과 같이
바꿀 수도 있다.

칩보드 선반
조립 순서
● 접착제로 주기둥을
바닥판에 붙인다.
● 상판 및 바닥판과
측판을 조립한다. 뒤판을
측판과 바닥 선반에 나
있는 홈에 같이 끼워
고정시키거나 측판에
나 있는 홈에 먼저 끼운
뒤 나사로 바닥판에
고정시킨다.
● 높이 조절이 가능한 중간
판을 끼운다.

찬장

전통적인 방법 또는 현대적인 방법을 사용하여 찬장을 만들 수 있으며, 이를
응용하여 주방용 수납장을 디자인하거나 만들 수도 있다.

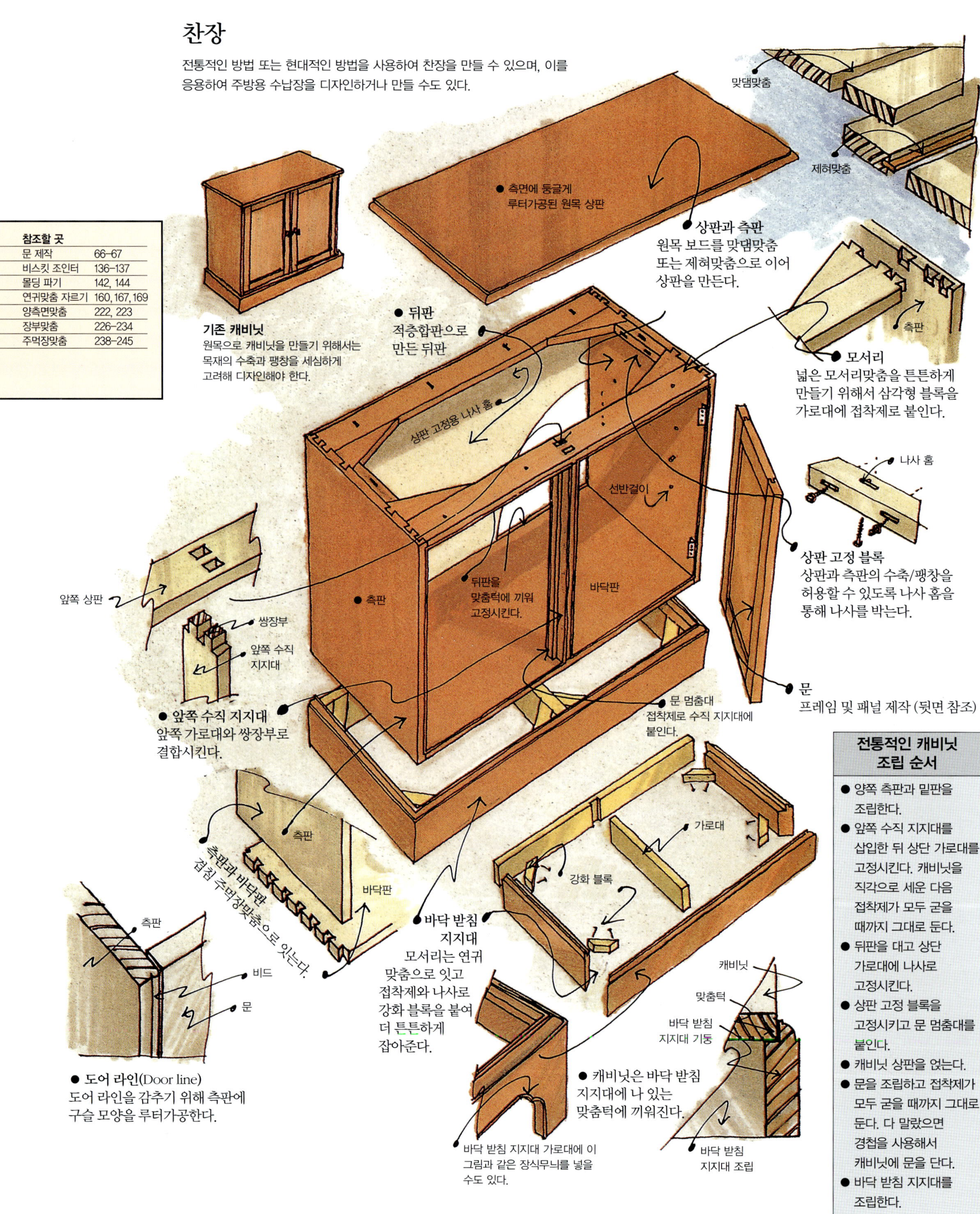

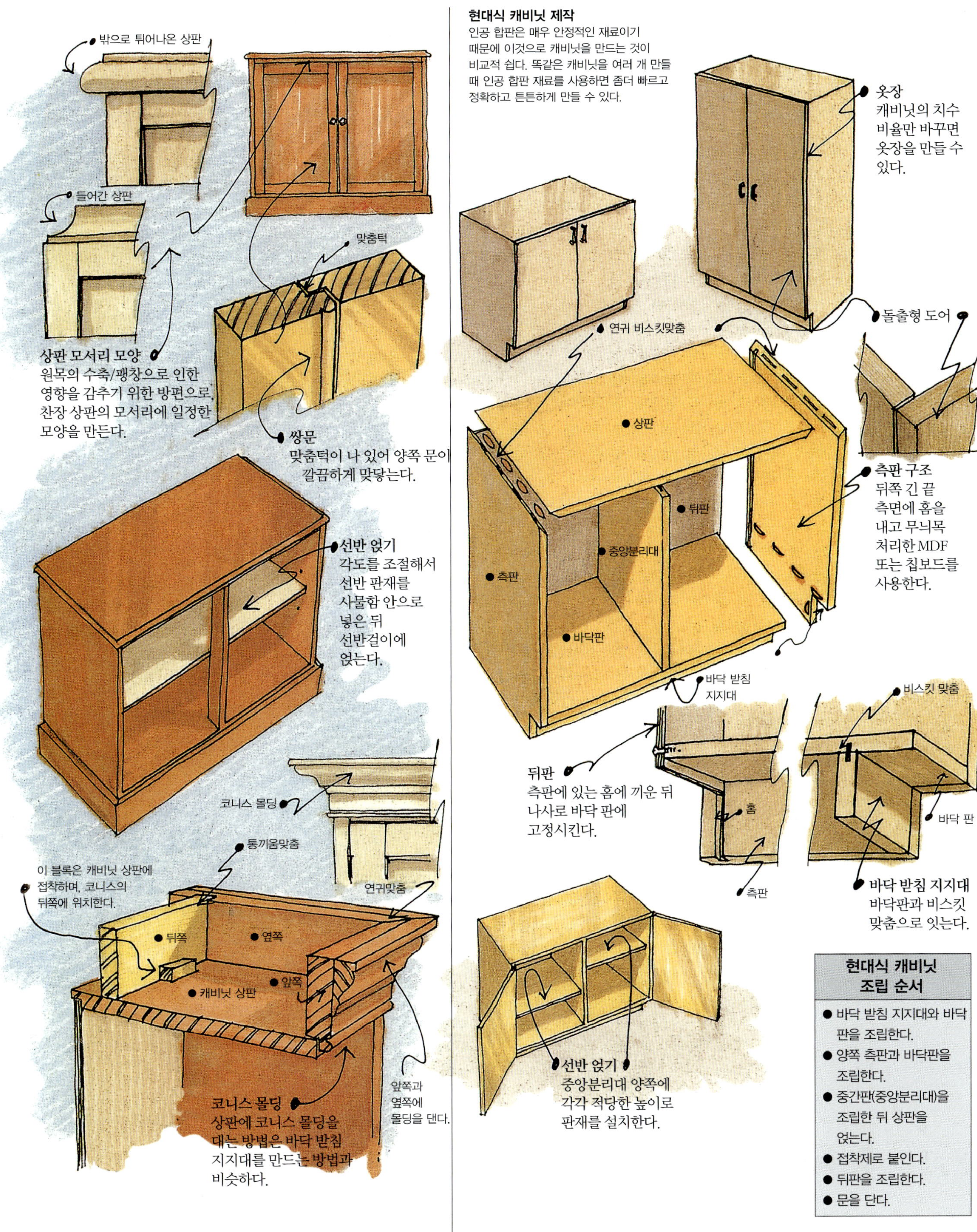

밖으로 튀어나온 상판
들어간 상판
상판 모서리 모양
원목의 수축/팽창으로 인한 영향을 감추기 위한 방편으로, 찬장 상판의 모서리에 일정한 모양을 만든다.
맞춤턱
쌍문
맞춤턱이 나 있어 양쪽 문이 깔끔하게 맞닿는다.
선반 얹기
각도를 조절해서 선반 판재를 사물함 안으로 넣은 뒤 선반걸이에 얹는다.
코니스 몰딩
통끼움맞춤
이 블록은 캐비닛 상판에 접착하며, 코니스의 뒤쪽에 위치한다.
연귀맞춤
뒤쪽
옆쪽
캐비닛 상판
앞쪽
코니스 몰딩
상판에 코니스 몰딩을 대는 방법은 바닥 받침 지지대를 만드는 방법과 비슷하다.
앞쪽과 옆쪽에 몰딩을 댄다.

현대식 캐비닛 제작
인공 합판은 매우 안정적인 재료이기 때문에 이것으로 캐비닛을 만드는 것이 비교적 쉽다. 똑같은 캐비닛을 여러 개 만들 때 인공 합판 재료를 사용하면 좀더 빠르고 정확하고 튼튼하게 만들 수 있다.
옷장
캐비닛의 치수 비율만 바꾸면 옷장을 만들 수 있다.
돌출형 도어
연귀 비스킷맞춤
상판
뒤판
중앙분리대
측판
바닥판
측판 구조
뒤쪽 긴 끝 측면에 홈을 내고 무늬목 처리한 MDF 또는 칩보드를 사용한다.
바닥 받침 지지대
뒤판
측판에 있는 홈에 끼운 뒤 나사로 바닥 판에 고정시킨다.
비스킷 맞춤
홈
바닥 판
측판
바닥 받침 지지대
바닥판과 비스킷 맞춤으로 잇는다.
선반 얹기
중앙분리대 양쪽에 각각 적당한 높이로 판재를 설치한다.

현대식 캐비닛 조립 순서
● 바닥 받침 지지대와 바닥 판을 조립한다.
● 양쪽 측판과 바닥판을 조립한다.
● 중간판(중앙분리대)을 조립한 뒤 상판을 얹는다.
● 접착제로 붙인다.
● 뒤판을 조립한다.
● 문을 단다.

찬장 문

찬장, 수납장, 기타 모든 가구에는 다양한 종류의 문이나 접이문을 달 수 있다.
이번에는 가장 일반적인 문 제작 방법을 살펴보겠다.

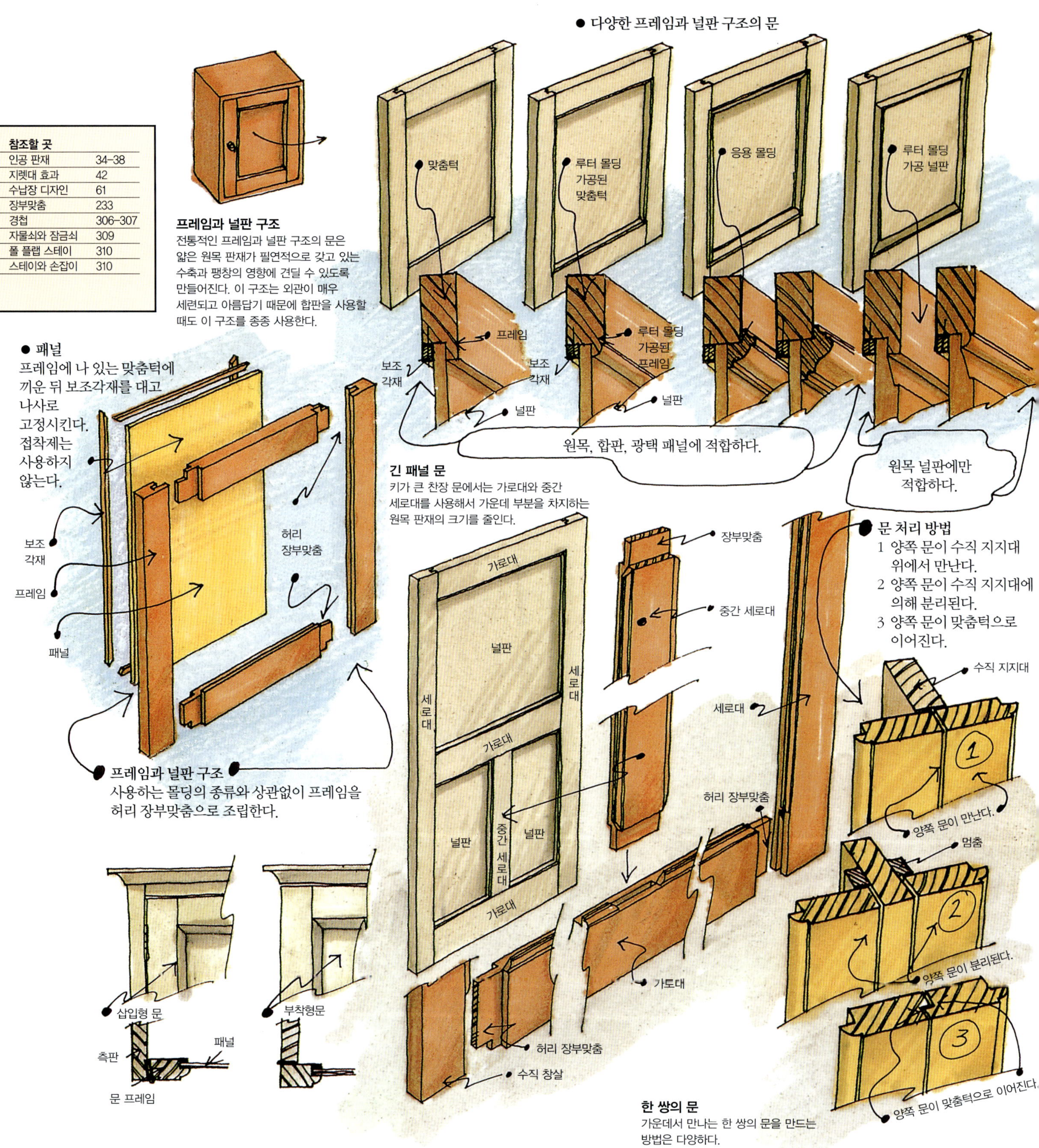

프레임과 널판 구조

전통적인 프레임과 널판 구조의 문은 얇은 원목 판재가 필연적으로 갖고 있는 수축과 팽창의 영향에 견딜 수 있도록 만들어진다. 이 구조는 외관이 매우 세련되고 아름답기 때문에 합판을 사용할 때도 이 구조를 종종 사용한다.

● 패널

프레임에 나 있는 맞춤턱에 끼운 뒤 보조각재를 대고 나사로 고정시킨다. 접착제는 사용하지 않는다.

프레임과 널판 구조

사용하는 몰딩의 종류와 상관없이 프레임을 허리 장부맞춤으로 조립한다.

긴 패널 문

키가 큰 찬장 문에서는 가로대와 중간 세로대를 사용해서 가운데 부분을 차지하는 원목 판재의 크기를 줄인다.

문 처리 방법

1 양쪽 문이 수직 지지대 위에서 만난다.
2 양쪽 문이 수직 지지대에 의해 분리된다.
3 양쪽 문이 맞춤턱으로 이어진다.

한 쌍의 문

가운데서 만나는 한 쌍의 문을 만드는 방법은 다양하다.

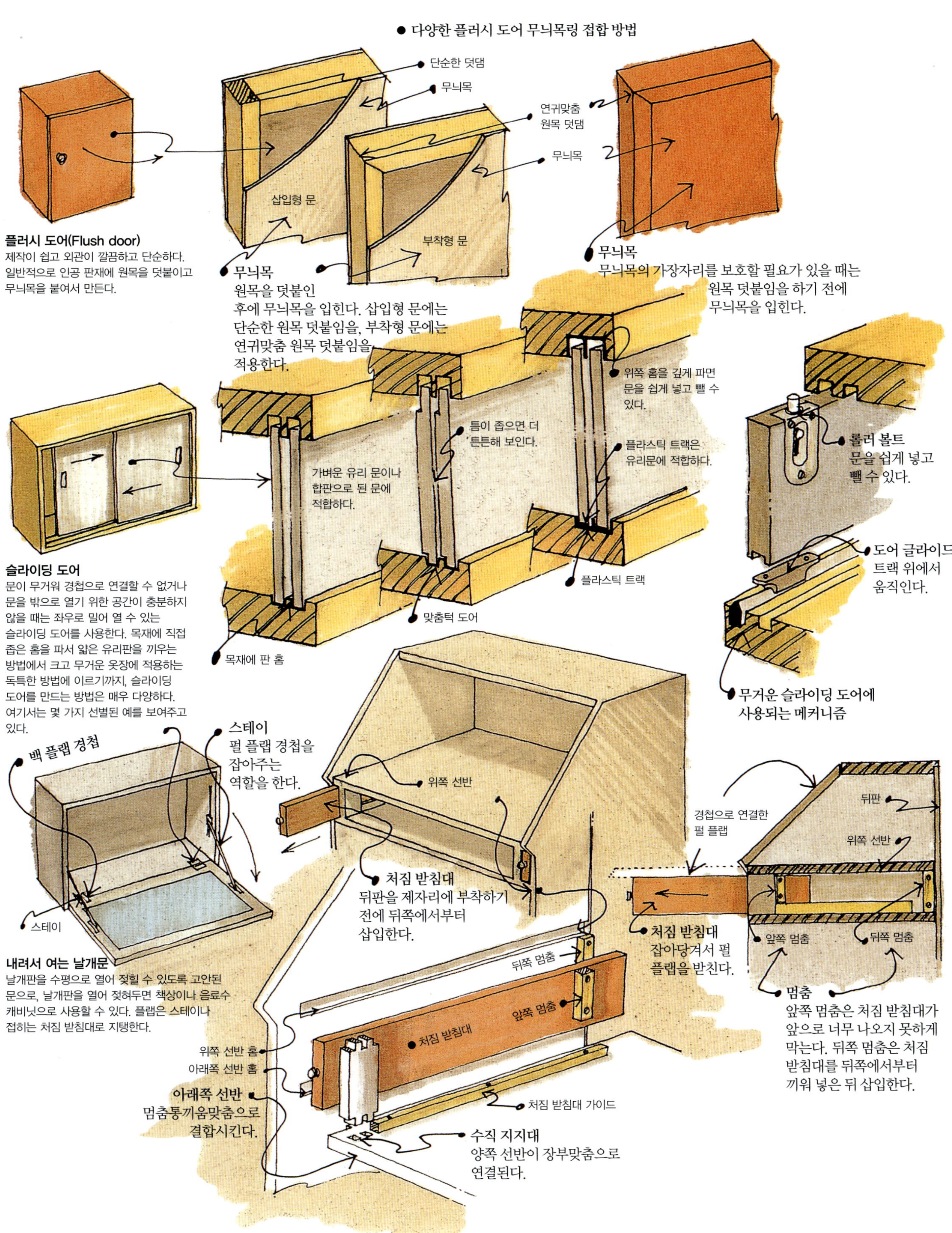

플러시 도어(Flush door)
제작이 쉽고 외관이 깔끔하고 단순하다. 일반적으로 인공 판재에 원목을 덧붙이고 무늬목을 붙여서 만든다.

무늬목
원목을 덧붙인 후에 무늬목을 입힌다. 삽입형 문에는 단순한 원목 덧붙임을, 부착형 문에는 연귀맞춤 원목 덧붙임을 적용한다.

무늬목
무늬목의 가장자리를 보호할 필요가 있을 때는 원목 덧붙임을 하기 전에 무늬목을 입힌다.

슬라이딩 도어
문이 무거워 경첩으로 연결할 수 없거나 문을 밖으로 열기 위한 공간이 충분하지 않을 때는 좌우로 밀어 열 수 있는 슬라이딩 도어를 사용한다. 목재에 직접 좁은 홈을 파서 얇은 유리판을 끼우는 방법에서 크고 무거운 옷장에 적용하는 독특한 방법에 이르기까지, 슬라이딩 도어를 만드는 방법은 매우 다양하다. 여기서는 몇 가지 선별된 예를 보여주고 있다.

내려서 여는 날개문
날개판을 수평으로 열어 젖힐 수 있도록 고안된 문으로, 날개판을 열어 젖혀두면 책상이나 음료수 캐비닛으로 사용할 수 있다. 플랩은 스테이나 접히는 처짐 받침대로 지탱한다.

아래쪽 선반
멈춤통끼움맞춤으로 결합시킨다.

멈춤
앞쪽 멈춤은 처짐 받침대가 앞으로 너무 나오지 못하게 막는다. 뒤쪽 멈춤은 처짐 받침대를 뒤쪽에서부터 끼워 넣은 뒤 삽입한다.

찬장 문

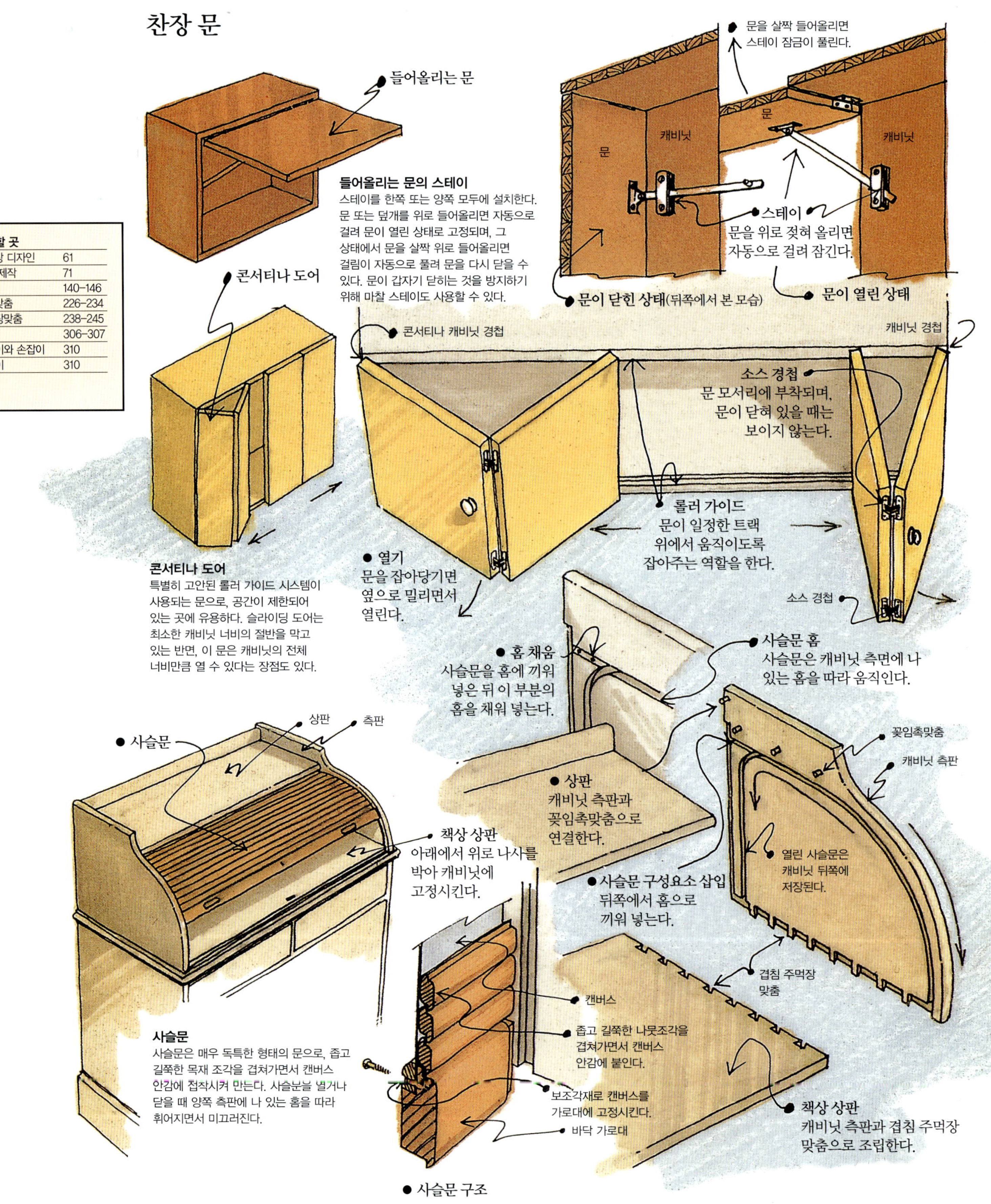

들어올리는 문의 스테이
스테이를 한쪽 또는 양쪽 모두에 설치한다. 문 또는 덮개를 위로 들어올리면 자동으로 걸려 문이 열린 상태로 고정되며, 그 상태에서 문을 살짝 위로 들어올리면 걸림이 자동으로 풀려 문을 다시 닫을 수 있다. 문이 갑자기 닫히는 것을 방지하기 위해 마찰 스테이도 사용할 수 있다.

콘서티나 도어
특별히 고안된 롤러 가이드 시스템이 사용되는 문으로, 공간이 제한되어 있는 곳에 유용하다. 슬라이딩 도어는 최소한 캐비닛 너비의 절반을 막고 있는 반면, 이 문은 캐비닛의 전체 너비만큼 열 수 있다는 장점도 있다.

사슬문
사슬문은 매우 독특한 형태의 문으로, 좁고 길쭉한 목재 조각을 겹쳐가면서 캔버스 안감에 접착시켜 만든다. 사슬문을 열거나 닫을 때 양쪽 측판에 나 있는 홈을 따라 휘어지면서 미끄러진다.

서랍장

서랍장은 크기나 제조 방법이 찬장보다 만들기가 훨씬 어렵다. 특히 원목을 사용하면 더욱 그렇다. 서랍이 골격과 잘 맞고 계속 부드럽게 여닫히도록 만들기 위해서는 더 높은 정확도가 필요하다.

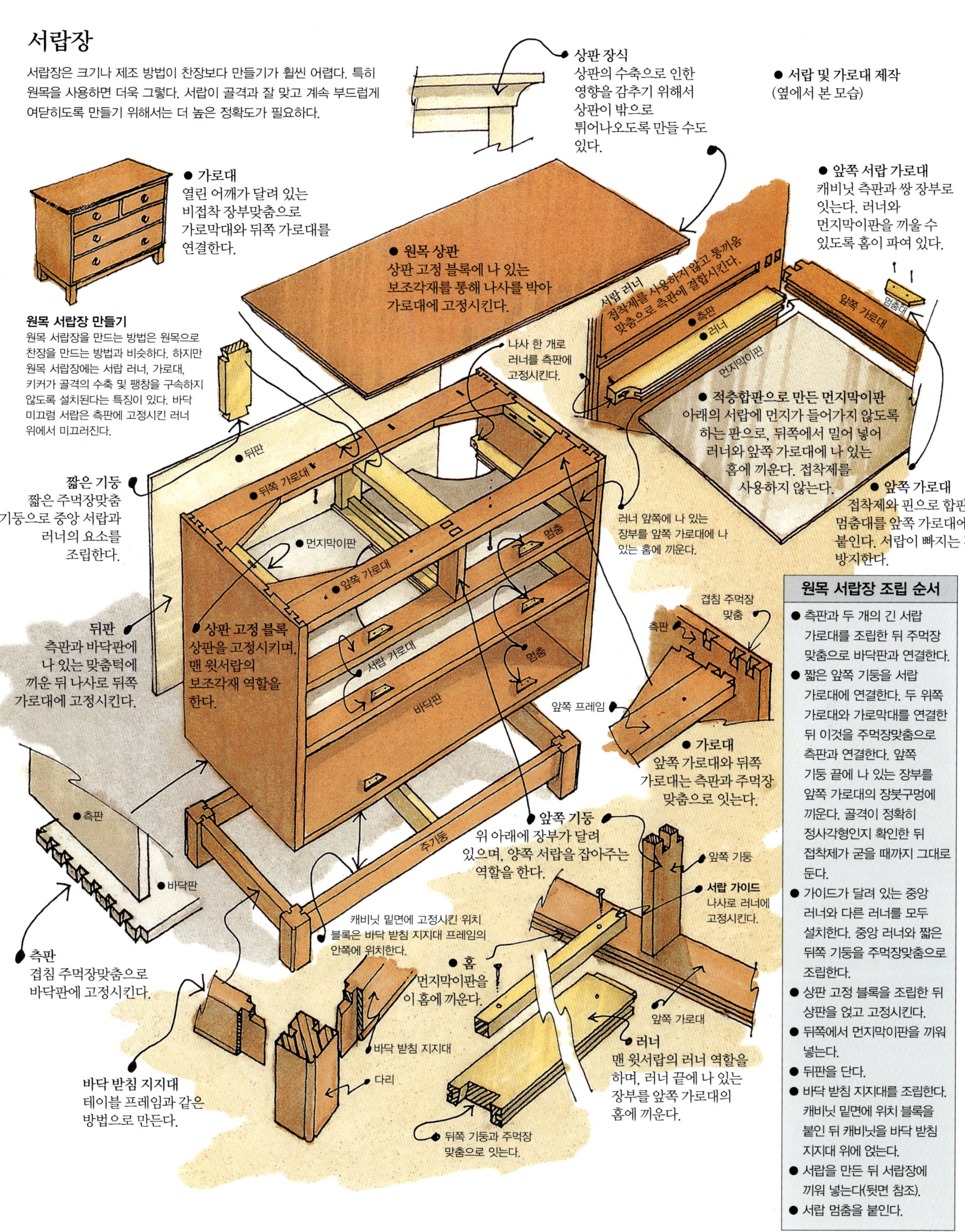

원목 서랍장 조립 순서

- 측판과 두 개의 긴 서랍 가로대를 조립한 뒤 주먹장 맞춤으로 바닥판과 연결한다.
- 짧은 앞쪽 기둥을 서랍 가로대에 연결한다. 두 위쪽 가로대와 가로막대를 연결한 뒤 이것을 주먹장맞춤으로 측판과 연결한다. 앞쪽 기둥 끝에 나 있는 장부를 앞쪽 가로대의 장붓구멍에 끼운다. 골격이 정확히 정사각형인지 확인한 뒤 접착제가 굳을 때까지 그대로 둔다.
- 가이드가 달려 있는 중앙 러너와 다른 러너를 모두 설치한다. 중앙 러너와 짧은 뒤쪽 기둥을 주먹장맞춤으로 조립한다.
- 상판 고정 블록을 조립한 뒤 상판을 얹고 고정시킨다.
- 뒤쪽에서 먼지막이판을 끼워 넣는다.
- 뒤판을 단다.
- 바닥 받침 지지대를 조립한다. 캐비닛 밑면에 위치 블록을 붙인 뒤 캐비닛을 바닥 받침 지지대 위에 얹는다.
- 서랍을 만든 뒤 서랍장에 끼워 넣는다(뒷면 참조).
- 서랍 멈춤을 붙인다.

서랍장

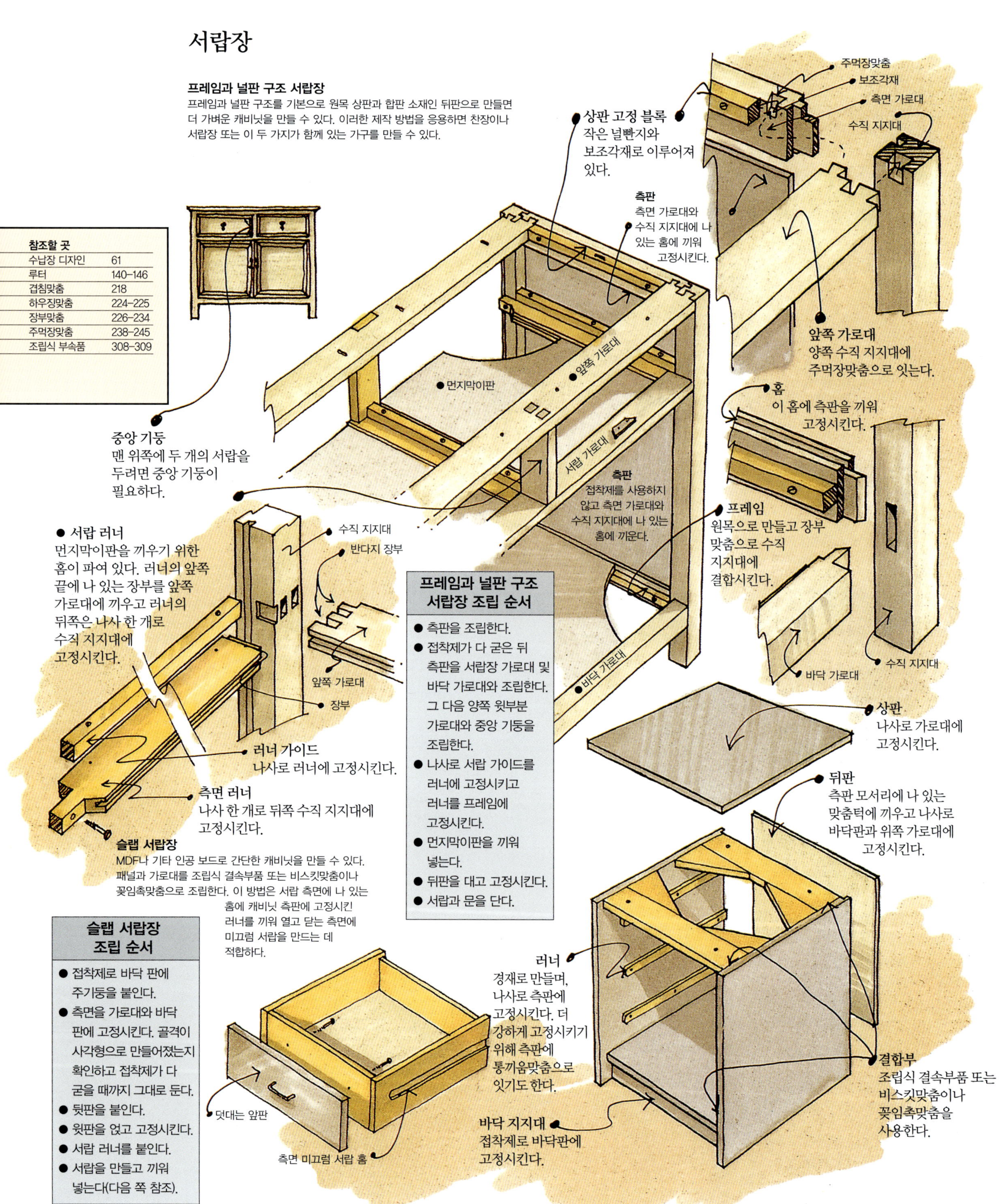

참조할 곳

수납장 디자인	61
루터	140–146
겹침맞춤	218
하우징맞춤	224–225
장부맞춤	226–234
주먹장맞춤	238–245
조립식 부속품	308–309

프레임과 널판 구조 서랍장 조립 순서

- 측판을 조립한다.
- 접착제가 다 굳은 뒤 측판을 서랍장 가로대 및 바닥 가로대와 조립한다. 그 다음 양쪽 윗부분 가로대와 중앙 기둥을 조립한다.
- 나사로 서랍 가이드를 러너에 고정시키고 러너를 프레임에 고정시킨다.
- 먼지막이판을 끼워 넣는다.
- 뒤판을 대고 고정시킨다.
- 서랍과 문을 단다.

슬랩 서랍장 조립 순서

- 접착제로 바닥 판에 주기둥을 붙인다.
- 측면을 가로대와 바닥 판에 고정시킨다. 골격이 사각형으로 만들어졌는지 확인하고 접착제가 다 굳을 때까지 그대로 둔다.
- 뒷판을 붙인다.
- 윗판을 얹고 고정시킨다.
- 서랍 러너를 붙인다.
- 서랍을 만들고 끼워 넣는다(다음 쪽 참조).

서랍

서랍은 보관해둔 물건을 쉽게 꺼낼 수 있도록 캐비닛 밖으로 잡아당겨 빼거나 밀어 넣을 수 있도록 설계된다. 막혀 있는 앞면은 서랍 안에 들어 있는 물건을 보호하는 역할을 한다. 수납장이나 옷장 또는 붙박이장의 문 안쪽에 얇고 넓은 서랍을 만들어 넣는 경우도 종종 있다. 서랍을 만드는 방법은 매우 간단하다. 칸막이 구조 역시 단순히 사개맞춤으로 만든 상자에 합판으로 된 바닥판을 붙여서 만들기도 한다.

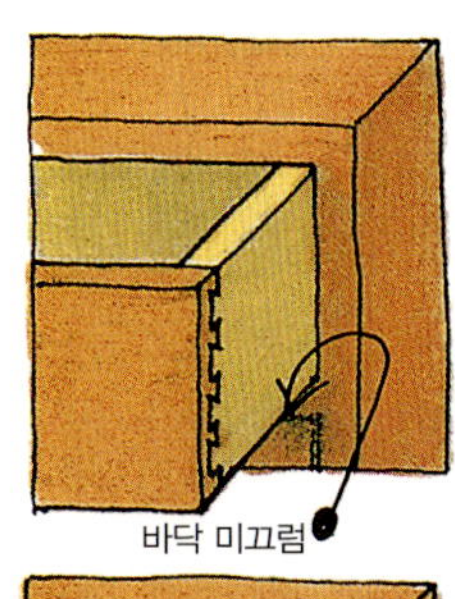

바닥 미끄럼 서랍 (Bottom-run drawer)
서랍 측판의 아래쪽 모서리가 캐비닛 측판에 고정된 경재로 만든 스트립 위에서 움직인다. 이 스트립은 또 서랍을 잡아당겨 뺄 때 서랍이 기울어지는 것을 막는 역할을 하기도 한다.

바닥 미끄럼

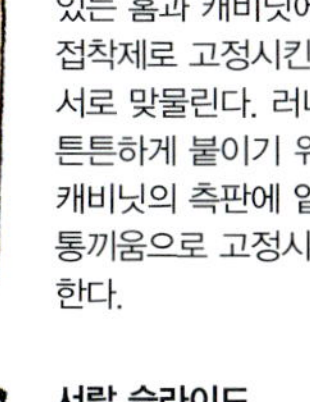

측면 미끄럼 서랍 (Side-run drawer)
서랍의 양쪽 측판에 나 있는 홈과 캐비닛에 나사와 접착제로 고정시킨 러너가 서로 맞물린다. 러너를 더 튼튼하게 붙이기 위해서 캐비닛의 측판에 얇은 통끼움으로 고정시키기도 한다.

측면 미끄럼

서랍 슬라이드 (Drawer slide)
이미 만들어져 있는 서랍 슬라이드를 구입해 사용할 수도 있다. 이 서랍 슬라이드는 서랍 측면에 나사로 박아 고정시킨다. 서랍 슬라이드가 들어가는 공간을 가릴 수 있도록 서랍 앞판은 캐비닛의 양쪽 측판을 덮어야 한다.

서랍 슬라이드

삽입형 서랍(inset drawer)
서랍을 안으로 밀어 넣었을 때 서랍과 캐비닛 면이 수평이 된다. 서랍은 캐비닛에 깔끔하게 들어맞아야 한다.

인셋

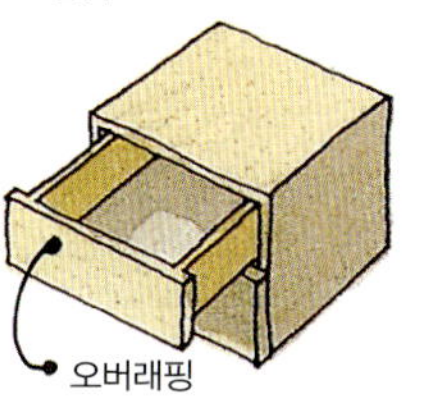

오버래핑 서랍 (Overlapping drawer)
이 서랍은 종종 만들기 훨씬 쉬운 덧대기 앞판으로 만들기도 한다.

오버래핑

덧대기 앞판(False front)
나사로 서랍에 고정시킨다.

덧대기 앞판

전형적인 바닥 미끄럼 서랍

경재로 만든 얇은 측판의 앞쪽에는 정교하게 파낸 겹침 주먹장이, 뒤쪽에는 주먹장이 나 있으며, 이것으로 측판을 앞판과 뒤판에 고정시킨다. 바닥판은 측판에 고정시킨 슬립 몰딩에 나 있는 홈을 통해 안으로 밀어 넣은 뒤 앞판에 나 있는 홈에 끼워 고정시킨다.

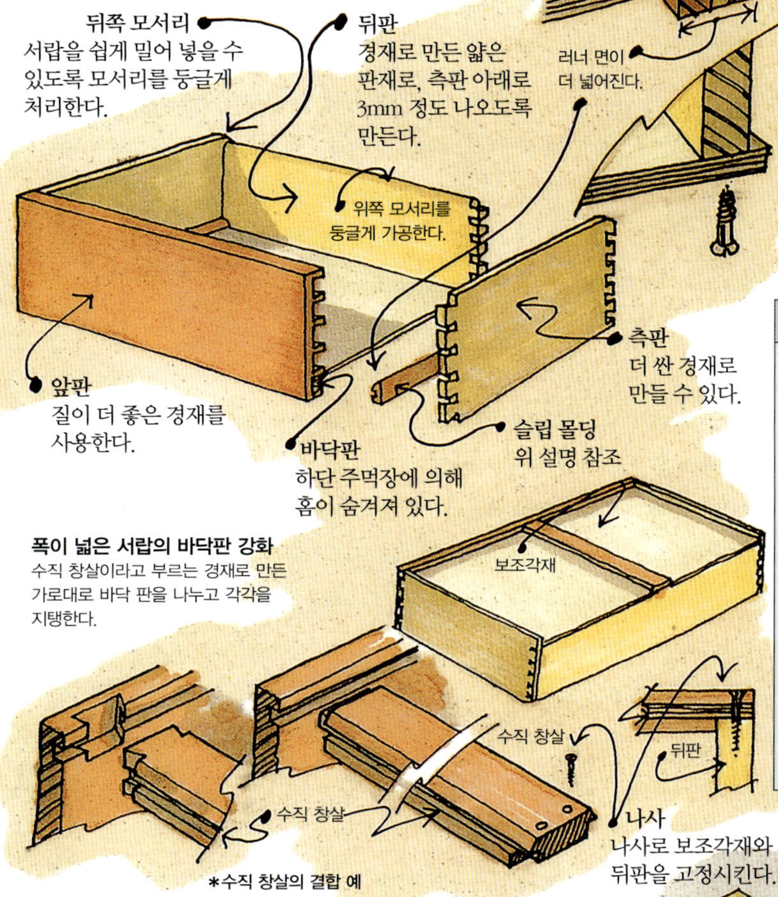

바닥판
보통 합판으로 만든다. 원목으로 만들 때는 반드시 나뭇결이 나란하도록 만들어야 한다.

슬립 몰딩
접착제로 서랍 측판에 고정시킨다. 서랍 뒤판 아래에서 움직이도록 끝에 V자 모양으로 파 낸다.

고정
뒤쪽에서 바닥판을 밀어 넣어 제자리에 위치시킨 뒤 나사로 서랍 뒤판에 고정시킨다. 이때 접착제는 사용하지 않는다. 수축되더라도 앞뒤 방향으로 변형이 일어난다.

뒤쪽 모서리
서랍을 쉽게 밀어 넣을 수 있도록 모서리를 둥글게 처리한다.

뒤판
경재로 만든 얇은 판재로, 측판 아래로 3mm 정도 나오도록 만든다.

러너 면이 더 넓어진다.

위쪽 모서리를 둥글게 가공한다.

앞판
질이 더 좋은 경재를 사용한다.

바닥판
하단 주먹장에 의해 홈이 숨겨져 있다.

측판
더 싼 경재로 만들 수 있다.

슬립 몰딩
위 설명 참조

폭이 넓은 서랍의 바닥판 강화

수직 창살이라고 부르는 경재로 만든 가로대로 바닥 판을 나누고 각을 지탱한다.

보조각재

수직 창살

수직 창살

뒤판

나사

*수직 창살의 결합 예

나사
나사로 보조각재와 서랍 뒤판을 고정시킨다.

겹서랍

값이 싼 가구의 서랍을 만들 때는 앞판과 측판을 겹침이음으로, 뒷판과 측판을 통끼움맞춤으로 조립하기도 한다. 결합부의 강도는 사용한 접착제에 따라 결정된다. 경우에 따라 패널 핀으로 고정시켜 강화하기도 한다.

통끼움맞춤
통끼움맞춤으로 앞판과 뒤판을 측판에 고정시킬 수도 있다.

홈
바닥판을 앞판과 측판에 나 있는 홈에 끼운다.

바닥판
합판이나 경재로 제작한다.

●앞판

●고정
나사로 바닥판을 뒤판에 고정시킨다.

확장된 측판
서랍을 당기는 데에 사용할 수 있다.

앞판

당기는 레일
긴 나무 봉이나 금속 튜브로 만든다.

옆면 미끄럼 방식

서랍 설치

서랍 입구에 잘 들어맞도록 우선 서랍 앞판을 대패로 잘 다듬는다. 다른 구성요소가 앞판에 잘 맞도록 맞춘 다음 조립한다. 완성된 서랍을 서랍 칸에 넣었을 때 부드럽게 움직이지 않는다면 측판에 반들거리는 부위가 있는지 찾는다. 이 부분이 마찰이 심한 부분이다. 그 부분을 대패로 살짝 밀어낸 뒤 양초로 활주면을 문질러 미끄럽게 만든다.

붙박이장

벽에 설치하는 붙박이장은 비교적 적은 비용으로 만들 수 있다. 각 구성요소를 독립적인 모듈로 만든 뒤 결합하여 나사로 이을 수도 있다. 가구를 문이나 계단을 통해 옮겨야 할 때도 있다는 점을 항상 고려해야 한다. 이처럼 가구를 옮겨야 할 때는 설치할 장소에서 각 구성요소를 조립하거나 각각의 모듈을 볼트와 나사로 서로 잇는다. 가구에 페인트를 칠할 때는 충전물로 못이나 나사를 감출 수 있다.

붙박이 구성요소 조립 순서

- 바닥판에 바닥 받침 지지대를 접착제로 붙인 후 설치하고자 하는 자리에 위치시킨다.
- 나사로 붙박이장이 설치될 양쪽 벽면에 가로대와 기둥을 고정시킨다.
- 나사로 상판을 가로대에 고정시킨다. 또는 나사로 작은 각재를 각 가로대에 고정시킨 뒤 상판에 고정시킨다.
- 가림판을 벽에 댄 상태로 기둥에 고정시킨다. 수평기를 사용해서 정확하게 수직으로 고정되었는지 확인한다.
- 핀과 접착제로 상판의 앞쪽 모서리를 따라 몰딩을 붙인다.
- 문을 조립하고 경첩으로 문을 가림판에 고정시킨다.
- 핀으로 상판의 밑면에 작은 각재를 고정시킨다. 이 작은 각재는 문을 멈추는 역할을 한다.

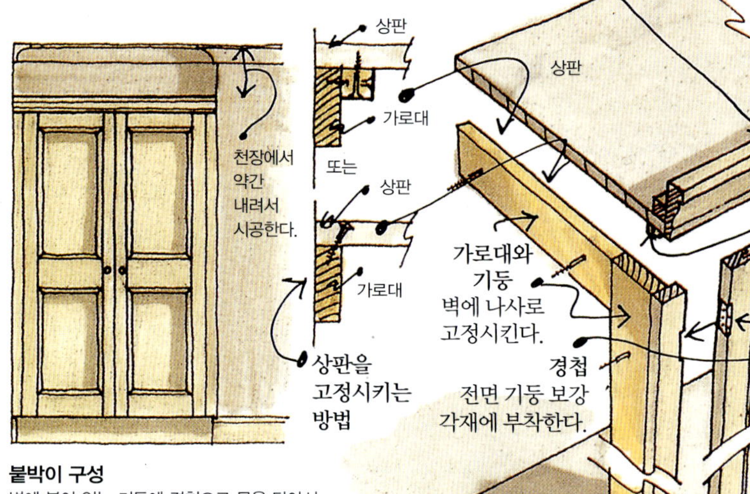

붙박이 구성

벽에 붙어 있는 기둥에 경첩으로 문을 달아서 공간을 최대한 이용하는 붙박이장으로, 몰딩이 손상되는 것을 막기 위해서 천장에서 약간 내려서 시공한다.

각 구성요소 조립 순서

- 작업장에서 각각의 프레임을 조립한 뒤 가구를 설치하는 장소에서 이 프레임을 조립한다. 이때 한쪽 끝부터 나사로 프레임과 수직 측판을 순서대로 조립한다. 마지막 패널을 프레임에 고정시킬 때 볼트를 조일 공간이 충분하지 못할 경우 안쪽에서 고정시킨다. 위쪽 프레임을 통해 벽에 나사를 박는다.
- 바닥 받침 지지대 가림판과 수직 측판을 핀으로 박아 고정시킨다.
- 합판으로 만든 덮개를 위쪽 프레임에 나 있는 맞춤턱에 끼워 넣는다.
- 경첩으로 문을 수직 측판에 단다.
- 선반 및 기타 내부에 들어가는 부품을 설치한다.

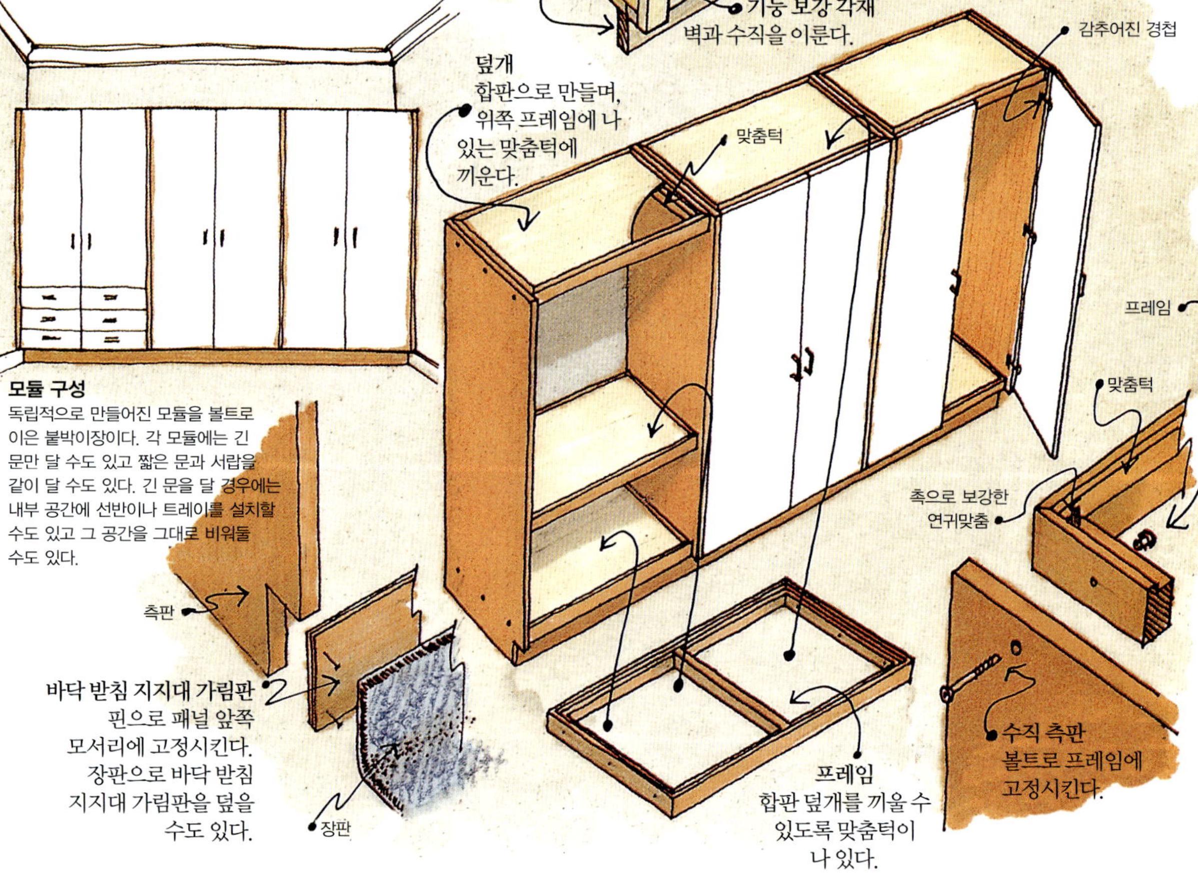

모듈 구성

독립적으로 만들어진 모듈을 볼트로 이은 붙박이장이다. 각 모듈에는 긴 문만 달 수도 있고 짧은 문과 서랍을 같이 달 수도 있다. 긴 문을 달 경우에는 내부 공간에 선반이나 트레이를 설치할 수도 있고 그 공간을 그대로 비워둘 수도 있다.

고정 프레임 구성
붙박이장을 설치할 장소에서 프레임을
조립하고 양쪽 벽에 나사로 고정시킨다.
천장에 덧대기 판재를 붙인다. 폭이 넓을
때는 슬라이딩 도어를 사용하기도 한다.

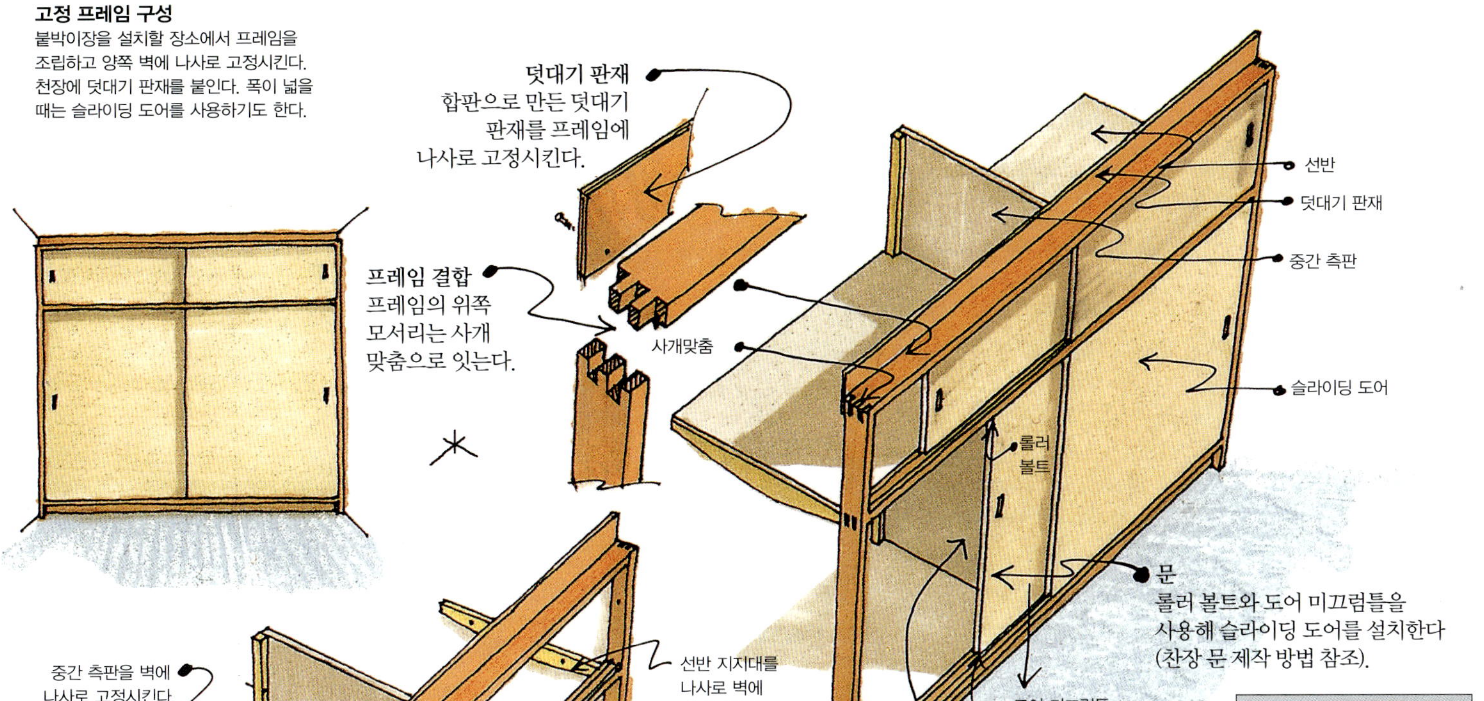

덧대기 판재
합판으로 만든 덧대기
판재를 프레임에
나사로 고정시킨다.

선반
덧대기 판재
중간 측판

프레임 결합
프레임의 위쪽
모서리는 사개
맞춤으로 잇는다.

사개맞춤

슬라이딩 도어

롤러
볼트

문
롤러 볼트와 도어 미끄럼틀을
사용해 슬라이딩 도어를 설치한다
(찬장 문 제작 방법 참조).

중간 측판을 벽에
나사로 고정시킨다.

선반 지지대를
나사로 벽에
고정시킨다.

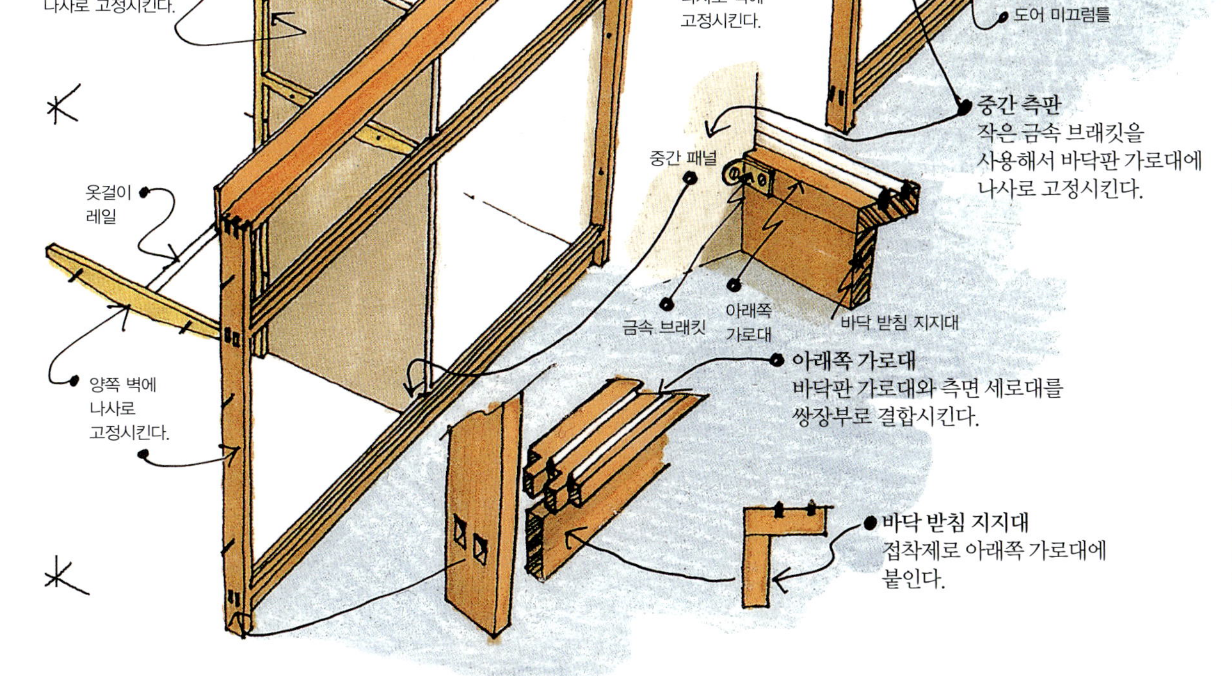

도어 미끄럼틀

옷걸이
레일

중간 패널

중간 측판
작은 금속 브래킷을
사용해서 바닥판 가로대에
나사로 고정시킨다.

양쪽 벽에
나사로
고정시킨다.

금속 브래킷

아래쪽
가로대

바닥 받침 지지대

아래쪽 가로대
바닥판 가로대와 측면 세로대를
쌍장부로 결합시킨다.

바닥 받침 지지대
접착제로 아래쪽 가로대에
붙인다.

고정 프레임 구성
조립 순서

● 현장에서 프레임을
접착시키며 조립한다.
조립한 프레임을 벽에
세워 해당 장소에 놓은
뒤 양쪽 벽에 나사로
고정시킨다.
● 위쪽 프레임의 두쪽 끝
부분에 덧대기 판재를
나사로 고정시킨다.
● 중간 측판을 설치한 후
나사로 벽과 프레임에
고정시킨다.
● 나사로 옷걸이/선반
지지대를 벽과 중간
측판에 고정시킨다.
● 선반을 제자리에
끼워 넣는다.
● 슬라이딩 도어를
조립하여 설치한다.

선을 만드는 띠각재 사용
편평하지 못한 벽에 정확히
맞추려고 노력하기보다는
붙박이장과 양쪽 벽 사이의 공간에
보조각재를 넣어 붙박이장을
설치하는 방법이 더 나을 수 있다.

● 뒤쪽으로 약간 들여서
설치된 띠각재
캐비닛 측면에 그림자선이
만들어진다.

● 선을 만드는 띠각재
의도적으로 옆
캐비닛과 일정한
간격을 두고 붙인다.

● 루터로 몰딩
가공한 띠각재
캐비닛의 전면 기둥
보강 판재에
고정시킨다.

계획 세우기

재능이 탁월한 목가구 작업자는 자신이 생각한 것을 바로 구현할 수도 있을 것이다. 하지만 대부분의 사람들은 먼저 디자인 과정에 대한 상세한 계획을 세우고 실제로 모형을 만들어보면서 작업을 진행할 필요가 있다.

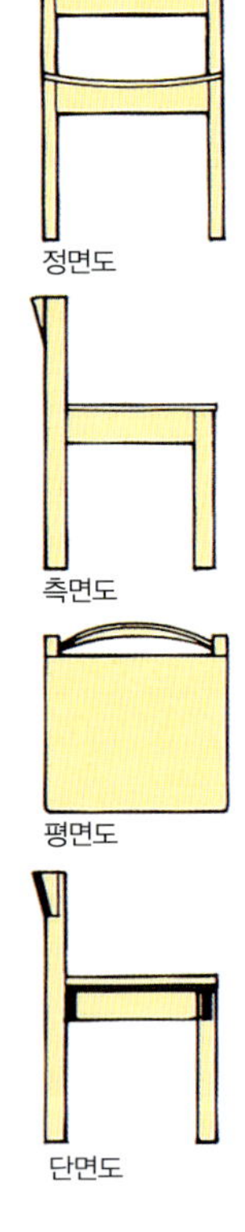

정면도

측면도

평면도

단면도

도면 도구
1 도면 보드
2 컴퍼스
3 삼각자
4 직각자
5 곡선자
6 각도기
7 원형자
8 눈금자

스케치 도면

디자이너는 보통 새로운 목제품의 형상과 전체적인 제작 방법을 표현하기 위해서 스케치 형식으로 자신의 생각을 종이 위에 옮긴다. 이 스케치는 디자이너가 목가구 작업에 필요한 모든 요건을 충족시키는 것으로 보이는 해법을 찾을 때까지, 다양한 가능성을 모색하기 위해 사용된다. 하지만 스케치에 그려진 디자인을 보고 목제품의 전체 크기를 작게 산출하거나 어떤 부분을 지나치게 확대하는 등 스케치만 의존하기 쉽다. 따라서 경험 있는 디자이너라면 비율과 상세한 제작 방법을 고려할 것이며 축척이 정확한 도면을 제작할 것이다.

축척 도면

전문 디자이너는 축척 도면으로 목제품이 실제로 제작되는 작업장과 정보를 교환한다. 이를 바탕으로 자신만의 고유한 스케치 아이디어를 만들어 나가는 것이 좋다. 디자이너는 일반적으로 미터법을 따를 때는 1:5의 축척으로, 영국식을 따를 때는 1:4의 축척으로 도면을 작성한다. 둘 중 어떤 방법을 사용해도 무관하지만 두 방법을 혼용할 수는 없다. 붙박이장을 설계할 때는 이보다 더 작은 축척(미터법으로는 1:20, 영국식으로는 1:24)를 사용하는 것이 더 편하다. 의자나 상대적으로 작은 목제품은 일반적으로 실제 크기로 그려진다.

정면도, 측면도, 평면도, 단면도 등 특정 방향에서 바라본 도면도 나란히 그려 넣는다. 이중 단면도는 목제품의 단면을 보여주는 도안으로, 이를 통해 내부 구조를 볼 수 있다. 특별히 복잡한 목제품의 경우에는 제조 방법을 명확하게 나타내기 위해서 도면을 실제 크기로 그린다.

전문 도면 기술자가 사용하는 장비는 매우 고가이다. 하지만 정확한 도면을 그리기 위해서는 도면 보드(편평한 사각형 보드), 수평선을 긋기 위한 T자, 수직선을 긋기 위한 큰 삼각자가 필요하다. 이 밖에 보통 많이 사용되는 모든 눈금이 표시되어 있는 눈금자와 각도를 측정하기 위한 각도기도 필요하다. 반드시 필요한 것

은 아니지만 곡선을 그리기 위한 곡선자, 작은 원을 그리기 위한 원형자, 큰 원을 그리기 위한 컴퍼스도 필요할 때가 있다. 트레이싱 지 위에 뾰족하고 단단한 연필로 축척 도면을 그린다. 디자인이 발전된 이후에 순차적으로 도면화한다.

축척 모델

축척 도면이 완성되었으면 이것을 이용해서 발사(Balsa)목 또는 하드보드로 모형을 만들어 그 디자인이 3차원적으로 어떻게 보일지 확인한다. 어떤 디자이너는 실제 재료를 사용해서 실제 크기로 만드는 것을 더 좋아한다. 하지만 의뢰인에게 좋은 인상을 심어주려는 것이 아니라면 그럴 필요까지는 없을 것 같다.

실물 모형

작업장에서 나오는 나뭇조각이나 값싼 재료를 이용해서 실물 모형을 만들어보면 그로부터 많은 정보를 얻을 수 있다. 사실 실물 모형을 제작하는 것이, 만들고자 하는 의자가 상상한 대로 편안하고 구조적으로 안정한지 확인하기 위한 유일한 방법이다. 섬유질 판재나 주름진 카드보드와 같이 가벼운 재료로 실물 모형을 만들면 큰 목가구 제품의 비례 및 균형이 제대로 설계되었는지 정확하게 파악할 수 있다. 특히 현장에서 실물 모형을 직접 조립해보면 그 목제품이

의도된 환경에 잘 맞는지 확인할 수 있다.

작업 지침서

목재 공급 업체에 재료를 주문하기 전에 목제품을 이루는 모든 구성요소의 길이, 너비, 두께가 구체적으로 기록되어 있는 작업 지침서를 만들어야 한다. 여기에는 또 각 구성요소를 어떤 재료로 만들지, 어느 정도 수준으로 만들지도 포함되어 있어야 한다. 목재 공급 업자가 손실되는 양을 얼마나 고려해야 하는지 알 수 있도록 목가구 제품의 최종 크기를 알고 있는지도 확인해야 한다.

붙박이 가구를 디자인하기 전에 현장을 세밀하게 측정하고 중요한 특징을 모두 기록해야 한다.

● 현장이 정확한 사각인지 확인하기 위해서 대각선을 포함한 현장의 주요 치수를 긴 줄자로 측정한다. 현장이 수직이라고 가정하면 안된다. 특히 중요한 부분은 서로 다른 각도와 높이에서 재보아야 한다.

● 천장 모서리, 보, 기둥벽, 분전함 등과 같이 건축적으로 특별한 부분의 크기와 높이를 상세히 측정한다.

● 창과 문을 측정한다. 창과 문이 어떻게 열리는지 적거나 그림을 그려둔다.

● 벽난로와 난방장치의 위치를 기록한다.

● 디자인을 조정하기 위해서 재배치할 필요가 있는 전기 소켓, 스위치, 조명 등이 있는지 확인하고 기록한다.

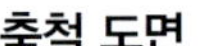

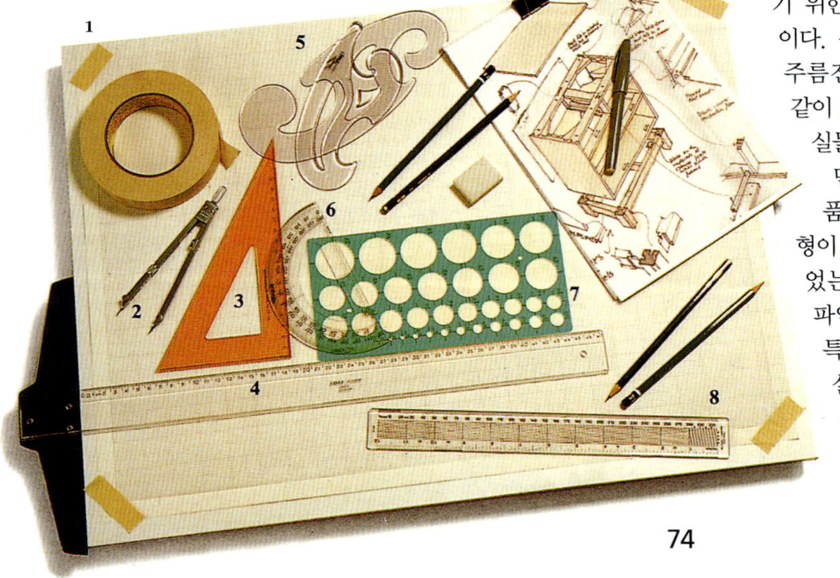

3장 · 수작업공구

요즘은 점차 많은 목작업자들이 편리하고 정확한 목작업을 위해 전동공구를 사용한다. 그래서 목작업을 하는 초보자들은 수작업공구를 생산 활동을 위한 도구로 보기보다는 여유롭게 목제품의 품질에 중점을 둔 시대에나 사용했던 도구로 생각할지도 모른다. 하지만 그렇지 않다. 능숙한 목작업 기술자는 기계장치를 설치하는 데 드는 시간에 직접 손으로 마감 작업을 할 수 있다. 또한 수작업을 하면 기계를 사용했을 때는 얻을 수 없는 느낌을 줄 수 있다. 예를 들어 사용하는 칼날에 따라 서로 다른 결이 만들어진다. 목재에 따라서는 목작업자의 실수가 잘 드러나지 않는 경우도 있지만 오히려 작은 실수마저도 눈에 잘 띌 수도 있다. 그뿐만 아니라 수작업공구를 사용하는 즐거움 때문에, 수준 높은 작업을 하는 작업장에서 전문적인 수작업공구를 볼 수 있다.

측정공구와 표시공구

한 구성요소를 통해 다른 구성요소를 설계하는 것은 목작업에서 매우 좋은 방법이다.
주먹장맞춤의 한쪽을 사용해서 다른 한쪽을 표시하는 것을 예로 들 수 있다. 이 방법은 가장 정확할
뿐만 아니라 자 또는 줄자를 잘못 읽을 가능성을 피할 수도 있다.

4단자

목수들이 전통적으로 흔히 사용하던 접자는 회양목을 황동 경첩(힌지라고도 한다)과 보호 덮개로 연결해서 만든다.

잘 만들어진 자는 펼친 상태에서 일부러 접지 않는 이상 견고한 상태를 유지한다. 똑같은 네 부분으로 접히도록 되어 있는 1m 자가 가장 흔히 볼 수 있는 모델이다. 어느 측정 단위를 선호하느냐에 상관없이 한 면에는 미터로 표기된 눈금이 있으며, 다른 면에는 피트와 인치로 표기된 눈금이 있는 자를 선택하는 것이 좋다.

금속자

금속자는 주로 금속 작업자가 사용하는 공구이지만 목작업자도 정확한 측정을 위해서 최소한 300mm 금속 자를 갖고 있을 필요가 있다. 이 자는 또 짧은 직선자로도 유용하다.

금속 자의 한 면에 중심에서 양방향으로 일정한 간격으로 눈금이 표시되어 있으면 가운데 지점을 찾기 위한 자로도 사용할 수 있다.

금속 직선자

가늘고 기다란 금속 스트립에는 아무 표시도 없다. 한쪽 면이 비스듬히 잘려 있는 직선자는 표면의 평평함 여부를 확인하거나 표시칼로 직선을 자를 때 사용할 수 있다. 직선자는 두껍고 비교적 무거우며, 특히 무늬목을 일정한 크기로 자를 때에 무늬목을 눌러주는 데 유용하다. 직선자의 길이는 보통 500mm~2m 정도이다.

인입식 줄자

길이는 약 5m이고 유연한 금속 테이프로 만드는 줄자는 모든 목작업에 필수적인 공구이다. 한 면에는 미터 단위로 표시되어 있고, 다른 면에는 인치 단위로 표시되어 있기 때문에, 편리하게 단위를 바꿀 수 있다.

줄자 끝에 달려 있는 후크는 일부러 느슨하게 고정되어 있어 안쪽과 바깥쪽을 모두 측정할 수 있도록 부분적으로 움직일 수 있다. 줄자를 케이스 안으로 들여보내면 이 후크가 제자리로 움직인다. 줄자가 뜻하지 않게 감기는 것을 방지하려면 잠금 장치가 달린 것을 구입하는 것이 좋다.

측정공구와 표시공구 사용

직각자

나무, 주철, 플라스틱 등으로 만든 몸통에 수평 양면날이 직각으로 고정되어 있다. 직각자는 모서리가 정확히 90도인지 확인하거나 모서리에 정확히 직각으로 선을 표시할 때 사용한다. 몸통의 위쪽 내부 가장자리를 45도 각도로 잘라내면 연귀맞춤을 표시하는 데 사용할 수도 있다.

플라스틱 또는 주철로 만든 사각형 몸통은 단단하기 때문에 정확성을 유지한다. 몸통을 나무로 만들면 습기와 반응할 수 있고 공구를 떨어뜨렸을 때 날을 고정시키는 리벳이 헐렁해질 수도 있다. 그러나 장미목을 사용하고 모서리 부분에 황동을 붙여 몸통을 만들면 아름답고 튼튼하다. 그래서 많은 목가구 작업자들이 이 직각자를 선호한다.

길이 300mm 정도의 긴 날이 달린 직각자가 가장 유용하다.

45도자

몸통과 날을 45도 각도로 고정시켜 만든다. 이 자는 연귀맞춤을 표시하거나 1/2분씩 절단된 맞춤부의 정확성을 검사하는 데 사용된다.

슬라이딩 각도자(Sliding bevel)

이 자의 기능은 45도자와 비슷하다. 그러나 자유롭게 날의 각도를 조절할 수 있고 레버 또는 나사구멍을 일정한 위치에 둘 수 있다는 점이 다르다.

주먹장맞춤 템플릿

주먹장맞춤을 표시할 때는 이 특별한 템플릿이 사용된다. 한 날은 경사가 1~6이고 연재로 만든 테일에 사용되며, 다른 날은 경사가 1~8이고 경재로 만든 테일에 사용된다.

표시칼

맞춤부를 표시할 때는 주로 연필을 사용한다. 하지만 명확한 선을 긋기 위해 목재 섬유질을 끊을 때는 표시칼을 사용한다. 칼날의 한 면에만 빗각이 나 있다. 직선자에 칼날의 평평한 면을 대고 잘려나가는 쪽에서 표시칼을 사용한다.

모든 목작업자는 초기 과정에서 목재를 측정, 표시하기 위한 여러 가지 공구를 갖추고 있어야 한다. 공구를 사용하고 보관할 때는 세심한 주의가 필요하다. 거칠게 다루거나 부주의하게 취급하면 부정확해질 수도 있다.

판재를 균일하게 나눌 때

판재를 똑같은 크기로 나눌 때는 자를 사용하면 된다. 예컨대 판재를 5등분할 때는 우선 자의 한쪽 끝을 판재의 한쪽 모서리에 대고 자의 5번째 눈금을 판재의 다른 쪽 모서리에 맞춘다. 그 다음 연필로 각 눈금을 표시한다.

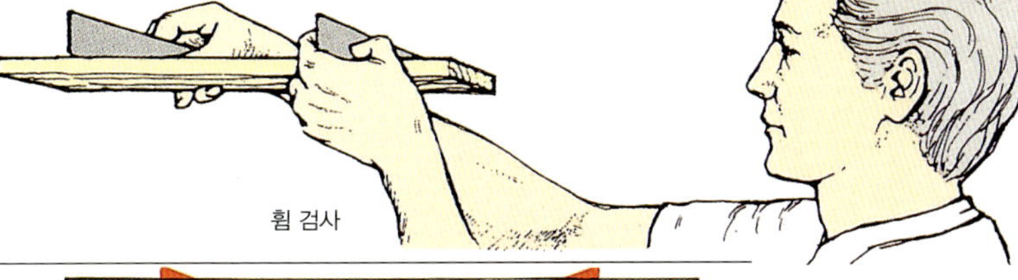

판재를 균일하게 나눌 때

휨 검사

판재가 심하게 휘면 눈으로도 구별할 수 있다. 그러나 살짝 휜 판재는 금속자를 면에 대보면 금방 알 수 있다. 자가 수평으로 보이면 판재는 평평한 것이다.

휨 검사

평탄도 검사

직선자를 평탄도 검사를 하려는 표면에 올려놓는다. 직선자의 면 아래로 좁은 틈새가 보이거나 자가 흔들리면 평평하지 않은 것이다. 넓은 표면을 검사할 때는 직선자를 여러 각도로 돌려본다.

넓은 표면의 평탄도 검사

안쪽과 바깥쪽 측정

바깥쪽을 측정할 때는 제작물의 한쪽 끝에 줄자를 걸고 반대편 끝에서 줄자의 눈금을 읽는다.1 안쪽을 측정할 때는 줄자의 눈금을 읽고 나서 그 눈금에 줄자 케이스의 길이를 더해서 정확한 값을 구한다.2

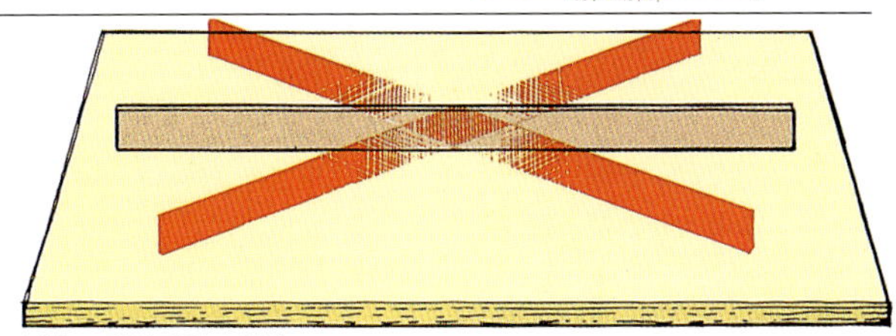

1 바깥쪽 측정 2 안쪽 측정

직각자 검사

직각자가 정확히 직각인지 확인하려면 우선 직각자로 선을 직각으로 긋는다. 그 다음 직각자를 반대로 뒤집어서 표시한 선에 맞춘다. 이때 직각자의 날과 표시한 선이 정확히 일치해야 한다.

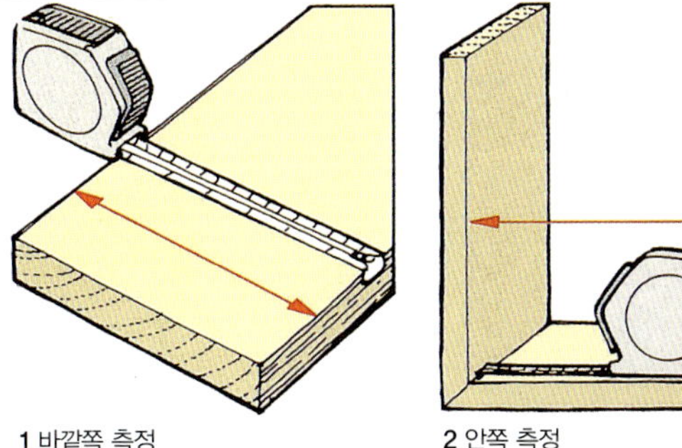

직각자로 측정

직각자 사용

맞춤부의 양쪽 부분이 정확히 90도로 맞추어졌는지 확인할 때 직각자를 사용한다.1 직각을 표시하려면 직각자를 제작물에 단단히 대고 표시칼 또는 연필로 날을 따라 선을 긋는다.2 45도를 표시할 때는 45도로 기울인 몸통 부분을 제작물에 대고 날을 따라 선을 긋는다.3

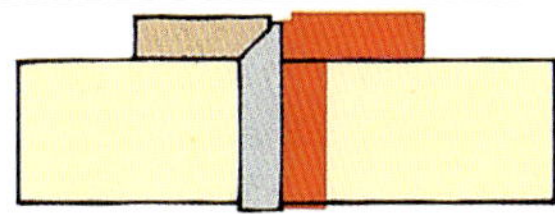

1 맞춤부 검사 2 직각 표시 3 45도 각도 표시

45도 각도 검사

연귀맞춤으로 연결한 구성요소의 바깥쪽 가장자리에 45도자를 대고 미끄러뜨려 본다. 45도자의 날이 절단면 전체 너비와 교차하여 만나야 한다.

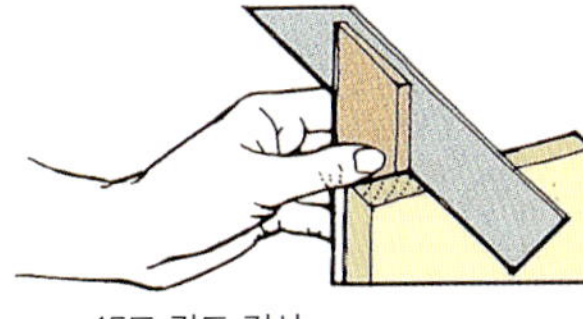

45도 각도 검사

표시 게이지와 절단 게이지

● 나무로 만든 게이지 보관
나무로 만든 게이지의 머리판은 막대기둥과 딱 맞게 끼어 있기 때문에 목재가 팽창하면 움직이지 않을 수 있다. 만약 작업장에 습기가 많다면 플라스틱 가방에 넣어 보관해야 한다.

표시 게이지

대패질한 면의 가장자리에 평행한 선을 표시할 때는 표시 게이지를 사용한다. 이 게이지에는 경재로 만든 막대기둥에 철로 만든 뾰족한 핀이 고정되어 있다. 펜스 또는 머리판은 막대기둥를 따라 미끄러지며, 핀으로부터 일정한 거리만큼 벌린 뒤 손잡이 나사로 고정시킨다. 마모를 막기 위해서 머리판의 작업 면과 수평 방향으로 황동 조각이 고정되어 있다. 일반적인 막대기둥의 길이는 200mm이며, 더 넓은 판재에 사용할 때는 300mm 막대기둥을 사용할 수도 있다.

절단 게이지

절단 게이지는 표시 게이지와 모든 면이 동일하지만 쇠로 만든 뾰족한 핀 대신 황동 쐐기로 고정시킨 작은 칼날이 달려 있다. 이 공구는 표시 게이지의 뾰족한 핀이 나무 표면에 흠집을 낼 수도 있는 경우에 절단 게이지를 사용할 수 있도록 고안되었다. 기본적으로는 끝을 둥글게 만든 날이 사용되지만, 무늬목을 자를 때는 뾰족한 칼날 같은 날이 사용되기도 한다.

장붓구멍 게이지

장붓구멍 게이지에는 장붓구멍과 장부의 양 면에 동시에 표시하기 위한 두 개의 핀이 있다. 한 핀은 고정되어 있지만 다른 한 핀은 막대기둥 끝에 손잡이 나사로 맞추어진 금속 슬라이드에 부착되어 있다. 대부분의 장붓구멍 게이지는 두 가지 용도로 사용되는 공구로, 일반적인 표시 게이지에 있는 핀과 마찬가지로 막대기둥의 반대편 끝에도 한 개의 핀이 고정되어 있다.

곡면 게이지

일반적인 절단 게이지에 달려 있는 평평한 머리판으로는 곡면에 평행하게 선을 긋기 어렵다. 이 게이지에 달려 있는, 특별히 고안된 황동 펜스는 제작물의 곡면을 따라 움직일 때 게이지가 흔들리지 않도록 두 지점에서 받쳐진다. 이 게이지는 또 곧은 모서리에도 사용할 수 있다.

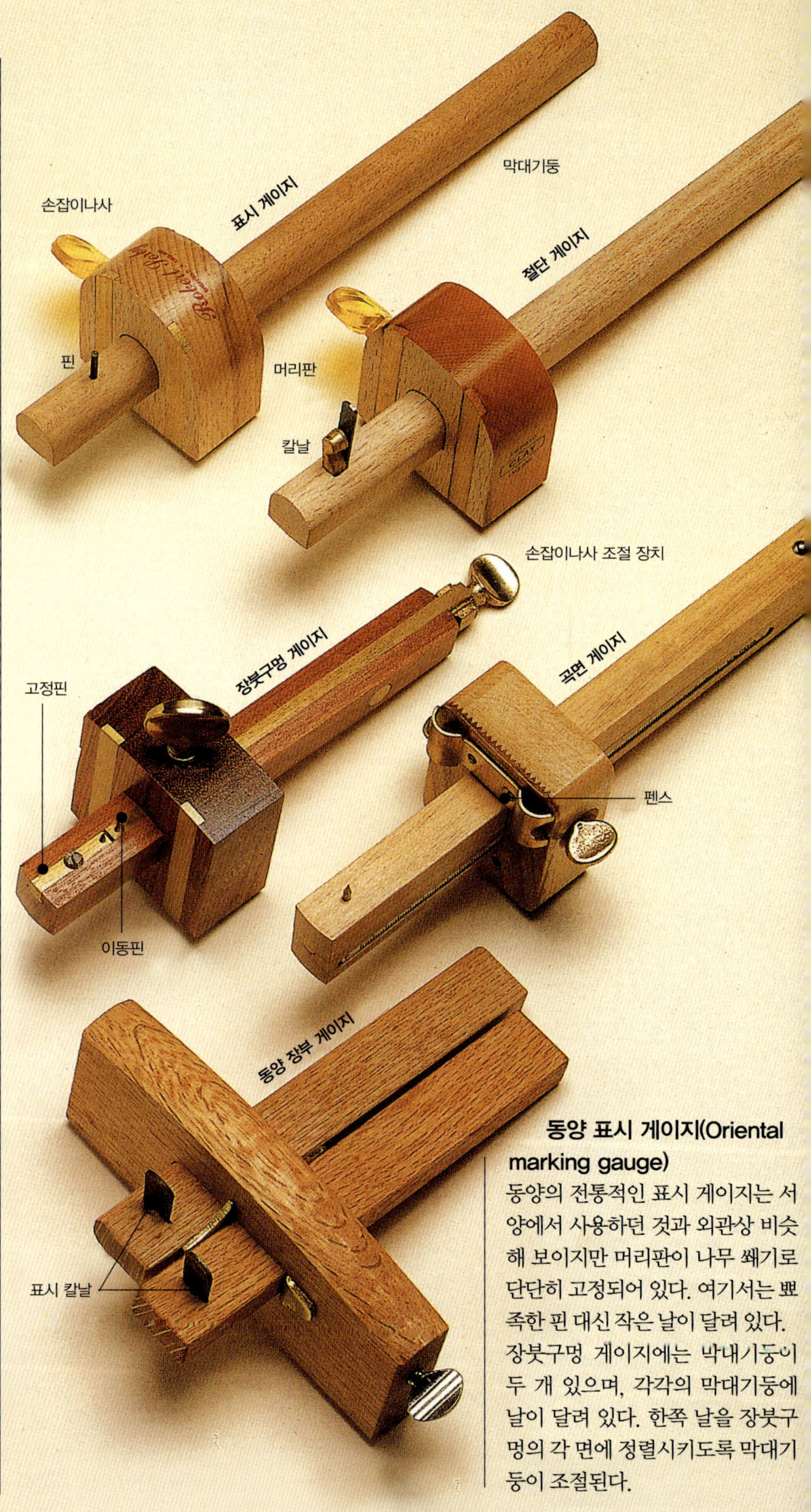

동양 표시 게이지(Oriental marking gauge)

동양의 전통적인 표시 게이지는 서양에서 사용하던 것과 외관상 비슷해 보이지만 머리판이 나무 쐐기로 단단히 고정되어 있다. 여기서는 뾰족한 핀 대신 작은 날이 달려 있다. 장붓구멍 게이지에는 막내기둥이 두 개 있으며, 각각의 막대기둥에 날이 달려 있다. 한쪽 날을 장붓구멍의 각 면에 정렬시키도록 막대기둥이 조절된다.

기타 게이지

프로파일 게이지(Profile gauge)

프로파일 게이지에는 한 줄로 늘어선 금속 핀 또는 플라스틱 날이 있는데, 이것을 몰딩에 대고 누르면 뒤로 미끄러지면서 완전히 복제된다. 중앙 스프링이 마찰에 의해 핀을 지탱하고 있다.

초크 실

둥근 면이 있는 판재에서는 직선을 측정하는 것이 불가능하다. 하지만 긴 실을 사용하면 절단선을 표시할 수 있다. 특별하게 고안된 이 도구에서는 색 초크가 들어 있는 케이스 안에 실이 감겨 있고 실을 잡아당겨 뺄 때마다 초크가 실에 묻어 나온다. 다른 사람과 함께 자르려고 하는 선을 따라 실을 팽팽하게 당긴 뒤 악기의 현을 다루듯이 실을 튕겨주면 표면에 초크 가루가 묻는다.

프로파일 게이지

초크를 묻힌 실

표시 게이지와 절단 게이지 사용

표시 게이지와 절단 게이지는 제작물에 선명하고 섬세한 선을 긋기 위해서 사용한다. 너무 깊게 표시하면 목재가 손상되고 결국 정확도가 떨어지게 된다.

표시 게이지 조절

자를 사용해서 머리판을 조절하고1 손잡이 나사로 원하는 위치에 고정시킨다. 치수를 확인한 후 막대기둥의 아래쪽 끝을 작업대 위쪽에 톡톡 두드려서 핀과 머리판 사이의 거리를 벌리면서 미세하게 조절한다.2 막대기둥의 위쪽 끝을 톡톡 두드리면서 거리를 조금씩 좁힌다.3

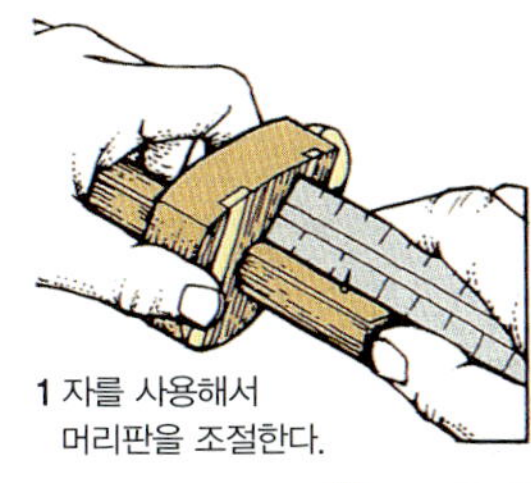

1 자를 사용해서 머리판을 조절한다.

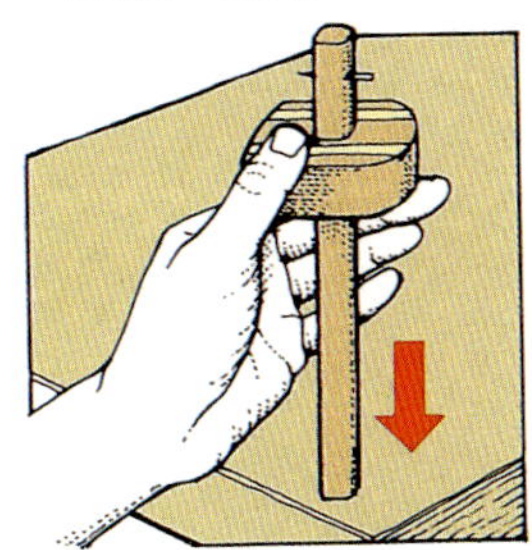

2 톡톡 두드리면서 치수를 늘린다.

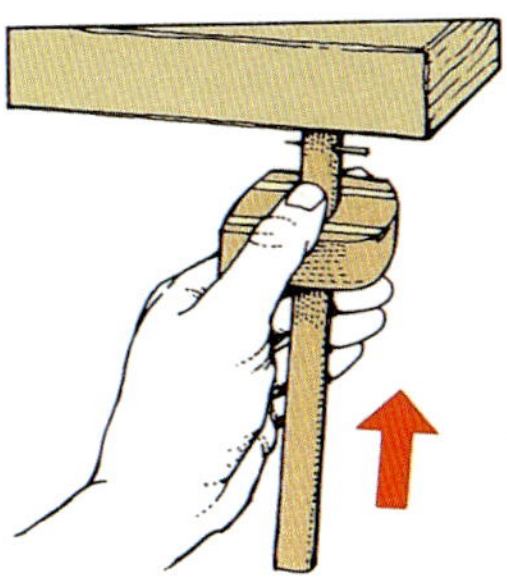

3 톡톡 두드리면서 치수를 줄인다.

장붓구멍 게이지 조절

장붓구멍 끝의 너비에 맞도록 핀을 조절한 뒤 가로대의 두께에 맞게 머리판을 조절한다.

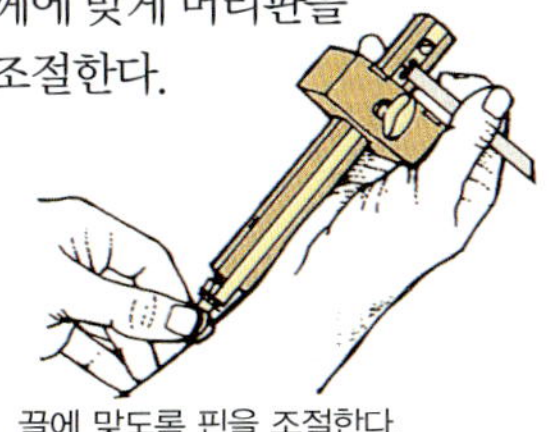

끝에 맞도록 핀을 조절한다.

게이지로 선 긋기

먼저 게이지의 머리판을 제작물 가장자리에 대고 몸에서 멀어지도록 게이지를 앞으로 밀면 핀이 막대기둥을 따라 끌려가면서 목재에 선이 그어진다.

중심선 찾기

맞춤을 표시하려면 반드시 가로대의 정확한 중심을 찾아야 한다. 이때 자를 사용하면 정확한 중심을 찾기 어렵다. 최대한 가로대 두께의 반이 되도록 표시 게이지를 조절한 뒤, 머리판을 가로대의 한쪽 모서리에 대고 핀으로 표시해둔다. 이와 마찬가지로 가로대의 다른 쪽 모서리에서도 같은 방법으로 표시한다. 이 두 표시가 정확히 일치하면 게이지가 정확하게 가로대의 중심에 맞춰진 것이다. 만약 중심선보다 짧거나 길면 표시가 완전히 일치할 때까지 게이지를 다시 조절한다.

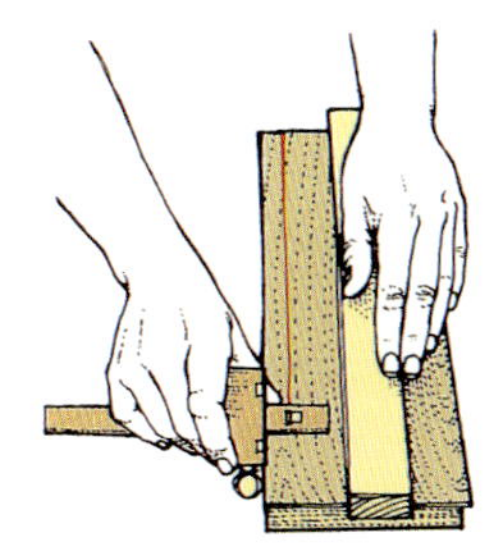

무늬목 판 자르기

곧은 판자로 평평하게 가공한 무늬목의 가장자리를 정렬한다. 묵직한 받침 나무로 무늬목을 평평하게 붙잡은 뒤 절단 게이지를 사용해서 양면이 평행한 무늬목 판으로 베어낸다.

목재를 직각으로 깎기

목재의 면을 평평하게 만들고 인접 면이 서로 직각을 이루도록 만드는 것을 수직으로 자르기(Squaring up) 라고 한다.

수직으로 자르는 방법

목재를 자를 때는 색이나 나뭇결이 가장 아름답고 흠집이 가장 적은 면을 선택한다. 이 면을 평평하게 대패질한 다음 표면으로 지정한다. 이제 그 면 위에 연필로 한쪽 모서리에 걸쳐서 고리 모양(Loop))을 그린다.1 이 모서리를 표면에 직각이 되도록 대패질한 뒤 직각자로 정확히 직각이 되었는지 확인하고 겯면에 그린 고리 모양(Loop)을 향해 화살 머리를 표시해둔다.2 이제 이것을 측면이라고 한다.

측정을 할 때는 늘 이 표면과 측면을 기준으로 한다.

표시 게이지를 적절한 두께로 맞추고 표면 양쪽 모서리에 선을 그어 표시해둔다.3 표면의 가공하지 않은 맞은편에 있는 면을 표시된 두께만큼 대패질한다.4 양쪽 후면에 필요한 너비를 표시하고5 정확한 크기로 대패질한다.6

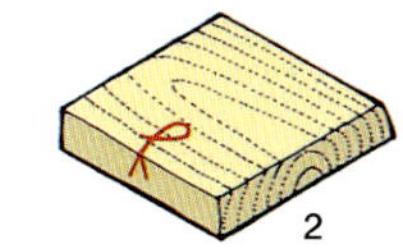

1

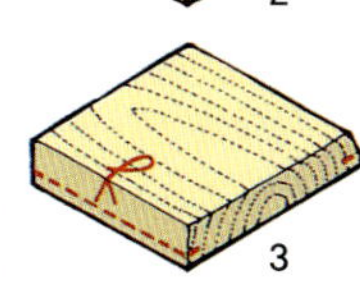

2

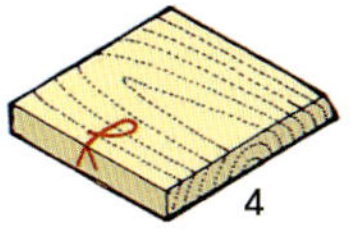

3

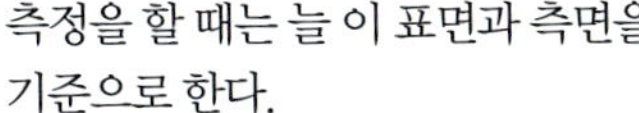

4

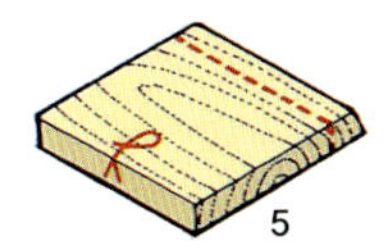

5

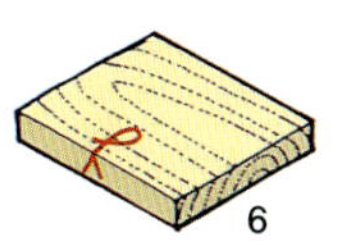

6

1 판재의 표면(face side)을 표시한다.
2 판재의 측면(face edge)을 표시한다.
3 두께를 측정한다.
4 표시한 선만큼 대패질한다.
5 너비를 측정한다.
6 정확한 크기로 대패질한다.

즉석에서 게이지 만들기

정확하게 측정할 필요가 없을 때는 손가락 끝을 사용해서 연필심을 모서리에 평행하게 움직이도록 안내하면서 선을 긋는다.1

폭이 보다 넓은 경우 제작물의 모서리를 직각으로 잡는 자의 끝에 연필심을 대고 선을 긋는다. 이때 자를 잡고 있는 손가락이 표시 게이지의 머리판 구실을 한다.2

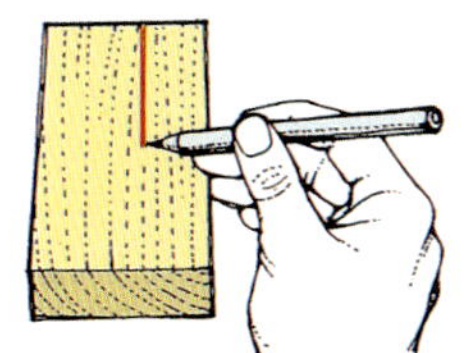

1 손가락으로 측정

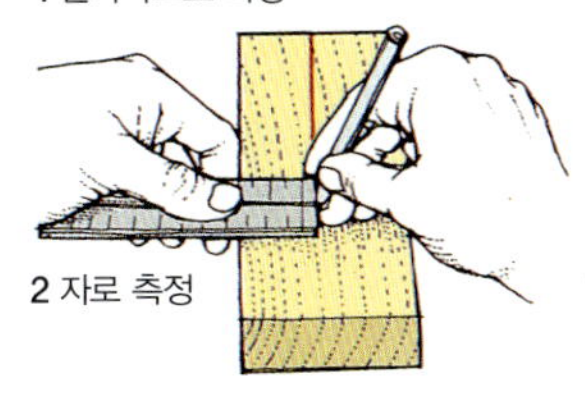

2 자로 측정

톱 사용법

목작업에 톱이 사용된 것은 4000년도 넘는다. 수세기를 거치면서 점차 기술이 발달하여 톱을 만드는 데 사용되는 재료의 질적 향상이 이루어졌다. 그리고 오랜 세월 축적된 장인의 창의력 덕분에 고속 절단, 직선 절단, 곡선 절단 등 목재 절단 작업을 다양한 방법으로 할 수 있게 되었다. 톱을 밀 때 나무가 잘리도록 만들어진 게 있고 당길 때 잘리도록 만들어진 것도 있다. 그러나 톱으로 나무를 자르는 기본적인 방법은 모두 같다. 톱날의 한쪽 또는 양쪽에는 톱니가 길게 늘어서 있다. 톱니는 소형 끌 또는 칼날과 같은 역할을 한다. 즉 톱질할 때 톱니로 인해 잘려나간 목재는 부스러기 및 조각 등을 남기게 된다.

톱니 세우기

톱니가 단순히 한 줄로 늘어서 있다면 톱질을 시작한 지 몇 분 되지 않아서 톱날이 나무에 걸려 더이상 톱질을 할 수 없게 된다. 이러한 문제를 해결하기 위해서 가장 미세한 톱니를 제외한 모든 톱니은 약간 휘어져 있다. 한 톱날이 왼쪽으로 휘어 있으면 그 다음 톱날은 오른쪽으로 휘어져 있기 때문에 톱날 자체보다 톱질 자국이 더 넓게 된다.

톱니 모양

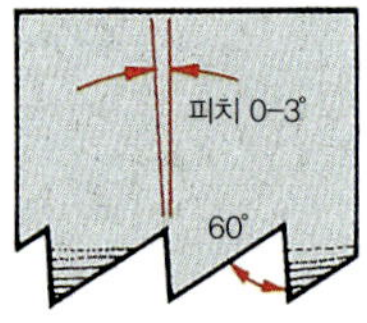

1 세로켜기 톱니

톱니의 모양은 용도에 따라 다르다. 세로켜기 톱니1는 두꺼운 판재를 너비 방향으로 톱질하는 것처럼, 나뭇결을 따라 톱질할 때 사용한다. 톱니 크기가 크고 리딩 에지(Leading edge)가 똑바로 서 있다. 각 톱날은 톱날 면과 수직으로 서 있으며, 날카로운 톱날 끝이 끌처럼 나무를 얇게 잘라낸다.

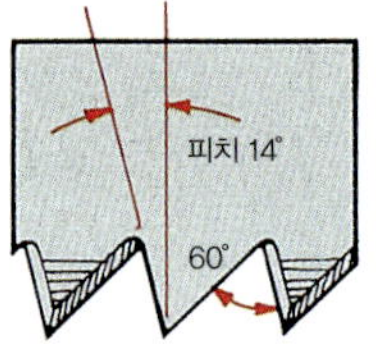

2 가로켜기 톱니

가로켜기 톱니2는 목재 섬유를 훼손하지 않고 나뭇결을 가로질러 톱질하도록 고안되어 있다. 이 톱니는 대부분의 맞춤부를 잘라 만들거나 두꺼운 판재를 길이 방향으로 톱질할 때 필요하다. 가로켜기 톱니의 리딩 에지는 뒤쪽으로 약간 기울어져 있으며, 톱날 면과 일정한 각도로 날이 서 있어 절삭날과 끝이 날카롭다. 각각의 톱니는 칼과 같은 역할을 하며, 톱질 자국의 양쪽에 벤 자국이 남고 톱날이 통과하면서 목재 부스러기를 남긴다.

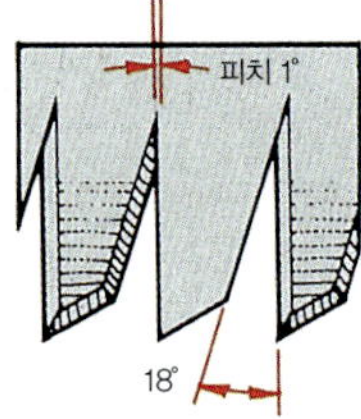

3 동양 가로켜기 톱니

동양 가로켜기톱 톱니3는 일반 가로켜기 톱니와 생김새는 비슷하지만 톱니가 높고 좁으며, 각 톱날의 끝 부분에 다른 빗각이 나 있는 게 특징이다.

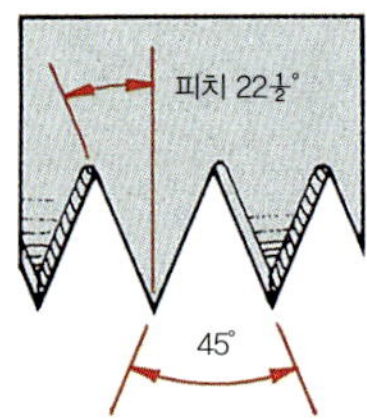

4 양면 톱니

양면톱의 톱니4는 대칭으로 나 있는 톱니로, 나뭇결을 따라 톱질하거나 나뭇결을 가로질러 톱질할 수 있도록 양쪽 면에 날이 서 있다. 이 톱니는 플림 톱니(Fleam teeth)라고도 한다.

톱니의 크기

주먹장맞춤을 자를 때처럼 정교한 작업을 위해 디자인된 톱의 톱날은 크기가 작고 미세하게 휘어져 있다. 그러나 톱니의 크기가 작으면 톱질이 느리다. 목재, 특히 수지성 연재를 빨리 자르기 위해서는 톱니가 커야 하고 톱니 사이의 홈(Gullet)이 깊어야 한다. 이 홈은 톱니 사이의 간격으로, 이 홈이 깊어야 톱질한 부분에서 톱밥을 많이 제거할 수 있다.

톱니 크기는 길이 25mm 톱날 안에 포함되어 있는 개수로 측정한다. 미터법과는 상관없이, 톱니의 크기는 아직도 인치당 톱니 개수인 TPI(Teeth per inch)로 나타낸다. 이때 한 톱니의 기준점에서 다른 톱니의 기준점까지를 기준으로 측정한다. 이 밖에도 끝점과 끝점을 기준으로 측정하는 인치당 끝점 개수인 PPI(Points per inch)로 나타내기도 한다. 1인치 안에는 언제나 톱니 개수보다 끝점 개수가 하나 더 많다.

손잡이 쪽으로 갈수록 피치가 점점 커지는, 즉 톱니가 점점 커지는 톱도 간혹 사용된다. 톱질은 작은 톱니로 시작하고 본격적인 톱질은 톱질 자국이 완전히 만들어져 톱날의 전체 길이를 사용할 때에 시작된다.

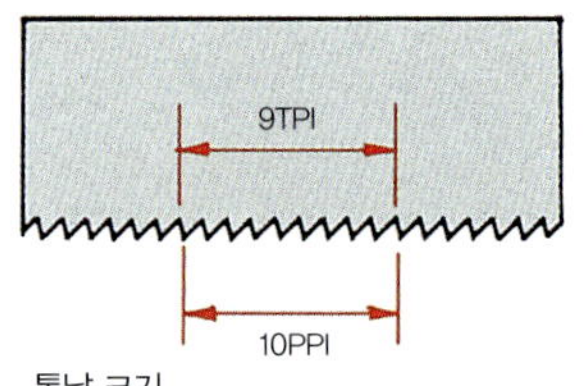

톱날 크기

경화된 톱날(Hardened teeth)

많은 톱이 전자 경화된 톱날로 만들어진다. 경화된 톱날은 일반 톱날보다 오랫동안 날카로움을 유지하지만 사용자가 직접 날을 날카롭게 세울 수는 없다.

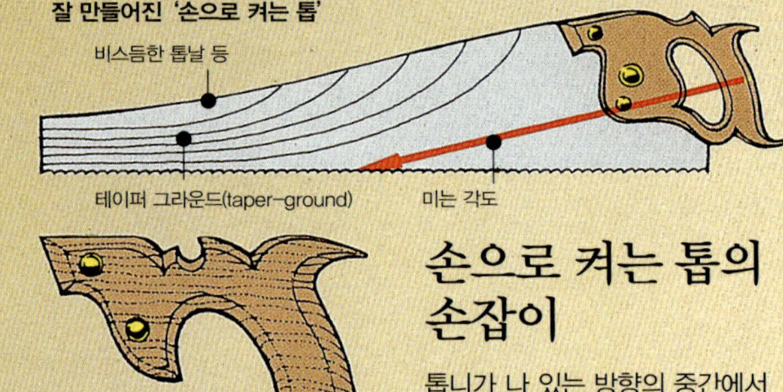

손으로 켜는 톱

손으로 켜는 모든 톱에는 길고 유연한 톱날이 있고 톱날이 매우 깊기 때문에 지속적으로 곧게 자를 수 있다.

손으로 켜는 톱의 톱날 중 가장 좋은 것은 테이퍼 그라운드(Taper-ground)로, 톱질하는 부분에서 톱밥이 잘 빠져나올 수 있도록 톱니 윗부분의 두께가 더 얇은 톱날이다. 또한 톱날의 등은 비스듬한데, 공구의 균형을 높이기 위해서 완만하게 S자 모양으로 굽어 있고 앞쪽 끝으로 갈수록 급격히 좁아진다.

마찰을 줄이기 위해 톱날에 종종 폴리테트라플루오르틸렌(PTFE) 수지를 씌우기도 한다.

손으로 켜는 톱의 손잡이

톱니가 나 있는 방향의 중간에서 미는 힘을 최대한 얻기 위해서는 손잡이가 톱날 뒤쪽 낮은 곳에 있어야 한다. 간혹 손으로 켜는 톱에 권총 모양의 손잡이를 다는 경우도 있지만 대부분 튼튼한 목재 또는 플라스틱으로 만든, 닫힌 손잡이가 사용된다. 예전부터 사용되어온, 뿔이 있는 나무 손잡이는 실용적이면서도 사용하기 편리하다. 하지만 많은 제조업체가 경제적인 플라스틱 손잡이를 선호한다. 이 플라스틱 손잡이는 길고, 직선으로 뻗어 있는 큰 톱날의 등을 커다란 45도자로도 사용할 수 있도록 디자인되어 있다.

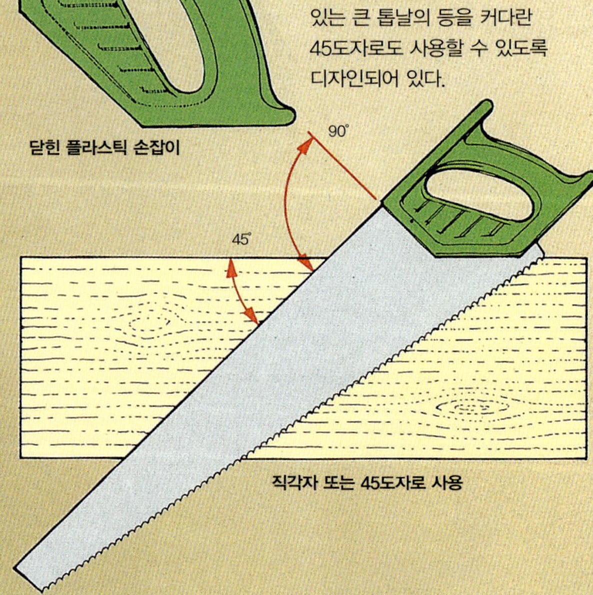

세로켜기톱
톱날 길이가 650mm이고 PPI가 5
로, 손으로 켜는 톱 중 가장 크다.
이 톱은 오직 나뭇결을 따라 원목을
자르는 데 사용하도록 특별히 디자
인된 톱이다.

가로켜기톱
톱날 길이가 600~650mm이고
PPI가 6~80이다. 이 톱은 두꺼운 원
목 판재를 길이 방향으로 자르는 데
적합하다. 하지만 인공 보드를 자르
기에는 다소 거칠다. 몇몇 손으로
켜는 서양 톱에 빠르게 톱질할 수
있는 동양 가로켜기톱 날을 사용하
기도 한다.

패널톱
PPI가 10~12인 비교적 미세한 가
로켜기톱 날이 달려 있으며, 인공
보드를 자르는 데 적합하지만 일반
적인 가로켜기톱으로 사용되기도
한다. 톱날 길이는 500~550mm
정도이다.

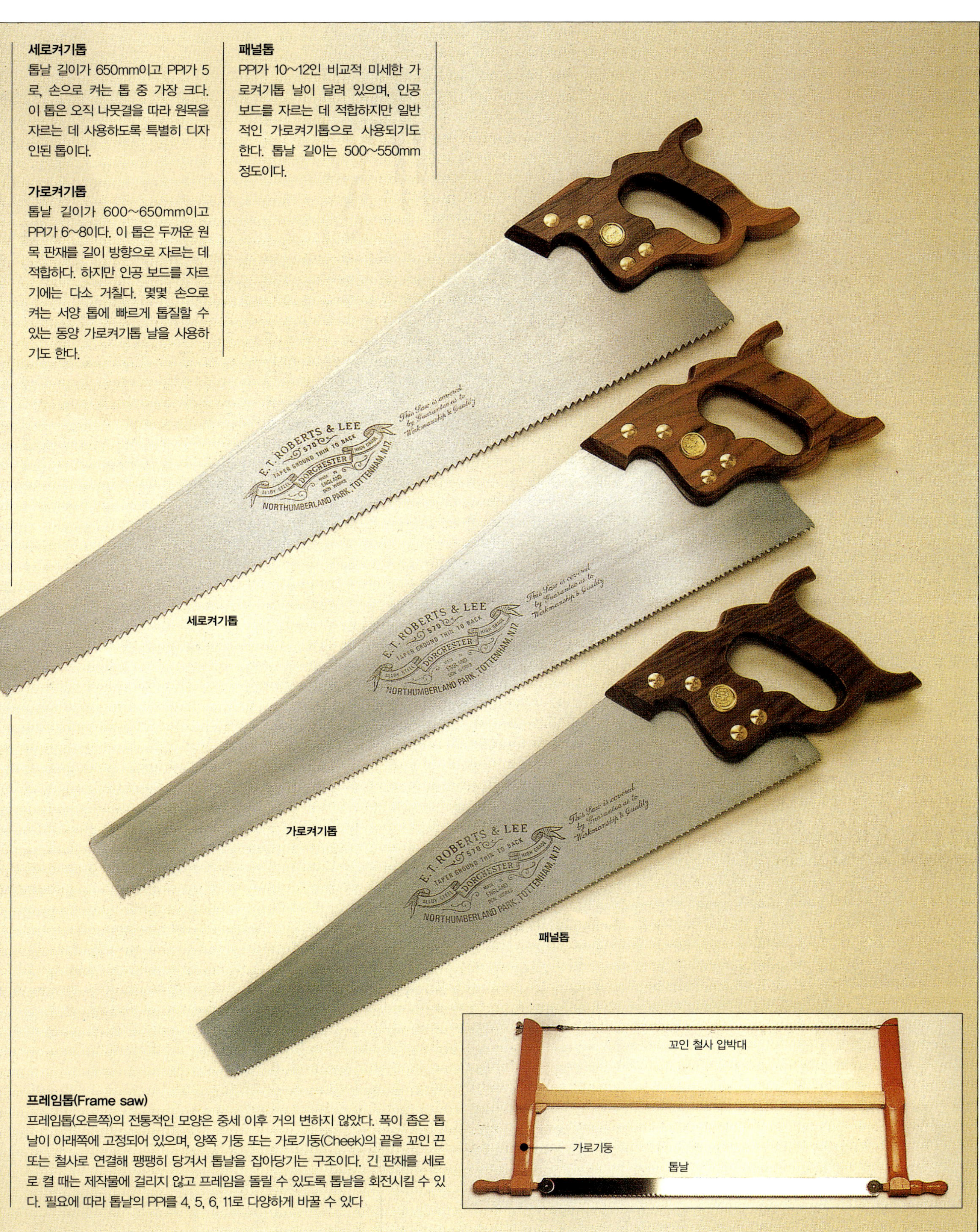

프레임톱(Frame saw)
프레임톱(오른쪽)의 전통적인 모양은 중세 이후 거의 변하지 않았다. 폭이 좁은 톱
날이 아래쪽에 고정되어 있으며, 양쪽 기둥 또는 가로기둥(Cheek)의 끝을 꼬인 끈
또는 철사로 연결해 팽팽히 당겨서 톱날을 잡아당기는 구조이다. 긴 판재를 세로
로 켤 때는 제작물에 걸리지 않고 프레임을 돌릴 수 있도록 톱날을 회전시킬 수 있
다. 필요에 따라 톱날의 PPI를 4, 5, 6, 11로 다양하게 바꿀 수 있다

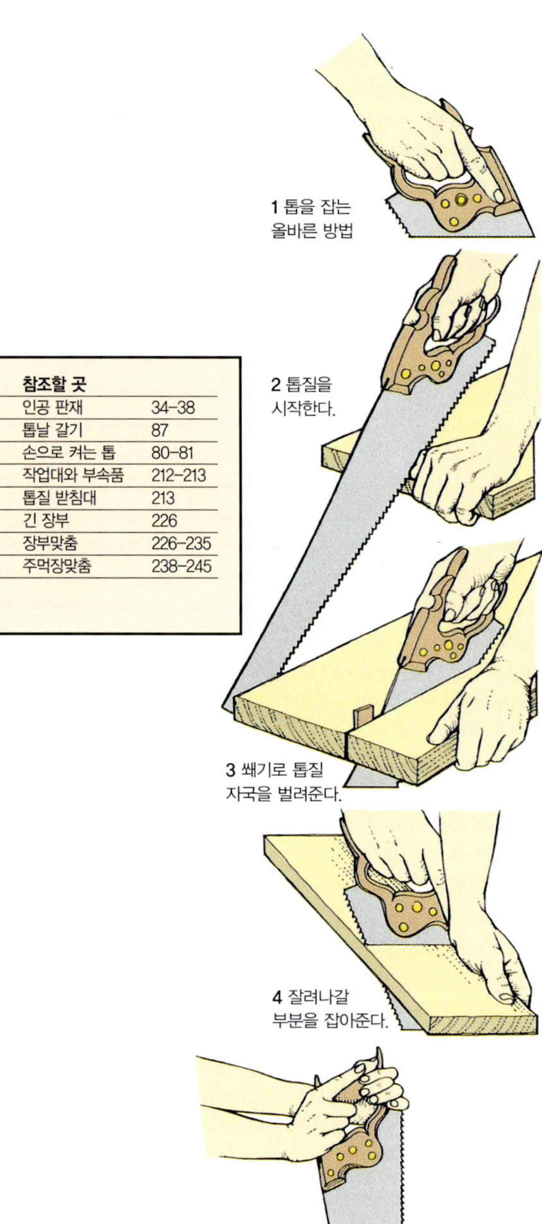

1 톱을 잡는 올바른 방법

2 톱질을 시작한다.

3 쐐기로 톱질 자국을 벌려준다.

4 잘려나갈 부분을 잡아준다.

5 반대 방향으로 톱을 잡는다.

손으로 켜는 톱 사용법과 주의사항

톱이 제작물의 수평면과 대략 45도 각도가 되고 팔뚝이 톱날과 일직선이 된 상태에서 톱질을 할 수 있도록 제작물을 위치시킨다.

손으로 켜는 톱 제어

집게손가락을 톱날의 앞쪽 끝 방향으로 펼친 상태에서 톱을 잡는다.1 이렇게 하면 톱날을 더 쉽게 제어할 수 있고 손잡이가 손에서 비틀리는 것을 막을 수 있다. 톱질

을 할 때는 표시한 절단선의 버려지는 쪽에서 톱질을 시작한다. 이때 제작물을 잡고 있는 손의 엄지손가락으로 톱날을 받치면서2 톱을 뒤쪽으로 살짝 당겨준다.

일단 톱질자국이 만들어지면 톱을 천천히 움직이면서 톱날의 전체 길이를 사용해서 톱질한다. 너무 빠르게 톱질하면 쉽게 피로해지고 톱질도 정확하지 않게 된다. 톱이 표시된 선에서 벗어나기 시작하면 톱날을 살짝 비틀어서 원래 위치로 돌아가도록 만든다. 그래서 톱질 자국이 좁아지고 톱날이 나무에 걸리기 시작하면 작은 쐐기로 톱질 자국의 간격을 벌려준다.3 톱날에 초를 발라주면 더 부드럽게 톱질할 수 있다.

톱질 마무리

두꺼운 판재를 너비 방향으로 톱질할 때 톱질이 거의 다 되어가면 톱을 잡지 않은 손으로는 잘려나갈 부분을 잡아준다.4 톱을 천천히, 부드럽게 움직이면서 목재가 끝에 가서 쪼개짐이 없도록 조금 남은 목재 섬유를 잘라낸다. 두껍고 긴 판재나 인공 보드를 톱질할 때 거의 끝까지 자르고는 몸을 돌려 톱질해오던 자국을 향해 톱질하거나 손잡이를 바꾸어 잡는다. 그러고는 톱질 방향에는 변화를 주지 말고 톱질하는 작업자 몸에서 멀어지는 방향으로 톱질을 한다.5 톱의 앞쪽 끝이 바닥에 닿지 않도록 하려면 작업자 높이에 맞게 제작물을 놓아야 할 필요가 있다.

손으로 켜는 톱 관리

톱을 사용하지 않을 때는 플라스틱 가이드로 톱니를 씌워 둔다. 오랫동안 보관할 때는 녹이 슬지 않도록 톱날에 기름을 칠한다. 녹이 슬었을 때는 휘발유를 적신 와이어 철면으로 문질러 녹을 제거한다.

제작물 받치기

제작물을 단단히 잡아주지 못하면 안전하고 효율적으로 톱질을 할 수 없다. 높이가 550mm 정도이고 톱질 보조대(Sawhorse)라 부르는 버팀대(Trestle)에 두꺼운 원목 판재나 인공 보드를 올려두고 톱질을 한다. 얇은 판재를 톱질할 때는 단단하고 두꺼운 판재로 절단선의 양쪽 아래를 단단히 받쳐주지 않으면 흔들리거나 심하게 튕겨서 톱질을 하기 어렵다. 무릎으로 제작물을 눌러주기도 한다. 작업대 높이에서 톱질하는 것이 더 편하다면 죔쇠(Cramp)의 상단 또는 작업대 멈춤 사이에 제작물을 놓고 죔쇠로 단단히 고정시킨다.

톱질 보조대에 올려놓고 가로켜기

짧게 자를 때는 톱질 보조대를 한 개만 사용할 수도 있다. 하지만 긴 판재를 자를 때는 톱질 받침대 두 개로 받쳐주어야 한다.

세로켜기

톱질 보조대에 올려놓고 세로켜기를 할 때는 제작물을 톱날에서 멀리 떨어진 쪽으로 옮겨 두고 계속 톱질을 한다.

얇은 보드 받치기

얇은 인공 보드 바로 밑에 두꺼운 판재로 받친다.

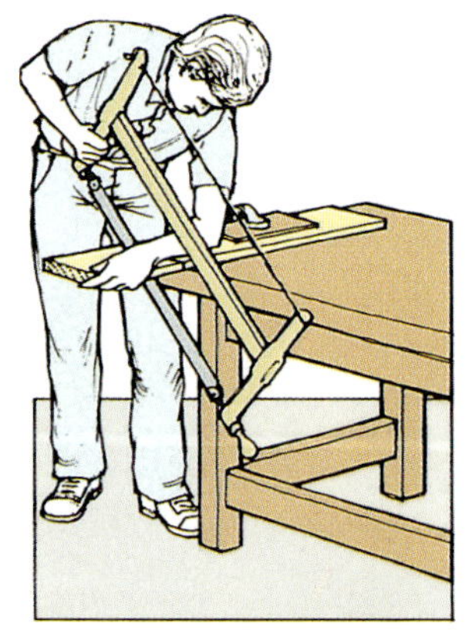

프레임톱으로 가로켜기

프레임톱을 사용해서 가로켜기를 할 때는 절단선을 내려다볼 수 있도록 톱날과 프레임이 일직선이 되게 잡는다. 톱질이 거의 다 되었을 때는 톱을 잡지 않은 손으로 톱날 뒤 프레임 사이에 손을 넣어 잘려나갈 부분을 잡아준다.

프레임톱으로 세로켜기

제작물을 작업대 상단에 걸친 상태에서 죔쇠로 고정시킨다. 톱날을 90도로 돌리고 양손으로 톱을 잡고 톱질한다.

등대기톱

등대기톱(Backsaw)은 정교한 작업에 사용되는 톱으로, 톱날이 비교적 얇고 작으며 미세하게 휘어 있다. 등대기톱의 두드러진 특징은 날 위쪽 가장자리가 무거운 황동 또는 철제 스트립으로 씌워져 있다는 점이다. 이 스트립은 톱날을 똑바로 잡아주며, 무게가 많이 나가기 때문에 톱질할 때 톱에 크게 힘을 주지 않아도 된다.

액세서리

등대기톱으로 길이가 짧은 목재를 가로켜기할 때는 벤치 후크(Bench hook)를 사용한다. 연귀 박스는 45도로 자르는 데 사용되는 지그로, 톱날을 양면에 있는 슬롯에 끼워 사용한다. 연귀 블록은 가격을 낮추기 위해 한쪽 면만 있다.

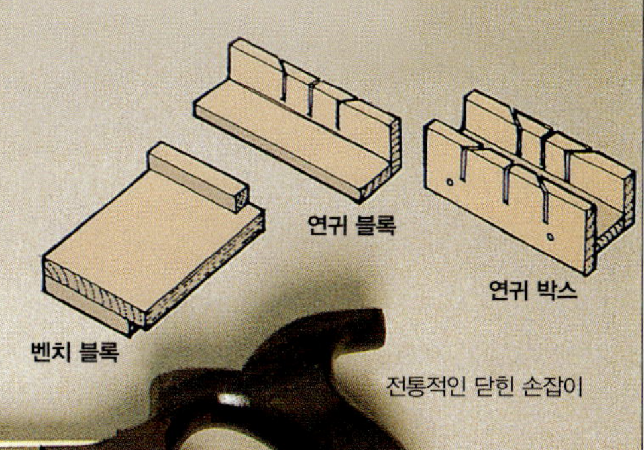

장부톱

등대기톱 중 가장 큰 톱으로, 톱날의 길이가 250~350mm이고 PPI가 13~15이다. 이 톱은 큼직한 판재 또는 큰 맞춤을 자르는 데 많이 사용된다. 손으로 켜는 톱과 비슷한, 닫힌 손잡이가 달려 있다.

주먹장맞춤톱

장부톱의 축소형으로, 톱날의 길이가 200mm이고 PPI가 16~22이다. 날카로운 톱날 여유공간을 제공하기 위해 줄가공할 때 만들어지는 버(Burr)가 톱니를 휘지 않게 해준다. 주먹장맞춤톱은 전통적으로 닫힌 손잡이 또는 열려 있는 권총 모양의 손잡이가 필요하다. 주먹장맞춤톱의 또다른 디자인으로, 톱날이 길고 손잡이가 짧은 디자인이 있다. 두 가지 패턴 모두 경재로 만든 미세한 맞춤부를 톱질하는 데 사용된다.

오프셋 주먹장맞춤톱

장부, 나무못 사이로 통과해서 수평으로 톱질하기 위해 고안된 톱이다. 손잡이를 돌릴 수 있기 때문에 오른손이나 왼손 모두 사용할 수 있다.

비드톱(Bead saw)

등대기톱을 축소한 것으로, PPI가 26이고 섬세한 제작물을 톱질하는 데 사용된다.

블리츠톱(Blitz saw)

매우 미세한 등대기톱으로, 모델 제작에 사용하기 적합하다. PPI가 33으로 톱니가 매우 미세해서 톱니를 날카롭게 세울 수 없기 때문에 무뎌지면 교체해야 한다.

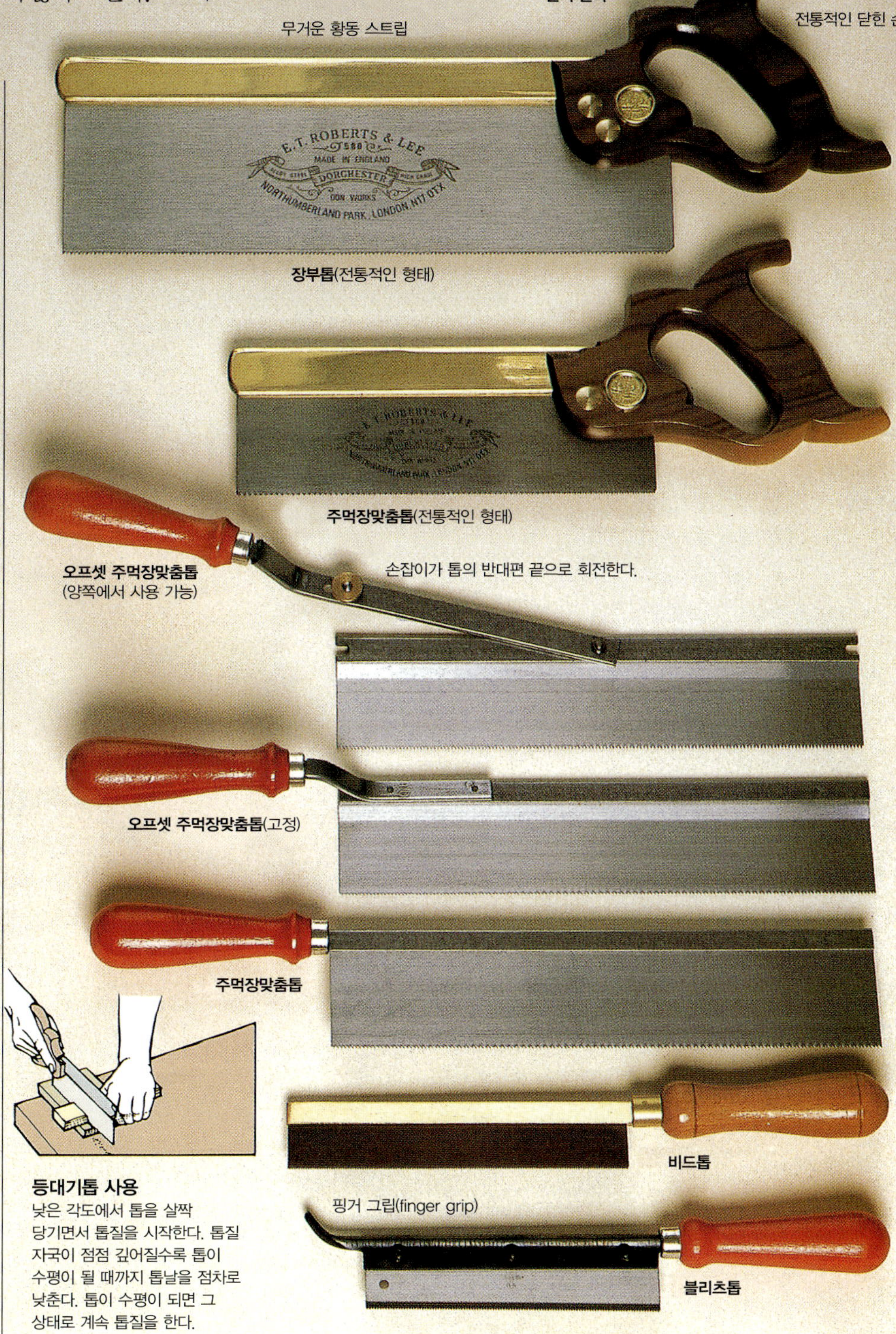

무거운 황동 스트립

전통적인 닫힌 손잡이

장부톱(전통적인 형태)

주먹장맞춤톱(전통적인 형태)

오프셋 주먹장맞춤톱
(양쪽에서 사용 가능)

손잡이가 톱의 반대편 끝으로 회전한다.

오프셋 주먹장맞춤톱(고정)

주먹장맞춤톱

등대기톱 사용
낮은 각도에서 톱을 살짝 당기면서 톱질을 시작한다. 톱질 자국이 점점 깊어질수록 톱이 수평이 될 때까지 톱날을 점차로 낮춘다. 톱이 수평이 되면 그 상태로 계속 톱질을 한다.

비드톱

핑거 그립(finger grip)

블리츠톱

곡선톱

곡선 부분을 자를 때는 특수 목적에 맞도록 설계된 톱을 사용할 수 있다. 이러한 톱은 경재로 만든 두꺼운 판재에서 얇은 무늬목에 이르기까지 모든 두께의 제작물을 자르는 데 이용될 수 있도록 크기별로 분류된다.

참조할 곳

프레임톱	81
전동실톱	178–180
피어싱톱	296

패드톱(Pad saw)
인입식 톱날이
끼움고리에 슬롯 나사로
고정되어 있다.

활톱(Bow saw)

작고 가벼운 프레임톱으로, 곡선 형태로 자를 수 있도록 폭이 좁은 톱날이 달려 있다. 톱날의 길이는 200~300mm이고 PPI는 9~17이며, 매우 튼튼하기 때문에 원목의 두꺼운 부분도 자를 수 있다. 또 프레임을 자유롭게 돌릴 수 있도록 톱날은 360도 회전된다.

실톱(Coping saw)

길이 150mm 톱날이 금속 프레임의 스프링에 의해서 인장력을 받는 상태로 고정되어 있다. 이 톱은 원목뿐 아니라 인공 보드에서 곡선을 자르는 데 사용된다. 톱날의 PPI는 15~17이며, 폭이 너무 좁아서 날카롭게 갈 수 없기 때문에 날이 뭉툭해지거나 깨지면 버린다.

띠톱(Fret saw)

프레임이 매우 깊게 굽어 있는 톱으로, 얇은 인공 판재 또는 무늬목의 심하게 굽은 부분을 절단할 수 있도록 되어 있다. PPI는 32까지이며, 톱날은 깨지기 쉽다.

줄톱(Compass saw)

큰 판재의 중간에서는 프레임이 굽어 있는 톱을 사용할 수 없다. 폭이 좁고 끝으로 갈수록 점점 좁아지는 이 톱의 날은 적당히 굽은 곡선을 자르는 데 사용할 수 있다. 또한 톱날이 매우 깊기 때문에 지속적으로 곧게 자르는 데 사용할 수도 있다. PPI가 8~10인 다양한 톱날을 '권총 손잡이'에 고정시켜 사용한다.

어떤 목가구 작업자는 패드톱 또는 쥐꼬리톱(Keyhole saw)이라 부르는 손잡이가 곧은 형태의 톱을 좀더 선호하는데, 이 톱을 사용하면 어떤 방향에서도 매우 편하게 톱질할 수 있다.

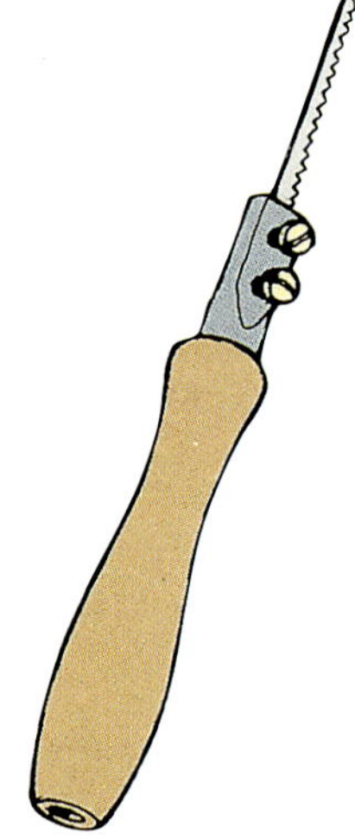

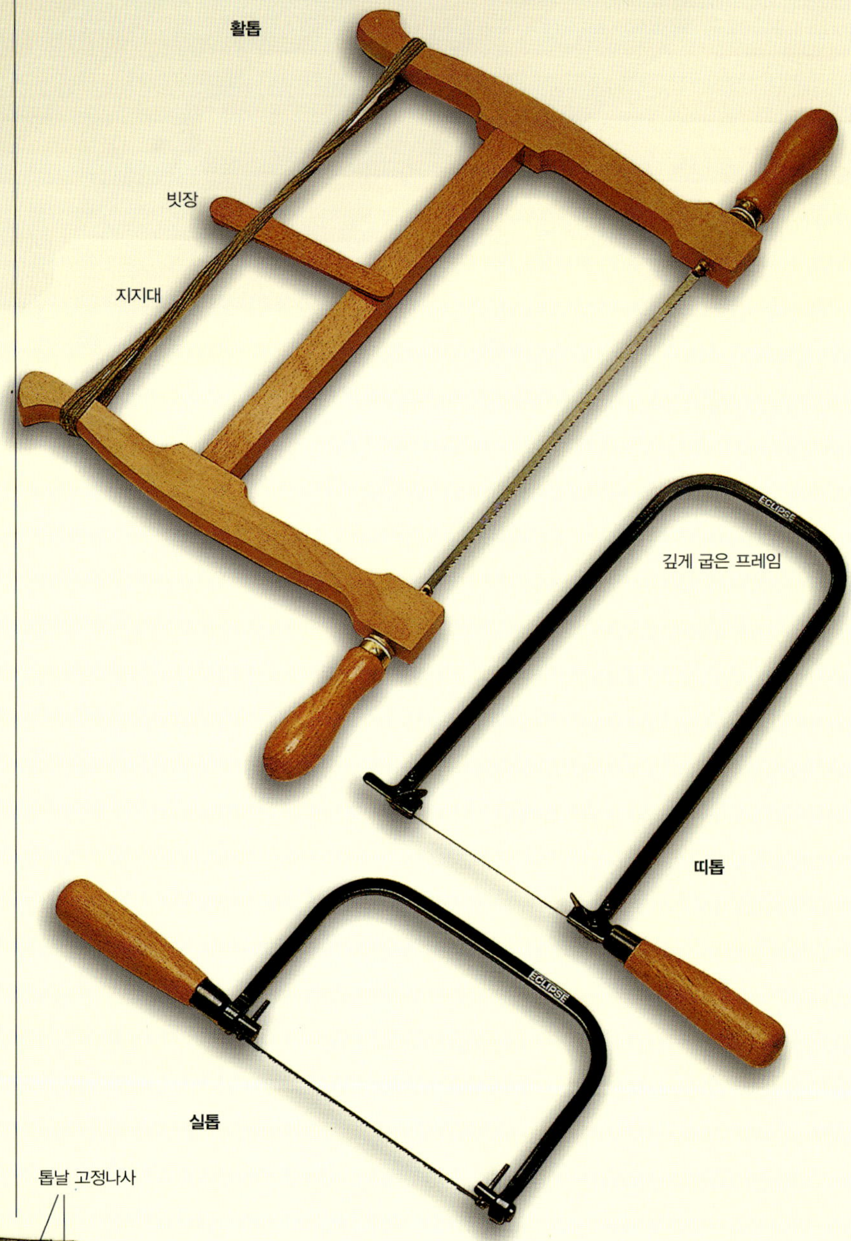

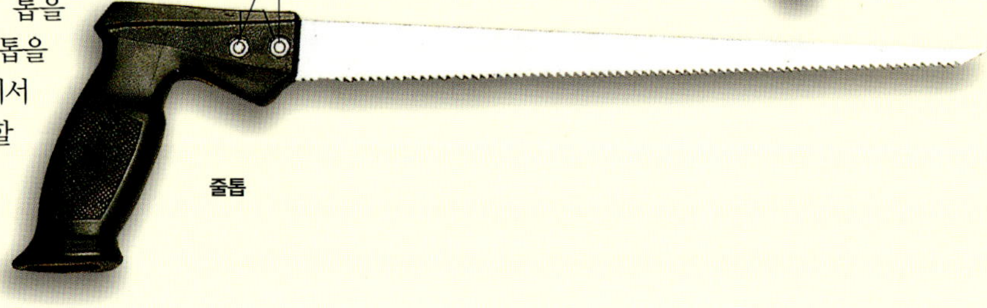

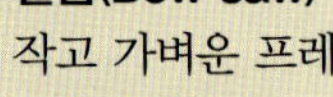

곡선톱 톱날 교환

곡선을 자르는 톱의 날은 비교적 폭이 좁기 때문에 부러지거나 휘어지게 마련이다. 따라서 항상 예비 톱날을 준비해두어야 한다.

활톱의 톱날 끼우기

톱의 위쪽에 가로질러 있는 끈 지지대를 느슨하게 푼 뒤 톱니가 작업자 반대 방향으로 향하도록 양쪽 끝에 있는 손잡이 막대의 슬롯에 새 톱날을 끼운다.1 테이퍼 핀을 손잡이 막대와 톱날에 나 있는 구멍에 끼운다. 지지대를 단단히 조여 톱날을 잡아 당겨주고 가운데 받침 가로대에 기대어 빗장을 세워놓는다. 톱의 양쪽 끝에 있는 손잡이를 돌려서 톱날을 곧게 펴준다.2

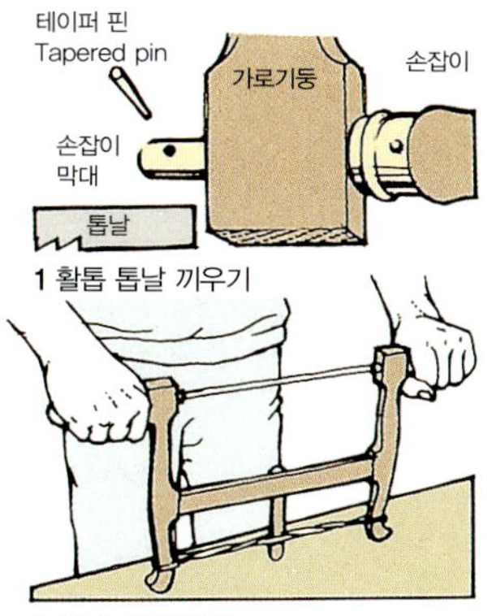

1 활톱 톱날 끼우기

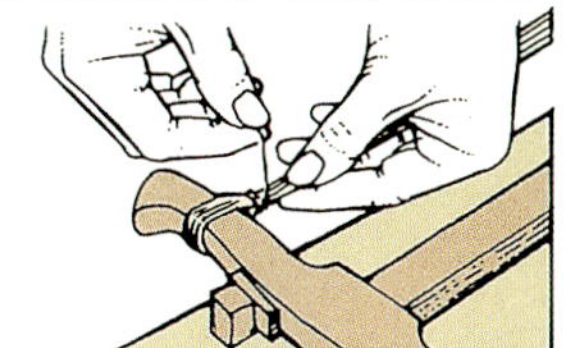

2 톱날 곧게 펴기

지지대 교체하기

지지대가 끊어지면 새 끈으로 교체해준다. 톱날을 제 위치에 둔 채로 벤치 멈춤 사이에서 톱의 가로기둥을 살짝 고정시킨다. 한쪽 가로기둥에 끈을 묶은 뒤 약 4번 정도 끝에서 끝까지 끈을 꼬아서 새 줄을 만든다. 한쪽 가로기둥 가까이에 있는 끈 주변의 풀린 끝 부분을 묶고 실을 가로질러 매듭을 짓는다.1 끈의 가운데를 가로질러 나무로 만든 빗장을 꽂고 톱날이 팽팽해질 때까지 감는다.2

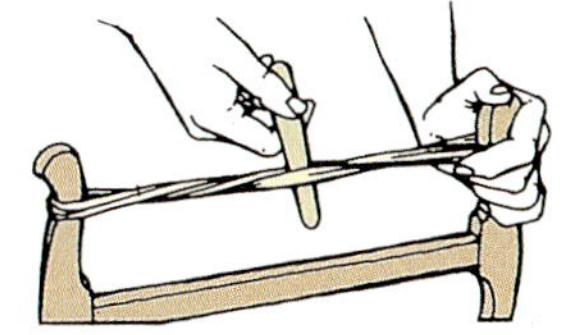

1 새로운 끈을 만든다.

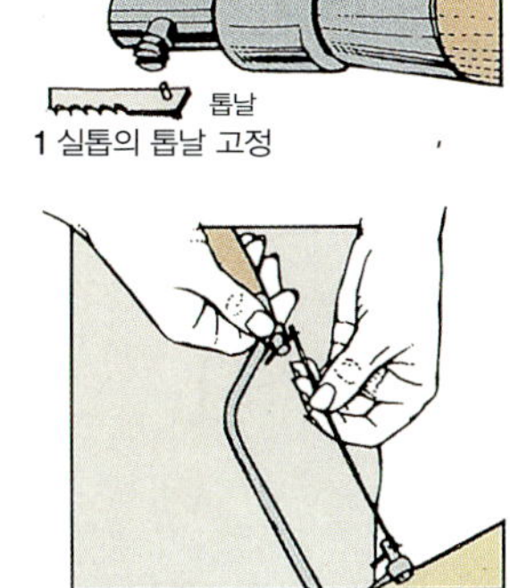

2 빗장으로 끈을 돌려 감는다.

실톱의 톱날 교체하기

실톱의 톱날을 톱의 양쪽 끝에 있는 커다란 고정 핀의 슬롯에 끼운다.1 새로운 톱날로 갈아 끼울 때는 우선 손잡이를 시계 반대 방향으로 돌려 고정 핀 사이의 간격을 줄인다. 톱니가 작업자 반대 방향으로 향하도록 한 상태에서 톱의 앞쪽 끝에 톱날을 고정시킨 뒤 작업대2에 기대서 프레임을 살짝 밀어주어 굽히고 톱날의 나머지 끝을 마저 끼운다. 고정 핀을 고정시킨 상태로 손잡이를 팽팽하게 조여 톱날을 당겨준다. 눈대중으로 고정 핀을 정렬시킨다.

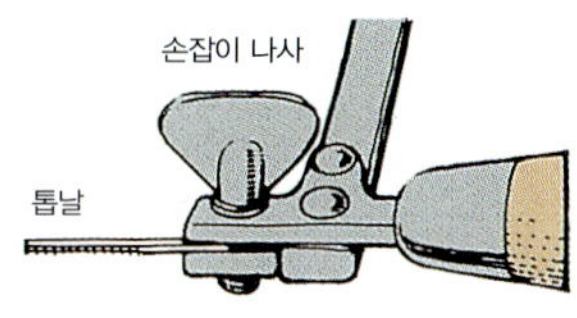

1 실톱의 톱날 고정

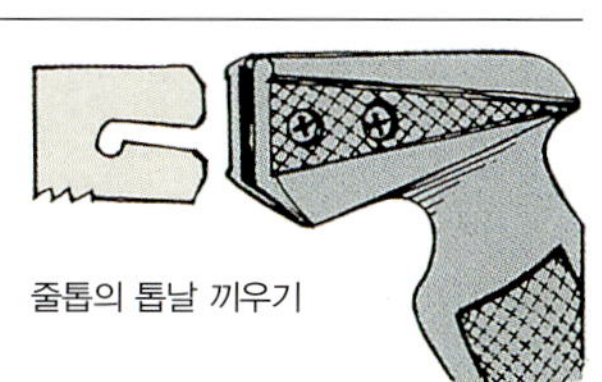

2 실톱의 프레임 굽히기

띠톱의 톱날 끼우기

양쪽 끝을 손잡이 나사로 단단히 고정시킨다. 프레임을 살짝 누른 상태에서 톱날이 손잡이 방향으로 향하도록 톱날을 끼운다. 띠톱은 당겨서 자른다.

실톱의 톱날 끼우기

줄톱의 톱날 끼우기

줄톱의 톱날을 갈아 끼우려면 고정 나사를 풀고 슬롯이 나 있는 톱날 끝을 손잡이에 끼운 뒤 다시 단단히 고정시킨다.

줄톱의 톱날 끼우기

곡선톱 사용

줄톱을 제외하고는 손으로 켜는 전통적인 곡선톱은 초보 목작업자가 사용하기에는 불편하게 느껴질 것이다. 굽어 있는 프레임에 의해 발생되는 비틀림을 보정하기 위해서는 특별한 기술이 필요하다.

활톱 사용

활톱은 두 손으로 톱을 제대로 잡지 못하면 사용하기 매우 어렵다. 톱날과 나란히 집게손가락을 뻗은 채로 한 손으로 톱의 손잡이를 잡는다. 나머지 손은 집게손가락과 가운데손가락으로 톱날의 한쪽 끝에 있는 가로기둥을 감싸쥔 채로 손잡이를 쥐고 있는 손 옆에 나란히 둔다.

활톱을 제대로 잡는 방법

실톱으로 톱질하기

폭이 좁은 톱날을 사용하면 절단선을 따라 톱질하기 쉽지 않다. 이때 두 손으로 톱을 잡으면 더 쉽게 톱질을 할 수 있다.1 톱을 한 손으로 잡고 집게손가락의 첫째 마디를 프레임에 대고 톱질하면 역시 쉽게 톱질할 수 있다. 약간 떨어진 가장자리에서 막힌 곡선을 자를 때는 우선 잘려나갈 부분에 드릴로 구멍을 뚫는다. 그 구멍에 톱날을 통과시켜 톱을 다시 고정시킨 뒤 톱질한다.2

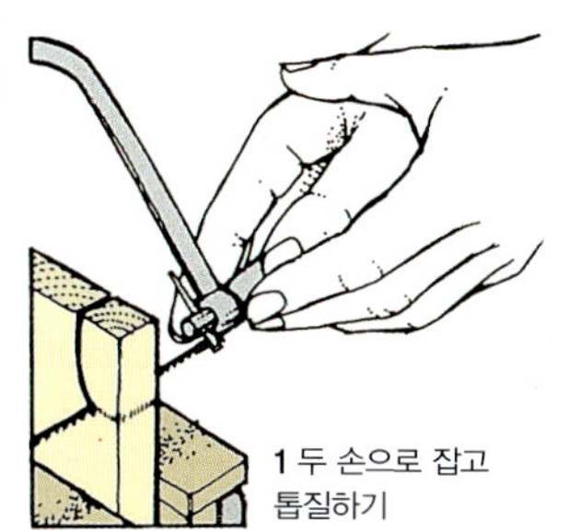

1 두 손으로 잡고 톱질하기

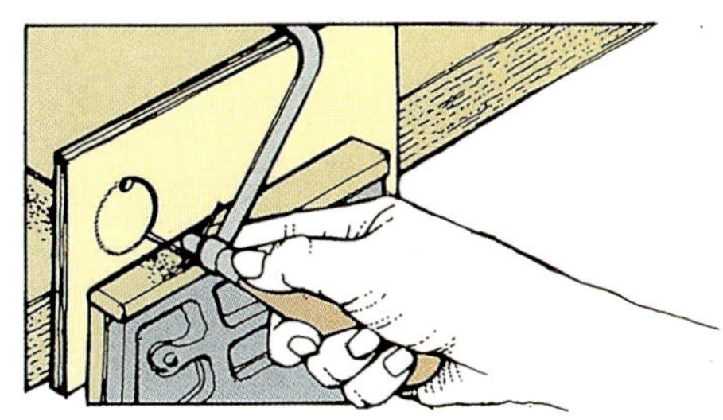

2 막힌 곡선을 자르기

띠톱 사용

띠톱을 사용할 때는 낮은 의자에 앉아 제작물이 작업대 상판의 가장자리 밖으로 튀어 나오도록 잡는다. 톱날은 폭이 매우 좁기 때문에 프레임에 고정된 채로 돌리지 않아도 완벽하게 곡선 부위를 잘라낼 수 있다. 제작물이 흔들리거나 팅기면 나무 블록 또는 합판 조각에 V자 모양의 노치를 파낸 뒤 이것으로 제작물을 받치고 톱질한다. 이때 이 블록을 작업대에 죔쇠 또는 나사로 고정시킨다.

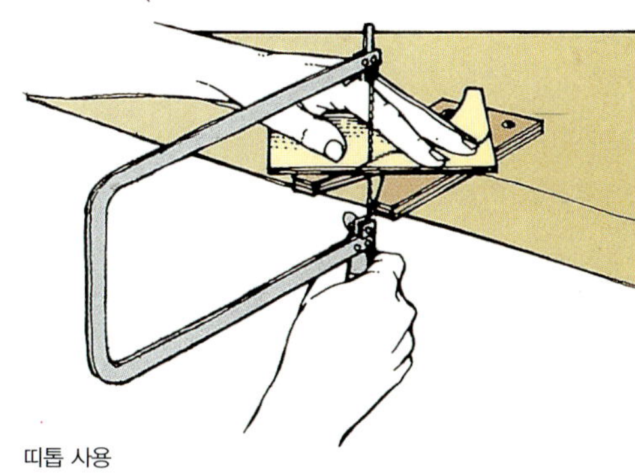

띠톱 사용

줄톱으로 자르기

톱의 끝이 들어갈 수 있도록 잘려나갈 부분에 작은 구멍을 뚫는다. 폭이 좁은 톱날이 구부러지지 않도록 천천히 일정하게 톱질한다.

줄톱으로 자르기

동양 톱

동양 톱(Oriental saw)은 당길 때 켜지기 때문에 동일한 분류의 서양 톱보다 톱날이 훨씬 좁고 톱니가 미세하게 휘어
있다. 따라서 톱질 자국이 매우 좁고 실질적으로 목재 조직이 훼손되거나 손상되지 않는다. 가장 좋은 톱날은
마찰을 줄이기 위해 끝이 가늘어진 형태(Taper ground)이다. 손잡이는 쪼갠 대나무를 동여매 만든다.

외날톱

양날톱

등대기톱

유연한 톱날

휘지 않는 톱날

톱날 고정
리벳

양면 톱날

JAPAN

쥐꼬리톱

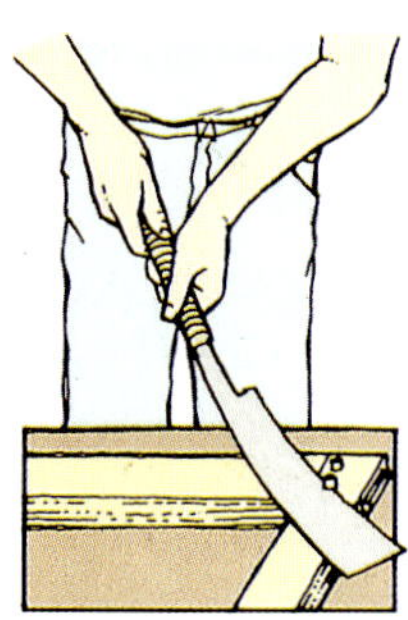

꽂임촉톱 사용
표면과 수평인 나무못을
자르기 위해 제작물에
대고 톱날을 구부린다.

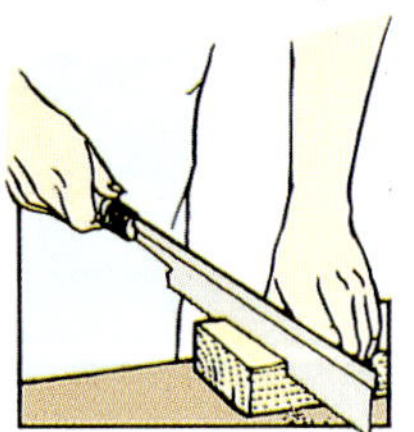

등대기톱으로 자르기
작업대의 수평면과
평행하게 톱질한다.
어떤 목가구 작업자들은
제작물을 완전히
잘라내기 전에 네 면에
톱질자국을 내는 것을
아주 좋아한다.

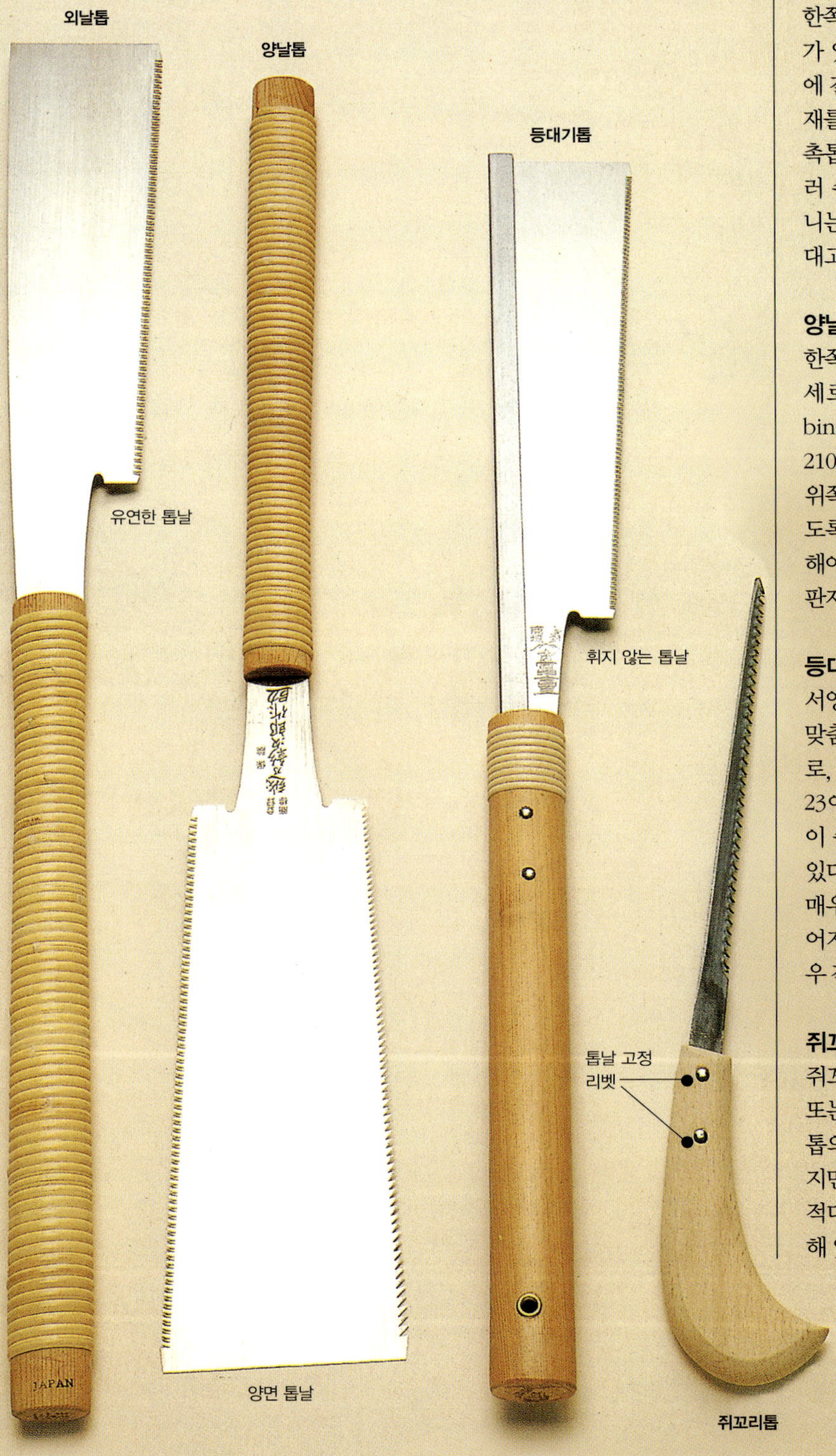

외날톱

한쪽만 세로켜기 톱니 또는 가로켜기 톱니
가 있으며, 양날톱을 사용하면 톱날이 나무
에 걸려 톱질을 제대로 할 수 없는 두꺼운 목
재를 자를 수 있다. 매우 유연한 톱인 꽂임
촉톱은 장부맞춤 또는 꽂임촉맞춤을 가로질
러 수평하게 자를 때 사용한다. 이 톱의 톱
니는 휘어져 있지 않으며, 제작물의 표면에
대고 주걱처럼 구부릴 수 있다.

양날톱

한쪽에 가로켜기 톱니가 나 있고 다른 쪽에
세로켜기 톱니가 나 있는 복합톱(Com-
bination saw)이다. 톱날의 길이는 보통
210~240mm이고 PPI는 6~15이다. 이 톱은
위쪽 톱니가 톱질자국 안으로 들어가지 않
도록 제작물에 대해 각도를 낮추어서 사용
해야 한다. 결국 이 톱은 두꺼운 원목보다는
판재를 자르는 데 주로 사용된다.

등대기톱

서양식 장부톱 또는 주먹장맞춤톱과 같이
맞춤부를 자르기 위해 설계된 등대기톱으
로, 톱날의 길이는 240mm 정도이다. PPI가
23이고, 주먹장맞춤톱 형식의 톱은 특히 폭
이 좁은 톱질자국을 절단하는 데 사용할 수
있다. 이는 아주 작은 맞춤부를 자르는 데
매우 유용하다. 톱날은 손잡이 쪽으로 기울
어져 있으며, 톱질을 시작할 때 사용하는 매
우 작은 톱니가 나 있다.

쥐꼬리톱

쥐꼬리톱은 서양식 키홀톱(Keyhole saw)
또는 줄톱(Compass saw)과 유사하다. 이
톱의 톱날은 얇고 끝이 가늘어지는 형태이
지만 톱을 밀 때도 톱날이 휘어질 위험성이
적다. 반면 서양 톱은 늘 이런 문제에 직면
해 있다.

"

톱니 갈기

목재를 가로질러 톱질할 필요가 있을 때는 곧바로 톱니를 날카롭게 갈아줄 필요가 있다. 대부분의 목가구 작업자는 톱니를 날카롭게 가는 것만으로도 만족하지만 톱니의 휨을 다시 조절할 때는 전문가에게 보내는 편이 훨씬 낫다. 톱니를 네댓 번 날카롭게 갈거나, 또는 톱니가 고르지 않게 휘어서 자꾸 원하는 톱질 방향에서 벗어나면 톱니의 휨을 다시 조절할 필요가 있다. 전자 경화된 톱니를 사용자가 직접 날카롭게 갈 수는 없다. 톱니가 매우 미세한 일회용 톱날은 뭉툭해지면 버리고 새것으로 교체해주어야 한다.

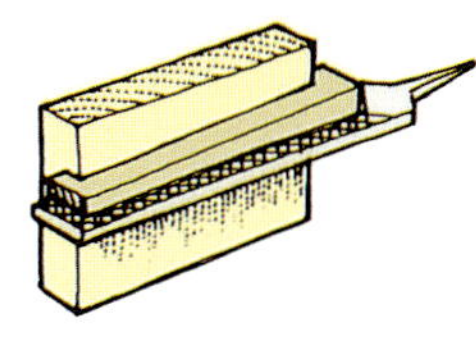

톱줄 선택

톱	PPI	줄 길이
세로켜기톱	5~7	250mm(10인치)
가로켜기톱	6~8	230mm(9인치)
패널톱	10~12	200mm(8인치)
장부톱	13~15	180mm(7인치)
주먹장맞춤톱	16~22	150mm(6인치)

톱줄(Saw file)

각 톱니의 절삭날은 삼각줄로 유지 관리한다. 줄의 각 면은 톱니 높이의 약 두 배여야 한다. 위 표를 참조해 적절한 톱 줄을 선택한다.

동양 톱 톱줄

동양 톱을 날카롭게 갈 때는 가장자리가 칼처럼 되어 있는 줄(Knife-edge file)을 사용한다. 그러나 톱날을 날카롭게 갈거나 톱니 휨을 다시 조절할 때는 전문가에게 맡기는 것이 가장 좋다.

톱줄 가이드

톱줄 가이드를 사용하면 장부톱 또는 손으로 켜는 톱을 날카롭게 갈 때 각도와 깊이를 일정하게 유지할 수 있다.

이내기 공구

이내기 공구는 톱니의 위쪽을 원하는 각도로 정확하게 구부리는 데 사용된다. 손잡이를 누르면 플런저(Plunger)가 움직이면서 일정한 각도의 모루로 톱날을 누른다. 이 모루에는 12PPI까지 톱니 크기에 해당되는 눈금이 매겨져 있다. 작은 톱니의 휨을 조절할 때는 전문가에게 맡겨야 한다.

톱 죔쇠

톱날을 날카롭게 손질할 때는 톱을 죔쇠로 단단히 고정시켜야 한다. 그러지 않으면 톱이 진동하면서 시끄러운 소리가 나고 톱줄이 톱니 사이의 홈에서 벗어나게 된다. 두 개의 단단한 받침 막대를 톱날 길이에 맞도록 자르고 손잡이 주위에서 잘 맞도록 모양을 다듬어서 임시 죔쇠를 만든다. 벤치 바이스에 있는 받침 막대 사이에 톱을 끼워 고정시킨다. 필요할 경우 한쪽 끝에 작은 지-죔쇠를 붙인다.

2 톱니 윗부분 다듬기

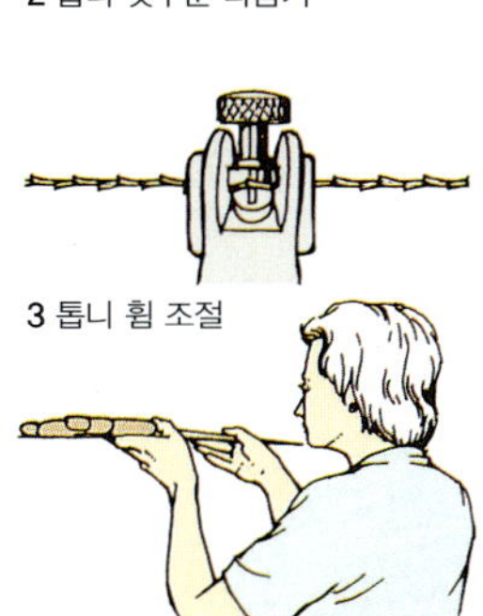

3 톱니 휨 조절

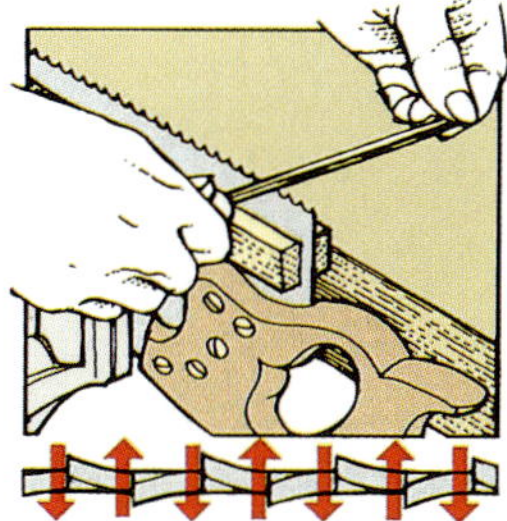

4 휨 상태 확인

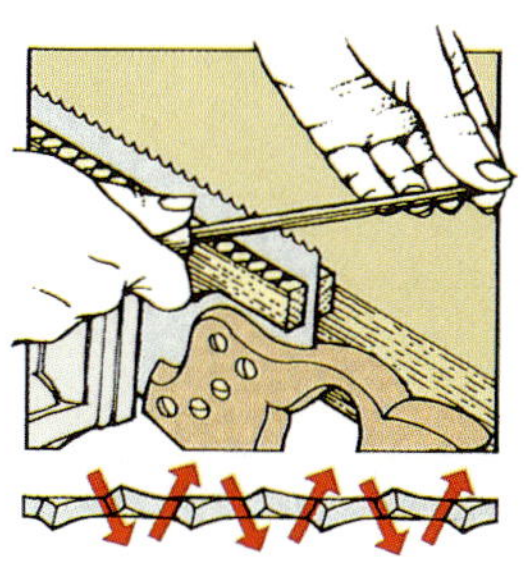

5 세로켜기톱의 톱니 갈기

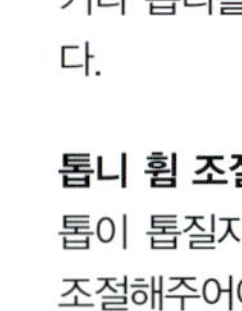

6 가로켜기톱의 톱니 갈기

톱니 윗부분 다듬기

톱이 손상되었거나 줄로 잘못 다듬었을 때는 반드시 톱니 윗부분을 다듬어서 톱니를 모두 같은 높이로 만들어줄 필요가 있다. 하지만 모든 톱니의 윗부분에 반짝이는 점이 생길 정도로 톱니 윗부분을 살짝 다듬어주면 톱니를 균일하고 날카롭게 갈 수 있다. 홈이 있는 단단한 목재 블록에 부드러운 줄을 끼워 넣어서 토핑 지그를 만든다.1 이때 홈 안이 경사지도록 만들면 줄을 단단히 고정시킬 수 있는 쐐기를 박을 수 있다. 이 블록에 끼운 줄이 톱니를 향하도록 해서 톱니 위에 올려두고 톱을 따라 움직여준다.2 두세 번 통과시키는 것으로도 톱날을 날카롭게 갈기 위한 준비로 충분하다. 모든 톱니에서 반짝이는 점이 보이기 전에 너무 많이 갈려나간 부분이 보이면 전문가에게 수리를 맡겨야 한다. 전문가는 톱니 홈을 새로 조절하거나 톱니를 날카롭게 갈기 전에 모든 톱니의 모양을 다시 다듬어줄 것이다.

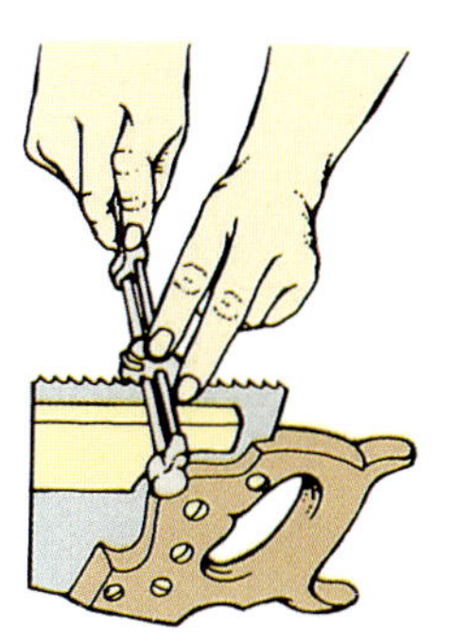

1 토핑 지그
(topping jig)

톱니 휨 조절

톱이 톱질자국 안에서 휘어 있거나 절단선에서 계속 벗어나면 톱니 휨을 조절해주어야 한다. 잠금나사를 느슨하게 풀어서 이내기 공구를 조절하고 모루를 돌려서 원하는 PPI 숫자에 맞춘다. 잠금나사를 다시 죈다. 톱의 한쪽 끝에서부터 시작해서 우선 몸 바깥쪽으로 휘어져 있는 모든 톱니의 휨을 조절한다.3 톱을 뒤집은 뒤 나머지 톱니의 휨을 마저 조절한다. 톱니가 작업자와 멀어지는 방향으로 향하도록 하고 톱을 눈높이로 가져가 빠뜨리고 넘어간 톱니가 없는지 확인한다.4

톱 줄 가이드

톱 위에 톱 줄 가이드를 대고 작업하면 톱 줄을 원하는 각도로 움직일 수 있다.

줄로 톱니 갈기

손잡이가 작업자의 오른쪽에 오도록 물림 나무 막대가 달려 있는 바이스에 톱을 끼우고 톱니 아랫부분을 물어 단단히 고정시킨다.

아무것도 쥐지 않는 손에 줄 끝을 잡고 톱 앞쪽 끝에서부터 날카롭게 갈기 시작한다. 이때 작업자와 멀어지는 방향으로 휘어 있는 첫 번째 톱니 줄을 대고 작업자를 향해 휘어 있는 다음 톱니의 리딩 에지와 반대 방향으로 손질한다.

세로켜기톱을 손질할 때는 톱날과 직각이 되도록 줄을 수평으로 해서 톱니 사이의 홈에 넣는다. 톱니 끝에서 반짝이는 점이 반으로 줄어들 때까지 줄이 앞으로 나아가는 방향에서 압력을 주면서 두세 번 줄을 움직여준다. 손잡이 쪽으로 줄을 밀면서 톱니를 하나씩 건너뛰며 작업하면 톱니의 반은 손질된다. 그리고 톱을 반대로 돌린 뒤 톱의 앞쪽 끝에서 손잡이 방향으로 작업을 다시 시작한다. 이때 반짝거리는 점이 사라지고 모든 톱니의 끝이 날카롭게 되도록 나머지 톱니 사이의 홈을 다듬어준다.5

가로켜기톱도 위와 같은 방법으로 작업한다. 하지만 톱날과 줄 사이의 간격이 65도가 되도록 잡고 줄의 끝이 톱 손잡이를 향하도록 한다.6 바이스에 달려 있는 물림 나무 막대의 윗면에 65도 각도로 수평선을 그려놓으면 줄이 움직이는 각도를 일정하게 유지하는 데 도움이 된다.

벤치대패

벤치대패(bench plane)는 일반적인 목작업 공구로, 제작물을 최종 치수로 점차 맞춰가면서 목재 표면을 매끈하게 만드는 데 사용된다. 나무로 만든 대패는 금속으로 만든 동일한 치수의 대패보다 가벼우며 제작물을 가로질러 부드럽게 미끄러진다. 그러나 기존의 몇몇 대패는 일반적인 금속대패에 비해 조절하기가 좀더 어렵다. 금속대패는 대량생산되기 때문에 일반적으로 가격이 더 낮다.

참조할 곳

벤치대패 사용하기	91
날 갈기	102-107
양측면맞춤	222-223
톱니대패	258-259

작은대패(Scrub plane)

목재를 빨리 원하는 크기로 만들기 위해 특별히 고안된 공구이다. 이 대패는 막대패(Jack plane)로 표면을 부드럽게 깎아내기 전에 두 방향으로 나뭇결을 가로질러 대각선으로 문질러 사용한다. 대팻날에는 볼록한 절삭날이 나 있으며, 나무로 만들어진 쐐기를 대패 몸체에 고정시킨다.

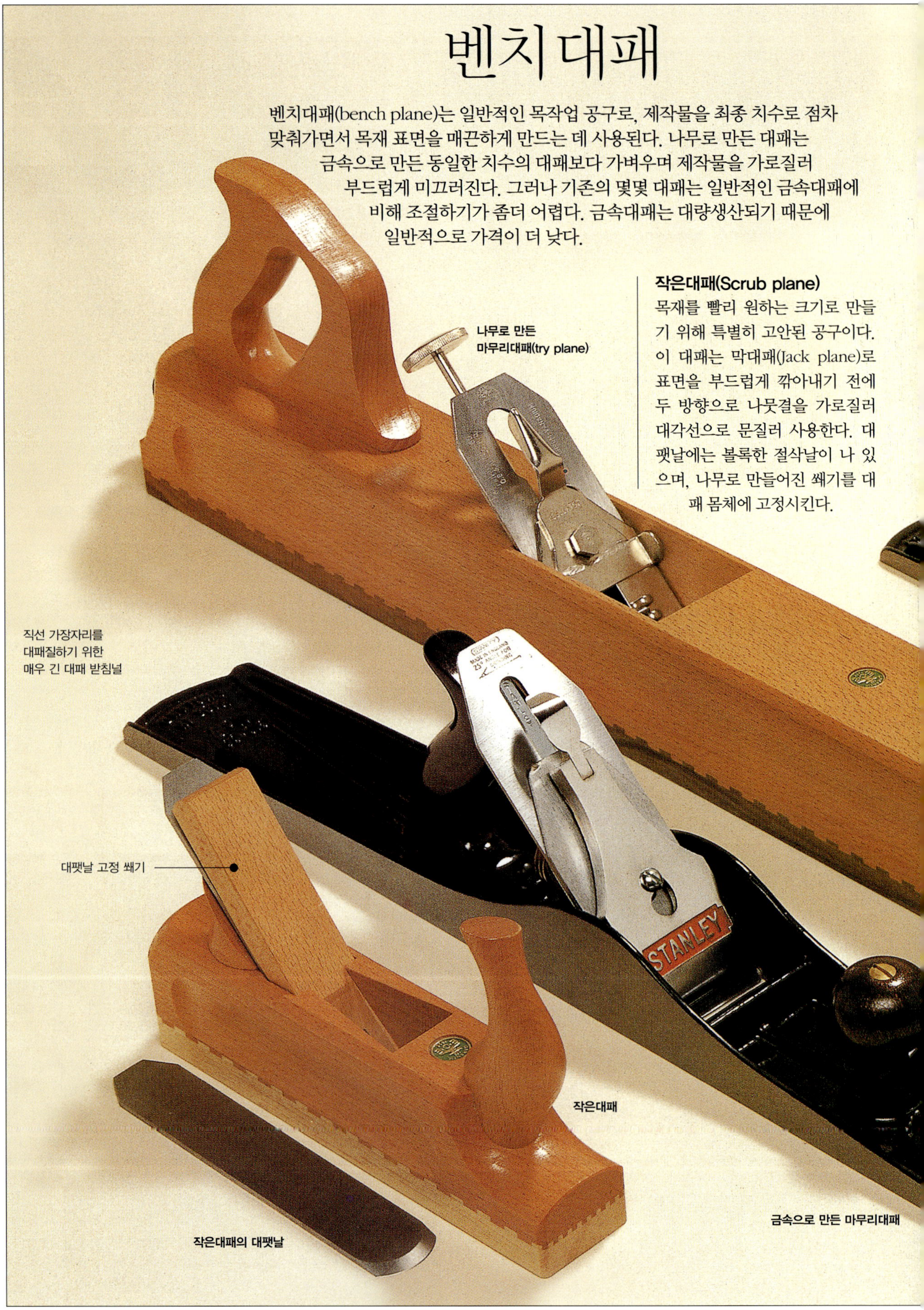

나무로 만든 마무리대패(try plane)
직선 가장자리를 대패질하기 위한 매우 긴 대패 받침널
대팻날 고정 쐐기
작은대패
작은대패의 대팻날
금속으로 만든 마무리대패
STANLEY

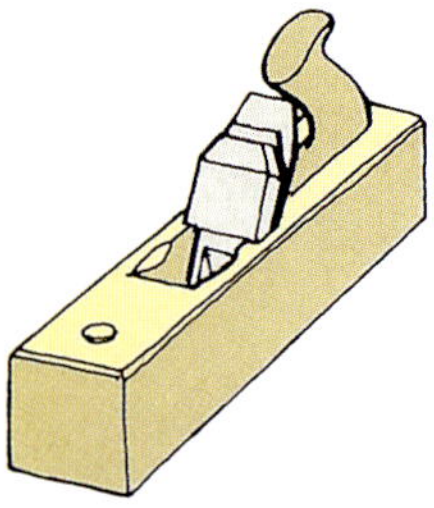

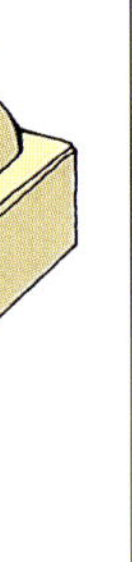

전통적인 막대패

쐐기가 박혀 있는 대팻날을 조절하기 어렵긴 하지만 이런 형식의 작업용 대패는 오래된 공구를 좋아하는 사람들에게는 상당히 인기가 좋다. 공구 전문점에 가면 새로운 막대패를 아직도 구할 수 있다.

마무리대패(Try plane) 또는 맞춤대패(Jointer plane)

마무리대패 또는 맞춤대패의 받침널은 길이가 600mm까지이며, 제작물의 표면에 있는 기복을 메우는 역할을 한다. 결과적으로 이 대패는 받침널이 짧은 대패를 사용했을 때 표면이 구불구불해질 수 있는 가장자리를 완벽한 직선으로 만들 수 있다. 마무리대패는 폭이 넓은 판재를 만들기 위해 사용되는 두꺼운 판재를 연결하는 맞댐맞춤을 만드는 데 특히 유용하다.

막대패(Jack plane)

길이가 350~387mm이고 네모진 목재 또는 평평한 목재를 대패질하는 데 흔히 사용하는 대패이다. 다른 금속 벤치대패와 마찬가지로 이 대패도 매끈한 받침널로 만들거나 수지성 목재에 사용할 때 마찰을 줄이기 위해서 바닥면에 주름을 주기도 한다.

주름이 진 받침널

마감질대패(Smoothing plane)

미세하게 조절되는 대팻날이 달려 있으며, 제작물을 마감하는 대패질을 하는 데 사용된다. 나무로 만든 최신 대패에는 특이한 모양의 인체공학적 손잡이가 앞쪽 끝에 달려 있다. 그 자체로 윤활성이 있는 유창목(lignum vitae)으로 받침목을 만든 대패가 가장 좋다. 이 대패의 길이는 225mm 정도이다.

일반 목작업용 중간 길이 받침널

금속으로 만든 막대패

나무로 만든 막대패

나무로 만든 마감질대패

금속으로 만든 마감질대패

제작물을 마감하기 위한 짧은 밑받침

벤치대패 취급 및 사용

현재 사용되고 있는 벤치대패는 정밀하게 만들어진 공구이긴 하지만 일반 대량생산된 제품처럼 적절한 수리를 통해 성능이 크게 달라질 수 있다. 대패가 최상의 기능을 발휘할 수 있도록 하기 위해서는 자주 수리하고 부품을 조절해야 한다.

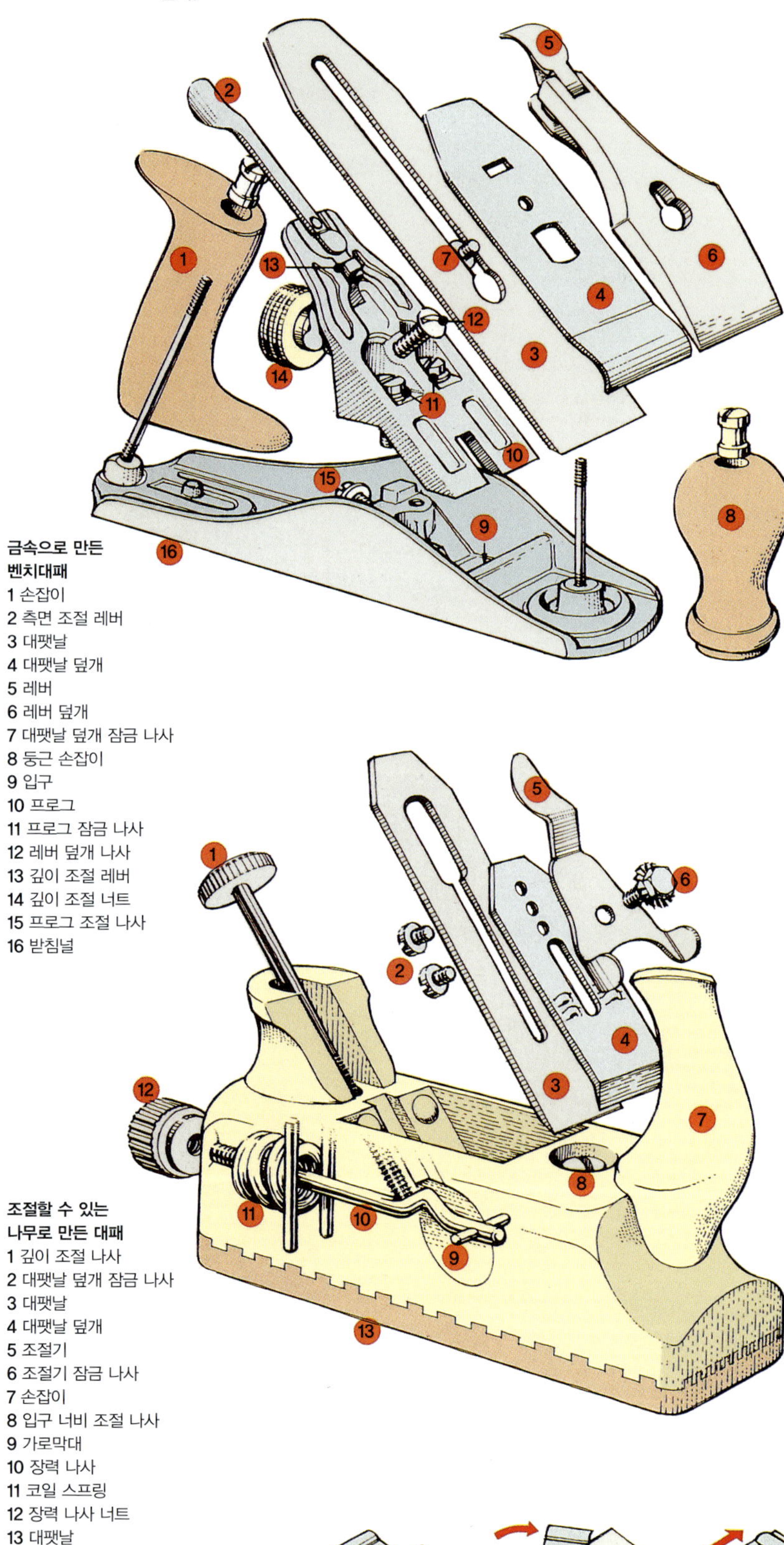

금속으로 만든 벤치대패
1 손잡이
2 측면 조절 레버
3 대팻날
4 대팻날 덮개
5 레버
6 레버 덮개
7 대팻날 덮개 잠금 나사
8 둥근 손잡이
9 입구
10 프로그
11 프로그 잠금 나사
12 레버 덮개 나사
13 깊이 조절 레버
14 깊이 조절 너트
15 프로그 조절 나사
16 받침널

조절할 수 있는 나무로 만든 대패
1 깊이 조절 나사
2 대팻날 덮개 잠금 나사
3 대팻날
4 대팻날 덮개
5 조절기
6 조절기 잠금 나사
7 손잡이
8 입구 너비 조절 나사
9 가로막대
10 장력 나사
11 코일 스프링
12 장력 나사 너트
13 대팻날
14 받침널

금속으로 만든 대패 분해

대팻날을 제거하려면 우선 레버 덮개에 달려 있는 레버를 올리고 잠금 나사 아래에서부터 밀어낸다. 대팻날 덮개(Cap iron)와 함께 대팻날을 대패에서 들어올려 꺼낸다. 큰 나사 드라이버로 대팻날 덮개 잠금 나사를 풀고 나사 머리가 대팻날에 있는 구멍을 통과하도록 대팻날 덮개를 절삭날 쪽으로 밀어내면 두 구성요소가 서로 분리된다.

프로그(Frog) 조절

대팻날 조립부를 제거하면 프로그가 드러난다. 프로그는 쐐기 모양의 주물로, 대팻날 깊이 조절부와 측면 조절부를 모두 포함하고 있다.

프로그 자체를 앞뒤로 움직이면 입구 크기가 조절된다. 입구는 대패 받침널에 나 있는 구멍으로, 이곳을 통해 대팻날이 받침널의 밑면 밖으로 돌출된다. 거친 대패질을 할 때는 제작물을 두껍게 깎기에 적절한 간격이 만들어지도록 입구를 연다. 세밀한 대패질을 할 때는 제작물을 얇게 깎아내고 깎인 대팻밥이 대팻날 덮개를 지나면서 말리도록 입구를 닫는다.

프로그를 조절하려면 두 개의 잠금 나사를 풀고 드라이버로 조절 나사를 돌린다. 잠금 나사를 튼튼히 고정시킨다.

대패 조립 및 조절

대팻날을 날카롭게 다듬고 나서 아래쪽으로 비스듬히 잡고 나사 머리가 그 구멍에 들어맞도록 대팻날 덮개를 대팻날에 가로로 올려놓는다.1 대팻날 덮개를 절삭날과 반대 방향으로 밀어낸 다음 대팻날 덮개를 돌려 대팻날과 일직선으로 정렬시킨다.2 대팻날 덮개를 절삭날의 1mm 안쪽으로 밀어낸다.3 더욱 세밀한

대패질을 할 때는 간격을 좁히고 잠금 나사로 단단히 고정시킨다. 그 다음에 대팻날 덮개가 위로 향하도록 대팻날 조립부를 대패에 가져간 뒤 레버 덮개 나사에 끼우고 조절 레버에 맞추어 결합시킨다. 레버 덮개를 다시 끼워 넣고는 대팻날이 받침널 밖으로 나올 때까지 깊이 조절 너트를 돌린다. 측면 조절 레버를 움직이는 동안 절삭날이 받침널과 수평이 되는지 대패의 앞쪽 끝에서 절삭날을 보면서 확인한다. 깊이 조절이 필요한 만큼 뒤로 당긴다.

나무로 만든 대패 분해

깊이 조절 나사를 10mm 정도 뒤로 당기고 대패의 뒤쪽 끝에 있는 장력 나사(Tension screw) 너트를 푼다. 대팻날 조립부가 대패 밖으로 들어올려지도록 인장 장치 나사의 끝에 달린 가로막대(Crossbar)를 90도로 돌린다. 대팻날 뒷면에 있는 두 개의 나사를 풀어서 대팻날 덮개와 조절기를 분리한다.

대패 조립

대팻날을 날카롭게 다듬고 나서 대팻날 덮개를 다시 끼우고 대팻날 조립부를 대패에 가져간다. 장력 나사 가로막대를 대팻날 조립부에 나 있는 슬롯에 통과시켜 돌리고는 대팻날 덮개에 있는 자리에 끼운다. 장력 나사 너트를 살짝 죄고 대팻날이 받침널의 밑면 밖으로 돌출될 때까지 깊이 조절 나사를 조절한다. 조절기를 사용해서 절삭날이 받침널과 평행하도록 맞춘다. 깊이 조절 나사를 뒤로 당기고 마지막으로 장력 나사 너트를 단단히 죈다.

손잡이(Horn) 뒤에 있는 나사를 조절해 입구 너비를 맞춘다.

◀ **대팻날 덮개 교체**
1 대팻날 덮개를 대팻날에 가로로 올려놓는다. 2 대팻날 덮개와 대팻날을 일직선으로 정렬시킨다. 3 대팻날 덮개를 절삭날 쪽으로 밀어낸다.

벤치대패 수리

대패를 구입해 바로 사용하면 완벽하게 제 기능을 발휘할 것이다. 하지만 원하는 결과를 얻지 못하고 문제가 생기면 제조업체에서 단순한 결함 이상의 문제는 없는지 확인해야 한다.

받침널 뒤틀림

섬세한 대패질을 할 수 없을 때는 받침널에 직선자를 올려 놓고 받침널이 뒤틀리지는 않았는지 확인한다. 금속으로 만든 받침널은 양면 테이프로 유리판에 붙인 사포에 문질러 평평하게 만들 수 있다. 그러나 이 과정은 속도도 느리고 힘이 많이 들어가기 때문에 전문가에게 의뢰하거나 제조업체에 수리를 맡기는 것이 더 좋다.

사포를 사용해서 나무로 만든 대패를 평평하게 만드는 것은 더 쉽다. 대팻날을 안으로 잡아당겨 넣고 대패의 중심 부분을 잡은 채로 사포에 대고 앞뒤로 문지른다. 규칙적으로 받침널에 직선자를 대서 수평 상태를 확인한다.

대팻날 흔들림

대팻날이 헐겁게 물려 있으면 대패질할 때 대팻날이 흔들리고 대패가 제작물 밖으로 미끄러진다. 레버 덮개 나사 또는 장력 나사 너트를 단단히 죈다.

결함이 계속 나타나면 대팻날 뒤에 이물질이 끼어 있지는 않은지, 금속대패의 경우 프로그 아래에 이물질이 없는지 확인한다.

대팻날 덮개 밑에서 대팻밥 막힘

대팻날 덮개가 대팻날 위에서 적절한 위치에 놓여 있지 않으면 대팻날이 리딩 에지 아래에 막히게 된다.

대팻날이 휘어 있다면 평평한 판 위에 올려놓고 망치로 세게 두드려준다.

대팻날 덮개에서 대팻날과 만나는 면(Meeting edge)을 기름숫돌에 올려놓고 평평해질 때까지 갈아준다.

일반적인 대패 취급 방법

나무로 만든 대패는 사용할수록 점차 매끄러워지고 어떤 방식으로도 처리하지 않아도 되게 된다. 금속으로 만든 대패의 받침널에 초를 발라주면 제작물에 잘 달라붙지 않는다. 대패를 보관할 때는 대팻날을 안으로 밀어 넣고 옆으로 세워 둔다.

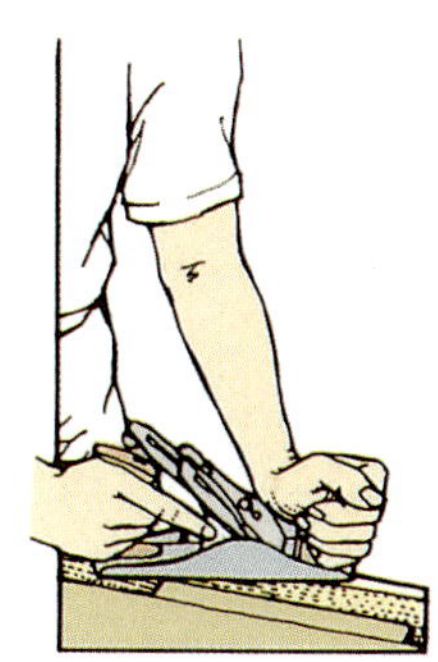

금속으로 만든
벤치대패 사용

벤치대패 사용

제작물에는 그 나무의 성장륜 패턴이 검은색 선이나 나뭇결로 나타난다. 대패질할 때는 이러한 나뭇결 선이 작업자에서 멀어지는 방향으로 기울어지도록 제작물을 바이스에 끼워 고정시키거나 작업대 멈춤에 대고 작업대 위에 제작물을 올려놓고 작업한다. 이처럼 나뭇결을 따라 대패질하면 부드럽게 대패질을 할 수 있다. 만약 이와 반대 방향 즉, 나뭇결과 반대 방향으로 대패질하면 목재의 섬유가 손상된다.

벤치대패 취급 및 제어

금속대패를 사용할 때는 집게손가락을 뻗어 대팻날 또는 프로그의 모서리에 대고 대패의 손잡이를 잡는다. 이와 같은 방법으로 대패의 방향을 제대로 제어할 수 있다. 다른 손으로 대패의 앞쪽 끝에 달려 있는 둥근 손잡이를 잡고 대패를 눌러 압력을 가한다.

나무로 만든 마감질대패를 사용할 때는 엄지손가락과 집게손가락 사이를 깊이 조절 나사의 아래쪽에 있는 받침대에 대고 엄지손가락과 나머지 손가락으로 대패의 몸통을 잡는다. 다른 손으로 손잡이를 자연스럽게 잡는다.

다리를 벌리고 작업대 옆에 선다. 뒷발이 작업대를 향하도록 하고 앞발을 이와 평행하게 둔다. 양 발을 지면에 단단히 고정시키고 상체를 움직여 대패를 앞으로 밀어낸다. 대패를 밀면서 대패질을 시작할 때는 대패의 앞쪽 끝에 압력을 가하면서 아래로 눌러주고, 대패를 거의 다 밀었을 때는 대패 뒤쪽을 아래로 눌러주어야 제작물의 양쪽 끝이 둥글게 파이는 것을 막을 수 있다.

제작물에 평평하게 대패를 잡고 대패질 방향으로 약간 기울인 상태에서 대패질을 하면 절삭날에서 슬라이싱 작용이 일어나서 작업하기 곤란한 나뭇결이 있는 부분을 잘 깎아낼 수 있다.

직각 모서리 대패질

폭이 좁은 면을 대패질할 때는 대패가 흔들리지 않도록 엄지손가락으로 대패를 아래로 눌러주고, 나머지 손가락은 제작물에 대한 펜스 역할을 할 수 있도록 받침널 아래로 구부려 대패를 대고 받쳐준다. 모서리 따기 대패질을 할 때도 이와 비슷하게 대패를 잡고 일정한 각도로 대패를 기울여서 대패질을 한다.

평평한 면 대패질

평평한 면을 대패질할 때는 제작물의 길이에 따라 마무리대패 또는 막대패를 선택한다.

나뭇결과 일정한 각도로 나란히 두 방향으로 대패질한다. 직선자로 제작물이 완전히 평평하게 되었는지 확인한다. 이때 마무리대패의 긴 모서리를 직선자 대신 사용할 수도 있다. 제작물이 평평해졌으면 최종 마감을 위해서 미세하게 조절된 톱날로 제작물의 길이 방향과 나란하게 대패질을 한다.

제작물이 매우 볼록하면 작은대패(Scrub plane)로 볼록한 부분을 대충 깎은 뒤 다른 대패로 나머지 부분을 대패질한다.

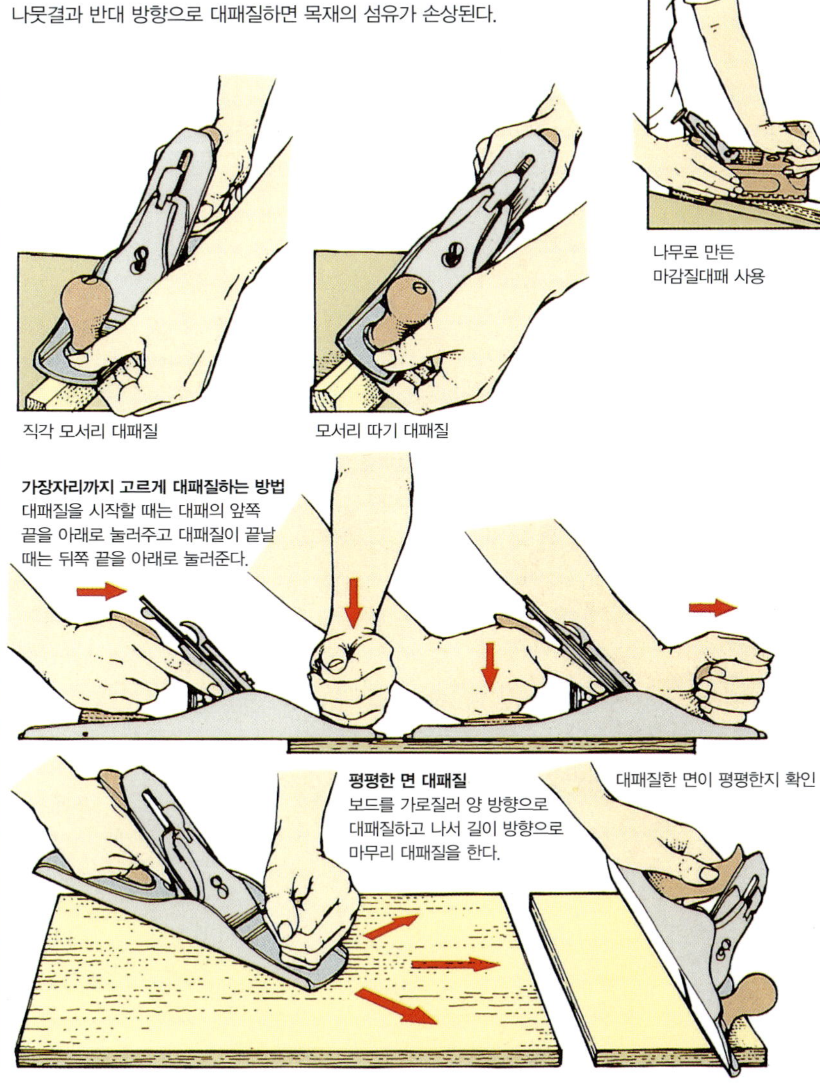

직각 모서리 대패질

모서리 따기 대패질

가장자리까지 고르게 대패질하는 방법
대패질을 시작할 때는 대패의 앞쪽 끝을 아래로 눌러주고 대패질이 끝날 때는 뒤쪽 끝을 아래로 눌러준다.

평평한 면 대패질
보드를 가로질러 양 방향으로 대패질하고 나서 길이 방향으로 마무리 대패질을 한다.

대패질한 면이 평평한지 확인

나무로 만든
마감질대패 사용

맞춤턱대패

맞춤턱은 목재의 가장자리를 따라 직각으로 파낸 부분으로, 캐비닛에 합판으로 된 뒷판을 끼워 넣은 경우처럼 맞춤턱이 나 있는 목재에 테두리가 직각인 판자를 끼워넣기 위해서 주로 사용한다. 맞춤턱을 깎기 위해서는 특별히 고안된 맞춤턱대패(rebate plane)를 사용해야 한다.

참조할 곳

캐비닛 뒤판 맞추기	62-65, 69-70
날 갈기	102-107
슈팅 보드	212-213
양측면맞춤	222-223
장부맞춤	226-234
연마와 마구리	285

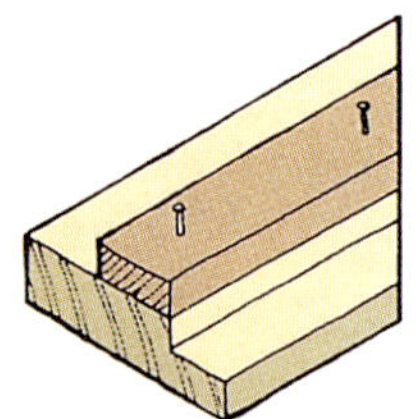

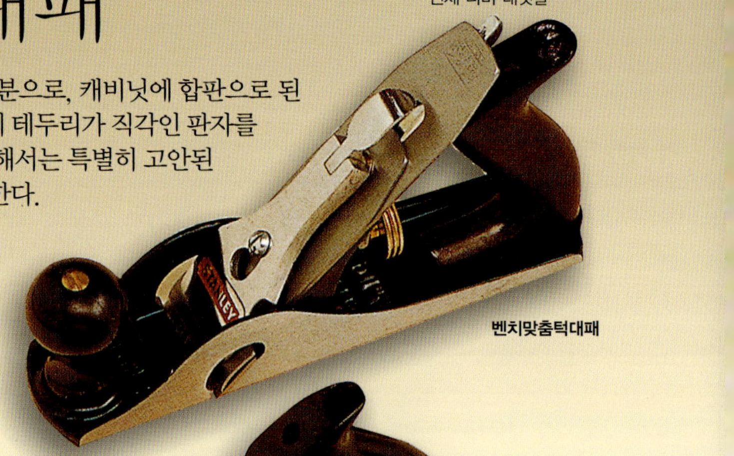

펜스 사용
작업용 맞춤턱 대패를 사용할 때는 핀 또는 죔쇠로 펜스를 제작물에 고정시킨다.

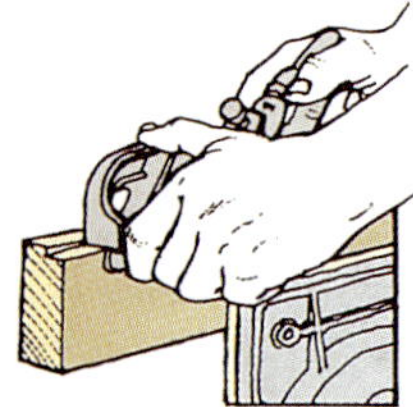

맞춤턱/홈파기대패(Rebate and fillister plane) 사용
제작물의 앞쪽 끝에서 대패질을 시작하고 뒤쪽으로 서서히 당기면서 대패질한다.

벤치맞춤턱대패(Bench rebate plane)

일반적인 막대패를 특수하게 개량해서 만든 대패로, 큰 맞춤턱을 깎는 데 사용된다. 이 대패는 날의 너비와 받침널의 전체 너비가 같다. 또한 펜스와 깊이 멈춤이 없으며, 맞춤턱이 대패를 잡아줄 수 있을 정도로 충분히 깊어질 때까지는 직선 받침 막대를 핀이나 죔쇠로 고정시켜 대패질을 해야 한다. 대패를 직선 받침 막대에 단단히 고정시킨 채로 아래로 누르면서 표시한 맞춤턱 깊이까지 대패질한다.

맞춤턱/홈파기대패(Rebate and filister plane)

매우 정교하고 복잡한 대패로, 조절 가능한 가이드 펜스와 깊이 멈춤이 달려 있다. 날은 두 지점에 설치되는데, 하나는 일반적인 용도로 사용되고, 앞쪽 끝 부근에 있는 다른 하나는 숨은 맞춤턱 끝을 대패질하는 데 사용된다. 이 형식의 대패는 나뭇결을 가로질러 맞춤턱을 깎을 때 대팻날 앞쪽에 선을 표시하는 역할을 하는 스퍼(Spur)도 달려 있다.

끝이 뚫려 있는 맞춤턱을 깎을 때는 가이드를 설치하고 제작물의 앞쪽 끝에서 대패질을 서서히 시작한다. 펜스가 제작물을 계속 누르고 있는 상태에서 서서히 대패를 뒤쪽으로 당기며 대패질을 한다. 깊이 멈춤에 걸려서 더이상 대패질을 할 수 없을 때까지 제작물의 전체를 대패질 한다.

앞이 둥근 대패(Bull nose plane)

이 대패는 마구리대패(Shoulder plane)를 짧게 개량한 것으로, 작고 가볍다. 숨은 맞춤턱이나 작은 맞춤부를 다듬는 데 사용된다. 나무나 금속으로 만들며 종류가 다양하다.

전체 너비 대팻날
벤치맞춤턱대패

커터 깊이 조절 레버
깊이 게이지
대팻날 깊이 조절 나사
맞춤턱/홈파기대패
레버 덮개
일반용 커터 위치
가이드 펜스
앞쪽 커터 위치
쐐기
대팻날
금속으로 만든 돌출부대패
대팻날
측면 맞춤턱대패
대팻날
나무로 만든 마구리대패
통로 조절 죔쇠
쐐기
레버 덮개
대팻날 깊이 조절 나사
대팻날
대팻날
금속으로 만든 앞이 둥근 대패
나무로 만든 앞이 둥근 대패

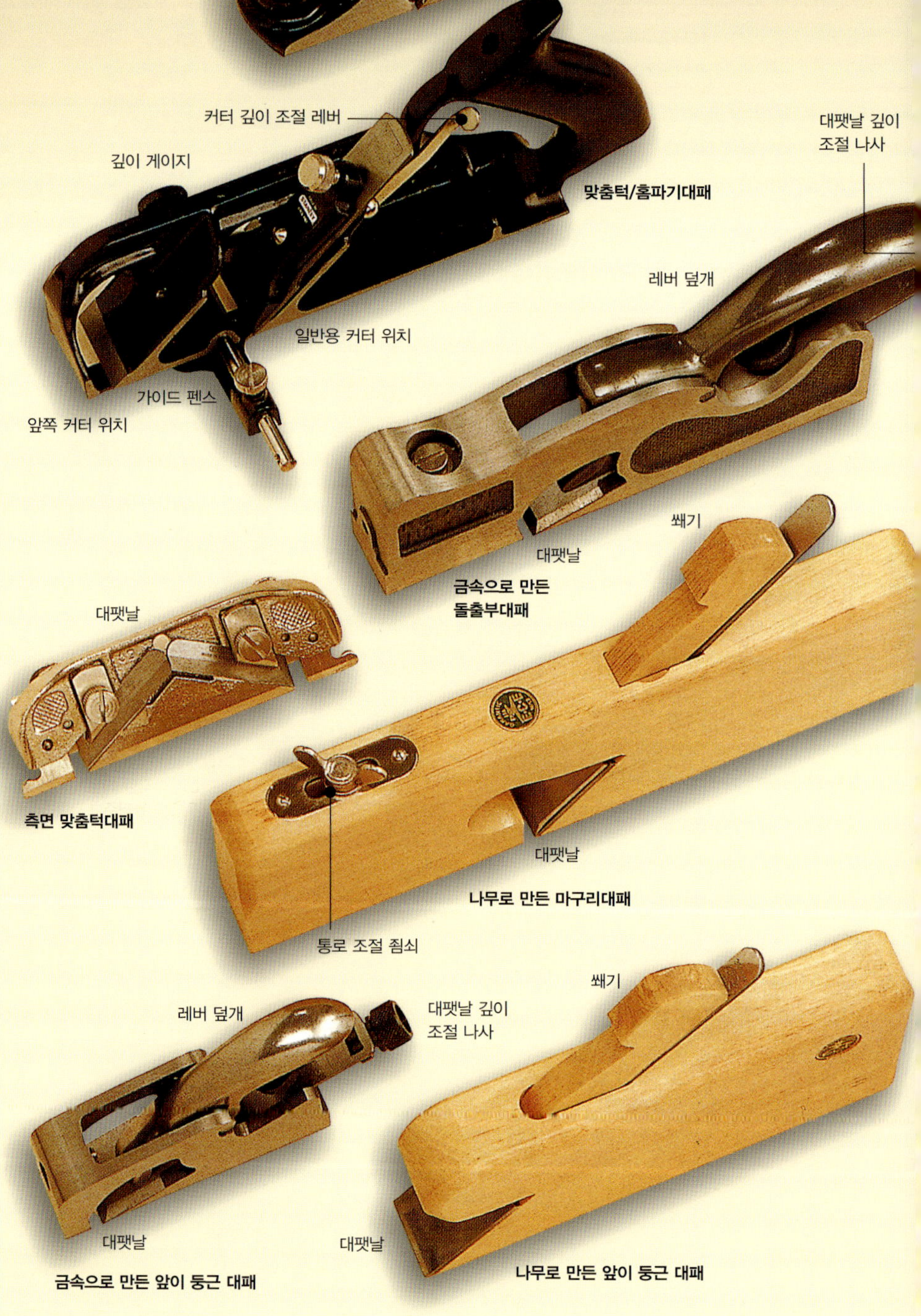

블록대패

블록대패(Block plane)는 가볍고, 일반 용도로 사용된다. 보통 한 손으로도 사용할 수 있으며,
다른 손으로 대패의 앞쪽 끝을 누르면서 대패질하기도 한다.

마구리대패(Shoulder plane)

정밀하게 기계로 가공된 몸체가 달려 있으며, 양면이 받침널에 정확히 직각을 이루고 있다. 이 대패는 벤치맞춤턱대패처럼 사용할 수도 있지만 크기가 큰 맞춤부의 턱 마구리를 다듬는 데 매우 유용하다.1 대팻날의 각도가 작게 구성되어 있기 때문에 마구리면(End grain)을 깎아낸다.

금속 또는 나무로 만들어진 일체형 대패도 있고, 앞부분을 분리해서 직각의 숨은 맞춤턱을 만드는 데 사용하는 작은 끌 대패로 변형할 수도 있는 대패도 있다.

측면맞춤턱대패(Side rebate plane)

이 소형 대패는 맞춤턱을 깎거나 폭이 좁은 홈의 측면을 느슨하게 만드는 데 사용된다.2 이 대패를 가장자리에 대고 깎을 부분의 수직 벽에 대팻날을 문지르면서 작업한다. 반대편에 두 개의 대팻날이 있으며, 대패를 한쪽 방향으로 밀면서 홈의 양쪽 측면을 다듬는 데 사용할 수 있다. 이때 반드시 나뭇결과 나란히 대패질해야 한다. 숨은 홈을 대패질할 수 있도록 각 노즈(Nose)를 붙일 수도 있다. 제작물의 위쪽 가장자리에 얹히는 깊이 게이지는 대팻날 방향을 제어하는 데 도움이 된다.

1 큰 돌출부 다듬기

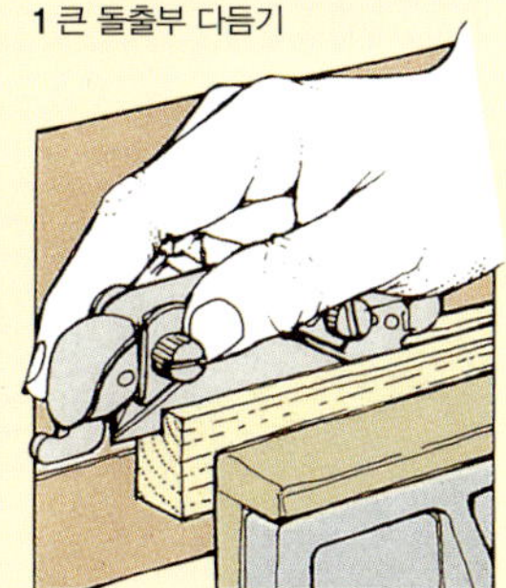

2 홈을 느슨하게 다듬기

블록대패의 대팻날

나무로 만든 블록대패는 정확하게 대팻날을 조절하기 위한, 큰 깊이 조절 손잡이가 달려 있다.

금속으로 만든 이 대패의 구조는 좀 복잡하며, 특별히 끝면을 다듬을 수 있도록 대팻날이 20도 각도로 누워 있다. 대팻날이 누워 있는 각도가 12도 정도로 작은 대패도 있다. 두 종류 모두 대팻날의 깊이와 날의 좌우 이동을 제어/조절할 수 있는 입구가 달려 있다. 작은 레버로 잠겨 있는 주물 금속으로 만든 레버 덮개를 떼어내면 대팻날을 날카롭게 갈기 위해서 분리할 수도 있다. 대팻날을 교체할 때는 빗각면이 위쪽으로 향해 있는지 확인한다.

마구리면 대패질

무게가 가벼운 블록대패를 사용하면 끝면을 쉽게 다듬을 수 있다. 하지만 정확한 각도 또는 연귀를 만들 때는 슈팅 보드와 함께 작업용 대패를 사용한다.

블록대패 사용

블록대패로 끝면을 다듬을 때는 날이 면도날처럼 날카로운지 확인하고 대패 앞쪽을 세게 누르며 대패질한다.1 목재 가장자리의 쪼개짐을 피하기 위해서 양쪽 끝에서 가운데 방향으로 대패질을 한다. 다른 방법으로는 한쪽 끝에 표시된 최종 마감 선까지 모서리를 깎아 그 방향으로만 대패질을 한다.2 이 밖에도 나뭇조각을 제작물의 옆면에 대고 죔쇠로 고정시켜 제작물의 가장자리를 받치고 대패질을 하기도 한다.3

슈팅 보드(Shooting board) 사용

슈팅 보드라는 특별한 지그(Zig)에 벤치 대패를 올려서 끝면을 다듬는다. 제작물을 지그의 상판에 직각으로 자리 잡은 멈춤에 고정시킨다. 대패는 이 슈팅 보드의 옆면에 기댄 상태로 움직이고 대패가 제작물을 통과할 때 폭이 넓은 맞춤턱이 대패를 잡아준다. 제작물이 멈춤대보다 약간 돌출되어 있으면 세밀한 대패질을 할 수 있도록 조절해서 제작물의 끝면을 다듬어준다. 멈춤대가 일정한 각도로 붙어 있는 슈팅 보드는 연귀맞춤을 다듬는 데 사용된다.

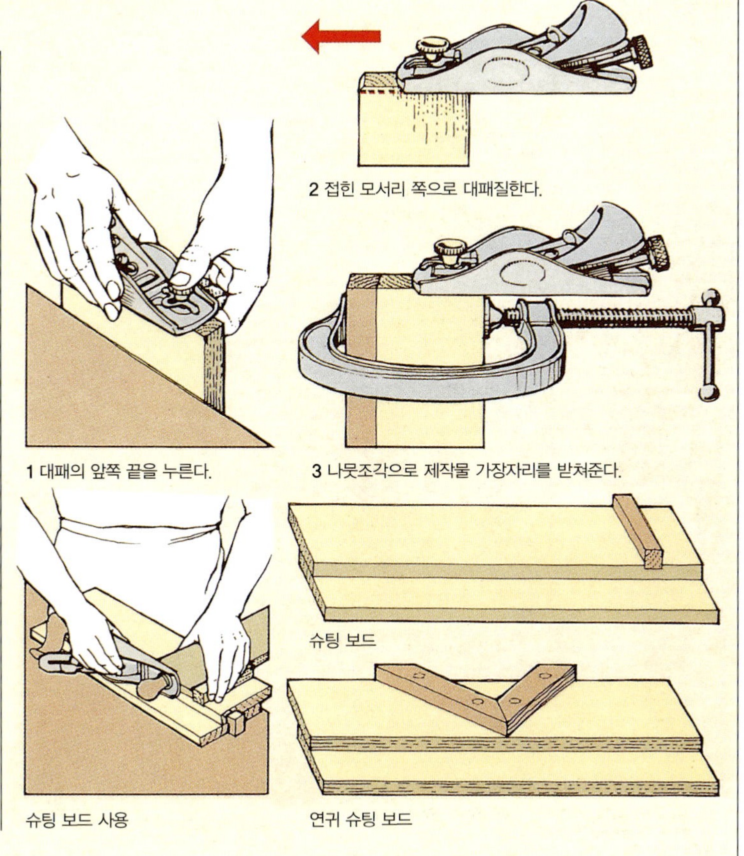

동양 대패

목작업에 사용되는 전통적인 동양 대패(Oriental plane)는 매우 단순한 구조로, 직사각형의 단단한 목재로 만든 몸체에 대팻날과 대팻날 덮개가 달려 있다. 철제 가로 핀은 대팻날 덮개가 대팻날을 계속 누르고 있도록 잡아주는 역할을 한다. 이 대패는 매우 우수하며 당길 때 대패질이 된다. 이 대패를 사용할 때는 한쪽 끝을 삼각 가대로 받치고, 다른 한쪽 끝을 벽에 대고, 고정시킨 묵직한 보에 제작물을 올려놓고 작업한다.

참조할 곳

벤치대패	88, 89
맞춤턱대패	92, 93
날 갈기	102–107
동양 대팻날 갈기	105
바퀴살대패	108
전동루터	140–141
하우징맞춤	224, 225
경첩 달기	307

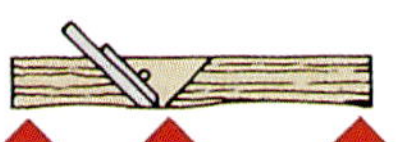

움푹 파인 받침널
평대패의 받침널은 움푹 파여 있기 때문에 제작물과 접촉되는 지점은 불과 세 곳이다.

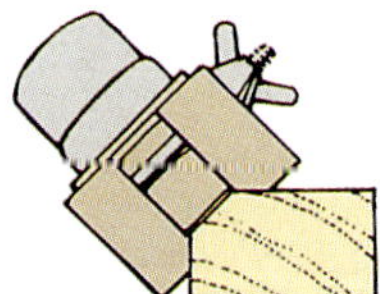

모서리깎기대패 사용
이 대패는 제작물의 모서리를 대패질하는 데 적합하다.

평대패

참나무로 만든 대패로, 길이가 162~356mm이다. 대팻날은 두 겹으로 되어 있다. 한 면은 고탄소강의 얇은 층으로 되어 있으며, 대팻날의 절삭날을 구성한다. 다른 면은 유연한 저탄소강의 두꺼운 층으로 되어 있어서 나뭇결이 불규칙하고 옹이가 있는 목재를 대패질할 때 충격을 흡수한다. 대팻날의 뒷면은 움푹 들어가 있어서 대팻날을 돌에 대고 평평하게 펴기 쉽고 대팻날 덮개를 잘 고정시킬 수 있다.

대팻날을 밖으로 뺄 때는 고무망치나 나무망치로 대팻날 상단을 가볍게 쳐서 날을 조금씩 밀어낸다. 날을 안으로 밀어 넣을 때는 대패 몸통 끝부분을 가볍게 친다. 날을 날카롭게 다듬기 위해서 몸통에서 뺄 때는 대팻날을 안으로 삽입할 때 쳤던 곳과 같은 부분을 세게 친다.

제작물 상에서 마찰을 줄이기 위해서 큰 평대패의 받침널 밑면을 움푹 파기도 한다. 이렇게 만든 특별한 대패를 긁는대패(Scraper plane)라고 하는데, 입구의 앞부분과 받침널 뒷부분만 목재에 닿는다.

맞춤턱대패

유럽 마구리대패처럼 사용된다. 대팻날 폭은 12~24mm이며 275mm 길이의 폭은 오크 몸체에 고정되어 있다.

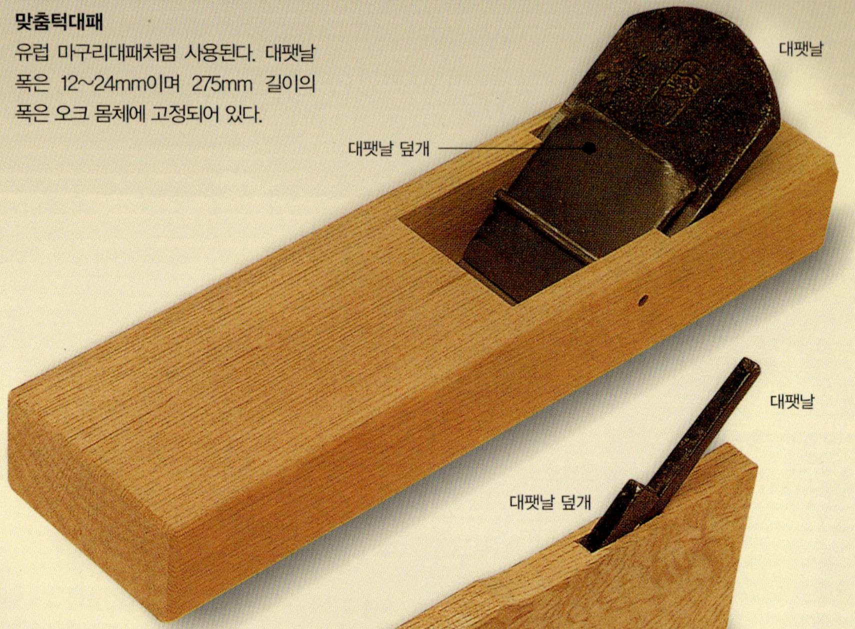

평대패

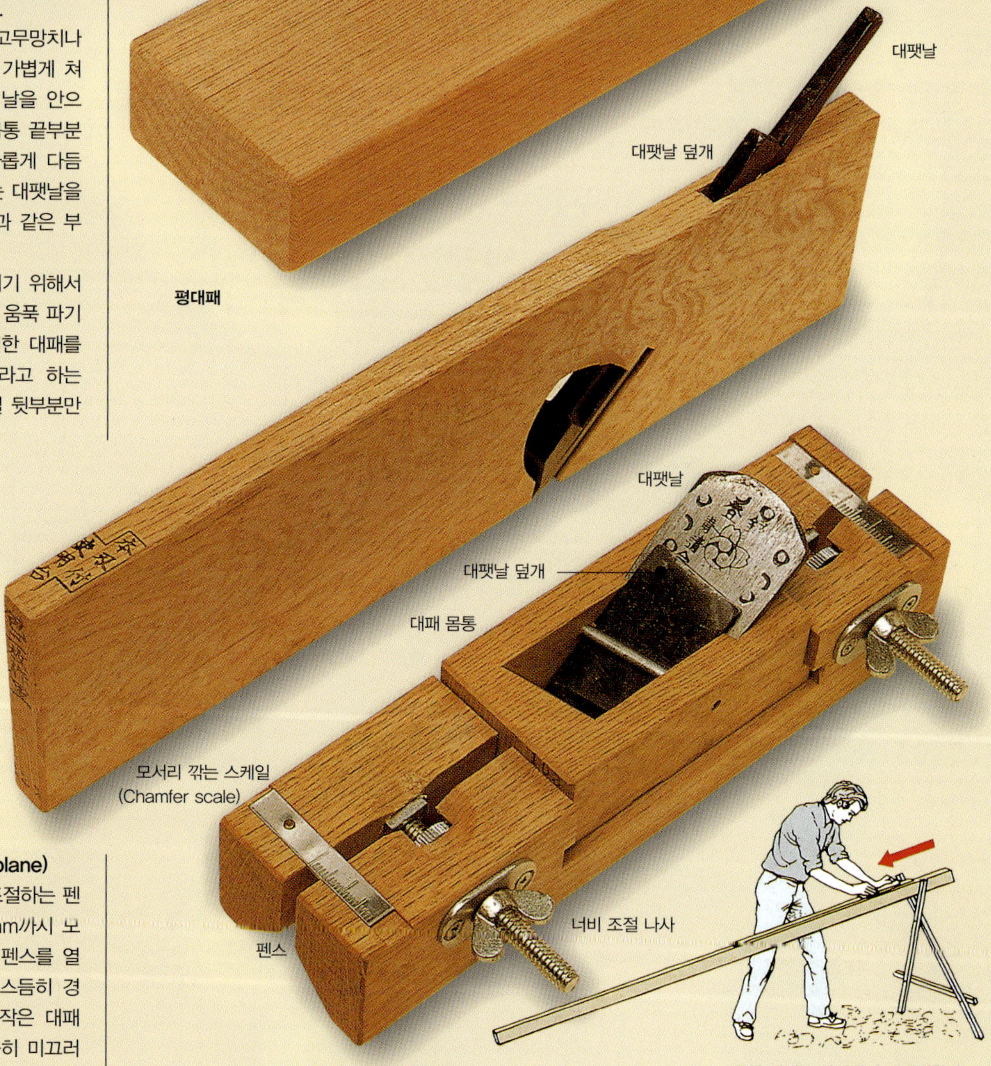

맞춤턱대패(Rebate plane)

동양 모서리깎기대패

동양 대패는 당기면서 대패질한다.

모서리깎기대패(Chamfer plane)

이 특별한 대패는 나사로 조절하는 펜스가 달려 있으며, 폭 20mm까지 모서리 깎기를 할 수 있도록 펜스를 열 수 있게 설계되어 있다. 비스듬히 경사진 대팻날이 달려 있는 작은 대패 몸통은 펜스 안으로 비스듬히 미끄러져 들어간다.

특수 대패

특수 대패(Specialized plane)를 사용하지 않아도 동일한 결과를 얻을 수 있는 방법은 많지만
특수 대패를 사용하면 더 빠르고 정확하게 작업을 할 수 있다.

굽은대패(Compass plane)

일반적인 벤치대패의 대팻날, 대팻날
덮개, 레버 덮개가 달려 있고 받침널
은 유연한 탄소강 스트립으로 만든다.
이 대패의 받침널은 가장자리가 울퉁
불퉁한 큰 너트로 조절하면 밑면을
오목하거나 볼록한 곡면으로 만들 수
있다.

특히 바퀴살대패를 사용하면 부딪히
거나 우묵하게 파이기 쉬운 원형 테이
블의 가장자리와 같이 완만한 곡면을
잘 다듬을 수 있다.

목재를 만들고자 하는 모양으로 대략
성형한 다음, 대패의 받침널을 깎고자
하는 대패질 면에 맞도록 조절하거나
받침널을 정확히 조절하기 위한 지표
로 삼을 수 있도록 판재에 자르고자
하는 곡선을 그린다.

작업할 때는 항상 나뭇결을 따라 대패
질을 할 수 있도록 주기적으로 제작물
의 위치를 바꾸어주어야 한다.

굽은대패 사용 모습

루터대패(Router plane)

예전에는 끌을 끼우는 구멍(Housing)의 바닥을 평평하게 만들기 위해 많이 사
용되었지만 지금은 상당수가 전동루터로 대체되었다.

이 대패는 비교적 저렴하고 단순해서 여러 작업장에서 아직도 많이 사용되고
있으며, 특히 자물쇠나 경첩의 오목한 부분을 만드는 데 널리 쓰이고 있다. 일
반적인 나무로 만든 루터대패는 유럽의 업체에서 구할 수 있지만 금속으로 만
든 것이 훨씬 구하기 쉽다.

특수 날은 나사를 사용해서 허용오차를 미세하게 조절할 수 있다. 끌과 같은 날
은 측면이 직각인 오목한 부분을 평평하게 만드는데 사용되며, 주먹장맞춤 하
우징(Housing)의 밑이 깎인 옆면 작업이나 단단히 고정된 구석 안 작업을 할
때 사용하는 뾰족한 날도 있다. 대팻날 죔쇠의 앞쪽에 부착되어 있는 대팻날로
전체 끌 끼우는 구멍을 평평하게 깎을 수 있다. 죔쇠의 뒤쪽에 부착되어 있는
대팻날을 사용하면 멈추어져 있는 끌을 끼우는 구멍의 끝으로 반대 작업도 할
수 있다.

받침널에 나사로 고정되어 있는 펜스는 직선 또는 곡선 가장자리로부터 일정한
거리가 유지되도록 대팻날을 잡아준다. 평평한 작은 슈(Shoe)가 달린 깊이 게
이지는 두 갈래로 갈라진 받침널의 폭이 좁은 가장자리에서 작업할 때 대패의
정면에 있는 열린 통로(Throat)를 닫는 역할을 한다.

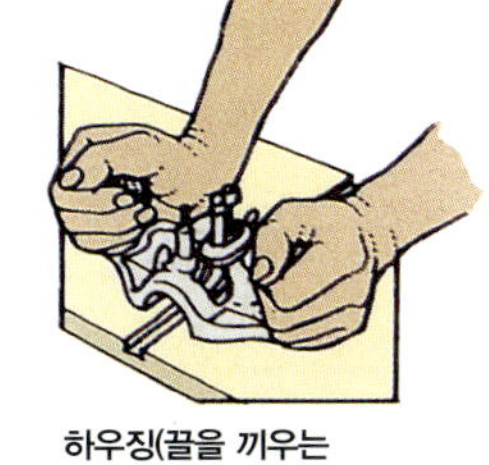

하우징(끌을 끼우는 구멍) 파기
대팻날을 절삭선에 대고
아래로 누르면서
하우징의 깊이만큼
대패질한다. 하우징이
필요한 깊이로 내려가면
단계적으로 대팻밥을
제거하기 위해 대팻날의
깊이를 조금씩
조절한다.

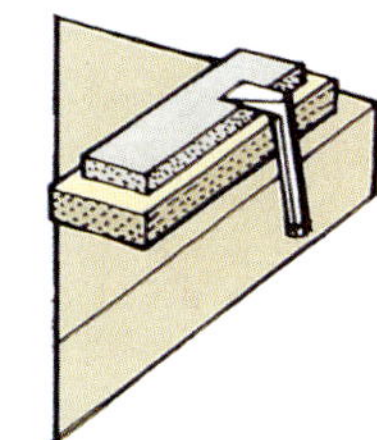

대팻날 날카롭게 갈기
끌처럼 홈파기대패의
대팻날을 기름숫돌에
갈아서 날카롭게
만든다. 이때 대팻날
자루를 충분히 잡을 수
있는 공간을 확보하기
위해 숫돌을 작업대
가장자리 근처에
올려놓고 작업한다.

홈대패와 복합대패

보통 목가구 작업자의 공구 보관함의 절반은 나무로 만든 몰딩대패, 홈대패, 제혀촉매대패로
꽉 차게 될 것이다. 이 대패들은 특별한 용도로 디자인되었고 특수 목적을 위한 전용 대팻날이 있다.
이런 다양한 대패의 기능을 하나로 합친 공구가 성공한 것은 그리 놀라운 일이 아니다.
이 복합대패는 매우 독창적이어서 전동루터와 경쟁하고 있지만 여전히 인기가 높다.

홈대패(Plough plane)

홈을 파기 위해 특별히 디자인된 대패로, 폭이 좁은 맞춤턱을 자르는 데도 사용할 수 있다. 모서리가 직각이고 폭이 3~12mm인 날이 대패에 고정되어 있으며, 가장자리를 깔쭉깔쭉하게 만든 나사로 높이를 조절할 수 있다. 이 대패는 가이드 펜스와 깊이 게이지가 있다. 오래된 공구를 좋아하는 사람들을 위해 나무로 만든 홈대패가 아직도 만들어지고 있다.

복합대패(Combination plane)

홈대패의 일종으로, 돌출부 선을 장식하거나 수축이 눈에 띄지 않게 만드는 데 종종 사용되는 둥근 구슬 모양 장치를 포함해 장부맞춤을 만들 수 있는 특별한 기능이 추가된 대패이다.

조절 가능한 깊이 멈춤이 달려 있는 촉 파기 대팻날이 홈 파기 대팻날 중 하나와 매칭되어 있다. 비드(Bead) 파기 날의 폭은 3~12mm이다.

날 쐐쇠는 대패 몸통과 맞게 완벽하게 슬라이딩된 부분으로, 대패의 앞쪽 끝까지 뻗어 있다. 이것은 폭이 좁은 펜스를 선택적으로 끼워 촉이 있는 가장자리에서 비드를 대패질할 수 있다. 이런 부분에 일반적인 가이드 펜스를 사용하면 돌출되어 있는 촉 때문에 작업을 제대로 할 수 없다.

대패 몸체와 슬라이딩 부분에는 각각 나뭇결을 가로질러 대패질할 때 나뭇결을 얇게 베어내는 칼날 스퍼(spur)가 달려 있다.

다목적대패(Multi-plane)

특별한 추가 대패날이 있는 일종의 복합대패이다. 이 대패는 둥근 몰딩(Ovolo moulding), 창문 틀 몰딩, 나선형 홈(Flute), 리드(Reed)를 만드는 데 사용한다. 두꺼운 판재의 가장자리에서 평행한 목재 조각을 얇게 베어내기 위해서 세로로 가늘게 쪼갤 수 있는 칼(Slitting knife)을 대패에 달 수도 있다.

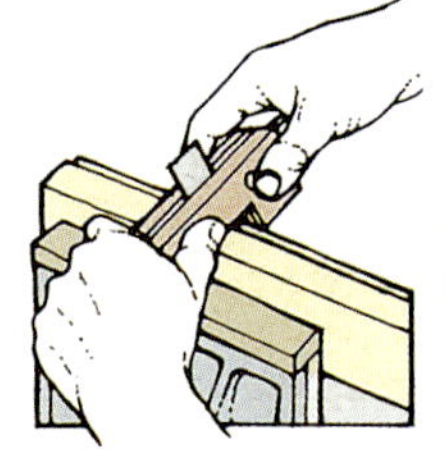

스크래치 스톡(Scratch stock) 사용
동일한 두 개의 합판 조각 사이에 커터를 끼우고 나사로 고정시켜서 붙박이 가이드 펜스와 함께 간단한 스톡을 만든다. 스톡이 제작물에 엉킬 때까지 공구를 작업자의 반대 방향으로 기울인 채 대팻날의 돌출 부분으로 목재를 깎는다.

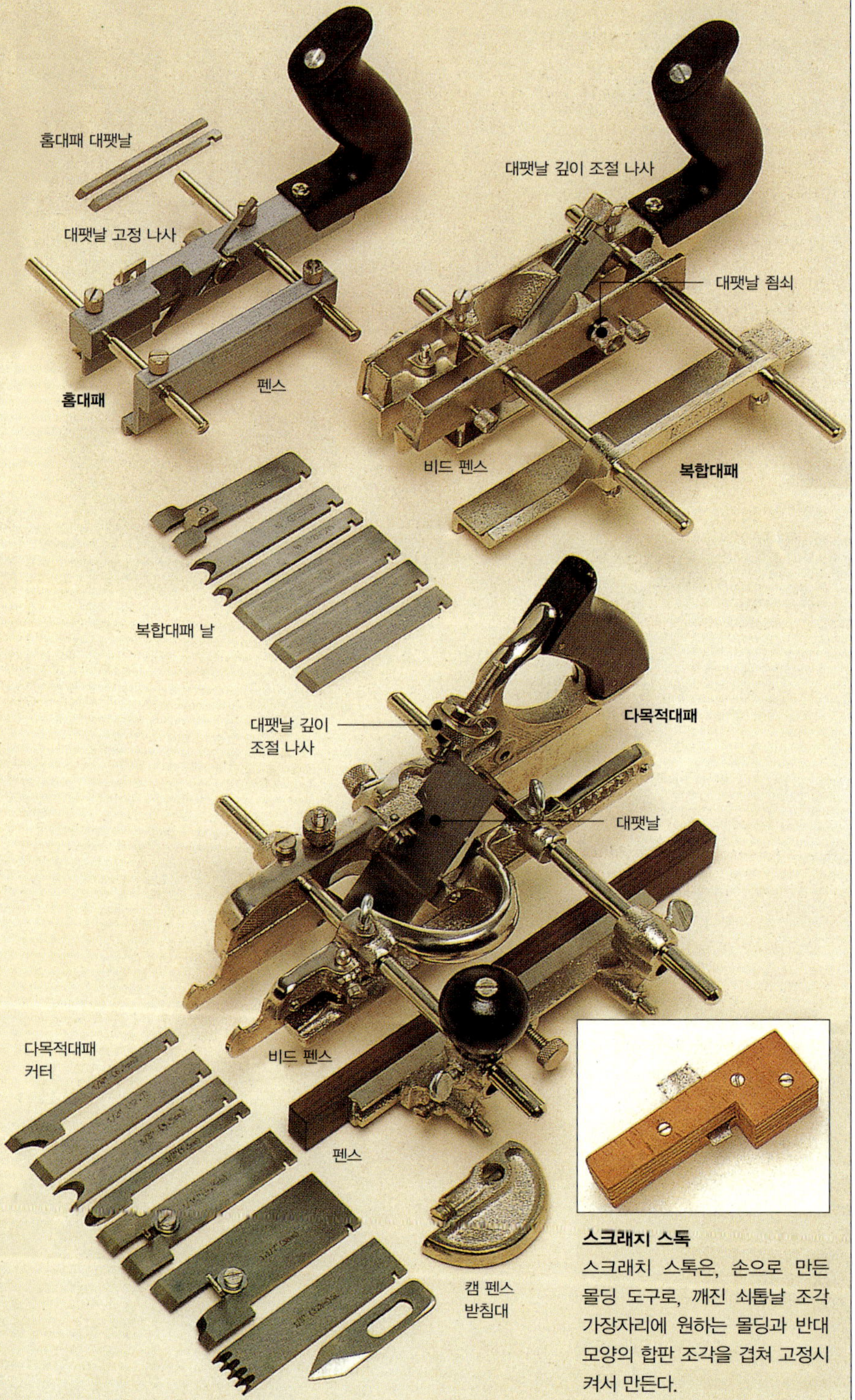

홈대패 대팻날

대팻날 고정 나사

홈대패

펜스

대팻날 깊이 조절 나사

대팻날 쐐쇠

비드 펜스

복합대패

복합대패 날

대팻날 깊이 조절 나사

다목적대패

대팻날

다목적대패 커터

비드 펜스

펜스

캠 펜스 받침대

스크래치 스톡
스크래치 스톡은, 손으로 만든 몰딩 도구로, 깨진 쇠톱날 조각 가장자리에 원하는 몰딩과 반대 모양의 합판 조각을 겹쳐 고정시켜서 만든다.

대패 사용

대팻날을 죔쇠로 고정하고 가이드 펜스와 깊이 게이지를 조절한다.
작업자가 왼손으로 가이드 펜스 조립부를 잡은 상태에서 앞쪽 끝에 있는
제작물에 대패를 놓는다. 짧게 대패질을 시작하고
완전한 길이의 대팻밥이 만들어질 때까지 서서히
뒤쪽으로 대패를 당긴다.

가이드 펜스 조립부를 왼손으로 잡는다.

홈(Groove) 파기

홈은 일반적으로 나뭇결과 나란한 방향으로 파며, 종종 목재 조각의 가장자
리에 파기도 한다. 홈 파기에는 어떤 대패라도 사용이 가능하다. 횡단면을
가로질러 홈을 팔 수도 있다. 하지만 대패질 막바지에 가장자리가 쪼개지는
것을 막기 위해서는 대패를 사용하기 전에 장부 게이지로 제작물에 표시하
고 톱이나 끌로 맨 끝부분의 자투리를 잘라낸다.

하우징(Housing) 파기

하우징은 나뭇결을 가로질러 파내는 홈이다. 복합대패 또는 다목적대패의
몸체를 제작물에 핀으로 고정시킨 곧은 나무 막대로 붙잡아준다. 하우징의
양면을 금을 그을 수 있도록 스퍼를 조절한다.

맞춤턱(Rebate) 파기

맞춤턱을 팔 때는 홈을 팔 때처럼 대패로 조절한다. 그러나 날이 제작물의
가장자리에 올 수 있도록 가이드 펜스를 조절해야 한다. 대팻날을 제작물 쪽
으로 한 번에 날의 너비만큼 밀어 넣으면서 작업하면 단계적으로 맞춤턱을
넓게 팔 수 있다.

촉과 홈(Tongue and groove) 파기

복합대패 또는 다목적대패에 죔쇠로 고정시킨 특수 날로 먼저 촉을 만든다.
날은 자체 깊이 멈춤이 있기 때문에 대패 자체에 부착할 필요가 없다. 제작
물의 가장자리에서 촉이 중심에 오도록 맞추려면 가이드 펜스를 조절해야
한다. 홈 파기 대팻날을 대패질한 촉에 맞춘다.

비드(Bead) 파기

촉이 있는 가장자리와 나란히 비드를 만들려면 비드 파기 날의 위치를 자동
으로 잡아주는 폭이 좁은 특수 가이드 펜스를 끼워 촉 바로 위에 있는 제작
물 가장자리에서 몰딩을 대패질한다. 일반적인 가이드 펜스를 사용하면 사
각 가장자리에서 떨어진 곳에 비드를 팔 수 있다.

둥근 몰딩(Ovolo) 파기

둥근 몰딩을 파는 방법은 맞춤턱을 파는 방법과 비슷하다. 원목 판재의 가장
자리 네 곳을 몰딩할 때는 우선 나뭇결을 가로지르는 방향 양쪽 가장자리에
서 대패질을 한 뒤 나뭇결을 따라 나머지 양쪽 가장자리를 대패질한다.

창틀(Window sash) 파기

두꺼운 판재에 창틀 몰딩을 팔 때는 먼저 반 정도를 대패질한 뒤 제작물을
돌려서 나머지 부분을 대패질한다. 마지막으로 칼날을 사용해서 두꺼운 판
재에 몰딩을 판다.

세로 홈(Flute) 파기

세로 홈을 파는 방법은 비드(Bead)를 파는 것과 같다. 이때 대패의 깊이 게
이지와 일반적인 게이지 펜스를 사용한다.

리드(Reed) 파기

리드 날을 사용하면 한번 밀 때마다 연속적이고 평행한 비드를 만들 수 있
다. 비드나 나사 홈을 팔 때와 같은 방법으로 대패를 조절한다.

대팻날 날카롭게 갈기

끌처럼 기름숫돌에 대고 그라인딩 각도
로 대팻날을 날카롭게 간다. 작은 날은
숫돌 가이드에 고정시키면 쉽게 다듬을
수 있다. 곡선 절삭날을 날카롭게 다듬
을 때는 미세한 슬립스톤(Slipstone)을
사용한다.

대팻날을 숫돌 가이드에 고정시킨다.

대패 커터
1 촉
2 창 틀 몰딩
3 둥근 몰딩
4 비드(Bead)
5 리드(Reed)
6 나사 홈
7 맞춤턱
8 홈(Groove)

끌과 둥근끌

끌(Chisel)과 둥근끌(Gouge)은 톱과 대패와 더불어 목가구 작업에 필수적인 공구이다. 이 공구는 주로 맞춤부에서 찌꺼기를 제거하는 데 사용되지만 가벼운 것은 제작물을 성형하고 다듬는 데 사용되기도 한다. 목재를 많이 파내야 할 때는 종종 튼튼하고 굵은 끌과 둥근끌을 나무망치로 두드려 사용하기도 하지만 대부분 손으로 누르면서 사용한다.

퍼머끌(Firmer chisel)

가장 기본적이고 일반적인 용도로 사용된다. 이 끌의 날은 직사각형 모양으로, 나무망치로 두드려서 단단한 목재를 깎아내는 데 사용할 정도로 강하다. 끌은 폭이 3~38mm 정도이지만 50mm인 것도 있다.

비벨에지끌(Bevel-edge chisel)

이 끌은 밑면이 퍼머끌처럼 평평하지만 윗면의 양쪽 긴 모서리에는 얕은 빗각이 나 있다. 이것은 손으로 사용하기 때문에 공구의 무게를 줄여야 하며 특히 주먹장맞춤에서 자투리를 잘라내기에 이상적이다. 이 끌의 크기는 퍼머끌과 같다.

페어링끌(Paring chisel)

이 끌은 길이가 특별히 긴 빗각끌로, 하우징 연결부에서 밖으로 자투리를 잘라내는 데 사용한다.

크랭크 페어링끌(Cranked paring chisel)

이 끌의 V자형 목 부분은 목작업자들이 폭 넓은 보드의 중심에서 깎아낼 때에도 작업 날을 평평하게 유지할 수 있도록 해준다.

스큐끌(Skew chisel)

날의 끝이 약 60도 각도로 비스듬히 잘려져 있기 때문에 끌이 앞으로 나아갈 때 절삭날이 목재를 얇게 베어낸다. 이 끌을 사용하면 가공하기 어려운 나뭇결을 가진 목재도 매끈하게 절삭할 수 있다. 앞쪽 끝이 뾰족하기 때문에 다루기 어려운 구석을 깨끗이 다듬는 데 특히 유용하다. 날의 너비는 12mm, 18mm, 25mm로 한정되어 있다.

끌의 날은 날카롭게 유지되어야 한다. 날이 마모되어 뭉툭해지면 끌을 밀 때 많은 힘이 들어가게 되어 끌이 갑자기 앞으로 미끄러져 나갈 수도 있다.

절대 작업자의 몸 쪽으로 끌을 밀어서는 안 되며, 양 손은 절삭날 뒤에 놓여 있어야 한다.

새로 구입한 끌의 긴 모서리는 매우 날카로워 끌을 미는 동안 손이 베일 수도 있기 때문에 기름숫돌에 갈아서 약간 뭉툭하게 만든다.

끌 손잡이 ▶

끌 손잡이는 지역에 따라 선호하는 종류가 매우 다양하다. 플라스틱 손잡이는 매우 강인하기 때문에 금속 망치로 두드리면서 어려운 작업에 사용할 수도 있다. 그럴 경우 나무로 된 손잡이는 심하게 손상될 것이다.

퍼머끌

비벨에지끌

크랭크 페어링끌

페어링끌

스큐끌

끌 손잡이 유형

원통형이고 약간 불룩하게 생긴 조각 패턴 손잡이(Carving-pattern handle)1는 기능적이며 인체 공학적이다. 8각형 손잡이(Octagonal handle)2는 끌이 작업대 위로 굴러다니는 것을 방지하기 위해 디자인되었다. 플라스틱 손잡이(Plastic handle)3도 같은 이유에서 평평한 부분이 약간 나 있다. 나무로 만든 손잡이의 굵은 쪽 끝을 나무망치로 계속 때려도 목재 섬유가 쪼개지지 않도록 금속 고리로 단단히 만든 보강된 손잡이(Reinforced handle)4도 있다.

끌 손잡이를 만들 때는 회양목, 물푸레나무, 너도밤나무와 같은 경재가 사용되어왔다. 하지만 최근에는 플라스틱이 사용되는 추세이다.

끌 제작 방법

끌은 종류와 제조업체에 따라 세부 특성이 다르다. 그러나 기본적으로 휘지 않는 금속 날과 원통형의 곧은 손잡이로 구성된다. 날과 손잡이의 결합부는 끌 디자인에서 매우 중요한 부분이다.

날

일반적인 작업용 끌의 날 길이는 125~175mm이다. 목가구 작업자 중에는 길이가 75~100mm인 짧고 묵직한 맞댐끌(Butt chisel)을 선호하는 사람도 있다. 특수 목적용 끌은 날 길이가 250mm에 이른다. 날 끝에는 절삭날인 한 개의 빗각날이 나 있다.

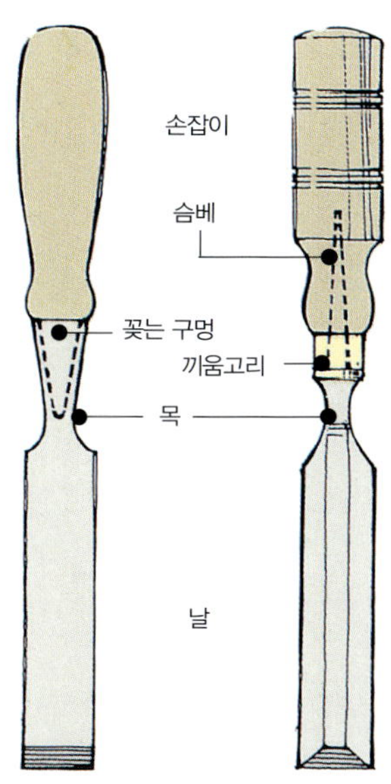

튼튼하게 조립된 끌

중요한 결합부

끌 날에서 손잡이 바로 앞에 위치한 목은 다른 부분보다 훨씬 폭이 좁다. 목 끝부분에는 날을 나무 손잡이나 플라스틱 손잡이에 끼울 수 있도록 단조롭게 가공된 뾰족못 또는 슴베가 달려 있다. 손잡이와 날이 연결되는 부분에는 금속으로 만든 끼움고리를 끼워서 보강한다. 목 위쪽으로는 그 안으로는 손잡이가 끼워지는 꽂는 구멍이 만들어진다.

끌의 보관과 사용 방법

끌 보관

끌을 공구함에 산만하게 보관해두는 것은 좋지 않다. 천으로 싸서 주머니에 따로 보관하거나 작업대 뒤쪽에 공구 걸이를 만들어서 그곳에 끼워 보관해야 한다. 자석 공구 걸이를 구입하거나 가늘고 긴 목재 조각 사이에 간격 막대를 넣어 여러 칸을 만들어 고정시켜 직접 공구 걸이를 만들어도 좋다. 공구 걸이는 벽에 나사로 고정시키고 공구 걸이에 있는 칸에 끌 날을 집어 넣어 보관한다. 어떤 목가구 작업자는 끌 날에 플라스틱 보호 덮개를 씌우는 것을 선호하기도 한다. 이처럼 꽉 끼는 슬리브(Sleeve)에는 작업장 벽에 박은 핀이나 못에 공구를 걸 수 있도록 고리가 달려 있다.

벽걸이에 끌을 보관한다.

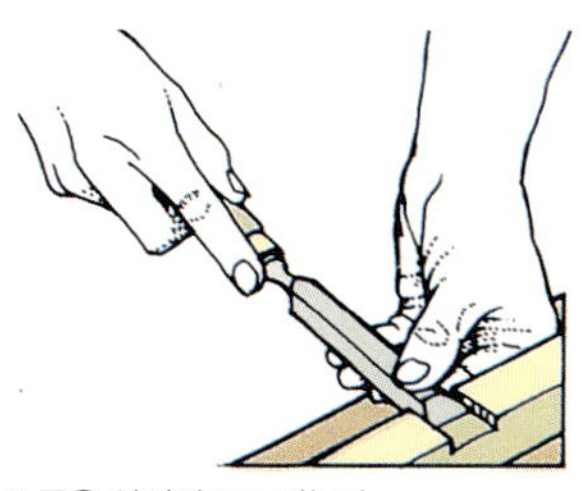

1 끌을 안정적으로 잡는다.

수평으로 깎아내기

작업대 위에 평평하게 놓여 있는 목재를 깎아낼 때는 집게손가락을 날 쪽으로 뻗어 끌 손잡이를 잡는다. 팔뚝을 끌 날과 일직선으로 유지하고 팔꿈치를 작업자의 몸에 바짝 붙인다. 다른 손의 엄지손가락과 검지손가락으로 절삭날 뒤쪽의 날을 잡는다. 이렇게 잡으면 날의 끝을 일정한 방향으로 잡아줄 수 있을 뿐 아니라 손가락이 브레이크 구실을 해 끌에 가해지는 힘을 제어할 수도 있다. 끌 날을 잡고 있는 손의 나머지 손가락은 제작물에 기대어 공구가 흔들리지 않게 한다.1

팔뚝과 끌이 바닥과 평행이 되도록 작업대 앞에서 자리를 잡는다. 다리를 벌린 채로 몸의 무게를 이용해서 끌을 앞으로 밀어낸다.2

세게 힘을 주어야 할 때는 손잡이의 끝을 손목 아래의 볼록한 부분으로 쳐준다.3

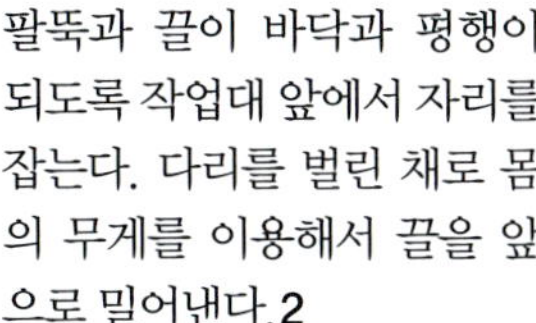

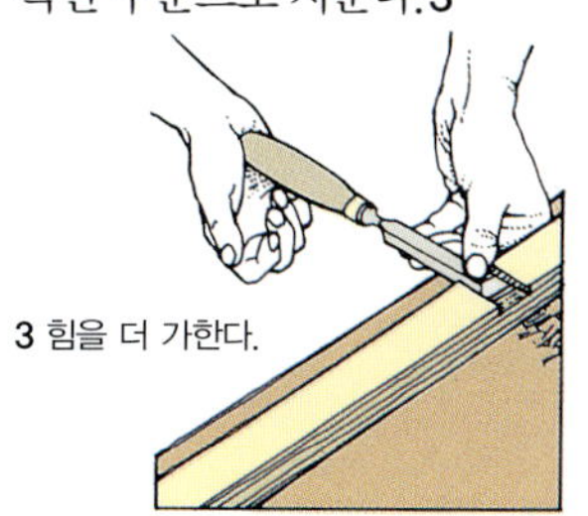

3 힘을 더 가한다.

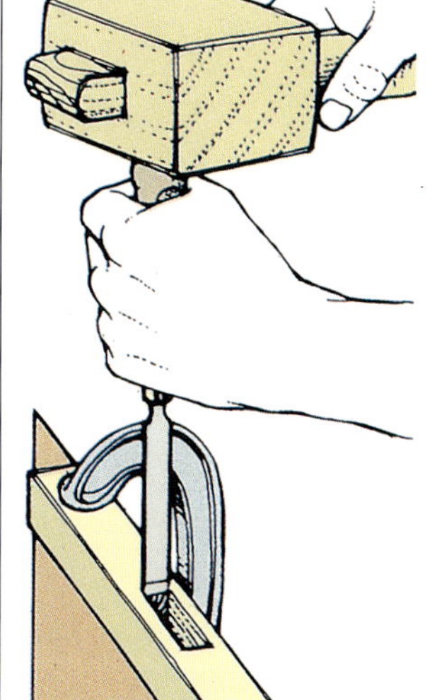

나무망치의 옆면으로 두드린다.

나무망치로 두드리기

끌에 최대한 힘을 주려면 손잡이의 끝을 나무망치의 면과 직각으로 두드린다. 그러나 나무망치 자체의 무게만으로도 충분한 힘이 가해지는 경우가 많이 있다. 섬세한 작업을 위해서는 나무망치의 머리 아래에 있는 자루를 잡고 나무망치의 옆면으로 끌을 두드린다.

수직으로 깎아내기

끌을 수직으로 들고 작업대 상단 방향으로 제작물의 끝면을 다듬는다. 한쪽 손의 엄지손가락으로 손잡이의 뒤쪽 끝을 잡고 다른 손의 엄지손가락과 검지손가락으로 끌 날을 잡아준다. 작업자의 어깨를 사용해서 끌에 일정한 힘을 가한다.

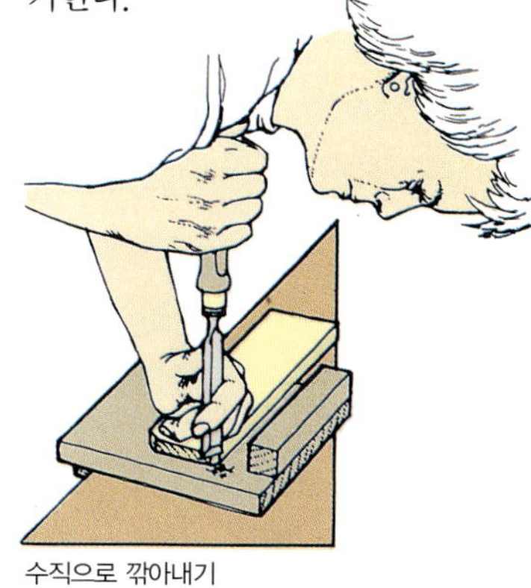

수직으로 깎아내기

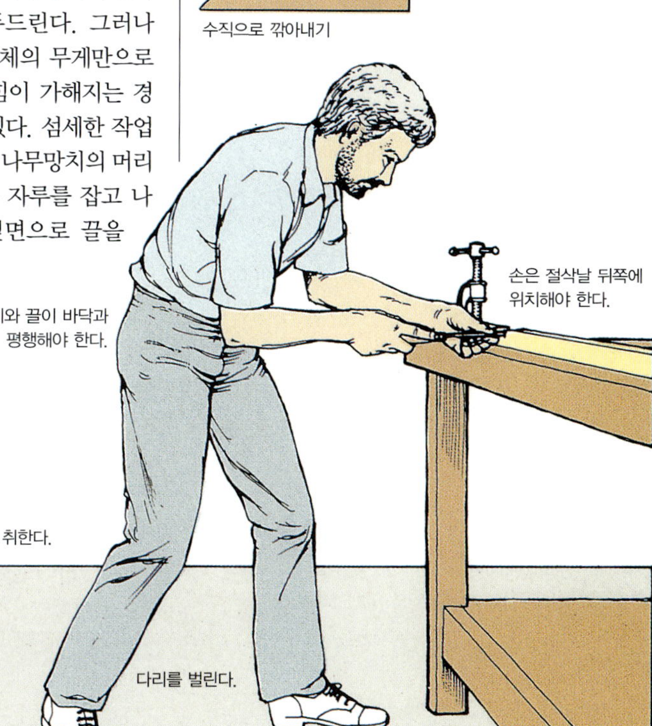

팔꿈치와 끌이 바닥과 평행해야 한다.

손은 절삭날 뒤쪽에 위치해야 한다.

2 정확한 자세를 취한다.

다리를 벌린다.

장붓구멍끌

장붓구멍을 깊게 깎기 위해서는 이 용도로
특별히 디자인된 끌이 필요하다.
일반적인 벤치끌(bench chisel)은
약해서 적합하지 않고, 절단 부분에
걸려 움직이지 못한다.

둥근끌의 크기

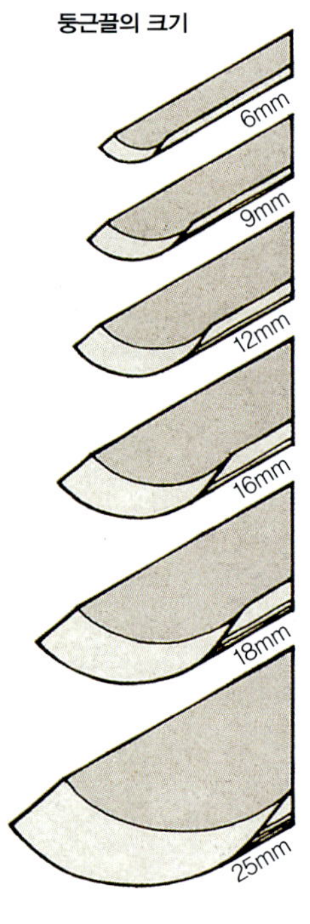

가죽 워셔(Washer)가
나무망치로 두드릴 때
발생하는 충격을
흡수한다.

창틀 장붓구멍끌

자물쇠 장붓구멍끌

명품 장붓구멍끌

서랍 자물쇠끌

창틀 장붓구멍끌(Sash-mortise chisel)

단단한 제작물에 사용할 수 있도록 두꺼운 날이 달려 있다. 이 끌의 날
은 깊은 장붓구멍 밖으로 찌꺼기를 제거할 때 레버로 사용할 수 있을
정도로 튼튼하며, 옆면의 폭이 넓기 때문에 장붓구멍을 직각으로 파내
는 데 도움이 된다. 목에서 앞쪽 끝으로 갈수록 좁아지기 때문에 제작
물 안에서는 날이 걸리지 않는다. 이 끌은 날의 폭이 6mm에서 12mm
까지 종류를 만든다.

명품 장붓구멍끌(Registered mortise chisel)

원래 선박을 만드는 기술자를 위해 고안된 끌로, 튼튼한 골격을 제작하
는 데 사용할 수 있도록 폭이 38mm에 이른다. 손잡이와 날 사이에 가
죽으로 만든 워셔(washer)가 있어 나무망치로 두드릴 때 받는 충격을
흡수한다.

자물쇠 장붓구멍끌(Lock-mortise chisel)

날의 끝이 백조 목처럼 구부러져 있어 깊은 장붓구멍의 바닥에서 찌꺼
기를 제거할 수 있다. 일반적인 장붓구멍 끌로 장붓구멍을 판 뒤 같은
그기 또는 그보다 약간 작은 이 끌로 작업을 마무리한다

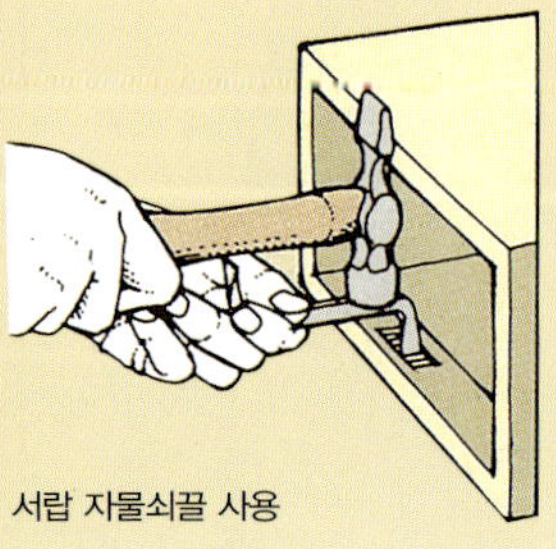

서랍 자물쇠끌(Drawer lock chisel)

일반적인 끌을 사용할 수 없는 제한된 공간에서 자물쇠 장붓구멍이나
경첩 하우징을 파기 위해 디자인되었다. 이 끌에는 절삭날이 두 개 있
다. 하나는 축에 직각으로 나 있고 다른 하나는 축과 나란히 나 있다.
제작물에 끌을 올려놓고 나무망치로 절삭날 바로 뒤에서 축을 때리면
서 작업한다.

서랍 자물쇠끌 사용

퍼머 둥근끌

둥근끌은 끌의 일종으로, 단면이
굽은 형태로 되어 있다. 날의
끝에는 경사면이 있는데,
경사면이 바깥쪽에 있는 것을
아웃 채널(Out-cannel) 이라고
하고 안쪽에 있는 것을
인채널(In-cannel)이라고 한다.

아웃채널 둥근끌은 안으로 움
푹 들어간 부분을 파는 데 사
용하며, 인채널 둥근끌이나
스크라이빙 둥근끌(Scribing
gouge)은 둥근 의자의 다리를
잇는 가로대 끝에 있는 것과
같은 굽은 돌출부를 다듬는
데 사용한다. 이런 유형의 둥
근끌의 평균 크기는 6~25mm
이다.

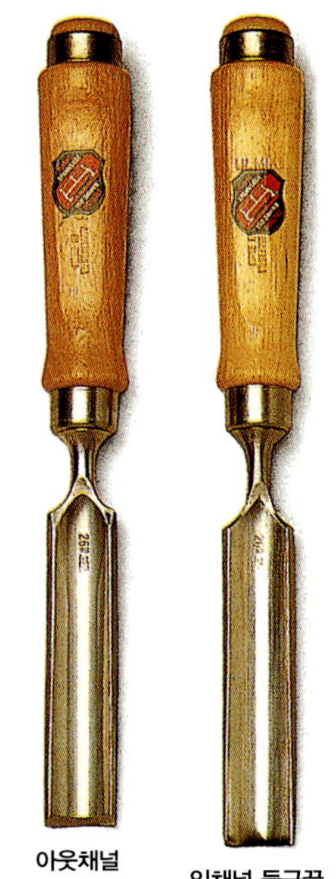

아웃채널
둥근끌

인채널 둥근끌

아웃채널 둥근끌 사용
이 둥근끌은 움푹 들어간 부분을 파는
데 사용된다.

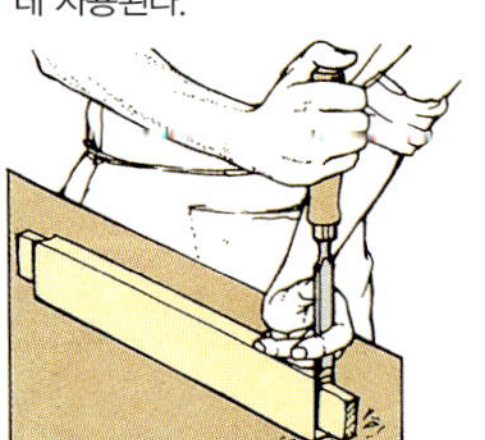

인채널 둥근끌 사용
이 둥근끌은 마구리턱을 다듬는 데
사용된다.

동양 끌

동양 끌(Oriental chisel)은 대팻날에 사용된 것과 같은 층으로 이루어져 있다.
동양 끌 뒷면이 움푹 파여 있어서 충격을 흡수하는 유연하고 두꺼운 철 스트립에 의해 받쳐지는 구조로 되어 있다.
슴베와 소켓 구조로 되어 있기 때문에 날과 손잡이 사이에 가장 튼튼한 결합부가 만들어진다.
동양 끌의 손잡이는 모두 경재로 만들어지며, 대부분 손잡이 끝에 보강한 금속 고리가 달려 있다.

빗각면끌

일반적인 작업용 끌은 경사면끌의 일종이지만 서양에서 사용하는 것과는 달리 나무망치로 두드려도 견딜 수 있을 만큼 강하다. 날의 폭은 3~42mm이다.

열장장부촉끌

단면이 삼각형이며 주먹장맞춤의 꼬리와 핀 사이에서 찌꺼기를 잘라내는 데 이상적이다. 이 끌의 폭은 3~12mm이다.

페어링끌

동양 페어링끌로, 양손으로 잡고 작업할 수 있도록 설계되어 있다. 날의 폭은 일반적인 빗각면끌보다 좁으며, 3~42mm정도이다.

크랭크 페어링끌

목이 굽어 있어서 길이가 긴 맞춤턱 또는 하우징을 깨끗하게 깎아낼 수 있다.

장붓구멍끌

동양 장붓구멍끌로, 날 단면이 깊은 장붓구멍을 팔 수 있는 두꺼운 사각형이며 날의 폭은 6~18mm이다.

갈고리형 장붓구멍끌

특수 목적용 공구로, 장붓구멍끌과 함께 작업하기 어려운 장붓구멍의 바닥과 옆면을 깨끗하게 만드는 데 사용된다. 두 끌 모두 찌꺼기를 쉽게 제거할 수 있는 후크가 달려 있다.

코너끌

큰 장붓구멍의 코너를 깨끗하게 만드는 데 사용하기 위해 특별히 고안된 공구이다. 절삭날은 90도로 접혀 있으며, 한쪽 날 각각의 너비는 9mm, 16mm, 25mm이다.

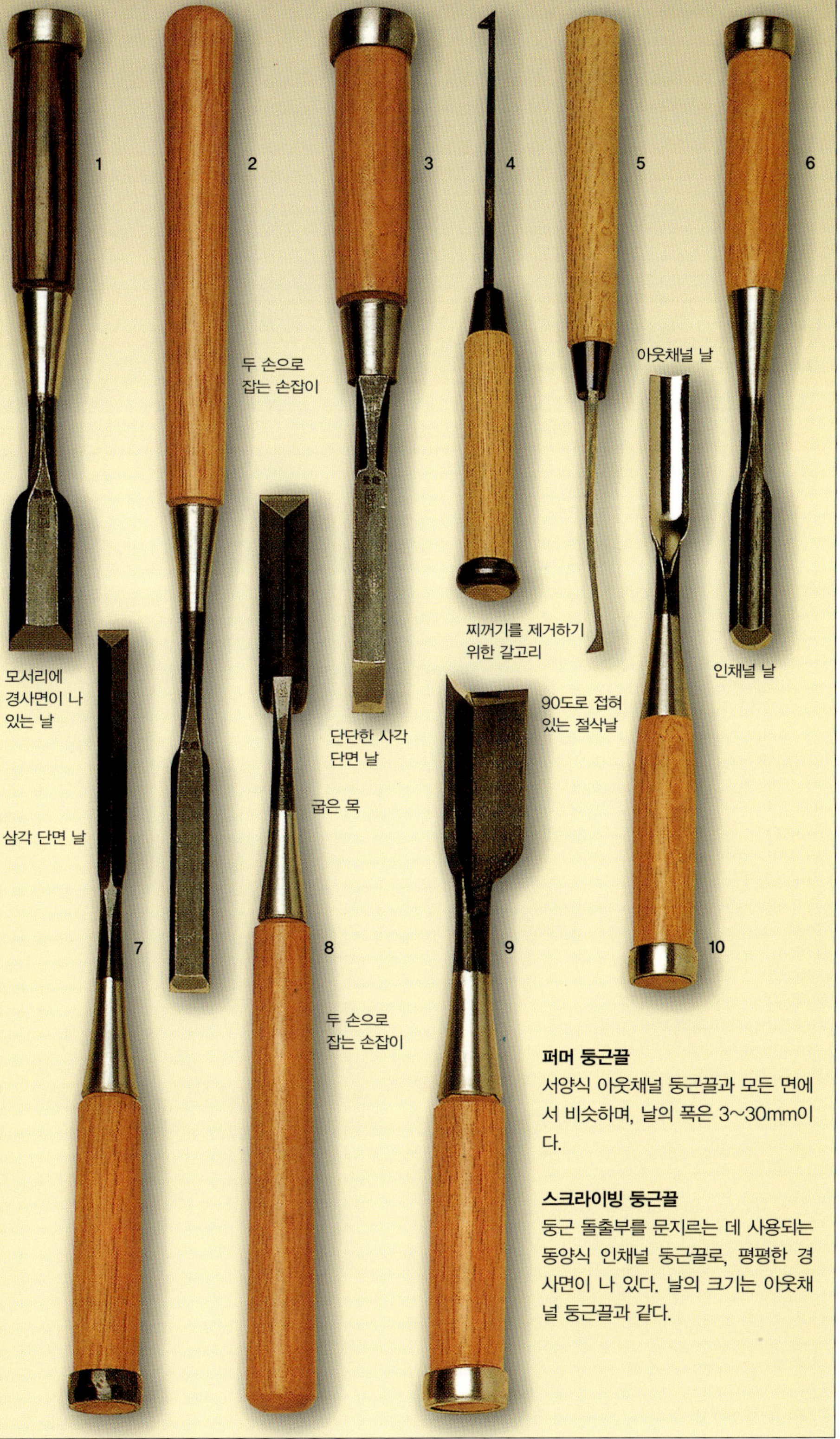

퍼머 둥근끌

서양식 아웃채널 둥근끌과 모든 면에서 비슷하며, 날의 폭은 3~30mm이다.

스크라이빙 둥근끌

둥근 돌출부를 문지르는 데 사용되는 동양식 인채널 둥근끌로, 평평한 경사면이 나 있다. 날의 크기는 아웃채널 둥근끌과 같다.

동양 끌
1 빗각면끌
2 페어링끌
3 장붓구멍끌
4, 5 갈고리형 장붓구멍끌
6 스크라이빙 둥근끌
7 열장장부촉끌
8 크랭크 페어링끌
9 코너끌
10 퍼머 둥근끌

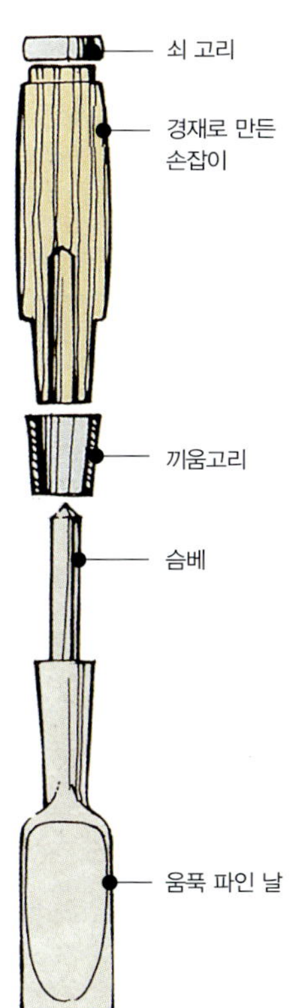

동양 끌 구조

연마 숫돌

공구의 날을 날카롭게 유지하는 것은 공구에 있어서 가장 중요한 문제이다. 날이 날카로운 끌이나 대패는 절삭면이 매끈할 뿐 아니라 작업하는 데 저항이 적고 깎는 소리도 좋다. 대팻날이나 끌은 공장에서 출고될 때 바로 사용할 수 있도록 준비되어 있다. 그러나 충분하다고 할 수는 없으므로 사용하기 전에 연마 숫돌에 날을 날카롭게 갈아야 만족할 만한 기능을 발휘할 것이다. 사용하다가 날이 마모되어 성능이 심하게 떨어지면 즉시 다시 연마해야 한다. 절삭날의 이가 빠졌거나 심하게 손상되었다면 공장에서 출시된 상태의 빗각면을 그라인더 또는 거친 숫돌로 갈아서 다시 깎아내야 한다. 목가구 작업 공구는 특별히 고안된 연마 숫돌 블록에 절삭날을 갈아서 언제나 날카롭게 유지되도록 만든다. 가장 좋은 자연 연마 숫돌은 비싸지만 값싼 합성숫돌을 사용해도 만족할 만한 결과를 얻을 수 있다. 공구를 숫돌에 가는 동안 숫돌의 특성에 따라 물 또는 기름을 윤활제로 사용해야 한다. 그러면 공구 날이 과열되는 것을 방지할 수 있을 뿐 아니라 연마 도중에 발생되는 미세한 숫돌 부스러기나 금속 가루가 숫돌의 연마면에 달라붙는 것을 막을 수 있다.

기름숫돌(Oilstone)

대부분의 목가구 작업자들은 날이 있는 공구를 기름으로 윤활 처리된 직사각형 숫돌 블록에 대고 갈아서 날을 세운다. 자연산 아칸소 숫돌(Arkansas stone)이 일반적으로 가장 미세한 기름숫돌로 알려져 있다. 얼룩이 있는 회색 소프트 아칸소숫돌(Soft Arkansas stone)은 거칠고 금속 날이 빨리 갈려버린다. 흰색을 띤 하드 아칸소숫돌(Hard Arkansas stone)을 사용하면 날을 날카롭게 갈 수 있다. 하지만 더욱 날카롭게 갈고자 할 때는 블랙 하드 아칸소숫돌(Black Hard Arkansas stone)을 사용한다.

산화알루미늄 또는 탄화규소 분말로 만든 합성 기름숫돌의 거칠기 등급은 겨칠(Coarse), 중간(Medium), 고움(Fine)으로 분류된다.

목가구 작업자 중에는 작업대에 등급별로 숫돌을 고정시켜놓고 작업을 신속하게 진행하기도 한다. 하지만 한 숫돌의 양면에 서로 다른 등급의 연마면이 있는 숫돌을 구입하는 것이 가장 경제적이다. 이러한 양면 숫돌의 등급은 보통 겨칠/중간 등급이나 중간/고움 등급이다. 또는 인공숫돌과 자연숫돌을 혼합한 제품을 구입할 수도 있다.

조각가용 숫돌(Carver's stones)

일정한 형태의 윤곽면이 붙어 있는 물숫돌은 일반적인 조각용 공구에 사용되는 것으로, 등급은 겨칠, 중간, 고움으로 구분된다.

작업용 숫돌 고정시키기
언제나 손쉽게 사용할 수 있도록 연마 숫돌을 주로 많이 쓰는 작업대와 나란한 별도의 작업대에 고정시키는 것이 이상적이다. 숫돌을 전용 상자에 보관하면 연마면에 먼지가 묻는 것을 막을 수 있다.

다이아몬드숫돌
(Diamond sharpening stone)

다이아몬드 입자를 플라스틱 면에 붙여 만드는 연마 숫돌은 강인하고 내구성이 뛰어나다. 거칠기 등급은 매우 거칢, 거칢, 고움으로 분류된다. 다이아몬드 숫돌은 마모된 물숫돌이나 자연산 기름숫돌을 평평하게 만드는 데 사용할 수도 있다.

다이아몬드 스프레이 연마재
(Diamond-spray sharpening)

특수 세라믹 타일에 다이아몬드 입자를 뿌리면 연마 슬러리(Slurry)가 만들어진다. 45미크론 입자의 스프레이 캔은 일반적인 연마에 사용된다. 14미크론의 미세한 입자와 6미크론의 매우 미세한 입자도 사용할 수 있지만 등급마다 별도의 타일을 사용해야 한다.

슬립스톤과 줄

둥근끌이나 조각용 끌을 갈기 위해서는 작고 무늬가 있는 숫돌이 필요하다. 자연산 또는 인공 물숫돌 또는 기름숫돌로 다양한 등급의 슬립스톤이 만들어진다. 단면이 눈물 방울 모양인 슬립과 원뿔형인 슬립이 가장 유용하다. 이 밖에 단면이 사각형 또는 칼 모양인 숫돌과 단면이 사각형, 원형, 삼각형 등으로, 형태가 매우 다양한 숫돌 줄도 있다.

복합 물 숫돌 슬립(Combination waterstone slip)은 당겨 깎는 칼, 도끼, 정원용 공구를 가는 데 사용된다.

동양 물숫돌

동양 물숫돌은 자연산과 합성숫돌 모두 연마 속도가 빠르고 기름숫돌 이상의 거칠기 등급이 매겨질 수도 있다. 가장 거친 등급은 800grit 이며, 1000grit까지는 중간/고움 등급이다. 마감 등급은 4000grit, 6000grit, 8000grit이다. 자연산 물숫돌은 값이 비싸기 때문에 전문적인 장인들만 다양한 등급의 자연산 숫돌을 보유하고 있다. 대부분의 목가구 작업자들은 인공숫돌을 사용해도 만족할 만한 결과를 얻을 수 있다. 그러나 자연산 마감 숫돌로 만든 슬립을 사용하기도 한다. 복합숫돌은 거칢 등급과 마감 등급 두 종류가 있다.

물숫돌의 절삭 성능을 향상시키려면 연마 작업에 들어가기 전에 물로 적신 연마면에 분필 같은 나구라(Nagura) 숫돌을 문질러 연마면 위를 진흙액처럼 만든다. 이 방법은 미세하고 단단한 마감 숫돌을 갈 때 특히 유용하다.

연마 숫돌 관리

기름숫돌의 연마면에 먼지가 덮이지 않도록 하기 위해서는 숫돌에 덮개를 씌워서 보관한다. 기름숫돌에는 결국 기름이나 금속 찌꺼기가 달라붙게 마련이다. 연마 성능이 떨어졌다고 느껴지면 그 즉시 파라핀과 거친 삼베로 연마면을 문질러준다.

물숫돌을 물에 적시기

물숫돌을 사용하기 전에 반드시 물에 담가두어야 한다. 거친 숫돌에 물이 완전히 스며드는 데 4~5분 정도가 걸리지만 단단하고 고운 숫돌은 그보다 약간 짧게 걸린다.

물숫돌은 특별히 맞게 제작된 비닐 상자에 보관해야 수분이 증발되지 않고 언제나 바로 꺼내서 사용할 수 있다. 또는 물이 담긴 깡통에 보관해도 좋다. 물숫돌에 균열이 생길 수 있으므로 절대로 얼지 않도록 해야 한다.

연마 숫돌 평평하게 갈기

연마 숫돌은 사용하다보면 가운데가 움푹 파이게 된다. 기름숫돌의 경우 유리판에 물이나 기름과 함께 카보런덤 분말(Carborundum powder)을 묻혀 연마면을 갈아서 평평하게 만든다. 물숫돌의 경우 유리판에 200grit 탄화규소 사포를 붙이고 물에 적신 채로 연마면에 문질러 평평하게 갈아준다.

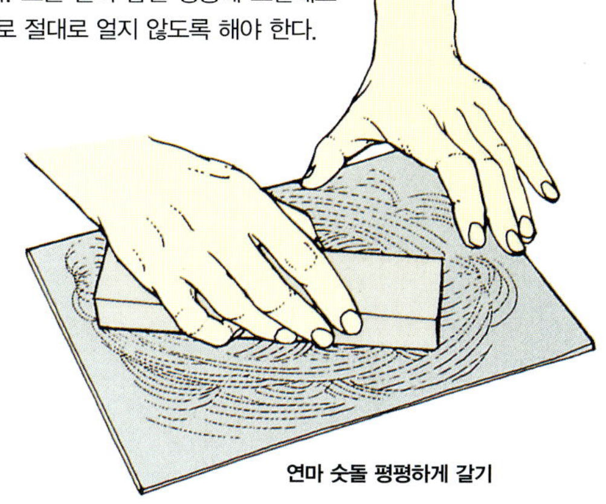

연마 숫돌 평평하게 갈기

연마 숫돌 등급

연마 숫돌의 등급을 매기는 방법은 다양하다. 다음 표에 여러 등급 분류 방법을 제시했다. 모든 목작업자는 적어도 중간 등급 숫돌 한 개와 고움 등급 숫돌 한 개를 갖고 있어야 한다.

등급	인공 기름숫돌	자연산 기름숫돌	동양 물숫돌
매우 거칢			100~220grit
거칢	거칢	소프트 아칸소숫돌	800grit
중간	중간	하드 아칸소숫돌	1000grit
고움	고움	블랙 하드 아칸소숫돌	1200grit
매우 고움			6000~8000grit

가죽숫돌(Strop)

연마 숫돌에 공구 날을 갈고 가죽숫돌로 남아 있는 미세한 날 부스러기를 제거하여 절삭날을 면도날처럼 날카롭게 세운다. 단순하게 생긴 두껍고 길쭉한 가죽을 사용한다. 한 면은 고운 금강사(Emery) 숫돌로 되어 있고 나머지 세 면은 고운 가죽으로 되어 있는 복합 가죽숫돌(Combination strop) 제품을 사용한다. 사용할 때는 언제나 윤활제를 사용하고 고운 가죽 면에는 가죽숫돌용 고운 페이스트(Paste)를 윤활제로 사용한다.

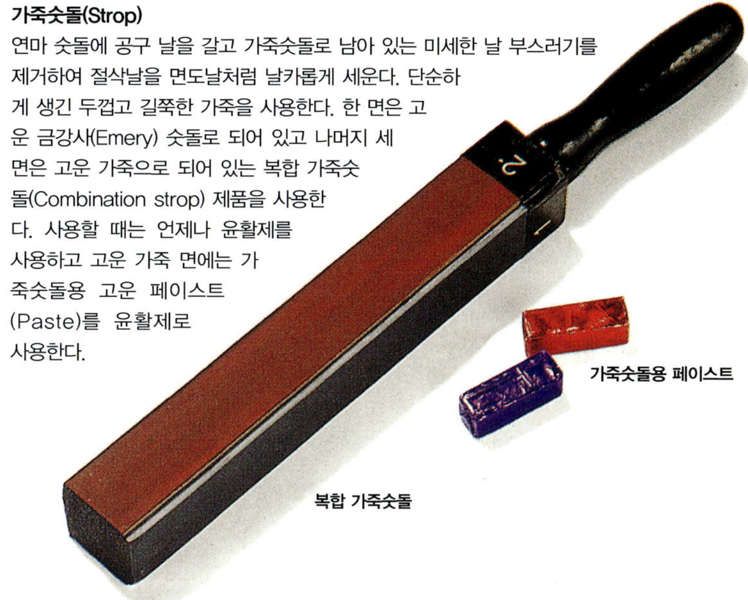

끌과 대팻날 갈기

제조업체에서 그라인딩된 대팻날이나 끌 뒷면, 절삭 빗각면 반대편에 미세한 흠집이 남게 된다. 실제로 절삭날은 연마된 흠집 때문에 정교한 작업을 할 수 없게 된다. 날에 연마 흔적을 없애고 완벽하게 날카로운 절삭날을 만들기 위해서는 날의 뒷면과 빗각면을 중간 또는 고움 등급의 숫돌로 잘 갈아야 한다.

새 날 뒷면을 평평하게 갈기

숫돌에 윤활유를 묻히고 빗각면이 있는 면이 위로 향하도록 표면과 평평하게 날을 잡는다. 손가락 끝으로 날이 흔들리지 않도록 압력을 가하면서 숫돌의 길이 방향으로 날을 문지른다. 가는 면이 반짝일 때까지 고운 숫돌에 대고 간다.

새 날 뒷면 평평하게 갈기

절삭날 갈기

작업용 대패의 대팻날과 끌에는 경사각이 약 25도인 빗각면이 나 있다. 목가구 작업자 중에는 연재를 깎는 데 이 빗각면을 사용하는 것을 좋아하기도 하지만 경재를 깎기에는 날 끝이 약하다. 날을 튼튼하게 만들기 위해서는 날 끝에 35도 각도의 2차 경사면을 내기도 한다. 이 과정은 약간의 금속 날 면만 가공하기 때문에 날을 빠르고 날카롭게 갈 수 있다. 오른손 집게손가락을 모서리를 따라 곧게 뻗은 채로 빗각면이 나 있는 면이 아래로 향하도록 날을 잡는다. 왼손 손가락 끝은 날의 윗면에 대고 엄지손가락은 길이 방향과 수직으로 날의 밑면에 댄다.1

절삭 빗각면을 윤활 처리한 중간 등급의 숫돌에 대고 빗각면이 평평하게 되었다고 느낄 때까지 날을 위 아래로 문지른다. 절삭날을 위 아래로 문지르며 동시에 날을 살짝 올려서 2차 빗각면을 만든다.

일정한 각도를 유지할 수 있도록 손목에 힘을 준 채로 날을 숫돌의 전체 면을 사용해서 아래로 반복해서 문지른다. 절삭날 전체가 숫돌과 접촉되도록 대팻날을 적절한 각도로 돌린다.2 폭이 좁은 끌을 갈 때는 숫돌 가운데 부분이 파이지 않도록 숫돌의 한쪽 끝에서 다른 쪽 끝까지 문지른다.3 폭이 좁은 끌을 갈 때는 숫돌 가장자리에 대고 문지른다.

갈아낸 빗각면 폭이 약 1mm 정도가 되면 고움 등급의 숫돌로 옮겨 다시 간다. 날을 숫돌로 갈면 평평한 뒷면에 깔쭉한 거친 면이 생긴다. 날 끝에 엄지손가락을 대고 만져보면 느낄 수 있다.4

숫돌에 날 뒷면을 대고 갈아서 미세한 날 부스러기를 제거하고 빗각면이 반짝이도록 만든 다음 뒷면을 한 번 더 갈아준다. 이런 과정을 거치면 버를 없애는 동시에 날을 날카롭게 만들 수 있다.

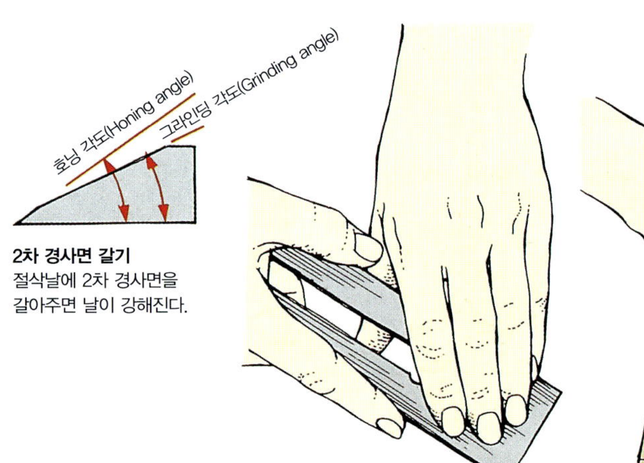

2차 경사면 갈기
절삭날에 2차 경사면을 갈아주면 날이 강해진다.

1 숫돌에 갈기 위해 날을 잡는 방법

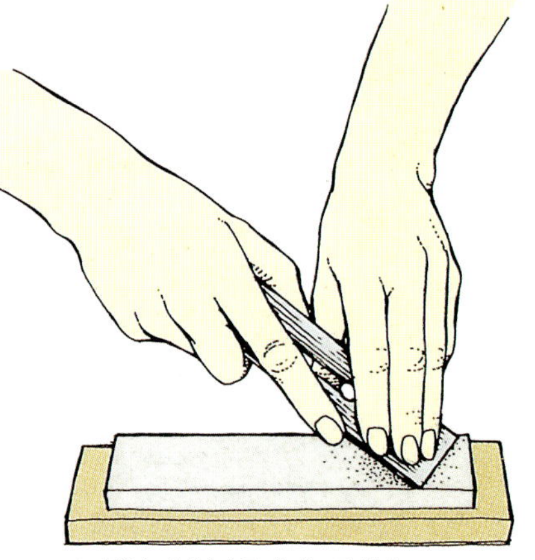

2 절삭날 전체가 숫돌에 닿도록 한다.

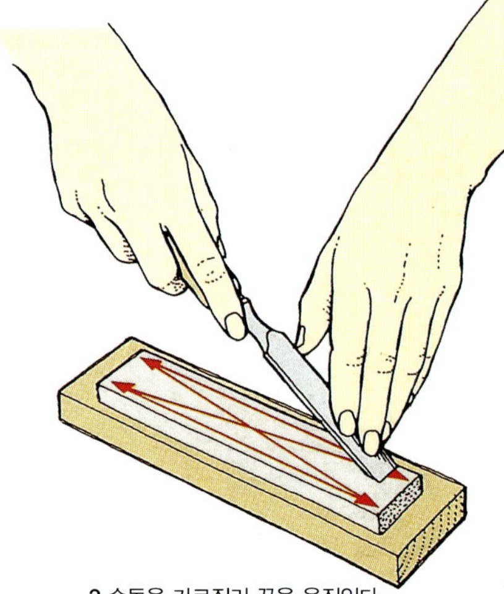

3 숫돌을 가로질러 끌을 움직인다.

연마 가이드

손으로 날을 숫돌에 갈면 작업을 빠르고 효율적으로 할 수 있다. 그러나 기술이 충분하지 않으면 대팻날이나 끌이 연마 숫돌과 일정한 각도를 유지하도록 잡아주는 장치인 연마 가이드를 사용할 수도 있다. 연마 가이드는 매우 다양한 유형이 있지만 그 기능은 모두 같다.

연마 가이드 사용
절삭날을 누른 채 빗각면을 간다.

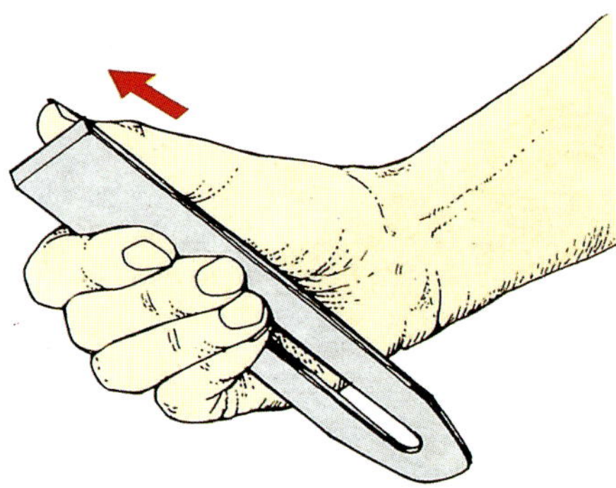

4 엄지손가락으로 미세한 날 부스러기(Burr)를 확인한다.

둥근끌 갈기

아웃채널 둥근끌을 숫돌에 갈 때는 숫돌을 가로 방향으로 돌리고 균일하게 마모가 되도록 한쪽에서 다른 쪽으로 공구를 8자 모양으로 돌리면서 문지른다.1
둥근끌 안쪽에 생긴 깔쭉한 거친 면은 윤활 처리한 슬립스톤을 사용해서 제거한다.2 인채널 둥근끌의 빗각면을 갈 때도 비슷한 슬립스톤을 사용한다.3 작업용 숫돌 위에서 공구를 평평하게 잡고 날을 흔들면서 한쪽에서 반대쪽으로 문질러 깔쭉한 거친 면을 제거한다.4
조각용 둥근끌도 이와 비슷한 방법으로 날카롭게 다듬는다. V자 모양의 페어링 공구 또는 사각형 둥근끌처럼 생긴 마카로니(Macaronis)와 플루테로니스(Fluteronis) 등 특수 조각용 끌의 절삭날을 날카롭게 갈 때는 나이프 에지 슬립스톤(Knife–edge slipstone) 또는 숫돌 줄을 사용한다.

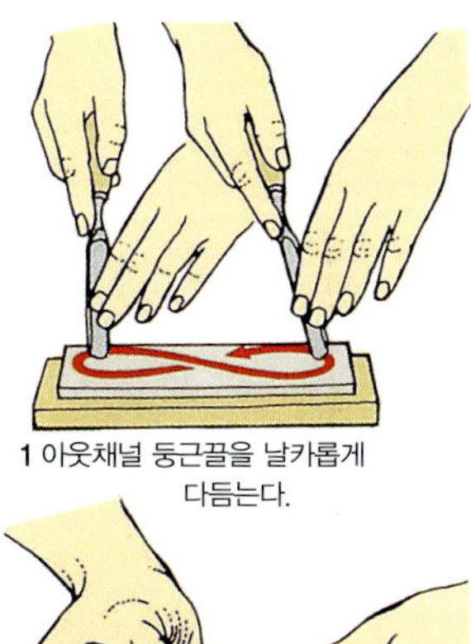

1 아웃채널 둥근끌을 날카롭게 다듬는다.

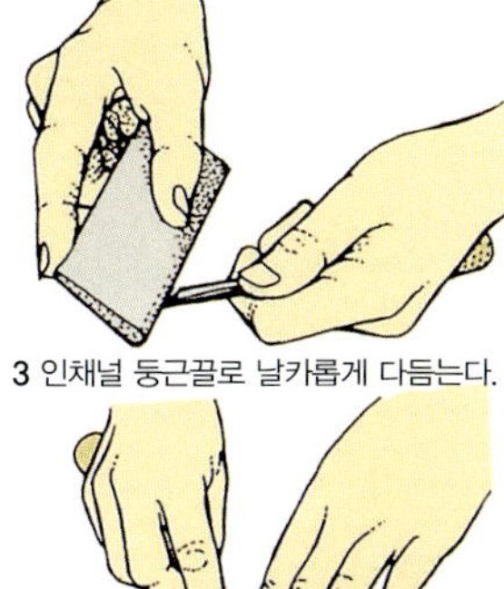

2 슬립스톤으로 버를 제거한다.

3 인채널 둥근끌로 날카롭게 다듬는다.

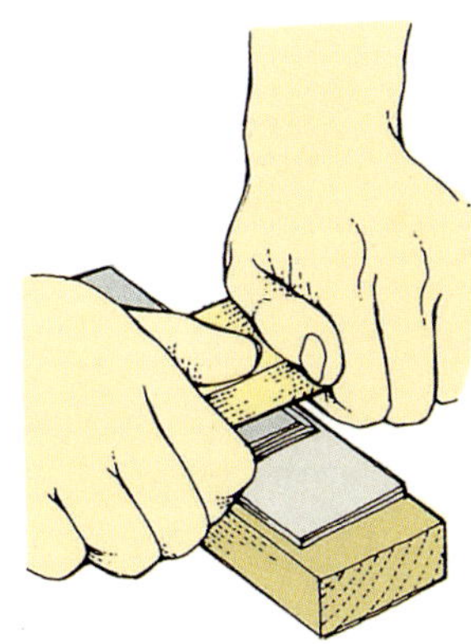

4 기름숫돌에 대고 버를 제거한다.

동양 대패 날과 끌 날카롭게 갈기

동양 대패 날과 끌을 가는 방법은 서양 날을 가는 방법과 비슷하다. 그러나 동양 대패 날과 끌은 고유한 특성이 있어서 서양 끌과는 중요한 차이점을 보인다. 각 날에는 경도가 높은 강철 절삭날이 겹쳐 있어서 2차 빗각면을 만들 필요가 없다.
모든 날의 뒷면이 움푹 파여 있어서 숫돌과 날의 접촉 부분이 적어 숫돌에 대고 뒷면을 평평하게 만드는 것이 더 쉽다. 빗각면을 반복해서 갈아내면 결국에는 이 움푹 파인 부분까지 마모되어 절삭날이 더이상 연속적이지 않게 된다. 따라서 매번 절삭날을 날카롭게 다듬은 뒤에 날 뒷면을 평평하게 만들어준다. 그러나 이 경우는 날이 상대적으로 빨리 마모되고 폭이 넓은 끌이나 대팻날을 날카롭게 다듬을 때는 작업이 어려워진다. 동양 장인들은 절삭날 뒤로 폭이 좁은 가장자리에 금속을 두드려 박아 넣어서 주기적으로 우묵한 부분을 만드는 것을 더 좋아한다.

새 날 평평하게 갈기
서양 날처럼 경사면을 숫돌에 갈기 전에 새로 구입한 동양 끌이나 대팻날 뒷면을 우선 평평하게 다듬는다. 금속은 경도가 높기 때문에 철강으로 만든 평활화 평판(Steel flattening plate)에 갈아서 평평하게 다듬는다. 이때 약간의 거친 카보런덤 또는 탄화규소 분말을 물에 섞어 사용한다.
평판 위에 수직으로 날을 평평하게 올려놓는다. 이때 그 위에 압력을 가할 수 있도록 연재인 작은 나무 토막을 사용한다. 움푹 파인 부분 주변에 있는 폭이 좁은 테두리에 색이나 일정한 무늬가 있으면 고운 분말로 반복 작업을 하도록 한다.
날을 깨끗하게 닦아내고 중간 등급의 연마 숫돌로 옮겨 날의 뒷면을 계속 평평하게 만든다. 마지막으로 더 높은 등급의 숫돌로 옮겨 연마면이 거울처럼 반짝일 때까지 연마한다.

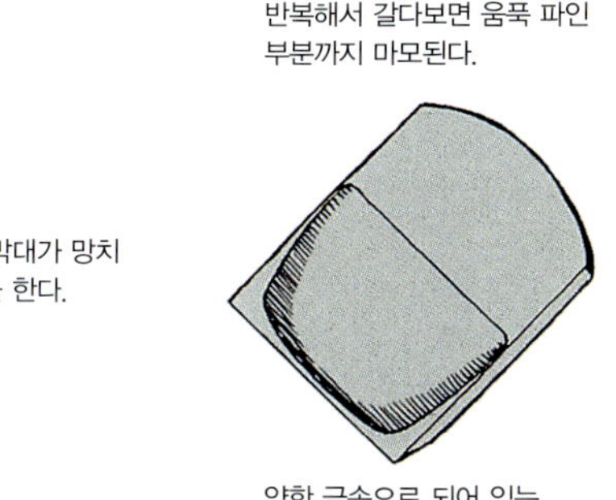

움푹 파인 날 뒷면 유지 관리
약한 금속으로 된 빗각면을 망치로 두드리는 것도 한 방법이다.

반복해서 갈다보면 움푹 파인 부분까지 마모된다.

약한 금속으로 되어 있는 빗각면을 망치로 두드려 형태를 새롭게 만든다.

절삭날 갈기
동양 날의 절삭날을 가는 방법도 서양 날을 가는 것과 비슷하다. 그러나 빗각면 전체 너비를 숫돌에 간다는 점이 다르다. 절삭날에 2차 빗각면을 만들지 않는다.

움푹 파인 날 뒷면의 유지 관리
움푹 파인 날 뒷면의 리딩 에지를 만드는 것은 숙련된 기술이 필요한 작업이다. 전통을 따르는 사람들은 날의 뒷면을 나무 블록 가장자리에 올려놓는다. 사각 망치로 빗각면을 톡톡 두드리면 금속이 뒷면에서 밀려 나와 움푹 파인 가장자리를 채운다. 이때 빗각면의 약한 부분만 두드려야 한다. 경도가 높은 절삭날은 약하기 때문에 망치로 두드리면 깨질 수도 있다.
우묵한 부분이 다시 채워지면 앞서 설명한 것과 같이 뒷면을 그라인딩 플레이트(Grinding plate)에 대고 평평하게 만든다. (왼쪽 참조)

날 망치질 지그
망치로 두드리는 과정은 숙련된 기술을 필요로 하기 때문에 종종 특별한 지그를 사용하기도 한다. 속이 빈 튜브에 의해 무거운 금속 막대가, 금속 모루를 받치고 있는 빗각면 위로 떨어진다. 이것을 사용하지 않으려면 날을 전문가에게 맡겨 새 형태로 만들도록 하는 것이 좋다.

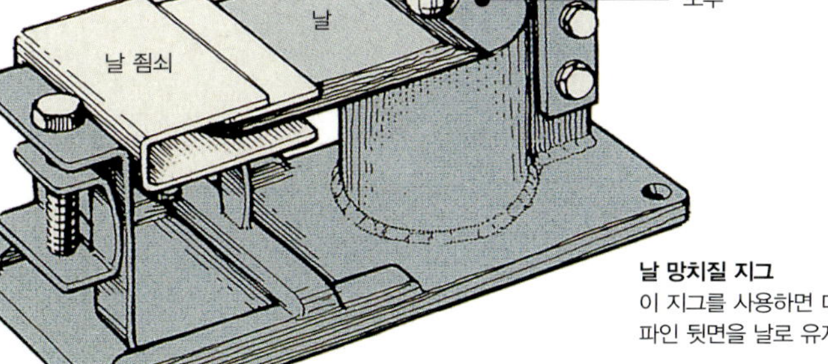

날 평평하게 다듬기
압력을 가할 수 있도록 나무 토막을 사용해서 날의 등을 갈아낸다.

날 망치질 지그
이 지그를 사용하면 더 쉽게 움푹 파인 뒷면을 날로 유지할 수 있다.

그라인더

수세기 동안 이가 나가거나 마모된 날은 100~200grit의 거친 작업용 숫돌로 갈아 다듬었다. 이것은 지금도 가장 완벽한 방법이지만 많은 목가구 작업자들은 고속 작업용 그라인더 또는 저속 전동숫돌에 끌이나 대팻날을 가는 것을 더 좋아한다.

고속 그라인더

일반적인 작업용 그라인더에는 1/4~3/4마력의 전동모터에 의해 산화 알루미늄으로 만들어진 2개의 그라인딩 휠이 3000rpm의 속도로 돌아간다. 대부분의 그라인딩 휠은 지름이 125~200mm이며 지름이 작을 경우 조금 과장해서 움푹 파인 곡선 빗각면이 만들어지기 때문에 지름은 클수록 좋다. 그라인딩 휠은 교체가 가능하지만 대부분의 그라인더는 한쪽은 거칢 등급이고 다른 쪽은 고움 등급으로 되어 있다.

모든 고속 그라인딩 휠에는 사고 예방을 위해 가이드가 설치되어 있으며, 작업자의 눈을 보호하기 위해 연삭 중 생기는 불꽃을 막아주는 가리개가 달려 있다. 조절 가능한 공구 받침대는 각각의 휠 정면에 붙어 있다.

그라인더를 사용하기 전에는 항상 작업대를 나사로 정확히 고정시켜야 한다. 고속 그라인더를 사용하면 날을 빨리 갈 수 있다. 이것에 사용되는 그라인딩 휠, 와이어 브러시, 천으로 된 연마 휠 등 종류가 매우 다양하며, 모든 종류의 금속 제작물을 성형할 때, 표면에 묻은 오염물을 제거할 때도, 그리고 광택을 내는 데도 사용할 수 있다.

고무 연마 휠

대개 날에 빗각면을 만든 후에 작업용 숫돌에 갈아서 날카롭게 만든다. 하지만 아주 예민한 끌, 둥근끌, 대팻날을 탄화규소가 박혀 있는 네오프렌 고무 휠(Neoprenerubber wheel)을 사용하는 작업용 그라인더에 갈 수도 있다. 지름이 100~150mm인 휠은 물이나 기름에 대한 저항성이 강하고 거칢, 중간, 고움 등급으로 분류된다.

작업자를 향해 회전하는 그라인더 휠에 날을 갈 수 있다. 그러나 고무 연마 휠을 사용할 때는 작업자와 반대 방향으로 회전시켜야 한다. 그러지 않으면 고무 휠이 날보다 상대적으로 약하기 때문에 손상을 받을 수도 있다. 작업용 그라인더를 사용할 때 회전 방향을 반대로 바꿀 수 없을 때는 휠의 옆면에서 날을 앞에 두고 작업할 수도 있다.

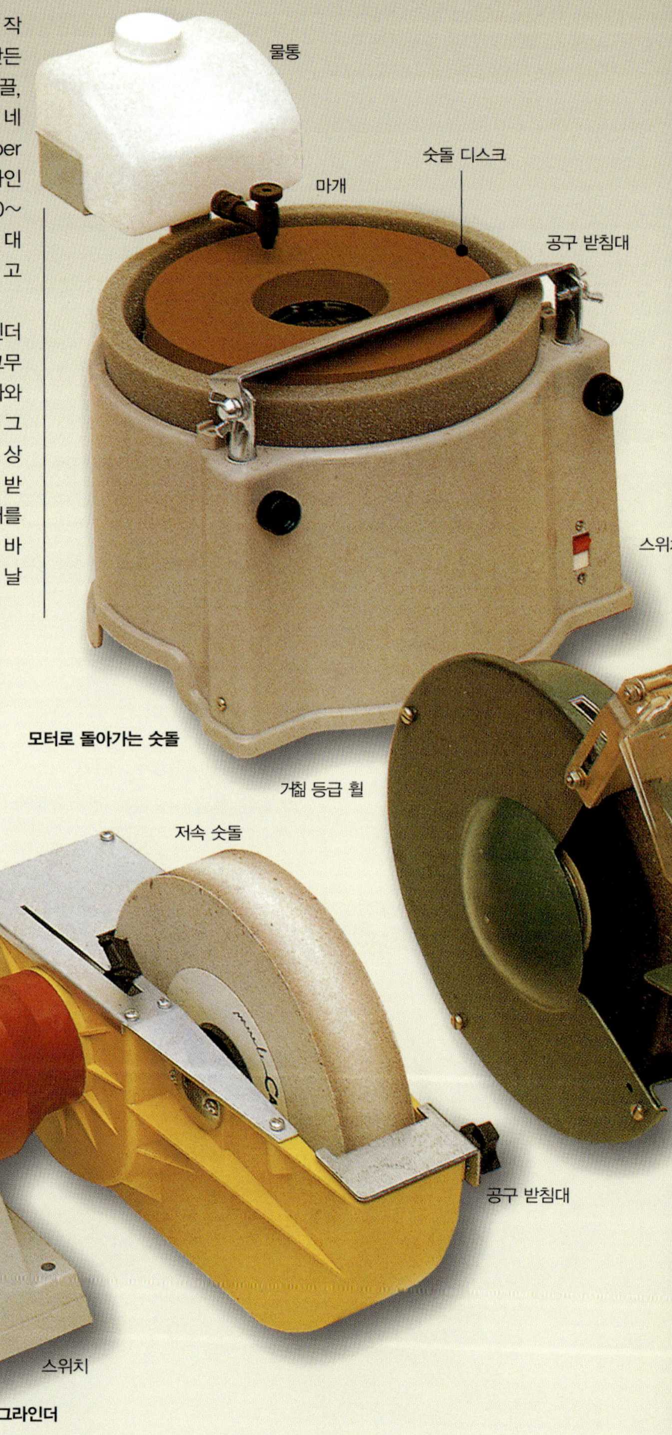

모터로 돌아가는 숫돌

거칢 등급 휠

저속 숫돌

모터 하우징

공구 받침대

고속 그라인딩 휠

스위치

복합 그라인더

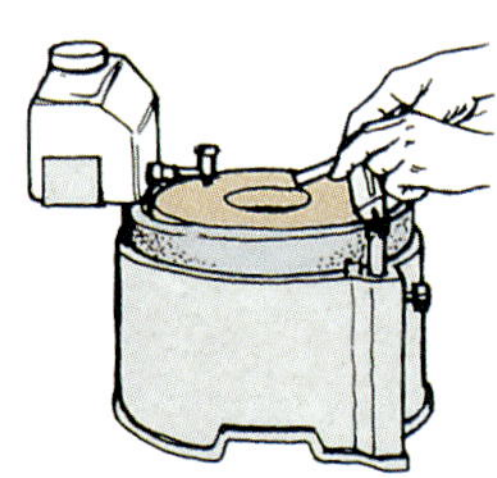

모터로 돌아가는 숫돌(Whetstone) 사용

모터 하우징
(Motor housing)

불꽃 가리개

공구 받침대

고움 등급 휠

고속 그라인더

스위치

스타휠 드레싱 공구

그라인딩 휠

휠 손질

산화알루미늄 그라인딩 휠은 표면에 금속 입자가 달라붙어 광택이 나면 연마가 거의 되지 않는다.

회전하고 있는 휠에 스타휠 드레싱 공구(Star-wheel dressing tool)를 대고 있으면 깨끗한 새 면이 만들어진다. 또는 카보런덤 블록으로 휠을 손질할 수도 있다.

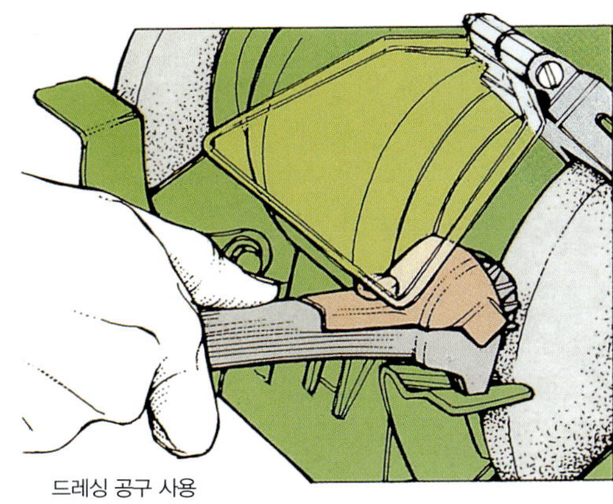

드레싱 공구 사용

끌 또는 대팻날 연마

심하게 마모된 날을 갈 때는 거침 등급 그라인딩 휠을 먼저 사용하고 그 다음에 고움 등급을 사용한다.

대팻날이나 끌에 새 빗각면을 만들기 전에 직각자로 절삭날을 점검한다.1 만약 고르게 마모되지 않았으면 미세하고 끝이 펠트-팁(Felt-tip)으로 되어있는 펜으로 날의 길이 방향에 직각으로 선을 표시한다.

공구 받침대를 그라인딩 휠에서 3mm 떨어진 위치에 고정시키고 조절 죔쇠가 모두 고정되어 있는지 확인한 다음 기계장치의 전원을 켠다.

보호 안경을 착용한 채로 날을 물에 넣었다가 꺼내 빗각면이 아래로 향하도록 공구 받침대에 걸쳐 놓는다.

서서히 날을 휠 쪽으로 가져가다 휠에 닿자마자 날을 좌우로 움직여준다. 이때 과열되는 것을 막기 위해서 작업이 진행되는 동안 날을 움직여준다.2 몇 초에 한 번씩 날을 물에 담근다.

날 끝이 직각이 되도록 완전히 갈았으면 전원을 끄고 날이 휠에 25도 각도로 닿도록 공구 받침대를 조절한다.

스위치를 켜고 이번에는 날의 전체 너비에 걸쳐 고른 빗각면이 생기도록 앞서와 마찬가지 방법으로 작업을 진행한다.3 이때 날을 세게 누르면 안 된다. 날이 가열되지 않도록 자주 물에 담가 식히거나 한 손으로 날을 가는 동안 작은 플랜트 스프레이(Plant spray)를 사용한다. 금속이 푸른 빛을 띨 정도로 가열되면 탄성을 잃게 되며 날카로운 절삭날이 오래가지 못하게 된다. 이 문제를 해결하는 유일한 방법은 온도가 낮은 부분(Blued area)에서 작업하는 것이다.

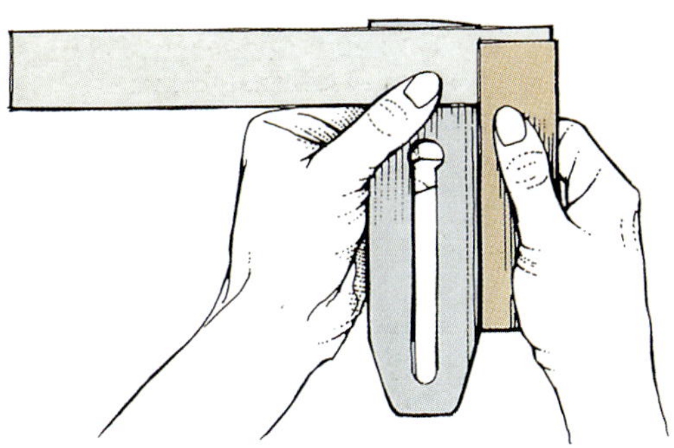

1 직각자로 날 끝을 검사한다.

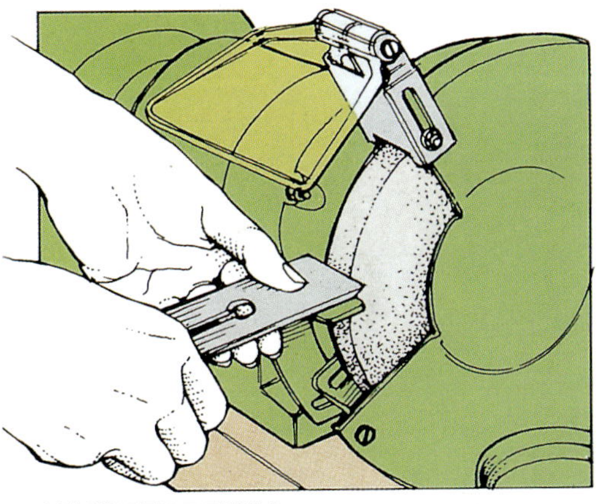

2 날 끝을 직각으로 갈아낸다.

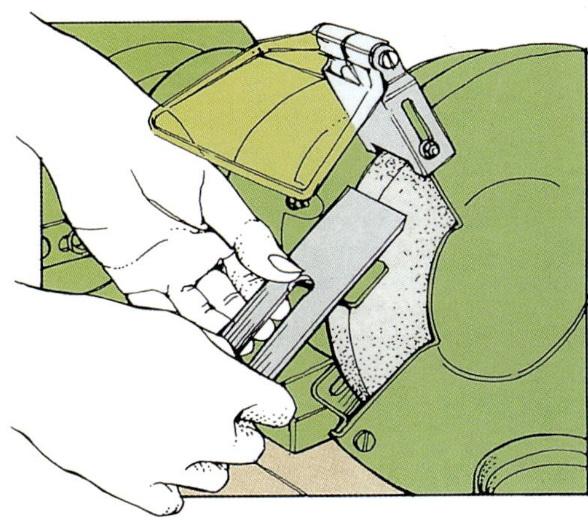

3 날에 빗각면을 만든다.

바퀴살대패

바퀴살대패(Spokeshave)를 사용하면 벤치대패와 같은 결과를 얻을 수 있다. 그러나 이 공구의 받침널 또는 페이스가 좁기 때문에 제어하기가 쉽지 않고 대패질할 때마다 절삭이 부드럽게 되려면 확실한 요령이 필요하다. 곡면이 있는 부분을 매끈하게 다듬기 위해 고안되었으며, 때에 따라 이 공구가 아니면 작업을 할 수 없는 경우도 있다. 그러나 천천히 작업하기만 하면 일반적인 벤치대패나 블록 대패로도 같은 결과를 얻을 수 있기 때문에 전문 바퀴살 대패가 반드시 필요한 것은 아니다.

특수 목적용 바퀴살대패

통 제작자이건 바퀴 제작자이건 일반 목수이건 상관없이 장인이라면 누구나 자신만의 특수 목적용 바퀴살대패를 만들어본 경험이 있을 것이다. 어떤 공구 카탈로그에는 일반적인 목가구 작업자들에게 꼭 필요하다고 할 수는 없지만 몇몇 바퀴살대패에 대해 소개하고 있다. 이것을 사용하면 특정 작업을 쉽고 빨리 마칠 수 있다.

오목 반원 바퀴살대패

면과 날이 깊고 오목하며, 둥근 다리와 가로대를 성형하는 데 유용하다. 작업용 대패나 평평한 면 바퀴살대패로 같은 작업을 할 수 있지만 이 공구를 사용하면 더 많은 목재를 한 번에 깎아낼 수 있다.

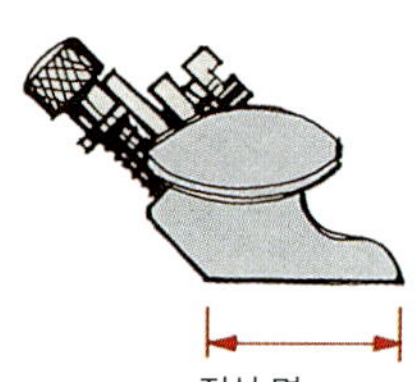

직선 면

반지름 바퀴살대패

나무로 만든 의자 시트에 있는 것과 같은 깊고 우묵한 부분을 파내는 데 유용한 공구이다.

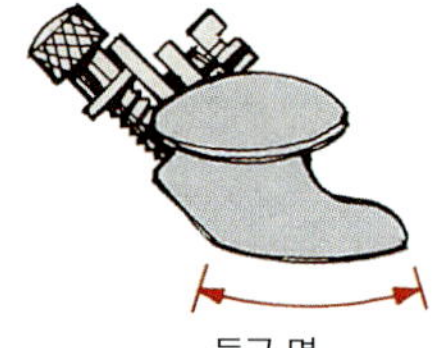

둥근 면

복합 바퀴살대패

두 가지 용도로 사용할 수 있으며 반원 바퀴살대패와 직선 바퀴살대패가 나란히 붙어 있다. 모양이 자주 변하는 제작물을 성형하는 데 편리하다. 이런 제작물에 다른 공구를 사용하면 다른 용도의 공구를 계속 바꾸어서 사용해야 할 것이다.

표준 바퀴살대패

면이 둥근 바퀴살대패

볼록한 페이스가 있어 오목한 모양의 제작물 표면을 매끄럽게 다듬는 데 사용된다. 이 공구 외에 다른 공구도 동일한 작업에 사용할 수 있다.

바퀴살대패 날은 간단한 대팻날 덮개로 고정시킨 날의 축소형과 비슷하다. 기본적인 바퀴살대패는 고정 나사로 날을 덮개에 고정시키기 전에 손으로 날을 위 아래로 움직여 날 깊이를 조절한다. 날의 위쪽 구석 양쪽에 조절 나사가 있는 바퀴살대패에서는 미세한 조절이 가능하다.

면이 평평한 바퀴살대패

볼록한 곡면을 다듬기 위해 설계된, 폭이 좁고 평평한 면이라는 점 말고는 모든 면에서 면이 둥근 바퀴살대패와 같다. 작업자가 나뭇결과 나란한 방향으로 작업을 할 수 있도록 제작물의 위치를 잡아야 한다.

모깍기 바퀴살대패

폭 38mm까지 모깍기를 정확하게 할 수 있도록 조절할 수 있는 펜스가 달려 있다. 이 공구는 제작물의 윗면에 45도 각도로 고정시켜 사용한다.

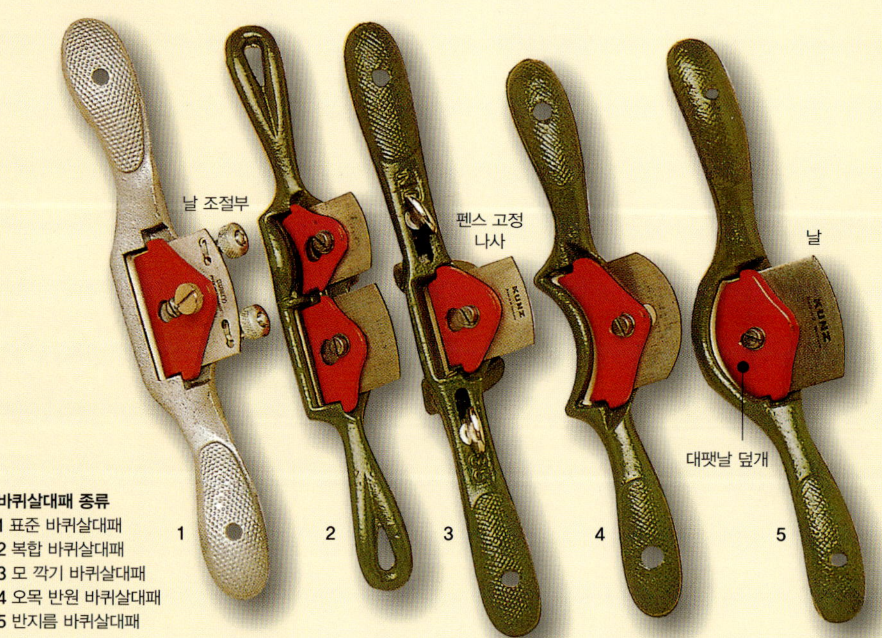

바퀴살대패 종류
1 표준 바퀴살대패
2 복합 바퀴살대패
3 모 깍기 바퀴살대패
4 오목 반원 바퀴살대패
5 반지름 바퀴살대패

바퀴살대패 사용 및 연마

작업자가 완벽하게 작업할 때까지 제작물 표면을 미끄러지듯 작업자 쪽으로 당기며 두껍게, 얇게 깎아보고 실수로 나무에 흠집을 내기도 하면서 경험을 쌓아야 한다. 처음에는 비싼 경재로 작업하지 말고 연재로 연습하는 것이 좋다.

바퀴살대패 제어

바퀴살대패는 밀 때 목재가 깎인다. 제작물과 날의 각도를 정확하게 제어하기 위해서는 양손 엄지손가락을 손잡이의 뒤쪽 모서리에 댄 채 두 손으로 공구를 잡는다. 깨끗한 대팻밥이 만들어질 때까지 제작물 위에 놓여 있는 공구를 약하게 앞뒤로 움직여준다.

제작물을 반대로 돌려 바이스에 고정시키고 곡면을 두 방향으로 깎을지라도 항상 나뭇결과 나란한 방향으로 사용한다.

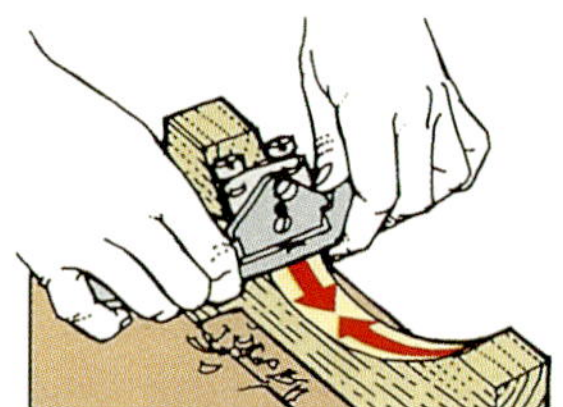

바퀴살대패 조작

바퀴살대패 날 연마

바퀴살대패 날도 대팻날이나 끌처럼 작업용 숫돌에 간다. 하지만 이와 같은 짧은 날을 숫돌에 일정한 각도로 잡고 있기는 어렵다. 날을 숫돌 가이드에 고정시키거나 날 윗면을 끼워 넣을 수 있도록 나뭇조각에 좁고 긴 구멍을 파서 임시 잡이를 만들어 사용한다.

거친 벤치숫돌로 새 빗각면을 갈 때도 같은 식으로 작업한다. 전동 그라인더를 사용할 때는 날을 렌치로 단단히 잡은 채로 작업한다.

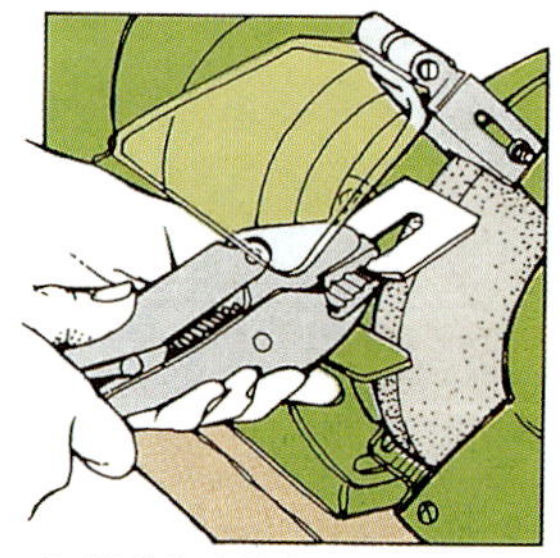

바퀴살대패 날 연마

드로 나이프

드로 나이프는 도끼류와 더불어 가장 오래된 것으로 알려진 목가구 작업 공구 중 하나이다. 이 공구는 선박 제작 기술자에서 의자 목공에 이르기까지 여러 장인들이 대패나 바퀴살대패를 곱게 다듬어 제작물을 더욱 신속하게 성형하는 데 사용해왔다. 드로 나이프는 가공되지 않은 목재 조각에 사용하거나 선반가공이 가능한 크기로 신속히 줄이고자 하는 경우를 제외하고는 오늘날엔 거의 사용되지 않고 있다. 그러나 이 공구는 숙련된 작업자가 사용하면 굽은 의자 등받이나 팔걸이 등을 만들 수 있는 다용도 공구이다.

드로 나이프(Drawknife)

전문 장인의 필요를 만족시키기 위해서 또는 지역적인 스타일의 차이로 수세기 동안 다양한 형태의 드로 나이프가 개발되었다. 오늘날까지도 다양한 드로 나이프가 생산되고 있다. 기본적인 드로 나이프의 날은 곧거나 구부러져 있으며, 이 날은 한쪽 모서리가 빗각면으로 깎여 있다. 날의 양쪽 끝에는 담금질한 슴베가 달려 있다. 이 슴베는 90도로 굽어 있으며, 끝에 나무로 만든 손잡이가 달려 있다.

굽은 절삭날

담금질된 슴베

독일식 드로 나이프

선반 가공한 손잡이

스웨덴식 푸시 나이프

영국식 드로 나이프

절삭날

인셰이브

스콥

절삭날

스웨덴식 푸시 나이프(Swedish push knife)

드로 나이프을 현대적 감각으로 변형한 것으로, 100x25mm의 짧은 날과 두 개의 곧은 손잡이가 달려 있다. 이 공구는 밀 때와 당길 때 모두 절삭이 된다.

인셰이브(Inshave)

이 드로 나이프는 깊게 움푹 파인 부분에 사용할 수 있도록 날이 구부러져 있다.

스콥(Scorp)

한 손으로 잡고 사용하는 인셰이브의 한 형태로, 나무 사발이나 숟가락을 만드는 데 사용된다.

드로 나이프 사용

드로 나이프를 사용할 때는 손에서 공구가 뒤틀리지 않게 하고 제작물과 날이 만나는 각도를 원활히 조절하기 위해 엄지손가락을 손잡이와 나란히 펼쳐서 잡는다. 드로 나이프는 나뭇결 방향으로 당기면서 깎는다. 제작물을 가로질러 대각선 방향으로 날을 당기면 절삭이 어려운 목재를 얇게 베어낼 수 있다.

드로 나이프로 형태 만들기

오목한 형태를 다룬다면 날 경사면이 위로 향하도록 공구를 잡는다. 볼록한 형태를 다룰 때는 날이 목재 안으로 깊이 박혀버릴 염려가 있으므로 공구를 뒤집어서 사용한다.

제작물 잡기

드로 나이프를 사용할 때에 장인은 전통적으로 발로 작동되는 죔쇠가 달려 있는 긴 의자 형상의 작업대를 사용해서 제작물을 잡고 작업한다.1

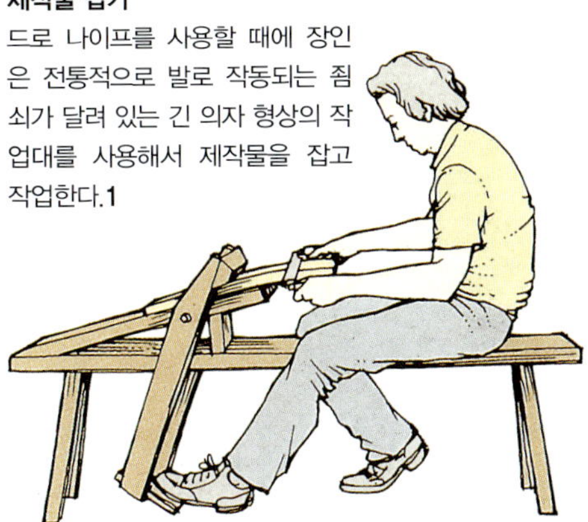

1 전통적인 대패질 틀

그러나 일반적인 작업대 끝에 선 채로 바이스의 한쪽 끝에 고정되어 있는 제작물을 깎을 수도 있다.2 그러지 않으면 가슴 받침대를 손수 만들어서 사용할 수도 있다. 이 받침대는 제재목(Sawn-timber)을 잘라 만든 작은 판재로, 목에 줄로 매달고 사용한다. 제작물의 한쪽 끝을 작업대 가장자리에 대고 가슴 받침대 반대편 끈을 밀면서 단단히 고정시킨다.3

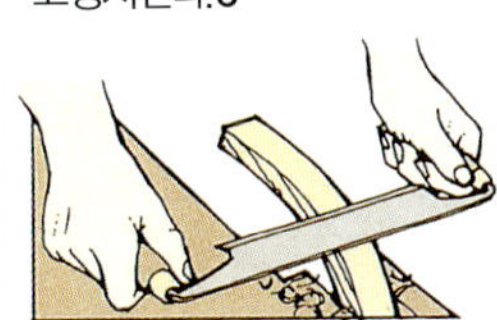

2 죔쇠를 단단히 고정시킨다.

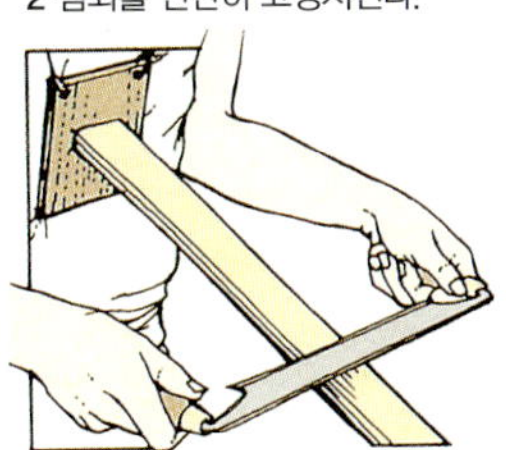

3 가슴 받침대를 사용한다.

● **드로 나이프 갈기**
벤치 바이스에 핸들을 올려서 드로 나이프를 수직으로 고정한다. 작은 원을 그리며 기름숫돌에 날을 간다.

스크레이퍼 갈기

직각으로 깎인 철 조각은 목재를 어느 정도는 깎아낼 수 있을 것이다. 그러나 먼지만 날리는 정도일 것이며, 목재를 깎아낸다 해도 깎인 면이 고르지 못하고 쓸모없게 될 것이다. 캐비닛 스크레이퍼(Cabinet scraper)는 작은 대팻날의 역할을 하도록 긴 절삭날을 따라 미세한 날 부스러기가 남을 때까지 세심하게 줄로 다듬고, 숫돌로 갈고, 반들반들하게 만든다.

직각 모서리 만들기

새 스크레이퍼를 바이스에 단단히 고정시키고 매끈한 금속 줄로 당기며 긴 모서리를 직각으로 갈아낸다. 스크레이퍼의 모서리를 따라 당기는 동안 손가락 끝으로 줄이 흔들리지 않도록 잡아준다.1

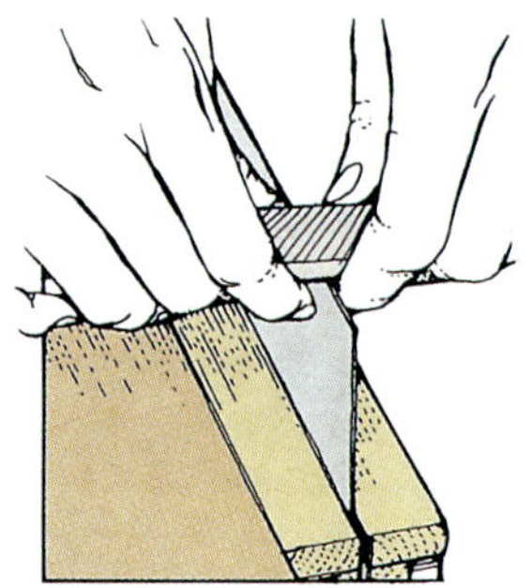

1 모서리에 줄질을 한다.

슬립스톤으로 다듬기

모서리가 매끈하게 반짝이도록 줄을 잡아당기고는 기름칠한 슬립스톤을 줄처럼 사용해 스크레이퍼를 갈아준다. 표면의 홈이 마모되지 않도록 수시로 숫돌을 돌려준다. 스크레이퍼의 각 면을 숫돌로 갈아 미세한 날 부스러기를 제거한다.2

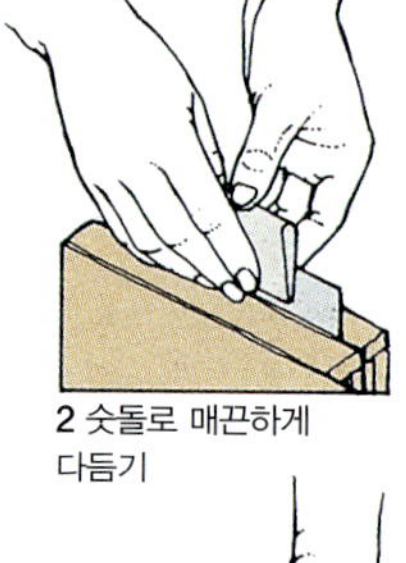

2 숫돌로 매끈하게 다듬기

버(Burr) 만들기

버를 만들기 위해서는 먼저 스크레이퍼를 작업대 상단의 가장자리와 가까운 위치에서 붙잡아 연마기로 표면을 네댓 번 정도 세게 문지른다.3 그 다음 스크레이퍼를 돌려 같은 과정을 반복한다.

버를 적절한 각도로 휘게 만들 때는 연마기를 페이스와 85노 삭노로 잡고 두세 번 강하게 수직으로 문지른다.4

날이 깨끗하게 깎지 못하면 새 버를 만들어준다. 모서리가 둥글게 되거나 손상되기 전에는 모서리를 직각으로 다듬을 필요는 없다.

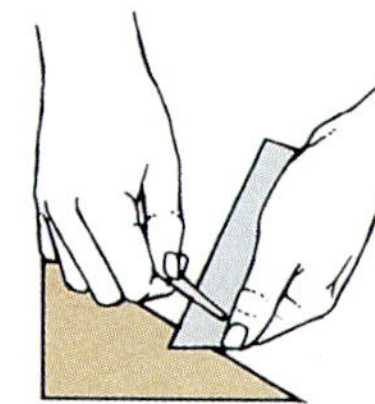

3 버 만들기

4 버 휘기

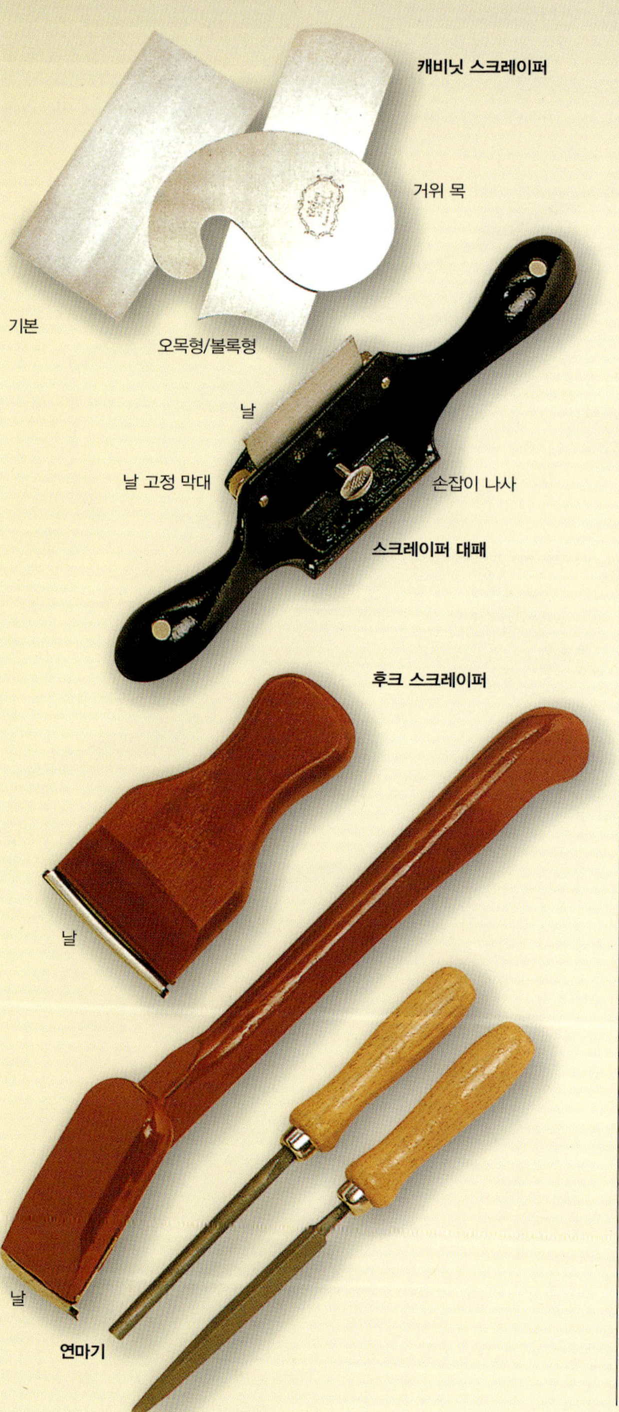

스크레이퍼

종이처럼 얇게 표면을 벗겨내는 날카로운 금속 스크레이퍼를 사용하면 먼지가 끼어 있는 목재를 연마했을 때보다 더 좋은 표면을 얻을 수 있다. 스크레이퍼는 가장 미세한 대패로, 거칠거나 불규칙한 나뭇결 작업을 할 때 더욱 우수한 효과를 볼 수 있다. 스크레이퍼는 굳어버린 접착제나 기타 흠집들을 제거할 때도 사용한다.

캐비닛 스크레이퍼 (Cabinet scraper)

평평한 표면에 사용되는 기본 스크레이퍼는 강철을 담금질하여 단순한 직사각형 형태로 만든다. 이것은 가장자리가 잘린 반제품 형태로 공급되기 때문에 사용하기 전에 반드시 날을 세워주어야 한다.

거위 목 스크레이퍼나 오목/볼록 스크레이퍼는 몰딩이나 기타 일정한 형태를 갖고 있는 제작물을 마감하는 데 사용된다.

후크 스크레이퍼(Hook scraper)

나무로 만든 손잡이가 달린 후크 스크레이퍼는 사용하기 편리하고 잡기도 편하다. 날은 일회용으로, 마모되면 새것으로 교체한다. 손잡이가 긴 후크 스크레이퍼는 나무로 만든 바닥이나 보트 등 작업하기 어려운 제작물에 사용할 수 있다. 당길 때만 절삭이 일어나는 후크 스크레이퍼를 사용할 때는 스크레이퍼와 깎이는 면이 일정한 각도가 되도록 잡아주어야 한다.

스크레이퍼 대패(Scraper plane)

캐비닛 스크레이퍼를 사용할 때는 엄지손가락이 아플 수 있다. 특히 스크레이퍼가 뜨거워져서 엄지손가락을 델 수도 있다. 스크레이퍼 대패는 주철로 만든 간단한 형태의 지그로, 작업을 쉽고 편하게 할 수 있도록 설계되었다. 스크레이퍼 날을 최상의 각도로 자루에 고정시키고, 가운데 위치한 손잡이 나사를 사용해 곡선으로 굽힌다.

모든 가장자리가 직각으로 잘려 있는 일반적인 캐비닛 스크레이퍼와 달리 이 대팻날의 양면에는 45도의 날이 있다. 숫돌에 이 모서리를 갈아서 캐비닛 스크레이퍼와 같은 버를 만든다.

날 고정 막대와 고정 나사로 날을 공구에 고정시킨 다음 원하는 모양의 대팻밥이 나올 때까지 손잡이 나사로 곡면을 조절한다. 많이 휠수록 대팻밥은 거칠어진다.

연마기(Burnisher)

경화된 강철로 만들고 단면이 원형, 타원형, 삼각형인 연마기는 스크레이퍼에 버를 만들 때 사용한다.

캐비닛 스크레이퍼 사용

캐비닛 스크레이퍼의 바닥 모서리 가까이 있는 뒷면을 양손 엄지 손가락으로 눌러서 굽힌 채로 캐비닛 스크레이퍼를 두 손으로 잡는다.

스크레이퍼 사용 기술

스크레이퍼를 작업자 반대 방향으로 기울인 다음 공구를 밀어 부스러기를 만들어낸다.1 원하는 양을 제거할 때까지 각도와 곡면을 변화시킨다.

스크레이퍼를 거의 평평하게 잡으면 표면 위를 스치듯 미끄러진다. 곡면을 휘면 휠수록 깊이 깎아낼 수 있으므로 흠집 제거가 가능하다. 표면을 평평하게 긁어내고자 할 때는 마감하기 전에 제작물의 표면을 대각선으로 가로질러 나뭇결과 나란한 방향으로 긁어낸다. 작업자 쪽으로 공구를 당기면서 모서리에서 멀어지는 방향이나 장애물과 나란한 방향으로 긁어낸다.2

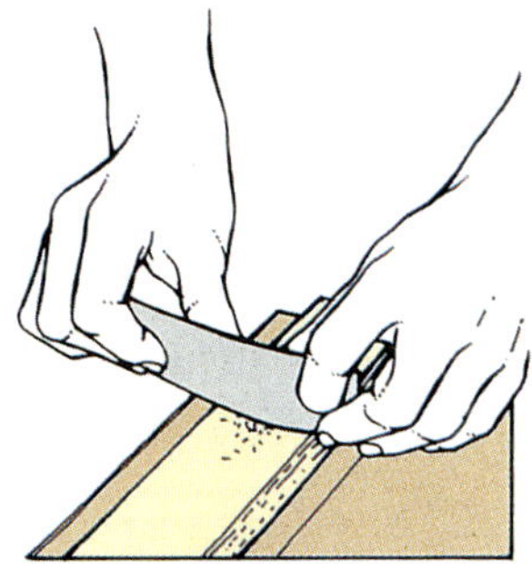

1 스크레이퍼 휘기
스크레이퍼를 엄지손가락으로 휘어서 표면을 평평하게 마감질한다.

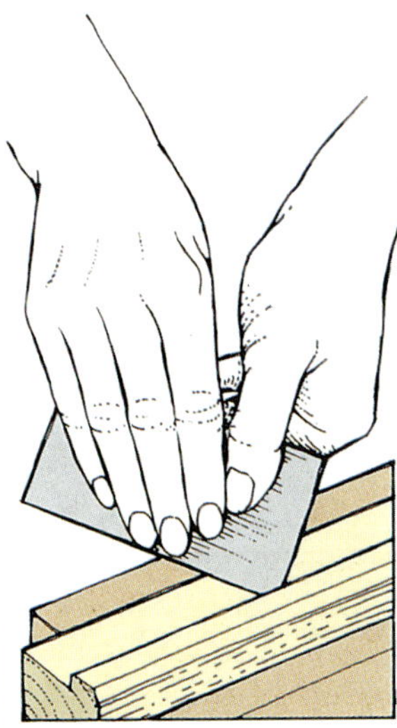

2 스크레이퍼 당기기
스크레이퍼를 잡아당기면서 구석 쪽으로 긁어낸다.

초벌용 줄과 마감용 줄

초벌용 줄(Rasp)과 마감용 줄(File)은 조각가를 제외하고는 목가구 작업에는 거의 사용하지 않는다. 특히 초벌용 줄은 목재를 신속히 그리고 나뭇결과 상관없이 깎아낼 수 있기 때문에 조작가들이 예비 성형을 하는 데 자주 사용된다. 초벌용 줄로 작업하면 표면이 거칠어지지만 같은 모양을 신속히 마감하는 데 사용된다.

초벌용 줄

초벌용 줄 표면은 개별 이(Teeth)로 덮여 있으며, 앞으로 밀 때 절삭이 이루어진다. 초벌용 줄의 거칠기나 절삭 등급은 이 크기와 분포도에 따라 달라진다. 초벌용 줄의 거칠기를 표현하는 방법은 제조업체마다 약간씩 다르지만 일반적으로 거칢(Bastard), 중간(Second-cut), 고움(Smooth)으로 구분된다. 거칢 등급이 가장 거칠다.

초벌용 줄의 형태는 평평한 것과 둥근 것이 있지만 반원 형태가 가장 다양하게 사용된다. 길이는 모두 200, 250, 300mm이지만 250mm 줄이 다목적 용도로 쓰기에는 좋다.

다목적 마감용 줄(Wood file)

날카로운 돌기가 연속적으로 박혀 있어 초벌용 줄로 다듬은 거친 목재 표면에서 튀어나온 부분을 대패질하듯 깎아낼 수 있다. 거칠기는 거칢, 중간, 고움으로 나타내지만 초벌용 줄보다는 곱다. 균일하고 고운 마감면을 얻으려면 사포로 줄을 감싸 문질러준다.

서폼 공구(Surform tool)

서폼 공구는 비교적 최근에 개발된 초벌용 줄의 일종이다. 날은 두께가 얇고 구멍이 뚫려 있는데, 날카로운 절삭날이 앞을 향하도록 규칙적으로 구멍이 나 있다. 날 전면에 걸쳐 있는 구멍을 통해서 목재 찌꺼기가 빠져 나온다. 이 같은 특성으로 다른 보통 초벌용 줄보다 작업 속도가 빠르고 찌꺼기가 달라붙는 일도 없다.

서폼대패와 서폼줄은 다양한 종류가 있지만 기본적인 원리는 모두 똑같다. 간단하면서도 일반적으로 사용할 수 있는 공구로는 속이 빈 둥근 줄(Round hollow file)과 평평한 줄(Flat file)이 있다.

리플러(Riffler)

리플러는 크기가 작고 양쪽 끝에 이가 있는 줄로, 특히 여유 없는 구석이나 제한된 공간에 사용할 수 있도록 고안되었다. 한쪽 끝에는 초벌용 줄이 달려 있고 다른 쪽에는 마감용 줄이 있는 제품을 선택하는 것이 좋다.

줄 클리너(File cleaner)

줄의 이에 목재 부스러기가 붙어 있으면 목재는 더이상 깎이지 않는다. 줄 클리너 뒷면에 있는 와이어 브러시로 목재 찌꺼기를 제거하고 섬유 브러시로 깨끗이 털어낸다.

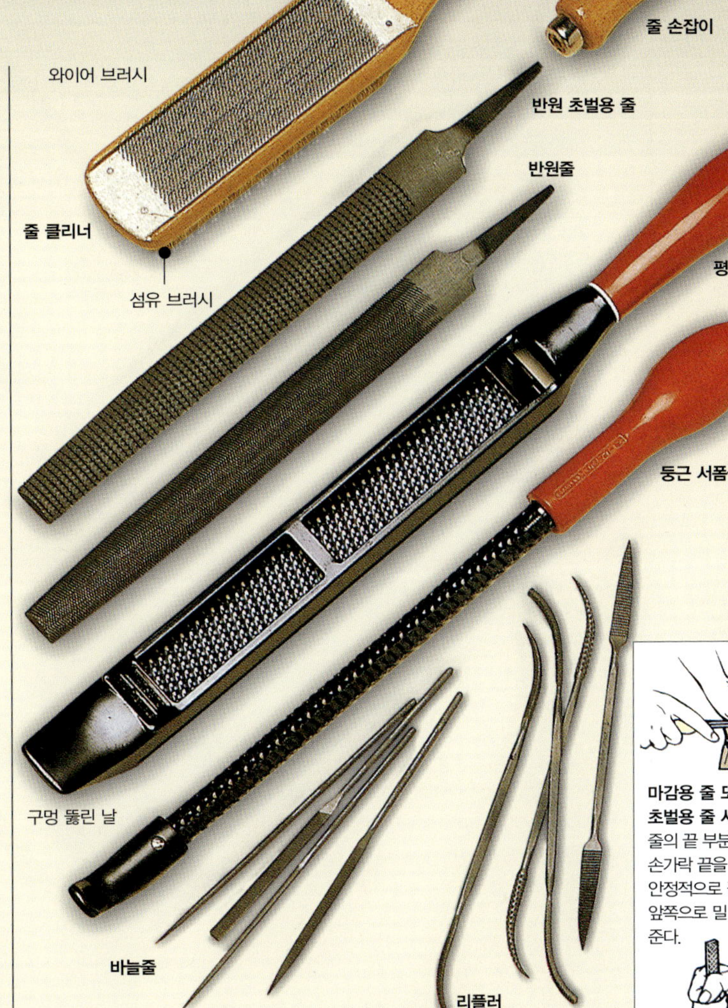

줄 손잡이

항상 줄이나 나무 줄의 뾰족한 슴베에 손잡이를 끼워 사용한다. 손잡이를 끼우지 않고 사용하면 사고가 날 수 있다. 공구가 걸려 갑자기 움직이지 않을 때는 손바닥으로 공구를 잡고 슴베를 손잡이 안으로 밀어 넣을 수도 있다.

손잡이에 슴베를 끼우고 작업대를 두드리며 밀어 넣는다.1 손잡이를 분리할 때는 한 손으로 줄을 잡은 채 나무 막대로 손잡이의 앞쪽 가장자리를 쳐서 떼어낸다.2

마감용 줄 또는 초벌용 줄 사용
줄의 끝 부분에 한 손의 손가락 끝을 올려놓고 안정적으로 잡아준다. 앞쪽으로 밀 때만 힘을 준다.

1 작업대에 손잡이를 두드린다.

2 손잡이 분리

드릴과 브레이스

전동드릴의 다양한 기능, 특히 속도를 변화시킬 수 있는 다양한 모델이 등장해 오늘날에는 핸드드릴과
브레이스(Brace)가 그리 널리 사용되고 있지는 않다. 그럼에도 이 같은 공구는 작업장에서
아직도 사용되고 있는데 복잡하지 않으면서 가볍고, 전기 공급과 상관없이 사용할 수 있다는 장점이 있다.

작은 송곳(Bradawl)

아마도 가장 단순한 구멍 뚫는 공구일 것이다. 이 공구는 드릴처럼 목재를 깎아내는 것이 아니라 목재 섬유를 밀어내 구멍을 낸다. 이 표시된 구멍은 나사를 삽입하거나 드릴의 끝을 똑바로 잡아주기 위한 파일럿 구멍 구실을 한다.

목재 표면에 수직으로 작은 송곳을 잡은 채로, 송곳을 목재에 박을 때처럼 나사드라이버에 생긴 날카로운 끝을 넣어 섬유조직을 분리하기 때문에 나뭇결이 찢어질 가능성은 없다.

공구를 비틀어 돌려 밀면 구멍이 생긴다. 공구 끝은 벤치숫돌의 모서리에 대고 날카롭게 간다.

T자형 송곳(Gimlet)

작은 송곳과 비슷한 기능을 하지만 드릴비트와 같이 목재를 깎고 제거하기 때문에 구멍을 깊이 팔 수 있다.

핸드 드릴(Hand drill)

핸드 드릴 손잡이를 돌리면 기어 휠 시스템을 통해서 척(Chuck)이 회전한다. 이것은 독립적으로 조절되는 3개의 물림 턱이 있는데, 이 부분은 모델에 따라 지름이 9mm인 트위스트 드릴까지도 고정시킨다. 어떤 핸드 드릴에서는 드라이브 시스템이 먼지 등에 오염되지 않도록 주철로 만든 케이스로 완전히 감싸기도 한다.

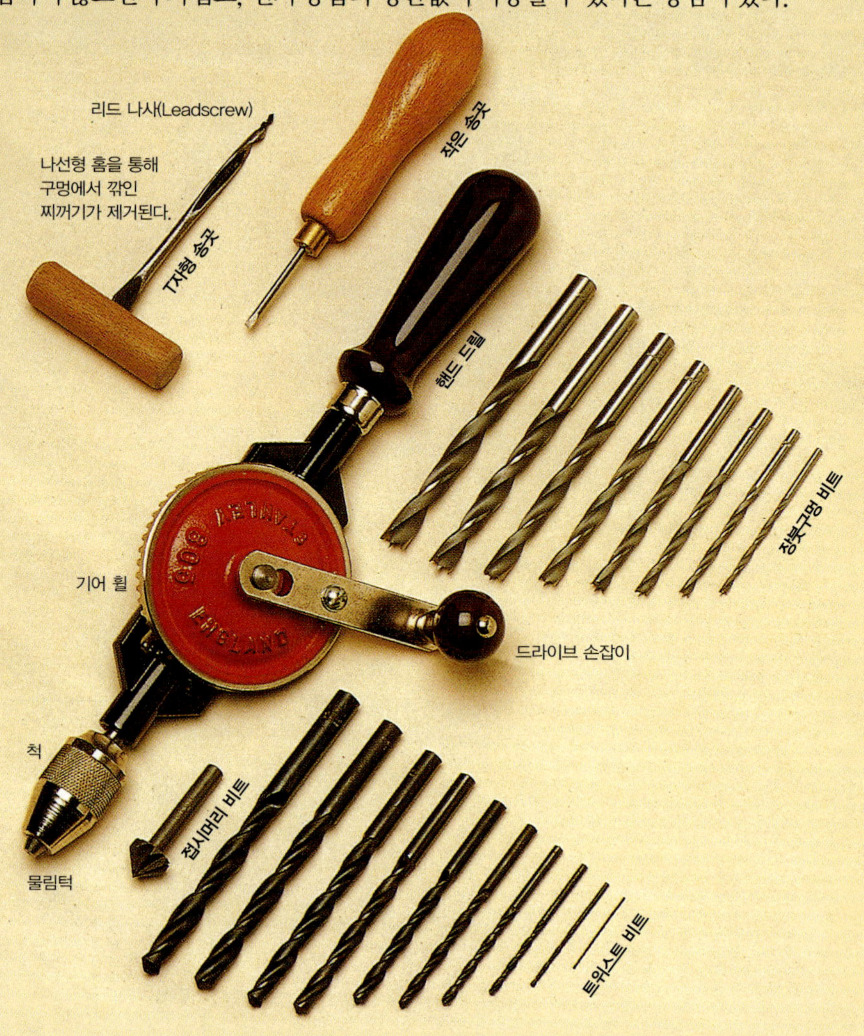

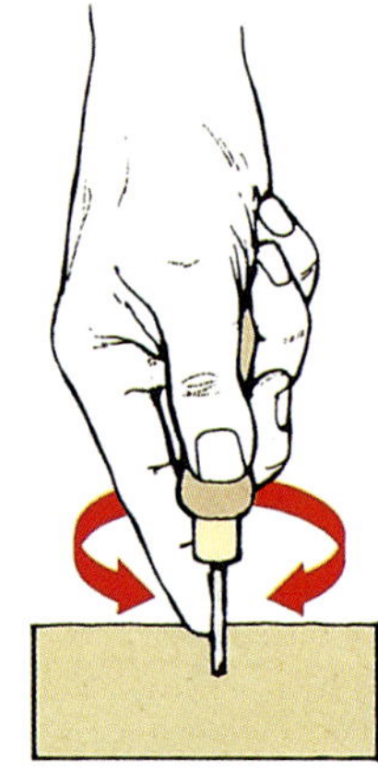

작은 송곳 사용
나사를 박기 위한 파일럿 구멍을 뚫을 때는 작은 송곳을 목재에 대고 좌우로 비틀어 돌리며 목재 안으로 밀어 넣는다.

핸드 드릴 비트(Hand-drill bit)

드릴비트를 구입할 때는 품질이 우수한 것만 선택해야 한다. 값이 싼 드릴은 쉽게 마모될 뿐 아니라 정확성도 떨어진다.

트위스트 드릴(Twist drill)

트위스트 드릴은 간단한 원통형 드릴비트로, 구멍 밖으로 찌꺼기를 제거하기 위한 나선형 홈이 있다. 이 나선형 홈 끝에는 두 개의 뾰족한 절삭날이 있다. 대부분 드릴비트의 끝은 금속을 뚫을 수 있도록 59도로 깎여 있다. 목재를 뚫기 위한 용도로는 45도가 더 좋다. 그러나 목가구 작업자들은 두 개의 세트를 별도로 갖기보다는 고속 금속 드릴을 선호한다.

핸드 드릴의 척에는 9mm보다 큰 드릴을 끼울 수 없지만 트위스트 드릴 세트의 크기는 일반적으로 1~13mm이다.

장붓구멍 비트(Dowel bit)

트위스트 드릴의 일종으로, 드릴 끝에 리드포인트(Lead point)가 있고 비트가 목재 나뭇결에 의해 편향되지 않게 두 개의 스퍼(Spur)가 있다. 꽂임촉맞춤을 만들기 위해 목재 끝면을 정확하게

뚫을 수도 있다.

접시머리 비트(Countersink bit)

나무나사 머리를 제작물 표면의 수평 방향으로 집어넣기 위해 테이퍼되는 오목한 구멍을 파는 데 사용한다. 자동으로 접시머리 비트를 중심에 맞출 수 있도록 먼저 구멍을 판다.

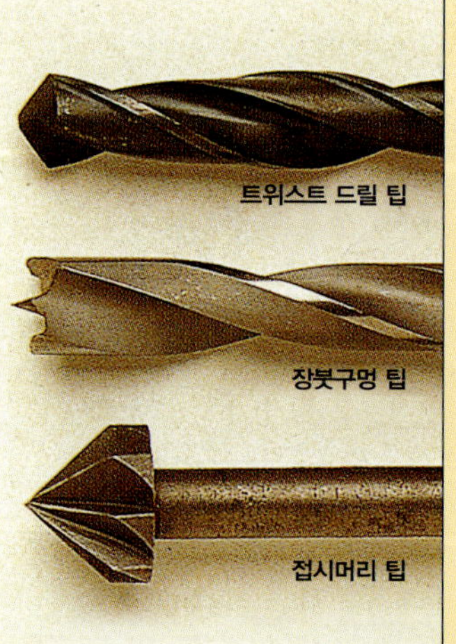

브레이스 비트
(Brace bits)

브레이스 척에 있는 물림턱은 특수 목적에 사용되고 자루가 사각형인 비트를 고정시킬 수 있도록 설계되어 있다. 브레이스 중에는 자루가 원형인 트위스트 드릴로 끼울 수 있는 일반적인 물림턱이 달려 있다.

센터 비트(Center bit)

튼튼한 자루가 달린 센터 비트는 얕은 구멍을 파는 데 사용된다. 비트의 한쪽에 붙어 있는 절삭날로 목재를 깎기 전에 다른 쪽 끝에 붙어 있는 한 개의 스퍼로 구멍의 테두리를 표시한다. 이처럼 작업하면 정확한 구멍을 낼 수 있다. 가운데 있는 리드 나사(Leadscrew)는 비트를 공구 쪽으로 당겨주는 역할을 한다. 가운데 비트의 크기는 6~50mm로 다양하다.

오거 비트(Auger bit)

센터 비트와 원리가 비슷하지만 비트를 깊은 구멍과 일직선으로 유지시켜 찌꺼기를 밖으로 제거하는 나선형 트위스트가 달려 있다는 점이 다르다. 또한 스퍼와 절삭날이 두 개씩 달려있다. 제닝스 패턴 오거 비트(Jennings-pattern auger bit)에는 이중나선형 트위스트가 달려 있다.
솔리드 센터 오거 비트의 지름은 6~38mm이다. 제닝스 패턴 오거 비트의 지름은 25mm까지 제한된다.

확장 비트(Expansive bit)

확장 비트는 제한 없이 어떤 지름의 구멍도 팔 수 있도록 조절이 가능하다. 눈금이 새겨져 있고 스퍼가 달린 날은 스프링이 달린 패킹 부품으로 고정되어 있으며, 이 외에도 톱니가 있는 다이얼에 의해 고정되어 있는 모델도 있다. 일반적으로 지름이 12~38mm인 구멍을 파기 위한 크기와 22~75mm인 구멍을 파기 위한 크기가 있다.

접시머리 비트(Countersink bit)

핸드 드릴에 쓰이는 접시머리 비트처럼 사용되는 이 공구에는 표준 브레이스 척에 고정시킬 수 있는 사각형 자루가 달려 있다.

나사드라이버 비트(Screwdriver bit)

이 비트를 브레이스에 끼우면 큰 나사의 삽입에 필요한 상당히 커다란 회전력을 발생시킬 수 있는 튼튼한 나사 드라이버로 사용할 수 있다.

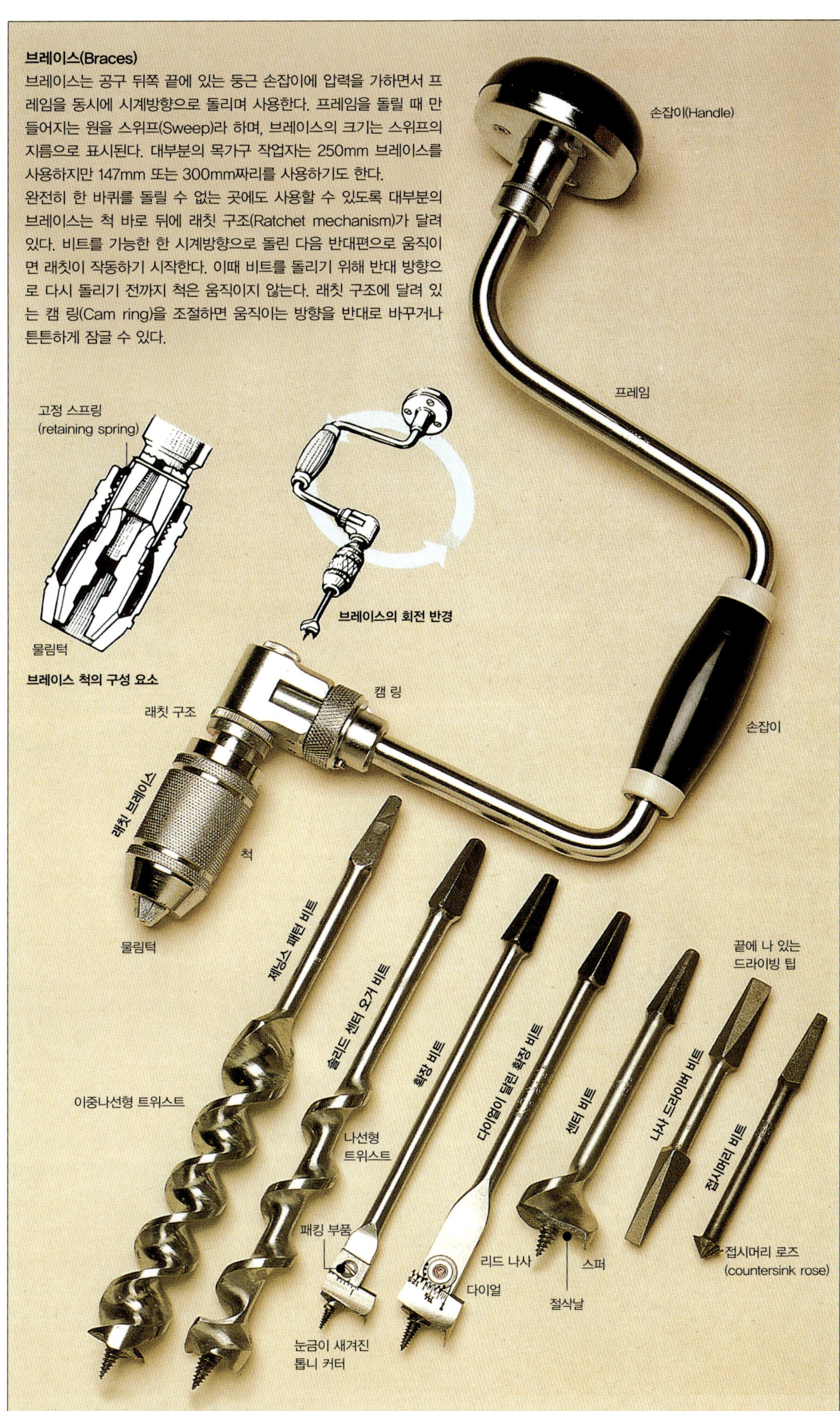

브레이스(Braces)

브레이스는 공구 뒤쪽 끝에 있는 둥근 손잡이에 압력을 가하면서 프레임을 동시에 시계방향으로 돌리며 사용한다. 프레임을 돌릴 때 만들어지는 원을 스위프(Sweep)라 하며, 브레이스의 크기는 스위프의 지름으로 표시된다. 대부분의 목가구 작업자는 250mm 브레이스를 사용하지만 147mm 또는 300mm짜리를 사용하기도 한다.
완전히 한 바퀴를 돌릴 수 없는 곳에도 사용할 수 있도록 대부분의 브레이스는 척 바로 뒤에 래칫 구조(Ratchet mechanism)가 달려 있다. 비트를 가능한 한 시계방향으로 돌린 다음 반대편으로 움직이면 래칫이 작동하기 시작한다. 이때 비트를 돌리기 위해 반대 방향으로 다시 돌리기 전까지 척은 움직이지 않는다. 래칫 구조에 달려 있는 캠 링(Cam ring)을 조절하면 움직이는 방향을 반대로 바꾸거나 튼튼하게 잠글 수 있다.

핸드 드릴과 브레이스 사용

핸드 드릴은 주로 나무나사 또는 꽂임촉을 끼우기 위한 장붓구멍을 파는 데 사용된다. 브레이스는 목작업을 위해 특별히 디자인되었기 때문에 좀더 많이 사용된다. 척에 날카로운 비트가 달려 있어 그리 힘 들이지 않고도 지름이 큰 구멍을 뚫을 수 있다.

깊이 멈춤
색 테이프 조각으로 드릴을 감아서 구멍 깊이를 확인할 수 있는 가이드로 활용한다.

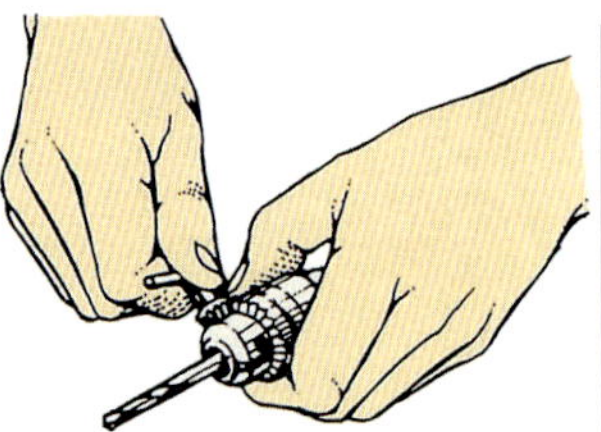

1 키를 사용해서 척 열고 닫기

2 핸드 드릴 척 열기

핸드 드릴에 비트 끼우기
핸드 드릴 척 중에는 전동드릴처럼 키를 사용해서 여닫게 되어 있는 것이 있다.1
일반적인 핸드 드릴의 물림턱을 움직일 때는 한 손으로 척을 잡은 다음 드라이브 손잡이를 시계 반대 방향으로 돌린다.2 트위스트 드릴을 척에 끼우고 드라이브 휠을 시계방향으로 돌려서 물림턱을 단단

히 고정시킨다. 공구를 사용하기 전에 트위스트 드릴이 물림턱 가운데에 위치하고 있는지 확인한다.

핸드 드릴 사용
트위스트 드릴의 끝을 제작물 위에 정확히 올려놓고 드릴이 나무 안으로 들어갈 때까지 드라이브 손잡이를 앞뒤로 부드럽게 움직인다. 원하는 깊이의 구멍이 파일 때까지 드라이브 손잡이를 자유롭게

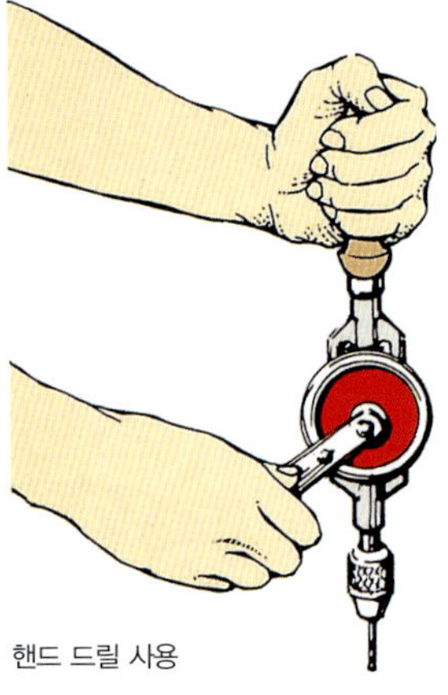

핸드 드릴 사용

돌린다.
크기가 작은 드릴이 깨지는 것을 막기 위해서는 손잡이를 아래로 힘 주어 누르지 않고 공구의 무게가 공구를 누를 수 있도록 수직으로 공구를 세운 상태로 작업한다.

브레이스 비트 끼우기
캠 링을 조절해서 브레이스 래칫을 잠근 뒤 프레임을 시계방향으로 돌려서 척을 단단히 죈다. 열려 있는 물림턱에 자루가 사각형인 비트를 삽입하고 프레임을 반대로 돌려 단단히 고정시킨다.

브레이스 사용
한 손으로 브레이스를 똑바로 세워 잡고 다른 손으로 프레임을 돌린다.1
드릴이 수직으로 진행되고 있는지 확인하려면 브레이스가 옆으로 기울지 않도록 집중한 채 옆에 있는 사람에게 드릴이 앞뒤로 기울어지지 않았는지 봐달라고 한다. 작업대 위에 직각자를 세워두고 가이드로 사용할 수도 있다. 하지만 직각자를 보면서 동시에 드릴 작업을 하기는 매우 어렵다.
둥근 손잡이를 작업자 몸에 기대 안정하게 잡은 채 수평으로 작업할 수도 있다.
비트의 리드 나사는 비트를 목재

쪽으로 당기는 역할을 한다. 원하는 깊이만큼 뚫었으면 프레임을 시계 반대 방향으로 두 바퀴 돌려서 리드 나사를 뺀 다음 프레임을 앞뒤로 움직이면서 공구를 당겨 비트를 빼내고 구멍에서 찌꺼기를 청소한다. 나무를 관통해서 구멍을 뚫을 때는 나무 블록을 반대편 면에 고정시켜서 비트가 제작물을 뚫고 나올 때 제작물이 쪼개지지 않도록 한다. 또는 반대편 면에 리드 나사가 보이기 시작하면 곧바로 제작물을 돌려서 반대편 면에 나 있는 작은 구멍을 시작점으로 해서 구멍을 마감한다.2

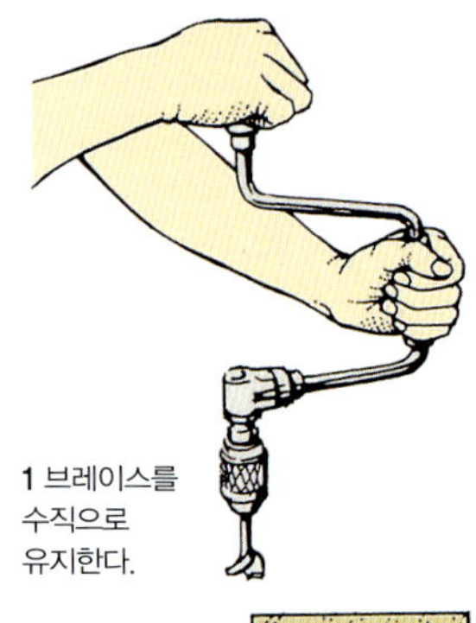

1 브레이스를 수직으로 유지한다.

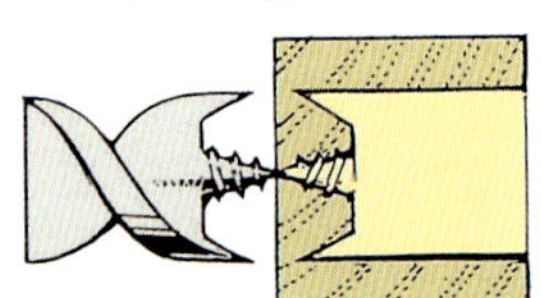

2 반대편 면에 난 작은 구멍을 판다.

드릴 비트 날카롭게 갈기

모든 드릴 비트는 오랫동안 효율적으로 작업하기에 충분할 정도로 날카롭게 유지될 것이다. 하지만 지나치게 세게 힘을 주어야 구멍이 겨우 뚫린다면 적절한 방법으로 비트를 갈아주어야 한다.

브레이스 비트
오거 비트를 날카롭게 가는 방법은 센터 비트와 같다. 이때 바늘줄 (Needle file)이라고 부르는 작고 납작한 줄 또는 단면이 삼각형인 줄을 사용한다. 줄을 사용해서 스퍼의 안쪽 면을 문질러서 각 스퍼에 있는 날을 간다.1 이때 절대로 바깥쪽 날을 갈아서는 안 된다. 작업대에 리드 포인트를 고정시키고 절삭날을 날카롭게 간다.2
확장 비트의 날과 스퍼를 갈 때도 비슷한 줄을 사용한다.

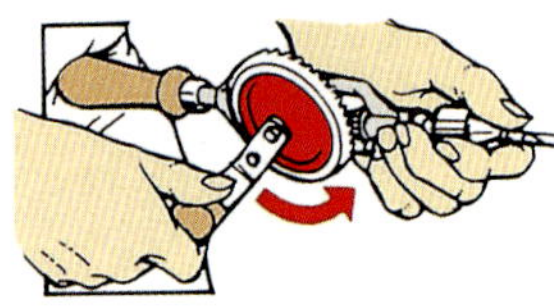

1 스퍼 날카롭게 갈기

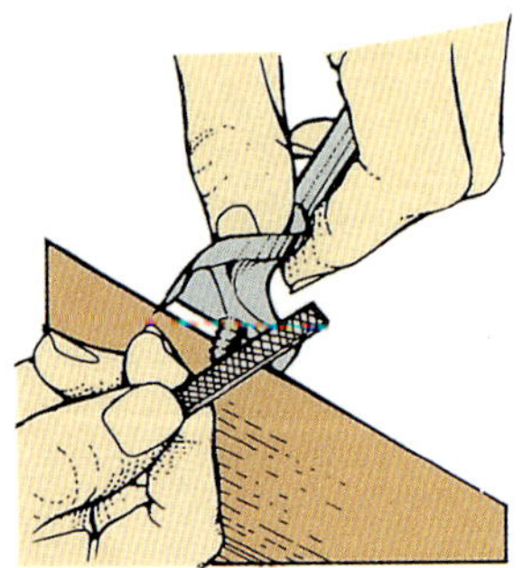

2 절삭날 날카롭게 갈기

트위스트 드릴
작업을 완벽하게 해내는 몇 가지 전동드릴 연마 기계가 있다. 이 기계를 사용하면 작업자는 기계에 드릴의 끝을 대고 스위치를 켜기만 하면 된다.
이 밖에 드릴을 날카롭게 가는 데 사용하기 위해 특별히 고안된 지그도 있다. 지그를 사모로 밀고 드릴을 원하는 각도로 지그에 고정시킨다.
대부분의 목가구 작업자는 트위스트 드릴을 날카롭게 갈 때 벤치 그라인더 휠에 드릴의 끝을 대고 돌려서 연마한다.3 지나치게 세게 누르지 말고 드릴의 뾰족한 끝이 드릴의 중심에 유지되도록 각 면을 고르게 갈아내는 데 집중한다.

장붓구멍 비트
뾰족한 바늘줄로 장붓구멍 비트의 절삭날과 스퍼를 위로 가볍게 치면서 갈아낸다. 양쪽 면에 똑같이 연마되도록 주의한다.

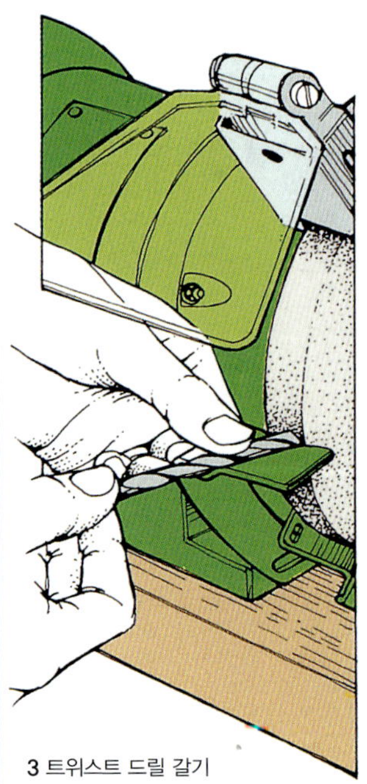

3 트위스트 드릴 갈기

망치

캐비닛을 만드는 작업자는 결합력을 높이기 위해 맞춤부에 접착제를 발라서 목가구
제품을 만들기도 하지만, 목가구 작업자는 실물 크기의 모형이나 개략적인 골격을
만들 때는 망치를 사용할 필요가 있다. 그리고 단순한 맞댐이음, 연귀맞춤, 겹침맞춤에
못이나 패널못(Panel pin)을 박아 튼튼하게 고정시키기도 한다.

크로스핀 망치
(Cross-peen hammer)

캐비닛을 만드는 기술자나 목수는 대부분 일반적인 용도로 사용되고 무게가 300~350g 정도인 크로스핀 망치를 선호한다. 이 망치 이름은 망치 머리에 있는 타격면 반대편에 쐐기처럼 생긴 좁고 길쭉한 부분(Cross peen)에서 유래했으며, 엄지손가락과 다른 손가락으로 잡고 있는 못을 박는 데 사용한다. 강인한 물푸레나무 또는 히코리나무(Hickory)로 만든 자루에 쐐기를 박아 망치 머리를 단단히 고정시킨다.

핀 망치(Pin hammer)

크로스핀 망치의 일종으로, 무게가 가볍고 못, 패널 못, 압정, 꺾쇠를 박는 데 사용된다.

클로 망치(Claw hammer)

한 개 이상의 클로 망치를 갖추고 있는 것이 좋다. 이 망치는 무겁기 때문에 큰 못을 쉽게 박을 수 있고 두 갈래로 벌어진 핀(Peen)은 굽은 못을 빼내는 데 사용된다.

클로가 굽은 형태가 가장 많이 사용되지만 프레임이나 패킹 케이스를 제거할 수 있도록 클로가 직선으로 되어 있거나 세로로 갈라져 있는 형태도 있다.

못을 잡아당기면 자루 및 자루와 머리 연결부에 큰 힘이 가해진다. 긴 못을 많이 뽑아야 할 때는 관 모양의 철 또는 유리섬유 강화 플라스틱(GRP)으로 만든 자루가 망치 머리와 완전한 일체형으로 되어 있는 망치를 선택한다. 비닐이나 고무로 만든 손잡이로 자루를 두르면 공구를 잡은 손이 미끄러지지 않아서 편하게 작업할 수 있다.

손도끼처럼 끼워 넣어 사용하는 전통적인 클로 망치는 튼튼해서 대부분의 용도에 사용할 수 있다. 미리 맞추어놓은 히코리나무로 만든 자루를 깊은 홈(구멍)에 밀어 넣고 경재나 강철로 만든 쐐기로 벌려 단단히 고정시킨다.

펀치(Nail set)
끝이 사각형인 이 펀치는 목재의 표면 밑으로 패널못이나 못을 박는 데 사용된다. 끝의 지름은 1.5~4mm이며, 못의 머리보다 약간 작은 펀치를 사용한다.

나무망치

플라스틱 손잡이가 달린 끌을 제외하면 끌이나 둥근끌을 두드리는 데 사용하는 나무망치가 필요하다. 목수용 나무망치는 맞춤부를 조립하는 데 사용할 수도 있다. 무른 나무망치를 사용하면 맞춤부 흔적 없이 제작물이 가공된다.

목수용 나무 망치

목수용 나무망치의 자루와 머리는 둘 다 너도밤나무 원목으로 만든다. 공구로 제작물을 자연스럽게 칠 때 두 타격면 중 한 면이 제작물 또는 끌의 끝을 직각으로 때릴 수 있도록 나무망치의 머리에 경사를 준다. 두드릴 때마다 원심력에 의해서 머리가 단단히 고정될 수 있도록 소켓에도 자루의 벌어진 끝에 매칭되도록 경사를 준다.

무른 나무망치

부드러운 고무로 머리를 만들면 목재에 흠집을 내지 않고 연결부를 조립하거나 분리할 수 있다.

경사진 나무망치 머리
나무망치 머리는 손잡이 쪽이 더 좁도록 경사져 있다.

망치 사용

망치를 사용하는 특별한 방법은 없다. 그러나 못을 휘거나 손상시키지 않으면서 목재에 빠르고 확실하게 박으려면 많은 인내심과 연습이 필요하다.

못 고정하기

정확한 방향으로 못질을 하려면 엄지손가락과 다른 손가락으로 못을 잡고 못의 뾰족한 끝이 목재에 박혀 스스로 서 있을 때까지 한두 번 망치로 두드린다.

작은 못이나 패널못은 핀(Peen)으로 두드려 박는다.1 크로스 핀 망치가 없으면 얇은 카드에 대고 못을 박는다.2 못이 단단히 위치를 잡았으면 카드를 찢어버리고 목재 안으로 박아 넣는다.

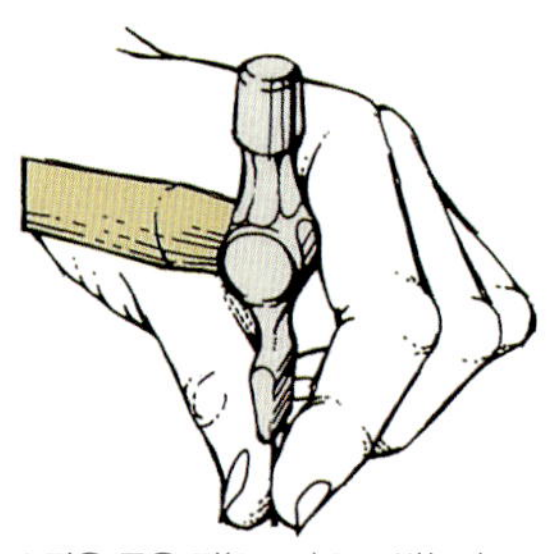

1 작은 못은 핀(Peen)으로 박는다.

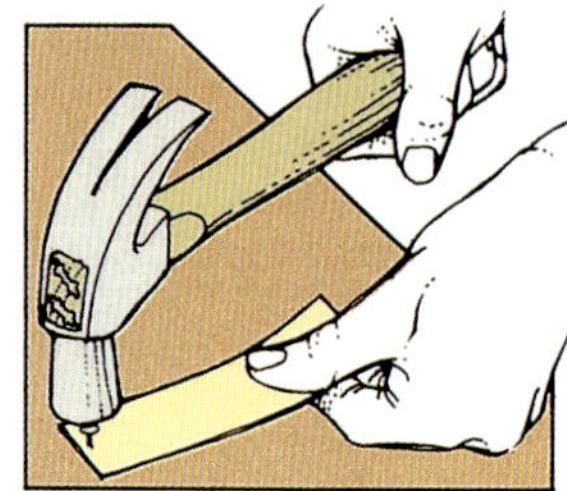

2 얇은 카드로 핀을 받친다.

못 박기

최소의 힘으로 망치를 두드릴 수 있어야 한다. 자루의 끝을 잡고 손목을 단단히 고정한 채로 팔꿈치를 축으로 해서 팔을 흔들며 망치질을 한다. 망치를 잡은 손이 자루를 따라 망치 머리 쪽으로 미끄러지면 그 망치는 작업자에게 너무 무거운 것이다. 눈을 못에 고정시키고 못과 망치의 머리가 직각이 되도록 세게 두드린다. 어떤 못이라도 몇 번 쳐서 완전히 박아 넣을 수 있어야 한다. 못을 박는데 문제가 있는 것은 망치가 너무 가볍거나 제작물이 잘 휘기 때문이므로 튼튼한 것으로 뒤를 받쳐주어야 한다.

움푹 파인 자국 없애기

망치로 세게 쳐서 제작물에 움푹 파인 자국이 생기면 즉시 그 부분을 따뜻한 물로 적시거나 다리미로 열을 가한다. 그러면 부풀어 오른 손상된 섬유조직이 표면과 평평하게 된다. 제작물을 건조시키고 부드러운 사포로 마감한다.

못 박기

제작물을 때려서 움푹 파이는 흠집이 생기지 않게 하는 또다른 방법으로 표면에서 1mm 정도 튀어 나오도록 못을 박은 다음 펀치(Nail set)로 못을 마저 박는다. 엄지손가락과 다른 손가락 사이에 못을 끼우고 똑바로 세워서 잡는다. 이때 약지로 펀치의 끝을 못 대가리 위에 안정적으로 잡아준다. 못이 표면과 수평으로 박힐 때까지 또는 그 후에 메움(Filling) 또는 페인팅(Painting)을 할 수 있도록 표면보다 깊숙히 박힐 때까지 펀치를 망치로 세게 두드린다.

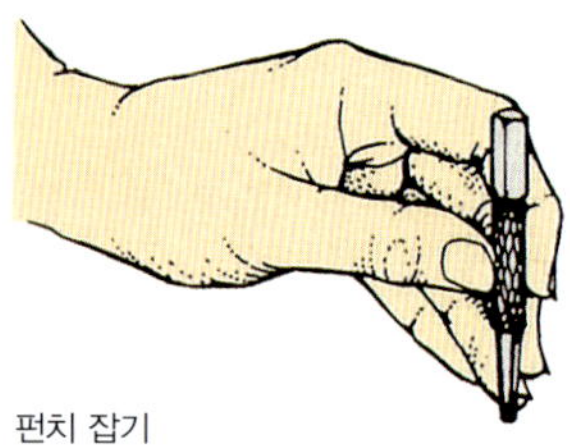

펀치 잡기

못 감추기

못을 박아 고정시킨 부분이 보이지 않도록 만드는 방법 중 하나는, 둥근끌로 나무를 세로 방향으로 길게 쪼갠 다음 펀치로 표면보다 깊숙히 못을 박고, 쪼갠 부분으로 못이 박힌 표면을 다시 덮어 죔쇠로 고정시킨다.

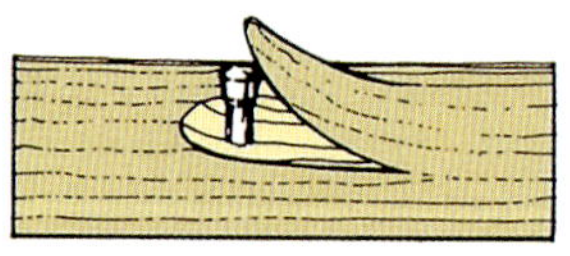

길게 쪼갠 부분 밑에 못을 박아 감춘다.

쪼개짐 방지

목재 가장자리 부근에 못을 박으면 못에 의해 목재 섬유 조직이 강제로 분리되면서 쪼개지기도 한다. 못 끝을 망치로 쳐서 뭉툭하게 만들어주면 못이 펀치처럼 작용하기 때문에 못 끝에 있는 목재 조직이 훼손되지 않고 밀리면서 못이 박힌다. 이 간단한 방법은 연재에 효과적이다. 경재에 못을 박을 때는 못보다 약간 작은 파일럿 구멍을 뚫는다.

망치 다루기

망치의 타격면이 더러워지거나 미끈거리면 망치가 못대가리에 부딪히면서 미끄러져버리기 때문에 못이 휘고 제작물에 흠집이 생긴다. 망치의 타격면은 고운 사포로 문질러서 항상 깨끗한 상태를 유지한다. 물과 저자극성 세제를 섞은 액에 손톱솔을 담갔다가 비닐 또는 고무로 만든 손잡이를 문질러서 기름때를 없애준다.

새 자루 끼우기

나무로 만든 자루가 부러지면 남아 있는 자루 부분을 두드려 뽑아낸 다음 새 자루를 망치 홈에 끼워 넣고 단단히 고정시킨다.

자루의 위쪽 끝에 약간 비스듬한 각도로 망치의 크기에 따라 두 세 개의 톱질자국을 만든다.1 톱질자국의 깊이는 홈 깊이의 2/3 정도가 적당하다. 자루를 망치의 머리에 끼워 넣고 자루의 밑쪽 끝을 작업대에 대고 톡톡 두드려 망치 머리를 고정시킨다.2 망치 머리보다 튀어나온 자루 끝을 톱으로 잘라내고 미리 내놓은 톱질자국에 철로 만든 망치 쐐기를 박아 자루 끝을 벌려 고정시킨다.3 쐐기가 수평으로 박히지 않으면 벤치 그라인더에 대고 갈아낸다.

1 자루에 톱질자국을 두 개 만든다.

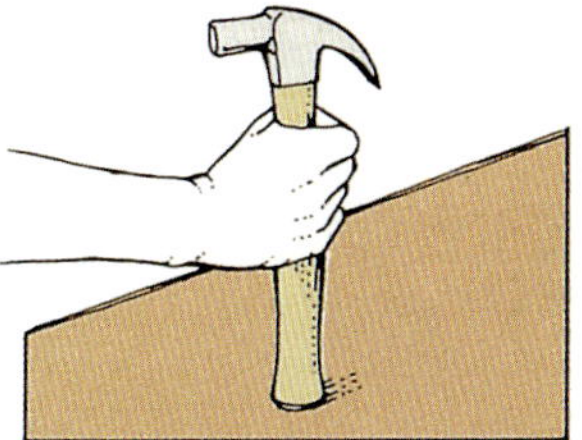

2 자루를 톡톡 두드려 망치 머리를 고정시킨다.

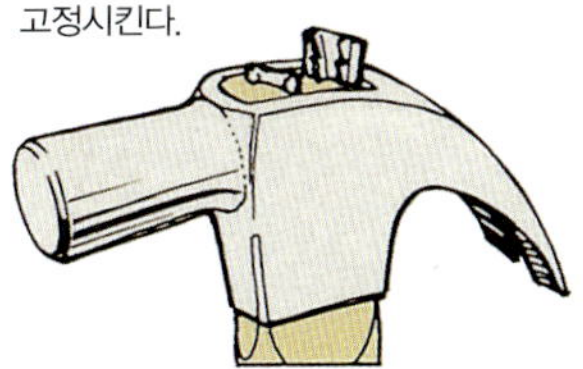

3 쐐기를 박아 자루를 벌린다.

못 뽑기

작업자의 숙련도와는 무관하게 못을 잘못 박거나 못이 휘는 경우가 생길 수 있다. 이처럼 못이 휘었을 때 원위치에서 못을 곧게 펴려고 해서는 안 된다. 이는 다음 못을 박을 때도 거의 확실히 못이 휘거나 목재 안에서 비스듬히 박히기 때문이다. 휜 못은 뽑아내고 새 못으로 교체해 박는다.

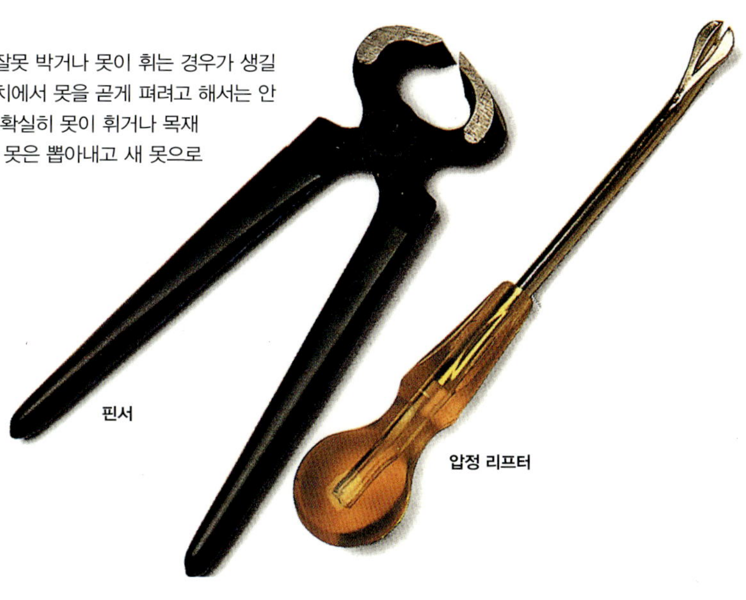

핀서(Pincer)

클로 망치는 대가리가 달린 큰 못을 뽑는 데 이상적이다. 하지만 핀서를 사용하면 패널 못이나 작은 타원형 못을 더 잘 잡을 수 있다.

압정 리프터(Tack lifter)

압정 리프터에 달린 작고 굽은 클로(Claw)를 가죽띠와 천을 고정시키고 있는 쿠션 고정용 압정에 끼워 넣어 이를 제거한다.

클로 망치 사용

부분적으로 박힌 못을 뺄 때는 클로(Claw)를 못대가리 밑으로 밀어 넣고 자루를 지렛대 삼아 잡아당긴다. 겉면에 박힌 못을 뺄 때는 표면에 흠집이 생기지 않도록 망치 밑에 두꺼운 카드를 대준다.1 못이 너무 길어서 한 번에 뺄 수 없을 때는 나뭇조각을 망치 밑에 대고 작업한다.2

분해한 골격에서 오래된 못을 뽑을 때는 못대가리가 표면 위로 솟아나도록 못이 박힌 곳 주변을 톡톡 치거나 못의 대가리가 클로에 걸리도록 돌출된 자루 위로 클로를 끼워 넣은 뒤 못의 대가리를 잡아당겨 뽑아낸다.

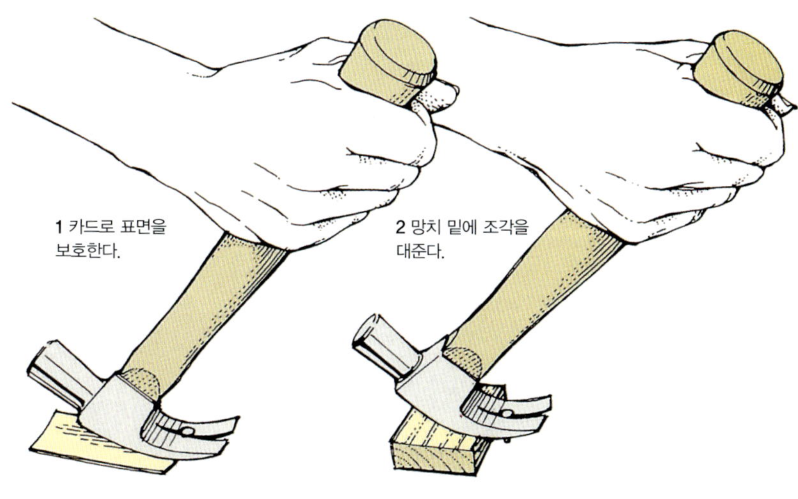

1 카드로 표면을 보호한다.

2 망치 밑에 조각을 대준다.

핀서를 잡아 빼기

핀서를 수직으로 잡은 채로 작업물에 박힌 못을 물림턱에 물린다. 양쪽 손잡이를 꽉 쥐고 핀서를 흔들며 못을 잡아 뺀다. 긴 못은 여러 번에 걸쳐서 잡아 뺀다. 그러지 않으면 못이 옆으로 기울어지면서 목재에 파인 자국이 남게 된다.

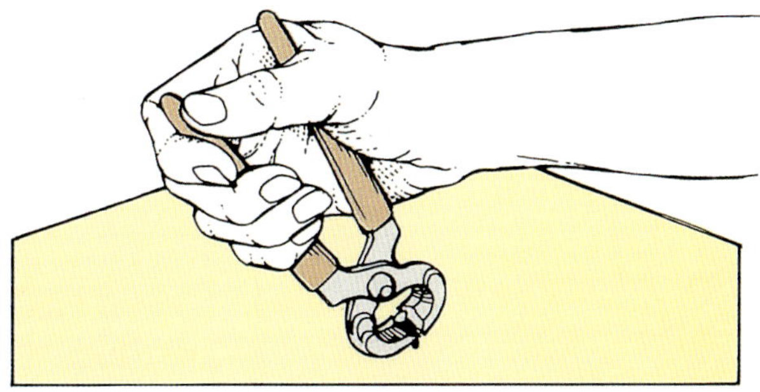

납작 못 제거

압정 리프터의 클로(Claw)를 압정 밑에 있는 천이나 가죽띠 밑으로 끼워 넣은 다음 압정을 들어 올린다.

나사드라이버

나사드라이버(Screwdriver)를 선택할 때 가장 중요한 점은 드라이버 끝이 나사 머리에 있는 슬롯에 잘 맞아야 한다는 것이다. 따라서 다양한 크기의 드라이버가 필요할 것이다. 세로 홈이 나 있는 손잡이, 잘록한 허리가 나 있는 손잡이, 여러 평평한 면이 나 있는 다각형 손잡이가 기능적으로 보이긴 하지만 매끈하고 볼록한 모양의 손잡이가 잡기에 좋고 편하게 쥘 수 있어 주로 사용된다.

캐비닛 나사드라이버
(Cabinet screwdriver)

캐비닛 나사드라이버는 일반적으로 많이 사용되던 목가구 작업 공구이다. 단면이 타원형이고 경재로 만든 손잡이는 손으로 잡고 돌릴 때 최대의 원심력(torque)을 발휘할 수 있도록 손에 잘 맞는다.

전통적으로 날의 끝 끼움고리에 있는 홈에 잘 들어맞도록 넓고 납작한 부분이 달려 있다.

최근에 개선된 디자인에서는 나무나 플라스틱으로 만든 손잡이에 직접 끼우는 원통형 날이 달려 있다.

캐비닛 나사드라이버의 날은 끝으로 갈수록 넓게 벌어지지만 경우에 따라 끝으로 갈수록 좁아지도록 갈아내기도 한다.

세로 홈 손잡이 나사드라이버
(Fluted-handled screwdriver)

목가구 작업자 중에는 전기제품 또는 자동차용으로 개발된 드라이버 종류를 더 좋아하는 사람도 있다. 손잡이가 비교적 홀쭉하기 때문에 손가락 끝으로도 돌릴 수 있으며, 자루와 끝이 나란한 드라이버는 나사가 깊은 구멍의 바닥에 있더라도 나사의 전체 너비에 들어맞도록 끼울 수 있다.

다시 갈더라도 드라이버 끝은 같은 형태를 유지할 것이다.

십자 나사드라이버
(Crosshead screwdriver)

나사드라이버가 공구에 잘 맞도록 하기 위해서, 날이 원통형으로 되어 있는 이 나사드라이버의 뾰족한 끝에는 나사 홈이 네 개 있어서 나사의 십자 홈에 잘 들어맞는다. 이 나사에는 보통 다음과 같은 세 가지 형태가 있다. 필립스 헤드 드라이버(Philips- head driver)는 단순한 십자 나사에 사용하고 포지드리브 헤드 드라이버(Posidriv-head driver)는 가운데 작은 사각형이 나 있는 십자형 나사에 사용한다. 이와 비슷한 수파드리바(Supadriva)는 파일럿 구멍에 나사를 끼울 때 나사의 끝을 지탱하지 않고도 나사를 붙잡을 수 있다. 형태가 서로 다른 드라이버에 맞는 나사를 사용하는 것이 가장 좋다. 항상 드라이버 끝이 나사 홈에 잘 들어맞는지 확인해야 한다. 그러지 않으면 나사 홈이 손상된다.

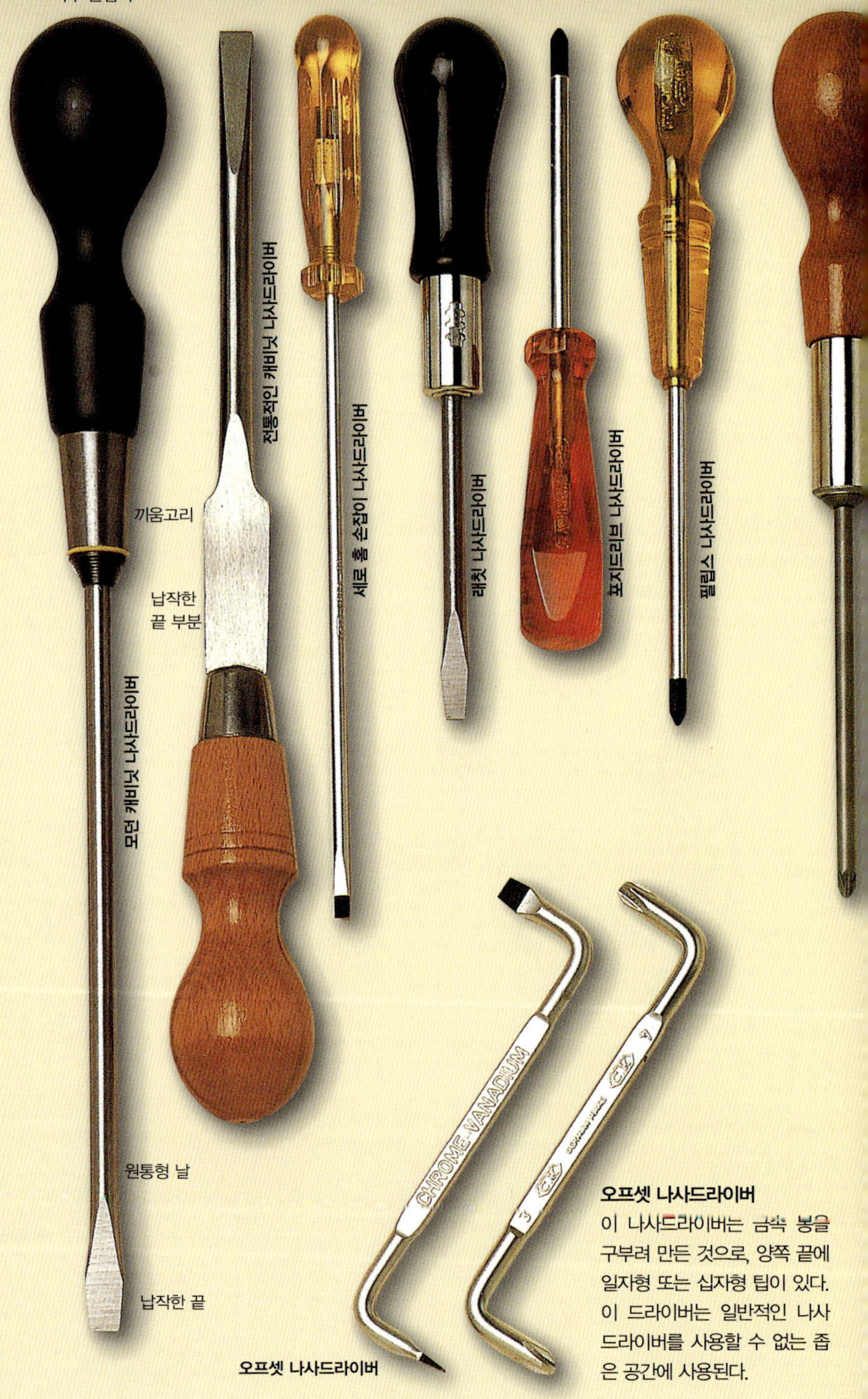

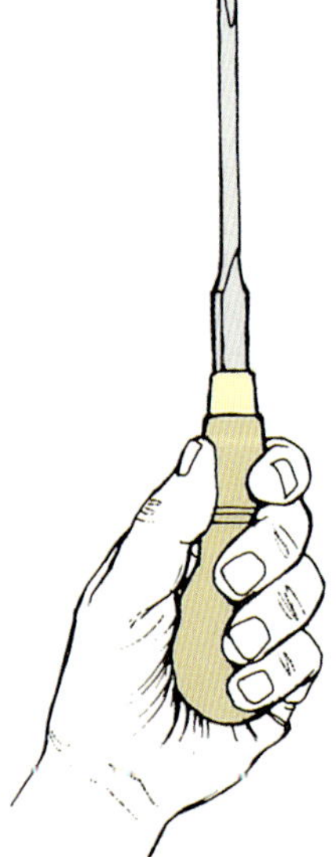

인체공학적 손잡이
(Erogonomic handgrip)
손에 꼭 잡힐 정도로 큰 손잡이가 달린 나사드라이버를 선택한다.

나무 손잡이

전통적인 캐비닛 나사드라이버

세로 홈 손잡이 나사드라이버

래칫 나사드라이버

포지드리브 나사드라이버

필립스 나사드라이버

머린 캐비닛 나사드라이버

끼움고리

납작한 끝 부분

원통형 날

납작한 끝

오프셋 나사드라이버

이 나사드라이버는 금속 봉을 구부려 만든 것으로, 양쪽 끝에 일자형 또는 십자형 팁이 있다. 이 드라이버는 일반적인 나사드라이버를 사용할 수 없는 좁은 공간에 사용된다.

오프셋 나사드라이버

스터비 나사드라이버
(Stubby screwdriver)

제한된 공간에서 큰 나사를 삽입할 수 있도록 디자인된 나사드라이버이다. 날은 짧고 팁은 넓으며, 손잡이도 폭이 넓다.

보석 세공용 나사드라이버
(Jeweller's screwdriver)

상자 덮개에 작은 경첩을 나사로 고정시키는 것처럼 정교한 작업에 사용되는 소형 나사드라이버이다. 검지손가락으로 드라이버 머리를 누르고 엄지손가락과 나머지 손가락 사이에 깔쭉깔쭉하게 깎은 드라이버 자루를 끼우고 돌리면서 작업한다.

래칫 나사드라이버
(Ratchet screwdriver)

일자형이나 십자형 팁이 달린 래칫 나사드라이버를 사용하면 공구를 잡는 방향을 바꾸지 않고도 나사를 삽입하거나 제거할 수 있다. 끼움고리에 달린 작은 섬 슬라이드(Thumb slide)를 조절하면 래칫 장치가 시계방향 또는 시계 반대 방향으로 움직이도록 바꿀 수 있다. 섬 슬라이드를 가운데 위치로 가져가면 래칫 장치가 고정되어 기존 나사드라이버처럼 사용할 수 있다.

스파이어럴 래칫 나사드라이버
(Spiral ratchet screwdriver)

작업을 빨리 할 수 있도록 고안된 공구로, 손잡이를 똑바로 누르면 그 압력이 내부 기둥을 따라 나 있는 나선형 홈에 의해 회전력으로 변환되어 팁이 회전된다. 기둥에는 스프링이 달려 있어서 마치 펌프처럼 누르는 힘을 풀면 다시 원래 위치로 돌아간다. 이동 방향은 래칫으로 조절하며, 손잡이가 원래 돌아가 있는 상태에서 잠금 고리로 기둥을 고정시키면 일반적인 래칫 나사드라이버처럼 사용할 수 있다. 척에는 다양한 크기의 일자형 또는 십자형 비트를 바꿔 끼울 수 있다. 비트를 끼울 때는 척을 뒤로 당긴 채로 비트를 삽입한 뒤 척을 다시 제위치로 되돌려놓는다.

이 드라이버를 펌프 기능 모드에서 사용할 때는 팁이 나사의 홈 밖으로 미끄러져 나무에 박히지 않도록 항상 한 손으로 척을 단단히 잡아주어야 한다.

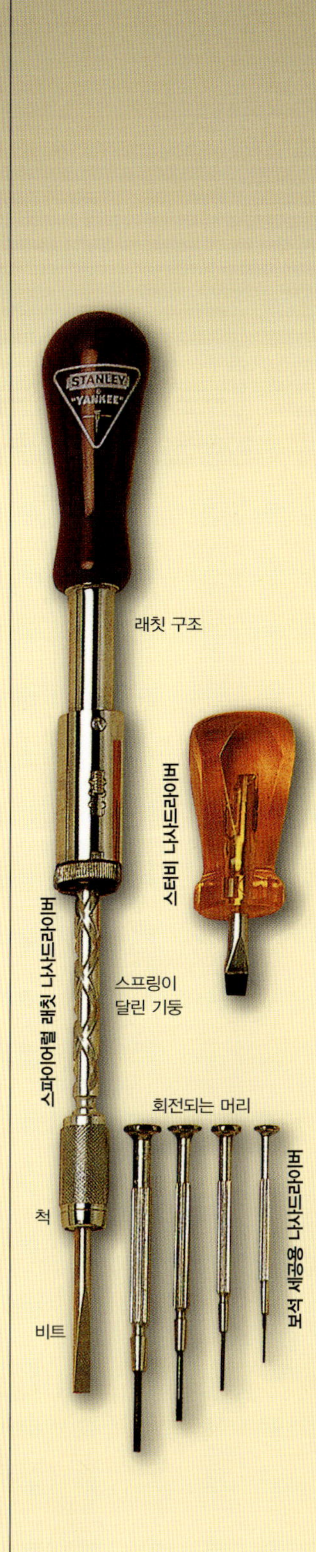

나사드라이버 선택

나사의 홈과 팁이 정확히 맞는 나사드라이버를 선택한다. 그러면 나사 머리나 제작물을 손상시키지 않고 최소의 힘으로 나사를 박을 수 있다.

나사드라이버 팁이 너무 넓으면1 나사를 박을 때 그 주변에 둥글게 흠집이 생긴다. 너무 좁으면2 원심력이 적어 나사를 돌릴 수 없고 나사의 홈만 손상될 것이다.

십자형 나사드라이버를 사용할 때는 나사 머리에 드라이버의 팁이 잘 맞는지 확인하고 손잡이의 끝 부분을 손가락 끝으로 잡고 돌린다. 드라이버가 너무 크면 홈 위에 걸쳐 있게 된다. 드라이버가 너무 작으면 나사의 홈에 끼웠을 때 앞뒤로 흔들린다. 드라이버의 크기가 적당하면 흔들리지 않고 나사의 슬롯에 딱 들어맞는다.

일자형 나사드라이버로 십자형 나사를 돌리려 해서는 안 된다. 십자형 중심의 나사 홈이 마모될 수 있다.

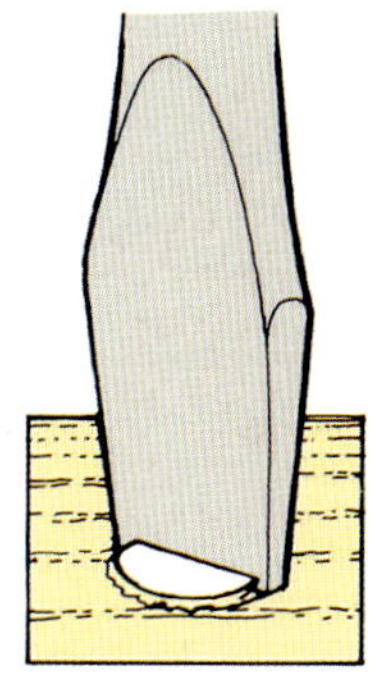

1 팁이 너무 크면 나무에 흠집이 생긴다.

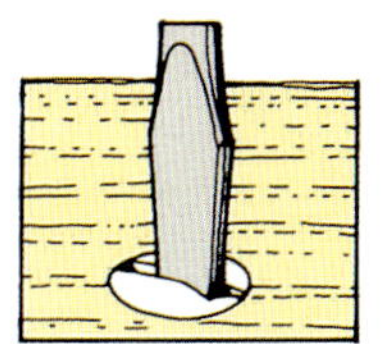

2 팁이 너무 작으면 나사 홈이 손상된다.

나무나사 삽입

연재에 나사를 박을 때는 아무 준비 없이도 가능하다. 그러나 목재가 쪼개지거나 나사가 중간에 걸려 꼼짝 하지 않을 위험성은 항상 있다. 작은 송곳으로 섬유질을 열어주거나 파일럿 구멍 또는 클리어런스 구멍을 뚫어 나사를 잡아주고 마찰을 줄여주는 것이 좋다. 후자의 경우 경재에 나사를 박을 때 필수적이다.

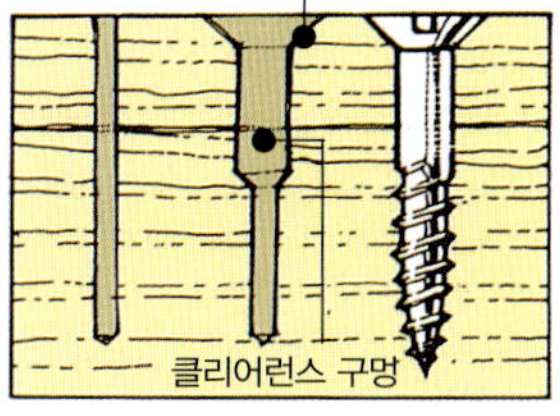

파일럿 구멍과 클리어런스 구멍

나사산(Screw's thread)보다 약간 좁은 드릴을 사용해서 파일럿 구멍을 뚫고 나서 나사 기둥의 지름과 같은 크기로 클리어런스 구멍을 뚫는다. 필요하다면 나사를 삽입하기 전에 클리어런스 구멍 위쪽에 접시형 구멍을 파준다. 나사가 꽉 끼면 나사를 빼낸 다음 나사 기둥에 윤활유를 살짝 발라준다.

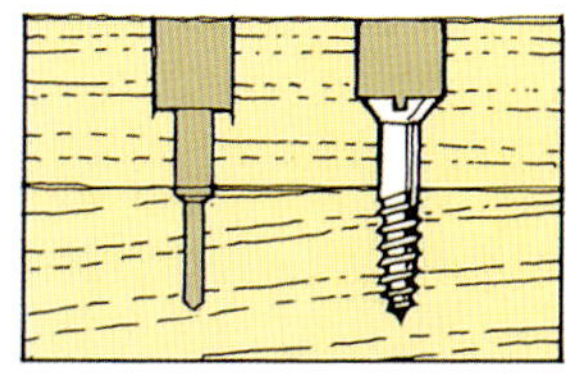

카운터보링(Counterboring)

깊은 가로대를 가로질러 나사를 박아야 할 경우처럼 목재의 표면 밑으로 나사가 잠기도록 박아야 할 때는 오거 비트로 우선 큰 구멍을 뚫는 카운터보링 작업을 하고 나서 파일럿 구멍 또는 클리어런스 구멍을 뚫는다.

손상된 나사 제거하기

손상된 나사를 제거하기 위해서는 나사의 홈에 딱 들어맞는 큰 드라이버를 선택한다. 만약 드라이버를 홈에 딱 맞추기 위한 다른 방법이 없다면 팁의 구석을 갈아낼 수도 있다.

시험 삼아 나무망치로 나사드라이버의 끝을 톡톡 두들겨본다. 이것은 꽉 낀 나사를 움직이게 하는 데 도움이 되기도 한다.

다른 방법으로 나사 머리를 납땜기로 가열시키는 방법도 있다. 가열시키면 금속이 팽창되므로 다시 냉각시켰을 때 나사가 헐렁해지는 것을 발견할 것이다.

위 방법이 모두 실패하면 큰 드릴로 나사를 뚫어버린다.

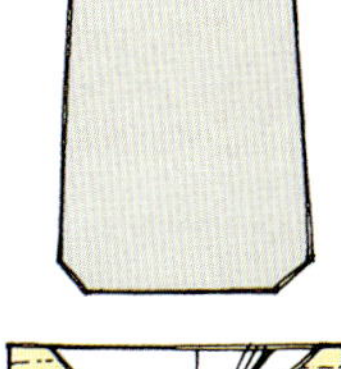

나사 제거
드라이버 팁의 가장자리를 살짝 간다.

나사드라이버 수리

팁이 둥글게 마모된 나사드라이버는 사용할 수 없다. 줄이나 벤치 숫돌로 날카롭게 갈거나 벤치 그라인더로 팁을 다시 갈아버린다.

나사드라이버의 팁 양면을 벤치 그라인더의 휠에 대고 오목하게 갈고 나서1 팁을 직각으로 간다.

십자형 나사드라이버를 직접 다시 가는 것은 사실상 불가능하다. 작은 줄로 손상된 팁 부위를 긁어내면서 갈 수도 있지만 심하게 마모된 나사드라이버는 새것으로 교체한다.

1 손상된 팁 수리
나사드라이버의 팁 양면을 벤치 그라인더에 대고 갈아낸다.

죔쇠

작업장마다 구조물을 붙여 고정시키기 위한 바죔쇠(Bar cramp)
또는 파이프죔쇠(Pipe cramp), 연귀맞춤 골격에 사용되는
웹죔쇠(Web cramp) 또는 연귀죔쇠(Mitre cramp), 작은 부품을
붙이거나 다루기 힘든 구성요소를 조립할 때 필요한 조작이 빠른
죔쇠(Fast-action cramp) 또는 지-죔쇠(G-cramp) 등
다양한 죔쇠가 필요하다. 이렇게 다양한 죔쇠를 모아두려면
비용이 많이 들어가지만 필요할 때마다 하나씩 구해 쓸 수 있다.

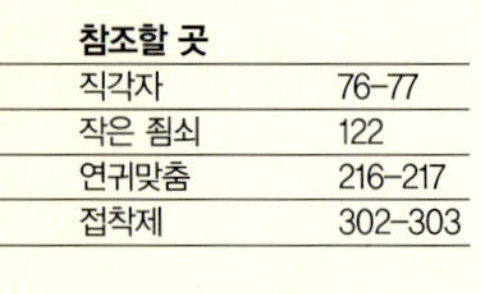

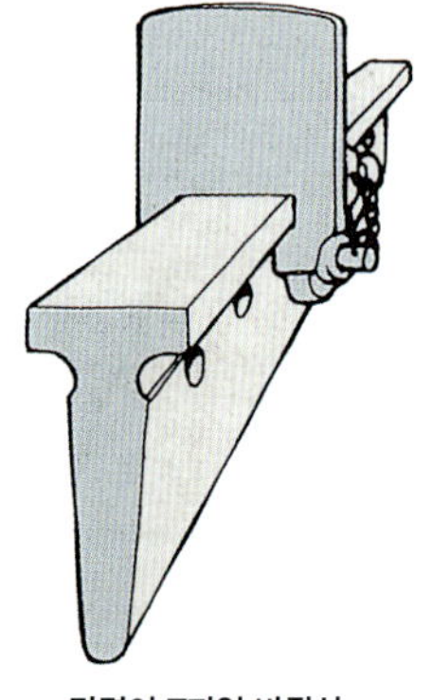

단면이 T자인 바죔쇠
큰 죔쇠는 강도를 높이기
위해서 단면이 T자인
주철로 만들어진다.

바죔쇠(Bar cramp)

바죔쇠나 새시 죔쇠(Sash cramp)는 프레임, 골조, 원목 판자 등을 접착제로 붙일 때 접착제가 굳는 동안 이들을 고정시키는 데 없어서는 안 될 목가구 작업 공구 중 하나이다. 나사로 조절하는 물림턱은 단단한 금속 막대의 한쪽에 영구적으로 고정되어 있다. 테일 슬라이드(Tail slide)라고 부르는 다른 물림턱은 제작물의 크기에 맞도록 막대를 따라 자유롭게 움직일 수 있다. 테일 슬라이드는 막대를 따라 한 줄로 나 있는 구멍 중 하나에 위치한 가는 강철 쐐기못을 사용해서 원하는 위치에 고정시킨다. 크기가 450~1200mm인 바죔쇠는 손쉽게 구할 수 있지만 이보다 긴 죔쇠는 이례적으로 큰 제작물에 사용할 수 있다. 이처럼 좀더 긴 죔쇠는 일반적으로 튼튼한 구조를 위해서 T자 모양의 단면이 나 있다. 그러나 대부분의 목가구 작업자들은 연장 막대를 구입해서 일반적인 바죔쇠의 길이를 연장하거나 두 죔쇠의 끝과 끝을 나사로 잇는다.

조작이 빠른 바죔쇠(Fast-action bar cramp)

이 죔쇠는 나사로 조절하는 물림턱과 테일 슬라이드가 자유롭게 움직인다. 제작물에 대고 나사를 조일수록 양쪽의 물림턱이 모두 바에 걸려 움직이지 않는다. 이 죔쇠는 다양한 종류가 있지만 원리는 모두 비슷하다. 이 공구는 수초 만에 제작물에 맞출 수 있다.

죔쇠 헤드(Cramp head)

크고 맞춤식으로 제작되는 바죔쇠는 두께가 25mm인 목재에 맞도록 설계된 주철 죔쇠 헤드로 만들 수 있다.

파이프죔쇠(Pipe cramp)

미국의 목가구 작업자들은 죔쇠 헤드와 긴 강철 파이프로 프레임 죔쇠(Frame cramp)나 골조죔쇠(Carcass cramp)를 만드는 것을 좋아한다. 파이프의 한쪽 끝에는 조절할 수 있는 물림턱이 달려 있다. 움직일 수 있는 테일 슬라이드는 조절장치(Cam-action lever)를 사용해서 파이프를 따라 어떤 위치에도 고정시킬 수 있다. 다른 모델에는 테일 슬라이드에 하중이 가해질 때 단단히 고정되는 방향 클러치 구조가 있다. 죔쇠 헤드는 12~18mm 크기의 파이프에 사용될 수 있도록 두 가지 크기로 만들어진다. 12mm 죔쇠가 값은 싸지만 18mm 파이프보다는 하중에 견디는 힘이 더 약하다.

바죔쇠 사용

제작물을 접착하고 죔쇠로 고정시키는 과정은 침착하고 확실하게 이루어져야 한다. 따라서 제작물이 정확하게 조립되는지, 필요한 모든 공구와 장비가 갖추어져 있는지 확인하기 위해서 작업 과정을 연습해 보아야 한다. 다른 작업자는 긴 죔쇠의 반대편 끝에서 작업하도록 한다. 작업 과정을 거치면서 각 단계의 세부사항의 책임자는 누구인지 결정한다.

조립 과정이 그날의 마지막 작업이 되도록 작업 계획을 세운다. 접착제를 바른 제작물을 밤새 그대로 두면 접착제가 경화될 수 있다. 하지만 작업을 서두르거나 영하의 날씨에 난방이 되지 않는 작업장에 접착제를 바른 제작물을 두기보다는 이 중요한 단계를 다음 날 아침까지 그대로 두는 편이 낫다.

조립 부품을 죔쇠로 결합시킨다. 예를 들어 테이블 하부 구조를 만들 때는 우선 다리와 짧은 가로대(End rail)를 접착제로 붙인다. 접착제가 완전히 굳으면 조립된 엔드 프레임(End frame)을 깨끗하게 한 뒤 긴 가로대(Side rail)를 완전한 하부 프레임을 만든다.

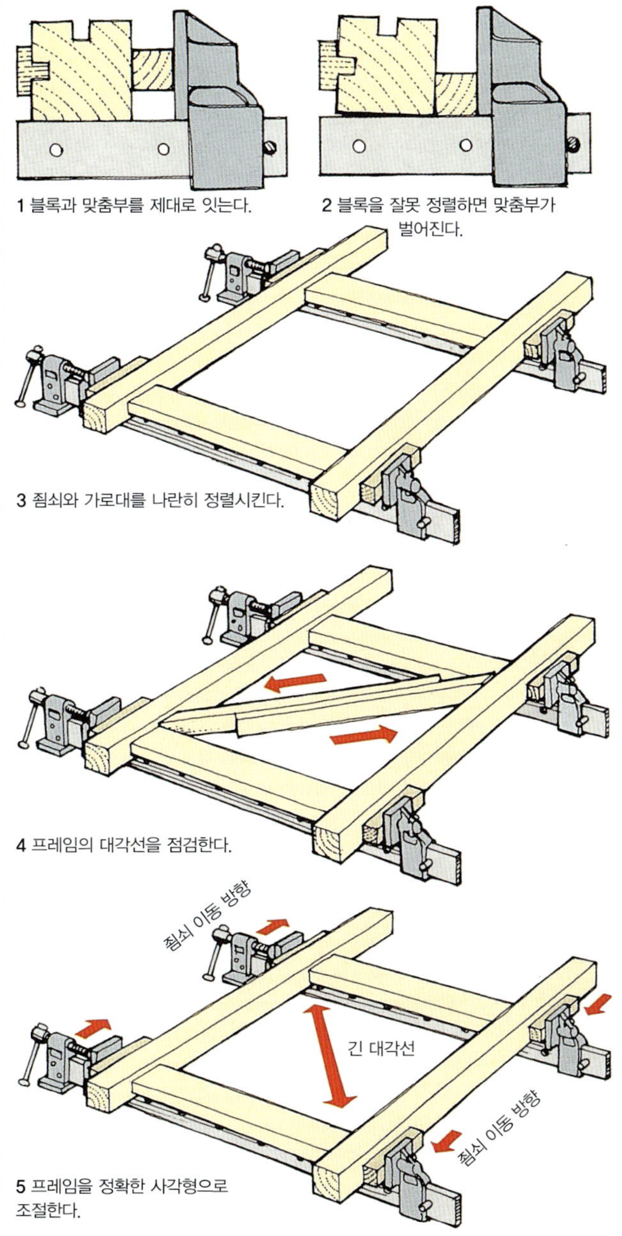

1 블록과 맞춤부를 제대로 잇는다.

2 블록을 잘못 정렬하면 맞춤부가 벌어진다.

3 죔쇠와 가로대를 나란히 정렬시킨다.

4 프레임의 대각선을 점검한다.

5 프레임을 정확한 사각형으로 조절한다.

프레임을 죔쇠로 고정

정사각형이나 직사각형 프레임의 각 측면을 고려해 바죔쇠를 조절한다. 연재 블록을 잘라 금속 물림턱으로부터 제작물을 보호하고, 죔쇠에서 직접 가해지는 압력이 맞춤부와 일직선이 되도록 만든다.1 블록을 적절한 위치에 놓지 못하면 맞춤부가 뒤틀리고 벌어진다.2

맞춤부에서 서로 만나는 모든 면에 얇고 고르게 접착제를 바른다. 접착제를 너무 많이 바르면 낭비일 뿐만 아니라 맞춤부가 벌어질 수 있고 수압 때문에 목재가 쪼개질 수도 있다.

프레임을 조립하고 죔쇠와 가로대를 나란히 정렬시킨 다음3 접착제가 맞춤부 밖으로 밀려나올 때까지 물림턱를 서서히 죈다. 적신 천으로 표면에 지나치게 많이 묻어 있는 접착제를 닦아낸다.

뒤틀림 확인

프레임이 뒤틀려 있지 않은지 확인한다. 다시 말하면, 가로대가 서로 나란히 정렬되어 있는지 확인한다. 뒤틀린 프레임을 곧게 펴려면 죔쇠의 한쪽 끝을 올려서 비틀림을 바로잡은 다음 정렬 상태를 다시 점검한다. 필요하다면 죔쇠를 약간 느슨하게 풀고 정렬 상태를 바로 잡는다.

직각 확인

맞춤부가 정확히 직각으로 고정되었는지 확인하기 위해서 직각자를 사용할 수도 있다. 그러나 대각선의 길이를 측정해서 전체 프레임이 직각인지 확인하는 것이 더 좋다. 두 개의 보조막대(Pinch rod: 한쪽 끝을 뾰족하게 깎은 가느다란 나뭇조각)를 만든다. 보조막대를 나란히 잡고 뾰족하게 깎은 각 끝이 프레임의 반대편 구석에 닿을 때까지 서로 밀어낸다.4

보조막대를 함께 잡고 프레임으로부터 들어올리고 다른 대각선에 맞춘다. 만약 두 대각선 길이가 서로 일치하지 않으면 죔쇠를 살짝 풀고 긴 쪽의 대각선 길이가 작아지도록 프레임의 각도를 약간 조절해서 프레임을 직각으로 맞추고 5 다시 대각선 길이를 측정한다.

천죔쇠(Web cramp)

폭이 25mm이고 길이가 긴 나일론 역포로 제작물 주변을 감고 래칫을 사용해서 팽팽하게 당긴다. 웹은 연귀맞춤 프레임의 네 구석에 동일한 압력을 가하고 바죔쇠로 작업하기 힘든, 선반가공한 다리가 달린 스툴(Stool)이나 의자를 고정시키는 데 사용할 수 있다. 스패너 또는 나사드라이버로 작은 래칫 너트를 돌려서 죔쇠를 단단히 죈다. 접착제가 완전히 굳을 때까지 기다렸다가 레버를 눌러서 가해지고 있는 장력을 푼다.

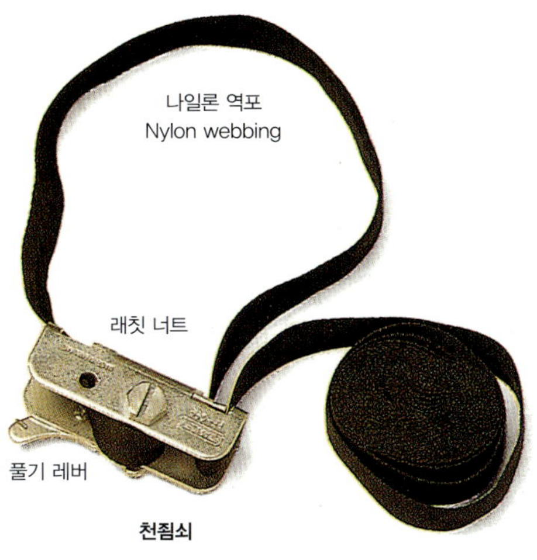

천죔쇠

연귀죔쇠(Mitre cramp)

접착제가 굳는 동안 연귀맞춤으로 이어진 각각의 부분을 잡아주는 데 사용된다. 죔쇠를 풀기 전에 강화 못이나 나사를 삽입한다. 더 큰 죔쇠는 112mm까지 사용할 수 있는 물림턱이 달려 있다.

연귀죔쇠

작은 죔쇠

지-죔쇠(G-cramp)
작업장에서 가장 유용하고 다용도로 사용할 수 있는 지-죔쇠는 모든 종류의 접착 과정에 사용될 수 있으며, 제작물을 작업대에 단단히 고정시키는 데 사용된다. 지-죔쇠에는 28~300mm까지 사용할 수 있는 물림턱이 달려 있다.

긴 깊이 지-죔쇠 (Long-reach G-cramp)
지-죔쇠의 일종으로, 제작물을 가장자리부터 잘 고정시킬 필요가 있을 때 사용할 수 있도록 일반적인 죔쇠보다 목(Throat) 깊이가 두 배 정도 더 크다.

에지죔쇠(Edge cramp)
특수 목적용 지-죔쇠로, 판재에 덧댐물을 고정시키는 데 사용한다. 특히 바죔쇠로 고정시키기 힘든 굴곡면에 특히 유용하다. 에지 나사(Edge screw)를 뒤로 당기면 보통 지-죔쇠를 사용할 수 있다.

조작이 빠른 죔쇠 (Fast-action cramp)
조작이 빠른 바죔쇠의 축소형으로, 지-죔쇠와 같은 기능을 갖고 있지만 제작물에 매우 빨리 고정시킬 수 있기 때문에 접착제가 빨리 굳어버릴 때 사용하기에 적합하다.

캠죔쇠(Cam cramp)
조작이 빠른 죔쇠의 일종으로, 가볍고 나무로 만든 물림턱이 달려 있다. 움직이는 물림턱을 제작물까지 밀고 캠 레버(Cam lever)를 올려서 제작물에 힘을 가해 단단히 고정시킨다. 제작물을 보호하기 위해서 모든 물림턱에는 코르크가 달려 있다.

핸드스크루(Handscrew)
이 공구는 경사져 있거나 불규칙한 형태의 제작물을 고정시킬 수 있도록 다양한 각도로 제작물을 죌 수 있는 독특한 물림턱이 있지만 오늘날에는 작업장에서 이 공구를 거의 찾아보기 어렵다.

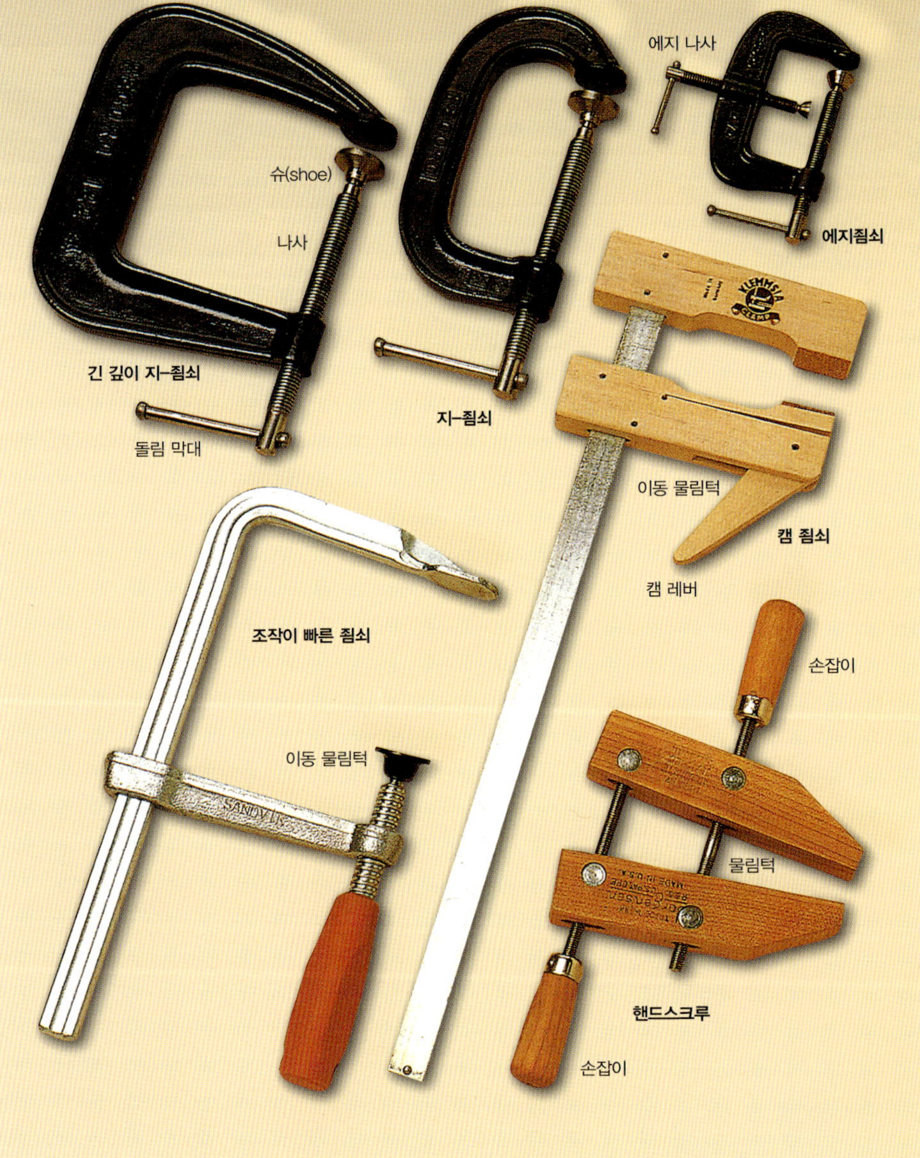

에지죔쇠 사용
가장자리가 둥근 제작물에 덧댐을 할 때 이 특수 목적용 지-죔쇠를 사용한다.

작은 죔쇠 사용

지-죔쇠 사용
원형 슈(Shoe)가 제작물에 닿을 때까지 엄지손가락과 나머지 손가락 사이에 나사를 잡고 돌린 다음 돌림 막대 또는 손잡이 나사를 죄어 압력을 가한다. 슈가 볼 조인트(Ball joint)에 붙으면 자동으로 각도가 있는 제작물에 맞도록 조절된다. 슈의 모서리에 의해 목재에 쉽게 흠집이 생기기 때문에 무른 블록을 대서 제작물을 보호한다.

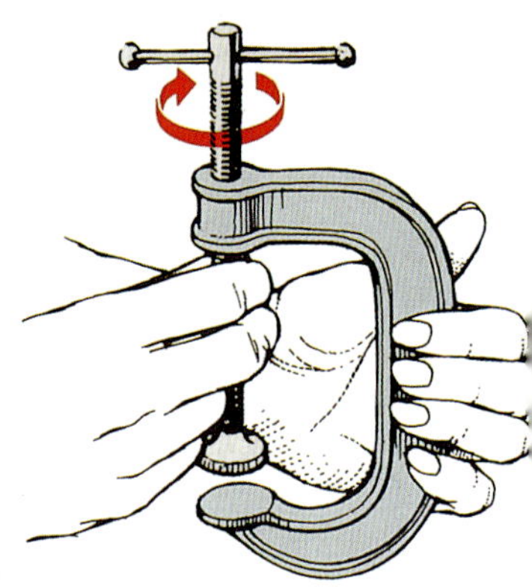

지-죔쇠 조절
나사를 돌려 물림턱을 제작물에 붙이고 돌림막대로 단단히 고정시킨다.

핸드스크루 사용
죔쇠를 조절하기 위해서 손잡이를 각각 손에 잡고 공구를 회전시켜 물림턱을 열거나 닫는다. 죔쇠를 제작물에 가져간 다음 양쪽 나사를 죄서 압력을 가한다. 물림턱은 나무로 만들어졌기 때문에 제작물에 흠집이 덜 생기지만 물림턱과 목재 사이에 종이가 끼어 있을 때는 공구가 뜻하지 않게 접착되지 않도록 주의해야 한다.

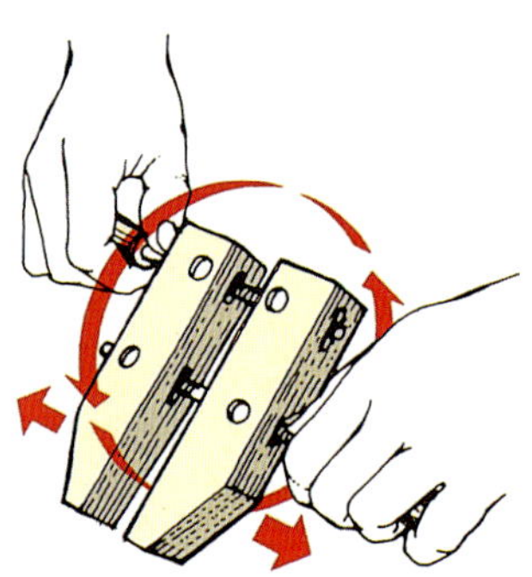

핸드스크루 조절
공구를 돌려서 물림 턱을 열거나 닫는다.

4장 ▪ 전동공구

얼마전까지만 해도 홈 작업장에는 한 대의 전동공구와 이 공구를 원형톱, 지
그톱, 오비탈 연마기 등으로 변환시키는 몇몇 부속품 정도만 갖추어져 있었
다. 그러나 오늘날에는 상황이 완전히 달라졌다. 목가구 작업자는 이제 최신
전동공구의 우수성을 알고 있고, 비전동식 장치에 의존하기보다는 특정 용도
에 걸맞은 전용 공구에 투자하는 쪽으로 기울고 있다. 최신 전동공구는 가볍
고 몸체가 완전히 절연되어 있다. 그리고 기존 공구보다 디자인도 뛰어나고
더 힘 있게 작동한다. 대부분의 최신 전동공구는 실용적인 소형 기계 공작실
을 꾸밀 수 있도록 작업대에 고정시켜 사용할 수 있다. 전동공구의 또다른
획기적 발전이라면 배터리를 사용해서 코드 없이 작업할 수 있게 되었다는
것을 들 수 있다. 아직까지는 배터리의 성능이 충분치 못하기 때문에 장시간
전동모터를 돌리기는 어렵다. 하지만 구멍을 뚫거나 나사를 박는 등 비교적
힘이 덜 들어가는 작업에 사용하기에 적합하며, 코드가 없는 공구는 조용하
며 효율적이고 사용하기 편리하다.

전동드릴

전동드릴(Power drill)은 공구 시장에서 가장 많이 판매되고 또 사용된다. 전동공구는 매우 유용한 목작업 공구일 뿐 아니라 대부분의 가정에서 손수 간단한 수리를 하는 데 없어서는 안될 DIY 공구이기도 하다. 제조업체들은 사용 후 버리는 저가 드릴에서 더욱 복잡하고 강력한 전문가용 모델에 이르기까지 다양한 공구를 생산해서 전동공구에 대한 막대한 수요를 충당하려 한다. 목작업자에게는 정확하면서도 어느 정도 다양하게 쓸 수 있는 중간 등급의 드릴이 필요하다. 대개 전기 콘센트에 꽂아서 사용하는 전동드릴을 구입하지만 코드가 없는 조용한 드릴은 작은 구멍을 뚫거나 나사를 박는 데 많이 사용된다.

플러그를 꽂아 사용하는 전동드릴

콘센트에 플러그를 꽂아 사용하는 전동 드릴을 선택할 때는 합리적인 가격에 가장 효과적인 공구인지 고려한다. 이론적으로 주로 전문가용으로 만들어진 공구는 작업을 빨리 할 수 있고 성능 저하 없이 장시간 사용할 수 있을 것이다. 하지만 실제로는 전문가들도 일반용으로 제작된 고품질 공구로도 매우 만족한다.

척 크기(Chuck capacity)

드릴 비트는 척에 단단히 고정된다. 대부분 척에는 드릴 비트의 자루(Shank)를 죌 수 있도록 각각 가운데로 모이는 물림턱이 세 개 있다. 어떤 모델에서는 이가 나 있는 물림턱을 사용해서 열고 닫기도 한다. 어떤 드릴은 척 구조를 감싼 원통형 고리(Collar)를 돌려 열고 닫는 키 없는 척으로 만들어진다.

척이 받아들일 수 있는 드릴 비트 자루의 최대 크기로 척의 크기가 표현되며, 이것은 전동공구가 강철에 구멍을 뚫을 수 있는 최대 지름에 해당된다. 같은 드릴이라도 더 작은 자루가 달려 있는 목작업용 드릴 비트를 사용하면 목재에 더 큰 구멍을 뚫을 수 있다. 대부분의 전동 드릴의 척 크기는 10~13mm이다.

패스트 액션 척
(Fast-action chuck)

어떤 드릴에는 패스트 액션 손잡이가 달려 있다. 이것을 뒤로 당기면 손잡이가 자동으로 열리며, 이때 자루에 홈이 나 있는 특수 드릴 비트를 끼워 넣는다. 척을 다시 원래 상태로 되돌리면 드릴 비트가 물려서 고정된다. 이런 유형의 드릴에 사용되는 드릴 비트의 크기는 다양하지만 자루의 크기는 모두

● **모터의 크기(Motor size)**
제작업자들은 일반적으로 높은 전력이 필요하면 드릴의 모터에 일일이 명기해놓는다. 일반적 작업의 경우 대략 3000rpm을 생산할 수 있는 500~600와트 드릴이면 적당하다.

플러그를 꽂아 사용하는 전동드릴

안전한 전동공구 사용법

전동공구를 소중히 다루고 조심해서 사용한다면 사고를 방지할 수 있을 것이다. 어떤 공구를 사용하건 다음 안전 조치를 따라야 한다.

● 헐렁한 옷이나 보석을 착용하지 말아야 한다. 공구의 움직이는 부분에 걸릴 수도 있기 때문이다. 머리는 끈으로 묶는다.
● 파편이 튈 수도 있는 작업을 할 때는 언제나 보호 안경을 착용해야 한다.
● 전선을 잡은 채로 공구를 들거나 전기 콘센트에서 플러그를 뽑지 말아야 한다.
● 전선과 플러그가 마모되거나 손상되지 않았는지 정기적으로 점검한다.
● 공구를 사용하지 않을 때나 장치를 조절하거나 액세서리 및 부속물을 교체하기 전에는 플러그를 뽑아둔다.
● 전동공구를 사용하는 곳 주변에 아이들이 접근하지 못하도록 한다. 작업을 마치면 공구를 안전한 곳에 보관한다.
● 항상 제작물을 단단히 고정시킨다.
● 비가 내리는 곳이나 매우 습한 곳에서는 전동공구를 사용하지 말아야 한다.
● 손잡이와 쥐는 부분은 건조하고 기름이 묻지 않은 상태를 유지해야 한다.
● 코드 없이 사용하는 공구에서 사용하던 배터리는 폭발 위험성이 있기 때문에 물이나 불속에 버리지 말아야 한다.

같다. 척 어댑터에는 보통 드릴 비트를 끼운다.

속도 선택

작업자는 자신의 드릴이 특정 속도에서 특유의 성능을 발휘한다는 것을 알게 될 것이다. 속도를 제어하고 선택하기 위한 몇 가지 시스템이 있다. 어떤 기본적인 드릴은 두 가지 고정 속도를 스위치 방식으로 선택하도록 설계되어 있다. 어떤 드릴에서는 가변 속도 방아쇠로 속도를 조절한다. 이런 유형의 제어 방식에서는 방아쇠를 누르는 압력에 따라 속도가 0에서 최대 속도까지 변한다. 어떤 드릴에서는 부착된 다이얼을 사용해서 최적의 속도를 선택함으로써 방아쇠 움직임을 제한할 수 있도록 만들기도 한다. 이러한 특징은 나무나사를 박는 경우와 같이 천천히, 잘 제어된 상태로 드릴이 작동되어야 하는 경우에 유용하다. 가변 속도 드릴에 두 개의 기계적 기어가 장착되어 있을 때는 저속에서 더 큰 회전력이 발휘된다.

많은 전동드릴이 전기적으로 제어된다. 드릴 비트에 하중이 가해져도 선택한 속도를 계속 유지시키며 드릴 비트가 제작물에 걸려도 내부 토크 보정기에 의해 모터가 손상되지 않는 전자 속도 제어 시스템이 가장 좋다. 드릴이 회전할 때 처음에 저속으로 회전하도록 만드는 소프트 스타트(Soft-start) 기능이 있으면 고속 전기 모터가 작동 초기에 흔들리는 것을 최소화할 수 있고 나사 머리가 손상을 입는 것도 방지할 수 있다.

드릴 제조업체들은 일반적으로 자신들의 공구가 다양한 속도 범위에서 최상의 성능을 발휘한다고 말한다. 하지만 일반적으로 목재에 구멍을 뚫을 때는 고속을 선택하고 벽돌이나 금속에 구멍을 뚫거나 나무나사를 박을 때는 저속을 선택한다.

보조 손잡이와 깊이 멈춤

대부분의 드릴에는 가장 편안한 각도로 고리 위에 고정되어 있는 보조 손잡이가 달려 있다. 드릴 비트가 원하는 깊이에 도달했을 때 제작물에 기대게 되어 있는 깊이 멈춤이 있는 드릴을 선택하는 것이 좋다. 어떤 전동드릴에서는 보조 손잡이가 예비

드릴 비트를 넣어두는 보관통 역할을 하기도 한다.

전환 기능

전동드릴에는 나사를 제거하기 위해서 회전 방향을 바꾸는 데 사용하는 스위치가 달려 있다.

망치 기능

목작업에는 사용되지 않지만 벽돌, 석재, 콘크리트 등에 구멍을 뚫을 수 있는 망치 기능이 있는 드릴을 구입하는 것이 좋다. 망치 기능은 드릴 작업을 시작하기 전이나 드릴 작업을 진행하는 도중 스위치로 작동하며, 드릴 비트 뒤에서 일 초에 수백 번의 타격을 가함으로써 드릴 작업을 진행하면서 벽돌을 부수는 기능을 한다. 반드시 망치 기능에 알맞은 특수 진동드릴 비트를 사용해야 하고 드릴 비트가 척에 단단히 물려 있는지 확인해야 한다.

전기 절연

전동드릴은 작업자가 공구 내부에서 발생되는 결함에 의해 전기 쇼크를 받지 않도록 전체가 플라스틱 몸체로 덮여 있다. 이를 이중 절연이라고 한다. 완전 절연이라고 표시되어 있는 공구의 경우에는 작업자가 실수로 전기선을 건드렸다 하더라도 전기 쇼크를 받지 않을 뿐 아니라 구동 모터도 손상을 받지 않는다.

고리 크기

국제 규격인 43mm 지름의 고리가 척 바로 뒤에 연결되어 있으면 같은 규격을 사용하는 다른 제조업체에서 제조한 액세서리 및 부속물을 사용할 수 있다. 따라서 드릴 제조업체에서 제조한 것보다 더 값싸고 품질이 우수한 액세서리 및 부속물을 선택해서 구입할 수 있다.

방아쇠 잠금

드릴 손잡이에 있는 작은 버튼을 누르면 연속 작동할 수 있도록 방아쇠를 고정시킬 수 있다. 방아쇠를 한 번 더 누르면 잠금이 풀린다.

코드 없는 드릴

코드가 없는 드릴은 제한된 범위 내에서 우수한 공구이다. 전원에서 멀리 떨어진 제작물에 작업하기 위해서 전기선을 끌어올 필요가 없으며, 무게가 가볍고 조용하며 사용하기 편리하다는 장점이 있다.

대부분의 코드 없는 드릴의 척 크기는 10mm이지만 특수 드릴 비트를 사용하면 목재에 지름 30mm의 구멍도 뚫을 수 있다. 척 크기가 13mm인 드릴도 사용할 수 있다. 망치 기능도 갖고 있으면 벽돌을 뚫을 수도 있다. 코드 없는 드릴에는 대부분 키가 없는 척이 달려 있다.

고정 속도 드릴과 가변 속도 드릴의 두 가지가 있다. 어떤 모델에는 전기 제어 시스템이 사용되고 있다. 그리고 코드 없는 모든 드릴에서는 전동 나사드라이버처럼 사용할 수 있도록 방향 전환 기능이 갖추어져 있다.

다른 모델에서는 벽에 걸 수 있는 저장 랙(Rack)이 충전 장치와 함께 통합되어 제공되기도 한다. 매일 저녁 공구를 보관할 때 항상 배터리를 충전시켜야 한다. 또다른 드릴에는 충전기를 끼워 충전시킬 수 있도록 공구와 분리되는 배터리 팩이 사용된다. 이 방법을 통해 예비 배터리 팩을 충전된 상태로 유지하고 대비할 수 있다. 채 15분도 안 걸리는 급속 충전기를 사용하지 않는다면 배터리 팩을 충전하는 데는 한 시간에서 세 시간이 걸린다. 배터리 팩은 교체할 때까지 수천 번 충전할 수 있다.

지나치게 뜨겁거나 추운 환경에 오래 노출되면 코드 없는 드릴은 망가질 수도 있다.

코드 없는 드릴

벽에 걸 수 있는 충전 장치
이런 형식의 코드 없는 드릴은 벽에 걸 수 있는 보관 장치에 넣어 충전할 수 있다.

드릴 비트와 액세서리

목가구 작업자는 최대 지름 13mm까지의 완벽한 트위스트 드릴 세트가 필요할 것이다. 그러나 필요하지 않다면 자루의 폭이 좁은 드릴 비트나 큰 목작업용 드릴 비트를 구입할 필요는 없다. 액세서리는 전동공구를 폭넓게 활용하기 위한 것일 뿐, 반드시 갖추고 있어야 할 장비라고는 볼 수 없다. 한 가지 예외는 수직 드릴 스탠드로, 만약 작업자가 적절한 드릴프레스를 갖고 있지 않다면 정확한 구멍을 내거나 제작물의 면과 직각으로 구멍을 뚫기가 어렵다.

참조할 곳

줄	111
드릴 비트 갈기	114
나사 삽입	119
안전한 팁	124
전동드릴	124–125
드릴프레스	188–189
꽂임촉맞춤	236–237
나무나사	304–305

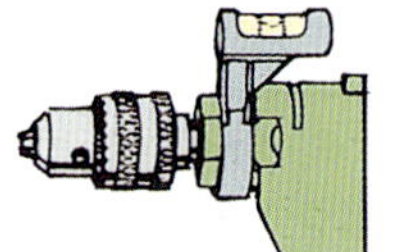

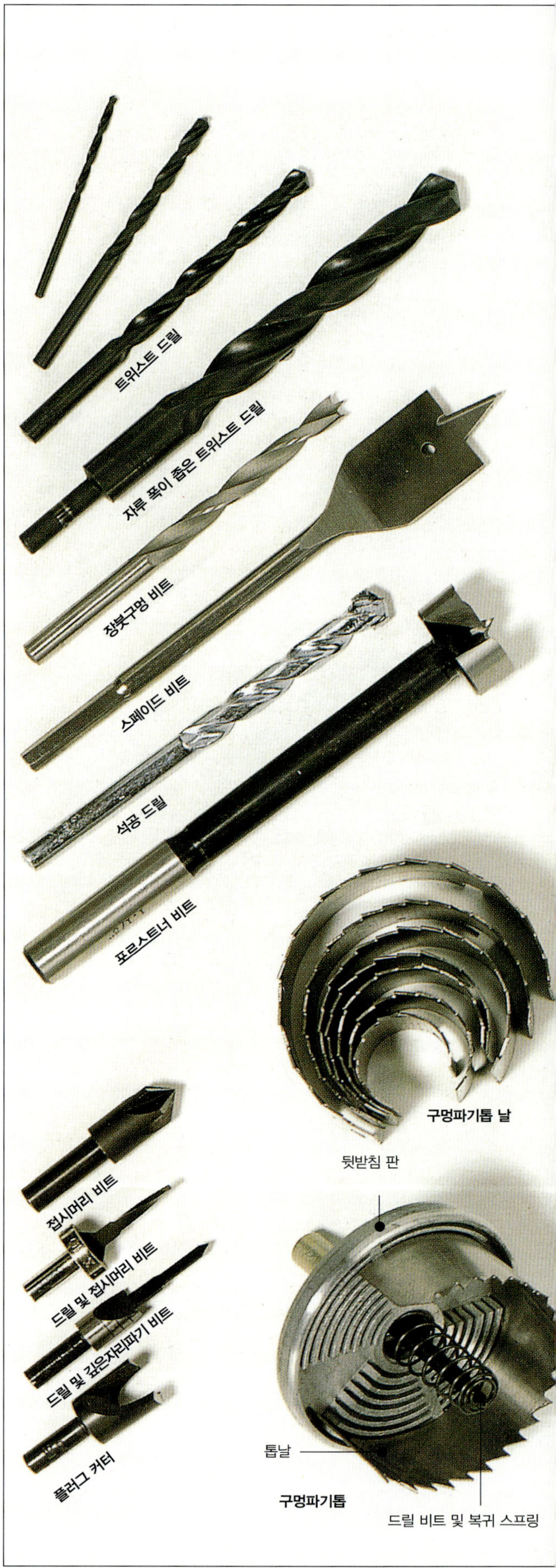

● **기포 수준기 (Spirit level)**
제작물에 직각으로 구멍을 뚫는 데 도움이 되도록 작은 기포 수준기를 드릴 고리에 고정시킨다. 수평으로 구멍을 뚫을 때는 물방울이 선의 중앙에 온 상태에서 작업한다. 수직으로 구멍을 뚫을 때는 기포 수준기의 유리 끝에서 물방울이 중심에 오도록 유지한다.

트위스트 드릴(Twist drill)

트위스트 드릴은 금속을 다루는 작업을 위해 고안된 공구이지만, 일반적인 용도의 목가구 작업용 드릴 비트로도 사용할 수 있다. 목가구 작업에는 탄소강으로 만든 드릴도 적합하다. 하지만 금속에 구멍을 뚫어야 할 경우를 대비해서 값은 좀더 비싼 고속 탄소강 드릴 비트를 구입하는 것이 더 좋다. 트위스트 드릴은 지름이 13~25mm이고 표준 전동공구의 척에 걸맞게 자루의 폭이 더 좁다. 트위스트 드릴은 항상 날카롭게 유지해야 하며, 이를 사용하기 전에는 세로 홈 사이에 붙어 있는 목재 찌꺼기를 제거해주어야 한다.
트위스트 드릴은 중심을 잡기 쉽지 않다. 경재에서는 금속 작업용 센터 펀치를 사용해서 구멍의 중심을 표시하는 것이 더 좋다. 목재가 깨지지 않도록 하기 위해서는 제작물의 뒷면 밖으로 날이 드러날 때는 드릴에 압력을 가하지 않아야 한다. 그러지 않으면 뒷면에 나뭇조각을 받치고 고정시킨다.

장붓구멍 비트(Dowel bit)

장붓구멍 비트는 트위스트 드릴의 일종으로, 중심에서 벗어나는 것을 막기 위한 센터 포인트와 깨끗한 구멍을 내기 위한 스퍼(spur)가 두 개 달려 있다.

스페이드 비트(Spade bit)

이 비트는 6~38mm의 비교적 큰 구멍을 뚫기 위한 저가의 드릴 비트로, 리드 포인트가 길게 나 있기 때문에 제작물의 면과 일정한 각도로 구멍을 뚫을 때도 구멍의 중심을 잘 잡을 수 있다.

포르스트너 비트(Forstner bit)

이 드릴 비트는 매우 깨끗하고 바닥이 평평한 구멍을 뚫을 수 있는 고품질 드릴 비트로, 최대 지름은 50mm이다. 포르스트너 비트는 옹이나 나뭇결에 의해 비껴나가지 않고, 겹치는 구멍 또는 제작물의 가장자리 밖으로 나오는 구멍도 어려움 없이 뚫을 수 있다.

접시머리 비트(Countersink bit)

접시머리 비트는 나사못의 접시머리를 넣기 위한 접시머리 구멍을 파는 데 사용된다. 우선 접시머리 비트의 중심점을 잡기 위해 파일럿 홀과 클리어런스 홀을 먼저 뚫은 다음 드릴 비트를 고속으로 회전시켜 구멍을 깨끗하게 마감한다.

드릴 및 접시머리 비트(Drill-and-countersink bit)

이 형식의 드릴 비트는 파일럿 홀, 자루 클리어런스 홀, 접시머리 홈을 한 번에 파는 데 사용된다. 사용 가능한 크기는 일반적으로 사용되는 나무나사와 같다.

드릴 및 깊은자리파기 비트(Drill-and-counterbore bit)

이 드릴 비트의 기능은 드릴 및 접시머리 비트와 비슷하지만, 나사 머리를 감추고, 나중에 나무로 만든 플러그로 채워지는 카운터보어 홀을 뚫는 기능도 있다.

플러그 커터(Plug cutter)

목재의 측면 조직 안으로 플러그 커터를 밀어 넣으면 드릴 및 깊은구멍파기 비트로 파낸 구멍에 정확하게 들어맞는 원통형 목재 플러그를 만들 수 있다. 목재의 색과 나뭇결 모양과 잘 일치되는 부분에서 플러그를 잘라낸다.

석공 드릴(Masonry drill)

석공 드릴은 강철로 만든 트위스트 드릴로, 벽돌·석재·콘크리트 등에 구멍을 뚫을 수 있도록 설계된 텅스텐 카바이드 팁이 끝에 붙어 있다.

충격식 드릴(Percussion drill)

이 드릴은 석공 드릴의 일종으로, 전동드릴의 망치 기능에 의해 발생되는 진동에 견딜 수 있도록 설계된 안전 팁이 달려 있다.

구멍파기톱(Hole saw)

구멍파기톱은 원통형 톱날이, 중심을 관통해 지나가는 트위스트 드릴에 고정된 플라스틱이나 금속으로 만든 뒷받침 판에 붙어 있다. 구멍파기톱은 지름이 25mm에서 89mm까지이며 세트로 판매된다. 드릴 비트의 자루를 척에 끼우고 단단히 고정시킨다. 톱날은 드릴 비트보다 훨씬 더 빨리 회전하기 때문에 보통 나무에 구멍을 뚫을 때 사용하는 속도보다 낮은 속도를 선택해야 한다. 목재에 날을 박을 때는 일정한 속도로 밀어 넣는다.

나사드라이버 비트
(Screwdriver bits)

납작한 팁이나 모든 형태의 십자형 팁도 전동드릴을 위한 나사드라이버 비트로 사용할 수 있다. 이 비트를 사용하면 파일럿 홀(Pilot hole)과 클리어런스 홀(Clearance hole)을 뚫지 않고도 목재에 나사를 박을 수 있다. 그러나 나사가 직선에서 벗어나지 않고 목재가 쪼개지지 않도록 하기 위해서 먼저 드릴로 구멍을 뚫는 것이 좋다.
나사를 박거나 뺄 때는 가장 낮은 속도를 선택하고 드릴 비트가 나사의 슬롯에서 미끄러져 나오지 않도록 작업 내내 드릴에 힘을 가한다.

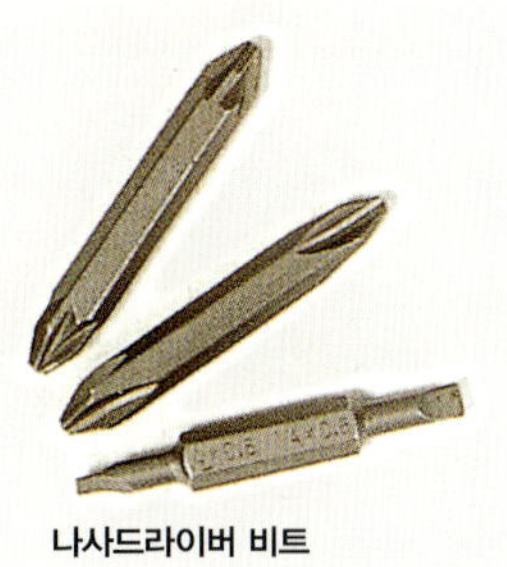

나사드라이버 비트

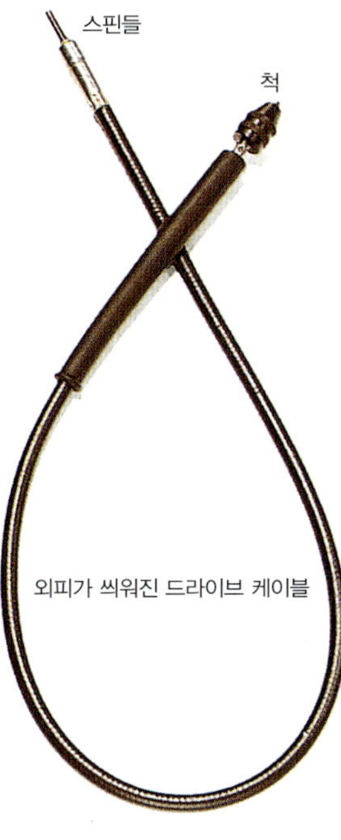

유연한 드라이브(Flexible drive)

유연한 드라이브를 사용하면 완전한 크기의 드릴로는 접근이 불가능한 곳에도 드릴 비트와 회전식 거친 줄을 사용해 작업할 수 있다. 이 공구는 부드러운 외피로 씌워진 유연한 드라이브 케이블이 있으며, 한쪽 끝에는 스핀들이 달려 있고 다른 쪽에는 작은 척과 짧은 펜이 고정되어 있는 손잡이가 달려 있다. 스핀들 끝은 벤치 스탠드에 이상적으로 고정되어야 하는 표준 전동드릴의 척과 맞물린다. 유연한 드라이브의 척 크기는 6~8mm이다.

회전식 거친 줄(Rotary rasp)
유연한 드라이브의 척에 고정되는 거친 회전식 줄은 복잡한 형태를 다듬는 데 이상적이다.

장붓구멍 지그(Dowelling jig)

장붓구멍 지그는 드릴 비트를 직각으로 정확하게 잡아주는 장치로, 꽂임촉맞춤으로 잇는 두 부재에 일정한 간격으로 반복해서 구멍을 뚫을 수 있다. 튼튼하고 잘 만들어진, 캐비닛을 만들기 위한 원목 가로대나 폭이 넓은 판자를 물릴 수 있는 지그를 선택한다. 이 지그에는 모든 측정의 기준이 되는 고정된 헤드 또는 펜스가 달려 있다. 이 헤드 또는 펜스는 두 개의 강철 막대에 의해 제작물을 지그에 단단히 고정시키는 역할을 하는 슬라이딩 펜스와 연결되어 있다.
조절 가능한 드릴 비트 가이드는 나무못 구멍을 원하는 지점에 위치시킬 수 있도록 강철 막대에 고정되어 있다.
끝 펜스를 제거하면 폭이 넓은 판재에도 나무못 구멍을 뚫을 수 있다. 드릴 비트 가이드의 측면 펜스를 제작물에 기대고 나무못으로 마지막 뚫은 구멍 위에 첫 번째 가이드를 고정시켜서 판재를 따라 구멍 사이의 간격을 정확하게 띄운다.

수직 드릴 스탠드
(Vertical drill stand)

수직 드릴 스탠드는 휴대용 전동드릴을 유용한 드릴프레스로 바꾸어준다. 피드 레버를 아래로 당기면 드릴 비트가 내려와 제작물에 구멍을 뚫는다. 스탠드에 스프링이 달려 있다면 작업자가 피드 레버를 당기는 힘을 풀면 드릴이 자동으로 위로 올라간다.
선택한 스탠드에 단단한 기둥과 드릴 자체를 잡아주는 드릴죔쇠가 있는지 확인한다. 이 밖에 작업대에 나사로 고정시킬 수 있는 넓고 무거운 받침대도 있어야 한다. 받침대에 나 있는 슬롯에는 금속 제작물에 구멍을 뚫는 데 쓰이는 작은 바이스를 고정시킬 수도 있다. 하지만 이 슬롯은 드릴 비트 바로 아래에 제작물을 위치시키는 데 도움이 되도록 작업자가 손수 제작한 나무로 만든 펜스를 받침대에 볼트로 고정시키는 데 사용할 수도 있다.
스탠드에 달린 깊이 게이지는 작업자가 멈춘 구멍을 파고자 할 때 드릴의 움직임을 제한한다. 제작물을 관통하는 구멍을 뚫을 때는 제작물 밑면이 깨지는 것을 방지하기 위해서 제작물 밑에 칩보드 또는 합판 조각을 받친다

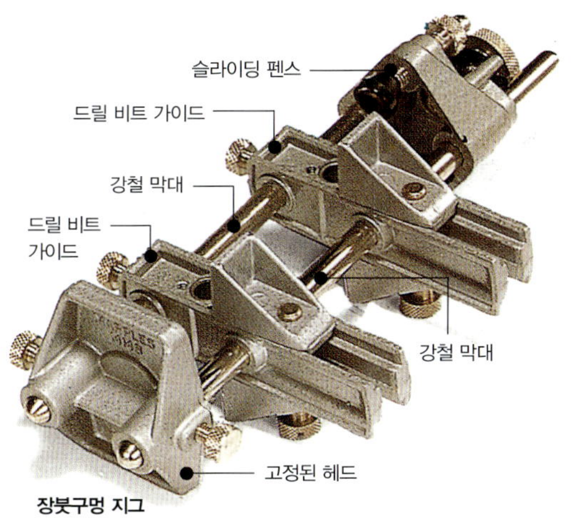

장붓구멍 지그

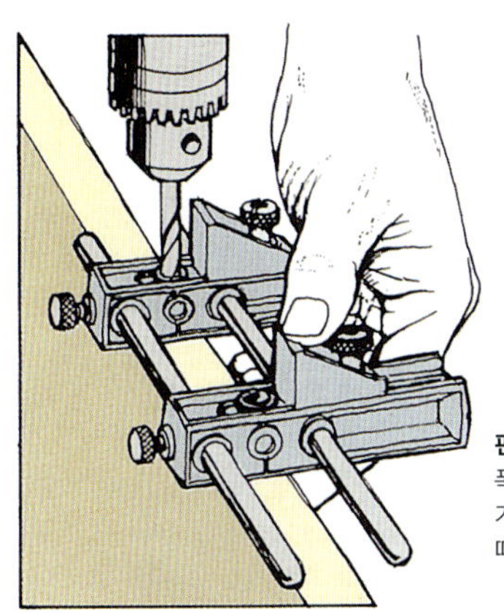

판재에 나사못 구멍 뚫기
폭이 넓은 판재의 가장자리에 구멍을 뚫을 때는 끝 펜스를 제거한다.

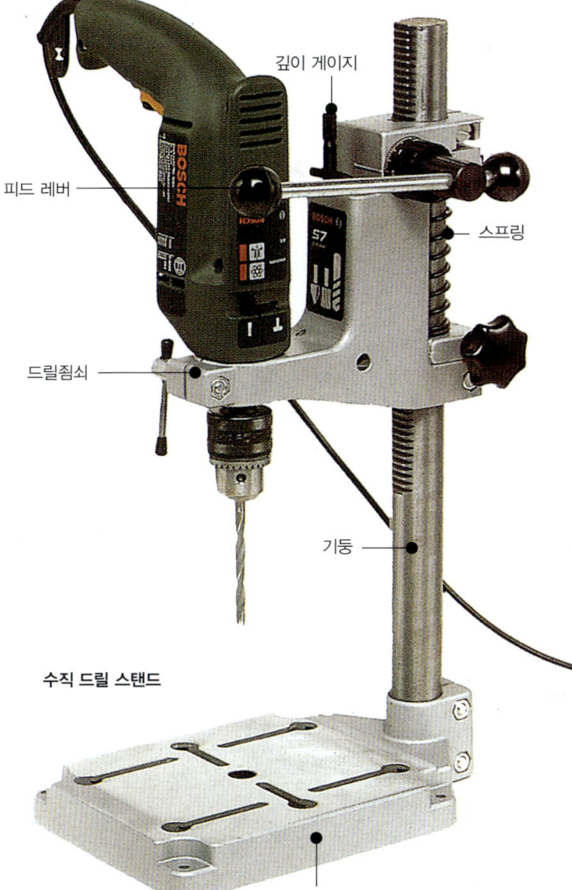

수직 드릴 스탠드

지그톱

몇몇 제조업체들은 지그톱(Jagsaw)에 상당히 많은 불평을 하고 있지만 이것은 유용한 다목적 공구임에 틀림없다. 이 공구를 사용하면 인공 합판을 잘 자를 수 있고 원목을 세로로 켜거나 가로로 켤 수도 있다. 그러나 이 공구의 진짜 장점은 곡선으로 자를 수 있다는 점이다. 지그톱에 적절한 날을 장착하면 금속판이나 플라스틱을 자를 수도 있다. 모델 중 어떤 것들은 테이블에 거꾸로 부착시킬 수 있는 부속 장치가 있어서 두 손으로 제작물을 잡고 작업할 수도 있다.

전동지그톱

과거에는 지그톱의 날이 좁아서 힘을 받으면 잘 휘고 절단선에서 자꾸 벗어나서 사실상 정확하게 제작물을 자르는 것이 불가능했다. 그러므로 목가구 작업자들 사이에서 지그톱에 대한 평판은 좋지 않았다. 하지만 디자인이 잘 된 오늘날의 지그톱은 일정 속도를 구현하는 전자장치와 정확한 밸런스를 유지하고 진동을 거의 일으키지 않는 전기 모터가 사용된다. 이 공구는 사용하기 편리할 뿐 아니라 비교적 조용하고 제어하기도 쉽다. 기본적인 지그톱으로도 대부분의 작업을 할 수 있지만 만약 추가 장치를 하면 더 많은 용도로 사용할 수 있다.

궤도 기능

기본적인 지그톱에서는 날이 위아래로 똑바로 움직인다. 궤도 기능 또는 추 기능이 있는 지그톱은 날이 올라가면서 제작물 쪽으로 조금씩 앞으로 나아가기 때문에 훨씬 빨리 자를 수 있다. 또 날이 아래로 내려오면서 뒤쪽으로 움직이기 때문에 역시 톱니에서 발생되는 마찰을 최소화하는 동시에 선명한 톱질자국을 만든다. 진동 정도는 자르고자 하는 재료에 맞게 적절한 수준으로 조절할 수 있다. 최대 크기로 맞추면 연재나 플라스틱을 쉽고 빠르게 자를 수 있다. 두꺼운 연재나 경재, 칩보드, 약한 금속 등을 자를 때는 세기를 줄여서 작업한다. 금속이나 얇은 재료를 자를 때는 궤도 기능의 세기를 0으로 맞춘다.

● **모터 크기**
전기를 꽂아 사용하는 지그톱에는 최대 속도에서 분당 3000회 왕복 운동이 가능한 350~600W 모터가 사용된다. 이보다 강력한 모터는 더 빠른 속도를 위해서가 아니라 더 두꺼운 재료를 자르기 위해서 사용한다.

전동지그톱

스크롤러 지그톱
(Scroller jigsaw)

안전한 지그톱 사용법

앞서 설명한 안전한 전동공구 사용법을 지키되, 그 밖에 지그톱을 안전하게 사용하기 위한 다음 주의사항도 반드시 따라야 한다.

- 작업물 아래에서 톱날이 걸릴 수 있는 장애물이 있는지 확인한다.
- 전선이 공구 뒤에 있는지 확인한다. 절대로 날의 앞에 와서는 안 된다.
- 반드시 날카로운 날만 사용한다. 마모된 날은 제작물을 무리하게 절단한다.
- 절단선 근처에 있는 제작물 주위로 손가락을 접근시키지 말아야 한다.
- 톱날이 제작물을 자르고 나올 때 갑자기 속도가 높아지지 않도록 톱질이 거의 다 끝났을 때 톱을 누르는 힘을 풀어준다.
- 톱을 내려놓기 전에 톱날이 완전히 정지할 때까지 스위치를 끄고 기다린다.

절단 깊이

보통 지그톱으로 자를 수 있는 연재와 경재의 두께는 최대 70mm 이다. 비철금속은 최대 18mm 두께까지 자를 수 있고 강철은 3mm 두께까지 자를 수 있다. 전문가용 공구는 이보다 약간 더 두꺼운 목재를 자르는 데 주로 사용되지만 20mm 두께의 알루미늄이나 10mm 두께의 철을 자를 수도 있다.

톱밥 배출

대부분의 지그톱에서는 톱날 뒤에서 세찬 공기가 분사되어 절단면에서 발생하는 톱밥이 제거된다. 이 정도라면 대부분 목작업에 충분하다. 하지만 오랫동안 사용하거나 유독성 톱밥이 발생되는 목재를 자를 때는 적절한 톱밥 배출 장치가 달린 공구를 사용해야 한다. 유연한 호스를 공구 뒤쪽에 있는 플러그에 꽂고 목재가 잘리는 부분에서 톱밥을 빨아들여 진공청소기로 보낸다.

전기 절연

모터 안에서 결함이 발생해도 작업자가 전기 쇼크를 받지 않도록 몸통 전체가 플라스틱 케이스로 된 지그톱을 선택한다.

속도 선택

한 가지 속도로만 사용하는 지그톱의 경우에는 고속으로 작동되는 목가구 작업용 톱이 대부분이다. 그러므로 오랫동안 금속을 자르면 모터에 과부하가 걸리기 십상이다. 지그톱 중에는 자르고자 하는 재료에 맞도록 분당 500~3000회까지 일정한 왕복 속도를 선택할 수 있는 다이얼이 달려 있다. 하지만 속도를 조절할 수 있는 지그톱에서는 작동 스위치 또는 방아쇠를 누르는 세기를 조절해서 왕복 운동 속도로 제어할 수 있다. 하지만 이것은 다이얼 선택기에 의해 제한될 수 있다.

일반적으로 최고 속도는 목재를 자를 때 선택하고 중간 속도는 플라스틱이나 알루미늄같이 부드러운 금속을 자를 때 선택한다. 금속이나 세라믹 타일을 자를 때는 저속으로 작업한다. 하지만 실질적으로 톱에서 나는 소리와 작업이 얼마나 쉽게 진행되는지에 따라 적절한 왕복 운동 속도를 결정할 수 있다.

제작물을 자르는 동안 가장 좋은 지그톱은, 왕복 운동 속도를 확인해서 적절한 범위 내에서 일정한 속도가 유지될 수 있는지 확인할 수 있는 내장형 전자 피드백을 달고 있다.

지그톱이 일정한 시간 동안 최저속도로 작동하면 과열될 수 있기 때문에 가끔 2분 정도 톱을 최고속도에서 공회전시켜 모터를 냉각시켜주어야 한다.

방아쇠 잠금

연속적으로 작동시키기 위해서 방아쇠를 잠글 때는 손잡이에 있는 버튼을 누른다. 이 기능은 길고 복잡한 절단 작업에서 장력과 피로를 줄여준다.

스크롤링 장치

폭이 적당한 날을 달면 지그톱으로 복잡한 곡선 모양을 자를 수도 있겠지만 이를 위해서는 자르는 방향으로 전체 톱을 돌리거나 제작물의 위치를 조절해야 할 필요가 생긴다. 하지만 스크롤러 지그톱에서는 공구 위쪽에 달린 손잡이로 톱날을 독립적으로 조절할 수 있다. 톱날을 앞쪽이나 옆쪽, 뒤쪽으로 고정시킬 수도 있다. 이처럼 작업하는 동안에는 절삭날 바로 뒤에 일정한 압력을 가하도록 주의해야 한다. 그러지 않으면 톱날이 비틀리고 부러져버린다.

코드 없는 지그톱

전문 작업장에서는 코드 없는 커다란 지그톱을 사용할 수 있다. 하지만 목가구 작업자를 위한 코드 없는 지그톱을 제작하는 업체는 얼마 되지 않는다. 전선이 없는 지그톱의 장점은 분명하지만 전기를 사용하는 톱만큼 강력하지는 못하다. 코드 없는 지그톱을 사용해서 자르는 깊이가 전기를 사용하는 공구로 자를 때보다 더 작다. 그리고 칩보드처럼 밀도가 높은 재료를 자를 때는 비교적 배터리가 금세 소모되어 충전이 필요하게 된다. 만약 완전히 충전된 예비 배터리 팩이 있다면 이것은 별로 문제가 되지 않을 것이다.

코드 없이 사용하는 지그톱이 뜻하지 않게 갑자기 켜질 수 없는 문제는 없는지 확인한다.

파편 제어

톱날은 위로 올라가며 목재를 자르기 때문에 제작물 윗면의 톱질 자국 양쪽에서 파편이 발생하게 된다. 따라서 목재를 자르는 동안 지그톱이 목재를 받치지 않는다면 제작물 표면을 잘 눌러주는 것이 필요하다. 또다른 종류에서는 톱날이 슈 또는 받침판에 있는 좁은 홈에 맞춰질 때까지 슈(shoe) 또는 받침판을 뒤로 밀어내서 이 문제를 해결한다. 어떤 모델의 경우는 톱날 주위의 공간을 채우는 플라스틱 삽입물이 사용된다.

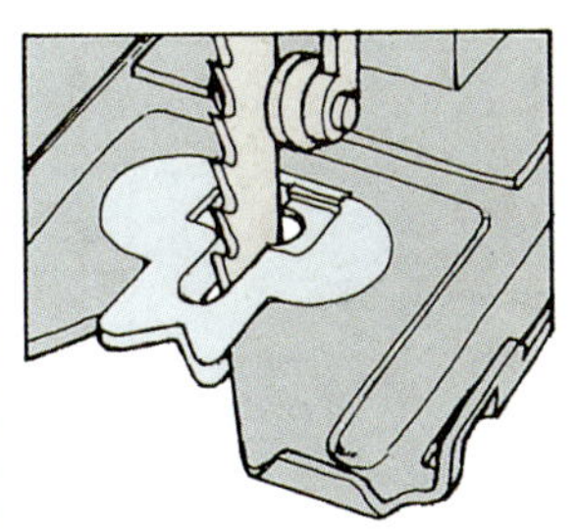

목재 표면이 쪼개지지 않도록 삽입물을 끼워 넣는다.

지그톱 톱날

모든 지그톱은 톱날을 쉽게 교체할 수 있도록 설계되어 있다. 이 톱날은 날카롭게 갈 수 없으므로 마모되거나 부러지면 바로 교체해야 된다. 또한 다양한 재료를 자를 때마다 다른 톱날을 사용해야 한다. 특히 목가구 작업 톱날은 정교하고, 빠르고 깨끗하게 자를 수 있도록 톱니 모양이 독특하다. 비록 제조업체들은 자신들이 제조하는 톱날을 서로 다르게 말하고 있지만, 톱날의 기본적인 제조법과 특성을 이해하고 있으면 특정 작업에 가장 알맞은 톱날을 선택할 수 있다.

톱날 길이

날에서 톱니가 나 있는 부분 또는 절삭이 이루어지는 부분의 길이로, 일반적으로 50~100mm 정도이다. 보통 톱날의 위쪽 반만 사용하기 때문에 톱날 길이는 그리 중요하지 않다. 하지만 두꺼운 목재를 자를 때는 목재의 최대 두께보다 약 15~20mm 긴 톱날을 선택해야 한다.

톱니 크기

제조업체 중에는 톱니 크기를 톱날 1인치에 들어 있는 톱니 개수로 표시하며, 공학 용어인 피치(Pitch)를 사용하기도 한다. 이 피치는 톱니 사이의 간격으로, 한 톱니의 끝점과 옆 톱니의 끝점 사이의 거리를 mm 단위로 표시하는 단위이다. 따라서 톱날을 인치당 10톱니 또는 2.5mm 피치로 나타낼 수 있다.

다시 말해 톱니가 작을수록 절단면이 더 정교하고, 클수록 톱 절삭 속도가 증가한다.

톱니 날 세우기

톱날이 지나간 뒤 생기는 좁고 긴 절단 부분을 톱질자국이라고 한다. 만약 톱질자국의 폭이 톱날의 두께와 같다면 톱질하는 도중 큰 마찰에 의해서 톱니가 많은 힘을 받아 결국에는 부러질 것이다. 따라서 최소한의 공간을 주기 위해서 톱질자국의 폭이 톱날 두께보다 약간 크게 톱날을 설계한다. 이를 위해서 다음 중 한 가지 방법으로 톱니를 휘어준다.

측면 휨(Saw or side set) 전통적으로 손으로 켜는 톱에 사용되어온 방법으로, 톱니를 번갈아 가면서 왼쪽과 오른쪽으로 굽힌다. 하지만 이 방법은 비교적 큰 톱니에만 적용이 가능하며, 톱질자국이 거칠고 빠르게 톱질할 수 있도록 설계된 톱날에만 사용된다.

갈아냄(Ground blade) 깨끗한 절단면을 얻기 위해서 이 방법은 엄밀히 말해서 톱니를 휘지 않는 대신 여유공간을 주기 위해서 톱니 뒤쪽에 있는 톱날을 갈아내서 얇게 만든다. 이 방법으로 만든 톱날은 원목뿐 아니라 인공 합판도 깨끗하게 잘라낼 수 있다. 또한 이 방법으로 만들어진 톱날의 톱니를 살짝 휘어주면 자르는 속도가 약간 더 빨라진다.

파도 모양 휨(Wavy set) 매우 작은 톱니가 달려 있는 톱날에서 절삭날을 뱀처럼 구불구불하게 만들면 폭이 넓은 톱질자국을 만들 수 있다. 이 방법으로 만든 톱날은 주로 금속을 자르는 데 사용되지만 합판이나 블록 보드에 깨끗하고 좁은 톱질자국을 내는 데도 유용하다.

지그톱 톱날 교체

대부분의 지그톱에서 톱날을 교체할 때는 앨런 키(Allen key)를 사용해서 쇠를 느슨하게 풀어줄 필요가 있다. 쇠 제어 장치가 내장되어 있는 모델에서는 더 간단하게 할 수 있다. 톱날을 교체할 때는 제조업체에서 제공하는 사용법에 따라 작업하고 항상 롤러 가이드가 뒤쪽에서 톱날을 받치고 있는지 확인해야 한다.

- ● 금속 자르기
얇더라도 금속판을 자를 때는 천천히 잘라야 하며, 절대로 더 빨리 자르기 위해서 톱을 강제로 밀어서는 안 된다. 윤활제로 오일 또는 테레빈유를 톱날 앞에 살짝 발라준다. 보호 안경과 기타 보호 장구를 착용한다.

- ● 플라스틱 라미네이트 자르기
플라스틱 라미네이트 칩보드를 자를 때 톱밥을 줄이려면 톱니가 거꾸로 달려 있는 라미네이트 절단용 톱날을 사용해야 한다. 또는 미세한 금속 절단용 톱날을 사용해도 된다. 하지만 이때 보드를 뒤집어 하드보드 판자 사이에 끼우고 잘라야 한다.

지그톱 사용

지그톱에서는 톱니가 왕복 운동을 하기 때문에 제작물을 작업대나 톱질 모탕에 단단히 고정시키지 않으면 제작물이 흔들릴 것이다. 얇은 하드보드나 합판 시트를 자를 때는 특히 두꺼운 나무 판자로 절단선 양쪽을 단단히 받쳐주어야 한다.

두 손으로 톱질하기

톱날을 제작물 가장자리 바로 앞에 두고 제작물을 슈 정면으로 가져간 다음 날을 절단선과 일직선으로 맞춘다. 지그톱의 전원을 켠 다음 잘려나가는 쪽으로 자르면서 톱을 안으로 밀어 넣는다. 제작물을 잘라가면서 일정한 속도로 톱을 민다. 이때 무리하게 힘을 주지 말아야 한다. 마지막 몇 센티미터 남았을 때 톱을 미는 속도를 줄이고 제작물이 다 잘렸을 때 톱이 갑자기 튀지 않도록 단단히 잡아준다.

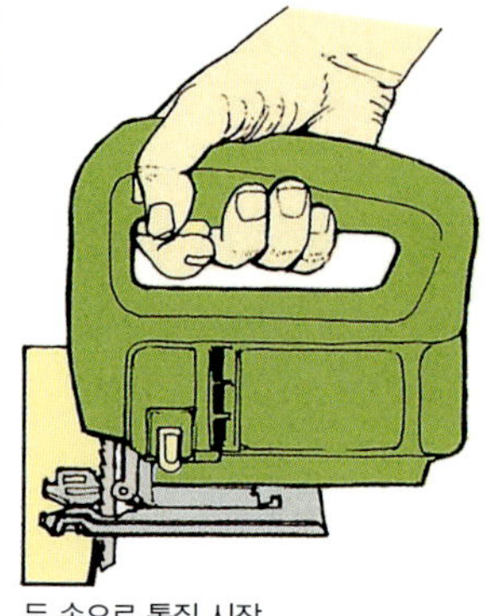

두 손으로 톱질 시작

측면 끝과 평행으로 자르기

슈(Shoe)에 붙어 있는 조절 가능한 측면 펜스는 톱날이 측면 끝과 평행으로 지나갈 수 있도록 잡아주는 역할을 한다. 펜스 쇠가 단단히 고정되어 있는지, 펜스 자체가 톱날과 정확히 일직선으로 정렬되어 있는지 확인한다. 만약 그렇지 않다면 톱질이 제대로 되지 않고 제작물이 타버리거나 부러져버릴 수도 있다. 기다란 경재 각재를 짧은 펜스에 나사로 고정시켜서 연장시킬 수도 있다. 안쪽 면에서 톱날 쪽으로 측정해서 펜스를 고정시키거나 톱날을 절단선과 일직선으로 정렬시킨 채로 펜스를 제작물의 가장자리에 기대어 밀고 펜스 쇠를 고정시킨다. 공구의 전원을 켜고 제작물 쪽으로 톱날을 가져간다. 이때 자르는 펜스를 제작물 측면 끝에 대고 밀어서 자른다.

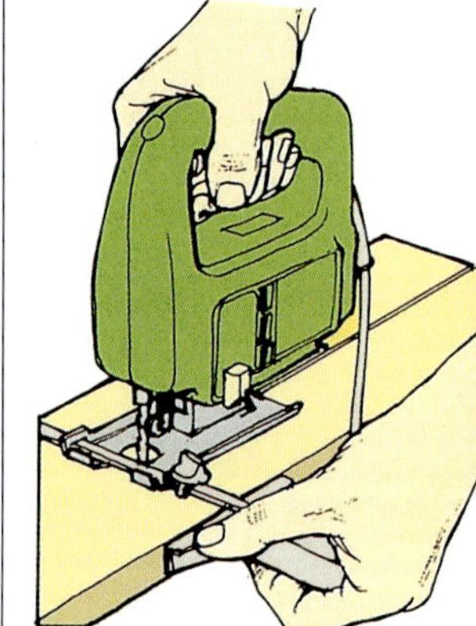

펜스를 제작물에 대고 누른다

임시로 펜스 만들기

절단선과 제작물의 가장자리가 멀리 떨어져 있을 때 측면 펜스를 사용하려면 슈의 옆면을 제작물에 고정시킨 누름대에 기댄 채로 작업한다.

경사면 자르기

지그톱에 달려 있는 슈는 톱날의 어느 한 방향으로 45도까지 조절할 수 있다. 슈를 고정하고 있는 나사를 약간 풀고 나사드라이버 손잡이로 슈를 가볍게 두드려 기울기 게이지에 표시된 원하는 각도로 맞춘 다음 쇠 나사를 고정시킨다.

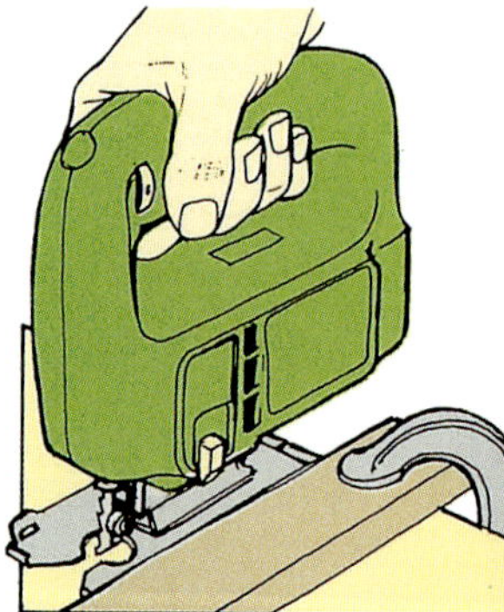

누름대에 대고 슈를 밀어준다

다른 도구를 사용하지 않고 손만 사용해서는 톱을 일정한 각도로 잡아주기 어렵기 때문에 측면 펜스를 이용하거나 제작물에 가이드 누름대를 고정시킨다.

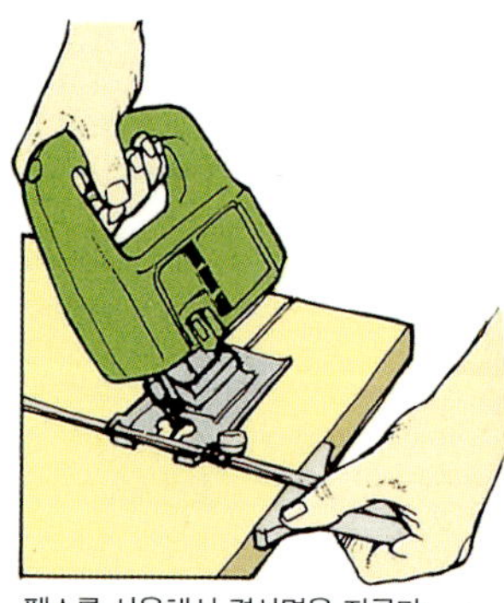

펜스를 사용해서 경사면을 자른다

구멍 자르기

판재에 둥근 구멍을 낼 때는 우선 표시된 영역 안쪽에 톱날이 들어갈 수 있을 정도의 크기로 시작 구멍을 뚫은 다음 톱날을 구멍 안으로 집어 넣고 톱의 전원을 켠 다음 한 번에 구멍을 낸다.

사각형 구멍을 자르는 방법도 위와 같다. 하지만 각 구석마다 25mm 정도로 톱날을 뒤로 물리고 옆으로 곡선을 잘라서 수직한 이웃 면에 일직선으로 맞추고 계속 자른다. 마지막에는 각 구석마다 남아 있는 삼각형 모양의 부산물을 반대 방향으로 톱질해서 잘라낸다.

플런지 컷(Plunge cut)

시작 구멍을 뚫는 대신 지그톱을 사용한 플런지 컷으로 구멍을 뚫을 수 있다. 톱날이 제작물에 닿지 않게 한 상태에서 슈의 휘어진 앞쪽 끝으로 톱을 기울인다. 다음에는 지그톱의 전원을 켜고 슈에 대고 톱을 돌린다. 이때 공구가 똑바로 서고 슈가 제작물과 수평이 될 때까지 톱날을 목재 안으로 서서히 낮춘다. 항상 잘려갈 부분에 절단선을 만들고 그곳에 가깝지 않은 곳에 플런지 컷을 한다.

곡선 자르기

급격한 곡선을 자를 때는 스크롤링(Scrolling) 톱날을 사용하는 게 좋지만 아무 톱날을 사용해도 무방하다. 급격한 곡선에서 톱날이 힘을 받기 시작하면 우선 잘려나갈 부분에서 절단선까지 직선으로 잘라낸다. 이렇게 자르면 절단선을 따라 곡선을 자르는 동안 잘려나갈 부분이 조각조각 떨어져 나가기 때문에 톱날을 보다 자유롭게 사용할 수 있다.

완전히 원형인 구멍 또는 디스크를 자를 때는 액세서리의 일부로 제공된 포인트를 측면 펜스에 붙이고 측면 펜스를 컴퍼스로 변환시킨다. 포인트를 원의 중심 방향으로 누르고 그것을 중심으로 톱을 회전시키면서 자른다.

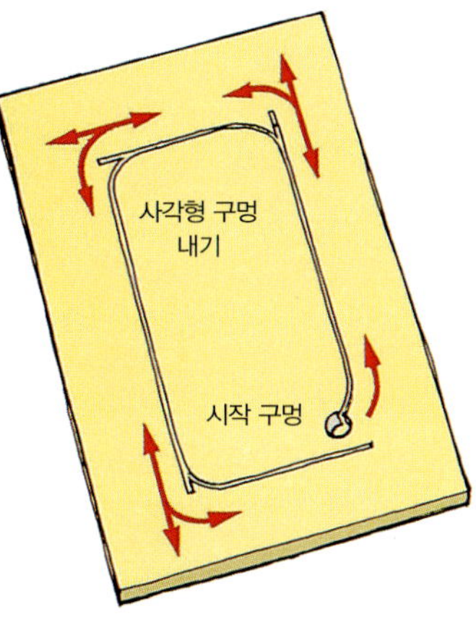

각 모퉁이마다 뒤로 물린다

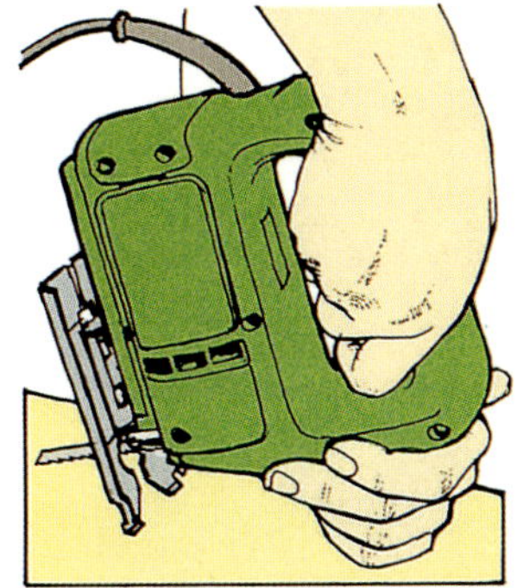

플런지 컷 시작

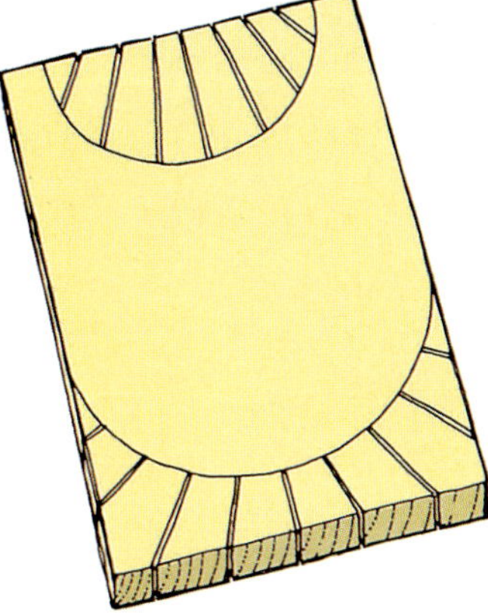

곡선 자르기
각도가 큰 곡선을 따라 자를 때는 제거할 부분을 조각조각 잘라낸다.

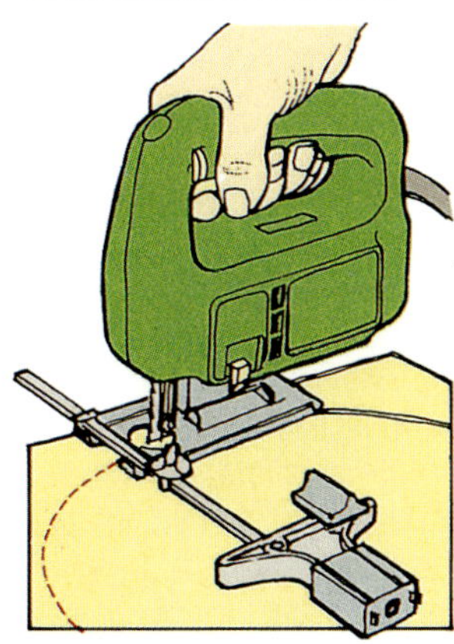

원형 자르기
원형으로 자를 때는 측면 펜스를 컴퍼스로 부착해서 자른다.

목작업용 지그톱 톱날			
유효 길이	톱니 크기/피치	휨	용도
75mm	8TPI/3mm	측면 휨	 두께 60mm까지의 연재 및 경재. 특히 나뭇결을 따라 세로켜기하기에 좋다. 절단면이 거칠다.
75mm	6TPI/4mm	갈아냄 & 측면 휨	 위와 같지만 절단면은 깨끗하다.
75mm	6TPI/4mm	갈아냄	 두께 60mm까지의 연재 및 경재 또는 인공 합판. 절단면이 매우 깨끗하다.
50mm	12TPI/2mm	물결 모양 휨	 두께 30mm까지의 인공 합판. 절단면이 매우 깨끗하다.
50mm	12TPI/2mm	물결 모양 휨	 두께 20mm까지의 목재 또는 인공 합판에서 급격한 곡선을 자르는 데 사용.
75mm	10TPI/2.5mm	갈아냄	 내려가면서 절삭이 이루어지는 반대로 된 톱니가 달려 있으며, 플라스틱 라미네이트 보드를 자르는 데 사용.
60mm	6TPI/4.5mm	갈아냄	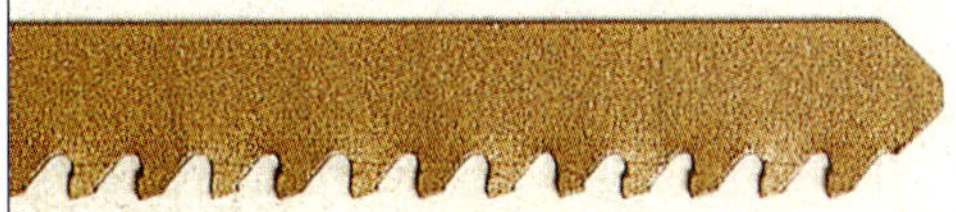 톱니 끝이 텅스텐 카바이드로 되어 있으며, 접착제 함유량이 많은 칩보드에 사용.
70mm	N/A	N/A	 반원 줄, 납작한 줄, 삼각형 줄. 목재와 인공 보드에 사용.

금속 작업용 톱날			
유효 길이	톱니 크기/피치	휨	용도
75mm	12TPI/2mm	갈아냄	 두께 10mm까지의 비철금속. 절단면이 매우 깨끗하다.
75mm	8TPI/3mm	측면 휨	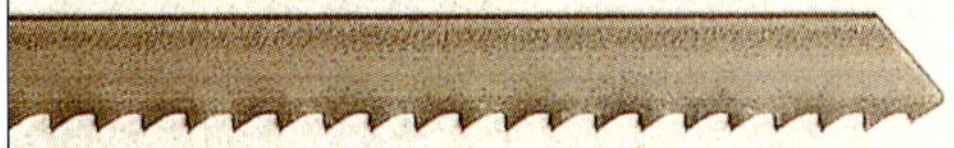 고속 탄소강 톱날로, 두께 6mm까지의 연강 및 두께 20mm까지의 비철금속.
50mm	20TPI/1.2mm	물결 모양 휨	 고속 탄소강 톱날로, 두께 1.5mm까지의 연강 및 비철금속.

기타(다른 금속 작업용)			
유효 길이	톱니 크기/피치	휨	용도
54mm	N/A	N/A	텅스텐 카바이드로 코팅되어 있으며, GRP(Glass-Fiber Reinforced plastics) 및 세라믹 타일에 사용.
75mm	N/A	칼처럼 날카롭게 갈아냄	 부드러운 고무, 코르크, 카드보드, 카펫, 플라스틱에 사용.

원형톱

작업장에 테이블톱이 갖추어져 있더라도 들고 다니면서 작업할 수 있는 원형톱(Circular saw)을
사용하기도 한다. 이 공구를 사용하면 현장에서 쉽게 작업을 할 수 있을 뿐 아니라, 고정된 톱으로는
대형 작업대가 없으면 다루기 어려운 큰 인공 합판도 자를 수 있다.

● **모터 크기**

모터의 크기는 톱날의
지름에 비례한다. 이는 더
높은 회전 속도를 내기
위해서가 아니라, 톱날이
목재를 자르며 가로질러
갈 때 톱날이 클수록 더
많이 가해지는 지레
작용을 극복하기 위해 큰
회전력을 내기 위해서이다.
일반적으로 톱날의 지름이
일정할 때 모터가 클수록
톱으로 내는 성과는 더
커진다.

전기를 사용하는 원형톱

전기를 사용하는 원형톱

목가구 작업자는 경재, 연재, 인공
합판을 세로켜기하거나 가로켜기할
때 정확하고 빠르고, 무엇보다
안전하게 작업하기 위해서 원형톱을
선택한다. 원형톱을 선택할 때는
튼튼한 가이드와 톱날 가드가 달려
있는 것을 선택해야 한다. 전원을
켜지 않고도 톱날의 균형이 제대로
잡혀 있는지 확인할 수 있으며, 이를
통해 힘들이지 않고도 편안하게
작업할 수 있다. 전자 제어 시스템이
내장된 원형톱은 다양한 속도를
선택할 수 있고, 전원을 켰을 때
톱날이 서서히 회전하도록 만들 수도
있다. 전자 모니터링 장치가 달려
있으면 공구가 하중을 받고 있을 때
더 큰 힘을 발휘할 수도 있다.

전형적인 톱날의 절삭 깊이	
톱날 지름	**절삭 깊이**
130mm	40mm
150mm	46mm
160mm	54mm
190mm	66mm
210mm	75mm
230mm	85mm

톱밥 배출

전동원형톱을 사용할 때는 많은 양의
톱밥이 발생한다. 이러한 톱밥은 작업
장 바닥을 미끄럽게 만들고 작업자의
옷에 끼여 작업자를 불편하게 한다.
게다가 톱밥이 많이 날리면 건강에도
해로울 뿐만 아니라 불쾌감을 준다.
위쪽 가드에 달려 있는 톱밥 배출 구
멍은 톱질하는 동안 톱밥을 옆으로 배
출한다. 포트(Port)에 톱밥 주머니를
끼워 넣거나 진공 청소기에 연결되어
있는 노즐(Nozzle)을 삽입하면 톱밥
을 모을 수 있다.

톱날 기울이기

죔쇠를 살짝 풀면 톱의 몸체와 톱날을 최대 45도까지, 다양한 각도로 기울일 수 있다. 이때 기울이는 각도는 해당 눈금을 통해 볼 수 있지만 정확한 각도로 경사면을 깎아야 할 때는 각도를 측정해볼 필요도 있다. 톱의 최대 절삭 깊이는 톱날을 기울일수록 줄어든다.

안전 잠금 장치

뜻하지 않게 톱의 전원이 켜지는 것을 막기 위해서 안전 잠금 장치가 달려 있는데, 엄지손가락으로 이 잠금 장치를 다시 누르기 전에는 방아쇠가 작동하지 않는다. 원형톱에는 연속 작동을 위한 방아쇠 잠금 버튼이 달려 있지 않다. 하지만 테이블톱 부속품 제조업체는 손잡이를 아래로 잡아두기 위한 죔쇠 또는 스트랩을 제공한다.

가드

톱날 윗부분은 고정된 가드로 싸여 있다. 톱을 제작물에 갖다 댈 때 회전하는 아래쪽 가드가 제작물의 모서리에 의해 뒤로 밀리면서 톱날이 드러나게 된다. 톱날이 제작물에서 빠져나오면 스프링이 달린 가드가 다시 탁 하고 닫히면서 톱날을 다시 덮는다. 원형톱을 사용하기 전에 이 회전하는 가드가 제대로 작동하는지 확인해야 한다.

잠금 방지 클러치

톱날 양쪽 면에 있는 플랜지를 고정시키면 잠금 방지 클러치와 같은 역할을 한다. 갑자기 톱날이 걸려서 움직이지 않을 때, 이것은 톱날을 미끄러져 나가도록 만들어서 톱이 손상을 입지 않도록 해준다.

전기 절연

모터를 플라스틱 몸체로 만들어 작업자가 전기 쇼크를 받지 않도록 한다.

손잡이

편안하고 인체공학적으로 설계된 손잡이와 공구 앞쪽 끝에 달려 있는 보조 손잡이는 작업자가 톱을 확실하고 안전하게 제어할 수 있도록 해준다.

절삭 깊이

원형톱을 종종 톱날의 지름에 따라 구분하기도 하지만 이것이 톱날의 정확한 절삭 능력을 나타내는 건 아니다. 앞 장의 표에는 전형적인 톱날의 절삭 깊이를 나타냈다. 대부분의 목작업자는 적어도 두께가 50mm인 목재를 자를 수 있는 톱이 필요하다. 톱날 지름이 클수록 공구의 크기와 무게가 중요한 요소로 작용한다. 예를 들어 230mm 톱은 무거워서 오랫동안 사용하기 힘들다. 반면 워크센터에 부착되면 무게는 더이상 단점이 되지 않는다.

절삭 깊이 조절

바닥 받침판에 대해 톱의 몸체를 위로 올리거나 아래로 내리면 절삭 깊이를 조절할 수 있다. 절삭 깊이를 읽을 수 있도록 스케일이 제공되지만 많은 목가구 작업자들은 제작물 자체를 가이드로 사용하기를 더 좋아한다. 회전 가드를 뒤로 젖힌 다음 톱날을 제작물 끝면에 기댄 채로 바닥 받침판을 제작물 위에 올려 놓는다.1 깊이 조절 죔쇠를 풀고 제작물 아래로 3mm 정도 튀어나올 때까지 톱날을 올리거나 내리면서 조절하고 난 뒤 죔쇠를 다시 고정시킨다. 제작물의 일부분을 자르고자 할 때는 제작물의 측면에 깊이를 표시한 다음 톱날과 그 표시가 일치하도록 조절한다.2

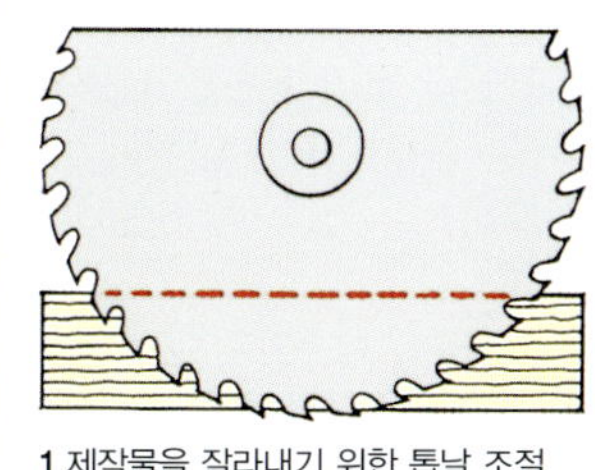

1 제작물을 잘라내기 위한 톱날 조절

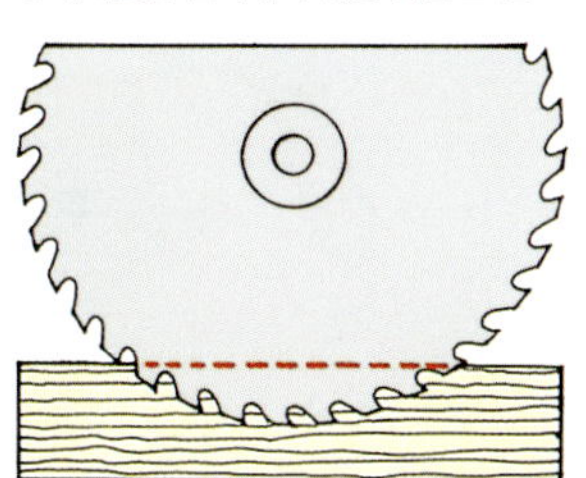

2 부분적으로 자르기 위한 톱날 조절

작은 원형톱이라고 해도 작업자에게 심각한 손상을 입힐 수 있다. 하지만 안전 절차를 엄격하게 지키면 사고는 거의 일어나지 않는다. 앞서 설명한 안전한 전동공구 사용을 위한 기본 원칙뿐 아니라 그 밖에 원형톱을 안전하게 사용하기 위한 다음 주의사항도 반드시 따라야 한다.

● 톱질을 시작하기 전에 목재에 못이 박혀 있지 않은지 확인한다. 못이 박혀 있으면 톱날이 마모되거나 손상될 수 있다. 이 밖에 느슨하게 붙어 있는 옹이가 없는지 확인한다. 이런 옹이는 톱질하는 동안 떨어져 나가거나 공중으로 튈 수도 있다.
● 단지 스위치를 끈 상태에서 톱날을 조절하거나 교체하지 말아야 한다. 반드시 플러그를 먼저 뽑아야 한다.
● 항상 날이 날카롭게 서 있는 톱날을 사용해야 한다. 날이 손상되어 있거나 휜 톱날은 사용하지 말아야 한다.
● 라이빙 나이프를 제거하지 말아야 한다.
● 다른 가드 및 라이빙 나이프로 대체한 테이블톱 부속물에 볼트로 고정되어 있는 경우를 제외하고 회전 가드를 열린 위치에서 테이프를 붙이거나 쐐기를 박아 고정시켜서는 안 된다.
● 강제로 톱날이 제작물을 가로질러 통과하도록 해서는 안 된다. 톱날이 부드럽게 앞으로 나가지 않으면 마모된 상태이기 때문에 교체할 필요가 있다.
● 회전하고 있는 톱날을 옆에서 밀어서 멈추려고 해서는 안 된다.

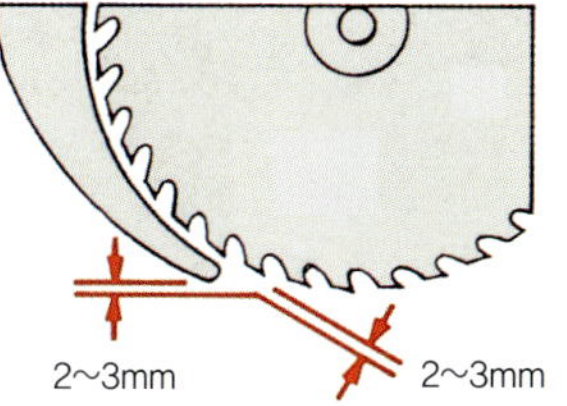

라이빙 나이프(Riving knife)

원목을 길이 방향으로 세로켜기할 때는 톱날 뒤에서 톱질자국이 좁아지도록 만드는 인장력이 나뭇결 내에서 풀어진다. 원형톱의 톱날이 톱질자국에 꽉 집혀서 움직이지 못하게 되는 것을 막기 위해서 금속으로 만든 라이빙 나이프가 톱날 바로 뒤에 부착된다. 라이빙 나이프는 톱날로부터 2~3mm 정도 떨어지도록 조절한다. 이와 비슷하게 라이빙 나이프의 끝은 가장 낮은 톱니보다 2~3mm 정도 높게 조절한다.

코드 없는 원형톱

아직은 오랫동안 연속적으로 코드 없는 원형톱을 사용할 수 있는 배터리가 개발되지는 못했다. 하지만 여분의 배터리가 있다면 이 문제는 심각한 단점이 되지는 않는다. 그렇다 해도 배터리로 작동하는 톱은 전원을 끌어오기 어려운 장소에서 톱질할 경우를 제외하고는 일반적인 목가구 작업자에게 그리 호명받지 못한다. 코드 없는 원형톱에서 톱날을 교체할 때는 반드시 배터리 팩을 제거해주어야 한다.

두꺼운 칩보드를 자를 때 코드 없는 원형톱에 무리한 힘을 주지 않도록 주의해야 한다.

원형톱 톱날

펜스 포스트(Fence post)를 세로로 켜거나 측면에 대기 위한 판재를 가로로 켤 때는 값이 싼 톱날을 사용해도 충분하다. 하지만 대패질이나 연마가 거의 필요하지 않을 정도로 곧게 자르고자 할 때는 최상급 톱날을 사용해야 한다. 맞춤을 정확하게 자르기 위해서 톱을 워크센터에 부착시켜야 할 때는 반드시 1등급 톱날을 사용해야 한다.

톱날에 PTFE 코팅을 해주면 마찰을 줄일 수 있어서 수명을 늘릴 수 있을 뿐만 아니라 톱날이 덜 마모될 뿐 아니라 제작물이 손상되는 것을 막을 수 있다.

텅스텐 카바이드로 톱니 끝을 처리하면 더 좋은 마감 상태를 얻을 수 있고 일반적인 톱니보다 날카로운 상태를 약 10배 정도 오래 유지할 수 있다.

아래 톱날은 전형적인 목작업용 톱날이다. 사용하는 원형톱 크기와 구조에 따라 금속이나 플라스틱 또는 벽돌을 다룰 수 있는 특수 톱날을 구입할 수도 있다.

1 뾰족한 톱니가 달린 톱날
2 미세한 톱니가 달린 톱날
3 세로켜기 톱날
4 끌 톱니가 달린 톱날
5 카바이드 팁 톱날

뾰족한 톱니가 달린 톱날

원목을 가로로 켜기에 적합한 톱날로, 톱질면의 상태는 비교적 좋은 편이다.

미세한 톱니가 달린 톱날

칩보드 및 플라스틱 라미네이트 보드를 세밀하게 절삭하기 위해서 사용한다. 절삭 속도는 비교적 느리다.

세로켜기 톱날

텅스텐 카바이드로 끝처리한 큰 톱니가 달린 톱날로, 연재를 세로로 켜는 데 적합하다. 이 톱날은 또 경재나 인공 판재를 자르는 데 사용할 수도 있다. 톱니가 몇 개 달려 있지 않으며, 톱질면의 상태는 다소 거칠다.

끌 톱니가 달린 톱날

가격은 중간 정도이고 연재, 경재, 인공 판재를 가로로 켜거나 세로로 켜는 데 적합하도록 만들어진 다용도 톱날이다.

카바이드 팁 다용도 톱날

최상급 다용도 톱날로, 원목이나 라미네이트된 자재를 포함한 모든 인공 판재를 가로로 켜거나 세로로 켤 때 최상의 마감을 얻을 수 있다.

톱날 교체

톱날을 교체할 때는 제조업체에서 제공한 사용법에 따라야 한다. 이때 구경(톱날의 중심에 나 있는 구멍의 지름)이 정확한지 반드시 확인해야 한다. 톱날을 고정시켰을 때 톱날 맨 아래쪽에 있는 톱니가 라이빙 나이프와 반대 방향을 향하고 있는지 확인한다. 원형톱의 톱날이 마모되었을 때는 반드시 전문가에게 수리를 맡겨야 한다.

원형톱 사용

원형톱을 사용해서 목재를 자를 때는 톱니가 항상 위쪽으로 돌기 때문에 나뭇결이 찢어지면 언제나 제작물의 위쪽 표면에 그 자국이 나타나게 마련이다. 고급 톱날은 이처럼 손상되는 부분을 최소화할 수 있지만 조금 더 주의해서 작업하면 양호한 마감면을 얻을 수 있다.

제작물을 작업대에 죔쇠로 고정시키거나 돌출되도록 걸어놓거나 (가장 좋은 방법으로) 톱질 받침대(Sawhorse)에 고정시켜서 제작물이 움직이지 않도록 잡아준다. 길게 자를 때 톱질 받침대를 움직이지 않아도 되도록 하기 위해 톱질 받침대에 긴 보조각재를 못으로 박아 고정시킨다. 이렇게 하면 톱질 받침대 안으로 자르지 않고도 연속적으로 톱질을 할 수 있다. 이때 못이 절단선과 멀리 떨어져 있어야 한다.

손만 사용해서 자르기

원형톱에는 손만 사용해서 제작물을 자를 때 조준 구멍의 역할을 하는 작은 노치가 바닥받침판에 나 있다. 이 조준 구멍과 톱질자국의 관계를 확인해두기 위해서 시험 삼아 톱질을 여러 번 해본다. 손만 사용해서 톱질할 때는 절단선을 기준으로 잘려나가는 부분에서 안전하게 유지해야 한다. 어떤 원형톱에는 45도 각도로 경사면을 자를 때 가이드로 사용할 수 있도록 보조 조준 구멍이 나 있다.

양손으로 공구를 잡고 절단선과 시선을 일직선으로 맞춘 상태로 바닥받침판의 앞쪽 단면을 제작물에 기대어놓는다. 스위치를 켜고 톱을 제작물 안으로 일정한 속도로 밀면서 톱질한다. 톱질이 거의 끝나고 가드가 접히면 스위치를 끄고 톱날이 완전히 정지하고 나면 톱을 옆으로 눕혀놓는다.

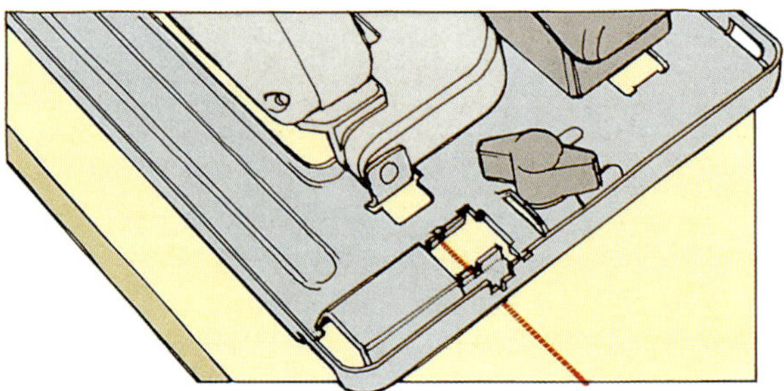

바닥받침판에 나 있는 조준 구멍과 표시한 절단선을 일직선으로 맞춘다.

가장자리와 평행하게 세로켜기

모든 원형톱에는 목재 또는 판재 조각의 가장자리로부터 양면이 평행한 스트립을 잘라낼 수 있도록 톱날을 안내하는 세로켜기 펜스가 달려 있다. 잘 만들어진 펜스는 튼튼하며, 톱날과 펜스를 완벽하게 평행하게 잡아주는 포지티브 마운팅과 클램프가 달려 있다. 이것은 톱날의 양면 중 어느 면에도 부착이 가능하며, 큰 원형톱에서는 경재 스트립을 나사로 고정시켜 펜스의 길이를 늘릴 수도 있다.

펜스 암에 있는 스케일을 사용해서 펜스를 조절하고 시험 삼아 톱질을 해서 제대로 조절되었는지 확인한다. 세로켜기를 할 때는 톱질하는 동안 내내 펜스를 제작물 가장자리에 기댄 채로 일정한 속도로 톱질한다.

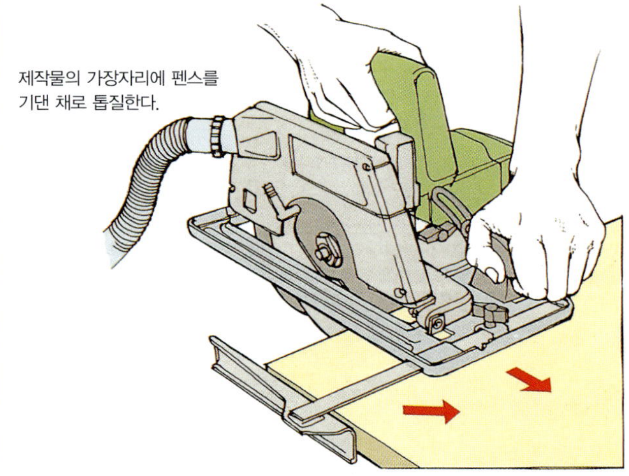

제작물의 가장자리에 펜스를 기댄 채로 톱질한다.

가이드 보조대를 사용해서 세로켜기

세로켜기 펜스를 사용하기에는 폭이 너무 넓은 평행한 판재를 자를 때는 바닥받침판의 가장자리를 잡아주기 위해서 곧은 보조대를 제작물에 죔쇠로 고정시키거나 일시적으로 못으로 고정시킨다.

가이드 보조대에 대고 세로로 켜기

홈 파기와 맞춤턱 파기

이동식 톱으로 홈 또는 맞춤턱을 파는 것은 힘들기는 해도 정확한 작업이다. 홈의 양쪽 측면을 자르거나1 맞춤턱의 안쪽 측면을 자를 수 있도록2 펜스를 조절한다. 톱을 조금씩 연속적으로 이동해 나가면서 잘려나갈 부분을 제거할 수 있도록 펜스를 다시 조절한다.(3 및 4)

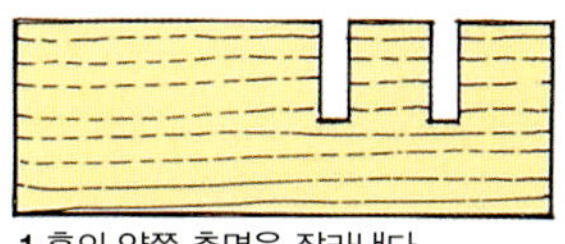

1 홈의 양쪽 측면을 잘라낸다.

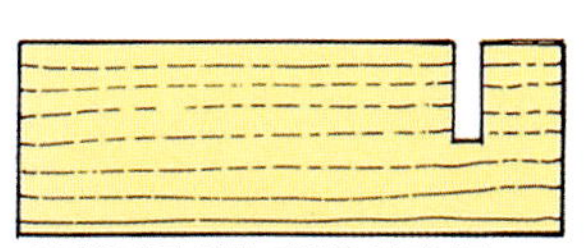

2 맞춤턱의 안쪽 측면을 잘라낸다.

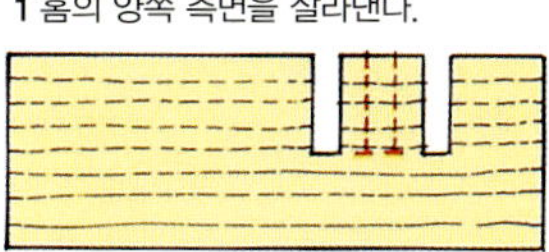

3 단면에서 잘려나갈 부분을 제거한다.

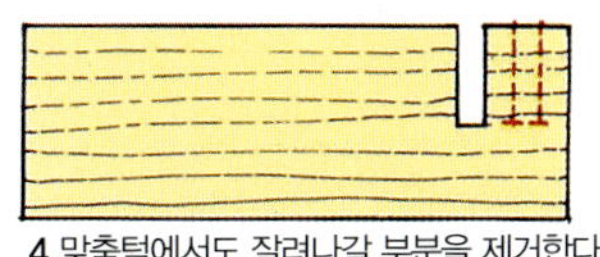

4 맞춤턱에서도 잘려나갈 부분을 제거한다.

가로켜기

제작물에 가이드 보조대를 고정시키고 톱질하면 직각 또는 일정한 각도로 가로켜기를 할 수 있다.1

똑같은 길이로 여러 판재를 자르고자 할 때는 작업대에 멈춤 보조대를 못을 박아 고정시키고, 잘리지 않은 부분이 작업대의 가장자리 밖으로 튀어나오도록 한 상태로 판재의 수직 끝면을 보조대에 댄다. 가이드 보조대를 모든 판재에 가로질러 고정시키고2 톱을 한 번에 밀어서 잘라낸다.

가이드 보조대

1 일정한 각도로 가로로 켜기

2 여러 판재로 가로로 켜기

가로켜기 T자 만들기

두 개의 튼튼한 나뭇조각을 T자 모양으로 붙이고 나사로 고정시키면 가로켜기를 위한 영구적인 가이드를 만들 수 있다.1 판재 조각에 T자를 기대어 고정시킨 다음 톱의 바닥받침판을 T자의 가로대에 기댄 채로 톱질해서 스톡의 끝을 잘라내 다듬는다.2 잘라낸 끝면을 표시한 절단선에 일직선으로 맞추어 놓으면3 톱날이 절단선의 잘려나갈 쪽에서 절단해 들어갈 수 있도록 톱날이 자동으로 맞추어진다. 가로대가 제작물에 잘 달라붙도록 만들기 위해서 거친 사포를 가로대의 밑면에 붙인다. 하지만 T자를 한 손으로 안정적으로 잡고 있을 수 없을 때는 원하는 자리에 죔쇠로 고정시킨다.

가로대

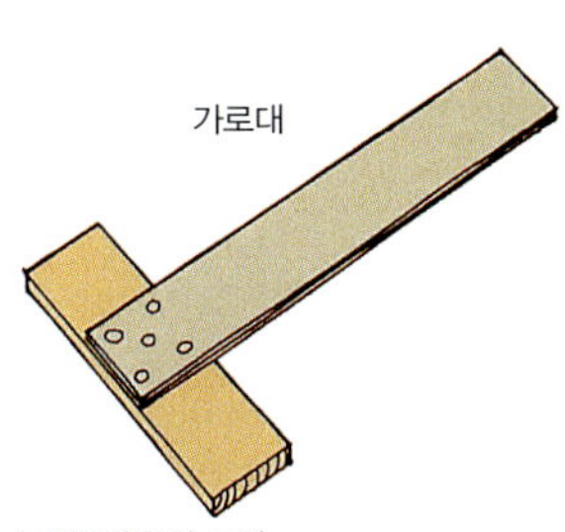

1 영문자 T의 모양

2 T자의 머리판을 크기에 맞게 자른다.

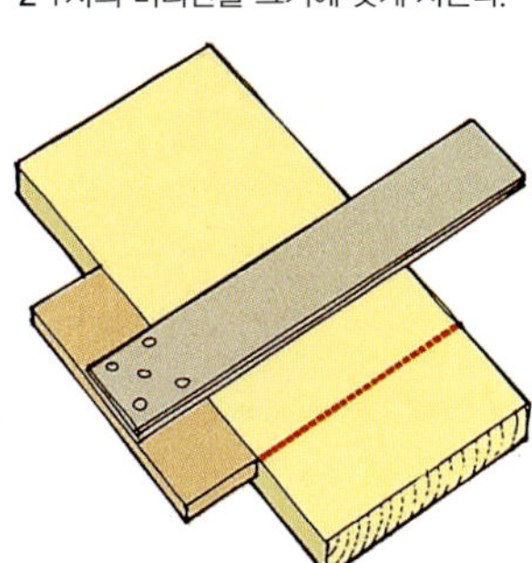

3 자를 선과 T자의 머리판 끝을 일직선으로 맞춘다

비스킷 조인터

비스킷 조인터(Biscuit jointer)는 특별히 작게 만든 플런지톱(Plunge saw)으로, 캐비닛 제작을 위한 제혀
맞춤 형태를 만들기 위해서 개발되었다. 제혀맞춤은 꽂임촉맞춤과 비슷한 기능을 하지만 목재에 뚫은
구멍에 둥근 못을 끼우는 대신 너도밤나무를 압축해서 만든 평평한 타원형 플레이트 또는
비스킷(Biscuit)을 원형톱의 톱날로 자른 홈에 끼운다. 수성 폴리비닐알콜(PVA) 접착제를 맞춤부에
사용하면 나무로 만들어진 플레이트가 확장되어 홈에 꽉 끼이게 되기 때문에 매우 강력하게 결합된다.
이어지는 두 구성요소가 제대로 연결되려면 둥근 나무못 구멍이 완벽하게 일직선으로 정렬되어야 한다.
하지만 비스킷맞춤에서는 한쪽 구성요소를 살짝 두드려 약간 옆으로 조절할 수 있다.
비스킷맞춤은 또 서랍 바닥을 위한 홈을 파거나 벽에 대는 클래딩(Cladding)이나
패널링(Panelling) 작업 또는 바닥에 까는 판재를 다듬는 데 사용할 수도 있다.

절삭 깊이

비스킷맞춤의 절삭 깊이는 0mm에서
22mm까지 다양하다. 깊이 스케일에
는 표준 크기의 비스킷을 수용하는 데
필요한 치수가 표시되어 있어야 한다.
목재 조각의 가장자리를 잘라 다듬으
려고 할 때는 톱니가 밑면 밖으로 튀
어나올 때까지 톱날 깊이를 조절한다.

플런지 기능

모델에 따라 스프링이 달린 모터 하우
징을 아래로 회전시키거나 눌러서 비
스킷 조인터의 날을 제작물 쪽으로 낮
춘다.

가이드 펜스

날을 직선 가장자리와 평행하게 안내
하기 위해서 비스킷 조인터에는 조절
가능한 펜스가 달려 있다. 어떤 조인터
에는 45도 각도의 연귀맞춤에 홈을 파
기 위한 경사면 펜스가 추가로 달려
있기도 하다.

커팅 가이드

베이스 또는 펜스에 나 있는 노치 또
는 선은, 서로 잇기 위한 플런지 컷 홈
의 중심을 나타낸다.

톱밥 배출

톱밥을 톱밥 주머니로 보내거나 진공
청소기로 빨아들여서 제거할 수 있다.

보조 손잡이

모터 하우징은 주 손잡이 기능도 한
다. 비스킷 조인터에는 공구를 편리하
게 제어할 수 있도록 두 개의 보조 손
잡이가 달려 있기도 하다.

On/Off 스위치

집게손가락으로 작동할 수 있도록 모
터 하우징의 아래쪽에 위치하거나 엄
지손가락으로 작동할 수 있게 모터 하
우징의 위쪽에 위치한다.

톱날

비스킷 조인터에는 지름이
100~105mm로 소형이고,
텅스텐 카바이드로 끝처리를 한
원형톱 톱날이 달려 있다.
제혀맞춤 톱날은 4mm의 홈을
파고 얇은 톱날(Slimmer
blade)은 목재를 일정한 길이로
잘라 다듬는 데 사용할 수 있다.

비스킷

너도밤나무를 압축해서 만든
비스킷은 10~12mm,
13~18mm, 19mm 이상의 세
가지 크기로 제작된다. 테스트
조립품에는 날카로운 플라스틱
비스킷을 사용할 수 있다.

● **무부하 속도**
비스킷 조인터의 톱날은
매우 작기 때문에 최대
10,000rpm의 속도로도
깨끗하고 정확한
절단면을 얻을 수 있도록
톱니를 구동시킬 수 있다.

비스킷 조인터

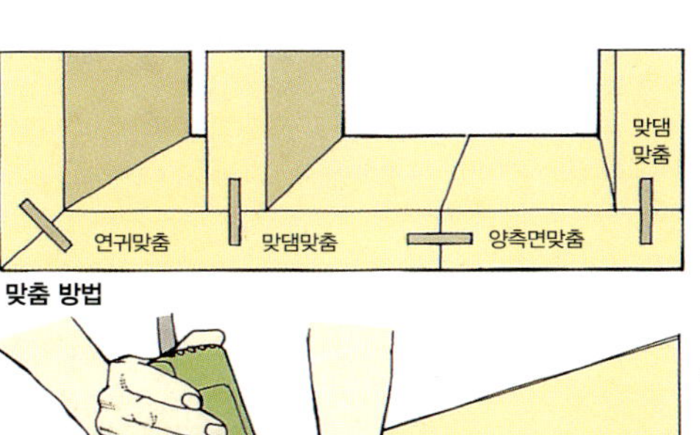

맞춤 방법

비스킷맞춤 깎기

비스킷맞춤은 맞댐맞춤 또는 연귀맞춤, 양측면맞춤 없이도 인공 판재 및 원목으로 캐비닛 또는 골재 구조를 만드는 데에 적합하다.

맞댐맞춤 만들기

제작물에 맞춤부의 중심선을 그린 뒤 이것을 따라서 비스킷맞춤을 위한 중심점을 100mm 간격을 두고 표시한다. 사용하고자 하는 비스킷에 맞도록 절삭 깊이를 맞추고 톱날과 중심선이 일직선이 되도록 가이드 펜스를 조절한다.

절삭 가이드를 각 홈의 중앙점에 일직선으로 정렬시키고 제작물 가장자리에 펜스를 대고 누르면서 톱날을 밀어 넣으면서 절삭을 시작한다.1

서로 연결되는 구성요소의 측면에 홈을 파내려면 제작물을 평평한 면에 올려 놓고 조인터를 옆으로 눕힌다.2 양측면맞춤을 만드는 방법도 이와 같다.

판재의 중앙 부분을 가로질러 홈을 팔 때는 연결되는 구성요소의 가장자리를 잡고 한쪽 면을 따라 선을 긋는다. 그 구성요소를 그 면 쪽으로 가볍게 툭 치고 나서 표시한 선과 일직선으로 정렬시킨다. 그 구성요소를 펜스처럼 사용해서 판재를 따라 홈에 밀어 넣는다.3 그런 다음 연결되는 구성요소를 움직이지 않고 앞서 설명한 것과 같이 에지에 홈을 판다.

연귀맞춤 만들기

비스킷 조인터에 경사면 펜스가 달려 있으면 작업대 위에 평평하게 눕혀놓은 소재로 연귀맞춤을 위한 홈을 팔 수 있다.1 조인터에 직각 펜스밖에 없을 때는 작업대 밖으로 튀어 나오도록 맞춤으로 제작물을 고정시키고 경사면의 바깥쪽 측면 끝을 따라 펜스를 움직인다.2

홈 파기

연속적인 홈을 파려면 조인터를 맞댐맞춤을 만들 때와 같이 조절한다. 제작물의 한쪽 끝에 공구를 놓고 스위치를 켠 다음 톱을 밀어 넣는다. 홈의 끝으로 공구를 주입하고 톱날을 올린 다음 스위치를 끈다.

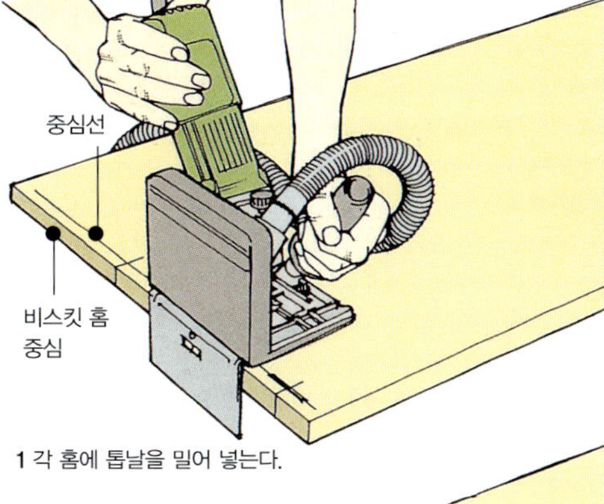

1 각 홈에 톱날을 밀어 넣는다.

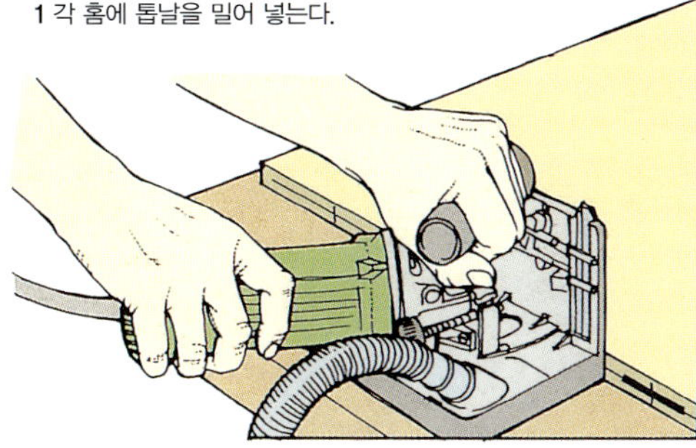

2 연결되는 구성요소에 홈을 판다.

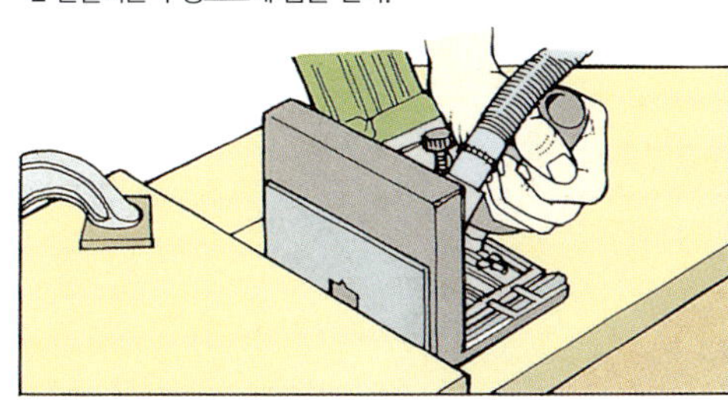

3 판재를 가로질러 홈을 판다.

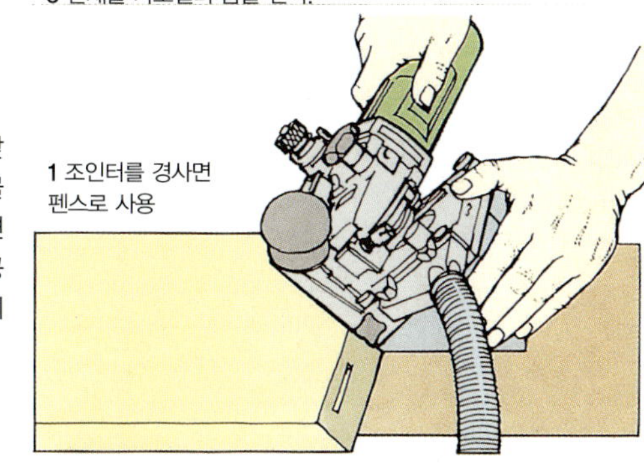

1 조인터를 경사면 펜스로 사용

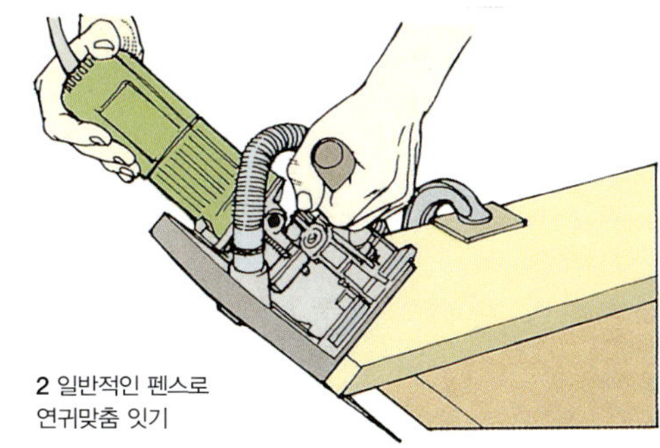

2 일반적인 펜스로 연귀맞춤 잇기

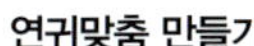
펜스에 있는 커팅 가이드는 홈의 중심을 나타낸다.

너도밤나무를 압축해서 만든 비스킷

목재 절삭 톱날

연결용 톱날

안전한 비스킷 조인터 사용법

앞서 설명한 안전한 전동공구 사용을 위한 기본 원칙뿐 아니라 그 밖에 다음 사항을 반드시 따라야 한다.

● 모터가 돌기 시작할 때까지 목재 안에 톱날을 넣지 말아야 한다.
● 반드시 날카로운 날만 사용하고 조금이라도 깨지거나 휜 날은 버린다.
● 톱날의 회전 속도를 줄이거나 멈추게 할 목적으로 톱날의 옆면을 밀지 말아야 한다.
● 톱날 가드가 제거된 상태에서 공구를 작동시키지 말아야 한다.
● 홈을 팔 때는 톱날이 회전함에 따라 작업자와 멀어지는 방향으로 일정한 속도로 조인터를 이동한다.

이동식 대패

이동식 대패(Portable planer)는 아주 정교한 작업에 사용하는 공구는 아니다. 하지만 부피가 큰 목재를 빠른 속도로 대패질해서 나중에 벤치대패(Bench plane)로 정교하게 다듬을 수 있을 정도의 크기로 만드는 데 적합하다. 꼭 맞는 카펫에 문이 닿지 않도록 문의 아래쪽 면을 살짝 깎아주거나 창턱에 있는 경사면 맞춤턱을 대패질하는 것과 같은 목가구 작업에도 적합하다. 특수 용도의 벤치 스탠드에 부착시키면 그럭저럭 표면대패(Surface planer) 또는 수압대패로도 사용할 수 있다.

참조할 곳

거친 마구리	15
안전에 관한 사항	124
자동대패	180–185
마구리 방향	184

● 모터 크기
모터 크기는 대패에 따라 매우 다양하다. 하지만 평균 무부하 속도가 12,000~16,000rpm이다.

맞춤턱 깊이
공구의 몸체에 고정되어 있는 깊이 게이지는 대패로 깎을 수 있는 맞춤턱의 최대 깊이를 측정한다. 최소형 대패는 맞춤턱을 8mm까지 팔 수 있다. 하지만 대부분의 대패는 최대 20~24mm의 맞춤턱을 팔 수 있다. 측면 펜스는 맞춤턱의 폭을 일정하게 맞추기 위해서 사용된다.

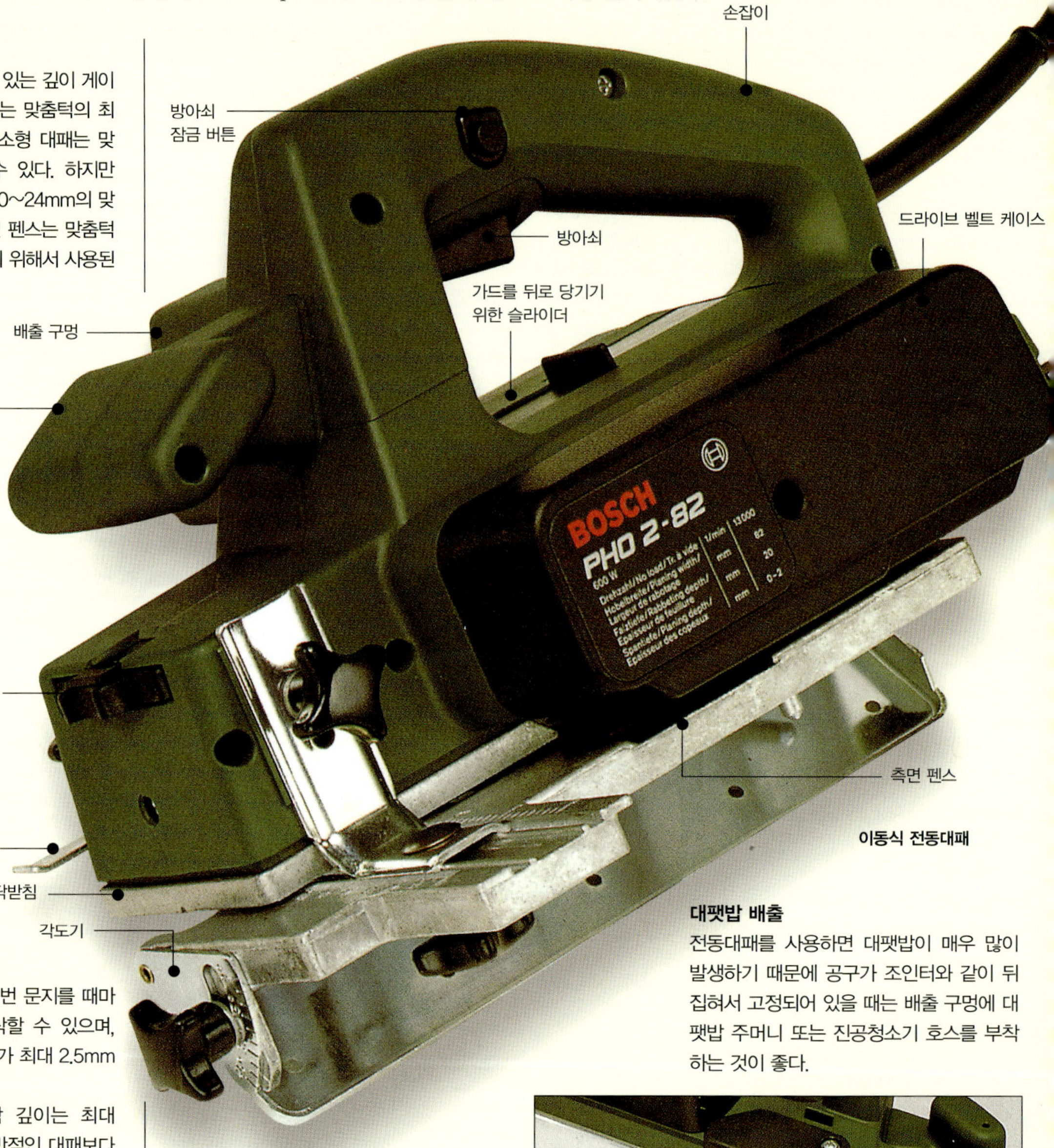

이동식 전동대패

대팻밥 배출
전동대패를 사용하면 대팻밥이 매우 많이 발생하기 때문에 공구가 조인터와 같이 뒤집혀서 고정되어 있을 때는 배출 구멍에 대팻밥 주머니 또는 진공청소기 호스를 부착하는 것이 좋다.

절삭 깊이
작은 대패는 대패로 한 번 문지를 때마다 최대 1mm까지 절삭할 수 있으며, 더 큰 대패는 절삭 깊이가 최대 2.5mm에 이른다.

전문가용 대패의 절삭 깊이는 최대 3.5mm에 이르지만 일반적인 대패보다 가격이 훨씬 비쌀 뿐만 아니라 그만한 가격을 지불하면서까지 그 정도의 절삭 깊이를 갖는 대패를 굳이 구입할 필요는 없다.

절삭 깊이는 바닥받침의 정면 또는 인피드 부분을 높이거나 내려서 조절한다. 0에 맞추면 바닥받침의 양쪽 부분이 수평이 된다. 부드럽게 작동하고 깊이 설정 값이 명확하게 표시되는 조절 장치가 달려 있는 대패를 선택해야 한다.

대패질 폭
대패의 바닥받침의 폭은 대팻날의 길이와 정확히 일치한다. 대부분의 대패에서는 폭이 82mm이다.

보조 손잡이
대패의 앞쪽 끝에 있는 보조 손잡이는 작업자가 공구를 잘 제어하고 바닥받침의 인피드 부분이 제작물 위에서 평평하게 유지되도록 하는 데 도움이 된다.

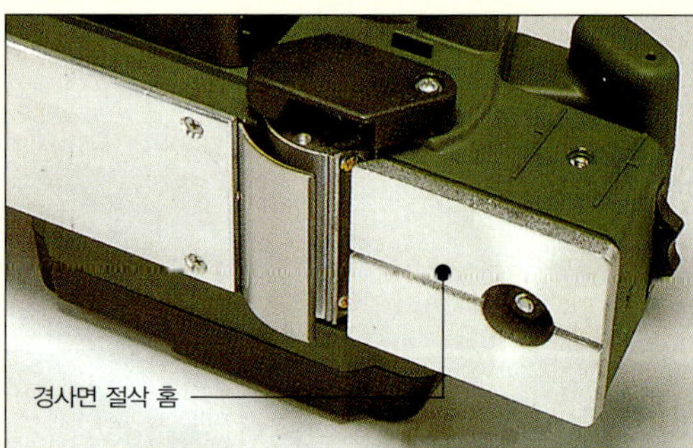

커터 블록 가드
뒤로 당길 수 있는 가드는 사용자와 커터 블록을 보호한다.

앞서 설명한 안전한 전동공구 사용을 위한 기본 원칙뿐 아니라 이동식 대패를 안전하게 사용하기 위한 다음 주의사항도 반드시 따라야 한다.

- 가드를 뒤로 당긴 상태에서 대패를 사용하지 말아야 한다. 반드시 대팻날을 교환할 때만 가드를 뒤로 당긴다.
- 대패질하기 전에 제작물에 못이나 나사가 박혀 있지 않은지 확인한다.
- 바닥받침의 가장자리 주변에 손가락을 갖다 대지 말아야 한다. 양손을 반드시 손잡이에 둔다.
- 플러그를 꼽기 전에는 항상 대패가 연속작동으로 잠겨 있지 않은지 점검한다.
- 마모된 대팻날은 교체한다. 날이 마모되면 작업자가 힘을 주어 작업해야 하기 때문에 날이 거칠거나 불규칙한 나뭇결을 만났을 때 대패가 뒤로 튈 수 있는 위험성이 높아진다.

커터 블록 가드

대패가 제작물 쪽으로 접근할 때 회전하는 커터 블록이 드러나도록 목재에 의해 가드가 뒤로 밀릴 때까지 커터를 완전히 덮고 있는 가드가 달려 있는 대패를 선택한다. 이 가드는 작업자를 보호할 뿐 아니라 커터 블록이 완전히 회전을 멈추기 전에 대패를 내려놓았을 때 커터가 손상되는 것을 막아준다. 공구의 몸체에 있는 슬라이더를 조작하면 커터를 갈아 끼우기 위해서 손으로 가드를 잡아 뺄 수도 있다.

경사면 절삭 홈

인피드 바닥받침의 중심을 따라 가공되어 있는 V자 홈은 경사면을 대패질할 때 공구를 잡아줄 수 있도록 제작물에서 90도 모서리에 대패를 위치시킨다. 90도에서 45도까지 어떤 각으로도 조절할 수 있는 페이스가 달린 측면 펜스는 경사면의 폭이 넓어질수록 원하는 각도로 공구를 유지시키는 데 도움이 된다.

전기 절연

플라스틱 케이스로 이중 절연한 대패를 선택한다.

방아쇠 잠금

손잡이에 있는 버튼을 누르면 공구가 연속작동을 하도록 On/Off 스위치 또는 방아쇠를 잠글 수 있다.

대팻날

원통형 대팻날 블록에는 한 쌍의 균형 잡힌 커터 또는 날이 고정된다. 대팻날에는 다음과 같은 세 종류가 있으며 모두 양면이다.

직선형 대팻날
텅스텐 카바이드로 끝처리가 되어 있는 일반용 직선형 대팻날

끝이 둥근 직선형 대팻날
대패보다 폭이 더 넓은 면을 대패질할 때 사용되는 대팻날로, 끝이 둥글기 때문에 대패질한 면에 층이 생기지 않는다.

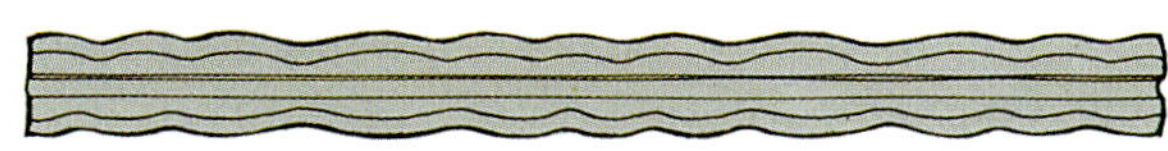

파도형 대팻날
원목을 다루는 목작업에서 일정한 무늬를 낼 수 있도록 만들어진 대팻날이다.

대팻날 교체
좋은 대패는 대팻날을 쉽게 교체할 수 있도록 설계되어 있다. 대팻날 양면이 모두 마모되면 교체해야 한다. 대팻날을 교체할 때는 일반적으로 대팻날 블록에 나 있는 홈으로 새 대팻날을 밀어 넣은 다음,1 나무토막을 사용해 대팻날 끝과 바닥받침 끝에 맞춘다.2 마지막으로 나사 두세 개를 조여 대팻날을 홈에 단단히 부착시킨다.

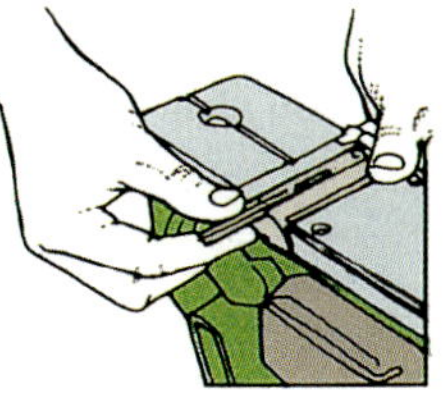

1 블록에 대팻날을 끼운다.

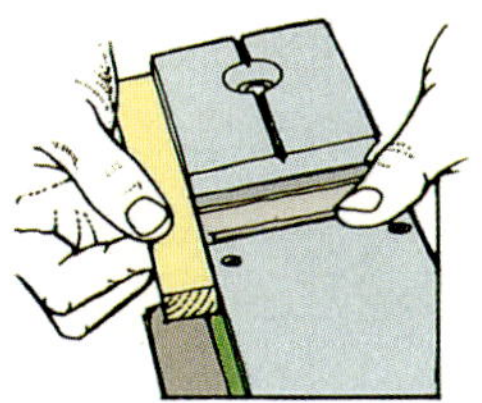

2 대팻날과 바닥받침을 일직선으로 맞춘다.

전동대패

가능한 한 대패질은 나뭇결 방향으로 해야 한다. 만약 나뭇결이 거칠다면 더 잘 가공된 대팻날을 사용해야 한다. 최상의 마감을 위해서는 한 번에 깊이 대패질하는 것보다 여러 번 조금씩 대패질하는 것이 더 좋다.

대팻날 블록과 목재가 닿지 않도록 한 상태에서 제작물에 인피드 받침바닥을 올려놓는다. 보조 손잡이를 잡고 공구를 가볍게 누르면서 제작물과 대패를 정렬시킨다. 전원을 켜고 일정한 속도로 대패를 앞으로 민다. 대패질이 한 번 끝날 때마다 보조 손잡이를 누르던 힘을 대패 뒤쪽으로 옮긴다. 그래야 공구가 밑으로 내려오면서 제작물 표면이 깊게 파이는 것을 막을 수 있다. 이와 같은 흠집이 생겼을 때는 대팻날을 더 세밀하게 조절하여 손상된 부분이 없어질 때까지 대패질한다.

직각자로 제작물이 제대로 가공되었는지 확인한다. 경우에 따라 사이드 펜스를 사용하는 것이 대패와 제작물을 직각으로 유지하는 데 도움이 되기도 한다. 넓은 판재를 평평하게 가공할 때는 판재를 가로질러 대각선 양방향으로 매번 바로 전에 대패질한 부분을 덮으면서 대패질한다. 마지막으로 긴 모서리와 평행하게 대패질한다.

맞춤턱 대패질

측면 펜스와 깊이 게이지를 맞춤턱 치수에 맞춘다.1 필요한 깊이 만큼 대패질한다. 이때 측면 펜스가 제작물과 밀착을 유지해야 한다.
경사진 맞춤턱을 대패질할 때도 앞서와 마찬가지로 가공하되, 각도 조절자를 조절해서 대패를 기울여준다. 이때 공구가 경사면 아래로 미끄러져 내리는 것을 막기 위해서 대패에 가해지는 측면 압력을 계속 유지하는 것이 중요하다.2

수압대패로 전환

이동식 대패가 작업대에 거꾸로 부착되어 있을 때는 제작물을 양손으로 밀면서 대패를 가로질러 대패질할 수 있다. 측면 펜스가 부착되어 있으면 제작물에 입방체 돌출부를 만들 수도 있다. 하지만 이동식 대패는 수압대패와는 달리 충분히 길지 않기 때문에 긴 판재에서 가장자리를 직선으로 완벽하게 가공하는 데 한계가 있다.
특별히 작업대에 고정시켜 사용하기 위해서 이동식 대패를 구입할 때는 최종 결정을 내리기 전에 대팻날이 어떻게 보호되는지 잘 확인해야 한다. 이상적으로는 제작물이 공구를 가로질러 밀려 나올 때까지 대팻날 블록이 덮여 있도록, 뒤로 당길 수 있는 가드가 달린 대패를 선택하는 것이 가장 좋다. 제작물 너비에 맞도록 측면 펜스가 충분하게 조절되었을 때도 대팻날 블록 중 보호되지 않은 부분이 제작물 이외에 다른 부분에서 노출되지 않도록 주의해야 한다.
일체형 가드가 없는 대패에는 벤치 스탠드의 일부로써 스프링에 의해 움직이는 가드가 달려 있다. 이 가드는 제작물이 대패를 가로질러 통과할 때 옆으로 밀려난다. 하지만 측면 펜스가 달려 있을 때 부분적으로 대팻날이 노출되는 부분에서 가드가 열린 상태로 유지되지는 않는지 확인한다.

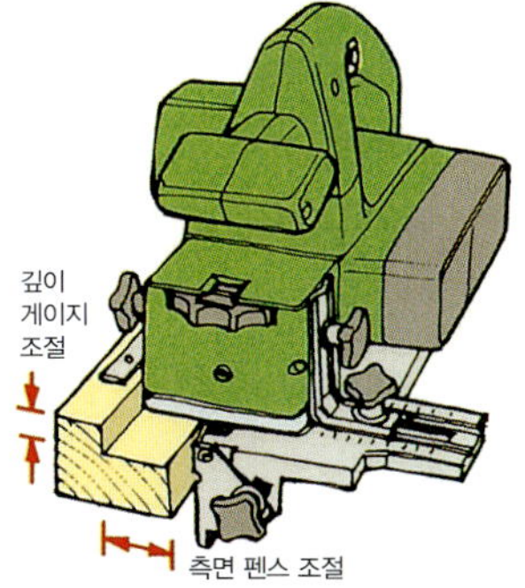

깊이 게이지 조절

측면 펜스 조절

1 맞춤턱 대패질

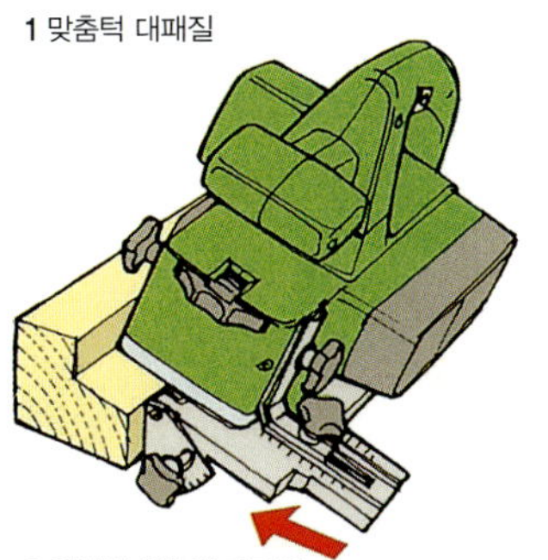

2 경사진 맞춤턱 대패질

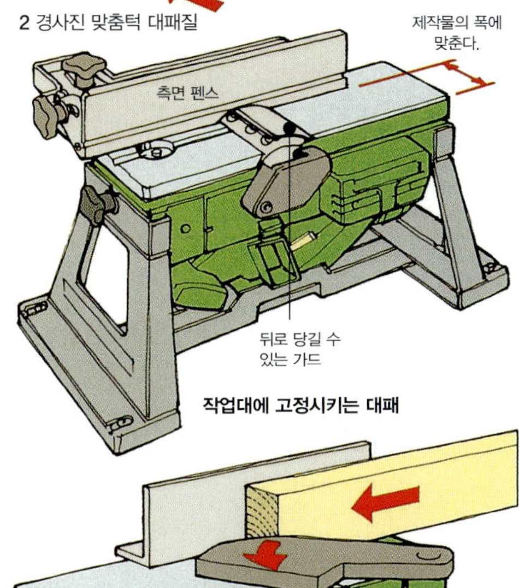

제작물의 폭에 맞춘다.

측면 펜스

뒤로 당길 수 있는 가드

작업대에 고정시키는 대패

어떤 가드는 제작물에 의해 옆으로 밀린다.

전동루터

전동루터 한 대로 몰딩대패(Moulding plane), 홈대패(Grooving plane), 맞춤턱대패(Rebating plane)를
대신할 수 있다. 다른 전동공구와 달리 커터가 달려 있으며, 어떤 작업에 대해서 수작업 공구를 준비하는 데
걸리는 것과 같은 시간에 사용 준비를 할 수 있다는 장점이 있다. 커터를 고속으로 회전시키는 강력한 모터가
사용되며, 마감을 하고 나면 정교하면서도 뛰어난 표면을 얻을 수 있다. 대부분의 루터는 구조가 비슷한데 양쪽에
손잡이가 달려 있는 모터 하우징 바로 아래에 날이 부착되어 있다. 모터는 받침판에 단단히 고정되어 있는
한 쌍의 기둥에 매달려서 위 아래로 움직인다. 복귀 스프링이 모터의 무게를 받치고 있기 때문에 작업자는 제작물
안으로 날을 밀어 넣을 수 있고 제작물에서 루터를 들어올리기 전에 받침판 위로 안전하게 날을 제 위치로
당길 수 있다. 그리 흔하지는 않지만 고정된 루터를 사용하기도 한다. 고정된 루터에는 플런지 방식이
없기 때문에 제작물 위에 매달고 제작물 쪽으로 장치 전체를 낮추어서 작업한다.

콜릿(Collet) 크기

루터 날의 자루는 잠금 너트에 의해
단단히 고정된 테이퍼된 콜릿 안에
끼워진다. 콜릿의 크기는 일반적으로
6~8mm이지만 더 큰 루터의 경우
12mm에 이른다. 어떤 루터에는 서
로 다른 크기의 콜릿을 바꿔 끼울 수
있다. 콜릿의 크기는 특정 날의 형태
와 기능에 따라 상당한 차이를 보이
는 날 지름과는 다르다.

가변 속도 제어기

루터에는 주입 속도가 변할지라도
선택된 절삭 속도를 자동으로 감시
하고 유지하는 역할을 하는 전자식
가변 속도 제어기가 있다. 이 제어
기는 보통 특정 속도를 나
타내는 5~6단계의 다
이얼로 구성된다(실
제 속도는 모델마다
다르다).

● **가벼운 플라스틱 몸체**
최신 루터에는 가벼운
플라스틱 모터 하우징이
달려 있어서 작업자가
움직이는 부품에
접촉되지 않도록
막아준다.

스핀들 속도

루터 스핀들의 최대 속도는 루터의
출력 전압에 따라 20,000~30,000
rpm의 범위를 갖는다. 대부분의 작
업에서 최대 속도를 사용할 수도 있
지만 어떤 경재 또는 가공이 까다로
운 벌목재를 가공할 때는 그 작업에
걸맞은 속도를 선택하기 위해서 시험
작업이 필요할 때도 있다. 지름이 큰
커터는 주변 속도가 매우 크기 때문
에 스핀들 속도가 더 낮아야 한다. 약
한 금속이나 모든 종류의 플라스틱을
가공할 때도 비교적 낮은 속도를 선
택해야 한다.

손잡이

손잡이는 일반적으로 루터를 잡기 위한 것과 루터를 안내하기 위한 것 두 가지가 있다. 잘 제어하고 균형을 제대로 잡기 위해서는 손잡이가 가능한 한 루터의 밑받침 근처에 위치해야 한다.

On/Off 스위치

이상적으로는 손잡이에서 손을 떼지 않고도 On/Off 스위치를 작동할 수 있어야 한다.

플런지 잠금

플런지 잠금은 보통 어느 한쪽 손잡이와 하나로 되어 있다. 하지만 어떤 모델에서는 퀵 릴리스 레버 형태로 손잡이 근처에 위치하기도 한다.

깊이 멈춤

깊이 멈춤은 날이 받침판 밑으로 얼마나 튀어나올 수 있는지를 결정한다. 절삭날을 보호하기 위해서 단계별로 깊은 절삭을 실시한다. 예를 들어 자루 지름이 6mm인 날을 사용할 때 한 번에 3mm 이상을 절삭해서는 안 된다.

터렛(Turret) 멈춤

단계별로 작업할 때 터렛 멈춤을 미리 조절해두면 절삭 깊이를 빨리 조절할 수 있다.

스핀들 잠금

대부분의 루터에는 스핀들 잠금이 달려 있는데, 날을 교환할 때 콜릿 너트를 풀거나 죄기 위해서 한쪽 끝만 열려 있는 스패너로 조작할 수 있다.
구모델의 경우는 종종 두 개의 스패너를 사용해야 할 때도 있다.

받침판

작업할 때 받침판을 직선자나 형판 또는 지그에 대고 움직이면서 루터를 제어한다. 받침판은 스핀들 축과 동심을 이루는 완전 원형이거나 적어도 한쪽 면이 직선 형태이다. 받침판에는 측면 펜스 몰딩 막대를 단단히 고정시키기 위한 클램프와 다른 가이드 및 액세서리를 취하기 위한 나사산 몰딩이 있다.

측면 펜스와 가이드 부시

전동루터에는 일반적으로 직선의 측면을 다듬고 몰딩하고 가공품의 에지에 평행하도록 홈이나 그와 유사한 절삭을 하기 위한 조절 가능한 가이드 펜스가 달려 있다. 대부분의 루터에는 또 평판이나 지그와 함께 사용하기 위한 가이드 부시가 한 개 사용된다.

먼지 배출 호스

먼지 배출

모든 루터에는 먼지 배출 장치가 달려 있다. 이 장치는 일반적으로 플라스틱 후드로 되어 있고 날을 감싸고 있는 루터의 밑받침에 부착된다. 이 후드는 유연한 호스를 통해서 진공 배출 장치로 연결되어 절삭 과정에서 먼지가 발생하자마자 바로 배출된다. 먼지 배출기는 대부분의 그림에서 단순화시키기 위해서 생략되어 있다.

루터를 사용할 때 몇 가지 중요한 주의사항만 제대로 지킨다면 사고는 거의 일어나지 않을 것이다. 플런지 루터는 특히 안전하게 사용할 수 있는데, 이는 날이 지지 기둥 사이에 들어가 있기 때문이다. 다음은 루터 사용법에 해당되지만 일반적인 전동공구 사용 시에도 적용 가능하다.

- 가볍게 누르면서 루터를 제작물 쪽으로 서서히 가져간다.
- 루터를 사용할 때는 항상 두 손으로 잡는다.
- 매번 사용하고 난 후 또는 스위치를 끄기 전에 플런지 루터 날을 뒤로 물려놓는다.
- 날을 교체하거나 액세서리를 끼우기 전에는 언제나 루터의 플러그를 뽑는다.

소형 루터

저가이고 저동력(최대 750W 또는 1HP)인 소형 플런지 루터는 홈 파기(Grooving), 맞춤턱 파기(Rebating), 장식 몰딩(Decorative moulding) 만들기와 같은 대부분의 작업에 사용할 수 있다.
많은 소형 플런지 루터에서는 모터 하우징을 밑받침에서 분리할 수 있기 때문에 모터를 오버헤드 스탠드 또는 드릴프레스에 부착시킬 수 있다.

중형 루터

성능이 우수하고 동력이 800~1200W인 플런지 루터로, 가구 제작, 목제 가공, 기타 목작업에 이상적이다. 비교적 간결한 구조로 되어 있기 때문에 역전환 또는 오버헤드 테이블 루터링에도 적합하며, 많은 액세서리, 지그, 형판도 이 크기의 루터에 맞도록 제작된다.

대형 루터

최대 1850W의 동력이 사용되는 대형 루터는 창문이나 문 제작과 같은 건축용 작업이나 일반적인 목작업을 위한 대형 날을 물려 사용할 수 있다. 모터가 과부하될 위험성이 거의 없으며, 비교적 깊고 폭넓게 절삭할 수 있다.

루터 날

고속도강으로 만든 루터 날을 사용하면 일반적인 목작업에 쓰이는 날보다 더 정확한 작업을 할 수 있지만, 텅스텐 카바이드로 끝처리한 날은 특히 칩보드 또는 플라스틱 라미네이트 소재를 가공할 때 더 오래 날카로움을 유지한다. 결국 전문가에게 연마를 맡기기 전까지는 작업자가 직접 고속도강으로 만든 절삭날을 기름칠한 슬립스톤에 갈 수도 있다. 하지만 고속도강으로 만든 날이 과열되지 않도록 주의해야 한다. 만약 과열되면 푸르게 변하고 경도가 떨어져 너무 약해지기 때문에 더이상 날로 사용할 수 없어 교체해주어야 한다. 텅스텐 카바이드로 끝처리한 날은 오직 전문 연마 기계를 갖춘 업체에서만 날카롭게 연마할 수 있다.

플런지 커팅에서는 날의 바닥이 측면과 동일한 표준으로 연마되어야 한다. 구멍 뚫기와 플런지 커팅 작업에 가장 좋은 유형의 날은 개별적인 텅스텐 카바이드 팁이 날의 바닥에 접합되어 있는 것이다. 바닥 절삭 장치가 없는 날은 측면 또는 모서리로부터 제작물에 공급되어야 한다.

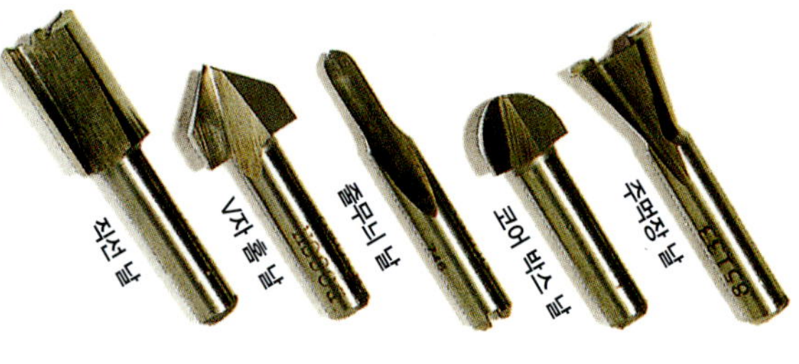

고속도강 날

텅스텐 카바이드 팁 날

플런지 커팅 루터 날
지름 9mm 이상의 루터 날로 플런치 커팅을 하려면 그것의 받침대를 오른쪽으로 가로지르며 확장하는 절삭 가장자리를 확실히 만들어야 한다.

홈 파기 날

다음의 기본적인 루터 날은 나뭇결에 나란히 또는 가로질러 움푹 파인 부분을 만들 수 있다.

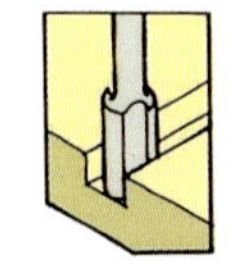  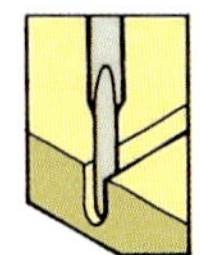 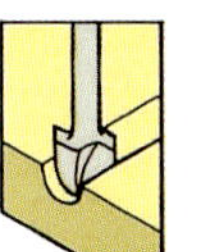 

직선 날
단면이 사각형인 홈 및 하우징을 깎는 데 사용한다. 대부분의 직선 날에는 절삭날에 세로로 홈이 한 개 또는 두 개가 있다. 세로로 홈이 두 개 있는 커터로 가공하면 매우 우수한 마감 결과를 얻을 수 있다.

V자 홈 날
주로 두 손으로 글자를 새기거나 간판이나 벽에 거는 액자에서 문양을 조각하는 데 사용된다.

줄무늬 날(Veining cutter)
폭이 좁고 바닥이 둥근 홈을 파는 데 사용된다.

코어 박스 날(Core-box cutter)
폭이 넓고 바닥이 둥근 홈을 파는 데 사용된다.

주먹장 날(Dovetail cutter)
적절한 액세서리가 달려 있는 주먹장 맞춤을 가공하거나 주먹장 하우징을 가공하는 데 사용된다.

모서리 파기 날

모서리 파기 날에는 제작물의 모서리보다 높이 솟아 있는 파일럿 팁이 달려 있어 가이드나 펜스가 필요하지 않다. 고정된 파일럿 팁의 마찰 때문에 목재가 타기도 하지만 정상적인 환경에서는 매우 미세하게 휜 대패로 에지를 다듬으면 손상된 부위를 제거할 수 있다. 하지만 이것은 사업용 생산에서는 비경제적이며, 목재를 태우지 않고도 에지에 기대어 움직일 수 있는 특수한 볼 베어링 팁 날도 나와 있다.

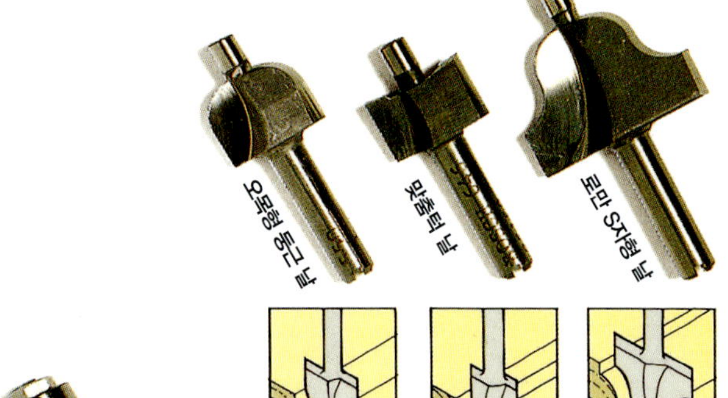

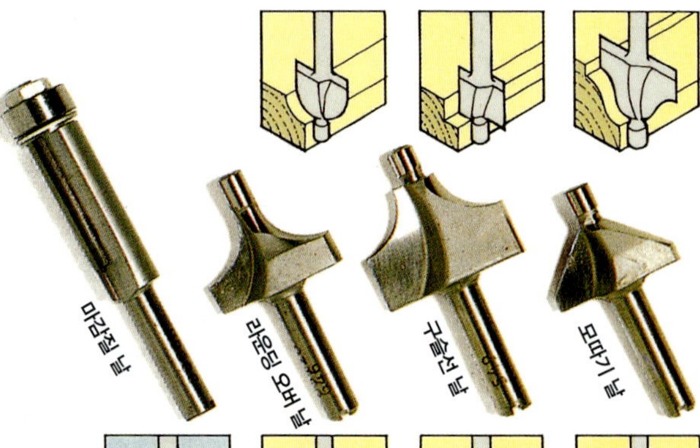

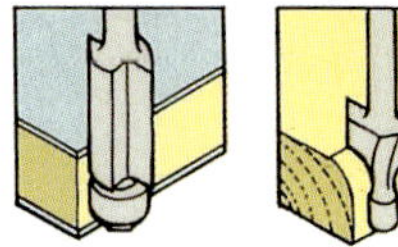 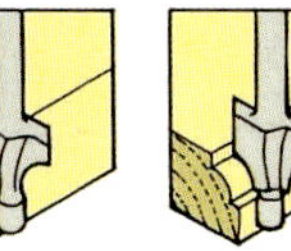  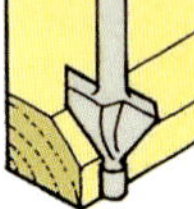

오목형 둥근 날
장식용 물결무늬를 깎거나 펼쳐 여는 탁자의 상판을 위한 규격맞춤을 만드는 데 사용된다.

맞춤턱 날
루터에 가이드 펜스를 볼트로 고정시킬 필요 없이 맞춤턱을 가공할 수 있다.

로만 S자형 날
특정 장식 몰딩을 제작하는 데 사용된다.

마감질 날(Trimmer cutter)
보드의 모서리와 수평으로 플라스틱 라미네이트를 다듬기 위한 볼 베어링 파일럿이 달려 있는 날이다.

라운딩 오버 날
일정한 반경으로 단순하게 깎는 데 사용한다. 낮게 조절하면 오볼로 비드(계단처럼 생긴 돌출부가 있는 면)를 깎을 수 있다.

구슬선 날
라운딩 오버 날과 비슷하지만 가공면에 두 개의 돌출부가 만들어진다.

모따기 날
45도 각도의 경사면을 깎는 데 사용된다. 절삭 깊이를 조절하면 한 개의 날로 여러 크기의 경사면을 만들 수 있다.

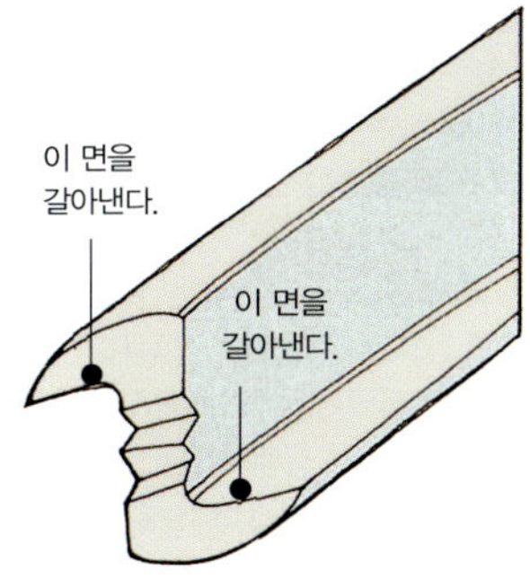

루터 날 갈기

고속도강 날의 절삭날을 날카롭게 세울 때는 안쪽 면만 갈아낸다. 바깥쪽 면을 갈아내면 날의 지름이 바뀌게 된다.

날 끼우기

콜릿 잠금 너트를 풀기 위해서 스패너를 사용하기 전에 루터 모터에 연결되어 있는 스핀들을 움직이지 않게 고정시켜야 한다.

대부분의 루터에서는 스핀들 잠금 버튼을 누르면 된다. 하지만 어떤 루터에서는 보조 스패너를 사용하거나 짧은 금속 핀을 스패너에 나 있는 구멍에 끼워 스핀들을 고정시키기도 한다.1

디자인에 따라 루터를 작업대 위에 뒤집어 올려놓고 날을 교체할 수도 있다. 또는 루터의 모터 하우징을 밑받침 조립부로부터 분리하는 것이 더 쉬울 수도 있다.

어떤 방법을 사용하건 간에 우선 루터의 플러그를 먼저 뽑아놓아야 한다.

날이 콜릿에서 걸려 움직이지 않으면 샤프트를 좌우로 흔들어서 풀어주어야 한다. 이때 절삭날에 다치지 않도록 주의해야 한다.

날을 삽입하기 전에 콜릿에 목재 찌꺼기가 없는지 확인한다. 날을 끼운 뒤에는 스핀들을 움직이지 않게 고정시킨 상태에서 스패너를 사용해 콜릿 잠금 너트를 단단히 죈다.

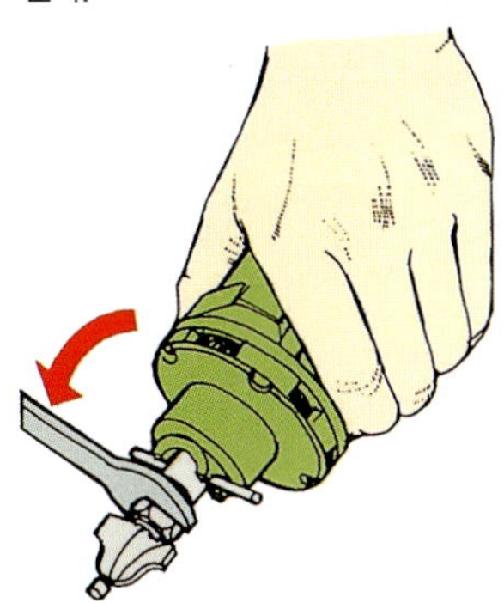

1 콜릿 너트 풀기
종종 핀을 사용해서 루터 스핀들이 움직이지 않게 고정시킨다.

홈 및 하우징 루터링

잘 판 홈은 나뭇결 방향으로 나 있고 서랍 바닥, 서랍장 뒷판, 양측면맞춤 등을 고정시키기 위한 목가구 작업에 상당히 많이 사용된다.

하우징은 나뭇결과 수직으로 나 있는 홈으로, 책장의 측면에 고정 선반을 잇는 데 사용하기도 한다. 홈 또는 하우징은 한쪽 끝에서 다른 쪽 끝까지 제작물을 가로질러 이어질 수도 있고, 한쪽 끝 또는 양쪽 끝에서 멈출 수도 있다.

작업의 정확성을 높이기 위해서 다양한 기술을 적용할 수 있지만 기계 장치의 작동법은 대개 비슷하다.

끝까지 이어지는 하우징 또는 홈 파기

공구의 플런지를 낮추고 고정시킨다. 날이 제작물의 끝에 닿지 않도록 한 상태에서 루터 밑받침을 제작물에 댄 다음 스위치를 켠다. 날이 제작물의 다른 쪽 끝으로 빠져나올 때까지 일정한 속도로 루터를 제작물 안으로 밀어 넣으면서 작업한다. 루터의 밑받침을 제작물에서 들어올리기 전에 스위치를 내린 다음 날이 멈출 때까지 기다린다.

멈춘 하우징 또는 홈 파기

플런지루터의 스위치를 올리기 전에 날을 제작물의 표면으로 가져가서 홈 또는 하우징의 한쪽 끝 위에 정확히 위치시킨다. 날을 들어올리고 전원을 켠 다음 날을 최대 깊이까지 천천히 밀어넣는다.1 공구를 앞쪽 끝으로 밀고 플런지를 풀어준 다음2 스위치를 끈다. 끌을 사용해서 홈 또는 하우징의 끝을 다듬는다.

모서리와 평행하게 홈 파기

서랍 러너 또는 뒷판에 사용되는 대부분의 홈은 일반적으로 제작물의 가장자리에 평행하고 매우 가까이에 위치한다. 모든 루터에는 날을 가장자리에서 원하는 거리만큼 벌리도록 조절할 수 있는 볼트로 죄는 측면 펜스가 달려있다.

공구의 전원 플러그를 뽑은 상태에서 루터를 제작물에 세워놓고 절삭날을 제작물 표면에 있는 홈의 한쪽 면에 갖다 댄다.1 측면 펜스를 조절해서 제작물의 끝에 닿도록 만든 다음2 죔쇠로 고정시킨다. 앞서 설명한 것처럼 작업 내내 펜스에 가하는 측면 압력을 일정하게 유지하면서 홈을 판다.3

더 잘 제어하려면 경재 스트립을 사이드 펜스의 페이스에 나사로 고정시켜서 측면 펜스를 연장한다.

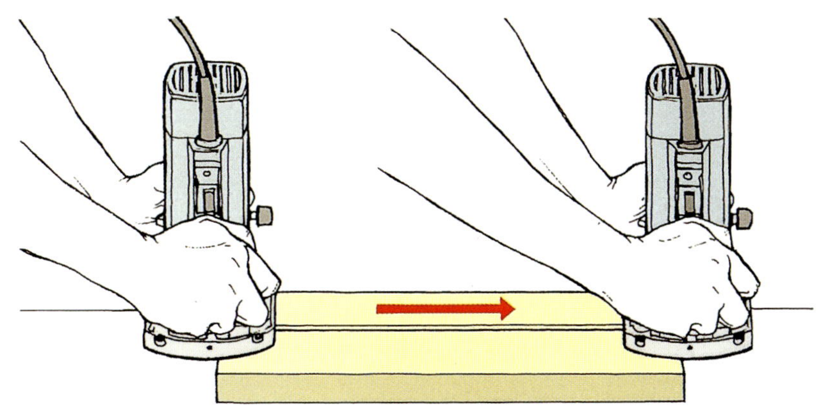
끝까지 이어지는 홈 파기

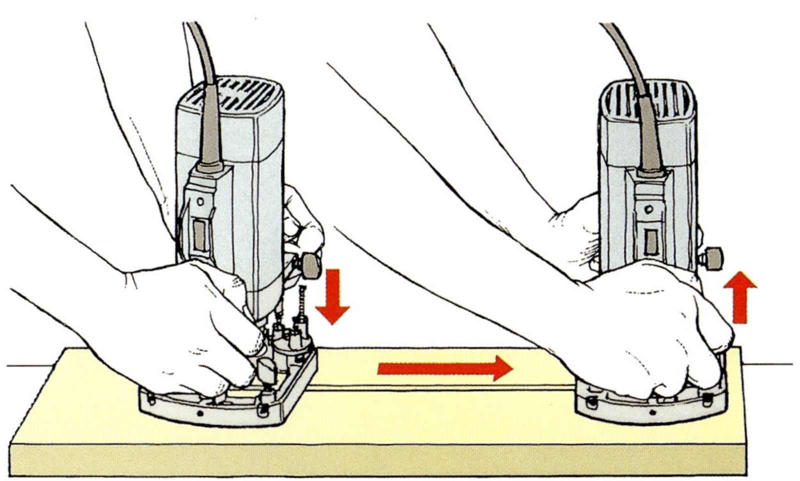
1 최대 깊이로 밀어 넣는다.
2 끝까지 밀어 넣은 뒤 풀어준다.

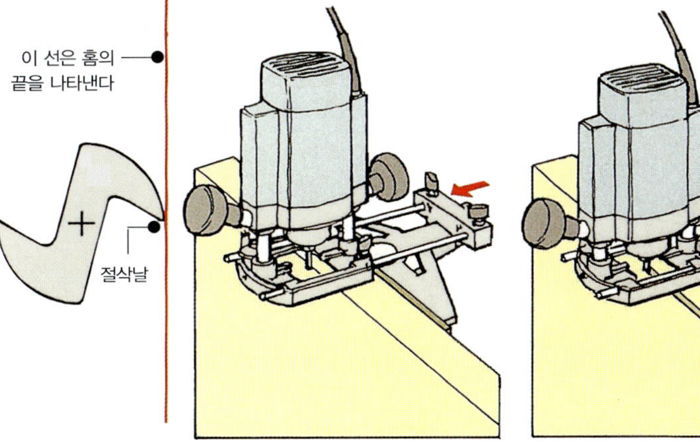

1 날을 정렬시킨다.
2 측면 펜스를 제작물의 끝에 갖다 댄다.
3 홈을 판다.

가이드 누름대(Guide batten)을 사용해서 하우징 파기

폭이 넓은 판재에 하우징을 팔 때 루터의 제작물을 가로질러 누름대를 죔쇠로 고정시켜서 밑받침을 잡아준다.1 제작물 양쪽 끝 너머로 튀어나올 정도로 충분히 긴 누름대를 선택하고 누름대에 루터를 미는 힘을 일정하게 유지시켜준다.

날보다 폭이 넓은 하우징을 팔 때는 제작물에 두 개의 누름대를 서로 나란하게 고정시킨다. 이때 한쪽 누름대에 기대어 하우징의 한쪽을 파내고 난 뒤 다른 쪽 누름대에 기대어 나머지 한쪽을 파낼 수 있도록 누름대를 위치시킨다. 항상 작업자의 오른쪽에 있는 누름대에 기대어 가공한 다음 왼쪽에 있는 누름대에 기대어 가공한다.2 이런 식으로 날을 회전시키면 더 쉽게 루터를 누름대에 기대어 잡아당길 수 있다.

드러난 주먹장 하우징을 깎기 위해서는 루터를 처음 통과시키고 난 뒤 주먹장 날을 직선 날로 교체해준다.3

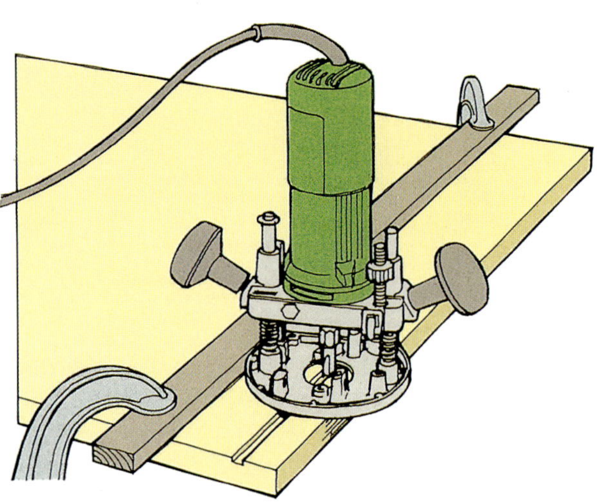

1 가이드 누름대를 사용해서 하우징 파기

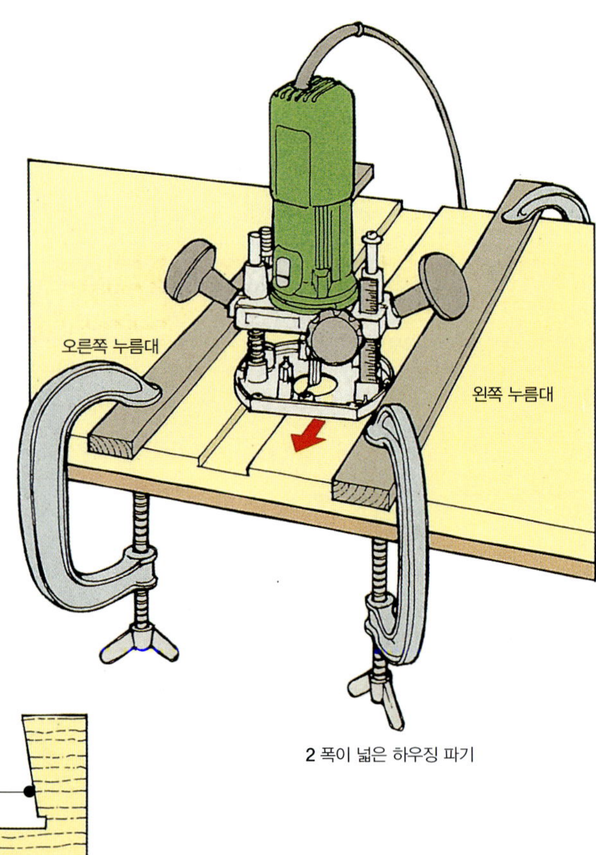

2 폭이 넓은 하우징 파기

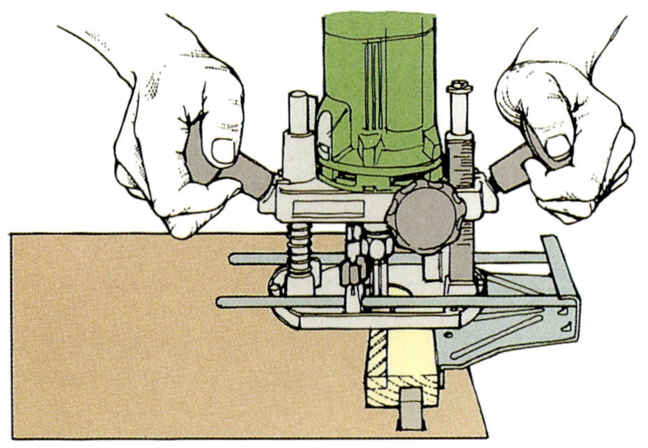

3 드러난 주먹장 하우징 파기

몰딩과 맞춤턱 파기

원목 판재와 프레임에는 종종 장식을 위해서 또는 모양을 좋게 하거나 안전을 위해서 모서리를 둥글게 만들 목적으로 몰딩을 댄다. 맞춤턱은 더 기능적이다. 예를 들면 골격에 판재를 끼워 넣는 데 사용된다.

직선 날로 맞춤턱 파기

제작물의 끝을 따라 가이드 펜스를 밀어주면 직선 날로 맞춤턱을 팔 수 있다. 이와 같은 방법으로 V자 홈 날로 모따기를 하거나 코어 박스 날로 오목형 날을 팔 수도 있다.

직선 날과 가이드 펜스로 맞춤턱 파기

모서리 파기 날로 몰딩 파기

파일럿 팁이 달려 있는 모서리 파기 날을 사용하면 폭이 넓은 판재의 가장자리에 몰딩 또는 맞춤턱을 팔 수 있다. 목재가 타지 않고 파일럿 팁이 제작물과 계속 접촉을 유지하도록 조절하기 위해서 나뭇조각에 시험 삼아 연습해본다.

시계 반대 방향으로 돌리면서 판재의 바깥쪽 끝에 몰딩을 판다.1 이때 날의 회전 방향은 언제나 제작물 쪽으로 당겨져야 한다. 판재가 원목으로 되어 있다면 우선 마구리면(End grain)을 먼저 가공하고 사이드 그레인(Side grain)을 나중에 가공한다.2 이렇게 하면 판재의 끝쪽에 있는 마구리면이 손상을 입더라도 판재의 사이드 그레인에서 몰딩을 파는 작업을 하면서 그 손상 부위를 제거할 수 있다. 마구리면에서만 몰딩 팔 때는 끝쪽 면에 긴 나뭇조각을 대서 판재를 단단히 잡아준다.

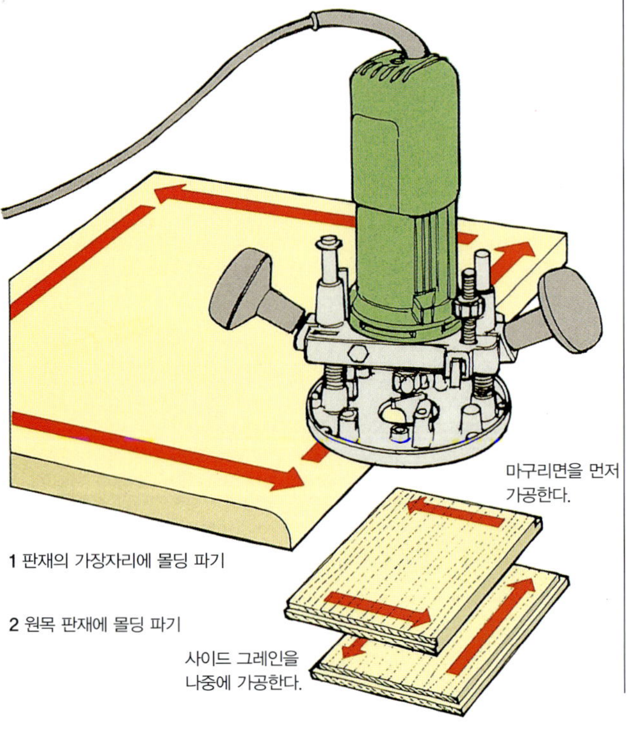

1 판재의 가장자리에 몰딩 파기

2 원목 판재에 몰딩 파기

프레임 안에서 몰딩 또는 맞춤턱 파기

그림 액자 또는 거울 액자의 골격을 먼저 조립하고 난 뒤에 몰딩이나 맞춤턱을 파는 것이 더 편리할 때도 있다. 바깥 면에서는 앞서 설명한 것과 반대로 몰딩을 팔 수 있고, 안쪽 면에서는 모서리 파기 맞춤턱 날을 사용하거나 직각 삼각형 나무 블록을 측면 펜스에 나사로 고정시켜[1] 맞춤턱을 팔 수 있다. 삼각형의 끝점이 반드시 날 중심에 위치해야 한다.[2]
프레임의 안쪽에서 가공할 때는 시계방향으로 움직인다. 구석은 둥글게 파이지만 작업자가 원할 경우 끌을 사용해서 직각으로 다듬으면 된다.

1 내부 맞춤턱 깎기
루터 펜스에 삼각형 가이드 블록을 나사로 고정시킨다.

2 삼각형은 날의 중간에 와야 한다.

원 및 특정 형상 루터링

판매되는 가이드 또는 작업자가 직접 제작한 지그나 템플릿을 사용해서 불규칙한 형상의 제작물이나 완벽한 원, 디스크, 곡선을 자를 수 있다.

원 파기

트래멀(Trammel : 중심 핀이 달려 있는 막대 또는 빔)을 사용해서 중점을 축으로 루터를 회전시키면 원형 홈을 파거나 디스크의 가장자리에 몰딩을 팔 수 있다. 트래멀은 보통 펜스 막대 죔쇠 중 하나에 위치한다.
일반적인 트래멀은 치즈보드나 브레드보드처럼 작은 제작물을 세부적으로 가공하는 데 이상적이다. 원형 테이블 상판의 가장자리에 몰딩을 파는 것처럼 큰 제작물을 다룰 때는, 긴 합판 조각의 한쪽 끝에 루터를 볼트로 고정시키고 날을 위한 구멍을 낸 다음, 스트립에 못을 박아 중심 핀처럼 사용한다.
트래멀 핀이 제작물의 구멍에서 빠지는 것을 막기 위해서 양면 접착 테이프로 작은 합판 조각을 제작물에 붙인 다음 그 조각에 가운데 점을 표시한다.

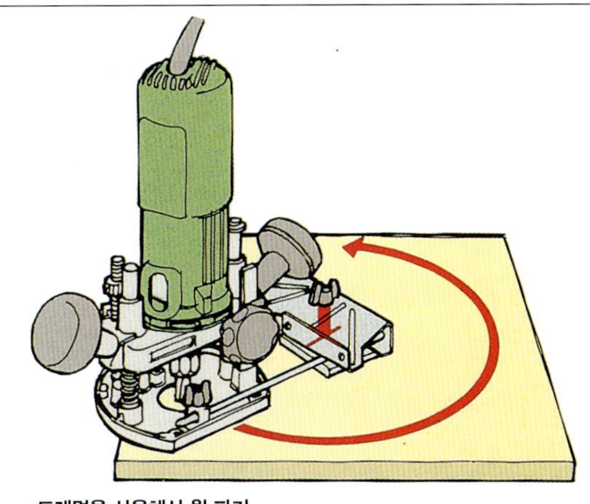
트래멀을 사용해서 원 파기

형판을 사용한 루터링

형판에 대고 루터링을 하면 같은 구성요소를 빠르고 쉽게 가공할 수 있다. 일단 형판의 정확도가 만족스럽다면 매번 완벽한 결과를 얻을 수 있다.
형판 외형을 정확하게 재생산할 수 있도록 돕기 위해서 루터 제조업체들은 루터에 사용하기 위한 특수 가이드 부시를 제공한다. 가이드 부시는 단순한 원통형 칼라로 날을 둘러싸고 있고, 루터의 밑받침에서 가운데에 볼트로 고정된다. 칼라는 형판의 끝에 기댄 채로 움직이기 때문에 날은 형판 모양을 따라 움직이게 된다.[1] 형판을 만들 때는 칼라의 지름과 날 자체의 지름 사이의 차이를 고려할 필요가 있다.[2]
합판이나 하드보드 또는 MDF 같은 안정적인 평판 재료를 사용해서 형판을 만든다. 형판을 제작물에 핀으로 고정시키거나 양면 접착 테이프로 붙일 수도 있다.

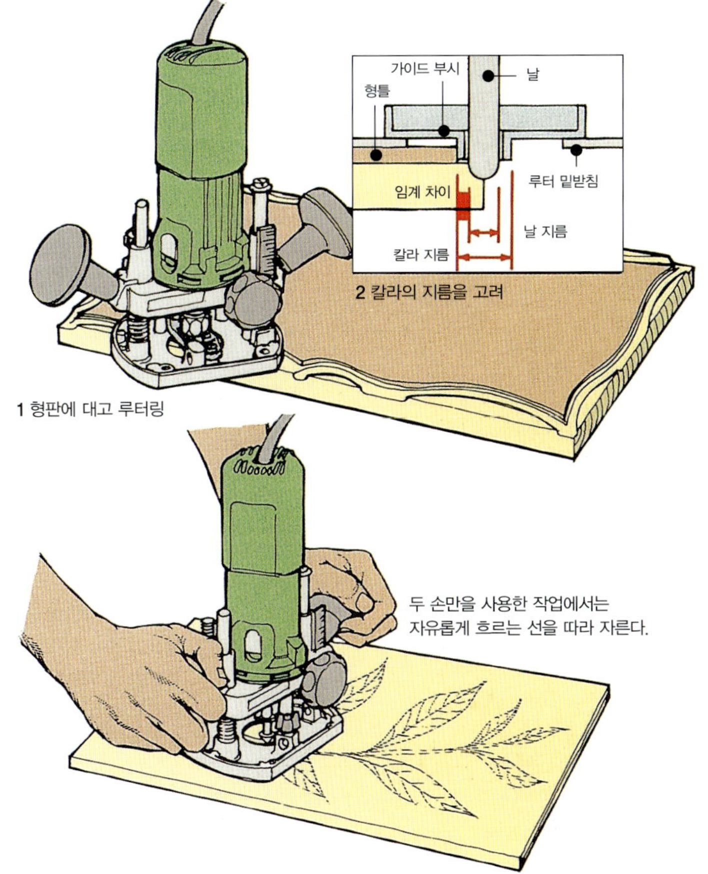

2 칼라의 지름을 고려

1 형판에 대고 루터링

두 손만 사용한 루터링

서명 조각가나 얕은 돋을새김 조각가는 루터를 사용해서 평평한 목판에 글자나 그림을 새겨 넣는다. V자 홈 날의 뾰족한 끝은 매우 단단한 목재도 쉽게 깎을 수 있기 때문에 두 손만 사용한 루터링 작업에는 이 날이 자주 사용된다. 직선 날 또는 줄무늬 날도 적합하지만 얕게 파내기 위해서는 루터를 적절히 조절해야 한다. 이런 작업에서는 자유로운 움직임이 필수이기 때문에 루터를 지속적으로 움직일 수 있도록 모티프를 디자인하거나 글자 유형을 선택한다. 규칙적인 글자를 새겨 넣을 때는 형틀에 대고 작업하는 것이 가장 좋다.
나뭇결이 거친 부분에서는 루터 날이 제 경로를 벗어나기 쉽다. 방향이 갑자기 바뀌는 것을 방지하기 위해서 두 손을 제작물에 가볍게 접촉시킨 상태에서 루터의 받침판을 잡는다.

두 손만을 사용한 작업에서는 자유롭게 흐르는 선을 따라 자른다.

루터로 맞춤부 파기

제작물에 대고 루터를 뒤집어 볼트로 고정시켜서 루터를 성형기 또는 스핀들 몰더로 변환시키면 맞춤부를 훨씬 더 쉽게 팔 수 있다. 하지만 홈 및 하우징 루터링과 몰딩 및 맞춤턱 파기 단원에서 설명한 기법을 조합해 사용하면 수동 루터로도 다양한 맞춤을 가공할 수 있다.

맞춤턱 홈 맞춤

겹침맞춤, 드러난 하우징맞춤, 반턱맞춤은 모두 기본적인 형태에서 파생된 것이다. 작업대 위에 여러 구성요소를 서로 평평하게 고정시킨 상태에서 루터에 직선 날을 달고 가이드 누름대에 대고 움직이면서 가공하면 이러한 맞춤 중 하나를 만들 수 있다.

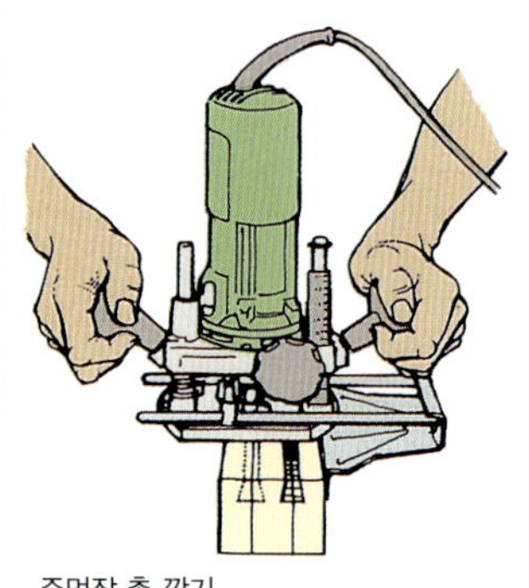

주먹장 촉 깎기

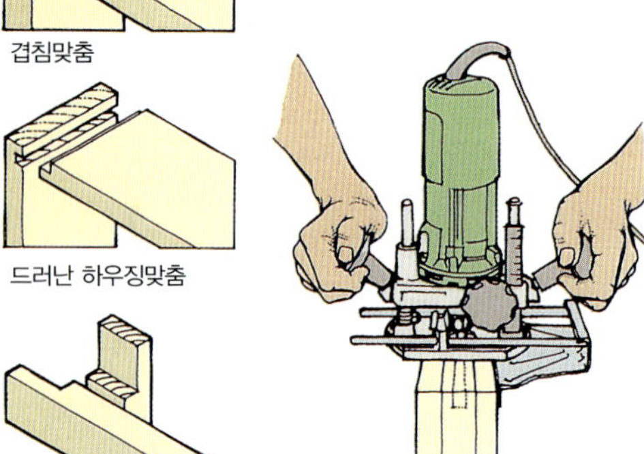

가운데 홈 깎기

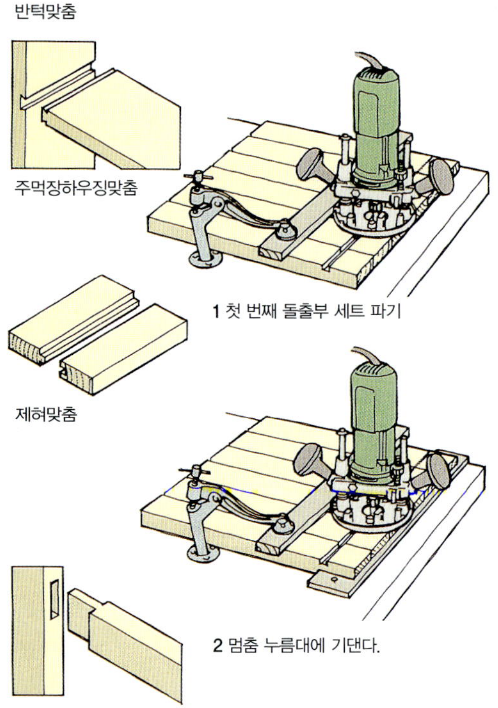

겹침맞춤

드러난 하우징맞춤

반턱맞춤

주먹장하우징맞춤

1 첫 번째 돌출부 세트 파기

제혀맞춤

2 멈춤 누름대에 기댄다.

장부맞춤

주먹장하우징맞춤

손으로 주먹장하우징맞춤을 깎으려면 시간도 많이 걸리고 힘도 많이 든다. 하지만 전동루터에 주먹장 날을 끼워서 두 구성요소를 가공하면 작업이 훨씬 쉬워진다.

루터를 가이드 누름대에 기댄 채로 움직이면서 하우징을 깎아낸 다음 결합되는 구성요소를 두 개의 목재 조각 사이에 고정시킨다. 측면 펜스를 사용해서 그 구성요소의 양쪽 면을 따라 날이 이동하도록 잡아주면서 가공하면 하우징과 완벽하게 일치되는 주먹장 모양의 촉(Tongue)이 만들어진다.

제혀맞춤

앞서 설명한 주먹장 촉을 만드는 방법에 따라 직선 날을 사용하면 판재의 가장자리에 사각형 촉을 만들 수 있다. 루터의 밑받침을 지탱하는 넓고 평평한 면을 제공할 수 있도록 제작물의 양면에 고정되어 있는 긴 나뭇조각을 사용해서 다른 구성요소의 중심 아래로 매칭되는 홈을 판다.

장부맞춤

장붓구멍은 짧지만 깊게 멈추어진 홈이다. 어디서 커터를 밀어 넣어야 하고 당겨 빼야 하는지 알려주는 표시에 의지해서 앞서 설명한 것과 같이 장붓구멍을 판다. 또는 루터의 밑받침을 지탱하기 위해 사용되는 긴 나뭇조각 중 하나에 멈춤 블록을 핀으로 고정시킨다. 점차 구멍을 더 깊이 파가면서 여러 단계에 걸쳐 장붓구멍을 판다.

매칭되는 장부를 만들 때는 구성요소를 나란히 놓고 루터를 잡아주기 위해서 고정되어 있는 누름대를 사용해서 모든 돌출부를 동시에 깎는다.1 두 손만으로 나머지 찌꺼기를 제거한다. 구성요소를 뒤집은 다음 새로 깎은 돌출부를 작업대에 못으로 고정시킨 멈춤 누름대에 맞대고 2 장부를 만들기 위하여 같은 과정을 반복한다.

규격맞춤

규격맞춤은 양끝이 아래로 접히는 탁자의 접이판(Flap)을 상판에 다는 전통적인 방법으로, 접이판이 수직으로 서 있을 때 접이판의 끝을 받쳐주고 접혀 있을 때 특수 탁자 경첩을 숨긴다. 경첩의 관절은 전통 돌쩌귀식맞춤의 돌출부 바로 아래에 위치해야 한다. 연결되는 목재의 가장자리에는 매칭되는 라운딩 오버 날과 코어 박스 날로 몰딩을 깎는다.

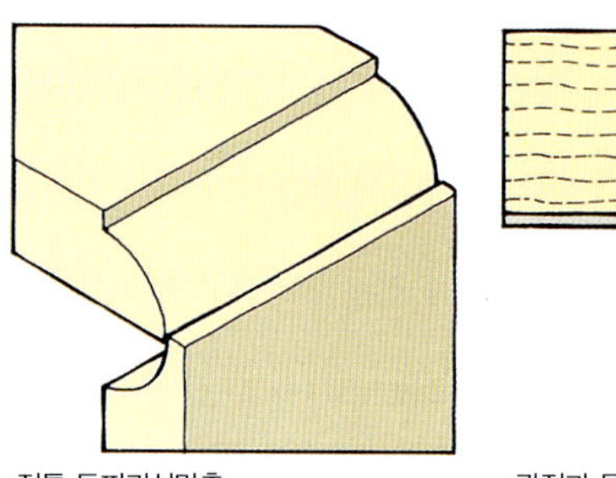

전통 돌쩌귀식맞춤

관절과 돌출부를 일직선으로 맞춘다.

주먹장맞춤

특수 형틀과 매칭되는 가이드 부시(Guide bush)는 수동루터로 주먹장을 깎는 데 사용할 수 있다. 좀더 복잡한 지그를 사용하면 다양한 주먹장 맞춤을 깎을 수 있지만 대부분의 지그는 단순한 턱주먹장만을 깎을 수 있도록 설계되어 있다.

턱주먹장 지그를 조립하는 자세한 방법은 제조업체에서 제공하지만 기본적으로는 두 개의 매칭되는 구성요소가 지그에 함께 고정된다. 이때 두 구성요소가 서로 중심이 약간 어긋나고 한 구성요소의 안쪽을 밖으로 향하도록 한다.1 주먹장과 핀이 제작물의 중심에 오도록 구성요소의 폭을 디자인한다.

루터에 주먹장 날을 끼우고 형틀의 핑거 사이에 넣어다 뺐다 하면서 가공한다.2 구성요소를 제거한 다음 한쪽을 뒤집어서 조립한다.3

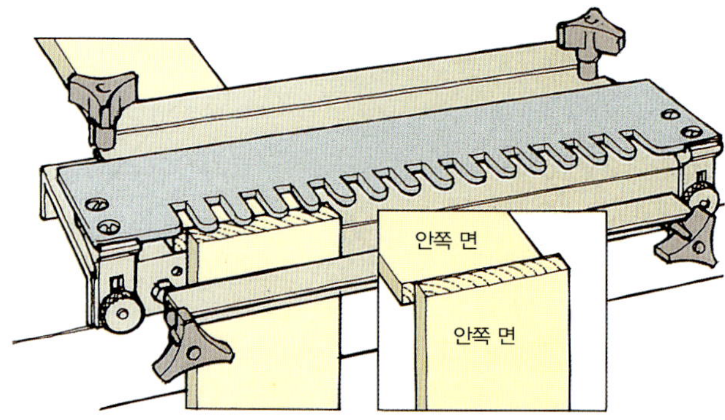

1 두 구성요소가 서로 중심이 약간 벗어나 있고 한 구성요소는 뒤집어져 있다.

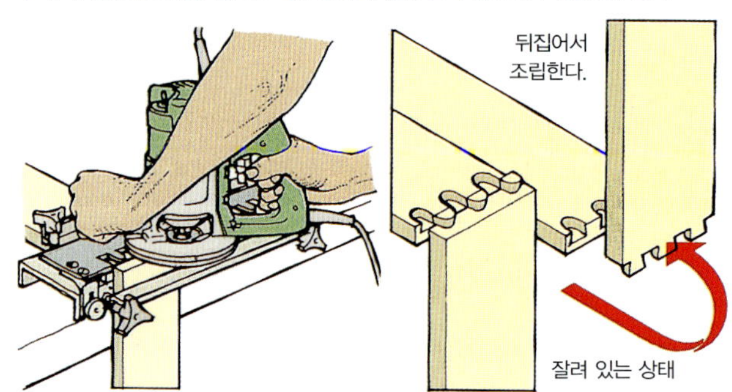

2 루터로 주먹장맞춤을 깎아낸다.

3 주먹장맞춤을 조립한다.

전동연마기

전동연마기는 목재를 마감하기 위한 수고를 크게 덜어준다. 하지만 소위 마감용 연마기라고 일컫는
오비탈 기계(Orbital machine)는 끝마무리를 할 수 있을 정도의 표면을 만들지는 못한다.
어느 정도는 작업자가 손으로 연마해서 기계가 남겨놓은 미세한 흠집을 제거할 필요가 있다.

벨트연마기

벨트연마기에는 마모재가 씌워진 천으로 되어 있는 벨트가 두 개의 롤러 사이에 팽팽하게 걸려 있다. 롤러 사이에 부착된 평평한 베드 또는 플래튼(Platten)은 사포를 제작물에 기댈 수 있게 해준다. 모터는 뒤쪽 롤러만 구동하며, 팽팽하게 당기고 벨트의 궤도를 제어할 수 있도록 앞쪽 롤러를 조절할 수 있다. 벨트연마기는 목재를 매우 빠르게 깎아내고 벌목재 및 인공 합판의 넓은 부분을 연마하는 데 사용된다. 이 공구는 또 금속 표면의 끝처리나 유성 페인트를 제거하는 데 사용되기도 한다.

벨트 크기

벨트연마기는 연마 벨트의 크기에 따라 분류된다. 작고 가벼운 벨트연마기에는 폭 60mm, 길이가 400mm인 벨트가 사용된다. 더 큰 벨트연마기에는 크기가 75x533mm 또는 100x610mm인 벨트가 사용된다. 더 큰 벨트연마기는 무겁고, 장시간 사용하면 쉽게 피로를 느끼게 된다.

벨트 속도

대부분의 벨트연마기는 무부하 속도가 190~360m/min이며, 어떤 모델에서는 전자제어장치로 제어된다. 속도를 조절할 수 있는 전문가용 벨트연마기는 최고 속도가 450m/min에 이르며, 벌목재나 인공 합판을 빠르게 연마하는 데 사용된다.

벨트 교체

대부분의 벨트연마기는 벨트를 교체하기 쉽게 되어 있다. 연마기의 측면에 있는 레버를 내려 벨트를 헐렁하게 풀어준 뒤 낡은 벨트를 꺼내고 새로운 것을 양쪽 롤러에 끼워 넣는다. 벨트에 인쇄되어 있는 화살표는 연마기 하우징에 표시되어 있는 화살표와 같은 방향을 가리키고 있어야 한다. 그렇지 않으면 벨트 상의 맞춤부가 벌어져 열리기 시작한다. 새 벨트를 끼운 다음 레버를 뒤로 밀면 팽팽하게 당겨진다.

연마기가 작동하고 있는 동안 궤도 조절 손잡이는 벨트가 롤러의 가운데에 와서 플래튼을 덮을 때까지 벨트를 옆으로 움직이는 데 사용된다.

먼지 배출

모든 벨트연마기에는 먼지 주머니가 제공된다. 이 주머니는 목재를 연마할 때 반드시 필요한 안전 장치이다. 하지만 금속을 끝처리할 때는 불꽃에 의해 화재가 발생할 수도 있기 때문에 이 주머니를 분리한 뒤 사용해야 한다.

전기 절연

작업자가 전기 쇼크를 받지 않도록 몸체가 플라스틱으로 된 연마기를 선택한다.

연속 작동과 On/Off 손잡이

손잡이 위에 달린 버튼을 누르면 연마기의 On/off 손잡이를 연속 작동으로 고정시킬 수 있다.

보조 손잡이

연마기의 정면에 달린 보조 손잡이를 사용하지 않으면 제작물에서 연마기를 들어올리기 어려울 것이다. 하지만 보조 손잡이를 분리할 수 있다면 방해물 부근에서 편하게 연마할 수 있다.

연마 프레임

어떤 연마기에서는 벨트를 둘러싸는 조절 가능한 연마 프레임을 설치하는 것이 가능하다. 이처럼 연마 프레임을 부착하면 뜻하지 않게 연마기가 기울어져서 제작물의 표면에 깊은 흠집이 생기거나 얇은 무늬목이 파손되거나 날카로운 모서리가 손상되는 것을 방지할 수 있다.

연마 벨트

거친 작업에는 거침 등급의 벨트를 사용해서 작업을 시작하고 점차 중간 등급 벨트와 고움 등급의 벨트를 사용하면서 이전 단계에서 생긴 흠집을 제거한다.

찢어지거나 찌꺼기가 많이 끼어 있거나 마모된 벨트를 사용하면 제작물이 손상될 수도 있기 때문에 필요할 때마다 교체해주어야 한다.

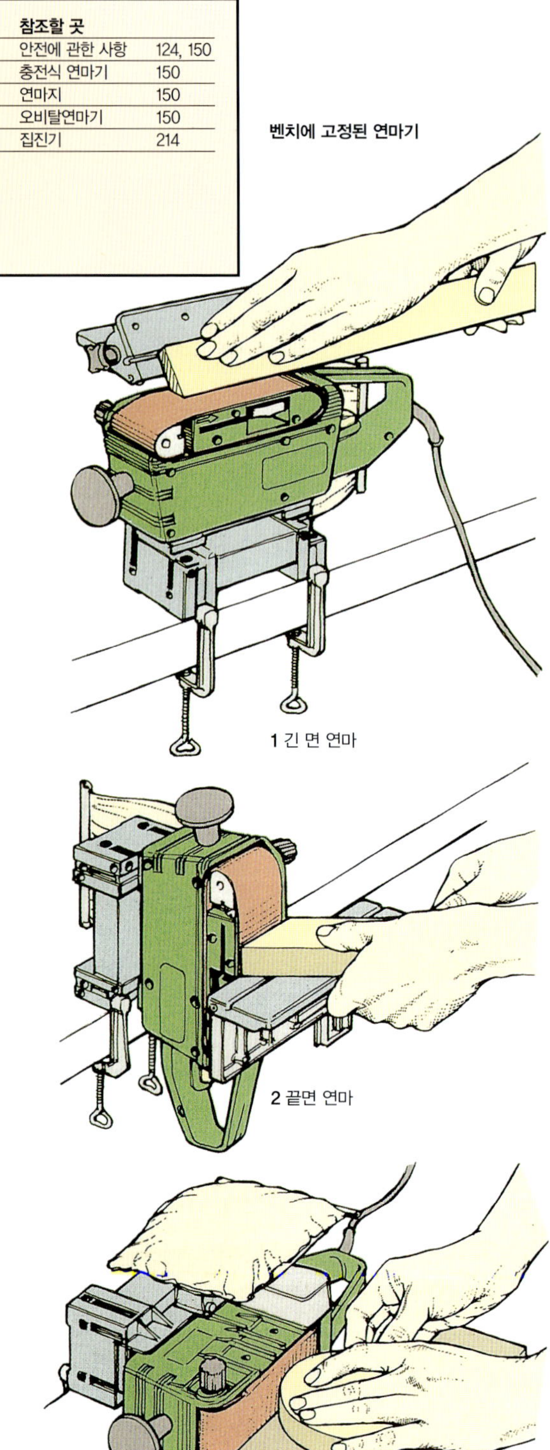

벤치에 고정된 연마기

1 긴 면 연마

2 끝면 연마

3 벨트 연마기를 이용 일정한 모양으로 만들기

일반적인 연마 벨트 등급 범위	
Grit 40	매우 거침
Grit 60	거침
Grit 80	중간
Grit 100	중간
Grit 150	고움
Grit 240	매우 고움

벨트연마기 사용

스위치를 켜고 연마기를 제작물로 가져간다. 연마제가 제작물의 표면에 닿자마자 연마기를 앞으로 밀어준다. 한곳에 오래 머물러 있으면 제작물에 제거하기 매우 어려울 정도로 깊은 흠집이 생길 수 있다. 나뭇결을 따라 연마하고 이전 연마한 부분을 뒤덮으면서 연마한다. 페인트를 제거하거나 매우 거친 목재를 매끈하게 만들 때는 양 방향으로 나뭇결과 45도 각도로 연마한 다음 나뭇결과 나란하게 마무리한다.

판재의 가장자리까지 연마해 나갈 때까지 제작물 위에서 연마기를 평평하게 유지하는 것이 중요하다. 제작물의 끝이 둥글게 되기 매우 쉽다. 특히 무늬목을 입힌 판재를 가공할 때는 연재로 만든 나뭇조각을 제작물의 끝에 표면과 수평이 되도록 핀으로 고정시켜주면 제작물의 끝에 갈려나가지 않도록 만들 수 있다.

스위치를 끄기 전에 제작물에서 연마기를 들어올린다.

연마기를 고정해놓고 사용

벨트연마기는 작업대 위의 다양한 위치에 고정할 수 있다. 선택 사양인 펜스로 연마기를 뒤집어서 고정시키면 1 긴 직각면 또는 경사면을 연마하는 데 사용할 수 있다. 연마기를 옆으로 세워 고정하면 종단면을 연마할 수 있다.2 옆으로 눕혀서 고정하면 제작물을 일정한 모양으로 만드는 데 사용할 수 있다.3

오비탈연마기

오비탈연마기(Orbital Sander)에서는 연마지 조각이 연마기의 받침판 전체를 덮고 있는 폼 러버 패드에 걸려 당겨져 있다. 전기 모터는 이 판을 연속해서 타원형으로 움직인다. 어떤 궤도 연마기에서는 스위치를 누르면 역방향으로 움직여서 궤도 움직임에 의해 표면에 생긴 소용돌이 모양의 미세한 흠을 제거할 수도 있다. 어떤 연마기는 흠집이 더 확연히 드러나지 않도록 만들기 위해서 불규칙한 형태의 흠집이 생기는 무작위 궤도 운동을 하도록 만들어져 있다.

연마 시트 크기

연마지 스트립은 연마기에 맞도록 제작되지만 손으로 하는 연마에 사용되는 표준 크기의 시트와 일정한 비율을 갖고 있다. 큰 연마기는 1/2 시트 연마기 또는 1/3 시트 연마기라고 부르는데, 이 시트의 크기는 각각 260cm^{2}와 167cm^{2}이다. 가벼운 소형 모델은 1/4 시트 연마기라고 부른다. 이 시트의 연마 부분 면적은 104cm^{2}이다.

연마 속도

오비탈연마기의 연마 속도는 분당 궤도 회전수(orbits per minute, opm)로 나타낸다. 보통 20,000~25,000opm의 속도로 고정되어 있으며, 열에 민감한 플라스틱이나 페인트칠한 재료를 연마할 때 6500opm 정도의 낮은 속도로 조절할 수 있는 가변 속도 연마기도 있다. 연마 속도는 미리 선택할 수도 있고 손잡이에 가해지는 압력에 따라 조절할 수도 있다. 하지만 목작업만을 위해서 연마기를 사용한다면 가변 속도 연마기는 그다지 매력적이지 않다.

1/2 연마 시트

델타연마기

받침판이 삼각형인 델타연마기는 궤도연마기의 일종으로, 빈 틈이 없는 구석이나 좁은 받침턱 그리고 접근하기 어려운 후미진 곳을 연마하는 데 사용한다. 일반적으로 연마하고자 하는 재료에 가장 적절한 속도를 미리 선택할 수 있다. 벗겨내는 연마 시트를 펠트 패드로 바꾸어주면 델타연마기를 수동 폴리싱 기계로 사용할 수 있다.

델타 연마기를 사용하면 접근하기 어려운 구석도 연마할 수 있다.

먼지 배출

좋은 궤도 연마기에는 일체형 먼지 배출 시스템이 달려 있다. 받침판에 달린 덕트와 채널은 샌더의 가장자리 주변에서 먼지를 흡입해서 먼지 주머니로 배출해서 그곳에 쌓아둔다. 어떤 연마기 제조업체는 진공청소기에 연결할 수 있도록 받침판을 둘러싸고 있는 먼지막이(Shroud)를 제공하기도 한다. 어떤 모델은 먼저 주머니에 붙어 있는 호스 부착물을 통해서 진공 청소기와 연결할 수 있다.

전기 절연

플라스틱 몸체를 사용하면 연마기의 무게가 더 가벼워질 뿐 아니라 작업자를 연마기의 움직이는 부분으로부터 보호할 수 있다.

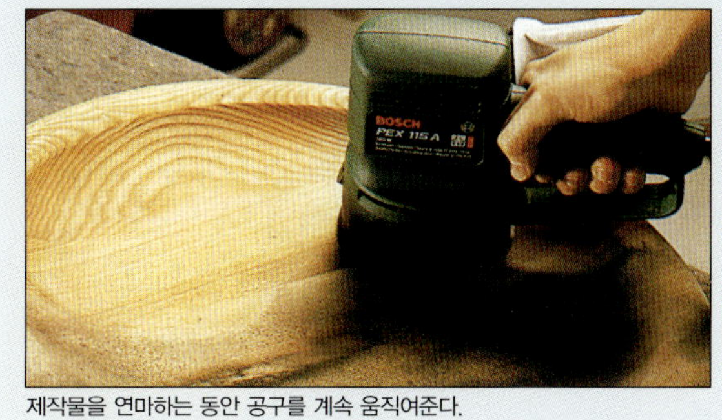

오비탈연마기(Orbital Sander)

연마 디스크가 회전하면서 동시에 편심운동을 하면 목재의 표면에는 눈에 띄는 흠집이 남지 않는다. 이런 유형의 연마기에 달린 고무로 만든 백킹 패드(Backing pad)는 유연하기 때문에 오목한 표면이나 볼록한 표면을 모두 감당할 수 있다.

BOSCH
PEX 115 A

제작물을 연마하는 동안 공구를 계속 움직여준다.

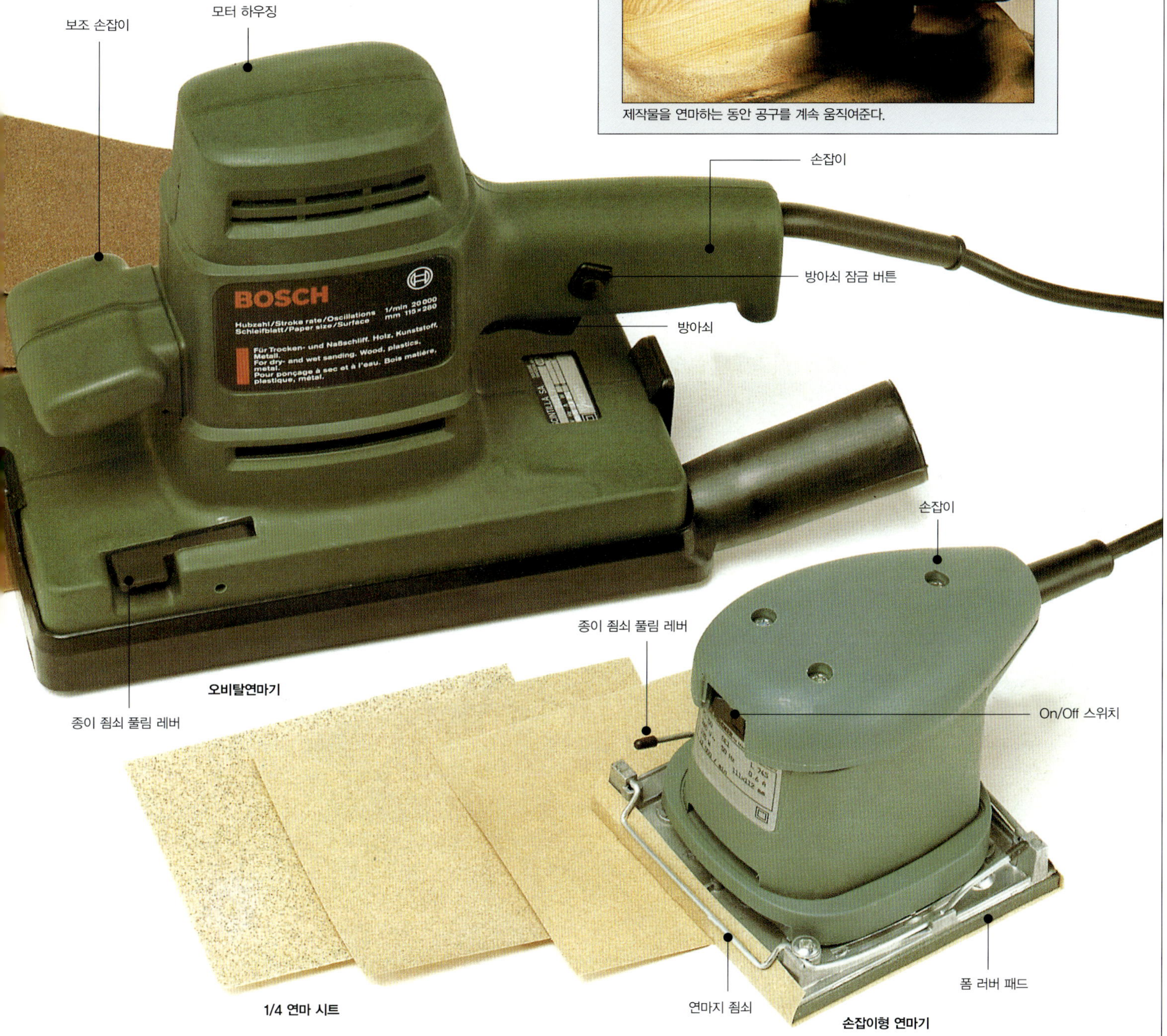

보조 손잡이
모터 하우징
손잡이
방아쇠 잠금 버튼
방아쇠
BOSCH
손잡이
종이 죔쇠 풀림 레버
On/Off 스위치
오비탈연마기
종이 죔쇠 풀림 레버
1/4 연마 시트
연마지 죔쇠
폼 러버 패드
손잡이형 연마기

연마 시트

연마 시트는 크기에 상관없이 다양한 등급으로 만들어지며, 거침에서 고움까지 순서대로 사용한다.

이전 등급으로 연마했을 때 생겼던 흠집이 모두 없어지면 바로 연마 시트를 더 고운 등급으로 교체해준다. 거침 등급은 톱으로 자른 연재나 다른 거친 제작물을 연마하는 데 적합하다. 중간 등급에서 고움 등급은 손으로 하는 연마 작업으로 넘어갈 수 있을 정도로 양호한 마감 결과를 얻는 데 사용된다. 얇은 무늬목에는 매우 고움 등급의 연마 시트만 사용해야 한다. 일반적인 빠른 연마에 사용되는 고밀도(Closed-coat) 사포에는 연마재가 촘촘히 박혀 있다. 수지성 연재를 연마하는 데 사용되는 저밀도(Open-coat) 사포에는 연마재가 듬성듬성 박혀 있는데, 다른 사포로 이 수지성 연재를 연마하면 금세 찌꺼기가 사포에 달라붙는다.

어떤 시트는 먼지 배출의 효율성을 더 높일 수 있도록 구멍이 뚫린 상태로 제공된다. 또한 특수 목적용 형틀을 사용해서 표준 연마지 시트에 구멍을 뚫을 수도 있다. 일반적으로 연마 시트는 받침판의 양쪽 끝에서 죔쇠에 의해 고정된다. 하지만 받침판 패드에 접착할 수 있도록 접착제가 발라져 있는 것도 있다.

코드 없는 연마기
코드 없는 연마기는 거의 찾아보기 어렵지만, 좁은 곳을 세심하게 연마하는 데 사용하는 배터리로 작동하는 델타연마기는 종종 볼 수 있다.

일반적인 연마 시트 등급

Grit 40	매우 거침
Grit 50	매우 거침
Grit 60	거침
Grit 80	거침
Grit 100	중간
Grit 120	중간
Grit 150	고움
Grit 180	고움
Grit 240	매우 고움
Grit 280	매우 고움
Grit 320	매우 고움
Grit 400	매우 고움

오비탈연마기 사용

오비탈연마기를 제작물의 위 아래로 계속 움직인다. 이때 앞서 문질렀던 부분을 다시 연마하는 식으로 작업한다. 거침 등급의 연마 시트를 사용할 때는 제작물의 모서리를 둥글게 만들거나 무늬목을 뚫고 연마하지 않도록 주의해야 한다. 연마기에 지나치게 큰 압력을 가할 필요는 없다. 왜냐하면 대개 연마기 자체의 무게는 제작물을 효율적으로 연마하기에 충분하기 때문이다.

오비탈연마기로 마감
이전 연마 자국을 덮으면서 부드럽게 연마한다.

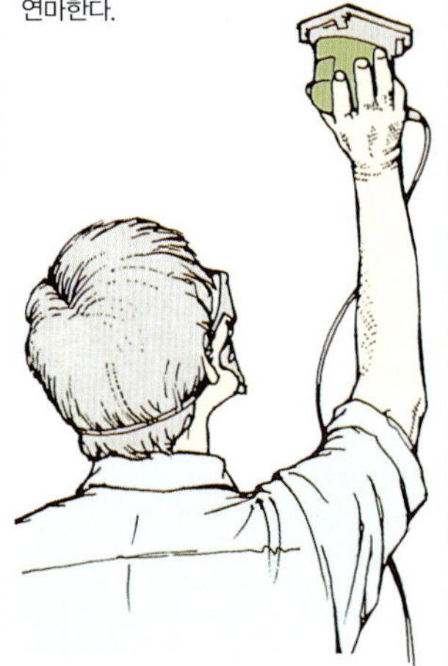

손잡이형 연마기 사용
이 유형의 연마기는 매우 가볍기 때문에 머리 위로 들어올려 사용할 수도 있다.

안전한 연마기 사용법

작업자가 일반적인 전동공구 사용법을 따르기만 한다면 오비탈연마기 역시 안전하게 사용할 수 있다.

- 머리 위로 연마기를 들고 작업할 때는 안전 고글과 가벼운 안면 마스크를 착용한다.
- 연마지를 교체할 때는 언제나 연마기의 전원 플러그를 뽑아놓는다.

디스크연마기

전동드릴의 척에 물릴 수 있게 만들어진 유연한 디스크연마기는 바닥이나 오래된 도장면을 연마하는 데 종종 사용된다. 하지만 이 연마기로 작업하면 나뭇결에 가로질러 깊은 흠집이 생기기 때문에 많이 갈아내야 하는 목가구 작업에 적합하다. 반면 작업대에 고정시켜 사용하는 단단한 디스크연마기는 어떤 작업장에서도 유용하다.

작업대에 고정해 사용하는 연마기

전동드릴의 액세서리로, 제작물의 마구리면을 연마하거나 목재로 된 구성요소를 일정한 형상으로 만드는 데 사용된다. 이 연마기에는 단단한 금속판이 달려 있고 여기에 연마지 디스크를 붙인다. 수평에서 45도 각도까지 조절이 가능한 받침 테이블은 이 금속판과 수직으로 볼트로 고정되어 있다. 이 받침 테이블을 제작물에 댄 상태에서 두 손만으로 제작물을 일정한 형상으로 만들 수 있다.1 받침 테이블을 가로질러 미끄러지듯 움직일 수 있는 조절 가능한 펜스는 끝면을 직각 또는 경사면으로 정확하게 연마하는 데 사용된다.2

디스크의 아래쪽 면만 사용하기 때문에 디스크가 회전함에 따라 제작물이 받침 테이블 쪽으로 밀리게 된다. 제작물을 계속 움직이고 불이 붙지 않도록 지나친 힘을 가하지 않도록 한다.

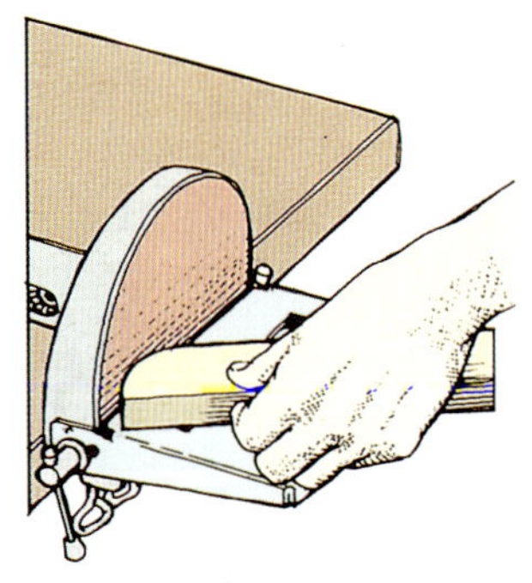

1 두 손만으로 연마
제작물을 받침 테이블 위에 올려놓고 연마한다. 이때 제작물을 연마 디스크에 대고 가볍게 눌러준다.

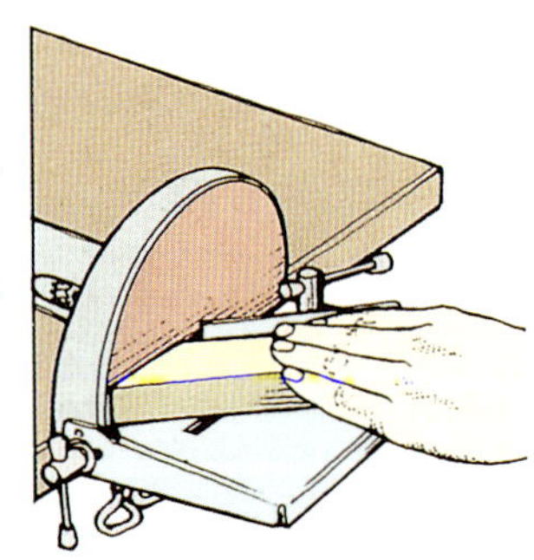

2 펜스 사용
펜스를 원하는 각도로 고정해놓고 제작물의 끝면을 정확한 직각 또는 경사면으로 다듬는다.

워크센터

전동공구 제조업체는 휴대할 수 있는 원형톱이나 루터, 지그톱을 작업대에 고정해서 사용하기 위한 다양한
액세서리를 제공한다. 하지만 작업자가 예상한 것만큼 따라오는 것은 거의 없다. 많은 경우 인공 판재를 받칠 수 없을
정도로 작업대가 너무 작거나 펜스나 가이드가 짧거나 너무 약한 경우도 있다. 이 액세서리는 저가에 구입할 수도 있다.
하지만 큰 톱 테이블 또는 스핀들 몰더 장치를 제공할 뿐 아니라 폭이 넓은 제작물을 가로켜기할 수 있도록 일반적인
오버헤드 모드로 공구를 사용할 수 있는 기회를 제공하는 워크센터(Workcenter)에는 미치지 못한다.
워크센터는 비교적 가볍고 이동이 가능하다. 이 장치에는 어떤 잘 알려진 전동톱이나 루터도 수용할 수 있는
다기능 몰딩 판이 달려 있다. 워크센터에서 바로 대체할 수 있도록 각각의 공구를 자체 판에
영구적으로 고정시키는 것이 더 효과적이다.

주요 특성

워크센터를 선택할 때는 다음 특성이 있는지
확인한다.

- 편안한 작업 높이에서 워크센터를 받치고
  있는 단단한 하부 프레임이 달린 튼튼한
  구조.
- 완전한 크기의 칩보드, 블록보드 등을 다룰
  수 있도록 선택 사양인 확장판이 달린
  큰 테이블.
- 효율적인 날 가드와 커터 가드. 잘 작동하고
  쉽게 조절할 수 있다면 사용자는 이것을
  무시해버리는 경향이 있다. 톱날 자국을
  열린 상태로 유지시키기 위해서 날의
  뒤에 고정되어 있는 라이빙 나이프도
  필수적인 안전장치이다.
- 제작물이 커터 또는 날 위로 통과하더라도
  비틀리지 않은 정도로 튼튼한 펜스.
- 부드럽게 움직이는 슬라이딩 가로켜기/45도
  펜스. 작업대 밖으로 튀어나온 제작물을
  자르더라도 휘지 않도록 만들기 위해서는
  제작물을 지탱하기 위한 폭이 넓은 면이
  있어야 하고 가능한 한 날에 가깝게
  고정되어 있어야 한다.
- 정확한 세팅을 할 수 있도록 읽기 쉬운 교정
  눈금이 달린 펜스.
- 테이블에서 오버헤드 모드로 변환 또는 한
  공구에서 다른 공구로 쉽게 변환할 수
  있는 특성.
- 접근성이 좋은 On/Off 스위치. 공구의
  플러그를 뽑거나 전원을 끄기 위한 스위치가
  워크센터 아래에 있다면 응급 상황에서
  충분히 빨리 스위치에 접근힐 수 없다.
- 폭이 넓은 인공 판재를 가공할 때 오버헤드
  모드로 사용할 수 있는 넉넉한 가로켜기
  장치.
- 오버헤드 모드에서 전동공구는 옆으로
  움직이지 않고도 부드럽게 미끄러져 나갈 수
  있어야 한다.
- 작은 작업장에서는 반으로 접을 수 있는
  워크센터가 유용하다.
- 더 많은 용도로 사용할 수 있도록 지그톱,
  평면연마기, 대패, 드릴 스탠드를 고정시킬
  수 있는 옵션. 하지만 이것들은 원형톱과
  루터 성능에 비교하면 별로 중요하지 않다.

테이블톱 모드의 워크센터

오버헤드 모드의 워크센터

워크센터를 테이블톱으로 사용

능숙한 목가구 작업자는 어떤 크기의 원형톱도 사용할 수 있지만 일반 작업자는 텅스텐 카바이드로 끝처리된 230mm 크기의 톱날이 사용되는 1등급 공구를 사용하면 최상의 결과를 얻을 것이다. 만약 톱을 오직 자르는 용도로만 사용할 거라면 아버 플로우트(Arbor float), 즉 날을 고정시키는 샤프트가 안팎으로 움직이는 경향이 없을 것이므로 날이 절삭선을 벗어나지 않는다.

세로켜기

제조업체가 워크센터를 세로켜기 톱으로 조립하는 방법을 자세히 제공할 것이다. 일단 조립이 다 되고 나면 톱날이 목재의 표면을 바로 뚫고 나오도록 톱날 깊이를 조절한 다음 제작물의 6mm 안으로 날 가이드를 낮춘다. 또한 세로켜기 펜스가 날과 정확히 평행하게 맞추어져 있는지 확인한다. 펜스의 아웃피드 끝이 인피드 끝보다 날에 더 가까이에 있으면 제작물이 걸리게 되고 날에 의해서 작업자 쪽으로 튈 수도 있다.

폭이 넓은 판재를 세로켜기할 때는 한 손으로 제작물을 펜스에 대고 누르면서 다른 손으로는 잘려나갈 부분을 잡아준다.1 너무 빠르지 않게 일정한 속도로 가만히 밀어준다. 이때 자르는 동안 내내 제작물을 계속 움직이도록 해야 한다. 작업 도중 제작물을 멈추면 절단면에 약간의 계단이 생길 수도 있기 때문에 절대 중간에 멈추지 말아야 한다.

다 잘랐으면 제작물을 밀어서 날과 떨어뜨린다. 날이 움직이는 동안 제작물이나 잘려나간 부분을 다시 뒤로 당기지 말아야 한다. 큰 보드를 자를 때는 옆에 있는 다른 작업자와 함께 테이블 위로 판재를 통과시킨다.

폭이 좁은 판재를 세로로 켤 때는 인공 판재로 된 잘려나간 부분으로 제작물을 펜스에 기댄 채로 잡아주면서 홈이 나 있는 밀기 막대로 밀어서 제작물을 날과 펜스 사이로 통과시킨다.2

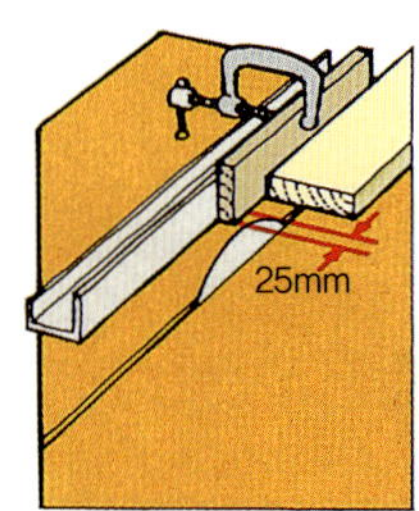

부분적으로 건조된 목재 세로켜기

부분적으로 건조된 목재를 세로켜기할 때는 목재의 응력이 풀리면서 톱질자국이 확 열릴 수도 있다. 이 때문에 제작물이 옆으로 밀려서 톱날이 걸리거나 목재가 내동댕이쳐질 수도 있다. 안전장치로써 인피드 끝에 있는 세로켜기 펜스에 나무 블록을 고정시켜서 여유공간을 준다.

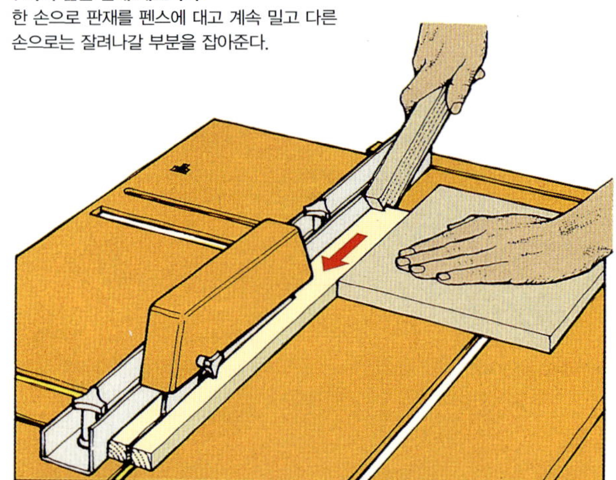

1 폭이 넓은 판재 세로켜기
한 손으로 판재를 펜스에 대고 계속 밀고 다른 손으로는 잘려나갈 부분을 잡아준다.

2 폭이 좁은 판재 세로켜기
밀기 막대로 제작물을 밀어준다.

1 슬라이딩 펜스를 사용한 가로켜기

2 연귀맞춤의 한쪽 가로켜기

가로켜기

한 손으로 슬라이딩 펜스의 면에 제작물을 단단히 기댄 상태에서 다른 한 손으로 제작물을 밀면서 자른다.1 잘려나가는 작은 부분은 톱날에 의해 뒤로 튀거나 톱날과 테이블에 있는 슬롯의 면 사이에 끼어 움직이지 못하게 될 수도 있다. 만약 5∼6mm 또는 그 이상의 목재를 잘라내야 한다면 톱날 너비만큼 두 단계로 작업한다. 이렇게 해야 자를 때마다 생기는 톱밥이 적다.

연귀를 자를 때는 원하는 각도로 맞추고 같은 방법으로 작업한다.2

맞춤부 만들기

톱날을 낮추어서 목재의 두께를 가로질러 어느 정도 파내면 장부맞춤, 제혀맞춤, 맞춤턱맞춤, 겹침맞춤을 만들 수 있다. 언제나 돌출부를 먼저 깎은 다음 매번 톱날 너비만큼 잘려나갈 부분을 제거한다.

워크센터를 오버헤드톱으로 사용

오버헤드 방식의 워크센터에 원형톱을 달아 사용하면 손으로 잡고 사용하는 전동톱으로 만들 수 있는 어떤 가로켜기 및 맞춤도 만들 수 있을 뿐 아니라 가이드 누름대를 설치할 필요도 없기 때문에 시간도 더 적게 걸린다. 오버헤드톱 방식은 특히 폭이 넓은 판재를 가로로 켜거나 경사면을 깎는 데 적합하다.

폭이 넓은 판재를 가로로 켜기

원형톱을 설치하고 톱날을 적절한 깊이로 조절하고 나서 공구를 밀어 잘라낸다. 이때 작동이 진행되는 동안 내내 톱날이 계속 앞으로 나아갈 수 있도록 처음부터 끝까지 공구를 멈추지 말고 밀어내야 한다.

제작물을 가로켜기 펜스에 단단히 기대고 판재가 완전히 잘릴 때가지 톱을 부드럽고 원활하게 앞으로 밀어준다. 톱을 뒤로 당기기 전에는 항상 전원 스위치를 끄고 톱날이 회전을 멈출 때까지 기다려야 한다.

폭이 넓은 판재를 가로로 켜기
제작물을 펜스에 기대고 톱을 부드럽게 앞으로 밀어준다.

여러 개를 한 번에 가로로 켜기

똑같은 제작물 여러 개를 한번에 자를 때는 직각으로 자른 한쪽 끝을 기준으로 정렬시키고 테이프로 붙인 다음 앞서 설명한 방법대로 가로로 켠다.

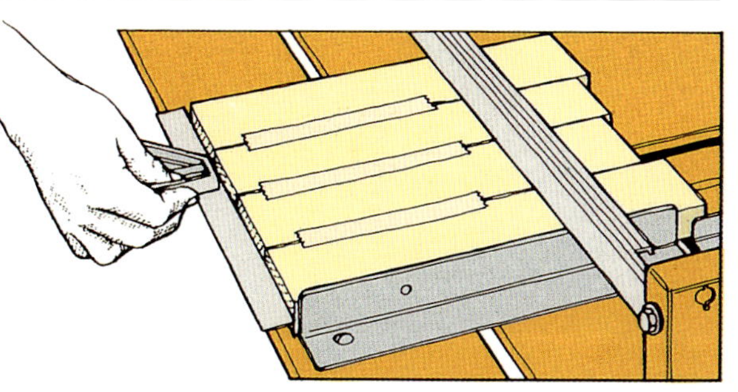

동일한 제작물 여러 개를 한 번에 가로로 켜기
제작물의 한쪽 끝을 기준으로 정렬시키고 한 번에 자른다.

하우징이나 맞춤턱 자르기

판재의 길이 방향과 직각으로 하우징이나 맞춤턱을 자를 때는 제작물을 가로질러 일부만 자를 수 있도록 톱을 들어올려서 각각의 돌출부 선을 먼저 깎는다. 그 다음, 매번 톱날 너비만큼 잘려나갈 부분을 제거해준다.

여러 제작물에 서로 일치되는 하우징 또는 맞춤턱을 만들어야 할 때는 작업에 들어가기 전에 제작물들을 테이프로 붙인다.

경사면 자르기

제작물의 가로 방향으로 경사면을 자르려면 우선 제작물이 작업 테이블에서 떨어져 놓이도록 제작물 밑에 평평한 나무판을 끼워 넣는다. 톱을 45도 각도로 기울이고 나서 한 번에 잘라낸다. 제작물 밑에 끼워 두었던 나무판에도 경사진 절삭 자국이 가로 방향으로 나게 되는데, 이 자국은 이후에 다른 제작물을 자를 때 가이드 구실을 한다.

평평한 나무판을 제작물 아래에 끼워 넣고 잘라낸다.

톱질자국 내기

두꺼운 목재를 휘기 위해서 톱질자국을 낼 때는 특히 오버헤드톱을 사용하는 것이 좋다. 톱질자국은 일정한 간격으로 떨어져 있어야 하며, 2~6mm 정도의 두께만 남겨놓고 두께 방향으로 거의 다 잘라야 한다.

톱질자국을 일정한 간격으로 떨어뜨려놓기 위해서는 우선 제작물보다 더 깊은 누름대를 워크센터의 가로켜기 펜스에 나사로 고정시킨다. 그 다음 누름대에 톱을 한 번 통과시켜서 홈을 판 다음, 원하는 간격만큼 떨어진 위치에 연필로 표시해서 톱질자국을 일정한 간격으로 만들 수 있는 가이드로 사용한다.1 제작물에 첫 번째 톱질자국을 낸 다음 방금 파낸 톱질자국을 누름대에 표시한 연필 자국에 갖다 대고 톱질을 한다. 나무를 굽힐 수 있을 정도로 충분한 톱질자국이 만들어질 때까지 이 과정을 반복한다.

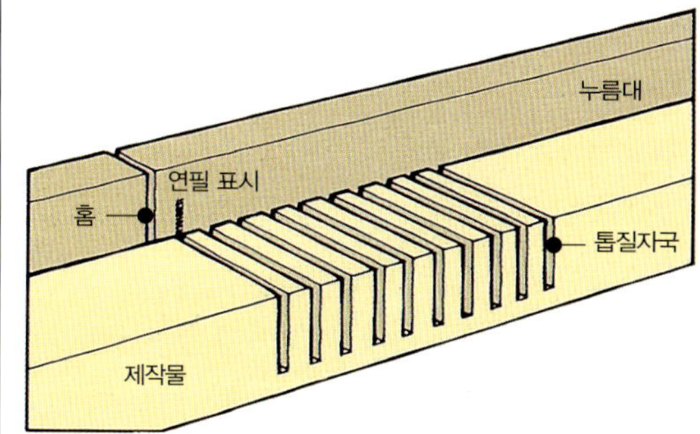

1 가로켜기 누름대에 대고 톱질자국 내기

워크센터로 루터링하기

오버헤드 모드에서 루터를 사용하면 폭이 넓은 판재에서도 하우징을
빠르고 쉽게 깎아낼 수 있다. 홈, 받침턱, 모서리 몰딩을 만들 때는
제조업체가 제공한 사용법에 따라 워크센터를 스핀들 몰더로 조립한다.

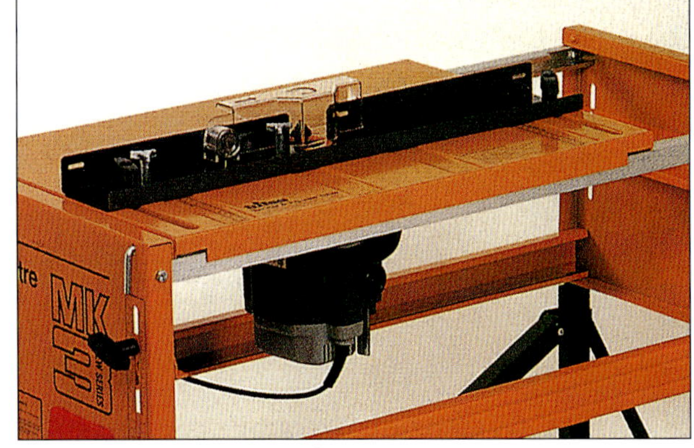

워크센터를 스핀들 몰더 방식으로 사용

홈과 맞춤턱 파기

제작물의 가장자리를 따라서 길이
방향으로 홈이나 맞춤턱을 팔 때는
두 개의 가이드 펜스를 나란하게
맞추고 루터 날의 깊이를 필요한
만큼 조절한다. 맞춤턱을 팔 때는
날의 회전과 반대 방향으로 제작물
을 주입한다.1 제작물 위쪽에 두 손
을 올려놓고 펜스에 대고 계속 눌
러주면서 날 쪽으로 밀어주면서 깎
아낸다.2

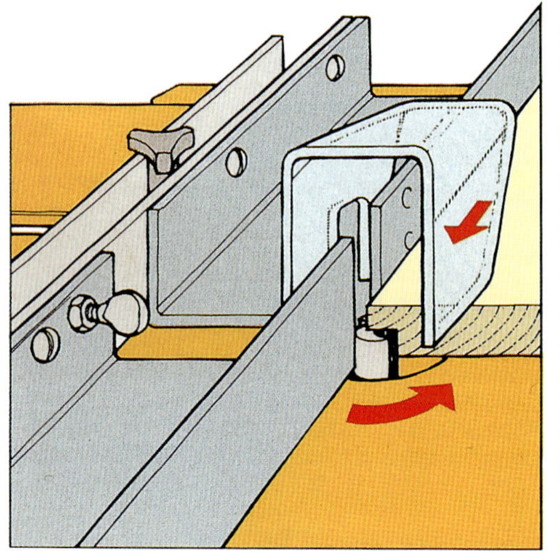

1 맞춤턱 파기
날의 회전과 반대 방향으로 제작물을
밀어준다.

2 두 손으로 제작물을 밀어준다.

안전한 스핀들 몰더 사용법

- 가능한 한 항상 날 가드를
  사용한다. 제작물을 날 쪽으로 밀
  때는 엄지손가락 또는 다른 손가락을
  제작물 뒤에 두지 말아야 한다.
- 제작물 끝에 몰딩을 만들거나
  맞춤턱을 팔 때는 날의 회전과 반대
  방향으로 제작물을 밀어준다. 날의
  회전과 같은 방향으로 제작물을 밀면
  제작물이 갑자기 튕겨나갈 수도 있다.
  작업 방향을 상기시킬 수 있도록 작업
  테이블 위에 화살표 표시를 해둘 수도
  있다.
- 언제나 루터 날을 날카로운
  상태로 유지시킨다.
- 깎아낼 양이 많을 때는 두세 번
  통과시켜서 작업한다.
- 항상 눈 보호장구를 착용한다.

장붓구멍 파기

장붓구멍을 팔 때는 워크센터를 홈을 팔 때의 형태로 바꾸어준다. 제작물을
펜스에 기댄 채로 회전하고 있는 날 쪽으로 가져간다.1 제작물을 장붓구멍
끝까지 밀어준 다음 날로부터 들어올린다.2 동일한 일련의 장붓구멍을 팔
때는 제작물의 앞과 뒤에서 멈춤 블록을 펜스에 고정시킨다.3

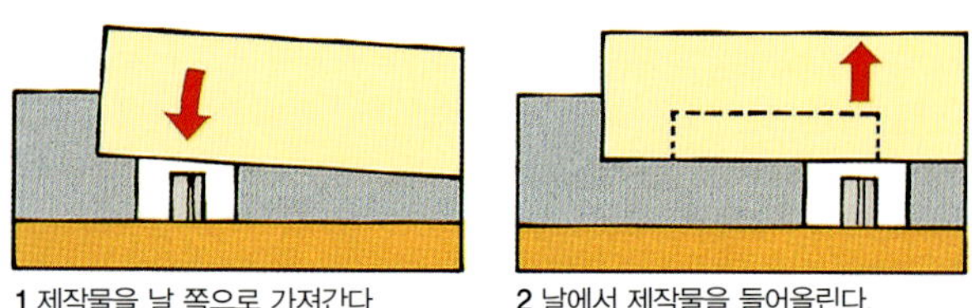

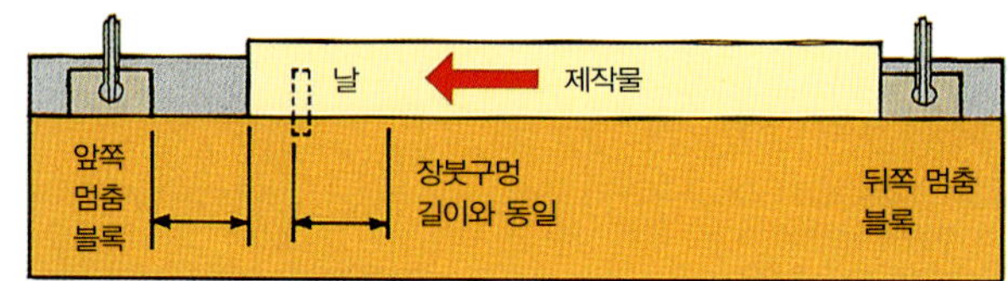

3 일련의 동일한 장붓구멍 파기

끝 다듬기

매우 날카로운 톱날로 자르더라도 플라스틱 라미네이트 보드의 끝에 이가
빠진 흠이 생길 수 있다. 직선날을 사용하면 끝을 말끔하게 다듬을 수 있다.
아웃피드 펜스가 정확히 날의 호와 수평이 되도록 조절한다. 인피드 펜스의
위치가 절삭 깊이를 결정한다.

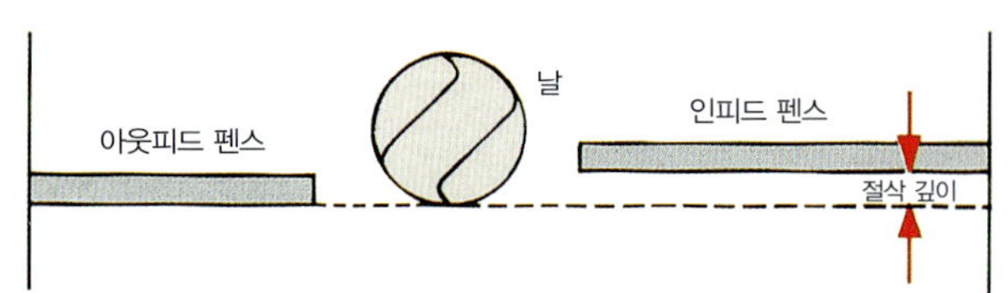

라미네이트 보드 다듬기

제작물 끝에 몰딩 만들기

제작물 끝에 몰딩을 만들기 위해서 파일럿 팁 날을 사용할 때는 안전을 위
해서 펜스를 날 가까이에 위치시키고 일상적인 방법대로 제작물을 가공한
다.1
직선 제작물을 펜스에 대고 밀어 넣고자 할 때는 파일럿 팁이 펜스 선의 바
로 뒤에 오도록 조절한다.2
어떤 방법을 사용하건 날의 회전과 반대 방향으로 제작물을 밀어준다.

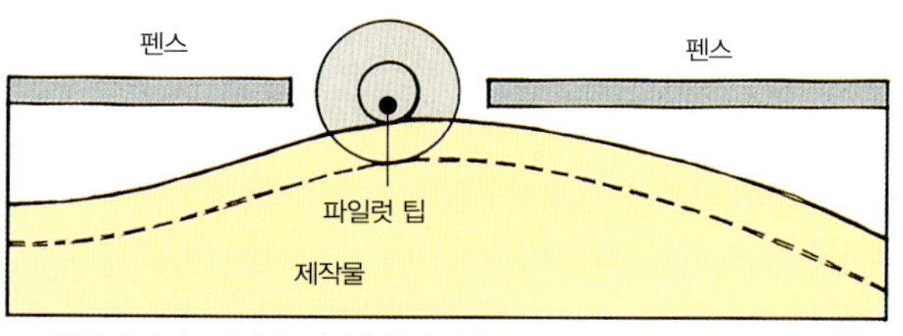

1 파일럿 에지 날로 굽은 모서리에 몰딩 파기

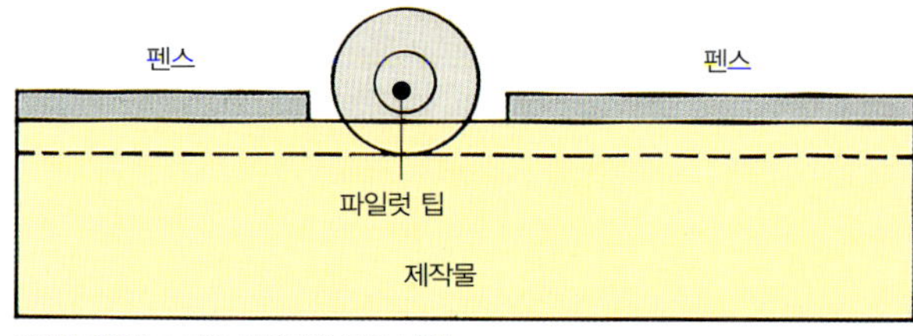

2 펜스에 대고 곧은 모서리에 몰딩 파기

5장 · 기계공구

최신 목가구 작업 기계는 상당히 정교하고 뛰어난 마감 결과를 보여주기 때문에 손으로 작업하기 어려운 일에 특히 유용하다. 강력한 기계는 부피가 큰 벌목재를 세로나 가로로 켜서 대패질하는 작업을 쉽게 해주며, 대부분의 기계는 동일한 구성요소를 더욱 쉽고 정확하게 자를 수 있도록 설계되어 있다. 사실상 모든 목작업 기계는 잠재적으로 위험성을 갖고 있다. 따라서 반드시 주의사항을 정확하게 지켜야 하고 어떤 형태로든 먼지 배출 장치를 설치해야 한다. 이 밖에 작업자는 작업에 집중해야 하고 기계를 안전 범위 밖으로 몰아가려고 해서는 안 된다. 또한 기계공구는 3상 모터나 단상 모터로 만들어지는 데, 보통 작업장에서는 3상 배선이 필요하지 않은 반면, 단상 기계는 보통 가정용 배선 회로에 연결시킬 수 있다.

테이블톱

기본적인 형태의 테이블톱(Table saw)은 평평한 작업 테이블 또는 작업대 위로 회전 톱날이 튀어나와 있다. 펜스와 가이드도 달려 있으며, 주로 원목 판재나 인공 판재를 일정한 크기로 자르는 데 사용된다. 이 테이블톱은 기능이 제한적인 것처럼 보이지만 목재를 사각으로 깎고, 일정한 형태로 가공하며 홈을 판다. 또한 연귀맞춤이나 기타맞춤을 만드는 등 목작업에 필요한 거의 모든 작업에 사용된다. 그러므로 이 기계공구는 목작업자들이 가장 먼저 구입하는 공구이자 기계 가공 작업장에서 가장 중심이 되는 공구이다.

톱날 지름

홈 작업장에서 사용하는 테이블톱에는 지름 140~300mm의 톱날이 사용된다. 테이블톱에서 가장 중요한 요소인 최대 절삭 깊이는 톱날이 테이블 위로 튀어나오는 정도에 의해 결정되는데, 보통은 지름의 약 1/3 정도밖에 되지 않는다. 그러나 큰 규모의 목작업에 사용할 때는 지름이 250mm 또는 300mm 정도인 톱날이 사용되는 테이블톱을 선택하는 것이 좋다.

톱날은 일반적으로 핸드 휠(Hand wheel) 또는 크랭크 핸들(Crank handle)을 사용해서 올리거나 내릴 수 있다. 말끔하게 절삭하고 톱날의 수명을 늘리기 위해서는 톱니가 제작물의 표면 위로 6~9mm 정도 튀어나오도록 톱날의 높이를 조절해야 한다.

톱날 각도

다른 핸드 휠이나 크랭크를 조작하면 톱날과 테이블의 각도를 수직과 45도 사이에서 조절할 수 있다. 톱날을 조절하고 나면 전원 스위치를 켜기 전에 항상 가드와 펜스의 위치가 톱을 움직이는 데 방해가 되지 않는지 점검한다. 제조업체에서 제공한 사용법을 읽고 테이블 인서트를 제거해야 하는지 또는 톱날을 조절하기 전에 낮추어야 하는지 결정한다. 또한 톱날의 각도를 분명히 확인할 수 있도록 눈금이 새겨진 스케일이 달린 기계를 선택한다.

테이블 인서트(Table insert)

톱날 가장자리를 둘러싸고 있는 테이블의 작은 부분은 톱날을 쉽게 교체할 수 있도록 제거가 가능하다. 이 테이블 인서트에는 톱날이 튀어나올 수 있는 홈이 나 있다. 그러나 가끔은 테이블 인서트에 나 있는 홈의 폭이 너무 넓은 불량 테이블 톱도 있다. 이런 불량제품에서는 잘려나간 작은 조각들이 테이블 인서트와 톱날 사이에 끼는 문제가 발생할 수 있다. 그러나 이러한 불량 테이블 인서트는 안정적인 목재 또는 판재에 톱날로 직접 홈을 뚫어 만든 새것으로 교체할 수 있다.

라이빙 나이프(Riving knife)

벌목재의 건조가 균일하지 못하면 두께에 따라 수분함유량이 서로 다르기 때문에 표면경화(Case-hardened)가 일어날 수 있다. 이처럼 표면경화된 벌목재는 자르자마자 목재 내부에 있던 응력이 풀리면서 목재가 움직이기 시작한다. 이 때문에 일부 잘린 벌목재에 톱이 끼이게 되면 제작물이 상당히 빠른 속도로 작업자 쪽으로 튈 수도 있다. 이런 이유로 라이빙 나이프라고 불리는 굽은 금속 날을 톱 바로 뒤에 나사로 고정시켜 톱질 자국이 항상 열려 있도록 만들어준다. 라이빙 나이프는 서로 다른 지름의 톱날에 맞도록 조절할 수 있다. 라이빙 나이프는 가장 아랫부분과 톱니와의 거리가 3mm 정도 되어야 하고, 맨 윗부분과 톱니 사이의 거리는 8~9mm 이하여야 하며 톱니의 최대 높이보다 2~3mm 낮아야 한다. 라이빙 나이프는 일단 설치되고 나면 톱날 쪽으로 기울어지고 자동으로 그것의 수직 움직임을 따른다.

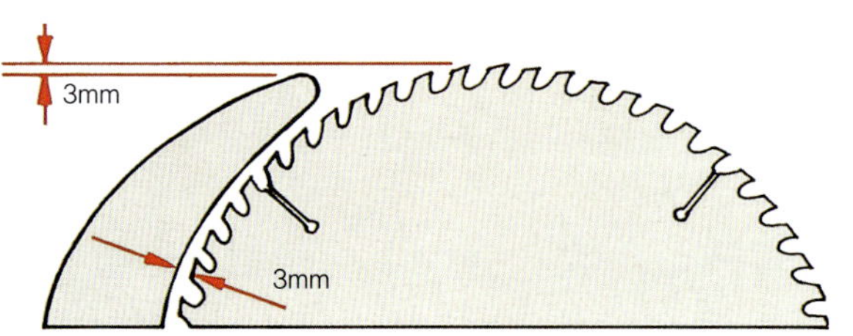

올바른 라이빙 나이프 세팅

기계작업장 안전

아무리 숙련된 기계가공 기술을 갖고 있다 하더라도 시간이나 돈을 절약하기 위해서 안전수칙을 무시하거나 어겨서는 안 된다. 대부분의 목작업 기계는 잘못 사용할 경우 작업자가 크게 다칠 수도 있기 때문이다.

- 손상되지 않은 날카로운 커터나 날만을 사용해야 더 안전하고 작업을 잘할 수 있다.
- 기계 제작 업체에서 추천하는 적절한 안전수칙을 활용한다.
- 커터나 날을 교체하기 전에 기계에 공급되는 전원을 차단한다.
- 커터나 날이 움직이고 있을 때는 어떤 조절도 해서는 안 된다.
- 제작물에 못, 나사, 헐렁한 옹이 등이 있는지 확인한다.
- 헐렁한 옷을 입거나 보석 장신구를 끼고 작업하지 말아야 한다. 또한 긴 머리는 묶어서 뒤로 넘긴다.
- 어떤 종류든 먼지 배출 장치를 설치하고 안면 마스크를 착용한다.
- 술이나 약을 먹은 상태나 졸음이 오는 상태에서 기계를 작동해서는 안 된다.
- 스위치를 켜기 전에 스패너와 조절 키가 제거되었는지 확인한다.
- 날 또는 커터의 회전과 반대 방향으로 제작물을 밀어준다.
- 제작물을 기계에 통과시킬 때는 적절하게 지지해준다.
- 제작물을 손으로 밀면 손가락이 날이나 커터에 닿을 위험성이 있기 때문에 밀기 막대를 사용해서 민다.
- 찌꺼기나 잘려나간 부분을 제거하려고 날 또는 커터 위로 몸을 구부려서는 절대로 안 된다.
- 기계의 스위치를 끄기 전에는 정지된 날 또는 커터를 풀려고 시도해서는 절대로 안 된다.
- 나뭇조각으로 날 또는 커터를 감속시키거나 세우려고 하지 말아야 한다. 기계에 적절한 브레이크가 설치되어 있지 않다면 자연적으로 멈출 때까지 기다려야 한다.
- 기계를 작동하는 도중에는 다른 작업자가 부르더라도 일단 진행 중이던 작업을 완료한 후 스위치를 끄고 나서 쳐다보아야 한다.
- 모든 너트, 볼트, 기타 조임 부품이 제대로 죄여 있는지 주기적으로 점검한다.
- 기계 주변은 항상 깨끗하고 어지럽지 않게 유지한다. 플라스틱으로 코팅이 되어 있는 보드를 자를 때는 미끄러운 부스러기가 바닥에 떨어질 수 있으니 특별히 주의해야 한다.
- 자재나 장비를 기계 위로 떨어질 수 있는 위치에 보관해서는 안 된다.
- 작업이 끝나고 나면 기계의 전원 플러그를 뽑고 작업장 문을 잠근다. 사용중인 기계가 아니더라도 모든 기계 주변에는 어린이가 가까이 가지 못하도록 해야 한다.
- 톱의 전원을 켜기 전에 세팅이 제대로 되었는지 점검하고 마음속으로 어떻게 작업을 진행할 것인지 미리 생각해 본다.

날 가드

작업자가 뜻하지 않게 날을 건드리는 것을 막을 뿐 아니라 제작물이 톱의 움직임에 의해서 테이블 위로 튀는 것을 막는 역할을 하는 튼튼한 금속 가드가 날 바로 위에 매달려 있다. 이 가드는 라이빙 나이프에 볼트로 고정되어 있고 조절할 수 있는 암(Arm)에 매달려 있다. 이 가드를 제작물에 가능한 한 가까이 조절한다.

전기 모터

테이블톱은 고정된 기계공구이기 때문에 톱날을 고속으로 회전시킬 수 있는 것보다 큰 용량의 전기 모터가 사용된다. 그렇기 때문에 제작물의 절단면이 매우 깨끗하며 테이블톱 모터가 클수록 두껍고 단단한 경재를 자를 때 부하를 덜 받는다. 따라서 지름이 250~300mm인 톱날이 달려 있는 기계에는 1.5kW(2마력) 모터가 적합하다.

작업대

테이블톱의 주요 필수 요건은 단단하고 평평해야 한다. 그래서 가장 좋은 톱에는 금속을 주조하거나 철을 연마하고 가공해서 만든 작업 테이블이 달려 있다. 접을 수 있는 저가의 금속 작업대도 단단히 고정시키기만 한다면 사용이 가능하다. 따라서 큰 테이블이 달려 있거나 2.44x1.22m 크기의 판재를 받칠 수 있는 확장 장치가 갖추어진 테이블이 달려 있는 톱을 선택한다.

세로켜기 펜스(Rip fence)

제작물을 끝에서 끝까지 자를 때 직선으로 자를 수 있도록 제작물의 경로를 잡아주는 역할을 하는 세로켜기 펜스는 제작물을 기댄 상태로 밀면서 가공한다. 이 펜스는 튼튼하고 휘지 않아야 한다. 이 때문에 어떤 펜스는 톱 테이블의 앞쪽과 뒤쪽 모두에 고정되어 있기도 하지만 펜스에 잘 설계된 하나의 마운팅이 달려 있다면 반드시 그럴 필요는 없다. 펜스는 좌우로 미세하게 조절할 수 있어야 하고 눈금이 분명하게 표시되어 있어야 한다. 세로 방향으로 조절할 수 있는 기능은 유용한 장점이지만 홈 작업장용으로 설계된 테이블톱에서는 거의 찾아볼 수 없다.

펜스와 톱날 사이의 거리인 세로켜기 범위는 톱에 따라 크게 달라진다. 규격 크기의 인공 판재를 절반으로 자를 수 있는 톱을 선택하는 것이 이상적이다. 하지만 실제로는 톱들의 세로켜기 범위는 이보다 작다.

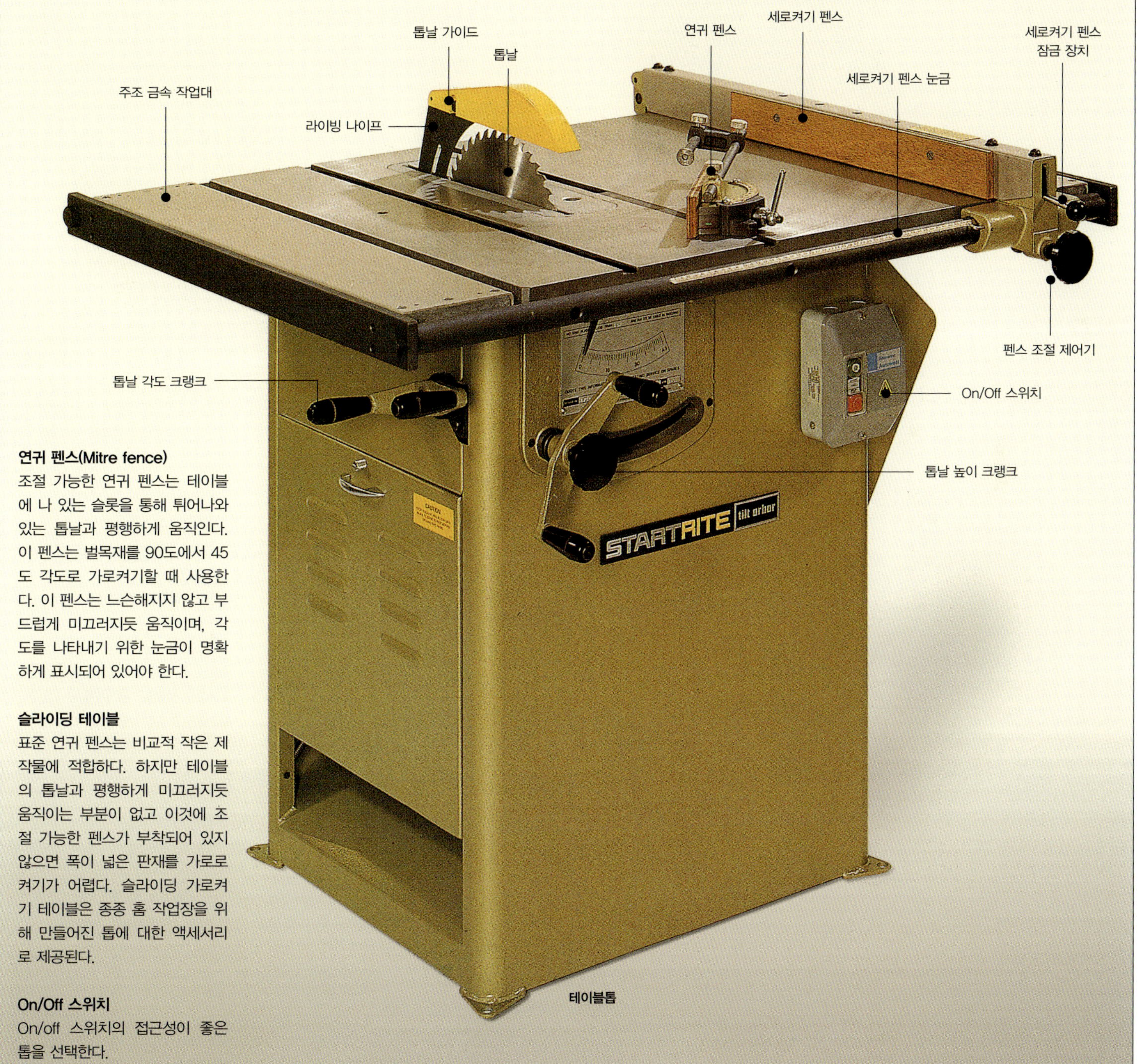

연귀 펜스(Mitre fence)

조절 가능한 연귀 펜스는 테이블에 나 있는 슬롯을 통해 튀어나와 있는 톱날과 평행하게 움직인다. 이 펜스는 벌목재를 90도에서 45도 각도로 가로켜기할 때 사용한다. 이 펜스는 느슨해지지 않고 부드럽게 미끄러지듯 움직이며, 각도를 나타내기 위한 눈금이 명확하게 표시되어 있어야 한다.

슬라이딩 테이블

표준 연귀 펜스는 비교적 작은 제작물에 적합하다. 하지만 테이블의 톱날과 평행하게 미끄러지듯 움직이는 부분이 없고 이것에 조절 가능한 펜스가 부착되어 있지 않으면 폭이 넓은 판재를 가로로 켜기가 어렵다. 슬라이딩 가로켜기 테이블은 종종 홈 작업장을 위해 만들어진 톱에 대한 액세서리로 제공된다.

On/Off 스위치

On/off 스위치의 접근성이 좋은 톱을 선택한다.

테이블톱의 톱날

특별한 용도로 사용되는 세로켜기 톱날이나 가로켜기 톱날은 주로 기계가 일정한 기간 동안 한 가지 기능만을 수행하도록 맞추어져 있을 때 사용된다. 거의 몇 분마다 톱날을 반복해서 바꾸어야 하는 작업은 매우 귀찮기 때문에 다용도 톱날이나 카바이드 톱날은 일반적인 홈 작업장에서 사용하기에 더 좋다. 카바이드 팁 톱날의 가격이 좀더 비싸긴 하지만 작업하기는 훨씬 좋다. 이 톱날은 원목 목재를 아주 말끔하게 가로로 켜거나 세로로 켜는 데 사용할 수 있으며, 일반적인 강철로 만든 톱날을 사용하면 금세 마모되는 칩보드나 합판을 자르는 데 이상적이다. 톱날을 자를 때는 항상 제조업체에서 제공한 사용법에 따라 작업한다.

1 세로켜기 톱날
2 가로켜기 톱날
3 다용도 톱날
4 카바이드 팁 톱날

● **톱날 청소**
톱날에 끼인 수지(樹脂)는 셀룰로오스 희석제 또는 알코올을 적신 헝겊 조각으로 닦아낸다. 오븐 클리너를 사용해도 된다.

● **다도 헤드**
(Dado head)
두 개의 다용도 톱날과 특수하게 만든 찌꺼기 제거 톱날로 결합되어 있는 다도 헤드는 폭이 넓은 홈이나 하우징을 파는 데 사용된다.
방사톱 참조

세로켜기 톱날(Ripsaw blade)

휘어진 끌과 비슷한 큰 톱니가 교대로 달려 있으며, 많은 양의 찌꺼기를 제거할 수 있도록 톱니 사이의 홈이 깊다. 이 톱날은 나뭇결을 따라 자를 때만 사용하도록 설계되어 있다.

가로켜기 톱날(Crosscut blade)

이 톱날의 톱니는 세로켜기 톱날의 톱니보다 훨씬 작으며 목재 조직에 손상을 주지 않고 나뭇결을 가로질러 자를 수 있는 형상이다. 중심으로 갈수록 두께가 작아지도록 가운데를 오목하게 갈아냈기 때문에 상당히 깨끗한 절단면을 얻을 수 있어 종종 대팻날이라고도 부른다.

다용도 톱날(Universal blade)

나뭇결을 가로질러 자를 수도 있고 나란하게 자를 수도 있도록 만들어진 다용도 톱날에서는 가로켜기 톱니가 세로켜기 톱니와 깊은 톱니 사이의 홈에 의해 분리되어 있다. 이 톱날은 전용 톱날만큼 성능이 우수하다.

카바이드 팁 톱날
(Carbide-tipped blade)

기존 톱과 달리 톱니가 휘어 있지 않다. 그 대신 각각의 톱니 끝에 텅스텐 카바이드가 접합되어 있어 톱질자국에 필요한 여유공간을 제공한다. 그리고 톱날이 가열되어 팽창할 때 뒤틀리지 않도록 카바이드 팁 톱날에 종종 작은 구멍을 뚫어놓기도 한다. 또한 톱날이 고속으로 공기를 통과하면서 회전할 때 나는 휘파람 소리를 줄이기 위해 작은 구멍의 밑바닥에 있는 구멍에 약한 금속을 끼워 넣기도 한다.

테이블톱 날 세우기

톱날이 마모되면 타는 냄새가 나고 제작물을 밀기가 더 힘들어진다. 마모된 톱날은 제작물에 잘 끼여 톱이 움직이지 못하게 하기 때문에 작업자 쪽으로 제작물이 튀게 된다. 이때에는 전문가에게 보내서 톱니를 날카롭게 갈거나 손상된 카바이드 팁을 새것으로 교체해주어야 한다.

워블워셔

한 쌍의 경사진 워블워셔를 사용하면 톱날이 회전할 때 톱날 끝이 좌우로 움직이게 되어 일반적인 톱질 자국보다 폭이 넓은 홈을 깎을 수 있다. (또는 다도 헤드를 끼워 사용할 수도 있다. 방사톱 참조)

또한 워셔를 반대 방향으로 회전시키면 톱날의 각도가 바뀌어서 홈의 폭을 늘리거나 줄일 수 있다. 이 워셔를 사용하려면 라이빙 나이프를 제거하고 홈의 폭이 보다 넓은 테이블 인서트로 대체할 필요가 있다. 만약에 라이빙 나이프에 톱날 가드가 붙어 있다면 워블 워셔를 사용할 때 아래로 눌러주는 장치를 설치해야 한다.

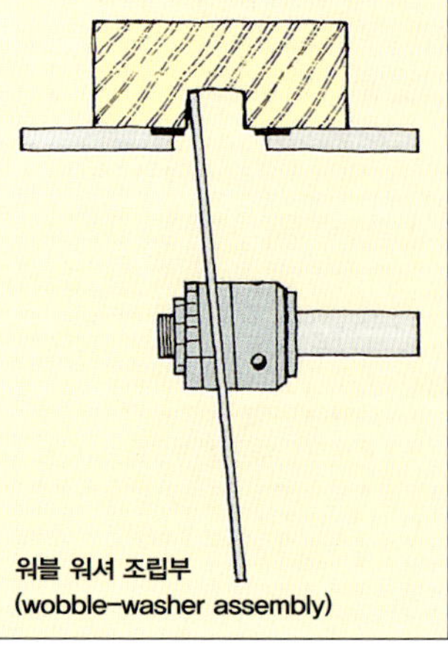

워블 워셔 조립부
(wobble-washer assembly)

테이블톱으로 세로켜기

세로켜기는 원목 벌목재를 나뭇결과 어느 정도 나란하게 잘라서 좁게
잘라내는 방법이다. 세로켜기를 할 때는 제작물을 항상 세로켜기 펜스에
대고 밀며, 제작물이 뒤틀리거나 톱이 톱질자국에 끼이지 않도록 하기
위해 두 손으로만 작업하지는 않는다. 인공 판재를 세로로 켜는 방법도
같다. 세로켜기를 할 때는 라이빙 나이프와 톱날 가이드가 제 위치에
있어야 한다.

세로켜기 펜스 조절

톱날과 맞은편에서 한 피스 뻗어 있는 세로켜기 펜스는 안정적인 인공 판
재를 자르는 데 이상적이다. 그러나 원목을 톱질할 때는 이런 유형의 펜스
가 항상 사고를 일으킬 수 있는 위험이 있다. 라이빙 나이프가 없다면 부분
경화된 목재에 부분적으로 자른 톱질자국이 톱날 위에서 닫힐 수도 있다.
이와 마찬가지로 세로켜기 펜스에 대고 누르는 힘에 제작물이 톱날 측면에
밀착되었을 때 톱날이 끼거나 제작물이 튈지도 모르기 때문에 목재 내에
포함되어 있던 비슷한 응력이 톱질자국을 갑자기 벌릴 수도 있다. 펜스를
세로 방향으로 조절할 수 있다면 톱날 오른쪽에 여유를 줄 수 있도록 펜스
끝이 톱날의 노출된 부분의 리딩 에지보다 약 25mm 뒤에 있을 때까지 펜
스를 뒤로 당겨야 한다.1 또는 나뭇조각을 죔쇠나 나사로 하나의 피스 펜
스에 고정시켜서 비슷한 여유를 준다.2 그러나 어떤 유형의 펜스가 부착되
건 간에 톱날과 나란하게 고정시켜야 한다.

세로켜기 펜스를 눈금 표시된 스케일에 따라 절삭 너비로 조절한 다음 시
험 삼아 나뭇조각으로 절삭해보아서 제대로 조절되었는지 확인한다. 스케
일을 믿을 수 없을 때는 자를 사용해서 펜스에서부터 펜스를 향해 휘어 있
는 톱니 중 하나까지의 거리를 측정한다. 스위치를 켜기 전에 펜스가 단단
히 고정되어 있는지 확인한다.

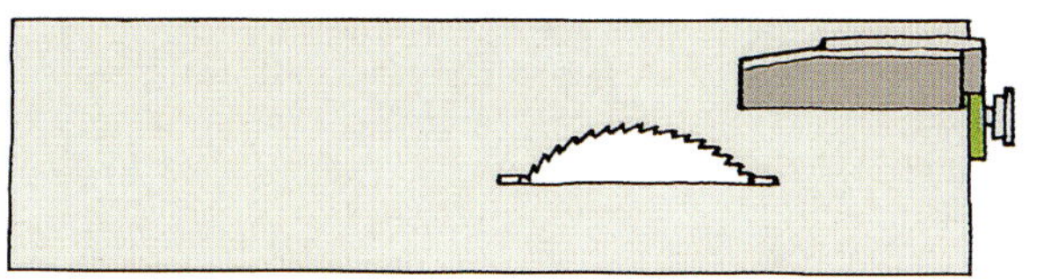

1 두 피스 펜스를 뒤로 당긴다.

2 나뭇조각을 한 피스 펜스에 고정시킨다.

폭이 넓은 판재를 세로로 켜기

폭이 넓은 판재를 세로로 켤 때는 두 손을 모두 사용한다. 이때 한 손으로는 절단선과
직선이 아닌 제작물의 뒷부분을 잡고 힘을 가하면서 다른 한 손으로는 제작물을 펜스
에 대고 밀면서 동시에 테이블 위로 눌러준다. 제작물을 일정한 속도로 밀어주어야
하며 톱날이 완전히 멈추기 전까지는 잘려나간 부분을 회수하려고 해서는 안 된다.
또한 폭이 매우 넓은 판재를 세로로 켤 때는 옆에 있는 다른 작업자에게 판재를 받치
면서 잡아달라고 한다. 이때 작업자는 제작물의 가공 방향과 미는 속도를 조절한다.

폭이 넓은 판재를 세로로 켜기

폭이 좁은 판재를 세로로 켜기

폭이 좁은 판재를 세로로 켤 때 절단이 어느 정도 진행된 후에는 한쪽 끝에 홈이
나 있고 다른 한쪽 끝에 둥근 손잡이가 달려 있는 밀기 막대를 사용해서 제작물을
밀어준다. 이때 또다른 밀기 막대를 사용해 제작물을 세로켜기 펜스에 대고 힘을
가하면서 밀어준다. 이 밀기 막대를 작업대 가까운 곳에 보관해두었다가 필요할 때
마다 꺼내서 사용하도록 한다.

폭이 좁은 판재를 밀기 막대로
밀면서 세로로 켜기

비스듬하게 세로로 켜기

제작물의 길이 방향으로 비스듬하게 세로로 켤 때는 테이블톱의 전원 스위치를 켜
기 전에 톱날을 원하는 각도로 기울이고 톱날이 가이드나 세로켜기 펜스에 닿지 않
는지 확인한다. 이때에는 보통 세로켜기와 마찬가지로 제작물을 밀면서 작업한다.

한쪽 끝이 좁아지도록 자르기

제작물을 한쪽 끝이 좁아지도록 자르고자 할 때는 목재를 톱날과 원하는 각도로
잡아주기 위해서 합판이나 칩보드 지그의 측면에 노치를 판다. 일반적인 세로켜기
방법과 마찬가지로 제작물을 밀어주면서 동시에 지그를 세로켜기 펜스에 대해 밀
어준다.

톱날을 기울여서 비스듬하게
자른다.

테두리가 둥근 판재를 세로로 켜기

테두리가 둥근 판재를 세로로 켤 때는 일반
적인 방법으로 판재를 펜스에 댄 채로 정확
하게 똑바로 자르기란 불가능하다. 처음부터
끝까지 직선으로 자르기 위해서는 얇은 합
판 조각이 둥근 테두리 밖으로 약간 튀어나
오도록 제작물 밑에 고정시킨 다음 이것을
가이드로 삼아 작업한다.

테두리가 둥근 판재를 세로로 켜기

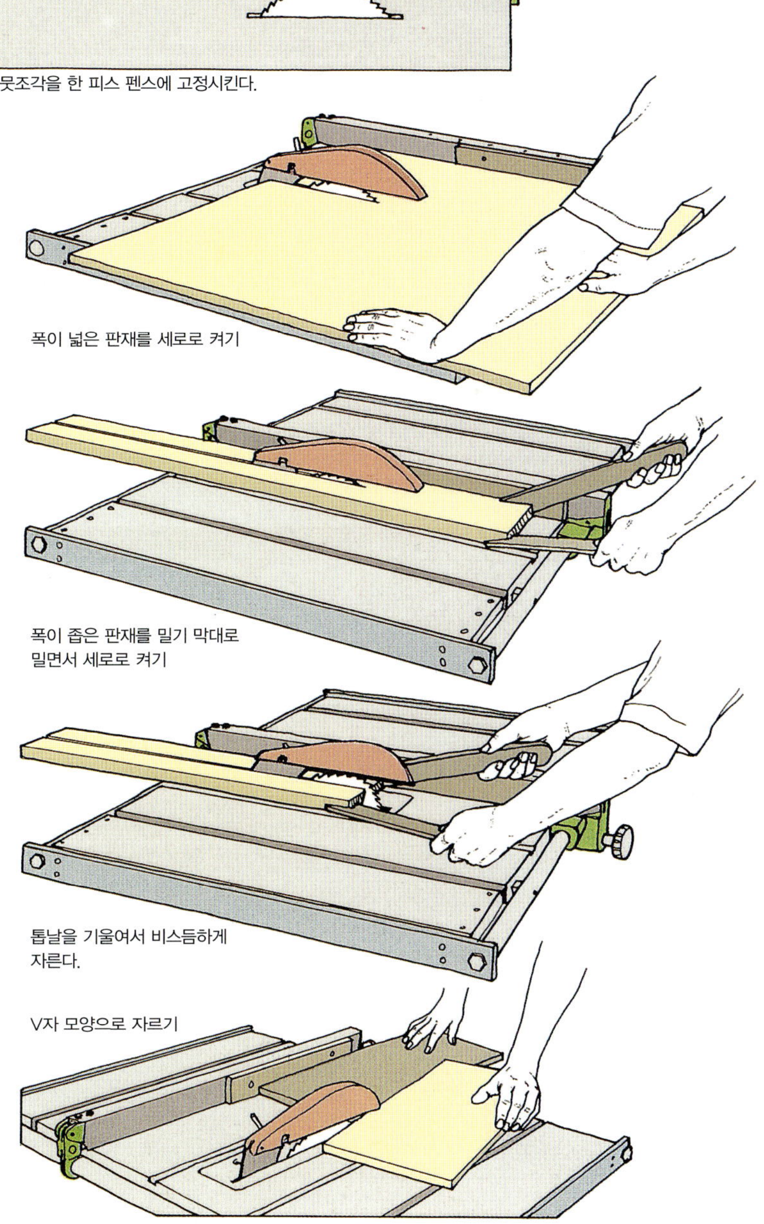

V자 모양으로 자르기

테이블톱으로 가로켜기

테이블톱으로 제작물을 가로로 켤 때는 연귀 펜스 또는 슬라이딩 가로켜기 테이블을 사용해서 톱날을 통과하는 목재를 잡아준다. 날카로운 톱날을 사용하면 절단면이 매우 깨끗하기 때문에 끝면을 별도로 다듬어줄 필요가 없다. 가로켜기에는 반드시 필요하지 않더라도 톱날 가드와 라이빙 나이프를 제자리에 유지시켜야 한다.

나무로 만든 나뭇조각을 펜스에 고정시킨다

슬라이딩 펜스로 켠다

연귀 펜스로 가로켜기

일반적인 테이블톱에 달려 있는 조절 가능한 연귀 펜스는 비교적 짧다. 하지만 펜스의 면에 경재로 만든 긴 펜스를 나사로 고정시킬 수 있도록 구멍을 뚫기도 한다. 일단 테이블톱에서 나무로 만든 펜스 자체가 가로켜기를 하게 되면 제작물이 톱날을 통과할 때 그것의 뒤쪽에서 목재 조직이 쪼개지는 것을 방지하는 뒷받침 역할도 한다. 또한 임시 뒷받침으로써 나뭇조각으로 만든 연귀 펜스와 제작물 사이에 끼워 넣을 수도 있다. 두 손으로 제작물을 펜스에 댄 후 단단히 누른 다음 천천히 톱날 쪽으로 민다. 그러나 제작물이 너무 짧아서 두 손으로 잡을 수 없을 때는 죔쇠로 펜스에 고정시킨다.

여러 번 가로로 켜기

목작업에서는 같은 구성요소가 여러 개 필요한 경우가 많다. 제작물에 절단선을 표시해놓고 한 번씩 따로따로 자르는 것보다는 목재를 톱날과 일정한 거리에 둔 뒤 한두 번의 멈춤으로 조절해놓고 반복해서 자르는 것이 효과적이다.

같은 크기로 자르기

제작물의 끝을 세로켜기 펜스에 대고 자르면 톱날 오른쪽에서 잘려나가는 부분을 같은 길이로 만들기 쉽다. 그러나 펜스와 회전하는 톱날 사이에서 잘려나간 부분이 작업자의 얼굴 쪽으로 튈 수도 있다. 같은 크기로 자를 때 올바른 방법은, 세로켜기 펜스가 톱날에 닿지 않도록 뒤로 빼거나, 제작물을 위한 끝 멈춤 역할을 하도록 죔쇠로 스페이서 블록을 펜스에 고정시켜서 톱날 오른쪽에 여유공간을 주는 것이다.1 자를 때는 우선 제작물이 블록에 맞댈 때까지 옆으로 밀고 난 후 톱날 쪽으로 밀어 잘라준다. 그 다음, 같은 과정을 반복해서 동일한 크기로 자른다.

동일한 제작물 만들기

연귀 펜스를 사용해서 각각의 나무 입방체를 자른다. 각각의 제작물의 직각으로 자른 끝면에 대한 멈춤으로 사용할 수 있도록 나무 블록을 늘린 연귀 펜스에 죔쇠로 고정시키고2 톱날로 밀어서 일정한 길이로 자른다.

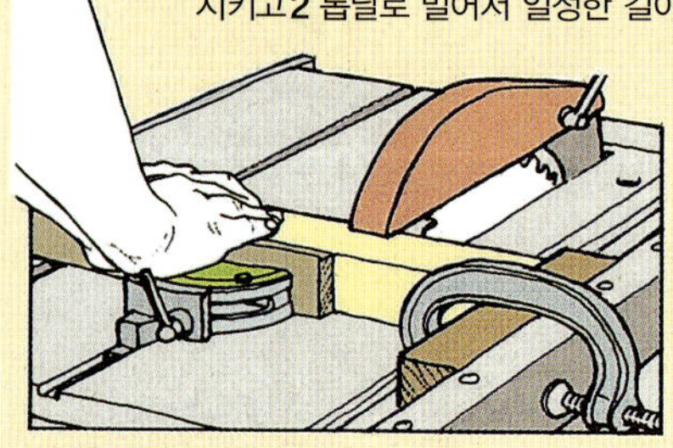

1 같은 크기로 자르기

2 동일한 제작물 만들기

슬라이딩 테이블로 가로켜기(Crosscutting sliding table)

큰 보드나 기다란 제작물과 톱 테이블 사이의 마찰은 연귀 펜스를 사용한 가로켜기 작업을 어렵게 만들 수 있다. 그러나 슬라이딩 테이블 위에서 제작물을 부드럽게 움직이면서 작업하면 제작물의 크기나 무게와 상관없이 쉽고 정확하게 작업할 수 있다. 슬라이딩 테이블에는 톱날에 대해 90도에서 45도 사이의 각도로 조절할 수 있는 평균보다 긴 가로켜기 펜스가 달려 있다. 대부분의 펜스에는 동일한 제작물을 만들 때 사용하기 위한 조절 가능한 끝 멈춤이 있다.

연귀맞춤 자르기

테이블톱으로 연귀맞춤을 자르고자 할 때는 연귀 펜스를 원하는 각도로 조절한 다음 일반적인 방법으로 제작물을 밀어서 톱날에 통과시킨다.1 이때 톱날에 의해 제작물이 뒤로 튕기지 않도록 펜스에 대고 단단히 잡아준다.

복합 연귀맞춤(Compound mitre:두 면에서 각도가 나 있는 것)을 자를 때는 우선 연귀 펜스를 조절한 다음 톱날을 기울인다.2 또한 판재의 가로 방향으로 연귀맞춤을 자를 때는 톱날을 45도 각도로 기울이고 연귀 펜스와 톱날이 직각이 되도록 맞춘다.3

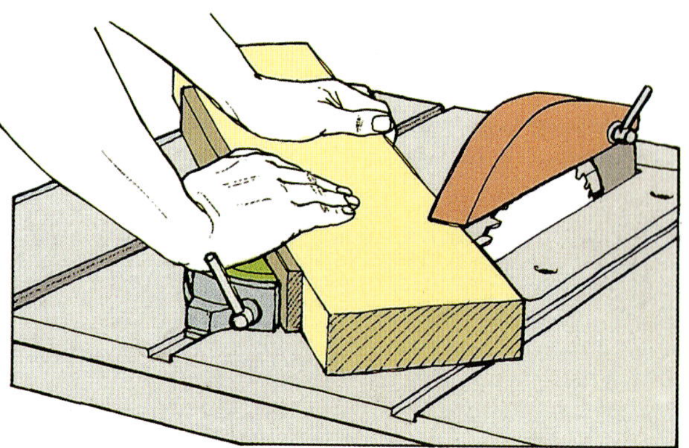

1 펜스를 조절하고 연귀맞춤을 자른다.

2 톱날을 기울여서 복합 연귀맞춤을 자른다.

3 판재의 가로 방향으로 연귀맞춤을 자르기 위해서 펜스를 수직으로 유지한다.

테이블톱으로 맞춤턱과 홈 파기

테이블톱으로 홈이나 맞춤턱을 팔 때는 톱날 가드와 라이빙 나이프를 제거할 필요가 있다. 따라서 테이블 톱에서 맞춤턱이나 홈을 파는 작업은 일반적인 세로켜기나 가로켜기보다 위험성이 높기 때문에 작업할 때 좀더 주의 깊게 집중할 필요가 있다. 어떤 테이블 톱에는 톱날 주변에서 제작물을 둘러싸는 특수한 수직/수평 홀드 다운(Holding-down) 가드를 설치할 수도 있다. 또는 톱날을 덮을 수 있도록 간단한 가드와 세로켜기 펜스를 결합시킬 수 있는 나무로 만든 라이닝을 만들어서 안전한 작업을 할 수 있다.

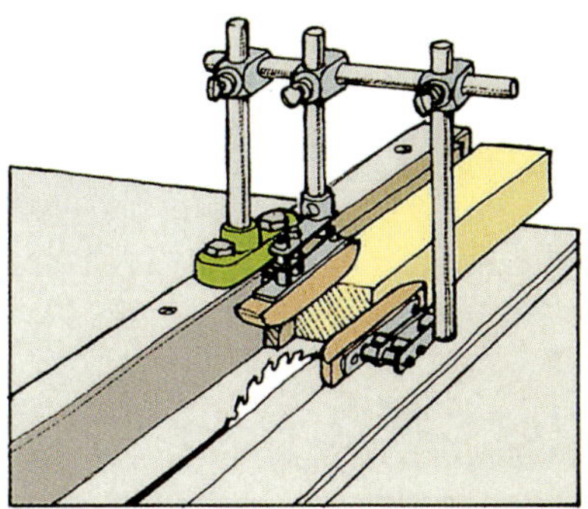

홈이나 맞춤턱을 팔 때는 홀드 다운 가드를 설치한다.

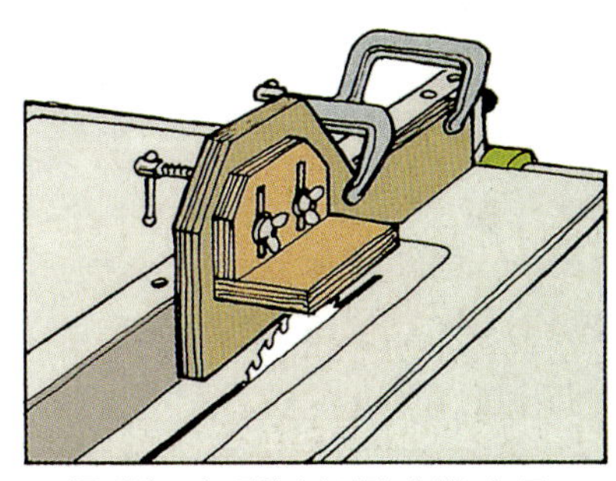

또다른 방법으로는 작업자가 직접 제작한 가드를 사용할 수도 있다.

맞춤턱 파기(Cutting a rebate)

직선으로 세로켜기를 두 번 하면 제작물에 맞춤턱을 만들 수 있다. 먼저 제작물의 좁은 면을 자른다.1 이때 톱질자국이 생긴 각 면에 충분한 목재를 남겨두어서 적절히 힘을 받을 수 있도록 한다. 그런 다음 세로켜기 펜스와 톱날 높이를 다시 맞춘 후 다른 쪽 면에서 세로켜기를 하여 잘려나갈 부분을 제거한다.2 이때 잘려나가는 부분이 펜스와 반대편으로 향하도록 한 상태에서 세로로 켜야 한다. 왜냐하면 잘려나가는 부분이 톱날과 펜스 사이에 끼면 마지막 목재 섬유가 잘려나갈 때 그 부분이 작업자 쪽으로 튈 수도 있기 때문이다. 그러므로 제작물을 톱날로 밀 때는 한쪽에 서서 작업해야 한다.

1 좁은 면에 첫 번째 톱질을 한다.

2 잘려나갈 부분을 잘라서 제거한다.

홈 파기(Cutting a groove)

워블톱을 사용하면 한 번에 홈을 팔 수 있다. 이때 손가락이 톱날에 닿지 않도록 밀기 막대를 사용한다. 특별한 장치 없이 홈의 각 면에 해당하는 부분을 필요한 깊이만큼 자르고 나서1 세로켜기 펜스를 한 번에 톱질자국 한 개의 폭만큼 옆으로 이동시키면서 톱질하여 홈의 각 면 사이에 있는 잘려나갈 부분을 제거한다.2

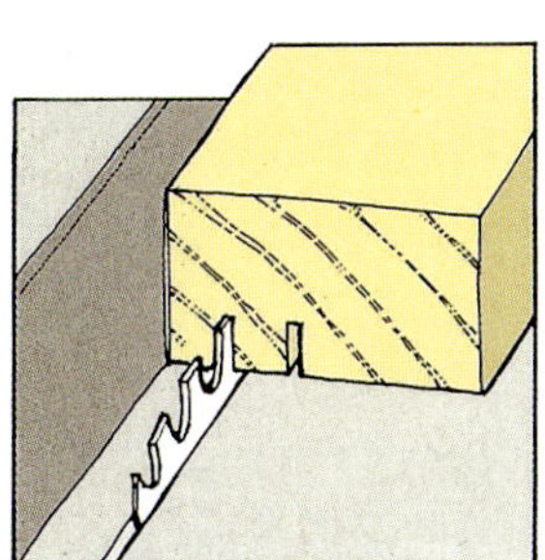

1 두 번 자른다.

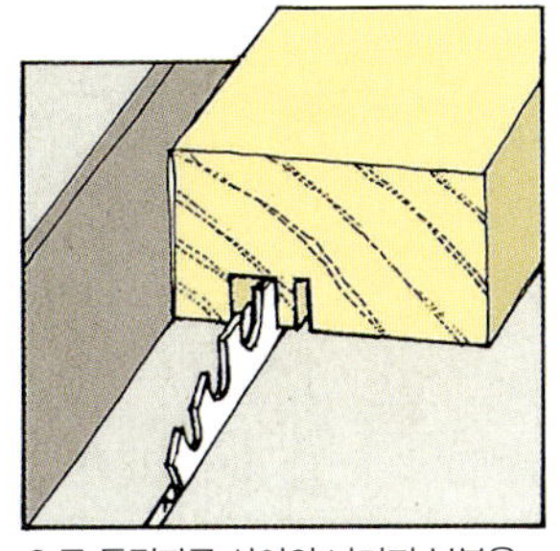

2 두 톱질자국 사이의 나머지 부분을 제거한다.

촉과 홈 만들기(Cutting a tongue and groove)

한 제작물의 끝에 두 개의 동일한 맞춤턱을 만들면 가운데 촉이 만들어진다. 제작물의 폭이 좁은 면에서 촉의 한쪽 측면을 자르고 난 후에 제작물을 옆으로 이동시켜 촉의 다른 측면을 자른다.1 제작물을 옆으로 눕힌 다음 양쪽 면에서 나머지 잘려나갈 부분을 제거한다.2
다른 제작물에 매칭되는 홈을 파고자 할 때는 펜스를 조절해서 홈의 양쪽 면을 자르고 난 후에 잘려나갈 부분을 톱질해서 제거한다. (홈 파기 참조)

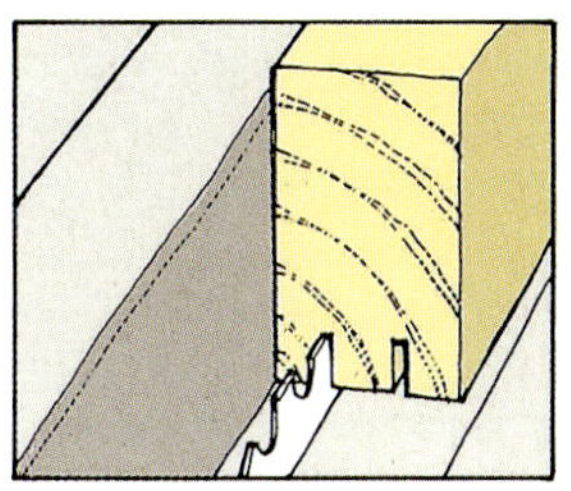

1 촉의 양쪽 면을 자른다.

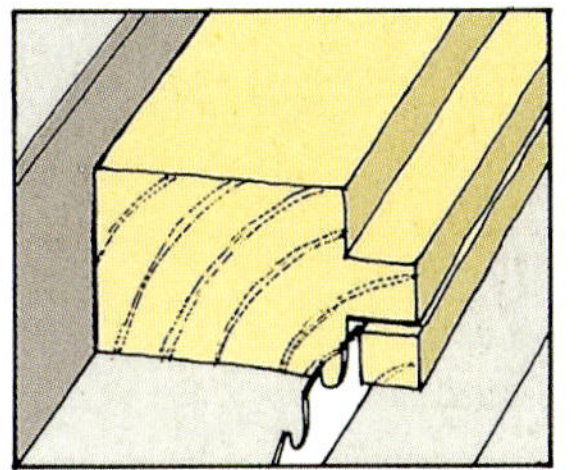

2 잘려나갈 부분을 잘라낸다.

테이블톱으로 톱질자국 내기

긴 목재 조각에 일정한 간격으로 깊은 톱질자국을 만들어주면 두꺼운 원목 제작물도 많이 굽힐 수 있을 정도의 충분한 유연성이 생긴다. 정확한 톱질자국의 간격은 실제로 실험해보아야 알 수 있지만 간격이 좁을수록 더 많이 굽힐 수 있다. 목재의 유연성에 따라 약 2~6mm 정도의 두께를 남겨놓고 자를 수 있도록 톱날 높이를 조절한다. 어떤 톱에는 가드를 설치할 수 없다. 이때는 특히 주의해야 한다.

목재를 완만하고 일정하게 굽히기 위해서는 간격을 정확하게 두는 것이 필수적이다. 임시로 보조 나무 펜스를 톱의 연귀 펜스에 나사로 고정시킨다. 펜스에 톱질자국을 하나 낸 다음 톱질 간격만큼 떨어진 위치에 못을 박아서 톱질 간격을 표시한다. 마지막으로 못대가리를 잘라낸다.1
제작물에 첫 번째 톱질자국을 낸 다음 첫 번째 톱질자국을 못에 끼우고 두 번째 톱질자국을 낸다. 방금 낸 두 번째 톱질자국을 다시 못에 끼우고 세 번째 톱질자국을 낸다. 이런 과정을 반복하면서 작업한다.2

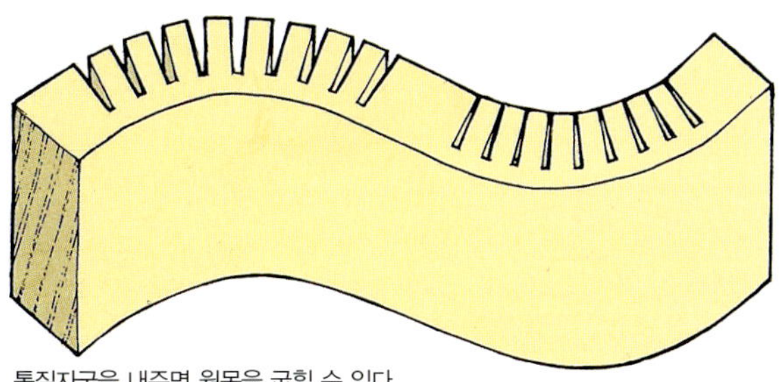

톱질자국을 내주면 원목을 굽힐 수 있다.

1 톱질 간격을 정확히 하기 위한 지그를 만든다.

2 앞서 낸 톱질자국을 못에 끼우고 다음 톱질 자국을 낸다.

테이블톱으로 맞춤 만들기

테이블 톱을 사용하면 다양한 맞춤을 매우 정확하게 팔 수 있다. 테이블 톱을 사용해서 맞춤을 만들 때는 톱날 가드와 라이빙 나이프를 제거해야 하기 때문에 매우 주의해야 한다.

반턱맞춤(Halving joint)

반턱맞춤의 양쪽 부분을 같은 방법으로 자른다. 스페이서 블록을 세로켜기 펜스에 죔쇠로 고정시킨 다음 이것을 이용해서 맞춤의 돌출부와 톱날을 정렬시킨다. 톱날을 필요한 높이로 조절하고 첫 번째 톱질을 한다.1 그런 다음 제작물을 연귀 펜스에 대고 왼쪽 방향으로 한 번에 하나의 톱질자국만큼 움직여주면서 잘려나갈 부분을 제거한다.

십자반턱맞춤(Cross halving joint)을 파는 방법도 이와 비슷하다. 하지만 두 개의 스페이서 블록을 사용하여 양쪽 돌출부와 톱날을 정렬시키는 점은 다르다. 이때 한 스페이스 블록은 세로켜기 펜스에 고정시키고 다른 하나는 연귀 펜스에 고정시킨다.2 양쪽 돌출부를 자른 다음 나머지 잘려나갈 부분은 위에서 설명한 것과 같은 방법으로 제거한다.

1 반턱맞춤 돌출부 자르기

2 두 개의 스페이서 블록을 사용해서 십자반턱맞춤 돌출부 자르기

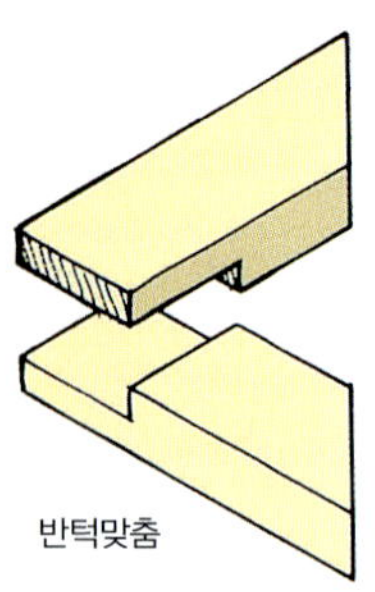

반턱맞춤

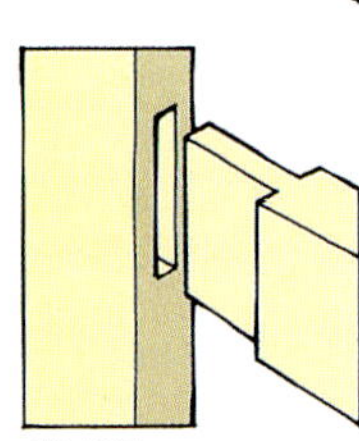

십자반턱맞춤

장부맞춤

루터 또는 각끌기로 장붓구멍을 파고 나면 테이블톱으로 그것과 매칭되는 장부를 깎는다. 어떤 톱 제조업체는 기계가공된 연귀 펜스 홈을 따라 미끄러지듯 움직이는 장부죔쇠(Tenoning clamp)를 공급하기도 한다. 또는 장부를 만드는 동안 제작물을 지지할 수 있는 나무로 된 지그를 직접 제작할 수도 있다.

제작물과 두께가 정확히 일치하는 긴 판재를 대략 크기가 400x200mm인 합판 조각에 나사로 고정시킨다.1 각 판재는 합판의 긴 모서리와 서로 수직이 되는지 확인하고 한 판재와 짧은 끝 사이에 제작물을 끼울 수 있는 여유 공간을 남겨둔다.2 톱날에 닿지 않도록 지그의 위쪽 절반에 나사를 박는다. 죔쇠로 제작물을 지그에 고정시키고 톱날에 통과시켜서 장부의 한쪽 면을 잘라준다.3 제작물을 뒤집어서 다른 쪽 면을 파준다.

그 다음 잘려나갈 양쪽 부분을 약간 잘라내서 장부가 장붓구멍에 잘 맞는지 맞춰본다.4 필요하다면 나머지 부분을 마저 깎아내기 전에 펜스를 다시 적절하게 조절한다.

각 돌출부 절단선과 톱날을 일직선으로 정렬시키기 위해서 죔쇠로 스페이서 블록을 세로켜기 펜스에 고정시킨 채로 돌출부 절단선을 가로로 켠다.5 필요하다면 돌출부를 먼저 잘라서 장부의 폭을 줄인 다음 한 번에 하나의 톱질자국만큼 나머지 부분을 제거한다.6

3 장부의 한쪽 면을 자른다.

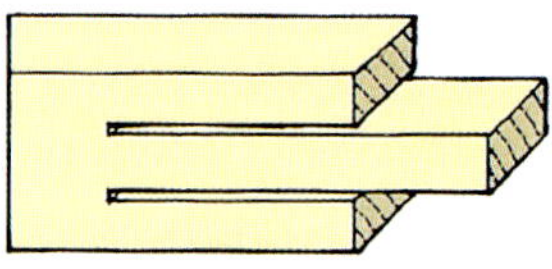

4 잘려나갈 양쪽 부분을 약간 잘라낸다.

5 돌출부 절단선을 자른다.

6 장부의 폭을 줄여준다.

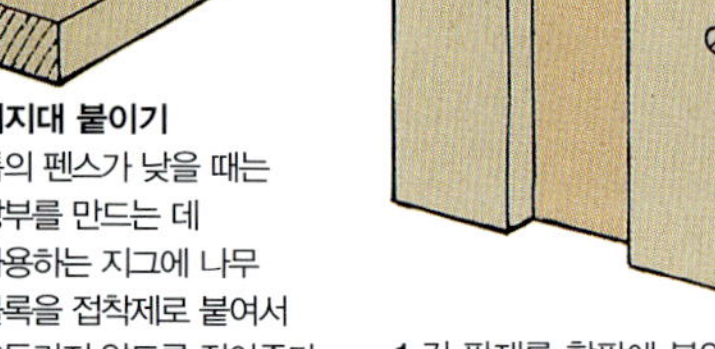

장부맞춤

지지대 붙이기

톱의 펜스가 낮을 때는 장부를 만드는 데 사용하는 지그에 나무 블록을 접착제로 붙여서 흔들리지 않도록 잡아준다.

1 긴 판재를 합판에 붙인다.

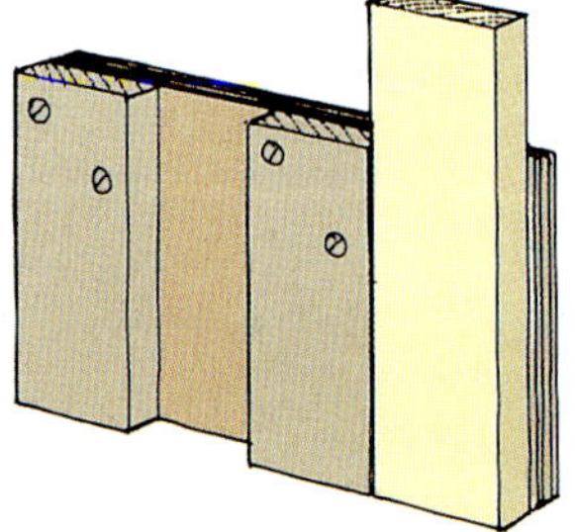

2 제작물의 여유공간을 남겨둔다.

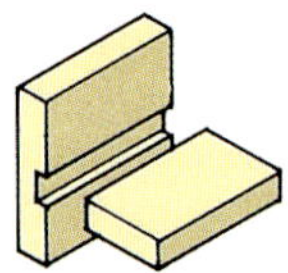 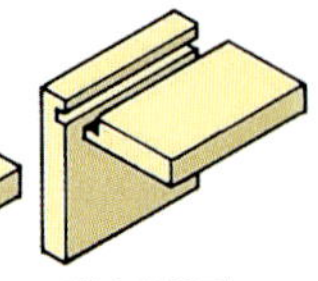

관통된 하우징　　드러난 하우징

하우징맞춤(Housing joint)

십자반턱맞춤을 팔 때와 마찬가지로 단순하면서 끝까지 이어지는 하우징맞춤 또는 드러난 하우징맞춤의 비교적 좁은 홈을 판다. 또는 워블톱을 사용하면 한 번에 팔 수 있다. 드러난 하우징맞춤의 나머지 반쪽에는 반턱맞춤을 팔 때와 같은 방법으로 촉을 판다.

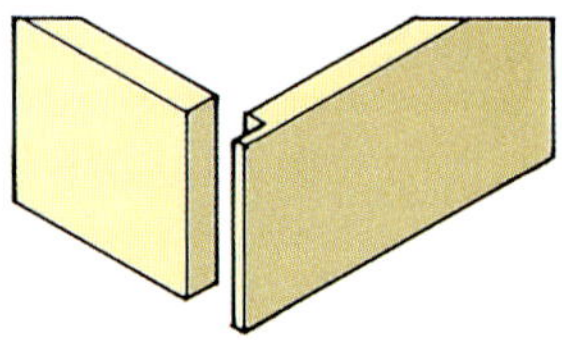

겹침맞춤(Lap joint)

두 구성요소 모두를 직각으로 자른 다음 반턱맞춤을 만들 때와 마찬가지로 한 구성요소에 촉을 만든다.

보강된 연귀맞춤 (Reinforced mitre joint)

테이블톱으로 연귀맞춤을 만든 다음 합판 촉을 끼울 수 있도록 홈을 판다.

제작물의 경사면에 홈 만들기

톱날을 기울여서 구속되지 않은 촉을 끼우기 위한 홈을 파낸다.

연귀맞춤 골격에 홈 만들기

장부를 만드는 데 사용하는 지그를 개조해서 폭이 넓은 경사면에 슬롯을 만든다.

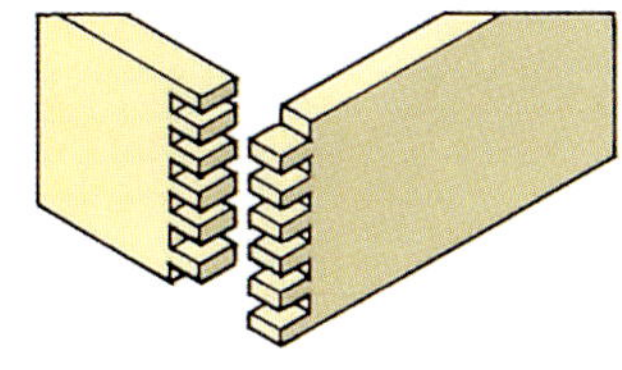

사개맞춤(Finger joint)

사개맞춤은 장식적인 모서리맞춤으로, 상자나 서랍을 만드는 데 자주 사용된다. 사개맞춤을 수작업으로 하면 매우 번거롭다. 그러나 테이블톱과 지그를 사용하면 몇 분 안에 약간의 사개맞춤을 만들 수 있다. 톱질자국이 넓게 나는 톱날을 사용하거나 워블워셔를 설치해서 장부촉 사이의 공간을 잘라낸다. 제작물에서 장부촉이 일정한 간격을 두고 떨어져 있을 수 있도록 만든다.

지그를 만들 때는 죔쇠로 긴 목재를 연귀 펜스에 고정시키고 톱날 높이를 제작물의 두께보다 약간 크게 조절한 다음 이 목재에 홈을 낸다.1 단단한 목재 조각을 이 홈에 꼭 끼도록 대패질한다. 이 목재 조각에서 길이가 50~75mm인 조각을 자른 다음 슬롯에 끼우고 접착제로 고정시켜서 짧은 촉을 만든다.2 지그를 연귀 펜스에 기댄 채로 약간 옆으로 이동시키고 톱날과 방금 끼워 넣은 촉 사이에 대패질한 목재 조각을 임시로 올려놓는다.3 그런 다음 지그를 연귀 펜스에 나사로 고정시키고 임시로 올려놓았던 목재 조각을 치운다. 첫 번째 제작물을 세워서 튀어나와 있는 촉에 맞대어 놓는다.4 제작물을 톱날에 대고 밀어서 첫 번째 홈을 낸 다음 튀어나와 있는 촉에 이 톱질자국을 끼우고 두 번째 톱질자국을 낸다.5 필요한 장부촉이 다 완성될 때까지 같은 과정을 반복한다.6

첫 번째 제작물과 연결시킬 두 번째 제작물에 사개맞춤을 팔 때는 두 번째 제작물의 핑거가 첫 번째 제작물에 있는 핑거 사이에 들어맞도록 제작물을 오프셋해야 한다. 앞에서와 마찬가지로 두 번째 나뭇조각을 대패질한 다음 나뭇조각을 촉과 제작물 사이에 끼운 채로 제작물을 펜스에 고정시킨다.7 촉과 제작물 사이에 끼워 넣었던 나뭇조각을 치우고 첫 번째 홈을 낸다. 그 다음, 이 홈에 튀어 나와 있는 촉에 끼우고 두 번째 톱질 자국을 낸다.8 제작물의 폭 전체에 걸쳐 같은 과정을 반복한다.

두 제작물을 서로 조립하고 접착제로 붙인 다음 접착제가 완전히 굳은 이후에 약간 튀어나와 있는 핑거를 대패질하여 평평하게 다듬는다.

1 지그에 톱질자국을 낸다.

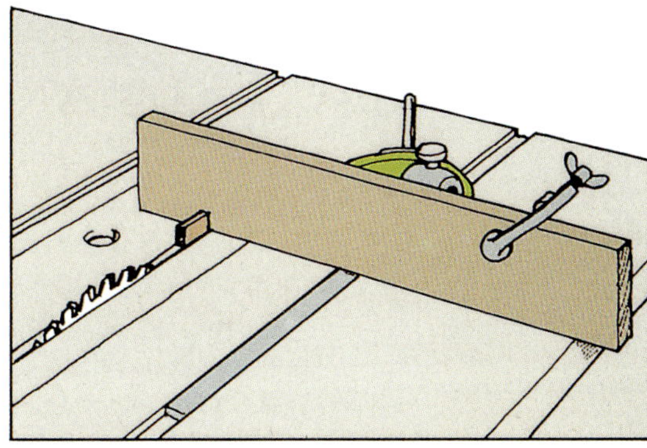

2 톱질자국에 촉을 끼우고 접착제로 고정시킨다.

3 촉과 톱날 사이에 목재 조각을 끼워놓는다.

4 제작물을 촉에 맞댄다.

5 첫 번째 톱질자국을 촉에 끼우고 두 번째 톱질을 한다.

6 다 완성될 때까지 같은 과정을 반복한다.

7 두 번째 제작물과 촉 사이에 나뭇조각을 끼운다.

8 첫 번째 톱질자국을 촉에 끼우고 두 번째 톱질을 한다.

방사톱

방사톱(Radial-arm saw)은 우선 가로켜기톱에 속하지만 다양한 용도로 사용할 수 있기 때문에 아마추어 목작업자에게는 상당히 매력적인 공구이다. 이 톱은 세로켜기나 가로켜기가 가능하고 경사면이나 연귀맞춤을 만드는 데도 사용할 수 있을 뿐 아니라 약간만 개조하면 같은 기계더라도 스핀들 몰더(Spindle moulder), 오버헤드 루터(Overhead router), 연마기(Sander), 드릴(Drill)로도 사용할 수 있다. 일반적인 형태의 방사톱에서는 톱날과 모터 하우징이 단단한 기둥의 상단에 부착되어 있는 금속 암(Arm) 아래에 매달려 있다. 이 암은 좌우로 회전되기 때문에 연귀맞춤을 자르기 위해서 제작물과 톱날을 일정한 각도로 맞출 수 있다. 동시에 모터 하우징과 톱날을 기울이고 축을 따라 회전시켜서 여러 각도로 자를 수도 있다. 어떤 모델에서는 암이 고정되어 있고 테이블이 암 아래에서 축을 따라 회전하도록 되어 있다. 또한 기둥은 작업대 뒤쪽에 부착되어 있기 때문에 방사톱을 벽에 기대어 설치할 수 있다. 대부분의 방사톱을 작업대에 올려놓고 사용하거나 자체 스탠드로 받쳐 사용하기도 한다. 어떤 모델은 접을 수 있고 보조판 지지대에 매달려 있다. 이 기계를 조립하거나 배선을 할 때는 제조업체가 제공한 사용법에 따라 작업한다.

전기 모터

홈 작업장에서 사용하도록 만들어진 평균적인 방사톱에는 약 1.1kW(1½마력) 등급의 유도 모터가 사용된다. 이 모터는 거의 3000rpm의 톱날 속도를 낼 수 있을 정도로 강력하다. 그러나 전용 스핀들 몰더에 견줄 정도의 절삭 속도를 내려면 모터에 고속 작업을 위한 기어가 달려 있는 보조 축(Arbor) 또는 드라이브 샤프트가 필요하다.

톱날 지름

홈 작업장에서 사용하도록 만들어진 방사톱에는 보통 지름이 250mm인 톱날이 사용된다.

절삭 깊이

대부분의 방사톱은 최대 절삭 깊이가 약 75mm이다. 기계의 암과 나란한 톱날은 기둥의 상단 또는 작업대 아래에 위치한 크랭크를 조작해서 위 아래로 움직일 수 있다.

암 각도(Arm angle)

연귀 고정 레버를 풀면 암을 좌우로 회전시킬 수 있다. 연귀 걸쇠는 90도 또는 45도 각도로 가로켜기를 할 수 있도록 암을 위치시킨다. 기둥 상단에 있는 눈금은 암의 각도를 표시한다.

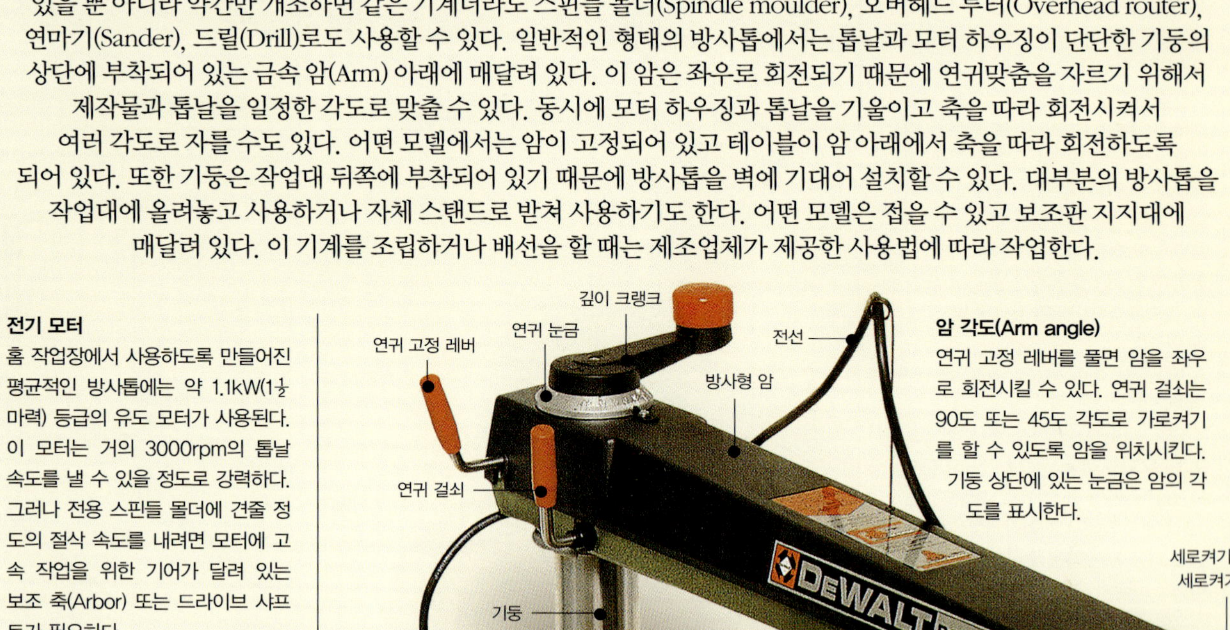

방사톱

톱날 각도

먼저 경사면(Bevel) 고정 레버를 풀고 톱날 각도가 90도와 45도 사이일 때 자동으로 맞물리는 경사면 위치 핀을 뒤로 당기면 톱날을 수평과 수직 사이의 어떤 각도로도 기울일 수 있게 된다. 이때는 톱날의 각도를 명확히 표시하는 눈금이 달린 기계를 선택한다.

가로켜기 폭

가로켜기의 최대 폭은 주로 암의 길이에 따라 결정된다. 홈 작업장용 톱에서는 가로켜기 폭이 보통 310~465mm이다. 그러나 폭이 600mm 이상인 제작물을 가로로 켜고자 할 때는 작은 공업용 방사톱을 구입해야 한다.

세로켜기 폭

세로켜기를 할 경우 폭의 최대 범위는 500~650mm이며, 암을 따라 모터 하우징을 밀어준 다음 고정 레버 또는 손잡이를 사용해서 제 위치에 고정시키면 범위를 선택할 수 있다. 암을 따라 인쇄되어 있는 눈금은 세로켜기 폭을 나타낸다.

톱날 가드

최신 방사톱에 사용되는 톱날은 중력 가드(Gravity guard)로 둘러싸여 있다. 이 가드는 톱질하는 동안 자동으로 제작물에 의해 위로 올려지고 톱질이 끝나면 자동으로 제자리로 내려온다.

라이빙 나이프

세로켜기를 할 때는 부분 경화된 목재에서 톱질자국이 닫히는 것을 막기 위해 톱날 바로 뒤에 라이빙 나이프를 내려놓고 잠금 너트로 고정시킨다. 그러나 가로켜기를 할 때는 라이빙 나이프가 톱날 가드 안으로 다시 밀려 들어간다.

튐 방지 장치

세로켜기를 하는 동안 톱날이 목재에 걸려 움직이지 않으면 제작물이 작업자 쪽으로 튈 수도 있다. 이를 방지하기 위해서 방사톱에는 트레일링 티스(Trailing teeth) 또는 멈춤못(Pawl)이 달린 튐 방지 장치가 설치되어 있다. 제작물이 약간이라도 뒤로 이동하면 끝이 뾰족한 멈춤못이 아래쪽으로 회전해서 제작물을 구속해준다. 이 장치는 또 위로 향해 있는 톱니에 의해 제작물이 작업대 위로 들어올려지는 것을 막기 위한 누름 장치 역할도 한다.

세로켜기를 할 때는 멈춤못의 뾰족한 끝이 제작물의 표면 아래로 3mm 정도 걸치도록 튐 방지 장치를 올리거나 내려서 조절한다. 이와는 반대로 가로켜기를 할 때는 제작물에 닿지 않도록 튐 방지 장치를 올린다.

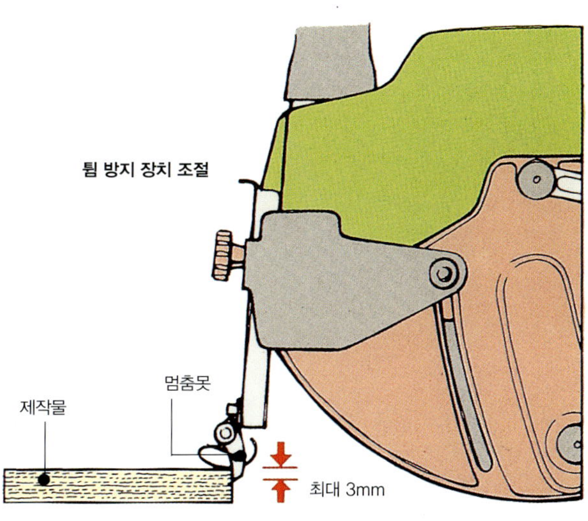

작업대

고밀도 파이버보드나 칩보드로 만든 단순한 작업대가 기계의 금속 받침에 고정되어 있다. 방사톱의 톱날이 작업대 표면 안으로 들어가야 하기 때문에 그 칩보드나 파이버보드 위에 얇은 합판 조각을 핀으로 고정시키거나 접착제를 부분적으로 발라서 붙이는 것이 좋다. 이때 금속 결속 장치는 톱날이 이동하는 범위 밖에 있어야 한다.

펜스(Fence)

제작물을 가로로 켤 때는 작업대를 가로질러 움직이는 펜스에 제작물을 기댄 상태로 작업한다. 그러나 세로켜기 작업을 할 때는 이 펜스가 제작물의 경로를 잡아주는 역할을 한다.

또한 가로켜기를 할 때는 이 펜스를 작업대와 스페이서 보드 사이에 끼운다. 톱질이 끝나고 다시 시작할 때 톱날을 펜스 뒤로 잠깐 놓아둔다. 이때 세로켜기 크기를 늘리기 위해서 펜스를 스페이서 보드 뒤에 놓을 수도 있다.

일반적으로 기계와 함께 제공되는 펜스는 작업대와 같은 섬유질 소재로 되어 있다. 하지만 원목으로 된 것으로 교체할 수도 있다. 이때 가로켜기 작업을 반복적으로 하기 위한 끝 멈춤을 긴 제작물을 수용하기 위해서 연장된 펜스에 고정시킬 수 있기 때문에 원래의 펜스보다 길게 만든다.

On/Off 스위치

On/Off 스위치는 일반적으로 방사 암의 끝이나 조종 손잡이와 같이 쉽게 손이 닿을 수 있는 부분에 달려 있다. 어떤 톱에는 제거할 수 있는 키가 제공되어 장치가 작동되지 않도록 만들 수 있게 되어 있다.

집진기

방사톱을 사용하면 톱밥이 많이 생기는데, 톱날 가드에 고무로 만든 톱밥 배출구를 통해 배출시킬 수 있다. 이때 톱 주변에 톱밥이 떨어져 생길 수 있는 미끄러움을 방지하기 위해서 특별한 형태의 배출 장치가 필요할 수도 있다.

● **기계 설치**
방사톱을 작업대 위에서 일하기 편안한 높이로 고정시키고, 깊이 조절 크랭크를 조작할 때 기둥과 벽 사이에서 작업자의 손가락이 자유롭게 움직일 수 있도록 여유공간을 준다.

방사톱의 톱날과 커터

테이블톱에서 사용되는 것과 비슷한 톱날을 방사톱에서도 사용할 수 있다. 홈 작업장에는 일반용 또는 다용도 톱날이 좋으며, 특히 텅스텐 카바이드 톱니로 되어 있는 톱날이 가장 좋다. 또한 톱날을 좌우로 움직이기 위해서 워셔를 달면 홈과 하우징을 팔 수도 있다.

다도 헤드(Dado head)

보통 톱 축(Saw arbor)에 다도 헤드를 달아서 사용하면 한번에 폭이 최대 21mm인 홈이나 하우징을 만들 수 있다. 다도 헤드에는 홈이나 하우징의 양쪽 측면을 동시에 자르는 두 개의 다용도 톱날이 달려 있고, 그 사이에는 나머지 부분을 깎아내기 위한 치퍼(Chipper) 톱날이 달려 있다. 이 톱날 사이에 종이 워셔를 삽입해서 절삭 폭을 미세하게 조절할 수 있다.

치퍼 톱날이 다도 톱날 사이에 끼워져 있다.

텅스텐 카바이드 팁 톱날

다도 헤드

몰딩 헤드

톱날을 일정한 모양의 두세 개의 커터를 고정시켜 사용하는 금속 몰딩 헤드로 바꿔주면 방사톱을 스핀들 몰더로 사용할 수 있다. 커터를 세 개 고정시켜서 사용하면 깨끗한 절삭면을 얻을 수 있다. 각 커터는 몰딩 헤드에 나 있는 홈에 있는 나사로 단단히 고정시킨다. 방사톱에 사용할 수 있는 커터의 종류는 매우 다양하다.

몰딩 헤드가 수평으로 회전하도록 설치할 수도 있는데, 이때는 특별한 가드와 펜스를 부착해야 한다. 어떤 톱에서는 몰딩 헤드를 톱날처럼 수직으로 부착시켜 보통의 가드와 함께 사용하기도 한다.

● **톱날과 커터 바꾸기**
방사톱에 톱날과 몰딩 헤드를 설치할 때는 항상 제조업체가 제공하는 사용법을 따른다.

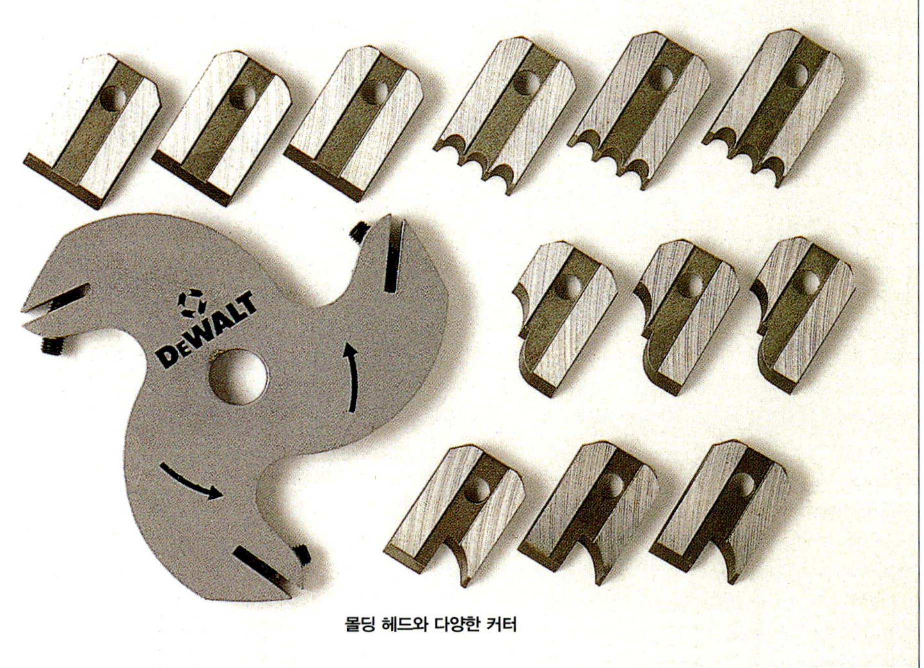

몰딩 헤드와 다양한 커터

방사톱 가로켜기

제작물을 완전히 잘라내기 위해서는 톱날이 합판으로 만든 테이블 라이닝 안으로 약 1mm 정도 파 들어가야 한다. 이때 생긴 톱질자국은 테이블을 가로질러 펜스의 끝에서 끝까지 나 있다. 펜스에 나 있는 홈은 제작물에 표시되어 있는 절단선을 톱날과 정렬시킬 필요가 있을 때 완벽한 가이드로 삼을 수 있다. 가로켜기를 할 때는 튐 방지 장치와 라이빙 나이프를 뒤로 당겨두어야 한다.

가로켜기로 사각형 자르기

제작물에 표시되어 있는 절단선을 기준으로, 잘려나갈 부분에서 절삭이 이루어지도록 한 손으로 제작물을 펜스에 댄 채로 잡아준다. 암(Arm)을 따라서 톱날과 모터 하우징을 움직이기 위한 레버 이외의 모든 레버가 단단히 고정되어 있는지 확인한다. 전원 스위치를 켜고 작업자 쪽으로 톱날을 잡아당기면서 제작물을 잘라낸 다음 뒤로 물리고 전원 스위치를 끈다. 가로켜기에서는 톱날이 제작물을 펜스에 대고 밀면서 아래로 눌러주기 때문에 비교적 안전한 작업이라고 할 수 있다. 하지만 톱날 자체가 작업자 쪽으로 잡아당겨지는 상황이 있을 수 있다. 그러나 작업자의 팔뚝과 톱의 손잡이가 일직선이 되도록 만들어주면 이러한 경향을 막을 수 있다.

반복 가로켜기

길이가 같은 동일한 제작물을 여러 개 만들고자 할 때는 절단선과 펜스에 나 있는 홈에 일직선으로 맞추는 것만으로는 정확하지 않다. 그 대신 펜스에 나무 블록을 고정시켜서 제작물의 끝 멈춤으로 사용한다. 하지만 나무가 잘려나갈 때 잘려나가는 부분이 옆으로 움직이는 것에 구속되지 않도록 끝 멈춤을 위치시켜야 한다. 또한 제작물과 펜스, 끝 멈춤 사이에 톱밥이 끼이지 않아야 한다.

폭이 넓거나 두꺼운 판재 자르기

톱의 가로켜기 크기보다 폭이 넓거나 최대 절삭 깊이보다 두꺼운 판재를 자르고자 할 때는 끝 멈춤을 사용한다.
우선 제작물의 끝에서 끝까지 반을 자른다. 그런 다음 제작물을 뒤집어 다시 끝 멈춤에 댄 채로 두 번째 절삭 작업을 한다. 이런 방법은 겉면을 보존하는 것이 중요하지 않을 때만 사용할 수 있다.

가로켜기로 경사면 자르기

가로켜기로 경사면을 자를 때는 먼저 톱날을 기울여서 원하는 각도에 고정시킨 다음 사각형 자르기와 같은 방법으로 자른다.

연귀맞춤 자르기

톱날을 수직으로 유지한 채로 제작물 끝에서 연귀맞춤을 자를 때는 암을 필요한 각도(보통 45도)로 회전시킨 다음 그 자리에 고정시킨다. 자르는 동안에는 제작물이 움직이지 않도록 펜스에 대고 단단히 잡아준 상태에서 톱을 테이블의 앞쪽으로 당기면서 연귀맞춤을 자른다.

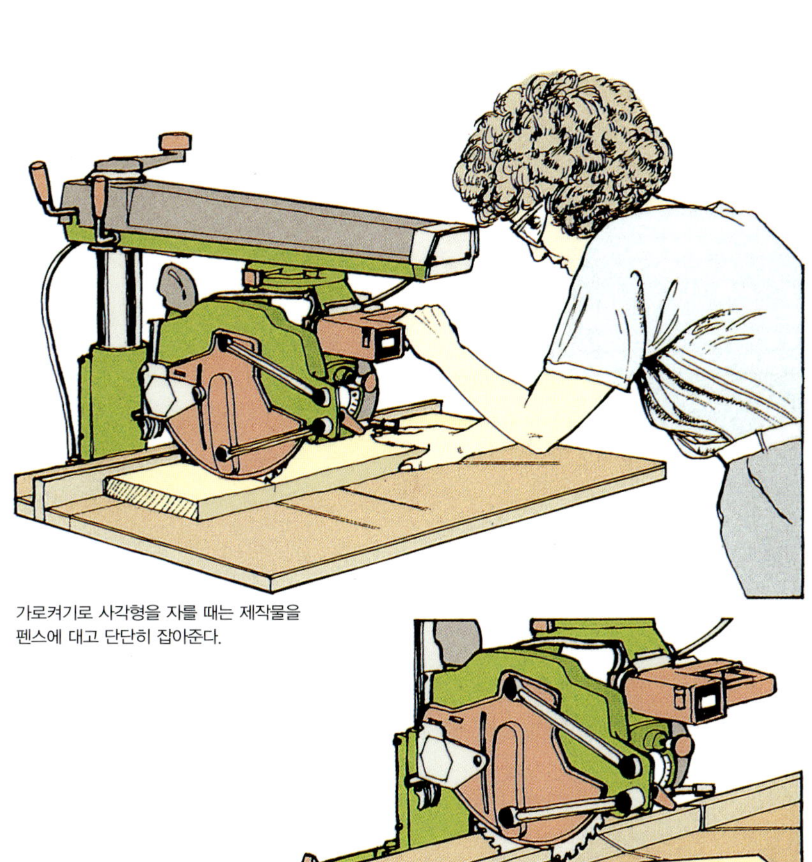

가로켜기로 사각형을 자를 때는 제작물을 펜스에 대고 단단히 잡아준다.

같은 길이로 제작물을 자를 때는 끝 멈춤을 고정시켜 사용한다.

두꺼운 목재는 가로질러 반을 먼저 자르고 뒤집은 다음 마저 자른다.

암을 한쪽으로 회전시켜서 연귀맞춤을 자른다.

톱날을 기울여서 경사면을 자른다.

방사톱 세로켜기

목재를 일정한 폭으로 자를 때는 방사톱의 톱날을 펜스와 평행하게 돌려서 사용한다. 비교적 폭이 좁은 제작물을 세로로 켤 때는 톱날이 톱의 기둥 쪽을 향하게 되는데, 이를 안쪽 세로켜기(Inrip) 위치라고 한다. 반면에 폭이 넓은 제작물을 세로로 켤 때는 톱날이 기둥 반대쪽을 향하는데, 이를 바깥쪽 세로켜기(Outrip) 위치라고 한다.

제작물 밀어 넣기

제작물을 톱날에 밀어 넣을 때는 반드시 톱날의 회전 방향과 반대로 밀어 넣어야 한다. 그러지 않으면 톱날이 제작물을 잡아채어 작업자의 손이 톱날 쪽으로 갑자기 당겨질 수 있기 때문이다. 안쪽 세로켜기 위치에서 작업할 때는 제작물을 테이블의 한쪽에서 밀어 넣어야 한다(오른쪽에서 밀어 넣는 것이 보통이지만 자세한 내용은 제조업체가 제공한 사용법을 참조). 이와는 반대로 바깥쪽 세로켜기 위치에서 작업할 때는 안쪽 세로켜기 위치에서 작업할 때와는 다르게 반대편에서 제작물을 넣어주어야 한다. 왜냐하면 톱날을 반대 방향으로 돌렸기 때문이다. 또한 세로켜기를 할 때는 항상 라이빙 나이프나 튐 방지 장치를 설치하고 작업해야 한다.

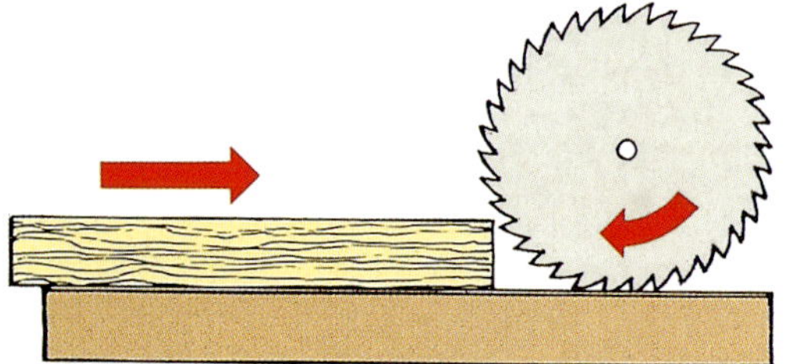

밀어 넣는 방향
항상 톱날 방향과 반대로 제작물을 밀어 넣어야 한다.

톱날 조절

세로켜기 눈금에 필요한 절삭 폭이 표시될 때까지 암을 따라 톱날을 밀어준다. 세팅이 고정 레버를 죄는 것에 영향을 받지 않게끔 목재 조각의 끝에 대고 시험 삼아 잘라본다. 테이블의 스페이서 블록 뒤에 펜스를 위치시키면 가로켜기 크기를 늘릴 수 있다. 제작물을 완전히 잘라내려면 톱날이 테이블 라이닝 안으로 약 1mm 정도 파 들어가야 한다.

일정한 폭으로 제작물 세로켜기

전원 스위치를 켜기 전에 고정 레버가 모두 단단히 죄어져 있는지 확인한다. 제작물을 펜스에 대고 단단히 누른 상태에서 두 손을 사용하여 일정한 속도로 제작물을 톱날 쪽으로 밀어준다. 이때 폭이 좁아서 손가락이 톱날에 가까이 갈 수도 있기 때문에 제작물을 세로켜기할 때는 항상 끝에 V자 홈이 나 있는 밀기 막대를 사용해서 밀어주어야 한다. 또한 길이가 긴 제작물을 세로켜기할 때는 다른 작업자가 작업대의 반대편에서 제작물을 받치거나 당기도록 한다.

경사면 세로켜기

제작물의 한쪽을 따라서 경사면을 자를 때는 세로켜기로 사각형을 자르는 것과 같은 방법으로 작업하되, 톱날을 필요한 각도로 기울여서 자른다. 톱날을 기울여서 사용할 때 튐 방지 멈춤못을 조절하는 방법은 제조업체에서 제공한 사용법을 따른다.

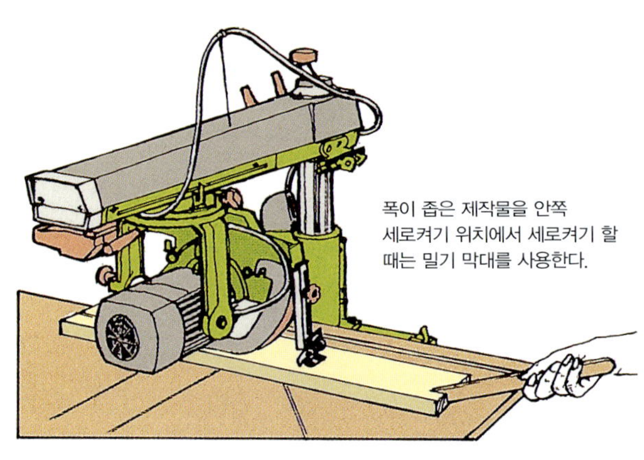

폭이 좁은 제작물을 안쪽 세로켜기 위치에서 세로켜기 할 때는 밀기 막대를 사용한다.

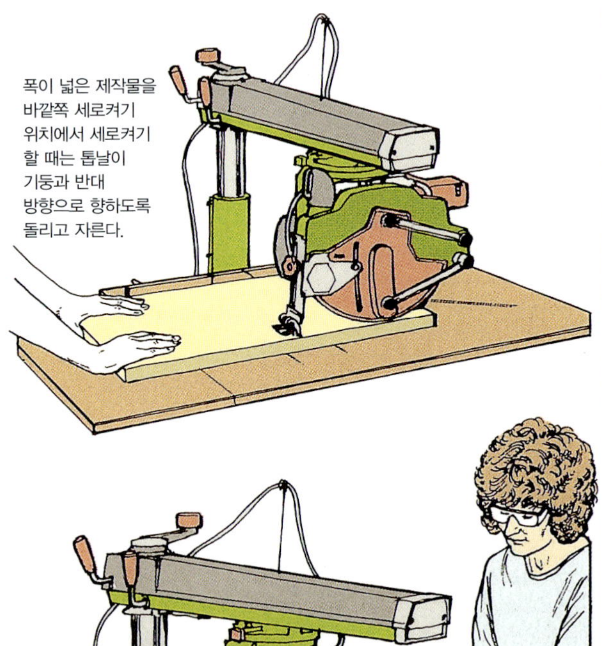

폭이 넓은 제작물을 바깥쪽 세로켜기 위치에서 세로켜기 할 때는 톱날이 기둥과 반대 방향으로 향하도록 돌리고 자른다.

경사면을 자를 때는 톱날을 기울여서 자른다.

하우징, 홈, 맞춤턱 파기

일반적인 톱날을 사용하여 홈이나 맞춤턱, 하우징의 양쪽 면을 자르고 나서 톱날을 조절한다. 그런 다음 한 번에 하나의 톱날 너비만큼 잘려나갈 부분을 깎아내면 나뭇결과 나란하게 홈 또는 맞춤턱을 파거나 제작물 전체에 걸쳐서 하우징을 팔 수 있다. 그러나 워블톱이나 이보다 좋은 다도 헤드를 사용하면 훨씬 수고를 덜 들이고도 홈, 하우징, 맞춤턱을 팔 수 있다.

하우징 파기

다도 헤드로 하우징을 팔 때는 가로켜기를 하거나 연귀맞춤을 만들 때와 같이 작업한다. 다도 헤드의 폭은 일반적인 톱날 한 개보다 훨씬 넓기 때문에 기계가 작업자 쪽으로 당겨지는 상황도 클 수 있다. 따라서 이러한 상황을 막을 수 있도록 준비해야 한다. 또한 여러 제작물에서 반복해서 하우징을 팔 때는 죔쇠로 끝 멈춤을 펜스에 고정시킨다.

홈 파기

필요한 절삭 폭을 맞추기 위해서 다도 헤드 결합체를 설치한다. 라이빙 나이프는 제거하되 톱날 가드와 튐 방지 장치는 제 위치에 그대로 둔다. 다도 헤드를 안쪽 또는 바깥쪽 세로켜기 위치에 두고 나서 세로켜기할 때와 같은 방법으로 작업한다.

맞춤턱 파기

제작물의 한 면을 따라서 맞춤턱을 팔 때는 홈을 팔 때와 같이 다도 헤드를 사용한다.

톱질자국 내기

방사톱을 가로켜기 세팅으로 맞추어 놓으면 원목을 벤딩할 수 있도록 톱질자국을 쉽게 낼 수 있다.

펜스에 못을 박고 못대가리를 잘라내서 간단한 지그를 만들면 톱질자국의 간격을 정확하게 띄울 수 있다. 우선 첫 번째 톱질자국을 내고 제작물을 옆으로 약간 들어올려서 첫 번째 톱질자국을 못과 일직선으로 맞춘 다음 두 번째 톱질자국을 낸다. 못을 사용하는 대신 펜스에 연필로 표시하고 눈으로 절삭 부분을 맞추면서 작업할 수도 있다.

하우징을 정확하게 위치시키기 위해서 끝 멈춤을 사용한다.

다도 헤드를 사용하면 한 번에 폭이 넓은 홈을 팔 수 있다.

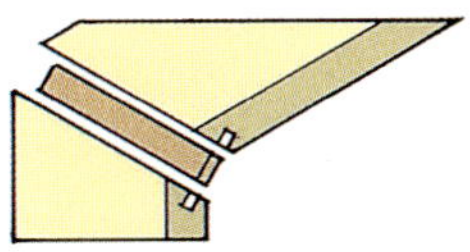

톱질자국을 일정한 간격으로 띄우기 위해서 펜스에 못을 박아 사용한다.

방사톱으로 맞춤 켜기

방사톱을 사용하면 정확하고 빠르게 간단한 맞춤을 켤 수 있다. 다용도 톱날을 사용해도 되고 반턱맞춤, 겹침맞춤, 장부맞춤을 만들 때는 시간을 절약하기 위해서 다도 헤드를 사용하기도 한다.

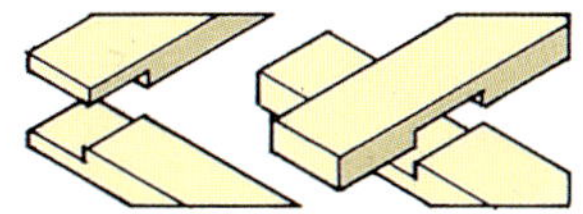

보강된 연귀맞춤

연귀맞춤을 보강하기 위해서 종종 합판 촉이 사용되기도 한다. 가로켜기로 직접 이어지는 두 개의 경사면을 자르고 톱날 깊이를 조절한 다음 제작물을 거꾸로 뒤집어서 각 경사면에 촉을 끼울 수 있는 홈을 판다. 각각의 맞춤 양쪽에서 홈이 제 위치에 오도록 하기 위해서는 끝 멈춤을 사용하여 작업한다.

연귀맞춤을 보강하는 촉을 끼우기 위한 홈 파기

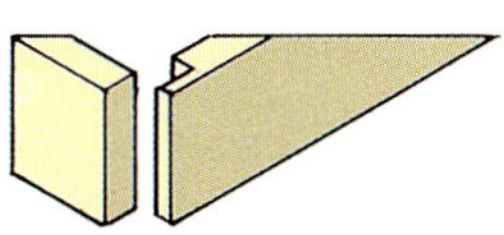

반턱맞춤

반턱맞춤이나 십자반턱맞춤을 만들고자 할 때는 제작물을 가로질러 반만 자를 수 있도록 톱날을 조절한 다음 돌출부 절단선을 가로로 켠다. 이때 제작물은 펜스에 기댄 채 옆으로 옮기면서 연속적으로 잘려나갈 부분을 조금씩 깎아낸다.

돌출부 절단선을 반복해서 정확하게 자르기 위해서 끝 멈춤을 사용한다. 십자반턱맞춤의 경우에는 펜스 양쪽 끝의 끝 멈춤을 죔쇠로 고정시킨다. 이때 각각의 돌출부 절단선마다 하나의 끝 멈춤을 고정시킨다.

먼저 반턱맞춤 돌출부를 자르고 나서 나머지 잘려나갈 부분을 제거한다.

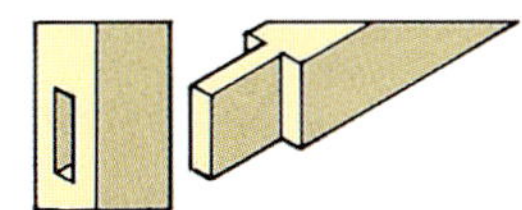

겹침맞춤

가로켜기로 맞춤 양쪽을 직각으로 자른 후 톱날 높이를 조절한다. 그런 다음 반턱맞춤을 자르는 것과 같은 방법으로 겹치는 부분을 잘라낸다.

장부 만들기

제작물을 끝 멈춤에 맞댄 채로 겹침맞춤을 만들듯이, 제작물의 한쪽 면을 자른 후 뒤집어서 남은 면을 잘라준다.

끝 멈춤을 사용해서 장부의 양쪽 면을 자른다.

방사톱으로 구멍 뚫기

톱날이 있는 쪽과 반대편에 있는 모터 하우징에 부착되어 있는
축(Arbor)에 10mm까지 물릴 수 있는 척(Chuck)을 달아주면 방사톱을
전동드릴로 바꾸어 사용할 수 있다. 이때 톱날을 먼저 제거해주어야 한다.

횡단면에 구멍 뚫기

제작물 측면에 구멍을 뚫을 때는 드릴 척이 기둥과 마주보도록 조절한다.
뒷받침 역할을 하도록 높은 펜스를 만들고 보조각재 위에 제작물을 올려둔
다. 제작물을 정확한 위치에 두기 위해서는 끝 멈춤을 고정시켜 사용한다.
제작물을 죔쇠로 고정시키거나 단단히 잡아주고는 전원 스위치를 켜고 암
(Arm)을 따라 모터 하우징을 밀어서 제작물에 구멍을 뚫는다.1 장붓구멍에
서 찌꺼기를 제거하기 위해서 일직선으로 일련의 구멍을 뚫는다.

종단면에 구멍 뚫기

예를 들어 나무못을 끼울 수 있도록 제작물 종단면에 구멍을 뚫을 때는 드
릴 비트가 펜스와 나란히 오도록 모터 하우징을 돌리고 고정 레버 모두를
단단히 죈다. 그런 다음 제작물을 적절한 나무 막대에 올려놓고 펜스에 댄
채로 드릴 비트로 밀어준다.2 이때 깊이 멈춤의 역할을 할 수 있도록 제작
물 앞에 나무 블록을 핀이나 죔쇠로 고정시킨다.

1 제작물의 횡단면에 드릴을 밀어 넣는다.

2 제작물의 종단면을 드릴로 밀어 넣는다.

방사톱으로 루터링하기

방사톱에는 가장 일반적인 브랜드의 전동루터 한두 개를 설치할 수 있는
마운팅 브래킷이 제공된다.

암(arm)을 따라 루터를 앞뒤로 움직여주면 책장이나 계단 열에 멈춤 하우
징을 만들 수 있다.
제작물을 펜스에 댄 채로 톱의 고정 레버로 제 위치에 고정되어 있는 루터
쪽으로 밀어주면서 제작물을 따라 홈이나 맞춤턱을 판다. 멈춘 홈을 팔 때
는 작업 도중 깊이 조절 크랭크를 사용해서 루터를 올리거나 내려주어야
하기 때문에 작업이 더 어렵다.
또한 제작물의 모서리에 몰딩이나 맞춤턱을 팔 때는 제작물을 루터 날의
회전 방향과 반대로 밀어주어야 한다는 것을 잊지 말아야 한다.

움직일 수 있는 루터로 멈춤 하우징 파기

몰딩 헤드 사용

몰딩 헤드를 사용해서 제작물을 일정한 형태로 가공할 때는 날을
둘러싸는 특수 가드를 설치해야 한다. 이 밖에도 두 부분으로 이루어진
펜스도 만들 필요가 있고, 모든 작업 과정이 안전하게 진행되도록 특별한
주의가 필요하다. 전문 스핀들 몰더의 특징 중 하나인 수직/수평 홀딩
다운 가드(Holding-down guard)가 달려 있는 방사톱이 거의 없기
때문에 폭이 좁은 제작물을 펜스에 대고 단단히 눌러주기 위한
깃털보드(Featherboard)를 만들 수도 있다(다음 쪽 참조).
기계를 세팅하고 몰딩 헤드에 날을 끼울 때는 항상 제조업체에서
제공하는 사용법에 따라야 한다. 만약 날이 헐거워지면 큰 사고가 일어날
수도 있기 때문이다.

성형을 위한 펜스 만들기

제작물의 모서리를 일정한 형태로 가공하기 위해 몰딩 헤드를 수평으로
부착할 때는 그 사이로 날이 튀어나올 수 있도록 두 부분으로 된 펜스가
필요하다. 날이 튀어나올 수 있는 여유공간이 만들어지도록 조절하면서
작업대와 스페이서 보드 사이에 이 펜스의 양쪽 부분을 모두 고정시킨다.1
제작물의 모서리 중 일부만 맞춤턱이나 몰딩을 팔 때는 펜스의 양쪽 부분
을 일직선으로 맞춘다.2
제작물의 모서리에 몰딩을 깊게 팔 때는 펜스의 아웃피드 반쪽이 앞쪽으로
튀어나와 있어야 한다.3 가장 간단한 방법은 두 개의 가늘고 긴 각재를 제
작물에서 제거할 깊이와 정확히 일치하는 두께로 대패질하는 것이다. 한
보조각재는 펜스의 앞쪽에 위치시키고 다른 보조각재는 아웃피드 반쪽 뒤
로 위치시킨다.4 이때 두 보조각재는 작업대와 평행하게 맞춘다.

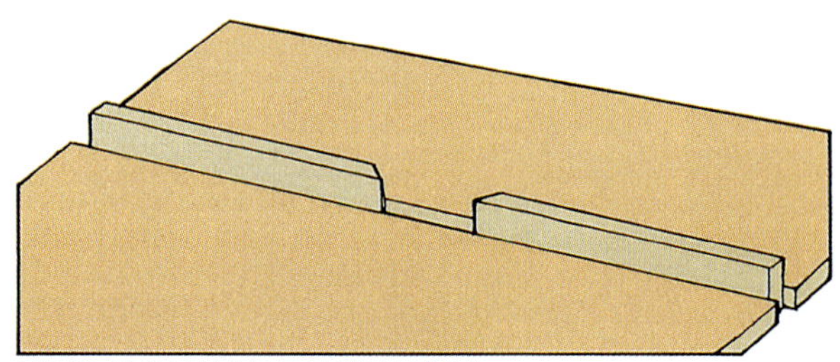

1 몰딩을 위해서 두 부분으로 된 펜스를 만든다.

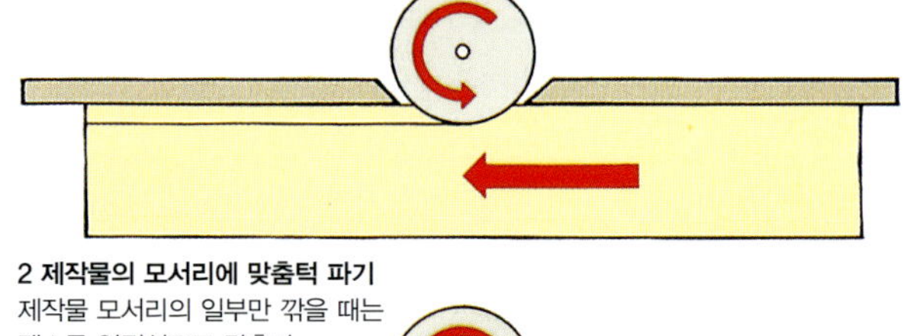

2 제작물의 모서리에 맞춤턱 파기
제작물 모서리의 일부만 깎을 때는
펜스를 일직선으로 맞춘다.

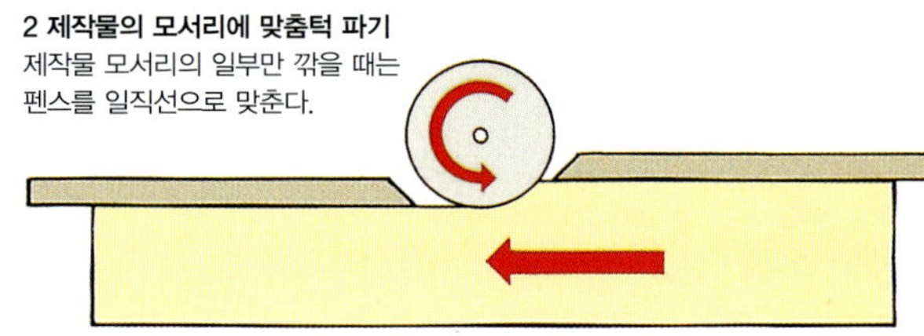

3 깊은 몰딩 파기
몰딩된 목재를 받칠 수 있도록 아웃피드 반쪽을 앞쪽으로 당겨 맞춘다.

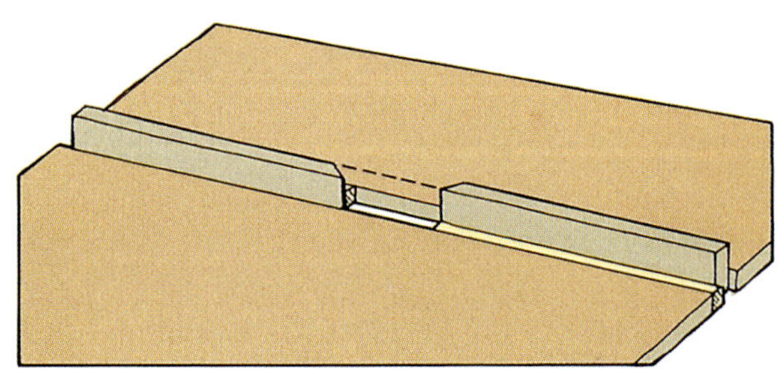

4 나무로 만든 보조각재를 양쪽 펜스를 일직선에서 벗어나게 맞춘다.

루터 날 높이 조절

톱의 제어장치를 사용하면 제작물을 위에서 몰딩할 수 있도록 날의 높이를 조절할 수 있다.1 반면에 제작물 밑에서 몰딩하게 되면2 다음과 같은 두 가지 장점이 있다. 첫째, 제작물 자체가 날로부터 작업자를 보호해준다. 둘째, 어떤 이유로든 제작물이 작업대 위로 튀어오르더라도 깊이 파이는 흠집은 생기지 않는다. 몰딩 헤드가 제작물 위에 매달려 있을 때 그것이 작업대 위로 튀어오르면 깊은 흠집이 생기게 된다. 그러나 작업대와 스페이서 보드에 구멍을 뚫거나 작업대 위에 판재를 놓아서 작업대를 높여주면 몰딩 헤드를 제작물 밑으로 가져가서 작업할 수 있게 된다.

폭이 넓은 판재를 몰딩

항상 제작물을 몰딩 헤드가 회전하는 반대 방향으로 밀어주어야 한다. 그런 다음 두 손을 제작물 위에 올려둔 채로 제작물을 펜스에 대고 밀어준다. 이때 절대로 손을 루터 날 뒤나 일직선이 되는 곳에 올려두지 말아야 한다. 한 번에 너무 많이 깎아내도 안 된다. 몰딩을 깊이 팔 때는 매번 몰딩 헤드를 조절하면서 두세 번에 걸쳐 조금씩 깎아내야 한다.

폭이 좁은 판재를 몰딩

폭이 좁은 판재를 손으로 밀어서는 안 된다. 지그톱이나 띠톱을 사용해서 제작물 한쪽 모서리를 따라 굽은 장부촉을 잘라서 깃털보드(Feather board)를 만든다. 유연한 핑거와 펜스 사이에 제작물을 밀어 넣을 수 있는 여유공간을 둔 다음 나사로 깃털보드를 작업대에 고정시킨다. 제작물을 루터 날에 통과시킬 때는 밀기 막대를 사용해서 제작물을 밀어준다. 폭이 매우 좁은 나무 각재에 몰딩을 파려고 시도해서는 안 된다. 그보다는 폭이 넓은 판재의 한 모서리를 일정한 형태로 가공하여 원하는 크기의 가늘고 긴 각재로 잘라내는 것이 좋다.

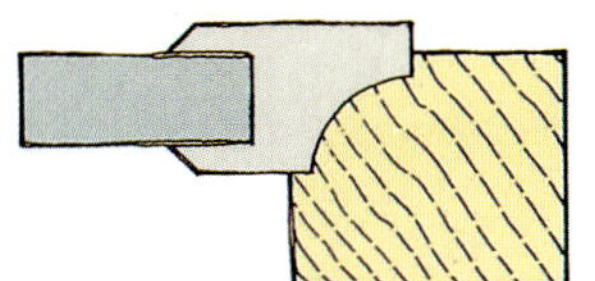

1 제작물 위에서 몰딩

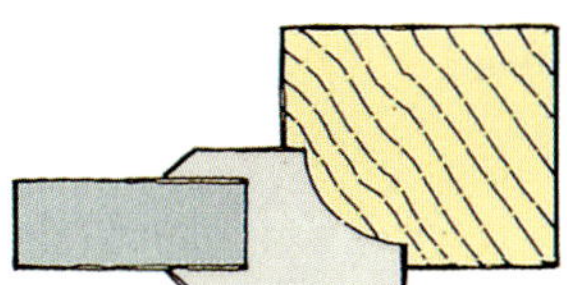

2 제작물 밑에서 몰딩

폭이 넓은 판재를 몰딩
손으로 제작물을 밀어준다.

폭이 좁은 판재를 몰딩
깃털보드를 사용해서 제작물을 펜스에 대고 잡아준다.

방사톱을 연마기로 사용

디스크와 드럼 센터만 추가하면 방사톱을 유용한 연마기로 사용할 수 있다. 이 두 액세서리는 일반 톱날을 끼우는 위치에 부착시킨다.

드럼 연마

방사톱에 사용할 수 있는 작은 드럼 연마기는 이상적으로 제작물의 끝면을 마감하거나 일정한 형태로 가공하는 데 적합하다. 드럼을 수직으로 부착하면 일정한 윤곽의 제작물을 두 손으로 마모면에 대고 밀어줄 수 있다. 테이블과 스페이서 블록을 나무로 만든 블록과 분리하여 드럼 높이를 작업대 표면까지 낮출 수 있도록 여유공간을 만들어준다. 비스듬히 잘린 면을 연마할 때는 모터 하우징을 기울여서 작업한다.
표면이 평평하고 폭이 좁은 직선 제작물을 연마하기 위해서는 드럼을 수평으로 조절하고 제작물을 드럼 밑으로 통과시킨다.
제작물을 드럼의 회전과 반대 방향으로 주입해야 한다. 그러지 않으면 제작물이 작업자의 손에서 빠져나가 기계 밖으로 튕겨나갈 수 있다.

디스크 연마

끝면을 연마하고자 할 때는 방사형 암(Radial arm)을 한쪽으로 회전시키고 모터 하우징을 내려서 디스크가 작업대 연장 판에 나란히 오도록 만든다. 그러나 연장판을 만들 만한 여유공간이 없을 때는 작업대 위에 임시로 만든 나무 상자나 플랫폼 위에 제작물을 올려서 높여준다. 디스크가 플랫폼과 수평으로 회전하도록 암을 90도로 고정시키고 디스크를 조절한다. 제작물이 항상 작업대 위에서 아래로 눌려질 수 있도록 디스크의 양쪽 부분 중에서 아래로 향하는 면에 대고 가공한다. 사각형 또는 비스듬히 자른 제작물을 임시로 고정시킨 펜스에 대고 연마하거나 디스크를 사용해서 두 손으로 제작물을 일정한 형태로 가공한다.

윤곽 연마
드럼을 수직으로 부착시켜 연마한다.

정확한 디스크 연마 작업을 위해서 펜스를 사용한다.

직선 모서리 연마
드럼을 수평으로 부착시켜 연마한다.

둥근 형태의 제작물을 두 손으로 다듬는다.

띠톱

띠톱(Band saw)의 톱날은 금속으로 만든 연속 둥근 띠로, 두세 개의 큰 휠에 의해 구동된다. 톱날은 항상 톱 테이블 위에서 아래로 구동되기 때문에 제작물이 작업자 쪽으로 갑자기 튈 위험은 없다. 띠톱으로는 방사톱 만큼 깨끗하고 빠르게 가로켜기나 세로켜기를 할 수 없음에도 불구하고 위와 같은 이유 때문에 많은 목작업자들은 방사톱보다 띠톱을 더 선호한다. 띠톱은 이 밖에 몇 가지 장점을 더 갖고 있다. 곡선 제작물을 자르는 데 사용할 수도 있고 일반적인 원형톱보다 두꺼운 목재를 자를 수도 있다. 톱질자국의 폭이 좁기 때문에 톱밥이 적게 생기고, 고품질 테이블톱보다 저렴하다는 장점도 있다. 또한 띠톱은 바닥 공간을 적게 차지하고, 홈 작업장용으로 설계된 제품은 가벼워서 특수 리프트 장치가 설치되지 않은 곳으로 옮겨 설치할 수도 있다. 좋은 띠톱은 비교적 조용하기 때문에 작업장이 집의 일부인 경우에 특히 유리하다.

절삭 깊이

띠톱이 많이 팔리는 이유 중 하나는 두꺼운 제작물을 자를 수 있다는 점이다. 일반적인 홈 작업장에서 사용하도록 제작된 띠톱은 두께가 최대 150mm인 목재를 가공할 수 있으며, 가격이 조금 더 비싼 고급형은 최대 300mm까지도 자를 수 있다. 이러한 기능 때문에 띠톱은 부피가 큰 목재를 두꺼운 판자나 균일한 무늬목으로 자르는 데 이상적인 공구이다.

절삭 폭

띠톱 톱날과 수직 프레임 사이의 거리를 의미하는 스로트(Throat)에 따라 띠톱의 최대 절삭 폭이 결정된다. 홈 작업장용 띠톱의 스로트 크기는 약 300~350mm이다. 폭이 더 넓은 판재를 자를 때는 소형 공업용 띠톱을 선택한다.

절삭 속도

띠톱의 절삭 속도는 톱날의 한 점이 1분에 이동한 거리(미터 또는 피트)에 의해서 결정된다. 최대 속도는 제품마다 모두 다르지만 그 범위는 약 220~1220m/min이다. 어떤 띠톱에서는 금속이나 단단한 플라스틱을 자를 때 낮은 회전 속도를 선택할 수 있다. 또 다른 제품에는 한계 범위 내에서 가변 속도를 조절할 수 있는 제어 장치가 달려있기도 하다. 제조업체는 일반적으로 최대 속도로 목재를 자르라고 권한다. 그러나 단단한 목재를 자르거나 톱이 심한 하중을 받고 있다고 느낄 때는 속도를 낮추어야 한다.

●전기 모터
비전문가용 띠톱으로는 홈 작업장에서 사용하기에 충분한 550~750W의 강력한 전기 모터가 사용된다.

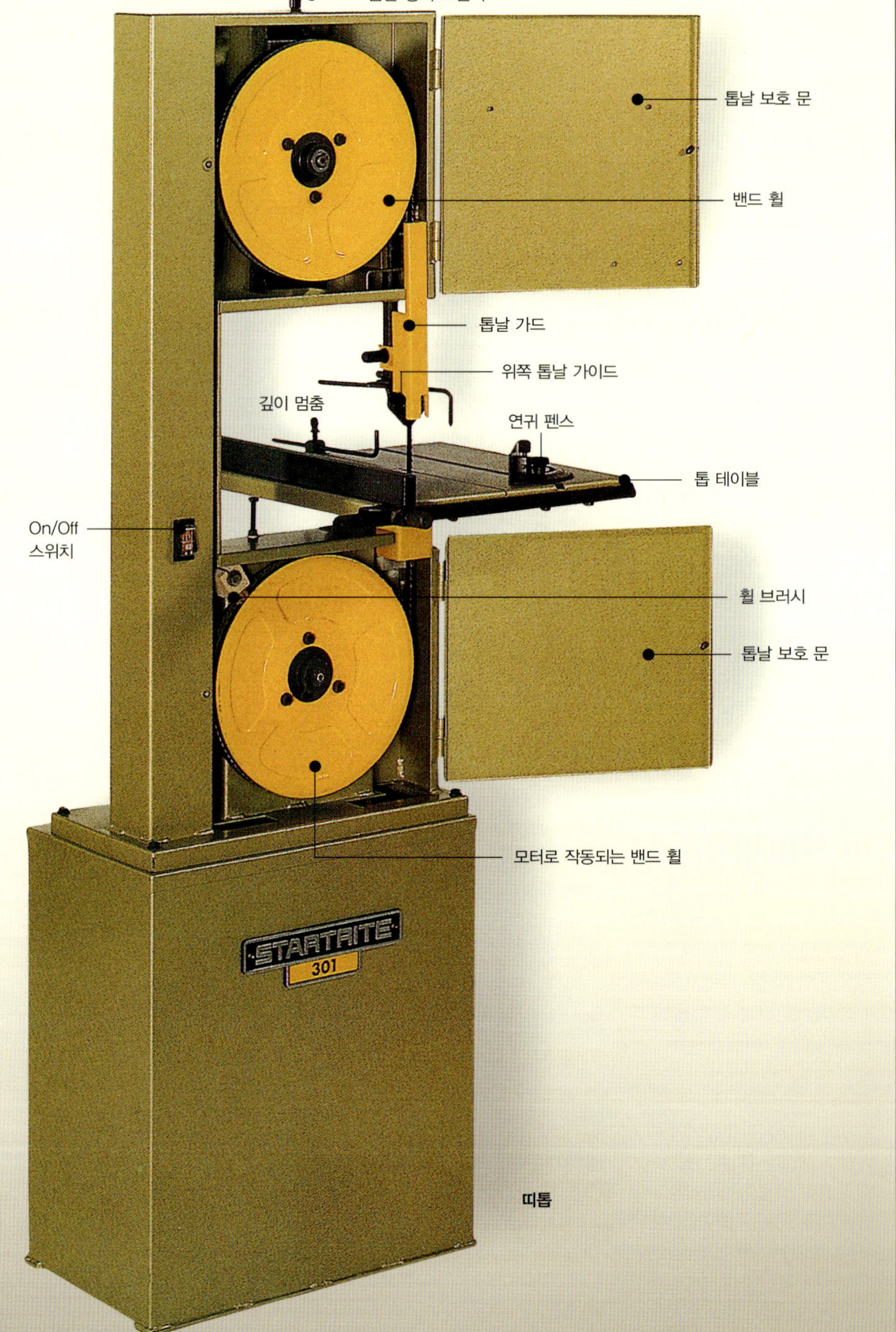

띠톱

밴드 휠

모든 띠톱에는 톱날을 위한 휠이 적어도 두 개 이상 있다. 이 중 한 휠은 다른 휠 바로 위에 있다. 아래쪽 휠은 모터에 의해 구동된다. 휠이 세 개나 있는 띠톱도 있는데, 이 경우에는 톱날이 위쪽 휠로 되돌아오기 전에 다른 쪽으로 활주하기 때문에 스로트(Throat)의 폭이 커지는 효과가 생긴다. 또한 휠이 세 개인 띠톱은 톱날에 더 큰 힘을 가하기 때문에 톱날이 자주 부러지곤 한다. 그러므로 톱날의 힘을 보존하기 위해서 밴드 휠에 고무나 코르크, PVC로 만든 타이어가 부착되기도 한다.

톱날에 찌꺼기가 많이 끼어 있으면 톱날이 미끄러지기 쉽다. 따라서 기계가 작동하고 있는 동안에도 드라이브 휠 타이어에서 톱밥을 연속해서 제거할 수 있도록 고정 브러시가 달린 띠톱을 선택하는 것이 좋다. 또한 밀폐된 베어링 위의 밴드 휠에 부착된 띠톱을 선택한다. 왜냐하면 이런 제품은 윤활유를 발라줄 필요가 없기 때문이다.

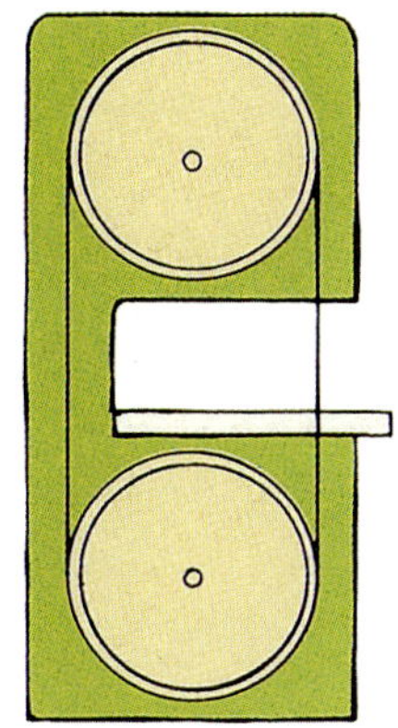
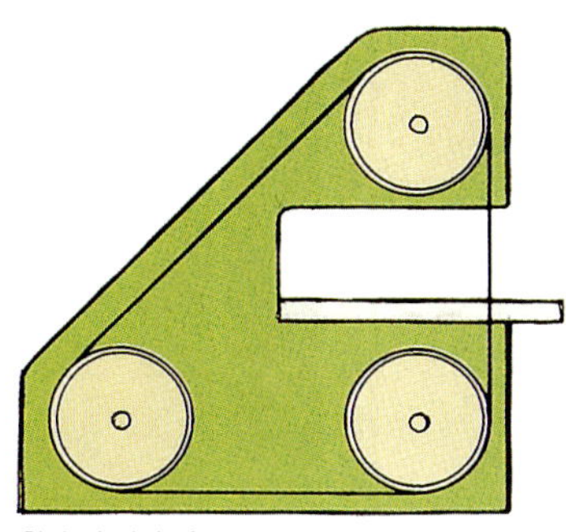

휠이 두 개인 띠톱   휠이 세 개인 띠톱

톱날 가이드

베어링 또는 가드 블록은 톱날을 양쪽과 뒤쪽에서 받쳐준다. 이는 제작물을 자르는 운동에 의해 톱날이 뒤틀리거나 밴드 휠에서 밀려 떨어지는 경향을 막는다. 톱 테이블 위에 부착된 베어링 한 세트는 제작물의 두께에 맞추어 조절할 수 있도록 위 아래로 움직이며, 고정된 베어링 세트는 보통 테이블 아래에 달려 있다. 톱날 가이드는 아주 미세한 허용오차 범위 내에서 조절할 수 있어야 한다.

톱날 장력 및 트래킹

톱날의 장력은 위쪽 밴드 휠을 위 아래로 움직여서 조절할 수 있다. 어떤 톱에는 각 톱날의 장력을 표시하는 눈금이 달려 있지만 정확한 톱날 장력은 직접 실험해보거나 경험을 통해서 확실하게 결정되어야 한다. 트래킹을 조절하면 톱날이 밴드 휠 가운데에서 움직이게 할 수 있다.

톱날 가드

제작물에 노출되는 부분을 제외하고 전체 띠톱의 톱날은 케이스로 덮여 있다. 노출되는 부분은 수직으로 조절할 수 있는 가드로 보호할 수 있다.

톱 프레임

가장 좋은 띠톱은 톱날에 가해지는 상당한 인장력에 저항하기 위해 단단하고 묵직한 강철 골격으로 이루어져 있다. 이 골격이 약하면 제대로 기능할 수 없기 때문이다.

톱 상판

톱날의 대다수는 주철이나 가공 강철, 알루미늄 합금 등으로 만들어진다. 이러한 재료는 톱날을 평평하게 가공하거나 톱밥을 빠르게 제거할 수 있도록 홈이 나 있는 것도 있다.

모든 띠톱 상판은 연귀맞춤 또는 경사면을 자를 수 있도록 45도로 기울일 수 있게 만들어져 있다. 테이블 아래의 눈금은 기울인 각도를 표시한다. 이 테이블의 크기는 보통 길이 400~450mm의 정사각형이다.

세로켜기 펜스

짧고 조절 가능한 펜스에 대고 제작물을 세로켜기할 수 있다. 세로켜기 펜스를 공급된 상태 그대로 사용하면 깊거나 긴 제작물을 세로로 켤 때 제작물이 불안정할 수도 있다. 이때는 큰 나무 펜스를 그 세로켜기 펜스에 나사로 조정하여 크기를 늘려주어야 한다. 세로켜기 펜스를 양쪽 톱날 아무 쪽에나 부착시킬 수 있는 것이 좋다. 특히 세로켜기로 경사면을 자를 때는 중력으로 인해 기울어진 테이블 위의 제작물이 펜스에 기대기가 훨씬 쉬워진다. 톱 중에는 장부맞춤 또는 기타 맞춤을 일정한 길이로 자르기 위한 깊이 멈춤이 세로켜기 펜스 앞에 달려 있는 것도 있다.

연귀 펜스

연귀 펜스는 띠톱 상판에 있는 홈을 따라 움직인다. 펜스의 각도를 조절하면 사각형이나 연귀 가로켜기를 만들 수 있다. 연귀 펜스는 너무 짧기 때문에 긴 제작물을 받치기 위해서는 나무로 만든 연장판을 대서 길이를 늘려주어야 한다.

On/Off 스위치

On/Off 스위치에는 안전을 위해서 종종 제거 가능한 키가 달려 있는 경우도 있다. 어떤 모델에서는 톱날 보호 문을 열면 자동으로 기계가 멈춘다. 그래서 톱날이나 밴드 휠이 노출되어 있을 때는 톱의 전원 스위치가 갑자기 켜지지 않도록 되어 있다.

발로 조작하는 브레이크

바닥에 세워두고 사용하는 띠톱에는 종종 전원 스위치를 끈 다음 톱날을 정지시키기 위한 브레이크가 달려 있다.

집진기

테이블 아래에 있는 톱밥 배출구는 휴대 가능한 환기장치 호스에 연결할 수 있다.

안전한 띠톱 사용법

작업자가 일반적인 안전 주의사항과 다음 규칙을 따르기만 한다면 띠톱은 비교적 안전한 목작업 기계이다.

- 톱날 가드와 위쪽 톱날 가이드가 제작물에 가능한 한 가까이 오도록 조절한다.
- 톱날과 일직선이 되는 위치에 손가락을 두고 제작물을 밀어 넣지 말아야 한다. 폭이 좁은 제작물을 밀 때는 밀기 막대를 사용한다.
- 움직이는 톱날이 밴드 휠에서 떨어져 벗겨지지 않도록 하기 위해서는 전원 스위치를 끄지 않은 상태에서 두꺼운 제작물을 뒤로 물리지 말아야 한다.
- 띠톱을 사용하는 동안에 톱날이 부러지거나 밴드 휠에서 미끄러지면 즉시 전원 스위치를 끄고 뒤로 물러나야 한다. 또한 기계 장치가 완전히 멈출 때까지는 톱날 보호 문을 열지 말아야 한다.
- 많은 힘을 가해야 겨우 제작물을 톱날로 밀어 넣을 수 있을 정도가 되기 전에 마모되거나 손상된 톱날은 새것으로 교체해준다.
- 띠톱의 톱날을 끼우거나 제거할 때는 장갑을 착용한다.

띠톱의 유형

큰 띠톱은 작업장 바닥에 세워두고 사용하며, 띠톱의 형태는 일체형 골격으로 이루어져 있다. 반면에 작은 모델은 낮은 작업대 위에 올려놓고 사용하도록 설계되어 있다. 이때는 액세서리로 작업대를 구입해도 되고 작업자가 직접 제작해도 된다.

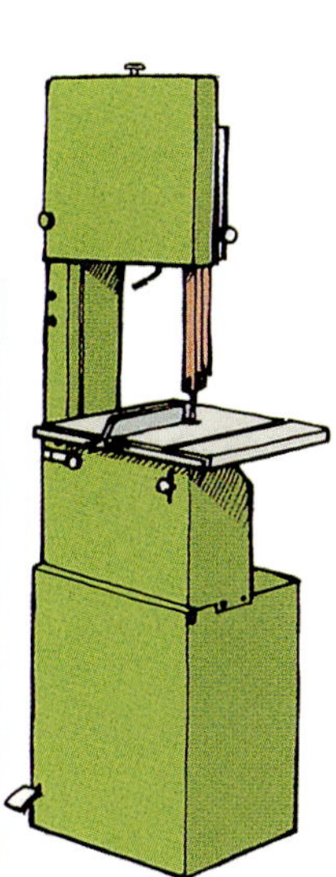

바닥에 세워두고 사용하는 띠톱

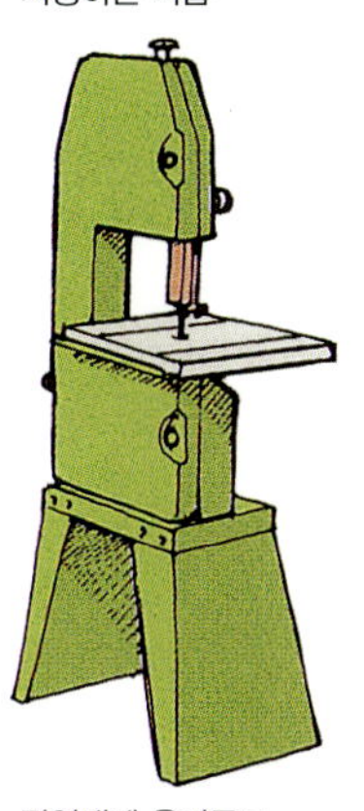

작업대에 올려두고 사용하는 띠톱

띠톱의 톱날

새로 구입한 띠톱이 특정 기계에만 사용할 수 있는, 폭이 넓은 톱날이 달려 있을 수도 있다. 그러나 훨씬 다양한 톱날을 모든 형태의 띠톱에 사용할 수 있다. 작업자가 자신의 띠톱에 두세 가지의 톱날만을 사용하기로 했다 하더라도 일반 톱날로는 감당할 수 없는 특별한 작업을 할 경우에 사용할 수 있는 다양한 톱날을 알고 있을 필요가 있다.

재료

띠톱의 톱날은 강하면서도 유연한 강철로 만들고, 절삭날은 경도가 높고 금속성 재료로 되어 있어 인공 판재를 자르더라도 오랫동안 원래 상태로 유지할 수 있다. 절삭날이 단단한 끝면으로 되어 있는 톱날은 줄로 날카롭게 갈 수 없기 때문에 마모되면 바로 버리고 새 것으로 교체해야 한다.

비교적 연한 니켈강으로 만든 톱날은 날카롭게 연마할 수 있고, 깨졌을 때는 다시 휨을 맞추거나 새로운 날을 접합할 수도 있다. 그러나 이를 위해 전문가에게 수리를 맡길 때 드는 비용이, 더 오래 사용할 수 있는 일회용 톱날을 쓰는 것보다 비싸다.

톱니 크기

톱니 크기는 미터법을 사용하지 않고 톱날 1인치 길이 안에 들어 있는 톱니 개수로 나타낸다. 일정한 두께에서 강인한 목재, 칩보드, 합판을 자르는 톱은 수지성 연재를 자르는 톱보다 인치당 톱니 수(Teeth per inch, TPI)가 더 많아야 한다. 또한 크기가 작은 톱니는 연재를 자를 때 미끄러지는 경향이 있다는 것도 알고 있어야 한다. 일반적으로 비교적 미세한 톱니가 달린 톱을 사용하고, 톱질 속도를 빠르게 하고 제작물을 밀어 넣는 속도를 낮게 한 상태에서 가공하면 깨끗한 절단면을 얻을 수 있다. 또한 자르는 속도를 빠르게 하기 위해서는 큰 톱니를 사용하고 톱질 속도와 제작물을 밀어주는 속도를 좀더 높여주어야 한다.

톱날 폭

띠톱의 모델에 따라 톱날의 폭은 3~20mm 정도이다. 폭이 넓은 톱날은 직선을 자르는 데 유리하고 목재나 판재를 동일한 폭으로 세로켜기를 할 때 사용된다.

목재에서 곡선을 자를 때는 최소 반경에 맞는 최적의 톱날 폭을 선택해야 한다.

톱을 교체하는 시간을 줄이기 위해서 대부분의 목작업자는 일반용도로 사용되는 중간 정도 폭의 톱날을 사용한다.

톱니 모양

톱니 모양은 톱질을 빠르게 하거나 깨끗한 절단면을 얻을 수 있도록 설계된다.

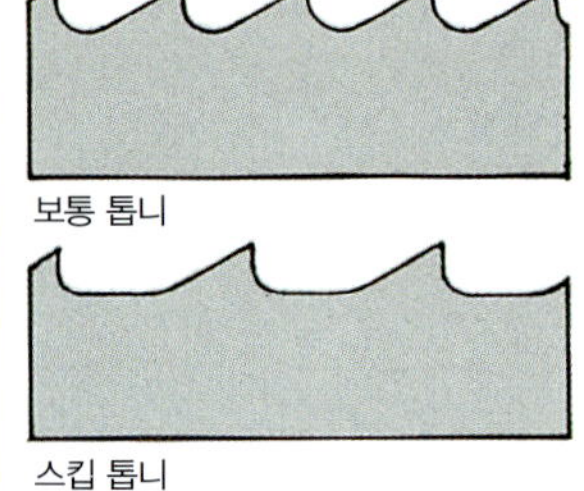

보통 톱니(Regular teeth)

이 톱니는 대부분의 띠톱에 사용되는 일반적인 유형의 톱니이다. 대부분의 목재와 인공 판재에서 정확하고 미세한 절단면을 얻을 수 있다.

스킵 톱니(Skip teeth)

스킵 톱니의 모양은 보통 톱니와 비슷하지만 각각의 톱니가 보다 넓게 분포되어 있어서 톱밥이 잘 제거된다. 절단면은 비교적 거칠다. 이 톱니가 달려 있는 톱날은 깊은 제작물을 톱질하기에 적합하다.

후크 톱니(Hook teeth)

이 톱니는 포지티브 레이크(Positive rake)라고도 하는 톱니로, 각 톱니의 리딩 에지가 예각으로 기울어져 있다. 단단한 재료를 신속히 자르기에 적합하다.

톱니 휨

띠톱에 사용되는 톱날의 톱니는 옆으로 휘어 있기 때문에 톱날의 폭보다 톱질 자국이 넓다. 따라서 톱날 주변에 여유공간이 많아 직선으로 자를 때 마찰이 적게 되고 곡선으로 자를 때는 제작물을 자유롭게 조정할 수 있다.

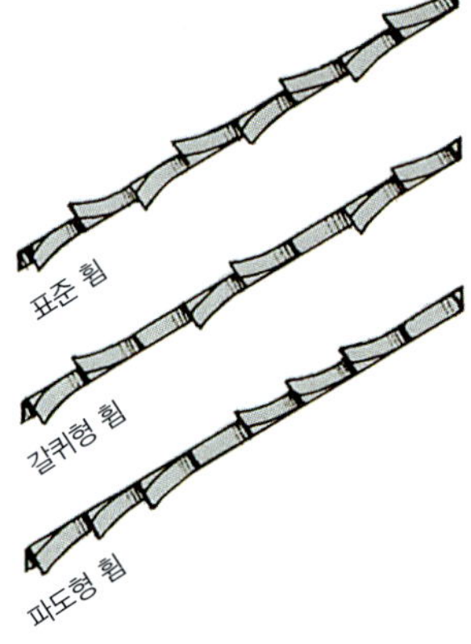

표준 휨

대부분의 목작업용 톱의 톱날과 같이 톱니가 교대로 좌우로 휘어 있다.

갈퀴형 휨

주로 곡선을 자르기 위해 설계된 톱날로, 표준 휨 한 쌍과 휘어 있지 않은 톱니가 반복해서 분포되어 있다.

파도형 휨

한 무리의 톱니가 교대로 좌우로 휘어 있는 톱니로, 절삭날이 파도 모양으로 되어 있다. 얇은 판재를 자르는 데 가장 적합하다.

특수 목적 밴드

가끔 일반적인 톱니가 박힌 톱날 이외의 특수 밴드가 필요한 작업을 해야 할 때가 있다. 이 밴드도 톱날과 같이 톱니가 나 있지만, 연마 밴드는 톱날 가이드 위치에 볼트로 고정되어 있는 단단한 판에 의해서 지지되어 있다.

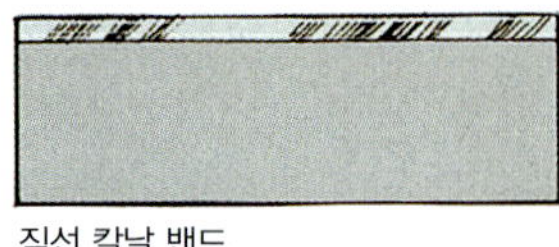

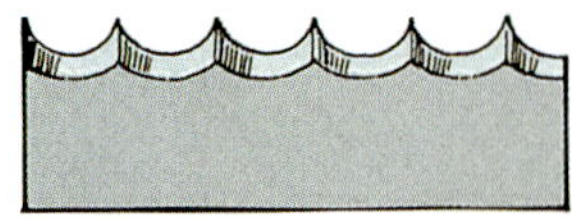

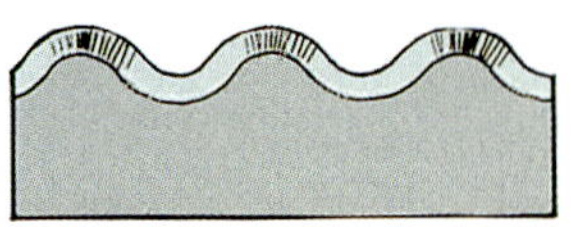

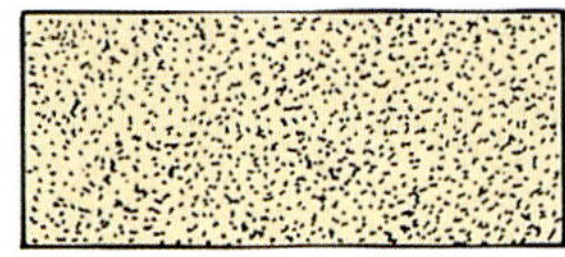

칼날 밴드

쿠션 발포재, 천, 코르크를 자를 때는 직선 칼날 밴드 또는 물결 칼날 밴드, 파도형 밴드로 자른다.

연마 밴드(Abrasive band)

폭이 좁고 유연한 밴드로, 직선면이나 곡면을 일정한 형태로 가공하거나 연마하기 위한 연마재로 덮여 있다.

톱날 너비 가이드							
곡선을 자를 때 최소 반경에 적합한 톱날 폭을 선택한다.							
톱날 폭	mm	3	6	10	12	15	20
	in	1/8	1/4	3/8	1/2	5/8	3/4
최소 반경	mm	8	25	38	62	100	136
	in	5/16	1	1 1/2	2 1/2	4	5 1/2

띠톱 톱날 교체하기

톱날이 마모되었거나 단순히 크기가 다르거나 톱니 구성이 다른 톱날로 교체하기 위해 날을 바꿀 때의 과정은 모두 같다.

톱날 교체하기

톱날을 교체하기 위해서는 우선 세로켜기 펜스 가이드 레일과 톱날 가드를 제거한 다음 톱날 가이드를 뒤로 당긴다. 톱날 장력 조절기를 돌려서 위쪽 밴드 휠을 낮추고 톱날을 기계 밖으로 들어올린다.

새 톱날을 위쪽 휠에 끼우고 손으로 아래쪽 휠을 서서히 돌리면서 톱날을 그 휠에 가져간다. 이때 톱니는 작업자를 향해야 하며 톱 상판을 향해서 아래로 향하고 있어야 한다.

느슨한 톱날이 팽팽해질 정도로 톱날에 장력을 준 다음, 손으로 밴드 휠을 돌려서 제 궤도에 맞는지 확인한다. 전문적인 톱질 작업자들은 톱날을 휠의 앞쪽에 위치시키는 것을 더 좋아한다.[1] 하지만 톱날을 휠 중간에 두는 것이 더 안전하다.[2] 그러나 궤도를 맞출 때는 제조업체의 지침을 따르는 것이 좋다.

적절한 눈금에 정확한 장력이 표시될 때까지 또는 톱날 중에서 받쳐지지 않는 부분이 한쪽으로 6mm 이상 굽어지지 않을 때까지 위쪽 휠을 위로 올린다.

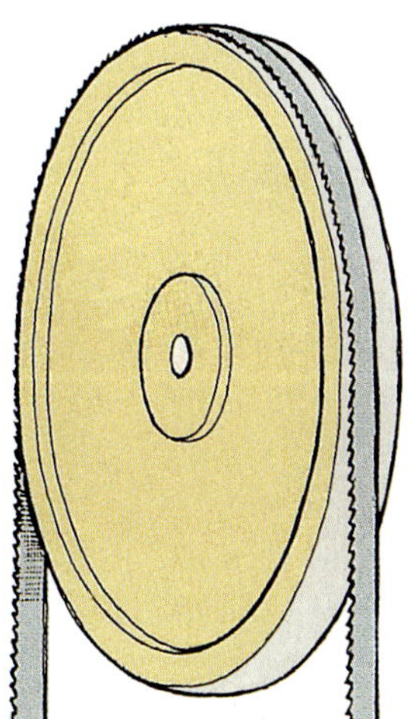

1 어떤 톱질 작업자는 톱날이 휠의 앞쪽에 오는 것을 더 좋아한다.

2 톱날이 휠의 가운데에 오는 것이 더 안전하다.

톱날 가이드 조절

톱날 가이드의 양쪽 세트를 조절하는 방법은 같다. 우선 밀기 지지대(Thrust bearing)를 톱날 등까지 가져온다. 이때는 톱날에 하중이 가해질 때만 접촉이 가능하도록 최소한의 여유공간을 둔다.

그런 다음에는 측면 지지대(Side bearing)를 조절해서 톱날의 양쪽 측면에 종잇장만 한 여유공간을 만든다.[3] 각각의 측면 지지대는 톱니의 안쪽 골(Root)과 수평이 되어야 한다.[4] 그러나 베어링을 너무 멀리 가져가면 톱날의 휨이 손상되므로 주의하여야 한다.

마지막으로 가드를 교환하고 톱날 액세스 문을 닫은 다음 스위치를 켜기 전에 세로켜기 펜스를 다시 조립한다.

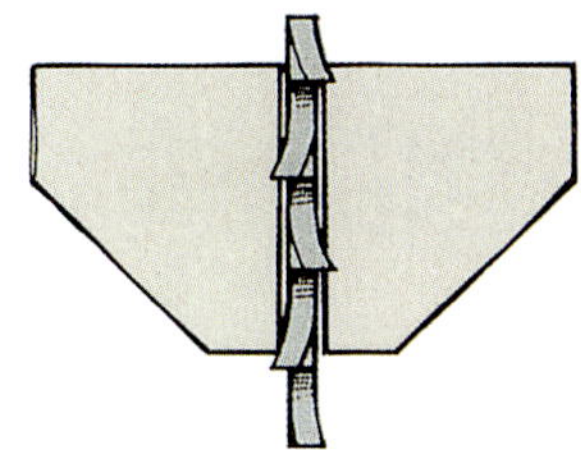

3 측면 지지대 조절
양쪽에 아주 작은 간격을 둔다.

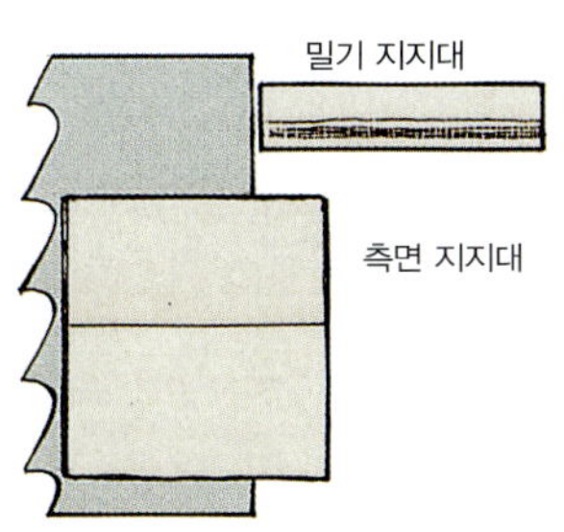

4 지지대와 톱날의 안쪽 골이 수평이 되도록 맞춘다.

띠톱 톱날 접기

띠톱의 날을 보관할 때는 톱날을 세 번 말아 접어서 작업장 벽에 박아놓은 못에 걸어둔다. 톱날을 능숙하게 다룰 수 있기 전까지는 항상 장갑을 착용하여 손과 손목을 보호한다.

톱니가 작업자의 반대 방향으로 향하도록 한 상태에서 양손으로 루프의 한쪽을 잡고 이와 동시에 톱날을 한쪽 발로 가볍게 눌러준다.[1]

루프의 위쪽이 바닥을 향해서 구부러지도록 양손을 모은다.[2] 톱날을 톱날 위에서 교차시킨 후 세 겹으로 접은 다음[3] 바닥에 가볍게 내려놓는다.

접어 놓은 밴드를 펼 때는 밴드를 단단히 잡은 상태에서 겹친 부분을 서서히 떼어주면 톱날이 작업자의 앞쪽으로 튀면서 풀어진다.

1 두 손과 발바닥으로 톱날을 잡아준다.

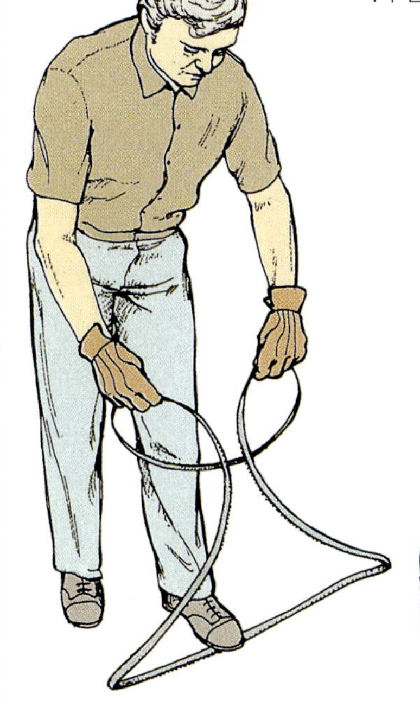

2 두 손을 모아서 톱날에 루프를 만들어준다.

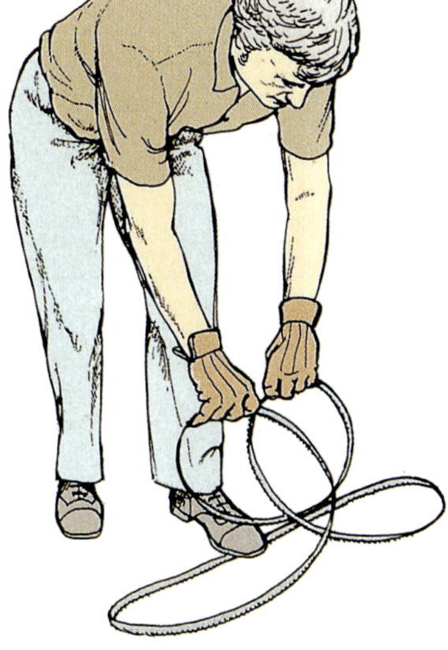

3 톱날을 교차시켜서 세 겹으로 만들어 바닥에 내려놓는다.

띠톱으로 곡선 자르기

톱날이 날카롭고 휨이 정확하다면 두 손으로 제작물을 잡고 제작물에 표시되어 있는 선을 따라 자르는 것은 그리 어렵지 않다. 톱날이 마모되거나 손상되면 조정이 잘 되지 않아 절단선으로부터 벗어나기 쉬워서 작업자가 힘을 많이 써야 한다. 자르고자 하는 최소 지름에 맞는 톱날 폭을 선택하고 부피가 큰 제작물이 톱의 스로트(Throat)를 가로질러 통과할 수 있도록 작업 계획을 세운다.

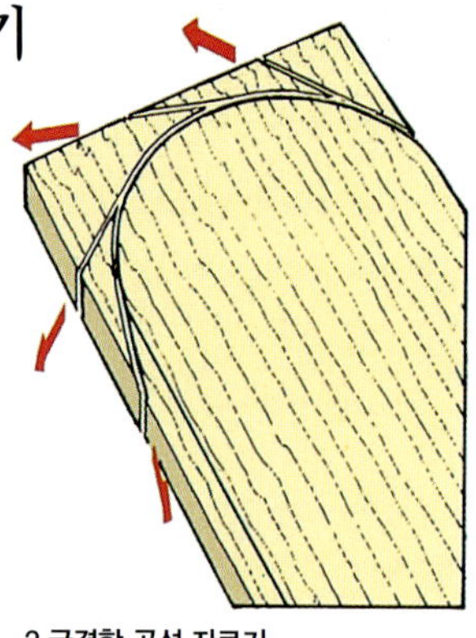

2 급격한 곡선 자르기
잘려나갈 부분을 여러 조각으로 잘라낸다.

1 두 손으로 자르기
두 손으로 제작물을 잡아준다.

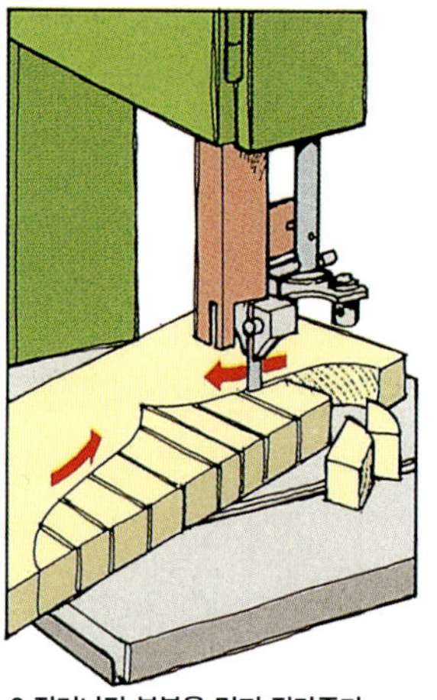

3 잘려나갈 부분을 먼저 잘라준다.
곡선을 자르는 동안 잘려나가는 부분이 하나씩 떨어져나간다.

두 손으로 곡선 자르기

제작물을 톱날 쪽으로 밀어준다. 이때 잘려나갈 부분이 일정한 속도로 절삭되면서 톱질자국에서 톱날이 뒤틀리지 않도록 곡선을 따라간다. 곡선을 거의 다 잘랐을 때는 손을 톱날의 절삭날로부터 멀리 떨어뜨려놓고 필요할 때는 한 손으로 톱날의 뒤를 받쳐서 제작물을 정확하게 조종한다.1

급격한 곡선을 자를 때 톱날이 휘기 시작하면 뒤로 당기지 말아야 한다. 그 대신 잘려나갈 부분을 가로질러 톱날을 통과시켜 곡선에서 벗어난 지점에서 톱질을 다시 시작한다. 완벽한 곡선을 자를 때까지 같은 과정을 몇 번 반복할 수도 있다.2

흐르듯이 움직이면서 한 번에 곡선을 자르는 것이 불가능하다고 생각될 때는 잘려나갈 부분을 직선으로 잘라낸 다음 곡선을 자르는 동안 하나씩 잘려나가도록 만들어준다.3 또는 필요한 곳마다 여유 구멍을 뚫어두면 그 구멍에서 톱날의 방향을 바꿀 수 있다.4 톱날이 휘어 있을 때 달리 빠져나갈 길이 없을 때는 전원 스위치를 끄고 천천히 뒤로 움직여서 톱질자국 밖으로 빼낸다.

4 방향을 바꿀 수 있도록 필요한 곳에 구멍을 뚫어둔다.

평행한 곡선 자르기
톱 테이블에 죔쇠로 고정되어 있는 끝이 둥근 나무 블록에 대고 제작물을 밀면서 자른다.

평행한 곡선 자르기

곡선으로 되어 있는 제작물은 양면이 평행하게 되어 있는 경우가 종종 있다. 한쪽 면을 다른 쪽 곡면과 평행하게 자를 때는 나무토막의 끝을 둥글게 만들어 톱 상판에 죔쇠로 고정시킨다. 이때 이 블록과 톱날 사이의 간격이 자르고자 하는 제작물의 폭과 같아야 한다. 끝이 둥근 나무 블록 끝에 제작물의 곡면을 대고 밀어주는 동시에 제작물 위에 표시해놓은 절단선을 따라 자른다.

동일한 구성요소 자르기

동일한 구성요소를 만들기 위해서는 반제품 상태로 여러 개를 만든 다음 잘려나갈 부분에 핀을 박아서 서로 고정시킨다. 맨 위에 올려놓은 제작물에 표시해놓은 절단선을 따라서 한 번에 여러 제작물을 동시에 자른다.

띠톱으로 3차원 곡선 자르기

구부러진 다리와 같이 3차원 곡선을 그리는 구성요소를 자를 때는 사각형 반제품의 인접한 두 면 위에 자르고자 하는 형태를 표시한다. 두 손으로 한 면을 자른 다음 잘려나간 부분을 원래 자리에 다시 대고 테이프로 붙인다. 제작물을 90도 돌리고 나서 두 번째 면에 표시한 절단선을 따라 자른다.

구부러진 다리 자르기

두 번째 절삭에 들어가기 전에 잘려나간 부분의 원래 위치에 테이프를 붙인다.

띠톱을 이용한 세로켜기

제작물의 한쪽 면과 평행하게 세로켜기하는 것은 쉬운 작업이다. 그러나 톱날이 날카롭고 힘이 정확하지 않으면 제작물을 펜스에 대고 세로켜기를 하더라도 톱날이 절단선에서 자주 벗어나게 된다. 이밖에 톱날 가이드가 제대로 조절되어 있고 트래킹(Tracking)이 제대로 되어 있는지 확인해야 한다.

펜스에 대고 세로로 켜기

제작물을 펜스에 대고, 톱날이 표시된 절단선을 기준으로 잘려나갈 부분 바로 앞에 오도록 세로켜기 펜스를 옆으로 조절한다. 스위치를 켜고 제작물을 일정한 속도로 밀어준다. 이 때 제작물을 강제로 밀지 말아야 한다. 자르는 동안 제작물을 계속 펜스에 대고 작업한다.

폭이 좁은 제작물을 세로로 켤 때는 밀기 막대를 사용하여 제작물을 펜스 쪽 대각선 방향으로 밀면서 동시에 톱날 쪽으로도 밀어준다.

펜스에 대고 세로로 켜기

블록에 대고 세로로 켜기

세로켜기 펜스를 사용해서 세로켜기를 할 때 톱날이 계속해서 절단선 밖으로 벗어날 때가 있다. 이때는 평행한 곡선을 자를 때처럼 끝을 둥글게 깎은 나무 블록을 사용해서 제작물을 받쳐준다. 톱날과 블록 사이에 제작물이 들어갈 간격을 남겨둔 상태에서 이 블록을 톱 상판에 죔쇠로 고정시킨다. 그런 다음 가공물의 방향을 살짝 바꾸어 좌우로 움직이는 것을 보정할 수 있도록 두 손으로 세로켜기를 실시한다.

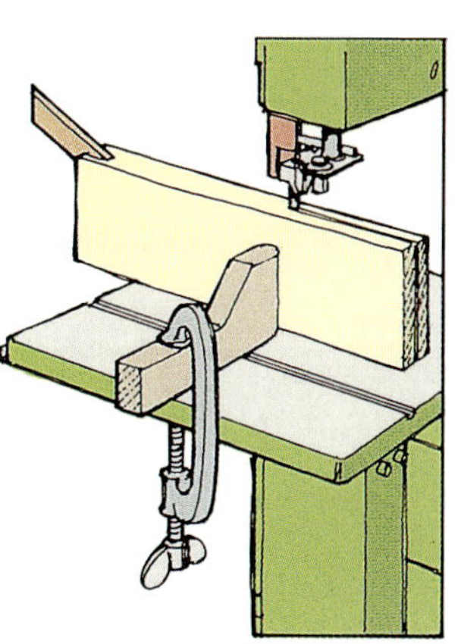

끝이 둥근 블록에 대고 세로로 켜기

벌목재를 다시 톱질하기

벌목재를 얇은 판재로 톱질할 때는 폭이 넓은 톱날을 끼우고 세로켜기 펜스나 가이드 블록을 사용한다. 제작물을 밀어줄 때는 나뭇조각으로 만든 펜스에 대고 밀기 막대를 사용한다.

경사면 세로켜기

제작물을 따라 모깎기를 할 때는 톱 테이블을 기울이고 톱날 아래에 가로켜기 펜스를 위치시킨다. 그러나 톱날 아래쪽에 펜스를 설치할 수 없을 때는 임시로 만든 나무 펜스를 톱 테이블에 죔쇠로 고정시켜 경사면 가로켜기 작업을 한다.

모깎기
경사면 세로켜기를 할 수 있도록 톱 테이블을 기울인다.

띠톱을 이용한 가로켜기

띠톱을 사용하면 어느 정도는 정확하게 가로켜기를 할 수 있다. 그러나 절단면은 테이블톱을 사용한 것만 못하다. 겉모양이 중요할 경우에는 절단면을 대패질하거나 연마할 필요가 있다.

제작물을 연귀 펜스에 단단히 대고 톱 테이블에 가공되어 있는 홈을 따라 펜스를 움직여서 제작물을 톱날 쪽으로 밀어준다. 그러나 강제로 제작물을 밀어서는 안 된다. 그럴 경우에는 톱날이 뒤틀리기 때문이다.

동일한 크기로 잘라낸 조각을 여러 개 만들 때는 죔쇠로 나무 블록을 세로켜기 펜스에 고정시켜서 끝 멈춤으로 사용한다.1

1 동일한 크기의 조각 만들기

여러 제작물을 같은 크기로 자를 때는 톱의 연귀 펜스에 나무로 만든 확장판으로 길이를 늘려주고 그것에 끝 멈춤을 죔쇠로 고정시킨다. 직각으로 잘린 각 제작물의 끝을 끝 멈춤에 맞대고 일정한 길이로 잘라낸다.2

펜스의 각도를 조절하면 연귀맞춤을 자를 수 있다. 여러 각도의 연귀맞춤을 만들 때는 톱 테이블도 같이 기울여준다.

2 제작물을 같은 크기로 자르기

띠톱으로 맞춤 만들기

장부맞춤, 겹침맞춤, 드러난 하우징맞춤, 모서리 반턱맞춤 등 촉을 갖고 있는 맞춤을 만드는 방법은 비슷하다. 장부를 만드는 방법은 기본적인 원칙을 보여준다. 깊은 톱날 자국에서 뒤로 빠져나와야 할 필요가 없도록 하기 위해서는 촉을 따라 자를 때 잘려나가는 부분이 옆으로 떨어져나가도록 항상 돌출부를 먼저 잘라야 한다.

세로켜기 펜스에 죔쇠로 고정시킨 끝 멈춤을 가이드로 삼아서 장부의 돌출부 절단선을 가로로 켠다.

잘려나가는 부분이 펜스로부터 떨어져나가면서 장부를 따라 톱질할 수 있도록 세로켜기 펜스를 조절한다. 돌출부 절단선에서 톱질을 끝낼 수 있도록 깊이 멈춤을 조절한다. 만약 사용하려는 톱에 깊이 멈춤이 달려 있지 않다면 제작물 앞에서 펜스에 블록을 죔쇠로 고정시킨다.

장부가 가로대의 중앙에 오도록 하기 위해서는 한쪽 면을 먼저 자른 후 제작물을 뒤집은 다음 나머지 면을 자른다.

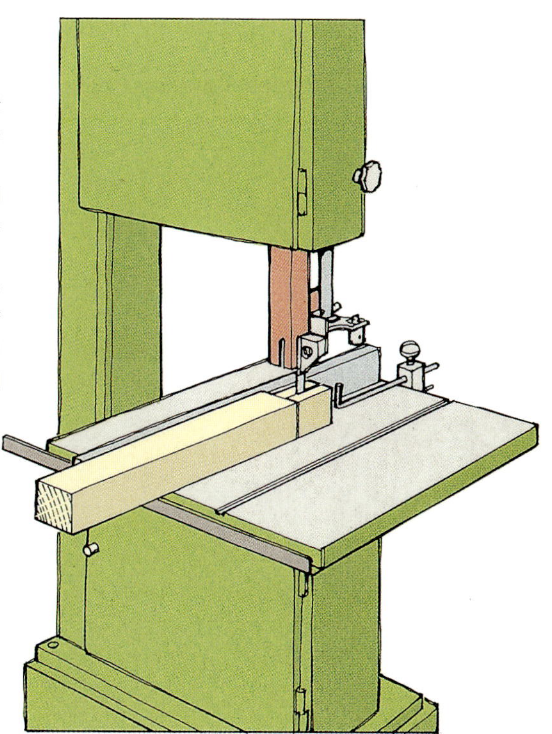

장부 만들기
장부의 돌출부 절단선에서 톱질을 끝낼 수 있도록 깊이 멈춤을 조절한다.

전동실톱

전동실톱(Powered fret saw)은 보통 모델 제작이나 가벼운 제작물을 가공하는 데 사용되지만 더 나은 고급 제품을 사용하면 두꺼운 벌목재도 쉽게 톱질할 수 있으며 깨끗한 절단면도 얻을 수 있다. 이처럼 서로 상반된 기능은 손으로 잡고 사용하는 실톱에서 발전된 것이다. 그러나 전동실톱으로 작업할 때는 두 손을 자유롭게 사용할 수 있기 때문에 제작물을 잘 제어할 수 있다. 따라서 제작물을 정확하게 자를 수 있으며 필요할 경우 급격한 곡선도 자를 수 있다. 실톱이 많이 사용되는 주된 이유는 안전성에 있다. 목재를 자르는 데 사용되는 톱날은 어떤 것이라도 작업자의 손가락을 자를 수도 있다. 하지만 톱을 다룰 때 기계 작업장에서 지켜야 하는 일반적인 안전 주의사항을 지킨다면 심각한 사고를 피할 수가 있다. 대부분의 전동 실톱은 서서 작업할 수 있는 높이로 작업대 위에 볼트로 고정시킨다. 이때 작업대가 튼튼하게 만들어져 있는지 확인해야 한다. 그렇지 않으면 흔들림이 커서 정확한 작업이 어렵기 때문이다.

참조할 곳

실톱	84
손으로 켜는 톱	84
기계작업장 안전	156
얼굴 마스크	214

절삭 깊이

작은 전동실톱이라도 50mm 두께의 목재도 자를 수 있고 이것보다 큰 제품은 두께가 두 배나 되는 벌목재도 자를 수 있다.

톱 상판

주조 합금이나 프레스 가공한 금속으로 만든 톱 상판은 평평해야 하고 휘지 않아야 한다. 대부분의 상판은 경사면을 자를 수 있도록 일정한 각도로 기울일 수 있으며, 어떤 테이블은 위 아래로 조절이 가능해서 톱날의 일부가 마모되어도 그 날의 다른 부분을 사용할 수 있다.

스로트(Throat)

실톱의 목(톱날과 톱 테이블의 뒤에 있는 기둥 사이의 거리)에 따라서 최대 절삭 폭이 결정된다. 작은 전동 실톱의 스로트는 380mm 또는 그 이하이지만 더 큰 제품을 구입하면 폭이 600mm인 판재도 자를 수 있다. 어떤 제품을 사용하든지 톱날을 45도 또는 90도 회전시킬 수 있어 긴 제작물이 기둥을 지나갈 수 있도록 만든다.

왕복 거리

실톱은 아주 두꺼운 재료도 자를 수 있지만 톱날의 수직 이동 거리인 왕복 거리는 비교적 짧다. 따라서 얇은 재료를 많이 자르면 톱날의 일부만 심하게 마모되고 나머지 부분은 거의 마모되지 않는다. 톱날의 더 많은 부분을 활용하기 위해서 18mm 두께의 칩보드나 합판으로 만든 테이블 상판 위에 제작물을 올려두고 작업한다.

톱날 장력 조절기

실톱의 톱날은 폭이 매우 좁기 때문에 하중이 가해질 때 휘지 않도록 하기 위해서는 팽팽한 상태로 유지시켜야 한다. 이를 위해 톱날의 한쪽 끝에서 강력한 스프링 작용을 만들어주면 팽팽한 상태로 유지할 수 있다. 서로 다른 톱날 크기에 맞도록 스프링 장력을 조절할 수 있는 것도 있다.

● 전기 모터

일반적인 전동 실톱에 사용되는 소형 100W 유도 모터는 톱날을 일분에 2800~5750번 왕복시키는 속도를 낼 수 있다. 또한 실톱 중에는 가변 속도 제어장치가 달린 것도 있다.

전동실톱

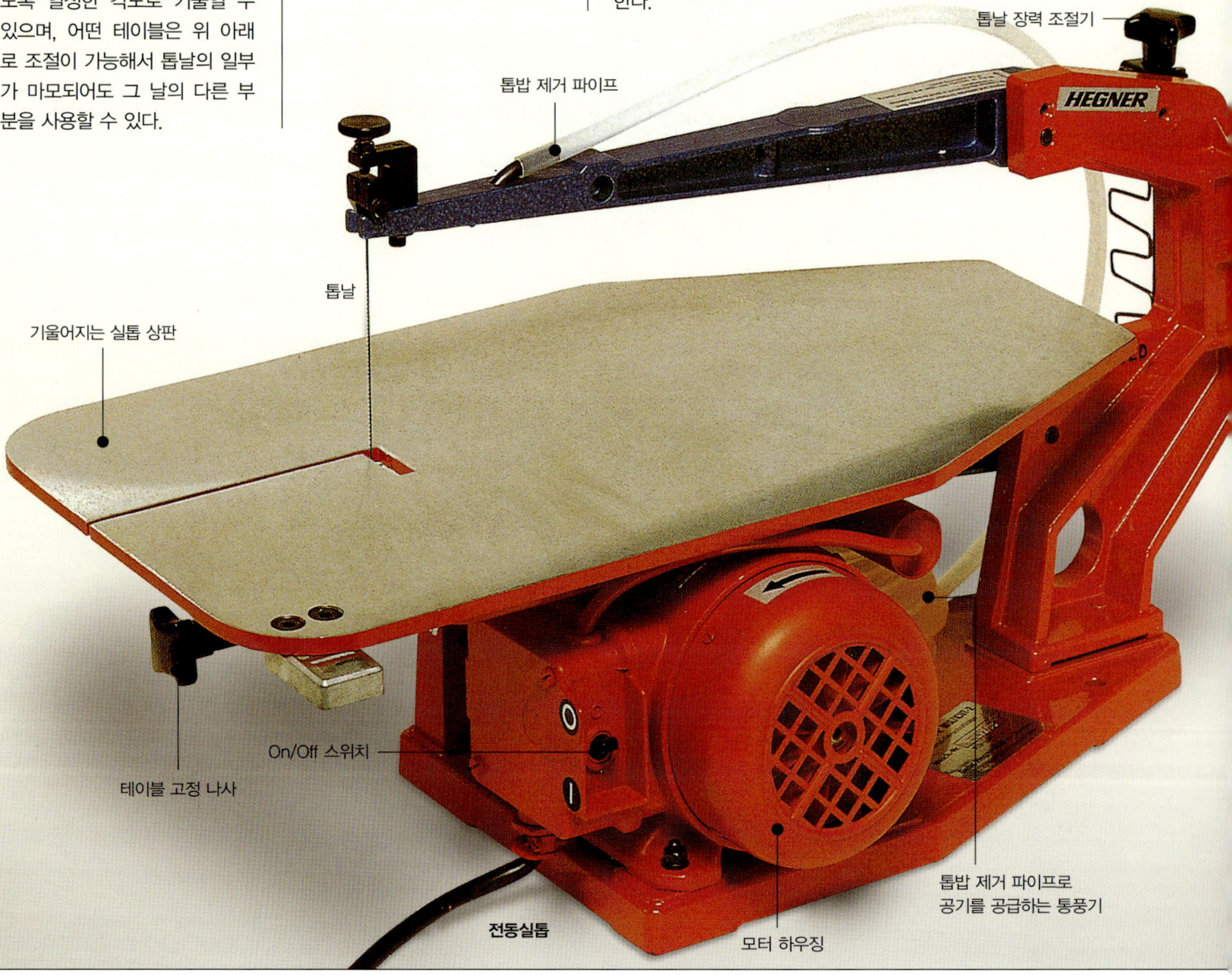

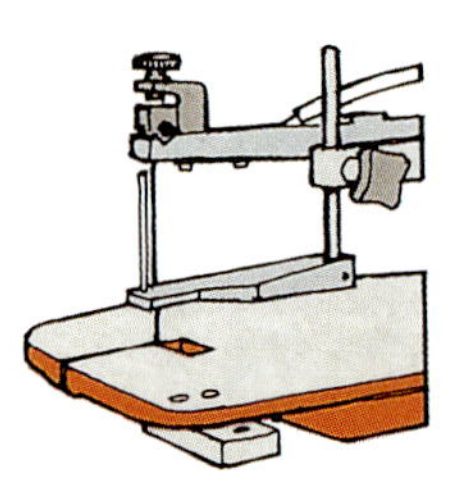

홀드 다운(Hold down)

조절 가능한 홀드 다운은 얇은 제작물이 흔들림이 없도록 잡아줄 때 사용한다.

실톱 날

두꺼운 목재를 세로로 켤 수 있도록 톱날이 좌우로 교차하며 휘어진 거친 실톱(Coping-saw) 톱날이 있다. 그러나 전동실톱용으로 만들어진 톱날은 대개 각각의 톱니 사이에 홈이 깊게 파인 스킵 톱니(Skip teeth)가 달려 있거나 한 쌍의 톱니 사이에 홈이 깊게 파인 더블 톱니(Double teeth)가 달려 있다. 스킵 톱니나 더블 톱니는 목재와 약한 금속을 자르는 데 사용되며, 경도가 높은 철 금속을 자르기 위한 보석 가공용 톱날로도 사용할 수 있다.

톱날 크기 선택		
톱날 크기	**TPI**	**재료 두께**
1 2 }	25 23 }	최대 6mm 두께의 무늬목 및 목재 최대 6mm 두께의 플라스틱 최대 1.5mm 두께의 약한 금속
3 4 }	20 18 }	최대 12mm 두께의 경재 최대 18mm 두께의 연재 최대 6mm 두께의 플라스틱 최대 3mm 두께의 약한 금속
5 6 }	16 1/2 15 }	최대 6–18mm 두께의 경재 최대 6–25mm 두께의 연재 최대 12mm 두께의 플라스틱 최대 6mm 두께의 약한 금속
7 8 9 }	14 14 14 }	최대 6–25mm 두께의 경재 최대 6–50mm 두께의 연재 최대 12mm 두께의 플라스틱 최대 12mm 두께의 약한 금속
10 11 12 }	12 1/2 12 1/2 12 1/2 }	최대 18–50mm 두께의 경재 최대 18–50mm 두께의 연재 최대 18mm 두께의 플라스틱 최대 12mm 두께의 약한 금속
		큰 톱날은 TPI가 비슷할 수도 있다. 하지만 더 복잡한 제작물을 다룰 수 있도록 너비가 서로 다르다.

톱날 가드

실톱에 달려 있는 톱날 가드는 매우 단순한 구조로, 홀드 다운의 일부를 형성하는 한두 개의 수직 와이어나 플라스틱 막대로 이루어져 있다. 이 유형의 가드는 작업자가 톱날에 대고 손가락을 밀지 않도록 만들어준다. 그러나 제작물을 정확하게 밀어주면 이런 일은 일어나지 않는다. 두꺼운 목재를 자를 때는 종종 톱날 가드 없이 실톱을 사용하기도 한다. 이는 어떤 톱에서는 톱날 가드와 일체형으로 되어 있는 홀드 다운이 선택형 액세서리로 제공되기 때문이다.

홀드 다운(Hold-down)

얇은 제작물이 덜컹덜컹 소리를 내면서 흔들리거나 떨리지 않도록 하기 위해 실톱에는 제작물이 톱날의 운동에 의해서 상판 위로 들리지 않도록 눌러주는 홀드 다운이 제공된다. 용수철이 달려 있는 홀드 다운은 얇은 목재가 톱날 쪽으로 밀릴 때 자동적으로 올라간다. 그렇지만 두꺼운 목재를 자를 때는 자르기 전에 홀드 다운을 제작물 위로 올려야 할 필요가 있다. 수직으로 조절할 수 있는 홀드 다운은 절단하기 전에 각각의 제작물에 맞게 맞출 수 있다.

톱밥 배출장치

전동실톱에는 보통 톱밥 배출 시스템이 제공되지 않는다. 하지만 작업 도중 발생되는 톱밥은 매우 미세하기 때문에 호흡기 질환을 앓고 있다면 안면 마스크를 착용하고 작업해야 한다.

On/Off 스위치

대부분의 실톱에 달려 있는 On/Off 스위치는 단순한 고리 모양(Toggle)을 변형한 형태이다.

톱밥 제거 장치

고급 제품에는 제작물을 자르는 동안 발생되는 톱밥을 불어 날려서 작업자가 절단선을 잘 볼 수 있게 해주는 파이프가 톱날 바로 뒤에 달려 있다.

맞톱날 크기 선택

톱날 크기는 보통 1~12 사이의 숫자로 나타내며, 모든 제조업체가 이 등급을 모두 제공하는 것은 아니다. 각각의 톱날 크기는 서로 다른 두께의 재료를 다룰 수 있도록 설계되어 있지만 절단 작업이 얼마나 복잡한가에 따라서도 선택하는 톱날 크기가 달라질 수 있다. 사용하고 있는 톱날이 급격한 곡선을 감당할 수 없을 때는 좀더 작은 등급의 톱날을 선택해야 한다. 위 표는 적절한 톱날 크기를 선택하기 위한 길잡이로 사용할 수 있지만 직접 시험해본 결과와 개인적인 기호에 따라 절단면이 매끈한 정도, 자르는 속도, 톱날의 내구성을 최종적으로 절충해서 사용해야 한다.

톱날 끼우기

제조업체가 제공한 사용법에 따라 톱날을 끼우고 적절한 장력을 가한다. 톱니는 항상 톱 상판 쪽으로, 아래로 향하고 있어야 한다.

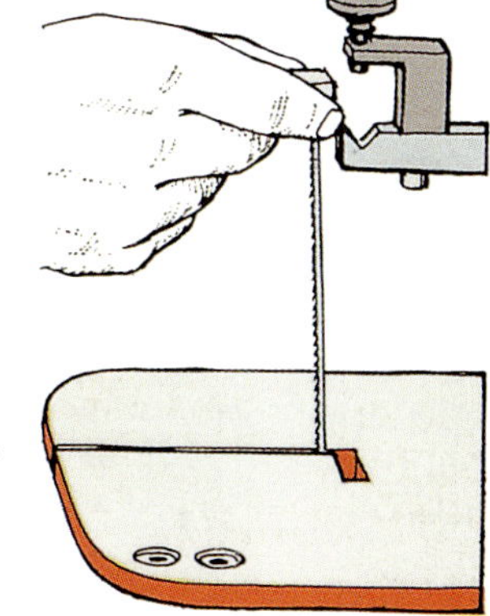

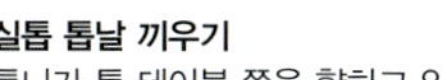

실톱 톱날 끼우기
톱니가 톱 테이블 쪽을 향하고 있어야 한다.

기계 작업장에서 지켜야 하는 일반적인 주의사항에 대한 교육 훈련을 받았다면 어린 아이라도 실톱을 사용할 수 있다. 톱날이 부러지더라도 작업자는 다치지 않기 때문이다.

● 제작물을 밀어 넣을 때는 손가락이 절단선에 오지 않도록 한다. 제작물의 끝에서 톱날이 부러질 때 엄지손가락이 다치지 않도록 주의한다.
● 전원 플러그를 콘센트에 꽂기 전에 전원 스위치가 내려져 있는지 확인한다.

실톱으로 곡선 자르기

전동실톱으로는 흔히 작업하기 어려운 모양을 포함해 곡선 모양의
제작물을 자른다. 폭이 적절한 톱날을 사용하기만 하면 두 손을 사용해서
표시된 절단선을 따라 쉽게 작업할 수 있다. 이때 제작물의 형태를
보호하기 위해서는 잘려나간 부분에서 절삭이 이루어져야 한다.

곡선 자르기

두 손으로 제작물을 톱 테이블에 평평하게 대고 앞으로 힘을 가하면서 톱
날 쪽으로 밀어준다. 손을 톱날과 일직선으로 두어서는 안 된다. 톱날이
자연스럽게 톱질할 수 있도록 인내심을 갖고 천천히 제작물을 밀어준다.
제작물에 억지로 힘을 준다고 느껴지면 톱날이 마모된 상태이므로 새것으
로 교체한다.
절삭되고 있는 부분에 집중하는 동안 무의식적으로 옆으로 미는 힘이 작
용해 제작물이 움직여 폭이 좁은 톱날이 비틀리기 쉽다. 그러므로 톱날이
원래 위치로 돌아오게 하기 위해서는 제작물을 계속 잡고 손가락을 사용
해 미는 힘을 약간 풀어주어야 한다.

구멍 자르기

우선 잘려나갈 부분에 톱날을 통
과시킬 수 있을 정도의 작은 구멍
을 뚫는다. 그런 다음, 톱의 전원
스위치를 끈 상태에서 톱날의 양
쪽 끝을 연결한다. 다시 전원 스위
치를 켜고 제작물에 표시되어 있
는 절단선을 따라 구멍을 판 다음
톱날을 풀어서 제작물을 빼낸다.

경사면 자르기

실톱으로 경사면을 자를 때는 톱
테이블의 각도를 조절한 다음 직
각 모서리를 자를 때와 마찬가지
로 작업한다. 이때 톱날이 비틀리
지 않도록 주의해야 한다. 톱날이
비틀리지 않도록 톱날의 절삭날과
일직선으로 제작물을 밀어준다.

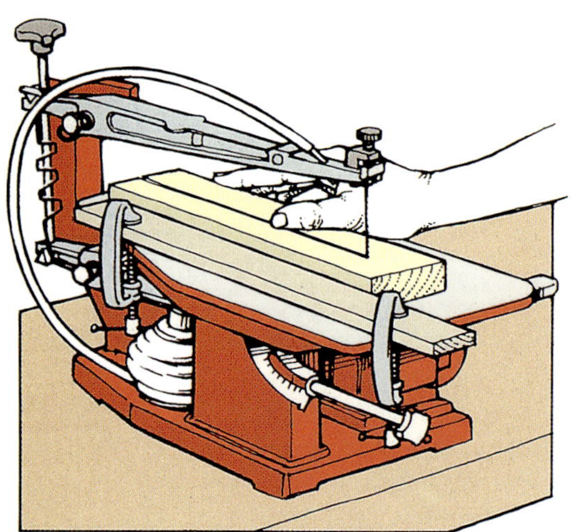

구멍 자르기

실톱으로 직선 자르기

전동실톱은 직선으로 자를 때는
그리 우수하지 않지만 테이블에
임시로 나무 펜스를 고정시켜
제작물이 원하는 경로로
움직이도록 잡아줄 수 있는
기능을 가지고 있다. 실톱으로
제작물을 자를 때는 대부분 직선
절단과 곡선 절단이 혼합되어
있기 때문에 일반적으로 표시된
절단선을 눈으로 보며 따라야 할
필요성이 있다. 직선으로 길게
자를 때는 제조업체에서 제공하는
사용법에 따라 제작물이 상판의
뒤쪽에 있는 기둥을 지날 수
있도록 톱날을 적절한 각도로
돌린다.

임시 펜스를 사용해서 자르기

직선과 곡선을 같이 자르기

직선과 곡선이 혼합되어 있어 톱
날을 바꾸면서 작업할 필요가 있
을 때는 적절한 곳에 구멍을 뚫어
폭이 넓은 톱날과 좁은 톱날을 서
로 바꾸면서 작업한다.

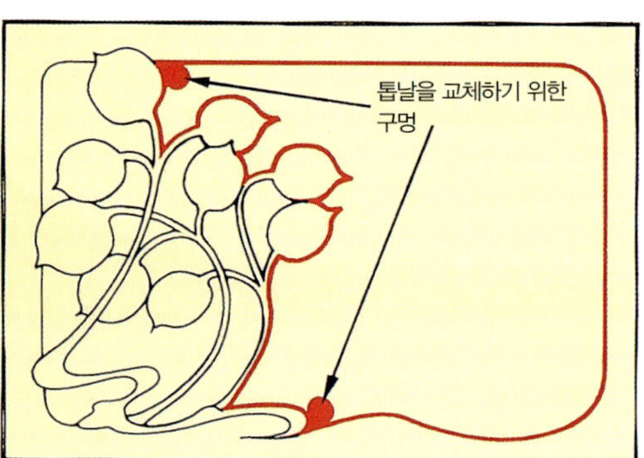

톱날을 교체하기 위한 구멍을 뚫어둔다.

수압대패

대부분의 목가구 작업자들은 테이블톱이나 띠톱을 구입하고
나서 제작물의 네 면 모두를 매끈한 표면으로 대패질할 수
있는 기계를 구입하려 한다. 제조 공장에는 보통 별도로
두 종류의 기계를 갖추고 있다. 첫 번째는 제작물의 표면(Face
side) 및 측면(Face edge)을 매끄럽게 다듬기 위한
수압대패(Surface planner) 또는 조인터(Jointer)이다.
그 과정을 지나면 같은 제작물이 표면과 측면에 평행한
나머지 표면을 대패질하는 자동대패(Thicknesser)를
통과하게 된다. 아마추어 목작업자일 경우에는 공간의 여유가
없거나 대패가 두 대 이상 필요하지 않을 때는 주로 한 대에
두 가지 기능이 혼합되어 있는 복합기계대패를 선택한다.

최대 대패질 폭

대패질할 수 있는 제작물의 폭에 따라 대패를 구분하는 것이 가장 일반적이다.
이 폭은 회전하는 커터 블록 안에 볼트로 고정되어 있는 날의 길이에 따라 결
정된다. 작은 특수 수압대패는 날의 크기가 150mm 이하로 짧지만 일반적인
홈 작업장용 복합기계대패는 최대 대패질 폭이 약 260mm 정도이다.

커터 블록 속도

두세 개의 균형 잡힌 커터가 있는 원통형 블록은 빠른 속도로 회전해서 깨끗
하고 매끈한 표면을 만든다. 커터 블록의 속도는 주로 분당 회전수로 나타내지
만 회전하는 커터에 의해 발생되는 분당 절삭 수로 표현하는 것이 좀더 일반
적이다. 커터가 세 개인 블록은 두 개인 블록보다 같은 속도로 회전한다고 했
을 때 분당 절삭 횟수가 더 많다. 커터가 두 개인 블록의 경우 분당 절삭 횟수
가 12,000회이면 상당히 우수한 속도라고 할 수 있다.

전체 테이블 길이

제작물을 완벽하게 직선으로 대패질하기 위해서는 앞 테이블과 뒤 테이블의
전체 길이가 가능한 한 길어야 하는데, 일반적으로 1m 정도이다.

펜스

제작물의 정사각면 또는 비스듬히 잘린 면을 완벽하게 대패질하기 위해서는
튼튼한 금속 펜스가 반드시 필요하다. 모든 펜스는 테이블에 대해서 90도에서
45도까지 어떤 각도로도 기울일 수 있다. 이때 펜스가 자동으로 양쪽 끝에 있
는 멈춤으로 오면 편리하다. 그러나 직각자나 슬라이딩 경사면을 사용해서 세
팅이 제대로 되어 있는지 확인해야 한다.

최대 절삭 깊이

커터 블록은 독립적으로 조절할 수 있는 주철로 만든 테이블 사이에 있다. 커
터 블록 뒤 테이블의 높이는 날이 회전할 때 형성되는 원의 상단과 수평이 되
도록 조절해야 한다. 커터 블록 앞쪽에 있는 앞 테이블은 절삭 깊이를 최대
3mm까지 만들 수 있도록 낮추어야 한다. 0.5mm 정도의 깊이로 얇게 대패질
하면 뛰어난 마감면을 얻을 수 있다. 하지만 속도를 내기 위해서 두세 번 정도
깊이 판 다음 마지막 한두 번은 마무리 대패질을 해준다. 절삭 깊이는 인피드
테이블 옆에 있는 눈금에 표시된다.

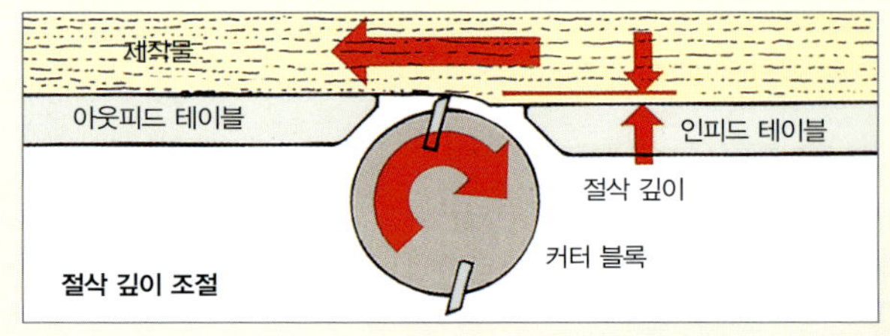

커터 블록 가드(Cutter-block guard)

회전하는 대패의 커터는 순식간에 손가락을 잘라버릴 수도 있다. 따라서 알맞은 가드 없이는 절대로 대패를 사용해서는 안 된다.

높이를 조절할 수 있고 커터 블록의 전체 너비를 가로질러 움직일 수 있는 브리지 가드(Bridge guard)가 가장 이상적인 형태의 보호 장치이다. 대패 중에는 스프링이 달린 브리지 가드가 사용되는데, 이 가드는 제작물이 커터 블록 위를 통과할 때 제작물에 의해 들어올려지거나 옆으로 밀린다. 이 유형의 가드는 옆으로 회전시키면 날이 노출되는 단순한 형태의 가드보다 우수하다.

이 밖에 펜스를 옆으로 조절할 때는 커터 블록을 가로질러 자동으로 당겨지는 펜스 뒤에 가드가 있어야 한다.

제작물에 있는 맞춤턱을 대패질할 때는 작업자가 손을 날에 가져갈 필요가 없도록 반드시 수직/수평 홀드 다운 가드가 있어야 한다.

홀드 다운 가드
맞춤턱을 대패질할 때는 이러한 유형의 가드를 사용한다.

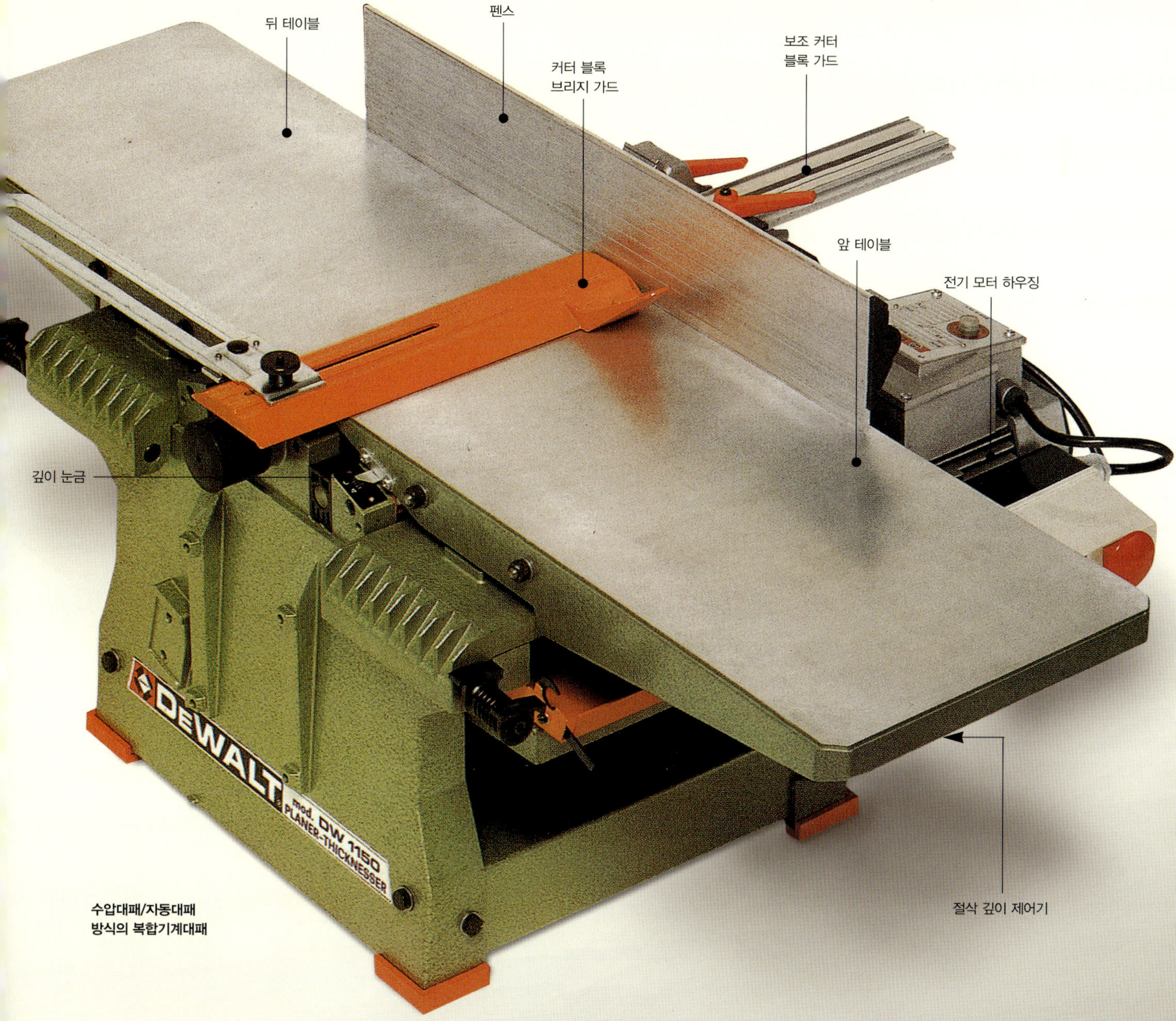

On/Off 스위치

응급상황이 발생했을 때 작업자가 대패에 손상을 입지 않고 기계의 전원을 바로 끌 수 있도록 기계의 한쪽 끝에서 접근할 수 있어야 한다.

자동대패 모드의 복합기계대패

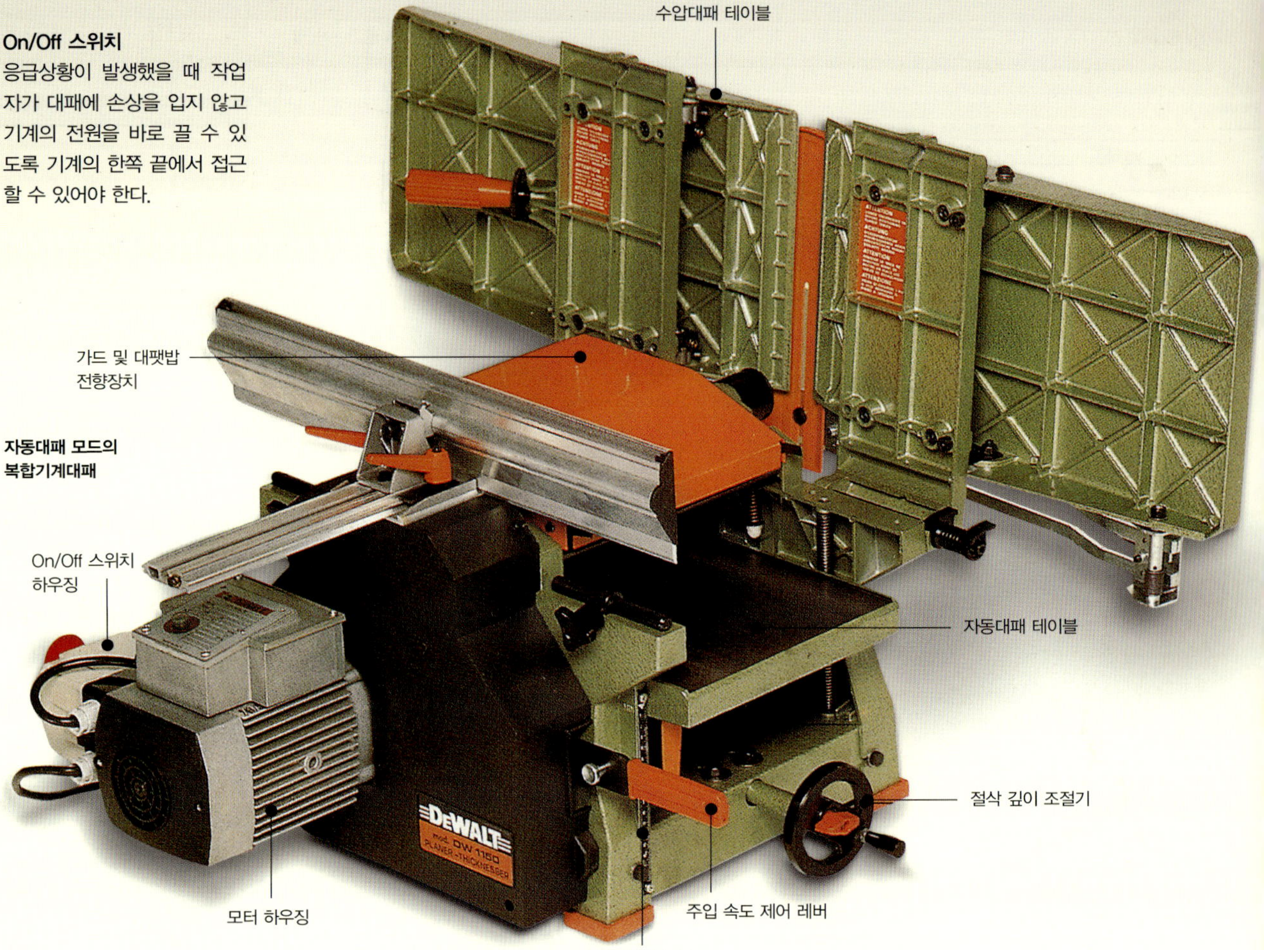

가드 및 대팻밥 전향장치

On/Off 스위치 하우징

모터 하우징

수압대패 테이블

자동대패 테이블

절삭 깊이 조절기

주입 속도 제어 레버

절삭 깊이 눈금

자동대패 테이블의 폭

일반적인 자동대패 테이블의 폭은 250mm 정도이다. 이 테이블의 폭보다 짧은 제작물을 대패질하려고 해서는 절대로 안 된다. 목재 조각이 옆으로 회전할 수 있다면 패드 롤러와 날에 의해 잘게 부서지고, 그 조각들이 대패에서 세게 튕겨나갈 수 있다.

피드 롤러(Feed roller)

자동대패에는 모터로 구동되고 스프링이 달려 있는 피드 롤러가 두 개 있다. 이 롤러는 제작물을 회전하는 커터 블록 아래에 통과시키고 기계의 다른 쪽 끝으로 빼낸다. 인피드 롤러는 보통 수평으로 홈이 나 있는 강철로 만든 롤러로써 커터 블록 앞에 있다. 또한 제작물을 미는 힘은 대부분 이 롤러에서 나온다. 아웃피드 롤러는 커터 블록 뒤에 있으며, 대패질 표가 나지 않도록 면이 매끈하고 제작물에 살짝 압력을 가한다. 얇게 대패질할 때는 보강된 롤러에 의해 생긴 나란한 흠집이 남기도 한다. 이런 이유로 구동 롤러에 고무를 입힌 대패도 있다.

최대 절삭 깊이

제작물이 자동대패를 통과할 때는 수압대패에 사용되는, 같은 커터 블록 아래에 있는 베드 위를 지나가게 된다. 일반적인 홈 작업장에서 사용되는 기계의 자동대패 테이블은 최대 160~180mm 두께의 제작물을 수용할 수 있도록 높이를 위 아래로 조절할 수 있다. 자동대패가 전동식이라 해도 한 번에 3~4mm 무리하게 이상 깎아내서는 안 된다.

전기 모터

작은 375W(1/2마력) 전기 모터는 특수 수압대패 가공 시 사용하기에 충분하다. 그러나 자동대패에 사용되는 모터는 피드 롤러와 커터 블록을 동시에 돌려야 하기 때문에 큰 1.5~2.2kW(2~3마력) 모터가 필요하다. 모델 중에는 전체 출력을 수압대패 가공에 사용할 수 있도록 구동 롤러를 모터와 분리시키기도 한다.

자동대패 주입 속도

아마추어 목가구 작업자에게는 생산량은 중요하지 않기 때문에 대패를 선택할 때 속도는 좀 느리지만 우수한 대패질 면을 얻을 수 있는 것을 선호할 것이다. 이는 제작물을 밀어 넣는 속도가 낮고 커터 블록의 회전 속도가 높으면 좋은 대패질 면을 얻을 수 있기 때문이다. 따라서 많은 자동대패는 제작물을 5m/min이라는 비교적 저속으로 넣어주도록 설계되어 있다. 하지만 밀어 넣는 속도가 보통 9m/min이고 최대 11m/min까지 높일 수 있는 제품도 구입할 수 있다. 일반적으로 경재를 다룰 때는 천천히, 연재를 가공할 때는 빨리 가공물을 밀어준다.

자동대패 피드 롤러

1 인피드 롤러
2 나뭇조각 분쇄기
3 커터 블록
4 누름 막대
5 아웃피드 롤러
6 제작물

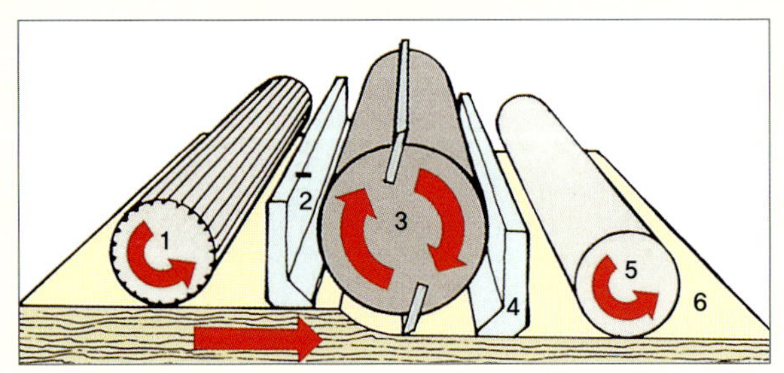

튐 방지 장치

구동 롤러가 제작물을 단단히 잡아주지 못하면 커터 블록에 의해 제작물이 갑자기 기계 밖으로 튕겨나갈 수가 있다. 만약 이때 작업자가 제작물을 밀어 넣는 중이라면 심각한 사고가 발생할 수 있다. 이를 방지하기 위해서는 끝이 뾰족한 톱니나 멈춤못이 한 줄로 나란히 인피드 롤러 앞에 달려 있어야 한다. 왜냐하면 제작물이 이 아래로 통과할 수 있도록 멈춤못이 위로 올라가게 되며, 제작물이 뒤쪽으로 움직이기 시작하는 순간에는 이것이 제작물 표면을 붙잡아 움직이지 못하게 하기 때문이다.

집진기

집진기가 없으면 대팻밥이 커터 블록의 위 아래에 잔뜩 쌓이게 되어 기계의 효율성과 정확성이 떨어지게 된다. 따라서 쌓인 찌꺼기를 제거하기 위해서 주기적으로 대패의 작동을 멈추어야 한다. 휴대용 집진기로 호스를 연결해서 대팻밥을 빨아들이면 이 문제를 해결할 수 있다.

안전한 대패 사용법

항상 자신 있게 대패를 사용하되 매우 주의를 기울여야 한다. 사고는 순식간에 일어날 수 있기 때문에 작업자가 아무리 신속하게 반응하더라도 다치지 않는다고 보장할 수는 없다. 그러므로 안전하게 작업하는 방법을 배우고 기계 작업장에서 지켜야 하는 일반적인 주의사항을 항상 따라야 한다.

- 제조업체에서 제공한 사용법에 따라 날을 끼우고 항상 기계를 떠나기 전에 진행 중이던 작업을 완료해야 한다. 만약 날을 잠그지 않으면 기계의 전원을 켤 때 심각한 사고가 발생할 수도 있다.
- 스위치를 켜기 전에는 커터 블록이 막혀 있지 않은지 점검한다.
- 가드를 제 위치에 적절하게 조절하지 않은 상태에서 수압대패를 사용해서는 안 된다.
- 폭이 좁은 제작물을 날 위로 통과시킬 때는 밀대를 사용해서 밀어준다. 두께가 6mm 이하인 제작물을 대패질하려고 시도해서는 안 된다.
- 너무 짧아 두 손으로 단단히 잡을 수 없는 제작물을 수압대패로 가공하려고 해서는 안 된다.
- 손가락이나 엄지손가락을 제작물 뒤에 두어서는 안 된다.
- 항상 커터 블록의 회전과 반대 방향으로 제작물을 밀어준다. 수압대패 가공을 할 때는 인피드 테이블에서 아웃피드 테이블로 제작물을 통과시킨다. 자동대패로 가공할 때는 기계 한쪽 끝에서 제작물을 밀어준다.
- 자동대패를 사용할 때는 제작물을 한 번에 통과시킨다. 피드 롤러가 누르는 힘은 제작물마다 일정하지 않을 수 있기 때문에 어떤 제작물은 커터 블록에 의해 뒤쪽으로 튕겨나갈 수도 있다.
- 제작물을 강제로 자동대패로 밀어 넣지 말아야 한다. 롤러가 제작물을 처음에 설계된 속도로 밀어 넣도록 놔두어야 한다.
- 두께가 일정하지 않은 제작물을 대패질할 때는 먼저 절삭 깊이를 가장 두꺼운 부분에 맞추어 조절하고, 판재의 모든 면을 대패질할 때까지 매번 제작물이 통과할 때마다 테이블을 서서히 위로 높인다.
- 자동대패 테이블보다 폭이 좁거나 피드 롤러 사이의 거리보다 짧은 제작물을 주입해서는 안 된다.
- 긴 제작물을 대패질할 때는 다른 작업자가 기계 반대편으로 빠져나오는 제작물을 받치게 하거나 롤러 스탠드나 버팀대를 설치해서 제작물을 받친다.
- 제작물을 회수하거나 대팻밥을 제거하기 위해서 자동대패 안으로 손을 넣어서는 안 된다. 대신 밀기 막대를 사용한다.

수압대패 날

대패 중에는 휴대할 수 있는 전동대패에 사용되는 것과 비슷한 일회용 양면 날이 사용된다. 하지만 대부분의 대패는 단면 날 또는 나이프가 두세 개 달려 있으며, 주기적으로 날카롭게 갈아주어야 한다.

커터 유형

홈 작업장에서 쓰이는 대패는 고속도강 커터가 사용되는데, 다량의 칩보드나 티크(Teak)처럼 재질이 단단한 목재를 대패질할 것이 아니라면 이는 충분히 사용 가능하다. 이러한 재료를 대패질할 때는 대규모 작업장에서 하는 작업 방법을 따르고 값이 비싼 텅스텐 카바이드 팁 날을 사용해야 한다. 이 텅스텐 카바이드 팁 날은 날카로운 상태가 훨씬 더 오래 지속되지만 혹시라도 마모되어 날카롭게 연마해야 할 때는 전문가에게 수리를 맡겨야 한다. 고속도강 날도 연마하기 위해서 전문가에게 맡길 수 있지만 기름숫돌에 대고 절삭날에 문지르면 어느 정도 연마가 가능하다.

날 조립하기

대패에 날을 조립할 때는 제조업체에서 제공하는 사용법에 따르는 것이 중요하다. 하지만 원칙적으로는 각각의 날을 원통형 블록에 나 있는 홈에 끼워야 한다. 경우에 따라서는 날을 슬롯 바닥에 있는 스프링 위에 놓기도 한다. 이때 스프링을 누르는 힘에 따라 날의 높이가 조절된다. 날은 보통 확장 볼트로 쐐기처럼 생긴 막대 죔쇠로 고정시킨다. 스위치를 켜기 전에 날이 단단히 고정되었는지 다시 한번 확인한다.

날 조정하기

각 날은 제작물을 깎아내는 양과 정확하게 일치하는 만큼 블록 위로 튀어나와 있어야 한다. 한 날이 다른 날보다 높이 튀어나와 있으면 이 날에 의해서만 절삭이 이루어지고 대패질한 면은 매끄럽지 못하게 된다. 날 조절을 위한 특별한 장비를 구입할 수도 있지만 홈 작업장에서는 직선 나뭇조각을 사용해도 충분하다. 날을 조절하기 전에는 대패의 전원 플러그를 콘센트에서 빼둔다.

모든 날이 필요한 만큼 튀어나오도록 눈짐작으로 날을 조절한다. 아웃피드 테이블을 약간 아래로 내리고 나서 커터 블록의 한쪽 끝 위에 걸치도록 나뭇조각을 아웃피드 테이블 위에 올려 놓는다. 아웃피드 테이블의 끝을 나뭇조각에 표시한다.1 커터 블록을 손으로 천천히 돌린 다음 날이 나뭇조각을 들어올려 앞으로 밀도록 만든다. 그 다음 아웃피드 테이블의 끝을 나뭇조각에 다시 표시한다.2 나뭇조각을 커터 블록의 다른 끝으로 가져가서 첫 번째 표시를 테이블의 끝과 일직선으로 정렬시킨다. 그 다음 커터 블록을 다시 회전시킨다. 이때 날 높이가 똑같다면 나무 막대가 앞으로 밀려가는 크기가 같을 것이다. 만약 두 번째 표시가 테이블 끝과 일치하지 않으면 일치할 때까지 날의 높이를 조절한다.

날 막대 죔쇠를 단단히 고정시킨 다음 각 날에 대해서는 앞에서 언급한 바와 같이 측정 과정을 한 번 더 반복하여 죔쇠를 죄는 과정에서 높이가 바뀌지 않았는지 확인한다. 마지막으로 커터 블록을 돌렸을 때 각각의 날이 나무 막대의 밑면을 스치듯이 지나갈 때까지 아웃피드 테이블을 위로 올린다.

전형적인 수압대패 커터 블록

● 커터 블록 청소
새로운 커터를 끼우거나 기존의 커터를 연마하기 전에는 셀룰로오스 시너 또는 휘발유 등의 솔벤트로 커터 블록의 홈과 막대 죔쇠에 끼인 목재 찌꺼기를 제거한다.

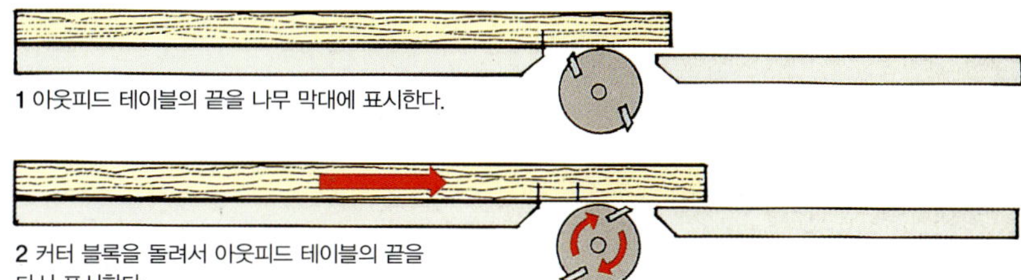

1 아웃피드 테이블의 끝을 나무 막대에 표시한다.

2 커터 블록을 돌려서 아웃피드 테이블의 끝을 다시 표시한다.

수압대패 가공

목재 조각을 기계대패질할 때는 우선 넓은 표면과 측면을 한 면씩 수압대패에서 대패질한 다음 자동대패에 통과시켜서 나머지 면을 대패질한다.
제작물을 검사해서 대패질하기 가장 적합한 면(Face)을 선택한다. 제작물이 굽어 있다면 오목한 면을 피드 테이블에 댄 채로 대패질한다. 면이 볼록한 제작물을 날에 가로질러 통과시키면 틀림없이 테이블 위에서 흔들리기 때문에 대패로 볼록한 면을 평평하게 만드는 것은 사실상 불가능하다.
매끈하게 대패질하기 위해서는 나뭇결이 날에서 멀어지도록 목재를 놓고 작업한다. 간혹 나뭇결이 다른 방향을 향하고 있을 때는 결정하기 쉽지 않을 수도 있다. 이런 경우에는 시험 삼아 살짝 대패질해서 대패질 면이 거칠면 제작물을 돌린 다음 매끈한 대패질 면이 얻어질 때까지 시도한다.

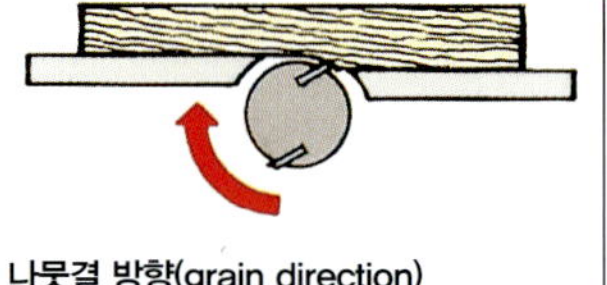

나뭇결 방향(grain direction)
나뭇결이 날에서 멀어지도록 목재를 놓고 작업한다.

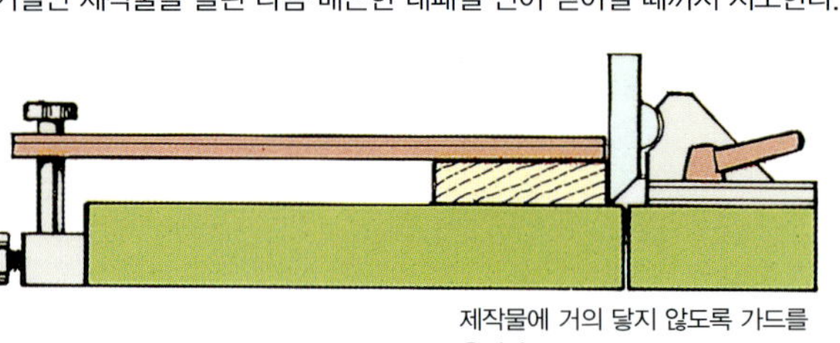

제작물에 거의 닿지 않도록 가드를 올린다.

넓은 표면 대패질

제작물의 가장 넓은 면을 수용할 수 있도록 펜스를 옆으로 이동시키고 인피드 테이블을 조절해서 절삭 깊이를 선택한다.
브리지 가드를 밀어서 커터 블록을 덮고 목재를 인피드 테이블에 올려놓은 상태에서 가드를 제작물에 거의 닿지 않도록 올린다.
인피드 테이블 쪽에 서서 전원 스위치를 켠다. 오른손을 제작물에 올려놓은 채로 제작물을 커터로 밀어준다.1 제작물을 제어할 수 있도록 충분한 힘을 가한다. 굽어 있거나 뒤틀린 제작물을 인피드 테이블에 대고 평평하게 누르면서 작업하면 날이 표면을 평평하게 깎는다. 그러나 누르는 힘을 풀자마자 목재는 갑자기 튀면서 원래 상태로 되돌아갈 것이다. 그러므로 표면이 평평해질 때까지 목재를 조금씩 제거해가면서 반드시 테이블과 접촉되는 부분만 대패질을 해야 한다.
제작물이 가드 아래를 통과하자마자 왼손을 아웃피드 테이블 쪽에 있는 제작물에 대고 체중을 싣는다.2 오른손도 아웃피드 테이블에 있는 제작물로 옮기면서 일정한 속도로 제작물을 계속해서 밀어준다.3 첫 번째 대패질이 완료될 때까지 제작물은 계속 움직이는 상태를 유지한다. 제작물을 인피드 테이블로 가져가 측면이 완전히 평평해질 때까지 작업 과정을 반복한 후 마지막으로 전원 스위치를 끈다.

1 제작물을 밀어 날에 통과시킨다.

2 체중을 아웃피드 테이블 쪽으로 옮긴다.

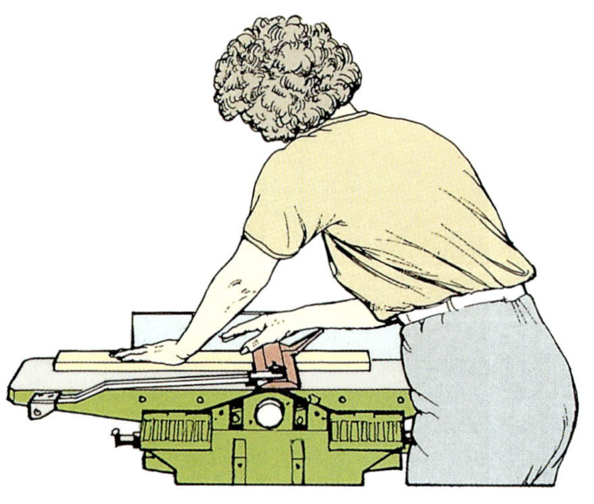

3 오른손도 아웃피드 테이블 쪽으로 옮긴다.

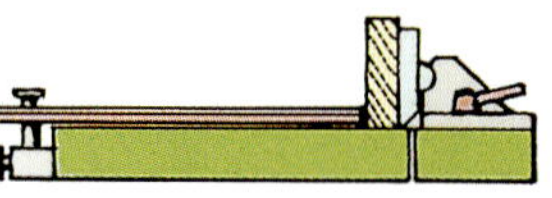

측면을 대패질할 수 있도록 가드를 조절한다

손에서 손으로 제작물을 건네준다

측면 대패질

브러시로 펜스에서 대팻밥을 제거한 다음, 펜스가 완벽한 수직 상태로 튼튼하게 고정되어 있는지 확인한다. 그런 다음 가드를 완전히 내리고 옆으로 밀어서 제작물을 가드와 펜스 사이에 끼워 넣는다. 이때 여유공간은 최소화하면서 손가락 끝이 펜스의 끝과 제작물 사이에서 미끄러지지 않도록 주의한다.
전원 스위치를 켜고 측면을 펜스에 단단히 댄 상태로 제작물을 한 손에서 다른 손으로 옮기면서 커터 블록 위를 통과시킨다.

경사면을 대패질하기 위해서 펜스를 기울인다.

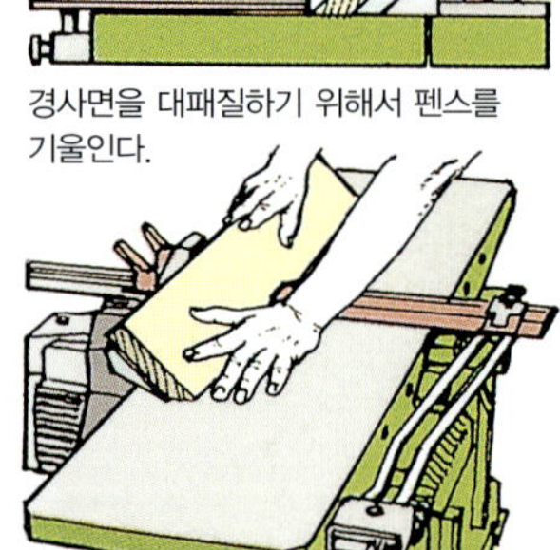

경사면 대패질
왼손으로 제작물을 받친다.

경사면 대패질

제작물에 있는 경사면을 대패질하기 위해서는 펜스를 필요한 각도로 기울이고, 브리지 가드를 옆으로 밀어서 제작물이 들어갈 수 있는 최소 공간을 만든다.
정확한 경사면을 유지하기 위해서는 펜스에서 멀어져가는 제작물의 바닥 아래 측면(Bottom edge)을 보호해야 한다. 왼손을 가이드 삼아서 집게손가락과 엄지손가락으로 제작물을 펜스에 댄 상태로 잡아주고 나머지 세 손가락을 아웃피드 테이블에 둔다. 그런 다음 오른손으로 제작물을 밀어준다.

멈춤 챔퍼(Planing a Stopped chamfer) 대패질

멈춤 챔퍼는 가구를 만들 때 장식으로 사용되곤 한다. 수압대패는 멈춤 챔퍼를 만들기 위한 이상적인 기계이지만 이 작업을 제대로 하기 위해서는 전문가의 교육을 받아야 한다. 한 번에 챔퍼를 만들 수 있도록 두 테이블을 똑같이 내린다. 긴 판재에 끝 멈춤을 나사로 고정시킨 다음 이것을 펜스에 죔쇠로 고정시킨 후 펜스를 45도로 기울인다. 이때 보통 경사면을 대패질하는 것처럼 가드를 조절한다.

제작물의 한쪽 끝을 뒤쪽 끝 멈춤에 단단히 댄 채로 제작물의 다른 쪽 끝을 커터 블록 위에서 단단히 잡아준다.1 손가락 끝을 제작물의 맨 끝에 두고 제작물을 커터 블록 쪽으로 서서히 가져간다. 제작물이 커터와 처음 닿을 때는 뒤쪽으로 상당한 힘이 가해진다. 따라서 제작물이 앞쪽 끝 멈춤으로 갈 때까지는 제작물을 펜스에 대고 밀어주어야 한다. 그런 다음 주의해서 제작물을 커터로부터 들어올리고2 전원 스위치를 끈다. 안전을 위해서 아주 긴 목재 조각에 나 있는 멈춤 챔퍼를 대패질하고, 기계가공 이후에 각 끝에서 일정한 길이로 자른다.

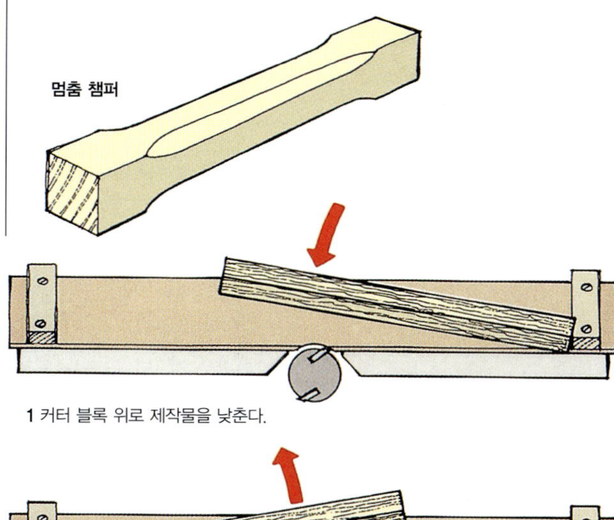

멈춤 챔퍼

1 커터 블록 위로 제작물을 낮춘다.

2 제작물이 앞쪽 끝 멈춤에 닿으면 날 커터 위로 들어올린다.

마구리면 대패질

마구리면을 대패질할 때는 테이블톱으로 장부를 만들 때 사용했던 것과 비슷한 지그를 만든다. 전체 지그는 연재를 사용해서 만들어야 한다. 합판을 사용하면 대패의 절삭날이 잘려나가기 때문이다. 그런 다음 죔쇠로 제작물을 지그에 고정시킨 다음 커터 블록 위로 통과시킨다.

나뭇결을 대패질할 때는 제작물을 지그에 고정시킨다.

얇은 제작물 대패질
손으로 두께가 얇은 제작물을 대팻날 쪽으로 미는 것은 안전한 방법이 아니다. 연재로 밀기 블록을 만드는 게 좋다. 이때 제작물의 뒤쪽 끝면을 밀 수 있도록 밀기 블록의 밑면에 나뭇조각을 하우징 맞춤으로 끼워 넣은 후에 두 손으로 잡을 수 있도록 가운데에 긴 손잡이를 붙인다.

밀대(push block)
이 밀대를 사용해서 얇은 제작물을 날 위로 밀어준다.

자동대패질

평평한 표면과 측면을 대패질하고 나면 제작물을 자동대패로 가공할 준비가 된 것이다. 그러나 대패질을 지나치게 많이 해서 시간과 돈을 낭비하지 말아야 한다. 큰 제작물은 띠톱으로 최종 너비 또는 두께에 가깝게 자르고 나서 대패로 마무리해야 한다.

자동대패 가공 준비
제조업체에서 제공한 사용법에 따라 펜스를 제거한 다음 수압대패 테이블에 한 개나 두 개를 올리고 고정시킨다. 자동대패의 커터 블록 가드와 톱밥 전향장치를 제 위치로 회전시킨다. 자동대패 테이블을 눈금에 표시되어 있는 높이로 필요한 만큼 조절해서 절삭 깊이를 선택한다.

제작물 공급
전원을 켜고 자동 공급 장치를 활성화한 다음 기계 한쪽으로 약간 기울여 피드 롤러가 제작물을 커터 블록 아래로 잡아당길 때까지 제작물의 한쪽 끝을 자동대패로 밀어 넣는다. 이때 롤러가 제작물을 붙잡지 않으면 테이블을 약간 위로 올려준다.

기계의 다른 쪽으로 몸을 옮겨서 배출되는 제작물을 받는다. 그러나 자동대패에서 빠져나오는 제작물을 빨리 빼내기 위해서 일부러 잡아당기지는 말아야 한다.

기계의 인피드 테이블 쪽으로 돌아가서 테이블을 올리고 다른 제작물을 넣은 후에 같은 과정을 반복한다.

얇은 판재 대패질
자동대패의 최소 절삭 깊이보다 얇은 판재를 대패질하기 위해서는 이미 일정한 두께로 대패질된 두꺼운 판재 위에 제작물을 올려놓고 이 두 판재를 함께 통과시켜서 가공한다.

측면 대패질
제작물의 두께가 안정성이 있다면 측면에 대고 세워서 자동대패를 통과시킬 수 있다. 하지만 얇은 제작물은 롤러가 잡을 때 넘어져 모서리가 부서져버릴 수도 있다. 제작물이 손상을 입을 수 있는 가능성이 있다고 생각되면 테이블톱이나 띠톱으로 최종 두께의 1mm 안쪽으로 세로로 켠다. 몇 개의 동일한 구성요소를 만들 때는 동일하게 세팅해서 제작물을 세로로 켠다. 한 제작물을 정밀하게 맞춘 표면을 수압대패로 가져간 다음 톱질한 측면의 처음 25mm를 대패질한다. 폭을 측정하고, 필요하다면 절삭 깊이를 조절하여 똑같은 25mm를 다시 대패질한다. 제작물의 폭에 만족하면 톱질한 측면 전체를 날로 가져간다. 마지막으로 한 번에 매칭되는 구성요소 모두를 동일한 폭으로 대패질한다.

장붓구멍 파기 장치

장부맞춤을 만드는 과정이 대량생산 프로그램에 포함되어 일부 대규모 기계 작업장에는 대형 장붓구멍 기계가 갖추어져 있다. 이 특수 기계는 가격이 상당히 비싸다. 그러나 많은 아마추어 목가구 작업자들은 드릴프레스나 대패 등 다른 기계에도 부착할 수 있는 고품질의 장붓구멍 파기 장치를 사용한다.

각끌기계

척에 각끌기계 부속품을 부착해서 사용하면 드릴프레스로도 장붓구멍을 팔 수 있다.

이 장치는 속이 빈 사각형으로, 절삭날이 네 개인 끌 가운데에 특수 나사송곳(Auger) 드릴이 있다. 이 장치를 목재에 박으면 완벽하게 정사각형 구멍이 뚫린다. 나사송곳 드릴은 끌 바로 앞에서 구멍을 뚫으며 찌꺼기를 제거하고, 끌은 구석을 직각으로 잘라준다. 긴 직사각형 장붓구멍을 뚫을 때는 끌을 박은 구멍 사이에서 제작물을 옆으로 밀며 구멍을 판다.

산업 생산에서는 더 큰 끌이 사용되지만 홈 작업장용 부속품은 폭이 6~18mm인 정사각형 끌을 끼울 수 있도록 설계되어 있다.

각끌기계 부속품

각끌기계 사용

드릴프레스로 깊이 멈춤을 조절해서 장붓구멍의 깊이를 결정한다. 장붓구멍의 돌출부 절단선에 대고 끌을 박아서 사각형 구멍을 하나 뚫는다.1 제작물을 옆으로 민 다음 다른 돌출부 절단선에 대고 또 다른 구멍을 뚫는다.2 마지막으로 끌을 여러 번 박아서 두 구멍 사이에 있는 잘려나갈 부분을 제거한다.3

끌을 박을 때는 일정한 속도로 천천히 박는다. 경재에 장붓구멍을 뚫을 때는 급하게 서두르지 말아야 한다. 과도한 힘을 받으면 작은 끌이 쪼개질 수도 있다. 또한 한 번에 너무 많은 작업을 하지 말아야 한다. 그러지 않으면 끌과 나사송곳 날 사이의 마찰로 끌이 과열될 수도 있다.

완전히 뚫린 장붓구멍을 팔 때는 대패질한 목재 조각을 제작물 밑에 받쳐둔다. 이렇게 하면 끌이 금속으로 되어 있는 드릴프레스 테이블에 닿지 않을 뿐 아니라 제작물을 뚫고 나올 때 그것의 목재 조직이 쪼개지지 않도록 제작물을 받쳐주기 때문이다. 그리고 제작물을 뒤집으며 작업하여 양쪽에서 장붓구멍을 뚫을 수도 있다.

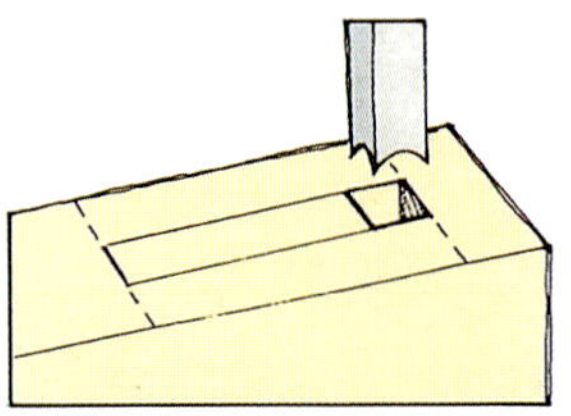

1 한쪽 끝에서 구멍을 뚫는다.

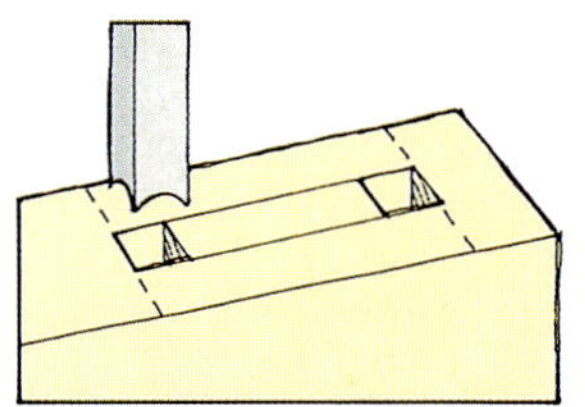

2 다른 쪽 끝에서 구멍을 뚫는다.

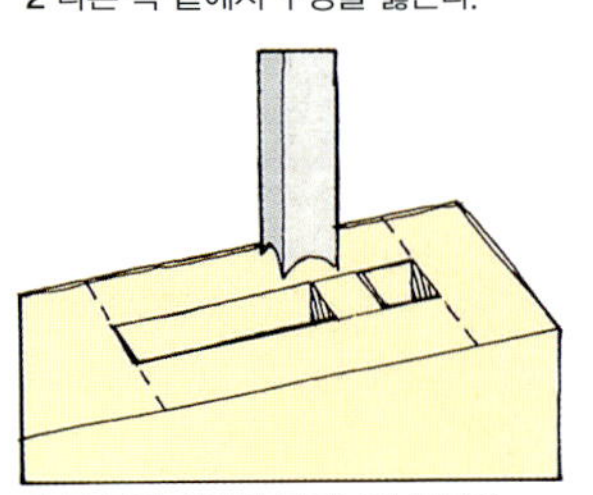

3 두 구멍 사이의 잘려나갈 부분을 제거한다.

나사송곳(Auger)과 끌 날카롭게 갈기

손으로 돌리는 크랭크에서 사용되는, 보통 오거 비트와 같은 장붓구멍 파기 나사송곳 드릴(Mortising auger drill)은 작은 줄로 날카롭게 연마할 수 있다. 접시머리 로즈(Countersink rose)와 모양이 비슷하다. 그러나 공구가 끌의 중앙에 오도록 만들어주는 중앙 파일럿 팁이 달려 있는 특수 공구를 사용하면 네모진 끌의 절삭날 네 개를 동시에 날카롭게 갈 수 있다. 손잡이로 공구를 돌리면 끌이 갈린다. 끌마다 서로 어울리는 깎는 공구(Sharpener)가 있어야 한다.

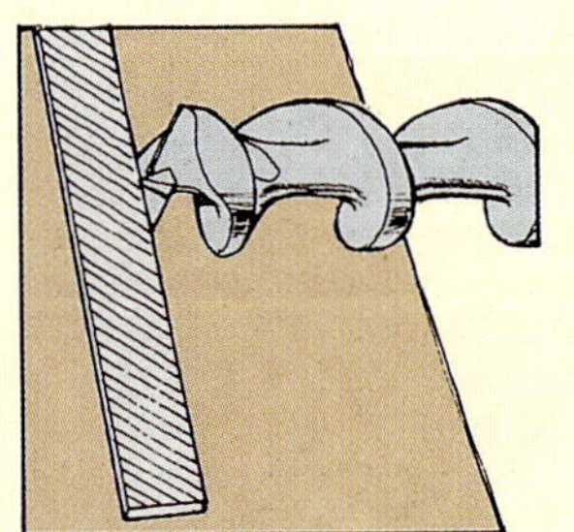

각 스퍼에 있는 날카로운 날을 작은 줄에 댄다.

드릴 끝을 작업대에 고정시킨 채로 절삭날을 날카롭게 간다.

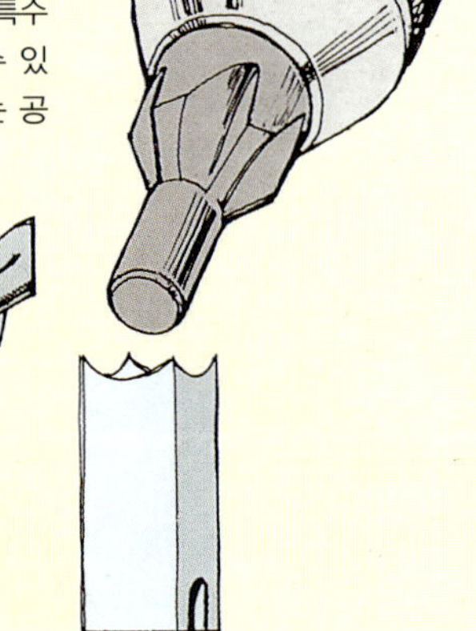

특수 공구로 네모진 끌을 간다.

슬롯 장붓구멍 기계

슬롯 장붓구멍 기계에는 제작물을 기계가공하기 위한 밀링 커터가 수평으로 부착되어 있다.

이 유형의 장치는 전형적인 복합 기계대패로 만능기계처럼 다른 기계의 구동 장치를 사용하며, 이 기계의 커터 블록 끝에 있는 척에 물려서 사용한다. 전동드릴에 있는 것과 비슷한 이 척은 지름이 6~16mm이고 절삭날이 두 개인 커터를 끼워 사용할 수 있다. 제작물이 고정되는 장붓구멍 파기 테이블은 커터 척 옆에 부착된다. 이 테이블은 옆으로 이동하면서 고정되어 있는 척에 대하여 상대적으로 제작물을 이동시킨다. 또한 앞뒤로 움직이면 절삭 깊이를 조절할 수 있다. 이 테이블은 높이 조절이 가능하고 조절 가능한 멈춤 테이블의 움직임을 제한하기 때문에 장부의 길이와 깊이를 결정한다. 한편 측면 움직임과 앞뒤 움직임은 레버로 제어한다.

● **밀링 커터 날카롭게 갈기**
밀링 커터를 날카롭게 갈 때는 절삭날의 안쪽 면을 기름칠한 슬립스톤에 대고 갈아준다. 그러나 날의 지름이 바뀌게 되므로 바깥쪽 면을 갈아서는 안 된다. 날을 날카롭게 간 뒤에도 효율적으로 절삭이 잘 되지 않으면 전문가에게 수리를 맡긴다.

구멍파기 기계
이 특별한 부속품은 복합기계대패에 부착해서 사용한다.

기계 작업장에서 지켜야 하는 일반적인 주의사항을 따른다면 각끌기계를 사용하는 것이 안전하다. 그러나 복합기계대패를 사용해서 장붓구멍 파기 기계에 구동력을 전달할 때는 심각한 사고 방지를 위해 적절한 보호장치를 마련해야 한다.

● 장붓구멍 파기 장치를 사용할 때는 항상 대패 커터를 브리지 가드로 덮는다.
● 장붓구멍 파기 척은 일반적으로 대패 몸체에 있는 내장형 캐스팅에 의해 보호된다. 하지만 계획했던 장붓구멍 작업이 완료되면 곧바로 밀링 커터를 분리한다.

장붓구멍 파기 기계 사용

한 번에 날의 지름만큼 깊게 박아서 장붓구멍을 단계적으로 판다. 더 깊이 파려고 하면 밀링 커터에 무리한 힘이 가해져서 측면 압력에 의해 날이 망가질 수도 있다. 장붓구멍을 파고 나면 끌로 돌출부를 사각형으로 자르거나 줄 또는 기계 연마기로 그 장붓구멍과 매칭되는 장부의 끝을 둥글게 만들 수도 있다.

장붓구멍 파기 장치로 장부 만들기

밀링 커터를 사용하여 장부의 양쪽 면에서부터 잘려나갈 부분을 제거할 수도 있지만 목재가 날의 양쪽 면을 받치지 못하기 때문에 제작물을 회전 방향과 반대로 밀어 넣어야 한다.

드릴프레스

드릴프레스는 무거운 고정 드릴 기계이다. 드릴 비트를 끼우기 위한 척, 드라이브 벨트 구조, 전기 모터로 구성되어 있는 드릴링 헤드는 단단한 금속 기둥에 부착되어 있다. 이 기둥은 무거운 주철 받침판이 받치고 있으며, 이 받침판을 작업대에 볼트로 고정시키거나 작업장 바닥에 올려놓고 사용한다. 바닥에 놓고 사용하는 경우에는 기둥이 길어서 드릴과 작업 테이블 모두 작업하기 편안한 높이로 올릴 수 있다.

척(Chuck)

드릴프레스의 척에는 키로 조작하는 셀프 센터링 물림턱(Self-centering jaw)이 세 개 있으며, 흔히 사용하는 전동드릴 척과 기본 원리는 같다. 대부분의 드릴프레스 척에는 자루의 지름이 최대 12mm인 드릴 비트를 물려 사용한다.

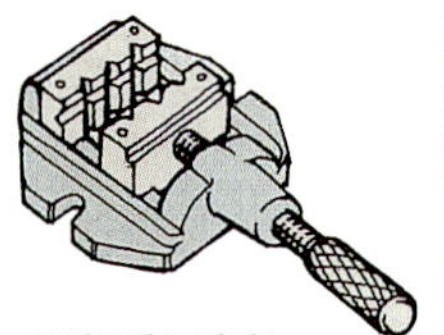

드릴프레스 바이스
이 작은 엔지니어용 바이스는 금속 제작물을 드릴프레스 테이블에 고정시키는 데 사용된다.

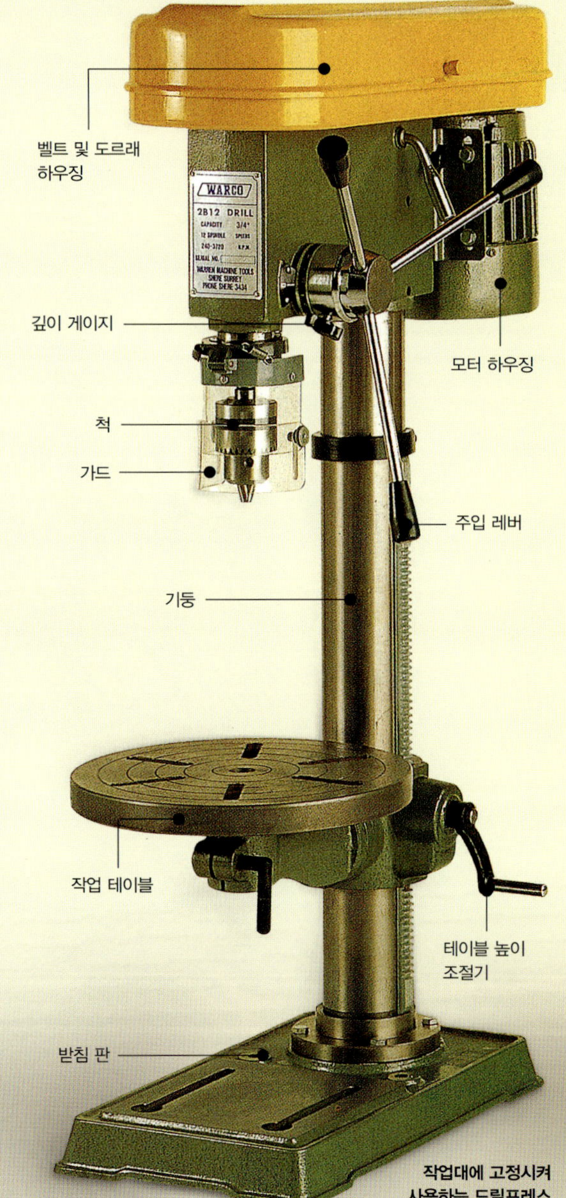

작업대에 고정시켜 사용하는 드릴프레스

전기 모터(Electric motor)

고정 드릴에는 187~750W 유도 모터가 사용된다. 이 유형의 모터는 매우 효율적이지만 최소한 250W 모터가 달린 드릴을 구입하는 것이 가장 좋다. 모터의 동력은 V벨트와 도르래 휠 시스템을 통해서 스핀들과 척으로 전달된다. 고무로 만든 V벨트를 계단식 원뿔 도르래의 위 아래로 움직이면 속도를 450~3000rpm의 범위에서 4~5단으로 바꿀 수 있다.
가장 느린 속도는 금속에 구멍을 뚫거나 경재에 큰 구멍을 뚫을 때 선택한다. 그러나 연재를 사용할 때는 속도를 더 높인다.

작업 테이블(Worktable)

주철로 만든 작업 테이블은 캔틸레버식(cantilevered)으로 기둥에 매달려 있다. 드릴 중에는 작업 테이블을 손으로 올리거나 내릴 수 있고, 핀치 볼트를 죄어 필요한 위치에서 기둥에 고정시킬 수 있다. 또다른 드릴에서는 작업 테이블의 높이가 크랭크 손잡이에 의해서 조절되는 랙과 피니언(Rack-and-pinion) 시스템이 사용되기도 한다.
평균보다 큰 제작물을 드릴프레스 받침대 위에 올려놓을 수 있도록 작업 테이블을 45도로 기울인 다음 기둥을 따라 돌려서 한쪽으로 돌려놓을 수 있는 기계를 선택한다.
직사각형이나 원형 작업 테이블의 가운데에는 구멍이 뚫려 있어서 작업 테이블을 손상시키지 않고 드릴비트를 작업 테이블에 통과시킬 수 있다. 테이블에 뚫려 있는 홈을 통해서 볼트로 펜스나 바이스, 지그를 작업 테이블에 고정시킬 수도 있다.

드릴프레스 받침판(Drill-press base)

안전성을 위해서 주철 받침판은 크고 무거워야 한다. 받침판의 윗면은 완벽하게 평평한 모양으로 기계가공되어 있으며, 큰 제작물을 올려놓는 보조 작업 테이블로 사용할 수 있도록 홈이 뚫려 있다.

스로트(Throat)

작업 테이블의 중앙과 기둥 사이의 거리인 목은 가능한 한 커야 한다. 홈 작업장용 드릴프레스의 스로트의 크기는 100~200mm 정도이다.

주입 레버(Feed lever)

기계의 한쪽에 달려 있는 주입 레버를 아래로 당기면 드릴 비트가 내려와서 제작물 안으로 밀려 들어간다. 이 레버에는 스프링이 달려 있기 때문에 자동으로 원래 위치로 되돌아간다. 그러나 드릴을 낮은 위치에서 작동시켜 두 손으로 작업할 수 있도록 만들기 위해서는 죔쇠 레버로 고정시켜야 한다.

최대 구멍 깊이

특정 드릴프레스에서 뚫을 수 있는 최대 구멍 깊이는 척의 수직 이동 거리에 의해 결정된다. 작업대에 고정시켜 사용하는 드릴프레스는 최대 수직 이동 거리가 50~90mm 정도이지만 바닥에 놓아두고 사용하는 드릴프레스는 구멍을 좀더 깊게 팔 수 있다.

깊이 게이지(Depth gauge)

드릴의 깊이는 게이지의 세팅에 의해 조절된다. 제작물 옆에 필요한 깊이를 표시한다. 드릴 비트의 끝까지 척을 낮추어 표시와 정밀하게 맞춘다. 그러고는 스핀들과 척의 수직적 이동을 제한하기 위해 깊이 게이지의 멈춤을 고정한다.

안전 가드(Safety guard)

가능하다면 일반적으로 투명 플라스틱으로 되어 있으며, 드릴프레스 척을 보호하기 위해서 아래로 내리거나 반대쪽으로 회전시킬 수 있는 안전 가드가 있는 기계를 구입한다.
가드는 머리카락이나 헐렁한 옷이 회전하는 척에 걸리지 않도록 막아준다. 이 가드를 닫으면서 무의식적으로 기계에 걸어두었던 척 키를 발견할 수도 있다.

드릴 비트

품질이 우수한 트위스트 드릴과 지름이 최소 10mm인 장붓구멍 비트로 이루어진 완벽한 세트가 필요하다. 그러나 이보다 큰 비트는 비교적 가격이 높아 필요할 때마다 구입하는 것이 좋다.

트위스트 드릴

고속도강 트위스트 드릴은 목재와 금속 모두에 적합하다. 이 드릴을 사용하여 경재나 금속에 구멍을 뚫을 때는 작업에 들어가기 전에 작은 송곳이나 금속 작업용 펀치로 중심을 표시한다.

꽂임촉 비트

꽂임촉 비트는 꽂임촉맞춤의 마구리면에 구멍을 뚫기 위해 디자인되었다. 이 비트는 목재에 구멍을 뚫는 일반용 비트로도 사용할 수 있다.

파워 오거 비트

목재에 깊은 구멍을 뚫을 때는 이 비트를 사용한다. 평균 세트에는 지름이 6~25mm인 오거가 포함되어 있다.

스페이드 비트

값이 싸며, 지름이 6~38mm인 구멍을 뚫는 데 사용된다. 리드 포인트가 길기 때문에 제작물이 기울어진 작업 테이블 위에 고정되어 있다 하더라도 구멍의 중심에서 위치를 잘 찾아갈 수 있다.

포르스트너 비트

값은 비싸며, 매우 깨끗하고 바닥이 평평한 구멍을 뚫는 데 사용된다. 옹이나 거친 목재 조직이 있어도 편향되지 않는다. 지름 50mm까지의 다양한 크기가 있다.

접시머리 비트

나사못을 위한 깨끗한 구멍을 뚫은 다음 접시머리 비트를 사용하여 나사 머리가 들어갈 수 있도록 오목한 구멍을 판다. 깨끗한 가공면을 얻기 위해서는 빠른 속도로 작업하는 것이 좋다.

드릴 및 접시머리 비트

특정 나사못에 맞도록 만들어진 나사이다. 한 번에 파일럿 구멍, 깨끗한 구멍, 접시머리 구멍을 모두 팔 수 있다.

드릴 및 깊은자리파기 비트

이 비트는 나사못을 제작물 표면 밑으로 집어 넣을 수 있도록 구멍을 파는 데 사용된다. 나사 위에 있는 구멍은 특별하게 자른 나무 플러그로 채울 수 있다. (아래 참조)

플러그 커터(Plug cutter)

측면에 이 커터를 밀어 넣어서 카운터보어(counterbore) 나사를 덮기 위한 플러그를 만든다. 색과 나뭇결 무늬가 가장 어울리는 목재에서 플러그를 얻는다.

구멍파기 톱

구멍파기 톱 세트 중 하나를 사용해서 지름이 최대 89mm인 구멍을 판다. 낮은 속도나 중간 속도에서 작업하고 제작물을 죔쇠로 단단히 고정시킨다.

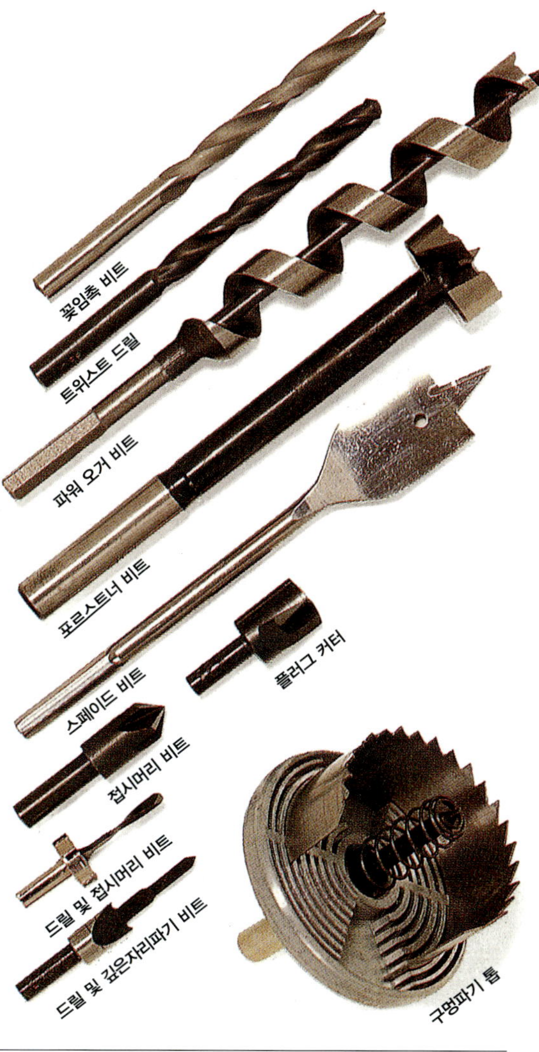

기계작업장에서 지켜야 하는 일반적인 주의사항을 지킨다면 드릴프레스는 비교적 안전한 기계이다. 그러나 작업자는 다음 주의사항도 유념해야 한다.

- 드릴 비트를 물리고 난 뒤에는 항상 척 키를 제거한다.
- 전원 스위치를 켜기 전에 안전 가드를 아래로 내린다.
- 제작물을 드릴프레스 테이블 위에서 단단히 잡아준다. 드릴이 제작물에 끼면 제작물이 회전해서 심각한 결과가 발생할 수도 있기 때문이다. 나무로 만든 제작물은 단단한 기둥이나 작업자가 직접 만든 펜스에 단단히 대고 잡아주거나, 죔쇠로 제작물을 작업 테이블에 고정시켜서 제작물이 돌아가지 않도록 한다.
- 금속 제작물을 죔쇠로 고정시키거나 드릴프레스 바이스에 고정시킨다.

드릴프레스 사용

드릴 비트를 끼우고 난 뒤에는 제작물과 드릴 비트 사이의 거리가 몇 mm 정도가 되도록 작업 테이블을 조절한다. 그 다음은 깊이 게이지를 맞추고 비트를 가운데로 위치시킨 다음 전원 스위치를 켠다. 일정한 속도로 드릴 비트를 제작물 안으로 밀어준다. 날카로운 드릴 비트는 지나친 힘을 가할 필요가 없다. 천천히 주입 레버를 풀어서 원래 위치로 되돌린 다음 전원 스위치를 끈다.

제작물을 단단히 고정

드릴프레스의 회전력에 저항하기 위해서 제작물을 기둥 왼쪽에 기댄 채로 작업 테이블 위에 올려놓을 수 있다.1 또는 지-죔쇠나 작고 조작이 쉬운 죔쇠를 사용해서 제작물을 드릴프레스의 작업 테이블에 고정시킬 수도 있다. 간단한 나무 펜스를 볼트와 윙 너트로 작업 테이블에 고정시키면 동일한 제작물을 정확하게 위치시킬 수 있다. 또한 제작물 각각의 끝을 펜스에 고정시킨 끝 멈춤에 맞댈 수도 있다.2 예를 들어 장붓구멍의 잘려나갈 부분을 제거하기 위해서 연속적인 한 줄로 드릴링할 때는 펜스를 따라서 제작물을 밀어준다.3 원통형 제작물에 구멍을 뚫을 때는 테이블톱으로 V블록을 만들어서 받침대로 사용한다.4

● 제작물을 관통하는 구멍 뚫기
제작물을 관통해서 구멍을 뚫을 때는 대패질한 목재 또는 인공 판재를 제작물 밑에 받친다.

2 동일한 제작물에 구멍을 뚫을 때는 펜스와 끝 멈춤을 사용한다.

3 한 줄로 드릴링 작업을 할 때는 펜스에 대고 제작물을 밀어준다.

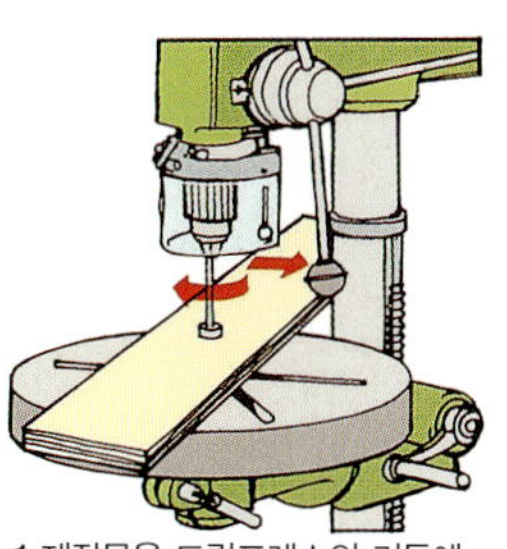
1 제작물을 드릴프레스의 기둥에 기대어놓는다.

4 원통형 제작물에 구멍을 뚫을 때는 V블록으로 제작물을 받친다.

연마기

대부분의 아마추어 목가구 작업자는 휴대용 오비탈연마기와 벨트연마기가 넓고 평평한 패널 또는 판재를 마감하는 데 적합하다는 것을 잘 알고 있다. 그러나 작업대에 고정시켜 사용하는 벨트/디스크 혼합 연마기를 사용하면 제작물을 일정한 형태로 가공하고 마구리면을 연마할 수도 있다. 또한 이 연마기는 작은 제작물을 마감하는 데에 이상적인 공구이다.

연마 디스크

수직으로 부착되어 있고 연마지로 덮인 연마 디스크는 제작물의 끝을 수직이나 일정한 반경으로 연마하는 데 사용된다. 또한 연귀맞춤을 연마하는데도 사용할 수 있다.

디스크로 연마할 수 있는 제작물의 최대 폭은 디스크의 반경보다 약간 작다. 공업용 연마기에는 훨씬 큰 디스크를 사용할 수 있지만, 홈 작업장에서는 지름이 225mm 정도인 디스크면 충분하다.

종이에 연마재를 접착시켜 만든 연마지를 특수 접착제를 사용해서 디스크에 붙인다. 연마지가 마모되면 벗겨내고 새 연마지로 교체한다.

● **전기 모터**
단상 250~375W 전기 모터는 연마 디스크와 연마 모터 모두를 구동시킨다.

연마 벨트

폭이 100~150mm이고 연마재가 덮인 천으로 만든 연마 벨트는 두 금속 롤러 사이에 펼친 상태로 제작물의 긴 측면 또는 표면을 연마하는 데 사용된다. 오목한 모양의 제작물은 롤러에 대고 연마할 수 있다. 일반적으로 벨트를 수평으로 유지한 채로 제작물을 가로 펜스에 대고 연마한다. 그러나 마구리면 목재를 연마하기 위해서는 벨트를 수직으로 세울 수 있다.

마모된 벨트를 제거할 때는 롤러 중 하나를 뒤로 물려서 벨트를 당기고 있던 장력을 풀어주면 된다. 새 벨트를 끼우고 팽팽하게 당긴 다음 연마기를 작동시킨 후 궤도 제어 장치를 조절하여 벨트가 롤러의 가운데에 위치하도록 만든다.

연마재

제작물을 처음 연마하거나 일정한 형태로 가공할 때는 60~80Grit 벨트나 디스크를 사용한다. 가볍게 연마하거나 마감할 때는 120Grit 연마재로 바꾸어 작업한다.

벨트를 수직으로 세울 수 있다.

작업 테이블

주철로 되어 있고, 디스크연마기 옆에 붙어 있는 작업 테이블에는 제작물을 필요한 각도로 디스크에 가져갈 수 있게 조절하고 이동시킬 수 있는 연귀 펜스가 달려 있다. 테이블을 디스크에 최대 45도까지 기울이면 복합 연귀맞춤을 연마할 수 있다. 또한 같은 테이블의 위치를 조절하면 수직으로 세운 벨트에 대고 제작물을 연마할 수 있다.

On/Off 스위치

어떤 연마기는 On/Off 누름 버튼이 개별적으로 갖추어져 있다. 그러나 많은 연마기에는 단순한 토글(Toggle) 또는 로커(Rocker) 스위치가 달려 있을 뿐이다. 전원 플러그를 콘센트에 꽂기 전에는 항상 이 On/Off 스위치가 꺼져 있는지 확인한다.

집진기

가능한 한 연마기에 집진기를 다는 것이 좋다. 미세한 먼지는 작업자의 건강에 해로우며, 작업장 내의 공기를 잠재적으로 폭발시킬 수 있는 상태로 만들 수도 있다.

연마기 사용

가능한 한 나뭇결 방향으로 연마한다. 디스크연마기나 벨트연마기로 나뭇결과 어긋나게 연마하면 제작물에 흠집이 생기는데, 나중에 제거하기도 어렵고 니스를 칠하거나 마감해도 감추어지지 않는다.

디스크연마기 사용

제작물을 연귀펜스에 단단히 댄 후 회전하는 디스크에서 아래로 회전하는 부분에 마구리면을 대고 누른다. 제작물을 앞뒤로 계속 움직여준다. 이때 세게 누르지 말아야 한다. 그러지 않으면 제작물의 마구리면이 타버리기 때문이다. 디스크연마기로 제작물을 일정한 형태로 가공할 때는 톱으로 잘려나갈 부분을 어느 정도 잘라낸 다음 연귀 펜스를 제거한다. 그런 다음 테이블의 제작물을 받친 상태로 표시되어 있는 선까지 연마한다.

벨트연마기 사용

제작물 측면을 연마할 때는 제작물 끝면을 가로 펜스에 맞댄다.1 벨트의 수명을 최대화하기 위해서는 제작물을 주기적으로 움직여주고 제작물의 모서리가 둥글게 깎이지 않도록 주의한다.
곡면이 있는 제작물을 연마할 때는 제작물을 벨트 끝에 있는 롤러에 대고 작업한다.2
제작물의 크기와 형태가 허용된다면 벨트를 수직으로 세워서 전체 폭을 제작물 연마에 사용할 수 있다.3

연마 디스크에서 아래로 향하는 부분에 마구리면을 대고 연마한다.

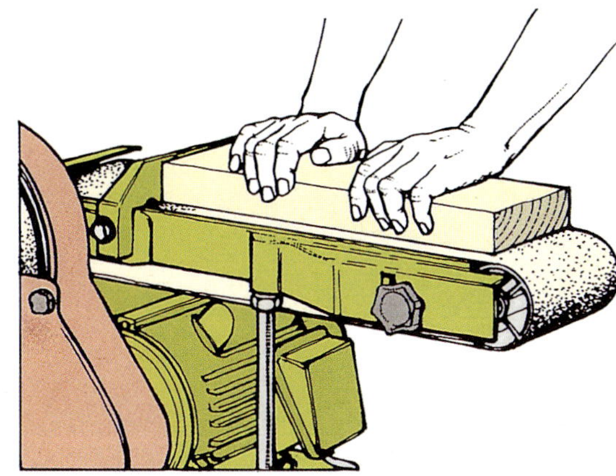

1 긴 제작물을 가로 펜스에 맞댄다.

2 곡면이 있는 제작물은 롤러에 대고 연마한다.

3 벨트를 수직으로 세워서 마구리면을 연마한다

목선반

목선반가공은 훨씬 복잡한 기계가공 작업이지만 잘만 하면 예술적인 형태로 가공할 수도 있다. 선반가공을 잘하기 위해서는 선반 다루는 기술에 매우 능숙해야 하며, 어떤 재질이 윤곽이 매끈한 아름다운 형태를 만드는지도 알아야 한다. 선반에서는 다른 목재 가공 기계와 달리 목가구 작업 과정의 어느 한 단계만 진행되는 것이 아니라, 전혀 가공되지 않은 반제품 상태의 목재에서 연마가 끝난 완성품에 이르기까지 완전한 제품을 만드는 모든 과정이 한 선반에서 이루어진다.

작업대에 고정시키는 선반

바닥에 올려놓는 무거운 선반은 보통 산업용 작업장에서 사용되는 형태이지만 대부분의 홈 작업장에는 이보다 가볍고, 작업대에 고정시켜 사용하는 선반이 많이 사용된다. 선반에 가로질러 걸쳐 있는 단단한 베드는 선반의 척추 역할을 하며, 구동 장치는 선반 한쪽에 고정되어 있는 헤드스톡과 다른 한쪽에서 미끄러지듯 움직이는 테일스톡에 들어 있다. 제작물은 이 두 구동 장치 사이에 매달린 채 고속으로 회전되며, 공구를 손으로 잡고 회전하는 제작물에 갖다 대서 일정한 형태로 깎아낸다. 일반적으로 선반가공 방식은 두 가지인데 그중 하나는 축, 탁자 다리, 기타 길고 얇은 제작물을 일정한 형태로 가공하는 비트윈센터 선반가공(Between-center turning)이고, 다른 하나는 오목한 제작물, 상자, 계란 컵 등을 만드는 원센터 선반가공(One-center turning) 또는 면판 선반가공(Faceplate turning)이다.

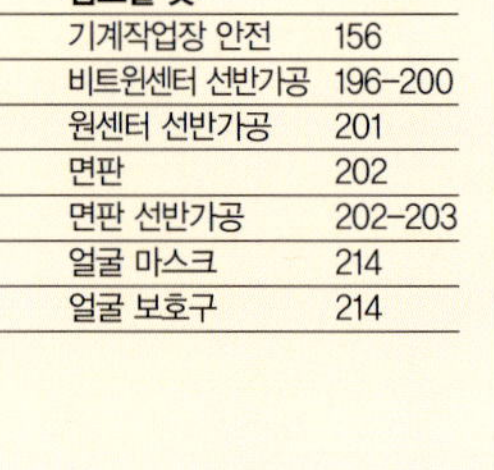

선반 속도의 변화

헤드스톡(Headstock)

헤드스톡은 드라이브 스핀들을 통해서 제작물에 회전력을 전달한다. 이 스핀들에는 면판 선반가공에서 면판을 끼울 수 있도록 한쪽이나 양쪽 끝에 나사산이 있고, 비트윈 센터 선반가공에서 끝이 뾰족한 드라이브 센터를 끼울 수 있도록 가운데가 뚫려 있다. 드라이브 센터에는 리드 포인트가 있으며, 제작물의 마구리면을 물 수 있는 뾰족한 끝이 두 개 또는 네 개 달려 있다.

선반 크기

선반의 크기는 양쪽 센터 사이에 끼울 수 있는 제작물의 크기 또는 선반 베드 위에서 회전할 수 있는 제작물의 최대 지름(스윙)에 따라 규정된다. 어떤 선반에 달려 있는 헤드스톡은 선반의 앞 또는 뒤에서 더 큰 제작물의 면판 선반가공이 가능하도록 180도 회전하도록 설계되어 있다.
작업대에 고정시키는 목선반에 끼워 사용할 수 있는 제작물의 길이는 500mm~1.2m 정도이다. 더 기다란 제작물은 두세 조각을 나무못으로 이어서 사용할 수 있다. 여러 선반을 사용해 다른 조각에 있는 구멍에 맞추려면 한 조각의 끝면에 나무못을 돌려 박아야 한다. 그러면 정확하게 조각을 맞출 수 있고, 비드 또는 홈을 잘 새겨 넣으면 맞춤 흔적을 감출 수 있다.

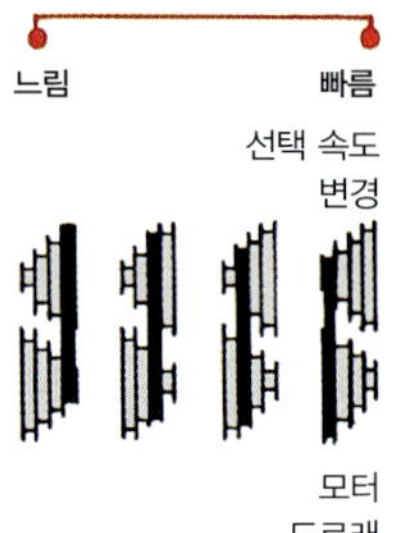

선반의 크기

속도 제어

대부분의 선반에는 375~750W 전기 모터에서 헤드스톡 스핀들로 동력을 전달하는 벨트 드라이브가 사용된다. 계단식 도르래는 보통 450~2000rpm의 범위 내에서 미리 3~4단으로 설정해놓은 스핀들 속도를 제공한다. 또한 몇몇 고급 선반에는 전자 가변 속도 제어장치가 달려 있다.
제작물을 거칠게 가공할 때는 저속을 선택하고 작업이 진행될수록 드라이브 벨트의 속도를 높여준다. 또한 제작물의 크기와 목재의 종류도 속도를 선택하는 데 영향을 미친다. 그러나 딱히 정해져 있거나 빠르게 작업할 수 있는 규칙은 없다. 하지만 오른쪽 차트를 대략적인 가이드로 삼을 수 있다.

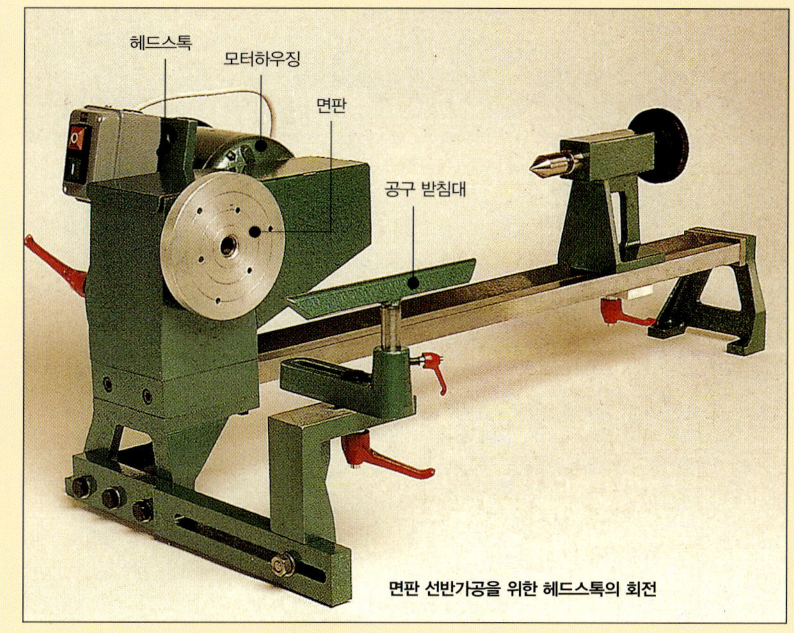

면판 선반가공을 위한 헤드스톡의 회전

안전한 선반 사용법

선반은 목작업 기계 중에서 움직이는 커터나 날이 사용되지 않는 유일한 기계이다. 대신 손으로 잡고 사용하는 절삭공구로, 회전하는 제작물을 일정한 형태로 가공한다. 선반이 아마추어 목가구 작업자의 흥미를 끄는 이유는 비교적 안전해서 작업자의 손가락을 다칠 위험성이 없어 보이기 때문이다. 그러나 작업자가 안전한 작업 수칙을 마련하지 않는다면 작은 실수에도 제작물이 작업장에서 사방으로 튕겨나갈 수도 있다. 따라서 기계작업장에서 지켜야 할 일반적인 주의사항과 다음 규칙을 따라야 한다.

● 항상 환한 곳에서 작업을 하여야 한다.
● 선반에서 회전하고 있는 제작물 위로 떨어질 수 있는 고정되지 않은 물건이나 목재 더미가 없도록 한다.
● 제작물에 따라 적당한 속도를 선택한다.
● 선반 척에 키 또는 스패너를 남겨두지 말아야 한다.
● 물림턱이 세 개 또는 네 개 달려 있는 척 주위에 가드를 설치한다.
● 전원 스위치를 켜기 전에 모든 죔쇠와 부속품이 단단히 고정되었고 제작물이 자유롭게 회전할 수 있는지 확인한다.
● 공구 받침대를 조절하기 전에는 선반의 전원 스위치를 끈다.
● 절삭공구는 항상 공구 받침대에 받친 상태로 제작물에 대고 가공한다.
● 제작물을 연마하기 전에는 공구 받침대를 제거한다.
● 제작물을 끼우지 않은 상태에서 선반이 돌아가도록 놔두어서는 안 된다. 이때는 선반이 마치 정지되어 있는 것처럼 보일 수 있다.
● 선반 작업을 할 때는 넥타이를 매거나 헐렁한 옷을 입지 않는다.
● 선반을 사용하기 전에 반지와 목걸이는 빼고 긴 머리는 뒤로 묶는다.
● 선반가공 중 날리는 목재 조각으로부터 자신을 보호할 수 있도록 안전 고글이나 얼굴을 완전히 덮는 얼굴 보호대를 착용한다.
● 선반에는 집진기를 설치하기 어렵기 때문에 질환, 특히 호흡기 질환이 있다면 마스크를 착용해야 한다.

선반 베드(Lathe bed)

선반 베드는 선반 받침대에 고정되어 있는 강(鋼)으로 만든 막대 또는 튜브로, 테일스톡, 공구 받침대, 기타 부속물을 받친다. 깎아낸 부스러기를 제거할 수 있도록 베드와 작업대 사이에는 여유공간이 넉넉해야 한다.

테일스톡(Tail stock)

이동식 손잡이로 선반 베드에 고정되어 있는 테일스톡은 비트윈 센터 선반가공을 할 때 제작물의 끝을 받쳐준다. 테일스톡에는 핸드 휠로 조절할 수 있도록 가운데가 뚫려 있는 스핀들이 달려 있으며, 이 스핀들은 가운데 끝이 뾰족한 테일스톡 센터를 고정시킨다. 테일스톡 센터의 가운데 끝이 고정되어 있다면(죽은 테일스톡 포인트) 제작물이 타지 않도록 왁스를 발라주어야 한다. 또는 볼 베어링이 있어서 돌아가는, '살아 있는' 센터를 사용할 수도 있다.

공구 받침대

조절할 수 있는 공구 받침대는 회전하는 제작물 바로 앞에서 선반 공구의 날을 받치는 데 사용된다. 일반적인 공구 받침대는 길이가 보통 200~300mm이고 작업 도중 가장 편리한 위치로 선반을 따라 밀면서 이동시킬 수 있다. 선반 베드의 길이만큼 긴 공구 받침대는 양쪽 끝이 선반 받침대에 고정되어 있다. 휘어 있거나 크랭크 모양으로 굽어 있는 공구 받침대는 면판 선반가공에 사용한다.

작업대에 고정시키는 목재 선반

선반용 공구

목재 선반에서 제작물을 일정한 형태로 가공할 때는 특별히 디자인된
선반 세공 공구가 사용된다. 이것들은 지렛대 구실을 하고, 공구를
제어하는 데 필요한 둥글게 깎은 손잡이에 튼튼한 날이 달린 구조로 되어
있다. 탄소강 날은 비교적 값이 싸고 날카롭게 갈기 쉽다.
티크(Teak)나 느릅나무(Elm)와 같이 마찰이 심한 목재에 사용하지
않으면 탄소강 날은 오랫동안 사용할 수 있다. 고속도강으로 만든 공구는
특히 단단한 목재나 젖은 목재에 사용할 때 더 오랫동안 날카로운 상태를
유지하지만 값은 훨씬 비싸다.

선반용 공구의 기본 세트

모든 공구를 다 구입할 필요는 없다. 우선 다음 공구만으로 시작하고 필요
할 때마다 더 구입해도 된다.

러핑 아웃 둥근끌 – 25mm
스핀들 둥근끌 – 12mm
볼 둥글끌 – 9mm
스큐끌 – 18mm
파팅 공구 – 3mm
라운드 노즈 스크레이퍼 – 12mm

측정공구와 표시공구

목재 선반 작업자는 줄자와 일반 자 외에도 특별한 측정공구, 게이지
공구, 표시공구도 필요하다.

컴퍼스
제작물의 지름을 표시하기 위한 컴퍼스가 필요할 것이다. 값비싼 컴퍼스를 구입
할 필요는 없다. 그러나 정확성이 유지되는 제품을 구입해야 한다.

캘리퍼스
캘리퍼스는 제작물의 지름을 측정하기 위한 필수 공구이다. 외경 캘리퍼스는 비트
윈센터 방식으로 가공하는 제작물의 지름을 측정하는 데 사용되며, 내경 캘리퍼스
는 오목한 제작물이나 기타 속이 빈 제품의 안쪽 지름을 측정하는 데 사용된다.

사이징 툴(Sizing tool)
사이징 공구는 파팅 공구의 날에 고정시켜 사용하도록 디자인된 공구로, 원통형
목재나 삽입구의 지름을 재는 데 사용된다. 사이징 공구는 제작물 위에 건 채로
파팅 공구의 팁이 제작물을 필요한 지름으로 정확하게 자르도록 잡아준다.

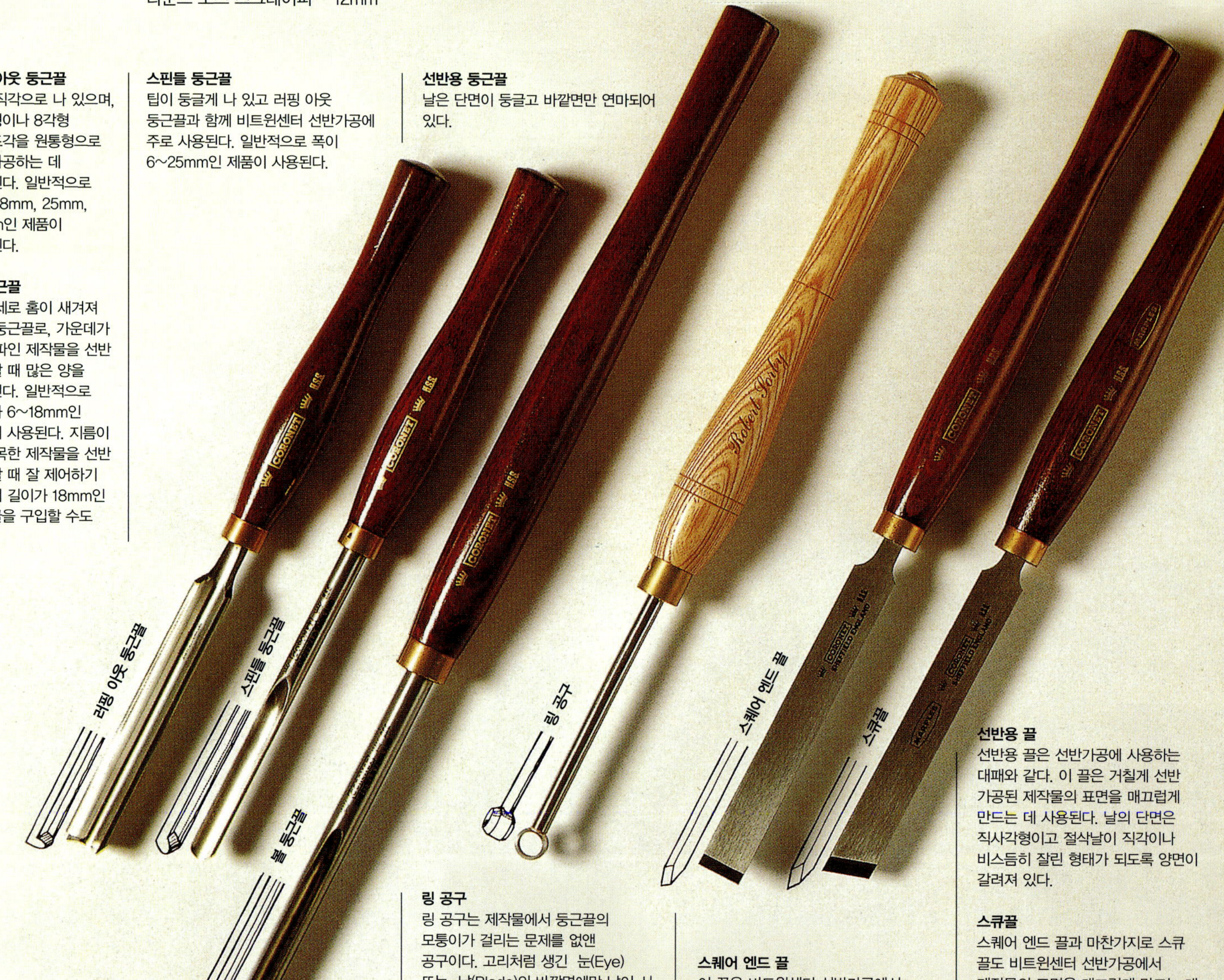

러핑 아웃 둥근끌
팁이 직각으로 나 있으며,
사각형이나 8각형
나뭇조각을 원통형으로
선반가공하는 데
사용된다. 일반적으로
폭이 18mm, 25mm,
32mm인 제품이
사용된다.

볼 둥근끌
깊은 세로 홈이 새겨져
있는 둥근끌로, 가운데가
움푹 파인 제작물을 선반
가공할 때 많은 양을
깎아낸다. 일반적으로
길이가 6~18mm인
제품이 사용된다. 지름이
큰 오목한 제작물을 선반
가공할 때 잘 제어하기
위해서 길이가 18mm인
둥근끌을 구입할 수도
있다.

스핀들 둥근끌
팁이 둥글게 나 있고 러핑 아웃
둥근끌과 함께 비트윈센터 선반가공에
주로 사용된다. 일반적으로 폭이
6~25mm인 제품이 사용된다.

선반용 둥근끌
날은 단면이 둥글고 바깥면만 연마되어
있다.

링 공구
링 공구는 제작물에서 둥근끌의
모퉁이가 걸리는 문제를 없앤
공구이다. 고리처럼 생긴 눈(Eye)
또는 날(Blade)의 바깥면에만 날이 서
있고 지름 12~25mm인 절삭날이
형성되어 있다.

스퀘어 엔드 끌
이 끌은 비트윈센터 선반가공에서
제작물을 마감하는 데 사용된다. 날의
폭은 6~32mm이다.

선반용 끌
선반용 끌은 선반가공에 사용하는
대패와 같다. 이 끌은 거칠게 선반
가공된 제작물의 표면을 매끄럽게
만드는 데 사용된다. 날의 단면은
직사각형이고 절삭날이 직각이나
비스듬히 잘린 형태가 되도록 양면이
갈려져 있다.

스큐끌
스퀘어 엔드 끌과 마찬가지로 스큐
끌도 비트윈센터 선반가공에서
제작물의 표면을 매끄럽게 만드는 데
사용된다. 그러나 이 끌은 구슬 모양과
자루 끝을 만드는 데 사용할 수 있다.

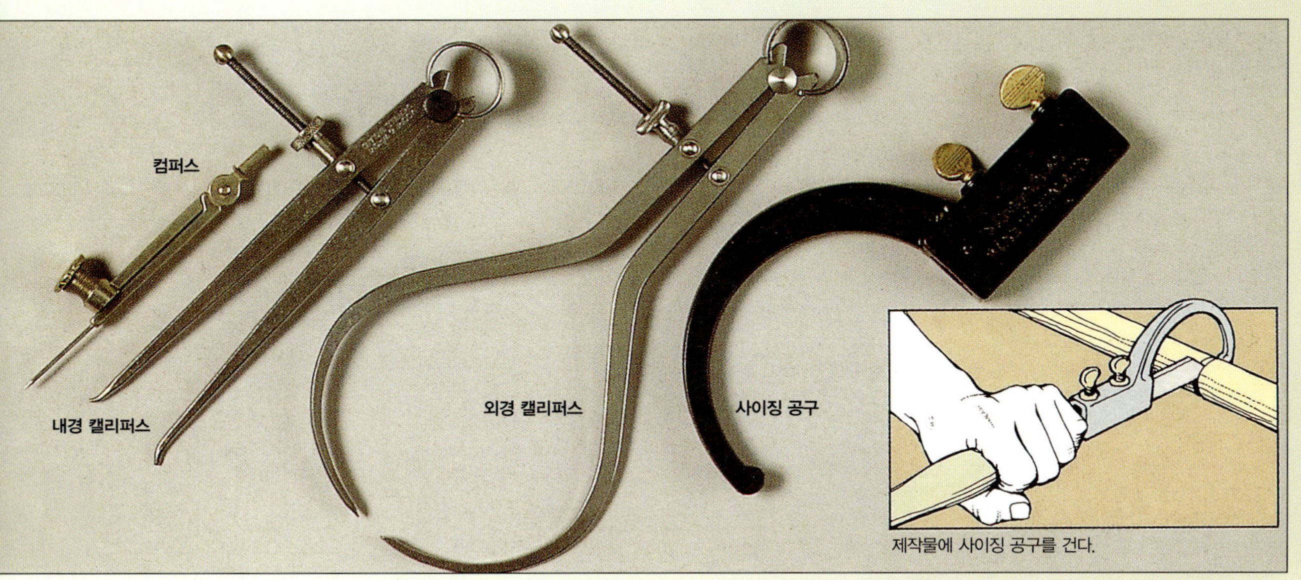

파팅 공구

주로 제작물을 처음부터 끝까지 자르고 선반에서 제거하기 위해서 디자인되었다. 이 공구의 단면은 보통 직사각형이지만 간혹 다각형 또는 타원형 단면도 있다. 뾰족하게 연마된 날 끝에는 좁은 면과 평행한 절삭날이 있다.

표준 파팅 공구

일반적으로 폭이 3mm 또는 6mm인 제품이 사용된다.

세로홈 파팅 공구
좁은 면의 한쪽을 따라 세로 홈이 있어서 공구가 목재를 깎아내기 전에 그 위에 선을 그을 수 있는 두 개의 뾰족한 끝이 있다. 선반의 공구 받침대 위에 올려놓은 채 세로 홈이 아래로 향하도록 공구를 잡고 선반가공을 하면 마구리면에 깨끗한 마감면을 낼 수 있다. 일반적으로 폭이 3mm인 제품이 사용된다.

풀 라운드 스크레이퍼와 돔 스크레이퍼
오목한 제작물과 굽어 있는 술잔 모양의 안쪽 면을 가공할 때 사용된다. 날의 폭은 12~25mm이다.

스퀘어 엔드 스크레이퍼
제작물의 바깥 면이나 선반가공한 상자의 평평한 바닥에 주로 사용된다. 날의 폭은 라운드 스크레이퍼나 돔 스크레이퍼와 비슷하다.

사이드 커팅 스크레이퍼
라운드 다이아몬드 사이드 커팅 스크레이퍼(Rounded diamond side-cutting scraper)는 속이 움푹 파인 제작물의 안쪽을 가공하는 데 주로 사용된다. 두 스크레이퍼 날의 폭은 18mm이다.

스크레이퍼

깊지 않은 절삭 각으로 연마된 스크레이퍼는 마구리면을 매끈하게 가공한다. 오목한 제작물을 선반가공할 때는 공구에 두 부분의 마구리면이 주어진다. 따라서 스크레이퍼는 오목한 제작물을 깎거나 속을 깊이 파는 선반가공에 주로 사용된다.

다이아몬드 포인트 스크레이퍼
이 스크레이퍼는 보통 끝이 90도로 연마되어 있다. 비트윈 센터 선반가공에서 V자 모양의 홈을 새기거나 직각 모퉁이를 말끔하게 만드는 데 사용된다. 날의 폭은 6~32mm이다.

선반용 공구 날카롭게 갈기

선반에서는 제작물이 매우 빠르게 회전하기 때문에 선반용 공구는 몇 초만에 상당한 양의 목재를 깎을 수 있다. 따라서 몇 분마다 공구를 날카롭게 갈아줄 필요가 있다. 많은 목선반 작업자들이 전동그라인더로 선반용 공구를 날카롭게 간다. 그러나 작업자들은 기름숫돌에 대고 자주 갈아주는 것을 좋아하기도 한다. 아마도 가장 좋은 방법은 절삭 경사면을 다시 갈아주는 것이다. 하지만 제작물을 섬세하게 가공해야 할 때는 절삭날을 숫돌에 대고 면도칼처럼 날카롭게 갈아주어야 한다.

어떠한 방법을 사용하건 공구를 자주 갈 수 있도록 연마 작업대를 선반과 가까운 곳에 둔다. 숫돌 표면에 금속 가루가 끼어 연마가 잘 되지 않을 때는 스타휠 드레싱 공구(Star-wheel dressing tool)를 사용해서 숫돌 표면을 다듬어주고, 숫돌에 가는 동안 날을 냉각시킬 수 있도록 그라인더 옆에 찬물을 준비해놓는다.

새로 구입한 둥근끌, 끌, 스크레이퍼의 절삭날은 제조업체에서 지정한 각도로 갈려 있다. 계속해서 이 각도로 날을 숫돌에 갈아주면 그 날은 완벽한 성능을 발휘할 수 있다. 그렇지만 목선박 작업자들은 종종 개인적인 기호에 따라 각자의 공구를 다른 절삭 각도로 간다.

참조할 곳

그라인더	106–107
연마기	110
기계작업장 안전	156
안전에 관한 사항	193
선반가공 공구	194–195

러핑 아웃 둥근끌

스핀들 둥근끌

볼 둥글끌

끌

파팅 공구

스크레이퍼

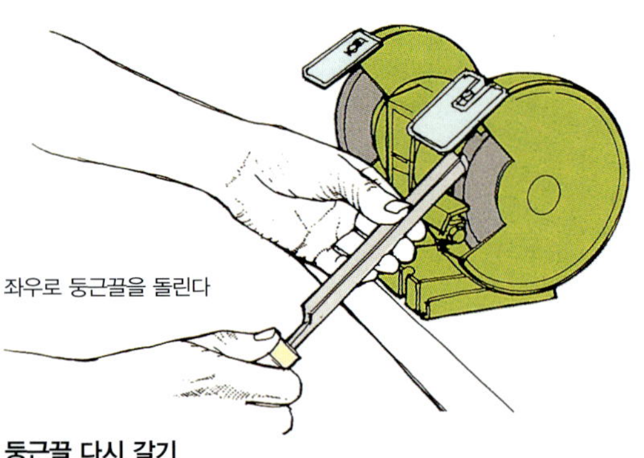

둥근끌 다시 갈기

둥근끌의 팁을 찬 물이 담겨 있는 그릇에 담근 다음 경사면이 아래로 향하도록 잡은 상태에서 숫돌로 가져간다. 경사면이 숫돌과 닿자마자 공구를 좌우로 돌려서 경사면 전체를 균일하게 갈아준다. 이때 날을 세게 누르지 말고 자주 물에 담가 냉각시킨다. 러핑 아웃 둥근끌의 적당한 경사면 각도는 45도이고, 스핀들 둥근끌과 볼 둥근끌은 각각 30도와 40도가 적당하다.

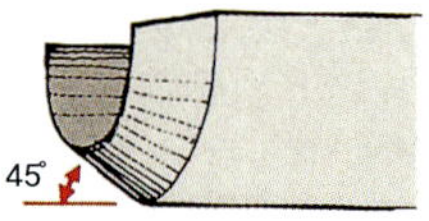

끌 다시 갈기

끌을 날카롭게 갈 때는 날의 양면을 모두 간다. 이때 공구를 좌우로 움직이면서 직선 절삭날을 갈아준다. 공구를 가볍게 눌러주면서 절삭날이 직선에서 벗어나지 않도록 주의하며 금속을 자주 냉각시킨다. 끌의 끝에서 내각이 30도가 되도록 연마하고 가장자리(Edge)를 숫돌에 대고 갈아준다.

파팅 공구 다시 갈기

끌을 갈 때와 마찬가지로 날 끝의 내각이 30도가 되도록 파팅 공구를 갈아준다.

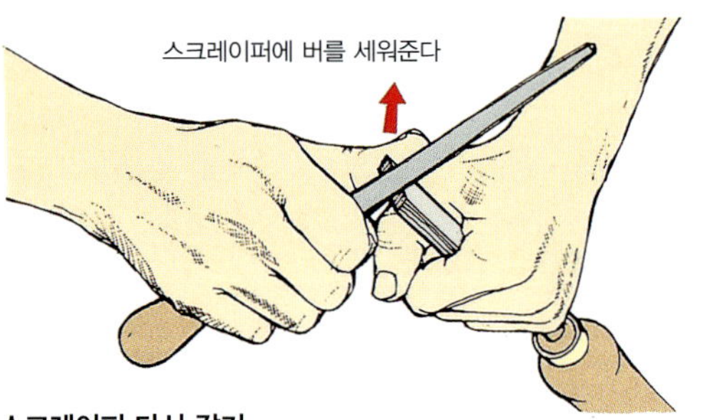

스크레이퍼 다시 갈기

대부분의 선반 작업자는 스크레이퍼를 숫돌에 갈고 나서 바로 사용한다. 하지만 경사면을 숫돌에 갈고 난 후 연마기(Burnisher)로 가장자리를 다듬어서 버(Burr)를 세워주면 더 효율적인 절삭날이 만들어진다. 스크레이퍼를 75~80도 각도로 갈아주는 것이 가장 좋다.

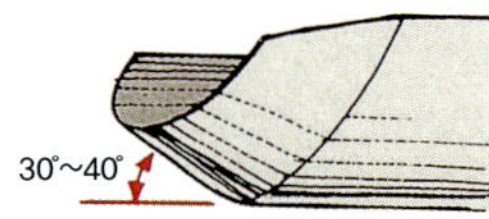

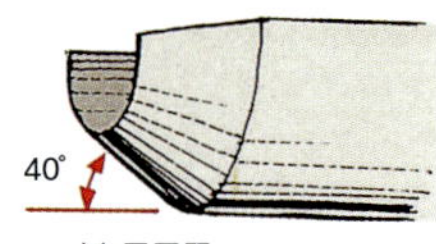

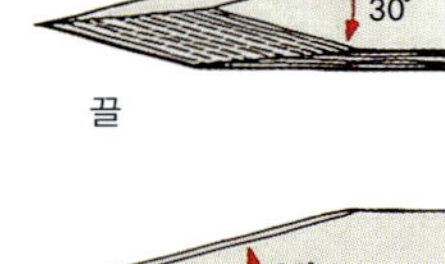

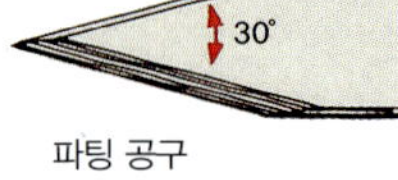

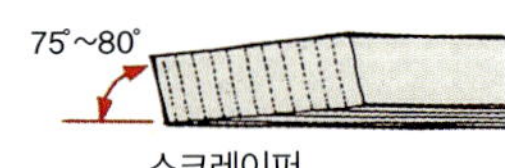

기본적인 공구 사용법

목선반을 사용할 때 작업자가 서 있는 상태에서 몸을 움직이는 방법은 공구를 잡는 방법만큼 중요하다. 기본적으로 공구를 제어할 수 있기 위해서는 연습이 필요하기 때문에 공구에 익숙해지고 감각적으로 공구를 제작물에 대고 가공할 수 있을 때까지 연재로 만든 나뭇조각에 대고 선반가공 연습을 해야 한다.

작업 높이

편안하게 선반가공을 할 수 있는 높이에 선반을 얹어놓을 수 있도록 튼튼한 작업대를 만든다. 각 작업자마다 편안하게 작업할 수 있는 높이가 서로 다르다. 그러나 일반적으로 제작물의 중심선이 작업자의 팔꿈치 높이에 오도록 선반을 올려놓는 것이 좋다.

제작물이 팔꿈치 높이에 있어야 한다

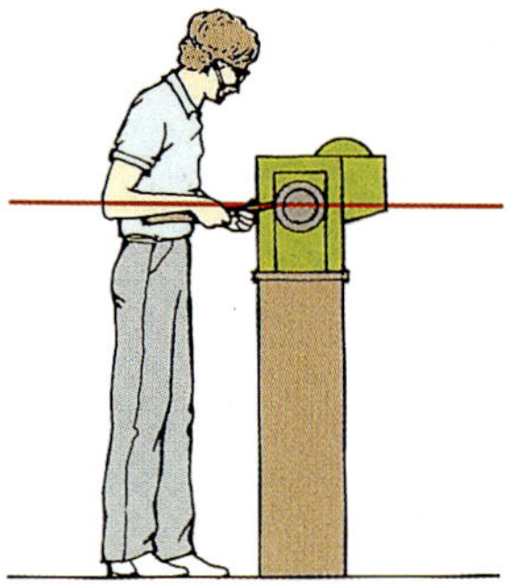

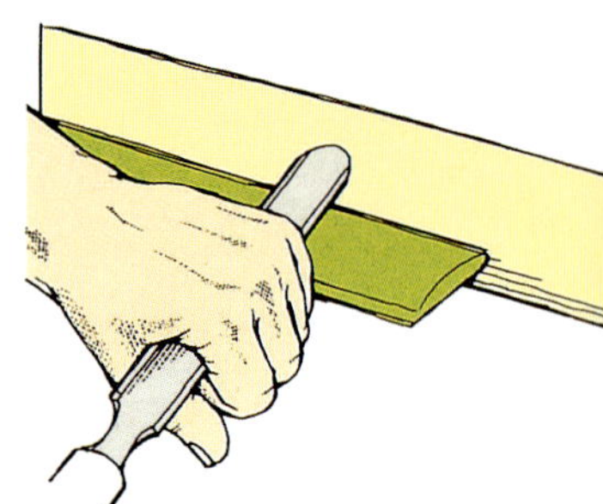

올바른 자세와 공구 제어

비트윈 센터 선반가공을 할 때는 두 다리로 편안히 균형을 잡은 상태에서 선반을 마주 보고 선다. 그러나 몸을 앞으로 기울일 정도로 선반에서 멀리 떨어져 서 있지 않도록 한다. 이런 자세로 작업하면 쉽게 피곤해지고 공구를 제대로 제어할 수 없기 때문이다. 팔뚝과 팔꿈치를 몸 쪽으로 바짝 잡아당긴 상태에서 선반용 공구가 어느 정도 팔뚝과 일직선이 되도록 한 손으로 공구의 손잡이를 잡는다.

다른 손으로는 공구를 공구 받침대에 댄 채 좌우로 움직이면서 공구의 날을 잡아준다. 거칠게 깎아낼 때는 손으로 공구의 날을 감싸쥔다.1 좀더 세밀하게 깎아낼 때는 엄지손가락을 날 위에 대고 나머지 손가락을 날 아래로 넣어 날을 잡는다.2

어떤 식으로 잡건 팔꿈치를 작업자의 몸 쪽으로 바짝 당겨야 한다.

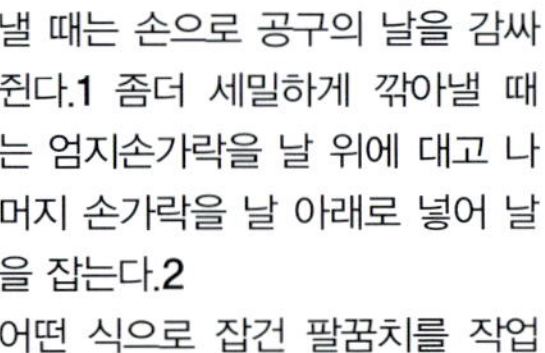

1 거칠게 깎을 때는 공구의 날을 감싸 쥔다.

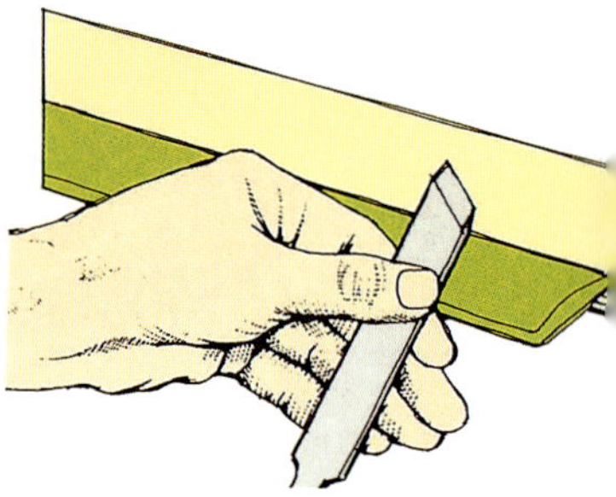

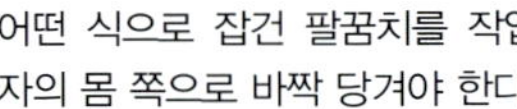

2 세밀하게 깎을 때는 손을 날 아래로 대어 잡는다.

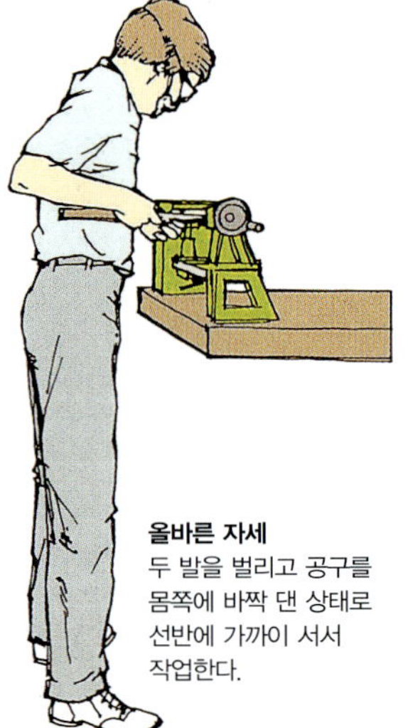

올바른 자세
두 발을 벌리고 공구를 몸쪽에 바짝 댄 상태로 선반에 가까이 서서 작업한다.

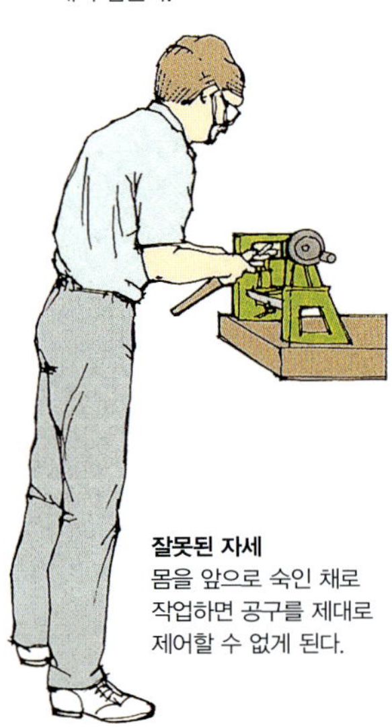

잘못된 자세
몸을 앞으로 숙인 채로 작업하면 공구를 제대로 제어할 수 없게 된다.

공구를 움직이면서 작업

기본 원통형 제작물을 선반가공할 때는 공구를 제작물과 평행한 경로로 계속 움직여주어야 한다. 이때 손과 팔만 움직여주면 공구가 흔들려 둥글게 깎이기 쉽다. 바른 자세는 몸에 균형을 유지한 채로 자르는 방향으로 몸 전체를 유연하게 움직여주는 것이다. 지나치게 근육을 긴장시키거나 공구를 너무 세게 쥐지 않도록 해야 한다. 왼쪽으로 작업할 때는 어깨를 왼쪽으로 돌리고 상체를 돌리면서 절삭이 진행되는 쪽으로 몸을 기울인다.1 서서히 왼쪽 다리를 구부리고 오른쪽 다리를 펴면서 점차 체중을 왼쪽 다리로 옮긴다.2 오른쪽으로 작업할 때는 제작물에 대해서 공구를 필요한 각도로 쥘 수 있도록 자세를 편다.3 왼손잡이인 작업자는 오른손잡이와는 정반대로 움직인다.

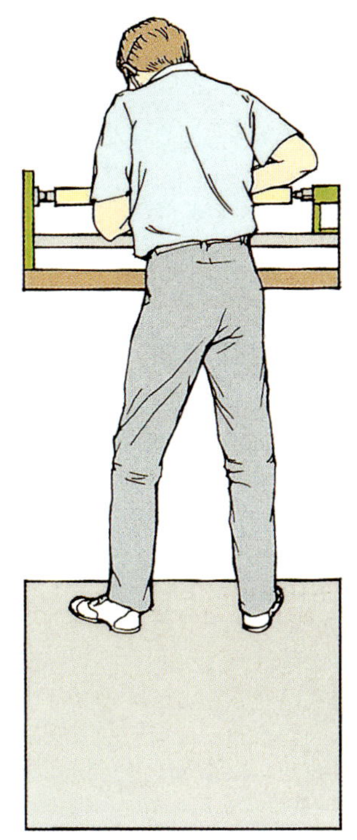

1 공구를 움직이면서 작업한다.
상체를 왼쪽으로 돌리면서 절삭되는 쪽으로 몸을 기울인다.

2 계속 진행한다.
몸을 움직이면서 왼쪽 무릎을 구부리고, 균형을 유지한 채로 왼쪽 다리로 체중을 옮겨간다.

3 방향을 바꾼다.
오른쪽으로 방향을 바꾸어 작업할 때는 균형을 잡을 수 있도록 발을 옮겨놓고 편안한 자세를 취한다.

선반용 공구로 깎기

목선반용 스크레이퍼를 제작물에 직각으로 가져간 상태에서 바닥에 평행하게 잡는다. 초보자들은 대개 목선반용 둥근끌 및 끌을 이와 비슷한 방법으로 사용하는데, 목재가 부드럽게 깎이기보다는 거의 긁어내는 듯한 작업이 된다. 이렇게 사용해도 쉽게 배울 수 있지만 이 방법으로 깎아낸 면은 매우 거칠기 때문에 만족스러운 마감면을 얻기 위해서는 연마를 다시 해야 한다. 숙련된 목선반 기술자는 공구를 사용하여 목재를 얇게 벗겨내면서 작업한다.

이 기술은 많은 연습이 필요하지만 모든 선반 작업자가 습득하고자 하는 기술이다.

공구 받침대가 제작물과 6~12mm 이하의 거리만큼 떨어진 상태에서 제작물의 중심선 위에 오도록 조절한다. 제작물을 손으로 돌려서 가공을 위한 여유공간이 있는지 확인한다. 그런 다음 스위치를 켜고 공구의 다른 부분이 제작물에 닿지 않도록 한 상태에서 공구의 날을 공구 받침대에 올려놓는다. 공구를 단단히 받치지 않은 상태에서 회전하는 제작물에 갖다 대면 공구가 심하게 튕겨나갈 수 있다. 이때 제작물이나 공구가 손상을 입을 가능성이 매우 높고 작업자가 다칠 수도 있다.

공구의 경사면을 목재에 기댄 채1 일정한 각도로 공구를 잡아준 다음 손잡이를 천천히 들어올려 절삭을 시작한다.2 공구 손잡이를 위로 올리거나 아래로 내려서 절삭 깊이를 정확하게 제어할 수 있다. 원통형 제작물이 회전하는 동안 공구를 좌우로 움직일 때는 공구가 나아가는 방향으로 공구 전체를 기울여 제작물을 얇게 벗겨낸다.3 이와 동시에 절삭날이 제작물에 걸리지 않도록 공구를 옆으로 밀어주는 방향으로 날을 돌려준다.4 절삭이 제대로 이루어지면 깎아낸 부분도 반듯하며 마감면은 연마가 거의 필요 없을 정도로 매끈해진다.

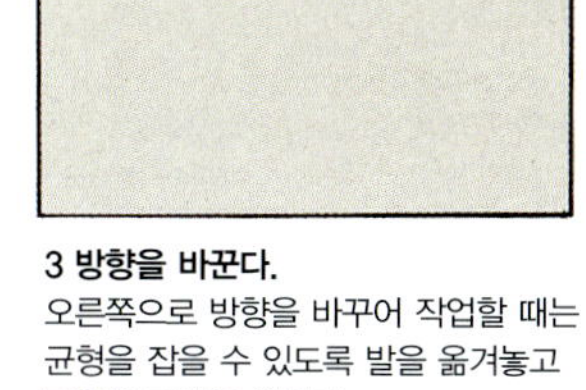

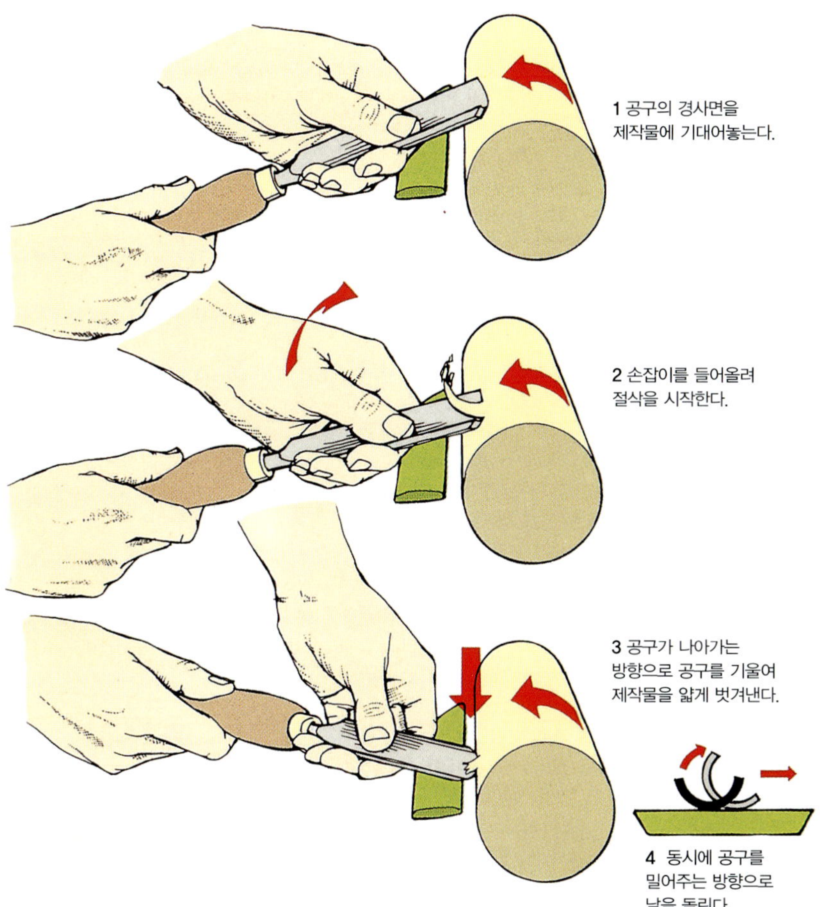

1 공구의 경사면을 제작물에 기대어놓는다.

2 손잡이를 들어올려 절삭을 시작한다.

3 공구가 나아가는 방향으로 공구를 기울여 제작물을 얇게 벗겨낸다.

4 동시에 공구를 밀어주는 방향으로 날을 돌린다.

비트윈센터 선반가공

비트윈센터 선반가공은 의자나 탁자 다리와 같이 원통형 제작물을 만들 때 사용된다. 이것은 비교적 간단한 방법이다. 그러나 목재 선반 작업자는 비드(Bead)나 할로우(Hollow)가 포함된 더 장식적인 제작물을 만들고 싶어하기도 한다. 비트윈센터 선반가공 작업은 모두 같은 방법으로 시작된다. 즉 단면이 사각형인 스톡(Stock)을 변형시킨 것이다.

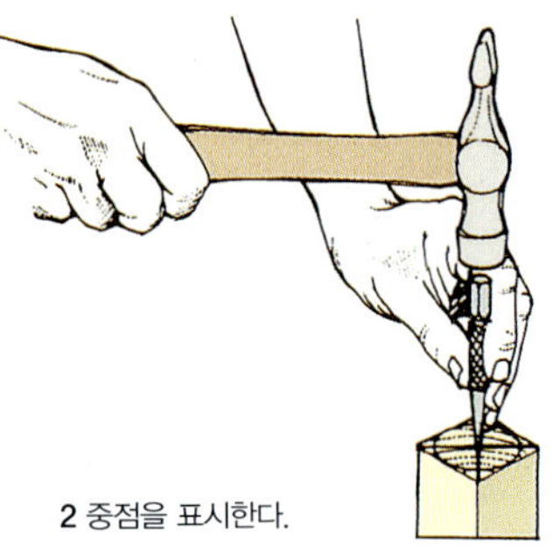

1 대각선을 긋는다.

스톡을 준비하고 부착하기

우선 복합기계대패로 단면이 정사각형인 제작물을 만들고 각 끝면에 대각선 두 개를 그어 중점을 찾는다.1

컴퍼스로 스톡의 양쪽 끝에 최종 제작물의 원주를 그려 넣은 다음 금속 작업자가 사용하는 센터 펀치 또는 작은 송곳으로 두 중점(대각선이 서로 만나는 점)을 표시해 둔다.2 드라이브 센터의 뾰족한 끝을 끼우는 공간을 만들기 위해 장부톱을 사용해 스톡 한쪽 끝면에 있는 두 대각선을 따라 깊지 않게 톱질자국을 내준다.3

숙련된 목재 선반 기술자라면 스톡을 선반에 끼우고 둥근끌로 직각 모서리 부분을 제거할 수 있을 것이다. 하지만 초보자들에게는 모서리를 대패질해서 팔각형으로 만드는 것이 더 쉽다.4 드라이브 센터를 톡톡 두들겨서 제작물 끝에 파낸 톱질자국 안으로 밀어 넣은 다음5 드라이브 센터의 뾰족한 끝을 헤드스톡으로 밀어 넣는다.

테일스톡을 제작물까지 밀고 제작물의 끝면에 표시되어 있는 가운데 구멍에 테일스톡 센터의 뾰족한 끝을 갖다 댄다. 테일스톡을 선반 베드에 고정시킨 다음 핸드 휠을 돌려서 제작물 안으로 센터를 주입시킨 뒤 핸드 휠을 잠근다.

공구 받침대를 제작물 가까이로 가져간 다음 손으로 제작물을 돌려서 가공을 위한 여유공간이 있는지 확인한다. 저속을 선택하고 전원 스위치를 켜기 전에 모든 부품이 단단히 죄여 있는지 확인한다. 선반을 몇 분 정도 돌리고 나서, 전원 스위치를 끄고 핸드 휠을 돌려 테일스톡 센터가 제작물에 단단히 고정되어 있는지 확인한다.

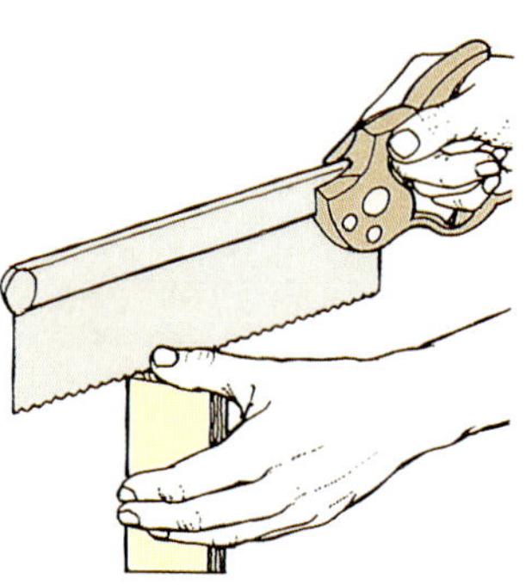

2 중점을 표시한다.

3 깊지 않게 톱질자국을 낸다.

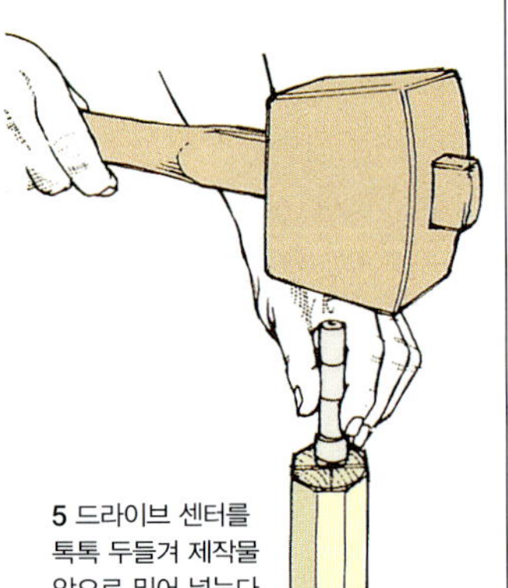

4 각재를 팔각형으로 대패질한다.

5 드라이브 센터를 톡톡 두들겨 제작물 안으로 밀어 넣는다.

러핑 아웃 둥근끌로 제작물을 원통형으로 가공한다.

스톡을 원통형으로 만들기

제작물의 한쪽 끝에서부터 러핑 아웃 둥근끌을 사용하여 모서리 부분을 제거한다. 처음에는 공구 받침대를 따라 둥근끌을 부드럽게 움직이면서 조금씩 제거해야 한다. 필요하다면 전원을 끄고 공구 받침대를 이동시킨 후 제작물의 다른 쪽 끝도 같은 지름으로 줄인다. 평평한 부분이 모두 없어질 때까지 이 과정을 반복한다. 그러면 결국 한쪽에서 다른 쪽까지 지름이 균일한 원통형 제작물이 만들어진다.

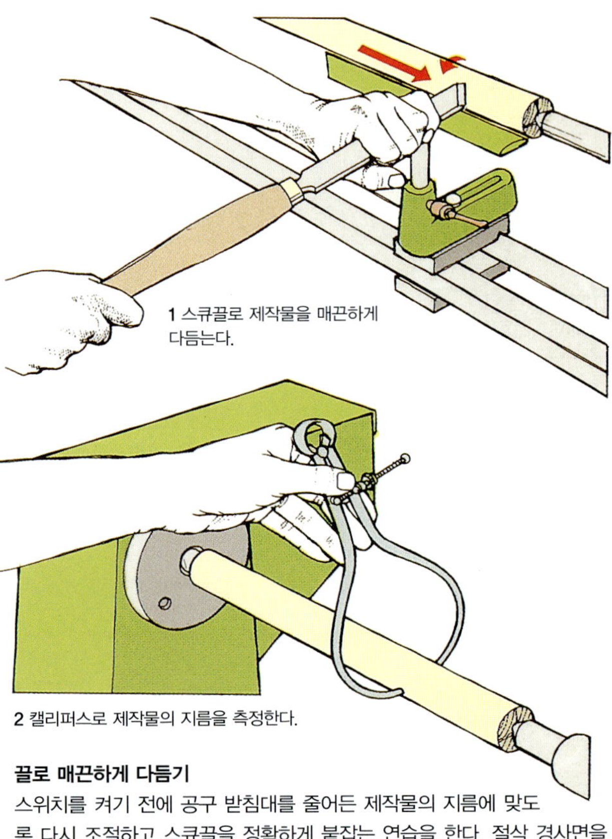

1 스큐끌로 제작물을 매끈하게 다듬는다.

2 캘리퍼스로 제작물의 지름을 측정한다.

끌로 매끈하게 다듬기

스위치를 켜기 전에 공구 받침대를 줄어든 제작물의 지름에 맞도록 다시 조절하고 스큐끌을 정확하게 붙잡는 연습을 한다. 절삭 경사면을 제작물에 대고 공구 받침대 위에서 날을 살짝 움직인다. 그런 다음 더 긴 끝을 제작물로부터 들어올리고 공구를 미는 방향으로 기울여준다. 절삭날의 중간에서 바닥 부분의 제작물을 깎아낸다.1

선반이 돌아가고 있는 상태에서는 제작물의 한쪽 끝부터 시작한다. 이때 깎아낸 부분이 생기기 시작할 때까지 끌을 제작물의 표면에 갖다 댄다. 그 다음 부드럽게 공구를 옆으로 밀어준다. 공구를 미는 동안 절삭 깊이를 일정하게 유지한다. 제대로 작업을 마치고 나면 대패질한 것처럼 매끈한 면이 만들어진다. 작업하는 동안 주기적으로 전원 스위치를 끄고 캘리퍼스로 제작물의 지름을 측정한다.2

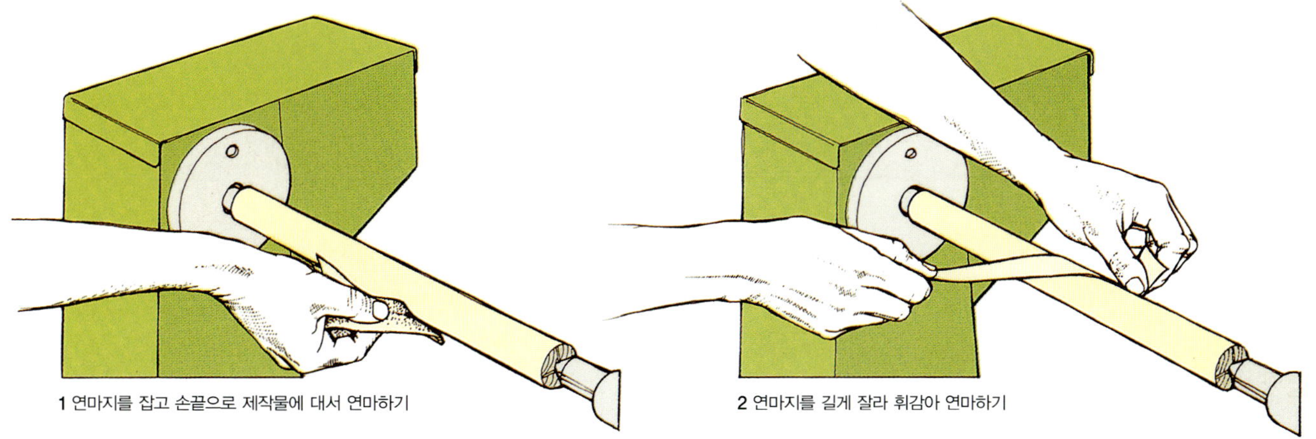

1 연마지를 잡고 손끝으로 제작물에 대서 연마하기

2 연마지를 길게 잘라 휘감아 연마하기

원통형 제작물 연마하기

이론적으로는 선반가공을 제대로만 한다면 별도의 연마가 필요하지 않게 되어 있다. 즉 끌로 직접 마감한 표면은 이론상으로 볼 때 완벽하다. 그러나 실제로는 대부분의 목선반 작업자들이 가벼운 연마로 표면을 깨끗하게 다듬는다. 선반으로 연마할 때는 많은 양의 미세한 먼지가 발생하기 때문에 안면 마스크를 착용해야 한다.

75mm 폭으로 고움 등급의 연마지를 찢고 세 겹으로 접는다. 공구 받침대를 제거하고 전원 스위치를 켠 다음 손가락 끝으로 연마지 패드를 회전하는 제작물에 댄다.1 제작물에는 나뭇결에 어긋나는 흠집이 생기지 않도록 연마지를 제작물을 따라 계속 움직여주든지 연마지를 길게 잘라 양쪽 끝을 잡은 상태로 제작물을 감싼다.2

제작물을 일정한 크기로 자르기

공구 받침대를 다시 설치한 후 연필심 끝을 회전하는 원통형 제작물에 대고 제작물의 끝에 표시를 해둔다.1 파팅 공구를 제작물과 직각으로 잡고 잘려나갈 부분에 표시한 선에 경사면을 대고 절삭을 시작한다. 공구의 손잡이를 천천히 들어 올려 목재 안에 깊은 홈을 판다.2 제작물의 각 끝에서 중앙의 작은 지름에 목(Neck)을 남겨둔다.3 제작물을 선반에서 꺼낸 다음 장부톱을 사용하여 잘려나갈 부분을 자른다.4 날카롭고 단단한 끌을 사용해서 마구리면을 평평하게 다듬어준다.

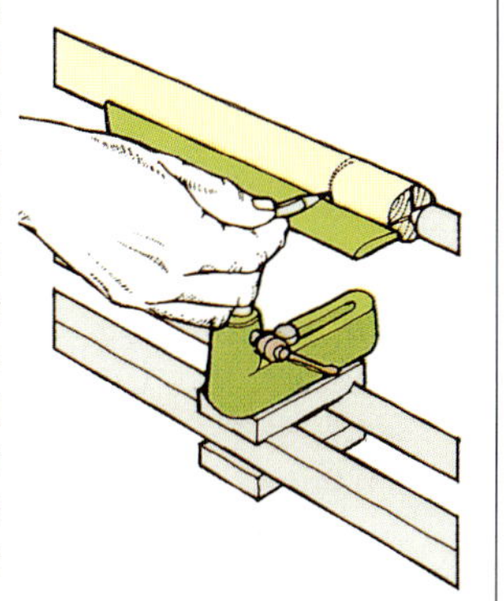

1 연필심 끝으로 회전하고 있는 제작물에 표시한다.

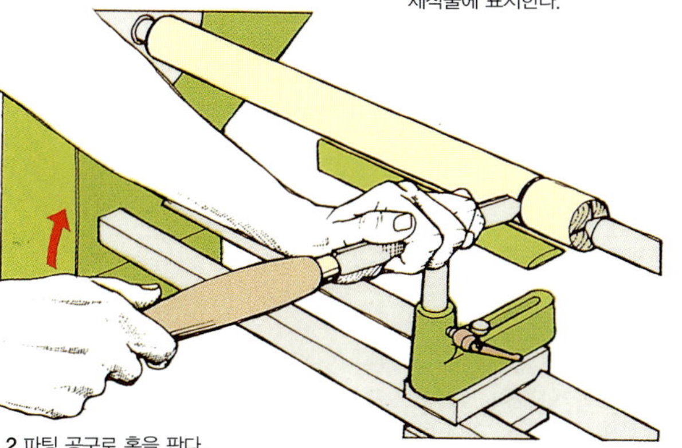

2 파팅 공구로 홈을 판다.

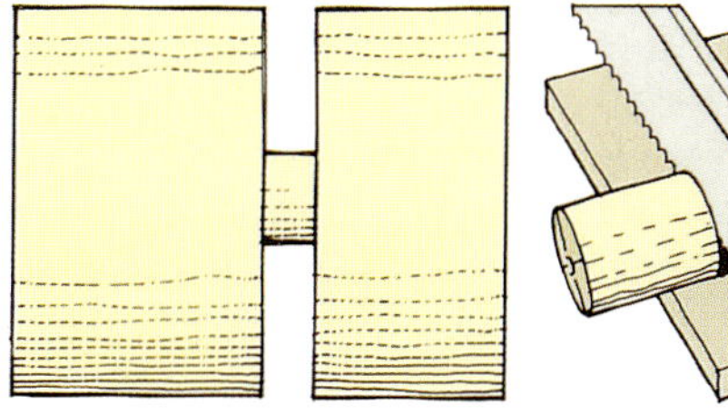

3 가운데에 목만 남겨둔다.

4 톱으로 잘려나갈 부분을 자른다.

선반 광택

제작물을 선반에서 꺼내기 전에 회전하고 있는 제작물에 광택제를 바를 수 있다. 티크(Teak)나 아프로모지아(Afrormosia)처럼 기름기가 많은 오픈그레인 목재(Open-grain timber)를 제외한 모든 목재를 위한 실러(Sealer)로는 프렌치 광택제가 적합하다. 밝은 색 목재에는 투명한 프렌치 광택제를 사용하고 어두운 색 목재에는 버튼 광택제(Button polish)나 가닛 광택제(Garnet polish)를 사용한다.

브러시로 제작물에 액상 광택제를 바른 다음1 저속을 선택하고 전원 스위치를 켠다. 제작물이 회전하기 시작할 때 광택제가 튈 수 있으므로 눈을 보호하는 고글이나 보호 안경을 착용한다. 부드러운 헝겊을 사용해서 발라준 광택제를 나뭇결을 따라 문질러준다.2 선반에서 움직이는 부분에 옷이 닿지 않도록 주의한다. 제작물이 계속 돌아가고 있는 동안 단단한 왁스 스틱으로 목재의 표면을 문지르고 깨끗한 헝겊으로 닦아서 광택을 낸다.
광택 마감이 필요하지 않은 오픈 그레인 목재에는 티크(Teak) 오일을 발라준다. 버튼 광택제처럼 제작물에 바르고 헝겊으로 닦아 광택을 낸다. 샐러드 그릇에는 식물성 오일 또는 시중에서 판매되는 샐러드 그릇용 기름을 바른다.

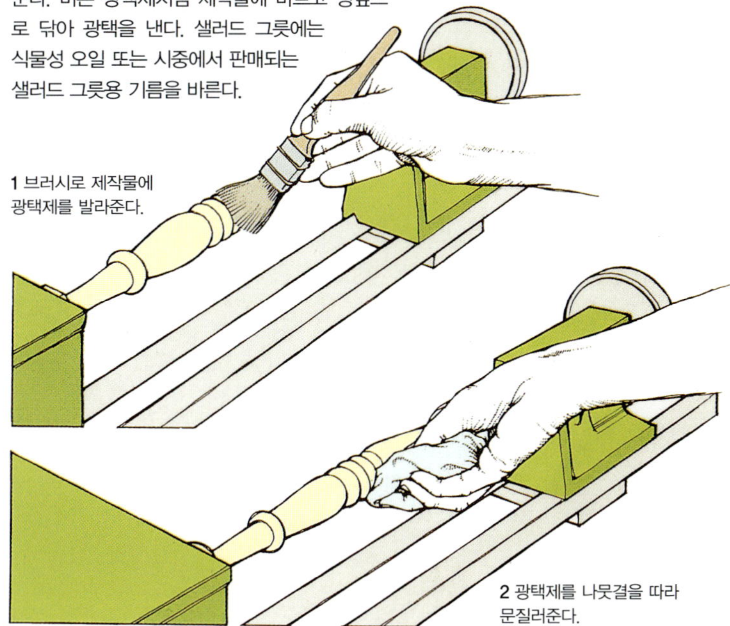

1 브러시로 제작물에 광택제를 발라준다.

2 광택제를 나뭇결을 따라 문질러준다.

장식 선반가공

제작물에 장식을 위한 비드(Bead)와 할로우(Hollow)를 새겨 넣고자 할 때는 그 형태를 만들어 넣기 전에 목재를 매끈하게 만들거나 정확하게 연마할 필요가 없다. 적당히 깎은 각재를 둥근끌을 사용하여 원통형으로 만든 다음 비드와 할로우를 만들어주면 된다.

비드, 할로우, 필렛

비드는 장식용으로 사용하기 위해서 둥글고 볼록하게 깎은 부분이다. 이에 대응하는 것으로 오목하게 깎은 할로우나 코브(Cove)가 있다. 할로우와 비드 사이에 종종 필렛(Filltet)이라는 작은 돌출부를 만들기도 한다.

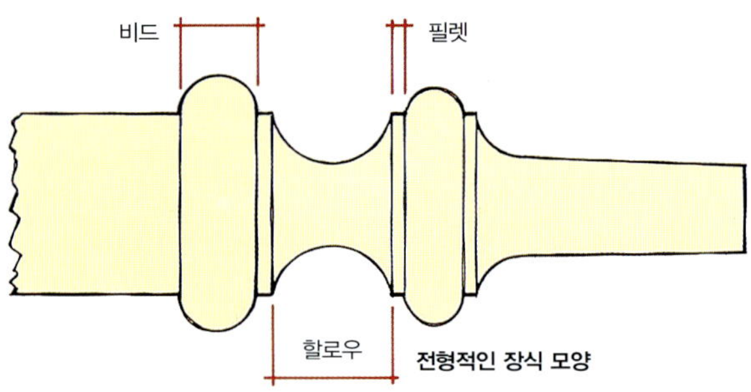

비드와 할로우 표시

직선자와 연필을 사용하여 제작물을 따라 비드와 할로우가 위치할 지점을 표시한다. 선반의 전원 스위치를 켜면 연필로 표시한 부분은 희미한 선처럼 보인다. 선반이 돌아가는 동안 연필심 끝을 그 희미한 선에 대고 진하게 표시해준다.

사각형에서 원형으로 선반가공

탁자나 의자의 다리를 선반가공할 때는 종종 한쪽 또는 양쪽 끝을 장부맞춤이나 꽂임촉못맞춤으로 가로대와 조립할 수 있게 사각형으로 남겨둔다. 이러한 유형의 다리를 만들 때는 단면이 사각형인 각재를 선반가공해야 하기 때문에 이 기술을 시도하기 전에는 숙련된 목재 선반가공 기술을 익혀야 한다.

선반에 각재를 끼우기 전에 맞춤을 먼저 파놓는다. 사각형으로 남겨둘 각 부위의 돌출부를 아주 선명하게 표시해둔다.1

비드를 깎을 때와 마찬가지로 스큐끌의 뾰족한 끝을 사용해서 돌출부 절단선에 V자 홈을 판다. 그런 다음 조심스럽게 끌을 돌리면서 목재를 깎아 홈 양쪽에 반쪽 비드를 판다.2 러핑 아웃 둥근끌을 사용하여 사각형으로 남겨둘 부분의 사이에 있는 각재의 나머지 부분을 원통형으로 깎은 후 끌과 연마지를 사용해서 비슷한 방법으로 마감한다.

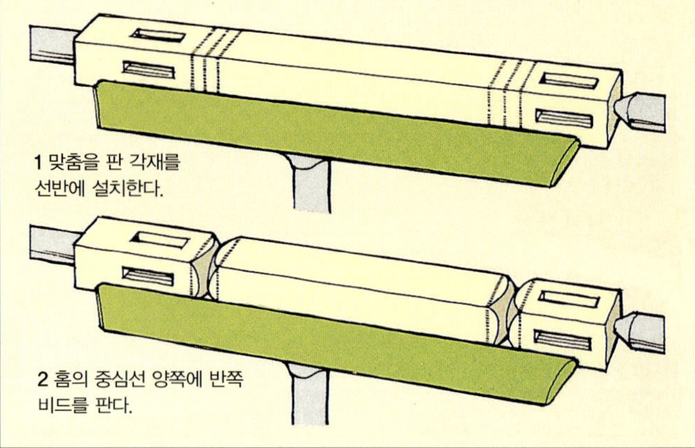

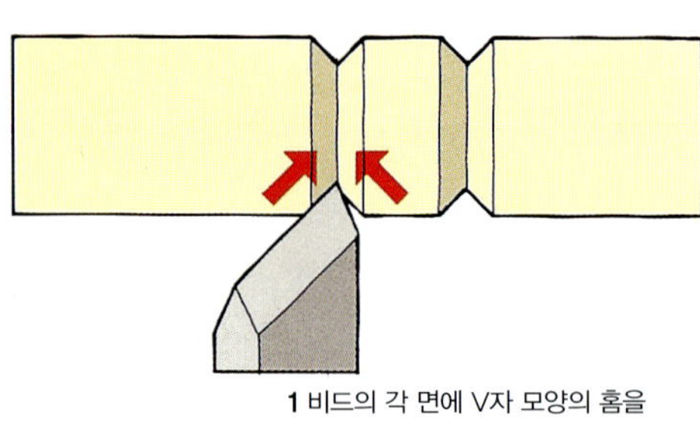
1 비드의 각 면에 V자 모양의 홈을 판다.

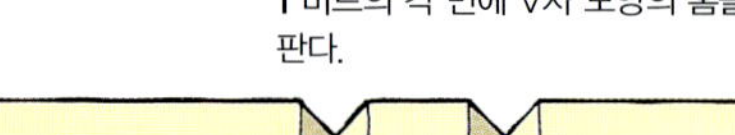
2 끌의 경사면을 홈 사이에서 튀어나온 부분에 눕힌다.

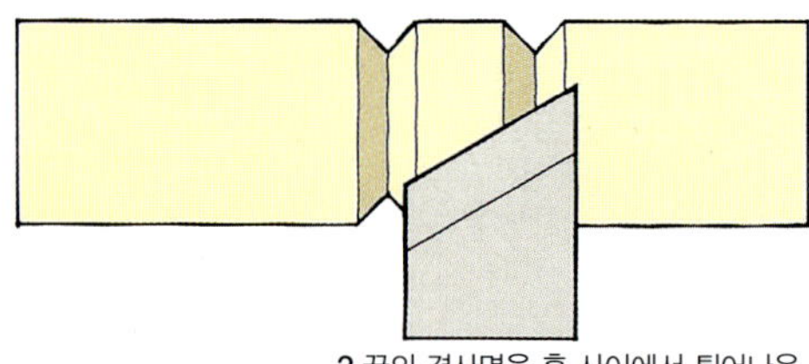
3 끌을 서서히 돌려서 홈에서 수직으로 세운다.

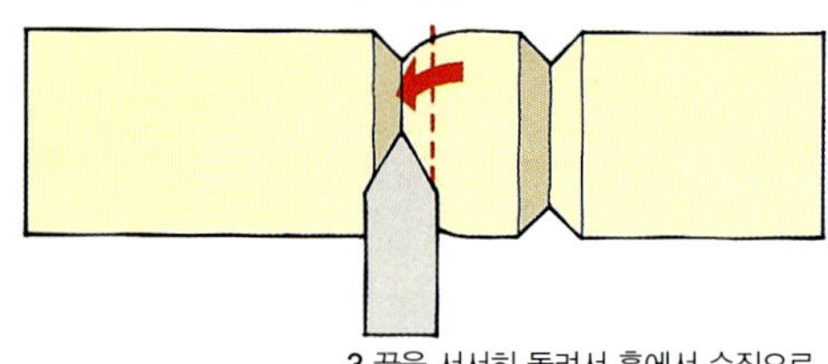
4 최종 비드

비드 깎기

공구 받침대에 스큐끌의 좁은 면을 댄 상태에서 끌의 길고 뾰족한 끝을 표시한 부분에 갖다 대고 3mm 정도의 홈을 판다. 이때 공구 손잡이를 천천히 들어 올리면 뾰족한 끝이 서서히 제작물 쪽으로 접근한다. 끌을 좌우로 조금씩 흔들어서 V자 모양의 홈을 만든다.1 홈의 각 면에서 목재를 3mm 정도 제거한다.

비드의 한쪽 면 모양을 만들기 위해서 끌의 절삭 경사면을 V자 모양의 홈 사이에 튀어나온 부분에 눕힌 다음2 서서히 공구의 손잡이를 돌려서 끌의 날이 한쪽 홈 가운데에서 똑바로 서도록 만든다.3 비슷한 방법으로 비드의 다른 쪽 면도 똑같이 만든다. 같은 과정을 반복해서 비드를 매끈하게 만들고 남아 있는 각진 부분을 제거한다. 깎고 있는 비드의 정확한 형태를 확인하기 위해서 제작물의 수평을 확인한다.4 끌이 제작물과 수직이 되도록 유지시킨다. 끌을 옆으로 돌릴 때 수직에서 벗어나면 공구의 뾰족한 끝이 목재에 걸릴 수도 있기 때문이다.

할로우와 필렛 깎기

할로우를 선반 가공할 때는 12mm 스핀들 둥근끌 또는 절삭 팁을 둥글게 만들기 위해서 모퉁이 부분을 갈아낸 볼 둥근끌을 사용한다. 둥근끌의 팁을 좌우로 부드럽게 움직여서 비드 사이에 있는 잘려 나갈 부분의 일부를 제거한다.1

스큐 끌의 뾰족한 끝을 사용하여 양쪽에 필렛 형태를 만든다.2 둥근끌의 세로 홈이 비드에서 멀어지도록 둥근끌을 공구 받침대에 대고 돌리면서 한쪽에서 할로우를 파기 시작한다. 날을 돌리고 공구의 팁을 제작물 쪽으로 밀어주면서 동시에 둥근끌을 할로우의 중심 쪽으로 밀어준다.3 할로우의 다른 쪽에서도 같은 방법으로 작업한다.

둥근끌로 조금씩 깎아내면서 이 과정을 반복한다. 이때 주의할 점은 항상 할로우의 바깥쪽에서 중심쪽으로 아래를 향해 공구를 이동시켜야 한다. 또한 할로우가 정확한 형태로 만들어졌는지 수평을 확인한다. 마지막으로 스큐끌로 필렛을 마무리하면 비드에 말끔한 코너가 남고 할로우에 날카로운 모서리가 남게 된다.

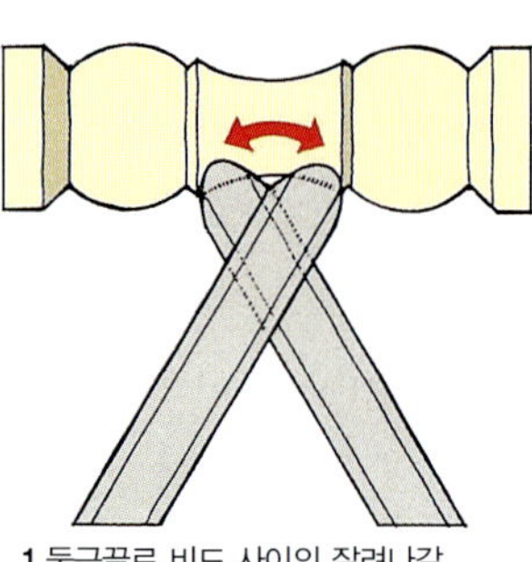
1 둥근끌로 비드 사이의 잘려나갈 부분을 일부 제거한다.

2 끌로 필렛의 형태를 만든다.

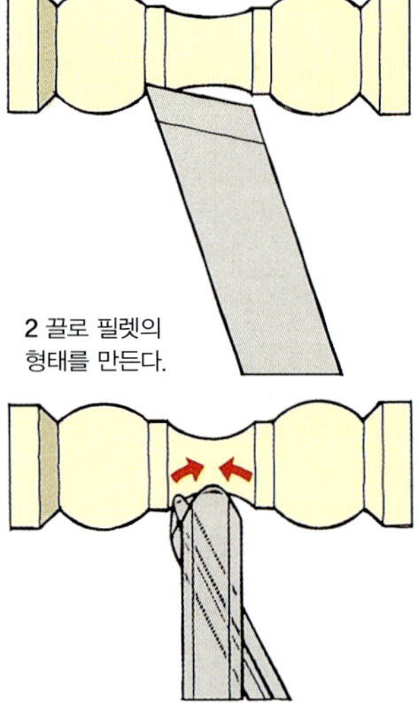
3 둥근끌을 '아래 방향으로' 밀어서 할로우의 형태를 만든다.

원센터 선반가공

선반가공된 나무 상자, 계란 컵, 꽃병과 같이 가운데가 움푹 파인 물건을 만들기 위해서는 마구리면을 회전시켜 테일스톡을 제거해야 한다. 따라서 헤드스톡 스핀들에 부착되는 특수 척 중 하나를 사용하여 제작물의 한쪽 끝을 단단히 고정시켜야 한다.

나사못 척

가장 간단한 척의 하나로, 제작물에 미리 뚫어놓은 구멍에 박히도록 만들어진 것이다. 이 척에는 일반적인 나사가 사용되지만 고급 제품에는 거친 일반용 나사가 달려 있어서 측면 목재뿐 아니라 마구리면 목재로 단단히 고정시킬 수 있다. 나사 척은 비교적 짧은 제작물에 사용된다.

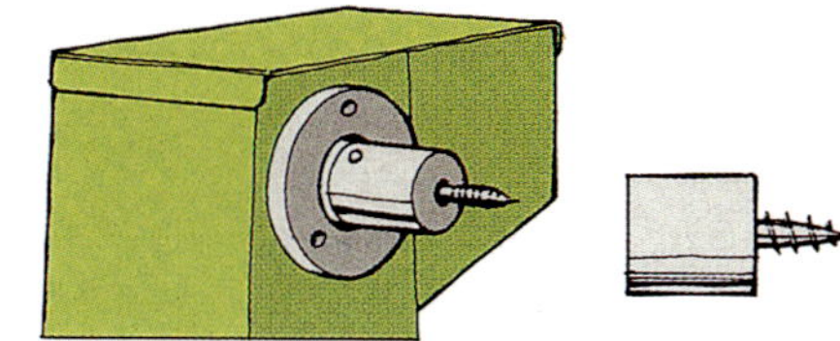
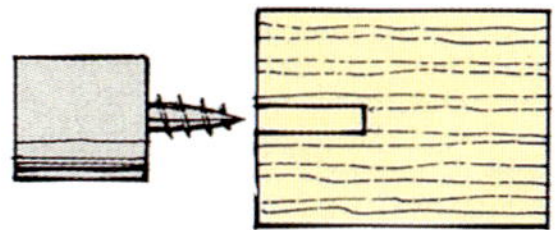

나사못 척

컵 척

선반가공하여 만든 원통형 마개를 제작물의 한쪽 끝에 끼울 수 있도록 속이 빈 부분이 있다. 이 척은 종종 제작물과의 양호한 마찰력에 의해서 그 기능을 발휘하도록 설계된다. 그러나 어떤 척에는 더 단단히 고정하기 위해 나사못 부품이 사용되기도 한다. 컵 척은 나사못 척으로 물기에는 꽤 긴 제작물에도 사용할 수 있다.

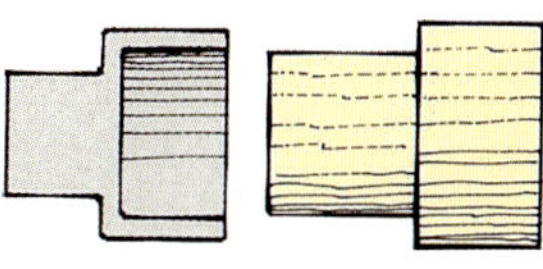

컵 척

핀 척

제작물의 한쪽 끝에 뚫린 구멍에 삽입하도록 디자인되어 있다. 지름이 작은 금속 핀은 척 마개에 수평으로 나 있는 얕게 파인 부분에 놓여 있다. 선반이 돌아가지 않을 때는 핀과 함께 마개가 제작물 안으로 쉽게 밀려 들어간다. 하지만 선반의 전원 스위치를 켜자마자 원심력에 의해서 핀이 경사진 면을 솟아 올라오라 제작물을 단단히 잡아준다.

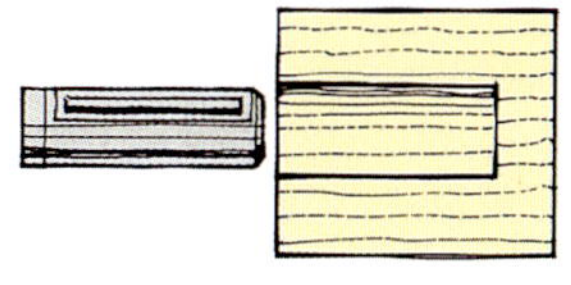

핀 척

3단 물림턱 척

키로 조작하는 셀프센터링 물림턱(Self-centering jaw)이 세 개 있다. 이 물림턱을 중심 쪽으로 죄어 원형형 제작물이나 마개를 물고 다시 중심과 반대 방향으로 풀어서 속이 빈 제작물을 문다. 이 척은 오랫동안 목선반 작업자들이 사용해왔다. 그러나 선반이 고속으로 돌아갈 때 물림턱 끝면에 돌출되어 있는 부분에 작업자의 손이 다칠 위험성이 있기 때문에 선호도가 줄고 있다. 선반에 이 척을 고정시켜 사용할 때는 적절한 보호 장치를 마련해야 한다.

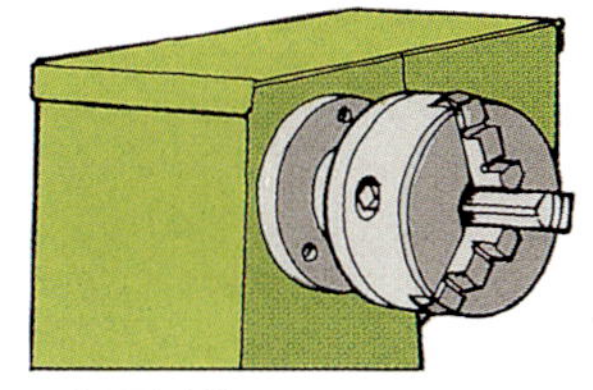
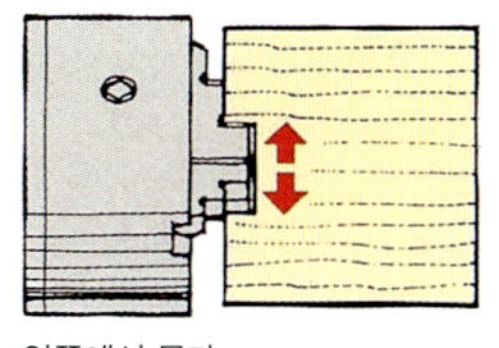
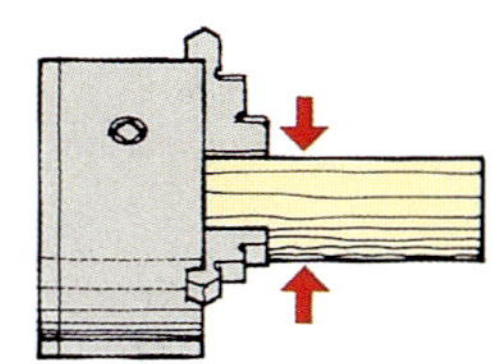

3단 물림턱 척   안쪽에서 문다   바깥쪽에서 문다

복합 척

최근 복합 척이 개발되면서 원센터 선반가공이 크게 발전되었다. 이 독창적인 장치는 나사못 척, 핀 척, 컵 척의 기능을 갖고 있다. 또한 수축시키면 원통형 제작물을 물 수 있고, 확장시키면 사발 등의 밑동 부분에 선반가공되어 있는 움푹 들어간 부분을 물 수 있는 콜릿(Collet)이 달려 있다.

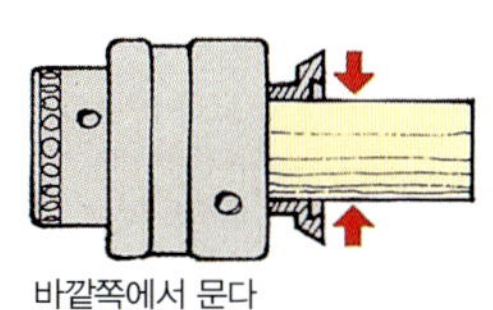
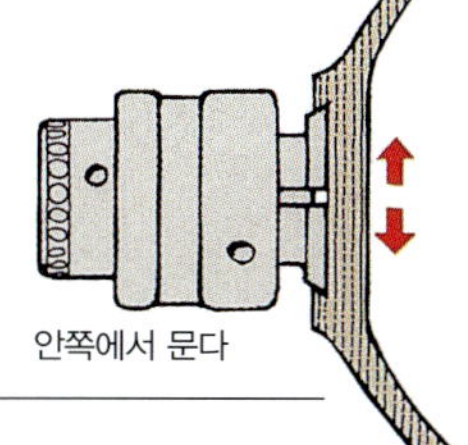

복합 척   바깥쪽에서 문다   안쪽에서 문다

속이 빈 제작물 선반가공

센터 사이에서 각재는 대충 만든 후 드라이브 센터 끝을 돌려서 사용하려는 척을 맞춘다. 테일스톡을 제거하고 제작물을 척에 끼운 다음 둥근끌로 목재를 다듬어 중앙에서 회전하도록 만든다. 제작물을 분리해야 할 경우에는 정확한 위치에 다시 끼워 넣을 수 있도록 연필로 척에 위치를 표시해둔다. 공구 받침대를 제작물과 직각이 되도록 돌리고 볼 둥근끌 또는 스크레이퍼를 사용하여 우선 안쪽부터 속을 도려낸다.1 나뭇결이 불규칙한 목재를 선반가공할 때는 공구를 바깥쪽에서 안쪽으로 밀면서 작업한다. 하지만 마구리면 목재를 선반가공할 때는 공구를 중앙에서 바깥쪽으로 이동하면서 작업해야 한다. 이럴 때에는 두 경우 모두 제작물이 아래를 향해 돌아가고 있는 면에 공구를 대고 작업해야 한다. 가운데 부분에 드릴로 구멍을 뚫어서 잘려나갈 부분 일부를 미리 제거해둘 수도 있다. 내경 캘리퍼스로 제작물의 내경을 측정한 다음2 바깥면을 선반가공하고 파팅 공구로 제작물을 떼어낸다.

1 안쪽을 먼저 도려낸다.

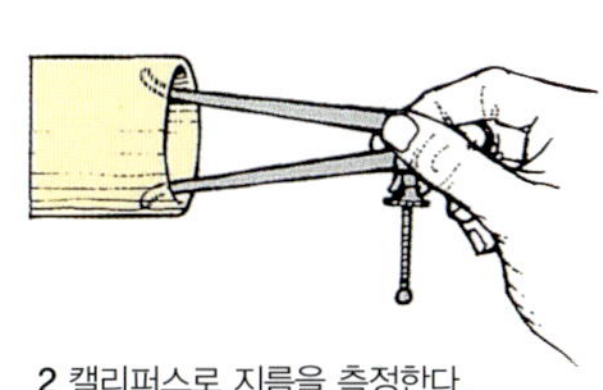

2 캘리퍼스로 지름을 측정한다.

선반으로 구멍 뚫기

제작물의 끝면에 구멍을 뚫을 때는 끝이 점점 가늘어지는 샤프트가 달린 드릴 척을 선반의 테일스톡 안에 끼워 넣는다. 원센터 척에 제작물을 단단히 고정시킨 상태에서 저속을 선택하고 테일스톡 핸드 휠을 돌려 드릴 비트를 제작물 쪽으로 접근시킨다. 마구리면을 깨끗하게 깎아주는 특수 톱니 기계 센터 비트(Saw-tooth machine center bit)를 사용한다. 그러나 보통 트위스트 드릴이나 스페이드 비트 또는 포르스트너 비트를 사용할 수도 있다.

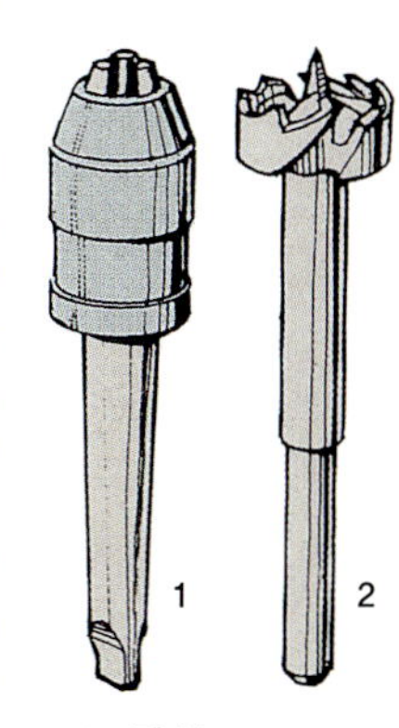

1 드릴 척
2 톱니 기계 센터 비트

면판 선반가공

선반을 이용해서 목재로 사발이나 용기를 만드는 것은 흔한 작업이다. 하지만 지름이 상당히 큰 이런 물건을 선반가공으로 만들려면 높은 수준의 기술이 요구된다. 특히 얇게 가공하기 위해서는 더욱 숙련된 선반가공 기술이 필요하다. 이때는 공구가 가볍게 미끄러져도 제작물이 산산조각 날 수 있기 때문이다.

무거운 제작물을 헐렁하게 물린 상태로 작업하다가는 심각한 사고가 일어날 수도 있기 때문에 사발을 만들기 위한 반제품 형태의 목재를 선반에 단단히 고정시켜야 한다. 제작물을 물리기에는 복합 척이 가장 좋다. 하지만 전통적인 면판의 값이 훨씬 싸다. 면 판은 주철로 만든 디스크로써 선반의 드라이브 스핀들을 끼울 수 있도록 중앙에 나사산이 파인 구멍이 나 있다. 이 구멍에 나사못을 통과시켜 제작물을 고정시킨다. 선반에는 보통 지름이 100~150mm인 면판이 제공되지만 지름이 더 큰 제품도 액세서리로 사용할 수 있다. 제작물의 밑받침에 쉽게 부착시킬 수 있는 크기의 면판을 선택한다.

면판 달기

선반가공을 하려는 사발의 밑받침이 굵은 나사못을 박을 수 있을 정도로 두껍다면 면판을 사발 반제품에 직접 붙일 수 있다. 그러나 가공을 마친 제품의 밑받침에 나사 구멍이 있다면 이 구멍을 다른 나뭇조각으로 틀어 막아야 한다.

또다른 방법으로는 면판을 경재로 만든 디스크에 나사로 박아 고정시킨 다음 제작물의 밑받침을 이 디스크에 임시로 접착해서 가공할 수도 있다. 우선 옹이가 없고 잘 건조된 목재를 잘라 사각형 나뭇조각으로 만들고 한쪽 면을 대패질해서 평평하게 만든다. 양쪽 구석에 대각선을 그어 중점을 찾은 다음 컴퍼스로 사발의 둘레보다 조금 더 크게 원을 그려 넣는다. 밑받침의 원주를 표시하는 원을 또 하나 그려 넣는다.1

두께가 18mm인 경재를 잘라 사발의 밑받침과 지름이 같은 디스크를 잘라낸다. 갈색 종이에서 지름이 같은 디스크를 잘라낸다. 이것은 선반가공이 완료되었을 때 목재 디스크와 제작물 사이의 맞춤부가 찢어지지 않도록 그 사이에 끼워 넣은 분리막으로 사용된다. 양쪽 목재에 목재 가공용 접착제를 뿌린 다음 준비한 종이를 목재 디스크에 붙이고 나서 제작물을 중심에 맞춘 후 그 위에 붙인다.2 죔쇠로 고정시키고 접착제가 굳을 때까지 그대로 둔다.

컴퍼스를 사용하여 디스크에 면판의 둘레를 그려 넣고 10번 나사못 서너 개로 이 디스크를 면판의 중심에 맞추어 고정시킨다. 이때 나사가 이 디스크의 전체 두께만큼 뚫고 들어가야 한다. 띠톱으로 불필요한 부분을 잘라내어 원통형 사발 반제품을 만든다.3

면판을 드라이브 스핀들에 붙인다. 선반가공이 시작되면 원심력에 의해서 스핀들 나사산에 단단히 고정된다.

목재 선반가공용 면판

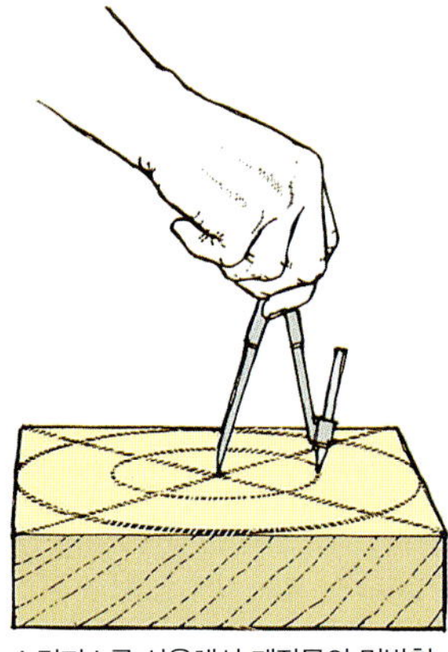

1 컴퍼스를 사용해서 제작물의 밑받침 둘레를 그려 넣는다.

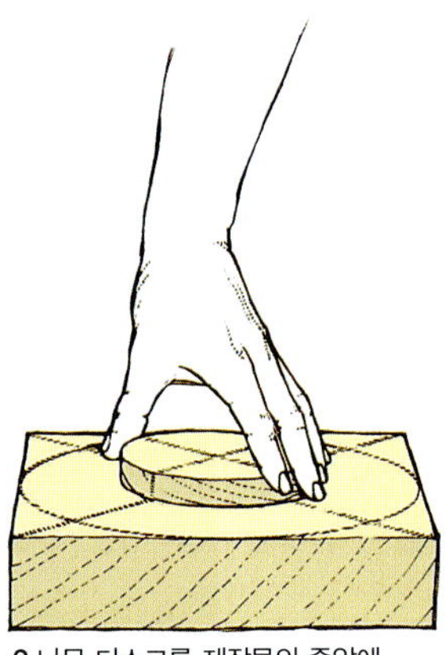

2 나무 디스크를 제작물의 중앙에 접착제로 붙인다.

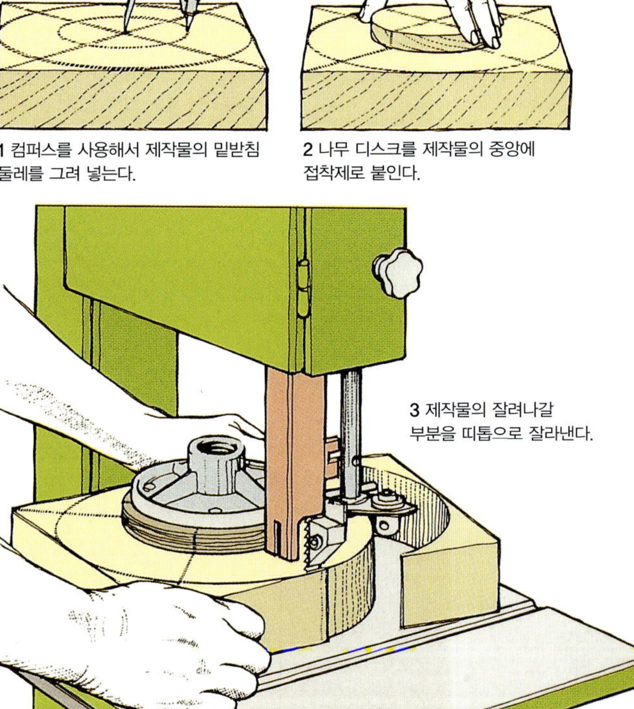

3 제작물의 잘려나갈 부분을 띠톱으로 잘라낸다.

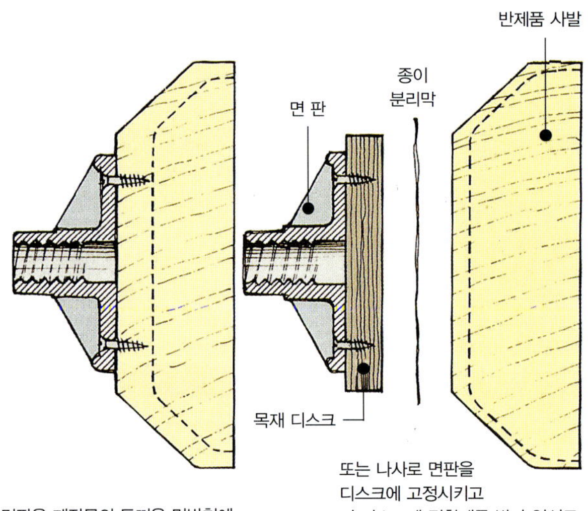

면판을 제작물의 두꺼운 밑받침에 직접 나사를 박아 고정시킨다.

또는 나사로 면판을 디스크에 고정시키고 이 디스크에 접착제를 발라 임시로 제작물을 고정시킨다.

사발 바깥쪽 선반가공

공구 받침대를 조절해서 선반 반제품의 옆면 중앙에 위치시킨다. 제작물을 손으로 돌려서 자유롭게 회전하는지 확인한 다음 저속을 선택하고 전원 스위치를 켠다. 러핑 아웃 둥근끌로 반제품의 둘레를 올바르게 조절한 다음 볼 둥근끌로 바꾸어서 제작물의 바깥면을 원하는 형태로 만들어준다. 이때 절대로 깊게 파 들어가서는 안된다. 항상 필요한 형태가 만들어질 때까지 조금씩 깎아내야 한다. 라운드 노즈 스크레이퍼로 제작물 표면을 매끄럽게 만들어준다. 공구 받침대를 서서히 내리고 선반 속도를 조금씩 올린다. 끌의 손잡이를 수평면 바로 위로 올린 상태에서 끌을 제작물과 어느 정도 수직으로 잡는다. 공구를 옆으로 밀어주면서 가볍게 고르며 깎아낸다.

사발 안쪽 선반가공

공구 받침대가 제작물의 넓은 면과 일직선이 되도록 돌린 다음 저속으로 사발 안쪽을 도려내며 파기 시작한다. 이때에는 제작물이 아래쪽을 향해 회전하고 있는 부분에서만 작업해야 한다.1 볼 둥근끌을 사용하여 사발 중심과 가장자리의 중간 지점부터 중심 방향으로 잘려나갈 부분을 깎아내기 시작한다.2 점점 더 깊이 파 들어갈수록 공구를 한 번에 한 번씩 가장자리 쪽으로 당긴 다음 그곳에서부터 중심 쪽으로 밀면서 파 들어간다. 이때 항상 사발의 중심 쪽으로 공구를 밀어주어야 한다.
잘려나갈 부분을 거의 다 파냈으면 선반의 속도를 높인다. 그 다음 스크레이퍼를 사용해서 형태를 마저 다듬고, 사발 안쪽을 매끈하게 만들어준다.

사발 연마

선반 속도를 다시 줄이고 공구 받침대를 치운 다음 연마지를 접어서 사발 표면을 연마한다.1 중간 등급이나 고움 등급의 연마지를 사용하고 흠집이 생기지 않도록 연마지를 계속 움직여주어야 한다. 사발 안쪽을 연마할 때는 아래쪽으로 돌아가는 면에서만 연마한다.2

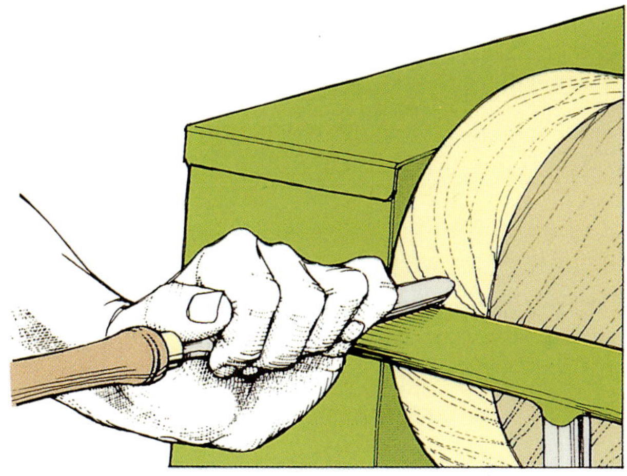

스크레이퍼로 사발 바깥쪽을 매끈하게 만든다.

1 항상 회전하는 선반의 가공면에서 아래쪽으로 회전하고 있는 부분을 깎아낸다.

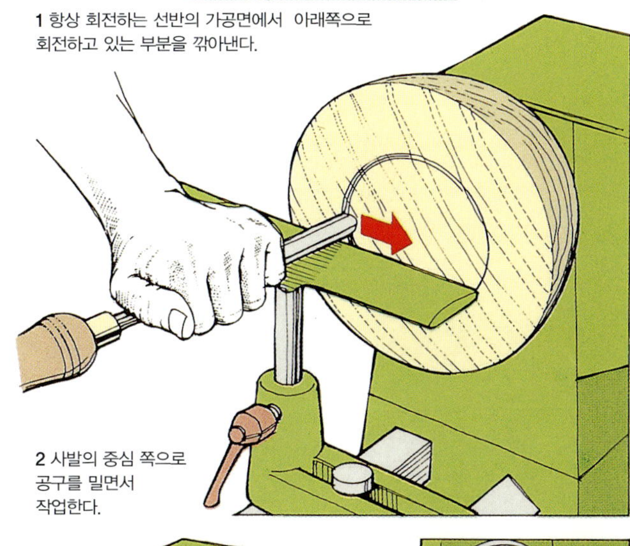

2 사발의 중심 쪽으로 공구를 밀면서 작업한다.

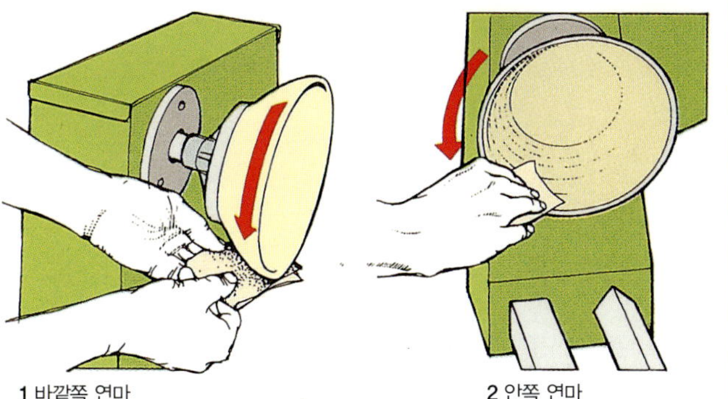

1 바깥쪽 연마   2 안쪽 연마

사발 형태 확인

선반가공이 진행되는 도중에도 종종 전원 스위치를 끄고 사발의 외형, 깊이, 테두리 두께를 확인한다.

템플릿 사용
사발 바깥쪽에 카드 템플릿을 대서 형태를 확인한다.

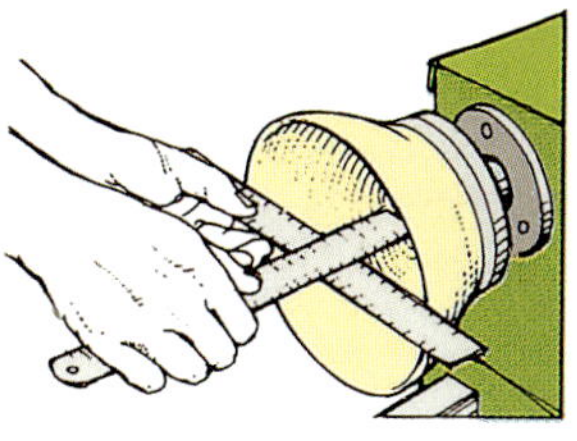

사발 깊이 측정
사발의 테두리를 가로질러 직선자로 받치고 쇠자로 사발의 깊이를 잰다.

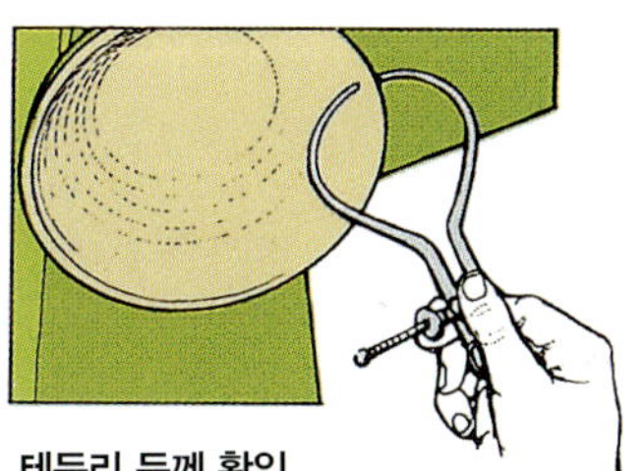

테두리 두께 확인
사발의 테두리 두께를 측정할 때는 캘리퍼스를 사용한다. 숙련된 목선반 작업자라면 테두리 두께를 3mm 이하로도 깎을 수 있지만 초보자는 지나치게 욕심을 부리지 않는 것이 좋다. 사발의 밑받침에서 테두리 쪽으로 갈수록 두께가 점차 얇아지게 하면 사발이 더욱 튼튼해진다.

마감 및 제거

제작물이 선반에 아직 고정되어 있을 때 광택제나 기름을 바르고 나서 면판의 나사를 푼다.
사발 밑받침에서 목재 디스크를 분리하려면, 작업대 위에 옆으로 세워두고 끌의 날카로운 팁을 맞춤부 선 위에 대고 가볍게 두들겨 종이 분리막에서 떼어낸다. 손으로 바닥을 문질러서 긁어내고 마감한다.

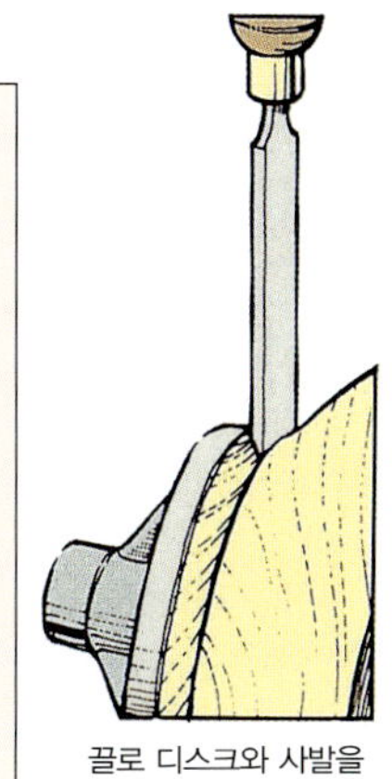

끌로 디스크와 사발을 분리한다.

만능 기계

제작물이 크더라도 한 기계에서 다른 기계로 통과시킬 수 있도록 별도의 목가구 작업 기계를 구비하고 적절히 배치하는 것이 가장 이상적이다. 하지만 작업장 공간이 제한되어 있을 때는 바닥 공간을 최대한 효율적으로 이용하는 대안을 고려할 수도 있다. 즉 기계 하나에 여러 기능이 함께 들어 있는 만능 기계를 갖추는 것이다. 대부분의 만능 기계는 테이블톱, 수압대패, 자동대패, 스핀들 몰더, 수평 보링/장붓구멍 기계의 기능을 갖추고 있으며, 하나의 모터에 여러 개의 개별적인 기계가 모여 있는 경우도 있고 하나의 기계가 작업 테이블을 공유하고 있는 경우도 있다. 어떤 모델의 경우에는 펜스를 공유하고 있기도 하다. 그러나 수준 이하의 싸구려 만능 기계는 구입하지 않는 것이 좋으며, 전용 목가구 작업 기계와 버금가는 사양을 갖춘 제품을 선택하는 것이 가장 좋다.

전기 모터

품질이 우수한 만능 기계에는 1.5kW 전기 모터가 한 대 이상 장착되어 있다. 주요 기능마다 별도의 모터가 달려 있는 기계가 좋다. 이처럼 개별적으로 모터가 달려 있으면 그만큼 마모가 덜 일어나고 한 기능에서 다른 기능으로 전환하기가 쉽다. 당연히 이러한 만능 기계는 값이 좀더 비싸다.

만능 기계에는 보통 톱, 대패, 스핀들 몰더에서 나오는 드라이브 벨트가 모터 한 대의 도르래에 차례로 연결되어야 한다. 기계 외부에 달려 있는 레버를 조작해서 이처럼 드라이브 벨트를 연결시킬 수 있다면 기능 전환을 바로 할 수 있을 것이다. 벨트를 수동으로 전환하는 것은 귀찮고 시간도 많이 걸리는 작업이기 때문이다.

기능 전환

어떤 작업을 위해 만능 기계를 준비하기 위해서는 항상 어떤 펜스를 제거하고, 날이나 커터를 올리거나 내리고, 가드의 위치를 다시 조절할 필요가 있다. 그러나 이러한 준비 작업은 전용 목작업 기계를 준비하는 과정보다 크게 어려운 것은 아니다. 하지만 다음 과정으로 넘어가기 위해서 부분적으로 기계를 분리하고 다시 조립해야 한다면 이런 준비 과정은 매우 귀찮아진다. 특히 톱에서 대패로, 또는 그 반대로 쉽게 전환할 수 없을 때는 기계 성능이 실망스러울 것이다.

제어판

만능 기계에는 보통 나란히 붙어 있는 On/Off 누름 버튼 이외에도 빨리 누를 수 있는 위치에 비상 정지 버튼도 달려 있다. 주 제어판에는 특정 기능을 선택하기 위한 스위치가 들어 있을 수 있다. 동일한 선택기 스위치는 기계에 작업자가 없을 때 모든 모터를 차단하는 데 사용될 수 있다.

만능 기계 사용

만능 기계를 설계할 때 반드시 고려해야 하는 요소가 있다. 그래도
작업자는 만능 기계의 각 요소를 효율적이면서 편리하게 그리고 무엇보다
안전하게 사용할 수 있어야 한다. 만능 기계의 기능을 사용하려면
제조업체에서 제공한 사용법에 따라 기계를 세팅해야 한다. 조작하는
방법은 기능별로 전용 기계의 사용 방법과 동일하다.

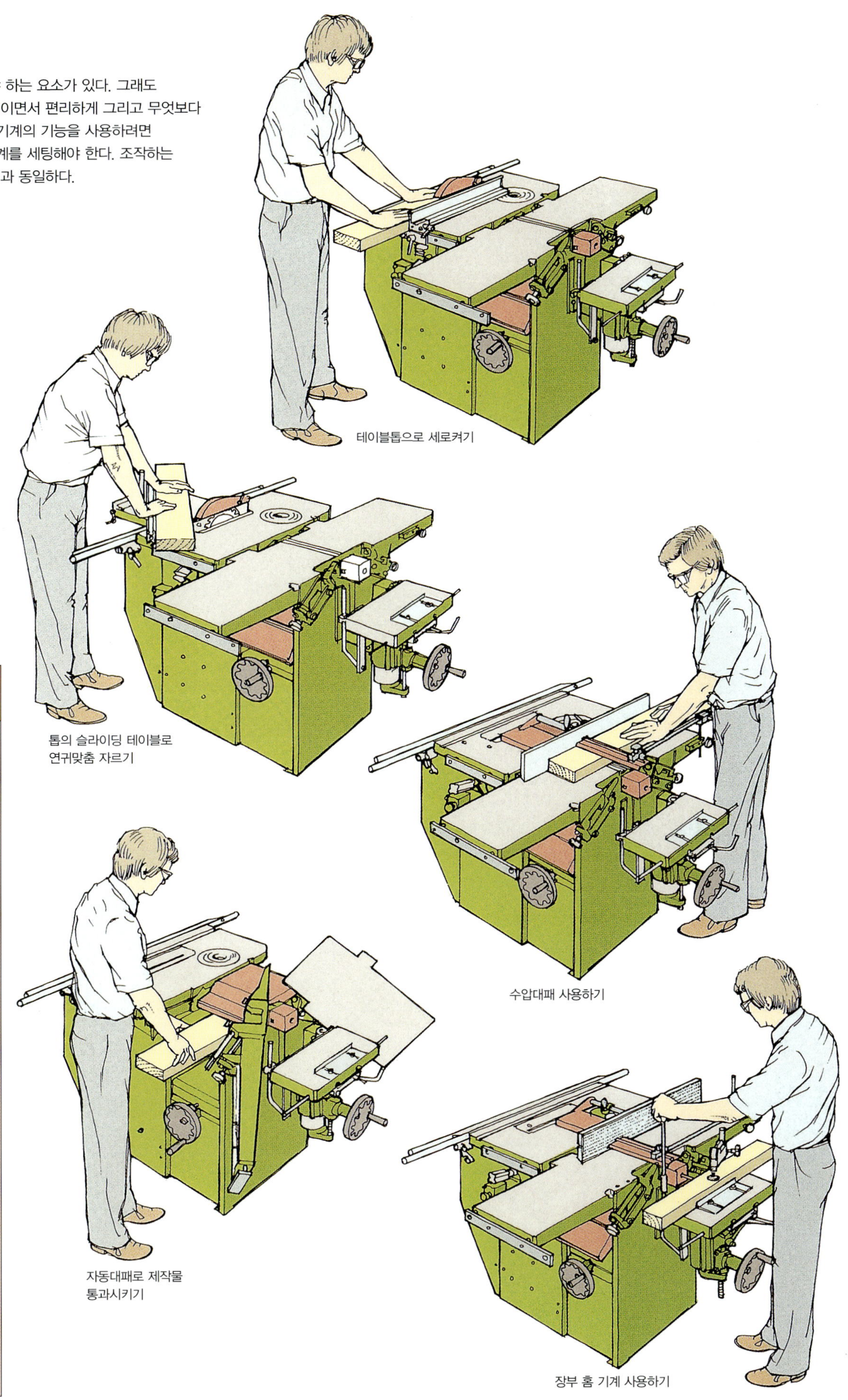

만능 기계로 스핀들 몰딩 작업하기

스핀들 몰더는 주로 몰딩이나 특정 목가구 작업 맞춤을 만드는 데 사용된다. 기본적으로 수직 스핀들이나 축 위에 고정된 채 고속으로 회전하는 커터 블록으로 구성되어 있다. 조절 가능한 펜스는 제작물이 커터 블록을 통과하도록 잡아준다.

스핀들 몰딩 전용 기계는 산업용으로 제작되지만 이런 제품은 가격이 비싸고 기능도 다소 제한되어 있기 때문에 아마추어 목가구 작업자들은 거의 구입하지 않는다. 그러나 만능 기계에 달린 스핀들 몰더는 개인 작업장에서 매우 유용하게 활용된다.

스핀들(Spindle)

벨트로 구동되는 스핀들은 4000~8000rpm의 고속으로 회전한다. 어떤 만능 기계에서는 속도를 조절할 수 있다. 최근에는 대부분의 제조업체가 스핀들 크기에 대해서 국제 규격을 따르고 있기 때문에 스핀들의 지름은 대부분 30mm이다. 따라서 작업자가 규정된 속도보다 빠르게 사용하지만 않으면 이 국제 규격을 따르는 모든 회사에서 제작한 커터 블록도 사용할 수 있다. 또한 이와 관련된 정보는 커터 블록에 표시되어 있다.

커터 블록을 설치하는 방법은 모델마다 서로 다르다. 그러므로 제조업체에서 제공하는 사용법을 따르는 것이 중요하다. 쇠로 만든 핀을 삽입해서 스핀들을 제 위치에 고정시킨 다음 커터 블록을 샤프트 위로 가져가는 것이 원칙이다. 스페이서 이음고리 또는 고리를 커터 블록 상단에 놓고 나서 스핀들 끝에 있는 잠금 너트 또는 체결 나사를 죄어 블록을 제 위치에 고정시킨다. 그 다음 스핀들 고정 핀을 제거한다. 스핀들 높이를 조절해서 제작물에 커터를 위치시킬 수 있다. 규정된 속도보다 빠른 속도로 사용할 수 없다.

가드(Guard)

제작물을 일정한 형태로 가공하기 위해서는 커터의 일부를 제외하고 스핀들과 커터 블록은 가드와 펜스로 둘러싸여 있어야 한다. 금속 케이싱이 스핀들의 뒤쪽을 둘러싸고 있고, 조절할 수 있는 수직/수평 홀드 다운 가드는 제작물을 펜스와 작업대에 기댄 채로 단단히 잡아준다.

가이드 펜스(Guide fence)

가이드 펜스는 두 개의 반쪽으로 이루어져 있으며, 그 사이로 커터가 튀어나와 있다. 각 반쪽을 옆으로 조절하면 커터를 위한 충분한 여유공간을 줄 수 있다. 제작물 면 전체를 손대지 않고 몰딩의 측면 일부만 팔 때는 양면에 있는 두 개의 반쪽 펜스가 서로 일직선이 되어야 한다.**1** 제작물 면 전체를 가공할 때는 몰딩된 면을 받치도록 아웃피드 쪽의 반쪽 펜스의 수직 높이를 정교하게 조절해야 한다.**2**

스핀들 몰딩 작업을 위한 만능 기계 세팅

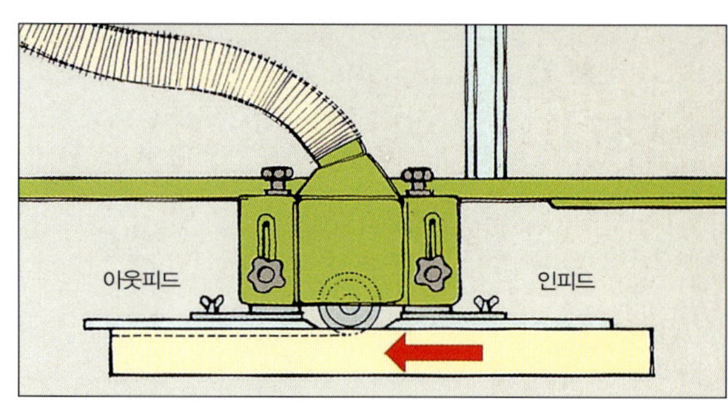

1 제작물 면의 일부만 가공할 때는 두 개의 반쪽 펜스(Two-part-fence)를 일직선에 놓는다

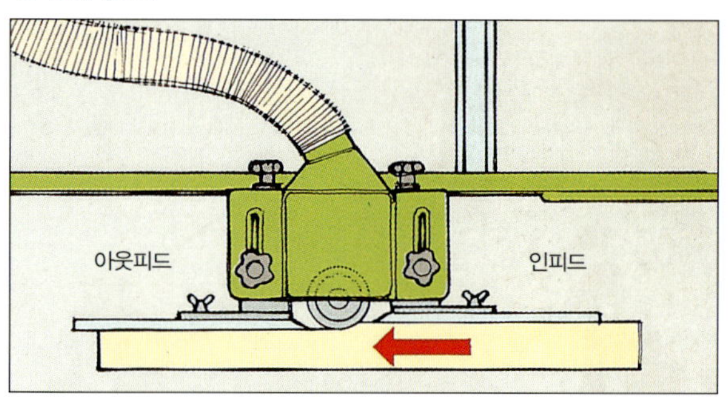

2 몰딩된 면을 받치도록 아웃피드 쪽의 반쪽 펜스를 앞으로 이동시킨다.

스핀들 몰딩
테이블톱도 스핀들 몰딩에 사용될 수 있다.

스핀들 몰딩 작업용으로 세팅

작업하고자 하는 만능 기계로 스핀들 몰딩 작업을 할 때는 제조업체에서 제공한 사용법에 따르는 것이 필수적이다. 그러나 일반적인 절차는 다음과 같다.

스핀들은 원형톱과 작업 테이블을 공유하기 때문에 톱 가드와 가로켜기 펜스를 분리해야 하고 날을 테이블 표면 아래로 당겨 넣어야 한다. 적절한 핸드 휠이나 크랭크를 조작해서 스핀들을 올리고 제조업체에서 제공한 사용법에 따라 커터 블록을 설치한다. 커터 가드와 펜스를 끼운 다음 커터에 걸리는 것이 없는지 확인한 후에 전원 스위치를 켠다.

커터 블록과 커터

실제로 모든 스핀들 몰더에는 교환할 수 있는 커터 또는 칼날 한 쌍을 끼울 수 있도록 설계된 커터 블록이 제공된다. 현재는 사각형 블록이 더 위험하다고 생각되기 때문에 이 블록 자체가 원통형으로 되어 있다. 일정한 형태로 가공된 다양한 종류의 절삭 공구를 국제 규격에 따라 제작된 스핀들 몰더에 사용할 수 있다.

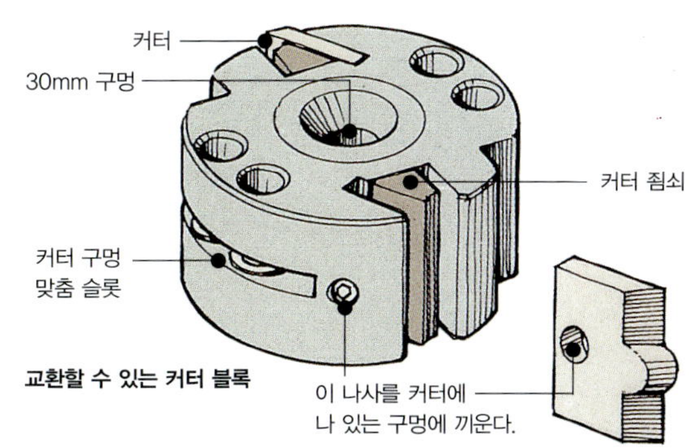

교환할 수 있는 커터 블록

교환할 수 있는 커터 블록

지름이 대략 100mm인 원통형 금속 블록에는 동일한 커터를 끼울 수 있는 홈이 있다. 볼트나 기계가공한 나사로 단단히 조일 수 있는 쐐기 모양의 침쇠는 각 커터를 슬롯 안에서 단단히 고정시킨다. 각 커터에 있는 구멍에 끼우는 못(Peg)이나 나사는 정확한 곳에 위치시켜 커터가 블록에서 빠져나가지 못하도록 한 번 더 붙잡아주는 역할을 한다.

이미 일정한 형태로 가공되어 판매되는 커터를 구입해서 사용할 수도 있지만, 작업자가 원하는 형태로 직접 갈아 만들 수 있는 반제품 형태를 구입할 수도 있다. 절삭날을 날카로운 상태로 유지하기 위해서 기름을 바른 슬립스톤에 가볍게 갈아준다. 하지만 날이 마모되면 두 커터가 완벽하게 균형을 이룰 수 있도록 전문가에게 수리를 맡겨야 한다.

커터가 블록 밖으로 얼마나 튀어나오는지가 매우 중요하다. 그러므로 커터에 표시되어 있거나 커터와 함께 제공된 사용법을 따라야 한다. 제작물이 심하게 뒤로 튕기지 않도록 하기 위해서는 커터가 튀어나오는 높이가 제한되어야 한다. 그리고 한 번에 너무 많이 깎아내려고 하면 결국 커터가 망가지고 만다. 커터 블록의 형태 자체가 종종 최대 절삭 깊이를 제한하는 경우도 있다.1 또는 커터 바로 앞에 매칭되는 한 쌍의 전향부품을 달기도 한다.2

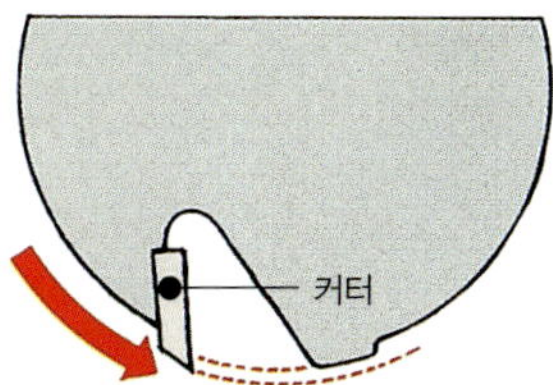

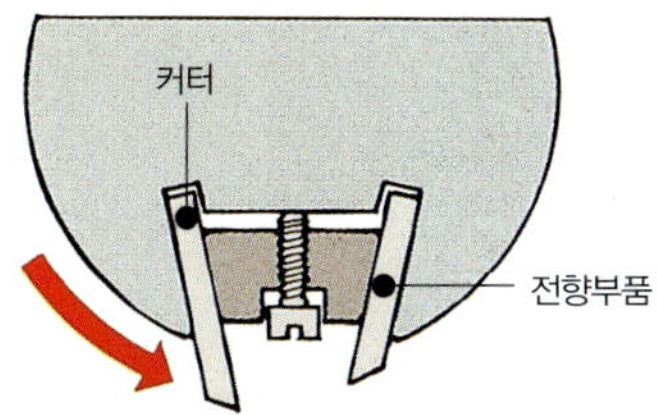

일체형 프로파일 커터 블록

산업용 일체형 프로파일 커터 블록은 커터와 블록이 일체형으로 되어 있다. 이런 유형의 블록에는 매우 뛰어난 절삭면을 만드는 서너 개의 절삭날이 달려 있다. 이 커터 블록은 커터를 교환할 수 있는 기존 블록보다 내구성이 뛰어나지만 가격은 상당히 비싸다.

홈파기 커터

홈파기 커터는 튼튼한 회전톱의 톱날과 비슷하다. 어떤 제품은 스핀들 주위를 돌려서 서로 다른 폭으로 홈을 팔 수 있도록 조절할 수 있게 되어 있다. 또다른 제품은 원통형 커터 블록의 면에 볼트로 고정시킬 수 있도록 설계되어 있다.

워블톱

폭이 3~16mm인 홈을 팔 때는 지름이 작은 워블 톱날을 사용할 수 있다.

제작물 몰딩 작업

스핀들 몰더의 커터는 고속으로 회전하기 때문에 절삭면이 매우 깨끗하다. 그렇지만 가능하다면 나뭇결 방향으로 절삭이 이루어지도록 제작물을 밀어주어야 한다. 커터를 조절하기 전에 모터의 전원을 꺼둔다.

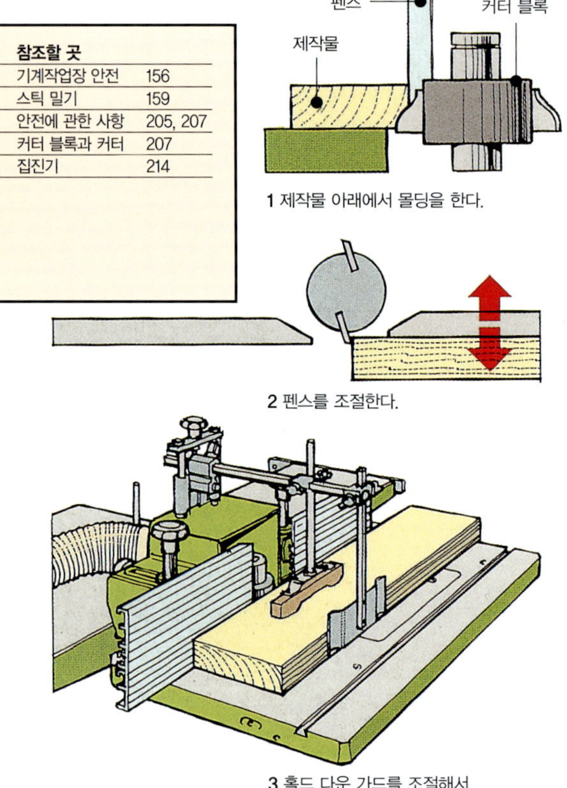

1 제작물 아래에서 몰딩을 한다.

2 펜스를 조절한다.

3 홀드 다운 가드를 조절해서 제작물을 끼운다.

커터 블록을 단 다음 제작물 밑을 몰딩할 수 있도록 스핀들을 조절한다.1 이 위치에서는 제작물 자체가 회전하는 커터를 덮기 때문에 더 안전하게 작업할 수 있다. 또한 몰딩 작업이 진행되는 동안에는 제작물이 튀더라도 목재 안으로 깊은 흠집이 생길 염려가 없다.

제작물의 끝을 정지된 커터에 댄 상태로 펜스를 조절해서 절삭 깊이를 맞춘다.2 (실제 제작물에 몰딩 작업을 하기 전에 못 쓰는 나뭇조각으로 시험 삼아 작업을 먼저 해 보는 것이 좋다.) 펜스의 각 반쪽을 옆으로 조절해서 커터를 위한 최소 여유공간을 남겨둔다.

위쪽 홀드 다운을 제작물 위로 내리고 죔쇠로 고정시켜서 단단한 슬라이딩 압력을 제공한다. 이와 비슷하게 측면 누름판도 조절한다.3

커터 블록이 자유롭게 회전할 수 있는지 확인한 다음 전원을 켠다. 제작물을 펜스에 기댄 채로 눌러주면서 일정한 속도로 커터 쪽으로 밀어 통과시킨다. 제작물을 멈추지 말고 계속 밀어주고 밀기 막대를 사용하여 작업을 완료한다.

짧은 제작물 몰딩 작업

커터 블록의 어느 한쪽에서 두 손으로 편하게 잡을 수 없는 제작물을 몰딩하려고 시도하는 것은 위험하다. 이럴 때는 긴 제작물을 몰딩한 다음 원하는 길이로 잘라내서 사용해야 한다.

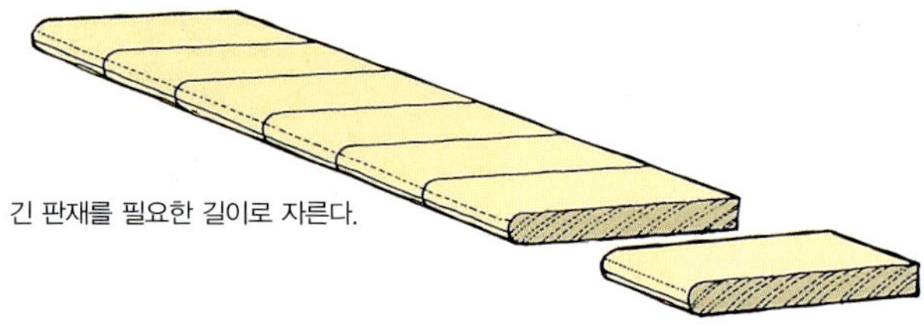

긴 판재를 필요한 길이로 자른다.

폭이 좁은 제작물 몰딩

폭이 넓은 상태로 몰딩한 다음 세로켜기로 필요한 부분을 잘라내거나1 양쪽 면을 몰딩한 다음 세로켜기로 이등분한다.2

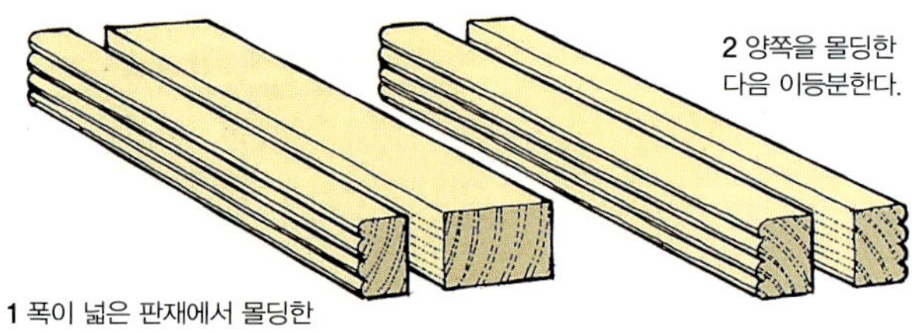

1 폭이 넓은 판재에서 몰딩한 부분을 잘라낸다.

2 양쪽을 몰딩한 다음 이등분한다.

마구리면 몰딩 작업

마구리면을 가로질러 제작물을 몰딩할 때는 기계를 평상시와 같이 세팅하되 측면 누름판은 제거한다. 제작물이 작업 테이블에 계속 눌리도록 홀드 다운을 조절한다.

죔쇠를 사용하여 제작물을 만능 기계의 슬라이딩 가로켜기 테이블에 고정시킨다. 회전하는 커터 때문에 제작물 뒷면에서 목재 조직이 손상되는 것을 막기 위해서라도 제작물과 슬라이딩 테이블 펜스 사이에 못 쓰는 나뭇조각을 받친다. 이 나뭇조각은 제작물 끝까지 뻗어 있어야 한다. 제작물과 덧댄 나뭇조각이 함께 기계 가공된다.

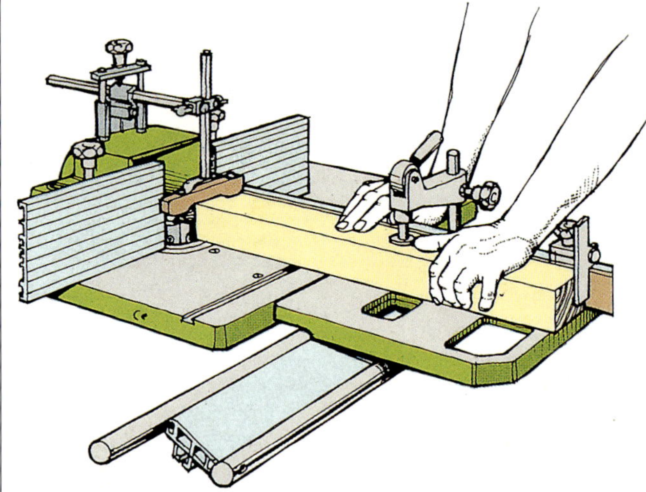

기계의 슬라이딩 테이블을 사용한 마구리면 몰딩 작업

맞춤 만들기

적절한 커터를 사용하면 스핀들 몰더로 짧은 장부맞춤이나 사개맞춤을 완벽하게 만들 수 있다. 그러나 사개맞춤을 만드는 데 필요한 특수 커터와 스페이서 세트는 값이 매우 비싸기 때문에 홈 작업장에서 활용되는 횟수를 고려한다면 비용 측면에서 효율적이지 못하다.

곡면이 있는 제작물 몰딩

스핀들 몰더로 곡면이 있는 제작물을 일정한 형태로 만들기 위해서는 표준 펜스와 가드를 링 펜스와 홀드 다운으로 바꾸어야 한다. 제작물을 두 손으로 커터 쪽으로 밀어 넣어야 하는데, 제작물이 깊게 파여 심하게 뒤로 튕길 수도 있기 때문에 어느 정도의 경험이 필요하다. 이러한 작업을 능숙하게 할 수 없다면 작업을 진행하기 전에 전문가에게 사용법과 주의사항을 먼저 배우는 것이 현명하다.

곡면을 몰딩하기 위해서는 링 펜스가 필요하다.

6장 · 홈 작업장

목가구 작업자들 중에는 어지러운 주변 환경에서도 놀랍도록 깔끔한 가공물을 만들어내기도 한다. 그러나 대부분의 목가구 작업자들은 깨끗하고 정돈이 잘된 작업장에서만 제대로 된 작업을 할 수 있을 뿐 아니라 안전하고 즐거운 마음으로 작업을 할 수 있다고 생각한다. 작업장의 구조를 계획할 때는 미리 생각하고 앞으로 필요한 것들을 준비하는 것이 좋다.

다양한 종류의 수공구 세트와 몇몇 휴대용 전동공구가 있다고 가정해보자. 목가구 작업 기계를 설치하려 한다면 필요한 공간을 마련해두거나 기계 설치에 어려움이 없도록 공간을 정비해두어야 한다. 대부분의 목가구 작업자는 자투리 목재 조각을 필요할 때 쉽게 사용할 수 있도록 작업장 한곳에 보관해둔다. 하지만 목재 조각이 생기는 대로 모두 보관하면 작업장이 이것들로 금세 꽉 차버리고 말 것이다. 게다가 필요한 목재 조각을 제때에 찾을 수 없다면 쌓아두는 것은 아무 의미가 없게 된다. 따라서 몇 달에 한 번씩은 실제로 사용할 것만 남겨두고 나머지는 모두 정리해야 한다.

홈 작업장

완벽한 작업 환경을 만들기 위해서는 다양한 것을 수집해야 한다. 그러므로 세심하게 계획을 세워
차고, 부속 건물, 헛간 등 기존 건물을 효과적으로 개조할 필요가 있다. 만약 무거운 기계 장치를 설치할
계획이라면 반드시 1층짜리 건물을 사용해야 한다. 1층은 판재나 길이가 긴 목재를 운반하기에 편리하다.
또 소음공해를 줄이고 먼지와 냄새가 집 안으로 들어오지 못하도록 하기 위해서는 생활 공간과 떨어져 있는
작업장이 가장 이상적이다. 작업장을 일정한 온도로 유지하고 습도를 제어할 수 있도록
자동 온도 조절기로 작동되는 난방 시스템과 에어컨을 갖추는 게 좋다.

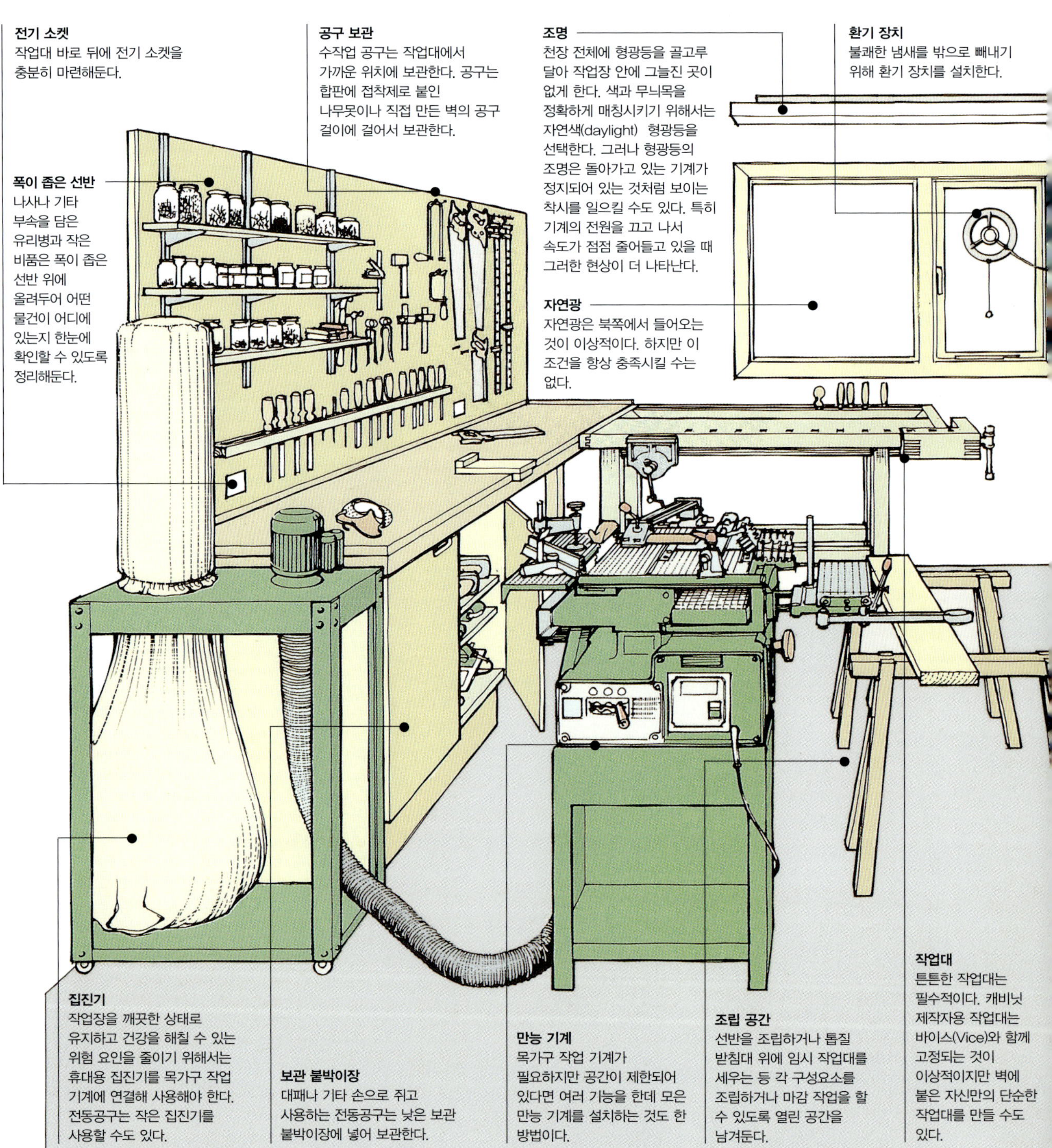

기계작업장 계획하기

기계작업장과 수작업 공간을 별도로 마련하는 것이 이상적이기는 하지만 목가구 작업을 취미로 하거나 심지어 부업으로 하는 사람들은 대부분 그럴 여력이 되지 못한다. 따라서 대부분의 목가구 작업자들은 제한된 공간 내에 많은 기계를 설치할 수 있는 방법을 찾아야 한다.

작업장의 크기를 측정해서 방안지에 평면도를 그린 다음 치수에 맞도록 각 기계에 해당되는 모형을 종이로 만들어서 다양한 구조로 배치해본다. 이러한 연습을 하는 목적은 각 기계에서 작업할 때 제작물이 지나가는 경로가 제한되지 않는지를 확인하기 위해서이다. 2.44×1.22m 크기의 판재를 테이블톱으로 자를 경우를 생각해보면 기계 주변에 충분한 공간을 확보하는 것이 얼마나 중요한지 알 수 있다.

가장 일반적인 배치 구조는 기계류를 작업장 가운데에 배치하고 각 기계에 제작물을 통과시키는 방향이 서로 수직이 되도록 하는 것이다(아래 그림 참조). 모든 기계를 한번에 작동시키지 않는다면 이런 배치가 효과적이다. 또한 전기 공급선을 여러 기계가 공동으로 사용할 수 있다는 것도 장점이다.

이 같은 구조로 만들기에 작업장이 좁다면 기계를 한 줄로 배치하되 약간 엇갈리도록 배치하면 된다. 이러면 한 기계를 통과하는 판재가 이웃하는 기계의 작업 테이블에 받쳐질 수 있게 된다. 이때 다른 기계의 작업 테이블의 높이를 조절할 수 있다. 또는 기계의 아웃피드 쪽에 이동할 수 있는 롤러 스탠드를 갖다놓고 긴 판재를 받치거나 일직선으로 배치되어 있는 다음 기계로 제작물을 주입시킬 수도 있다.

여유공간을 좀더 주기 위해서 기계를 문이나 창문과 일직선으로 배치하거나 작업장 벽에 전용 구멍을 뚫은 후 그 구멍과 나란하게 배치할 수도 있다. 이때 그곳으로 빠져나오는 판재가 지나다니는 사람에게 해를 입히지 않도록 해야 한다. 목선반이나 드릴프레스는 최적의 여유공간만 있다면 기계의 양쪽 벽에 기대어 설치할 수도 있다.

응급처치함
응급처치함은 눈에 잘 띄는 위치에 정확하게 배치해야 한다.

열린 선반
자재와 마감재는 열린 선반에 보관해둔다. 인화성 물질도 별도의 창고에 보관해둔다.

목재 보관
볼트로 샛기둥에 단단히 고정시킨 튼튼한 받침대 위에 원목과 무늬목을 보관한다.

문 자물쇠
작업장의 문과 창문을 잘 잠가두는 이유는 도둑을 막기 위해서일 뿐만 아니라 호기심 많은 어린이들을 위험한 화학물질과 기계로부터 지키기 위해서이다.

못 쓰는 목재 조각 보관
제작하고 남은 짧은 목재 조각은 세워서 플라스틱 통에 보관한다.

합판 보관
인공 합판을 세워서 칸막이와 벽 사이에 보관하면 다른 판재를 넘어뜨리지 않고 원하는 판재만 빼낼 수 있다. 판재를 세워 보관하는 방향과 통로로 사용하는 문을 일직선상에 둔다.

화재 예방
주기적으로 먼지와 부스러기를 청소하고 절대로 기름 묻은 헝겊 조각을 작업장 안에 보관해서는 안 된다. 고성능 화재 덮개와 소화기를 항상 비치하고 믿을 만한 화재 감지기를 설치한다.

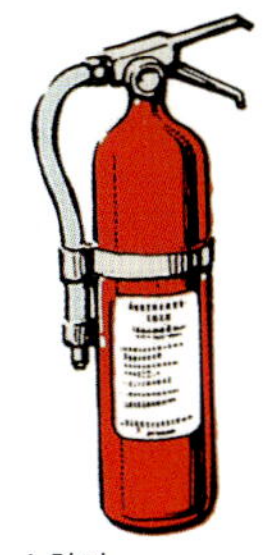

소화기

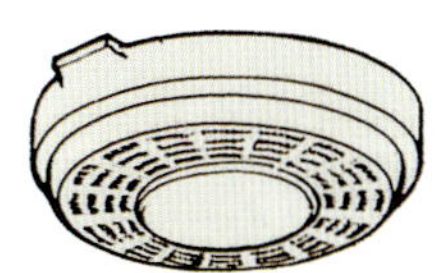

배터리로 작동되는 화재 감지기

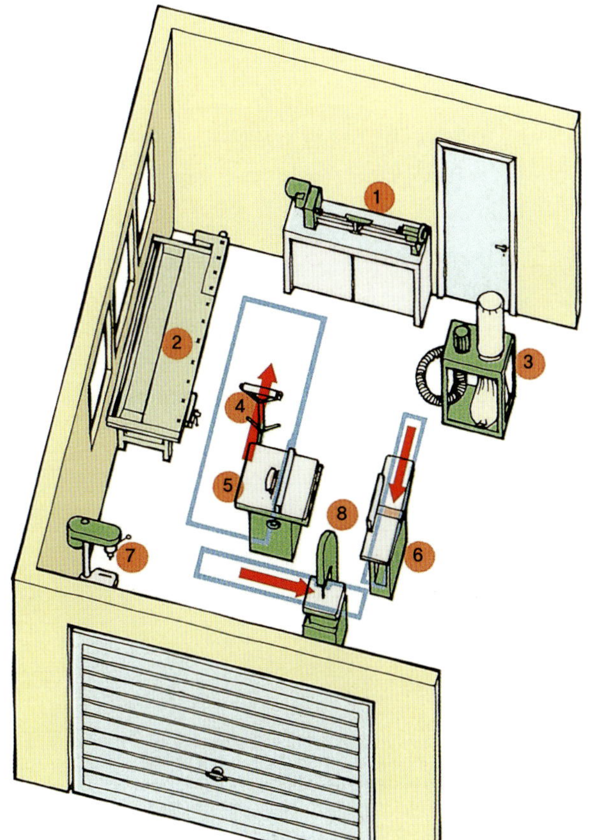

기계 작업장
기계와 수작업 공간이 함께 배치된 경우로, 기계류는 작업장의 중앙에 배치되어 있다. 기계마다 제작물의 경로는 서로 수직이다.

1 선반
2 작업대
3 먼지 배출기
4 롤러 스탠드
5 테이블 톱
6 대패
7 드릴프레스
8 띠톱

목가구 작업용 작업대와 부속품

목가구 작업자가 사용하는 작업대는 작업장 내에서 가장 중요한 비품 중 하나이다. 작업대 구조가 튼튼하지 않거나 잘 가공된 바이스가 달려 있지 않으면 작업을 제대로 할 수 없기 때문에 작업대를 선택할 때는 신중해야 한다. 목가구 작업용 작업대의 높이는 대부분 800~850mm이지만 이보다 더 높거나 낮은 제품을 주문할 수도 있다. 어떤 제조업체는 일반 작업대와 정반대로 되어 있는 왼손잡이용 작업대를 제공하기도 한다.

목가구 작업용 작업대

좋은 작업대는 경재로 되어 있고 두께가 적어도 50mm인 상판이 달려 있다. 강인하고 나뭇결이 짧은(Short-grain) 너도밤나무 목재가 작업대 상판을 제작하는 데 가장 많이 사용되지만 단풍나무, 자작나무, 아프리카 경재도 사용된다. 어떤 대륙식 작업대(Continental bench)는 합판으로 작업대 상판을 만들기도 한다. 합판 무늬목이 표면에서 접착제 자국이나 흘러내린 자국을 제거하기 위해 주기적으로 문질러 긁어내는 것을 견딜 정도로 두껍다면 복합 구조도 불리한 것은 아니다. 반면에 상판이 밋밋한 작업대를 선택할 수도 있지만 대부분 상판에는 얕은 공구 받침 홈이 파여 있다. 이처럼 임시로 공구를 보관할 수 있는 기능 덕분에 작업자는 손으로 쥐고 사용하는 공구를 바닥에 놓지 않고도 작업대에 큰 제작물이나 골격을 가로지르며 이동시킬 수 있게 된다. 어떤 작업대는 상판의 끝에 볼트로 고정시킬 수 있는 공구 받침 접시가 제공되기도 한다. 또한 톱이나 끌을 보관할 수 있도록 작업대의 뒤쪽 면을 따라 구멍을 한 줄로 뚫어놓을 수도 있다.

간혹 연재를 사용하여 하부 골격을 만드는 모델도 있지만 대부분의 작업대는 전체가 경재로 만들어진다. 측면 골격이 장부맞춤으로 이어져 있고 폭이 넓은 가로대에 볼트로 고정되어 있는 작업대를 선택한다. 상판을 옆에서 밀어도 뒤틀리지 않을 정도로 하부 골격이 안정적인지 확인한다. 대부분의 제작업체는 적어도 단순한 서랍 하나를 옵션으로 제공하며, 어떤 작업대의 하부 골격은 뚜껑이 완전히 덮여 있는 공구 붙박이장으로 되어 있다.

목가구 작업용 바이스

모든 목가구 작업자는, 하부 골격의 다리 중 하나에 가능한 한 가까이에 있는 정면 상판 모서리에 영구적으로 고정된 큰 바이스를 적어도 하나는 갖고 있어야 한다. 이처럼 다리 가까운 위치에 고정시키는 이유는 바이스로 고정시킨 목재를 가공할 때 작업대 상판이 흔들리지 않도록 하기 위해서이다. 유럽식 바이스는 제작물에 표가 남지 않도록 나무로 만든 물림턱이 있다. 또다른 일반적인 스타일의 바이스에는 주철로 만든 물림턱이 있는데, 목가구 작업자가 목재와 일직선으로 맞추도록 되어 있다. 이 두 종류의 바이스 모두 앞쪽 물림턱에 달려 있는 큰 돌림 막대 손잡이(Tommy-bar handle)를 돌려서 조작할 수 있다. 그러나 바이스 중에는 나사 구조의 일부를 풀기 위한 퀵 릴리스 레버가 달려 있는 것도 있는데 이 레버를 직접 당기거나 밀면 물림턱이 빨리 열리거나 닫힌다.

엔드 바이스

고급 작업대에는 작업대 상판 한쪽 끝에 엔드 바이스가 달려 있다. 이 엔드 바이스(End vice)는 금속이나 나무로 만든 두 멈춤 사이의 제작물을 고정시키는 역할을 한다. 이 두 멈춤 중 하나는 바이스에 뚫어놓은 사각형 구멍에 끼워 사용하고, 다른 하나는 작업대 상판의 한쪽 면이나 양쪽 면을 따라 일정한 간격으로 뚫어놓은 구멍에 끼워 사용한다. 제작물을 물림턱 사이에 세워 고정시킬 수도 있다.

홀드패스트

홀드패스트(Holdfast)는 이동이 가능한 바이스로, 금속 칼라와 일직선으로 정렬되어 있다. 또한 작업대 상판에 뚫어놓은 큰 구멍에 끼워 넣을 수 있도록 긴 샤프트가 달려 있다. 나사를 돌리면 회전할 수 있는 암(Arm)이 제작물을 위에서 누르면 제작물이 상판 위에서 평평하게 고정된다. 작업대 다리에 뚫어놓은 구멍에 두 번째 칼라를 설치해놓으면 홀드패스트를 사용해서 목작업용 바이스에 고정되어 있는 긴 제작물을 받칠 수 있다.

캐비닛 제작자용 작업대

유럽 너도밤나무로 만든 바이스

작업대에 고정시켜 사용하는 홀드 패스트

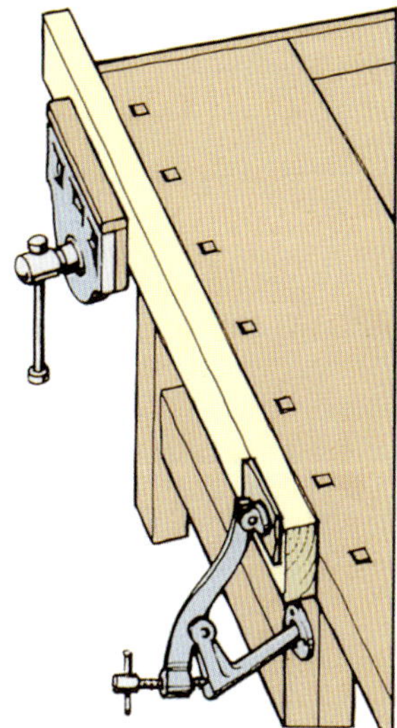

홀드 패스트로 긴 판재를 받칠 수 있다.

톱질 받침대

이 가벼운 받침대는 두꺼운 판재나 보드를 톱질할 때나 제작물을 받칠 때, 단독 또는 한 쌍으로 사용된다. 바닥으로부터 약 600mm 정도의 높이에서 안정적인 플랫폼을 제공할 수 있도록 다리가 벌어져 있고 보강되어 있다.

전형적인 톱질 받침대

작업대 부속품

작업대에 대고 직접 톱질을 하면 상판이 손상을 입게 된다. 톱질이나 끝 작업을 할 때는 작업대 상판에 흠집이 생기지 않도록 해주고, 작업대와 공구를 위해 지그 역할을 하는 적절한 부속품을 사용해야 한다.

작업대 후크

경재로 만든 작업대 후크는 등대기톱으로 짧은 목재를 가로로 켤 때 사용한다. 밑면에 고정되어 있는 블록은 작업대 앞면에 기대 있고, 제작물은 상판에 고정된 두 번째 블록 또는 멈춤(Stop)에 기댄 채로 잡는다. 이미 만들어져 있는 작업대 후크를 구입하거나, 작업자가 직접 두 블록을 맞춤못으로 이어 평평한 판재로 만들어 사용할 수도 있다.

연귀 박스

등대기톱을 사용해서 연귀맞춤과 직각 끝면을 자르는 데 사용되는 단순한 나무 지그이다. 이 연귀 박스에는 가로대가 둘 있고, 이 면에는 톱을 일정한 방향으로 잡아주기 위한 슬롯이 있다. 제작물은 연귀 박스 옆 면에 기댄 채로 잡는다. 값이 더 비싼 연귀 박스는 홈으로 조절할 수 있는 나일론 톱 가이드로 강화되어 있다.

사각형 제작물을 작업대 후크에 대고 톱질한다.

연귀 박스에 대고 제작물을 비스듬히 자른다.

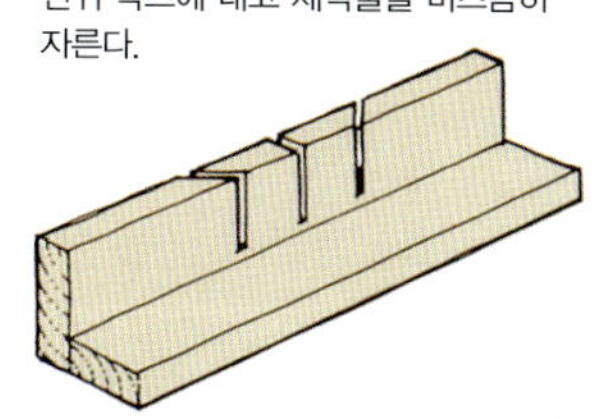

단순한 연귀 박스

연귀 블록

연귀 블록은 연귀 박스의 단순한 형태로, 도드라진 면이 하나밖에 없다.

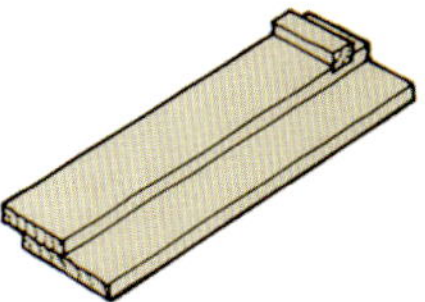

슈팅 보드

슈팅 보드

이 지그는 마구리면 전체를 대패질할 때 사용된다. 두 판재가 서로 이어져 있는 형태이며, 서로 엇갈려 있어서 폭이 넓은 맞춤턱이 형성되어 있다. 제작물을 위쪽 판재에 통끼움 나무로 만든 멈춤에 댄 후에, 작업용 대패를 아래쪽 보드를 따라 밀어주면서 세밀하게 대패질을 해준다. 연귀맞춤을 다듬을 때는 각진 멈춤이 달려 있는 연귀 슈팅 보드를 사용한다.

슈팅 보드로 대패질

연귀 슈팅 블록

이것은 큰 제작물을 비스듬하게 자르거나 직각으로 자른 후 다듬을 수 있게 고정시킬 수 있도록 설계된, 움직일 수 있는 고정 물림턱이 있는 지그이다. 이 지그를 작업하기 편한 높이에 고정시키려면 지그의 밑면에 고정된 스트립을 바이스에 물려야 한다.

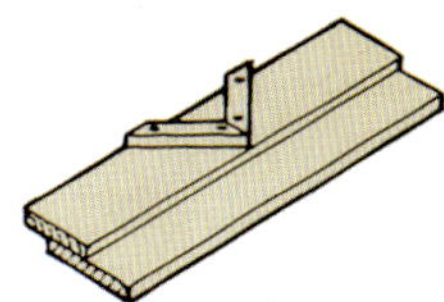

연귀 슈팅 보드

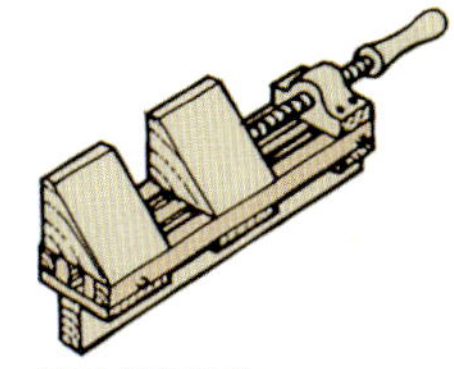

연귀 슈팅 블록

접이식 작업대

작업장 공간이 제한되어 있다면 평평하게 접어 보관할 수 있으며 운반 가능한 작업대를 사용해야 한다. 작업대 상판은 바이스 물림턱 두 개로 구성되어 있다. 한쪽 끝이 점점 가늘어지는 제작물이나 양면이 평행한 제작물을 잡을 수 있도록 이 두 물림턱 중 하나를 회전시킬 수 있다. 모델 중에는 이 조절 가능한 물림턱을 수직으로 세워서 아래방향으로 쥘 수 있도록 한다. 제작물을 플라스틱 고정못(Clamping peg) 사이에 끼우고 작업대 상판에 고정시킬 수도 있다. 접는 작업대를 펼치면 일반적인 작업대 높이가 되지만 톱질하기 편한 높이로 조절할 수 있다.

접는 손잡이는 다루기 힘들어 보이는 제작물도 고정시킬 수 있다.

접이식 작업대

작업장에서의 건강과 안전

산업 시설은 작업자의 건강과 안전을 위해 정해놓은 엄격한 규정 및 제약을 따라야 한다. 비록 홈 작업장에서는 이와 똑같은 규칙이 적용되지 않더라도 기계나 전동공구에서 발생되는 유해성 냄새나 먼지, 소음, 목재 부스러기, 금속 조각 등으로부터 작업자 자신을 보호해야 할 필요가 있다.

안전 안경

안전 안경 렌즈는 충격에도 견딜 수 있는 강인한 폴리카보네이트 소재로 만든다. 이 안경은 튕겨져나오는 물체로부터 눈을 보호할 뿐만 아니라 전동공구를 사용할 때 발생되는 먼지나 거친 바람으로부터 눈을 보호한다. 측면 프레임에도 스크린이 달려 있으면 눈을 보호 하는 데 효과가 더욱 좋다.

고글

사용자의 얼굴에 딱 맞도록 디자인된 고글은 눈 주변을 완벽하게 보호한다. 렌즈는 일반적으로 투명한 반강체(Semi-rigid) 플라스틱으로 만들고, 고글 안에 습기가 차는 것을 막아주기 위해 구멍이 있는 부드러운 비닐 프레임이 렌즈를 싸고 있다. 어떤 고글은 일반 안경과 함께 착용할 수 있도록 디자인되어 있다.

안면 가리개

안면 가리개의 플라스틱 덮개로 얼굴을 가리면 얼굴 전체를 보호할 수 있다. 이 장비는 특히 안경을 쓰는 작업자에게 유용하다.

청력 보호구

패드를 댄 귀 마개 또는 귀 플러그는 장기간 소음에 지나치게 노출되지 않도록 작업자를 보호해준다. 소음이 많이 발생되는 기계를 사용할 때는 청력 보호구를 착용하도록 한다.

안면 마스크

필터를 갈아 끼울 수 있도록 만들어진 단순한 마스크는 먼지, 비독성 냄새, 페인트, 니스 스프레이로부터 작업자의 폐를 보호한다.

호흡기 보호구

전문가용 이중 카트리지 호흡기 보호구는 페인트, 래커, 접착제, 독성 먼지가 작업자의 호흡기로 들어오지 못하도록 완벽하게 차단한다. 교체가 가능하며 색으로 코드가 분류되어 있는 카트리지는 특정 물질을 거를 수 있도록 설계되어 있다. 이 보호구는 고글이나 안전 안경과 함께 착용할 수 있다.

먼지 배출

작업장 바닥에 쌓여 있는 톱밥이나 목재 부스러기는 화재를 일으킬 수 있는 심각한 위험 요인이다. 미세하게 공기 중에 떠도는 먼지는 이러한 위험성을 높일 뿐 아니라 폭발할 수 있는 환경을 만들 수도 있다. 게다가 바닥에 먼지가 쌓이게 되면 미끄럽고, 작업자의 폐에도 좋지 않을 뿐 아니라 래커나 니스로 마감한 표면도 손상될 우려가 있다. 산업체의 작업장에는 기계마다 별도의 전용 집진기가 갖추어져 있다. 하지만 홈 작업장에서 모든 기계에 집진기를 설치한다면 비용이 많이 드는 단점이 있다. 따라서 작은 작업장에서는 단순하면서도 이동이 가능한 집진기로도 충분한 효과를 볼 수 있다.

◀ **대용량 집진기**
이런 유형의 먼지 배출기를 목작업 기계에 연결한다.

▼ **산업용 진공 청소기**
이 진공 청소기는 전동 공구용 먼지 배출기로도 사용된다.

집진기

작은 기계 작업장에는 움직일 수 있고 용량이 큰 먼지 집진기가 이상적이다. 유연한 호스를 통해 빨아들인 공기로부터 기계 상단에 붙어 있는 면 직물 자루에 의해 먼지가 걸러지고 그 아래에 있는 플라스틱 통에 먼지가 모인다. 이 호스에는 다양한 목가구 작업 기계에 맞도록 설계된 여러 형태의 마우스피스를 끼울 수 있다. 어떤 먼지 집진기에는 호스가 두 개 달려 있어서 동시에 두 기계를 사용할 수도 있다.

산업용 진공청소기

강력한 진공청소기는 작업장에 필수적인 장비이다. 이러한 진공청소기는 작업장 바닥이나 목가구 작업 기계를 청소하는 데 사용할 수 있는 일반적인 범위의 호스와 노즐이 사용된다. 적절한 부속품을 설치하면 기존 진공청소기를 휴대용 전동공구에 직접 연결해서, 발생되는 먼지와 부스러기를 곧바로 빨아들일 수 있게 된다. 이러한 경우에는 전동공구의 스위치로 제어하는 리모컨에 의해 조작된다.

7장 · 맞춤 만들기

맞춤을 만들기 위해서는 많은 연습이 필요하고 톱, 대패, 끌 등을 정확하게
사용할 수 있는 다양한 기술이 요구된다. 따라서 많은 사람들이 맞춤을 만드
는 솜씨를 통해 캐비닛 만드는 사람의 기술을 평가하는 것은 그리 놀라운 일
이 아니다. 그러나 맞춤을 선택하는 것도 맞춤을 만드는 것만큼이나 중요하
다. 맞춤 디자인은 주로 실용적으로 튼튼하게 해야 하지만 전체 구조물의 스
타일과도 어울려야 한다. 대부분의 맞춤은 각 부재를 연결하는 방법이 나타
나지 않도록 디자인할 때도 있고 장식 주먹장맞춤처럼 밖으로 드러나게 할
때도 있다.

이번에는 가장 일반적인, 손으로 깎아 만드는 맞춤의 특징과 만드는 방법에
대해 자세히 살펴보도록 하겠다. 각 작업마다 요구되는 치수가 서로 다르기
때문에 전체적으로 그림에 치수를 표시하지 않은 대신 상대적인 비율을 표
시했다.

맞댐맞춤

맞댐맞춤은 맞대는 부분이 서로 맞물려 이어지는 방법은 아니지만 가장 간단한 맞춤이다. 이 맞춤은 그 자체만으로는 튼튼하지 않기 때문에 종종 몇몇 방법으로 보강해야 한다. 직각으로 맞대는 맞춤은 가벼운 골격이나 작은 상자를 만들 때 사용된다. 맞닿는 부분을 직각으로 자르거나 비스듬히 자를 수도 있다.

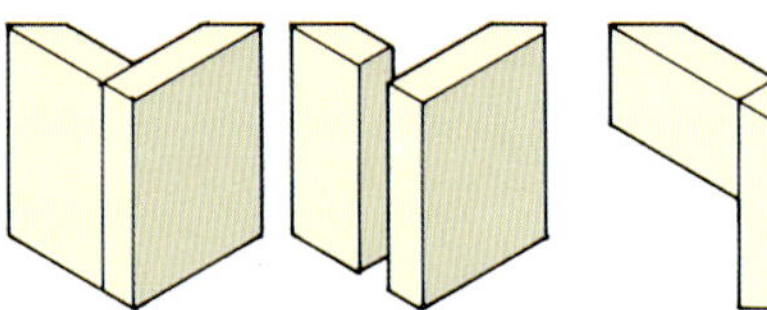

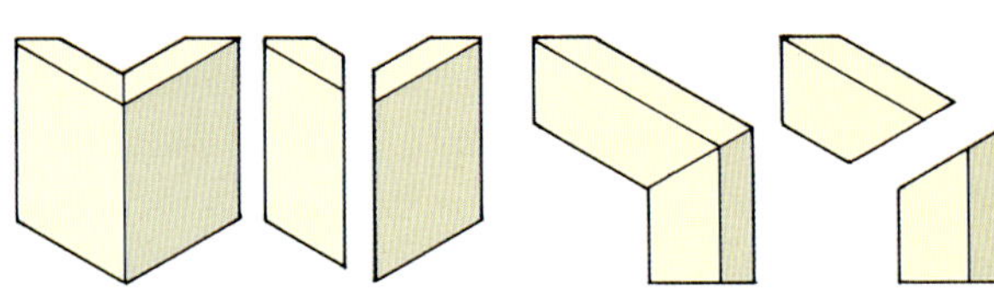

직각 맞댐맞춤

상자를 만들 때 사용하는 맞댐 맞춤에서는 한 부재의 끝을 다른 부재 안쪽에 접착제로 붙인다. 골격을 만들 때는 한 부재의 끝을 다른 부재의 측면에 접착제로 붙인다. 서로 맞대는 면은 평평해야 하며 끝은 수직이 되도록 해야 한다.

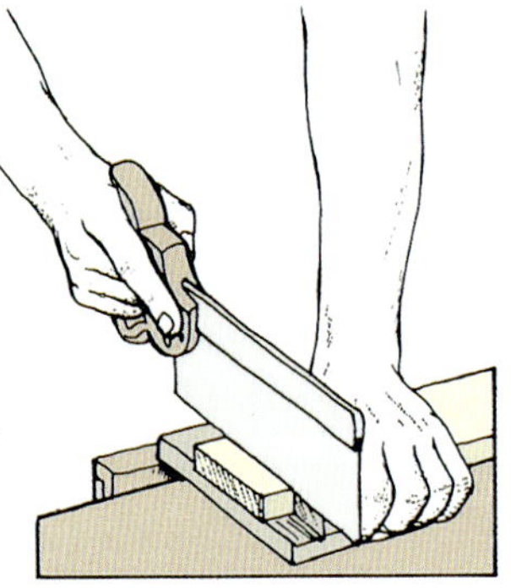

맞춤 절단하기

톱질할 부분을 표시하고 마킹 나이프로 그 둘레의 돌출부 절단선을 판다. 제작물을 작업대 후크에 대고 잡은 상태에서 그 선을 따라 제거할 부분을 톱질한다.1
대패로 마구리면을 다듬어 접착제를 사용하기 좋게 만든다. 이때 완전한 직각으로 자를 수 있도록 슈팅 보드를 사용해 대패를 잡아준다.2
서로 이을 부분에 접착제를 바른 뒤 두 부재를 잇고 죔쇠로 고정시킨다. 그리고 맞춤이 제대로 정렬되어 있는지 확인해야 한다.

1 제거할 부분을 잘라낸다.

2 끝을 수직으로 대패질한다.

연귀 맞댐맞춤

연귀맞춤은 서로 이어지는 두 부재 사이의 각도를 이등분한다. 대부분의 부재들을 45도로 비스듬히 자르고 두 부재를 90도로 맞춰 잇는다.
두 마구리면이 만나는 맞춤은 접착에 유리하다고 볼 수는 없지만 직각 맞댐 맞춤보다 접착 면이 넓기 때문에 어느 정도 단점이 보완된다. 일반적으로 못이나 촉으로 보강한다.

정확성의 중요성

연귀맞춤의 각도가 정확하지 않으면 맞춤의 안과 밖에 틈새가 생길 수 있으므로 정확한 각도로 자르는 것은 중요하다. 맞춤을 자른 뒤 목재가 수축되면 안쪽 각도에서 틈새가 벌어지기 때문에 건조가 잘된 목재를 사용해야 한다.

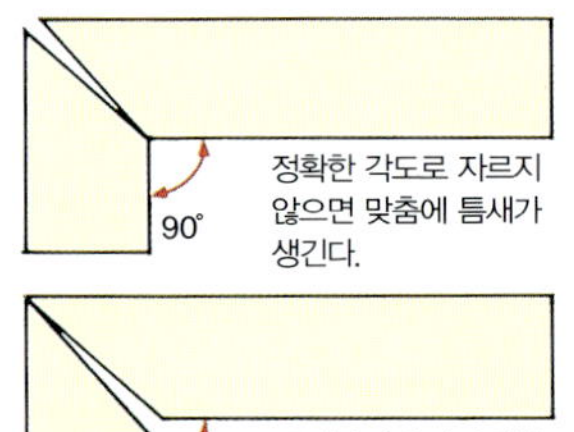

맞춤 만들기

칼과 연귀자로 면이나 가장자리에 절단선을 표시한다. 이 선을 연귀 각도로 인접한 면에 맞추고 장부톱으로 제거할 부분을 잘라낸다. 특히 절삭선을 표시하기 어려운 장식 몰딩을 팔 경우 정확히 자를 수 있도록 연귀 박스를 사용한다.1
대패와 연귀 슈팅 보드로 자른 끝을 다듬는다.2 폭이 넓은 판재는 연귀 슈팅 블록(Mitre shooting block)을 사용한다.3 이것을 사용할 수 없을 때는 제작물 끝이 쪼개지지 않도록 뒤쪽 가장자리에 못 쓰는 목재 조각을 대고 바이스에 제작물을 물린다.4

직각 맞댐맞춤

연귀 맞댐맞춤

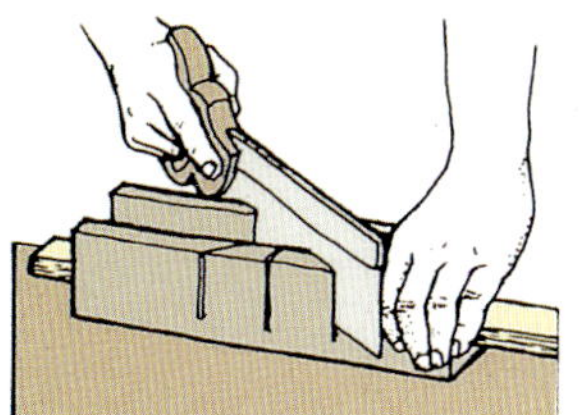

1 제거할 부분을 잘라낸다.

2 끝 부분을 부드럽게 대패질한다.

3 연귀 슈팅 블록을 사용한다.

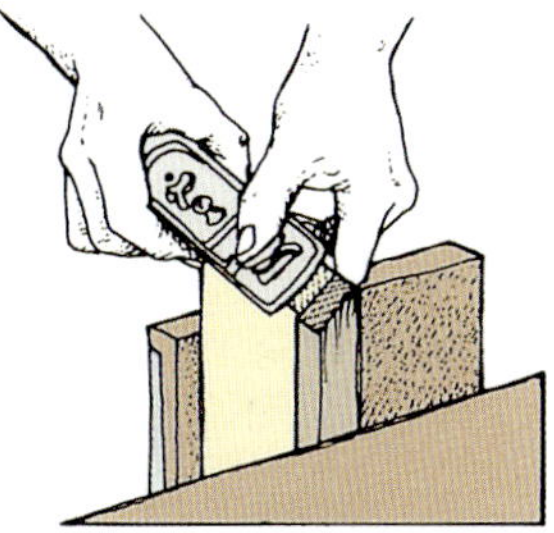

4 못 쓰는 나무로 뒤쪽 끝을 받치기도 한다.

직각 맞댐맞춤 보강

마구리면은 접착이 잘되지 않기 때문에 별도로 보강할 필요가 있다. 대가리가 작은 못을 박을 수도 있고 보강 블록을 안쪽 모퉁이에 붙일 수도 있다. 기계적 강도를 줄 수 있도록 맞춤에 주먹장 모양으로 못을 박는다. 경우에 따라 접착제를 굳히는 동안 못으로 고정시킬 수도 있다. 만약 블록을 사용해서 맞댐맞춤을 보강할 때는 맞춤의 안쪽 모퉁이에 보강 블록을 럽맞춤(Rub joint)해 접착제가 굳도록 둔다.

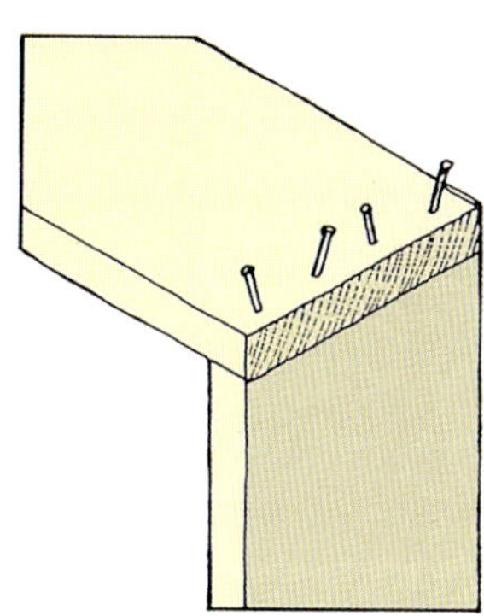

비스듬히 못을 박는다.

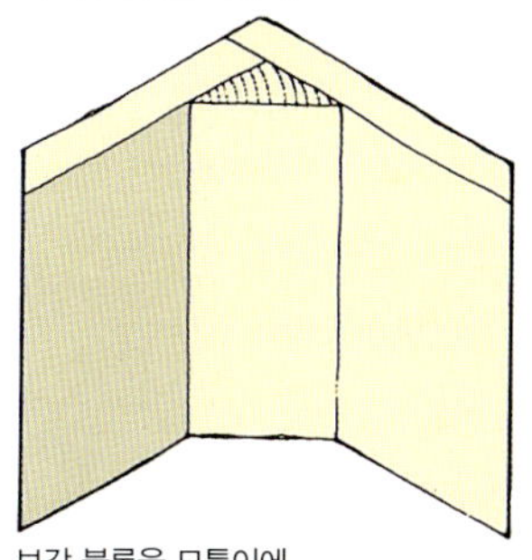

보강 블록을 모퉁이에 럽맞춤(Rub–joint)한다.

연귀 맞댐맞춤 보강

연귀맞춤을 보강하는 가장 쉬운 방법은 굳은 접착제에 보강물을 대는 것이다. 접착제로 굳힐 때는 연귀 죔쇠(Mitre cramp)나 웹 죔쇠(Web cramp)를 사용한다.

못 사용

못을 박을 때는 맞춤 크기에 따라 패널못이나 작은 못을 사용한다. 못대가리를 표면 밑으로 박고 목재와 매칭되는 색을 가진 메움재(Filler)로 구멍을 채운다.

스플라인(Spline) 사용

맞춤이 작을 때는 모퉁이에 직각으로 톱질한 자리에 무늬목이나 합판으로 만든 스플라인을 박아 보강할 수 있다. 이때 모퉁이에 직각으로 톱질하거나 튼튼하게 보강하기 위해 일정한 각도로 톱질하기도 한다. 장식 효과를 위해 서로 대비되는 목재로 스플라인을 만들어 사용한다.

헐거운 촉 사용

큰 연귀맞춤에는 헐거운 촉이나 키를 끼워 보강할 수 있다. 장붓구멍 게이지를 촉의 두께에 맞추어 조절한다. 이때 촉은 원목이나 합판으로 만들 수 있고 두께는 골격 재료의 약 3분의 1 정도이다. 게이지 선을 가장자리와 두께 중앙에 표시하고 이 선의 끝을 가로질러 가장자리 코너마다 같은 거리로 조절한다.

돌출부 절단선이 수직이 되도록 맞춤을 바이스에 물린다. 각 선을 따라 조심스럽게 톱질하고 끌로 제거할 부분을 깎아낸다. 그리고 공구를 양쪽 사이드의 중앙으로 밀면서 작업한다. 끼움촉을 접착제로 붙인 다음, 굳으면 대패질을 통해 평평하게 다듬는다. 원목으로 만든 끼움촉을 사용할 때는 나뭇결이 모퉁이를 가로질러야 한다.

내부 보강

연귀맞춤을 접착제로 붙이기 전에 끼움촉을 사용해 보강할 수도 있다. 이런 방법은 기계를 사용하면 쉽지만 손으로 할 수도 있다.

촉은 폭이 12mm이고 두께가 3mm인 합판을 잘라 만들거나 나뭇결이 너비 방향으로 가로질러 나 있는 원목을 사용할 수도 있다. 매칭되는 홈은 톱과 끌로 파거나 홈 대패를 사용할 수 있다. 촉이 연귀와 나란할 때는 중앙에 홈을 판다.1 연귀와 수직으로 홈을 팔 때는 짧고 약한 부분이 생기지 않도록 안쪽 모퉁이 가까이에 홈을 판다.2

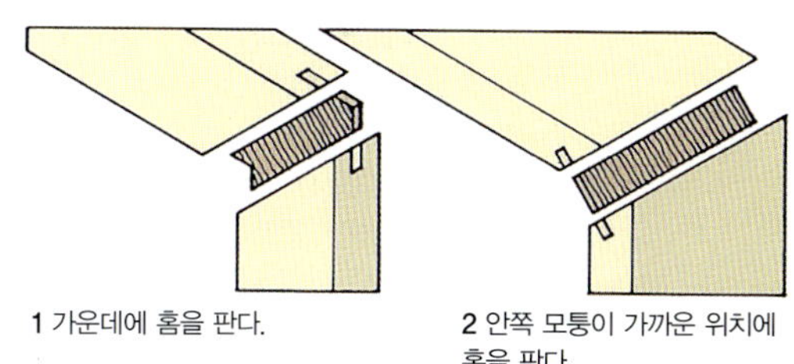

1 가운데에 홈을 판다.

2 안쪽 모퉁이가 가까운 위치에 홈을 판다.

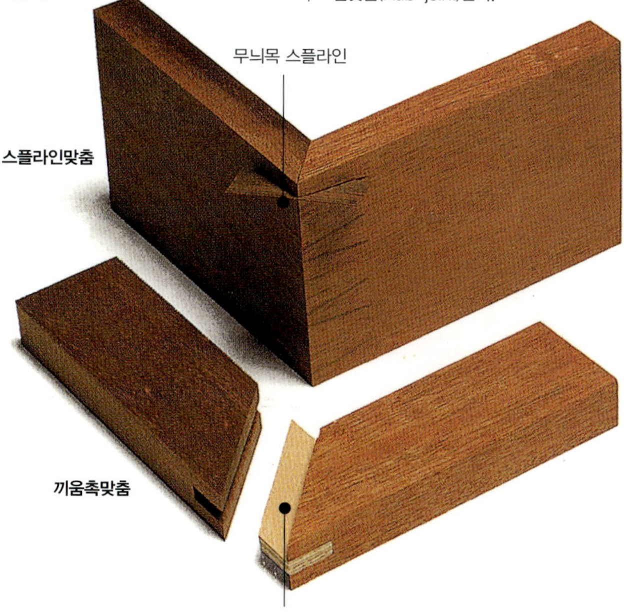

겹침맞춤

겹침맞춤은 만들기 쉬운 모퉁이맞춤으로, 단순한 상자나 캐비닛을 만드는 데 사용된다. 맞춤턱 맞춤이라고도 부르며, 한쪽 끝면을 다른 쪽의 맞춤턱에 잇는다. 한 쪽에 겹침 부분을 형성하는 맞춤턱이 있으며 이 부분이 다른 쪽의 마구리면을 겹치게 된다.

<table>
<tr><td colspan="2">참조할 곳</td></tr>
<tr><td>측정공구와 표시공구</td><td>76-79</td></tr>
<tr><td>등대기톱</td><td>83</td></tr>
<tr><td>마구리대패</td><td>92, 93</td></tr>
<tr><td>끌</td><td>98, 101</td></tr>
<tr><td>루터</td><td>142, 146</td></tr>
<tr><td>테이블톱</td><td>162</td></tr>
<tr><td>방사톱</td><td>169</td></tr>
<tr><td>접착제</td><td>302, 303</td></tr>
</table>

단순한 겹침맞춤

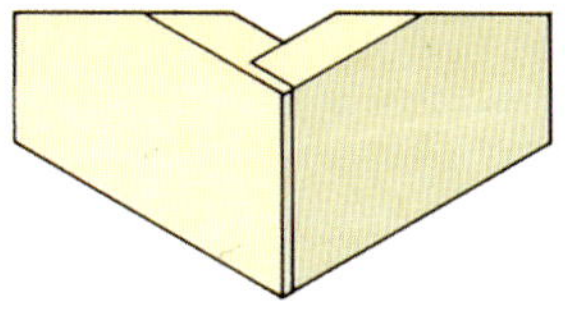

이 맞춤은 그리 튼튼하지 않기 때문에 핀을 박아 고정시킬 필요가 있다. 그러나 강도와 외관이 맞댐 맞춤보다 우수하다.

겹침맞춤 만들기

목재를 일정한 길이로 자른다. 표시 둥근끌로 맞춤턱을 팔 때는 목재 두께의 1/4 또는 1/3으로 맞춘다. 그 목재의 측면에 게이지를 대고 끝면에 선으로 표시한다. 그리고 위쪽과 아래쪽 면까지 선을 긋고1 게이지를 맞대고자 하는 목재의 두께로 맞춘다. 파고자 하는 맞춤턱을 위해 게이지를 목재 끝면에 대고 밀면서 뒷면과 가장자리에 선을 긋는다.2 연필로 제거할 부분을 표시한다.

맞춤턱을 파고자 하는 목재를 바이스에 물린다. 게이지 선 아래로 돌출부 절단선까지 톱질한다. 작업대 후크에 제작물을 대고 돌출부 절단선을 따라 제거할 부분을 톱질한다.3 필요하다면 맞춤턱대패로 맞춤턱을 다듬는다. 서로 이을 부분에 접착제를 바른 다음 조립하고, 핀을 박아 두 부분을 고정시킨다.

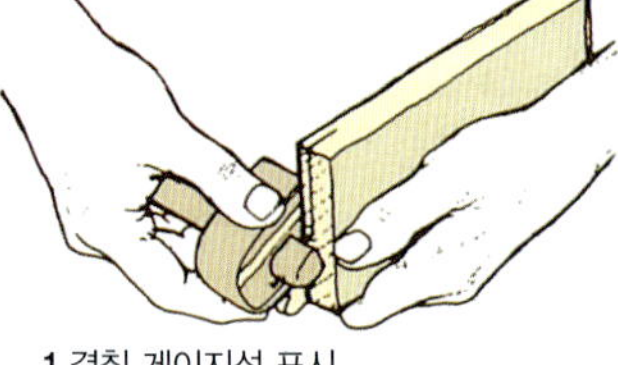

1 겹침 게이지선 표시

2 마구리 선 표시

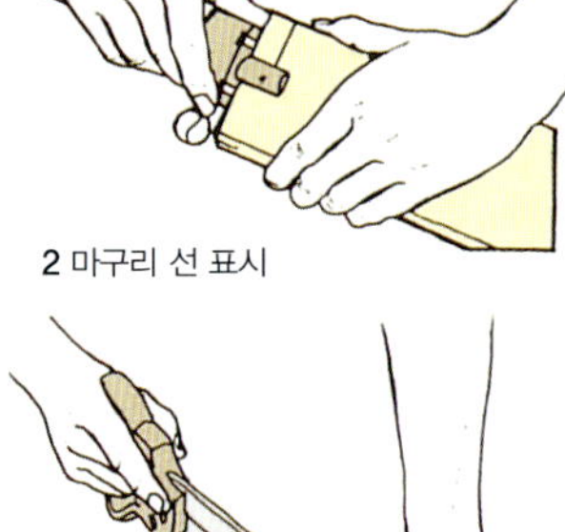

3 불필요한 부분을 톱으로 제거한다.

● 엇맞춤

겹침맞춤과 연귀맞춤이 혼합되어 있는 형태로, 목재 끝과 끝을 잇는 데 사용된다. 양쪽 구성요소에 얇고 긴 경사면이 있어 접착 면적이 매우 넓다. 경사면의 길이가 최소한 두께의 네 배가 되도록 자른다.

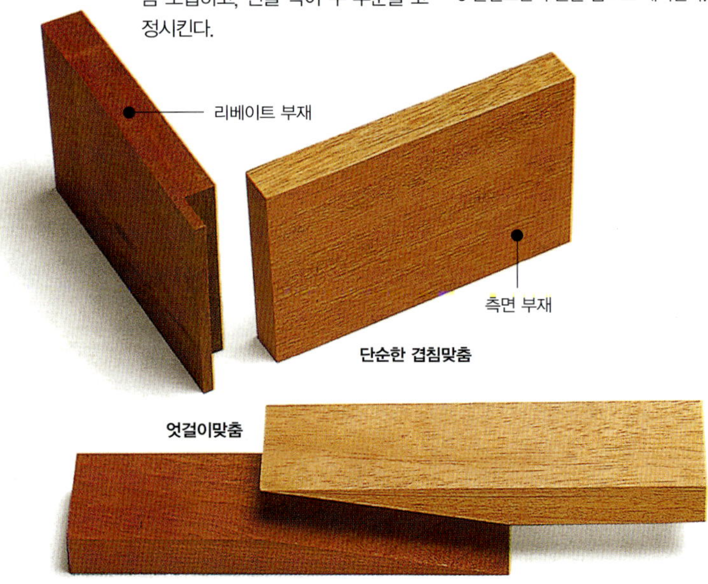

리베이트 부재

측면 부재

단순한 겹침맞춤

엇걸이맞춤

연귀 겹침맞춤

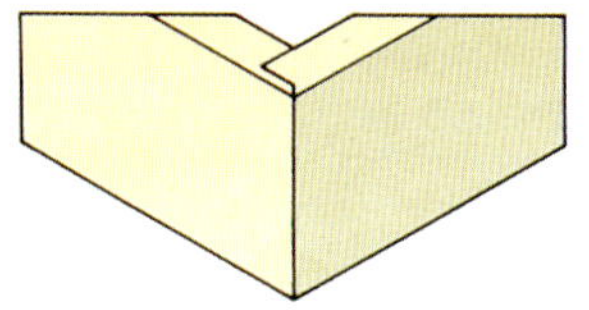

연귀 겹침맞춤은 단순한 겹침맞춤보다 외관은 깔끔하지만 만들기가 어렵다.

맞춤 만들기

앞서 설명한 방법대로 겹침 부분을 표시하고 자른다. 겹침 부분 끝에 45도 각도로 연귀맞춤을 표시한다.1 겹침 부분의 안쪽 전체를 절단선에 이어 표시한다. 조심스럽게 표시 선까지 제거할 부분을 대패질한다.

동일한 세팅에서 표시 게이지를 사용해 맞대고자 하는 부재의 안쪽과 가장자리 돌출부 절단선을 긋는다. 그리고 끝부터 선을 긋는다. 그런 다음 스톡을 바깥쪽 면에 댄 채로 가장자리를 넘어 끝 전체에 선을 그어 돌출부 절단선과 만나도록 만든다. 바깥쪽 면에서 두 게이지 선이 만나는 지점까지 각 가장자리에 연귀 부분을 표시한다.2

제작물을 작업대 후크에 평평히 대고 돌출부 절단선을 따라 연귀맞춤까지 톱질한다. 이것을 바이스에 똑바로 세워 고정시키고 게이지 선을 따라 톱질로 제거할 부분을 잘라낸다. 제작물을 바이스에 다시 끼우고 맞춤턱대패를 사용해 조심스레 연귀맞춤 형태를 만든다.3

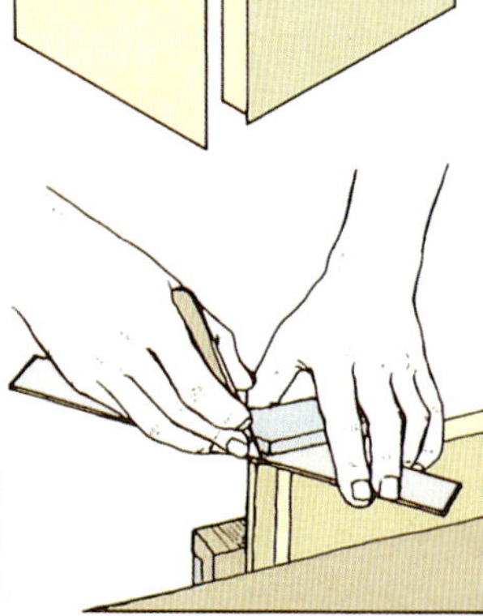

1 겹침 연귀 부분을 표시한다.

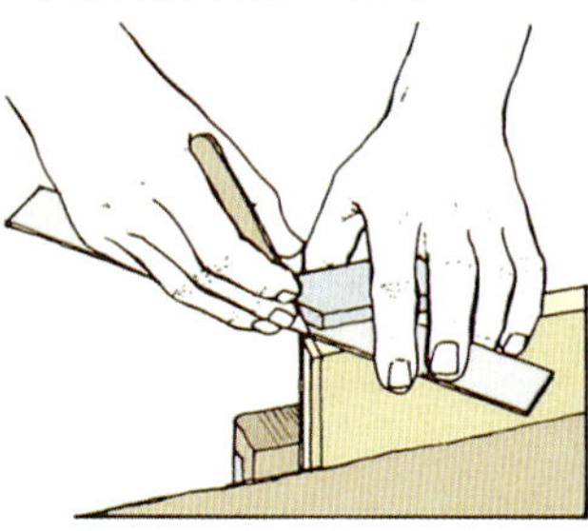

2 연귀 끝면을 표시한다.

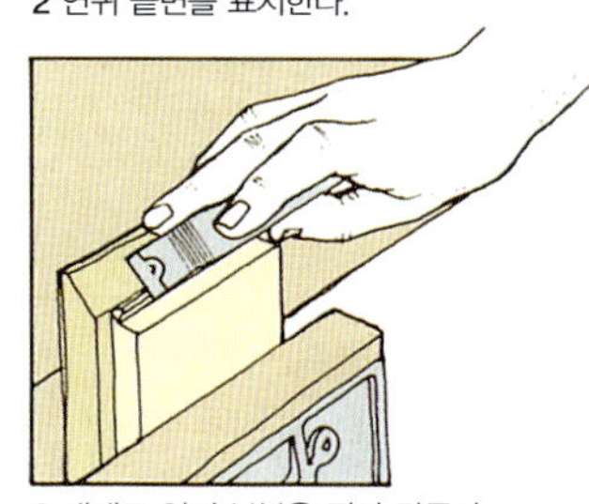

3 대패로 연귀 부분을 깎아 만든다.

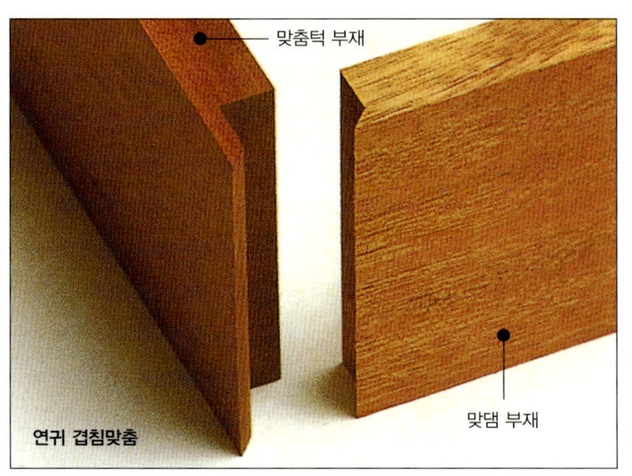

맞춤턱 부재

연귀 겹침맞춤

맞댐 부재

반턱맞춤

반턱맞춤은 두께가 같은 두 부재의 절반 정도를 파내 서로 조립하는 방식이다.
비교적 만들기 쉬우며 한 부재가 다른 부재와 교차하거나 같은 평면상에서 만나는 골격을 위해 사용된다.
이 맞춤은 톱과 끌을 사용해서 손으로 팔 수도 있고 기계를 사용해서 만들 수도 있다.
여기에서는 기본적인 반턱맞춤의 여러 유형을 손으로 만드는 방법에 대해 살펴보겠다.

교차 반턱맞춤

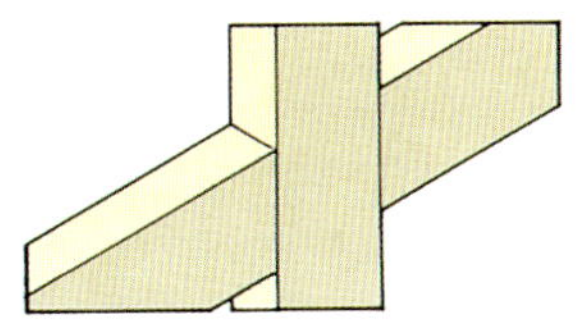
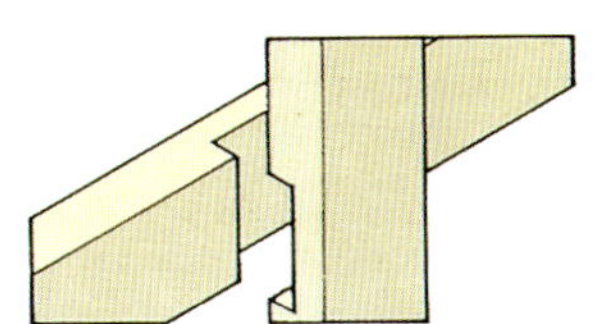
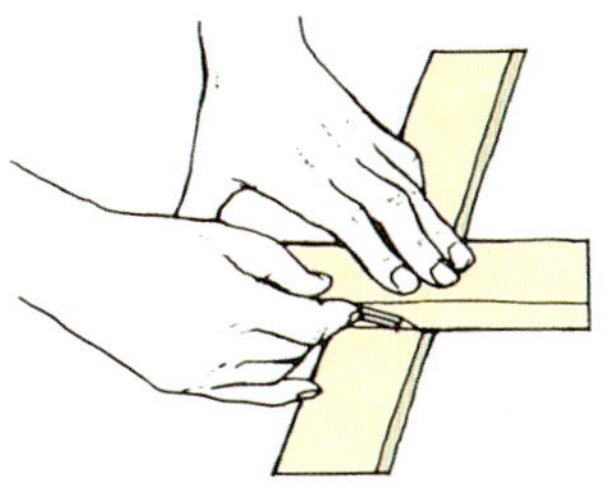

1 디바이더의 폭을 표시한다.

이 맞춤은 캐비닛 정면의 칸막이나 문 또는 창문의 틀과 같이 수평 가로대와 수직 골격이 서로 교차하는 곳에 사용하기에 가장 적합하다.

맞춤 표시하기

맞춤은 고루 튼튼하지만 보통 분리대(Divider)가 지나도록 만드는 것이 전부터 주로 사용되던 방식이다. 가로대에 분리대 폭을 표시한다.1 직각자와 마킹 나이프를 사용해 가로대의 면에도 선을 긋고 각 측면에서 중앙까지 선을 연장한다.2 목재를 뒤집어 같은 방법으로 분리대 뒷면에도 가로대의 폭을 표시한다.
표시 게이지를 목재 두께의 반으로 맞춰 두 부재의 측면에 대고 측면에 표시된 선 사이로 선을 긋는다.3 제거할 부분을 표시한다.

맞춤부 절단하기

작업대 후크에 제작물을 놓고 돌출부 절단선을 따라 표시한 선만큼 톱질한다. 느슨한 맞춤은 보기에 좋지 않고 약하기 때문에 절삭선을 기준으로 제거할 부분 안쪽에서 톱질해야 한다. 제거할 부분에 대한 작업을 쉽게 하기 위해 끌로 간격을 일정하게 해서 한두 개의 톱질 자국을 만든다.4 제작물을 바이스에 물리고 적절한 크기의 끌과 나무망치로 제거할 부분을 깎아낸다. 끌을 약간 위쪽으로 잡고 중간 부분으로 공구를 밀며 작업한다.5 제작물을 돌려 반대쪽에서도 같은 방법으로 작업한다. 제거할 부분의 대부분을 파낸 후 중앙에 도드라진 부분도 벗긴다. 끌을 수직으로 대고 톱으로 잘리지 않은 돌출부(Shoulder)의 바닥을 따라 목재 섬유를 잘라낸다. 끌의 옆면을 이용해 잘라낸 부분이 수평인지 확인한다.

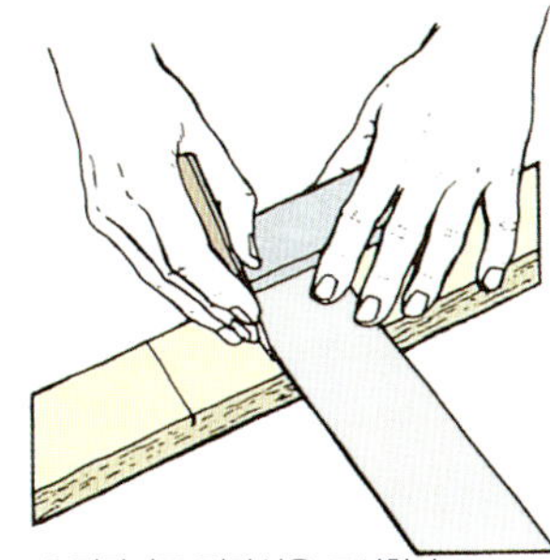

2 직각자로 절단선을 표시한다.

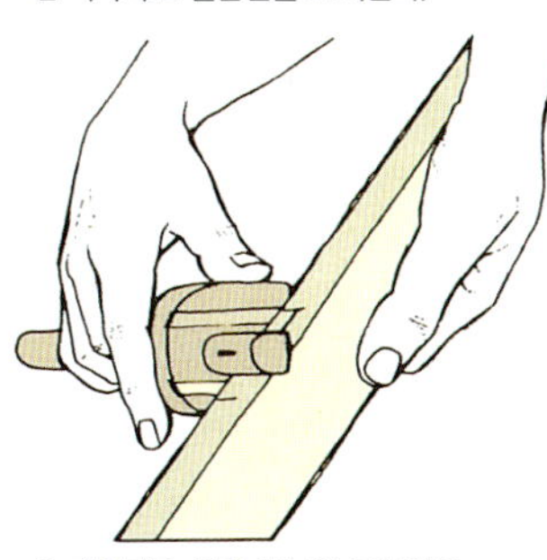

3 게이지로 측면 끝선을 표시한다.

4 제거할 부분에 톱질자국을 낸다.

5 제거할 부분을 끌로 제거한다.

코너 반턱맞춤

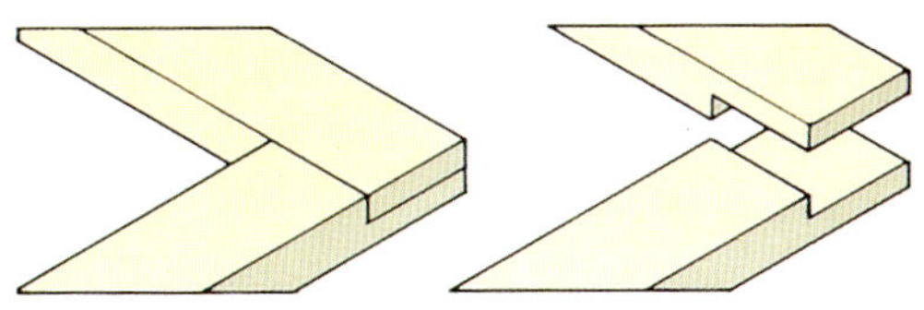

이 맞춤은 가장 쉽게 만들 수 있지만 접착제에 따라 강도가 결정되며, 나사나 나무못을 박아 보강할 수도 있다. 비스듬히 자른 코너 반턱맞춤은 모양이 세련되지만 접착면이 적기 때문에 강도는 떨어진다.

코너 반턱맞춤

코너 연귀 반턱맞춤

교차 반턱 맞춤

창틀 반턱맞춤

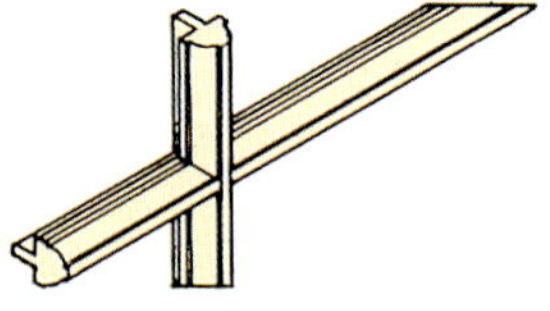 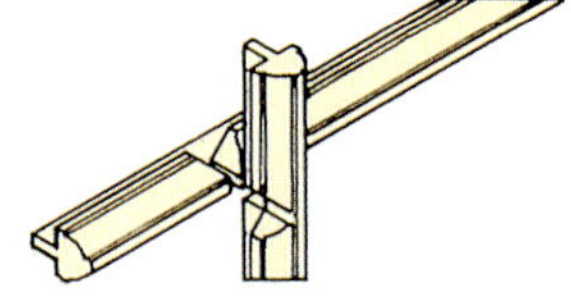

몰딩된 창틀에 반턱맞춤을 만드는 것은 기본적으로 교차 반턱맞춤을 만드는 것과 같다. 그러나 몰딩 부분 작업은 더욱 복잡하다.

맞춤부 절단하기

맞춤 부위를 표시하고 맞춤 각 면에 있는 몰딩을 잘라낸다. 몰딩 윗면의 깊이까지 잘라 들어가야 하며 이 잘라내는 부분의 폭은 윗면과 같아야 한다.1 윤곽이 일정한 표면 위로 선을 표시하는 것이 어려우므로 연귀 박스로 톱질한다.2 몰딩을 다듬기 위한 연귀 블록을 만들어 이것을 제작물에 고정시키고 끌로 몰딩의 경사면을 깎아낸다.3

그리고 각 부재에 남아 있는 부위에 반턱맞춤을 만든다. 잘라낸 각 부위의 깊이는 몰딩 맞춤턱의 선과 수평이 되어야 한다.4

2 연귀 박스를 사용한다.

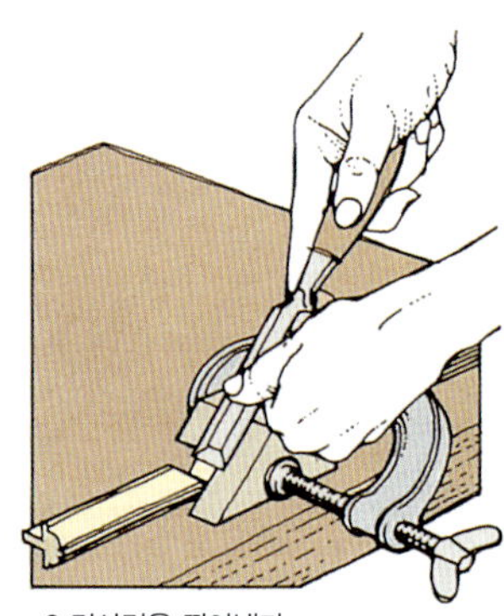

3 경사면을 깎아낸다.

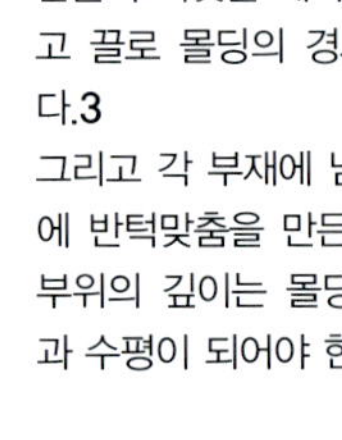

1 잘라낸 부분 폭
잘라낸 부분 폭이 윗면과 같아야 한다.

4 교차 반턱맞춤을 만든다.

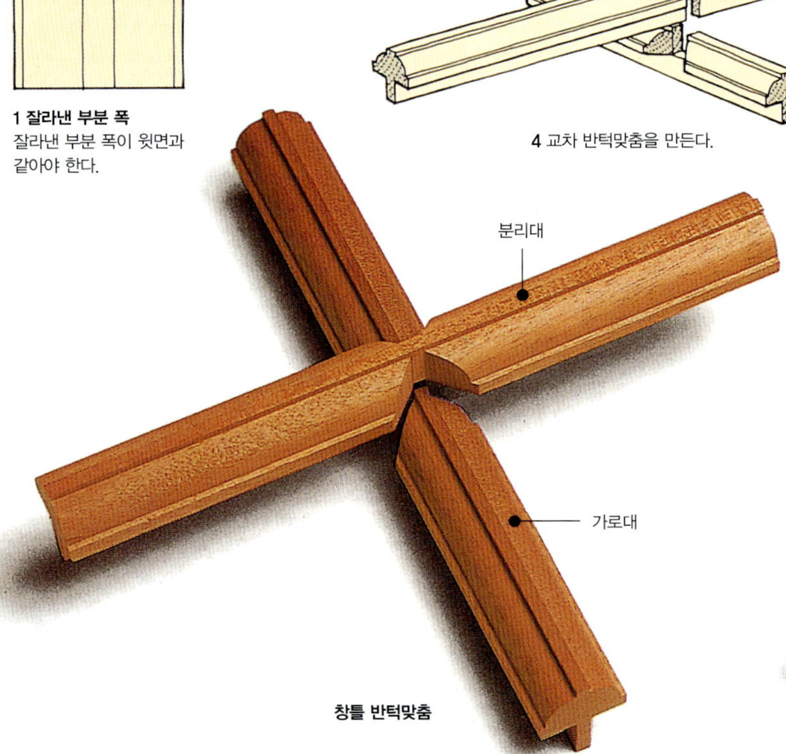

분리대

가로대

창틀 반턱맞춤

빗각 반턱맞춤

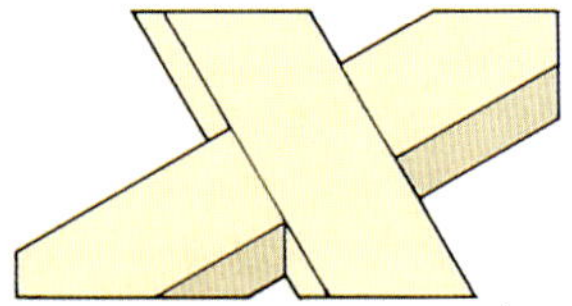 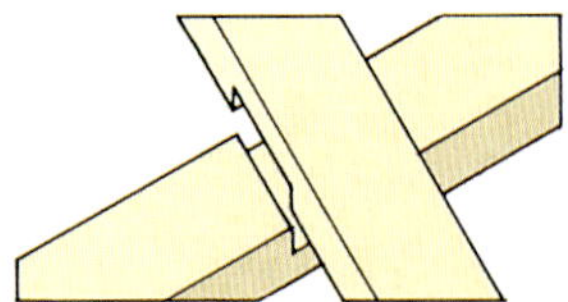

빗각 반턱맞춤을 만드는 방법은 기존의 교차반턱맞춤과 비슷하다. 그러나 파낸 부분이 일정한 각도로 기울어져 있다. 가장 큰 차이점은 돌출부를 표시하는 방법이다.

맞춤 표시하기

연귀 직각 자로 쉽게 45도를 표시할 수 있으며, 그 밖의 다른 각도를 표시하려면 각도기와 슬라이딩 경사면 세트(Sliding bevel set)를 사용하거나 정확한 도면을 보고 세팅할 필요가 있다.

아래쪽 부재의 측면에 돌출부 절단선을 일정한 각도로 표시한다. 그 선 위에 위쪽 부재를 놓고 너비를 표시한다.1 그 표시 위에 두 번째 돌출부 절단선을 긋는다. 각 측면에 대고 그 선을 가운데까지 연장한 다음 게이지 세트(Gauge set)를 목재 두께의 반 정도로 맞춘 다음 측면 중앙까지 연결된 두 선 사이에 새로운 선을 하나 긋는다.

위쪽 부재를 측면이 위로 향하도록 제 위치에 놓고 양 측면 끝에 아래쪽 부재의 폭을 표시한다.2 각도자나 직각자로 밑면에 파낼 부분을 표시한다.

맞춤부 절단하기

교차 반턱 맞춤을 만들 때처럼 제거할 부분을 톱과 끌로 제거한다. 그리고 표시된 각도에 맞추어 작업한다.

1 위쪽 부재의 폭을 표시한다.

2 아래쪽 부재의 폭을 표시한다.

위쪽 부재

아래쪽 부재

빗각 반턱맞춤

T자 반턱맞춤

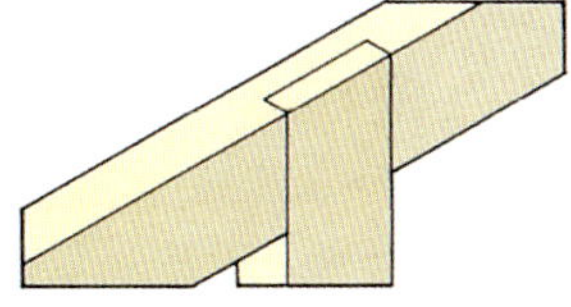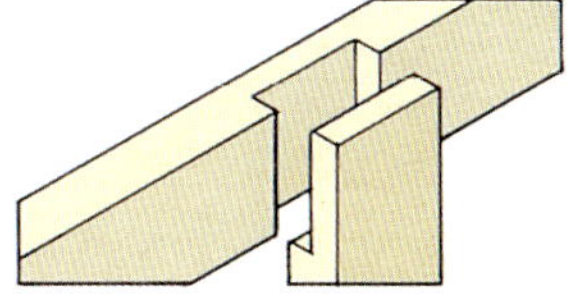

이 맞춤은 비교적 튼튼한 골격맞춤(Framing joint)으로, 한 구성요소의
끝이 다른 구성요소의 바깥쪽 측면과 수평을 이루며 서로 교차하게 된다.

맞춤부 표시하기

교차 반턱맞춤에서 설명한 방법대
로 가로대에 잘라낼 부분을 표시
한 다음, 세로대 끝을 직각으로 자
르고 밑면에 가로대의 폭을 표시
한다. 측면에도 선을 표시하고 양
쪽 측면과 끝을 따라 게이지로 절
단선을 긋는다.1

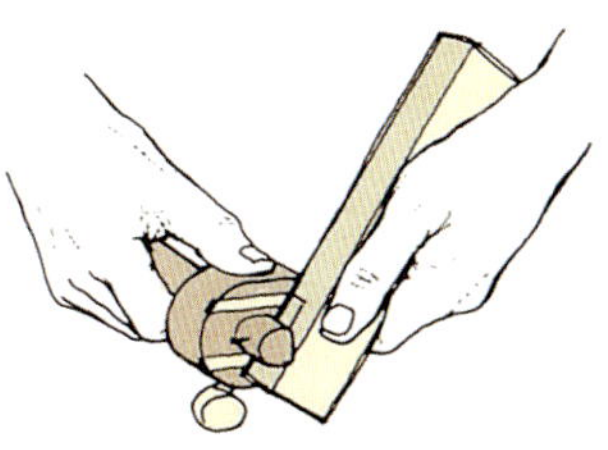

1 측면과 끝에 게이지로 선을 긋는다.

맞춤 만들기

톱과 끌로 가로대에서 제거할 부
분을 도려낸다.2 먼저 잘려나갈
면에 표시되어 있는 게이지 선을
따라 톱질한 다음 돌출부 절단선
을 톱질해서 세로대에서 제거할
부분을 잘라낸다.3

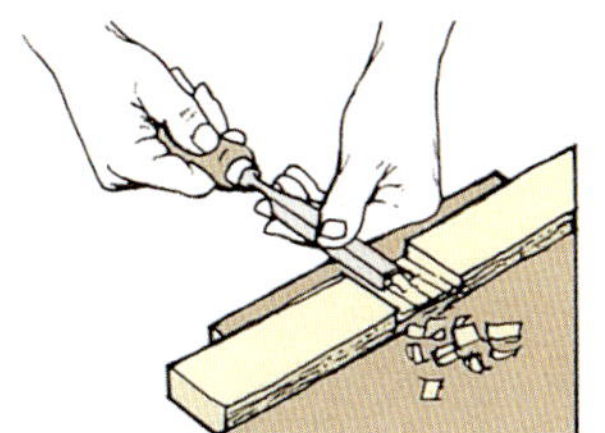

2 제거할 부분을 끌로 도려낸다.

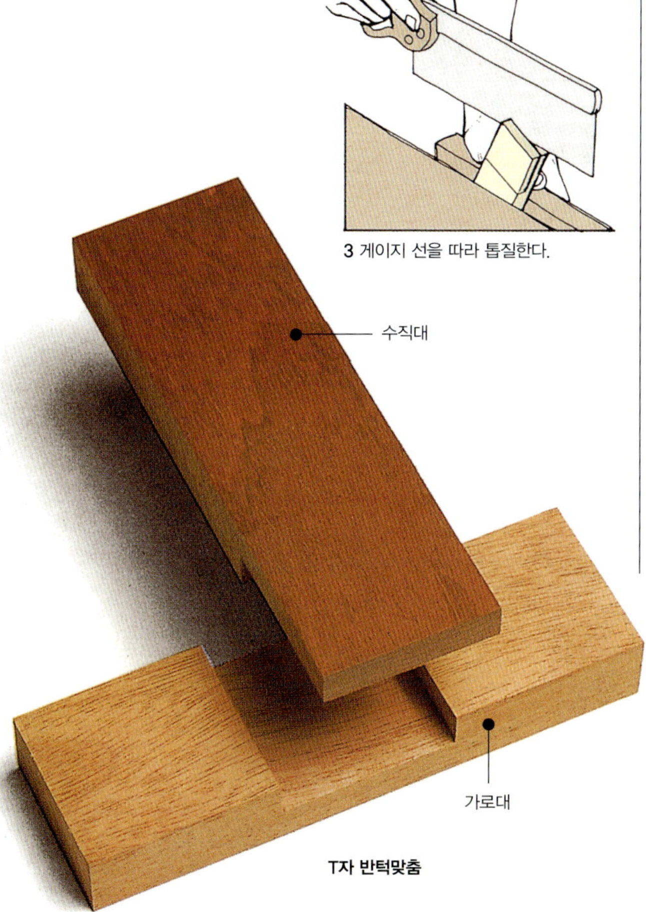

3 게이지 선을 따라 톱질한다.

수직대

가로대

T자 반턱맞춤

주먹장 반턱맞춤

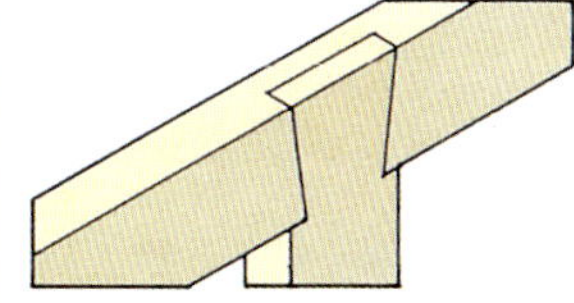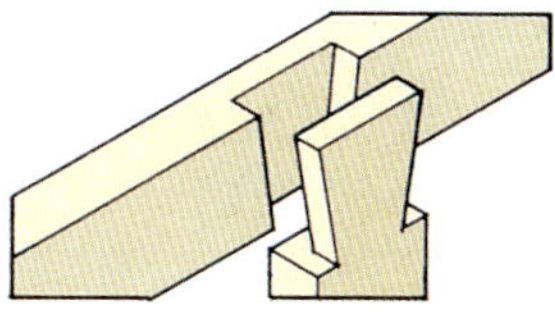

주먹장 반턱맞춤은 T자 반턱맞춤과 비슷하지만 당기는 힘에 잘 버틸 수
있기 때문에 훨씬 튼튼하다.

맞춤 표시하고 만들기

꼬리부재(Tailpiece)가 될 수직대를 먼저 자른다. 끝에서 겹치는 부분을
T자 반턱맞춤에서 설명한 방법대로 표시하고 자른다. 형틀로 주먹장의 경
사면을 표시하거나1 자를 대고 표시한다. 목재 크기에 따라 제거할 부분
을 톱질하거나 깎아낸다.2
주먹장이 만들어진 끝을 가로대 측면에 올려놓고 주먹장 형태를 표시한
다.3 측면에도 표시한 선을 연장한 다음, 이 두 선 사이를 게이지로 이어
선을 긋는다. 그런 다음 톱과 끌로 제거할 부분을 잘라낸다.

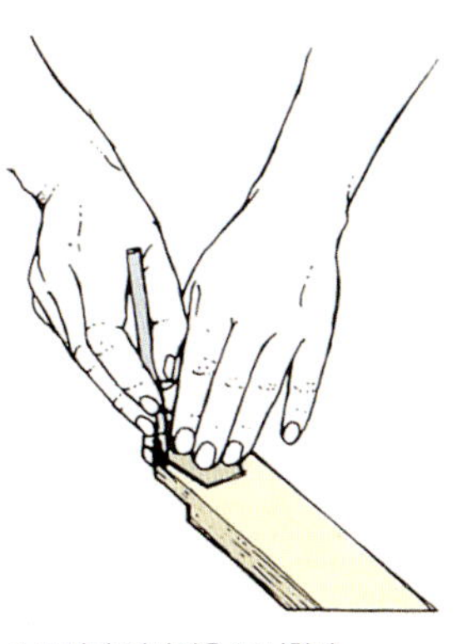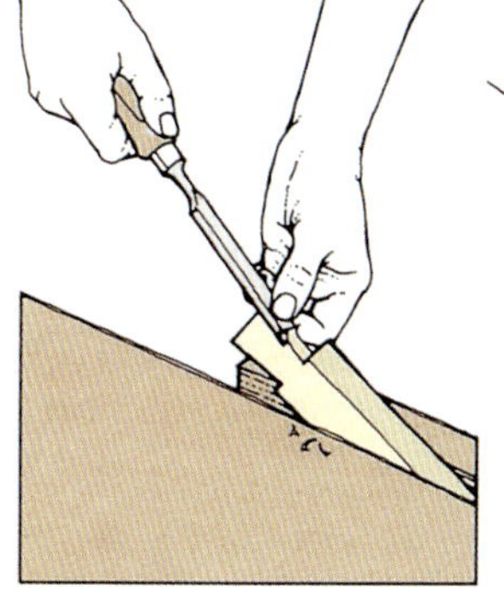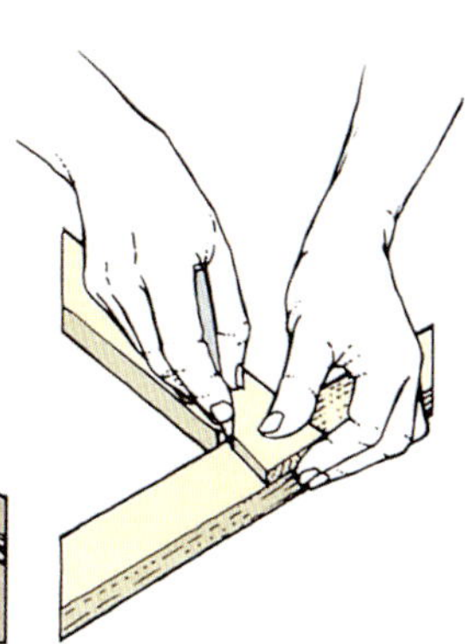

1 주먹장 경사면을 표시한다.　2 제거할 부분을 깎아낸다.　3 주먹장 형태 그대로 표시한다.

수직대

가로대

주먹장 반턱맞춤

양측면맞춤

측면맞춤은 비교적 폭이 좁은 판재를 이어 테이블 상판이나 캐비닛 작업에 사용할 수 있는 폭이 넓은
판재로 만드는 데 사용된다. 그리고 목재 측면은 무늬가 없거나 일정한 형태를 가질 수도 있다. 측면을 잘
가공하면 접착면이 커져 튼튼한 결합이 가능하며 측면끼리 서로 맞물려 접착이 잘된다.
방법에 상관없이 강도는 접착제에 달려 있다. 최신 접착제는 상당히 강력해서 접착되는
면의 상태가 완벽하다면 단순한 접착제에 의한 맞댐맞춤이라도 목재 자체보다 튼튼할 수 있다.

목재 준비

일정한 두께로 대패질한 판재로 작업을 시작한다. 정목절단한 목재가
원심켜기로 자른 목재보다 단단하고 안정적이기 때문에 가능한 한 정목
절단한 목재를 사용한다.

1 성장륜이 서로 엇갈리도록 배열한다.

2 보드에 번호를 써둔다.

판재의 선택 및 준비

다른 것을 선택할 여지가 없거나 표면 모양이 치밀한(Through and
through) 것을 선택했다면 성장륜이 서로 엇갈리도록 목재를 배열한다.1
또는 색이 매칭되는 목재를 선택한 후 나뭇결 방향이 같도록 목재를 배열
한다. 그러지 않으면 결국 표면을 매끄럽게 마감하기 어려워진다. 각 판재
의 측면에 번호를 표시하고2 이 판재들로 작업할 때는 항상 그 번호 순서
를 유지한다.

맞댐맞춤

제허맞춤

끼움촉 제허맞춤

헐거운 촉

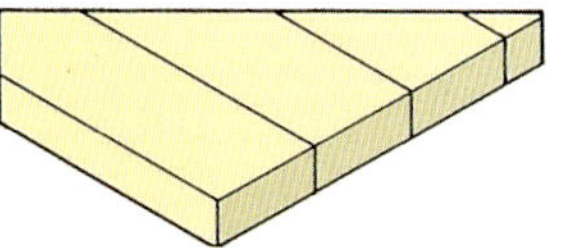

양측면 맞댐 이음

두 판재 사이에 맞춤을 만들 때는 서로 만나는 측면을 직각으로
대패질하는 것이 기본 작업이다.

직각 여부 확인

마무리대패(Try plane) 또는 사용할
수 있는 가장 긴 대패로 각 측면을
정확하게 직각으로 만든다.1 직각자
를 사용해서 각 측면이 정확한 직각
인지 자주 점검한다. 금속 직선자로
측면이 직선인지 시험한다.2

1 에지를 직각으로 대패질한다.

2 측면이 직선인지 시험한다.

불규칙한 판재

판재를 죔쇠로 고정시킬 때는 약간 오목해도 무방하다. 그러나 럽맞춤
(Rubbed joint)이 사용되어야 할 경우 두 판재는 직선이어야 한다.
측면이 약간 오목하게 파여 있다면 수축으로 인해 양쪽 끝에 가해지는 여
분의 압력이 느슨해지고 끝이 갈라지는 것을 막을 수 있어 약간 오목한 에
지1는 죔쇠로 고정시킬 수 있다.
볼록한 에지는 사용할 수 없다.2 죔쇠로 고정시킬 때 응력이 일어나서 끝
이 쪼개질 수 있기 때문이다.

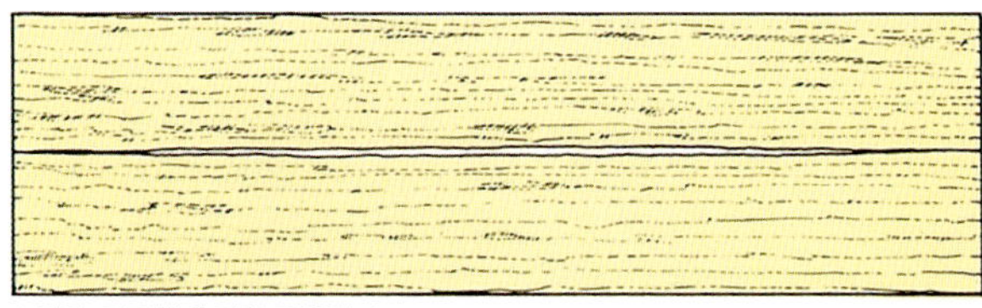

1 약간 오목한 측면은 허용된다.

2 볼록한 측면은 허용되지 않는다.

각 판재를 직선 및 직각으로 대패질하기는 쉽지 않다. 두 측면을 함께 대패질하면 완전한 직각으로 깎아야 한다는 부담을 어느 정도 줄일 수 있다. 두 판재의 측면이 바깥쪽으로 등을 댄 채 수평이 되게 바이스에 물린다.3 측면을 대패질해서 직선으로 만들어야 하지만 완전한 직각이 아닐지라도 두 판재가 잘 맞고 평평한 표면이 만들어질 것이다.4

세 개나 그 이상의 판재를 양측면맞춤으로 잇고자 할 때는 안쪽에 위치한 판재는 양쪽 측면이 이웃 판재와 어울리도록 양면 모두를 대패질해야 한다. 판재 등을 대고 측면을 대패질하는 방법으로 첫 번째와 두 번째 판재를 바이스에 물려 대패질한다. 첫 번째 판재를 제거하고 두 번째 판재를 세 번째 판재와 등을 댄다. 이런 식으로 각 판재를 짝지어 측면을 대패질한다.5

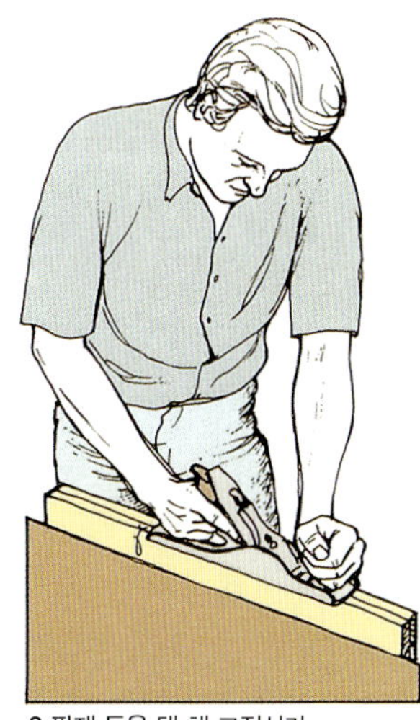

3 판재 등을 댄 채 고정시켜 대패질한다.

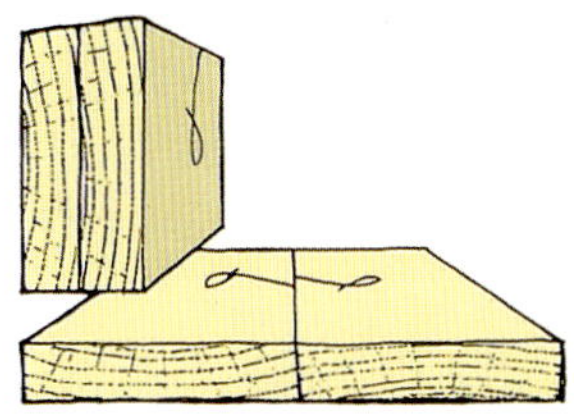

4 직각에서 벗어나는 측면이 서로 잘 들어맞는다.

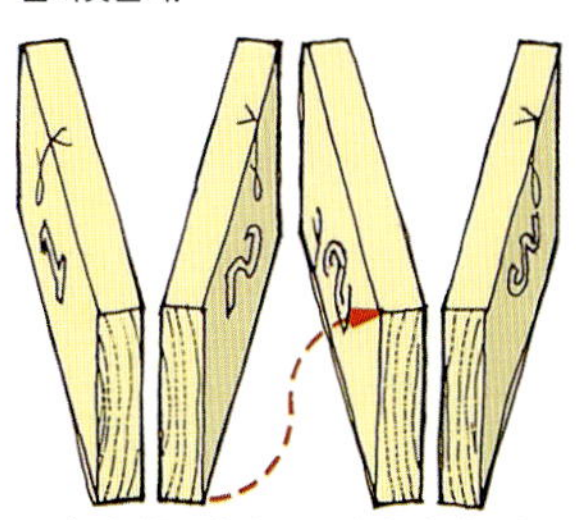

5 각 판재를 차례로 돌리며 짝짓는다.

양측면맞춤을 죔쇠로 고정하기

접착제를 붙이기 전에 판재를 죔쇠로 고정시켜 잘 맞는지 확인한다. 이 과정은 접착제가 굳는 동안 판재를 고정시킬 수 있도록 죔쇠를 미리 맞추는 효과가 있다. 실제로 접착제가 굳기 전에 판재를 가능한 한 빨리 고정해야 하기 때문에 유용한 준비 과정이다.

사용해야 하는 죔쇠의 수는 제작물의 크기에 따라 다르지만 최소한 세 개는 있어야 한다. 죔쇠 헤드와 판재 측면 사이에 못 쓰는 목재 조각을 놓는다. 작업대를 가로질러 놓여 있는 누름대 위에 판재를 놓고 고정시킨다.

접착제로 붙이기

서로 이어지는 측면에 접착제를 얇게 바른다. 각 판재 끝으로부터 판재 길이의 약 1/4만큼 떨어진 양쪽에 죔쇠로 제작물을 고정시킨다.1 목재에 바른 접착제와 죔쇠가 붙지 않도록 주의한다. 필요하다면 맞춤 부위를 나무 블록과 나무 망치로 톡톡 두들겨 판재를 수평으로 맞춘다.2 판을 뒤집어 중앙을 가로질러 죔쇠로 고정시킨다.3 이 죔쇠는 맞춤을 서로 당겨줄 뿐 아니라 판이 휘지 않도록 막는 역할도 한다. 맞춤에서 밀려 나온 접착제를 닦아낸다. 접착제가 경화될 때가지 제작물을 죔쇠에 고정시켜 둔다. 고정된 제작물을 작업대에서 분리할 필요가 있을 때는 벽에 댄 상태로 세워둘 수 있다. 이때 뒤틀리지 않도록 평평하게 받쳐야 한다.

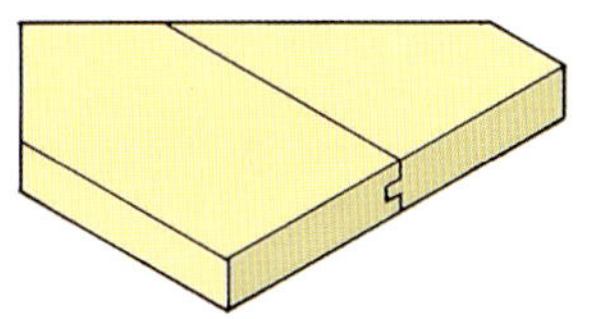

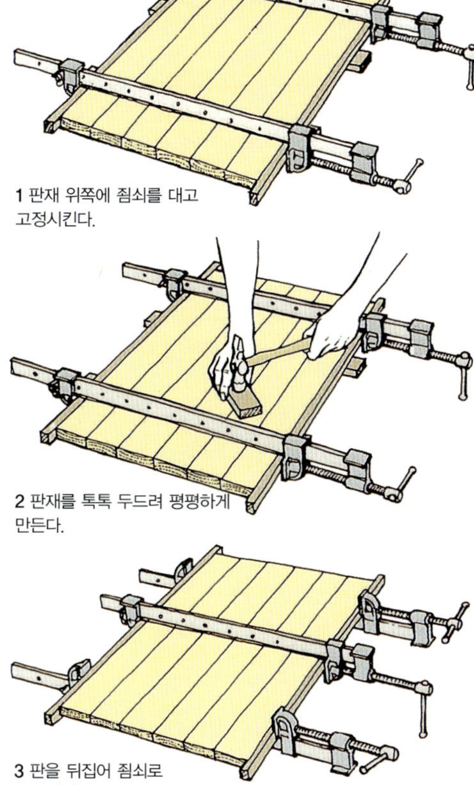

1 판재 위쪽에 죔쇠를 대고 고정시킨다.

2 판재를 톡톡 두드려 평평하게 만든다.

3 판을 뒤집어 죔쇠로 고정시킨다.

제혀맞춤

제혀맞춤을 수작업으로 하기에 가장 좋은 공구는 복합대패이다. 촉 파기 커터(Tonguing cutter)를 사용해 촉을 먼저 자른다.

촉 만들기

측면이 작업자 쪽을 향하도록 제작물을 바이스에 물린다. 촉이 측면 중앙에 오도록 대패의 펜스를 조절한다.1 가공하고자 하는 측면에 커터를 대고 살짝 대패질해서 자국을 낸다. 그 다음 펜스가 제작물 반대편 측면에 닿도록 대패를 반대로 돌려 커터를 측면의 대패질 자국에 대고 확인할 수 있다. 커터가 대패질 자국과 일직선이 되면 촉이 측면 한가운데에 온 것이다. 커터에 깊이 멈춤을 끼우고 앞쪽 끝에서부터 대패질을 시작해 촉을 만든다.2

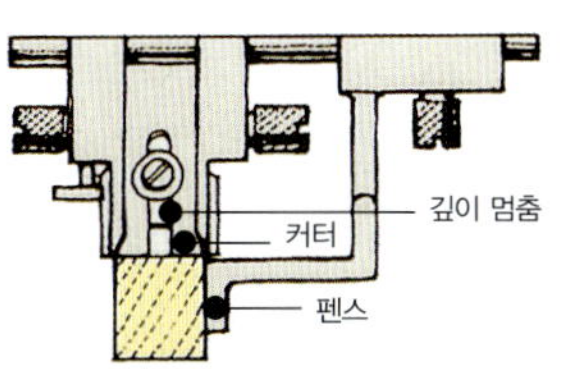

1 커터를 가운데로 맞춘다.

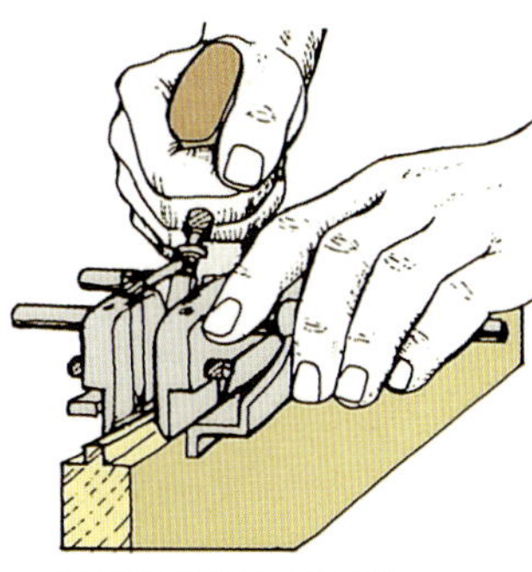

2 끝에서 대패질을 시작한다.

홈 만들기

홈을 만들 때는 촉의 폭과 매칭되는 홈 파기 커터(Ploughing cutter)를 끼워 사용한다. 커터를 촉 측면에 대고 펜스를 조절한다.3 홈이 촉보다 약간 깊이 파이도록 깊이 멈춤을 끼워 맞춘다. 바이스에 보드를 물리고 홈을 만든다.

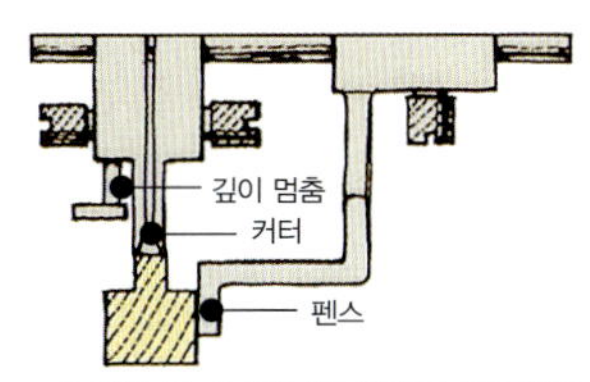

3 홈을 팔 수 있도록 대패를 조절한다.

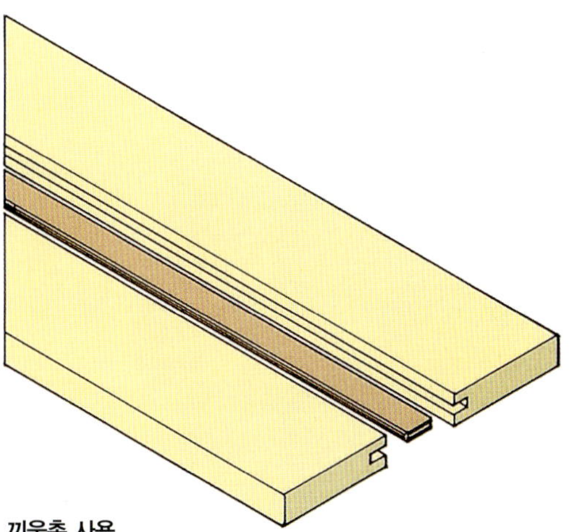

끼움촉 사용

끼움 합판 촉이나 스플라인으로 다른 제혀맞춤을 만들 수 있다. 이 합판 촉이나 스플라인을 두 반쪽 맞춤에 있는 홈에 끼워 맞춘다. 이 맞춤은 테이블톱이나 루터를 사용하면 홈파기대패로도 만들 수 있다.

하우징맞춤

하우징이나 다도(Dado)는 패널의 나뭇결을 가로질러 파낸, 폭이 넓고 깊이가 얕은 홈이다. 이것은 주로 선반 판재나 칸막이를 캐비닛에 고정시키는 데 사용된다. 손으로 사용하는 공구나 손으로 잡고 사용하는 기계 공구로 다양한 종류의 하우징맞춤을 만들 수 있다. 관통 하우징맞춤(Through housing joint)이 가장 일반적이며 만들기도 간단하다. 가장 튼튼한 형태는 주먹장 하우징(Dovetail housing)으로, 기계적 강도 이외에 접착제도 사용된다. 두 종류 모두 측판 앞쪽 측면에 홈의 끝면이 보이지 않도록 숨은 하우징 맞춤(Stopped housing joint)으로도 만들 수 있다.

참조할 곳	
측정공구와 표시공구	76-79
루터대패	95
포르스터너 비트	126, 189
회전톱	135
루터	142, 146
테이블톱	162
방사톱	168
판재맞춤	246-248

1 선반 두께를 표시한다.

2 하우징 깊이를 게이지로 표시한다.

3 가이드 홈을 끌로 파낸다.

4 선을 따라 톱질한다.

5 제거할 부분을 끌로 파낸다.

6 루터 대패로 홈을 수평으로 만든다.

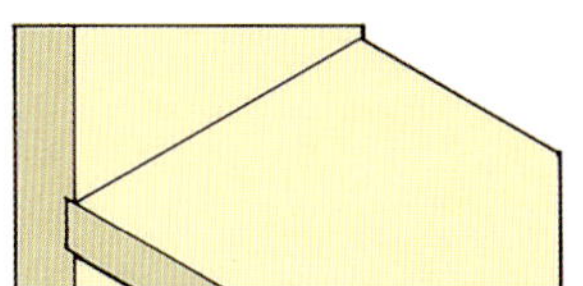

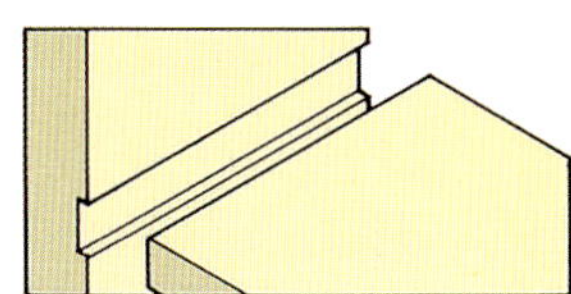

끝까지 이어지는 하우징맞춤

하우징은 제작된 보드나 양끝맞춤으로 원목 판재를 조립해서 만든 패널에 팔 수 있다. 표면과 에지를 준비한 다음 측면과 에지를 선택하고 표시한다. 제작된 보드에 무늬목 작업을 해야 한다면 하우징맞춤을 파기 전에 리핑(Lipping)을 하고, 무늬목을 입힌다.

맞춤 표시하기

측면 부재 안쪽 면에 맞춤을 하기 위해 홈 아래쪽 선을 게이지로 표시한다. 선반 널빤지의 두께에 맞추어 홈의 폭을 표시한다.**1** 마킹 나이프와 큰 직각자를 사용해서 측면 부재의 폭을 따라 처음부터 끝까지 절단선을 긋고 에지에도 선을 연장해서 긋는다. 에지에 선을 그을 때는 그 길이가 두께의 1/3을 넘지 않아야 한다.

마킹 둥근끌을 5~6mm 또는 측면 부재 두께의 3분의 1 정도로 맞춘다. 양쪽 에지에 표시한 연장선 사이로 선을 긋는다.**2**

맞춤 만들기

폭 넓은 끌로 절삭선을 기준으로 제거할 부분에서 쐐기 모양으로 살짝 홈을 파낸다.**3** 이렇게 만들어진 돌출부를 가이드 삼아 톱니가 미세한 주먹장 톱으로 표시한 절삭선을 따라 조심스럽게 톱질해 간다.**4** 톱질에 자신이 없을 때는 절삭선을 따라 누름대를 고정시켜 톱질 방향을 잡아줄 수도 있다.

끌을 사용해 제거할 부분을 파낸 후**5** 수동 루터로 홈을 수평으로 다듬는다.**6** 가장자리 부분이 깨지지 않도록 양쪽에서 가운데 방향으로 작업한다. 폭이 넓은 패널에서는 루터로 제거할 부분을 모두 깍아낸다. 한번에 제거할 부분을 모두 깍아내려고 하지는 말아야 한다. 원하는 깊이에 도달할 때까지 커터를 조절하면서 여러 번 공구를 통과시키며 작업해야 한다.

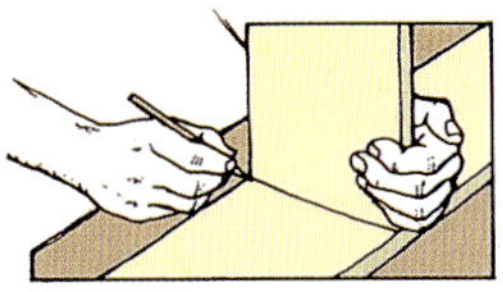

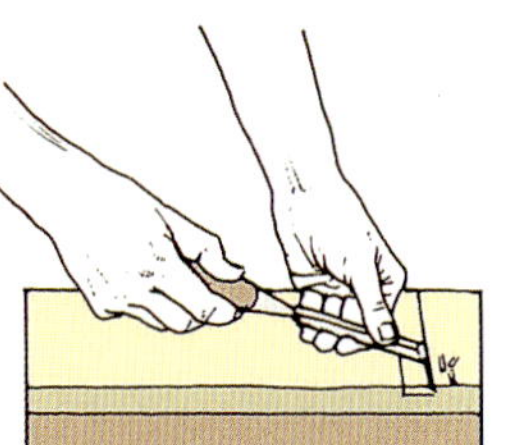

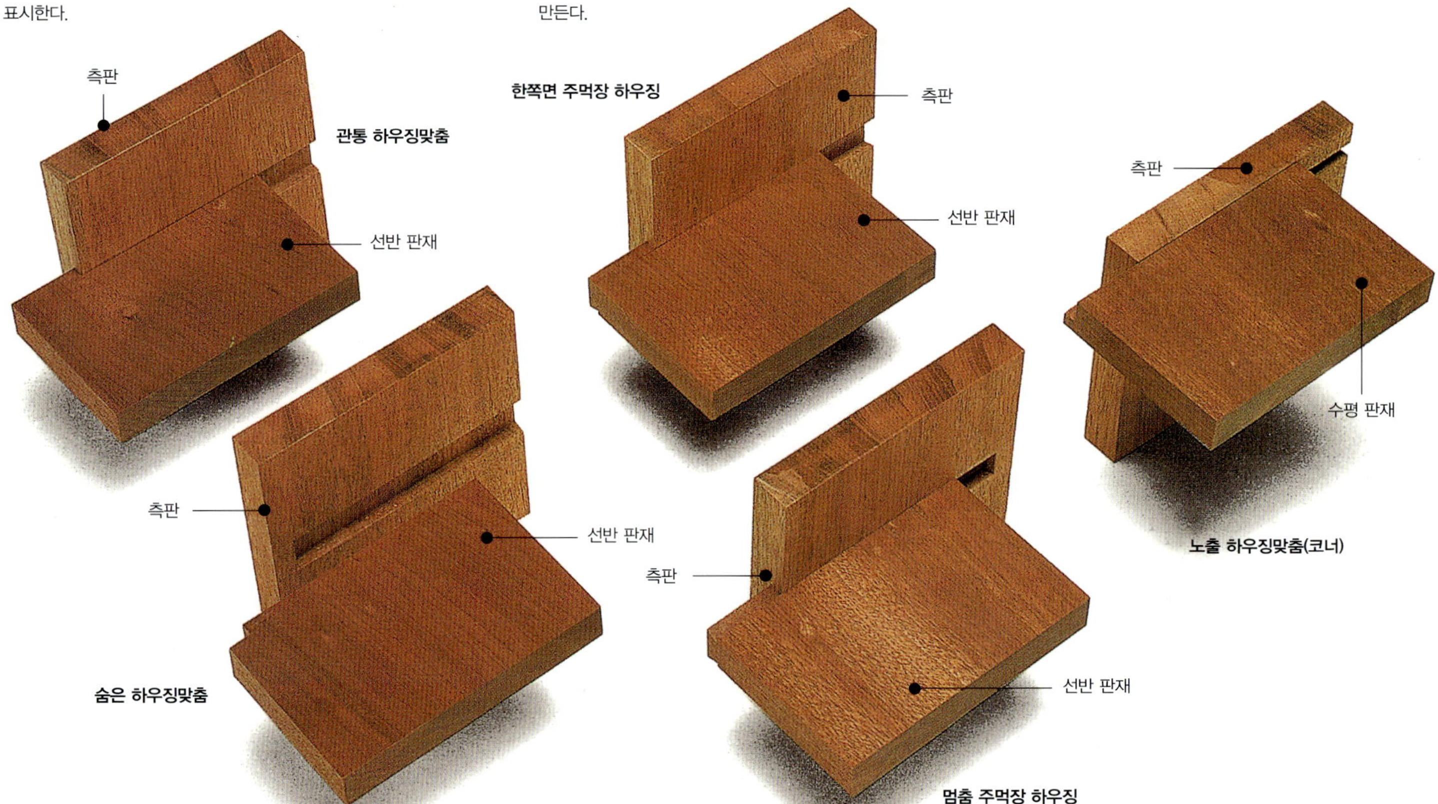

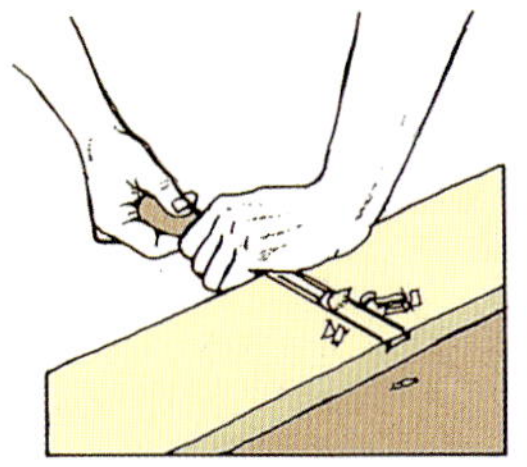

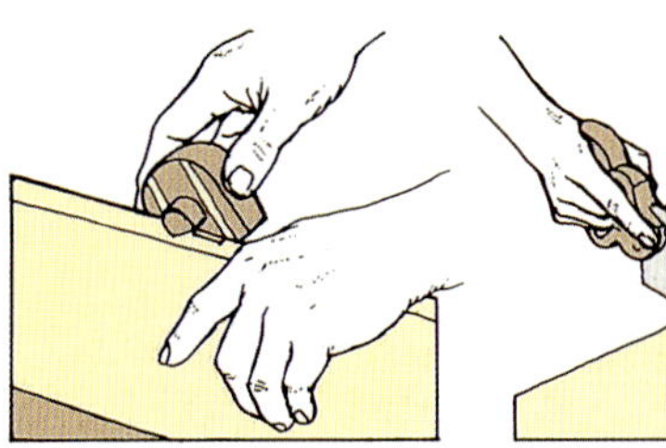

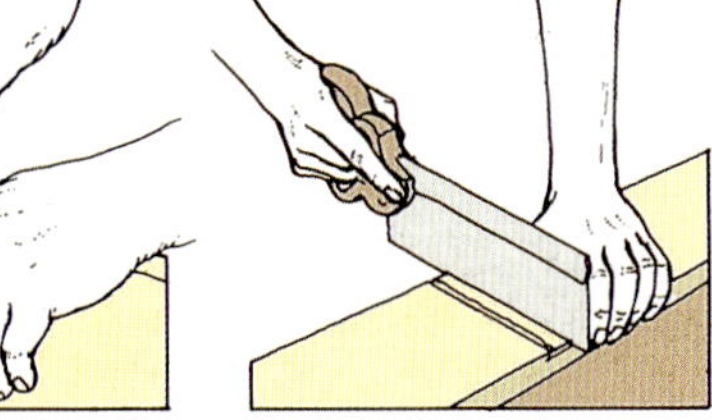

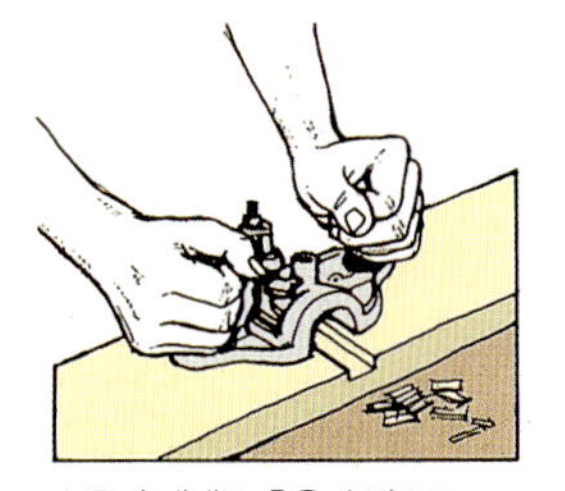

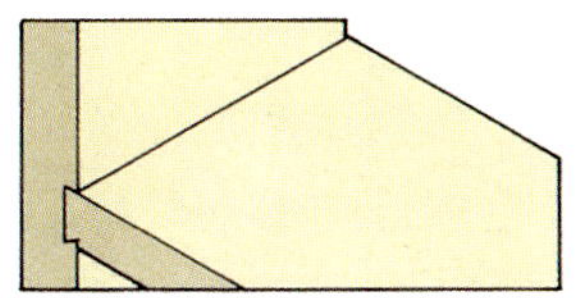 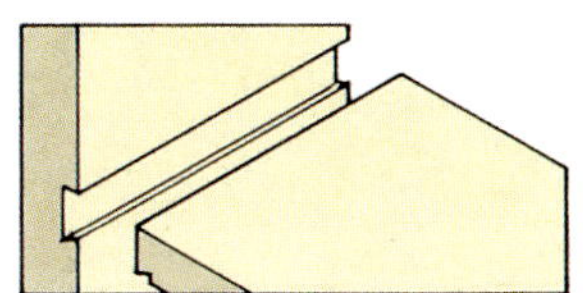

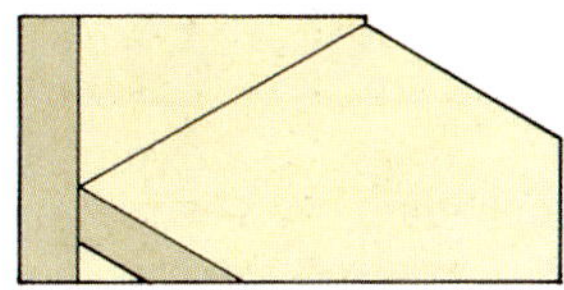 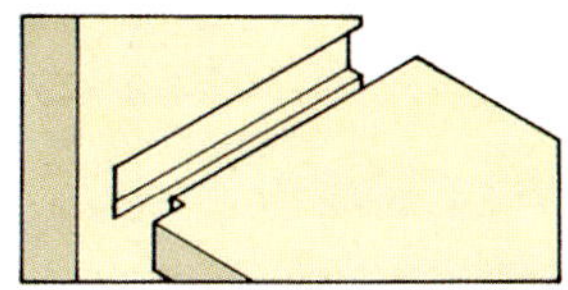

주먹장 하우징맞춤

주먹장 하우징맞춤은 홈 한쪽이나 양쪽을 일정한 각도로 파서 만든다. 한쪽 면 주먹장 하우징은 손으로 깎아 만들기가 쉽다. 양면 주먹장 하우징을 파려면 기계가공을 해야 한다. 꼬리부재를 한쪽 끝에서 하우징 안으로 넣어야 하기 때문에 하우징을 정확한 각도와 형태로 파야 한다.

멈춤 하우징맞춤

숨은 하우징의 홈은 측면 부재를 통과하지 않고 선반 판재의 폭보다 약 9~12mm 짧은 지점에서 멈춘다. (선반 판재 끝에는 이 길이만큼 홈이 파여 있다) 선반의 앞쪽 측면을 측판 앞쪽 측면과 평평하게 대패질하거나 안쪽으로 넣을 수도 있다.

단면 주먹장 하우징

마킹 둥근끌을 측면 부재 두께의 1/3로 맞추고 선반 널빤지 끝의 밑면에 돌출부 절단선을 긋는다.1 이 선을 측면으로 연장해 긋는다. 두 측면에서 밑면으로부터 3mm 떨어진 곳까지 표시를 한다. 그 면에서 모퉁이와 방금 표시한 선의 끝을 서로 이어 주먹장 경사면을 표시한다.2 돌출부 절단선을 따라 경사면 바닥까지 톱질한다. 제거할 부분을 깎고, 깎아야 할 맞춤이 많을 때는 직접 가이드 블록을 만들어 사용한다.3

측판에 선반의 폭과 위치를 연필로 표시하고 이 선을 측면으로 연장해 긋는다. 측면에서 하우징 깊이를 게이지로 표시한다. 선반을

가이드 삼아 측면 부재의 측면에 주먹장 형태를 표시한다. 표시한 각도로 선을 따라 톱질한다. 각도를 유지하는 데 필요하다면 가이드 블록을 사용한다.4 경사면 끌로 제거할 부분을 깎아낸 다음 루터대패로 나머지를 제거한다.

멈춤 주먹장 하우징

일반적으로 숨은 하우징(Stopped housing)에 적용되는 작업 방법을 따르지만 주먹장을 만드는 방법도 함께 적용하여 작업한다. 양면 주먹장 하우징을 만들 때는 하우징 양쪽과 선반 널빤지 끝을 일정한 각도로 깎아낸다.

맞춤 표시하기

관통 하우징에서 설명한 방법대로 선반 깊이와 일치하도록 홈의 폭을 표시한다. 마킹 둥근끌을 홈의 깊이로 맞추고 측판 뒤쪽 측면에 표시한다. 같은 세팅으로 선반 앞쪽 측면 주위에 게이지로 선을 표시하고 톱으로 표시 눈금을 자른다.1 선반 끝에서부터 홈 길이를 표시한다.2

맞춤 만들기

먼저 홈을 파기 위해서 잘라낼 부분을 파거나 홈이 끝나는 곳에 한 줄로 겹치도록 필요한 깊이의 구멍을 파낸다. 포르스트너 비트의 중앙 스파이크가 짧으므로 가능한 이 비트를 사용한다. 드릴 자국에서 나머지 부분을 다듬는다.3 표시한 선을 따라서 잘라낸 부분 쪽으로 톱질하고 루터대패로 찌꺼기를 제거한다.

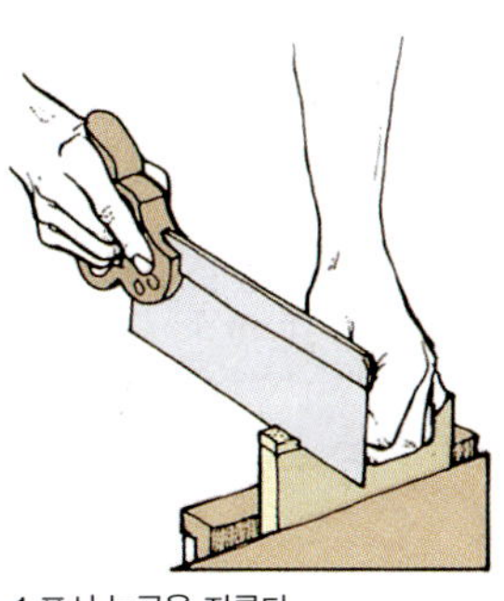

1 표시 눈금을 자른다.

2 홈 길이를 표시한다.

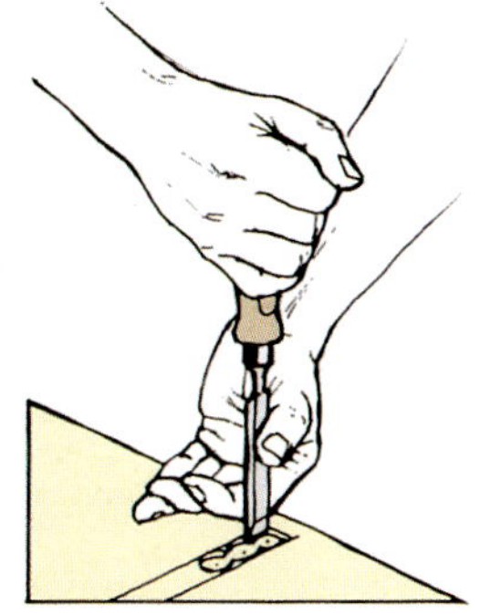

3 드릴로 파낸 부분을 다듬는다.

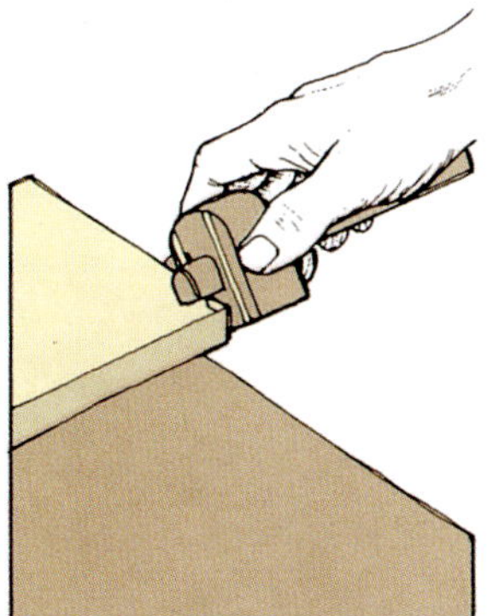

1 선반 널빤지 밑면에 표시한다.

3 주먹장 각도로 깎아낸다.

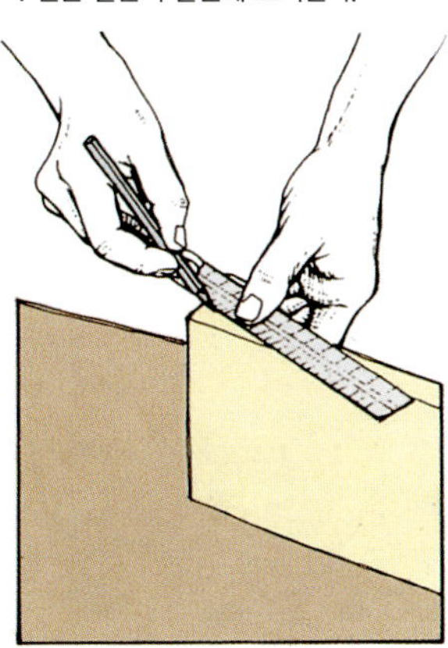

2 주먹장 경사면을 표시한다.

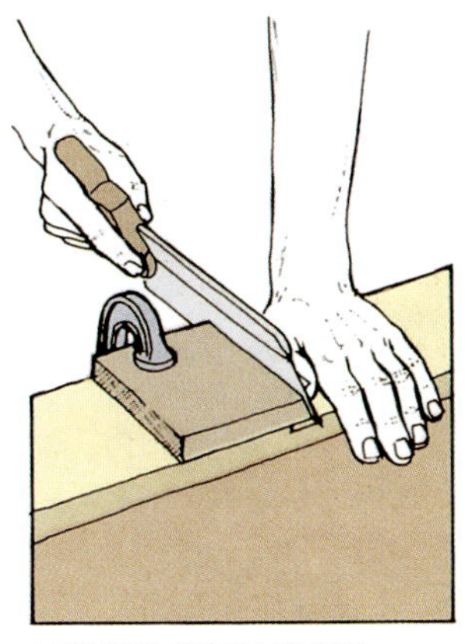

4 톱질할 때 가이드를 사용한다.

노출 하우징맞춤

노출된 촉이나 맞춤 또는 제혀맞춤이라 부르는 노출 하우징맞춤은 보통 하우징보다 튼튼하고 코너맞춤으로도 사용할 수 있다. 선반에 있는 받침턱에 의해 돌출부가 만들어져 있어 홈 깊이가 별로 중요하지 않다. 그리고 깨끗한 면을 위해 목재를 깎아내도 맞춤이 느슨해지지 않는다.

맞춤 표시하기

가장자리에 노출맞춤을 만들 때는 우선 수평 판재의 두께를 측판 안쪽 면 위에 표시한 다음 그 선을 면 전체와 측면으로 연장해서 긋는다.

마킹 둥근끌을 측판 두께의 1/3 이하로 맞춘다. 맞춤턱의 돌출부 절단선을 측면과 수평 판재 측면에 표시한다.1 그 다음, 안쪽 면에서 시작해서 수평 판재 끝을 가로질러 촉의 너비를 표시해서 첫 번째 게이지 선과 만나도록 한다.2 맞춤턱에서 제거할 부분을 톱질로 잘라내고 필요하면 맞춤턱대패로 깨끗하

게 다듬는다.

수평 판재 안쪽 면을 측판에 표시되어 있는 선에 일직선으로 정렬시킨다. 촉으로부터 하우징 폭을 표시하고 이 선을 면 전체와 측면으로 연장해서 긋는다. 측면 위에서 하우징 깊이를 게이지로 표시한 다음 앞서 설명한 바와 같이 하우징을 만든다(앞 쪽 참조).

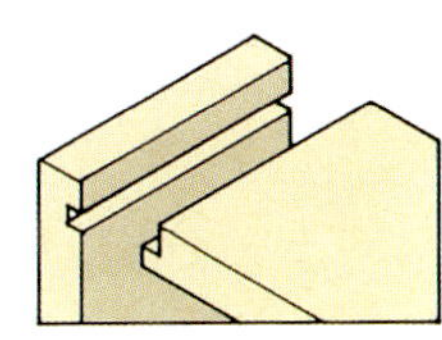

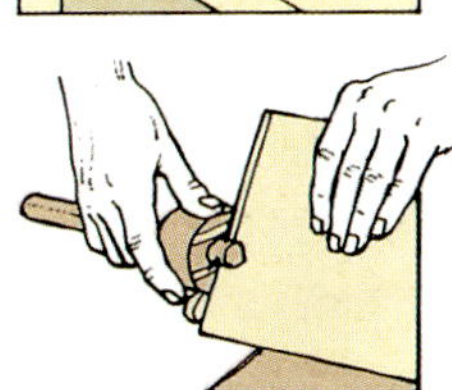

1 맞춤턱의 돌출부 절단선을 표시한다.

2 촉의 폭을 표시한다.

장부맞춤

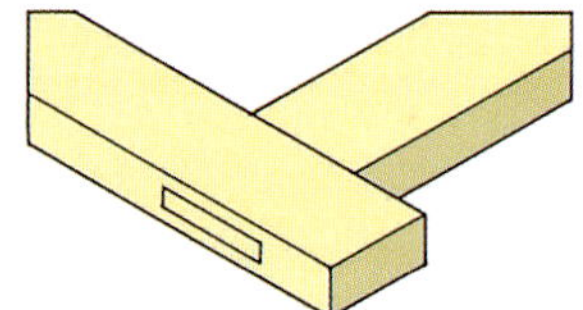

장부맞춤은 오래전부터 목재 골격을 만드는 데 사용되어왔다. 장부맞춤은 한 부재의 장부를 다른 부재의 장붓구멍에 끼워서 튼튼한 기계적 결합을 이루는 방법으로, 목재 골격 건축물에 많이 사용되어왔다. 그러나 지금은 경제성이 떨어져 건축 분야에서 거의 사용되지 않고 있다. 이 맞춤은 수세기에 걸쳐서 많은 목가구 기술자에 의해 발전되어왔으며 다양한 형태로 개발되었다. 장부맞춤은 접착 면적이 많고 최대 강도가 가장 중요하게 여겨지는 탁자나 의자를 만드는 데 널리 사용되고 있다.

장부와 장붓구멍의 비율

장부와 장붓구멍의 비율은 맞춤 강도에서 매우 중요하다. 맞춤의 형태는 장부가 있는 부재 단면에 의해 크게 좌우된다.

대부분 장부가 달려 있는 부재에서 장부, 폭은 수직면에 있으며 단면이 직사각형인 가로대이다. 경우에 따라서 폭이 수평면에 있는 경우도 있다. 어떤 경우는 장부의 옆(Side)이나 가로각재가 수직면에 있어 장붓구멍에 접착시킬 수 있는 최대 면적을 얻게 된다(아래 참조). 수평으로 대는 가로대는 장부의 두께가 폭보다 크기 때문에 두 개 또는 그 이상의 장부가 필요할 수도 있다.

서로 연결되는 두 부재의 두께가 같을 때 장부 두께는 보통 목재의 1/3 정도이다. 장붓구멍을 파는 데 사용되는 끌로 정확한 치수의 장부를 만들 수 있다. 장부 두께가 얇으면 전단력이 약해지고 장붓구멍이 넓으면 측면이 얇아져 회전력이 쉽게 무너져버린다.

장부가 있는 부재를 두꺼운 부재에 끼워 연결할 때는 장부가 그 두께의 반 정도 될 수 있다.

장부 폭은 보통 가로대 전체 폭과 같다. 큰 판자를 댄 문에 사용된 가로대처럼 장부 폭이 넓을 때는 장부를 두 부분으로 나누는데, 이를 이중장부맞춤이라고 한다.

장부 길이는 주로 맞춤 디자인에 의해 결정된다. 긴 장붓구멍(Through mortise)에 끼우는 장부 길이는 장붓구멍이 있는 부재 폭과 일치한다. 멈춤(Stopped) 또는 짧은(Stub) 장부맞춤에서는 장부 길이가 장붓구멍이 있는 부재 폭의 약 3/4 정도이다.

장부
장부 옆이나 치크와 장붓구멍이 있는 세로기둥이나 다리의 나뭇결이 나란하도록 장부를 만든다.

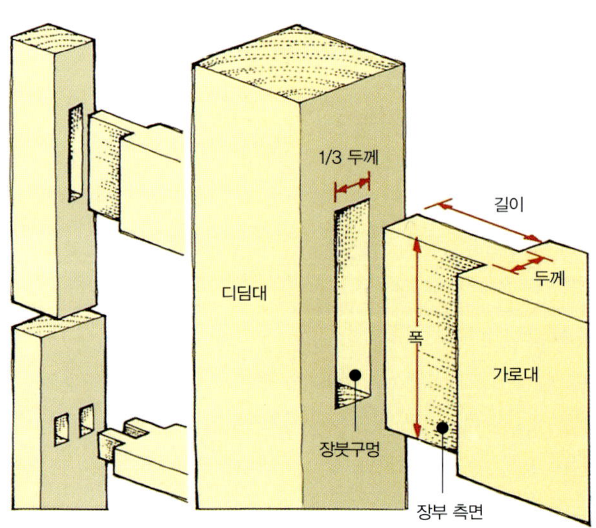

통 장부맞춤

통 장부맞춤은 골격을 만드는 데 널리 사용된다. 장부의 마구리면은 프레임 세로기둥 측면에 나타난다. 뛰어난 외관을 위해 맞춤을 정확하게 자를 필요가 있다. 쐐기를 박아 튼튼하게 만들 수 있으며 목재의 대비를 통한 장식 효과도 얻을 수 있다.

맞춤 표시하기

장부 부재를 일정한 길이로 자른다. 접착제로 붙인 후 대패로 깎아낼 부분을 고려해 약간 넉넉히 자른다. 양쪽에 장부를 만들어야 할 경우에는 장부 돌출부 사이의 거리를 정확하게 설계해야 한다. 마킹 나이프로 돌출부 절단선을 모든 면에 긋는다.1

장부 부재를 가이드로 삼아 장붓구멍 부재 측면에 장붓구멍의 위치를 표시한 다음 장붓구멍 폭을 표시한다.2 연필로 모든 선을 연장해서 직각으로 만든다.

장붓구멍은 목재 두께의 약 1/3 정도 되어야 한다는 점을 고려해서 장붓구멍끌을 선택한다. 장붓구멍 게이지의 핀을 끌 폭으로 맞춘다. 그리고 게이지 스톡을 목재 측면에 있는 장붓구멍 중심에 맞추어 게이지는 측면에서부터 맞추어 작업해야 한다. 양측면에 있는 너비 표시 사이에 게이지 선을 긋는다.3 같은 세팅에서 게이지로 장부를 표시한다. 측면에서부터 작업을 시작해서 한쪽 측면에 있는 돌출부 절단선 끝을 지나 다른 쪽 측면에 있는 돌출부 절단선까지 선을 긋는다.4 장부 부재가 장붓구멍 부재보다 얇으면 게이지 스톡을 바꾸어주기만 하면 된다.

장붓구멍 만들기

항상 장부보다 장붓구멍을 먼저 만든다. 장부를 장붓구멍에 맞도록 조절하기가 쉽기 때문이다. 제작물을 작업대에 고정시키고 작업대를 보호하기 위해서 제작물 밑에 못 쓰는 나무 토막을 대는 것이 좋다.

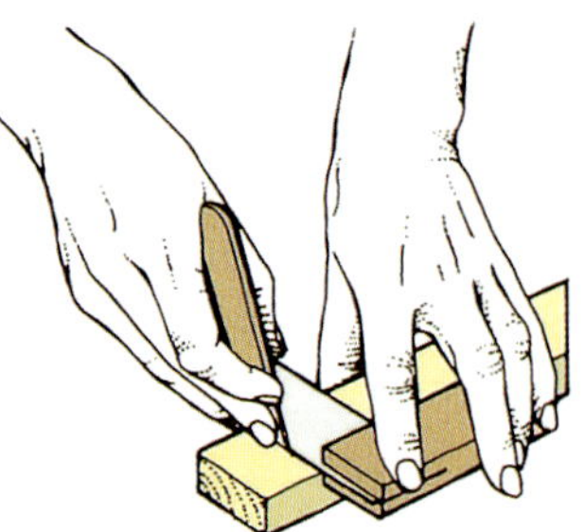

1 돌출부 절단선을 직각으로 긋는다.

2 장붓구멍 폭을 표시한다.

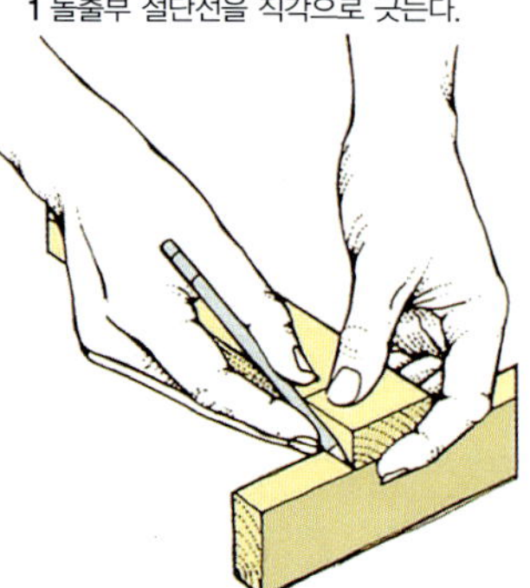

3 장붓구멍을 게이지로 표시한다.

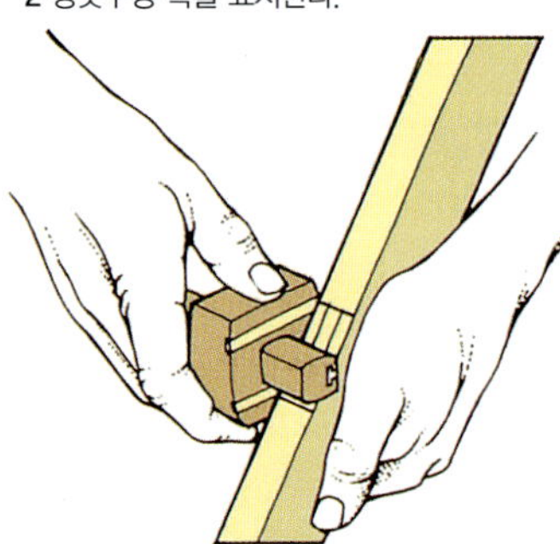

4 장부를 게이지로 표시한다.

장붓구멍 끌이 수직 상태가 되도록 제작물과 일직선이 되는 위치에 자리를 잡는다. 끌의 경사면이 작업자와 반대가 되도록 잡은 상태에서 중앙으로부터 작업을 시작한다.5 나무망치로 끌을 두들겨 약 3mm 깊이로 판다. 약 3mm 간격으로 뒤쪽으로 작업하다가 끝에서 2~3mm 앞에서 멈춘다. 이것은 부스러기를 제거할 때 끌을 제거할 부분에 대고 지레로 삼기 위해서이다. 끌을 돌려 반대쪽 끝 방향으로 작업한다. 끌의 경사면을 아래로 향한 채 양쪽 끝에서 끌을 지레처럼 움직이며 나머지 부분을 제거한다.6

밑면이 쪼개지는 것을 막기 위해 제작물을 절반만 파낸다. 나머지 부분은 끌을 수직으로 세운 채 경사면이 안쪽으로 향하게 잡고 양쪽 끝에서부터 제거해나간다.7 제작물을 뒤집고 흔들어 부스러기를 제거한다. 부스러기가 죔쇠와 제작물 사이에 끼면 제작물 표면에 흠집이 생기므로 표면을 깨끗하게 털어준 다음에 제작물을 고정시킨다.

장붓구멍을 드릴로 뚫기

장붓구멍을 만드는 또다른 방법으로 드릴을 사용할 수 있다. 일단 드릴로 뚫은 다음 끌을 사용해서 직각으로 다듬어준다.

드릴프레스나 손으로 움직이는 전동드릴을 드릴 스탠드에 장착해서 사용한다. 이 방법은 두 손으로 작업할 때보다 드릴 제어가 쉽고 정확하게 구멍을 뚫을 수 있다.

장붓구멍의 두께와 같거나 근접한 크기의 드릴 비트를 드릴에 끼운다. 가이드 펜스가 있는 보드를 드릴 스탠드 받침대에 고정시켜 장붓구멍 한가운데로 드릴이 올 수 있도록 맞춘다. 목재의 반 정도 깊이를 가진 구멍을 뚫을 수 있도록 세팅을 조절한다. 장붓구멍 양쪽 끝에 구멍을 뚫은 다음1 그 사이에 일렬로 약간씩 겹치도록 구멍을 뚫는다.2 목재를 뒤집은 다음 같은 면을 펜스에 댄 채 반대쪽 면에도 구멍을 뚫는다.

제작물을 못 쓰는 목재 조각에 올려놓고 작업대에 고정시킨다. 장붓구멍 끌을 사용해 나머지 제거할 부분을 잘라주고 끝을 직각으로 다듬어준다.

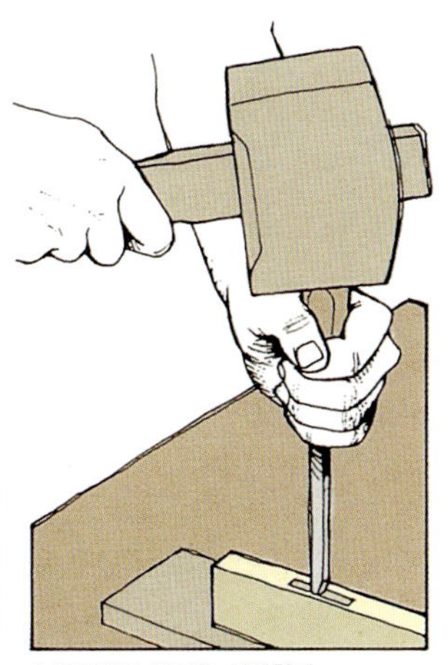

5 중간에서 작업을 시작한다.

6 끌을 지레처럼 움직이며 나머지 부분을 파낸다.

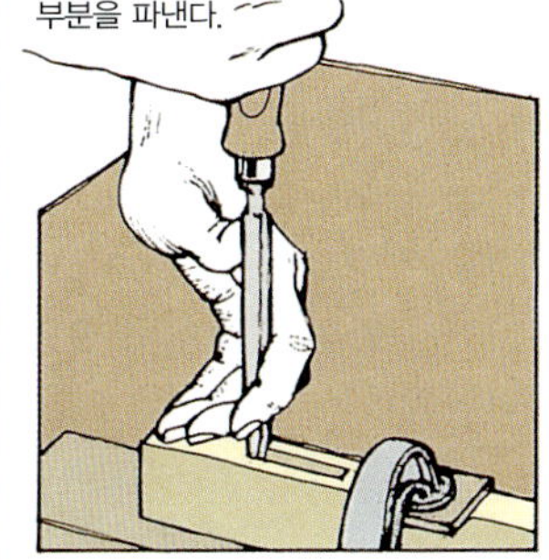

7 장붓구멍 끝을 직각으로 다듬는다.

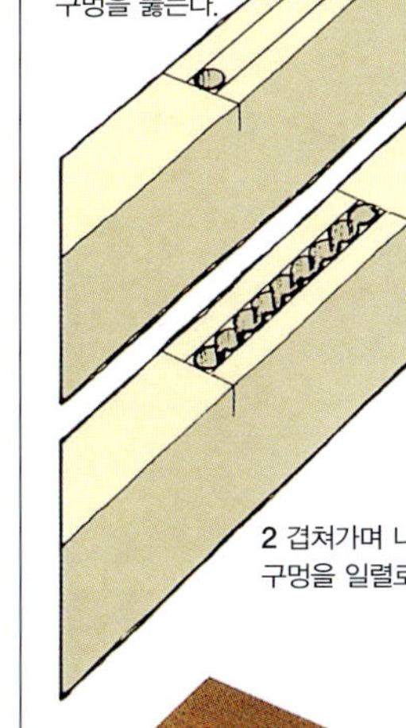

1 먼저 양쪽 끝에 구멍을 뚫는다.

2 겹쳐가며 나머지 부분에 구멍을 일렬로 뚫는다.

장부 만들기

작업자의 반대쪽 끝에서 제작물을 일정한 각도로 바이스에 물린다. 장부톱을 사용해 절삭날이 작업대와 일직선이 되도록 유지하면서 각 절단선을 따라서 톱질을 한다.1 돌출부 절단선에서 톱질을 멈추어 그 선을 넘지 않도록 주의한다.

제작물이 작업자 쪽을 향하도록 다시 바이스에 물린 후 다른 장부 절단선을 따라 톱질한다.2

그 다음 제작물을 수직으로 세워 바이스에 물리고 돌출부와 수평이 되는 깊이까지 톱질한다.3

제작물을 작업대 후크에 대고 잡은 상태에서 돌출부 절단선을 따라 톱질해서 제거할 부분을 잘라낸다. 톱으로 잘랐을 때 장부와 장붓구멍이 맞아야 하며 꽉 끼면 끌로 장부 측면을 조금 벗겨낸다. 장부가 대칭이 되도록 주의해서 작업한다.

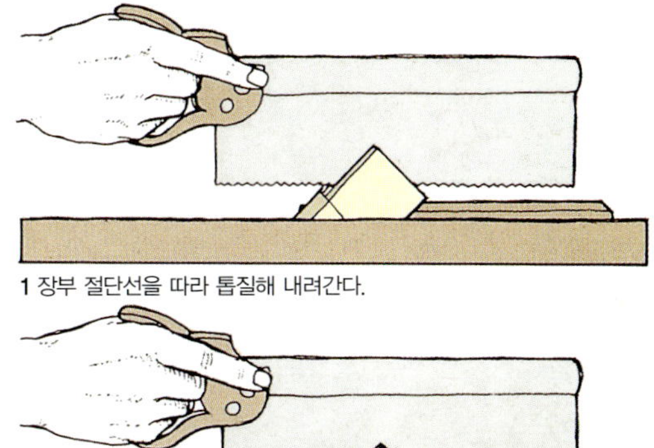

1 장부 절단선을 따라 톱질해 내려간다.

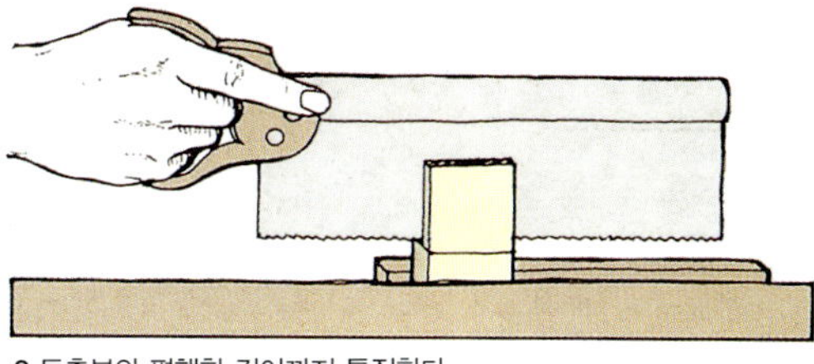

2 다시 돌려서 설치한 후에 장부의 다른 면을 톱질해 내려간다.

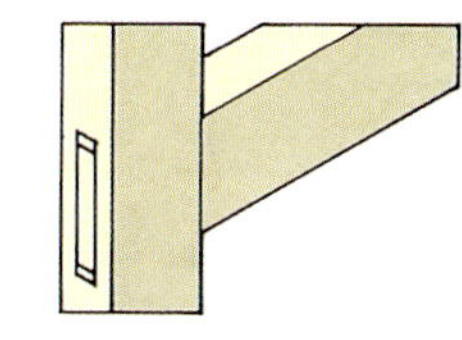

3 돌출부와 평행한 깊이까지 톱질한다.

쐐기 통 장부맞춤

장부맞춤은 접착 면적이 비교적 커서 튼튼하다. 그러나 쐐기를 박으면 기계적 강도를 높일 수 있다. 일반적인 통 장부맞춤에 쐐기 한 쌍을 박는 방법에는 두 가지가 있다. 두 쐐기를 장부 끝에 박을 수 있고 장부 안에 파낸 톱질자국에 끼울 수도 있다.

쐐기 박기

장붓구멍 바깥쪽 측면에서 작업해 장붓구멍 각 끝의 깊지 않은 경사면을 파낸다. 장부를 만들 때 잘린 목재 조각을 잘라 테이퍼된 상태보다 약간 급경사가 되도록 쐐기를 만든다. 양쪽 끝에서 대략 장부 두께만큼 떨어진 위치에 각각 톱질자국을 내준다. 쐐기를 박을 때 쪼개지지 않도록 톱질자국이 끝나는 점에 드릴로 구멍을 뚫는다.

맞춤을 접착제로 붙일 때 쐐기에도 접착제를 바르고 장부 끝과 수평이 되도록 번갈아가며 박는다. 일단 접착제가 굳으면 수평이 되도록 끝을 대패질한다.

통 장부맞춤

쐐기를 박은 장부맞춤

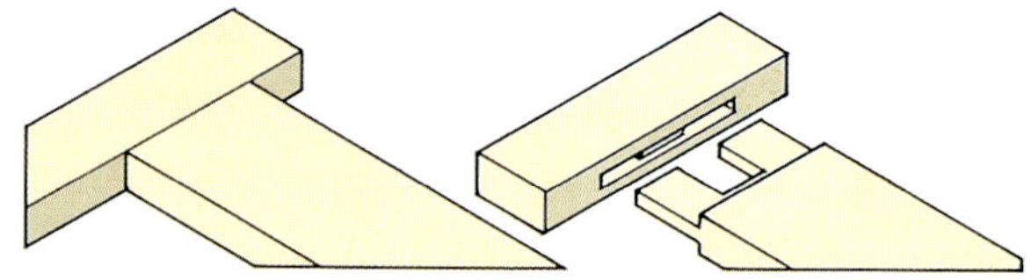

이중 장부맞춤

이중 장부맞춤은 가로대 폭이 넓은 골격 구조에 사용된다. 이런 구조에서는 장부를 한 개 끼우면 장붓구멍이 커져 세로기둥이 약해지기 때문이다. 판자를 댄 문의 중앙 가로대는 보통 이 맞춤이 사용된다. 모서리가 직각인 세로기둥 또는 가로대에 적용되는 통 이중 장부맞춤에 대해 살펴보자.

맞춤부 표시하기

우선 가로대에 장부 돌출부를 게이지로 표시한다. 마킹 나이프로 모든 면에 선을 그어 직각을 만들도록 한다. 가로대를 세로기둥 측면에 올려놓고 폭과 위치를 표시한 다음 연필로 세로기둥에 그 선을 연장해 직각을 만들도록 한다.

장붓구멍 게이지 핀을 장붓구멍끌의 폭, 즉 디딤대 두께의 약 1/3 정도로 맞춘다. 게이지 핀이 측면 중앙에 오도록 게이지의 스톡을 조절한다. 세로기둥 양쪽 측면에 있는 너비 표시선 사이에 게이지로 선을 긋는다. 그러나 바깥쪽 측면에서는 살짝 누르며 선을 그어야 한다. 같은 세팅에서 게이지로 장부 부재의 끝을 표시한다.

이중 장부에서는 한 줄로 늘어선 두 장부가 일정한 간격으로 분리되어 있다. 가로대를 약화시키지 않으려면 장부 돌출부를 받칠 수 있도록 두 장부 사이가 헌치 (Haunch)까지 높여져 있어야 한

다. 장부와 그에 해당되는 장붓구멍 폭은 대략 가로대 폭에 의해 결정된다. 일반적으로 각 장부의 폭은 장부 두께의 4배보다 크지 않도록 한다. 이들 사이의 간격이 가로대 폭의 1/3보다 크면 장부 폭을 더 크게 만들어야 한다.

마킹 둥근끌을 필요한 치수로 맞춘 다음 교대로 각 측면에서부터 장부 폭을 표시한다. 끝을 가로지르는 선을 긋고 양쪽 면으로 내려가며 선을 그어 돌출부 절단선과 만나도록 한다.

장부의 두께와 같은 헌치의 길이를 한 측면 전체에 표시한다. 양쪽 면으로 이 선을 연장해서 긋는다. 장부의 형태를 알아볼 수 있도록 그림에 나타낸 것처럼 제거할 부분을 표시한다.1

장붓구멍 부재에 가로대를 올려놓고 장부의 위치를 표시한다.2 모든 면에 이 선을 표시하고 장붓구멍의 제거할 부분을 표시한다.

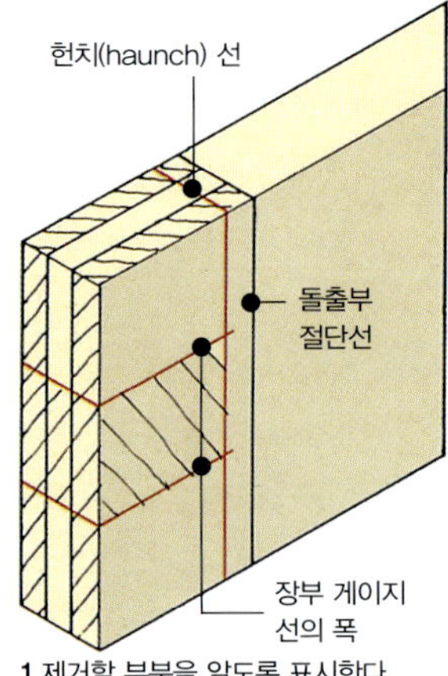

1 제거할 부분을 알도록 표시한다.

2 장부 폭을 표시한다.

3 헌치의 제거할 부분을 톱질한다.

4 장부의 옆을 톱질한다.

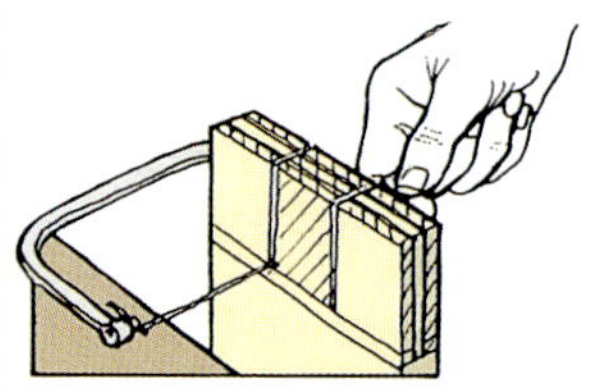

5 장부 사이의 제거할 부분을 잘라낸다.

6 돌출부 절단선을 따라 톱질한다.

맞춤 만들기

앞서 통 장부맞춤에서 설명한 것처럼 각 장붓구멍을 파낸다. 여유 공간이 충분히 있다면 안쪽 측면에 있는 게이지 선을 따라 장부 톱으로 톱질해 헌치를 파낸 곳에서 제거할 부분을 잘라낸다.3 헌치의 깊이만큼 제거할 부분을 잘라낸다. 톱질을 시작하기가 어려우면 일상적인 방법으로 제거할 부분을 파낸다.

장부 부재를 바이스에 물리고 각 장부 안쪽 측면을 따라 헌치 선까지 톱질해간다. 그런 다음 장부 옆을 톱질하고 돌출부 절단선과 수평이 되도록 마감한다.4 그리고 장부 사이의 제거할 부분을 실톱으로 잘라낸다.5 돌출부 절단선을 따라 톱질하면서 남아 있는 부분을 제거한다.6 통 장부맞춤에서 설명한 바와 같이 접착제를 바르고 쐐기를 박아 고정시킨다.

이중 장부맞춤

쌍 장부맞춤
큰 구조물에 쓴다.

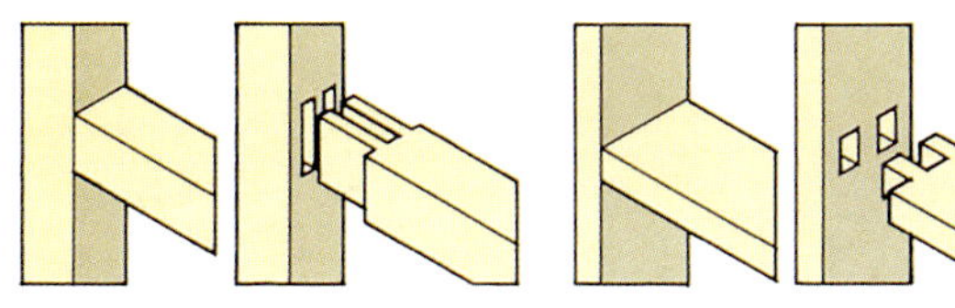

쌍 장부맞춤

쌍 장부맞춤은 이중 장부맞춤과 마찬가지로 튼튼하지만 장붓구멍이 장붓구멍 부재의 측면이 아닌 면에 있을 경우에 사용된다. 맞춤 비율은 큰 구조물인지, 서랍 가로대처럼 작은 구조물인지에 따라 결정된다.

맞춤부 표시

장부 부재의 모든 끝에 돌출부 절단선을 게이지로 표시하고 장부 두께를 폭 전체에 표시한다. 가이드로 삼을 수 있도록 장부 두께와 장부 사이의 간격을 동일하게 표시한다.

각 측면에서 적어도 6mm 떨어진 곳에 표시한다. 이들 사이의 거리를 3등분하여 장부 두께와 장부 사이의 간격을 결정한다.1 실제로 장부 두께를 장붓구멍 끌의 폭으로 조절해야 한다. 장붓구멍 게이지를 끌의 폭으로 맞추고 스톡을 핀으로부터 필요한 거리로 맞춘다. 장부 부재 양쪽 측면에서 작업하면서 장부를 표시한다.2

장부 부재에 표시된 끝을 장붓구멍 부재의 위치에 올려놓고 그 폭과 장부 절단선을 표시한다.3 연필로 이 선을 다른 면으로도 연장해 긋는다. 장붓구멍 부재가 장부 부재보다 폭이 넓으면 게이지 스톡을 다시 맞춘다.

맞춤 만들기

앞서 통 장부맞춤에서 설명한 대로 각 장붓구멍을 파낸다. 일상적인 방법으로 각 장부 옆에서 돌출부 절단선을 따라 톱질해 제거할 부분을 잘라낸다. 실톱으로 장부 사이의 나머지 부분을 잘라내고4 끌로는 돌출부를 직각으로 다듬는다. 먼저 돌출부에 구멍을 뚫고 장부 옆을 따라 톱질하면서 장부 사이의 제거할 부분을 잘라낼 수도 있다. 이 방법을 사용할 때도 끌로 돌출부를 다듬어주어야 한다.

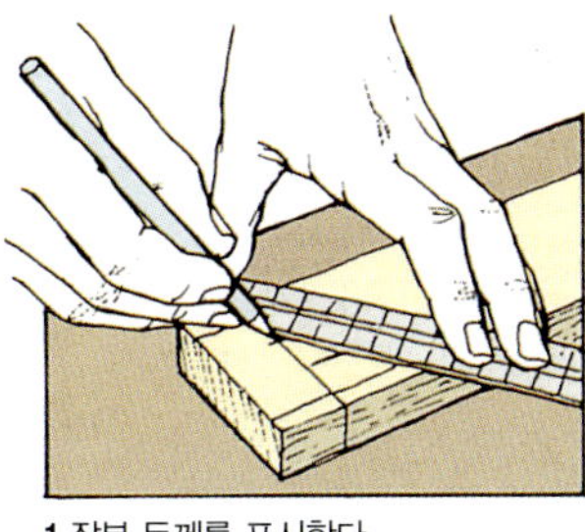

1 장부 두께를 표시한다.

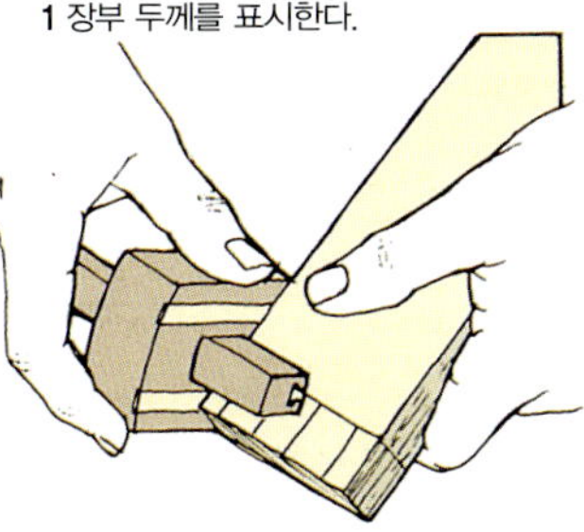

2 게이지로 끝에 장부를 표시한다.

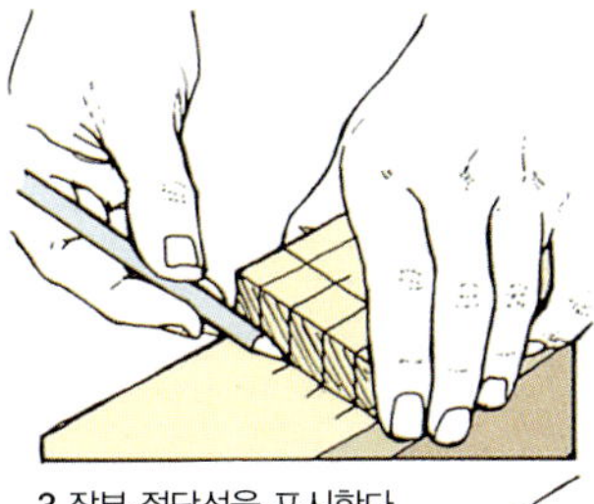

3 장부 절단선을 표시한다.

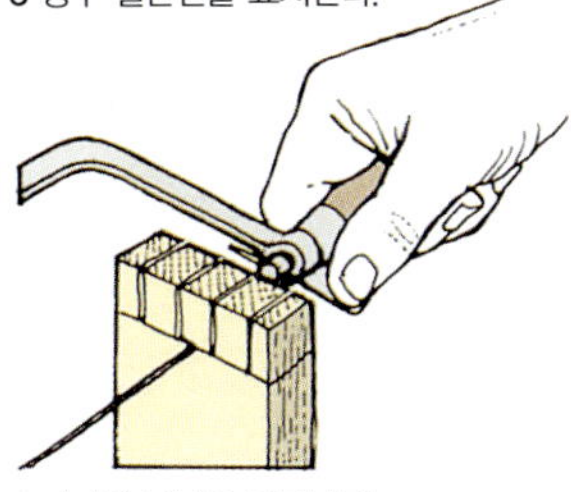

4 제거할 부분을 잘라낸다.

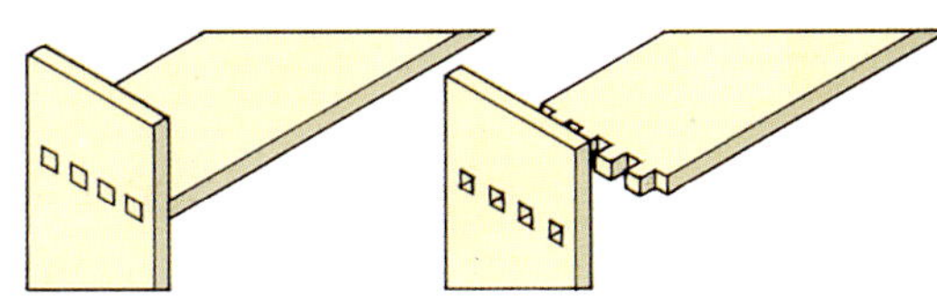

핀을 박은 장부맞춤

핀을 박은 장부맞춤은 쌍 장부맞춤이 여러 개 이어진 형태이다. 이 맞춤은 수직 칸막이나 선반에 적용하는 튼튼한 맞춤이다.

장부 핀

장부나 핀은 일반적으로 단면이 사각형이고 일정한 간격으로 떨어져 있다. 긴 핀(Through pin)은 종종 대각선 방향으로1 또는 나뭇결에 수직 방향으로 낸 톱질자국에 쐐기를 박아 고정시키기도 한다.

맞춤 표시하고 만들기

핀 장부맞춤을 만드는 방법은 쌍 장부맞춤을 만드는 것과 비슷하다. 숨은 하우징을 사용하면 깔끔하면서도 튼튼한 맞춤을 만들 수 있다.2

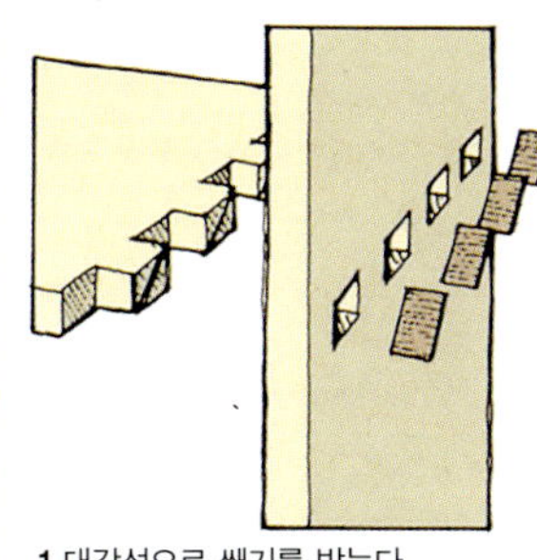

1 대각선으로 쐐기를 박는다.

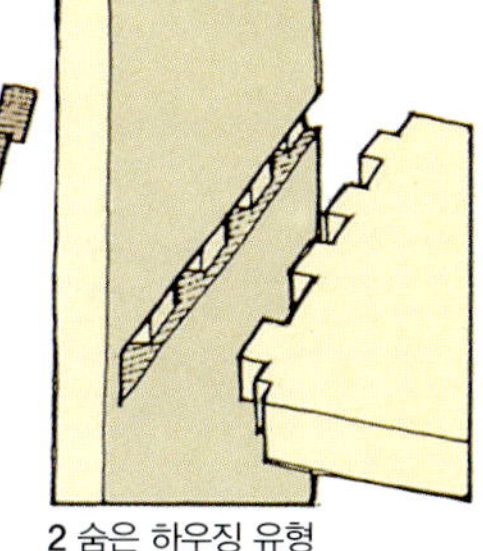

2 숨은 하우징 유형

쌍 장부맞춤
가벼운 구조물에 쓴다.

핀을 박은 장부맞춤

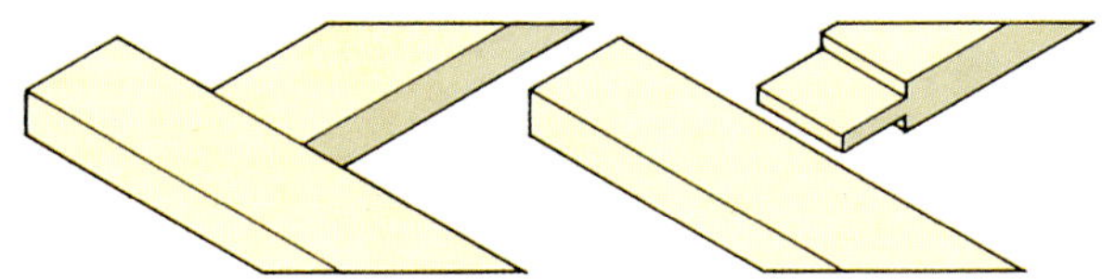

짧은 멈춤 장부맞춤

짧은 멈춤 장부맞춤에서는 장붓구멍 한쪽 끝이 막혀 있어 바깥 면으로 장부가 드러나지 않는다. 이 맞춤은 뛰어난 마감이 필요한 가구 제작에 널리 사용된다. 장붓구멍의 막힌 부분에 목재가 자리를 잡도록 하기 위해서 장붓구멍의 깊이는 장붓구멍 부재 폭이나 두께의 적어도 3/4 정도는 돼야 한다. 그러나 미닫이 문을 만드는 능숙한 작업자는 장붓구멍을 깊이 파 목재 끝에 다다르게, 즉 남는 두께를 종이처럼 얇게 만들 수도 있다. 이번에는 전형적인 서구식 기법에 대해 살펴보도록 하겠다.

맞춤부 표시하기

장붓구멍 폭을 측정해서 장붓구멍의 깊이와 장부 길이를 계산한다. 장부의 길이는 목재 폭의 약 3/4이다.1

직각자와 마킹 나이프를 사용해서 목재 끝에서 필요한 거리만큼 떨어진 장부 부재 전체 둘레에 돌출부 절단선을 긋는다.2

장붓구멍 게이지를 끌의 폭으로 맞추고 스톡을 조절해서 핀을 제작물의 측면 중앙에 오도록 맞춘다. 끝에 장부 절단선을 긋고 제거할 부분을 표시한다.

장부 부재 위치와 폭을 장붓구멍 부재 안쪽 에지에 표시하고3 그 선을 연장해 긋고 난 후 게이지로 그 선 사이를 긋는다.

장붓구멍을 내기 위한 절삭 깊이를 표시하기 위해서 접착 테이프를 끌 날의 둘레에 감는다. 이 테이프는 절삭날로부터 장부 길이보다 약간 위로 감는다.4

맞춤 만들기

앞서 설명한 대로 장부로부터 제거 부분을 톱질한다. 한쪽 면에서만 작업해 장붓구멍을 파낸다. 끌에 감긴 테이프가 표면과 수평이 될 때까지 파낸다.5 바닥이 평평한지 확인한다.

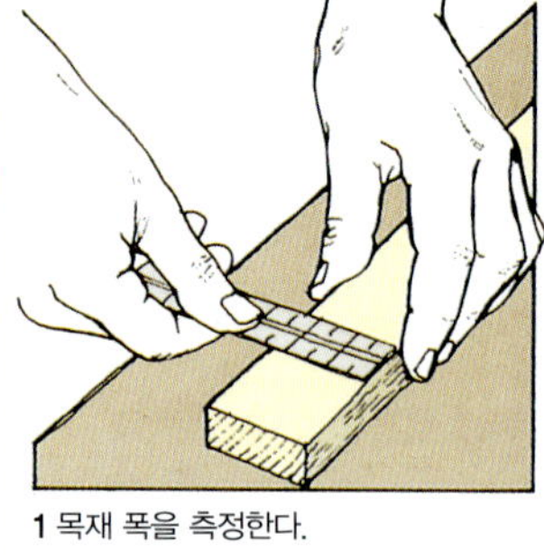

1 목재 폭을 측정한다.

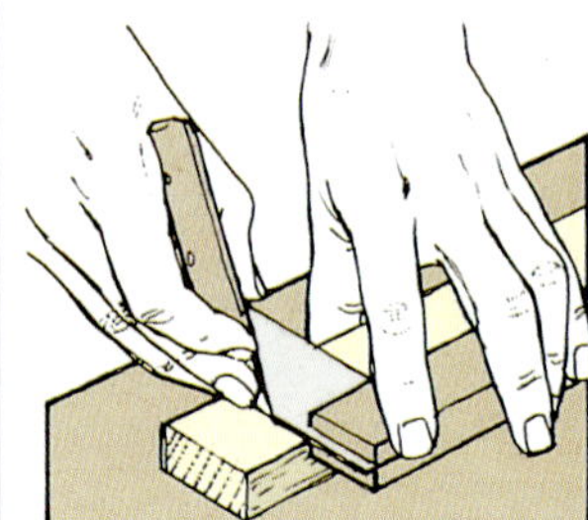

2 돌출부 절단선을 표시한다.

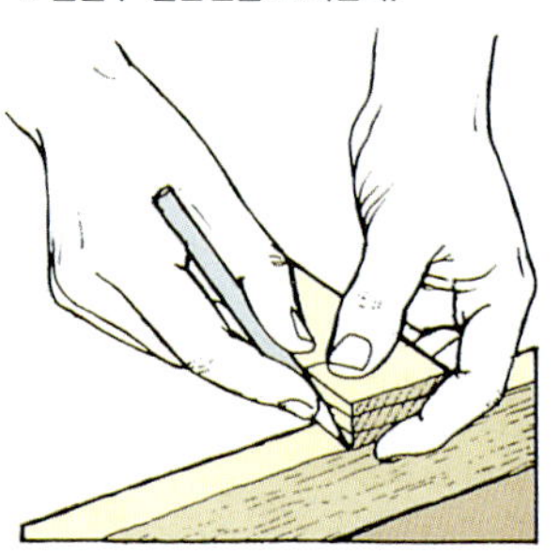

3 장부 부재의 폭을 표시한다.

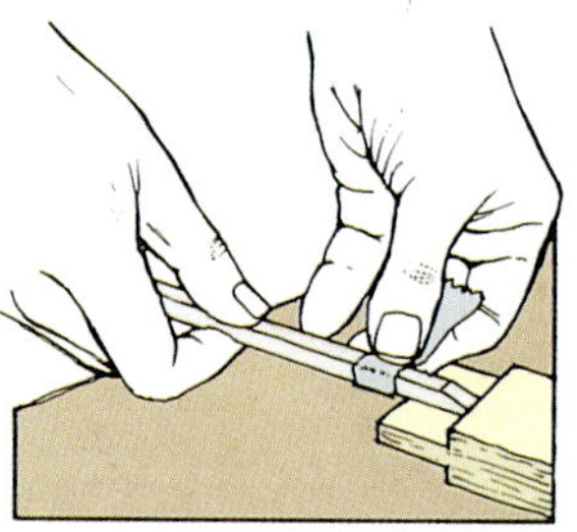

4 깊이 가이드로 삼을 테이프를 붙인다.

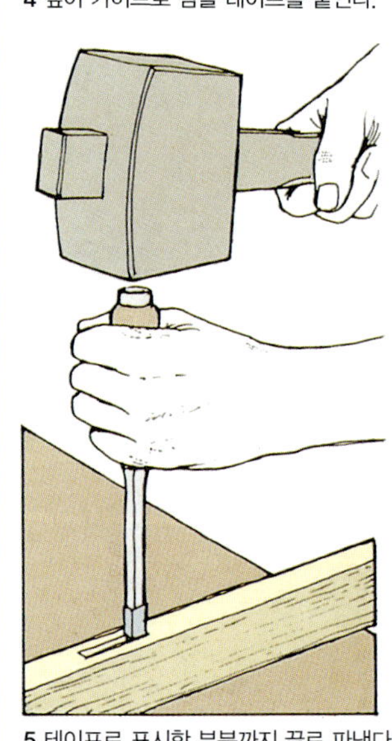

5 테이프로 표시한 부분까지 끌로 파낸다.

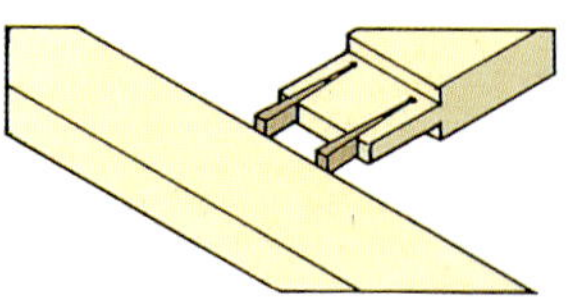

쐐기를 박은, 짧은 멈춤 장부맞춤

짧은 멈춤 장부맞춤에 폭스 쐐기(Fox-wedge)를 박아 튼튼하게 만들 수 있다. 일단 맞춤이 조립되면 분리할 수 없기 때문에 처음에 정확히 잘라야 한다.

폭스 쐐기(Fox wedge) 끼우기

쐐기 끝을 두께가 9mm 이하인 막힌 장붓구멍 끝에 대고 누른다. 장부 양쪽 에지로부터 약 6mm 떨어진 지점에 톱질자국 두 개를 내고 그 자국 끝에 작은 구멍을 뚫어준다.

두 쐐기의 폭과 길이를 장부와 같게 하고 가장 두꺼운 끝에 3mm를 띄운다. 장붓구멍 끝에서 테이퍼된 밑부분(Tapered undercut)을 끌로 주의하며 깎는다. 그리고 막힌 끝에서 테이퍼가 3mm를 넘지 않도록 해야 한다.

쐐기와 맞춤 자체에 접착제를 바른다. 톱질한 곳에 쐐기를 박고 맞춤을 조립한다. 죔쇠 헤드 아래에 나무 블록을 끼운 채 죔쇠로 맞춤을 누른다. 쐐기가 톱질자국 안으로 들어갈수록 장부가 점차 벌어져 장붓구멍에 꽉 끼게 된다.

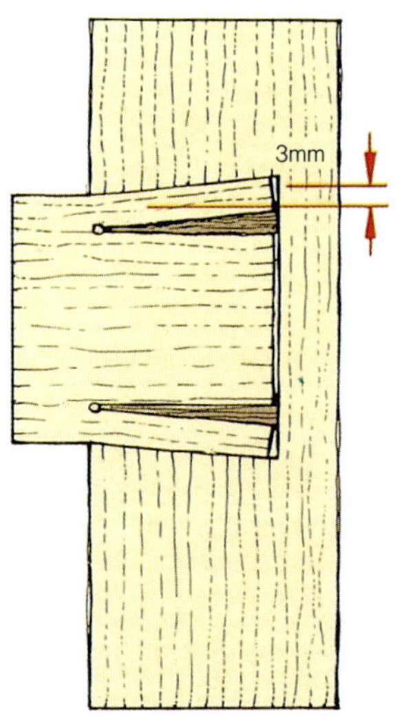

폭스 쐐기 끼우기
숨겨진 쐐기가 장붓구멍 안에서 장부를 벌리며 단단히 고정시킨다.

짧은 멈춤 장부맞춤

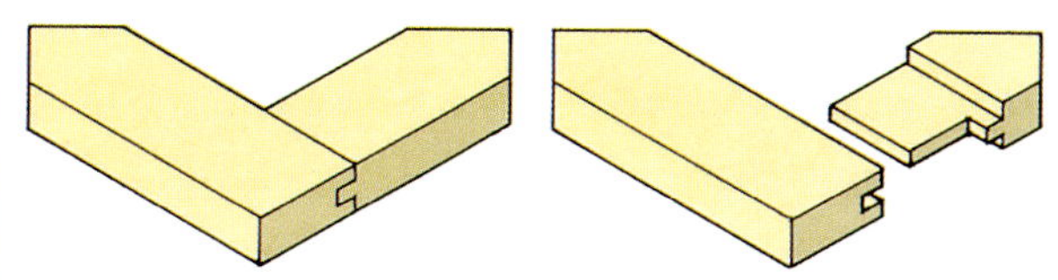

헌치 장부맞춤

단면이 전형적인 직사각형 골격 안에서 모퉁이 쪽에 있는 장부맞춤은
바깥쪽 측면을 수평으로 마감하면 그에 따른 문제가 나타나게 된다.
제대로 받치는 가로대는 장부 폭이 부재 폭과 같아야 한다. 그러나 이렇게
되면 장붓구멍이 브리들맞춤과 같이 끝이 열려 맞춤이 비교적 약해진다.
이를 극복하기 위한 방법으로 헌치(Haunch)를 사용한다. 이것을
사용하면 장부 폭이 줄고 장붓구멍이 그것의 부재 끝 아래에 놓이게 된다.
헌치는 직각이거나 경사진 형태가 될 수도 있다.
경사진 헌치나 숨은(Secret) 헌치는 판자를 댄 캐비닛 문이나 의자
가로대와 앞다리 사이의 맞춤과 같이 외관이 중요한 경우에 사용된다.
헌치 장부맞춤은 가구 제작에서는 보통 멈춤 형태로, 소목장이(Joinery)
작업에서는 관통(Through) 형태로 만든다.

맞춤부 표시하기

장부 및 장붓구멍과 헌치 비율은
이 맞춤 성능에 크게 영향을 미친
다. 일반적으로 헌치 폭은 장부 폭
의 1/3을 넘지 않지만 길이는 장부
두께와 동일해야 하다.1
여기에서 설명하는 기본적인 방법
은 두께가 같은 두 부재 사이에 사
각형 헌치를 사용하는 짧은 장부
맞춤을 만드는 방법이다.
우선 보통 장붓구멍 폭의 3/4 정
도의 장부 길이를 장부 부재의 끝
으로부터 표시한다. 표시 게이지로
모든 둘레에 장부 돌출부 절단선
을 긋는다. 장붓구멍 게이지를 끌
의 폭으로 맞추고 핀이 제작물 측
면 중앙에 오도록 스톡을 조절한
다. 끝 주위에 장부 절단선을 긋는
다. 장부 부재 폭의 2/3로 맞춘 표
시 게이지를 사용해서 장부 폭을
표시한다.2 안쪽 면 측면으로부터
작업해서 두 면과 끝에도 선을 긋
는다. 헌치의 길이를 위쪽 측면에
표시한다. 위쪽 전체와 측면으로부
터 선을 그어 장부 위쪽 절단선과
만나도록 만든다.3 제거할 부분을
빗금으로 표시한다.
끝에 약 18mm 정도 여유분을 두
고 장붓구멍 부재를 대략적인 크
기로 자른다. 뿔(Horn) 이라고 부
르는 이 여유분은 장붓구멍을 깎
아낼 때 목재 끝을 받치는 역할을
한다. 맞춤을 접착제로 굳히고 난
후 이 뿔을 톱으로 잘라낸다.
장부 폭 절단선을 장붓구멍 부재
의 측면으로 옮겨간 다음 그 측면
전체에 표시한다.4 장붓구멍 게이
지를 사용해서 그 측면 끝까지 선
을 긋고 마구리면으로도 선을 연
결해 장붓구멍 두께를 표시한다.5

표시 게이지를 헌치 길이에 맞추
고 끝면에 장붓구멍 게이지 사이
로 선을 긋는다.6 제거할 부분을
빗금으로 표시한다.

맞춤부 만들기

헌치를 만들기 전에 장붓구멍의
제거할 부분을 잘라낸다. 끌을 사
용한다면 마커 테이프(Marker
tape)를 끌에 붙여 절삭 깊이를
측정한다. 제거할 부분을 드릴로
파낼 때는 드릴 스탠드 깊이 멈춤
을 맞춘다.
그리고 헌치를 만들고 장붓구멍
부재를 바이스에 물린다. 게이지
로 표시한 절단선을 따라 깊이 표
시까지 톱질한다.7 끌을 제작물과
평행하게 잡고 끝에서 홈을 파낸
다.8 나뭇결이 고르지 못해 깊숙
이 파이는 것을 막기 위해서 제거
할 부분을 한 번에 파내지 말고
조금씩 파낸다.
장부를 만들기 위해서는 우선 게
이지로 표시한 측면 아래로 톱질
해가야 한다. 제작물을 수직으로
세워 바이스에 물리고 장부 위쪽
절단선 아래로 톱질해간다. 제작
물을 수평으로 놓고 바이스에 물
려 헌치 절단선을 따라 모퉁이의
제거 부분을 톱질해 잘라낸다. 끝
으로 돌출부 절단선을 따라 톱질
해 나머지 부분을 잘라낸다.
장부를 장붓구멍에 끼워서 돌출부
가 맞지 않으면 장붓구멍을 깊이
파거나 헌치나 홈을 필요한 만큼
깎아낸다.
접착제로 붙인 후 측면과 수평이
되도록 뿔을 톱으로 잘라낸다.

헌치 장부맞춤

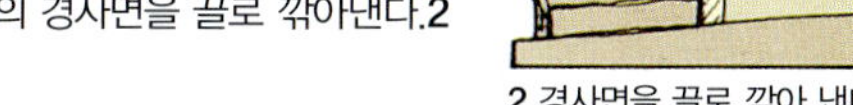

기울어진 헌치

기울어진 헌치를 표시하고 자르는
방법은 직각 헌치와 비슷하지만
몇 가지 다른 점이 있다. 장부 부
재에 절단선을 표시하는 방법은
같지만 헌치의 경사면에 대한 절
단선이 추가된다.1 코너의 제거
부분을 자를 때는 이 선을 따라
톱질한다.
게이지로 장붓구멍 부재에 선을
표시할 때 마구리면에 표시할 필
요가 없다. 장붓구멍을 파낸 뒤에
헌치의 경사면을 끌로 깎아낸다.2

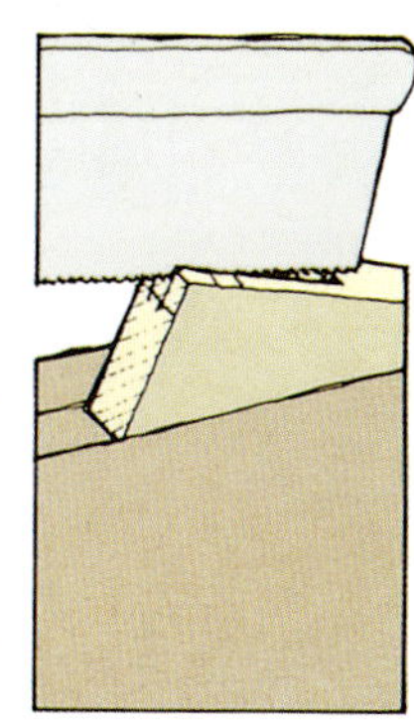

1 경사면을 표시한다.

2 경사면을 끌로 깎아 낸다.

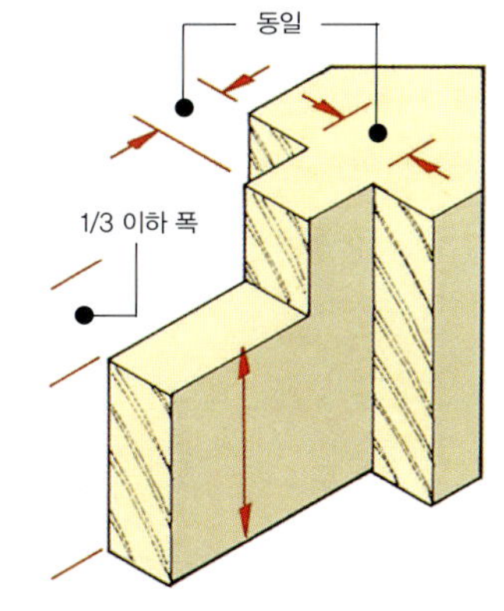

1 일반적인 비율

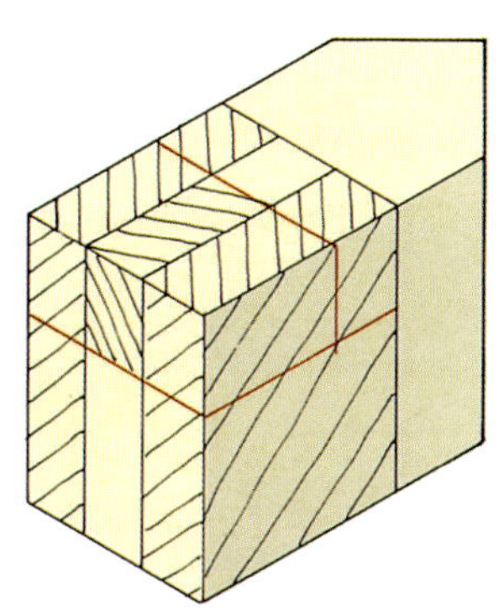

3 헌치의 길이를 표시한다.

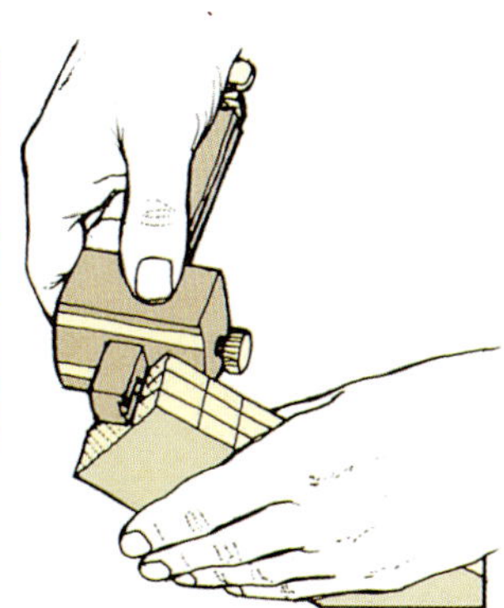

5 측면에 게이지로 표시한다.

7 끝 표시까지 톱질한다.

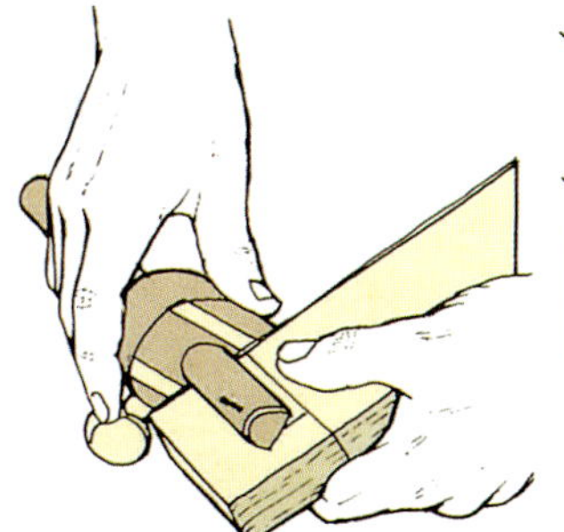

2 장부 폭을 표시한다.

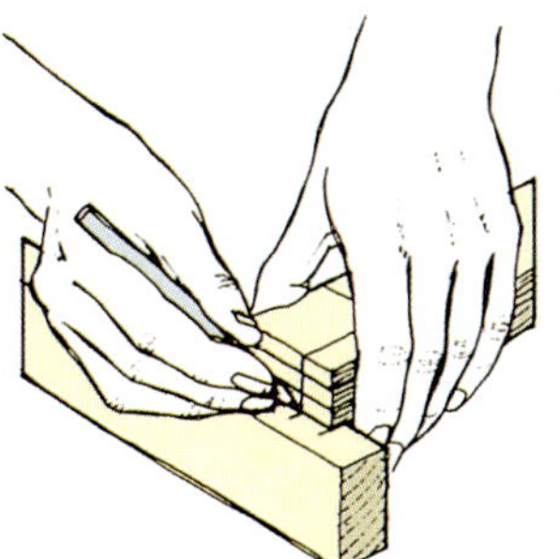

4 장부선을 옮겨 표시한다.

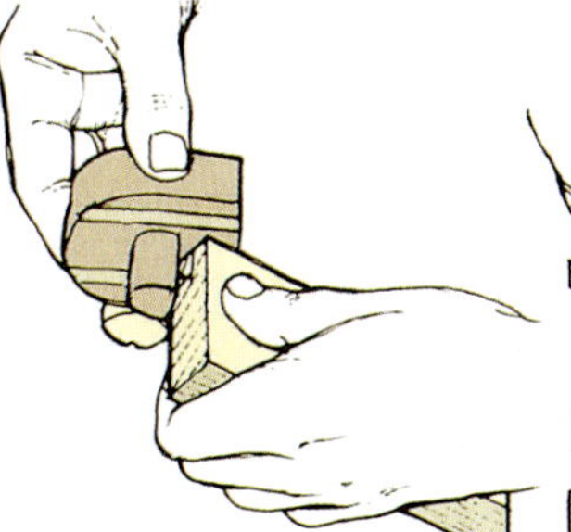

6 헌치의 길이를 표시한다.

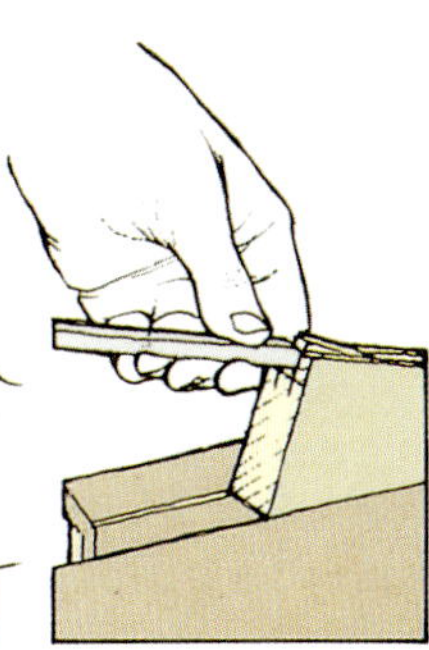

8 제거할 부분을 끌로 제거한다.

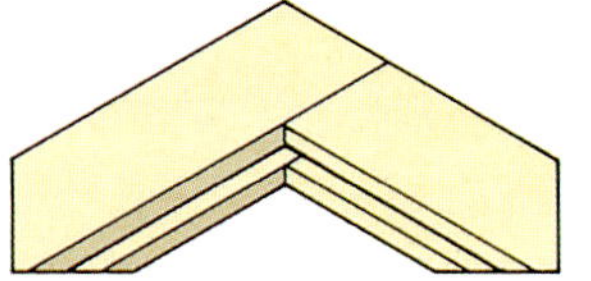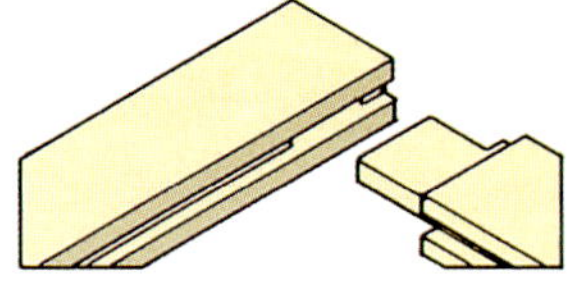

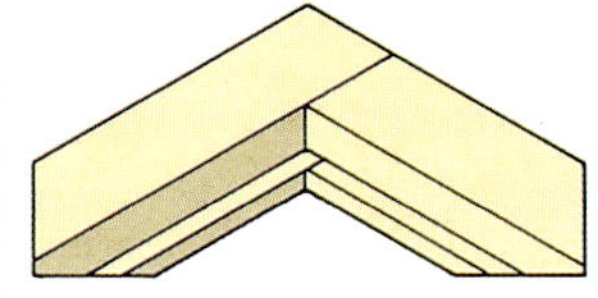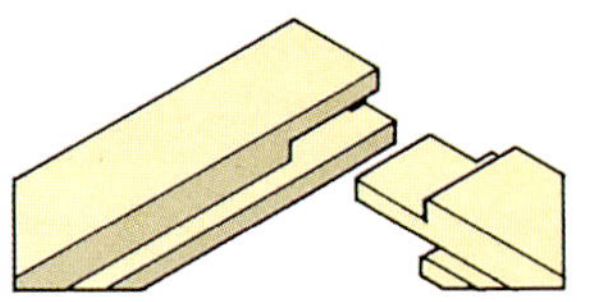

프레임 홈 장부맞춤

판자를 대는 캐비닛 문의 골격에는 일반적으로 판자를 끼우기 위한 홈이 있다. 수직 헌치 장부맞춤은 가로대를 받치기도 하지만 세로기둥에 있는 홈 끝을 채우는 역할도 한다. 장부 두께와 이에 대응되는 장붓구멍은 홈의 폭과 일치하도록 만든다. 홈의 폭은 일반적으로 골격 부재 두께의 1/3 정도이며, 측면의 중앙에 위치한다. 늘 그렇지는 않지만 맞춤의 두께와 위치는 홈의 크기와 위치에 따라 달라질 수도 있다. 손으로 깎을 때는 맞춤을 만들기 전이나 후에 홈을 팔 수 있다.

프레임 턱 장부맞춤

유리를 끼우는 캐비닛 문 프레임에는 유리를 끼고 뺄 수 있도록 맞춤턱이 있다. 이런 문에는 비드(Bead)로 유리를 맞춤턱에 끼워 넣고 고정시킨다. 맞춤턱 있는 프레임에서 헌치 장부맞춤을 파려면 장부 부재 돌출부가 한쪽은 길고 한쪽은 짧아야 한다. 짧은 돌출부는 맞춤턱에 의해 남겨진 공간을 채운다. 홈 있는 프레임과 비슷하도록 맞춤턱을 파기 전에 맞춤을 표시하고 만드는 것이 쉽다.

맞춤 표시하기

장붓구멍 게이지를 홈파기대패의 날과 이에 매칭되는 장붓구멍 끝의 폭에 맞춘다. 스톡을 조절하고 가로대 및 디딤대 안쪽 측면에 선을 그어 홈을 표시한다. 그 선을 가로대 및 세로기둥 끝으로 연장하고 헌치가 직각인 장부맞춤을 표시하는 것과 같은 방법으로 작업한다. 그러지 않으면 표시 게이지를 헌치의 길이로 맞추고 이것을 사용해 끝과 측면에 홈 깊이를 표시한다.1 이 선은 장부의 바닥 측면을 표시한다. 그리고 홈 깊이를 먼저 측정해서 이와 매칭되도록 헌치의 길이를 표시한다. 장부 치수를 장붓구멍 부재로 옮길 때는 작아진 장부를 끼울 수 있도록 장붓구멍 폭도 그만큼 작아져야 한다.2

맞춤 만들기

헌치 장부맞춤을 만드는 방법과 같은 절차를 따른다. 그러나 돌출부를 만들기 전에 장부 바닥 선을 자른다. 세로기둥에 있는 헌치 절삭 부분에서 나머지 부분을 끌로 깎아낼 필요는 없다. 장붓구멍을 깎아낸 다음 홈을 파면 이것은 자동으로 제거되며 가로대와 세로기둥에서 홈을 대패로 깎아낸다. 접착제로 붙이기 전에 맞춤이 서로 맞는지 확인하고 홈에 넣을 판자를 잘라 끼워 넣는다.

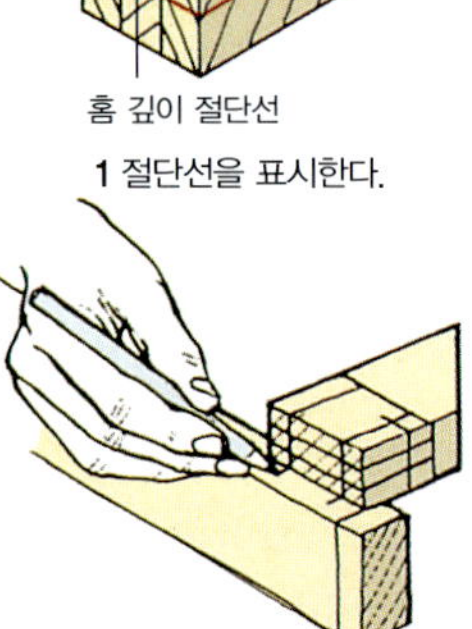

1 절단선을 표시한다.

2 장붓구멍을 표시한다.

맞춤부 표시하기

표시 게이지로 장부맞춤 안쪽 측면에 맞춤턱의 폭과 깊이를 표시한다. 장부의 절단선과 일치하도록 깊이를 부재 두께의 2/3로 맞춘다. 헌치 장부맞춤을 표시하는 방법을 참조해서 장부 부재 면에 긴 돌출부 절단선을 측정해 표시한다. 연필로 위쪽과 아래쪽 측면에 그 선을 표시한다. 그 선에서 맞춤턱의 폭을 측정해 안쪽 면에 짧은 돌출부를 표시하고 측면으로도 연장해서 긋는다. 짧은 돌출부 절단선에서 헌치의 길이와 폭을 측정하고 표시한 다음 장붓구멍 게이지로 장부 두께를 표시한다.

장부 폭을 표시한 선을 장붓구멍 부재로 옮겨 표시하고 장붓구멍 두께를 표시한다. 게이지로 표시한 선을 끝으로 확장해 긋는다. 그리고 장부 부재의 짧은 돌출부와 맞물릴 헌치 깊이를 표시하고 마지막으로 제거할 부분을 표시한다.

맞춤 자르기

프레임 홈 골격맞춤을 만드는 방법으로 맞춤을 만든다. 맞춤을 만든 후 맞춤턱을 대패로 깎는다. 헌치 장부맞춤에서 설명한 방법으로 헌치 절삭 부분에서 남는 부분을 잘라낸다.

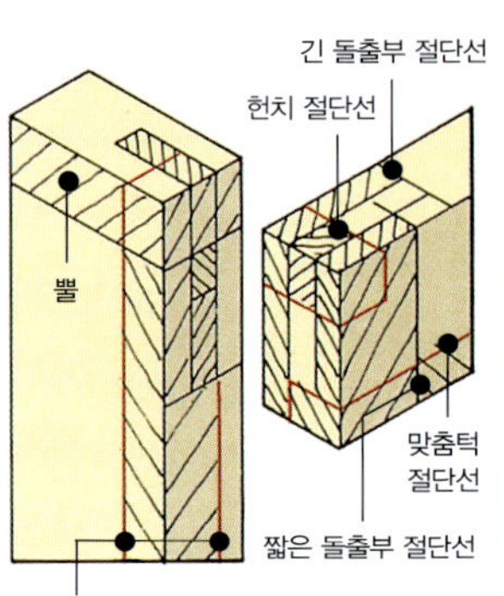

프레임 홈 장부맞춤

프레임 턱 장부맞춤

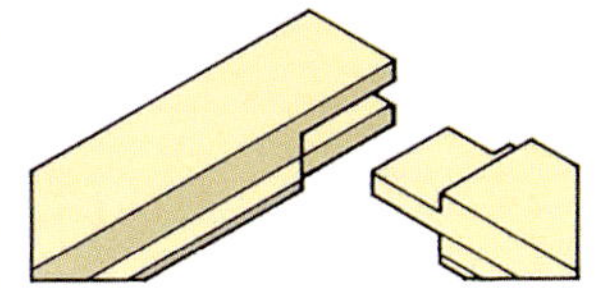
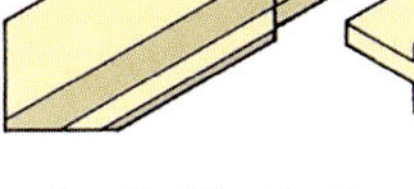

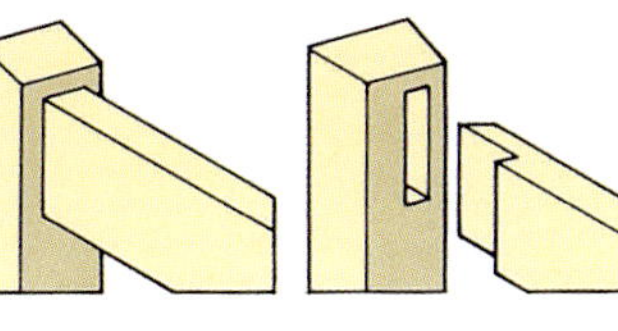
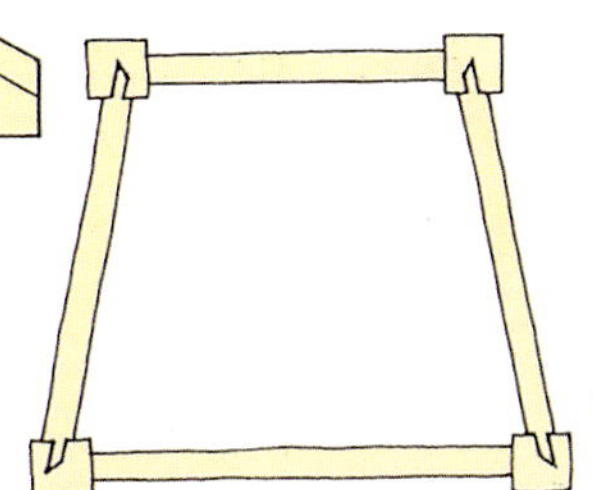

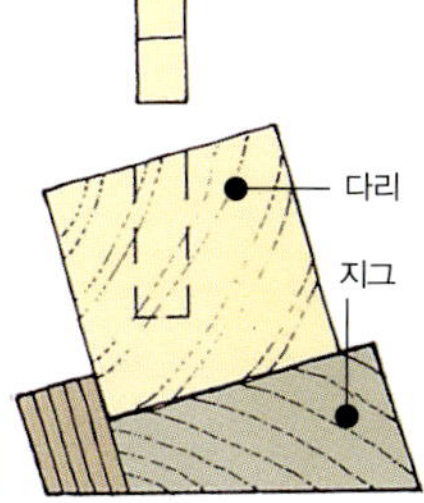

프레임 몰드 장부맞춤

측면에 맞춤턱과 몰드가 있는 골격으로 장부맞춤을 만들기 위해서는 몰딩을 비스듬히 잘라야 한다. 맞춤턱 깊이와 몰딩을 일치시켜 끌로 깎아내리면 몰딩에 평평한 돌출부가 생기도록 만드는 것이 일반적이다. 가로대 폭을 매칭시키기 위해 세로기둥의 몰딩을 다듬는다. 맞춤을 만든 다음 몰딩 끝을 비스듬히 자른다.

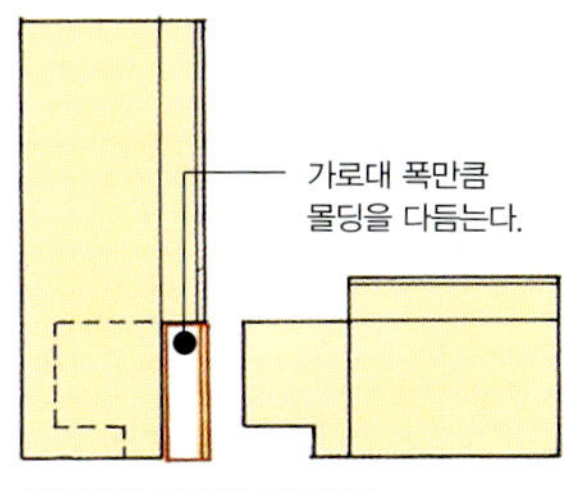

세로기둥 몰딩을 잘라낸다.

가로대 폭만큼 몰딩을 다듬는다.

각 장부맞춤

헌치 장부맞춤과 일반 장부맞춤은 의자 골격을 만드는 데 사용된다. 종종 의자 앞쪽을 뒤쪽보다 넓게 디자인하기도 한다. 이런 디자인에서는 앞다리와 뒷다리를 연결하는 측면 가로대가 일정한 각도로 기울어져야 한다. 각 부분의 비율에 따라 다양한 방법을 사용할 수 있다. 장부가 가로대와 같은 축 위에 있도록 하거나 일정한 각도로 휘게 만들 수도 있다. 노출 장부맞춤을 만들기 위해서는 장부가 중심에서 벗어나게 해야 한다.

기존의 직각맞춤과 비슷한 방법으로 맞춤을 표시하지만 경사면을 필요한 각도로 기울여 사용한다. 만들고자 하는 맞춤의 전체 크기 설계도를 그린다.

비스듬한 장붓구멍

쉽게 표시하고 튼튼하게 만들기 위해서는 장부 축과 가로대 축이 같게 해서 그에 따라 장붓구멍을 일정한 각도로 파는 것이 좋다. 끌이나 드릴을 수직으로 세워 정렬이 쉽도록 한다. 그리고 필요한 각도로 장붓구멍 부재를 위치시킬 수 있도록 간단한 지그를 만들도록 한다. 짧은 판재를 장부 돌출부와 동일한 각도로 대패질한 다음 측면을 따라 면을 접착제로 붙인다.

노출 장부

가로대와 다리 면이 수평일 때 일정한 각도로 기울어져 있는 장붓구멍은 다리의 측면을 약화시킨다.

이런 경우 노출 장부를 만들어 장붓구멍이 측면에서 떨어지도록 만든다.

비스듬한 장부

경우에 따라 장붓구멍을 수직으로 파고 일정한 각도로 기울여 장부를 만들기도 한다. 이런 구조는 각 가로대에 있는 장부가 나란히 서로를 향하기 때문에 접착제로 의자를 고정시키고 싶을 때 조립된 앞쪽과 뒤쪽 프레임을 가로대에 끼우기가 쉽다. 짧은 그레인(Short grain)은 장부를 약화시키므로 기울어지는 장비의 각도가 급하지 않도록 주의해야 한다. 장붓구멍 게이지를 사용할 수 없기 때문에 삼각자를 경사면에 대고 사용한다.

각 장붓구멍
절삭 공구를 수직으로 잡도록 단순한 지그를 만든다.

지그 만들기
일정한 각도로 기울어진 받침대에 면을 고정시킨다.

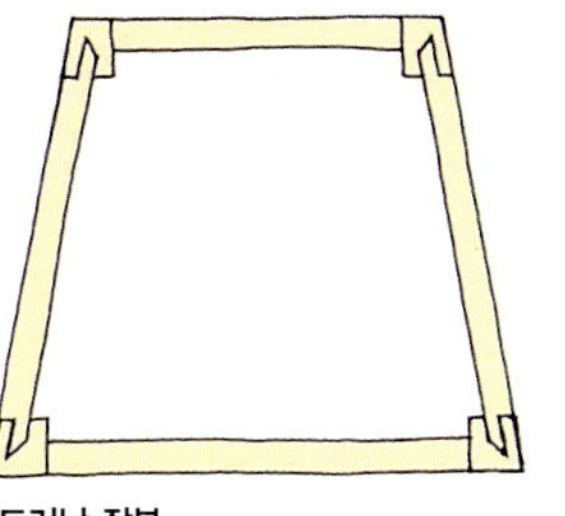
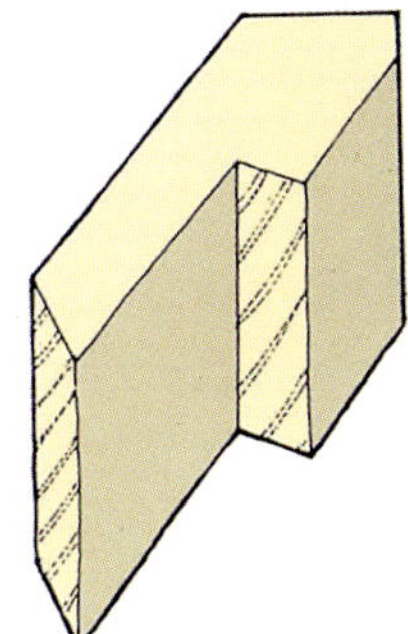

드러난 장부
장붓구멍이 다리를 약화시키는 것을 막기 위해 노출 장부를 사용한다.

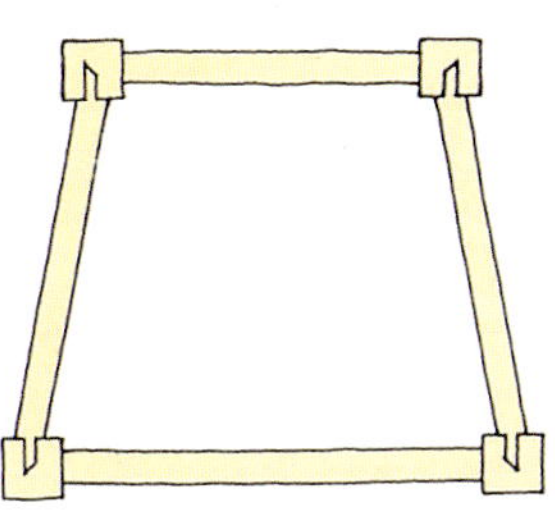
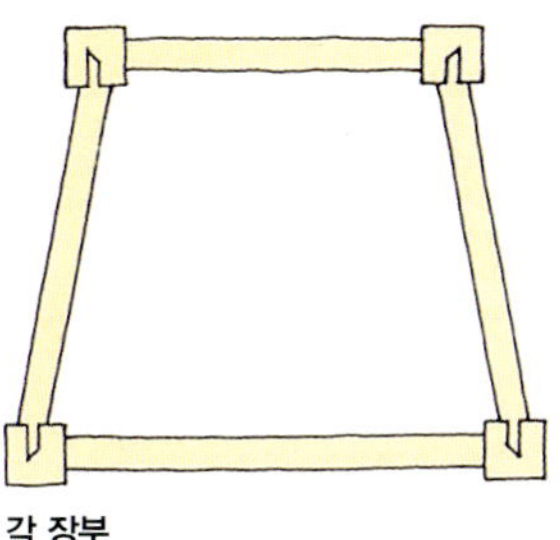
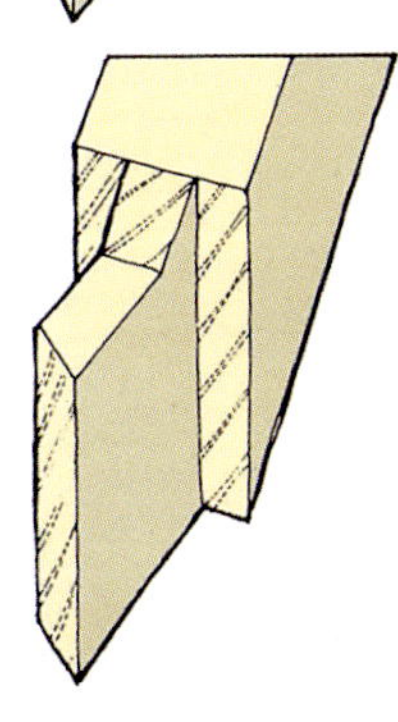

각 장부
접착제로 붙일 때 골격을 쉽게 조립할 수 있도록 각 장부를 사용한다.

장붓구멍 부재(세로기둥)

장부 부재(가로대)

프레임 몰드 장부맞춤

드러난 장부

각 장부

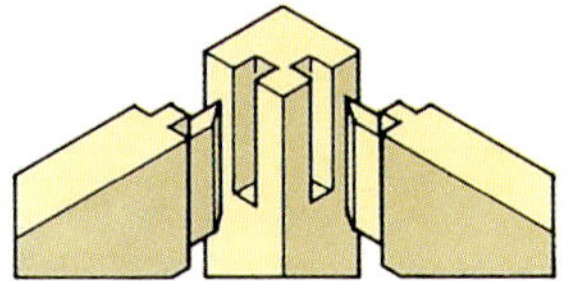

코너 장부맞춤

코너 장부맞춤을 만드는 방법은, 탁자나 의자를 만드는 방법에서 설명한 것과 같다. 장붓구멍 부재(다리)의 경우 장붓구멍을 인접한 면에 표시한다.
일반적으로 보통 맞춤은 대칭적이며 장붓구멍이 서로 만나게 된다. 장부 부재(가로대)를 끼우려면 장부를 짧게 만드는 것보다 연귀로 잘라 만드는 것이 훨씬 좋다. 접착 면적이 넓을수록 맞춤은 튼튼해진다.

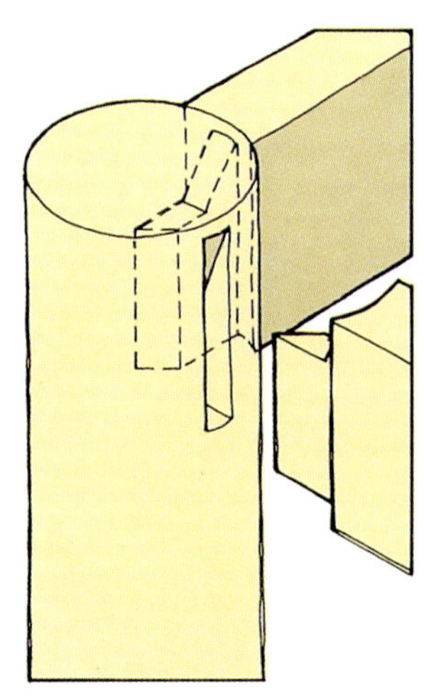

원형 다리의 코너맞춤
다리를 선반가공하기 전에 장붓구멍을 설계하고 파낸다. 곡선에 맞도록 둥근끌로 선을 그어 장부 돌출부를 표시한다.

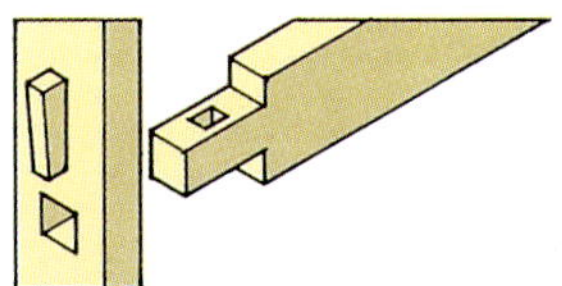

분리형 장부맞춤

분해할 수 있고, 튜더 양식(Tudor style) 탁자를 만드는 데 사용된다. 이 맞춤은 건축에 사용되는 전통적이며 튼튼한 터스크 장부(Tusk tenon)와 비슷하지만 가구를 만들 때는 잘 사용되지 않는다. 장부 부재에는 적절한 돌출부가 있어야 하고 쐐기에 의해 쪼개지지 않을 정도로 장부가 튼튼해야 한다. 쐐기는 보통 수직으로 박지만 수평으로 박을 수도 있다. 다음은 이 맞춤을 만드는 기본적인 방법으로, 필요사항에 맞게 작업자가 변형할 수 있다.

맞춤부 표시하기

장부의 돌출된 끝 길이는 최소한 장붓구멍 부재 두께의 1.5배가 되어야 한다. 장부의 전체 길이를 계산하고 돌출부 절단선을 장부 부재의 모든 면으로 확장해 긋는다.1 적어도 장부 부재 폭의 1/3이 되도록 장부 폭을 게이지로 표시한다.2 돌출부 절단선에서부터 장붓구멍 부재의 두께를 표시하고 모든 면에서 이 선을 직각으로 긋는다.3 장붓구멍 부재에 장부 폭과 위치를 표시한다. 그리고 전체 둘레로 이 절단선을 연장하여 이 두 선 사이로 장부 두께를 게이지로 선을 그어 표시한다.4

맞춤 만들기

양쪽 측면에서 장붓구멍을 드릴로 뚫거나 파낸다. 장부 부재에서 제거할 부분을 톱질로 잘라내고 장부가 장붓구멍 안으로 미끄러져 들어가도록 끼워 넣는다. 돌출부를 위로 향하게 단단히 잡은 채 장부 위쪽에 장붓구멍 부재의 두께를 표시한다.5 맞춤을 분리하고 쐐기 구멍의 길이를 장붓구멍 부재의 두께와 같은 크기로 선을 그어 표시한다. 그러나 첫 번째 선에서 약 3mm 안으로 선을 긋고6 장부 둘레로 이 선을 연장해 긋는다. 장붓구멍 게이지를 장부 두께의 1/3로 맞추고 쐐기 구멍의 두께를 표시한다.7 한쪽 면의 기울기만 1~6으로 맞춘 후 쐐기를 장부 폭의 약 3배 정도 길이로 만든다. 쐐기를 안쪽 장붓구멍 선에 수평으로 맞추고 장부 측면에 대고 경사면을 표시한다.8 장부 바닥까지 이 선을 연장해 긋는다. 일정한 각도로 기울어진 면에 주의하며 장붓구멍을 파낸다. 맞춤을 조립하고 쐐기를 톡톡 두들겨 단단히 고정시킨다.

1 장부 돌출부 절단선을 표시한다.

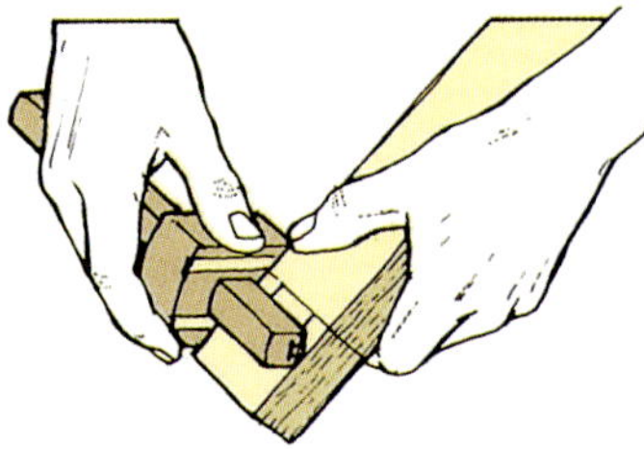

2 장부 폭을 게이지로 표시한다.

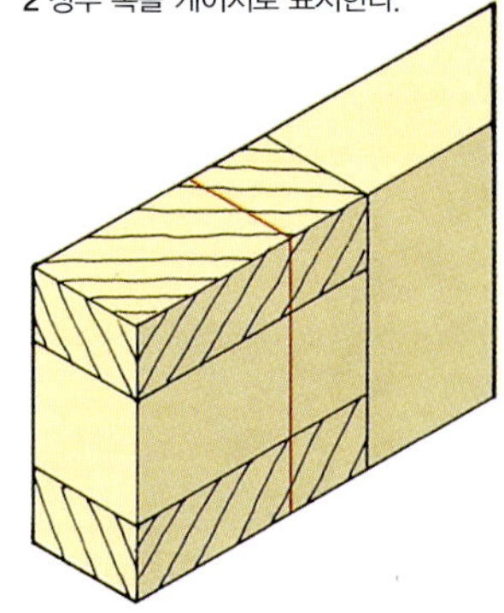

3 장붓구멍 부재의 두께를 표시한다.

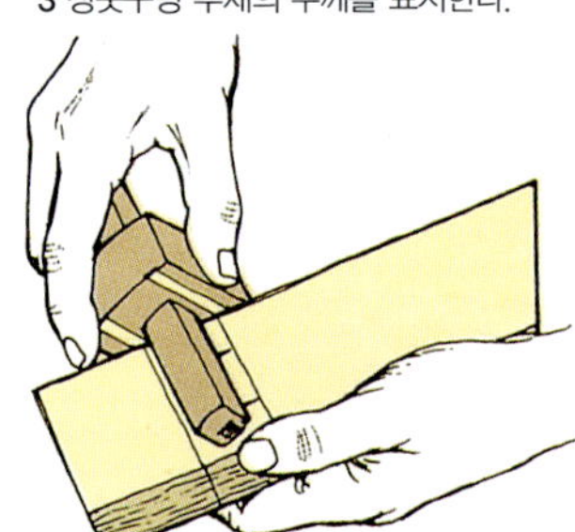

4 장부 두께를 게이지로 표시한다.

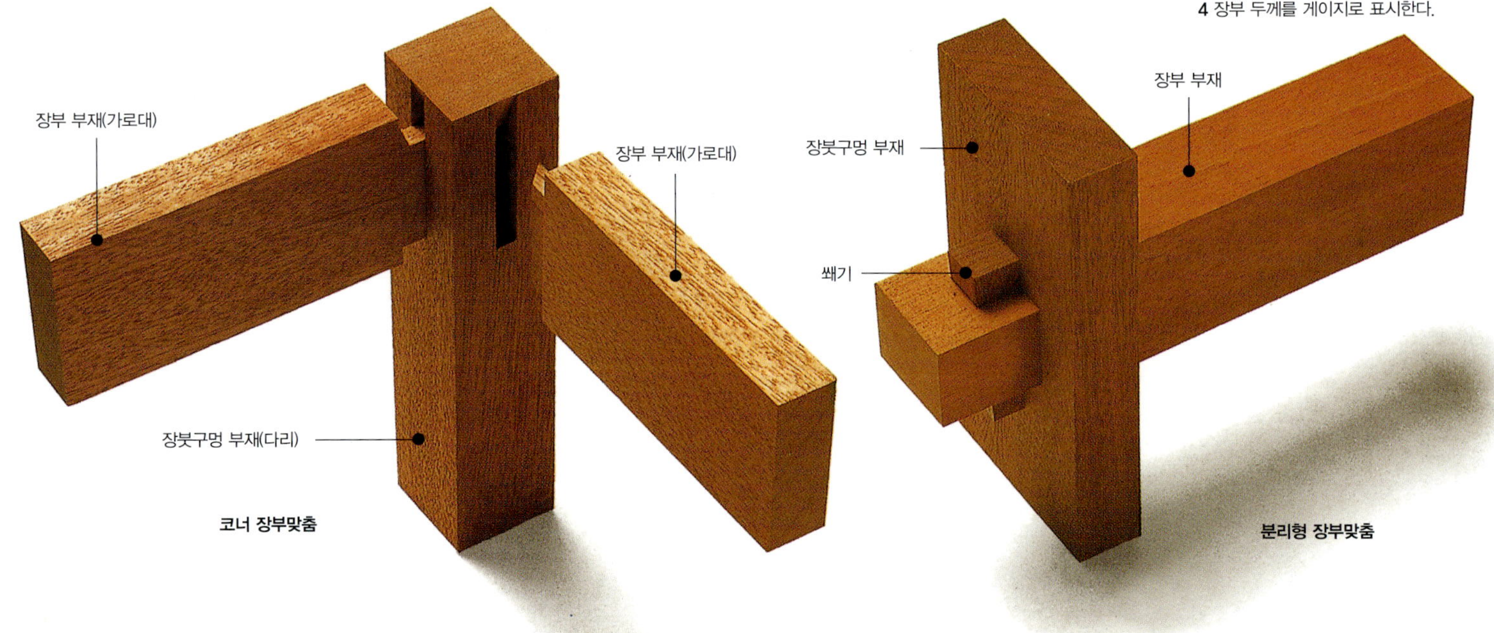

브리들맞춤

브리들맞춤은 설계 방식 때문에 장부맞춤으로 분류된다. 그러나 이 맞춤을 만드는 데 사용되는 방법은 반턱맞춤과 비슷하다. 브리들맞춤의 장부는 보통 목재 두께의 1/3이지만 가로대를 더 두꺼운 다리 부재와 T자 맞춤으로 이을 때는 더 클 수도 있다.

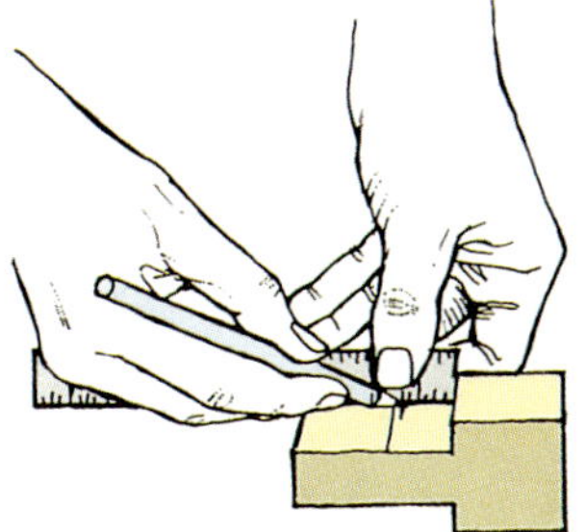

5 장부 위쪽에 표시한다.

6 선 안쪽으로 3mm를 표시한다.

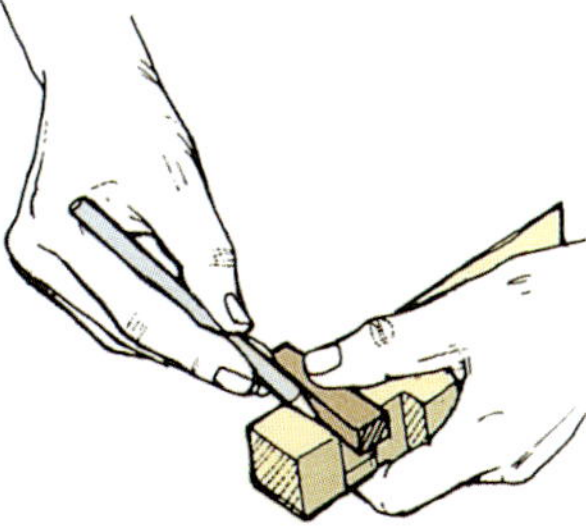

7 쐐기 구멍의 두께를 게이지로 표시한다.

8 쐐기의 경사면을 표시한다.

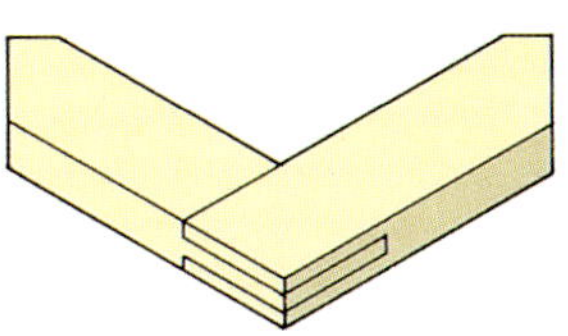
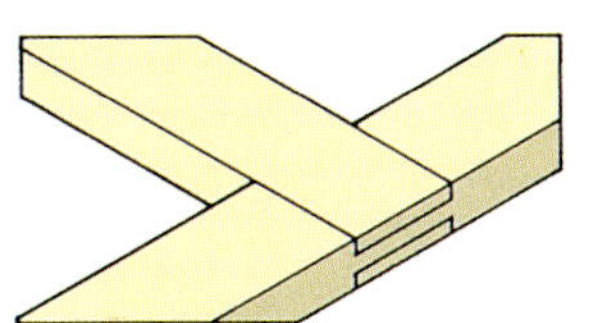

맞춤부 표시하기

코너맞춤을 만들려면 장부 부재 끝에 장붓구멍 부재 폭을 표시한다. 접착제로 붙인 다음 대패로 제거할 여유분을 어느 정도 고려한다. 표시 나이프로 전체 둘레에 돌출부 절단선을 직각으로 긋는다. 그러고는 측면을 살짝 눌러준다.

장붓구멍 부재에 장부 부재의 폭을 표시하고 연필로 돌출부 절단선을 수직으로 긋는다. 장붓구멍 게이지를 장부 부재 두께의 1/3로 맞춘다. 보통 장부맞춤처럼 게이지를 끌의 폭으로 맞출 필요는 없으나 장붓구멍 절삭 부위의 돌출부를 깨끗이 다듬을 때 도움이 될 수 있다.

핀이 중앙에 오도록 스톡을 맞추고 끝 위에 장부 절단선을 게이지로 표시한다. 장부 부재에 절삭 부위를 같은 방법으로 표시하고 양쪽 부재가 현 단계에서 동일하게 보이도록 제거할 부분을 표시한다.1

맞춤부 만들기

장붓구멍의 폭과 비슷한 두께의 드릴을 선택해서 돌출부 절단선 바로 안쪽에 구멍을 뚫는다.2 제작물을 바이스에 물리고 게이지로 표시한 절단선을 기준으로 잘린 부분에서 구멍 쪽으로 톱질해간다.3 돌출부 절단선에 수평이었던 제거 부분을 깎아낸다.4 또는 장부톱을 사용해 게이지로 표시된 절단선을 따라 자른 후 실톱으로 제거할 부분을 마저 잘라낼 수도 있다. 일반 장부맞춤과 같은 방법으로 장부를 자른다.

T자 브리들맞춤을 만들 때도5 기본적으로 위의 과정을 따르지만, 반턱맞춤을 만드는 방법에 따라 장부 부재에서 제거할 부분을 잘라낸다.

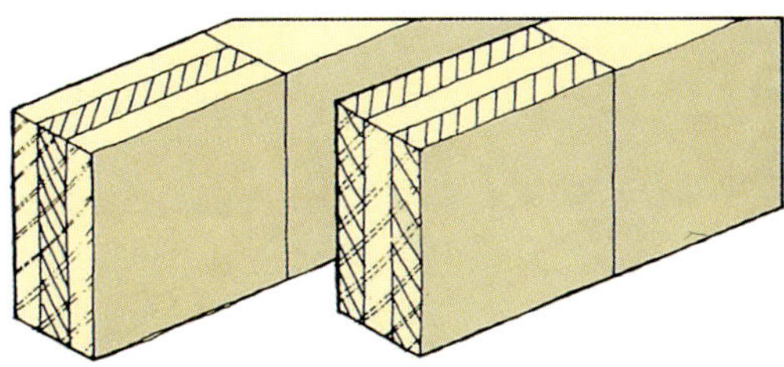

1 양쪽 부재에 제거할 부분을 표시한다.

2 돌출부 가까이에 구멍을 뚫는다.

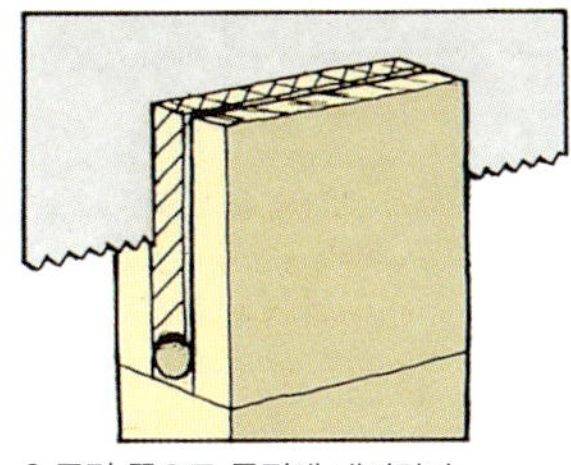

3 구멍 쪽으로 톱질해 내려간다.

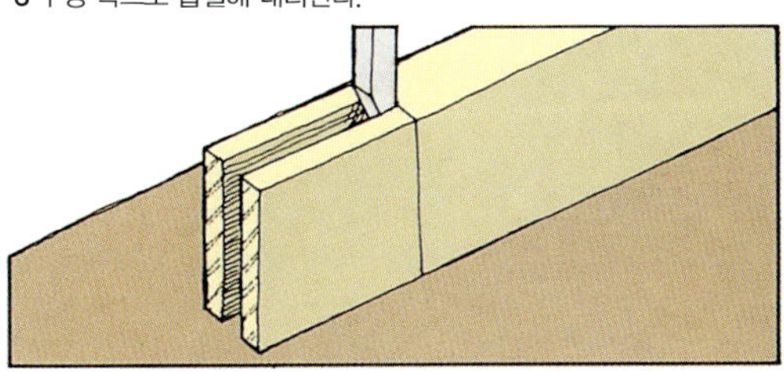

4 남아 있는 제거 부분을 깎아낸다.

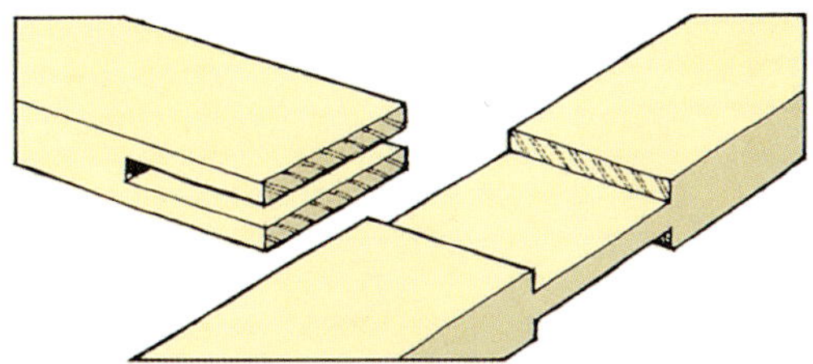

5 비슷한 방법으로 T자 브리들맞춤을 만든다.

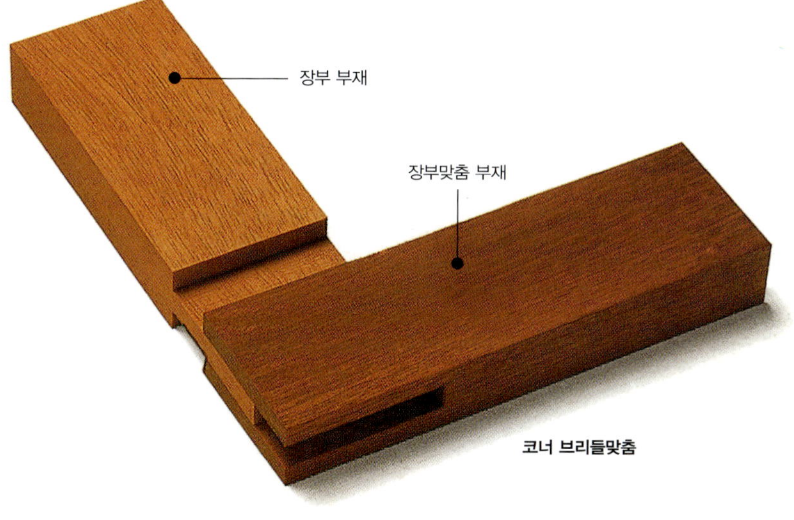

코너 브리들맞춤

T자 브리들맞춤

꽂임촉맞춤

꽂임촉맞춤은 비교적 간단하고 신속히 만들 수 있다. 이 맞춤은 결합할 부재 양쪽의 뚫린 구멍에 접착제를 바른 꽂임촉을 끼워 넣어 보강한 것이다. 이 방법은 골격(Frame)이나 뼈대(Carcass)를 제작하기 위한 다양한 맞춤에 사용된다. 장부맞춤에 대한 효율적인 대체물로, 가구 제작에 널리 사용된다. 수작업으로 꽂임촉을 만들 때는 복잡하게 작업을 설계할 필요 없이 꽂임촉 지그를 사용하면 된다.

꽂임촉

꽂임촉은 너도밤나무, 단풍나무, 자작나무, 라민 등의 경재로 만든다. 판매용으로 제작된 꽂임촉 막대를 구입해서 작업자가 원하는 대로 잘라서 사용할 수도 있고 이미 가공된 상태로 판매되는 꽂임촉을 구입해 사용할 수도 있다. 준비한 꽂임촉이 사용하려는 곳에 맞지 않으면 주먹장 제작 도구를 사용해서 가공할 수 있다.

꽂임촉 만들기

톱니가 미세한 톱으로 꽂임촉을 일정한 길이로 자른다. 작업대 후크나 연귀 박스에 목재를 대고 고정시킨다. 목재 섬유가 손상되는 것을 막기 위해 목재를 돌려가며 자른다. 여러 개의 꽂임촉을 만들 때는 끝 멈춤을 설치해 일정한 길이로 자른다.

톱으로 잘라낸 각 꽂임촉의 길이 방향으로 홈을 파낸다. 이 홈은 꽂임촉에 접착제를 발라 구멍에 끼울 때 그 구멍 안의 공기압을 밖으로 빼내기 위해 만드는 것이다. 그러므로 이 홈을 만들지 않으면 목재가 쪼개진다. 마지막으로 꽂임촉을 쉽게 끼울 수 있도록 끝 모서리를 깎아낸다. 꽂임촉의 모서리를 깎는 전용 공구나 연마기를 이용할 수 있다. 크기가 작은 꽂임촉은 연필 깎이를 사용할 수도 있다.

구입해 바로 사용할 수 있는 꽂임촉은 일정한 길이로 잘려 판매된다. 이러한 꽂임촉은 끝 모서리가 깎여 있으며 둘레는 직선이나 나선 모양의 세로 홈이 있다.

꽂임촉 제작 도구는 표준 크기의 꽂임촉 구멍이 있는 두꺼운 강철판이다. 임의의 크기로 잘린 목재를 적절한 구멍에 넣어 원하는 꽂임촉으로 만든다. 직접 작업자가 이 도구를 제작해서 매끈하고 둥근 꽂임촉을 만드는 데 사용할 수도 있다. 다른 방법으로 목재를 통과시킬 때 꽂임촉에 세로 홈을 파내는 톱니 모양의 구멍이 있는 기존 제품을 구입해서 사용할 수도 있다.

꽂임촉의 길이는 꽂임촉을 끼우는 목재의 크기에 따라 다르다. 대개 꽂임촉의 길이는 지름의 5배 이하이다. 꽂임촉이 길수록 접착 면이 넓어진다. 꽂임촉의 지름은 그 꽂임촉을 끼우는 목재 두께의 절반 정도가 적당하다.

꽂임촉 구멍 뚫기

꽂임촉맞춤의 강도는 꽂임촉 구멍에 꽂임촉이 얼마나 잘 끼워졌는지에 따라 결정된다. 구멍은 깨끗하고 완전한 원형으로 깊이가 적당해야 한다. 브레이스(Brace)와 오거 비트(Auger bit)를 사용하거나 전동드릴에 꽂임촉 비트(Dowel bit)를 끼워 구멍을 뚫을 수 있다. 손으로 공구를 잡고 구멍을 뚫을 때는, 드릴이 목재 안에 수직으로 구멍을 뚫어야 하기 때문에 구멍의 중심선을 내려다볼 수 있는 자세에서 작업한다.1

정확한 구멍을 뚫기 위해서 시판되고 있는 꽂임촉 지그 제품을 사용한다. 다양한 유형의 드릴 가이드 부시(bush)를 사용할 수 있는데, 이 공구는 드릴을 수직으로 세워줄 뿐 아니라 구멍을 정확한 위치에 뚫도록 도와준다.

구멍은 깊이가 일정해야 하고 주먹장 길이의 절반보다 약간 깊어야 한다. 시판되는 깊이 게이지 제품을 사용할 수도 있고 작업자가 직접 필요한 대로 자르거나 나무나 고무로 만든 슬리브(sleeve)가 있는 게이지를 제작해 사용할 수도 있다.

조립이 쉽도록 접시머리 구멍을 뚫는다. 수직에서 벗어난 구멍을 뚫었을 때는 그 구멍을 플러그로 채우고 구멍을 다시 뚫는다.

꽂임촉맞춤 만들기

꽂임촉 맞춤을 여러 개 만들 생각이 아니라면 기존 방법으로 설계해도 충분하다.

양측면맞춤을 만들 때는 판재의 측면이 수평이 되고 옆면이 바깥쪽을 향하도록 판재를 바이스에 고정시킨다. 꽂임촉 위치를 일정한 간격으로 배열하고, 구멍 뚫을 면을 전체에 수직으로 한 다음 각 위치에서 선을 긋는다. 게이지를 판재 두께의 절반으로 맞추고 이 옆면에서 선을 그어 각 중심선을 표시한다.2

골격맞춤에 사용되는 꽂임촉의 개수와 간격은 가로대 폭에 따라 결정된다. 꽂임촉 사이의 간격은 중요하지 않지만 측면에서 6mm 이상 떨어져야 한다.

가로대와 세로기둥 부재의 옆면과 측면을 준비하고 이들의 길이를 표시한다. 가로대를 슈팅 보드에 대고 그 끝을 수직으로 대패질한다. 세로기둥을 좀 길게 두어도 상관없다. 가로대와 세로기둥을 표면이 수평이 되도록 하고 옆면이 바깥을 향하도록 바이스에 물린다. 두 부재의 다른 면으로 선을 연장해 긋는다. 마킹 둥근끌을 가로대 두께의 절반으로 맞추고 옆면에서부터 작업을 해 각 중심선을 표시한다.3 두 선이 교차하는 곳에 구멍을 뚫는다.

꽂임촉 막대

단면이 원형인 몰딩으로, 지름이 6mm에서 40mm까지 다양하다. 대개 6, 8, 10, 12mm짜리가 사용된다. 습도가 변하거나 기계가공이 부정확해서 단면이 정확한 원형이 아닌 것도 있을 수 있으므로 사용 전에 이를 확인한다.

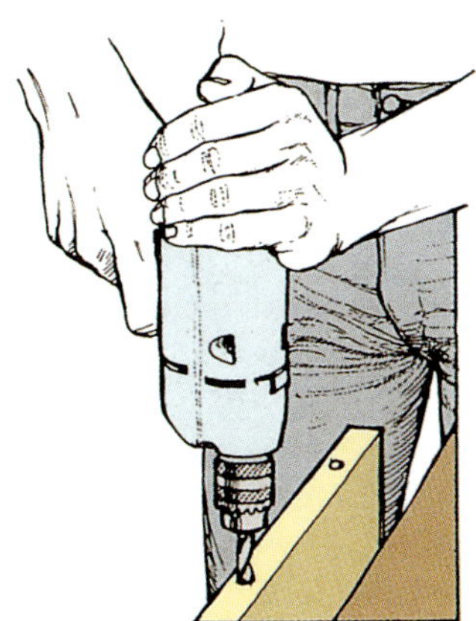

1 측면부와 일직선으로 서서 작업한다.

2 중심선을 표시한다.

3 가로대와 세로기둥에 중심점을 표시한다.

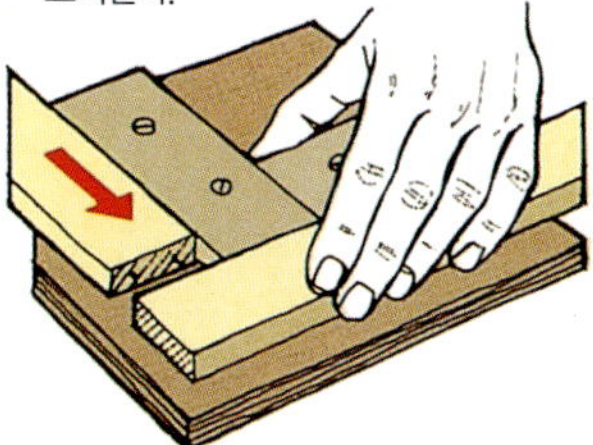

4 직각 지그를 만든다.

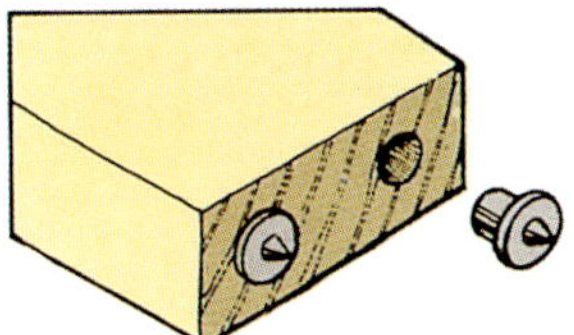

5 센터 포인트를 삽입한다.

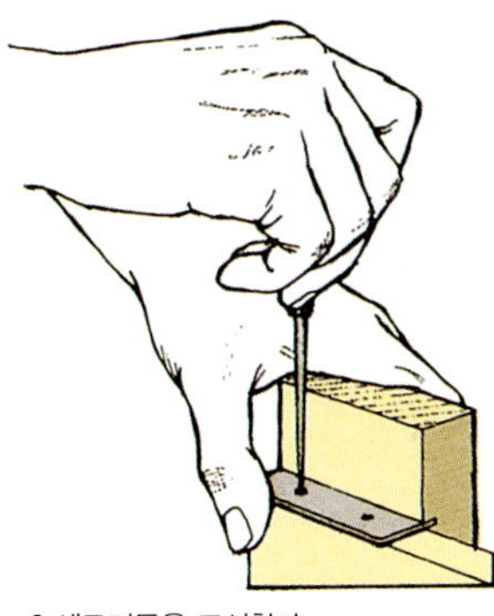

6 세로기둥을 표시한다.

센터 포인트(Center points) 사용

꽂임촉의 위치를 표시하는 또다른 방법으로 센터 포인트를 사용한다. 이 방법은 특히 다루기 어려운 부분에 박을 꽂임촉 구멍의 위치를 표시하는 데 유용하다. 작업자가 직접 센터 포인트를 만들어 사용할 수도 있고 시중에 있는 제품을 구입해 사용할 수도 있다.

패널못 방법에서는 각 부분에 위치를 표시하고 양측면맞춤에서는 어느 쪽이든 한 측면을 사용한다. 여기에서 다루고 있는 프레임 코너 맞춤(Frame-corner joint)은 가로대 끝에 꽂임촉을 끼운다.

중심점으로 표시된 곳에 핀을 박고 헤드를 잘라낸다. 가로대와 세로기둥을 평평한 면에 눕히고 이들을 함께 눌러서 세로기둥 안쪽 측면에 못 자국이 생기도록 만든다. 각 부분을 정확히 배열할 수 있도록 간단한 지그를 만들어 사용할 수도 있다.4

센터 포인트를 구입해서 사용할 때는 가로대 끝에 표시하고 구멍을 뚫는다. 그 다음, 각 구멍에 적절한 크기의 센터 포인트를 삽입하고 두 부분을 함께 누른다.5

형틀 사용

같은 꽂임촉맞춤을 여러 개 만들 때는 형틀을 사용하면 빠르게 작업할 수 있다. 경재로 만든 펜스 블록을 가로대의 폭 크기로 동일하게 자른다. 얇은 철판을 끼울 수 있도록 펜스 블록의 중앙을 가로질러 톱질 자국을 낸다. 철판의 필요한 지점에 작은 가이드 구멍을 표시하고 뚫은 다음 에폭시글루링(Epoxygluing)을 발라 톱질자국에 끼워 접착한다.

끝이 뾰족한 공구를 사용해서 철판의 구멍을 통해 중심점을 표시한다. 항상 형틀의 펜스를 옆면에 대고 단단히 잡아준다. 마지막으로 가로대 끝에 표시한 다음 형틀을 반대로 돌려서 세로기둥에 표시한다.6

꽂임촉 지그 사용

꽂임촉 지그는 제작물에 고정시켜 드릴이 정확하게 위치를 잡을 수 있도록 하기 위해 사용하는 지그이다. 어떤 지그는 가이드 구멍이 6, 8, 10mm 꽂임촉에 맞도록 미리 조정되어 있지만 다양하게 조절할 수 있는 교체 가능한 강철로 만든 가이드 부시가 있는 지그도 있다.

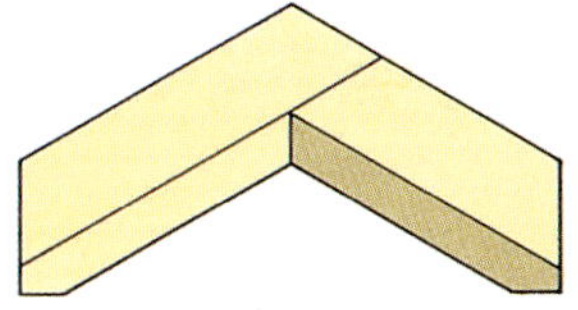

꽂임촉 프레임맞춤

조절할 수 있는 지그를 사용해서 드릴 비트 가이드를 가로대 폭에 맞도록 필요한 간격으로 슬라이드 막대에 맞춘다. 지그의 고정된 헤드에서부터 치수를 잰다. 드릴 비트 가이드에 있는 펜스를 조절해서 구멍을 목재 두께 방향의 중앙에 위치시킨다. 가로대 끝에 올려놓은 지그를 슬라이딩 펜스에 대고 고정시킨다. 고정된 헤드와 펜스를 목재 옆면과 측면 끝에 댄 채 필요한 깊이로 구멍을 뚫는다.1 슬라이딩 펜스를 분리하고 다른 세팅은 그대로 둔 상태에서 지그를 반대로 돌린 다음 제공된 죔쇠로 준비된 디딤대 안쪽 에지에 고정시킨다. 꽂임촉을 끼울 수 있도록 매칭되는 구멍을 뚫는다.2

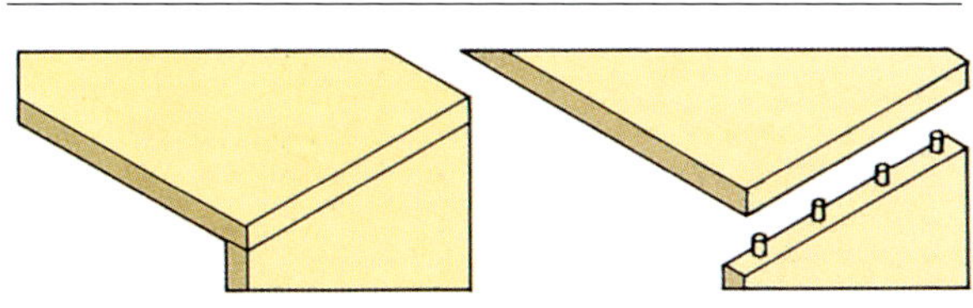

꽂임촉 골조맞춤

이 지그는 다양한 슬라이딩 막대를 끼울 수 있어 폭 넓은 판재에도 사용할 수 있다. 또한 드릴 비트 가이드를 구입하면 표준으로 제공된 두 가이드를 다시 세팅하지 않아도 많은 구멍을 뚫을 수 있다.

판재 두께에 맞추기 위해서 가이드에 적절한 크기의 부시를 끼워 사용한다. 엔드 부시(End bush)를 에지로부터 약 25mm에 맞추고 나머지는 75mm 간격으로 맞춘다.

코너맞춤을 만들 때는 펜스를 조절해서 구멍을 판재 두께 방향의 중앙에 맞춘다. 슬라이딩 펜스를 판재에 대고 지그를 끝에 고정시켜 구멍을 뚫는다.1

다른 판재의 끝을 지그 위쪽에 고정시킨다. 낮은 위치에 있는 죔쇠 나사를 풀고 판재를 지그에 물린 채 수직으로 돌린 다음 안쪽 면에 숨은 구멍을 뚫는다.2

T자맞춤을 만들 때는 앞서와 같이 지그를 맞추고 끝에 구멍을 뚫는다. 펜스를 제거한 다음 T자맞춤을 만들기 위해 그어놓은 선 한가운데에 부시를 위치시킨 상태에서 다른 판재를 가로질러 지그를 고정시킨다.3 항상 고정된 헤드를 측면에 댄 상태로 사용한다.

골조 연귀맞춤

판재 끝을 비스듬히 잘라 코너맞춤에서 설명한 것처럼 지그를 맞춘다. 그리고 연귀맞춤의 경사면을 따라 지그를 고정시킨다. 부시가 판재의 가장 두꺼운 안쪽 면 가까이 위치하도록 펜스를 조절한다. 구멍을 뚫은 다음 지그를 다른 판재로 옮겨간다(위 참조).

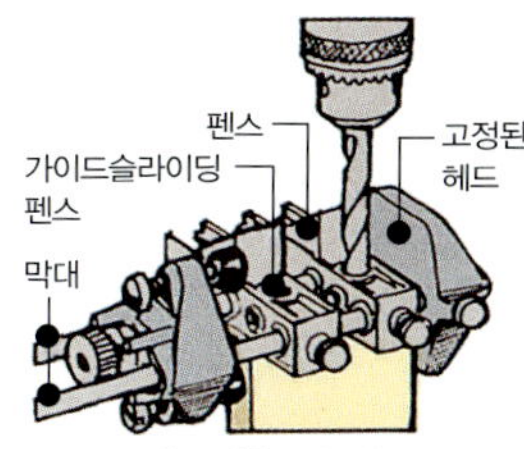

1 가로대에 구멍을 뚫는다.

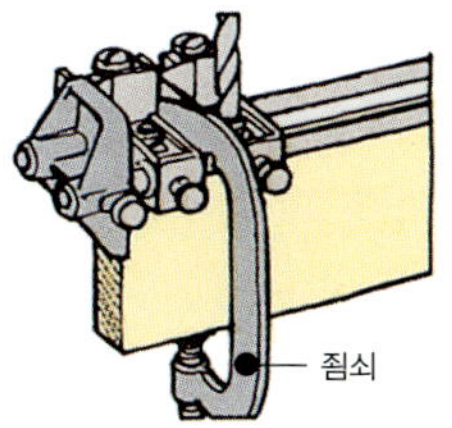

2 세로기둥에 구멍을 뚫는다.

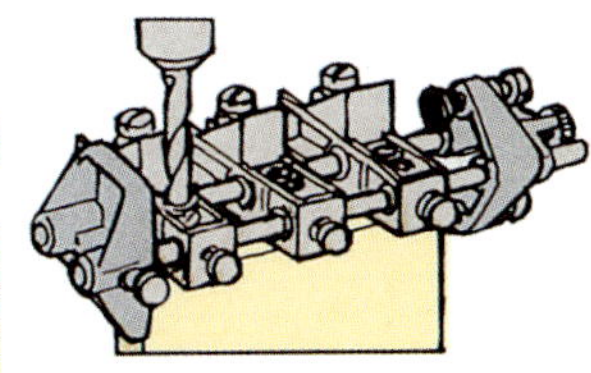

1 끝에 구멍을 뚫는다.

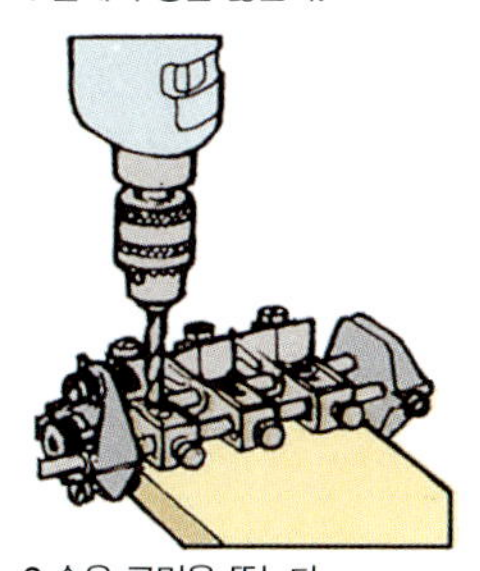

2 숨은 구멍을 뚫는다.

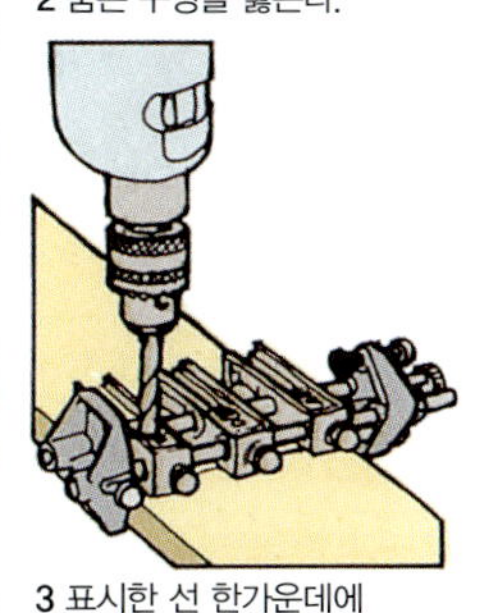

3 표시한 선 한가운데에 지그를 고정시킨다.

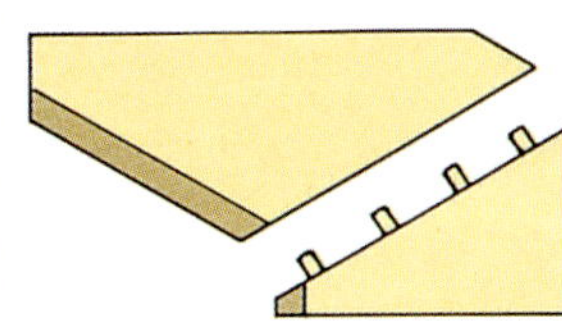

숨은 구멍을 일정한 각도로 뚫는다.

● 맞춤 조립하기

브러시나 막대로 서로 닿는 면과 각 구멍에 접착제를 약간 바른다. 꽂임촉의 끝을 접착제에 살짝 묻혀 구멍 안으로 집어넣는다. 나무 망치로 두들기면서 구멍 안으로 끝까지 밀어 넣는다. 필요한 경우 조립된 상태를 죔쇠로 고정한다.

주먹장맞춤

주먹장맞춤은 어떤 맞춤보다도 목재 맞춤이 무엇인지를 잘 보여준다. 서로 결속되는 쐐기 모양의 각 부분이 분명히 드러나고 접착제를 사용하지 않더라도 맞춤이 서로를 잡아주고 있다는 것을 분명히 알 수 있다. 주먹장맞춤을 사용하는 가장 대표적인 예로는 전형적인 서랍을 만드는 과정이다. 주먹장맞춤의 테일(Tail)과 핀(Pin)의 원래 강도로 인해 서랍 앞면에 가해지는 당기는 힘을 버틸 수 있다. 주먹장맞춤을 만드는 방법은 다양하다. 어떤 경우에는 반복된 형태를 장식으로 이용하기도 하지만 맞춤 형태가 완전히 드러나지 않는 경우도 있다. 주먹장맞춤을 만드는 것은 작업자에게는 도전과도 같다.

통 주먹장맞춤

통 주먹장맞춤은 원목 판재의 끝을 잇기 위한 전통적인 방법으로, 상자나 캐비닛을 만들 때 많이 사용된다. 이 맞춤은 수작업으로 만들 수도 있고 기계로도 만들 수 있다. 주먹장을 기계가공할 때는 전동루터와 특수 지그가 사용된다. 기계로 가공된 일정한 간격의 주먹장은 기능적이기는 하지만, 전통을 중시하는 작업자들은 여기에서 다루는 수작업으로 만든 비율이 잘 맞는 주먹장맞춤보다는 못하다고 여긴다. 통 주먹장은 만들기 쉽지만 설계하고 만드는 과정에 주의가 필요하다.

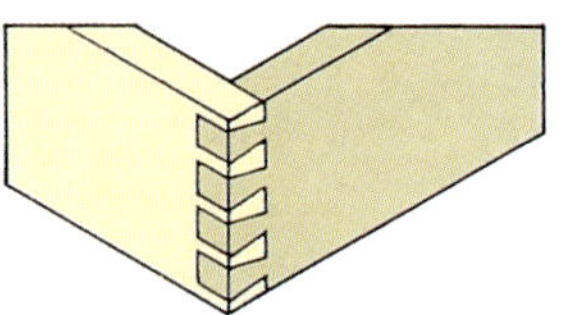

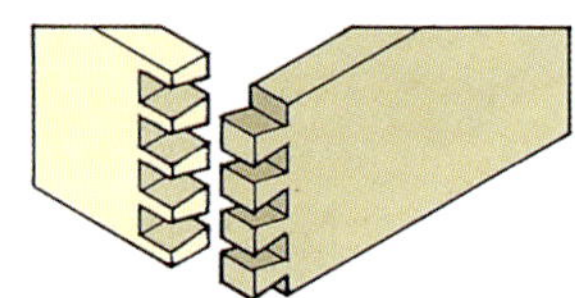

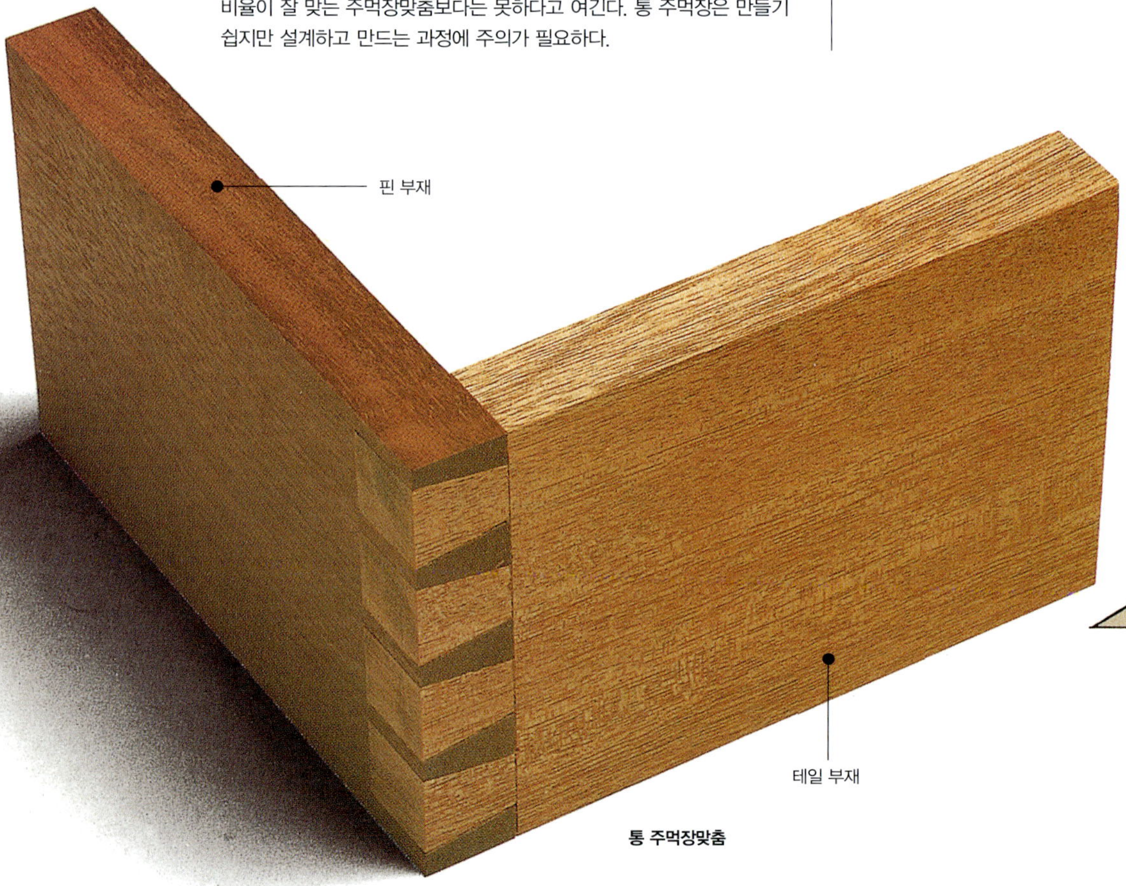

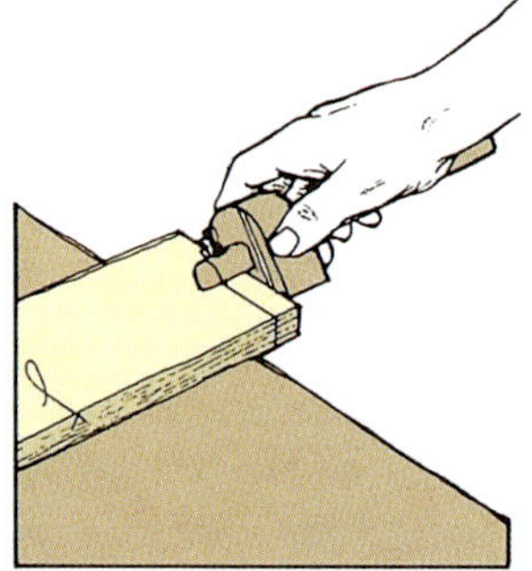

핀 부재

테일 부재

통 주먹장맞춤

테일 표시하기

서로 결합되는 표면, 측면, 끝면의 각 쌍을 표시해둔다. 만들고자 하는 부재를 일정한 길이로 자르고 끝을 매끈하게 직각으로 대패질한다. 슈팅 보드를 사용하면 대패질을 쉽게 할 수 있다.[1]

절삭날을 목재 두께에 맞춘다. 테일 부재의 끝 전체 둘레와 핀 부재에서 옆 테일의 돌출부 절단선을 표시한다.[2] 게이지로 선을 그어 제작물 표면이 손상될 경우에는 가는 연필과 직각자를 대신 사용한 다음에 테일을 표시한다. 크기와 개수는 결합하고자 하는 판재의 폭과 목재의 종류(연재를 사용하면 경재를 사용할 때보다 테일 크기가 커야 하고 개수는 작아야 한다)뿐만 아니라 완성된 맞춤 외관에 따라서도 달라질 수 있다. 일반적으로 외관을 좋게 하려면 테일 크기가 같고 동일한 간격으로 배열되어 있으며 핀보다 커야 한다.

각 측면부에서 6mm 떨어진 지점에 끝을 가로지르는 선을 연필로 그은 다음, 표시한 선 사이의 거리를 같은 짝수 간격으로 나누어 표시한다. 방금 표시한 부분을 기준으로 좌우 3mm 떨어진 지점에 끝을 가로지르는 선을 연필로 긋는다.[3] 조절 가능한 경사면이나 주먹장 형틀을 사용해서 표면에 테일의 경사면을 표시한다. 나중에 혼동되지 않도록 잘려나갈 부분을 표시해둔다.

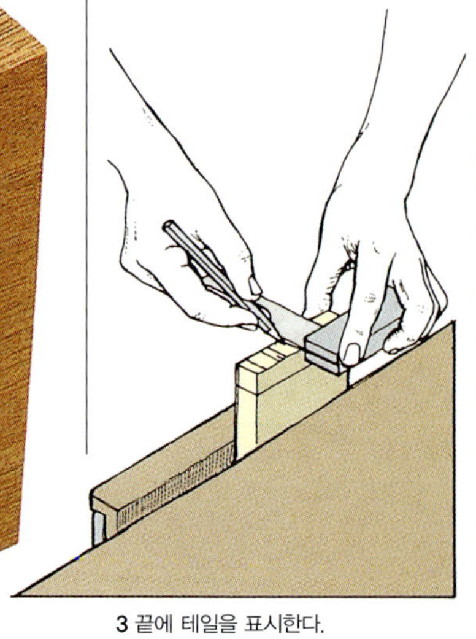

1 끝을 수직으로 대패질한다.

2 돌출부 절단선을 표시한다.

3 끝에 테일을 표시한다.

테일 만들기

모든 테일의 한쪽 측면이 수직이 되도록 각 목재를 바이스에 물린다.

주먹장톱을 사용해서 테일의 한쪽 측면을 따라 톱질한다. 제거할 부분에 톱을 대고 자른다.4 돌출부 절단선을 넘어 톱질하지 않도록 주의한다. 테일의 나머지 측면이 수직이 되도록 제작물을 바이스에 다시 물리고 그 측면을 톱질한다. 제작물을 수평으로 바이스에 물리고 코너에 있는 돌출부 절단선을 따라 톱질해 제거할 부분을 잘라낸다.5 실톱을 사용해서 테일 사이의 제거할 부분을 잘라낸다.6 테일의 양쪽 측면에서 중앙 쪽으로 남아 있는 부분을 경사면 끌로 깎아내고 돌출부 절단선과 수평이 되도록 마감한다.7

4 테일의 양쪽 측면을 톱질한다.

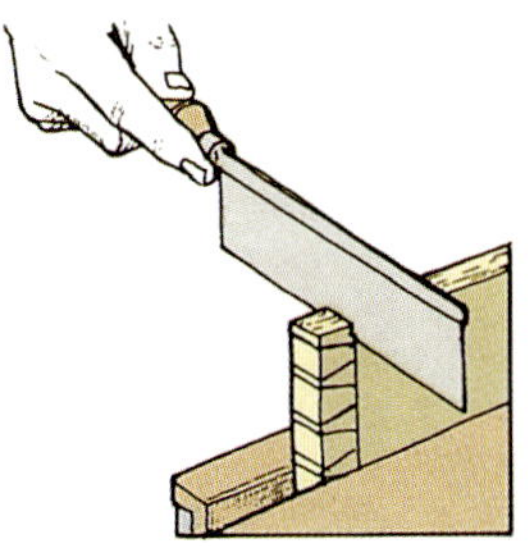
5 코너의 제거할 부분을 톱질로 잘라낸다.

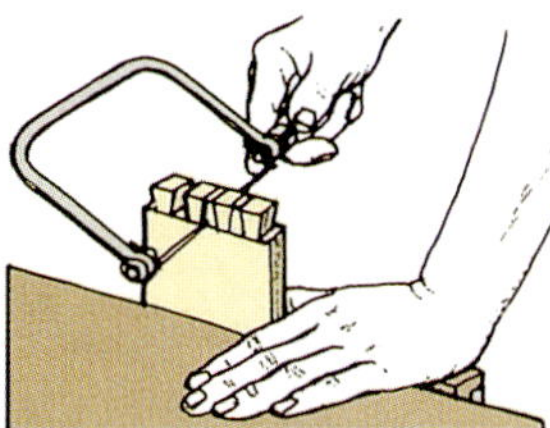
6 테일 사이의 제거할 부분을 잘라낸다.

7 남아 있는 부분을 깎아낸다.

핀 표시하기

준비한 목재의 마구리면에 분필을 대고 문지르고 바이스에 수직으로 물린다. 자른 테일 부재를 핀 부재의 끝에 올려놓고 페이스 마크(Face mark)가 일치하는지 확인한다.8 테일의 돌출부 절단선과 측면을 분필 칠한 끝 위에 바르게 정렬시키고 스크라이버나 칼로 테일의 형태를 따라 표시한다.9 그런 다음 목재 각 면에 있는 돌출부 절단선 쪽으로 내려가면서 선을 연장해 긋는다.10 연필로 제거할 부분을 표시한다.

8 테일 부재를 정확히 정렬시킨다.

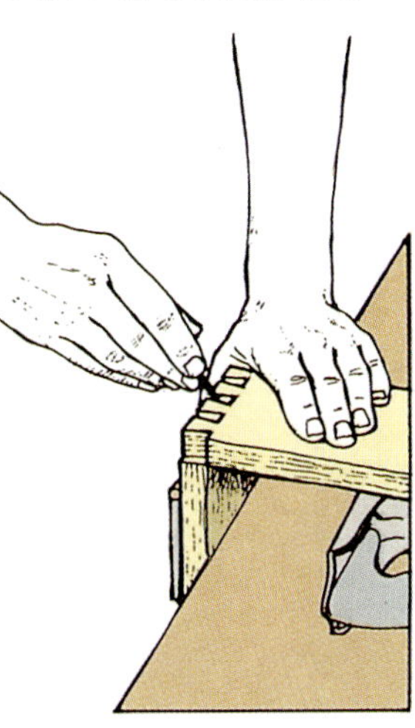
9 테일 형태를 끝 위에 표시한다.

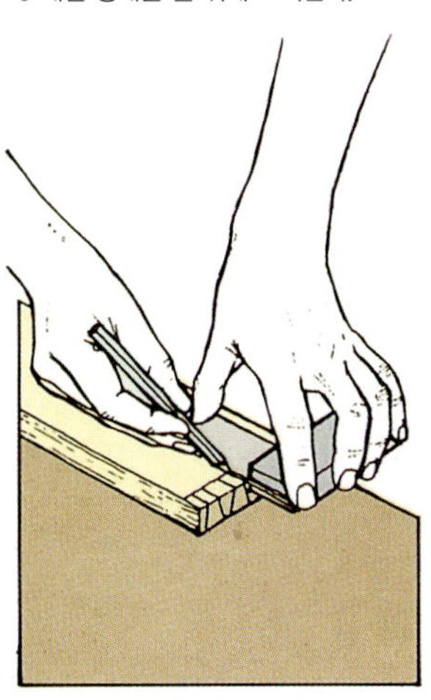
10 핀의 양쪽 측면을 표시한다.

핀 만들기

핀 부재를 바이스에 수직으로 물린다. 테일에 대고 표시한 각도를 따라 돌출부 절단선 쪽으로 톱질해간다.11 톱질자국이 표시한 선을 지나도록 항상 제거할 부분에 톱을 대고 톱질해야 한다. 실톱을 사용해서 핀 사이에 있는 제거할 부분을 거의 다 잘라낸 다음 경사면 끌로 돌출부 절단선으로 파내려가면서 다듬는다. 핀의 양쪽 측면에서 한가운데 방향으로 작업한다. 핀의 각도로 끌을 잡은 채 모서리 부분을 깨끗하게 다듬는다.12

11 핀의 양쪽 측면을 톱질한다.

맞춤부 조립하기

주먹장은 서로 꼭 맞도록 잘라서 한 번에 완전히 조립해야 한다. 그러나 결합할 부분은 부분적으로 맞춤을 조립해서 잘 맞지 않는 부분은 다듬어준다. 접착제를 바르기 전에 각 부분의 안쪽 면에 찌꺼기가 없도록 깨끗이 해준다. 양쪽에 접착제를 바른 다음 못 쓰는 나무 조각을 대고 나무 망치로 두들기면서 조립한다.13 폭이 넓은 맞춤을 조립할 때는 수평을 유지할 수 있도록 폭 전체를 가볍게 두들기면서 조립해야 한다. 접착제가 굳기 전에 맞춤 밖으로 흘러나온 접착제를 닦아낸다. 접착제가 완전히 굳으면 끝마무리 대패(Smoothing plane)로 맞춤을 깨끗하게 만든다. 그리고 마구리면이 쪼개지는 것을 막기 위해서는 가장자리에서 중앙 쪽으로 작업해야 한다.

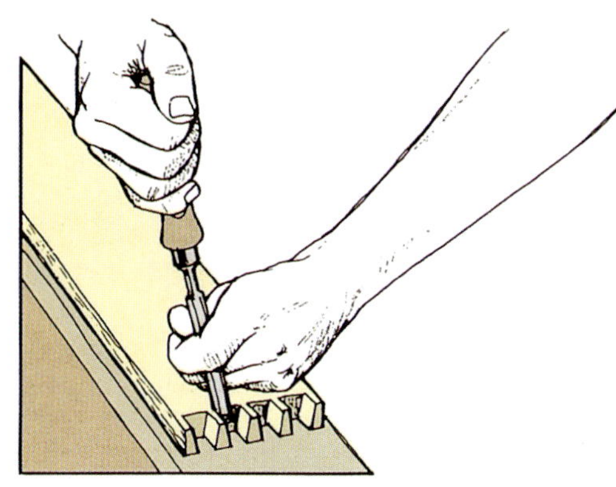
12 끌을 일정한 각도로 잡고 모서리를 다듬는다.

13 맞춤을 조립한다.

주먹장 각도

주먹장의 각도는 너무 급하지도, 완만하지도 않아야 한다.

주먹장의 각도가 너무 크면 가장자리에 약한 부분이 생긴다.1 주먹장의 각도가 너무 작으면 맞춤의 결속력이 약해진다.2 작업하려는 목재에 기울기 비율을 표시하고 그 각도로 슬라이딩 경사면을 맞추거나 형틀을 사용해서 작업한다. 경재에서는 기울기를 1∼8로 맞추고 연재에서는 1∼6으로 맞춘다.

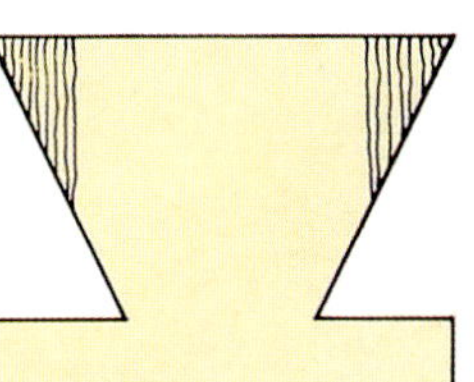
1 각도가 너무 크다.

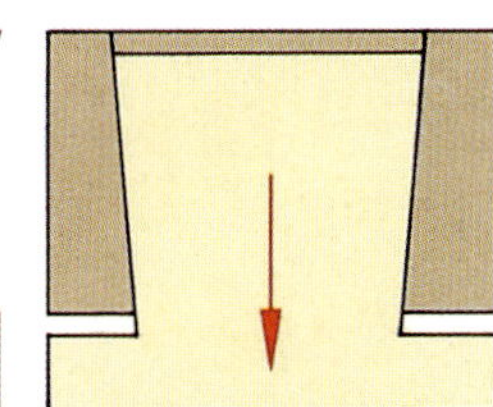
2 각도가 너무 작다.

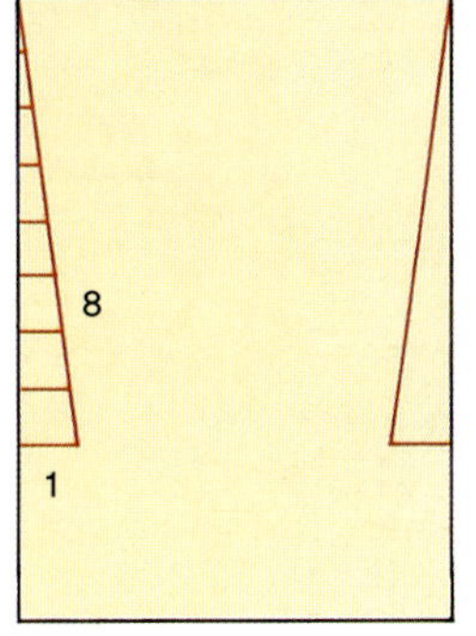
경재의 각도

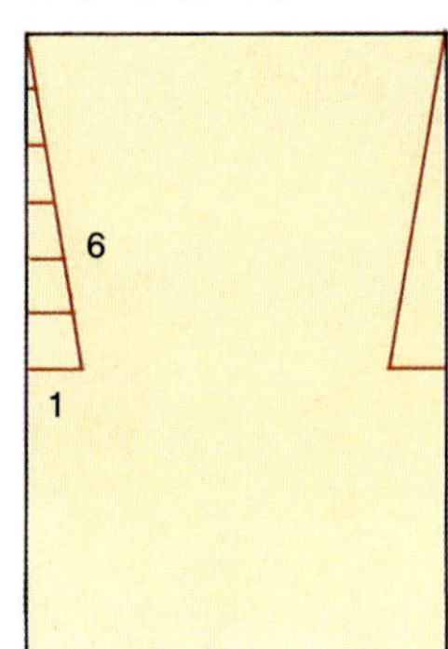
연재의 각도

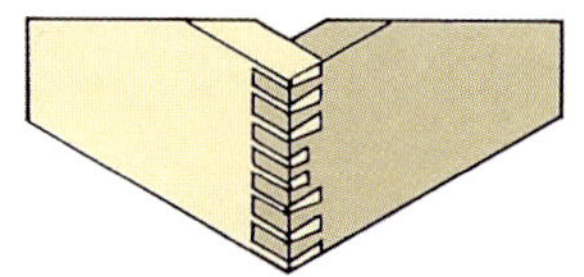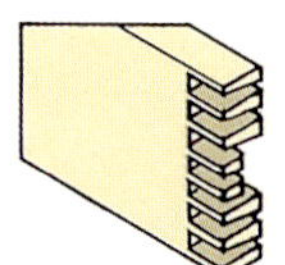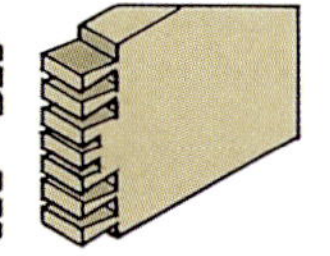

장식 통 주먹장맞춤

비율이 잘 맞고 정확히 잘라 만든 통 주먹장맞춤은 외관이 아름답기 때문에 캐비닛을 디자인할 때 자주 사용된다. 장식 통 주먹장맞춤은 뛰어난 외관을 돋보이게 하거나 작업자의 기술을 과시하기 위해 사용된다. 이 맞춤의 디자인은 기본적인 원칙을 따르지만 맞춤의 각 구성요소 비율과 배치는 작업자 의사에 달려 있다. 여기에서는 핀의 크기가 작고 깊이가 절반인 주먹장을 포함하는 주먹장맞춤에 대해 살펴보도록 하겠다.

테일 표시하기

테일 부재의 끝 부분에 돌출부 절단선을 연필이나 게이지로 표시한다. 직각자나 게이지를 핀 부재의 두께로 맞춘다. 작은 주먹장 절단선을 두께의 절반으로 표시한다.1 테일을 표시할 때 만들어지는 절단선을 연필로 표시했다면 표시 나이프로 진하게 표시하고, 게이지로 표시했다면 깊게 파낸다.

테일의 크기와 위치를 디자인하고 형틀의 경사면을 표시한다.2 테일을 서로 가깝게 위치시키면 작은 핀이 생성된다. 이들 사이의 거리는 톱질자국의 두께보다 커야 한다. 테일은 목재 위에서 직접 측정하고 표시할 수 있으며, 종이 위에 디자인한 뒤 테일 부재에 치수를 그대로 옮길 수도 있다. 끝으로 그 선을 연장해서 긋고, 제거할 부분을 표시한다.3

테일 만들기

긴 주먹장을 만들 때와 마찬가지로 주먹장 톱과 실톱을 사용해 잘려나갈 부분을 제거한다. 빗각끌로 양쪽 측면에서부터 돌출부 절단선을 따라 자른다.

핀 표시하기

핀 부재의 끝에 분필을 칠한다. 작은 테일의 길이로 맞춘 커팅 게이지로 끝에 작은 핀의 두께 절단선을 표시한다.4 테일 부재를 핀 부재의 끝에 대고 톱이나 스크라이버 끝으로 핀의 형태를 표시한다.5 각 면의 돌출부 절단선까지 그 선을 연장해 긋고 제거할 부분을 표시한다.

핀 만들기

주먹장톱과 실톱을 사용해서 제거할 부분을 거의 다 잘라내고 끌로 돌출부 절단선을 다듬는다. 작은 핀을 자를 때는 우선 제작물을 평평한 판재에 올려두고 죔쇠로 작업대에 고정시킨다. 돌출부 절단선과 가까운 곳에서 나뭇결에 수직으로 깎아낸다.6 나뭇결과 나란한 방향으로 주의해서 나머지 부분을 제거한다.7 그 다음에 같은 작업을 반복하고 게이지로 표시한 돌출부 절단선과 두께 절단선이 수평이 되도록 마감한다. 기존의 통 주먹장과 같은 방법으로 접착제를 바르고 조립한다.

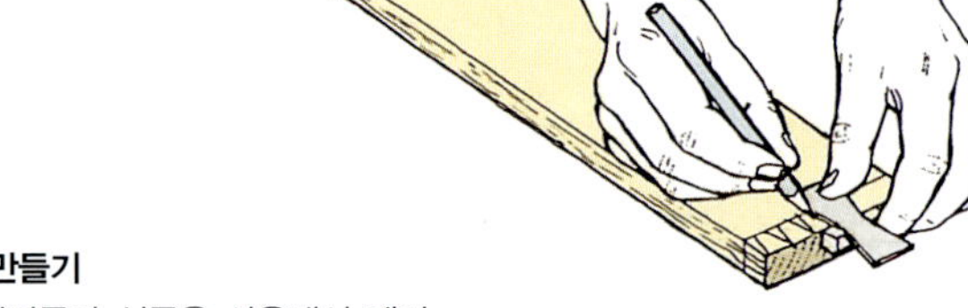

2 테일을 디자인한다.

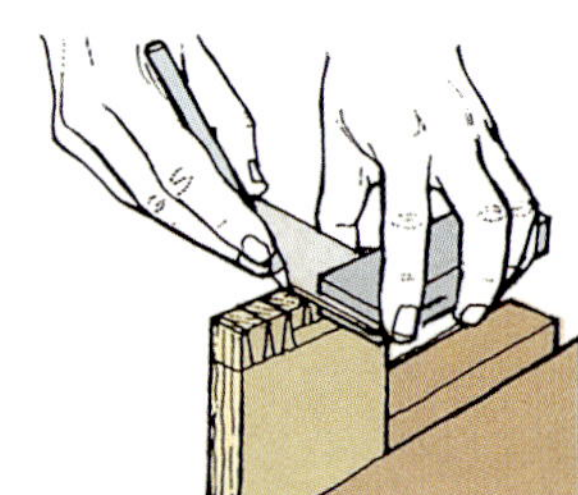

3 끝에 테일을 표시한다.

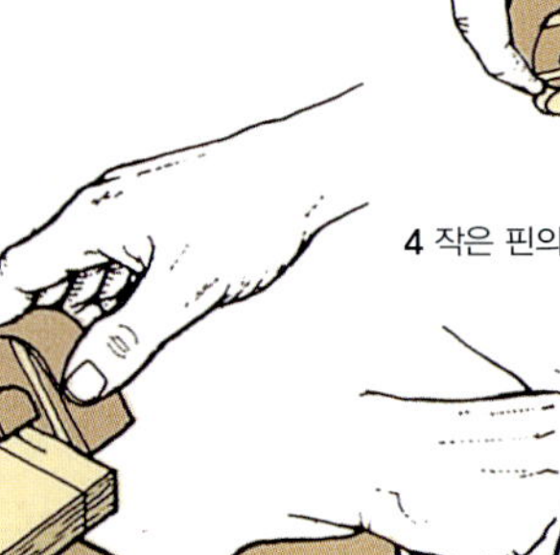

4 작은 핀의 두께를 표시한다.

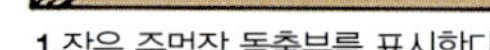

1 작은 주먹장 돌출부를 표시한다.

5 톱으로 핀을 표시한다.

6 나뭇결에 수직으로 깎아낸다.

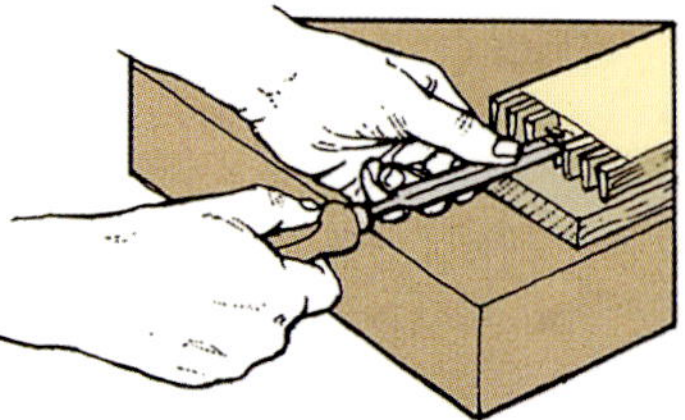

7 나머지 부분을 제거한다.

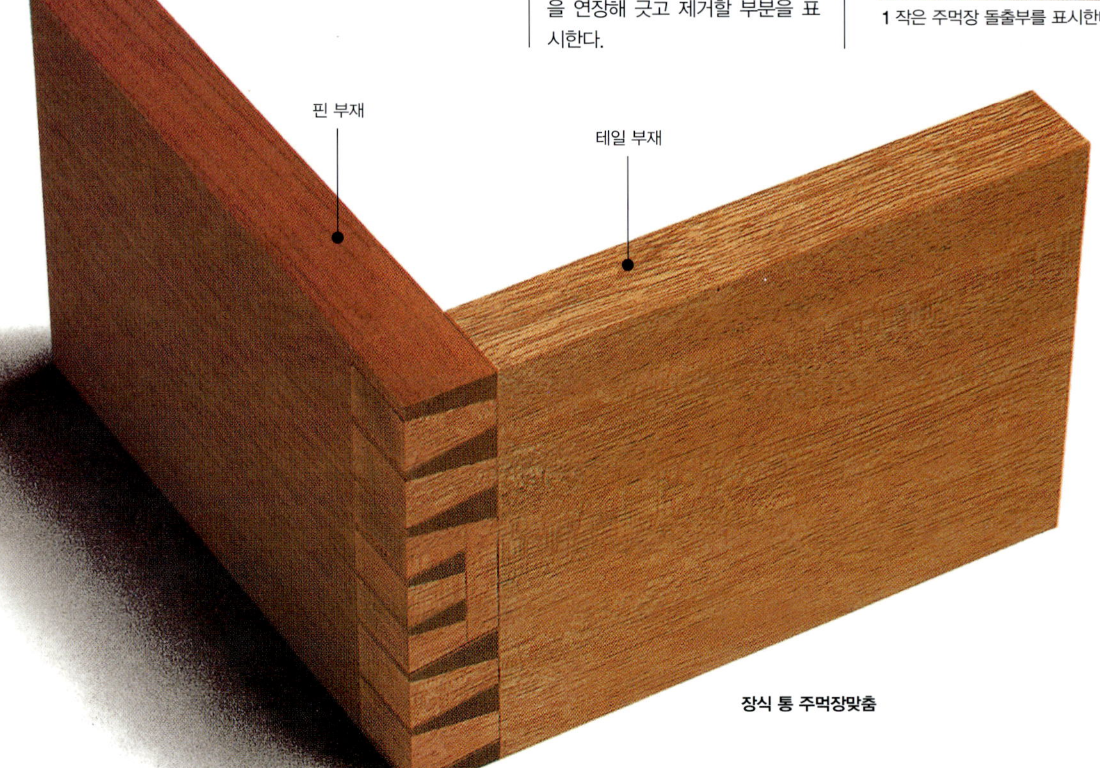

장식 통 주먹장맞춤

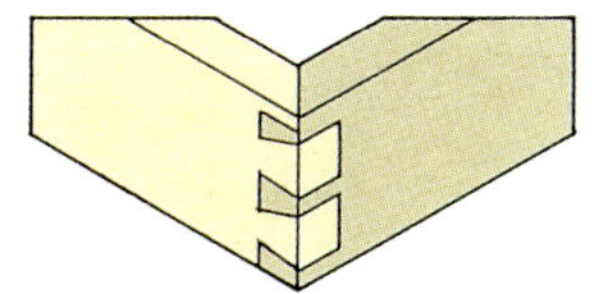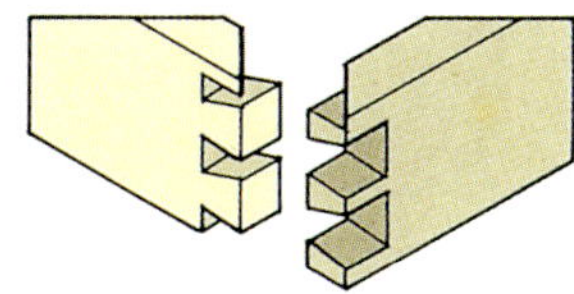

연귀 통 주먹장맞춤

연귀에 몰딩 가공을 할 수 있도록 에지를 비스듬히 잘라 통 주먹장맞춤을 만들기도 한다. 비스듬히 자르는 부분의 깊이는 몰딩의 형태에 따라 달라진다.

테일 표시하기

테일 부재의 두 사이드와 아래쪽 측면에 게이지로 돌출부 절단선을 표시한다. 위쪽 에지에는 연귀 돌출부 절단선을 표시한다.1
위쪽 측면에서 아래로 몰딩에 필요한 깊이를 잰다. 이 지점에 게이지를 대고 끝 전체에 선을 그으면 몰딩 깊이 절단선이 만들어진다.2
첫 번째 표시로부터 6mm 아래 지점과 아래쪽 측면 위로 6mm 떨어진 지점을 연필로 가볍게 표시해둔다. 방금 표시한 두 지점 사이의 거리를 나누어서 필요한 테일을 설계한다. 제거할 부분을 표시한다.

테일 자르기

테일의 양쪽 측면과 몰딩 깊이 절단선을 따라 톱질하고 실톱으로 제거할 부분을 잘라낸다. 경사면 끌로 돌출부를 다듬어준다. 그 단계에서는 잘려나갈 연귀맞춤 부위를 남겨둔다.

핀 표시하기

핀 부재의 양쪽 사이드에 돌출부 절단선을 게이지로 가볍게 긋는다. 위쪽 측면에 연귀 돌출부 절단선을 표시한다. 끝에 분필을 칠하고 그 끝에 테일 부재를 대고 핀과 잘려나갈 연귀맞춤 부위를 표시한다. 테일 절단선을 각 면에 있는 돌출부 절단선까지 연장해 긋고, 안쪽 면에 있는 잘려나갈 연귀맞춤 부위 절단선까지 연장해 긋는다. 제거할 부분을 표시한다.

핀 만들기

핀 사이의 제거할 부분을 잘라내고, 위쪽 모퉁이에서 잘려나갈 연귀맞춤 부위를 제거한다.3 마지막으로 테일 부재에서 잘려나갈 연귀맞춤 부위를 제거한다.4 맞춤을 조립하기 전에 위쪽 측면을 필요한 몰딩으로 대패질한다.

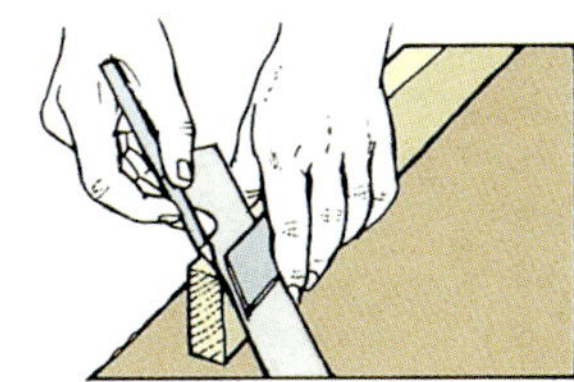

1 연귀 절단선을 표시한다.

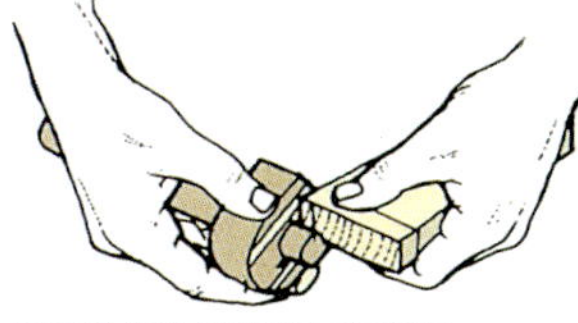

2 몰딩 깊이 절단선을 게이지로 표시한다.

3 핀 부재에서 잘려나갈 연귀맞춤 부위를 제거한다.

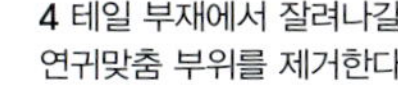

4 테일 부재에서 잘려나갈 연귀맞춤 부위를 제거한다.

맞춤턱 주먹장맞춤

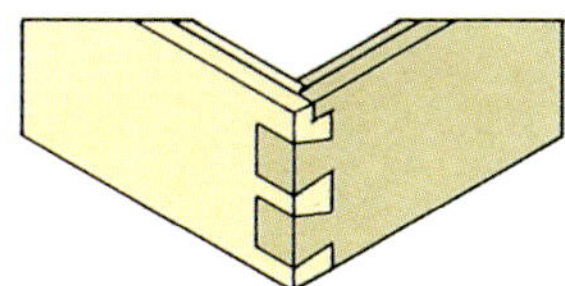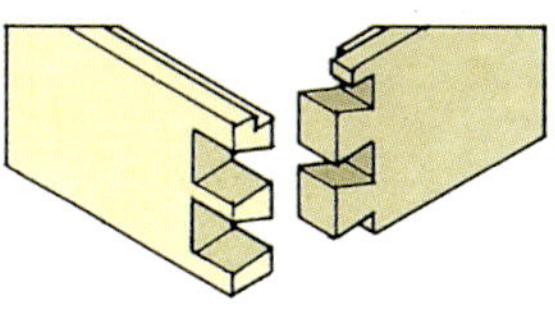

주먹장맞춤으로 조립되어 있으며 바닥판이 맞춤턱에 고정된 상자에서는 바닥 구석에 간격이 나타나지 않도록 맞춤을 개조할 필요가 있다. 맞춤턱을 채우기 위해 테일 부재의 돌출부가 튀어나오게 하면 이를 해결할 수 있다.

테일 표시하기

테일 부재 옆면과 위쪽 측면 위에 테일 돌출부 절단선을 게이지로 긋는다. 안쪽 측면을 따라 맞춤턱 깊이 절단선을 게이지로 긋는다. 이 때 이 선 끝을 지나 옆면의 돌출부 절단선까지 돌려 긋는다.1 같은 세팅 안에서 핀 부재 안쪽 면에 표시한다. 필요할 경우 게이지를 다시 맞추고 두 부분의 측면에 맞춤턱 폭을 표시한다.2
테일 부재에서 의도한 맞춤턱 깊이로부터 6mm 아래 지점을 연필로 살짝 표시하고 반대편 측면에서 6mm 떨어진 다른 지점에도 표시한다. 이 두 표시 사이에 들어갈 테일을 디자인한다.
핀 부재의 맞춤턱과 맞도록 테일 부재의 맞춤턱이 있는 측면 위로 선을 긋고3 제거할 부분을 표시한다.

테일 만들기

테일 양쪽과 맞춤턱 깊이 절단선을 따라 톱질한다. 실톱과 끌로 제거할 부분을 잘라낸다.

핀 표시하기

핀 부재 양쪽 사이드에 돌출부 절단선을 게이지로 긋는다. 끝에 분필을 칠하고 테일 부재를 그 끝에 대고 스크라이버나 날카로운 연필로 핀을 표시한다. 그리고 제거할 부분을 표시한다.

맞춤 만들기

핀의 측면을 자르고 나서 실톱과 끌로 제거할 부분을 잘라낸다. 핀 부재와 테일 부재에서 맞춤턱을 대패질로 파낸다. 마지막으로 테일 부재의 튀어나온 돌출부에서 제거할 부분을 톱으로 잘라낸다.4

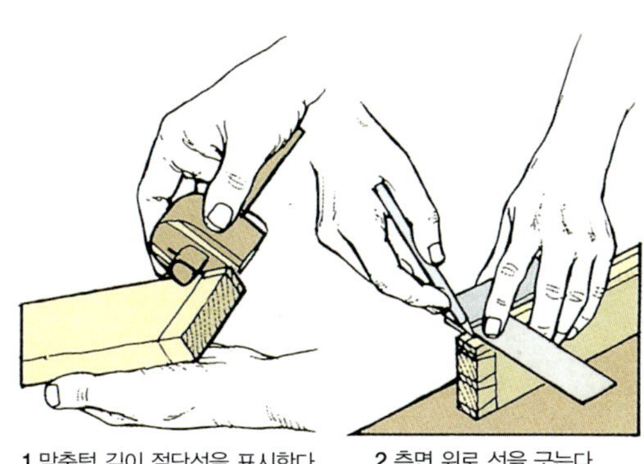

1 맞춤턱 깊이 절단선을 표시한다.   2 측면 위로 선을 긋는다.

3 맞춤턱 폭 절단선을 표시한다.   4 튀어나온 제거 부분을 잘라낸다.

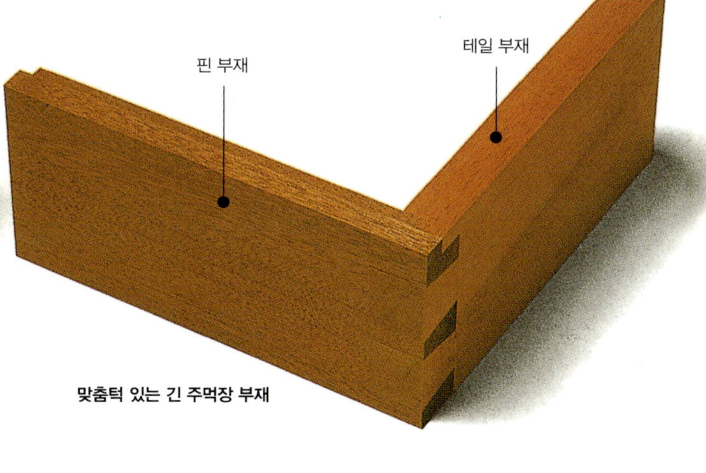

연귀 긴 주먹장맞춤

맞춤턱 있는 긴 주먹장 부재

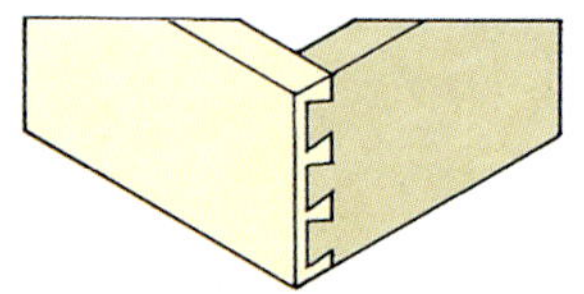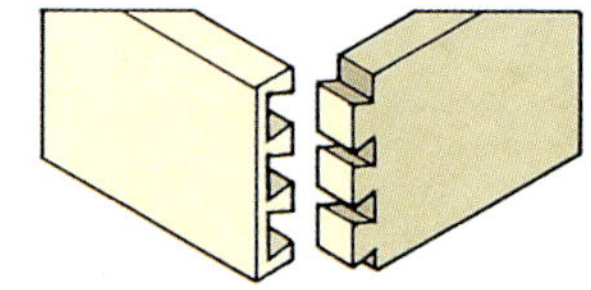

겹침 주먹장맞춤

겹침 주먹장맞춤은 튼튼한 주먹장맞춤이 필요하지만 한쪽 면에서 맞춤 부분이 보이지 않는 캐비닛을 만들 때 사용한다. 이 맞춤은 전통적인 서랍 제작에 보통 사용된다. 핀을 표시하고 자르는 방법을 제외하고는 통 주먹장맞춤을 만드는 방법과 비슷하다.

테일 표시하기

테일 부재를 정확한 길이로 자르기 전에 겹치는 부위(Lap)의 길이를 먼저 결정해야 한다. 겹치는 부위의 길이는 대략 핀 부재 두께의 1/3 정도지만 적어도 3mm보다는 커야 한다. 커팅 게이지를 테일 길이(겹치는 부위보다 적은 핀 부재의 두께)로 맞추고 테일 부재의 준비된 끝 둘레 전체에 돌출부를 표시한다. 그 다음 주먹장을 설계하고 제거할 부분을 잘라낸다.

테일 만들기

주먹장톱과 실톱으로 제거할 부분을 잘라내고 빗각끌로 돌출부를 다듬는다.

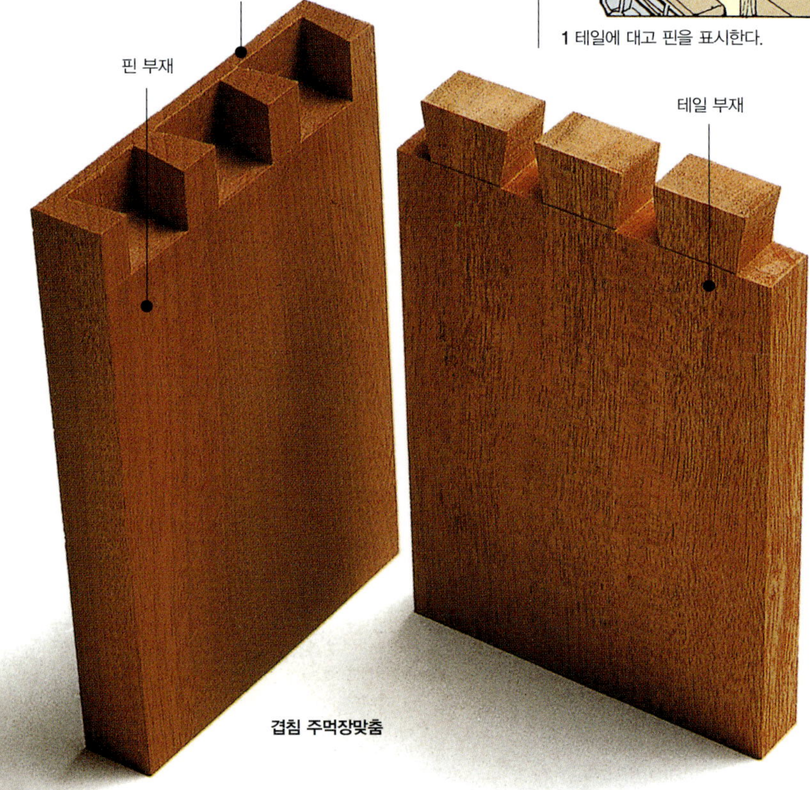

겹침 부분

핀 부재

테일 부재

겹침 주먹장맞춤

핀 표시하기

커팅 게이지를 테일 길이로 맞춘 상태에서 안쪽 면에서부터 작업하면서 핀 부재 끝에 겹치는 부분 절단선을 게이지로 긋는다.

게이지를 테일 부재의 두께로 다시 맞추고 작업을 끝부터 시작해서 안쪽 면을 가로지르는 선을 표시한다. 핀 부재 끝에 분필을 바르고 테일 부재를 그 끝과 테일에 대고 핀을 표시한다.1 안쪽 돌출부 절단선까지 선을 내리 긋고 제거할 부분을 표시한다.

1 테일에 대고 핀을 표시한다.

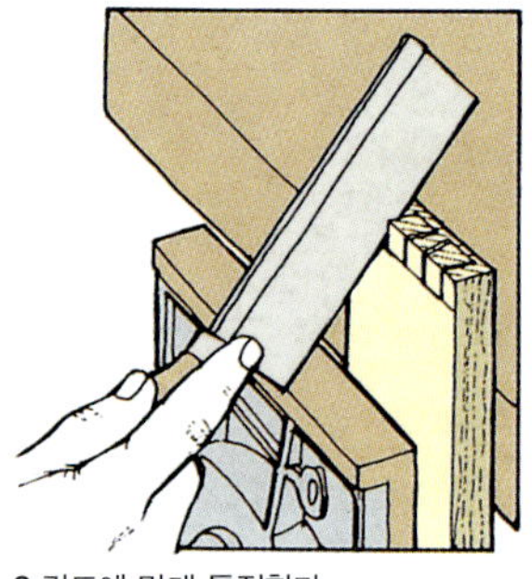

2 각도에 맞게 톱질한다.

핀 만들기

제작물을 수직으로 세워서 바이스에 물린다. 일정한 각도로 톱을 잡고 절단선 중심으로 잘릴 부분을 톱질한다.2 겹친 부분과 돌출부 절단선에서 톱질을 멈춘다. 제작물을 바이스에 물린 상태에서 양쪽 가장자리로 톱질해 제거할 부분을 일부 잘라낸다.3

평평한 판재 위에 제작물을 올려 두고 죔쇠로 고정시켜 경사면 끌로 제거할 부분을 깎아낸다. 처음에는 나뭇결에 수직으로 깎아내고4 다음은 나뭇결에 나란히 깎아내면서5 제거할 부분을 번갈아 깎아낸다. 나뭇결에 수직으로 깎아낼 때는 돌출부 절단선에서 멀어지는 방향으로 깎고 제거한 부스러기가 떨어져나가면 다시 되돌려 작업한다. 폭이 좁은 빗각끌로 제거할 코너 부분을 주의하며 다듬는다.

3 제거할 부분 일부를 톱질로 잘라낸다.

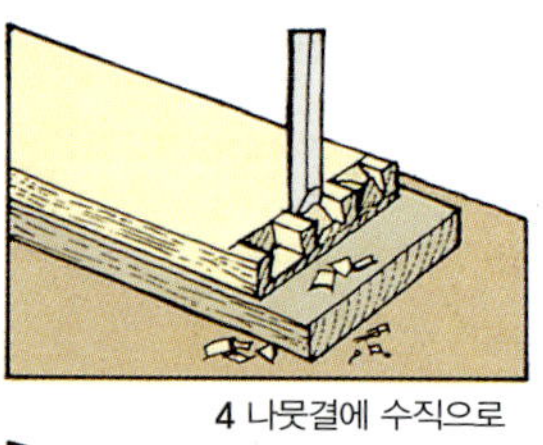

4 나뭇결에 수직으로 깎아낸다.

5 나뭇결에 나란히 깎아낸다.

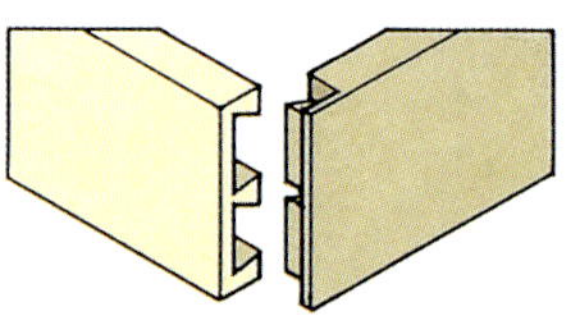

이중 겹침 주먹장맞춤

이중 겹침 주먹장맞춤은 주먹장이 드러나지 않도록 캐비닛이나 상자를 만들 때 사용된다. 이 맞춤 바깥으로는 겹친 부분이 마구리면에 하나밖에 드러나지 않는다. 겹침 부분을 테일 부재에 만들 수도 있고 핀 부재에 만들 수도 있다. 작업자가 선택한 방법에 따라 각 부재에 절단선을 표시하는 방법이 달라진다. 겹침 부분이 핀 부재에 있을 때는 핀을 먼저 만든 후 이것을 대고 테일을 표시한다. 테일 부재에 겹침 부분이 있는 경우를 살펴보자.

테일 표시하고 만들기

우선 목재를 적당한 길이로 자르고 끝을 직각으로 대패질한다. 커팅 게이지를 핀 부재의 두께로 맞추고 테일 부재의 안쪽 면과 측면에 돌출부 절단선을 표시한다.

게이지를 겹침 부분 폭으로 맞추고 외부 면에서부터 끝과 측면에 선을 긋는다. 같은 설정에서 안쪽 면과 측면에 맞춤턱 깊이 절단선을 게이지로 긋는다.1

테일을 표시하려면 맞춤턱을 만들어야 한다. 절삭선에 근접한 채로 맞춤턱을 만들기 위해 제거할 부분을 톱으로 잘라낸다.2 톱을 일직선으로 유지하기 위해 그 절단선의 제거 부분을 끌로 파서 홈을 낸다. 맞춤턱대패로 맞춤턱을 다듬는다.3

테일의 폭과 위치를 설계하고 형틀로 테일 경사면을 표시한다.4 끝으로 그 선을 연장해 긋고 제거할 부분을 표시한다. 겹침 주먹장을 만들 때와 같이 제거할 부분을 톱과 끌로 잘라낸다.

핀 표시하고 만들기

핀 부재의 끝에 겹침 부분 폭을 게이지로 표시한다. 게이지를 테일의 두께로 맞추고 끝에서부터 작업하면서 안쪽 면에 선을 긋는다. 끝을 분필로 칠하고 테일 부재와 테일에 대고 핀으로 표시한다.5 안쪽 면으로 선을 내리긋는다. 제거할 부분을 표시한 다음 톱과 끌로 잘라낸다.

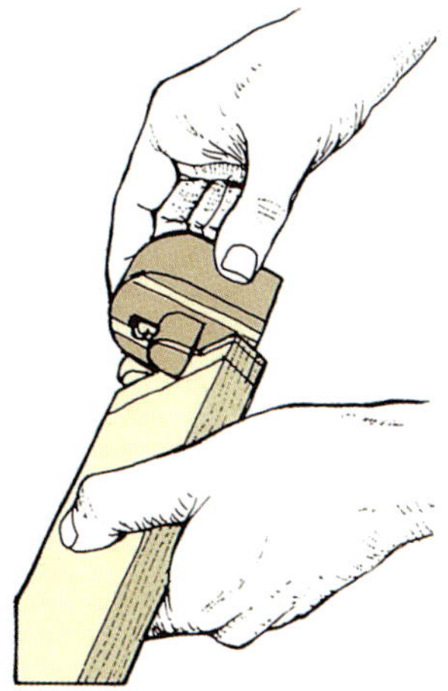
1 맞춤턱 깊이 절단선을 표시한다.

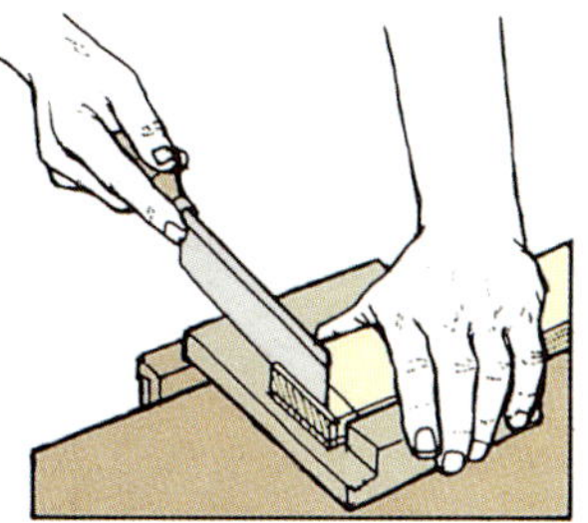
2 맞춤턱을 만들기 위해 제거할 부분을 톱으로 잘라낸다.

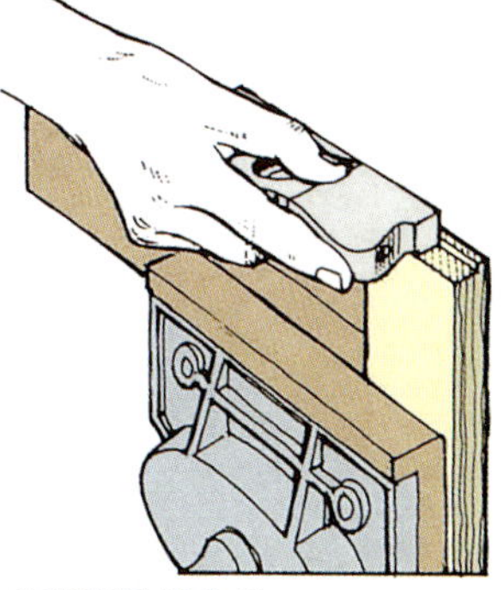
3 맞춤턱을 다듬는다.

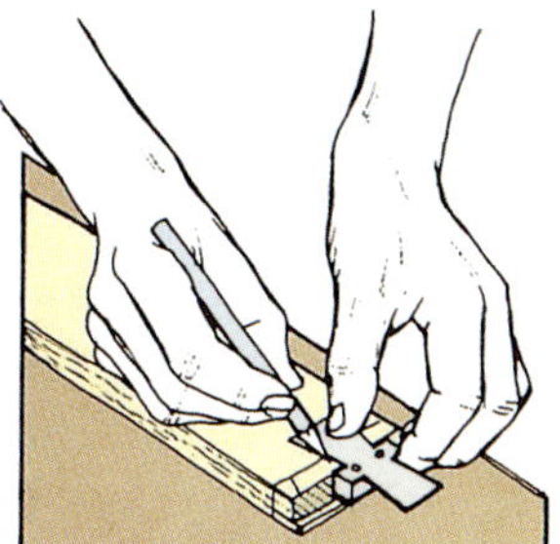
4 테일을 표시한다.

5 테일에 대고 핀으로 표시한다.

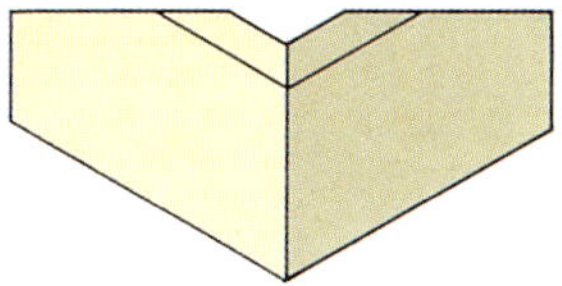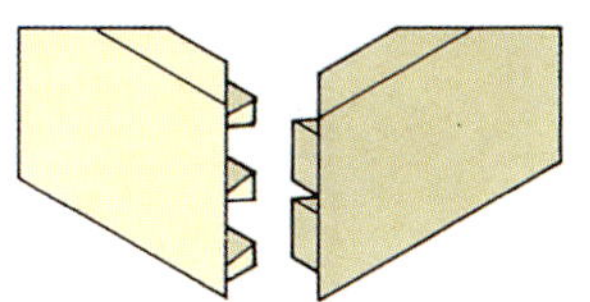

연귀 주먹장맞춤

이 맞춤으로 만들어진 부분은 연귀 겹침 부분(Mitred lap)에 의해 완전히 숨겨지며, 이 맞춤은 종종 숨은 연귀 주먹장(Secret mitred dovetail)이라고 부르기도 한다. 이 맞춤을 만드는 과정은 섬세한 작업으로, 주의해서 표시하면서 잘라야 한다. 결합하는 부재는 두께가 같아야 하고 일정한 길이로 잘라야 한다. 먼저 핀을 만들어야만 이것에 대고 테일을 표시할 수 있다.

맞춤 표시하고 만들기

커팅 게이지를 목재의 두께로 맞추고 끝에서부터 작업해서 안쪽 면 전체에 돌출부 절단선을 표시한다. 표시 나이프와 연귀 직각자를 사용해서 게이지로 표시한 선과 바깥쪽 모서리 사이의 각 측면에 연귀를 표시한다.

게이지를 겹침 부분의 폭으로 맞춰 맞춤턱을 표시한다. 바깥쪽 면에서부터 끝에 표시하고 그 끝에서 맞춤턱 깊이 절단선을 표시한다.1 맞춤턱 제거 부분을 톱으로 잘라내고 맞춤턱대패로 표면을 다듬는다.

돌출부 절단선에서 겹침 부분까지 각 측면과 나란한 선을 우선 게이지로 그어 핀을 표시한다. 이 선을 측면에서 6mm가 넘지 않도록 맞춘다.2

게이지로 표시한 선 사이의 끝에 핀의 폭과 위치를 설계한다. 카드 주먹장 형틀을 만들고 원형을 유지할 수 있도록 겹침 면(Lap face)에 대고 고정시킨다. 이 선을 돌출부 절단선까지 긋고 제거할 부분을 표시한다.

겹침 주먹장을 만들 때처럼 핀 사이에 있는 제거 부분을 톱과 끌로 잘라낸다. 겹침 부분 안으로 가볍게 톱질할 수 있다.3 잘려나갈 연귀맞춤 부분을 톱으로 잘라 제거한다.

제작물을 수직으로 세워서 끌로 겹침 연귀맞춤으로부터 대부분 제거할 부분을 깎아낸다.4 맞춤턱대패로 연귀맞춤을 마감한다. 연귀 블록을 가이드로 삼아 측면 뒤에 받칠 수 있다.

테일 표시하고 만들기

앞서 설명한 핀 부재에 절단선을 표시하고 맞춤턱을 자르는 절차에 따라 작업한다.

안쪽 면이 위로 향하도록 테일 부재를 작업대에 눕힌다. 안쪽 면이 게이지로 표시한 절단선과 수평이 되도록 핀 부재를 끝에 놓는다. 핀에 대고 스크라이버로 테일의 형태를 표시한다.5 끝으로 선을 연장해 긋고 제거할 부분을 표시한다.

잘려나갈 연귀맞춤 부분을 톱질해서 잘라낸다.6 그런 다음 테일 양쪽을 톱질하고 끝 테일과 연귀 돌출부 사이의 제거할 부분을 잘라낸다.7 핀 부재와 같은 방법으로 겹침 연귀맞춤을 깎아내고 대패질하여 맞춤을 완성한다. 접착제를 사용하기 전에 맞춤이 제대로 맞는지 시험한다.

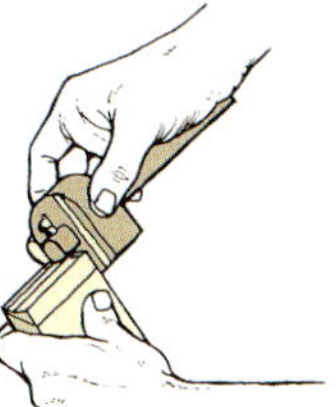
2 핀의 끝을 게이지로 표시한다.

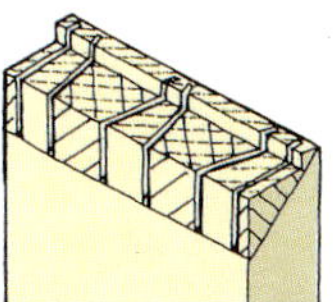
3 핀 양쪽을 톱질한다.

4 잘려나갈 연귀맞춤 부분을 깎아낸다.

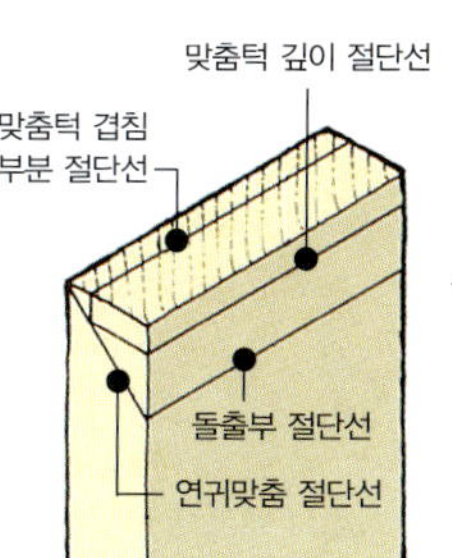

1 절단선 설계

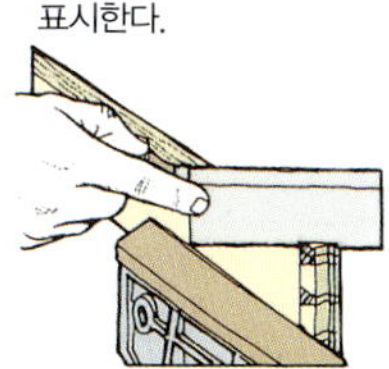
5 핀을 대고 테일을 표시한다.

6 잘려나갈 연귀맞춤 부분을 톱질해 잘라낸다.

7 제거할 부분을 깎아낸다.

이중 겹침 주먹장맞춤   연귀 주먹장맞춤

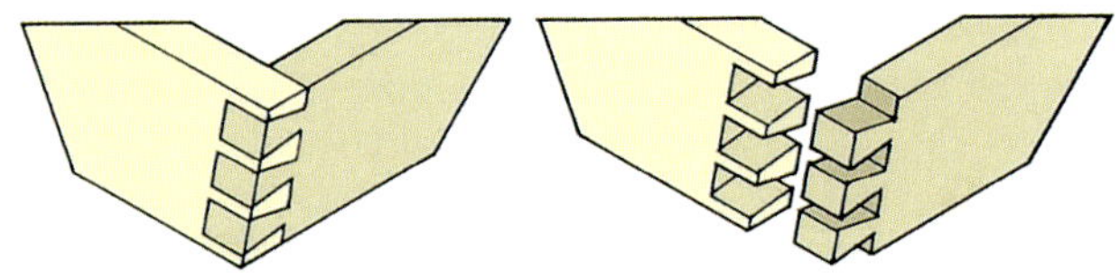

경사면 주먹장맞춤

경사면 주먹장맞춤은 골격 면이 기울어져 있어서 여러 각도로 만나는 맞춤을 만드는 데 사용된다. 이 맞춤은 시각화하기 상당히 어렵고 설계도 복잡하다. 그리고 각 부분의 측면이 모두 기울어져 있어서 절단 시 주의해야 하며 만들기도 어렵다. 목재는 두께가 같아야 하고 길고 넓게 절단해야 한다. 목재에 맞춤을 표시하기 전 각 부분의 실제 형태를 가늠하기 위한 입면도를 먼저 그릴 필요가 있다.

도면 그리기

겉으로 나타날 골격맞춤의 측면 입면도를 먼저 그린다. 목재의 두께를 나타내고 점선으로 초기 폭과 길이를 표시한다. 측면 입면도 바로 아래에 평면도를 그린다.

그러나 이런 그림은 실물을 축소해 그린 것이기 때문에 실제 형태와는 다르다. 정확한 형태를 보기 위해서는 측면을 투영해서 평면도를 그린다.1 A 점에 한 쌍의 컴퍼스를 맞춘다. A¹ 점에서 B점에 있는 기선까지 호를 그린다. A² 점에서 두 번째 호를 그린다. 컴퍼스를 A³ 점에 맞추고 호를 그리면 C 점에 있는 수직선과 만난다. 기선과 수평이고 C 점을 지나는 선을 긋는다. B 점과 D 점을 잇는 선을 그리고 A 점에서 이 선과 나란한 선을 긋는다. 이렇게 하면 측면의 실제 단면이 표시된다.

평면도에서 점 A부터 점 E까지 수직선을 긋는다. 평면도 바깥쪽 측면의 연장선상에서 B 점부터 F 점까지 선을 긋는다. 이와 비슷하게 C' 점에서 G 점으로, D 점에서 H 점으로 선을 긋는다. G 점과 H 점을 잇는 두꺼운 선을 긋는데 이 선은 끝 안쪽을 나타낸다. E 점과 F 점을 잇는 점선을 긋는데 이 점선은 바깥쪽 측면을 의미한다. 각도 X는 끝의 실제 각도이다.

실제 경사면 각도를 찾기 위해서 I 점에서 직선 EF에 수직으로 선을 긋는다. I 점으로부터 목재 두께만큼 떨어진 J 점에서 이 선과 나란하게 선을 긋는다. IJ 를 통과하는 선을 긋는다. 각도 Y는 실제 경사면 각도이다.

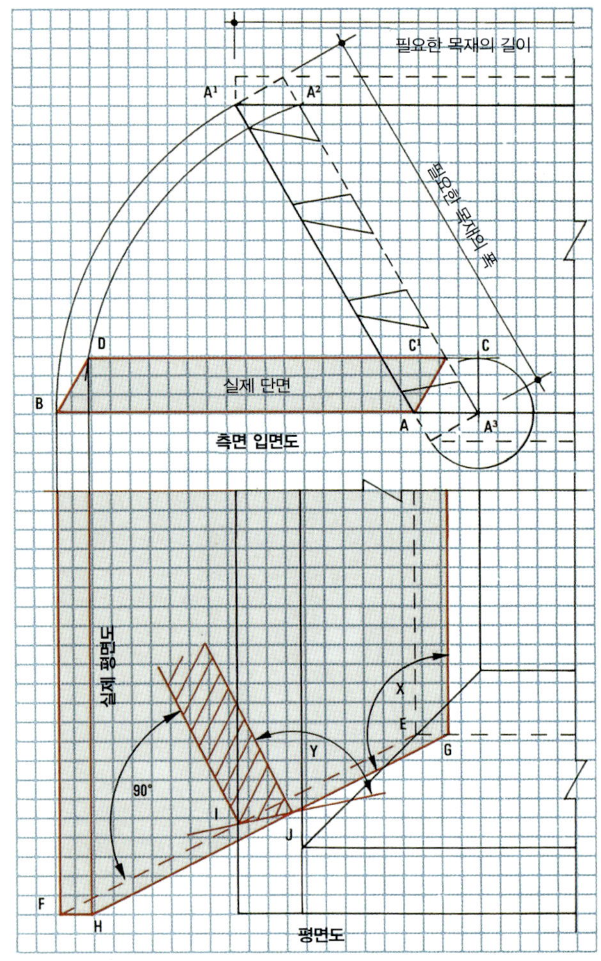

1 입면도와 실제 평면도를 그린다.

경사면 주먹장맞춤

끝면 표시하고 만들기

측면 입면도에 있는 점선을 따라 표시된 대로 제작물을 적당한 길이와 폭으로 자른다. 조절 가능한 경사면을 끝 각도 X로 맞춘다.2 목재의 안쪽 면 빗각 코너로부터 각도를 표시한다.3 그 각도로 톱질해서 끝을 만든다.4 두 번째 빗각면을 끝 각도 Y로 맞춘다. 측면에서 바깥쪽 표면으로부터 각도를 표시한다.5 끝을 경사면으로 대패질하기 위한 가이드로 만들기 위해서는 측면에 있는 표시를 서로 잇는다. 사실상 정확한 빗각면을 위해서는 대패질을 하면서 조절 가능한 빗각면을 측면에 수직으로 잡고 확인해야 한다.6 끝이 수평이 되도록 제작물을 바이스에 고정시키고 각 부분의 끝을 주의해서 빗각면으로 대패질한다.

2 빗각면을 끝 각도로 맞춘다.

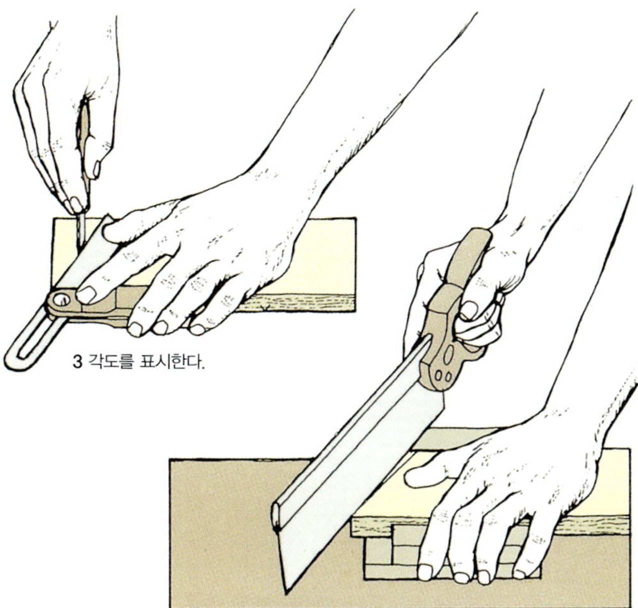

3 각도를 표시한다.

4 경사진 끝면을 톱질한다.

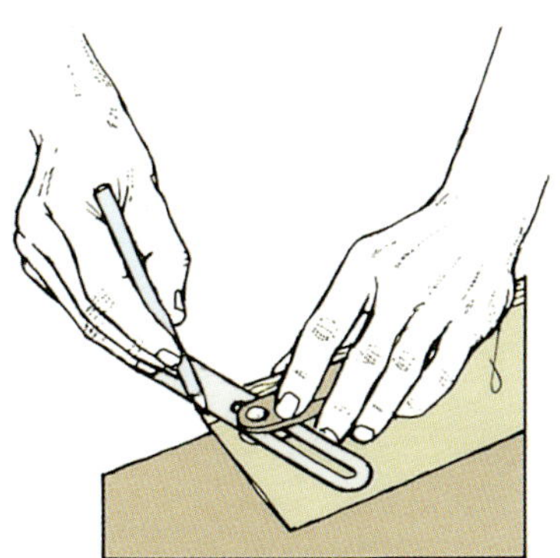

5 측면에 각도 Y를 표시한다.

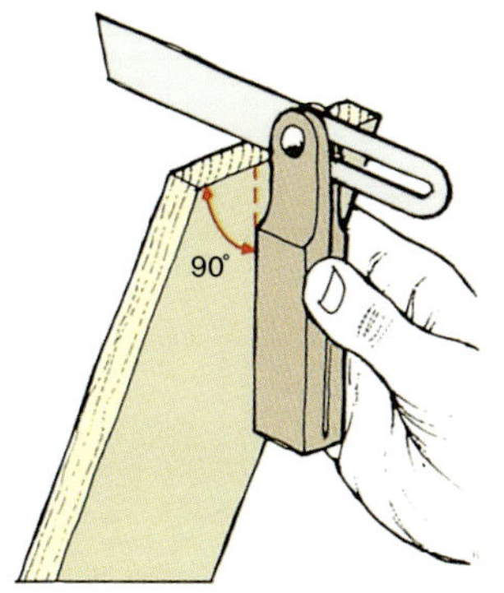

6 빗각면을 직각으로 잡는다.

맞춤 표시하고 만들기

테일 부재의 측면에 테일을 설계한다. 먼저 빗각면으로 자른 끝을 대고 두 부재의 두 면에 목재 두께를 표시한다.7 테일 부재의 각 측면에 있는 선을 잇는다.

조절할 수 있는 빗각면을 끝 각도 X로 맞춘 상태에서 테일 부재의 끝에서 안쪽 바닥 모퉁이로부터 선을 긋는다. 위쪽 측면에서 6mm 아래에 있는 지점과 바닥 표시에서 6mm 위쪽에 있는 지점에 표시를 해둔다. 이 표시 사이에 들어갈 테일의 크기와 간격을 설계한다. 그 다음 카드 주먹장 형틀을 직각자에 대고 바깥쪽 면에 주먹장을 표시한다.8

테일 부재에 있는 빗각면으로 자른 끝에 주먹장 끝의 빗각면을 표시한다. 끝 각도 X로 맞추어진 빗각면을 사용한다. 빗각면 스톡이 끝 면에 수직이 되도록 빗각면을 잡는다.9

직각자와 주먹장 형틀을 사용해 안쪽 면에 주먹장을 표시하고 제거할 부분도 표시한다.

표시된 각도를 따라서 테일을 조심스럽게 자른다. 각 절단선이 수직으로 서도록 제작물을 바이스에 물린다.10

핀 부재의 끝에 잘린 주먹장을 표시한다. 스크라이버 선을 뚜렷이 구별할 수 있도록 끝에 분필을 바른다. 측면과 안쪽 돌출부가 수평이 되도록 테일 부재를 눕혀 테일 둘레로 표시한다.

끝 각도 X로 맞춘 빗각면을 사용해서 각 주먹장에서 돌출부로 평행선을 내려 긋는다.11 제거할 부분을 표시한 다음 톱과 끌로 기울어진 선을 따라 조심스럽게 잘라낸다.

접착제로 붙이기 전이나 후에 긴 에지에 있는 빗각면을 대패질할 수 있다. 어떤 방법을 사용하든 끝 각도 X로 맞춘 빗각면을 사용해서 경사면을 확인하면 된다. 면이 기울어져 접착제로 붙이기 어려울 수도 있다. 망치로 맞춤을 톡톡 두들기면서 조립하고자 할 때는 제작물을 보호하기 위한 나무 블록을 제작물 위에 댄다.

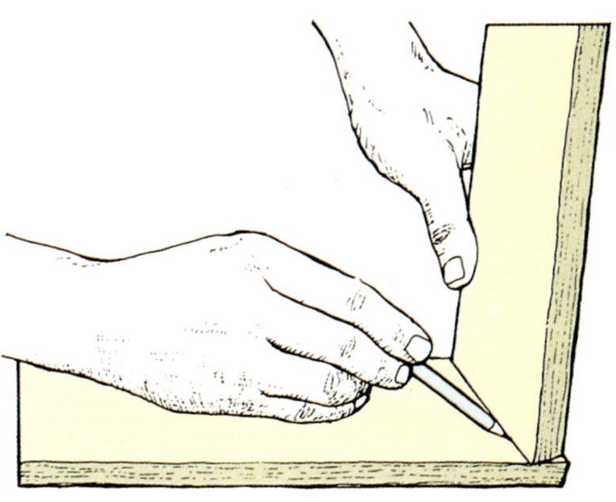

7 목재의 두께를 표시한다.

8 카드 형틀을 사용해서 테일을 표시한다.

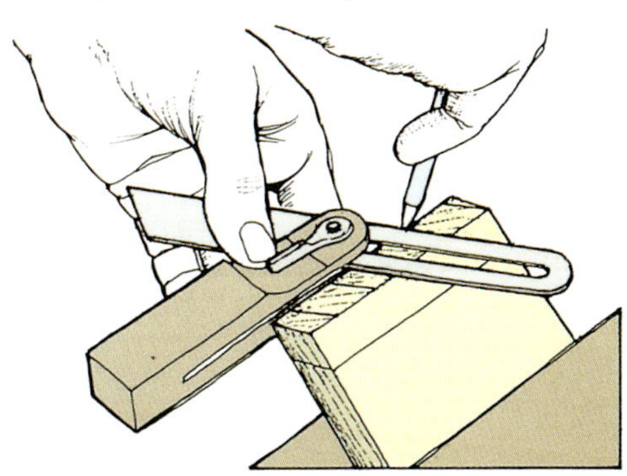

9 스톡이 끝 면과 수직이 되도록 한다.

10 절삭선이 수직이 되도록 맞춘다.

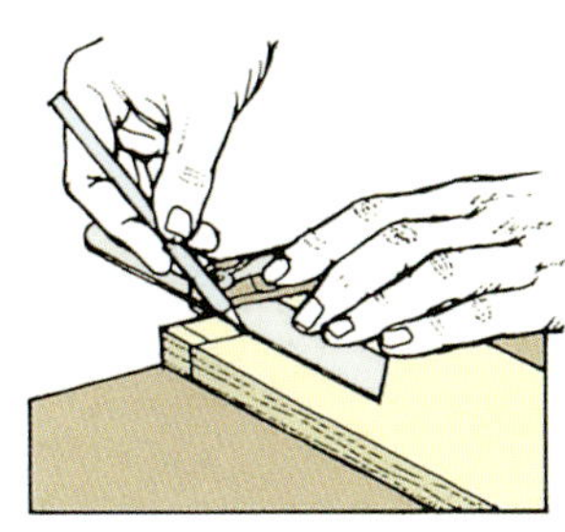

11 핀 절삭선을 표시한다.

● **맞춤 고정**
맞춤을 고정시킬 때는 가죽띠죔쇠(Webbing cramp)를 사용하거나 접착제로 쐐기 모양의 블록을 표면에 붙이고 새시 죔쇠(Sash cramp)를 사용한다. 이때 제작물을 손상시키지 않고 블록을 제거할 수 있도록 블록과 표면 사이에 두꺼운 종이를 댄다.

판재맞춤

합판, 블록보드, 라민보드, 칩보드, 중밀도섬유판(MDF)은 모두 골조 제작에 사용된다. 인공 판재는 원목 판재보다 안정적이긴 하나 전체적으로 나뭇결 방향의 강도가 약하다. 이런 판재를 맞추는 방법은 그 조직에 따라 다르다. 원목 골조 제작에 사용되는 대부분의 맞춤을 사용할 수 있다. 장부맞춤, 반턱맞춤, 브리들맞춤 등의 골격맞춤은 인공 판재에는 적합하지 않다.

맞춤 가이드

이 차트는 특정 재료에 적합한 인공 판재와 골조맞춤의 유형을 보여주고 있다. 첫 번째 열은 각 재료에 따른 맞춤의 강도를 나타낸다. 두 번째 열은 맞춤을 만들기 위한 가장 좋은 방법을 보여준다. 세 번째 열은 수작업과 기계 작업의 상대적 난이도를 보여준다.

특별한 맞춤을 선택할 때는 브록보드와 라민보드와 같은 솔리드 코어 라미네이트 보드(Solid–core laminated board)를 원목처럼 취급한다. 예를 들어 주먹장은 마구리면에서는 만들기 적합하지만 목재 표면에서는 적당하지 못하다. 이런 재료에서는 조직 방향이 바뀌기 때문에 주먹장을 만들기가 어렵다. 거칠고 균일한 테일과 핀(기계로 가공한 주먹장이 더 좋음)을 만든다. 무늬목 작업을 할 주먹장맞춤으로 제작된 캐비닛에는 겹침맞춤을 사용하는데 연귀맞춤 종류가 가장 좋다. 이는 목재가 수축하거나 팽창하더라도 무늬목을 통해 이 맞춤 구조가 보이지 않기 때문이다.

장식 무늬목으로 마감되어 있는 인공 판재에서 코어(core) 재료가 면에 드러나지 않도록 하기 위해서는 연귀맞춤을 사용해야 한다. 또는 매력적인 장식 무늬를 얻을 수 있는 코너 리핑(Corner lipping)을 사용한다.

전형적인 골조맞춤

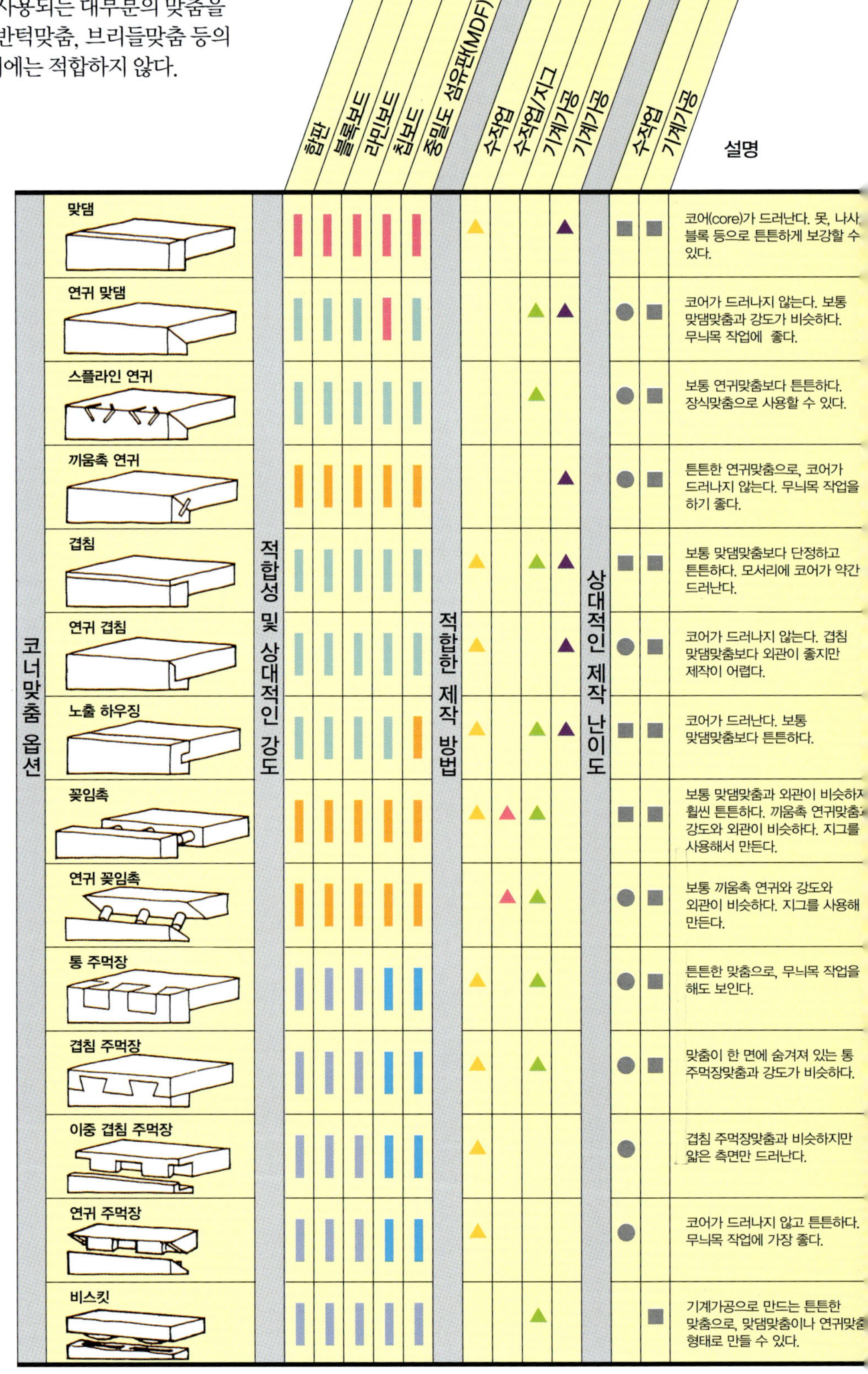

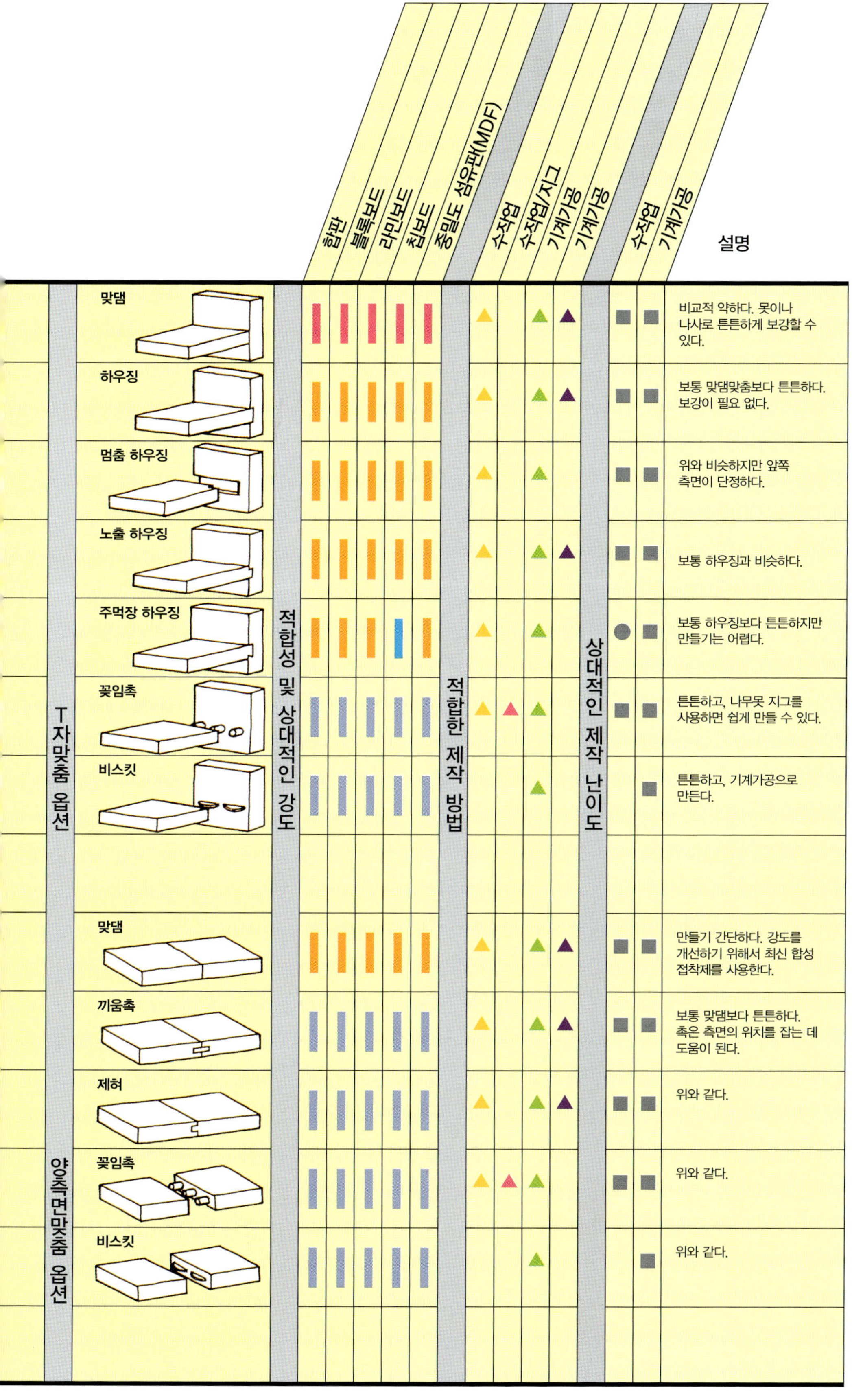

차트 해설	
안정성 및 상대적인 강도	
(파란회색 막대)	매우 우수
(주황 막대)	우수
(청록 막대)	보통
(분홍 막대)	불량
(파랑 막대)	부적합
적합한 제작 방법	
(노랑 삼각형)	수작업 (수공구 사용)
(분홍 삼각형)	수작업/지그 (수공구와 지그를 사용)
(초록 삼각형)	기계가공 (손으로 쥐고 사용하는 전동공구)*
(보라 삼각형)	기계가공 (기계 공구 사용)*
	* 지그를 사용할 수도 있음
상대적인 제작 난이도	
(회색 원)	어려움
(회색 사각형)	쉬움

코너 리핑 사용

이미 무늬목 작업이 되어 있는 칩보드를 사용할 때는 코어를 가릴 수 있는 코너 맞춤을 만드는데, 여기에 리핑 (Lipping)이 사용된다. 리핑의 나뭇결은 그 보드의 무늬목 면과 수직으로 아름다운 모양을 만든다. 리핑을 사각형으로 놔두기도 하고 일정한 형태로 만들기도 한다. 또는 대비되는 목재를 사용하기도 한다.

코너 리핑을 위한 맞춤

리핑을 맞댐맞춤으로 붙이거나 강도를 높이기 위해서 제혀맞춤으로 붙인다. 끼움촉맞춤으로 붙이거나 판재 측면에 홈을 파고 리핑에 촉을 만들어서 결합한다. 어떤 방법을 사용해도 홈과 촉이 겉으로 드러나지 않도록 만든다.1

두꺼운 리핑을 사용하면 주기둥이나 골조 제작에 적합한 튼튼한 맞춤을 만들 수 있다. 판재에 드러난 촉을 만들고 이것과 매칭되는 홈을 리핑에 만든다. 점선으로 표시된 것처럼 필요하다면 단면을 일정한 형태로 만들 수도 있다.2

코너 리핑의 유형

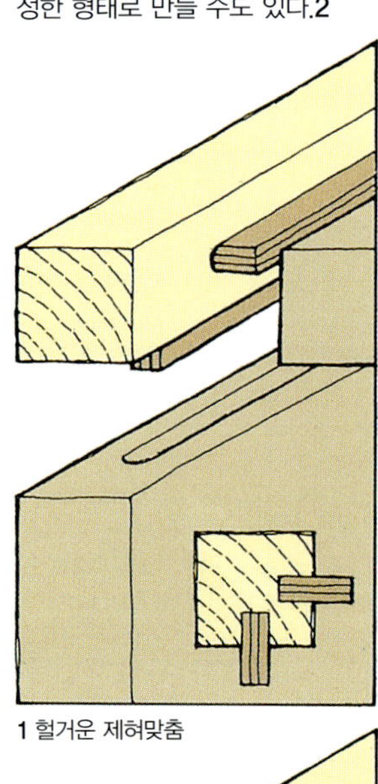

수직

완전 원형

모따기

비드

경사면

부분 원형

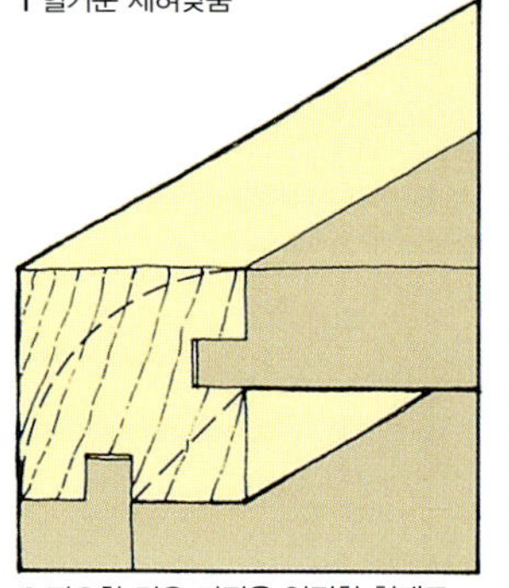

1 헐거운 제혀맞춤

2 필요할 경우 리핑을 일정한 형태로 가공한다.

리핑의 유형

인공 판재의 코어 부분을 가리려면 측면을 리핑으로 마감해야 한다. 나뭇결 방향이 일치하거나 어긋나는 무늬목을 사용할 수도 있고 주변 목재와 일치하거나 대비되는 목재로 만든 튼튼한 원목 리핑을 사용할 수도 있다. 리핑 작업은 표면 무늬목 작업을 하기 전 후에 할 수 있다. 무늬목 작업이 이미 해놓은 목재의 경우 마지막으로 측면에 리핑을 댈 수밖에 없다.

리핑 작업

가장 간단한 테두리 작업은 접착제가 미리 칠해진 무늬목 유형의 리핑을 사용하는 것이다. 이러한 측면 리핑은 주로 무늬목 작업이 된 칩보드 판재를 마감하는 데 사용되며, 제한된 범위 내에서 매칭되는 무늬목에 사용될 수도 있다. 튼튼하고 일정한 형태로 가공할 수 있는 리핑을 만들 때는 매칭되는 원목을 잘라서 두꺼운 리핑을 만든다. 이 리핑을 측면에 맞댐맞춤으로 붙이거나 접착 강도를 높이기 위해서 제혀맞춤으로 붙인다. 마감된 외관을 보기 좋게 하기 위해서는 두꺼운 리핑 모서리를 비스듬히 깎아낸다. 이 작업은 모서리를 몰딩해야 할 경우 특히 필요하다.

긴 리핑을 붙일 때는 리핑과 침쇠 헤드 사이에 단단한 나뭇조각을 대어 죄는 힘을 제작물 전체로 분산시킨다.

측면에 접착제로 붙인 리핑을 일정한 폭으로 대패질할 때 표면 무늬목에 닿지 않도록 주의한다. 특히 나뭇결의 방향과 수직으로 작업할 때는 보다 세심한 주의가 필요하다. 샌딩 블록으로 측면을 마감한다.

깊은 리핑(Deep lipping)으로 보강한 판재는 매우 튼튼해서 선반 널빤지나 작업대 상판으로도 사용할 수 있다. 리핑에 판 맞춤턱 안으로 판재의 전체 두께를 삽입한다.

깊은 리핑으로 판재를 보강한다

인공 판재 가공하기

기계가공

절단면이 깨끗하고 고속으로 회전하는 기계 공구를 사용하면 인공 판재를 최종 치수로 자를 수 있다. 판재를 많이 자를 때는 텅스텐 카바이드 팁이 있는 톱날을 사용한다. 톱날의 톱니는 판재의 옆면에서부터 잘라가야 한다. 손으로 쥐고 사용하는 전동톱을 사용할 때는 판재의 면을 아래로 향하도록 한 상태에서 사용하고, 테이블톱을 사용할 때는 면을 위로 향하게 하고 작업한다. 판재를 비교적 빨리 톱에 통과시키도록 하며 띠톱을 사용할 때는 톱을 고속으로 돌리면서 판재는 천천히 밀며 작업한다.

수작업으로 자르기

손으로 톱질할 때는 10~12PPI 등급의 패널톱을 사용한다. 작은 제작물을 켤 때는 장부톱을 사용한다. 표면이 깨지지 않도록 하기 위해서는 절단선 전체를 칼로 베어 표면의 섬유나 라미네이트를 끊어놓는다. 또한 톱은 낮은 각도로 잡고 절단선에 가까운 판재 부분을 단단히 잡아준다. 면이 위로 향하도록 판재를 작업대 위에 놓는다. 그리고 판재가 크고 묵직할 때는 트레슬(trestle)에 올려놓고 작업한다.

큰 판재를 자를 때는 작업자가 절단선에 닿도록 판재 위로 올라가 톱질한다. 잘려나갈 부분을 받치기 어려울 때는 다른 작업자가 잡아주도록 한다. 또는 잘려나갈 부분을 받칠 수 있는 다른 방법으로 톱질이 끝나기 전에 그 부분이 부서져나가지 않도록 해야 한다.

측면 대패질

원목을 대패질할 때처럼 측면을 대패질하지만 각 측면을 마구리면과 같이 취급한다. 따라서 코어(core)나 표면 무늬목이 부서져나가지 않도록 양쪽 끝에서 가운데 방향으로 대패질한다. 대패질하는 동안 주기적으로 톱날을 날카롭게 갈 수 있도록 준비한다.

다른 작업자가 잘려나갈 부분을 잡도록 만든다.

측면부 양쪽 끝에서 가운데로 대패질한다.

받침 판재를 사용한다.

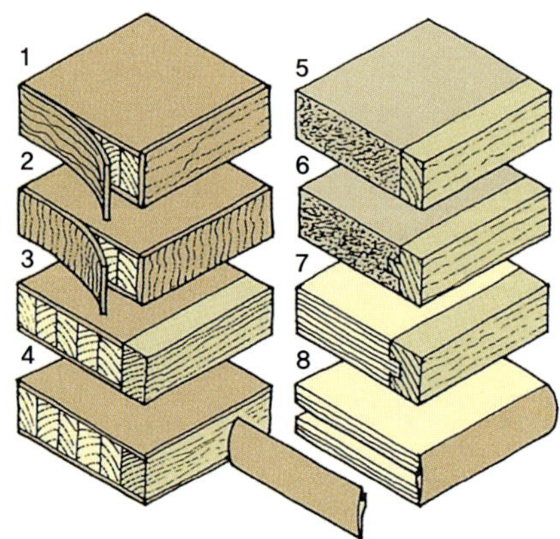

리핑의 유형

1 긴 무늬결(Long–grain) 무늬목

2 엇결(Cross–grain) 무늬목

3 무늬목 작업 후에 리핑을 붙인 형태

4 무늬목 작업 전에 리핑을 붙인 1 형태

5 맞댐맞춤 리핑

6 촉 달린 리핑

7 홈 있는 리핑

8 연귀맞춤 리핑

8장 · 목재 벤딩

가구 프레임 휨 작업은 어렵다. 더군다나 곧은 목재의 짧은 절단 부위를 급격히 굽힐 때는, 제작물이 약해지고 쉽게 부서질 수 있다. 또한 버려지는 부분이 생기므로 이를 막기 위해 섬세하고 복잡한 목가구 작업 과정이 요구된다. 그러나 건식 벤딩이나 습식 벤딩 기법을 사용하면 곡선 형태를 경제적으로 만들 수 있다. 또한 나뭇결이 곡선과 나란히 배열되어 있기 때문에 벤딩된 프레임을 튼튼하게 만들 수도 있다. 건식 벤딩의 경우 목재를 얇게 잘라야 하지만 목재를 물에 담가두거나 증기를 가하면 건식 벤딩을 두꺼운 목재에도 적용할 수 있다. 마이클 토넷(Michael Thonet)이 만든 카페 의자와 흔들의자는 스팀 벤딩으로 만든 가구의 고전적인 예이며, 1930년대에 무늬목이 대량생산되기 시작한 이후 라미네이트 가구가 크게 유행하게 되었다. 스팀 벤딩과 라미네이트 작업은 모두 홈 작업장에서 할 수 있으며, 이 두 가지는 지금까지도 재생산 가구(Reproduction furniture)를 만드는 데 상업적으로 사용되고 있으며 장인적인 디자이너에 의해서도 사용되고 있다.

톱질자국 내기

단단한 목재 부분은 안쪽 면에 톱질자국을 내주면 건조한 상태에서도 굽힐 수 있다. 톱질자국은 톱으로 목재를 켜서 만든 홈으로, 목재를 가로질러 일정한 간격으로 부분적으로 톱질을 해주면 두께가 줄어드는 부분에서 굽힐 수 있다. 이 방법은 계단에 있는 불노즈 스텝(Bullnose step)과 같이 한쪽 면만 드러나는 휨가공 제작물을 만드는 데 주로 사용된다. 이 방법은 캐비닛을 제작할 때 코너의 반원 주기둥을 만들 때도 사용할 수 있다.

톱질자국 내기

톱질자국 폭은 톱질에 사용된 톱에 따라 결정된다. 고운 톱을 사용하면 톱질자국의 폭이 좁고 거친 톱을 사용하면 넓어진다. 톱질자국의 폭과 간격은 휨 반경과 직접적인 관련이 있다(251쪽 참조). 일정한 반경으로 휘기 위해 톱질자국을 낼 때는 거친 톱보다는 고운 톱으로 켜는 것이 좋다. 톱질자국 사이의 간격이 좁을수록 굽힌 면이 부드러워진다. 그러나 휘어진 면은 불완전한 곡선이기 때문에 완만한 곡선으로 연마할 필요가 있다.

전동톱 사용

판재를 가로질러 톱질자국을 내는 가장 효율적인 방법은 방사 전동톱을 사용하는 것이다. 전동톱 날은 손으로 켜는 톱보다 두껍기 때문에 톱질자국의 폭이 넓다. 따라서 주어진 반경에 대해서 톱질자국 수가 적어야 한다. 전동 방사톱을 일단 세팅하고 나면 톱은 판재를 가로질러 같은 깊이로 일정하게 톱질자국을 만들 것이다. 작업자는 다만 톱질자국의 간격을 맞추는 데만 신경 쓰면 된다. 뒤쪽 면에 표시하고 눈으로 확인하면서 그 표시에 맞추어 톱질자국을 낼 수 있고 멈춤 탭(Stop tab)을 설치해서 톱질자국 위치를 잡아줄 수도 있다.

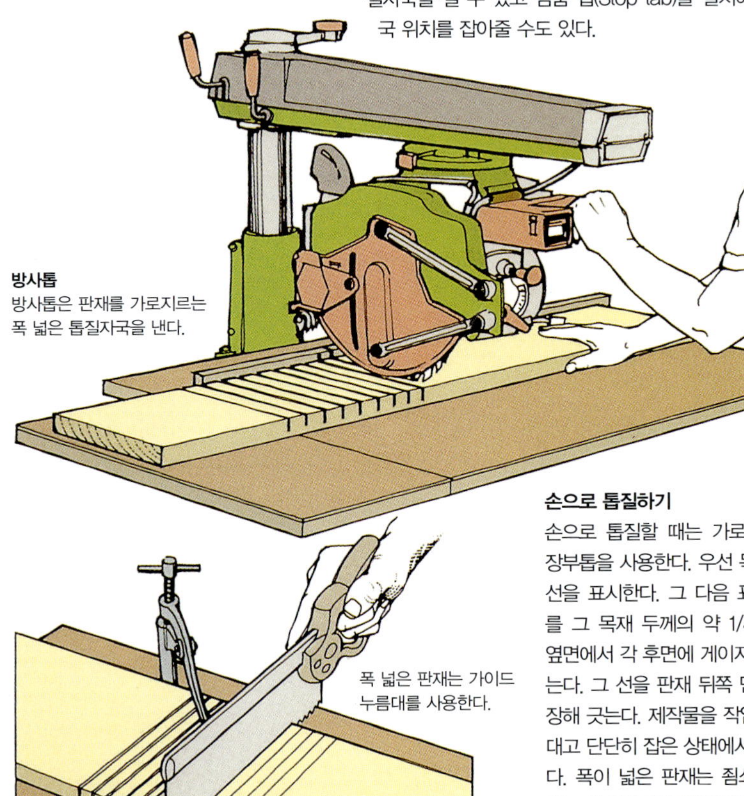

방사톱
방사톱은 판재를 가로지르는 폭 넓은 톱질자국을 낸다.

손으로 톱질하기
손으로 톱질할 때는 가로켜기톱이나 장부톱을 사용한다. 우선 목재에 절단선을 표시한다. 그 다음 표시 게이지를 그 목재 두께의 약 1/4로 맞추고 옆면에서 각 후면에 게이지로 선을 긋는다. 그 선을 판재 뒤쪽 면으로도 연장해 긋는다. 제작물을 작업대 후크에 대고 단단히 잡은 상태에서 톱질을 한다. 폭이 넓은 판재는 죔쇠로 작업대에 고정시킨 뒤 톱질할 때마다 가이드 누름대를 제작물에 대고 톱질한다.

폭 넓은 판재는 가이드 누름대를 사용한다.

벤딩하기

벤딩부 접착제 가공

목재를 평면 입면도에 대고 휘어본다. 곡면을 고정시키거나 웹죔쇠(Web cramp)로 당겨 일정한 모양으로 휜다. 곡면이 만족스러우면 톱질자국을 열어 그곳에 접착제를 바르고 다시 휘어서 고정시킨다. 톱질자국의 가장자리만 접착제가 붙게 되므로 튼튼하게 접합되지 않는다. 굽힌 제작물이 힘을 받는 부위에 사용된다면 안쪽 면 둘레에 캔버스나 무늬목을 접착제로 붙여서 보강한다. 무늬목의 나뭇결 방향이 목재와 나란하도록 곡면에 대고 접착제가 굳을 때까지 일정한 모양으로 가공한 블록으로 고정시킨다.

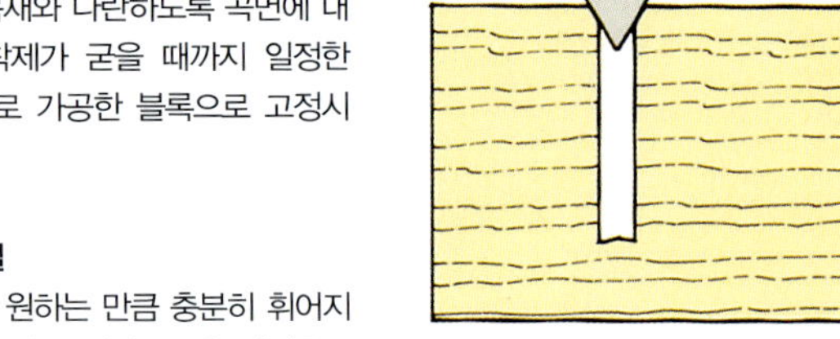

접착제와 죔쇠로 벤딩부를 고정시킨다.

휨 조절

목재가 원하는 만큼 충분히 휘어지지 않으면 톱질자국들을 삼각줄로 살짝 갈아 다시 휘어본다. 모든 톱질자국에서 동일한 양을 깎아낸다. 목재가 많이 휘어지면 각 톱질자국에 종잇조각이나 카드를 삽입하도록 한다.

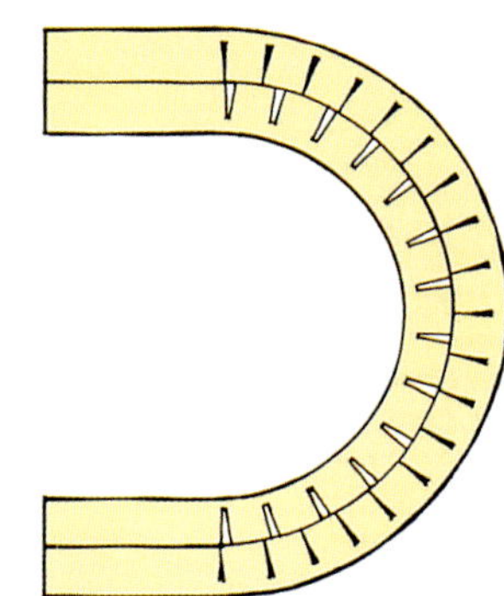

톱질자국의 가장자리를 깎아내 휨을 조절한다.

양면 굽힘

톱질자국을 낸 두 판재를 그 자국이 서로 마주보도록 대고 굽히면 양면 모두 매끈한 곡면이 될 수 있다. 판재를 보통 방법대로 자르고 성형틀(Former)을 사용해 안쪽 곡면을 서로 받쳐 접착제로 붙인다.

톱질자국이 서로 마주 보도록 판재를 대고 휜다.

붙인 라미네이트 톱질자국 굽히기

톱질자국을 내서 굽힐 때는 일반적으로 나뭇결과 수직으로 톱질자국을 낸다. 목재 끝에 나뭇결과 나란한 방향으로 톱질자국을 내고 그 사이에 무늬목 조각을 삽입해 굽히면 라미네이트 굽힘을 만들 수 있다.
바깥쪽 촉(Tongue)이 짧아지는 것을 수용할 수 있도록 끝에 제거할 여유 공간이 충분히 있어야 한다. 띠톱에 대고 일정한 간격으로 연속적인 톱질자국을 낸다. 톱질자국 사이의 간격이 좁을수록 쉽게 휠 수 있다.
큰 무늬목 조각에 접착제를 바르고 톱질자국에 끼워 붙인다. 톱질자국을 꽉 채우도록 무늬목을 접어 두께를 두 배로 만든 다음 톱질자국에 끼워 넣을 수도 있다. 성형틀(Former)에 대고 굽힌 다음 죔쇠로 고정시킨다. 접착제가 굳은 다음 층계 모양으로 된 끝을 직각을 이루도록 톱으로 잘라내고 무늬목을 대패질해 옆과 수평이 되도록 만든다.

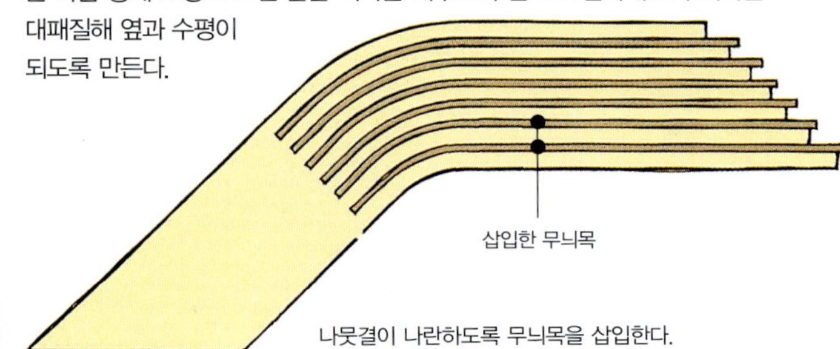

나뭇결이 나란하도록 무늬목을 삽입한다.

톱질자국 간격 계산

굽힘의 반경과 길이를 결정하기 위해서 실제 크기로 평면도를 그린다. 수학적으로 길이를 계산할 수 있고 보측하거나 자를 굽혀 도면에서 직접 잴 수도 있다.

목재를 굽힐 때는 바깥쪽 부분은 팽창되고 안쪽 부분은 압축된다. 그 사이의 중심은 수축도 압축도 되지 않는 중립선이 된다. 정확성을 높이기 위해서 이 선을 계산에 사용한다. 다시 말해, 톱질 자국을 내면 이 선이 바깥쪽 면으로 치우치게 되므로 이 면을 기준점으로 사용할 수 있다.

톱질자국을 내서 굽힐 때는 균일한 곡면을 만들기 위해서 톱질 자국을 일정한 간격으로 내는 것이 바람직하다. 모든 톱질자국의 양쪽 모서리가 서로 닿게 되면 완전히 굽힌 상태가 된다.1

가장 적합한 톱질자국의 간격을 측정하기 위해서 우선 굽힘이 시작되는 지점에 목재의 두께 방향으로 최소한 3mm를 남겨두고 톱질한다. 이 톱질자국에서부터 제작물 측면에서 굽혀지는 부분까지의 길이를 측정하고 표시한다. 죔쇠로 제작물 끝을 작업대에 단단히 고정시킨 다음 톱질자국이 모서리에서 서로 닿게 되거나 굽혀지지 않을 때까지 반대편 끝을 들어올린다. 이 위치에서 판재를 쐐기로 고정시킨다. 표시한 지점에서 판재의 밑면과 작업대 상판 사이의 간격을 측정한다.2 이 간격이 바로 톱질자국의 간격이 된다.

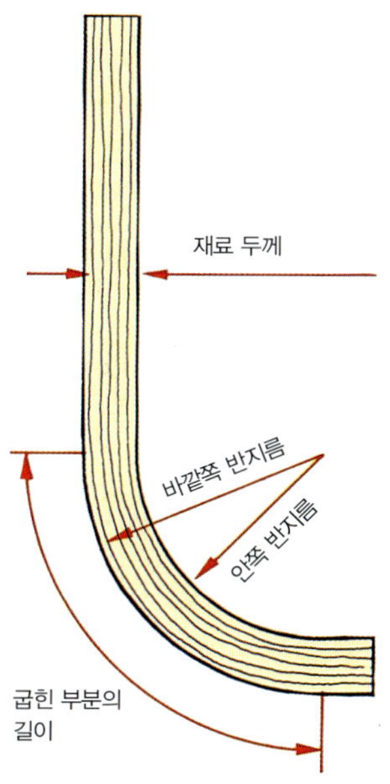

실제 크기의 평면도를 그린다
평면도를 그려 굽힌 부분의 길이를 결정한다.

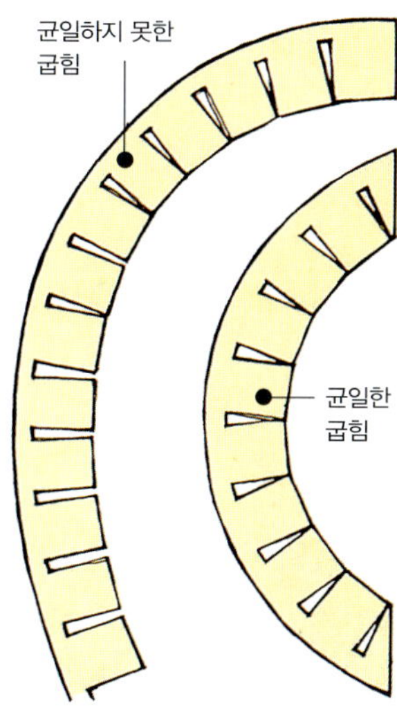

1 절단 부위의 양면이 접촉하도록 해야 한다.

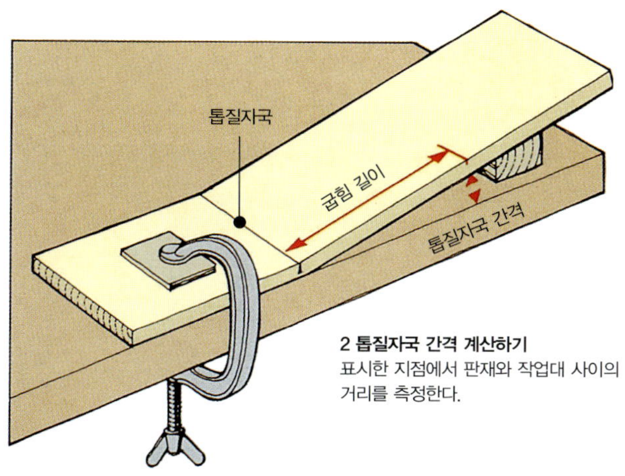

2 톱질자국 간격 계산하기
표시한 지점에서 판재와 작업대 사이의 거리를 측정한다.

스팀 벤딩

목재에 스팀을 가하면 비교적 급격하게 굽힐 수 있다. 스팀을 가하면 목재 섬유가 약화되므로 일정한 형태로 굽힐 때 목재 조직은 휘어지고 압축된다. 목재를 굽히기 위해서는 상당한 힘이 필요할 수도 있다. 그러나 기본적인 장비를 사용하면 홈 작업장에서도 이런 큰 힘을 가할 수 있다. 이를 위해서는 성형틀(Former), 지지 끈(Support strap), 스팀 상자(Steam chest)를 만들 필요가 있다. 목재를 굽힐 때는 많은 변수가 있다. 그러므로 경우에 따라서는 시행착오를 겪는 것은 만족스러운 결과를 얻기 위한 유일한 방법이기도 하다.

목재 굽히기

얇게 자른 목재는 사전 처리 없이도 굽힐 수 있다. 굽힐 수 있는 반경은 그 목재의 두께와 견고함에 따라 달라진다. 얇고 제한되지 않아 자유롭게 굽힐 수 있는(Free-bent) 목재는 두 끝면을 서로 당겨 고리 모양으로 만들 수도 있다. 단단한 목재의 경우, 원하는 형태로 굳게 하려면 목재에 스팀을 가해 성형틀에 고정시켜두어야 한다. 두꺼운 목재를 굽힐 때는 목재의 바깥쪽 섬유가 쪼개지지 않도록 해야 한다. 이번에는 비교적 두꺼운 목재를 굽히는 방법에 대해 살펴보도록 하겠다.

목재 준비

옹이나 균열 없이 곧은 나뭇결이 있는 목재를 선택한다. 목재에 흠집이 있으면 이 부분은 잠재적인 취약부가 될 수 있어 목재를 굽히는 데 실패할 수도 있다. 스팀 벤딩으로 굽힐 수 있는 목재의 종류는 매우 다양한데, 이들 중 상당수가 경재이다. 다음 쪽에는 가장 적절한 목재의 목록이 실려 있다.

잘 건조된 목재도 굽힐 수 있지만 막 잘라 건조가 되지 않은 목재를 굽히는 것이 더 쉽다. 자연 건조된 목재가 가마 건조된 것보다 잘 휜다. 목재가 너무 건조되었거나 다루기 어렵다고 판단될 때는 습기를 주기 전에 몇 시간 동안 목재를 물에 담가둘 수도 있다.

제작물 성질에 따라서 굽히기 전에 최종 크기로 제작물을 잘라 준비할 수도 있고 굽힌 뒤 톱이나 드로나이프(Drawknife) 또는 바퀴살대패로 크기를 줄일 수도 있다. 후자는 윈저(Windsor) 의자를 만드는 데 자주 사용된다. 매끈하게 마감된 목재는 쪼개질 가능성이 적고 최종 마감을 하기도 쉽다. 건조되지 않

은 목재는 건조된 것보다 많이 수축되기 때문에 단면을 원형으로 선반가공한 뒤에 굽히면 건조된 후에는 타원형이 되어버린다. 단면의 크기와 형태와는 상관 없이 목재를 약 100mm 정도 길게 자른다. 끝 쪼개짐이나 스트랩(Strap)에 의해 손상된 부위는 그 목재가 완전히 굽힌 상태가 된 후에 잘라내야 하기 때문이다.

굽힘 길이를 계산하기 위해서 실물 크기로 형태를 그린다. 만들고자 하는 형태의 바깥쪽을 측정해서 잘라야 할 길이를 구한다. 이렇게 해야 바깥쪽 섬유가 늘어나도 장력에 의해 끊어지지 않는다. 약화된 안쪽 섬유는 작은 안쪽 곡면이 매끈하게 휠 수 있을 정도로 충분히 압축된다.

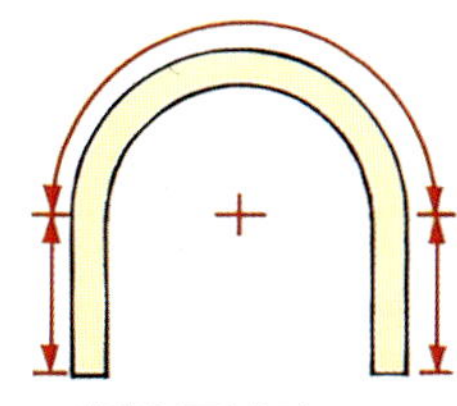

바깥쪽 곡면 측정

1 우수한 휨가공
너도밤나무로 만든 이 휨가공물에는 결함의 흔적이 없다.

2 불량한 휨가공
카우불라로 만든 이 휨가공물에는 압축에 의한 파손 흔적이 있다.

스트랩(Strap) 만들기

목재를 급격히 굽히려면 유연한 금속으로 뒷받침된 스트랩(Metal backing strap)을 사용해야 한다. 이 스트랩은 두께가 2mm이고 휨가공하려는 목재와 폭이 같은 연강(Mild steel)을 사용해야 한다. 이 스트랩은 작업자가 다루고자 하는 대부분의 제작물에 적용할 수 있다. 녹슬지 않도록 도금한 금속이나 스테인리스 스틸을 사용해 폴리에틸렌 시트로 목재를 보호한다.

목재 끝이 늘어나거나 곡면 밖으로 쪼개지는 것을 막기 위해서 스트랩에 끝 멈춤을 달아 목재 끝을 제어한다. 이 끝 멈춤은 가해지는 압력에 견딜 수 있을 만큼 강하고 목재 끝 전체를 받칠 수 있을 정도로 커야 한다. 이 끝 멈춤은 두꺼운 금속 앵글이나 경재로 만들 수 있다. 경재 블록이 일반적

으로 만들기 쉽다. 스트랩을 단단히 고정시키려면 끝 멈춤 블록은 약 225mm 정도 길이로 만든다. 각 블록의 중심선을 따라 약 150mm 간격으로 9mm 크기의 구멍을 뚫는다. 스트랩에도 끝 멈춤 볼트가 지나갈 구멍을 뚫는다. 두 끝 멈춤 사이의 거리를, 제거할 부분을 포함한 제작물의 길이로 맞춘다. 긴 끝 멈춤 볼트를 사용해서 스트랩 뒷면에 튼튼한 목재 레버를 고정시킨다.

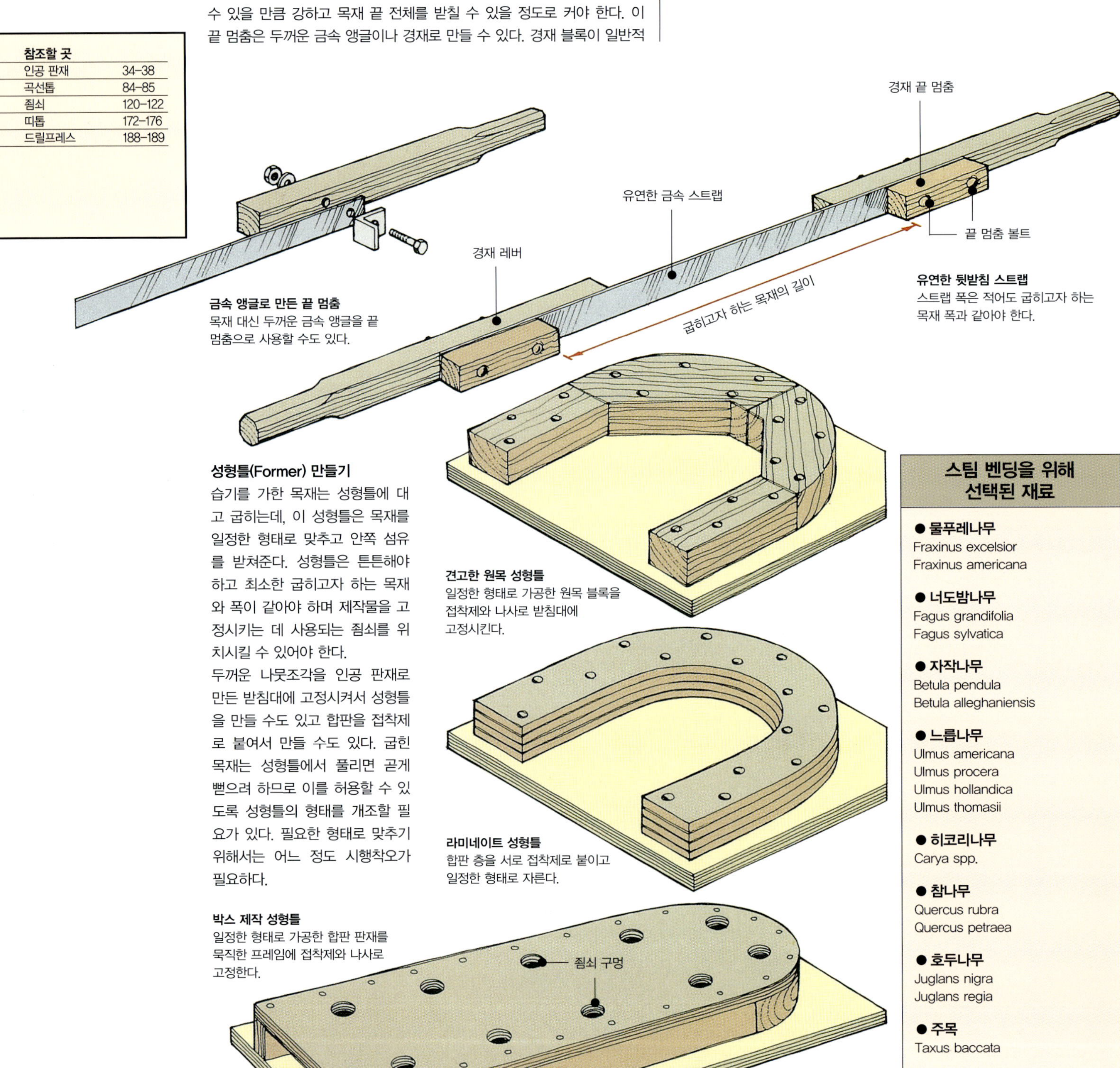

금속 앵글로 만든 끝 멈춤
목재 대신 두꺼운 금속 앵글을 끝 멈춤으로 사용할 수도 있다.

유연한 뒷받침 스트랩
스트랩 폭은 적어도 굽히고자 하는 목재 폭과 같아야 한다.

성형틀(Former) 만들기

습기를 가한 목재는 성형틀에 대고 굽히는데, 이 성형틀은 목재를 일정한 형태로 맞추고 안쪽 섬유를 받쳐준다. 성형틀은 튼튼해야 하고 최소한 굽히고자 하는 목재와 폭이 같아야 하며 제작물을 고정시키는 데 사용되는 죔쇠를 위치시킬 수 있어야 한다.

두꺼운 나뭇조각을 인공 판재로 만든 받침대에 고정시켜서 성형틀을 만들 수도 있고 합판을 접착제로 붙여서 만들 수도 있다. 굽힌 목재는 성형틀에서 풀리면 곧게 뻗으려 하므로 이를 허용할 수 있도록 성형틀의 형태를 개조할 필요가 있다. 필요한 형태로 맞추기 위해서는 어느 정도 시행착오가 필요하다.

견고한 원목 성형틀
일정한 형태로 가공한 원목 블록을 접착제와 나사로 받침대에 고정시킨다.

라미네이트 성형틀
합판 층을 서로 접착제로 붙이고 일정한 형태로 자른다.

박스 제작 성형틀
일정한 형태로 가공한 합판 판재를 묵직한 프레임에 접착제와 나사로 고정한다.

스팀 벤딩을 위해 선택된 재료

- **물푸레나무**
  Fraxinus excelsior
  Fraxinus americana

- **너도밤나무**
  Fagus grandifolia
  Fagus sylvatica

- **자작나무**
  Betula pendula
  Betula alleghaniensis

- **느릅나무**
  Ulmus americana
  Ulmus procera
  Ulmus hollandica
  Ulmus thomasii

- **히코리나무**
  Carya spp.

- **참나무**
  Quercus rubra
  Quercus petraea

- **호두나무**
  Juglans nigra
  Juglans regia

- **주목**
  Taxus baccata

스팀 상자(Steam chest) 만들기

외장용 등급 합판으로 스팀 상자를 만들 수 있다. 합판을 사용하면 작업자의 요구 조건에 정확히 맞도록 접착제와 나사로 고정된 상자를 만들 수 있다. 이 유형의 상자는 여러 다발의 목재에 증기를 가할 때 적합하다. 플라스틱이나 금속 파이프를 사용하면 만들 수 있는 크기는 제한되지만 작은 제작물에 사용하기 적합하다.

굽히고자 하는 제작물 크기에 맞도록 긴 파이프를 자른다. 길이가 1m 정도면 전체 제작물을 수용하거나 일부만 굽히고자 하는 제작물에 사용할 수 있다. 외장용 등급의 합판을 사용해서 열고 닫을 수 있는 끝 마개를 만든다. 한쪽 끝 마개에 구멍을 뚫어 증기 주입 파이프를 연결하고, 다른 끝 마개의 바닥을 평평하게 잘라내 물이 빠져나갈 틈새를 마련해준다. 길이가 긴 제작물을 집어넣을 수 있도록 끝이 뚫려 있는 특별한 마개를 만든다. 파이프 내부 아랫부분에 나무로 만든 버팀목을 붙여서 제작물의 파이프 바닥에 닿지 않도록 한다.

파이프의 절연을 위해 두꺼운 플라스틱 폼이나 나뭇조각으로 파이프를 감싸 철사로 묶는다. 파이프 안에서 응축된 물이 밖으로 흘러나갈 수 있도록 파이프를 받침대 위에서 약간 기울인 상태로 고정시킨다. 물받이를 파이프 밑에 받쳐 흘러나오는 물을 담는다.

증기를 발생시키기 위해서 전기로 작동되는 작은 가열기구를 구입해서 사용할 수도 있고, 열고 닫을 수 있는 뚜껑이 있는 20~25리터짜리 드럼을 사용해서 작업자가 직접 만들어서 사용할 수도 있다. 짧은 고무 호스 한쪽 끝은 이 드럼에 붙어 있는 꼭지에 끼우고 호스 반대쪽 끝은 스팀 상자의 끝 마개에 끼운다. 휴대용 가스렌즈나 전기 가열기구를 사용해서 물을 끓인다.

물로 드럼의 반을 채우고 100℃로 끓여서 증기를 지속적으로 발생시킨다. 대략 두께 25mm마다 약 1시간 30분 동안 증기를 가한다. 너무 오래 증기를 가하면 목재를 구부리는 데 도움은 되지 않고 목재 조직이 오히려 파손될 수 있다.

목재 벤딩

목재가 식어서 굳기 시작하기 전까지 목재를 원하는 형태로 굽힐 수 있는 시간은 불과 몇 분 정도에 지나지 않는다. 그리고 작업 시작 전에 작업에 필요한 공간을 마련한다. 한 손에는 충분한 죔쇠를 들고 두꺼운 목재를 굽힐 때는 다른 작업자를 불러 같이 작업한다. 증기 발생기를 끄고 스팀 상자에서 목재를 꺼내 따뜻한 상태로 미리 맞추어져 있는 스트랩으로 가져간다. 이 스트랩과 제작물을 성형틀에 대고 굽힌다. 못 쓰는 목재 조각을 죔쇠와 스트랩 사이에 댄 채 가운데를 죔쇠로 고정시킨다. 성형틀 둘레로 목재를 당겨 위치를 잡고 나서 계속 죔쇠로 단단히 고정시킨다.

적어도 15분 동안 그 상태로 둔 다음 비슷한 형태의 건조 지그로 옮겨 죔쇠로 다시 고정시킨다. 아니면 그 성형틀에 그대로 둘 수도 있다. 어떤 방법을 사용하더라도 하루~1주일 정도 건조 시간을 준다.

<table>
<tr><td style="background:#d94328;color:white;text-align:center">안전</td></tr>
</table>

- 스팀 상자의 뚜껑을 너무 빡빡하게 만들지 말아야 한다.
- 스팀 상자에서 물이 밖으로 흘러나오도록 만든다.
- 증기 발생기에 물이 마르지 않도록 한다.
- 증기 발생기나 스팀 상자 위에 서거나 몸을 기울인 채로 뚜껑을 열지 말아야 한다.
- 증기를 가한 목재나 증기가 가해지고 있는 장치를 다룰 때는 두꺼운 장갑을 착용하도록 한다.
- 모든 인화성 물질을 열원에서 멀리 떨어뜨려 놓는다.

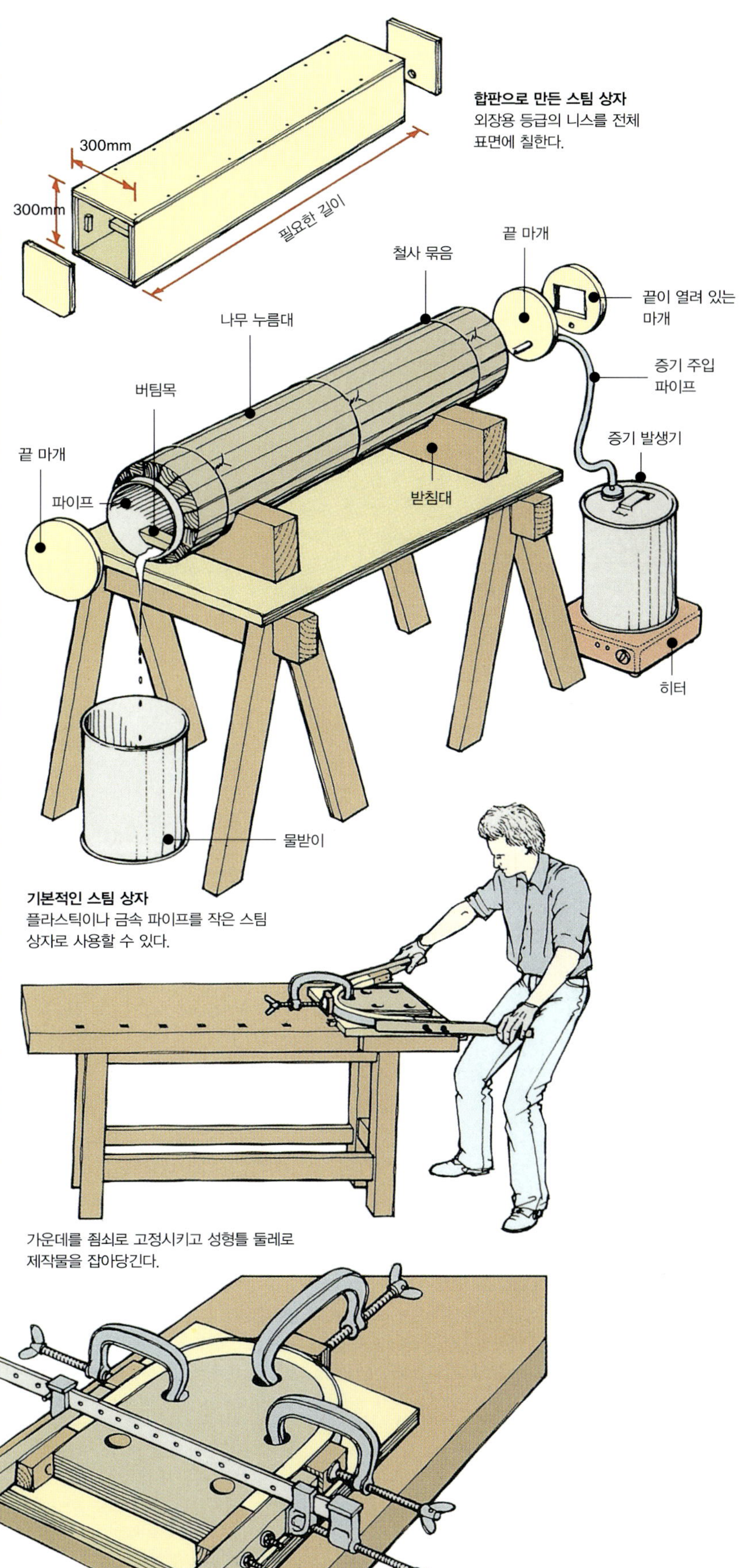

라미네이트 벤딩

얇게 자른 목재는 유연하고, 건조한 상태에서도 굽힐 수 있다. 목재를 일정한 형태로 만드는 데 사용되는 라미네이팅 과정에서는 얇은 무늬목 층이나 얇게 자른 스트립을 성형틀 둘레로 굽히고 접착제로 붙여서 견고한 형태로 만든다. 각 무늬목의 나뭇결 방향이 교대로 배열되어 있는 라미네이트 합판 시트와는 달리 일정한 형태로 적층하는 작업에서는 각 라미네이트의 나뭇결이 같은 방향을 향한다. 따라서 라미네이트된 목재는 비슷한 정도의 증기로 굽힌 다른 목재보다 급격히 굽혀지고 신뢰도 또한 우수하다. 적층된 측면은 튼튼하지만 라미네이트된 목재의 면을 테이퍼로 자르면 접착제 선이 흉하게 드러난다.

자유 형태의 벤딩

자유로운 형태의 곡선을 시각화하거나 그리는 것은 쉽지 않다. 따라서 먼저 성형틀을 만드는 대신 목재 스트립을 굽히고 이것을 원하는 형태로 비튼 다음 이것에 대고 성형틀을 만들어서 사용하면 흥미롭고 재미있는 형태를 만들 수 있다. 이를 위해서는 작업자가 직접 이렇게 저렇게 시험해보아야 한다. 사용한 스트립의 유연성뿐 아니라 작업자의 기술과 상상에 의해서도 최종 결과가 결정될 것이다.

기본 기술

먼저 작업자가 생각하는 형태를 그림으로 그리고 그 디자인에 맞추어 목재 스트립을 자른다. 그런 다음 양쪽 끝에 묵직한 기둥이 달려 있는 받침대를 만든다. 스트립 한쪽 끝을 이 한쪽 기둥에 죔쇠로 고정시킨 다음 일정한 형태로 굽히고 반대편 끝을 다른 쪽 기둥에 고정시킨다.

목재를 삼각형으로 잘라서 중간 기둥을 만들고 필요한 각도로 스트립을 받칠 수 있도록 받침대에 고정시킨다. 스트립의 선을 기둥에 표시하고 제거한다.

자유로운 형태의 휨가공은 제작물을 고정시킬 수 있는 죔쇠가 충분히 있어야 한다. 자전거 안쪽 튜브(밸브를 잘라낸 상태)를 제작물 주변에 감으면 잡기도 편하고 효율적으로 고정시킬 수 있다.

라미네이트 스트립에 합성수지 접착제를 바르고 서로 붙인다. 라미네이트된 제작물을 앞쪽 기둥에 고정시키고 표시한 선을 따라 주의해서 굽힌다.

건조되면 바퀴살대패, 칼, 줄, 스크래이퍼, 연마지 등 적절한 도구를 사용해서 굽힌 제작물을 일정한 형태로 다듬고 마감한다.

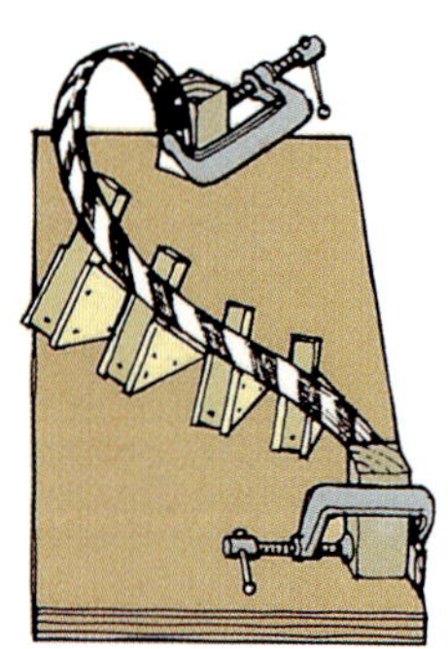

자유로운 형태로 굽히기
라미네이트된 제작물을 기둥에 고정시킨다.

목재 준비

의자나 탁자 다리와 같은 골격 부재를 위한 라미네이트된 제작물은 시판되는 얇은 무늬목 조각으로 만들 수도 있고 원목을 필요한 두께로 잘라 두꺼운 조각으로 잘라 사용할 수도 있다. 작업자가 원목에서 직접 라미네이트를 잘라 사용하면 나뭇결 패턴을 일정하게 맞출 수 있다.

대체로 옹이나 균열이 없고 나뭇결이 곧은 목재를 선택한다. 그러나 라미네이트 표면에는 나뭇결이 불규칙한 장식 무늬목을 사용할 수도 있다.

자연 건조된 목재는 가마 건조된 목재보다 깨지는 성질이 적기 때문에 굽히기가 쉽다. 그러므로 건조된 목재를 사용하는 것이 좋다. 심하게 굽히거나 비교적 두꺼운 라미네이트를 만들 때는 물로 적신 다음 건조될 때까지 성형틀에 대고 굽힌 상태를 유지시켜 접착제로 붙이기 전 미리 굽혀둔다.

칼과 직선자를 사용해서 무늬목 스트립을 나뭇결 방향으로 자른다. 원목 스트립을 만들 때는 정목 절단한 판재를 선택한다. 이렇게 하면 성장륜이 스트립의 폭과 수직이 되어 쉽게 굽힐 수 있다. 이 스트립을 후에 접착제로 붙일 때 순서대로 다시 배열시킬 수 있도록 면이나 끝에 V자 모양으로 선을 그어둔다.1

무늬목이 얇거나 스트립을 얇게 자를수록 급격한 곡선으로 굽힐 수 있다. 얇게 자르면 원래 상태로 돌아가려는 성질도 약해진다. 그러나 작업자가 직접 스트립을 자를 때는 톱질할 때마다 톱질한 만큼의 목재가 버려지기 때문에 가능한 한 두껍게 자르는 것이 경제적이다. 목재를 잘라 스트립을 만들고 어느 정도로 굽힐 수 있는지 시험한다.

목재를 자를 때는 띠톱이나 테이블톱을 사용할 수 있다. 띠톱을 사용할 때는 대패질한 판재의 측면을 톱에 통과시켜 필요한 것보다 약간 두껍게 스트립을 잘라낸다. 톱질한 판재의 가장자리를 대패질한 다음 두 번째 스트립을 잘라낸다. 이 과정을 반복해서 필요한 개수의 스트립을 만들고 이 스트립을 자동대패에 통과시켜 일정한 두께로 가공한다.

테이블톱을 사용해서 스트립을 완전히 잘라낼 수 있지만 이 방법은 위험하다. 만약 테이블 인서트 (Table insert)가 설치되어 있다면 이것과 톱날 사이의 간격이 넓지 않도록 한다. 잘려져 나오는 스트립은 유연하기 때문에 이것이 튕겨나가 깨지거나 작업자 쪽으로 튀지 않도록 다른 작업자가 잘려져 나온 스트립을 잡아주도록 해야 한다. 얇은 스트립을 많이 만들어야 할 때는 제작물을 면을 따라 밀어줄 수 있도록 끝 멈춤이 달린 가이드 누름대를 만들어 사용한다.2

1 V자 모양으로 선을 긋는다.

2 면을 따라 제작물을 밀어줄 수 있도록 가이드 누름대를 만든다.

성형틀

성형틀은 접착제를 바른 라미네이트를 접착제가 굳을 때까지 원하는 형태로 고정시키기 위해 사용된다. 수성형틀로만 되어 있는 것과 암과 수가 서로 매칭되며 사용되는 것이 있다. 사용하기 좋은 것은 굽히는 정도와 제작물의 크기와 개수에 따라 다르다.

수성형틀(Male former) 만들기

수성형틀은 만들기가 가장 쉬울 뿐 아니라 대부분의 곡면 모양에 적합하다. 이 성형틀은 큰 굽힘에 적합하다. 암과 수로 되어 있는 성형틀로 이처럼 큰 굽힘을 만들려면 성형틀의 크기도 그만큼 커야 하기 때문에 적합하지 않다.

수성형틀은 두꺼운 원목으로 만들 수도 있고 작은 조각 보드들을 여러 층의 접착제로 붙여 만들 수도 있다. 윤곽이 드러난 면은 굽히고자 하는 목재보다 폭 넓고 길이도 길어야 한다. 만들고자 하는 형태를 실제 크기로 그린 다음 블록 면에 대고 띠톱으로 자른다. 죔쇠로 죄는 힘은 가능한 한 성형틀의 면에 수직으로 가해져야 한다. 면의 윤곽을 따라 성형틀의 뒷면을 자르거나 그와 유사한 형태로 자른다.1

제작물을 고정시키는 데 필요한 죔쇠의 수는 굽히는 정도와 목재의 유연성에 따라 다르다. 균일한 압력을 가할 수 있도록 가능한 한 많은 죔쇠를 사용한다. 위쪽 라미네이트에 부분적으로 눌린 자국이 생기지 않도록 왁스를 바른 경재 조각이나 못 쓰는 라미네이트를 그 위에 댄다. 하중을 분산시키기 위해서 죔쇠 헤드 아래에 연재로 만든 블록을 댄다.2

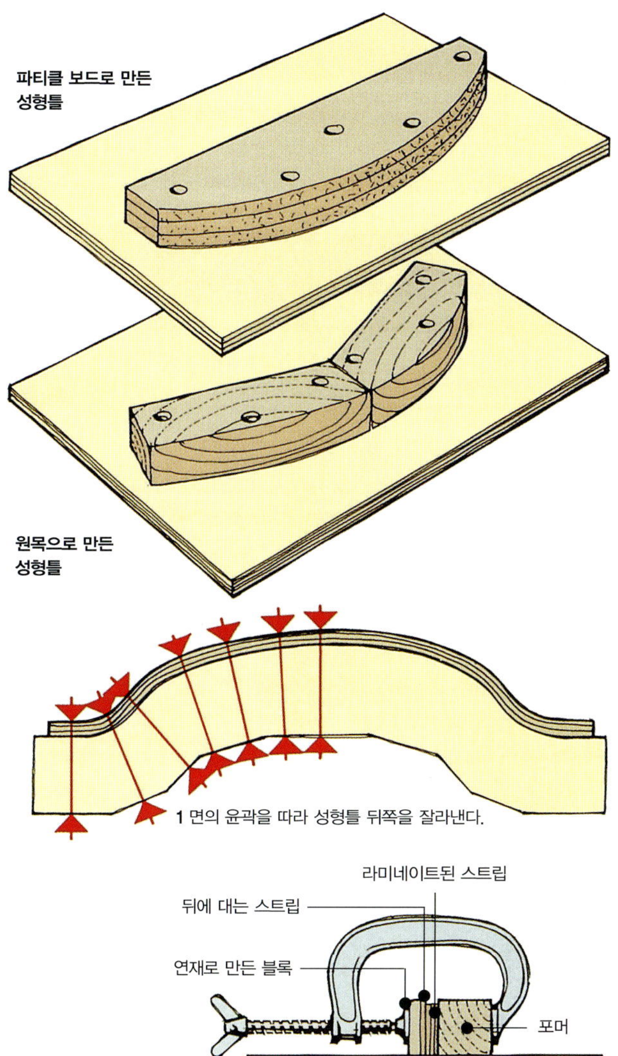

파티클 보드로 만든 성형틀

원목으로 만든 성형틀

1 면의 윤곽을 따라 성형틀 뒤쪽을 잘라낸다.

2 죔쇠 헤드 아래에 블록을 댄다.

암수 성형틀

골격 부재나 폭이 넓은 판재를 만들기 위해 암수로 이루어진 성형틀에서는 몰딩을 따라 균일한 압력이 가해져야 하기 때문에 만들기가 까다롭다. 한 성형틀에 제작물을 댈 때 여러 개의 개별적인 죔쇠나 베니어 프레스를 사용해서 적절한 압력을 가한다.

죔쇠를 사용한다면 수성형틀을 디자인할 때 이를 수용할 수 있도록 약간의 준비가 있어야 한다. 두꺼운 원목 블록을 잘라 수성형틀을 만들 수도 있고 인공 판재로 만든 두꺼운 판재에 구멍을 뚫어 만들 수도 있다.1 가장 적은 재료로 라미네이트된 제작물에 가장 넓은 면적에 균일한 압력을 가할 수 있도록 성형틀을 설계한다.2 이것은 보통 도면에 나타난 것과는 다른 각도로 굽힘 방향을 맞춘다는 것을 의미한다.3

단순히 일정한 윤곽으로 자른 두 부분을 암수 성형틀로 각각 사용할 수는 없다. 준비된 스트립이나 무늬목을 함께 죔쇠로 고정시키고 절단선의 정확한 간격을 지정할 수 있도록 두께를 측정한다. 일정한 반경을 갖는 굽힘을 만들 때는 성형틀을 만들 재료 위에 안쪽과 바깥쪽 반경을 표시한다. 자유로운 형태로 굽히는 경우에는 한 윤곽선을 먼저 그리고 나서 컴퍼스로 나머지 윤곽선을 표시한다. 이때 라미네이트의 두께와 같은 반경의 호를 일정한 간격으로 연속해서 그린 다음4 각 호의 끝과 닿도록 두 번째 호를 긋는다. 띠톱을 사용해서 각 윤곽선을 주의해서 자른다.

대부분의 경우 암수 성형틀은 완전한 두 부분으로 구성되어 있다. 원하는 형태로 만들기 위해 수성형틀의 밑을 잘라내야 할 때는 조립과 굽힌 라미네이트를 쉽게 제거할 수 있도록 암성형틀을 여러 조각으로 나눌 필요가 있다.5

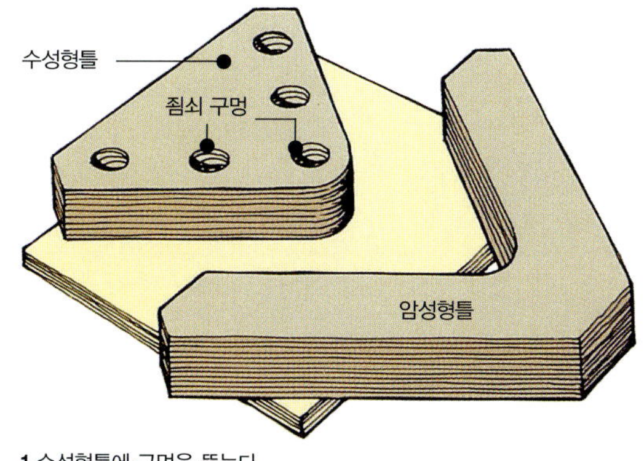

1 수성형틀에 구멍을 뚫는다.

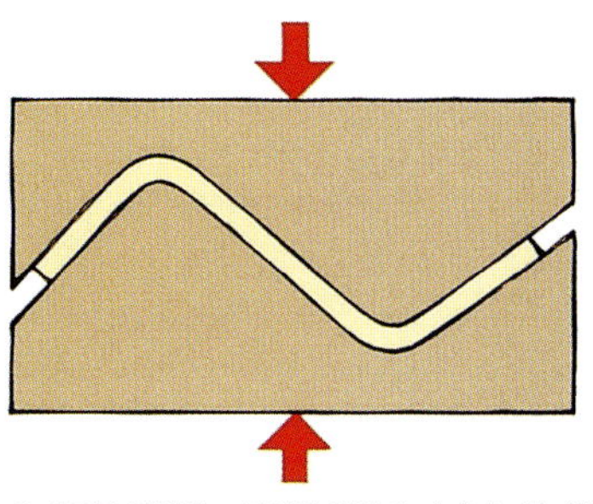

2 재료를 절약하고 균일한 압력이 가해지도록 성형틀을 디자인한다.

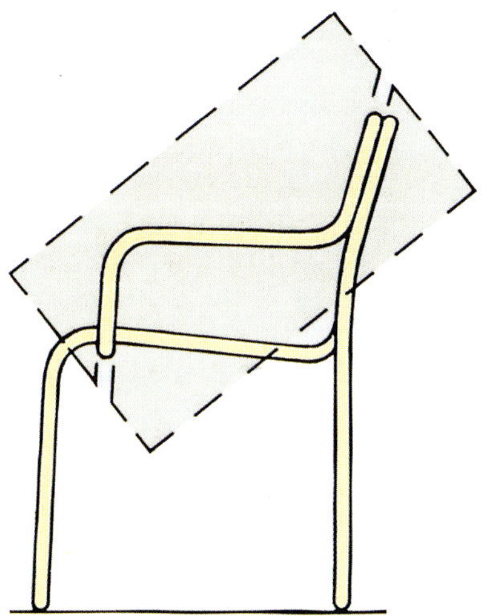

3 그림에 표시된 형태대로 설계한다.

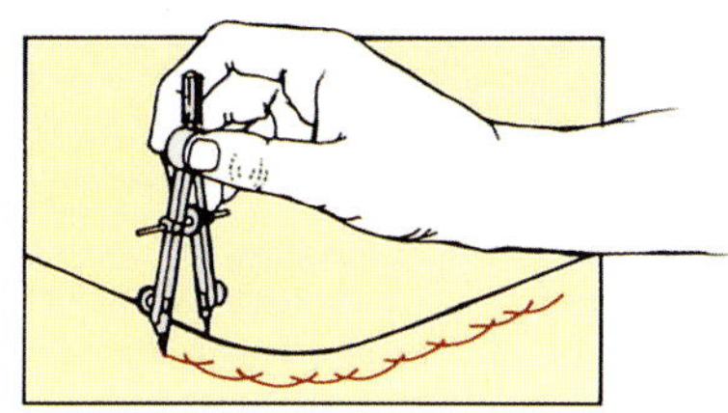

4 라미네이트 두께를 표시한다.

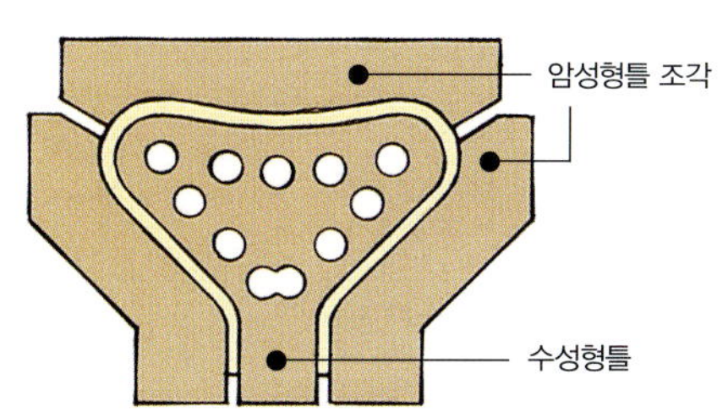

5 암성형틀을 여러 조각으로 나눈다.

255

폭 넓은 성형틀 만들기

활처럼 휜 문 판재처럼 폭 넓은 라미네이트를 휨가공하려면 상당한 크기의 원목으로 된 암수 성형틀이 필요하다. 이때 재료를 절약하기 위해서는 받침판에 일정한 형태로 가공한 늑재(Rib)와 얇은 합판으로 구성되는 성형틀을 만든다.1

우선 인공 판재를 넉넉한 크기로 잘라 여러 장을 준비한다. 이때 필요한 수량은 제작물 크기와 그것에 가하고자 하는 압력에 따라 결정된다. 큰 압력을 가할수록 좀더 많은 보강재가 필요하다.

그런 다음 판재를 잘라 만든 여러 장의 보강재 재료 윗부분에 만들고자 하는 형태를 표시한다.2 이때 그 위에 댈 합판의 두께를 고려해야 한다. 임시로 보강재 재료를 수평으로 붙여 고정시킨다. 스페이서 가로대를 끼우기 위한 하우징을 파낸다.3 띠톱으로 일정한 형태로 자른 보강재를 만든 다음 서로 떼어낸다. 각각의 보강재를 50~100mm 간격으로 스페이서 가로대에 접착제로 붙인다. 조립된 부분을 받침판에 나사와 접착제로 고정시킨다.4 3mm 두께의 얇은 합판 판재를 보강재의 휜 측면에 핀과 접착제로 고정시킨다.5 제작물이 달라붙지 않도록 성형틀의 표면을 봉인하고 왁스를 바르거나 표면에 폴리에틸렌 시트를 붙인다. 만약 베니어 프레스가 없다면 이 성형틀을 두세 개의 단단한 나무 빔(Beam) 사이에 고정시킨다.6

<table>
<tr><td colspan="2">참조할 곳</td></tr>
<tr><td>인공 판재</td><td>34–38</td></tr>
<tr><td>죔쇠</td><td>120–122</td></tr>
<tr><td>띠톱</td><td>172–176</td></tr>
<tr><td>접착제</td><td>302–303</td></tr>
</table>

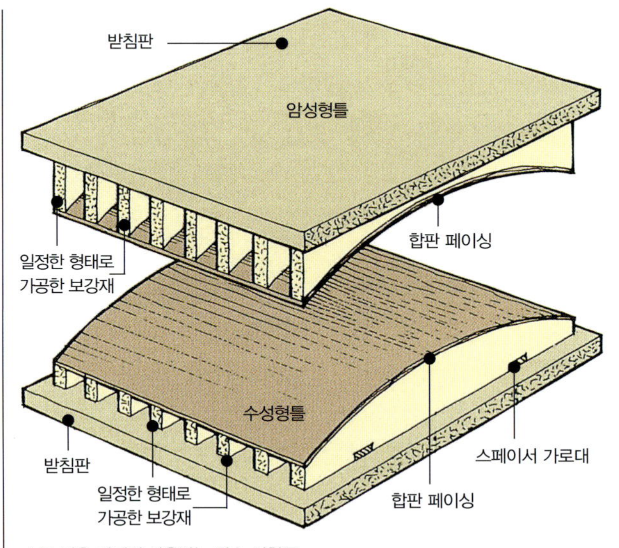

1 폭 넓은 판재에 사용하는 암수 성형틀

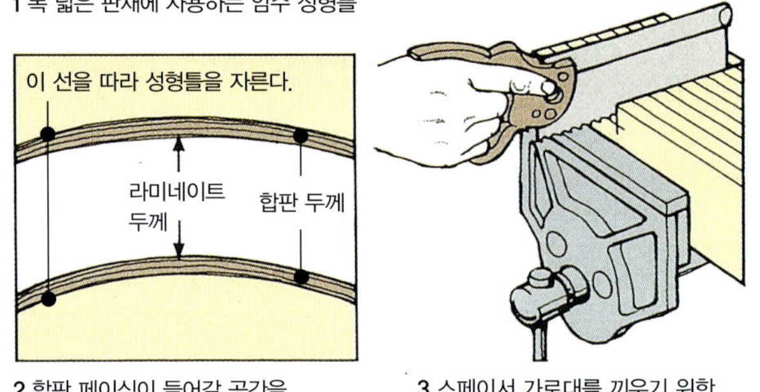

2 합판 페이싱이 들어갈 공간을 고려한다.

3 스페이서 가로대를 끼우기 위한 하우징을 파낸다.

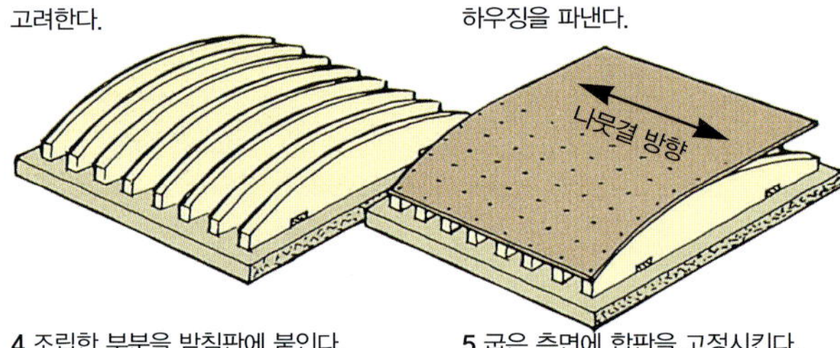

4 조립한 부분을 받침판에 붙인다.

5 굽은 측면에 합판을 고정시킨다.

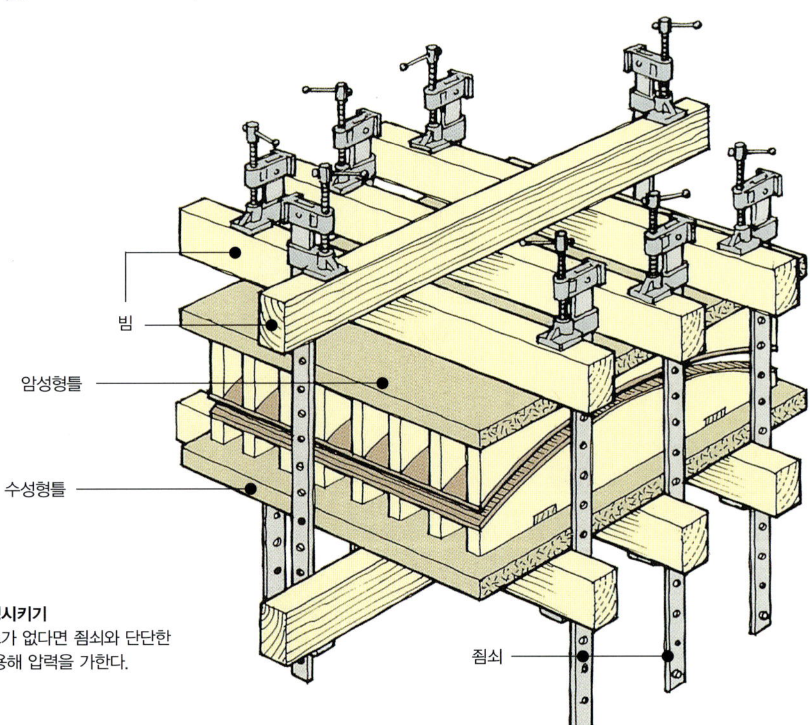

6 성형틀 고정시키기
베니어 프레스가 없다면 죔쇠와 단단한 목재 빔을 사용해 압력을 가한다.

접착제로 붙여 자르기

라미네이트를 접착제로 붙일 때는 폴리에틸렌 시트가 덮인 평평한 판재 위에 라미네이트를 올려놓는다. 요소수지 접착제는 굳는 속도가 느려 제작물을 성형틀에 설치할 수 있는 시간이 충분하고 PVA 접착제보다 변형도 잘 안 되므로 요소수지 접착제를 사용한다.

라미네이트를 접착하고자 하는 순서대로 쌓는다. 장식 무늬목을 사용할 때는 이것을 맨 위와 아래쪽에 놓는다.

각 무늬목에서 서로 접하는 면에 브러시로 접착제를 얇게 바른 다음 반대 순서로 쌓는다. 이렇게 쌓아 붙인 라미네이트를 성형틀에 설치하고 균일한 압력이 가해지도록 죔쇠로 죈다. 공기와 남는 접착제를 빼내기 위해서 중앙에서 바깥쪽 방향으로 작업한다. 접착제가 라미네이트 밖으로 밀려나올 때 라미네이트 스트립이 미끄러지기 쉽다. 이런 경우에는 죔쇠를 약간 느슨하게 풀고 나무 블록이나 망치로 라미네이트를 가볍게 두들기면서 일직선으로 맞춘다. 폭 넓은 라이네이트를 일정한 형태로 굽히기 위해 암수 성형틀을 사용할 때는 접착 테이프가 라미네이트를 일정하게 유지하는 데 도움이 된다. 접착제가 굳도록 적어도 12시간 동안 그대로 둔다.

자르기
성형틀에서 폭 넓은 제작물을 떼내기 전에 측면에 중심선의 위치를 표시한다. 패널 크기를 확인할 수 있도록 표시 사이에 선을 긋는다. 수작업으로 자르거나 띠톱이나 테이블톱으로 굽힌 제작물을 자른다. 기계 공구를 사용해 자른다면 잘리는 부위가 항상 작업대에 닿도록 제작물을 톱에 통과시키고 대패로 에지를 마감한다.

성형틀의 기준 표시로부터 폭이 좁은 구성요소의 길이를 표시한다. 띠톱으로 측면을 다듬거나 수평이 되도록 대패질한다. 구성요소를 적절한 크기로 자르고 끝을 마감한다.

곡면이 동일한 폭이 좁은 구성요소가 많이 필요할 때는 폭 넓은 라미네이트를 만든 다음 동일한 크기로 잘라낸다.

9장 · 무늬목 작업 및 상감

무늬목 작업은 뛰어난 기능과 손재주가 필요한 정교한 작업이라고 할 수 있으며, 고대 이집트 사람들이 사용한 것으로 알려져 있다. 유럽에서는 18세기에 무늬목 가구의 독창성과 우아함이 최고조에 이르렀고 빅토리아 시대에는 원목 가구를 대신하는 가구로 큰 인기를 얻었다. 오늘날에는 무늬목을 만드는 데 천연 목재뿐 아니라 평범한 색종이 호일이나 숨구멍 자국까지 있는 목재 모양이 인쇄된 호일도 사용된다. 그러나 천연 목재로 만든 무늬목에 장점만 있는 것은 아니다. 가장 매력적인 목재는 비정상적이거나 불규칙적으로 성장한 나무에서 얻을 수 있기 때문에 값이 상당히 비싸고 안정적이지 못한 단점이 있다. 이 무늬목을 최신 인공 판재에 붙여 사용하면 경제적이며 중앙 난방에도 잘 견디는 안정적인 재료를 만들 수 있다. 그리고 원목의 아름다움과 감촉도 그대로 느낄 수 있다. 게다가 오늘날에는 다양한 형태와 패널로 만든 재생 목재에도 무늬목을 입혀서 사용할 수 있다.

무늬목 작업용 공구

무늬목 작업에는 단순히 하나의 무늬목을 사용하는 비교적 쉬운 과정이 있을 수 있고 서로 다른 무늬목을 자르고 맞춰 얽힌 패턴을 만드는 복잡한 과정이 있을 수도 있다. 목가구 작업자가 갖고 있는 기본적인 공구 키트는 측정공구, 표시공구, 실톱, 작업대, 벤치대패, 맞춤턱대패, 끌, 스크레이퍼, 연마 장비 등 무늬목 작업에 사용되는 상당수의 공구가 포함된다. 무늬목 작업을 전문으로 하는 목가구 작업자에게는 목가구 작업 전용 공구가 좀더 필요할 것이다. 이러한 공구들의 대부분은 공구 판매점이나 무늬목 공급업체로부터 구할 수 있다. 이 밖에 스크래치 스톡과 슈팅 보드와 같은 몇몇 장비와 목조각을 위한 간단한 커팅 지그도 만들어야 한다.

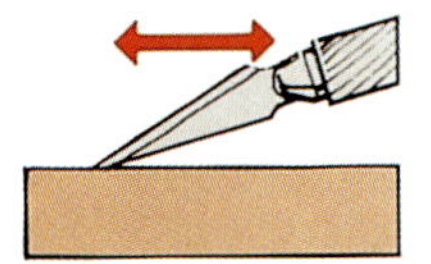

칼날 날카롭게 갈기
일반적으로 칼날의 뾰족한 끝 부분만 뭉툭하게 된다. 새로 뾰족한 부분을 만들려면 기름숫돌에 대고 뒤쪽 모서리만 갈아준다.

자와 직선자
줄자 이외에도 눈금이 있으며 길이가 300mm인 안전자(Safety ruler)는 둘로 접어 작은 제작물을 자르기 위한 직선자로 쓸 수 있어 편리하다. 이 안전자는 커팅 가이드로 사용할 때 미끄러지지 않게 제작물에 고정되도록 디자인되어 있으며, 손가락을 칼에 가까이 대지 않아도 될 정도로 폭이 충분하다. 길이가 긴 무늬목을 자를 때는 스틸 직선자를 사용한다.

커팅 매트
무늬목을 자를 때는 합판이나 기타 표면이 고운 인공 판재를 대고 작업한다. 특히 미세한 칼로 자를 때는 특수 커팅 매트를 사용하는 것이 가장 좋다. 이 매트의 표면은 고무 같은 합성물질로 되어 있어서 칼끝에 의한 자국이 생기지 않게 하고 칼날이 뭉툭해지는 것을 방지한다.

무늬목톱
무늬목톱을 직선자와 함께 사용하면 모든 두께의 무늬목을 자를 수 있다. 이 톱으로 매칭되는 무늬목을 정확히 맞댐맞춤할 수 있어서 측면을 직각으로 자를 수 있다. 이 톱은 휨이 없는 고운 톱니의 양면 날로 되어 있다.

전기 다리미
전통적인 망치 무늬목 작업이나 열에 민감한 접착제 필름의 활성화를 위해 기존의 가정용 전기 다리미로 기초 작업과 무늬목에 사용한 동물성 접착제를 연하게 할 수 있다.

칼
복잡한 형태를 자를 때는 끝이 뾰족한 칼날이 있는 외과용 메스나 공예용 칼을 사용한다. 그리고 직선을 자를 때는 단단하고 날카로운 칼날을 사용한다(특히 좀더 큰 압력을 가해야 할 경우).
이런 칼날은 양면으로 날이 있어 V자 모양의 칼자국이 만들어진다. 무늬목 측면부를 직각으로 자를 때는 칼날을 직선자에 대고 일정한 각도로 기울여 잡고 자른다.

무늬목 펀치
무늬목 펀치는 8가지 크기로 제작되며, 무늬목에 보이는 결함을 보수하는 데 사용된다. 각 펀치에는 결함 있는 무늬목 부위에 구멍을 뚫고 그것과 매칭되는 동일한 무늬목 조각을 잘라내는 역할을 하는 불규칙하게 생긴 커터가 달려 있다. 스프링이 있는 방출기를 눌러 공구에서 무늬목 조각을 빼낸다.

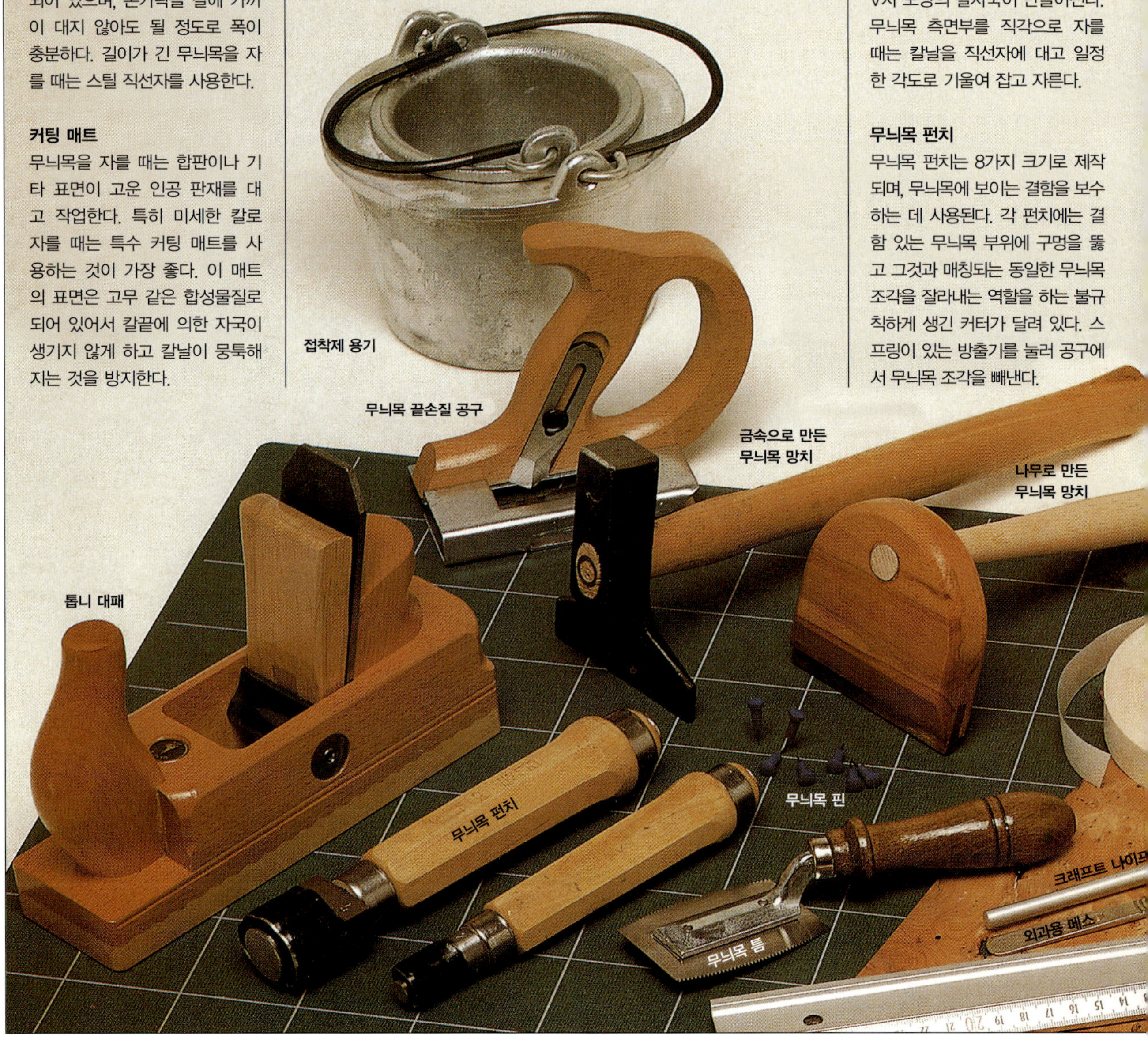

접착제 용기

무늬목 끝손질 공구

톱니 대패

금속으로 만든 무늬목 망치

나무로 만든 무늬목 망치

무늬목 펀치

무늬목 핀

무늬목 틈

크래프트 나이프

외과용 메소

항상 기초(Ground) 또는 기초 소재(Groundwork) 라는 재료에 접착제로 무늬목을 붙인다. 무늬목 자체는 결함을 감추기 어려워 기초 재료의 선택과 준비는 제작물 품질에 매우 중요하다. 균일하지 않은 표면은 얇은 무늬목 밖으로 드러난 표면을 연마하면 드러나게 된다. 전통적으로 무늬목을 입힌 가구에 쓰이는 기초 재료로는 원목 소나무보다 우수한 마호가니 목재가 사용되었다. 오늘날에는 준비하기 쉽고 신뢰도가 높은 인공 판재가 일반적으로 널리 사용된다. 그러나 평평한 무늬목 작업과 곡면 무늬목 작업에는 여전히 원목이 사용된다.

기초 소재 준비

기초 소재에는 무늬목을 놓을 매끈하고 고른 표면이 있어야 한다. 원목은 습도에 의해 변형되기도 하고 특히 넓은 원목 판재는 특별한 준비가 필요해 기초 소재로 적당한 재료는 아니다. 인공 판재는 안정적이며 표면이 평평한 커다란 시트로 제작된다. 어떤 재료이건 표면은 평평하고 매끈해야 하며 먼지가 없어야 된다.

원목

원목 판재에 무늬목 작업을 할 때는 무늬목과 원목의 나뭇결 방향을 나란히 맞춰야 한다. 접선 방향으로 자른 판재의 한쪽 면만 무늬목 작업을 할 때는 항상 중심 면에서 무늬목 작업을 한다. 이처럼 자른 원목 판재는 찻잔 모양으로 오그라드는 성질이 있다. 그러나 중심쪽 면에 무늬목을 입히면 접착제가 굳으면서 원목 판재를 펴는 데 도움이 된다.
정목제재 판재는 안정적으로 두께 방향으로만 약간의 수축이 일어나므로 가능한 한 이런 판재를 사용한다. 고른 균형을 유지하기 위해 판재의 양면에 무늬목 작업을 한다.

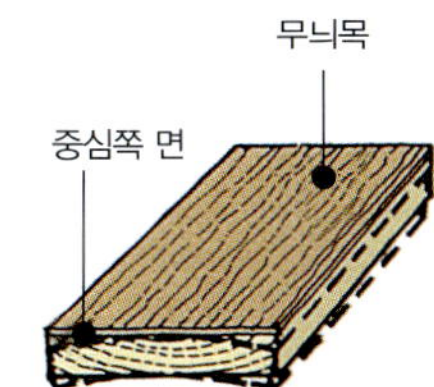

접선 방향으로 자른 판재
판재가 오그라들지 않도록 중심쪽 면에 무늬목을 입힌다.

인공 판재

인공 판재는 대부분 필요한 치수로 자르고 표면을 거칠게 만드는 과정(Toothing)이나 사이징(Sizing) 단계를 거치지 않고(라미네이트된 판재의 경우) 바로 사용할 수 있다. 라미네이트된 판재에서는 나뭇결이 무늬목 방향과 정반대가 아니라면 크로스 밴딩 무늬목(Cross-banding veneer)을 사용할 필요가 있다.

원목의 결함 보수

가능하다면 결함이 없는 원목을 선택한다. 그러나 미세한 옹이 같은 결함은 잘라낸 후 그 목재와 같은 나뭇결 방향으로 자른 다이아몬드나 둥근 모양의 플러그로 그 자리를 채운다. 그 플러그는 판재보다 약간 두껍게 만들어 구멍에 끼우고 접착제로 붙인 다음 대패로 평평하게 민다.

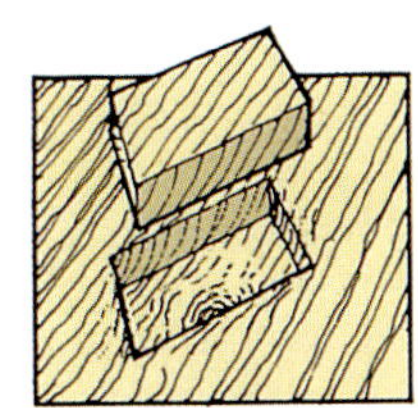

다이아몬드 플러그

표면 거칠게 만들기

접착력을 높이기 위해서는 원목이나 라미네이트된 목재로 만든 기초 재료의 표면을 거칠게 만든다. 반대편에서는 대각선으로 작업을 하면서 톱니대패를 사용하거나 표면을 가로질러 장부톱을 사용한다. 사이징(Sizing) 전에 부스러기를 제거한다.

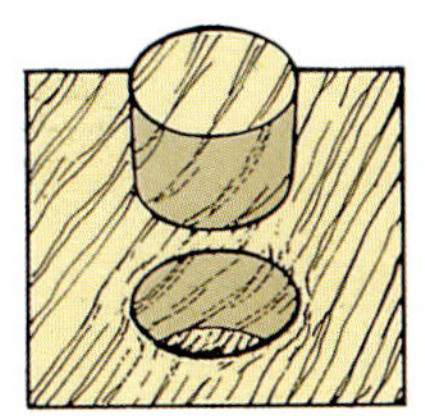

원형 플러그

표면 사이징

사이징은 접착 과정을 쉽게 해주고 성능을 높일 수 있도록 미세한 구멍을 막아 흡입관을 제어하는 과정이다. 흡수 속도는 사용하는 판재의 종류에 따라 다르다. 뜨거운 희석 동물성 접착제(접착제와 물을 1:10의 비율로 희석)나 차가운 합성 벽지 풀을 사용할 수 있다.
표면에 고르게 사이즈(Size)를 바르고 측면에도 넉넉히 바른다. 완전히 마르면 표면을 가볍게 연마해 거친 부분을 제거한다.

무늬목 끝손질 공구

손질 공구는 패널 측면 주변에 남는 무늬목을 제거하는 데 사용된다. 어떤 유형은 짧고 조절 가능한 날이 나무 손잡이에 끼워져 있다. 패널의 측면을 따라 이 공구를 사용해 나뭇결과 나란히가 수직으로 깨끗하게 무늬목을 자른다.

톱니대패

톱니대패는 기초 표면을 거칠게 만들어 접착제가 붙도록 하는 데 사용한다. 이 대패는 날이 거의 수직으로 맞추어져 있는 기존 대패와는 다르다. 톱날 앞면에는 미세한 홈이 있고 뒷면에는 경사면이 있어, 미세한 톱처럼 대팻날 전체에 연속적으로 톱니가 있다. 경사면을 숫돌에 갈면 날을 날카롭게 만들 수 있다.

톱니대패의 날

커팅 매트

무늬목 테이프

금속 안전자

접착제 용기

기존 무늬목 쌓기 작업에는 이중으로 되어 있거나 커버를 씌울 수 있는 접착제 용기에 준비된 동물성 접착제가 사용되었다. 안쪽 용기에는 접착제를 담고 바깥쪽 용기에는 물을 담아 사용한다. 이때 바깥쪽 용기에 담긴 물을 가열해 접착제를 사용할 수 있는 온도로 유지시켜 타지 않도록 한다.
처음에는 접착제 용기를 주철로 만들었지만 최근에는 알루미늄으로 만든다. 가스 풍로나 전기 풍로와 같이 편리한 열원으로 이 용기를 가열한다. 온도가 자동으로 조절되는 전용 접착제 용기를 사용할 수도 있지만 이런 제품은 값이 비싸다.
진주 동물성 접착제를 준비할 때는 안쪽 용기를 비드(Bead)로 1/4 정도 채우고 물을 같은 양만큼 넣는다. 비드가 잠기도록 놔둔 다음 바깥쪽 용기를 물로 반 정도 채우고 안쪽 용기가 담긴 상태로 가열한다. 부드럽게 꾸준히 접착제를 저어주며 필요할 경우 물을 넣어준다. 물이 마를 수 있으므로 접착제가 끓지 않도록 주의해야 한다.

무늬목 테이프

점착성이 있고 폭이 25mm 정도인 종이 테이프로 무늬목을 함께 잡아주고 수축에 의해 새로 덮은 무늬목 연결부가 벌어지지 않도록 한다. 접착제가 굳으면 이 테이프를 촉촉하게 적시거나 긁어서 떼어낸다.

무늬목 핀

큰 플라스틱 헤드가 있는 미세하고 짧은 핀을 사용해 테이프를 붙일 때 무늬목을 일시적으로 고정시킨다.

무늬목 망치

무늬목 망치는 무늬목을 손으로 내리칠 때 사용한다. 나무로 만든 무늬목 망치에는, 경재로 만든 망치 헤드의 측면에 둥근 황동 스트립 날이 있다. 금속으로 만든 무늬목 망치는 기존 망치와 비슷하지만 망치 헤드가 튀어나온 부분을 누르도록 디자인되어 있다. 무늬목을 단단히 누르며 망치를 지그재그로 움직여 잉여 접착제와 사이사이에 있는 공기를 밖으로 빼낸다.

형태가 일정한 기초 소재

무늬목은 얇고 유연해서 곡면 위에 입히거나 나뭇결과 나란하게 또는 수직으로 굽힐 수도 있다. 일정한 형태를 갖는 기초 소재는 두꺼운 구조용 무늬목을 적층하거나 원목을 스팀 벤딩해서 만들 수 있다. 이런 기법은 목재 굽히기에 자세히 설명되어 있다.

원목

띠톱으로 원목을 잘라내면 표면이 얕게 굽은 기초 소재를 만들 수 있다. 굽은대패와 바퀴살대패로 곡면을 매끈하게 대패질하고 무늬목 작업을 위해 표면을 거칠게 만들어준다. 원목에서 잘려나간 것들은 반대편에 두꺼운 펠트(Felt)를 입히면 무늬목 작업을 위한 곡면형판(Caul)으로 사용할 수 있다.

벽돌식 구조

적당한 크기의 원목을 곡면 모양으로 자르는 것은 낭비가 심하고 조직이 짧아지는 단점이 있다. 벽돌식 구조는 활처럼 휜 서랍 앞판과 같은 곡면 기초 소재를 만드는 전통적인 방법이다. 이 방법은 목재 조직이 대체로 곡면 방향과 같아 원목을 잘라서 생기는 단점을 극복할 수 있다.

최종 기초 소재보다 약간 넓고 기다란 목재로 만든 짧은 벽돌의 끝과 끝을 접착제로 이어 곡면 층이나 코스(Course)를 만든다. 각 코스를 서로 엇갈려 잇거나 기존의 벽돌 공사처럼 포개 쌓아 한 코스의 조인트가 옆의 다른 벽돌에 의해 강화되도록 한다.

쿠퍼식 구조

이 방법은 비스듬히 잘린 목재 스트립을 측면과 측면이 닿도록 붙여 곡면 기초 재료를 만드는 방법이다. 활처럼 휜 문을 만드는 데 자주 사용된다. 각 스트립의 측면을 필요한 각도로 대패질한 다음 접착제를 바르고 곡면을 잡아주기 위한 새들(Saddle)이 있는 특별히 제작된 지그에 고정시킨다. 작은 제작물은 접착제를 바른 스트립을 접착 테이프로 고정시킬 수 있다. 접착제가 굳으면 템플릿으로 크로스 밴딩 무늬목 작업에 사용하도록 굽은 대패로 표면을 매끈하게 다듬는다.

<table>
<tr><td>참조할 곳</td><td></td></tr>
<tr><td>무늬목</td><td>30–33</td></tr>
<tr><td>합판 제조</td><td>34</td></tr>
<tr><td>굽은대패</td><td>95</td></tr>
<tr><td>바퀴살대패</td><td>108</td></tr>
<tr><td>휨가공</td><td>250–256</td></tr>
</table>

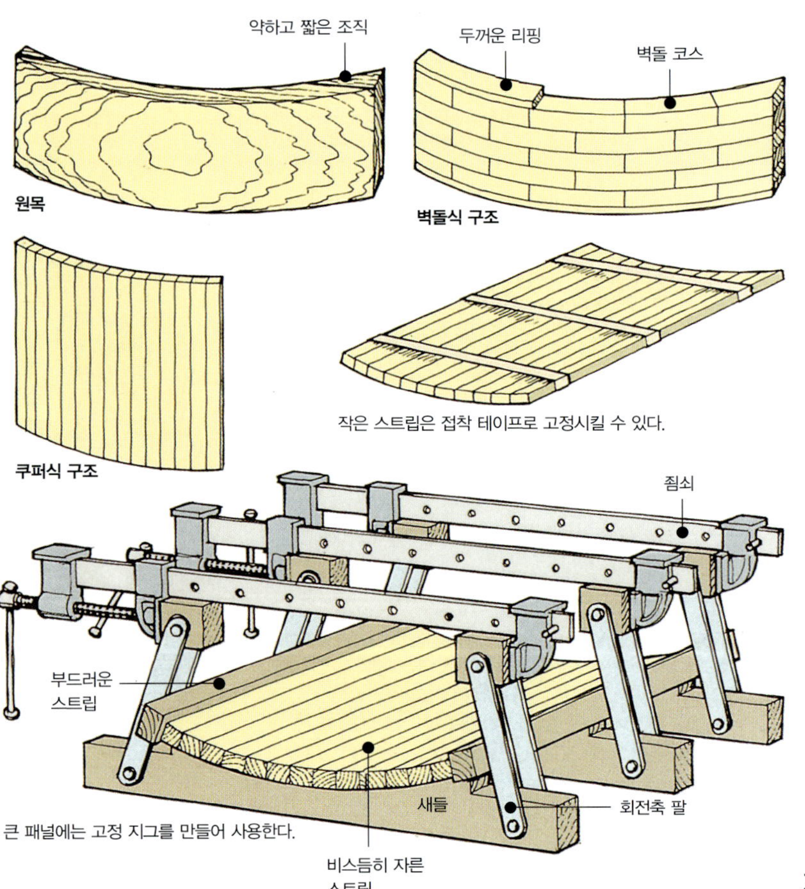

약하고 짧은 조직

원목

두꺼운 리핑
벽돌 코스

벽돌식 구조

쿠퍼식 구조

작은 스트립은 접착 테이프로 고정시킬 수 있다.

죔쇠

부드러운 스트립

새들
회전축 팔

큰 패널에는 고정 지그를 만들어 사용한다.

비스듬히 자른 스트립

무늬목 준비

무늬목의 장점 중 하나는 구조적 성질에 관한 고려 없이 외관에 맞추어 목재를 사용할 수 있다는 점이다. 무늬목을 자르는 과정에서 나타나는 무늬나 색 등 무늬목 원래의 장식적인 특징을 작업자 임의로 사용할 수 있고, 무늬목을 적당히 자르고 다듬어 보기 좋은 모양으로 매칭시킬 수도 있다.

무늬목 취급

무늬목은 파손되기 쉬워 취급에 주의해야 한다. 무늬목은 평평한 상태로 보관하고 서로 매칭될 수 있도록 공급된 순서를 유지해야 한다. 쌓여 있는 무늬목에서 일부를 선택할 때는 밑에 있는 것을 빼지 말고 맨 위에 있는 것부터 꺼내야 한다. 긴 무늬목은 두 사람이 취급해야 한다.

무늬목 펴기

무늬목 작업 전에 무늬목을 평평하게 펴야 할 때가 종종 있다. 무늬목이 약간 뒤틀려 있다면 주전자에서 나오는 증기로 촉촉하게 해주거나 물속에 살짝 담그거나 물에 적신 스폰지로 문지른 다음 칩보드 시트 사이에 끼운 채 마를 때까지 눌러준다. 죔쇠나 무거운 물체로 눌러주고 무늬목 작업 전에 무늬목을 평평하게 펴준다.

습기를 주는 과정에 접착제를 사용하면 굽어 있고 파손되기 쉬운 무늬목의 반응이 더 잘 일어난다. 벽지 풀을 사용하거나 뜨거운 동물성 접착제의 희석액을 사용할 수 있다. 풀이나 희석된 접착제를 브러시로 가볍게 발라 무늬목을 적신 다음 얇은 폴리에틸렌 시트가 덮인 판재 사이에 끼우고 누른다. 이런 상태를 최소한 24시간 동안 유지하며 이 과정의 촉진을 위해 판재에 열을 가할 수 있다.

무늬목 매칭시키기

선택한 무늬목이 기초 소재보다 폭이 좁으면 무늬목을 이어야 한다. 이처럼 무늬목을 서로 이으면 무늬나 색 등 무늬목 자체의 특징을 나란히 배열함으로써 장식 효과를 낼 수 있다.

슬립 매칭

슬립 매칭은 폭이 좁은 무늬목으로 넓은 무늬목을 만드는 데 사용된다. 이 방법은 연속적인 무늬목 중 위에 있는 것을 옆으로 밀며 나뭇결 방향을 바꾸지 않으면서 밑에 있는 무늬목과 서로 잇는다. 이 방법은 이은 표시가 잘 보이지 않는 줄무늬가 있는 무늬목에 사용하기 가장 좋다. 무늬목 조각이 이어지는 측면과 나란하지 않으면 무늬목이 서로 매칭되지 않기 때문에 바르게 무늬가 연결되도록 끝을 다듬어야 한다.

북 매칭

이 방법은 무늬목 무늬가 한쪽으로 치우쳐 있으며 연속적인 무늬목을 잇는 데 사용된다.

무늬목 한 장을 넘기는 방향은 강조하고자 하는 무늬의 위치에 따라 다르다. 그 무늬가 왼쪽에 있다면 책을 읽을 때처럼 맨 위에 있는 무늬목을 왼쪽으로 넘긴다.1 그 무늬가 오른쪽에 있다면 맨 위에 있는 무늬목을 오른쪽으로 넘긴다.2 잇는 부분이 서로 분리되어 매칭되지 못하는 것을 방지하기 위해 무늬를 완벽하고 가지런히 정렬해야 한다.

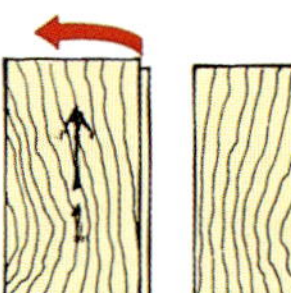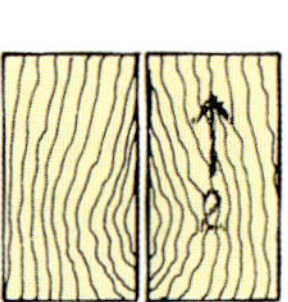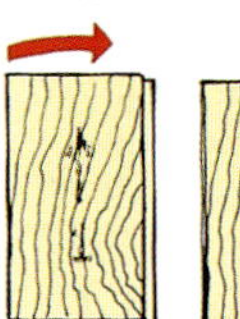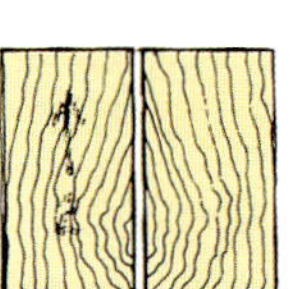

1 무늬목을 왼쪽으로 넘긴다.　2 무늬목을 오른쪽으로 넘긴다.

네 조각 매칭

이 방법은 북 매칭 기술을 한 단계 발전시킨 것으로, 연속적인 무늬목 4조각을 준비해 아래쪽 한 곳으로 무늬가 모일 수 있는 부분을 선택한다.

첫 번째 쌍의 두 무늬목에서 수직 측면을 북 매칭 방법으로 서로 잇는다. 정확한 매칭을 위해서 먼저 한 무늬목에 연결될 측면을 확실히 다듬는다. 막 다듬은 측면을 두 번째 무늬목 측면 위에 놓고 두 무늬목이 어울리도록 두 번째 무늬목을 잘라 연결 부위를 테이프로 붙인다.1 그 다음, 수평으로 연결한 측면을 수직으로 곧게 자른다. 두 번째 쌍의 수직 측면을 첫 번째 쌍과 마찬가지로 북 매칭 방법으로 서로 잇는다. 이때 수평 측면을 따라 반대로 뒤집어 두 짝이 서로 마주보도록 한다.2

첫 번째 쌍을 두 번째 쌍 위에 올려놓고 무늬가 서로 일치되는 지점에서 무늬목을 잘라 두 짝의 수평 측면을 서로 매칭시킨다. 수평으로 연결되는 부위를 테이프로 붙인다.

다이아몬드 매칭

다이아몬드 매칭에서는 줄무늬가 있는 무늬목이 사용된다. 연속적인 무늬목 4조각을 함께 놓고 긴 두 측면을 바르게 손질한다. 서로 나란하도록 양쪽 끝을 45도로 잘라낸다.1 위에 있는 두 무늬목을 북 매칭 방법으로 펼친다. 이때 위쪽 대각선 측면을 따라 위에 있는 무늬목을 뒤집어 V자 반대 모양이 나타나도록 만든 다음 테이프로 붙인다.2 그런 다음 양쪽 코너에서 코너까지 수평으로 곧게 자른다.3 삼각형으로 잘린 조각을 아래쪽 V자 모양의 공간에 끼워 넣어 직사각형 형태로 만든다.4 이 과정을 두 번째 무늬목 쌍에도 똑같이 반복한다. 이때 네 조각 매칭과 같이 수평 측면을 따라 반대로 두 쌍이 마주보게 한다. 마지막으로 가운데를 따라 두 직사각형을 잇는다.5

매칭 시험

나뭇결 패턴의 반복 유형을 보기 위해 무늬목에 수직으로 나란하게 거울을 잡고 표면 위로 미끄러지듯 움직인다. 가장 좋은 위치에서 거울을 따라 절단선을 긋고 매칭될 다른 무늬목을 자른다.

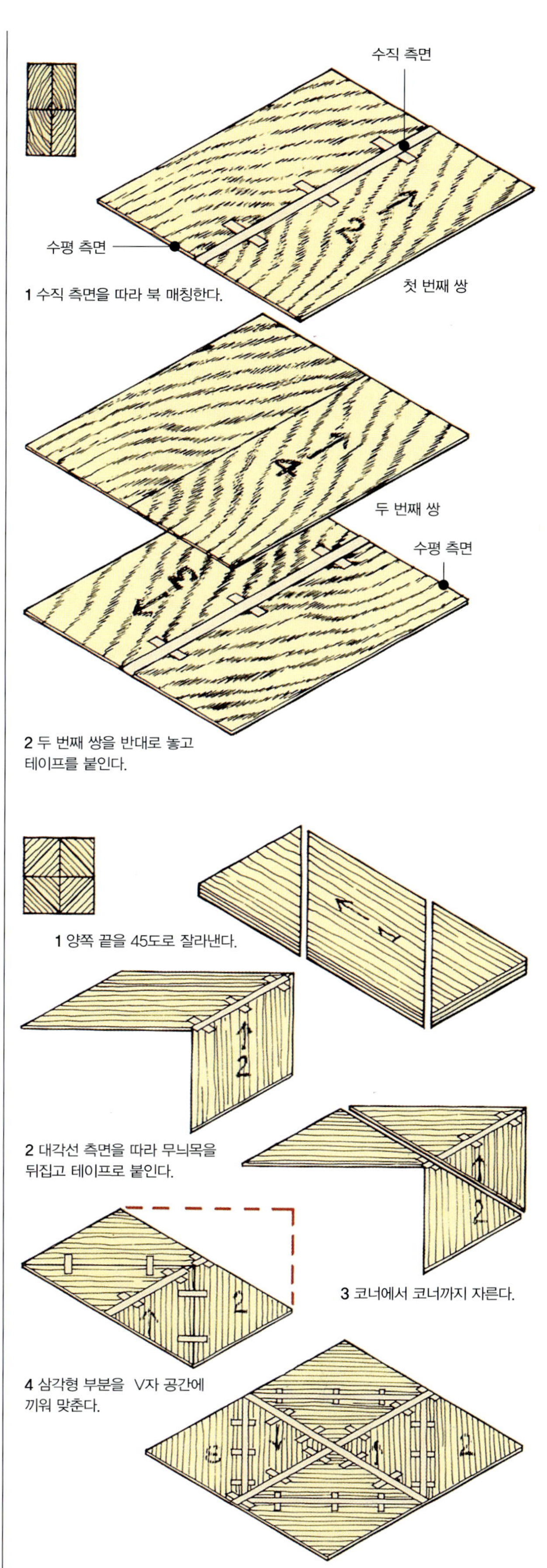

무늬목은 바라보는 방향에 따라 종종 밝게도, 어둡게도 보인다. 따라서 연속적인 무늬목을 반대 방향으로 놓으면 색조가 크게 달라질 수 있다.

무늬목 묶음에서 일부 무늬목을 꺼낼 때 무늬목 위쪽 면에 분필로 번호와 화살표를 표시해두면 나뭇결 방향을 파악하기 쉬울 뿐만 아니라 가장 좋은 닫힌(Closed) 면이 어딘지, 약간 거친 열린(Open) 면은 어딘지 한 눈에 알수 있다. 가능한 한 열린 면이 기초 재료 위에 놓여야 한다.

무늬목 잇기

무늬목을 서로 결합하는 측면은 직선으로 잘라야 한다. 두 무늬목을 매칭시킬 때는 무늬가 정확히 일치하도록 맞춰 놓는다. 자르고 자 하는 측면 바로 안쪽에 직선자를 대고 두 무늬목을 눌러 핀으로 임시 절삭 보드 위에 고정시켜 칼이나 무늬목 톱으로 이 두 무늬목을 함께 자른다.

서로 맞는지 확인하려면 두 무늬목을 함께 불빛에 대본다. 어떤 틈새가 보이면 그 무늬목을 두 직선 나뭇조각 사이에 끼워 고정시키고 미세하게 조절된 작업용 대패로 그 무늬목의 측면을 밀어준다.

테이프로 붙이기

두 측면을 눕혀놓고 무늬목 테이프를 100mm 길이로 잘라 연결부를 가로질러 약 150mm 간격으로 붙인 후 연결부를 따라 테이프를 길게 붙인다. 이 테이프는 수축하면서 그 연결부를 함께 당겨준다.

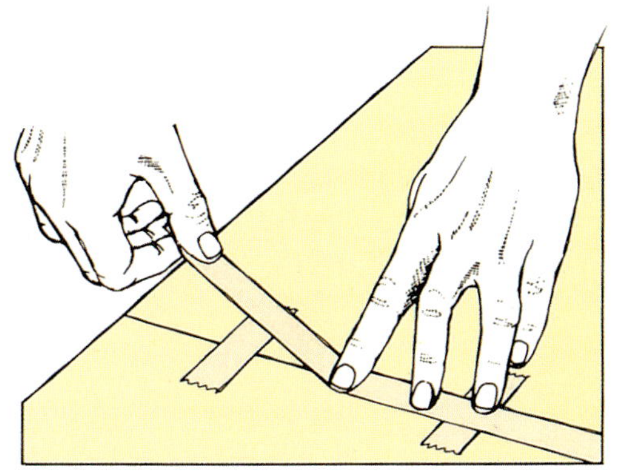

연결부를 따라 테이프를 붙인다.

곡면형판 무늬목 작업

형판 무늬목 작업에서는 프레스를 사용해 무늬목을 눌러준다. 형판은 단단한 판재로, 평평한 형태와 굽은 형태가 있다. 기초 소재와 무늬목은 이 곡면형판 사이에서 눌린다. 수작업으로 하는 무늬목 작업과는 달리 곡면형판 무늬목 작업에서는 곡면형판과 프레스를 만들기 위한 제작물과 재료가 필요하다. 그러나 이 방법은 테이프로 조각을 이어 만든 무늬목이나 버(Burr) 또는 컬(Curl) 등 약한 무늬목에 사용하기 가장 좋은 방법이다. 이 방법은 또한 기초 재료 양면에서 무늬목 작업을 동시에 할 수 있다. 곡면형판 무늬목 작업에서는 저온 경화 접착제가 무늬목을 펼치는 시간을 절약해주기 때문에 큰 곡면을 다루는 것이 쉽다.

형판 조립부 만들기

형판 조립부의 복잡성은 제작물의 크기와 형태 그리고 제작물이 사용될 범위에 따라 다르다.

평평한 형판

작거나 폭이 좁은 제작물은 묵직하고 동일한 길이의 목재로 곡면형판을 만든다. 그리고 중심선을 따라 죔쇠를 설치해 압력을 가한다. 폭 넓은 판재에 무늬목 작업을 할 때는 적어도 두께가 18mm가 넘고 무늬목을 입히고자 하는 제작물보다 큰 인공 판재로 형판을 만들어 사용한다.

형판 전체에 압력을 주기 위해서는 크기가 75×50mm인 연재로 적어도 세 쌍의 가로대를 만들어 사용한다. 형판 가운데에 초기 압력을 가하고 남은 접착제와 남아 있는 공기를 측면 밖으로 빼내도록 각 가로대의 좁은 한쪽 측면 전체를 대패질해서 얕은 볼록면을 만든다. 이런 방법으로 양쪽 끝에 있는 죔쇠를 통해 압력을 보충할 수 있다.

죔쇠를 사용해서 압력을 가하거나 너트와 워셔가 있는 봉 달린 나사산 가로대로 압력을 가할 수도 있다.

수지 접착제를 사용할 때 접착제를 빨리 굳게 하려면 독립적인 가열이 가능한 알루미늄 시트로 형판을 만든다. 동물성 접착제를 사용할 때 뜨거운 형판을 이용하면 압착 시에 접착제가 빨리 경화되는 것을 막을 수 있다.

이 밖에도 부드러운 패드(Softening pad)로 사용할 신문지와 각 무늬목을 덮을 폴리에틸렌 시트도 필요하다. 이 패드는 테이프로 인해 고르지 못한 표면을 메우고 폴리에틸렌 시트는 제작물이 달라붙는 것을 막아준다.

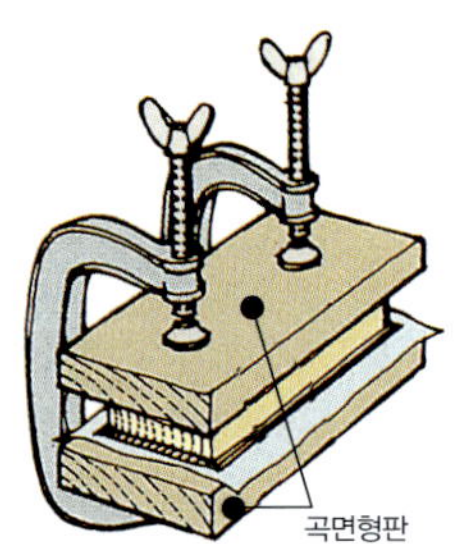

작은 제작물 고정시키기
죔쇠를 사용해 묵직한 나무 곡면형판에 압력을 가한다.

굽은 곡면형판

라미네이트 벤딩과 같이 암수 성형틀을 사용하면 굽은 판재로도 형판 무늬목 작업을 할 수 있다. 아니면 평평한 제작물에 사용하는 것과 비슷하게 목재 스트립으로 만든 곡면형판이나, 굽은 형태의 가로대로 눌리는 프레스를 사용할 수도 있다.

자르기 위한 곡선을 가능하도록 가로대에 단면도를 그린다. 이때 형판 재료의 두께와 그 사이에 끼워질 기초 소재의 두께를 고려해야 한다.

앞서 설명한 쿠퍼식 구조로 기초 소재를 만드는 방법을 사용해 영구적인 형판을 만들 수 있다. 그러므로 유연한 형판이 더 다양한 용도로 쓰일 수 있다.

목재 스트립으로 약 12평방밀리미터의 유연한 형판을 만들고 접착제를 발라 캔버스 시트에 붙인다. 위쪽과 아래쪽 가로대 짝을 필요한 만큼 만곡으로 자른다. 그리고 이 사이에 약 150mm 정도의 충분한 간격이 있어야 한다.

캔버스를 붙인 면이 위로 향하도록 가로대 사이에 형판을 올려놓고 알루미늄이나 경재로 된 형판을 붙여 표면을 평평하게 한다.

평평한 제작물에서 설명한 방법대로 제작물을 조립한다. 한 쌍의 단단한 가로대를 곡선 중심선을 따라 고정시켜 압력을 가한 후 가로대를 단단히 죈다.

모래주머니 사용

굽고 작은 제작물은 뜨거운 모래주머니로 무늬목을 눌러줄 수 있다. 평평한 모래주머니에 건조된 고운 모래를 채운다. 모래주머니를 달구어 일정한 형태의 제작물을 주변이나 안으로 눌러준 다음 적절한 곡면형판과 죔쇠로 고정시킨다.

무늬목 작업

다른 결합 과정처럼 무늬목 작업을 할 때도 제작물 가까이에 필요한 것을 준비해야 한다. 한 면씩 무늬목을 입힐 수도 있고 양면에 한꺼번에 입힐 수도 있다. 한 면씩 작업할 때는 받침 무늬목(Backing veneer)을 먼저 입힌다.

브러시를 사용해서 PVA나 요소수지 접착제 같은 저온 경화 접착제를 기초 소재에 고르게 발라 접착제가 끈적해질 때까지 기다린다. 무늬목에는 접착제를 바르지 않는다.

아래 그림은 기초 소재 양면에 무늬목 작업을 하는 순서를 보여준다. 위쪽 가로대를 끼우고 형판을 죄어 압력을 가한다. 이 작업은 두 명의 작업자가 하는 것이 좋다.

접착제가 경화되도록 12시간까지 기다린다. 풀고 난 잔여 무늬목을 잘라 내고 판재를 측면에 대고 세워 공기가 순환하도록 만든다. 며칠 동안 적응하도록 둔 다음 그 측면을 대패질하고 리핑을 대어 완성한다.

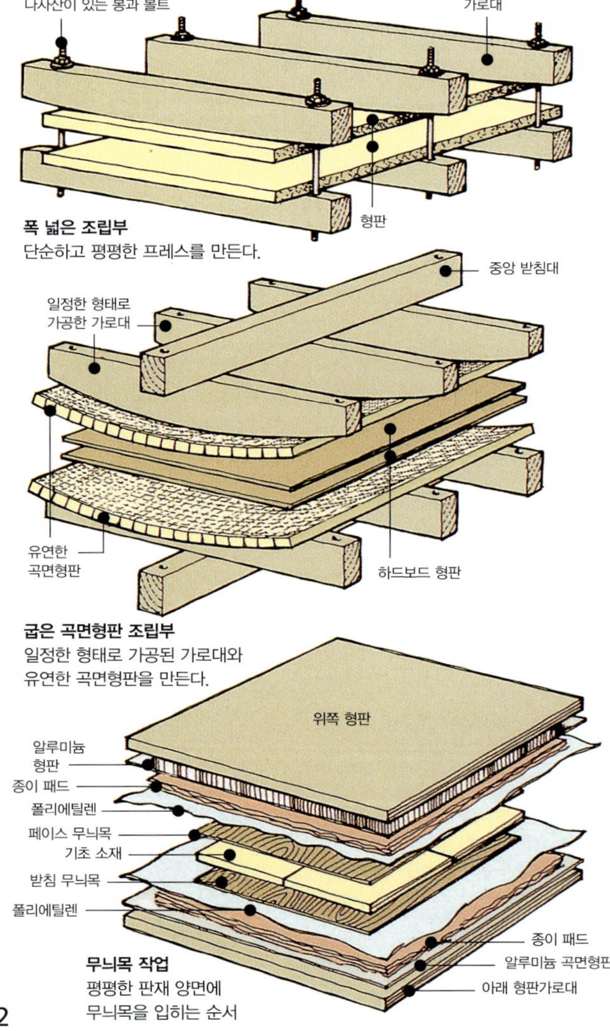

무늬목 수작업

뜨거운 동물성 접착제를 사용해 수작업으로 무늬목을 입히는 방법에는 많은 장점이 있다. 이 접착제는 무늬목 작업을 한 지 수년이 지나도 열을 가하면 부드러워진다. 따라서 잘못 작업한 부분을 간단히 수정할 수 있고 손상되거나 부푼 부분도 쉽게 수리할 수 있다. 그러나 필요한 점도로 낮추기 위해서는 접착제 원료를 녹여야 하고 무늬목을 입히는 기술을 익히기 위해서는 연습이 필요하다. 최신 접착제는 깨끗해서 사용하기는 쉽지만 다용도로 이용할 수는 없다. 어떤 방법이든 기초 소재를 준비하고 사이징해야 하며, 그러지 않으면 많은 접착제가 흡수되어 접착력이 약화될 것이다. 무늬목을 잘라서 준비하고, 필요하다면 작은 조각을 서로 잇는다. 이번에 설명하는 방법은 무늬목이 한번에 기초 소재를 덮기에 충분한 경우에 해당된다.

망치 무늬목 작업

망치 무늬목 작업의 성공은 접착제의 작업 온도를 일정하게 유지시키느냐에 달려 있다. 뜨거운 진주 동물성 접착제나 액상 동물성 접착제를 이중 용기나 커버가 달린 접착제 용기에 담아 약 49도가 될 때까지 가열한다. 접착제가 잘 섞여 덩어리가 지지 않을 정도의 점도가 돼야 하며, 나뉘지 않으면서 솔에서 흘러내려야 한다. 뜨거운 물, 스펀지, 무늬목 망치를 준비하고 가정용 전기 다리미는 실크용으로 온도를 맞추어 놓는다.

접착제 바르기

솔로 기초 소재와 무늬목에 접착제를 얇게 바른 다음1 접착제가 마르기 시작하면서 여전히 끈적이는 상태가 될 때까지 그대로 둔다. 무늬목을 기초 소재 위에 완전히 덮고 손바닥으로 가볍게 눌러준다.2

무늬목 입히기

스펀지를 뜨거운 물에 적신 다음 짠다. 작은 구멍을 메워 다리미가 붙지 않도록 하려면 이 스펀지로 무늬목 표면을 촉촉하게 적신다.3 가열된 전기 다리미로 표면을 문질러4 무늬목 안으로 녹인 접착제를 넣는다. 곧 무늬목 망치를 잡고 중앙에서 시작해 무늬목을 기초 재료 쪽으로 눌러준다. 지그재그로 두들기면서 바깥쪽을 향해 작업해야 한다.5 공기와 녹은 접착제를 무늬목 밑에서 밖으로 밀며 두 손으로 무늬목 망치를 세게 누른다.6 나뭇결에

수직으로 커다란 압력을 가해 무늬목을 잡아당기지 않도록 주의한다. 판재의 다른 쪽 끝을 향해서 다시 작업하며 이때 작업이 완료되기 전에 접착제가 식으면 같은 과정을 반복해야 한다. 녹은 상태로 밀어낸 접착제는 굳기 전에 물에 적신 헝겊으로 닦아낸다.

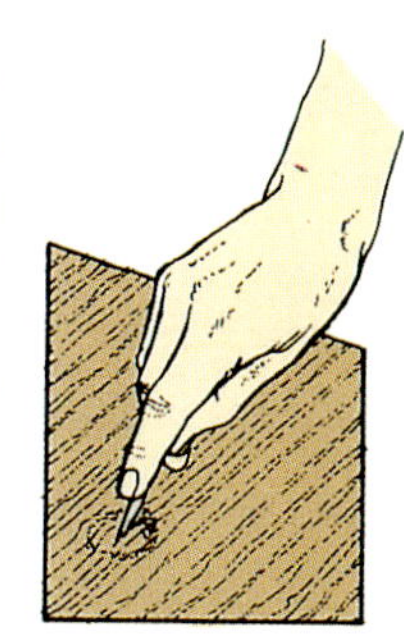

부풀어오른 부분이 있는지 확인
손톱으로 표면을 두들기면서 공기방울로 인해 부푼 부분이 있는지 검사한다. 속 빈 소리가 나는 부분이 있으면 전기 다리미와 무늬목 망치로 무늬목을 눌러준다. 필요하다면 나뭇결을 따라 날카로운 칼로 그 부분을 자른 다음 남아 있는 공기를 밖으로 빼낸다.

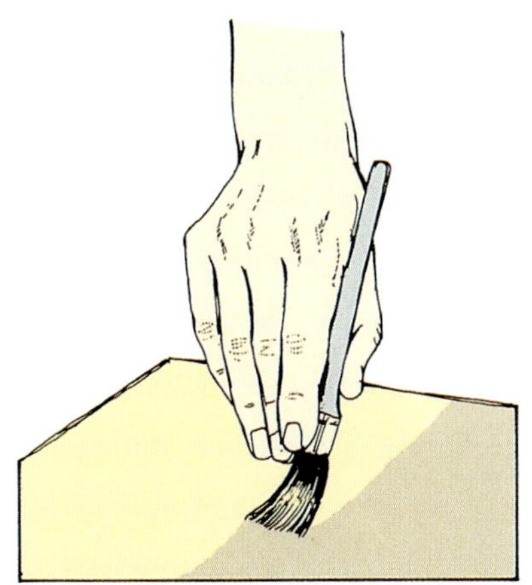

1 기초 소재와 무늬목에 접착제를 바른다.

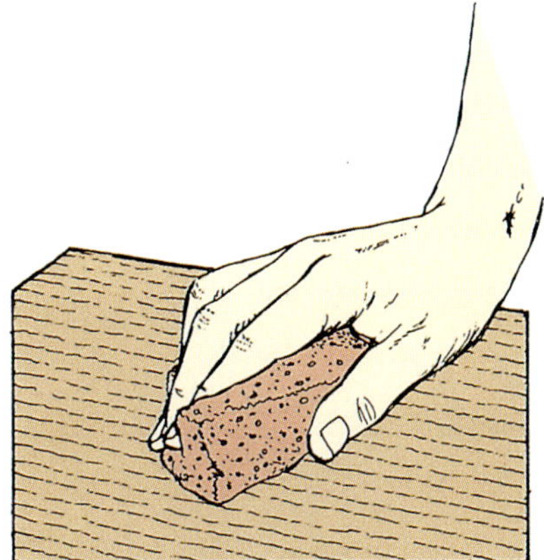

3 무늬목 표면을 촉촉하게 적신다.

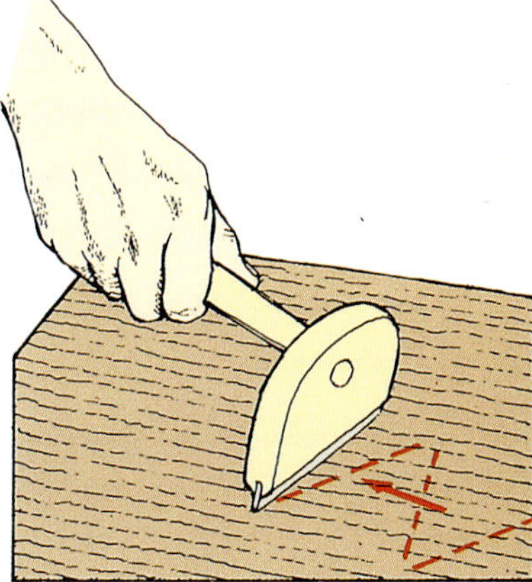

5 무늬목 망치로 누른다.

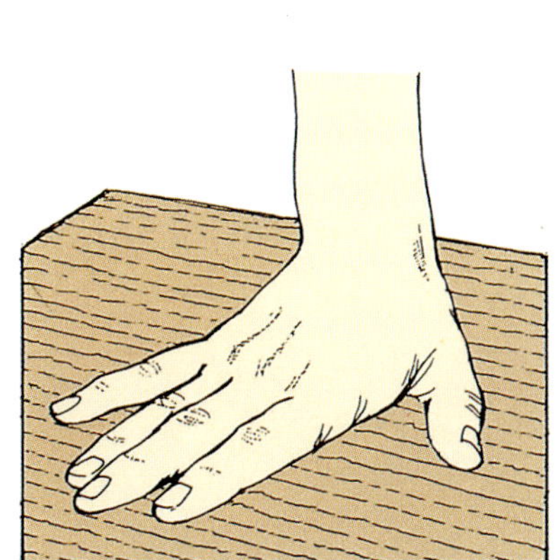

2 무늬목을 부드럽게 누른다.

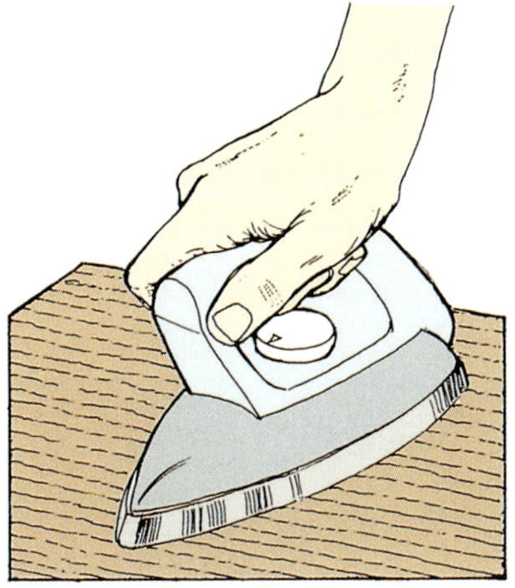

4 전기 다리미로 접착제를 가열한다.

6 두 손으로 세게 눌러준다.

접착제 필름(Glue film) 사용

기존 동물성 접착제를 변형시킨 것으로, 전기 다리미로 문질러 가열하면
액상으로 변하는, 종이에 붙은 접착제 필름을 사용할 수도 있다. 이 접착제
필름을 사용해 열을 가하면 비슷한 방법으로 작업을 다시 할 수 있으며 특별한
기술이 필요한 것도 아니다. 그러나 물결무늬(Curl)나 버(Burr)처럼 작업하기
힘든 무늬목에 접착제 필름을 사용할 때는 경험이 필요하다.

필름 바르기
가위로 접착제 필름을 기초 재료보다
약간 크게 자른다. 필름 면을 기초 재
료 위에 놓은 다음 낮은 온도로 가열
시킨 전기 다리미로 문질러 평평한
상태가 되도록 녹인다. 접착제가 다
시 굳으면 뒷면을 싸고 있는 종이를
걷어낸다.1

무늬목 입히기
접착제를 바른 기초 재료 위에 무늬목

을 올려놓지만 손상을 막기 위해 필름
뒷면을 받치던 종이를 무늬목 위에 덮
는다. 그러고는 가열한 전기 다리미로
눌러준다. 이때 가운데에서 바깥쪽으
로 표면 천체를 다리미로 천천히 움직
이며 눌러준다. 무늬목 망치나 나무
블록으로 다리미 뒤를 눌러 접착제가
굳는 동안 무늬목을 계속 눌러준다.2
앞서 설명한 것과 같이 튀어나온 부분
을 제거한 다음 접착제가 완전히 굳으
면 잔여 무늬목을 다듬어준다.

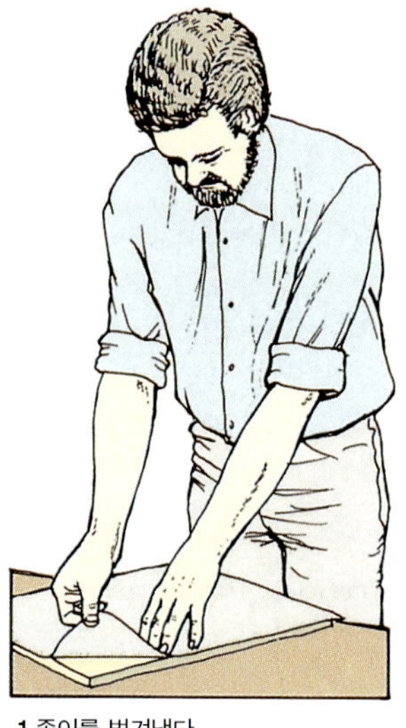

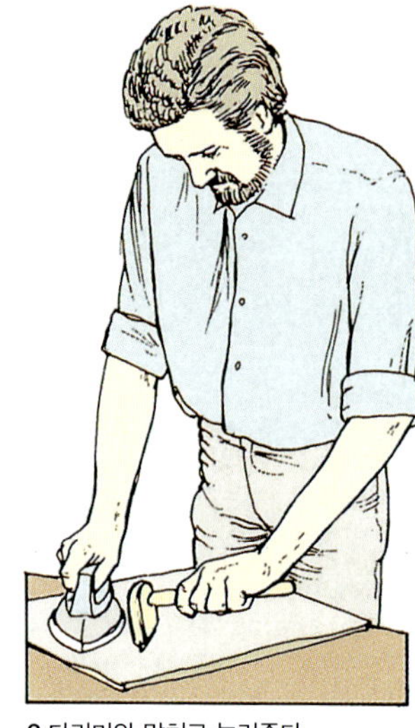

1 종이를 벗겨낸다.   2 다리미와 망치로 눌러준다.

접촉 접착제(Contact glue) 사용

특별히 제작된 접촉 접착제를 사용하면 프레스나 특수 공구 또는 열을 가하지
않고도 평면이나 곡면 제작물에 무늬목 작업을 할 수 있다. 이런 유형의
접착제를 작업하면 무늬목이 치핑(Chipping)되기 쉬워 튼튼한 리핑이나 다른
형태의 에지 보호 도구를 사용하는 것이 좋다. 물결(Curl) 무늬목이나 버(Burr)
무늬목은 접촉 접착제를 사용하지 않는다.

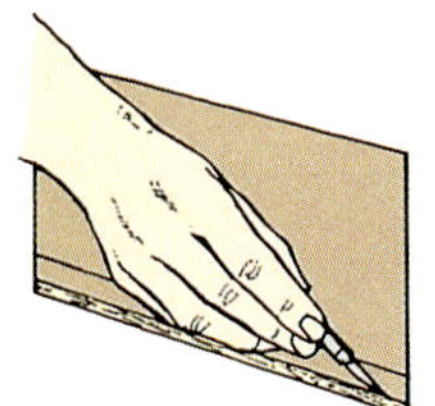

잔여 무늬목 다듬기
접착제가 굳으면 공구로
판재의 테두리를
다듬거나, 평평한 커팅
보드 위에 뒤집어
날카로운 칼로 기초
재료를 따라 잔여
무늬목을 잘라낸다. 십자
무늬결(Cross grain)을
다듬을 때는 무늬목이
손상되는 것을 막기 위해
가장자리에서 중앙
쪽으로 자르며 다듬는다.

접착제 바르기
솔이나 못 쓰는 두꺼운 무늬목 조각
으로 무늬목에 접착제를 얇고 고르게
바른다. 모퉁이에서 모퉁이까지 대각
선으로 한 번에 한 방향씩 교대로 바
른다. 이때 표면 전체에 접착제가 고
루 발라지도록 주의한다. 같은 방법
으로 기초 재료에 접착제를 바른 다
음 건조시킨다.

무늬목 입히기
기초 재료 위에 신문지나 갈색 포장
지를 덮는다. 이때 한쪽 측면에 마른
접착제 부분을 50mm 정도 노출시
킨 상태로 남겨둔다.1 윗면을 무늬목
으로 덮은 다음 기초 재료와 배열이
잘되었으면 종이로 덮여 있지 않은
부분에 무늬목을 누른다. 점차 무늬

목과 기초 사이에 끼워둔 종이를 밖
으로 당겨 빼내면서 나무 블록으로
접착제를 바른 두 표면을 함께 눌러
준다.2 마지막으로 나무 블록을 사용
해 표면을 문질러 무늬목을 평평하게
편 다음 칼이나 무늬목 다듬는 공구
로 잔여 무늬목을 다듬는다(왼쪽 그
림 참조).

불룩 나온 부분 제거하기
표면 전체를 가볍게 두들겨서 무늬목
밑에 공기가 있는지 검사한다. 날카
로운 칼로 튀어나온 부분을 자르고
그 부분에 접착제를 새로 바른다. 잘
라낸 부분을 닫고 경재로 만든 심 롤
러(Seam-roller)로 벽지를 바르듯
눌러준다. 무늬목 표면으로 빠져 나
온 접착제를 굳기 전에 닦아낸다.

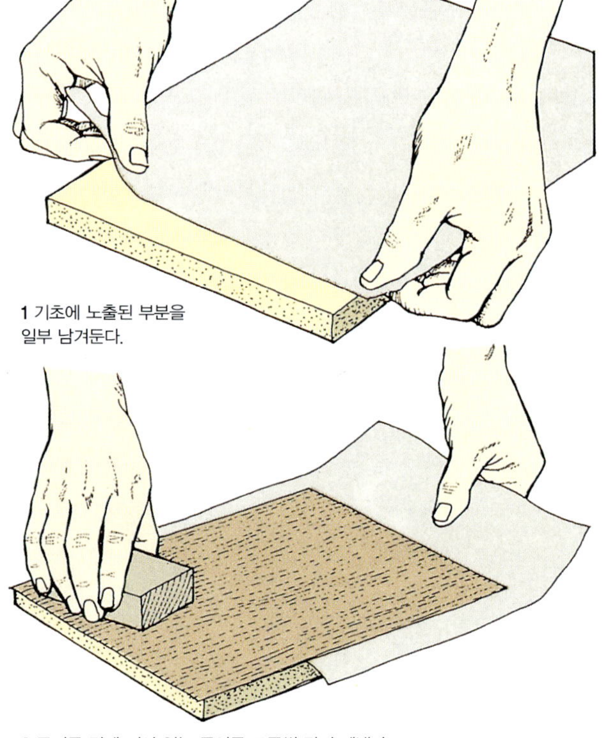

1 기초에 노출된 부분을
일부 남겨둔다.

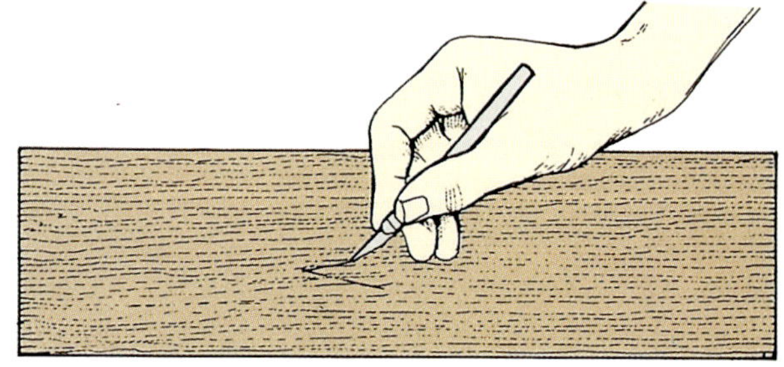

2 무늬목 밑에 끼어 있는 종이를 조금씩 당겨 빼낸다.

이물질 제거

작은 모래알이나 거친 톱밥이 무늬목 밑에 있으면 누르는 세기와는 관계없이
이를 제거할 수는 없다. 이때는 이물질이 있는 부위를 V자 모양으로 파낸 후
무늬목을 벗겨내 칼 끝으로 이물질을 제거한다. 동물성 접착제나 접착제 필름
을 사용할 때는 자른 무늬목을 덮고 따뜻한 다리미와 무늬목 망치로 눌러준다.
접착제를 사용할 때는 자른 무늬목과 기초 재료에 약간의 접착제를 다시 발라
붙인다.

V자 모양으로 자른 후에 이물질을 제거한다.

밴딩 및 상감 모티프

밴딩(Banding)과 상감을 사용하면 무늬 없는 판재를 아름다운 장식 재료로 바꿀 수 있다. 밴딩은 무늬가 없거나 특정 무늬가 있는 무늬목 스트립으로, 장식 경계를 만드는 데 사용된다. 작업자는 직접 자신만의 밴딩을 만들 수 있고 시중에 있는 다양한 제품을 구입해 사용할 수도 있다. 상감은 장식 무늬로 사용되는 상감 모티프로, 전통적인 패턴, 회화적인 패턴, 꽃 모양의 패턴이 있다. 상업적으로 만들어진 상감은 무늬목 작업을 한 표면이나 원목 표면 어디에도 비교적 간단히 적용할 수 있다. 수작업으로 각 모티프를 입힐 수 있지만 무늬목 조합을 위한 형판을 사용하는 것이 좋다.

테두리 장식 판재에 무늬목 작업

측면에 약간 못 미치도록 판재 가운데에 위치할 무늬목을 자르고 입힌다. 크로스 밴딩(Cross-banding)의 대패질 폭으로 맞춘 커팅 게이지를 사용해 측면에 정확히 맞게 무늬목을 다듬는다.1 제거할 부분을 벗겨내고 잔여 접착제를 제거한다.2 필요하다면 다리미로 동물성 접착제를 녹인다.

크로스 밴딩 자르기

커팅 게이지를 사용해 연속적으로 이어져 있는 무늬목 끝에서 크로스 밴딩을 잘라낸다. 먼저 미세하게 조절한 대패로 무늬목 끝을 민 다음 필요한 것보다 약간 길고 넓게 경계를 위한 크로스 밴딩을 자른다. 측면과 직선 판재를 사용해 게이지의 방향을 잡는다.3

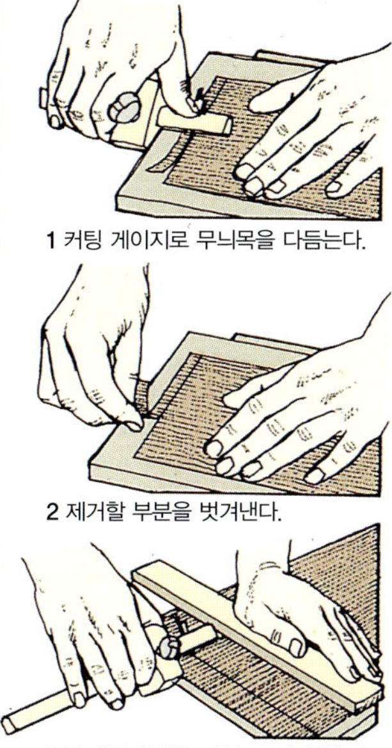

1 커팅 게이지로 무늬목을 다듬는다.

2 제거할 부분을 벗겨낸다.

3 판재의 측면을 가이드로 사용한다.

수작업으로 크로스 밴딩 입히기

밴딩 끝을 비스듬히 자른 뒤 붙이거나 접착제로 붙인 뒤 그 위치에서 자를 수도 있다. 후자의 방법을 사용하면 모양을 확실히 맞출 수 있다.

기초와 밴딩 양면에 동물성 접착제를 바른다. 무늬목 망치나 크로스핀 망치를 사용해서 각 밴딩을 제 위치에 대고 누른다. 제 위치에서 비스듬히 자르고자 할 때는 겹친 밴딩 안쪽 모퉁이와 바깥쪽 모퉁이에 직선자를 대고 두 층을 모두 조심스럽게 자른다.4

잘려나갈 윗부분을 제거한 다음 경계의 끝을 올려 아래쪽 조각을 빼낸다. 비스듬히 자른 끝을 망치로 누른다. 긴 측면에서 제거할 부분을 잘라내고 잔여 접착제를 닦아낸다. 무늬목 테이프를 연결부와 측면에 붙인다.

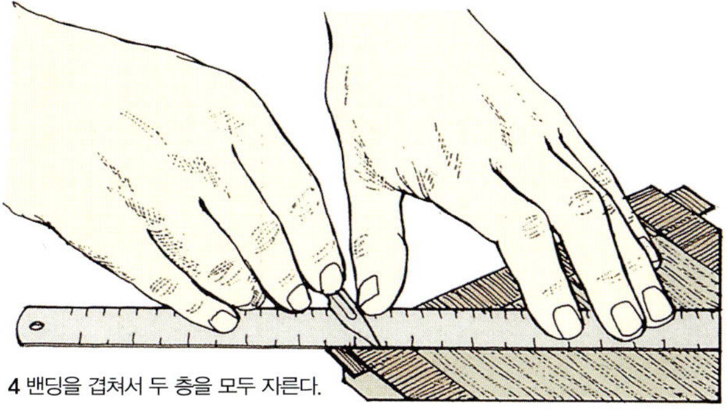

4 밴딩을 겹쳐서 두 층을 모두 자른다.

스트링잉과 밴딩 입히기

중앙 판재와 크로스 밴딩 사이에 스트링잉(Stringing)이나 장식 밴딩을 놓을 때는 앞서 설명한 대로 작업한다. 그런 다음 같은 방법으로 크로스 밴딩을 입힌다.

라인과 밴딩

상업적으로 생산되는 장식 상감 밴딩은 사용자가 선택한 목재에서 묶음이 만들어진다. 후에 정확히 매칭되는 부분을 구할 수 없을 수도 있으므로 처음 주문할 때 넉넉히 구입하는 것이 좋다. 목재도 다를 뿐 아니라 크기도 다를 수 있다.

스트링잉 라인

스트링잉은 작고 긴 목재 조각으로, 서로 다른 유형의 무늬목 사이나 나뭇결 방향이 바뀌는 부분을 밝거나 진한 색으로 선을 입혀 무늬목의 영역을 분리하는 데 사용된다. 전통적으로 흑단(Ebony)과 회양목(Boxwood)이 스트링잉을 만드는 데 많이 사용되었다. 그러나 요즘은 흑단 대신 검은 색으로 염색된 원목(Black dried wood)이 사용된다.

밴딩

장식 밴딩은 접착된 채색 목재의 옆 무늬결을 약 1mm 두께의 길쭉한 조각으로 잘라 만든다. 바로 사용할 수 있도록 측면을 가공한 상태로 만들어 회양목 스트링잉(Boxwood stringing)이나 검은 스트링잉(Black stringing)을 선택할 수 있으며, 장식 경계를 만드는 데 사용된다. 나뭇결과 수직으로 잘린 무늬목 스트립을 크로스 밴딩이라 부르며, 테두리 장식 판재(Bordered panel)를 만드는 데 사용된다. 판재를 만드는 데 사용되는 무늬목을 잘라 크로스 밴딩을 만든다.

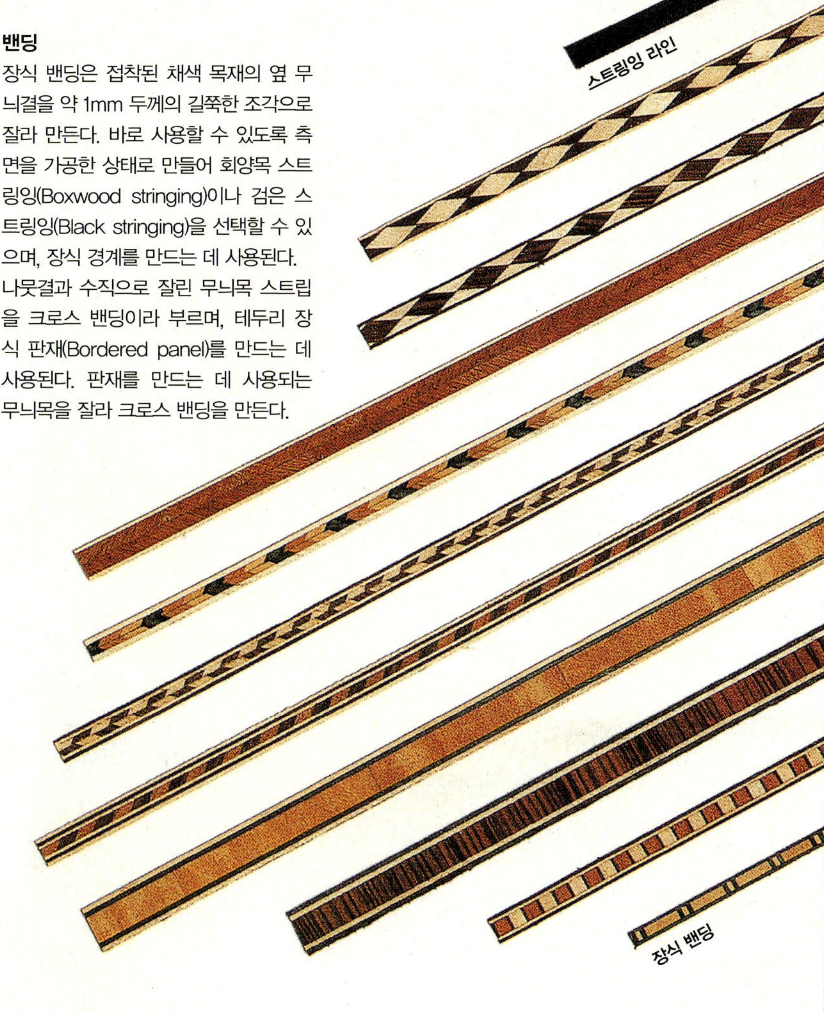

형판을 사용한 밴딩 입히기

형판을 사용해 가운데 판재 무늬목 다음에 밴딩을 입힐 수 있으며 이 둘을 같이 입힐 수도 있다.

먼저 가운데 판재를 놓고 절단 게이지로 다듬으면 정확히 가운데에 위치시킬 수 있고 경계가 사방에서 고른지 확인할 수 있다. 무늬목을 입힌 판재를 프레스에서 꺼낸 다음 수지 접착제가 완전히 경화되기 전에 다듬어야 한다. 이것에 맞게 밴딩을 자르고 연귀로 잇는다. 접착제를 기초 경계에 바른 다음 테이프로 무늬목을 붙여 판재를 프레스에 끼운다.

아니면 가운데 판재 무늬목을 자르고 밴딩을 넉넉한 크기로 자른 다음 테이프로 붙인다.1 기초 소재와 조립된 무늬목 길이와 폭 전체에 중앙선을 연필로 긋는다. 기초 소재에 접착제을 주의해서 바르고 무늬목을 제 위치로 가져간 다음 프레스로 누르기 전 손이나 심 롤러(Seam-roller)로 눌러준다.

밴딩 입히기

절단 게이지와 스크래치 스톡을 사용해 홈을 파면 밴딩을 원목 표면 안으로 상감할 수 있다.

측면에서부터 작업하면서 게이지를 홈의 폭으로 맞춘다. 스크래치 스톡으로 홈을 파고 모퉁이에서는 끌을 사용한다. 움푹 파인 부분의 깊이를 밴딩 두께보다 약간 작게 만든다. 밴딩 끝을 연귀로 이은 다음 접착제를 바르고 크로스 핀 망치로 누른다.2

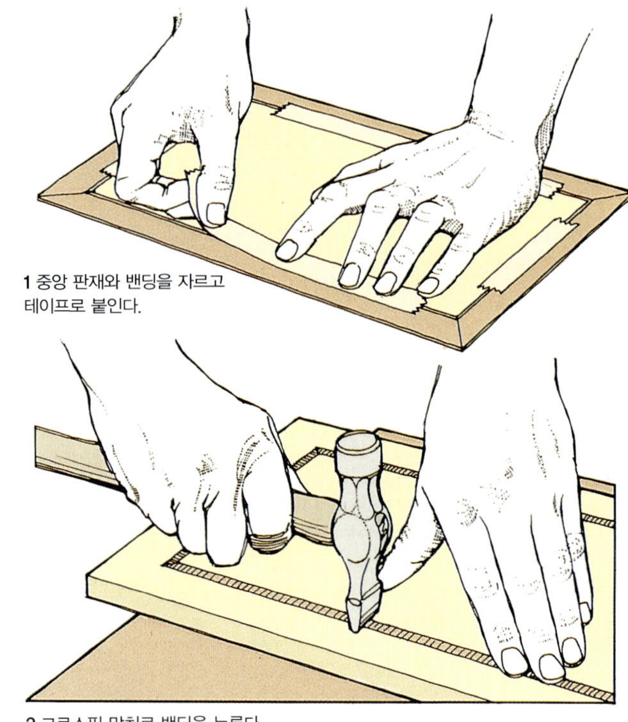

1 중앙 판재와 밴딩을 자르고 테이프로 붙인다.

2 크로스핀 망치로 밴딩을 누른다.

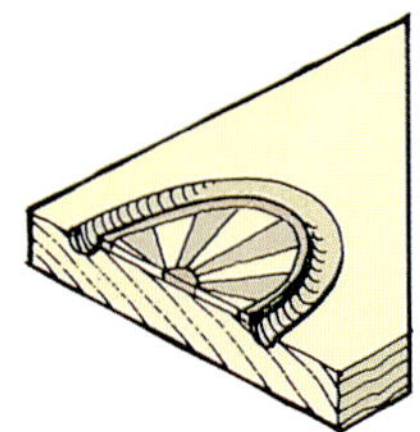

표면에 입히기
모티프를 표면 안으로 넣지 않고 표면에 직접 붙일 수도 있다. 좋은 외관을 얻기 위해서 테두리 주변에 홈을 파서 그림자 선을 내준다.

상감 모티프

상감 모티프는 보호 종이 뒷받침(Protective paper backing)과 함께 제공되며 맨 위 표면에는 종이가 놓여 있다. 어떤 것은 최종 크기와 형태로 만들어지며, 어떤 것에는 일정한 형태로 자를 수 있도록 디자인 주변에 여분의 무늬목이 있다.

상감 모티프 삽입

형판 무늬목 작업을 하기 전에 무늬목 조합부 안으로 상감을 삽입할 수 있다. 이상적으로는 판재 전체에 고른 압력을 주려면 상감의 두께가 무늬목과 같아야 한다.

가운데에 위치하는 모티프의 경우 무늬목 배경과 모티프에 중심선을 표시한다. 양면 테이프로 모티프를 붙이고 조심스레 칼로 그 둘레를 잘라 배경 무늬목을 그 형태로 자른다.1 모티프가 그 주변에 여분의 재료를 갖고 있으면 그것에 필요한 형태를 표시하고 두 층을 함께 자른다.

모티프를 제 위치에 테이프로 붙인 다음 형판으로 완전한 조합부를 고정시킨다. 굳으면 종이 받침을 축축하게 해서 벗기고 연마할 수 있도록 한다.

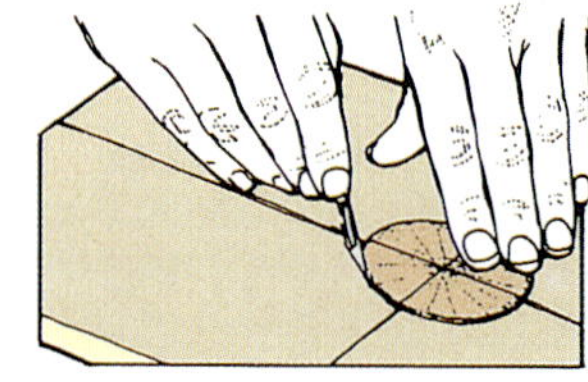

1 배경을 일정한 형태로 자른다.

원목 상감

표면에 상감을 위치시키고 그 주변을 칼로 자른다. 끌과 둥근끌로 움푹 파인 부분의 가장자리를 따라 제거할 부분을 잘라낸다.2 미세하게 맞춘 수동루터로 나머지 부분을 제거한다. 아니면 전동루터로 먼저 작업한 다음 수작업으로 측면을 다듬는다. 움푹 파인 부분의 깊이를 모티프 깊이보다 약간 낮게 만든다.

상감을 제 위치에 접착제로 붙이고 나무 블록으로 고정시킨다. 이때 폴리에틸렌 시트나 왁스를 칠한 종이를 그 사이에 끼운다.

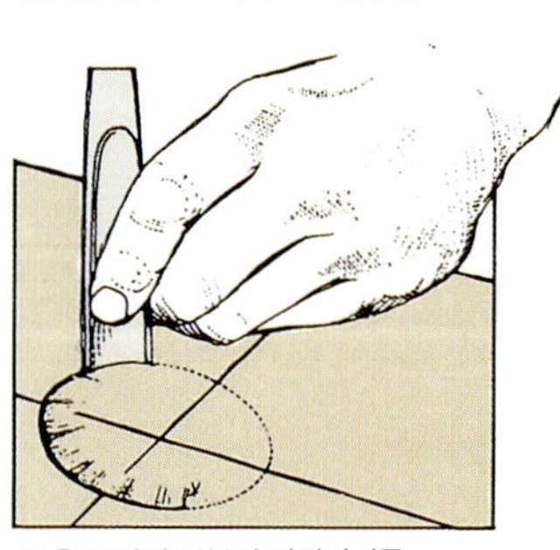

2 움푹 파인 부분의 가장자리를 자른다.

상감 세공

유사 이래로 기능성과는 무관하게 제작물을 훌륭하게 만들기 위해 수많은 장식이 활용되어왔다.
무늬목은 오랫동안 장식 재료로 사용되어왔으며, 자연적 무늬와 색상이 다양해서 장인들은 이를 다양한 방법으로
자르고 조합해서 여러 장식 패턴을 만들었다. 상감이라는 제작 기법은 그러한 과정에서 탄생했다.
자신들의 예술적 재능을 표출하고자 갈망했던 과거의 장인들은 상감 기법을 뛰어난 예술로 발전시켰고
자연적인 형상을 기반으로 정교한 장식을 만들어냈다. 상감은 매우 능숙한 기법이지만 사라진 기술은
절대 아니다. 오히려 상감은 상감 모티프 형태로 상업적으로 여전히 응용되고 있으며,
오늘날에는 취미로 아름다운 작품을 만들어내는 아마추어 삼강 공예가들에 의해서 활발하게 발전되고 있다.

상감 작업

상감 문양은 실톱이나 칼을 사용해 자를 수 있다. 여러 겹의 무늬목으로 되어 있어 작업하기 힘든 형태를 자를 때는 톱이 사용된다. 상감 그림을 그릴 때처럼 한 장으로 된 제작물을 다룰 때는 칼을 사용한다.

정확히 잘라야 하므로 실제 작업에 착수하기 전 못 쓰는 무늬목 조각으로 연습을 해두는 것이 좋다. 작업자 스스로 자신의 디자인을 만들 수도 있지만 필요한 모든 패턴과 재료가 포함되어 있는 키트를 구입해 사용할 수도 있다.

자신의 디자인을 직접 만들 때는 다양한 무늬목을 갖추고 있는 것이 좋다. 무늬목마다 어떤 효과를 내게 될지는 적용할 부분에 대보아야 알 수 있다.

상감 작업의 성공은 조각을 자르고 연결하는 기술뿐만 아니라 선택한 무늬목의 예술적 해석에 의해서도 결정된다.

톱으로 자르기

상업적으로 생산되는 모티프는 상감 세공 장치(Marquetry donkey)로 무늬목 다발을 잘라 만들어진다. 이 상감 세공 장치는 전문가가 사용하는 장치로, 작업자가 발로 조작하는 죔쇠로 무늬목을 고정시킨 상태에서 그 위에 앉아서 왕복운동하는 실톱을 조작하는 장치이다. 각 다발은 왼손으로 조작하는 물림턱에 물려서 조작되며, 작업자는 오른손을 사용해서 수평으로 톱을 조작한다. 다양한 형태의 부품이 평평한 테이블 위에 조립되어 있으며 수지를 입힌 종이 층에 고정되어 있다.

실톱으로 자르기

비전문가에게는 전기로 작동하는 실톱이 무늬목을 자르는 용도 이외에도 작업장에서 다양한 용도로 활용될 수 있을 것이다.

전통적으로 손에 쥐고 사용하는 실톱과 커팅 테이블을 사용할 수도 있다. 손에 쥐고 사용하는 실톱으로는 여러 장을 정확하게 자르기가 어렵지만 대비되는 두 장의 무늬목은 비교적 쉽게 자를 수 있다.

두 무늬목을 함께 자르기

배경과 상감용으로 두 장의 무늬목을 선택한다. 사실 이 방법을 사용하면 조립 시 반대되는 두 색이 동일한 형상으로 만들어진다. 만들고자 하는 디자인보다 약 12mm 크게 자른다. 이 두 무늬목을 나뭇결이 서로 반대 방향이 되도록 맞춘 양쪽 받침 무늬목 사이에 끼운 채 테이프로 고정시킨다.1

중앙 근처에 있는 선에 있는 작은 시작 구멍으로 톱을 삽입해 고정시킨다. 제작물을 톱 테이블에 대고 단단히 잡은 상태에서 선을 따라 정확하게 자른다.2 필요하면 절삭날에 절삭 선을 맞춰 돌려가며 제작물을 자른다.

자른 조각을 조립하고 수지를 입힌 종이 시트로 고정시킨다. 톱질해 자른 부분을 채색된 충전제로 채우고 건조되었을 때 입힐 수 있도록 뒷면에서부터 안으로 문지르며 깨끗이 닦아낸다.

디자인 바꾸기

원하는 주제의 이차원 형상을 골라 자신만의 디자인을 위해 기초로 삼을 수 있다.

원본 자료에 대고 그림을 그린다. 비율이 맞지 않을 때는 눈금이 그려진 격자판에 다시 그리거나 사진 복사기로 확대하거나 축소한다. 후자의 경우 비율을 바꾸거나 빠르게 반복 출력을 하지 않아도 복사본 뒷면을 가열된 다리미로 문질러 반대 이미지를 목재에 오프셋 인쇄할 수 있으므로 매우 유용하다.

동일한 많은 복사본과 반대 이미지를 만드는 기존 방법에서는 원본의 모든 선을 관통하는 작은 구멍을 뚫기 위한 스파이크가 달린 휠이 사용되었다. 그런 다음 검은 역청(Bitumen) 분말을 구멍에 뿌린 다음 가열시켜 종이 위에 녹여 입혔다.

사진 복사본의 뒷면을 다리미로 다린다.

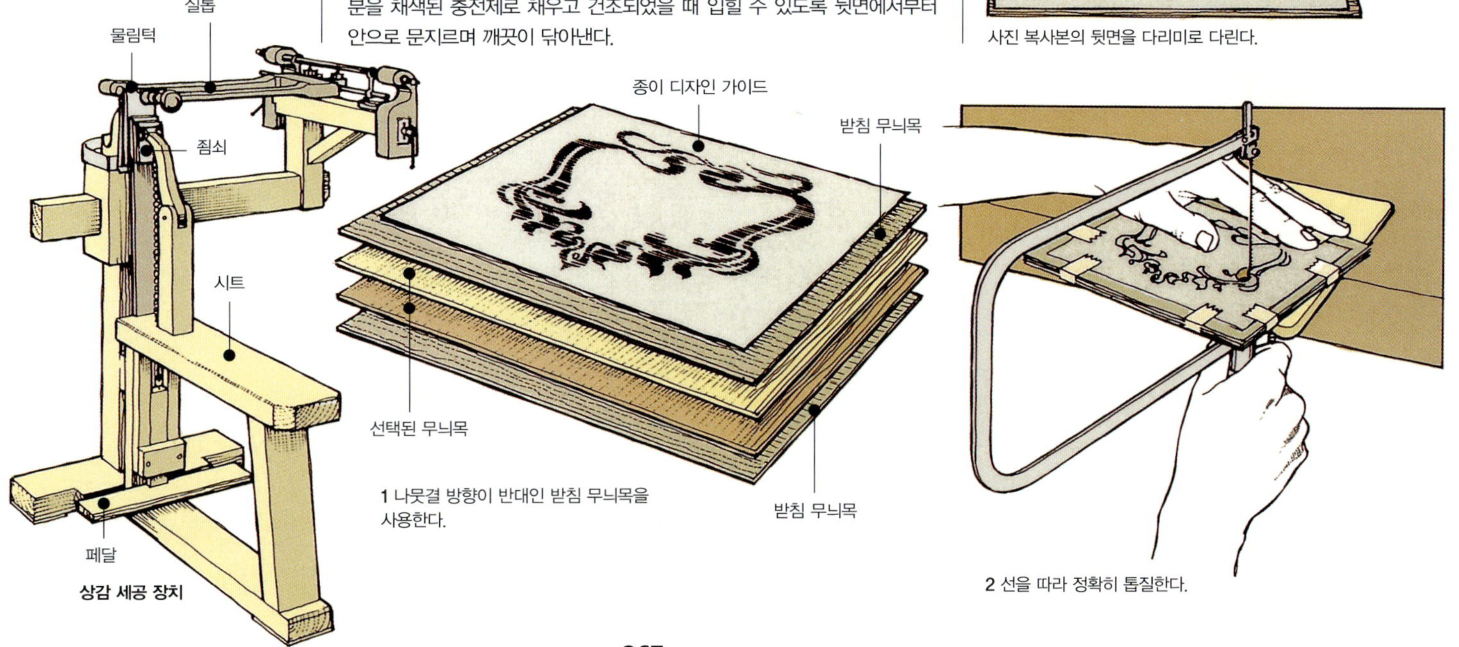

그림 그리기

상감 그림을 그리는 기술은 무늬목의 자연적인 특성을 살려 원본의 색, 조직, 밝고 어두움을 해석하는 것이다.

주제 선택

동물, 식물, 해양화, 풍경화 등 어떤 주제도 상감으로 표현이 가능하다. 사진은 디자인을 그대로 가져올 수 있어 세부적인 표현이 많은 것보다는 윤곽이 뚜렷한 부분이 있는 것을 선택하는 것이 좋다. 또한 사진은 세밀한 모든 형태가 드러나기 때문에 상감 디자인을 위해서는 단순화시켜야 한다. 특징적인 윤곽은 그 둘레를 따라 디자인을 그대로 가져올 수 있지만 이를 형성하는 섬세한 명암 차이는 예술적인 기술로 해석해야 한다. 기법의 특성에 의해 그늘은 하드에지(Hardedge) 처리되는 경향이 있지만 무늬목을 주의해 선택하고 명암처리(Shading) 기법을 사용하면 점진적인 3차원 색조 효과를 만들어낼 수 있다.

상감 시작

초보자는 이미 선택된 무늬목과 인쇄된 디자인 가이드에 식별 번호가 있는 상감 키트로 시작하는 것이 가장 좋다. 그러나 그리고자 하는 표면에 정확한 효과를 내기 위해서는 선택된 무늬목을 맞춰 주의해 자를 필요가 있다.

창틀 방식

그림을 그리기 위한 무늬목을 각각 잘라야 한다. 그리고 무늬목은 매우 얇기 때문에 끝이 날카로운 칼을 사용하면 쉽게 자를 수 있다. 창틀 방식은 무늬목을 자르기 전에 무늬목 조각의 상호 관계를 시험할 수 있도록 그림을 그리는 방법이다.

디자인은 배경 무늬목에 표시되거나 카드 웨이스터(Waster)에 표시된다. 모양을 자르고 나서 무늬목을 형판 뒤로 가져가 색과 효과를 시험한다. 그런 다음 이 창을 형틀로 삼아 정확한 형태를 자른다. 형판 무늬목 작업에 적합하도록 한 장으로 디자인이 완성될 때까지 연속적으로 창을 자를 수 있다.

창 기법 사용

테이프로 디자인 시트를 카드 웨이스터의 위쪽 모서리에 붙인다. 카본지 한 장을 디자인 시트 밑에

1 경계선과 중점을 표시한다.

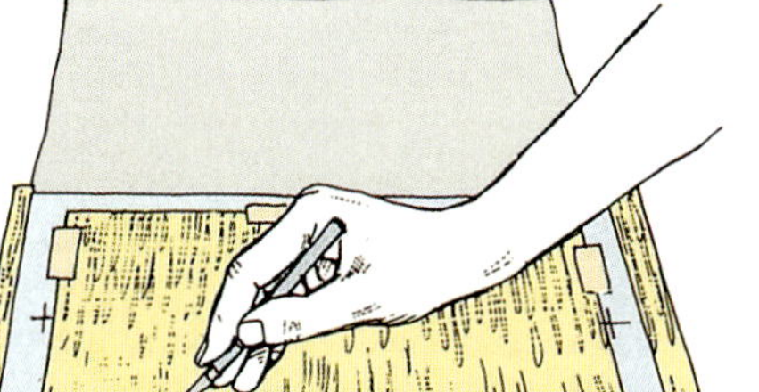

2 주요 부분 중 하나를 잘라낸다.

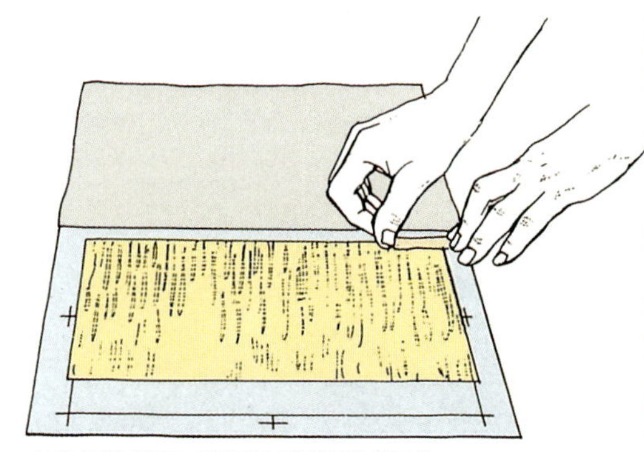

3 창틀을 형틀로 사용한다.

4 무늬목을 자르고 테이프로 제 위치에 붙인다.

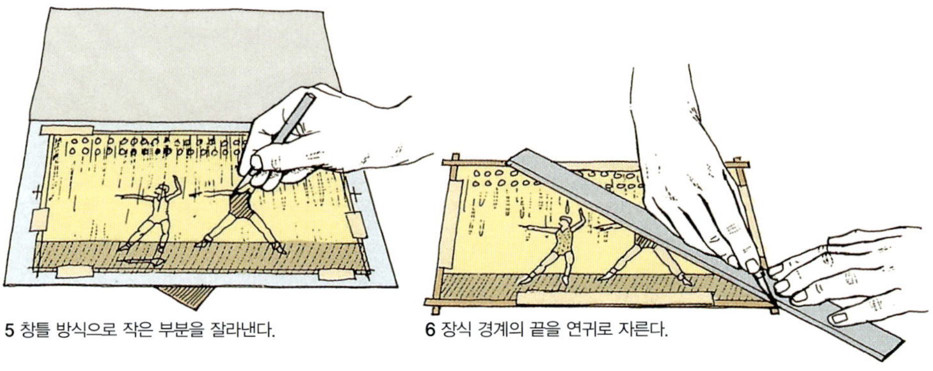

5 창틀 방식으로 작은 부분을 잘라낸다.

6 장식 경계의 끝을 연귀로 자른다.

대고(디자인 시트 뒷면에 먹지 처리가 되어있지 않을 때) 경계선을 그리고 가장자리 세 곳에 중점을 표시한다.1

그런 다음 디자인의 주요 특성을 그려 넣는다. 나중을 위해서 세부 사항을 남겨두고 주요 부분 중 하나를 잘라낸다. 이때 정확하게 윤곽을 따라 자르되 테두리와 경계가 겹치도록 자른다.2

선택된 무늬목을 창틀 뒤에 놓고 가장 좋은 나뭇결 효과를 얻을 수 있는 곳에 놓는다. 그곳에 테이프로 가볍게 붙이고 그 창틀을 형틀로 삼아 조심스럽게 칼로 그 무늬목에 금을 낸다.3 무늬목을 제거하고 일정한 형태로 자른 다음 테이프로 다시 그 창 안에 붙인다.4

창을 자르고 같은 과정을 반복한다. 그러나 이번에는 PVA 접착제 필름을 첫 번째 무늬목과 만나는 가장자리에 붙이고 나서 무거운 판재로 평평하게 눌러준다. 그림의 주요 부분이 완성될 때까지 이 과정을 반복한다.

테이프로 붙여놓은 디자인 시트를 그림 뒤로 넘긴다. 경계선을 다시 표시하고 무늬목 위에 세부적인 내용을 제 위치에 그려 넣는다. 그림이 완성될 때까지 창을 자르는 과정을 반복한다.5

잘려나갈 경계 부위에서 그림을 자른다. 네 가장자리에 길이가 긴 장식 경계 스트립을 테이프로 붙이고 겹치는 끝 부분을 연귀로 자른다.6 이 연귀를 테이프로 붙이면 형판 무늬목 작업을 바로 할 수 있는 조합부가 완성된다.

상감을 깨끗하게 정리

상감을 마감하기 전에 표면을 준비해야 한다. 무늬목은 매우 얇아 지나친 작업을 하지 않도록 주의한다.

먼저 접착성 테이프를 제거해야 한다. 따뜻한 물에 적신 스펀지로 이 테이프를 촉촉하게 적신다. 이때 테이프를 흠뻑 적시지는 말아야 한다. 폭 넓은 끌이나 스크레이퍼로 테이프를 긁어 벗겨낸 다음 표면이 마르도록 둔다.
스크레이퍼로 솟은 나뭇결이나 고르지 못한 표면을 깨끗하게 정리한다. 무늬목의 나뭇결을 따라 작업하되 나뭇결이 다양한 무늬목 조합부의 경우 스크레이퍼를 대각선으로 움직이며 작업한다.
점차 고운 연마지로 바꿔가며 가볍게 표면을 연마한다. 연마지를 시계 방향으로 둥글게 문지르며 가능한 한 나뭇결과 나란히 연마한다. 부스러기를 솔로 쓸어내고 끈적한 헝겊으로 표면을 닦아낸다.

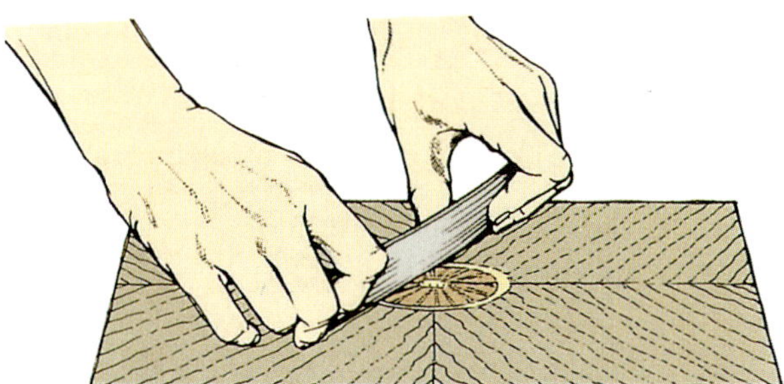

무늬목 조합부에서 스크레이퍼를 대각선으로 움직인다.

무늬목 명암처리

조개 껍질, 타원형, 부채꼴 상감 모티프에 3차원 명암 효과를 내기 위한 전통적인 방법은 무늬목 일부를 뜨거운 모래에 넣고 조금 그을리는 것이다. 이 기법을 상감 그림에 적용할 수 있는데, 색이 섬세하고 자연스럽게 원하는 효과를 내도록 하기 위해서이다. 가장 좋은 색을 얻을 수 있도록 자투리 무늬목으로 연습한다.
빵 굽는 용기에 고운 은빛 모래를 담고 12초 정도 가열할 때 필요하고 다양한 색조를 얻을 수 있는 온도를 유지한다. 무늬목을 너무 오래 두면 수축되기 때문에 오래 두는 것보다는 온도를 올리는 것이 좋다.
핀셋으로 무늬목을 잡고 모래 안으로 넣는다. 샘플로 시험한 결과에 의해 결정된 시간을 잰 다음 모래 밖으로 꺼낸다.[1]
창틀 절단 방법으로 넉넉한 크기의 무늬목 조각(효과를 조절할 수 있는)을 사용하거나 그 조각을 최종 형태와 크기로 자른다. 이때 수축이나 뒤틀림이 일어나지 않도록 신속히 처리한다. 필요하다면 명암처리 이후에 축축하게 적셔서 눌러준다. 가장자리에 없는 부분을 명암처리 할 때는 뜨거운 모래를 숟가락으로 떠 처리하고자 하는 부분 위에 붓는다.[2]
필요하다면 점착성이 있는 무늬목을 감싸 하드에지로 명암처리를 한다.

1 몇 초 후에 꺼낸다.

2 숟가락으로 뜨거운 모래를 붓는다.

조각나무 세공

조각나무 세공은 대칭 형태의 무늬목 조각을 사용해 기하학적인 형태의 모티프를 만드는 방법이다. 이때 만들어지는 형태는 기본적인 기하학적 도형에서 얻어진다. 형태와 색, 나뭇결이 서로 다른 무늬목을 정사각형, 직사각형, 삼각형, 다이아몬드, 기타 다각형으로 잘라 이어서 다양한 디자인으로 만든다.

디자인하기

간단한 기하학적 형태를 바꾸면서 배열하면 무수히 많은 패턴을 만들어낼 수 있다. 서로 다른 색 펜이나 연필로 디자인한 모양에 색을 넣어 모눈종이나 등각 격자 종이에 패턴을 만들어본다.[1]
반복적인 스트립을 형성하는 디자인은 쉽게 만들어 정확히 잘라 조립할 수 있다. 입방체나 별처럼 서로 맞물리는 형태가 있는 모티프로 작업할 때는 부분을 개별적으로 조립할 필요가 있다.

1 인쇄된 등각 격자 종이에 디자인을 해본다.

제작물 준비

다른 반복적인 절단 작업과 마찬가지로 간단한 지그를 사용하면 제작물을 정확하고 일정하게 유지할 수 있다.
크기가 약 600mm인 정사각형 인공 판재를 사용해 지그를 만든다. 이 판재의 한쪽 가장자리와 수평이 되도록 판재 표면 두께가 약 6mm인 금속이나 경재로 만든 면을 나사로 고정시킨다. 이 면과 수직으로 두 개의 시작선을 표시하고[2] 디자인에 필요한 여러 각도에 따라 선을 그어 표시한다.
항상 직선자를 대고 칼이나 무늬목톱으로 자른다. 직선자를 면에 나란하게 하기 위해 얇은 합판 한 쌍으로 필요한 너비의 스페이서 블록(Spacer block)을 만든다. 조각을 고정시키기 위해서 점착성이 있는 테이프가 필요할 수도 있다.

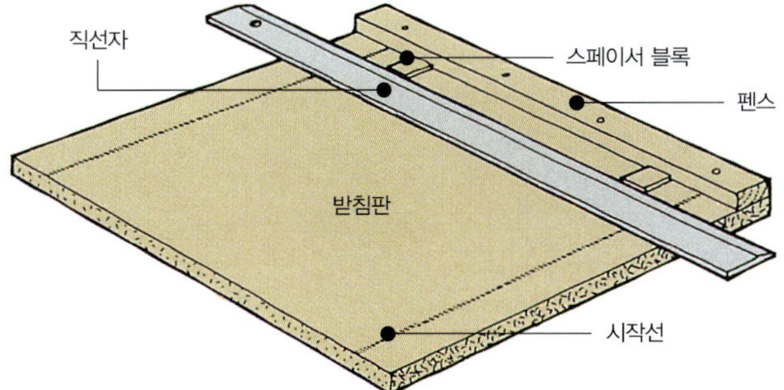

2 커팅 지그를 만들고 시작선을 표시한다.

체커보드 패턴 만들기

가장 간단하고 널리 알려진 예는 두 가지 색의 정사각형이 교대로 배열되는 체커보드(Chequerboard) 패턴일 것이다. 이 두 가지 색은 서로 대비되는 목재를 사용하거나 깊은 효과를 주기 위해 동일한 목재이지만, 나뭇결이 서로 대비되는 목재를 통해 얻을 수 있다. 일반적으로 나뭇결이 직선이거나 무늬가 없는 무늬목이 가장 좋은 효과를 낸다.

대비되는 무늬목을 선택해 만들고자 하는 받침판보다 약간 길게 자른다. 각 무늬목의 한쪽 측면을 직선으로 자른다. 이 측면을 면에 대고 스페이서 블록으로 직선자를 위치시켜 필요한 폭만큼 잘라낸다.1 한 무늬목을 네 조각으로 자르고 다른 무늬목은 다섯 조각으로 자른다. 이때 무늬목을 몇 조각으로 자르든지 상관없다. 이는 나중에 조립했을 때 나뭇결 방향이 같게 하기 위해서이다. 자른 순서대로 일정하게 유지할 수 있도록 번호를 매긴다.

대비되는 나뭇결을 교대로 대고 주의해서 테이프로 붙인다. 조립된 판재의 한쪽 측면을 시작선에 수직으로 맞춘 채로 커팅 보드에 놓는다. 스페이서 블록을 사용해서 직선자를 면에 나란히 맞추고 끝을 직각으로 다듬는다.2

잘라낼 부분을 제거하고 절단된 측면을 펜스로 민다. 앞서와 마찬가지로 조립된 무늬목을 잘라 사각형이 교대로 배열되는 스트립을 만든다.

먼저 반복되는 사각형을 사각형 한 개 크기만큼 어긋나게 놓은 상태에서 잘린 측면을 다시 테이프로 붙인다.3 튀어나온 사각형을 잘라낸다.

상감 밴딩(Inlay banding)과 크로스 밴딩 보더(Cross-banding border)를 잘라 사방을 테이프로 붙여 형판 무늬목 작업에 사용되도록 조립을 완료한다.

1 일정한 폭의 스트립으로 자른다.

2 스트립 끝을 다듬는다.

3 스트립을 어긋나게 붙인다.

입방체 패턴 만들기

세 가지 명암을 갖도록 무늬목을 잘라 육각형으로 조립하면 고전적인 입방체 효과를 만들 수 있다.

기하학적으로 반복되는 패턴을 위해서는 먼저 무늬목을 스트립으로 자르고 가볍게 테이프로 붙여 60도 다이아몬드를 만든다.

다이아몬드를 분리해 접착면이 위로 향하도록 등각 격자무늬 종이 위에 올려놓은 투명 접착 테이프 시트 위에 육각형을 조립한다.

조립된 상태에서 수지를 입힌 종이로 덮고 평평한 판재 사이에서 누른다. 건조가 완료되면 필름을 벗겨내고 무늬목 작업에 사용할 수 있다.

등각 격자 종이 위에서 다이아몬드를 조합한다.

스트립 변형

체커보드 디자인에서 설명한 방법으로 다양한 패턴을 만들 수 있다. 스트립을 서로 다른 폭으로 잘라 잘린 정사각형이나 직사각형 스트립을 한 단위나 반 단위만큼 오프셋하면 무늬가 교대로 배열되는 패턴이 만들어진다.

스트립을 대각선으로 자르면 직각 삼각형으로 이루어진 패턴이 만들어지고 이를 삼각형의 반 크기만큼 어긋나게 배열하면 지그재그 패턴이 만들어진다. 교대로 배열되는 스트립을 뒤집어 어긋나게 배열하면 대비되는 삼각형이 교대로 배열된다.

스트립을 60도로 자르면 다이아몬드 패턴이 만들어진다. 먼저 대비되는 무늬목 스트립을 필요한 폭으로 나란히 자른다. 첫 번째 스트립을 판재 위에 그어진 60도 시작선과 나란히 핀으로 고정시킨다. 그런 다음 스트립 끝을 펜스에 맞댄 상태로 스트립끼리 테이프로 붙인다. 직선자와 스페이서 블록으로 톱니 모양으로 튀어나온 끝 부분을 정리한다. 핀을 제거하고 잘린 측면을 펜스에 밀어 붙인다.

같은 스페이서 블록(Spacer block)으로 조립한 상태를 스트립으로 자르면 60도 각도의 다이아몬드로 이루어진 스트립이 만들어진다. 한 다이아몬드 크기만큼 어긋나게 배열해 테이프로 붙이면 교대로 반복되는 패턴이 만들어진다.

이 배열 상태를 다이아몬드 중심을 가로질러 수평으로 자르면 정삼각형으로 이루어진 스트립이 형성된다. 그런 다음 이 스트립을 어긋나게 배열하거나 뒤집어 다른 패턴을 만들 수 있다.

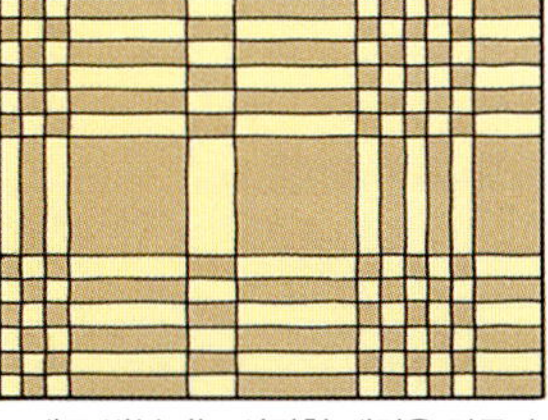

교대로 반복되는 사각형 패턴을 만든다.

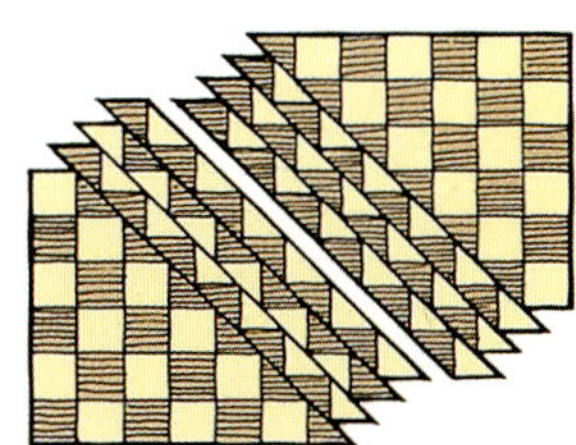

사각형을 대각선으로 자르기도 한다.

60도 각도로 스트립을 붙이고 자른다.

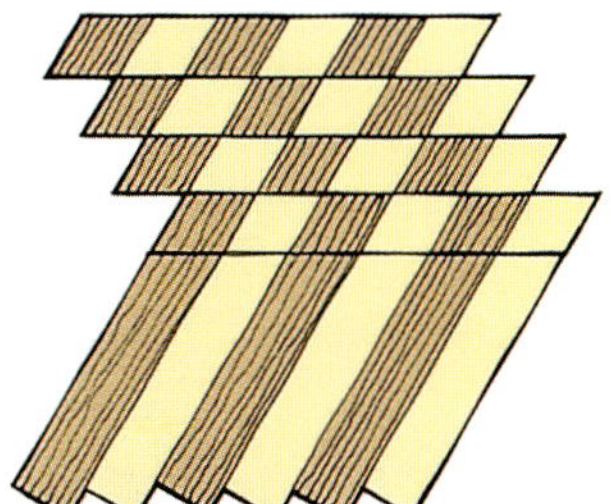

다이아몬드 스트립을 자르고 어긋나게 배열한다.

다이아몬드 스트립을 잘라 어긋나게 배열하거나 뒤집어 새 패턴을 만든다.

10장 · 목조각

날카로운 도구를 사용하면 목재 조각을 일정한 형태로 깎을 수 있다는 것을 알게 된 이래로, 목조각은 기본적인 도구에서 종교적인 성상에 이르기까지 기능적이거나 장식적인 모든 종류의 인공물을 만드는 데 사용되어왔다. 오늘날에는 목가구 작업 기계와 인공 재료가 개발되어 목가구 작업이 레저 활동으로 각광을 받게 되었다. 그러나 기존 기술이 아직도 건물이나 가구를 수리하거나 새로운 제품을 생산하는 데 쓰이고 있다. 목조각은 실용적인 목적을 넘어 자기 표현을 예술적 수준으로 끌어올릴 수 있는 수단이기도 하다. 목조각에서는 형태를 볼 수 있다는 장점이 있지만 섬세한 가공물을 다룰 수 있는 기술 습득을 위해서는 다른 종류의 목작업보다 더 많은 연습이 필요하다. 또한 목작업으로 만드는 가공물의 형태나 난이도는 목조각가의 상상 이외에는 한계가 없다. 따라서 목조각 전용 끌, 둥근끌, 기타 수작업 공구를 다양한 형태에 맞추어 구비할 수 있다.

목조각끌과 둥근끌

목조각끌과 둥근끌의 표준 범위에는 18가지의 서로 다른 절삭날 형태가 포함되는데, 최대 5가지 형태의 날을 선택할 수 있고 대부분 2~50mm 크기의 범위로 제작된다. 신용할 수 있는 공구 판매점이나 인터넷 등을 통해 구입할 수 있으며, 어떤 곳은 전 세계적인 서비스를 제공하기도 한다. 목조각 공구는 절삭날이 있는 상태로 판매되지만 날카롭게 연마된 상태는 아니다. 기존 목작업용 끌과 둥근끌과는 달리 목조각 공구는 일반적으로 다양한 각도로 목재를 깎기 쉽도록 절삭날이 양면에 있다. 끌에는 각 면에 동일한 경사면이 있고 둥근끌과 파팅 공구에는 안쪽 면보다 바깥쪽 면에 더 커다란 경사면이 있다. 이러한 목조각 공구를 날카로운 상태로 유지하려면 품질이 우수한 연마 숫돌과 일정한 형태로 가공된 슬립스톤을 필수적으로 갖추어야 한다. 초보자에게는 몇 가지 기본적인 공구만 있어도 충분하다.

12mm No 1 직선 끌
일반적인 목조각, 직선 자르기, 마감에 사용한다.

12mm No 2 비스듬한 끌
마감과 하부를 세부적으로 도려내는 데 사용한다.

3mm No 3 직선 둥근끌
미세한 성형 작업에 사용한다.

25mm No 9 직선 둥근끌
좀더 빨리 깎거나 일반적인 성형 작업에 사용한다.

8mm No 10 직선 둥근끌
세로 홈을 파거나 일반적인 성형 작업에 사용한다.

9mm No 14 굽은 둥근끌
움푹 파인 부분을 파내거나 곡면을 세부적으로 깎는 데 사용한다.

9mm No 21 스푼 벤트 끌
심하게 움푹 파인 곡면을 파내고 마감하는 데 사용한다.

12mm No 27 스푼 벤트 둥근끌
급격한 곡면과 깊게 움푹 파인 제작물의 성형 작업에 사용한다.

9mm No 39 직선 파팅 공구
갈라진 영역에 윤곽을 그리거나 글자를 새길 때 그리고 세부적인 목조각 작업에 사용한다.

8각형 물푸레나무 손잡이

원형 너도밤나무 손잡이

손잡이 끼우기

많은 목조각 공구가 손잡이가 없는 상태로 공급되는데, 이런 경우에는 손잡이를 따로 구입하거나 작업자가 직접 만들어 사용해야 한다. 손잡이의 중심을 따라 작은 파일럿 구멍을 파낸다. 공구 날을 유연한 물림턱이 있는 엔지니어용 바이스에 물린다. 손잡이를 슴베 위에 대고 어느 정도까지 두들긴 다음 비틀어서 빼낸다. 손잡이를 다시 끼우고 날의 돌출부와 6mm 정도 떨어질 때까지 같은 과정을 반복한다. 배열 상태를 점검하고 손잡이를 끝까지 박아 넣는다.

목조각 공구 손잡이

손잡이를 만드는 재료로는 너도밤나무, 회양목, 물푸레나무 등 경재가 사용된다. 끼움고리가 있는 원형 손잡이를 구입할 수도 있고 끼움고리가 없는 기존 8각형 손잡이를 구입할 수도 있다. 8각형 손잡이에 있는 평평한 부분은 공구가 작업대 위에서 굴러 떨어지는 것을 막아준다.

날을 바이스에 물린다
날의 돌출부를 물림 턱에 물린다.

형태와 크기

목조각 끌과 둥근끌은 보통 이름과 숫자로 표시된다. 이름을 통해 일반적으로 '직선 둥근끌' 또는 '스푼 벤트(Spoon-bent) 끌'과 같이 날과 절삭날의 형태를 보여준다. 그러나 절삭날의 윤곽도 다양할 수 있다. 따라서 설명을 길게 할 필요 없이 쉽게 구별할 수 있도록 공구 날과 절삭날의 윤곽을 표시하기 위한 숫자 체계가 19세기에 도입되었다.

끌과 둥근끌은 목조각 공구의 대부분을 차지하며, 이를 표시하는 숫자는 제조업체마다 약간 다를 수 있지만 일반적으로 날이 직선인 공구부터 번호가 시작된다. 따라서 No 1은 기본 끌이고 No 2는 비스듬한 끌, No 3는 얕은 둥근끌, 이런 식으로 No 11의 깊은 둥근끌까지 이어진다. 번호가 높아질수록 둥근끌의 절삭날 곡면 또는 소위 '스윕(Sweep)'이 점점 깊어진다. 측면이 직선인 '베이너(Veiner, No 11)'를 제외한 모든 스윕은 완전한 반원이다. 다음 번호 세트(12~20)는 스윕은 같지만 날이 굽어 있는 것을 말하며, 그 다음 번호 세트(21~32)는 스윕은 같지만 날이 숟가락처럼 휘어 있는 것을 말한다. 각 번호는 날 길이 방향의 형태와 관련이 있는 절삭날 단면 형태의 변화를 나타낸다. 각 번호마다 다양한 크기가 있어서 주문할 때는 식별 번호 이외에도 절삭날의 폭도 명시되어야 한다.

목조각 공구
오른쪽 차트는 다양한 범위의 목조각 공구를 보여준다. 빨간색으로 표시한 공구는 앞쪽에서 그림으로 소개한 공구이다.

절삭날 윤곽

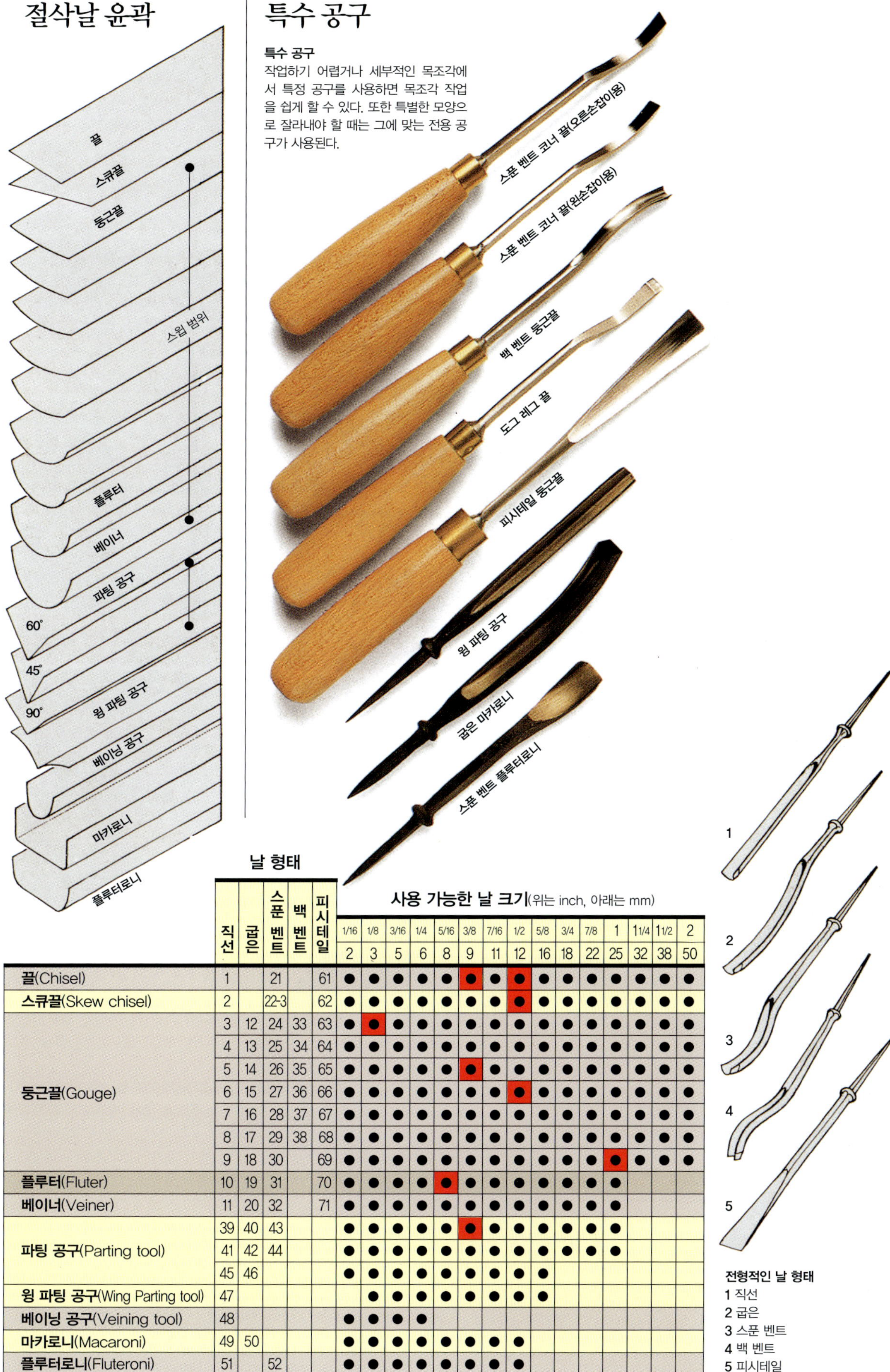

특수 공구

작업하기 어렵거나 세부적인 목조각에서 특정 공구를 사용하면 목조각 작업을 쉽게 할 수 있다. 또한 특별한 모양으로 잘라내야 할 때는 그에 맞는 전용 공구가 사용된다.

날 형태 / 사용 가능한 날 크기 (위는 inch, 아래는 mm)

이름	직선	굽은	스푼 벤트	백 벤트	피시테일	1/16 2	1/8 3	3/16 5	1/4 6	5/16 8	3/8 9	7/16 11	1/2 12	5/8 16	3/4 18	7/8 22	1 25	1 1/4 32	1 1/2 38	2 50
끌(Chisel)	1		21		61	●	●	●	●	●	🔴	●	🔴	●	●	●	●	●	●	●
스큐끌(Skew chisel)	2		22-3		62	●	●	●	●	●	●	●	🔴	●	●	●	●	●	●	●
둥근끌(Gouge)	3	12	24	33	63	●	🔴	●	●	●	●	●	●	●	●	●	●	●	●	●
	4	13	25	34	64	●	●	●	●	●	●	●	●	●	●	●	●	●	●	●
	5	14	26	35	65	●	●	●	●	●	🔴	●	●	●	●	●	●	●	●	●
	6	15	27	36	66	●	●	●	●	●	●	●	🔴	●	●	●	●	●	●	●
	7	16	28	37	67	●	●	●	●	●	●	●	●	●	●	●	●	●	●	●
	8	17	29	38	68	●	●	●	●	●	●	●	●	●	●	●	●	●	●	●
	9	18	30		69	●	●	●	●	●	●	●	●	●	●	●	🔴	●	●	●
플루터(Fluter)	10	19	31		70	●	●	●	●	🔴	●	●	●	●	●	●	●			
베이너(Veiner)	11	20	32		71	●	●	●	●	●	●	●	●	●	●	●	●			
파팅 공구(Parting tool)	39	40	43			●	●	●	●	●	🔴	●	●	●	●	●	●			
	41	42	44			●	●	●	●	●	●	●	●	●	●	●	●			
	45	46				●	●	●	●	●	●	●	●	●						
윙 파팅 공구(Wing Parting tool)	47						●	●	●	●	●	●	●	●						
베이닝 공구(Veining tool)	48					●	●	●	●											
마카로니(Macaroni)	49	50				●	●	●	●	●	●	●	●							
플루터로니(Fluteroni)	51		52			●	●	●	●	●	●	●	●							

펀치
목조각용 펀치는 제작물에 식별 표시를 새기고, 물결 모양으로 세밀하게 조각하거나 패턴이나 글자 효과를 만드는 데 사용된다. 이 펀치는 강철로 제작되며, 다양한 범위의 장식 패턴으로 만들어진다.

목조각용 나무망치와 손도끼

목조각용 끌과 둥근끌 이외에도 목작업에는 손으로 켜는 톱, 대패, 바퀴살대패, 나무줄, 줄 등 다양한 목작업 공구가 사용된다. 전동드릴, 띠톱, 체인톱(큰 제작물을 대강 자르는 데 사용)과 같은 기계공구도 사용된다. 아래 소개한 전문 공구도 목조각용 기본 키트의 일부를 이루고 있다.

목조각용 나무망치

나무망치는 끌이나 둥근끌로 나뭇결을 가로질러 제작물을 깎거나 단단한 목재를 깎을 때, 그리고 큰 제작물을 조각할 때 반드시 필요한 공구이다.

목조각용 나무망치에는 원목이나 라미네이트된 너도밤나무나 유창목으로 만든 둥근 머리가 있다. 머리가 둥글어 실질적으로 어떤 각도로도 끌을 때릴 수 있다.

목조각용 나무 망치의 지름은 75~150mm로 다양하며, 종종 무게로 명시되기도 한다. 대부분의 작업에는 중간 크기와 무게의 나무망치가 적당하다. 크고 무거운 나무망치를 장시간 사용하면 금세 피곤해진다.

손도끼

목조각가나 조각가가 사용하는 손도끼는, 목수가 양손으로 사용하던 기존 손도끼를 한 손으로 사용할 수 있도록 만든 좀더 자그마한 공구이다. 머리가 끌처럼 생긴 것과 둥근끌처럼 생긴 것 두 가지가 있다. 손도끼는 제작물을 대강 다듬을 때 제거할 부분을 빨리 잘라낼 수 있도록 디자인되었다. 둥근끌 타입은 사발을 조각하기 위해서 목재를 오목하게 파는 데 특히 유용하다.

목조각 공구 날카롭게 갈기

목재 부스러기가 돌돌 말리는 것을 보거나 쉽게 절삭날이 목재를 베는 느낌 또는 소리는 목조각가에게는 즐거움을 준다. 면도칼처럼 날카로운 목조각 공구는 이런 즐거움을 느낄 수 있도록 해주지만 마모된 공구는 사용하기도 힘들고 작업 결과도 매우 불량해진다. 작업 때마다 공구를 날카롭게 새로 갈아주고 공구가 목재에 걸리거나 목재가 파손되는 것이 느껴지면 바로 날을 수작업으로 갈아주거나 연마 휠(Wheel)에 대고 갈아 절삭날을 날카롭게 유지한다.

새 공구 날카롭게 갈기

새 공구는 면도칼처럼 날카롭게 연마되어 있지는 않다. 시간을 내어 목조각 공구를 날카롭게 갈아 절삭날 양면을 일정한 형태로 유지할 수 있도록 취급에 주의한다. 이에 필요한 연마 숫돌에 대한 내용은 3장에서 자세히 소개했다.

끌 날카롭게 갈기

일반적인 목조업용 끌과는 달리 목조각용 끌의 가는 각도는 경사면과 같다. 경사면이 날의 전체 두께와 만나는 지점을 힐(Heel)이라 부른다. 이 지점은 둥근 경사면을 만들기 위해 보통 아래로 갈린다.

윤활제를 바른 숫돌 위에 경사면을 평평하게 대고 손잡이를 낮추어 끌을 뒤로 당긴 다음 공구를 앞으로 밀며 손잡이를 위로 들어올린다. 경사면이 둥글고 매끈해지며 절삭날에 미세한 버(Burr)가 생길 때까지 이 과정을 반복한다.

무두질한 가죽숫돌(목조각 공구 제조업체에서 구할 수 있음)에 공구를 갈아 버를 제거하고 경사면을 연마해서 면도칼처럼 날카롭게 절삭날을 간다.

양면의 경사면을 갈아낸다.

V공구(V-tool) 날카롭게 갈기

V공구를 날카롭게 갈 때는 안쪽 형태를 따라 두 바깥쪽 경사면이 만나는 포인트를 우선 둥글게 가는 것이 중요하다.

끌을 날카롭게 갈 때처럼 경사면을 숫돌에 대고 날카롭게 갈아준다. 이때 그 포인트도 갈아준다. 이렇게 하려면 벤치스톤에 갈거나 평평한 슬립스톤을 모퉁이 위 아래 또는 숫돌을 좌우로 흔들며 작업할 수도 있다.

안쪽 경사면을 날카롭게 갈 때는 삼각형 슬립을 사용해 둥근끌을 날카롭게 갈 때와 비슷한 방법으로 작업한다. 안쪽과 바깥쪽 경사면을 숫돌에 대고 갈아서 절삭날을 면도칼처럼 날카롭게 만든다.

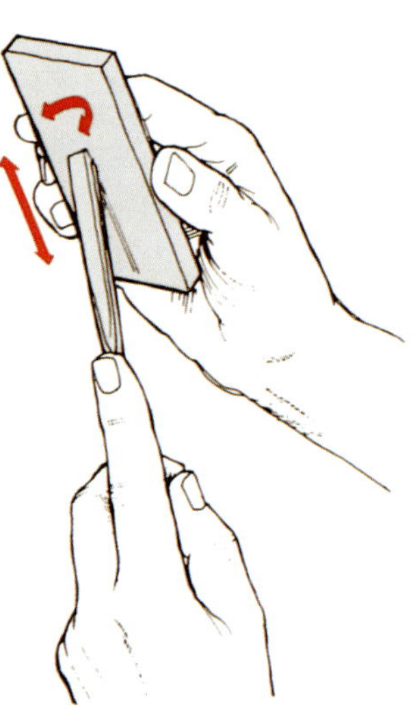

슬립스톤에 대고 포인트를 갈아준다.

둥근끌 날카롭게 갈기

둥근끌의 빗각면을 숫돌 표면에 평평하게 대고 둥근끌을 숫돌의 면에 수직으로 잡는다. 공구를 숫돌에 따라 앞뒤로 움직이는 동시에 모서리에서 모서리까지 돌려준다. 측면을 넘어가서 코너 끝이 둥글게 갈리지 않도록 주의한다. 손잡이를 위로 들었다 아래로 낮추었다 하며 흔들어주면 빗각면의 경사도도 곡선으로 갈리게 된다. 안쪽 경사면은 적절한 형태로 가공된 슬립스톤에 대고 갈아준다. 이때 빗각면을 둥글게 하기 위해서 숫돌에 대고 흔들면서 작업한다. 안쪽 빗각면의 길이는 바깥쪽 빗각면의 약 1/3에서 1/4 정도이다. 바깥쪽 빗각면을 갈 때는 흔들면서 작업하고 안쪽 빗각면은 오목한 숫돌(Folded stone)의 측면 끝을 따라 날을 당기며 갈아준다. 폭이 넓은 둥근끌에는 적절한 곡면을 만들기 편리한 모서리 위로 숫돌을 잡아준다.

둥근끌을 모서리에서 모서리까지 흔든다.

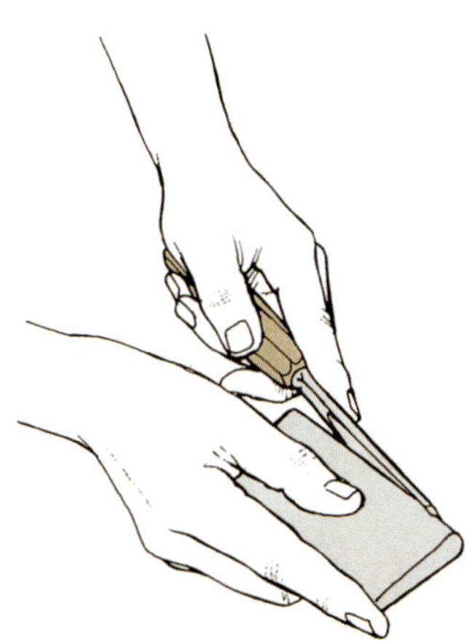

슬립스톤으로 안쪽 경사면을 갈아준다.

목조각용 목재

가구 제작에 쓰이는 목재는 규칙적인 크기로 잘려 3차원 구조물로 만들기 위해 결합된다. 반면에 입체상으로 목조각을 할 때는 최종 크기보다 크게 자른 목재를 깎아 점차 원하는 형태로 만든다. 사실상 어떤 목재도 목조각에 사용될 수 있지만 적합성 여부는 목재의 크기와 유형뿐 아니라 가용성과 작업 용이성에 의해서도 결정된다. 목조각에 사용되는 목재는 새 목재이거나 표면을 매끄럽게 다듬은 목재일 필요는 없다. 건물이나 버려진 가구 그리고 해변에서 발견된 오래된 목재도 모두 목조각에 사용할 수 있으며, 창조적 목조각가에게 영감을 제공할 수 있다. 목조각가는 다른 목가구 작업자보다 많은 종류의 목재를 비축하고 있는 경향이 있다. 이들 눈에는 사물이 특별한 형상으로 목조각화되길 기다리는 것처럼 보일지도 모른다.

송골매
목재의 줄무늬가 매끈하게 마감된 깃털을 표현하고 있다.

라임(Lime)이나 젤루통(Jelutong)과 같이 조직이 미세하고 나뭇결이 곧은 목재가 거칠거나 교차되어 있는 목재보다 작업하기 쉽다. 일반적으로 경재가 나뭇결이 서로 밀집되어 있어 연재보다는 목작업 재료로 더 적합하다. 이처럼 나뭇결이 촘촘하면 나뭇결에 나란하게 또는 수직으로 작업할 때 쪼개짐 없이 쉽게 조각할 수 있다. 더글러스(Douglas)처럼 성장륜의 춘재와 추재 사이에 경도 차가 확실한 몇몇 연재는 나뭇결에 수직으로 깨끗하게 깎아내기 어렵다.

목재의 색과 무늬 모두 목조각의 질에 영향을 미친다. 만들고자 하는 대상과 공감되는 목재를 선택한다. 예를 들어 북극곰은 라임처럼 밝은 색 목재를 선택하고 갈색 곰은 티크처럼 어두운 목재를 선택한다.

목재의 나뭇결은 장점이 될 수도 있지만 작업에 방해가 될 수도 있다. 예를 들어 선명한 줄무늬가 있는 목재는 그 줄무늬가 윤곽 형태를 강조하는 표면이 매끄러운 형태에 효과적일 것이다. 그러나 흉상을 조각할 때는 줄무늬가 있는 목재가 적합하지 않을 것이다.

모든 목조각이 자연 그대로의 상태로 마감되지는 않는다. 표면에 색을 칠할 때는 외관이 뛰어난 목재보다는 작업하기 쉽고 값이 싼 목재를 선택하는 것이 좋다.

광대 조각
라임은 목조각에 적합한 재료로, 섬세한 부분이나 얇은 단면으로 가공하기 적합하다.

건조된 목재와 건조되지 않은 목재 사용

새로 잘랐거나 건조되지 않은 목재는 많은 수분을 함유하고 있다. 따라서 건조할 때 수축이 일어나게 되는데, 통나무나 큰 목재는 균일하지 않게 수축되어 목재가 쪼개지게 된다. 가능한 한 건조가 잘된 목재를 사용해야 작업한 목조각이 수축으로 인해 쪼개지지 않는다. 그러나 큰 목조각에 사용할 수 있는 건조가 잘된 목재를 찾는 일이 그리 쉬운 건 아니다.

최근에 자른 나무에서 통나무를 한두 개 얻어 고른 건조를 하려면 크기에 따라 두 조각이나 네 조각으로 자른다.

몇 년 동안 건조시키는 것보다 건조되지 않은 상태로 목조각에 사용할 수도 있다. 그러나 목재가 건조되면서 완성한 목조각이 쪼개질 수 있는 위험성이 있다. 단면이 얇고 대칭형인 목조각은 상대적으로 쪼개짐이 적다. 두꺼운 목조각의 가운데를 우묵하게 파내면 목재 두께가 보다 얇아져 건조가 고르게 된다. 또는 PEG로 목재를 취급할 수도 있다(PEG 사용 참조). 건조되지 않은 목재로 목조각을 할 때는 목재의 쪼개짐을 막기 위해 항상 빠르게 작업하고, 작업하지 않는 동안에는 밀봉된 플라스틱 주머니로 덮어둔다.

PEG 사용

건조되지 않은 목재로 목조각을 할 때는 폴리에틸렌 글리콜(PEG)이라는 안정화 약제로 처리해주면 목재의 쪼개짐을 걱정할 필요 없이 작업할 수 있다. PEG 1000은 수용성 왁스 재료로, 목재 조직으로 확산해 들어가서 3~6주 만에 목재를 완전히 건조된 것처럼 만든다. 전문 목재 제공업체에서 재료를 구입할 수 있다.

제작물 고정시키기

목조각은 목재를 날카로운 공구로 밀거나 깎아내는 작업이다. 따라서 정확하고 안전한 목작업을 위해서는 제작물을 단단히 고정시키는 것이 필수적이다. 제작물을 고정시키는 가장 좋은 방법은 조각하고자 하는 목재의 크기와 형태에 따라 다르다. 특별하게 제작된 고정 장치를 사용하거나 표준 목작업용 죔쇠를 사용할 수 있으며 자신이 직접 제작해서 사용할 수도 있다.

작업대

기존 목작업용 작업대나 목조각용 전용 스탠드에 제작물을 올려놓고 목작업을 할 수 있다. 어떤 것을 선택할지는 어떤 목작업을 하는지에 따라 결정된다.

작업대나 스탠드에 제작물을 놓고 목작업을 편안하게 할 수 있는 안정적이고 튼튼한 표면이 있어야 한다. 모든 각도에서 목조각을 할 수 있으려면 작업물을 올려놓는 받침대가 작업자의 팔꿈치보다 100mm 정도 낮거나 높이가 같아야 한다.

칩조각(Chip-carving) 기법에서는 제작물을 무릎 위에 놓은 채 손으로만 잡고 목작업을 진행한다. 제작물을 고정시키는 가장 좋은 방법은 작업자가 가장 편하게 느끼는 방법이다.

회전축 죔쇠

제작물의 각도를 빨리 바꿀 수 있으며 모든 각도에서 작업해야 할 때 편리하다. 목조각 전용 죔쇠를 사용하면 사실상 어떤 각도로도 제작물을 맞추어 제 위치에 고정시킬 수 있다. 회전축 헤드에는 제작물의 크기에 맞출 수 있도록 서로 다른 크기의 면판을 끼워 사용할 수 있다.

엔지니어용 바이스

금속 작업용 바이스도 목조각에 사용할 수 있다. 이때 금속 물림턱을 그대로 사용하면 목재에 표가 나므로 바이스에 고무 같은 유연한 소재를 붙여 물림턱을 만들어 사용한다. 자체 베이스 위에서 회전고리로 돌리며 조작하도록 디자인된 금속 작업용 바이스가 여러모로 훌륭하다.

작업대 고정시키기

작업대 고정시키기는 평평한 제작물을 작업대 위에 단단히 고정시키는 데 유용하다. 항상 죔쇠와 제작물 사이에 못 쓰는 나무로 만든 연화 블록(Softening block)을 사용한다.

평평한 제작물을 목작업 작업대에 올려놓고 작업할 수 있다.

목재를 파내면서 작업하는 양각 세공에서는 표준 목작업 작업대를 사용하면 제작물 쪽으로 몸을 기울인 채로 작업할 수 있어 편안한 자세로 작업할 수 있다. 이 작업대의 표면은 거울 틀과 같이 크고 평평한 제작물을 받칠 수 있을 정도로 넉넉하며, 다양한 고정 장치를 그 상판에 설치할 수도 있다.

제작물 고정시키기

일반적으로 표준 목작업 작업대에 있는 바이스는 목조각에는 적합하지 않다. 그러나 이 바이스는 제작물을 고정시키는 데 사용하는 새시 죔쇠를 잡아주는 역할을 할 수 있다. 이는 구부러진 다리나 비슷하게 생긴 제작물을 조각하는 데 성공적으로 사용될 수 있다.

작업대 멈춤 장치

작업대 멈춤 장치는 작업대 위에 평평한 제작물을 고정시키는데 사용된다. 작업대에 엔드 바이스가 있다면 쉽게 고정할 수 있다. 만약 그렇지 않다면 고정된 장치의 접힌 쐐기를 사용해 압력을 가한다. 단단히 고정시킬 필요가 있으면 평평한 판재 네면 모두에 나사를 사용해 블록을 작업대에 고정시킬 수 있다.

조각용 바이스

조각에 쓰이는 전용 바이스 또는 물림장치(Chop)는 엔지니어용 바이스와 원리는 같지만 목재로 만들어졌다는 점이 다르다. 또한 물림턱이 깊고, 제작물 보호를 위해서 물림턱에 코르크나 가죽이 덮여 있다. 작업대 나사 하나가 이 바이스를 작업대에 고정시키는 데 사용된다. 이럴 경우 바이스를 어떤 각도로도 회전시킬 수 있다. 바이스의 높이는 225mm로, 표준 목작업 작업대에 설치하면 작업하기 편안한 높이에서 사용할 수 있다.

패턴 제작용 바이스

이 바이스는 조각용 바이스를 금속으로 제작한 형태이다. 이것에는 나무로 만든 큰 물림턱이 있는데, 이것은 형태가 일정한 블록을 고정시키기 위해서 회전축을 따라 회전된다.

패턴 제작용 바이스

조각용 작업대 나사

조각용 작업대 나사는 목재 블록을 조각용 스탠드나 작업대에 단단히 고정시키는 데 사용된다. 나사 끝에 있는 나사산으로 나사를 목재의 밑받침 안으로 박아 넣고는 작업대에 뚫린 구멍으로 축을 통과시켜 넣고 큰 날개 너트를 죄어 고정시킨다.

조각용 스탠드

조각용 스탠드는 모든 각도에서 조각 작업을 할 수 있는 이상적인 조각 전용 작업대로, 이것에 고정시킨 제작물은 모든 각도에서 조각할 수 있다. 전통적인 나무로 만든 스탠드는 안정적인 기초를 제공하기 위한 서너 개의 무거운 다리가 있다. 두꺼운 상판에는 작업용 나사나 기타 고정 장치를 달 수 있는 구멍이 있는데, 바닥에 있는 선반이나 걸이에는 무거운 물체를 올려 두거나 걸어두는 게 더 안정적이다.

조각용 작업대 나사
축을 돌리기 위해 날개 너트에 있는 사각형 구멍을 사용해서, 뾰족한 끝에 있는 나사산을 목재 블록에 박는다.

조각용 작업대 나사

조각용 바이스

조각용 스탠드
안정성을 확보하기 위한 튼튼한 구조

작업대 고정시키기

목조각 시작하기

목조각의 가장 중요한 형태는 양각 목조각(Relief carving)과 입체 목조각(Carving in the round)이다.
양각 목조각은 한 면에서 보며 작업하는 방법이기 때문에 항상 평평한 판재나 비교적 얇은 스톡(Stock)을
조각할 때 사용된다. 목재의 두께와 배경이 깎이는 정도에 의해 제작물 조각이
저양각 목조각(Low-relief carving)인지 고양각 목조각(High-relief carving)인지 결정된다.
이 기법은 가구나 벽 틀을 아름답게 장식하거나 비기능적 예술작품을 창조하는 데 사용된다.
입체 목조각은 3차원으로 조각하는 기법으로, 제작물을 사방에서 바라보면서 조각한다.
이 방법은 목조각가에게 완벽한 표현의 자유를 선사하며, 형태를 인식하는 감각을 잘 계발해야 하고
직관을 필요로 하기 때문에 가장 도전해볼 만한 목조각 기법이라고 할 수 있다.

공구 잡기

양각 목조각과 입체 목조각에서는 공구를 다루는 기술이 같다. 목조각은 타고난 재능에 의존하는 기술이다. 손과 눈의 상호작용, 비율 감각, 재료 및 조직의 해석 능력, 자연스러운 선 감각 등, 이 모든 것이 뛰어난 목조각에 기여한다. 목작업을 위한 첫 단계는 공구를 제대로 잡는 것이다. 목조각용 끌이나 둥근끌을 잡는 방법은 작업의 유형이나 크기, 목재의 단단함, 자르고자 하는 유형에 따라 다르다.

깎아내기

깎아낼 때의 자세는 공구에 두 손을 올려놓고 작업하는 것이다. 일반적으로 글을 쓸 때처럼 손으로 공구 손잡이를 잡는다. 그러나 종종 제작물을 돌리면서 작업하는 것보다 손을 바꾸어가면서 작업하는 것이 쉬울 때가 있어 한 손으로 공구를 잡고 작업하는 법을 익혀야 한다.

오른손잡이 작업자라면 집게손가락을 날과 나란히 펴 오른손으로 공구 손잡이를 잡는다. 손잡이 끝은 자동적으로 손바닥의 중심에 놓여 공구를 잘 제어할 수 있다. 왼손은 제작물에 기대어놓는다. 이렇게 함으로써 오른손이 미는 힘을 지탱한다. 날에 가해지는 저항력의 크기에 의해 절삭 속도가 제어된다.

깎는 양이 많을 때는 오른손 집게손가락을 날 위쪽에 올려놓고 왼손으로 날을 감싸듯 쥔다.1 깎는 양이 적을 때는 왼손을 날의 위 또는 아래에 두고 왼손 집게손가락과 엄지손가락으로 날을 잡는다.2 수직으로 깎을 때는 손잡이를 감싸듯 쥐고 엄지손가락을 손잡이 맨 위쪽에 올려놓는다. 왼손을 제작물의 표면에 단단히 대고 왼손 엄지손가락과 집게손가락으로 톱을 제어하고 가이드하며 작업한다.3

1 많이 깎을 때는 날을 감싸듯 쥔다.

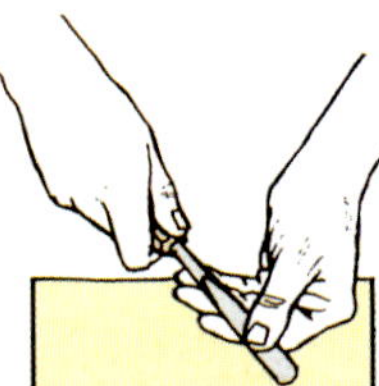

2 조금 깎을 때는 두 손가락으로 날을 쥔다.

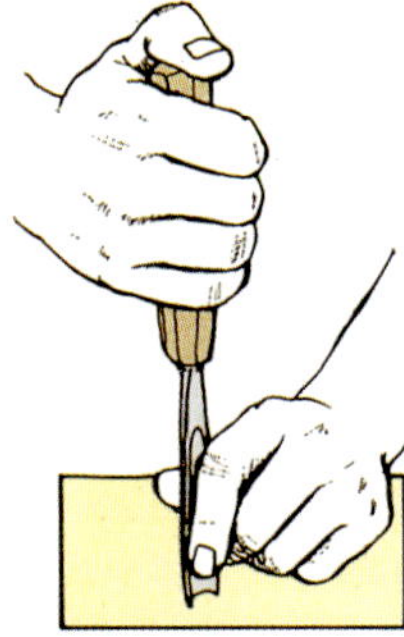

3 날을 제어하고 가이드한다.

나무망치 사용

오른손잡이 작업자가 나무망치로 목조각을 할 때는 왼손으로 끌이나 둥근끌을 잡고 오른손으로 나무망치를 잡는다.

끌이나 둥근끌 날의 윗면이 그 공구를 쥐고 있는 손의 앞면과 같은 면에 오도록 끌이나 둥근끌의 손잡이 아래쪽 2/3 부분을 잡는다.4 이런 식으로 공구를 잡으면 손목만 돌려 절삭 각도를 바꿀 수 있다.

나무망치는 공구를 짧고 빠르게 때리는 데 사용한다. 연습을 통해 절삭날을 정확한 각도에 맞추는 감을 익혀 효율적으로 목재를 깎기 위한 힘이 어느 정도 필요한지 알 수 있도록 한다.

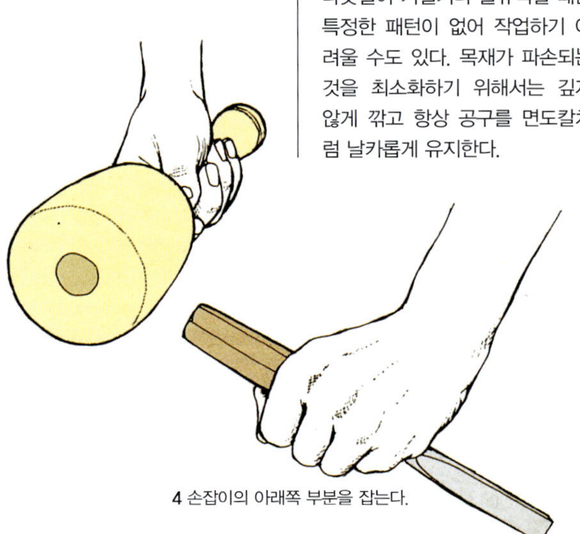

4 손잡이의 아래쪽 부분을 잡는다.

나뭇결 읽기

목조각에서는 보통 나뭇결에 수직으로 목재를 깎아낸다는 점에서 다른 방법과는 차이가 있다. 이점은 특히 둥근끌을 사용해 제작물을 대강 깎아낼 때 더욱 두드러진다. 공구가 면도칼처럼 날카롭다면 깨끗한 절삭이 가능하며, 비교적 깊게 깎을 때도 목재에 파고들지 않을 것이다. 이런 경우는 나뭇결을 따라 작업할 때 생길 수 있다.

목재를 깎을 때는 어느 방향에서도 작업할 수 있다. 그러나 나뭇결을 살펴보고 섬유조직이 덜 파손된다고 생각하는 방향으로 깎아야 한다. 좋은 절삭 결과가 가장 좋은 가이드이다.

둥근끌로 섬유를 가로질러 대각선으로 자르면 한쪽은 깨끗하게 깎이고 반대쪽은 거칠게 깎이는 것을 볼 수 있다. 이때 나뭇결에 거슬러서 깎은 부분에 거친 면이 나타난다.5

이와 비슷하게 목재 섬유가 목재 표면과 일정한 각도를 이루고 있을 때 절삭 방향에 따라 매끈하게 깎일지 거칠게 깎일지 결정된다.6 나뭇결이 거칠거나 불규칙할 때는 특정한 패턴이 없어 작업하기 어려울 수도 있다. 목재가 파손되는 것을 최소화하기 위해서는 깊지 않게 깎고 항상 공구를 면도칼처럼 날카롭게 유지한다.

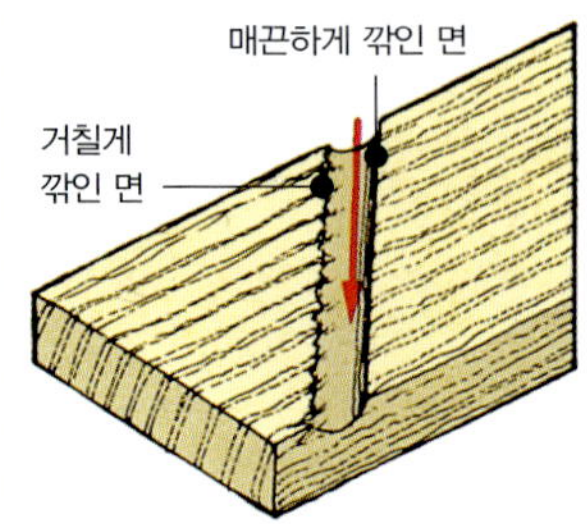

5 대각선으로 자르는 경우

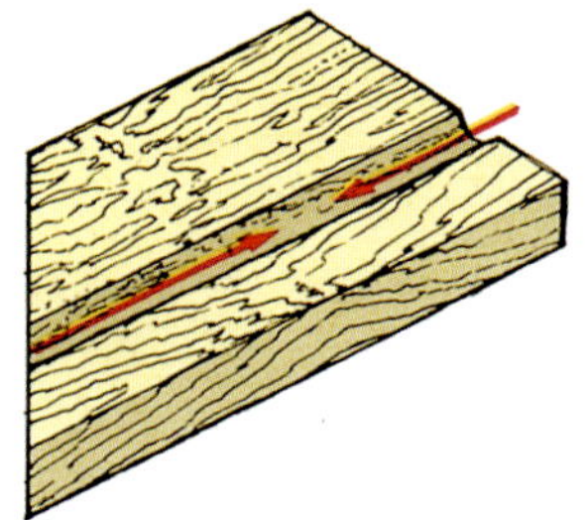

6 나뭇결에 따라 절삭 방향을 바꾼다.

스터디 드로잉하기

목조각은 일정한 형식으로 정형화되는 경우뿐만 아니라 자연 그대로 묘사하는 경우도 대부분이 묘사적이다. 그러나 목조각을 하려는 대상을 그대로 재현해야 한다면 대상을 잘 관찰해서 목조각이 실제처럼 보이게 해야 한다.

사물이 어떻게 보일지를 제대로 이해하려면 연습이 필요하며, 이를 위한 가장 좋은 방법은 스터디 드로잉을 하는 것이다. 이것은 그 자체를 목표로 할 필요는 없으며, 이를 통해 면, 조직, 형태가 주변과 어떻게 관련되는지 알 수 있다. 스터디 드로잉을 통해 형태가 어떻게 보일지 쉽게 시각화할 수 있다. 또한 목조각을 디자인할 때 기초가 되는 스케치 기술을 익힐 수도 있다.

돋을새김

돋을새김은 명암의 효과로 형태를 표현하는 방법이다.
도드라진 정도가 클수록 대비 효과는 커진다.
이 기법에서 대부분의 목조각 공구가 사용되며 비교적
시각화하기 쉬워 목조각을 처음 시도하는 사람에게
적합하다. 재료를 더 경제적으로 사용할 수 있고
특별한 고정 장치를 사용하지 않고
기존 작업대 위에서 작업할 수도 있다.

디자인하기

첫 단계는 작업자가 만들고자 하는 목조각의 도안을 실제 크기로 그리는 것이다. 기하학적 형태와 자연 묘사 형태를 모두 포함하는 장식 문자에 대해 살펴보자. 이 예는 흥미로운 연습이기도 하다. 작업하고자 하는 원본이 실제 크기가 아닐 때는 실제 크기로 격자 종이에 옮기거나 사진 복사기로 축소하거나 확대한다. 디자인을 제작물에 테이프로 붙이고 카본지를 사용해 목재 표면에 옮겨 넣는다. 18mm로 맞춘 표시 게이지를 사용해서 제작물 측면에 돋을새김의 깊이를 표시한다.

양각 목조각으로 만든 장식 문자

배경 깎기

깎아내기 공구나 깊은 둥근끌로 그림 주변을 깎아낸다. 나뭇결 방향에 주의하면서 선에서 약 3mm 떨어진 곳에 홈을 파낸다.1 그런 다음 제거할 나머지 부분에서 바탕 선에서 약 2mm 떨어진 지점까지 파내려간다. 폭이 약 18mm인 No 8이나 No 9 둥근끌을 사용해 나뭇결에 수직으로 작업한다.2 그런 다음 안쪽을 파낸다. 끌이나 적절한 굴곡이 있는 둥근끌을 사용해서 디자인의 측면부를 수직으로 다듬는다.3 너무 깊이 파지 않도록 해야 하는데, 그러지 않으면 바탕 부분을 마감하고 난 뒤에도 절삭 자국이 드러나게 된다.

25mm No 3 둥근끌처럼 폭이 넓고 얕은 둥근끌로 바탕 작업을 완료한 다음 스푼 벤트 둥근끌로 문자 가운데 부분을 깎는다.4 작업자가 원할 경우 공구로 깎은 표시를 남겨둘 수도 있고 끌로 표면을 평형하게 깎아낼 수도 있다.

반듯이 서 있는 잎 모양을 남겨둔 채로 같은 과정을 반복해서 글자의 페이스의 높이를 9mm 정도 낮춘다.

눈금이 표시된 격자 사용

디자인 원본에 6mm 간격으로 수평과 수직으로 격자선을 긋는다. 비어 있는 종이에도 24mm 간격으로 격자를 그린다. 원본에 그려진 선을 조심스럽게 따라가며 두 격자 사이의 비례를 가이드로 삼아 큰 격자에 그 형태를 옮겨 그린다. 그러면 원본을 4배로 확대할 수 있고 작업에 적합한 다양한 크기로 격자의 비율을 바꿀 수도 있다.

원본 디자인 위에 격자선을 긋는다.

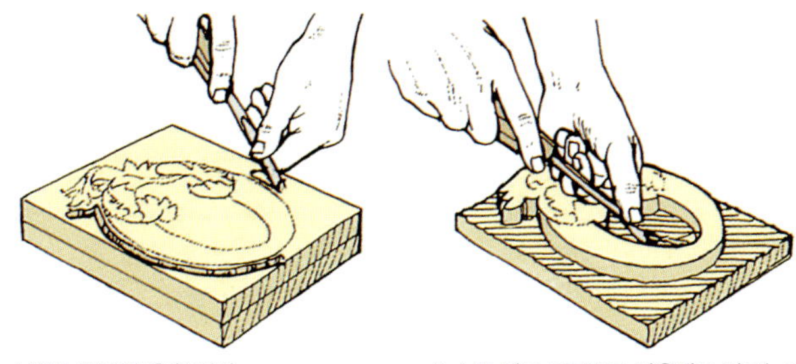

1 형태 주변에 홈을 판다.

4 스푼 벤트 둥근끌로 가운데를 다듬는다.

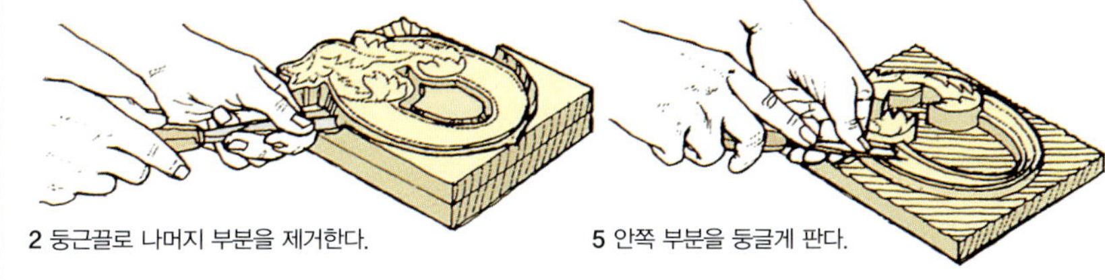

2 둥근끌로 나머지 부분을 제거한다.

5 안쪽 부분을 둥글게 판다.

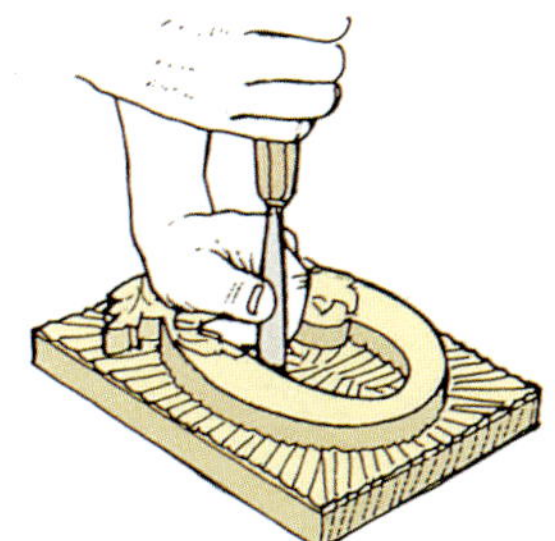

3 디자인의 수직 측면을 다듬는다.

6 쓸어내듯 깎아내 잎 모양을 만든다.

모델링

잎과 글자의 페이스를 모델링할 수 있다. 글자의 테두리 주위에 경계선을 그리고 경계 안쪽 주위에 얕은 V자 홈을 판다. 끌로 안쪽 부분을 둥글게 판다.5 그 곡면과 맞는 둥근끌로 곡면을 매끄럽게 다듬을 수 있다. 연마지를 사용할 수도 있지만 그것은 주요 목조각을 완료한 뒤에 사용한다. 어림잡아 잎 형태로 깎는다. 둥근끌로 시작하고 급한 곡면에는 스푼 벤트 둥근끌을 사용한다.

말린 잎의 끝을 다듬고 길게 쓸어내듯이 깎아 잎의 형태를 만들고 매끈하게 다듬는다.6 그런 다음 깎아내기 공구를 사용해서 잎맥을 세부적으로 표현한다. 말려 있는 잎 끝의 밑을 파내서 잎이 얇아 보이게 한다.

깎아내기 공구로 문자에 장식선과 경계를 추가하고 작은 구멍을 뚫어 장식 점선을 파준다.

입체 조각

이 조각 기법은 미학적인 안목과 더불어 장인적인 기술도 필요하기 때문에 조각가에게는
만만치 않은 일이다. 만들고자 하는 주제는 자연물일수도 있고 추상적인 것일 수도 있다. 조각하려는
대상을 작업자가 집적 결정하기도 하고 목재의 자연적인 특성에 따르기도 한다. 밑부분을 깊게
도려내거나 어떤 부분을 관통해 깎아내서 얇은 단면으로 만드는 것은 초보자에게는 어려운 일일 수 있다.
기술을 배워가는 단계에서는 단순한 원목 형태로 작업하는 것이 가장 쉽다.

제작물 준비

작업자 중에는 목재 블록을 선택하고 작업대에 설치한 다음 자신이 상상하는 선을 따라 목재를 깎으며 작업한다. 그러나 이런 방법은 되는 대로 작업을 진행하는 것에 불과하다. 숙련된 목조각가가 아니라면 목조각을 시작하기 전에 정확한 도면을 마련하고 조각할 목재 블록에 가이드 선을 표시해 두는 것이 좋다.

주먹을 쥔 손을 목조각하는 경우를 살펴보자. 입체 목조각에서 손은 흥미로운 주제이다. 목조각 작업을 하면서 자신의 손을 관찰할 수 있으며 작업이 진행될수록 더욱 복잡한 포즈를 시험해볼 수도 있다.

작업하려는 목조각의 정면도와 측면도를 실제 크기로 그린다. 뒤쪽에서 바라보는 도면이 있으면 더 좋다. 이상적으로는 네 면 모두에서 찍은 작업자 자신의 원본 사진을 기초로 도면을 작성할 수도 있다. 사진에는 원근법 효과가 있어서 사진기에서 멀리 떨어져 있는 사물이 좀더 작게 보이므로 도안을 그릴 때는 이 효과를 고려해야 한다. 필요하다면 격자 기법을 사용해서 이미지를 확대한다.

카본지를 이용해서 만들고자 하는 형태에 걸맞은 목재 블록의 각 면에 정면도와 측면도를 옮겨 넣는다.1 일정한 높이의 여분 재료가 있으면 이 부분을 바이스에 물려 작업할 수 있어서 좋다.

첫 형태 잡기

제거할 부분은 대개 깎아낼 수 있지만 일차적으로 손으로 켜는 톱이나 기계톱으로 잘라낸다. 손으로 켜는 톱을 사용할 때는 양쪽 면에서 윤곽선까지 직선으로 잘라 내려가 톱질자국을 낸다.2 제거할 부분을 끌로 깎아내 코너가 대략 직각인 형태로 남겨둔다. 또는 띠톱으로 목재 블록에 표시된 윤곽선 주변을 깎아낸다. 먼저 측면에서 제거할 부분을 잘라낸 다음 잘려나간 조각을 테이프나 핀 또는 못으로 원래 위치에 붙인다.3 이렇게 하면 목재 블록을 사각형으로 유지할 수 있고 정면을 자르도록 선을 유지할 수 있다. 이때 못은 잘려나갈 부분에만 박고 톱질자국과는 닿지 않게 유지해야 한다.

정면의 윤곽선 주변을 잘라내고 블록이 대략적인 형태로 잘리면 목조각을 위한 준비가 된 것이다. 도움이 될 것으로 생각하면 대략의 형태 안쪽으로 다른 가이드 선을 긋는다.

대략의 형태 잡기

제작물을 작업대에 단단히 고정시키고 둥근끌과 나무망치로 나뭇결을 가로지르며 작업해서 수직 코너를 잘라내고 대략 형태를 만든다.4

얕은 둥근끌로 주먹 쥔 손에 의한 면을 만든다. 손가락과 손바닥이 만나는 부분을 깎아내고 집게손가락과 엄지손가락 사이에 오목하게 들어간 부분도 깎아낸다.5 모든 면에서 제작물을 살펴보며 작업한다.

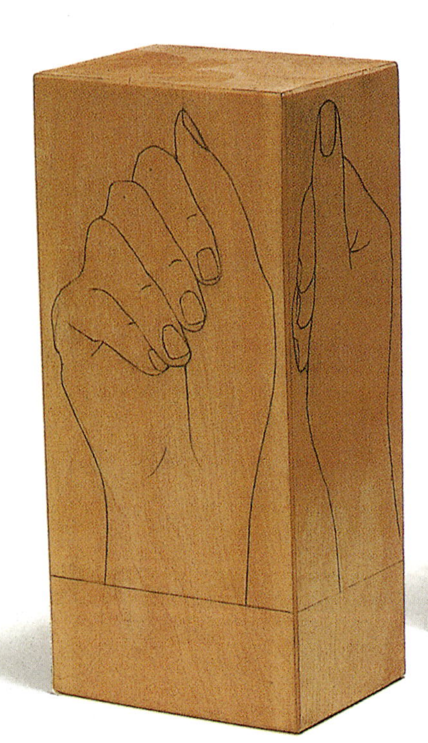

1 각 면에 형태를 표시한다.

2 연속으로 톱질자국을 낸다.

3 또는 띠톱으로 제거할 부분을 잘라낸다.

4 대략 형태를 만든다.

조각 붙이기

입체 조각에서는 일체형 맞침대 위에 조각할 수도 있고 조각물을 별도의 받침대에 붙일 수도 있다.

받침대의 형태와 크기를 신중히 고려한다. 받침대를 잘 선택하면 목조각의 외관이 좋아진다. 목조각을 대비되는 다른 목재에 붙일 수도 있고 대리석과 같은 재료에 붙일 수도 있다. 목조각을 받침대에 붙일 때는 나사로 고정시킬 수도 있고 나무못을 사용해 접착제로 붙일 수도 있다.

대리석으로 만든 다면체 받침대 위에서 경쾌한 포즈를 취하고 있는 어릿광대 목조각

모델링

둥근끌과 끌로 목재를 깎아내 관절의 형태와 둥근 손가락을 만든다. 그런 다음 각 손가락을 세부적으로 표현하고 손가락 선, 살이 접히는 부분, 손톱 등을 자세히 다듬는다.6 이때 작은 끌이나 둥근끌이 필요할 것이다. 형태를 얼마나 매끄럽게 만들지는 작업자의 선택에 달려 있다. 공구 자국을 그대로 둘 수도 있고 리플러(Riffler)와 고운 연마지로 표면을 매끈하게 다듬을 수도 있다. 투명 실러로 목재를 마감하고 왁스 광택제를 바른다.

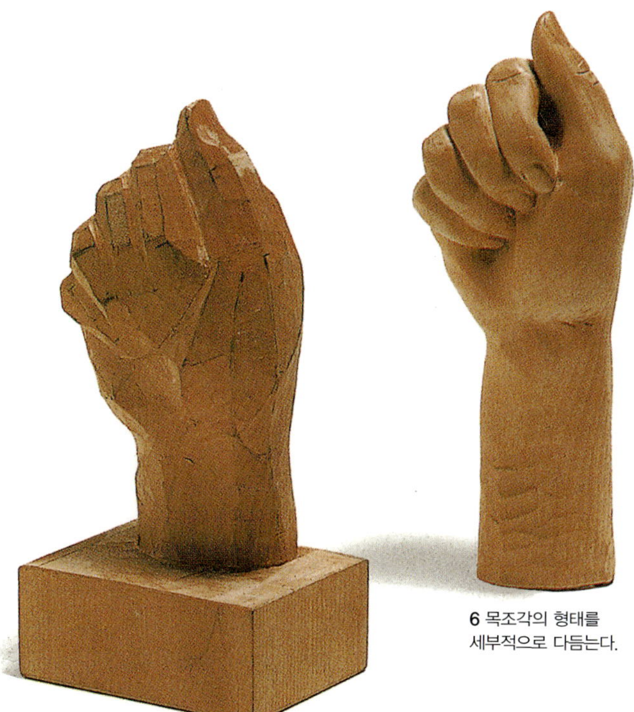

5 손의 형태로 자세히 파낸다.

6 목조각의 형태를 세부적으로 다듬는다.

칩조각

칩조각은 가구와 목제품을 장식하는 데 사용되는 오래된 기법이다. 이 기법은 기본적으로 다양한 형태의 기하학적 패턴을 연속적으로 형성하는 것이다. 끌이나 둥근끌을 사용할 수도 있으나 대부분의 칩조각 작업자는 이 작업을 위한 전용 칼을 사용한다.

칩조각 공구

좋은 칩조각 공구에는 짧고 단단한 날과 손으로 편히 쥘 수 있는 손잡이가 있다.

칩조각 칼날은 다양한 형태로 만들어진다. 두 가지 유형의 공구, 즉 커팅 나이프(Cutting knife)와 스태브 나이프(Stab knife)만 있으면 대부분의 작업이 가능하므로 다양한 범위의 모든 공구를 갖출 필요는 없다.

커팅 나이프는 보통 곧게 뻗은 절삭날이 있으며 목재 칩을 제거하는 데 사용된다. 스태브 나이프에는 짧게 잘라 장식 패턴을 만들 수 있도록 목재를 도려내도록 만들어진 비스듬한 날 끝이 있다. 스태브 나이프는 목재를 제거하는 데 사용하지 않는다.

일단 이 두 가지 공구로 시작하고 개인적인 절삭 기술로는 깨끗이 조각하기 어렵다고 느낄 때만 다른 공구를 사용한다. 조각칼 이외에도 디자인을 위한 자, 잘 깎아놓은 B 등급 연필, 컴퍼스, 직각자가 필요하다.

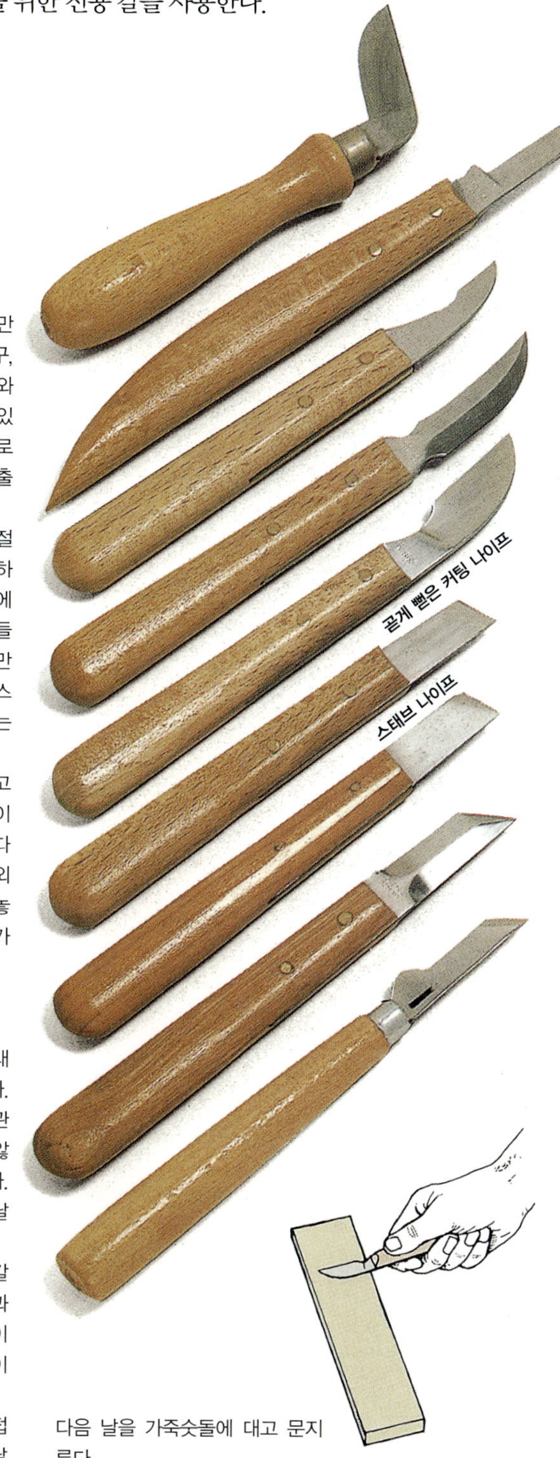

칼 날카롭게 갈기

도려낸 자국이 매끈하도록 깎아내는 것이 좋은 칩조각의 기본이다. 디자인을 잘했는지 여부와는 상관없이 깎아낸 자국이 깨끗하지 않으면 최종 결과는 거칠어 보인다. 따라서 항상 날을 면도칼처럼 날카롭게 유지해야 한다.

먼저 중간 등급의 숫돌에 대고 칼을 갈아준다. 이때 칼날을 숫돌과 수직이 되도록 잡고 사이드 페이스와 표면 사이의 각도를 10도 이하로 유지한다.

절삭날의 전체 길이를 숫돌과 접촉시켜 날을 앞뒤로 문지른다. 날을 뒤집은 다음 같은 방법으로 다른 면도 갈아준다. 고운 등급의 숫돌에 대고 같은 과정을 반복한 다음 날을 가죽숫돌에 대고 문지른다.

스태브 나이프도 같은 방법으로 갈고 이때 숫돌과 각도가 30도가 되도록 칼을 잡아준다.

날 갈기
칼을 숫돌과 수직이 되도록 잡는다.

표시하기

칩조각은 간혹 일정한 형태가 없는 것도 있지만 보통 기하학적 형태를 기본으로 한다. 종이에 모양을 디자인한 다음 제작물 표면에 옮겨 그릴 수도 있고 디자인을 제작물에 직접 그릴 수도 있다.

목조각이 완료된 이후에도 가이드 선이 많이 남아 있기 때문에 이 선을 정확하고 세밀하게 그려 넣는다. 이 선은 연필 지우개로 지울 수 있다. 이 선을 연마로 지워내면 말끔하게 조각한 부위가 손상된다.

조각칼 잡기

커팅 나이프로 제작물을 수직으로 잘라낼 수 있고 일정한 각도로 잡고 비스듬하게 깎을 수도 있다. 칼을 일정하게 45도로 잡고 작업하면 면이 있는 칩조각(Faceted chip cut)이 만들어진다.

커팅 나이프로 만들 수 있는 기본적인 조각에는 세 가지가 있다. 첫 번째와 두 번째는 공구를 당기면서 깎아내고, 세 번째는 공구를 앞으로 밀면서 깎아낸다. 곡면을 깎을 때는 엄지손가락을 가이드로 삼고 손을 지렛대 받침처럼 고정시켜 작업한다. 이런 방법은 깎아내는 깊이에 대한 감을 잡을 수 있도록 해준다.

스태브 나이프를 수직으로 잡고 나무 표면을 짧고 곧게 깎아내거나 쐐기 모양의 절삭 자국을 만든다.

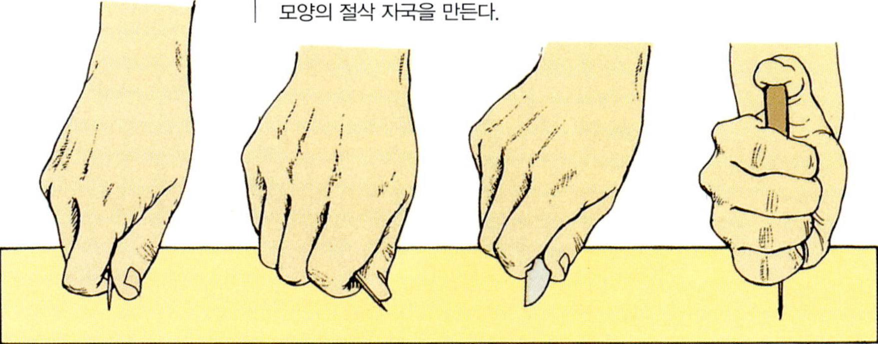

커팅 나이프를 일정하게 45도로 잡는다.　수직으로 깎아내기　일정한 각도로 깎아내기(당김)　일정한 각도로 깎아내기(밀어냄)　스태브 나이프로 깎아내기

경계 만들기

경계는 칩조각 작업을 한 제작물이 갖는 공통적인 특징으로, 보통 이등변삼각형이나 직각삼각형을 기본으로 한다.

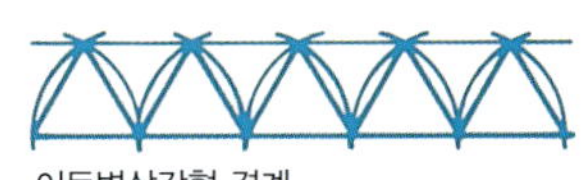

이등변삼각형 경계

직각삼각형 경계

이등변삼각형 경계 디자인을 만들기 위해서는 먼저 가이드 라인을 표시한다.1 커팅 나이프 끝을 삼각형 정상에 대고 삼각형의 한쪽 선에 커팅 나이프를 갖다 댄다. 칼 끝을 목재 안으로 약 3mm 깊이로 곧게 누른다. 칼 끝이 표시된 베이스 라인에서 표면 밖으로 오도록 칼을 작업자 쪽으로 당긴다.2 다른 쪽 면에서도 같은 과정으로 작업한다. 날을 낮은 각도로 눕혀 잡은 상태로 베이스 라인을 따라 칩을 얇게 잘라낸다.3 이 같은 과정을 반복해서 다양한 경계 패턴을 만든다.

평평한 면이 있는 직각삼각형 경계 패턴을 만들기 위해서는 먼저 연속으로 사각형을 그리고 대각선을 긋는다. 칼 끝이 삼각형의 정상에 닿도록 칼을 표면과 일정한 각도로 잡는다. 목재 안으로 날을 밀어 넣고 선을 따라 당겨 표면 밖으로 꺼낸다.4 사각형을 하나씩 걸러가면서 같은 방법으로 깎아낸다. 제작물을 거꾸로 돌려 인접한 사각형에서 같은 방법으로 깎아낸다. 그러나 이때는 칼을 앞으로 밀며 깎아낸다.5

다시 첫 번째 자르는 과정으로 돌아가 베이스 선을 따라 깎아낸다.6 이때 깎아낸 자국이 정확히 칩 조각의 중앙에서 만나도록 하려면 칼을 항상 같은 각도로 잡아야 한다는 점을 기억해야 한다.

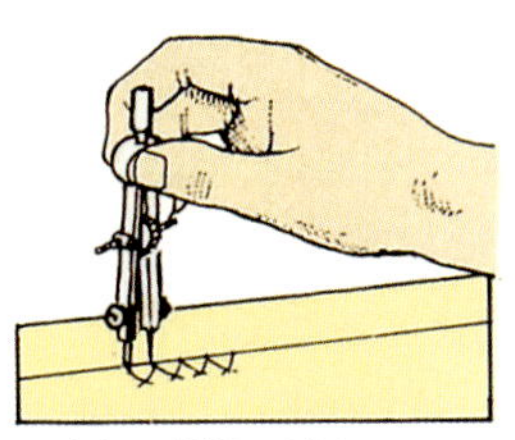

1 가이드 라인을 그린다.

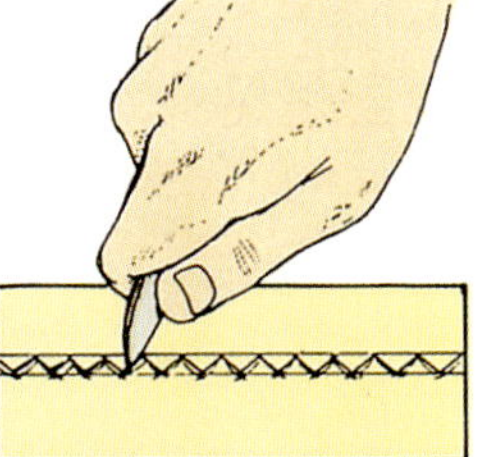

2 베이스 선쪽으로 깎아낸다.

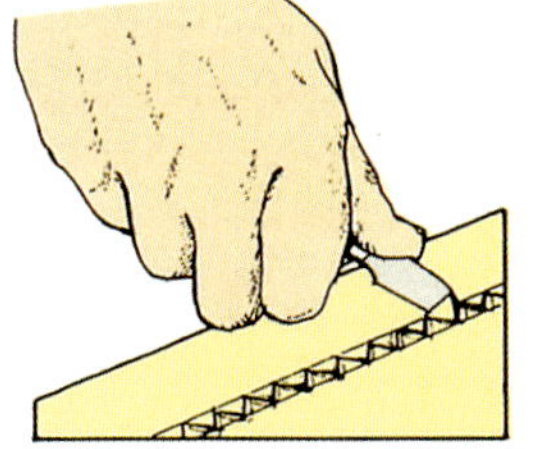

3 칩을 얇게 잘라낸다.

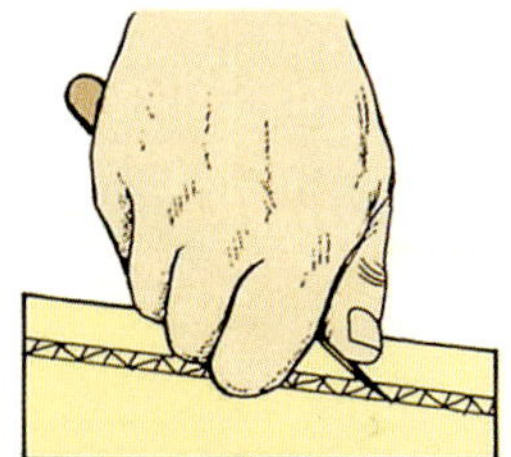

4 날을 표면 쪽으로 당긴다.

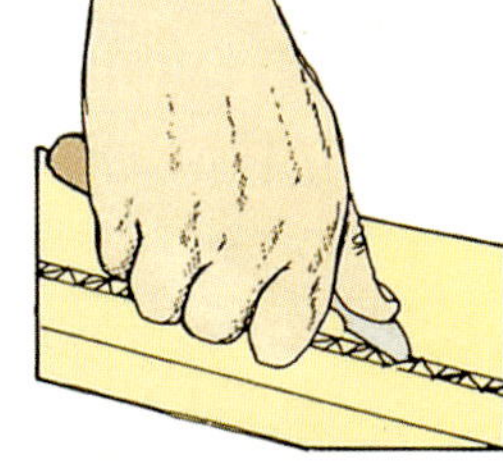

5 날을 밀며 같은 과정을 반복한다.

6 마지막으로 베이스 선을 따라 깎아낸다.

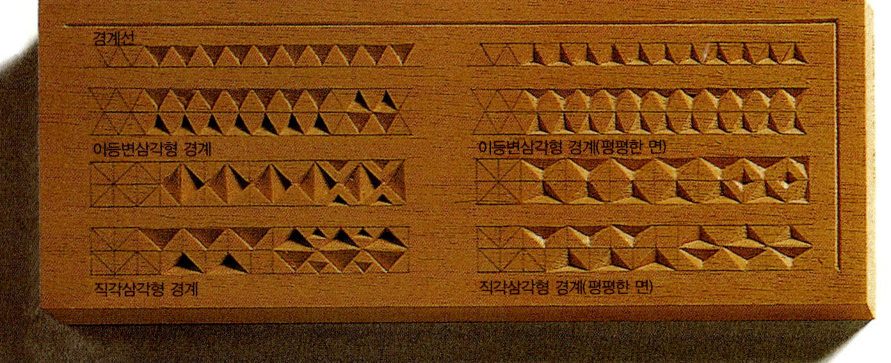

다양한 경계 패턴

경계선 만들기

선 형태로 깎아내 경계 패턴의 테두리를 만들 수 있다. V자 형태가 만들어지도록 두 번 깎아내어 경계선을 만든다.

첫 번째로 깎아내는 선은 디자인한 형태의 바깥쪽으로 기울어져야 한다. 목재의 처음부터 끝까지 날을 당긴다. 이때 날 바로 앞을 보면서 정확하게 선을 따라가 날을 당긴다. 제작물을 반대로 돌리고 이와 비슷한 과정으로 나머지 부분을 제거한다.

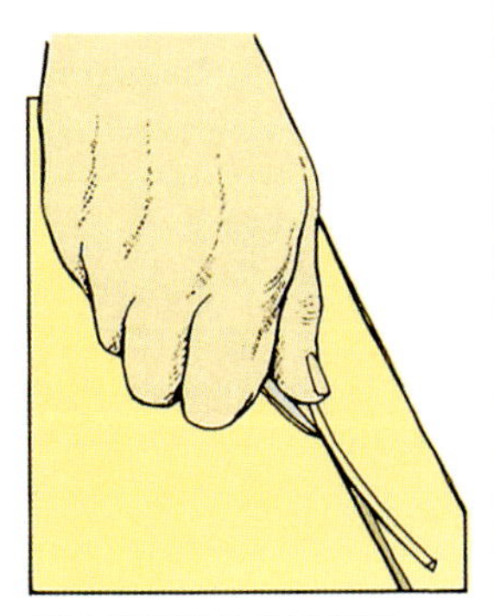

날을 기울여서 두 번 깎아낸다.

11장 · 마감

목작업 과정 중 광택제, 래커, 니스, 오일 등으로 목재를 아름답게 만드는 작업은 가장 즐거운 일이다. 이와 비슷하게 목재를 착색(Staining)하거나 컬러링해도 만족감을 높일 수 있다. 또한 마감은 목재를 보호하고 흠집이 생기지 않도록 하기 위한 이유 등 여러 가지 실용적인 목적도 가지고 있다. 따라서 마감을 선택할 때는 가공물의 용도뿐 아니라 어떻게 보일지도 고려해야 한다. 예를 들어 마모가 심할 것 같으면 프렌치 광택제보다는 니스나 래커를 선택하는 것이 좋다. 프렌치 광택제는 값이 비싸고 사용 중 보호할 필요성이 적은 제작물에 더 적합하다. 목재의 결도 중요하게 고려할 부분이다. 마호가니와 호도나무처럼 결이 고운 경재는 프렌치 광택제를 사용하는 것이 가장 좋다. 반면 오크(Oak)처럼 결이 거친 목재는 조직 속으로 침투해도 두꺼운 표면 코팅층을 형성하지 않는 오일이나 왁스를 사용하는 것이 좋다. 어떤 마감 방법을 선택하건 가장 좋은 결과를 얻기 위해서는 따뜻하며 깨끗하고 밝은 조명이 갖추어진 환경에서 작업해야 한다.

표면 준비

표면을 마감하기 전에 목재가 매끈하고 깨끗하며 흠이 없는 상태가 되어야 한다. 작은 흠집은 페인트로 가릴 수 있지만, 깨끗이 마감하면 나뭇결을 가로질러 긁힌 자국 등의 결함이 잘 드러나게 된다. 표면을 준비하는 것은 목재 마감을 위한 첫 번째 필수 과정이다.

구멍과 균열 채우기

목재를 선택할 때는 균열, 구멍, 죽은 옹이가 있는 불량한 재료는 피해야 한다. 그러나 구하기 힘들거나 공급이 여의치 않은 목재의 경우 어느 정도 흠이 있더라도 목재를 구입해야 할 때도 있다. 주의해서 목재를 선택했더라도 나중에 균열이 나타날 수도 있다. 이런 경우 마감에 들어가기 전에 이 흠집을 제거해주어야 한다.

셜락 막대

왁스 막대

셀룰로오스 필러

스토퍼

스토퍼(Stopper)

판매되고 있는 스토퍼는 투명 마감이나 불투명 마감에 들어가기 전에 작은 구멍이나 균열을 메우기 위해 사용하는 걸쭉한 풀(Paste)이다. 비록 스토퍼는 일반적인 다양한 목재와 가까운 색을 띠도록 만들어져 있지만 완벽하게 같을 수는 없다. 하지만 목재 스테인으로 스토퍼의 색을 조절할 수 있다. 스토퍼는 수성이거나 유성이기 때문에 반드시 이와 유사한 조성의 스테인을 사용해야 한다.

셀룰로오스 필러(Cellulose filler)

불투명한 페인트로 마감하려 할 때는 보통 실내장식용 셀룰로오스 필러를 물과 섞어 만든 걸쭉한 풀을 스토퍼처럼 사용해서 흠집을 메울 수 있다.

셜락 막대(Shellac stick)

이것은 셜락을 스틱 형태로 고체화한 것으로, 모든 종류의 마감에 들어가기 전 균열이나 작은 옹이 구멍을 메우기에 이상적이다. 이 제품은 몇몇 나무 색으로 만들어진다.

왁스 막대(Wax stick)

카나우바 왁스(Carnauba wax)를 수지와 안료로 혼합해 만든 왁스 막대는 목재에 있는 작은 벌레 구멍이나 미세한 균열을 숨기기 위해 사용된다. 대부분의 마감은 왁스로 채운 구멍 위에서 건조되지 않기 때문에 이 제품은 왁스로 광택을 낼 제작물에만 사용하는 것이 좋다. 특수 왁스 크레용은 광택 처리한 표면에 생긴 긁힌 자국을 손질하는 데 사용한다.

● **접착제 자국 지우기**
맞춤을 접착제로 이을 때는 항상 표면 위로 나온 남은 접착제를 뜨거운 물에 적신 헝겊으로 닦아낸다. 만약 그대로 두면 표면에 달라붙어 나중에 착색하거나 광택 처리를 할 때 엷은 반점처럼 보인다. 마감에 들어가기 전 표면에 굳어버린 접착제를 캐비닛 스크레이퍼로 제거한다.

● **노팅(Knotting) 칠하기**
수지성 옹이는 페인트를 뚫고 나와 결국 표면에 검은 얼룩을 남긴다. 밑칠을 하기 전 표면에 굳어 있는 수지를 떼어내고 노팅(셜락계 실리)으로 옹이를 두 번 칠한다.

스토퍼 사용

실내장식가처럼 작고 유연한 필링 나이프(Filling knife)를 사용하거나 오래된 끌의 끝으로 스토퍼를 흠집 안으로 넣는다. 스토퍼가 딱딱하게 굳으면 목재 표면과 수평이 되도록 연마한다. 색이 잘 어울리지 않으면 섬세한 페인트 솔로 소량의 미술가용 유성 페인트를 스토퍼에 살짝 바른다. 이 페인트가 완전히 마른 뒤 표면 마감에 들어간다.

셜락 막대 녹이기

따뜻한 땜납 인두의 끝으로 셜락을 녹여 흠집 안으로 넣는다. 셜락이 아직 따뜻할 때 끌의 끝을 물에 담갔다 꺼낸 뒤 이것으로 셜락을 균열 속이나 옹이 안으로 밀어 넣는다. 셜락이 차갑거나 단단할 때는 표면과 수평이 되도록 끌로 깎아낸 다음 고움 등급의 연마지로 연마한다.

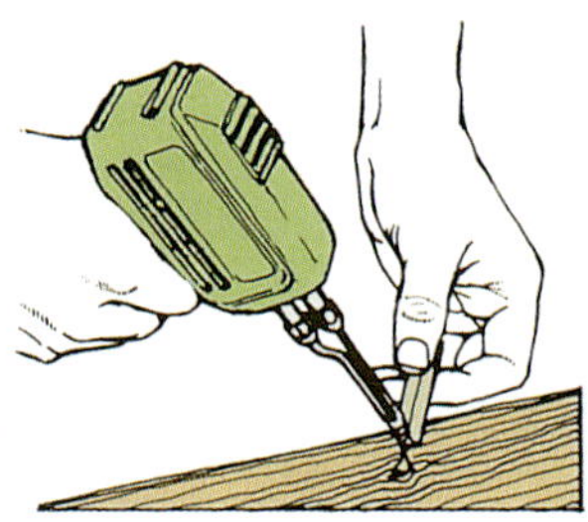

땜납 인두로 셜락을 녹인다.

왁스 막대로 메우기

목재 표면을 연마하고 셜락을 바른 뒤에 왁스로 구멍이나 균열을 채워 넣는다. 따뜻하게 달군 칼날로 왁스를 부드럽게 만든 다음 구멍이나 균열에 채워 넣는다. 왁스가 단단히 굳으면 칼로 긁어서 평평하게 만든 다음 연마지 뒷면으로 반들반들하게 문지른다.

움푹 파인 부분 보수하기

실수로 제작물에 움푹 파인 부분이 생겼을 때는 그 부분에 축축하게 적신 헝겊을 대고 가열된 납땜 인두 끝을 그 위에 갖다 댄다. 인두의 열에 의해 발생하는 증기로 목재 섬유가 국부적으로 부풀어올라 움푹 파인 부분이 주변과 수평이 된다. 목재가 완전히 건조된 후에 연마한다.

목재 연마하기

전동연마기는 많은 면적을 연마해야 하는 작업자의 수고를 덜어준다. 그러나 적어도 한 번은 손으로 가볍게 연마해야 한다.

연마지

목재를 매끈하게 만들고 표면에 단단히 굳어버린 마감재를 제거하는 데 사용되는 연마재의 종류는 매우 다양하다. 이러한 연마재를 보통 사포라고 한다. 이 용어는 원래 유리사포(Glasspaper)를 일컫는 말이었지만 현재는 더 넓은 의미로 사용되고 있다.

유리사포

엷은 노란색을 띠며 연마 속도가 매우 빠르다. 실제로는 섬세한 목작업에 적합하진 않지만 연재를 연마하는 데 사용할 수 있는 값싼 재료다. 플린트 사포(Flintpaper)라고 부르기도 한다.

가닛 사포(Garnet paper)

날카로운 절삭날이 있는 단단한 입자 형태의 적갈색 천연 무기물로 만든다. 이 사포를 사용하면 연재와 경재 모두 뛰어난 마감 결과를 얻을 수 있다.

산화알루미늄 사포

가닛 사포보다 경도가 높다. 이 사포는 수작업을 위한 규격으로 제작되며, 전동공구의 연마재로도 널리 사용된다. 다양한 색으로 만들 수 있으며 특히 밀도가 큰 경재를 연마하는 데 적합하다.

실리콘 카바이드 사포

짙은 회색에서 검은색까지 다양하다. 연마재는 합성 물질로 만들며, 주로 금속을 연마하거나 물을 윤활제로 사용해 코팅 사이의 페인트를 매끈하게 만드는 데 사용된다. 건습 사포(Wet-and-dry paper)라고도 불리는 이 사포는 경재를 연마할 때 윤활제 없이 사용한다. 건식 윤활제 역할을 하는 산화아연 분말이 살포된 엷은 회색의 실리콘 카바이드 사포는 물을 윤활제로 사용하는 엉망이 된 프렌치 광택제를 문지르는 데 적합하다.

사포 등급

사포 등급은 연마 입자의 크기에 따라 나누어지며, 크게는 매우 거칢, 거칢, 중간, 고움, 매우 고움 등급으로 분류된다. 사포를 번호(통상 600에서 50까지, 9/0에서 1까지)로도 분류할 수 있는데 번호가 높아질수록 좋은 등급이다. 점차 고운 등급으로 사포를 바꿔가며 작업한다. 바로 앞서 사용한 등급의 사포로 작업할 때 생긴 긁힌 자국이 없어질 때까지 다음 등급의 사포로 문질러준다. 대략 거칢 등급에서 고움 등급의 사포는 일반적인 작업에 적합하고 매우 고움 등급의 사포는 표면 마감에 적합하다.

이 외에 고밀도 사포와 저밀도 사포로 나누기도 한다. 고밀도 사포에는 연마재 입자가 빽빽해서 목재를 빠르게 연마하는 데 적합하다. 반면 저밀도 사포에서는 연마재 입자가 듬성듬성 있어 수지성 연재에 적합하다.

사포 등급		
매우 거칢	50	1
	60	1/2
거칢	80	0
	100	2/0
중간	120	3/0
	150	4/0
	180	5/0
고움	220	6/0
	240	7/0
	280	8/0
매우 고움	320	9/0
	360	–
	400	–
	500	–
	600	–

수작업 연마

작업대 모서리에 대고 사포를 작업하기 편한 크기로 자른다. 이 사포 조각으로 코르크 연마 블록을 감싼 상태로 연마해서 평평한 제작물을 매끈하게 만든다. 이때 나뭇결 방향을 따라 작업한다.1 뜻하지 않게 날카로운 모서리를 둥글게 연마하지 않도록 주의한다. 그러나 모서리(두 표면이 만나는 날카로운 선)를 제거할 때는 동일한 블록을 사용해 모서리를 찬찬히 연마한다.2 몰딩을 연마할 때는 일정한 형태로 깎은 블록을 사포로 감싼 채 연마한다.3 부드러운 곡선 표면을 연마하거나 매우 섬세하게 연마할 때는 연마 블록을 옆으로 치우고 손가락 끝으로 사포를 살며시 누르며 문질러준다.4 목재에서 나온 찌꺼기가 사포에 가득 끼이면 작업대에 탁탁 쳐 털어낸다.

목재 표면이 최대한 매끈하게 연마되었다고 생각되면 나뭇결을 부풀리기 위해서 젖은 헝겊으로 목재를 촉촉하게 적신 후 건조될 때까지 그대로 둔다. 그런 다음 미세한 섬유를 제거하려면 가볍게 연마해서 최종 마감한다. 마지막으로 휘발유를 적신 헝겊을 사용하거나 시판되는 끈적한 헝겊(Tack rag : 수지가 스며들어 있는 헝겊) 제품을 구입해서 목재에 묻은 먼지를 닦아낸다.

마구리면 연마

연마에 들어가기 전 손가락으로 마구리면의 표면을 따라 문지른다. 한 방향은 거칠고 다른 한 방향은 매끈할 것이다. 매끈한 방향으로 연마해야 뛰어난 마감 결과를 얻을 수 있다.

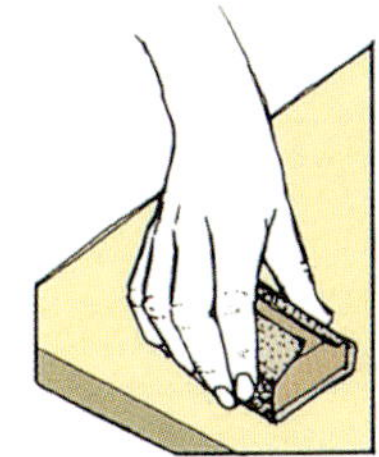

1 평평한 제작물 연마하기

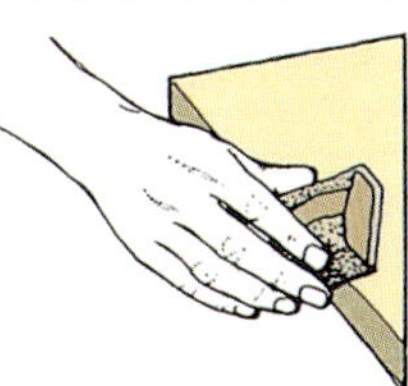

2 모서리 연마하기

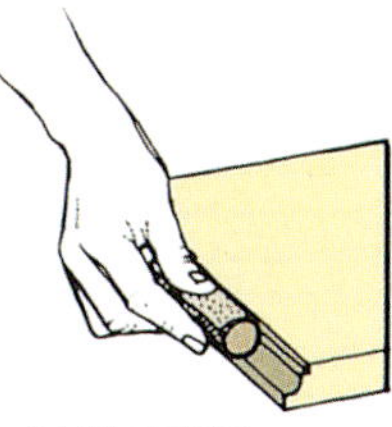

3 몰딩 연마하기

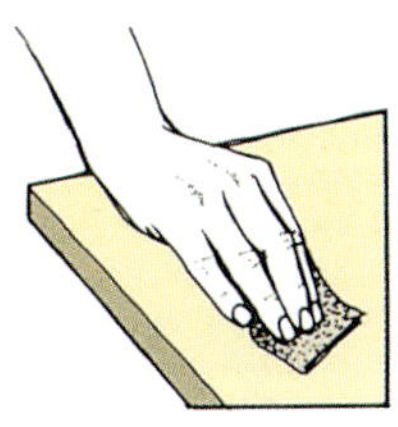

4 가볍게 연마할 때는 손가락으로 사포를 누르며 작업한다.

● 사포 보관

사포가 축축해지지 않도록 비닐 봉투에 싸서 보관한다.

연마지
1 가닛
2 산화알루미늄
3 실리콘 카바이드
4 자체 윤활 실리콘
5 카바이드

마호가니, 호도나무, 오크, 물푸레나무 등 결이 거친 목재는 광택 마감재를 바르기 전에 항상 목재의 작은 구멍을 메워주어야 한다. 그러지 않으면 마감 표면에 작은 구멍이 있는 것처럼 울퉁불퉁하게 된다.

니스를 여러 번 바를 때는 매번 표면에 있는 작은 구멍이 메워질 때까지 문지른다. 그 다음엔 색이 매칭되는 메움재(Filler)가 필요 없다. 그러나 이 작업은 힘이 많이 드는 작업이므로 대부분 목작업자들은 다양한 목재에 맞는 색을 가진 걸죽한 흙(Paste) 형태로 판매되는 결메움재(Grain filler)를 선호한다. 메움재가 건조되면 색이 옅어지므로 목재보다 약간 어두운 색의 메움재를 선택하는 것이 좋다. 이 걸죽한 흙에 적절한 목재 착색제(Stain)를 추가해 색을 조절할 수 있기 때문이다.

남은 메움재를 없애기 위해 헌옷 따위로 원을 그리며 문지른다. 그리고 하루 동안 굳힌 후 연마하기 전에 고운 사포로 가볍게 나뭇결을 따라 연마한다.

결이 거친 목재 메우기

착색된 목재 메우기

착색(Staining) 후에 목재 조직을 메우면 건조된 메움재만 살짝 연마되거나 색을 바꾸게 될 수도 있다. 목재 조직을 메우고 난 뒤 착색하면 염료가 고르지 않게 흡수되어 얼룩처럼 보일 수도 있다. 아마도 가장 안전한 방법은 목재 조직을 메우기 전에 착색된 목재를 연마 실러로 처리하는 것이다. 이렇게 하면 메움재를 연마할 때 실러 코팅이 색을 보호할 것이다.

연마 실러(Sanding sealer) 사용

셸락 계열의 연마 실러는 착색을 보호하고 오염 물질이 표면 마감에 영향을 주지 않도록 방지하는 뛰어난 보호 코팅을 형성한다. 솔로 실러를 바른 다음 건조되면 고움 등급의 연마지로 연마한다. 실러를 또다시 바른 다음 0000 등급('매우 고움' 등급)의 와이어 울로 건조된 표면을 문질러 윤을 낸다. 어떤 니스는 연마 실러 위에 잘 붙지 않기 때문에 사용 설명서를 확인할 필요가 있다.

탈색과 착색

대개 연마한 제작물에 직접 투명 마감제를 바른다. 그러나 폴리싱(Polishing)이나 바니싱(Varnishing)을 하기 전 종종 색이 바랜 목재를 탈색 처리해야 할 필요가 있는 경우도 있다. 반대로 착색한 것을 살짝 코팅해서 너무 흐릿한 목재 부분의 색을 진하게 만들 수도 있고 같은 종류의 목재로 되어 있는 매칭이 잘 안 되는 샘플을 혼합하기 위해 착색을 사용할 수도 있다.

탈색(Bleaching) 원목

두 부분으로 구성된 탈색제로 색을 제거한 뒤에 화이트 식초 한 스푼과 물 1파인트(Pint)를 섞어 만든 아세트산 용액으로 목재를 씻을 필요가 있다. 모든 목재가 성공적으로 탈색되는 건 아니기 때문이다. 예를 들어 밤나무나 장미목은 탈색제에 잘 반응하지 않지만 오크나 자작나무는 잘 반응한다. 실제로 탈색 과정으로 들어가기 전에 샘플 목재에 시험적으로 탈색을 해본다. 탈색제는 강력한 화학약품이기 때문에 제조업체의 사용법에 따라 주의해서 사용하도록 한다. 또한 탈색제를 취급할 때는 작업장을 환기시키고 장갑, 고글, 에이프런을 착용한다.

흰색 섬유(White-fiber)나 나일론 솔을 사용해 목재에 탈색제 파트 1(Part 1)을 고르게 바른다. 5~10분 후에 다른 깨끗한 솔로 파트 2(Part 2)를 바른다. 원하는 색을 얻으면 곧바로 아세트산 용액으로 탈색제를 중화한다. 목재가 건조되도록 약 3일 정도 그대로 둔 후 거즈 안면 마스크를 착용한 채로 돋은 나뭇결을 연마한다.

목재 착색제
1 유색 수성 착색제로 처리한 단풍나무(Sycamore) 계열
2 호두나무 수성 착색제로 처리한 너도밤나무
3 가벼운 오크 휘발유 계열의 착색제로 처리한 너도밤나무
4 붉은 마호가니 유성 착색제로 처리한 너도밤나무

탈색된 상태

목재 착색제

목재 착색제를 바르기 위해서는 목재가 깨끗해야 하고 기름 성분이 묻지 않아야 하며 나뭇결 방향으로 매끈하게 연마되어야 한다. 전동 오비탈연마기를 사용한 후에는 수작업으로 연마해서 목재 위에 있는 미세하고 불규칙하게 긁힌 자국을 제거한다. 먼저 목재를 축축하게 적신 다음 매끈하게 연마하지 않으면, 수성 착색제에 의해 목재 조직이 일어나 착색제가 마른 후에 표면이 거칠어지게 된다.

착색제의 유형

바로 사용할 수 있도록 미리 혼합된 목재 착색제는 대부분의 DIY 용품점이나 철물점에서 매우 다양한 색상으로 판매되고 있다. 그러나 작업자가 직접 혼합해 사용하는 건조 파우더 형태의 착색제는 전용 판매점에서만 구입할 수 있다. 미리 만들어놓은 착색제는 사용하기 편리하지만 많은 전문가들은 직접 착색제를 혼합해 원하는 색을 정확히 만드는 이점을 잘 알고 있다.

수성 착색제

수성 착색제는 흐르기도 하고 침투도 잘된다. 비교적 천천히 건조되어 고르게 색을 분포시키기 쉽다. 수성 착색제를 목재 위에 바를 때 적신 헝겊으로 색을 제거하면서 서서히 색을 변화시킬 수 있다. 일단 마르면 수성 착색제 위로 목재 마감재를 바를 수 있다. 바로 사용할 수 있는 착색제나 물에 녹는 건조된 아닐린 분말을 사용할 수 있다.

착색제를 만들 때는 약 30g의 파우더와 1.25리터의 따뜻한 물을 혼합한다. 물과 혼합한 착색제가 완전히 식은 다음에 사용한다.

아크릴 착색제는 기존의 수성 착색제보다 목재 조직이 덜 일어나도록 만들며 변색에 대한 저항성도 높다. 밀도가 높은 경재를 착색할 때는 아크릴 착색제를 약 10% 희석하여 사용한다.

알코올 착색제

알코올 착색제를 변성 알코올에 녹이면 비교적 빨리 건조된다. 이런 착색제는 건조 시 겹침(Overlap)과 뚜렷한 선(Hard edge)이 나타나지 않게 하려면 능숙한 솜씨가 요구되므로 알코올 착색제는 아마추어 목작업자에게는 생소할 것이다. 이런 이유로 종종 알코올 착색제를 스프레이로 뿌리기도 한다. 이 유형의 착색제는 바로 사용할 수 있는 것도 있고 수성 착색제와 같은 비율로 알코올과 혼합해 사용하는 분말 형태도 있다. 셸락(프렌치 광택제)을 약간 첨가하면 색을 혼합하는 데 도움이 된다.

알코올 착색제는 그 위에 바른 프렌치 광택제 층이나 솔(Brush)로 바른 셀룰로오스 래커를 벗어나 흘러나올 수도 있다. 그러나 스프레이로 뿌린 마감은 이것에 영향을 받지 않는다.

유성 착색제

유성 착색제는 비교적 빠르게 건조된다. 그러나 만족스러운 결과를 얻을 수 있는 시간은 충분하다. 알코올과 유성 솔벤트 나프타(Oil-based solvent naptha)를 기본으로 해 만들어진 이러한 착색제는 나뭇결이 선명하게 나타나지 않게 한다. 유성 착색제는 폴리우레탄 바니시와 왁스 광택제에 포함된 알코올 성분에 의해 다시 용해될 수 있어 착색제를 바른 표면에 다른 마감을 바르기 전 셸락 연마 실러를 발라주는 것이 좋다. 유성 착색제는 바로 사용할 수 있게 해놓은 제품만 있다.

목재 착색제 바르기

품질이 우수한 페인트 솔을 페인트 패드로 사용하면 목재의 평평한 부분에 착색제를 바를 수 있다. 넉넉하고 고르게 착색제를 바르고 특히 나뭇결에 나란하게 바른다. 가능한 한 빨리 젖은 측면부를 혼합한다. 색이 고르게 분포된, 착색제로 많이 젖은 표면을 부드러운 마른 수건으로 닦아낸다.

깨끗한 헝겊을 공처럼 말아 착색제를 바르는 것이 더 좋을 때가 있다. 특히 수직면에 착색제를 바를 때 이렇게 작업하는 것이 좋은데, 이는 착색제가 흘러내리는 것을 쉽게 조절할 수 있기 때문이다. 선반가공한 부위나 흡수가 잘되는 연재에 착색제를 바를 때는 헝겊을 사용하는 것이 가장 효과적이다. 장갑을 낀 채로 헝겊을 착색제에 담갔다가 착색제가 목재에 뚝뚝 떨어지지 않도록 꽉 짠 다음 착색제를 바른다. 건조가 시작되기 전에 섞어줄 수 없다면 착색제 코팅을 뚫고 물방울 자국이나 흘러내린 자국이 드러날 수도 있다.

시험 판재 만들기

목재의 부위에 따라 착색제를 흡수하는 정도가 다르기 때문에 건조될 때 색도 그에 따라 달라질 수 있다. 착색제 위에 겉칠하기 위해 사용하는 마감제의 유형도 색과 명암에 영향을 미친다.

목재에 착색할 때는 제작물과 같은 목재 조각에 미리 착색해본다. 우선 착색제를 한 번 칠한 다음 마르도록 그대로 둔다. 다시 한번 착색제를 바른다. 이때 서로 비교할 수 있도록 처음 바른 부위 일부에만 바른다. 보통 두 번만 칠해도 충분하지만 시험할 목적으로 칠할 때는 세 번에서 네 번 정도 칠한 후 완전히 마를 때까지 그대로 둔다. 시험 판재 반쪽에 투명 마감제를 띠 모양으로 발라 착색제를 바른 부위가 어떻게 되는지 확인한다.

시험 판재

훈증 목재

목재를 암모니아 연기에 노출시키면 타닌성 산을 함유하고 있는 목재를 화학적으로 착색할 수 있다. 가장 많이 사용되는 오크를 훈증하면 노출 시간에 따라 노란 꿀색에서 약간 어두운 갈색으로 변한다. 호도나무, 마호가니, 밤나무도 암모니아액을 사용해 착색할 수 있다. 880 또는 8~80 암모니아라고 부르는 26% 암모니아액을 소매 약국에서 구할 수 있다. 아니면 일반 가정용 암모니아를 사용할 수도 있지만 이것을 사용하면 처리 속도가 느리다.

암모니아는 눈, 코, 목을 자극하기 때문에 훈증 장치를 실외나 환기가 잘되는 실내에 설치하고 화학물질을 취급할 때는 고글과 안면 마스크나 호흡기 보호구를 착용한다.

훈증 장치 만들기

임시로 사용할 훈증 장치를 만들 때는 못 쓰는 목재로 제작물을 넣을 골격을 먼저 만든 다음 검은색 비닐 시트로 그 골격을 덮어 안으로 공기가 통하지 않는 텐트를 만든다. 이은 부위는 모두 접착 테이프로 붙여 봉한다. 햇볕이 색에 영향을 미칠 수도 있기 때문에 투명 비닐 시트는 사용하지 않는다.

암모니아액이 담긴 접시 몇 개를 텐트 안 제작물과 나란히 놓는다. 금속으로 만든 결속 부품이나 나사가 노출되어 있으면 이것에 의해서도 목재의 색이 영향을 받을 수 있으므로 작업을 시작하기 전에 모두 제거한다.

24시간 동안 유지한 뒤에 시트를 걷어내면 약간 어두운 색을 얻을 수 있다. 더 밝은 색조를 원한다면 중간중간에 색을 확인한다. 제작물을 제거하는 동안에도 반응이 계속 진행되기 때문에 최종적으로는 약간 어두운 색이 얻어진다.

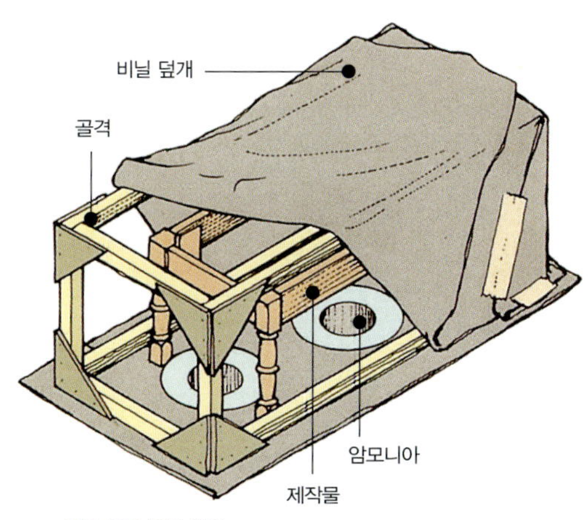

직접 만든 훈증 장치

프렌치 광택제

프렌치 광택제는 영국 빅토리아 시대의 최상의 목재 마감 방법이며 목작업자들은 지금까지도 널리 사용하고 있다. 광택제는 랙깍지진디(Lac insect)의 분비액과 셜락 용액을 알코올에 녹여 만든다. 거의 유리 같은 표면 질감을 보여주지만 작은 상처에도 저항력이 약하고, 물과 알코올의 영향을 받으면 흰색 반점이 생긴다. 이러한 단점에도 불구하고 프렌치 광택제는 한 시간 정도만 연습하면 마감 기술을 습득할 수 있어 많은 목작업자들이 선호한다.

프렌치 광택제
1 마감하지 않은 마호가니
2 버튼 광택제로 마감한 마호가니
3 석류색 광택제로 마감한 마호가니
4 화이트 광택제로 마감한 단풍나무(Sycamore) 계열

프렌치 광택제의 유형

작업자가 셜락 조각을 변성 알코올에 녹여 직접 프렌치 광택제를 만들 수도 있다. 그러나 바로 사용할 수 있는, 액상으로 된 제품을 구입해 사용하는 것이 편리하다.

버튼 광택제

황갈색을 띠는 버튼 광택제는 최상급 셜락으로 만든다. 이 광택제는 녹인 셜락을 지름이 50mm인 단추 모양의 디스크에 식히는 데에서 그 이름이 유래되었다. 반투명할 정도로 매우 얇게 만들어져서 불에 비추어보면 셜락이 순수한지 그렇지 않은지를 확인할 수 있다. 현재는 얇은 조각 형태가 많이 판매되고 있다.

표준 프렌치 광택제

오렌지 셜락 조각으로 만드는 표준 프렌치 광택제는 실질적인 범위 내에서 불순물이 전혀 없다. 진한 갈색에서 중간 정도의 갈색을 띤다.

석류색 광택제

진한 적갈색 프렌치 광택제로, 마호가니나 이와 색이 비슷한 목재를 마감하거나 온기가 적어 보이는 목재를 개선하는 데 사용한다.

화이트 광택제

탈색된 셜락으로 만드는 광택제로, 엷은 색상의 목재에 사용된다.

투명 광택제

탈색된 셜락에 있는 천연 왁스를 제거해서 만든 광택제로, 특히 엷은 색 목재에 다른 색을 입혀 외관이 손상되었을 때 사용된다.

유색 광택제

유색 광택제에는 적색, 흑색, 녹색 등의 착색제가 들어 있다. 흑색 광택제는 주로 피아노를 마감할 때 사용되고 적색 광택제와 녹색 광택제는 목재의 색을 조절하는 데 사용된다. 예를 들어 녹색 광택제를 사용하면 진한 적색 마호가니의 색 농도를 낮춰 오래된 것처럼 보이게 만들 수 있다. 적색 광택제의 효과는 녹색 광택제와는 정반대로, 갈색 목재의 농도를 진하게 만든다. 알코올 목재 착색제를 소량 첨가하면 모든 셜락 광택제의 색을 바꿀 수 있다.

브러시로 프렌치 광택제 칠하기

기존 프렌치 광택제를 사용해 완벽한 결과를 내기 위해서는 뛰어난 기술과 많은 연습이 필요하다. 따라서 많은 목가구 작업자들은 러버로 광택제를 바르는 기존의 방법보다는 약간 묽게 만든 셜락을 솔로 바른 다음 문질러 윤을 내고 다시 바르는 방법을 많이 사용한다.

천천히 건조되도록 만들어주는 특별한 첨가제가 들어 있는 프렌치 광택제를 사용할 수도 있다. 이처럼 광택제가 천천히 건조되면 표면에 광택제를 바른 후에 솔 자국이 펴지는(Flow out) 시간이 충분하다.

특수 솔 광택제(Special brushing polish)를 바르는 기술은 쉽게 익힐 수 있다. 부드러운 페인트 솔로 광택제를 균일하게 칠한 다음 한 시간 뒤에 자체 윤활 실리콘 카바이드 사포로 살짝 문지르고는 두 번째 칠을 한다. 이런 식으로 세 번째 광택제를 바르고 건조된 후에 왁스 광택제에 적신 0000 등급의 와이어 울로 문지른다. 15분 후에 부드러운 헝겊으로 광택을 낸다.

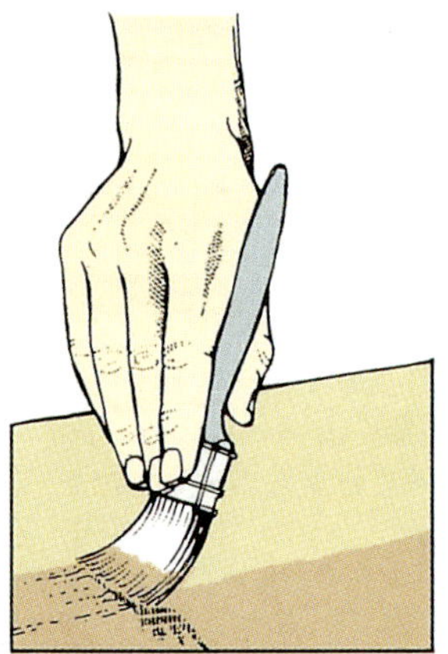

브러싱 프렌치 광택제 바르기
부드러운 솔을 사용해 이 특수 브러싱 광택제를 고르게 바른다.

와이어 울로 문지르기
마지막 칠을 나뭇결 방향으로 가볍게 문지른다.

전통적인 프렌치 광택제 사용법

흰색 면 헝겊으로 공 모양의 정제 솜을 싸서 러버(Rubber) 라고 부르는 부드러운 패드를 만든 다음 이것으로 프렌치 광택제를 각 층마다 얇게 바른다.

러버(Rubber) 만들기

러버를 만들기 위한 재료로는 실내 장식업자가 사용하는 스킨 솜 뭉치(Skin wadding)가 가장 좋다. 그러나 일반 정제 솜을 사용해도 충분하다. 한 줌의 정제 솜을 준비한 뒤에 눌러 달걀 모양으로 만들고 크기가 225~300mm인 정사각형 모양의 면 헝겊 가운데에 올려놓는다.1 헝겊의 한쪽 모퉁이를 접어 정제 솜을 덮은 다음2 가장자리를 접고3 손바닥으로 살며시 감싸 쥔다.4 패드 밑바닥에 접힌 부분이 없도록 골고루 펴준다.

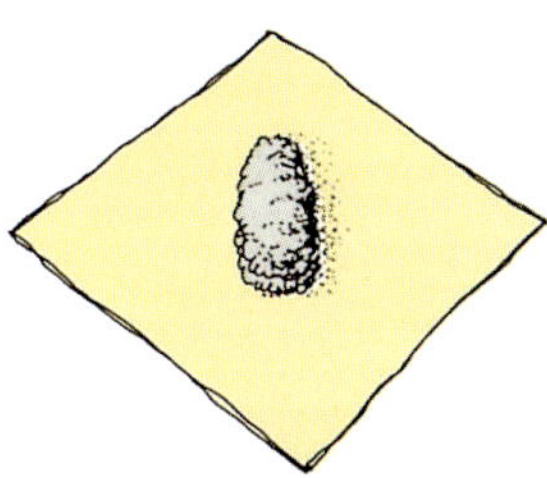

1 정사각형 면 헝겊 위에 공 모양의 정제 솜을 올려놓는다.

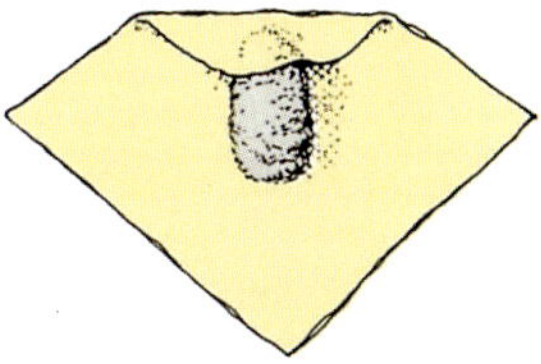

2 한쪽 모퉁이를 접는다.

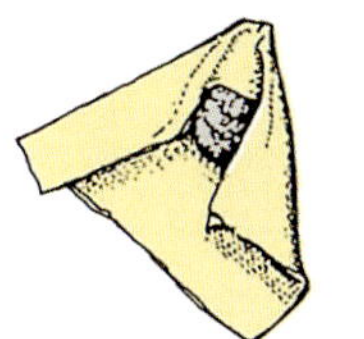

3 가장자리를 접는다.

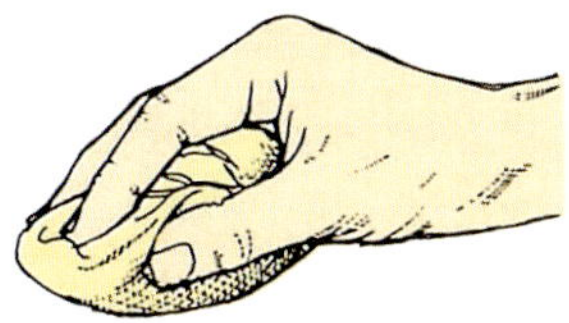

4 손바닥으로 감싸 쥔다.

러버에 광택제 묻히기

정사각형 면 헝겊을 편 다음 러버를 손바닥으로 받친 상태에서 패드 위에 셀락 광택제를 붓는다. 이때 흠뻑 젖지 않을 정도로 붓는다. 앞서 설명한 방법대로 러버를 다시 접은 다음, 못 쓰는 판재 위에 패드를 눌러 광택제를 짜내고 패드 밑바닥에 골고루 광택제를 묻힌다. 윤활제 역할을 할 아마인(Linseed) 오일을 손가락 끝에 살짝 묻혀 패드 밑바닥에 바른다.

광택제 바르기

평평한 표면에 프렌치 광택제를 바를 때는 먼저 러버로 겹친 원을 그리면서 문질러 점차 판재의 전체 표면에 셀락을 발라준다.1 그런 다음 이번에는 8자 모양을 그리며 문지른다.2 문지르는 모양을 바꾸면 고르게 바를 수 있다. 마지막으로 나뭇결과 나란한 방향으로 직선을 그리며 문지른다.3

러버에 광택제를 새로 묻혔을 때는 약하게 누르면서 문질러도 충분하지만 작업이 진행될수록 누르는 힘을 조금씩 더해간다. 항상 러버를 움직이는 방향을 유지한다. 문지르기를 시작할 때는 러버를 표면에 갖다 대고 문지르기가 끝났을 때 표면에서 뗀다. 러버가 제작물과 닿은 상태에서 작업을 도중에 멈추면 그대로 붙어 광택에 자국이 생긴다. 이럴 경우는 완전히 굳을 때까지 두었다가 매우 고운 자체 윤활 실리콘 카바이드 사포로 문질러 손질해주어야 한다. 필요하다면 러버에 광택제를 좀더 묻히고 러버가 마찰을 받으면 소량의 아마인 오일을 묻힌다.

처음 바른 광택제에 흠이 없다면 약 30분 정도 그대로 두었다가 같은 과정을 다시 반복한다. 이런 식으로 네댓 번 칠한 다음 광택제가 완전히 굳도록 하룻밤 동안 그대로 둔다. 광택제가 마르는 동안 러버는 나사마개로 닫을 수 있는 유리 그릇에 보관한다.

다음 날 광택제가 흘러내린 자국, 먼지 입자, 러버로 문지른 자국 등을 실리콘 카바이드 사포로 문질러 없앤 다음 광택제를 네댓 번 정도 더 바른다. 원하는 깊이의 색이 얻어졌는지 판단한다. 보통은 10번에서 20번 정도 칠하면 충분하다.

몰딩이나 목조각에 광택제 바르기

크고 얕은 몰딩이 있는 판재는 러버를 광택제로 바를 수 있지만 깊은 몰딩이나 목조각에는 부드러운 솔로 약간 묽게 만든 셀락을 바른다. 전문 판매점에서 구입할 수 있는 다람쥐털로 만든 솔이 가장 이상적이지만 일반적으로 사용하는 질 좋은 페인트 솔을 사용해도 충분하다. 광택제는 비교적 빠르고 고르게 바른다. 그러나 빨리 바르면 흘러내릴 수도 있다. 셀락이 굳으면 아래 설명한 방법대로 문지른 모양을 없애고 가볍게 문질러준다. 그렇지 않으면 많은 광택제가 제거될 것이다.

문지른 모양 없애기

아마인 오일을 윤활제로 사용하면 광택제 표면에 줄무늬가 생긴다. 셀락이 실질적으로 전혀 묻지 않고 소량의 변성 알코올만 묻힌 러버를 사용해 광택제를 문질러 줄무늬를 제거하고 광택 마감을 완성한다. 광택제 표면에 러버를 문지를 때는 직선 방향으로 나란히 문지르고, 매번 문지를 때는 판재의 표면에 러버를 대고 미끄러뜨리듯 문지른 다음 한 과정이 끝나면 표면에서 뗀다. 러버가 마찰을 받기 시작하면 곧바로 러버에 변성 알코올을 더 묻힌다. 2분 정도 그대로 두었다가 줄무늬가 없어졌는지 확인한다. 줄무늬가 그대로 있으면 원하는 마감을 얻을 때까지 같은 과정을 반복한다. 약 30분 후에 건조된 부드러운 걸레로 표면을 닦아 윤을 내고 완전히 굳도록 적어도 일주일 정도 그대로 둔다.

새틴 마감하기

고광택 마감을 원하지 않는다면 0000 등급의 와이어 울을 부드러운 왁스 광택제에 담갔다가 꺼내 이것으로 충분히 굳은 표면을 문질러 표면의 윤을 없앨 수도 있다. 표면에서 고르게 윤이 제거될 때까지 곧고 나란히 겹치도록 하면서 문지른다. 그 다음 부드러운 천으로 문지르고 난 후 매력 있는 새틴 광택제(Satin sheen)로 광을 낸다. 필요하다면 왁스 광택제를 첨가할 수도 있다.

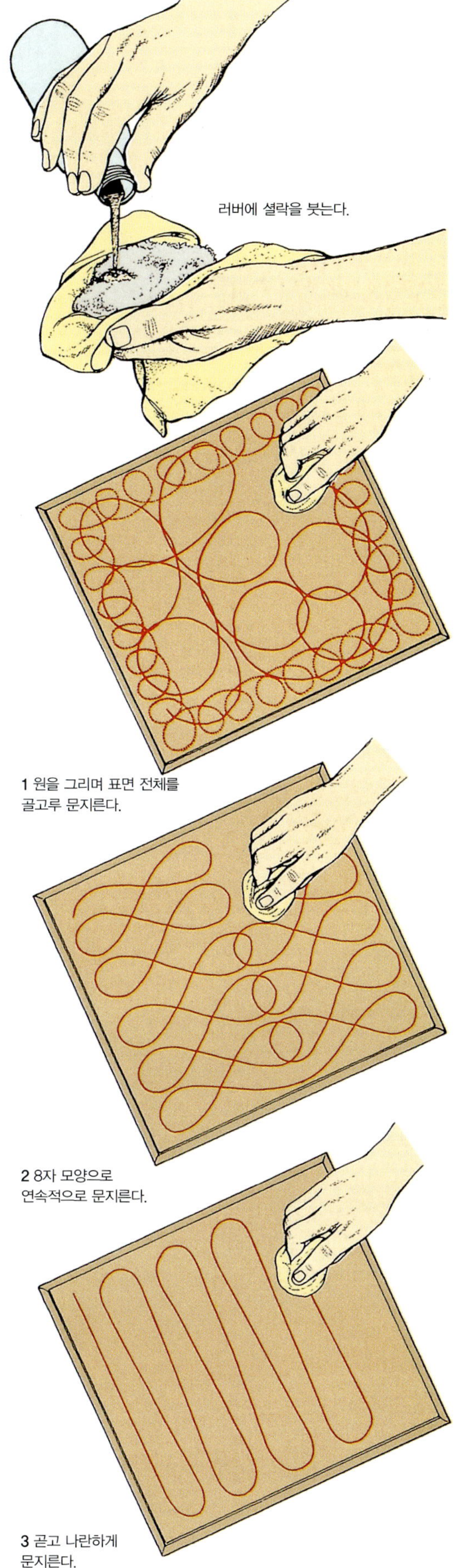

러버에 셀락을 붓는다.

1 원을 그리며 표면 전체를 골고루 문지른다.

2 8자 모양으로 연속적으로 문지른다.

3 곧고 나란하게 문지른다.

래커, 니스, 페인트

래커, 니스, 페인트를 여기에서 함께 다루는 이유는 크게 두 가지이다. 첫째, 대개 제조업체에서는 래커와 니스를 별도로 분류하지 않는다. 둘째, 솔을 사용하든 스프레이를 사용하든 이 마감재들을 사용하는 방법은 비교적 비슷하다. 어떤 페인트는 본질적으로 투명 니스에 안료를 첨가한 것이라고 할 수도 있다.

래커, 니스, 페인트

1 셀룰로오스 래커를 칠한 단풍나무 계열
2 투명한 저온 경화 래커를 칠한 소나무
3 흑색 저온 경화 래커
4 투명 폴리우레탄 니스를 칠한 우틸(Utile)
5 유색 폴리우레탄 니스를 칠한 오크
6 솔벤트 계열의 페인트를 칠한 소나무

니트로셀룰로오스 래커

이 래커는 빠르게 마르기 때문에 수십 년 동안 산업용 목재 마감제로 많이 사용되어 왔다. 특별히 솔로 바르는 방법도 여럿 있지만 보통 스프레이를 사용해야 원하는 결과를 얻게 된다. 래커는 솔벤트가 증발하면서 건조되는데, 이때 남겨지는 표면층은 다음 래커칠로 인해 부분적인 재용해가 이루어진다. 이런 방법으로 여러 번 칠한 래커 층을 사실상 하나의 층으로 만들 수 있다.

니트로셀룰로오스 래커는 실질적으로 물기가 없어 목재 색에 거의 영향을 미치지 않는다. 이 래커를 바르면 열과 습기에 강한, 단단한 표면 마감 층을 형성할 수 있다.

저온 경화 래커

화학 반응에 의한 경화이기 때문에 경화제가 필요하다. 미리 촉매 반응을 시킨 래커는 경화제와 래커가 혼합되어 있는데, 공기에 노출되기 전에는 경화가 진행되지 않는다. 다른 형태의 래커는 별도의 두 구성요소로 되어 있어 작업자가 사용하기 바로 전에 혼합한다. 저온 경화는 매우 투명하며, 질기고 얼룩에도 강하다. 광택이 있는 것을 사용할 수도 있고 광택이 없는 것을 사용할 수도 있다. 이 밖에 불투명한 흑백 래커를 구입하거나 이보다 친숙한 밝은 색상의 래커를 구입해 사용할 수도 있다.

색이 있고 투명한 저온 경화 래커는 스프레이용 특수 시너를 사용해 색을 옅게 만들 수 있다.

니스

폴리우레탄과 같은 합성수지는 열에 강하고 방수성을 지니며 내구성이 매우 강한 최신 솔벤트 계열의 니스를 제작하는 데 사용된다. 외장용 등급의 니스는 내후성이 있으며, 자외선으로 목재 색이 바래지는 것을 막아준다. 염수에도 견딜 수 있는 요트용 니스나 해양용 니스는 특히 해안 기후와 오염이 심한 도시 환경에 적합하다.

투명 오일 니스는 무광택, 반광택, 광택 마감면 중 한 형태로 건조되며, 유색 니스는 목재를 착색하는 데 사용할 수 있다. 유색 니스는 실제 착색제처럼 목재에 침투하지 않기 때문에 국부적으로 마모되면 색을 상실할 수도 있는 위험이 있다. 이를 막기 위해 투명 니스를 유색 니스 위에 한두 번 정도 칠해 색을 보호한다. 유색 니스는 이미 니스가 칠해진 제작물의 색을 바꾸고자 할 때 특히 유용하다. 페인트 솔로 니스를 바를 수도 있고 휘발유로 희석해서 묽게 만든 다음 스프레이로 뿌릴 수도 있다.

물에 아크릴 수지가 분포되어 있는 수성 니스는 발랐을 때 우유처럼 흰색을 띠지만 마르고 나면 투명해진다. 비독성, 불연성이고 실질적으로 냄새가 나지 않는 아크릴 니스는 빨리 말라 하루 안에 거의 모든 작업을 완료할 수 있다.

페인트

목재용 솔벤트 계열의 페인트는 알키드 수지, 비닐 수지, 요소 수지, 폴리우레탄 수지 등 합성수지와 고체 안료를 오일 및 희석제와 혼합해서 만든다. 첨가제에 따라 페인트를 광택, 무광택, 반광택 중 하나로 만들 수 있고 빨리 건조되게 하거나 기타 다른 특성도 부여할 수도 있다. 대부분의 솔벤트 계열의 페인트는 액상 점도를 갖고 있다. 그러나 틱소트로피 페인트(Thixotropic paint)는 캔에 있을 때는 젤리처럼 유동성은 없지만 표면에 놓고 저으면 유동성이 생긴다.

내구성이 강한 보호층을 형성할 때는 특정 성질을 갖도록 만들어진 페인트를 차례로 사용한다. 우선 목재를 둘러싼 후에 바르는 코팅이 흡수되지 못하도록 애벌칠을 한다. 그런 다음 밑칠의 흔적을 없애고 페인트 층의 주요부를 형성하는 진하게 착색된 밑칠을 한두 번 바른다. 마지막 겉칠은 원하는 색과 조직을 얻기 위해 닦아내기 쉬운 표면을 형성한다.

별도의 밑칠을 할 필요 없이 단 한 번만 칠하는 솔벤트 계열의 페인트는 특히 오래된 페인트 칠의 흔적을 없애는 데 유용하다.

수성 아크릴 페인트는 빠르게 마르기 때문에 작업 시간을 절약할 수 있다. 하지만 습기가 많은 곳에 사용하면 만족스러운 결과를 얻기 힘들다. 솔벤트 계열의 아크릴 페인트는 솔로 바를 수 있으며, 틱소트로피 페인트를 제외한 다른 모든 페인트는 스프레이로 뿌릴 수도 있다.

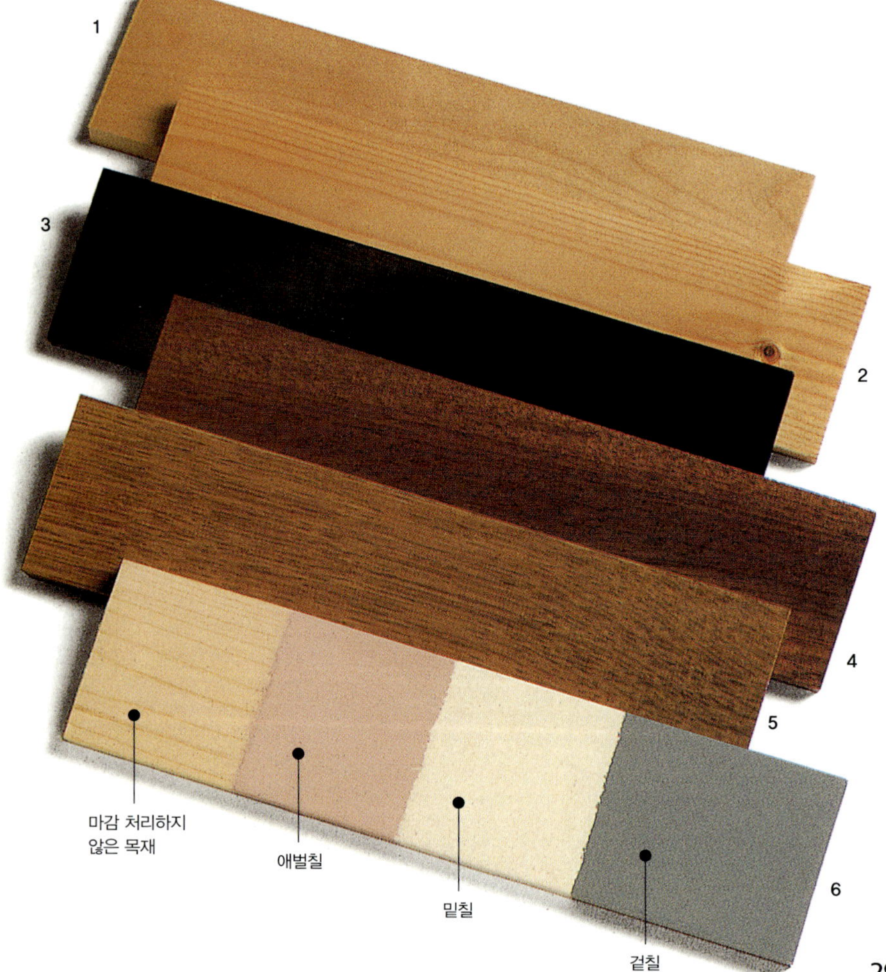

페인트 솔 세척

페인트 작업을 마친 후에 솔을 신문지에 대고 문질러 남아 있는 페인트, 니스, 래커를 제거한다. 솔벤트 계열의 마감제를 사용했다면 솔을 휘발유에 넣고 세척한 다음 솔에 묻은 희석제를 뜨거운 비눗물로 씻어내 헹군다. 아크릴 페인트나 니스가 묻은 솔은 보통 수돗물로 씻어낸다. 손가락으로 솔의 모양을 잡아준 다음 말린다. 건조가 다 되면 솔 털을 종이로 싼다. 이때 솔의 끼움고리 주변을 탄력 있는 밴드로 묶어 단단히 싸준다.

솔로 마감제 칠하기

스프레이로 마감제를 뿌리면 전문가처럼 마감을 할 수 있지만 안전보건 지침에 맞는 스프레이 장치를 갖추려면 많은 비용이 든다. 따라서 아마추어 목작업자들은 솔로 투명 마감제와 페인트를 바르는 것이 유일한 방법이다. 그러나 잘 관리된 우수한 품질의 솔로 인내심을 갖고 주의해서 작업하면 만족스러운 결과를 얻을 수 있다. 일반적인 작업에는 폭이 12mm, 25mm, 50mm인 솔을 사용하고 넓고 평평한 면에는 100mm짜리 솔을 사용한다.

솔로 셀룰로오스 래커 칠하기

솔로 래커를 칠할 때 나중에 문질러 제거하기 어려운 솔 자국이나 울퉁불퉁한 부분이 없도록 하려면 경험이 어느 정도 필요하다. 실러 코트(Sealer coat) 역할을 하도록 50%로 희석한 래커를 부드러운 천이나 솔로 바른다. 그런 다음 부드러운 솔에 희석하지 않은 래커를 묻힌 다음, 표면에 길고 곧게 래커를 칠한다. 니스를 칠할 때처럼 솔로 다 바르려고 하거나 같은 부분을 두 번 칠하지 않도록 한다.

새 래커로 빨리 젖은 측면부를 닦아 자체적으로 흘러 퍼지도록 한다. 래커를 두세 번 정도 바를 때 사이사이 고운 실리콘 카바이드 사포로 문질러 윤을 낸다. 매번 래커를 칠하는 과정은 한 시간 정도 걸리지만 자세한 내용은 제조업체에서 제공한 사용법을 참조한다. 마지막 겉칠의 외관이 만족스럽지 않으면 연마지로 다시 문질러 매끈하게 만든 다음 부드러운 천으로 광택 크림 제품을 발라 반들반들하게 만든다.

어떤 숙련된 목작업자는 1/4은 셀룰로오스 희석제로 되어 있고 나머지 3/4은 휘발유로 된 풀오버 솔루션(Pull-over solution)을 사용해서 니트로셀룰로오스 래커 위에 반짝이는 광택을 내는 것을 좋아하기도 한다. 그러나 이 용액을 너무 많이 칠하면 마감 층이 벗겨질 수도 있기 때문에 제대로 작업하기가 쉽지 않다. 실리콘 카바이드 사포로 래커층을 매끈하게 다듬은 후 풀오버 솔루션으로 축축하게 적신 천 패드를 표면에 대고 문지른다. 이때 둥글게 원을 그리며 문지르다 프렌치 광택제를 바를 때처럼 나뭇결 방향으로 곧게 문지른다.

저온 경화 래커 바르기

저온 경화 래커가 제대로 경화되기 위해서는 화학적 조성과 균형이 매우 중요하다. 따라서 구성요소를 혼합하고 목재 표면을 준비할 때는 반드시 제조업체에서 제공한 사용법에 따라야 한다. 필요한 양보다 넉넉하게 래커를 유리병이나 폴리에틸렌 용기에 넣고 혼합한다. 이때 금속이나 플라스틱으로 된 용기는 경화제와 반응해서 래커가 경화되지 않을 수도 있다. 절대로 작업하고 남은 것을 용기에 도로 넣어서는 안 된다. 그러면 전체 내용물을 사용할 수 없게 된다. 그리스나 왁스 등이 묻어 있으면 래커가 제대로 경화될 수 없기 때문에 목재를 깨끗하게 만든다. 따뜻하고 환기가 잘되는 작업장에서 작업한다.

제품마다 칠하는 방법이 서로 다를 수 있다. 그러나 대략 솔을 나뭇결 방향으로 곧고 나란히 움직여 래커를 칠할 수 있다. 솔벤트 계열의 니스처럼 솔로 완전히 칠하려고 할 필요는 없고 래커 칠이 자연적으로 경화되도록 두면 된다. 넓은 면적을 칠할 때는 래커가 경화되기 전에 젖은 부분을 칠할 수 있도록 가급적 신속히 작업한다. 이 작업은 약 10분에서 15분이 걸린다. 약 한 시간 후에 고운 실리콘 카바이드 사포로 살짝 문질러 먼지 입자를 제거한 다음 두 번째 래커 칠을 한다. 만약 세 번째 래커 칠을 해야 한다면 다음 날 작업하도록 한다.

거울처럼 반짝이는 마감면을 만들려면 광택 래커를 바르고 완전히 굳도록 며칠 그대로 둔다. 그 다음 실리콘 카바이드 사포로 표면을 매끈하게 다듬고는 부드러운 천에 광택 크림을 묻혀 광택을 낸다. 반광택 마감면을 만들고자 할 때는 왁스 광택제에 담갔다가 꺼낸 000 등급의 와이어 울로 광택 래커를 문지르고는 걸레로 광을 낸다.

니스 칠하기

솔벤트 계열의 투명 니스 또는 유색 니스로 맨 목재를 마감할 때는 먼저 알코올로 10% 희석한 실러 코트를 바른다. 부드러운 천 패드를 나뭇결 방향으로 목재에 문질러 실러 코트를 발라주고, 패드를 사용할 수 있도록 불편한 곳은 솔로 칠한다. 니스가 마르면 고운 실리콘 카바이드 사포로 살짝 연마한다. 알코올을 묻힌 천으로 먼지를 제거한다.

페인트 솔로 희석하지 않은 니스로 첫 번째 칠을 한다. 니스를 솔에 묻힐 때는 1/3 정도만 니스에 담갔다가 용기 안쪽에 대고 털어 니스가 적당히 묻도록 한다. 이때 니스 안에 공기 방울이 생길 수가 있기 때문에 용기 가장자리에 대고 끌면 안 된다. 이것이 제작물에 옮겨져 표면 코팅에 그대로 굳으면 문제가 될 수 있다.

목재에 니스를 칠한다. 이때 서로 다른 방향으로 솔을 문질러 고르게 마감제를 펼친다. 각각의 새로 칠한 층을 앞서 칠한 젖은 부분과 겹치게 한다. 마지막으로 나뭇결 방향으로 가볍게 문지르면서 마감한다. 일단 경화가 시작된 니스 층에는 다시 칠하지 않는다. 그러지 않으면 지울 수 없는 솔 자국이 남게 된다. 이런 문제가 나타나면 마감재가 완전히 굳도록 밤새 그대로 두었다가 물을 윤활제로 사용하여 실리콘 카바이드 사포로 문질러 이 솔 자국과 다른 흠집을 없애준다. 같은 방법으로 두 번째 니스 칠을 한다.

최종 광택 표면에 먼지 입자가 들어간 채 굳어 있다면 사포로 문질러 이것을 없앤 다음 다시 니스를 바르거나 와이어 울과 왁스로 마감면을 다듬어준다. 000 등급의 와이어 울을 왁스 광택제에 담갔다 꺼내 나뭇결 방향으로 표면을 문질러 광택을 낸다. 이렇게 처리한 표면을 걸레로 문질러 눈에 띄는 흠집이 없도록 부드러운 광택을 낸다.

먼저 나뭇결을 가로질러 넉넉하게 아크릴 니스를 바른 다음 솔벤트 계열의 니스에서와 마찬가지로 마감한다. 아크릴 니스는 불과 20~30분 안에 마르기 때문에 신속하게 작업해서 젖은 부분을 칠해야 한다. 두 시간 후에 두 번째 니스 칠을 한다.

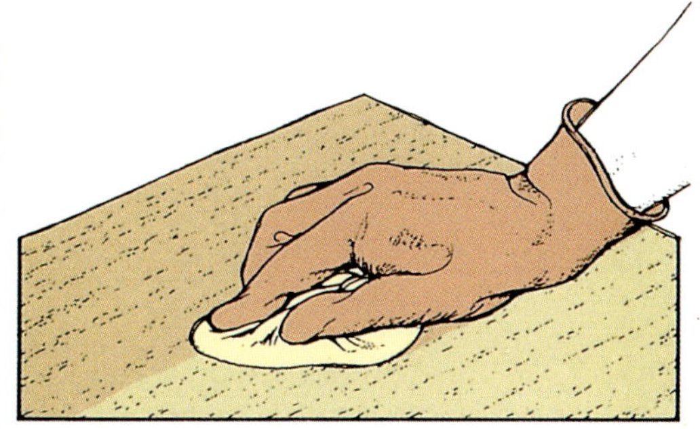

천 패드로 니스를 칠한다.

페인트 칠하기

대부분의 솔벤트 계열 페인트를 칠하는 방법은 니스를 칠하는 방법처럼 고르게 모든 표면을 덮도록 솔로 칠하고 나란하게 문질러서 마감한다. 그러나 틱소트로피 페인트를 사용할 때는 솔로 고루 펴줄 필요가 없다. 그 대신 솔을 나란히 움직이며 페인트를 넉넉하게 바르고 솔 자국이 자연적으로 흘러 퍼지도록 그대로 둔다.

페인트 칠을 한 부분이 완전히 마르도록 충분히 기다렸다가 실리콘 카바이드 사포로 문질러 불순물을 제거하고, 다음 칠을 쉽게 할 수 있도록 만든다. 헝겊으로 표면을 깨끗하게 닦아낸다. 최종 겉칠이 완전히 마르도록 먼지가 없는 곳에 밤새 그대로 둔다. 아크릴 페인트를 칠하는 방법은 아크릴 니스를 칠하는 것과 같다.

페인트나 니스를 칠한 자국을 만들지 않는 방법

수직면 위에 일반적인 솔벤트 계열의 페인트나 니스를 넉넉히 칠한 층을 솔로 고루 펴주지 않으면 밑으로 축 늘어져 있는 커튼처럼 두껍고 울퉁불퉁한 면이 생긴다. 이처럼 커튼 모양이 생기는 것을 막기 위해서는 전체를 고르게 칠한 다음 솔을 위쪽으로 문지르면서 초벌 마감한다.1

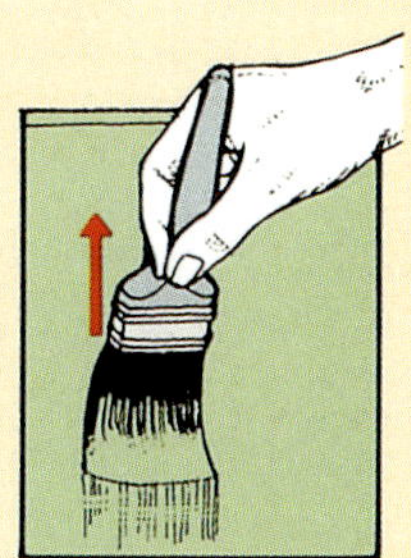

1 초벌 마감

마감제가 묻은 솔을 몰딩이나 판재 모퉁이에 대고 누르면 눈물 모양의 자국이 만들어진다. 몰딩에 마감재를 바를 때는 항상 몰딩에 수직으로 바르지 말고 나란히 발라야 한다. 두 몰딩이 만나는 코너에서 양쪽 방향으로 칠을 할 때는 특히 주의를 요한다.2 판재의 코너까지 페인트를 칠할 때는 가운데서 바깥으로 향하는 방향으로 칠한다.3

2 코너에서 바깥 방향으로 칠한다.

솔을 모서리에 대고 뒤로 칠하면 솔의 털에서 페인트가 떨어져 아래로 흐른다.

3 위쪽으로 칠한다.

스프레이 목재 마감

일단 기본적인 기술을 습득하면 스프레이 건과 콤프레셔를 사용해서 니스, 페인트, 래커를 고르게 칠할 수 있다. 스프레이를 사용할 때는 휘발성 마감제가 공기 중에 미세한 안개 형태로 뿌려지기 때문에 폭발 위험이 있고, 작업자의 건강에도 치명적인 영향을 미칠 수 있다. 따라서 스프레이 작업을 야외에서 하거나, 효율적인 배출장치가 갖추어진 스프레이 부스를 만들어 사용해야 한다. 그러나 작업에 들어가기 전 그 지역에서 스프레이 작업이 허용되는지, 화재 및 안전 규정에 위반되지 않는지 확인한다.

스프레이 장치

페인트 스프레이 장치는 압축 공기와 액상 마감제를 혼합해 매우 미세한 입자 형태로 제작물 표면에 뿌린다.

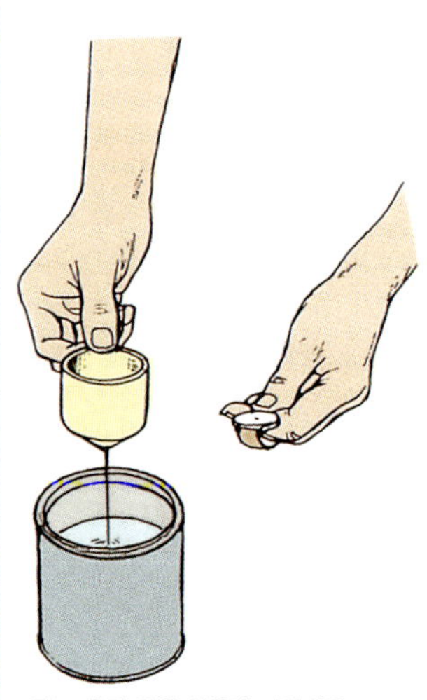

스프레이 건과 콤프레셔

전기로 작동되는 압축기는 필터를 통과한 공기를 압축한 뒤 유연한 호스를 통해 들고 다닐 수 있는 스프레이 건으로 보낸다. 스프레이 건의 방아쇠를 당기면 공기 흡입 밸브가 열리면서 공기가 스프레이 건을 통해 흐르고 유체 팁을 통해서 밖으로 빠져나간다. 이 유체 팁은 공기 마개 뒤에 붙어 있으며, 보통 스프레이 건 아래 있는 밀폐된 용기에서 빨아올려진 페인트나 투명 마감제와 공기가 이곳에서 혼합된다. 압축 공기의 일부는 공기 마개 한쪽에 있는 혼으로 보내지는데, 이 혼은 압축 공기에 의해서 작은 구멍을 통해 위로 올려져 부채처럼 내용물을 분사하는 역할을 한다. 공기 흐름과 유체 분사량은 스프레이 건 뒤에 있는 각각의 밸브 나사를 돌려서 조절한다. 어떤 스프레이 건에는 쉽게 조절할 수 있도록 손잡이 밑에 공기조절 밸브가 달려 있다.

스프레이 건 라벨
- 공기 마개
- 혼(Horn)
- 유체 팁
- 혼(Horn)
- 공기 흐름 나사
- 유체 분사량 나사
- MODEL 700
- 방아쇠
- 손잡이
- 공기조절 밸브
- 공기 공급 호스
- 마감제 용기
- 스프레이 건

스프레이 건 청소하기

스프레이 작업을 끝내면 마감제 용기를 비우고 투명 희석제를 넣는다. 완전히 투명한 희석제가 나올 때까지 스프레이 건으로 뿌려주고 나서 공기 압력을 풀고, 마개를 푼 다음 솔벤트로 적신 헝겊으로 각 부분을 청소한다. 나무로 만든 이쑤시개를 사용해 공기 마개에 있는 페인트 마개를 청소한다.

이쑤시개로 페인트 마개를 청소한다.

스프레이 부스 만들기

실내에서 스프레이 작업을 안전하게 하기 위한 유일한 방법은 스프레이 작업을 하는 공간과 작업장의 나머지 공간을 완전히 격리할 수 있는 스프레이 부스를 만들어 사용하는 것이다. 유해한 솔벤트 연기를 밖으로 배출할 수 있도록 실외로 연결되는 벽에 강력한 배출기를 설치한다. 그러나 이 연기로 인해 가연성 환경이 조성되므로 전기 모터의 불꽃에 의해서도 발화될 수 있다. 따라서 전문 판매점에서 폭발 방지용 모터가 달린 배출기를 구입하고 과도하게 뿌려진 스프레이를 거를 수 있도록 팬 앞에 페인트 필터를 설치한다. 이밖에 스프레이 부스 밖에서 켜고 끌 수 있는 폭발 방지용 램프도 필요하다. 압축기를 스프레이 부스 안에서 사용해도 안전한지 또는 부스 벽에 설치해놓은 호스에 연결한 채로 부스 밖에서 사용해야 하는지 공급업체에 확인한다. 이 지점에 워터 트랩(Water trap)을 설치해서 압축 공기에 포함되어 있는 수분이 호스 안에서 응축되어 불완전하게 마감되는 것을 방지하는 것이 가장 이상적이다.

작은 제작물을 고정시킬 때는 원형 회전의자 받침대에 나사로 고정되어 있는 칩보드 디스크를 사용해 회전 테이블을 만들고 이것

안전한 스프레이 방법

반드시 스프레이 장치 제조업체에서 제공한 안전 및 보건 지침을 따라야 한다. 그 밖에 다음 주의사항도 지켜야 한다.

- 실외에서 스프레이 작업을 하더라도 항상 고글과 호흡기 보호구를 착용한다.
- 적절한 장치를 갖춘 스프레이 부스를 만든다.
- 스프레이 작업을 할 때는 담배를 피우지 말고 노출된 모든 불꽃을 끈다.
- 어린 아이들이 스프레이 장치에 가까이 오지 못하게 한다.
- 절대로 사람을 향해 스프레이 건을 쏘아서는 안 된다.
- 스프레이 건을 보수하기 전에는 공기를 호스로 보내는 밸브를 잠그고 방아쇠를 당겨서 호스 내부를 완전히 비운 다음 스프레이 건과 분리한다.

을 배출기 앞에 세워놓는다. 큰 제작물은 버팀다리 위에 받쳐놓는다.

페인트, 니스, 래커 희석하기

점도가 솔로 칠할 수 있을 정도인 마감제가 스프레이로 뿌릴 수 있을 정도의 유동성을 가지려면 적절한 희석제로 묽게 만들어야 한다. 사용할 희석제의 유형과 적절한 비율은 제조업체에서 제공하는 사용법에 따라 결정한다.

각 구성요소를 측정해서 혼합한 다음 아래에 설명되어 있는 방법에 따라 마감제의 점도를 시험한다. 나무 막대로 마감제를 저은 다음 막대 끝에서 마감제가 어떻게 떨어지는지 관찰한다. 마감제가 끊이지 않고 지속적으로 흘러내리면 스프레이로 사용하기 적당한 상태이다. 마감제가 끊어지면서 천천히 떨어지면 점도가 큰 상태로, 스프레이하기에 적합하지 않다. 그러나 이 방법으로는 마감제의 점도를 정확하게 파악하기 어렵다. 다른 방법으로도 확인할 수 있는데, 희석한 마감제 소량을 수직으로 세운 시험 판재에 스프레이로 뿌렸을 때 거의 한 번에 흘러내리면 너무 묽은 상태이다.

점도를 더 정확히 측정하려면 스프레이 장치 제조업체에서 점도 측정 컵을 구한다. 깔때기처럼 생긴 점도 측정 컵에 희석한 마감제를 채우고 모두 비워지는 데 걸리는 시간을 측정한다. 사용법에 있는 기준 시간에 맞을 때까지 점도를 조절한다.

점도 측정 컵을 사용해 마감제의 점도를 측정한다.

기본 스프레이 기술

스프레이 장치를 사용해본 적이 한 번도 없다면 제작물에 직접 스프레이 작업을 하기 전에 못 쓰는 판재에 미리 연습을 하는 것이 좋다.

수직 판재에 스프레이하기

수직으로 놓인 판재에 스프레이 작업을 할 때는 표면에서 약 200mm 정도 떨어진 위치에서 스프레이 건을 잡고 공기 혼을 수평으로 돌려 수직으로 세운 부채 모양으로 분사되도록 한다. 제작물에 스프레이 건을 직접 조준한 상태에서 스프레이를 한 번 뿌린다. 이때 스프레이 건을 제작물의 표면과 수평으로 움직인다.1 스프레이 건을 호(Arc) 모양으로 회전시키면서 뿌리면 안 된다.2 이렇게 분사하면 양쪽 가장자리와 가운데에 분사되는 양이 달라지기 때문이다. 매번 뿌리기 직전에 방아쇠를 당기고 제작물의 다른 쪽 끝까지 분사될 때까지 방아쇠를 계속 누르고 있어야 한다.3 스프레이 패턴의 중심이 판재 모서리에 오도록 맞춘다. 반대로 돌아올 때는 앞서 뿌렸던 부위의 절반만큼 겹치면서 뿌린다.4 이런 식으로 판재의 전체 면에 다 뿌릴 때까지 반만큼 겹치면서 스프레이 작업을 한다.

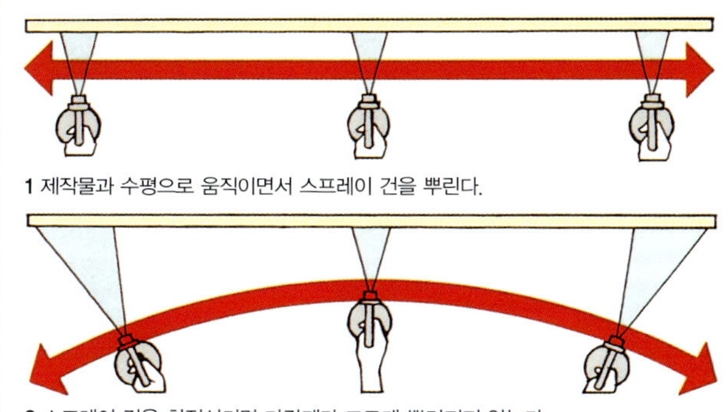

1 제작물과 수평으로 움직이면서 스프레이 건을 뿌린다.

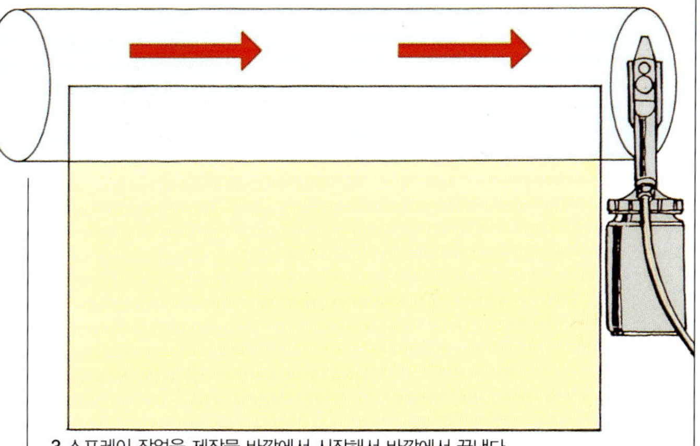

2 스프레이 건을 회전시키면 마감제가 고르게 뿌려지지 않는다.

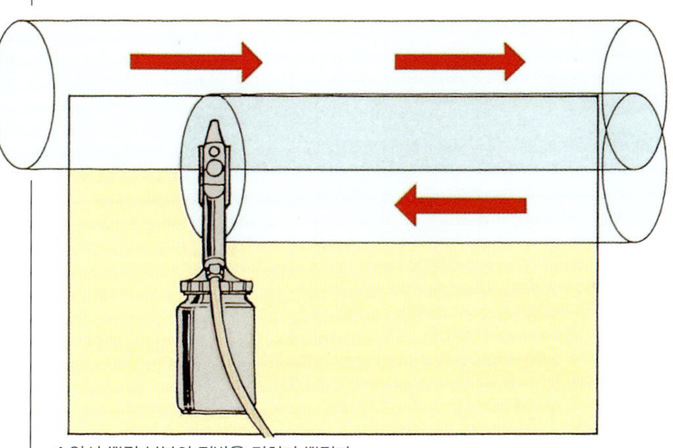

3 스프레이 작업을 제작물 바깥에서 시작해서 바깥에서 끝낸다.

4 앞서 뿌린 부분의 절반을 겹치며 뿌린다.

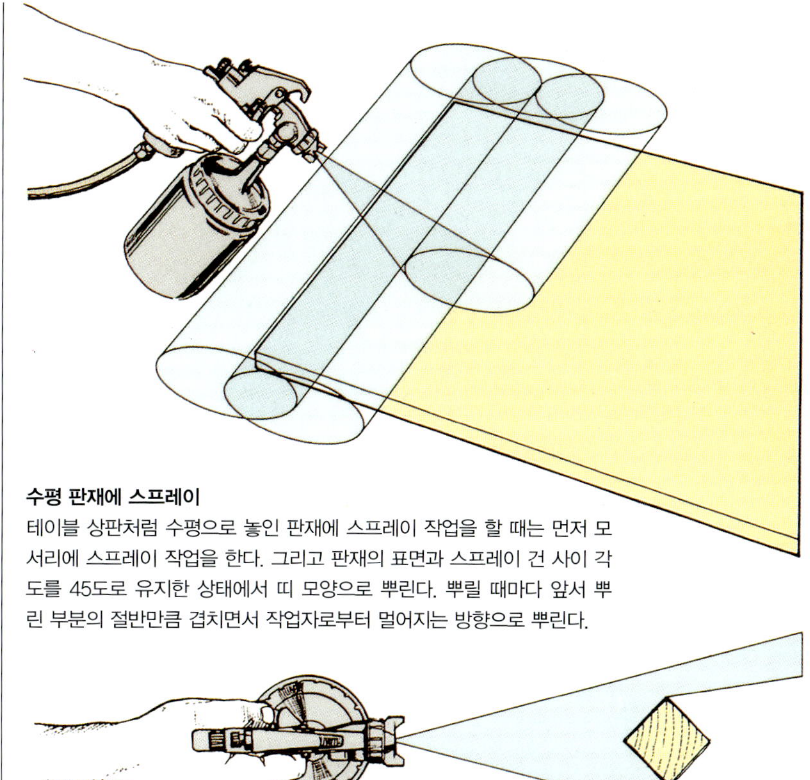

수평 판재에 스프레이

테이블 상판처럼 수평으로 놓인 판재에 스프레이 작업을 할 때는 먼저 모서리에 스프레이 작업을 한다. 그리고 판재의 표면과 스프레이 건 사이 각도를 45도로 유지한 상태에서 띠 모양으로 뿌린다. 뿌릴 때마다 앞서 뿌린 부분의 절반만큼 겹치면서 작업자로부터 멀어지는 방향으로 뿌린다.

다리와 가로대에 스프레이

스프레이 건을 다리나 가로대 코너에 조준해서 양면에 동시에 마감제를 뿌린다. 반대편 코너도 마저 스프레이 작업을 해서 나머지 면에도 마감제를 입힌다.

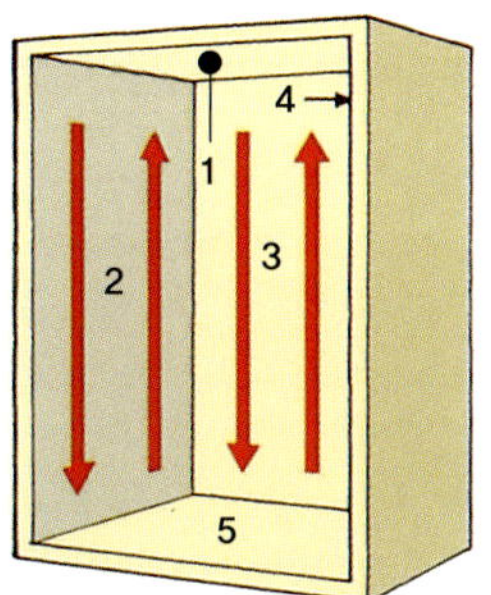

둘러싸인 면에 연속으로 스프레이

캐비닛이나 서랍 안쪽에 스프레이

캐비닛이나 서랍 안쪽에 스프레이 작업을 할 때는 뿌리고자 하는 위치와 방향을 체계적으로 계획해야 한다. 그리고 마감제를 고르게 뿌리려면 집중해서 각 면에 차례로 스프레이 작업을 해야 한다. 먼저 위판의 밑면에 뿌린 다음 다른 한 쪽의 옆판에 뿌린다. 이때 겹치도록 하면서 수직으로 뿌린다. 이런 식으로 연속해서 뒤판에도 뿌린다. 그런 다음 나머지 옆판에도 뿌린 다음 바닥판에 뿌린다. 안쪽에서 작업을 모두 마친 뒤 바깥쪽에도 뿌린다.

마감면 수정

스프레이 작업을 한 마감면은 신경을 쓰지 않아도 될 정도로 만족스러울 수도 있다. 그러나 다양한 방법을 통해서 이런 마감면을 좀더 개선하거나 개조할 수 있다.

광택 마감을 얻고자 할 때는 마감제가 경화되도록 24시간 동안 그대로 둔다. 그러고는 매우 고운 실리콘 카바이드 사포로 문질러 표면을 매끈하게 다듬고, 먼지가 묻은 얼룩을 제거한 다음 광택 크림을 묻힌 부드러운 천으로 문질러 광택을 낸다.

착색 마감면을 얻고자 할 때는 마감제가 굳도록 24시간 정도 기다렸다가 왁스를 묻힌 0000 등급의 와이어 울로 표면을 문지른 다음 걸레로 닦아 광택을 낸다. 또는 부석(Pumice) 분말을 약간의 액상 파라핀이나 물에 섞어서 만든 반죽을 표면에 바르고 단단한 펠트 블록으로 문지른다. 일단 만족스러운 마감면이 만들어지면 천 패드로 표면을 깨끗이 닦아낸다. 고르고 미세한 연마 분말인 로튼스톤(Rottenstone: 분해한 규질, 석회석. 일명 트리폴리 석)를 사용해서 비슷한 방법으로 마감할 수도 있다.

오일과 왁스

오일과 왁스 광백세는 목재에 가장 칠하기 쉬운 마감제에 속하며, 특별한 경험 없이도 최상의 결과를 얻을 수 있다. 목재 표면에 칠하는 니스나 래커와는 달리 오일은 표면에 막을 형성하지 않고 목재 안으로 침투해 들어가기 때문에 솔 자국이나 다른 흠집이 생기지 않는다. 건조 속도가 빠른 제품을 사용하면 표면이 끈적거리지 않고 표면에 먼지 입자가 묻는 것을 막을 수 있다. 왁스는 그 자체가 마감제로도 쓰이지만 니스나 래커 위에 칠하는 마무리 재료로도 사용된다.

● **오일을 칠한 표면을 보수하기**
오일을 칠한 표면에 긁힌 자국이나 얼룩이 생기면 소량의 새 오일을 발라주면 쉽게 보수할 수 있다.

목재 마감용 오일

오일은 전통적으로 티크나 아프로모지아같이 원래 기름기가 있어 다른 마감제를 칠하기 어려운 목재에 사용되어왔다. 그러나 경재에도 똑같이 사용할 수 있으며, 특히 연재에 사용할 때는 진한 호박색을 띠게 한다. 오일은 물에 대한 저항력이 강해 실외용 목재에 특히 유용하다. 게다가 지속적으로 풍부한 오일을 목재에 공급하면 햇빛에 노출되었을 때 손상을 막을 수 있다. 하지만 서랍이나 찬장 안쪽에 오일을 칠하면 내용물에 오일이 묻을 수 있기 때문에 적합하지 않다.

오일과 왁스 마감제
1 덴마크 오일을 칠한 이로코
2 투명 왁스를 칠한 오크
3 전통 왁스를 칠한 오크

아마인 오일

가공하지 않은 아마인 오일은 작은 제작물에만 적합하다. 마르는 데 약 3일이 걸리는데 그동안 먼지가 쌓일 수도 있다. 끓인 아마인 오일은 24시간 이내에 건조되기 때문에 훨씬 좋다. 그러나 이 두 가지 모두 단단하고 내구성이 강한 마감면을 만들지는 못한다.

동유

중국 목재 오일(China wood oil)이라고도 부르는 동유는 내구성이 가장 뛰어난 오일 마감제이다. 이 오일은 물이 흡수되지 않게 하고 열과 알코올에 대한 저항력도 강하다. 마르는 데 약 24시간이 걸리며, 오일을 칠하는 사이에 매우 고운 실리콘 카바이드 사포로 주의해 문지르면 뛰어난 마감면을 얻을 수 있다. 모두 5번에서 6번 정도 오일을 칠한다.

덴마크 오일 또는 티크 오일

다양한 형태의 제품으로 시판되는 덴마크 오일이나 티크 오일이라고 부르는 마감제를 바르기 전에 일반적으로 동유와 기타 식물성 오일을 먼저 발라준다. 오일을 바르는 간격을 약 6시간까지 줄이려고 드라이어를 사용하기도 한다. 열, 알코올, 물은 표면에 일시적으로 흰 얼룩을 남기기도 하지만 금세 없어진다. 오래 남아 있는 얼룩은 새 오일을 바르고 문질러주면 없어진다.

샐러드 접시 오일

대부분의 목재 마감용 오일에는 독성 물질이 함유되어 있다. 그러나 나무로 만든 조리대 상판이나 두꺼운 도마뿐 아니라 접시나 수저처럼 음식과 접촉되는 목재에는 독성이 없는 샐러드 접시 오일을 사용해야 한다. 그러지 않으면 올리브 오일이나 기타 식용 오일을 바를 수도 있다.

왁스 광택제

과거에는 목가구 작업자들이 밀랍과 단단한 카나우바 왁스를 테레빈유에 녹여 왁스 광택제를 만들었다. 이런 천연 재료들을 지금도 사용할 수 있지만 시중에는 뛰어난 품질의 기존 제품들이 많이 있어 자신이 직접 왁스 광택제를 만들 필요는 없다. 왁스 광택제를 사용하면 시간이 지날수록 나아지는 부드럽고 깊은 마감면을 얻을 수 있다. 왁스 광택제는 엷은 색을 띠는 목재에 사용되는 투명 광택제부터 오래된 느낌을 주거나 이미 연마된 표면의 흠집을 가리는 데 사용되는 진한 갈색의 광택제까지 다양한 색상으로 만들어진다. 어떤 광택제는 쉽게 연마할 수 있도록 실리콘을 첨가하기도 한다. 하지만 이 실리콘이 목재에 침투되면 제거하기도 어렵고 목재를 보수하는 데 필요한 다른 마감제도 실질적으로 사용할 수 없게 된다.

액상 광택제와 크림 광택제

액상 광택제와 크림 광택제는 솔로 목재에 칠할 수 있을 정도로 유동성이 크다. 보호 광택층을 만들기 위해서는 두세 번 정도 칠해야 한다.

페이스트 광택제

점도가 약간 진한 페이스트 광택제는 매우 고운 와이어 울이나 보푸라기 없는 헝겊으로 만든 패드로 칠하는 것이 가장 좋다. 광택제가 굳을 때 깨끗하고 부드러운 걸레로 표면을 문질러 아름다운 광택을 낼 수도 있다.

선반 가공용 왁스 막대

마찰 광택제로 쓰일 정도로 단단한 왁스 막대는 선반에 물려 회전하고 있는 제작물에 문질러 광택을 내는 데 사용한다.

오일 칠하기

천 패드나 페인트 솔로 깨끗하고 준비가 잘된 표면에 덴마크 오일이나 티크 오일을 넉넉하게 칠한다. 오일이 목재에 스며들도록 몇 분 정도 그대로 두고는 남은 오일을 흡수할 수 있는 깨끗한 헝겊으로 표면을 닦아낸다. 6시간 후에 두 번째로 칠하고 밤새도록 건조시킨다. 하루가 지난 뒤 한 번 더 칠한 다음 걸레로 연마해서 광택을 낸다.

순수 동유를 사용하면 표면을 마감하는 데 오래 걸린다. 솔로 넉넉하게 칠하고 앞서 설명한 방법대로 연마해서 첫 번째 칠을 한 다음 오일이 마르도록 칠하는 사이사이에 희석제를 칠해준다. 건조시키는 동안(24시간) 먼지 입자가 표면에 붙으면 매우 고운 사포를 사용해 나뭇결 방향으로 문질러 광택을 낸다.

왁스 칠하기

맨 목재에 직접 왁스 광택제를 칠할 수도 있지만 먼저 니스를 발라주는 것이 좋다. 뛰어난 품질의 제작물이나 오일로 착색된 목재에 셸락 연마 실러나 화이트 프렌치 광택제를 발라준다. 실러를 발라주면 특히 액상 왁스 광택제를 사용할 때 첫 번째 칠한 왁스가 목재에 너무 깊숙이 침투되는 것을 막을 수 있다. 또한 실러를 바르면 먼지 입자가 왁스에 잠기거나 일정 시간 동안 목재 안으로 침투되는 것을 막을 수 있다.

매우 고운 실리콘 카바이드 사포로 실러 층을 매끈하게 만든 다음 페인트 솔로 첫 번째 액상 왁스 광택제를 칠한다. 이때 가능한 한 전체 표면에 고르게 펼치고 한 시간 뒤에 천 패드로 두 번째 왁스 칠을 한다. 그리고 둥글게 원을 그리며 문지르다가 나뭇결과 나란한 방향으로 곧게 문지른다. 필요하다면 세 번째 왁스 칠을 한다. 왁스가 건조되도록 밤새 두었다가 깨끗한 걸레로 표면을 문질러 광택을 낸다.

페이스트 왁스 광택제를 사용할 때는 천 패드를 사용해서 앞서 설명한 방법대로 왁스를 바른다. 15분 뒤 000 등급의 와이어 울로 나뭇결 방향을 따라 문지르면서 두 번째 왁스 칠을 한다. 약 4~5회 칠한 다음 왁스가 굳도록 밤새 두었다가 부드러운 천으로 문질러 광택을 낸다.

12장 · 기타 재료

대부분의 목가구 작업자들은 실용적인 목적으로 또는 가공물의 외관을 보기 좋게 만들기 위해 목재 외의 다른 재료를 사용한다. 모든 작업장에는 이미 만들어진 상태로 판매되는 금속 부품이나 특수 용도에 사용되도록 제작된 금속 부품을 찾아볼 수 있다. 금속 상감 재료는 의자 등받이, 상자 뚜껑, 총의 개머리판 등을 장식하는 데 사용된다. 반죽 만드는 작업에는 주방 조리대에 있는 차가운 대리석이 가장 유용하다. 플라스틱류가 많이 발전했지만 그림 액자나 진열장에는 아직 유리가 가장 좋은 재료이다. 유리나 대리석으로 탁자 상판을 만들면 시각적으로도 좋고 청소하기도 쉽다. 가죽은 일반 책상이나 사무용 책상을 위한, 글쓰기에 이상적인 표면으로 사용될 수 있다. 이 밖에 선물 케이스나 보석 상자의 선을 만드는 데도 사용할 수 있고 캐비닛이나 서랍 정면에 대는 치장 재료로도 사용할 수 있다. 이런 재료를 자르고 성형하고 다듬기 위한 기본적인 기술을 익힐 필요가 있다. 또는 전문가에게 수리를 맡겨야 할 필요가 있을 때 적어도 전문 공급업체나 기술자에게 대략 설명할 수 있을 정도로 이들 재료에 대해 알고 있어야 한다.

금속

금속 장신구나 상감 재료는, 부드럽고 은은한 색상을 띠는 목재에 대비되어 전체적으로 외관을
보기 좋게 만든다. 금속가공 기술을 익히면 직접 자신만의 금속 부품을 디자인해 만들 수 있고 이미 만들어진
상태의 금속 부품을 용도에 맞게 가공해 독창적인 작품을 만들 수도 있다.

금속가공 공구

대부분의 금속가공 작업은 기본적인 몇몇 금속가공 공구를 사용하는
수작업으로 진행된다.

상감 재료나 새겨 넣는 판(Inscription plate), 기타 장신구를 가공하기에
는 보석세공 기술자가 사용하는 공구가 가장 적합하다.

지지 받침대나 프레임 부재같이 큰 제작물에는 쇠톱(Hacksaw)과 다용도
금속 가위뿐 아니라 고운 것, 거친 것, 평평한 모양, 반원 모양, 둥근 모양
등 다양한 줄이 필요하다. 두꺼운 금속 조각, 막대, 튜브를 자를 때는 중간
톱니나 고운 톱니가 있는 300mm 쇠톱 프레임(Hacksaw frame)을 사용
한다. 유연한 금속 등판에 있는 톱니를 강화시킨 양면 쇠톱날은 보통 탄소
강 톱날보다 오래 쓸 수 있고 잘 부러지지도 않는다.

열쇠 구멍이나 장식쇠(Fancy escutcheon)등 장식 무늬 세공(Fretwork)에
는 보석세공 기술자용 피어싱톱(Piercing saw)과 다양한 형태의 바늘줄 세
트가 반드시 필요하다. 피어싱톱으로 절단할 때는 제작물을 톱질 받침대
(peg)에 받쳐 아래 방향으로만 톱질하며 자른다.

금속 표면에 표시할 때는 선을 긋기 위한 스크라이버가 있어야 하고 원과
호를 그리기 위한 컴퍼스도 필요하다. 강철로 만든 엔지니어용 직각자는
직각을 측정하고 표시하기에 이상적이다. 치수를 측정하고 표시할 때는
강철로 만든 자를 사용한다.

평평한 시트를 자를 때는 두개의 작은 금속 가위가 유용하다. 그중 하나는
직선이나 바깥쪽 곡선을 자르도록 날이 평평하고 다른 하나는 안쪽 곡선
을 자를 수 있도록 날이 휘어 있다. 작업대에 고정시켜 사용하는 전기 연
삭기를 갖추고 있는 것이 좋다. 연삭기한 쪽은 숫돌을 갈고 성형하는 데
사용되며, 다른 한쪽은 가는 축이나 스핀들이 있어 연마천(Mop)과 연마륜
(Buffing wheel)를 빠르게 교체할 수 있다.

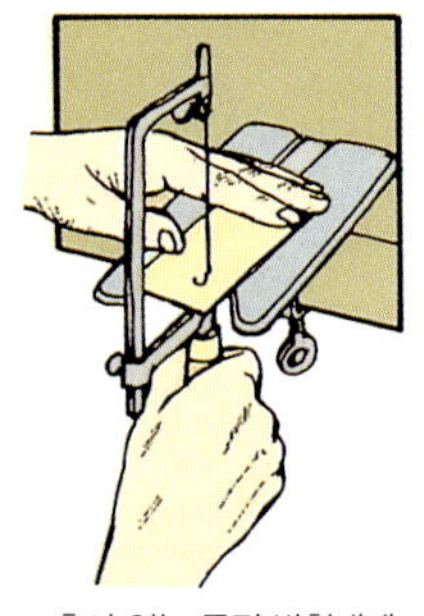

홈이 있는 톱질 받침대에
제작물을 받친다.

금속가공 공구

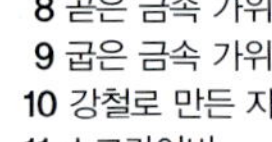

1 쇠톱
2 바늘줄
3 피어싱톱
4 금속 작업용 줄
5 엔지니어용 직각자
6 컴퍼스
7 다용도 금속 가위
8 곧은 금속 가위
9 굽은 금속 가위
10 강철로 만든 자
11 스크라이버

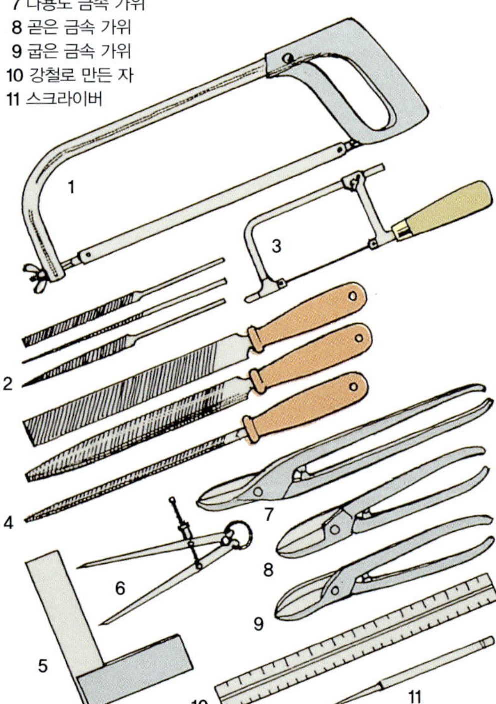

금속가공 작업대

가능하면 금속가공을 위한 별도의
작업대를 설치한다. 이처럼 분리되
어 있는 금속가공 작업대를 사용하
면 금속 가루가 나무 제작물로 튀는
것을 막을 수 있을 뿐 아니라 토치
램프나 기타 열원을 유지시켜 가공
중에 생기는 불꽃이 톱밥이나 목재
부스러기에 튀는 것을 막을 수 있다.
작업대 상판을 아연도금 철판으로
덮는 것이 가장 이상적이다. 톱질 받
침대와 전기 연삭기뿐 아니라 엔지
니어용 바이스도 작업대에 나사로
단단히 고정시키고 수직 구멍을 정
확히 뚫을 수 있도록 드릴프레스로
고정시킨다. 목작업용 드릴프레스가
있다고 해도 수직 전동 드릴 스탠드
를 사용하면 오일과 절삭 부스러기
(Swarf : 깎아낸 금속 부스러기)를
일정 영역 안으로 제한하는 데 도움
이 된다.

금속 접합

금속을 접합할 때는 원하는 접합부 강도에 따라 접착제, 납땜, 브레이징,
용접 등의 방법을 사용할 수 있다.

접착제로 접착

최신 접착제를 사용하면 튼튼하게 접착할 수 있으며 접착제는 보통 금속
장신구나 작은 금속 부품을 붙이는 용도에 주로 사용된다. 접착제로 금속
을 서로 붙이는 것은 실물 크기의 모양을 제작하거나 최종 고정시키기 전
임시로 붙이기 위해 유용하다. 구조 접합부는 브레이징이나 용접으로 접
합해야 한다.

납땜

스테인리스 강철, 황동, 구리는 납땜이나 브레이징으로 접합할 수 있다.
황동과 구리에서 납땜을 할 때는 최대 1.5mm 크기 시트의 납땜을 위한
150W짜리 전기 납땜 인두가 한두 개 있어야 하고, 얇은 게이지 시트나 스
트립, 와이어의 납땜을 위한 40W짜리 납땜 인두가 있어야 한다. 더 무거
운 게이지 시트는 파인제트 가스 토치램프(Fine-jet gas blowlamp)를
사용해 납땜할 수 있다. 이때 사용하는 토치램프는 교체할 수 있는 가스
실린더를 사용하는 작은 휴대용 램프가 좋다. 납과 주석의 합금인 땜납은
용융점이 낮다. 납땜할 때는 양측면 맞춤을 만들지 말고 겹침맞댐이나 연
결 심 조인트(Interlocking seam joint)를 만든다.

접합하고자 하는 표면이 깨끗하고 기름이 묻어 있지 않는지를 확인한다.
납땜 시에는 늘 표면을 깨끗하게 유지하고 산화되지 않도록 용매제(flux)
를 사용한다.

황동과 구리로 만든 대부분의 금속 부품에는 막대 땜납이나 와이어 땜납
과 함께 페이스트 용매제를 사용한다. 전선과 비슷한 코어(Core) 형태의
용매제인 와이어 땜납은 약하므로 사용하지 않는 것이 좋다.

납땜 인두 끝을 깨끗이 유지한다. 그것을 사용하기 전 인두를 가열시킨 상
태에서 땜납을 살짝 녹인 다음 인두 끝에 가볍게 묻힌다.

납땜 접합

납땜 접합을 할 때는 접합선을 따라 용매제를 가볍게 문지르고 나서 열원
을 가져간다. 인두 끝이나 화염으로 땜납이 흐르기 시작할 때까지 가열한
다. 표면을 지나치게 가열하거나 용매제를 태우지 않는다. 그러지 않으면
금속이 뒤틀리거나 땜납이 제대로 흐르지 못할 것이다. 표면이 충분히 달
구어지지 않으면 땜납이 흐르지도 못하고 접합 부위에 따라 작은 알갱이
모양이 남게 된다.

토치램프로 과열되지 않으면 화염을 맞춤에서 멀리하고 금속을 통해 열이
전도되도록 만든다.

작업이 끝나면 맞춤을 서서히 식힌 다음 남아 있는 용매제를 제거한다. 이
때 물로 식히면 맞춤이 깨질 수도 있다.

브레이징과 용접

홈 작업장에서는 납땜 접합이 쉽지만 보통 전문적으로 브레이징이나 용접
을 하는 것이 좋다. 게다가 자동차 정비소나 소형 공업사에서도 종종 간단
한 브레이징이나 용접 작업을 한다.

그러나 작고 저렴한 불활성가스 금속아크 용접기(MIG 용접기)를 사용하
면 알루미늄과 스테인리스 강철뿐만 아니라 다른 금속도 용접할 수 있기
때문에 홈 작업장에서도 작은 금속 부품을 제작할 수 있다.

접착제

시아노 아크릴이나 에폭시 수지, 고무 계열의 접착제를 사용하면 금속을 비다공성 표면(금속과 유리 포함)에 접합할 수 있다.

금속

금과 은

전통적으로 금과 은은 별갑(Tortoiseshell)이나 진주층(Mother-of-pearl)과 같은 진귀한 재료와 함께 장식 캐비닛의 상감 재료로 많이 사용되었다. 9캐럿 와이어나 시트 형태로 만들어지는 금 합금을 상감 세공에 사용할 수 있지만 값이 비싸 보통은 얇은 호일 형태로 사용한다.
은은 금 합금보다 가공하기 쉽고 다양한 두께의 시트와 와이어로 제작된 것을 구해 사용할 수 있다. 은은 금보다는 싸기 때문에 종종 호일보다는 얇은 시트 형태로 사용되기도 한다.
순수한 금과 은은 공인된 귀금속 판매점에서만 구입할 수 있다.

황동

황동은 보통 시트, 봉, 튜브, 스트립뿐 아니라 앵글이나 막대 등 다양한 형태로 공업재료 판매점에서 소량 구입할 수 있다. 모델 제작 전문점에서도 다양한 형태, 크기, 두께의 황동(및 기타 금속)을 구입할 수 있다.

탄소강

연강이나 중 탄소강(탄소 함유량이 많아질수록 경도가 높아짐)은 강철 판매점에서 튜브, 막대, 판(시트) 형태로 구입할 수 있다. 대부분의 판매점이 소량으로 취급하기도 하고 작업자가 직접 골격, 받침대, 기타 비품을 제작할 수 있도록 조각 부품으로도 판매한다.
연강은 수작업 공구로, 가공은 쉽지만 납땜하기는 어렵다. 구조 맞춤부에는 일반적으로 브레이징이나 용접이 사용되지만 감추어진 부분에는 볼트와 너트, 또는 리벳이 사용된다. 스테인리스 강철을 제외한 탄소강은 페인트 칠이나 도금을 하지 않으면 녹이 슨다.

스테인리스 강철

스테인리스 강철은 금속 취급점이나 선박재료 판매점에서 시트, 튜브, 앵글 형태로 구입할 수 있다. 대부분의 스테인리스 강철은 가공하기 쉽고 표면 마감 상태가 오래 지속된다. 접합은 어렵지만 접착제, 납땜, 브레이징, 용접 등의 방법으로 가능하다.

알루미늄

알루미늄은 DIY 직판점, 건축자재 대리점, 금속 판매점 등에서 다양한 형태로 구입할 수 있다. 알루미늄은 가공하기 쉬운 금속이지만 납땜이 잘 안 된다. 약한 알루미늄 제품은 줄이나 톱니에 잘 붙는다. 마감한 표면은 투명한 금속용 니스나 양극 처리처럼 전문적으로 처리해 보호해야 한다.

구리

구리는 금속 판매점이나 모델 제작 전문점에서 시트, 튜브, 봉, 스트립 등 다양한 형태로 구입할 수 있다. 구리는 가공과 접합이 쉽고 연마한 구리 표면이 신속히 둔탁한 색으로 변한다.

금속 상감

장식용 금속 상감 재료는 스트립이나 띠, 원, 타원뿐 아니라 기타 규칙적인 형태나 불규칙적인 형태로 만들 수 있다.

금속 상감 재료를 목재(또는 기초[Ground]) 안으로 박을 때는 전동루터를 사용한다. 이때 직선을 팔 때는 루터를 펜스에 대고 작업하며 원을 팔 때는 트래멀 바(Trammel bar)에 대고 작업한다. 상감하는 토대는 평평해야 하며, 특히 얇은 호일을 박을 때는 더욱 그렇다. 대부분 움푹 파인 부분을 깎아내는 작업에는 6mm짜리 자루가 있으며 지름이 9mm 이상이고

세로 홈이 두 개인 직선 플런지(Plunge) 커터를 사용한다. 복잡한 모양이나 얇은 스트립에는 미세한 날이 있는 커터를 사용한다.
날카로운 끌로 제거할 부분을 깎아 움푹 들어간 부분의 가장자리를 수직으로 만들고, 금속 자나 직선자의 날을 상감 재료에 눕혀 그 상감 재료가 목재 표면 안에 단편적으로 들어가는지 확인한다.
금속 상감 재료를 기초에 붙일 때는 에폭시 수지 접착제를 사용한다. 금속 상감 재료에 접착제를 얇게 바르고 움푹 들어간 부분 안으로 눌러준다. 상감 재료가 표면과 수평이 되도록 하려면 제작물을 얇은 폴리에틸렌 시트로 덮고, 상감 작업한 부분 위에 평평한 블록을 고정시키거나 제작물을 무늬목 프레스에 넣고 눌러준다.

금속 마감

플래니싱(Planishing), 모래 블라스팅(Sandblasting), 체이싱(Chasing), 엠보싱(Embossing) 등 다양한 기술을 사용해 금속의 외관을 보기 좋게 할 수 있다.

스크래치 브러싱

특별한 기술이나 장비가 필요하지 않은 기법이 스크래치 브러싱이다. 이 기법은 벤치 그라인더의 스핀들에 고정된 채로 회전하는 스테인리스 강철 솔을 사용해 새틴 구조(Satin texture)를 만드는 방법이다. 솔의 거칠기와 회전 속도에 따라 가공 깊이가 결정된다.

광택 연마

광택 연마를 할 때는 인체에 해로운 미세한 금속 입자가 많이 발생하기 때문에 항상 안면 마스크를 착용해야 한다.
가능하면 금속 상감 재료와 부품의 설치 전에 벤치 그라인더의 주축에 고정되어 있는 솔과 연마천(Mop)을 사용해 광택 연마를 해주어야 한다.
먼저 트리폴리(보석 세공인 및 공예가용 재료상에서 구할 수 있는 연마 광택제)로 코팅된 단단한 솔로 긁힌 자국이나 흠집을 제거한다.
그 다음 부드러운 헝겊을 사용해 고광택으로 연마한다. 우선 트리폴리를 사용한 다음에는 보석 세공 기술자용 루즈나 적절한 금속 광택제를 사용한다.
이미 박힌 상감 재료나 끼워져 있는 부품을 그 자리에서 연마해야 할 때는 작업대에 고정시킨 전동드릴이나 전기모터에 부착시킨 유연한 드라이브의 물림쇠에 고정된 작은 솔이나 연마천을 사용한다. 연마하기 전 주변 목재에 보호막으로 투명 실러를 얇게 바르고 얼룩이 지지 않도록 보호 테이프를 붙여 덮는다.

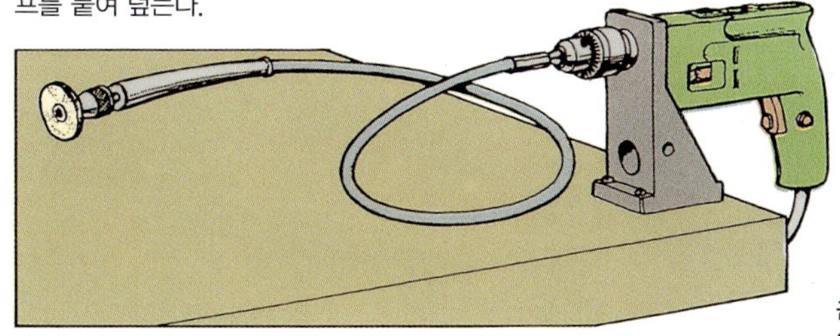

마감제 적용

적절한 애벌칠과 밑칠 위에 칠하는 셀룰로오스나 폴리우레탄 계열의 페인트와 래커가 금속 마감제로 가장 적합하다. 솔로 칠하거나 스프레이로 뿌릴 수도 있지만 스프레이 장치를 사용하면 빠르고 쉽게 작업할 수 있으며 작업 결과도 훨씬 좋다. 자동차 도장에 쓰이는 터치업 스프레이를 사용하면 금속 부품에 경제적으로 스프레이 작업을 할 수 있다. 소형 DIY 스프레이 건이나 압축기도 좋은 마감 결과를 얻을 수 있다.
페인트를 솔로 칠하거나 스프레이로 뿌릴 때는 항상 먼지 없는 환경에서 작업해야 하며, 실내에서는 절대로 스프레이 부스 외의 장소에서는 스프레이 작업을 하지 말아야 한다(목재 마감에 관한 장 참조). 표면이 완벽하게 깨끗하고 그리스가 묻어 있는지를 확인한다. 우수한 접합을 위해 와이어 울이나 고운 실리콘 카바이드 사포로 금속 표면에 살짝 긁힌 자국을 내준다. 각각의 페인트 층이 완전히 마를 때를 기다리며 페인트 칠 사이사이에 실리콘 카바이드 사포로 문지른다.

● **금속과 나무 접합**
금속을 나무에 붙일 때는 먼저 희석시킨 니스나 묽은 PVA 접착제를 나무에 바른다. 금속을 넓은 목재 표면에 붙일 때는 수축과 팽창을 고려해 유연한 접착제를 사용한다.

유리

유리는 **투명 유리**, 반투명 유리, 특수 유리 세 종류로 구분된다. 투명 유리에는 광택 처리된 판(Polished plate), 드로운 시트(Drawn sheet), 플로트 유리(Float glass)가 있다. 반투명 유리는 패턴드 유리(Patterned glass) 프로스티드 유리(Frosted glass), 거친 캐스트 유리(Rough-cast glass)가 있다. 특수 유리에는 강화 유리(Toughened glass), 접합 유리(Laminated glass), 앤티크 유리(Antique glass), 무반사 유리(Non-reflective glass), 태양광 조절 유리(Solar-control glass)가 있다. 드로운 유리(Drawn glass)는 두께가 균일하지 못해 상이나 반사가 뒤틀리기 때문에 현재는 유리 대부분이 플로트 공법(Float method)으로 제작된다. 다양한 품질의 판유리(Plate glass), 드로운 유리(Drawn glass), 플로트 유리(Float glass)를 구입할 수 있다.

● **안전한 디자인**
유리 선반을 디자인할 때는 최대한 많은 유리 부분이 받쳐지도록 디자인해야 한다.

● **유리 고정**
선반이나 탁자 상판이 지지 가로대나 받침대 위로 걸쳐 놓여 있을 때는 클립이나 나사, 기타 고정 도구로 유리를 고정시킨다.

강철 회전 유리 커터

드로운 판유리

드로운 유리는 일반 유리 설치 작업용 OQ(보통 품질), 우수한 품질의 제작물용 SQ(선별 품질), 고품질 제작물, 그림 액자, 캐비닛 작업용 SSQ(특수 선별 품질)로 분류된다. 드로운 유리의 두께는 보통 3~6mm이다.

플로트 유리

플로트 유리도 비슷하게 GG(일반 유리 설치 작업), 우수한 제작물, 빗각면 연마, 거울용 SG(선별된 유리 설치 작업), 고품질 유리 및 장식 캐비닛과 칸막이용 SO(은도금 품질)로 분류된다. 플로트 유리의 두께는 보통 3~25mm이다.

고양식 유리

전문 판매점에 가면 고양식 유리를 아직 구할 수 있다. 이 유리는 전통적인 방법에 따라 수작업으로 만들어지며, 두께와 색이 부분적으로 다르기도 하고 균열이나 공기 방울 같은 결함이 나타나기도 한다.
오팔 유리(Opal glass)는 일반적으로 앤티크 유리라고 부르지만 실제로는 이보다 두께가 균일하고 색상은 얇은 반투명에서 불투명한 빛을 띤다.

무반사 유리

이 유형의 유리는 주로 그림 액자나 게시판에 사용된다. 유리 양면에 매우 약한 결을 보이지만 물체 가까이에 대면 반투명으로 보인다. 그림 액자에 사용할 때는 그림과 유리 사이의 거리가 유리 두께보다 커야 한다. 다른 용도로는 20mm를 넘지 않는 간격이 적당하다.

서냉 유리

두꺼운 플로트 유리는 종종 취성을 낮추고 가공성을 개선하기 위해 서냉처리(Annealing) 하기도 한다. 그러나 충격을 받으면 커다랗고 뾰족한 조각으로 깨진다.

강화 유리

이 유리는 서냉 처리한 유리에 의도적으로 스트레스 패턴을 주기 위해 열처리한 것으로, 강도가 약 네다섯 배 강하다. 이 유리가 깨질 때는 작은 입방체 조각으로 산산이 부서진다. 작은 유리나 한 장의 유리를 이 유리로 만들려면 비용이 많이 들어가지만 간혹 대형 유리 제조업체에서는 그렇게 할 수도 있다.

접합 유리

이 유리는 보통 유리보다 훨씬 강하다. 두 유리 시트 사이에 투명 플라스틱 필름을 끼워 넣어 만든다. 유리가 깨지더라도 플라스틱 필름이 깨진 유리 조각을 잡고 있어 파편이 튀지 않으므로 다칠 위험도 적다. 따라서 이 유리는 하중을 받치는 플린스, 받침대, 선반 등에 사용된다.

유리 구입처

절단, 빗각면 연마(Beveling), 유리가공(Mirroring) 서비스를 제공하고 종종 특수 처리 및 장식 마감할 수 있는 대형 유리 판매점에 가면 대부분의 유리를 구입할 수 있다.

유리에 구멍 뚫기

전동드릴이나 수동드릴에 특수 스피어포인트 비트(Spearpoint bit)를 끼우고 저속으로 회전시켜 유리에 구멍을 뚫을 수 있다. 비트 끝으로 구멍의 중심을 표시하고 구멍을 뚫는다. 이때 드릴 비트를 냉각시킬 수 있도록 구멍 주위에 휘발유, 테레핀유, 파라핀을 채운다.

유리 자르기

두께가 4mm 이상인 유리는 유리 판매점에서 자르거나 구멍을 뚫는 것이 가장 좋다. 그러나 작업자가 직접 자르거나 구멍을 팔 때는 윤활제 분배기가 있는 소형 무선 앵글 그라인더에 의해 구동되는 다이아몬드가 박힌 디스크를 사용한다. 이때 이것으로 측면을 갈거나 모퉁이를 다듬을 수도 있다.
두께가 4mm 이상인 평평한 유리는 대부분 강철 회전 커터나 다이아몬드 커터로 쉽게 자를 수 있다. 담요나 카펫을 덮은 면 위에 유리를 올려놓는다. 휘발유나 테레빈유, 파라핀으로 표면에 묻은 그리스를 제거해 고르게 절단되도록 한다.
끝이 펠트로 된 펜으로 유리 모서리에 절단선 끝을 각각 표시하고 그 사이에 T자나 나무로 만든 직선자를 정렬시킨다. 엄지손가락으로 커터 등을 받친 상태에서 가운뎃손가락과 집게손가락 사이로 커터를 단단히 잡고 천천히 누르며 절단선을 따라 커터를 끌어 유리에 금을 낸다.1 유리의 모서리 부분이 깨져 나가지 않도록 주의한다.
가죽 장갑, 고글이나 보안경을 착용하고 유리를 얇은 판재 위에 올려놓는다. 이때 절단선을 기준으로 한쪽만 얇은 판재 위에 받쳐놓은 상태에서 판재의 측면과 절단선을 일직선으로 맞춘다. 유리를 빨리 잘라내기 위해서는 절단선 양쪽을 세게 누른다.2
절단된 측면을 따라 울쑥날쑥 튀어나온 부분이 생겼으면 측면에 정확한 폭의 노치가 있는 커터나 핀서를 사용해 조금씩 갈아낸다.3
판유리에서 폭이 좁은 스트립을 잘라낼 수도 있다. 원하는 폭으로 절단선을 그어 유리 한쪽 끝에서 양쪽 절단선을 잡고 그 선을 따라 잘라낸다.4

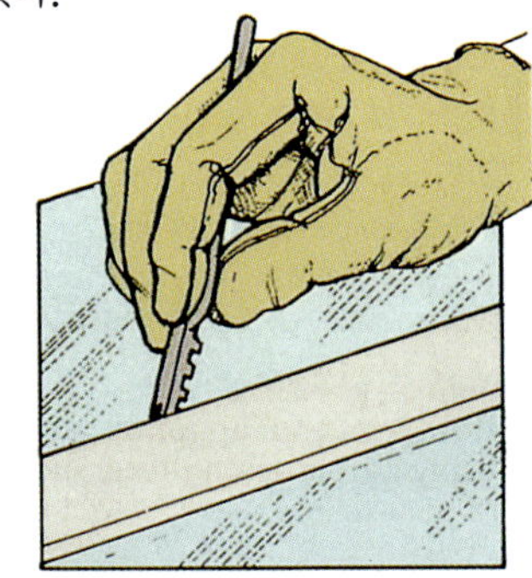

1 작업자 쪽으로 커터를 끌어당긴다.

2 절단선 양쪽을 누른다.

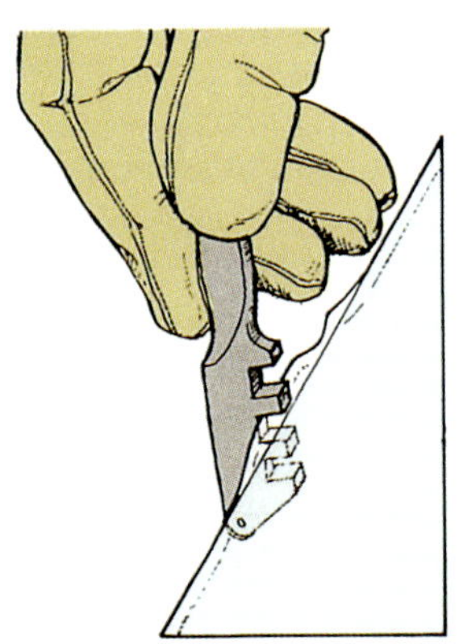

3 들쑥날쑥 튀어나온 부분을 제거한다.

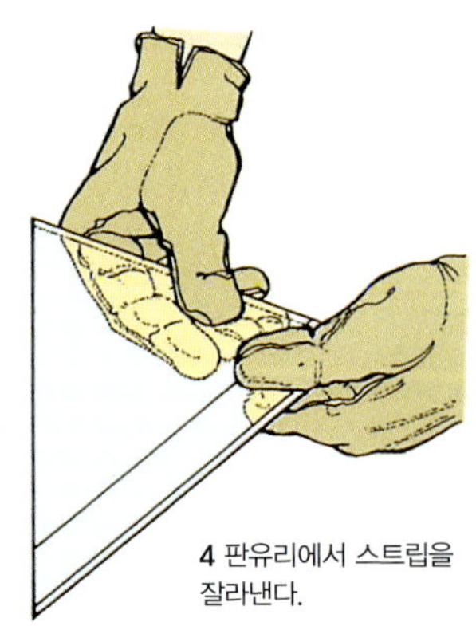

4 판유리에서 스트립을 잘라낸다.

연마와 광택

탁자 상판이나 선반과 같이 유리를 틀에 끼워 사용하지 않을 때는 안전을 위해 유리 측면을 갈아내야 한다. 이때 평평한 모서리, 경사면 모서리, 불노즈 모서리, 연귀 모서리, 반원 모서리, 완전 둥근 모서리 등의 형태로 갈 수 있다.

측면을 가는 작업은 유리 기술자에게 맡기는 것이 좋다. 하지만 작업자 자신이 직접 갈 수도 있다. 이때 최하 600Grit까지 다양한 등급의 건습지(Wet-and-dry paper)로 갈아낸 다음 금속 광택제나 자동차 도장 작업에서 재연마할 때 사용되는 미세한 절삭 컴파운드로 마무리해준다.

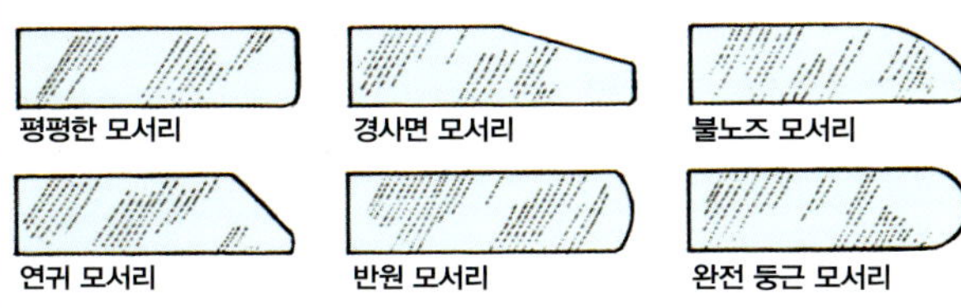

유리 접합

에폭시 수지나 실리콘 매스틱, 시안화 아크릴과 같은 최신 접착제를 사용해 판유리를 맞댐맞춤이나 겹침맞춤으로 접합할 수 있다. 후자의 경우 보이지 않는 맞춤부를 만드는 데 사용될 수 있다. 연귀맞춤으로 유리를 접합하는 작업은 기술자에게 맡기는 것이 좋다.

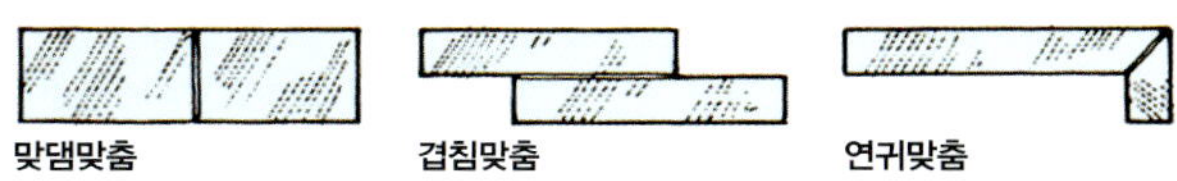

유리 선택

크기가 최대 300x300mm인 캐비닛 문, 그림 액자, 수직 창 판자에 끼우는 작은 창유리로 두께가 2mm나 3mm인 유리를 사용한다. 크기가 최대 750x375mm인 캐비닛 문이나 수직 창 판자에 끼우는 창유리로 두께가 4mm인 유리를 선택한다.

유리 선반을 안전하게 사용할 수 있는 하중을 아래 표에 나타냈으며, 다음 공식에 따라 계산되었다.

$$\frac{2}{3} \times \frac{\text{폭(앞에서 뒤까지)}}{\text{받침 사이의 거리}} \times \text{유리 두께}^2 = \text{최대 하중(kg)}$$

그러나 앞에서 뒤까지 선반 폭은 150mm보다 커야 하고 거리와 폭의 비율이 7:1보다 작아야 한다. 예를 들어 폭이 150mm라면 선반의 간격은 1.05m보다 작아야 한다. 일반적인 보관 용도로 쓰이기 위해서는 최대 15~20kg의 하중을 견딜 수 있도록 선반을 설계해야 한다.

받쳐진 탁자 상판

유리로 만든 탁자 상판의 측면부가 모든 면에서 받쳐진다면 다음과 같은 최대 크기가 적당하다.

6mm 유리 : 500×500mm 또는 0.25 m²

10mm 유리 : 875×875mm 또는 0.77 m²

12mm 유리 : 1070×1070mm 또는 1.14 m²

유리로 만든 탁자 상판은 맞춤턱이나 클립에 의해 탁자 하부 골격에 받쳐져야 한다.

걸쳐진 탁자 상판

유리가 하부 골격 밖으로 튀어나와 걸쳐 있다면 고정 장치를 사용하거나 유리를 관통해 나무못을 박아 유리의 위치를 잡아주어야 한다. 금속 볼트나 못을 사용할 때는 탄력 있는 워셔(나일론, 고무 등)로 충격을 완화시켜주어야 한다. 대략 12mm 유리를 사용하고 모든 면에 걸쳐지는 부분의 길이가 500mm가 넘지 않도록 한다.

간격	폭	6mm	10mm
500mm	150mm	7kg	20kg
500mm	200mm	9kg	26kg
500mm	300mm	14kg	40kg
750mm	150mm	4kg	13kg
750mm	200mm	6kg	17kg
750mm	300mm	9kg	26kg
1000mm	150mm	3kg	10kg
1000mm	200mm	4kg	13kg
1000mm	300mm	7kg	20kg

대리석

대리석은 다양하고 윤택한 외관을 자랑하면서도 실용적이다. 대리석은 얼룩이나 긁힌 자국이 잘 생기지 않고 내구성이 강한 위생적인 재료이기 때문에 주방 조리대에 끼워 사용하는 도마나 반죽 받침판으로 쓰기에 적합하다.

대리석의 유형

대리석 색상은 이탈리아 대리석의 순백색과 크림색에서 벨기에 대리석의 회색과 흑색까지 다양하다. 이 밖에도 그리스 대리석은 그린 티노스(Tinos)를 띠고, 포르투갈, 시실리, 프랑스 대리석은 베이지색과 갈색을 띤다. 이란, 스페인, 유고슬라비아 대리석은 황색과 금색을 띠고 이탈리아, 그리스, 스칸디나비아, 포르투갈 대리석은 적색과 분홍색을 띤다.

영국산 트래버틴과 같이 실제 대리석이 아닌 몇몇 석회석도 뛰어난 자연 광택을 갖고 있다.

대리석 가공

기계로 대리석을 가공하는 데는 고가의 커터가 필요하다. 대리석 가공은 전문 기술자에게 맡기는 것이 가장 좋다. 대리석은 목재보다 훨씬 단단하지만 목재와 비슷한 방법으로 가공할 수 있다. 실제로 목작업용 기계가 사용되기도 한다(특히 띠톱, 원형톱, 루터). 이때 커터 날을 다이아몬드가 박힌 커터, 밴드, 디스크로 교체해 사용한다.

끝 처리된 석공용 드릴로 약 900rmp의 절삭 속도로 최대 16mm 크기의 구멍을 뚫을 수 있다. 큰 구멍을 뚫을 때는 끝 처리된 코어 드릴을 사용할 수 있다.

대리석을 절단할 때는 항상 물을 뿌려 날을 냉각시키며 작업해야 한다. 그런 다음 와이어 울로 대리석을 연마한다. 습기가 많은 곳에 있는 오래된 대리석에서 종종 보이는 표면 얼룩을 제거하기 위해 와이어 울을 특별히 준비한 습포제와 함께 사용할 수도 있다.

대리석 구입

수입업체나 석재 판매점에서는 종종 소량 주문도 받기 때문에 이곳에서 대리석을 구입하는 것이 좋다.

주문할 때는 정확한 치수를 알려주고 일정한 형태의 대리석을 원할 때는 윗면이 분명하게 표시되어 있는 정확한 형틀을 제공한다. 그리고 원하는 장식 가공이나 조각이 있다면 그 위치와 세부적인 내용도 알려주어야 한다.

대리석은 보통 7~50mm의 두께로 판매된다. 하지만 특별히 주문하면 원하는 두께의 대리석을 구입할 수도 있다. 대부분 최대 3.5×1.7mm의 두꺼운 판재 형태로 공급되지만 가장 일반적인 표준 크기는 600×300mm이다.

고정 부품과 접착제

대리석 판재가 휘거나 뒤틀리지 않도록 골격이나 받침대가 완벽한 수직이며 평평하고 단단한지 확인한다. 에폭시 접착제를 사용하면 성공적으로 보수할 수 있다.

나사 머리를 감추기 위해 장식 나사 캡이 있는 볼트나 나사를 사용해 탁자 상판을 종종 하부 골격에 고정시키도록 한다. 고정 부품을 감추고자 할 때는 대리석 판재 밑면에 뚫어놓은 구멍에 황동 볼트가 끼워지도록 맞추어 에폭시 접착제로 단단히 고정시킨다. 어떤 방법을 사용해도 버튼 안으로 고정시키거나1 작은 구멍이 있는 앵글 브래킷 안으로 고정시킬 때2 목재 골격이 움직이는 것을 고려해야 한다.

대리석 판재가 작업대나 골격과 수평으로 맞추어져 있을 때는 황동 날 맞춤못으로 이 둘을 고정시킬 수 있다.3

에폭시 접착제를 사용하면 대리석을 거의 모든 재료에 접착시킬 수 있다. 그러나 목재 표면에 접착시킬 때는 탄력 있는 고무 계열의 접착제를 사용해야 한다.

1 나무로 만든 버튼

2 금속 브래킷

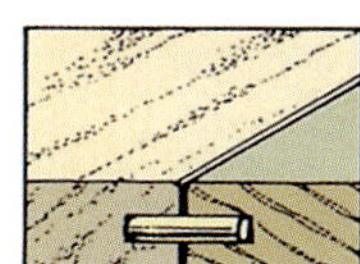

3 황동 날 맞춤못

가죽

가죽은 주로 가구 제작자가 사용하는데, 주로
장식 재료, 집필용 탁자나 사무용 책상의 겉면 재료,
다양한 의자의 구조틀 등의 재료로 쓰인다.

가죽 구입

전통적으로 대부분의 가죽은 제곱
피트와 두께를 기준으로 판매된다.
그러나 공급업체 중에는 미터법으
로 전환하는 곳도 있다. 가죽을 무
게로 재기도 한다. 즉 넓이가
300mm²이고 두께가 0.4mm인
가죽의 무게는 약 25g이다. 특별히
손질하고 부드럽게 만든 가구용 쇠
가죽은 쿠션 씌우개에 사용된다.
다 자란 소에서 얻어지는 가죽은
넓이가 4.5~5.5㎡에 이른다.

책상이나 탁자 상판에는 양피 가죽
(Skiver leather)이 주로 많이 사용
된다. 이 가죽은 쇠가죽보다 얇고
깔기도 편하지만 크기가 작다는 게
단점이다. 사각형 형태로 얻을 수
있는 최대 크기는 약 840×
600mm이다. 크기가 큰 탁자 상판
에 사용할 때는 두 가죽 조각(일반
적으로 바로 사용할 수 있도록 테
이프로 붙여진 상태로 제공된다)을
서로 결합할 필요가 있다.

작은 가죽 조각은 종종 수공예품
판매점이나 공급업체에서 구할 수
있으며, 가죽 의류 제조업체로부터
자르고 남은 가죽 조각을 구할 수
도 있다. 양피 가죽은 책상 상판에
쓰일 용도로 잘리며, 다른 용도로
쓰일 가죽은 캐비닛 제작이나 가구
수선을 위한 재료를 공급하는 업체
에서 구할 수 있다. 양피 가죽은 다
양한 색상의 제품이 있으며, 오래
된 것처럼 보이도록 마감 처리한
것도 있다.

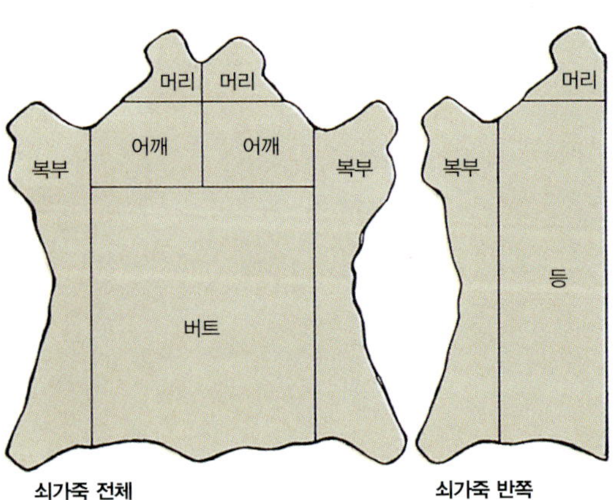

표준 쇠가죽 절단

쇠가죽 전체 **쇠가죽 반쪽**

양피 가죽 주문

양피 가죽을 주문할 때 눕힐 가죽
부분의 정확한 치수를 알려줄 필요
가 있다. 모든 치수와 각도를 알려
주고 위쪽 면이 명확히 표시된 정
확한 형틀을 제공하는 것이 좋다.
만약 굽은 표면이나 일정한 형태의
표면을 가죽으로 덮을 때는 형틀이
반드시 있어야 하며, 이 형틀은 장
식 조각의 원하는 위치를 나타낼
때도 사용될 수 있다. 전문가용 커
터를 사용해 가장자리를 다듬을 수
있다. 결함을 감추기 위해 장식의
위치를 조절하거나 맞춤부를 가리
기 위해 장식 조각을 한 줄로 배열
할 수도 있다.

장식 조각

상감이 된 가죽 책상 상판을 종종
금 장식 조각으로 장식하기도 하는
데, 이 금 장식 조각은 돋을새김된
패턴 안에 찍혀 있다.

수공예품 판매점에 가면 돋을새김
펀치와 롤러를 구입할 수 있다. 그
러나 최상의 결과를 얻으려면 가
죽 장식 전문가에게 맡기는 것이
좋다.

전형적인 장식 조각 패턴

표면에 양피 가죽 입히기

양피 가죽은 글쓰기 슬로우프
(Writing slope), 책상, 사무용 책
상에 종종 사용되며, 커피나 와인
테이블 장식으로도 쓰인다. 이 가
죽은 캐비닛이나 선물 상자에 안
감을 대는 데도 사용되며, 캐비닛
이나 서랍 앞판에 대는 장식 외장
재료로도 쓰인다.

전통적으로 쓰기(Writing)를 위한
표면과 패널 외장재(Panel facing)
에 가죽을 입힐 때는 묽은 동물성
접착제나 냉수 페이스트(Cold-
water paste)를 사용했다. 하지만
지금은 희석한 PVA 접착제(접착제
와 물의 비율이 4:1)가 더 흔하게
사용된다.

책상 상판에 가죽을 입힐 수 있도
록 전동루터를 사용해 표면을 파낼
수도 있고1 원목 리핑으로 테두리
를 두를 수도 있다.2 또는 쓰는
(Writing) 부분 주변에 반원 V자 홈
을 파고 가죽 끝에 접착제를 발라
홈 안으로 넣어 붙이면 쿠션 효과
를 얻을 수도 있다.3

장식이 달린 양피 가죽을 입힐 때
는 가장자리를 다듬기 전 움푹 파
인 부분과 가죽이 제대로 정렬되었
는지 확인한다(장식 패턴 바깥쪽에
같은 여유공간이 있어야 한다). 먼
저 수공예용 칼로 긴 면을 먼저 다
듬고 목재 표면에 PVA 접착제를
바르고 나서 다듬은 면을 움푹 파
인 부분에 천천히 맞춰 넣는다.4

깨끗한 펠트 패드를 접어 양피 가
죽을 문지른다. 이때 양쪽 끝 쪽으
로 다듬은 면을 따라 먼저 문지르
고 나서 반대편 면으로 가로질러
문질러준다.5 그런 다음 구석구석
모두 문지른다. 가죽에 긁힌 자국
이 생기지 않도록 주의하며 팽팽하
고 평평하게 가죽이 완전히 펴질
때까지 구겨진 부분이나 공기 방울
이 없도록 부드럽게 펴준다.

다듬어지지 않은 나머지 세 면도
다듬어준다. 직선자를 가이드로 사
용할 수도 있고 나무자의 모퉁이를
움푹 파인 부분의 테두리를 따라
끌면서 자국을 내 가죽에 절단선을
표시할 수도 있다.6 그 선을 따라
가죽을 잘라낸다.7 이때 주변에 있
는 목재가 긁히거나 잘려나가지 않
도록 주의한다. 접착제가 마르는 동
안 주기적으로 불룩 튀어나온 부분
이 없는지 살펴보고 이런 부분이
생기면 문질러 평평하게 만든다.

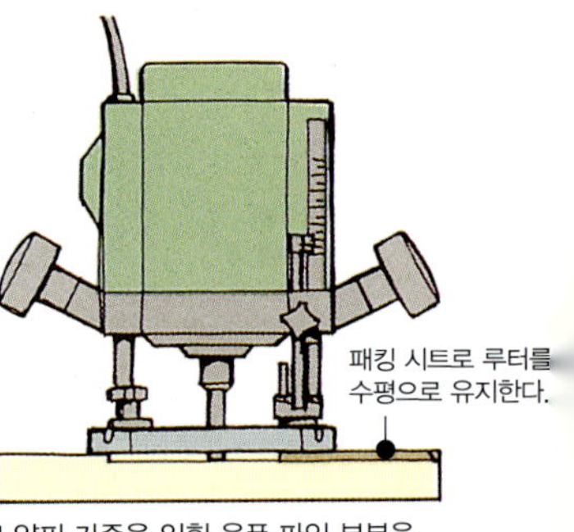

1 양피 가죽을 입힐 움푹 파인 부분을
루터링해서 파낸다.

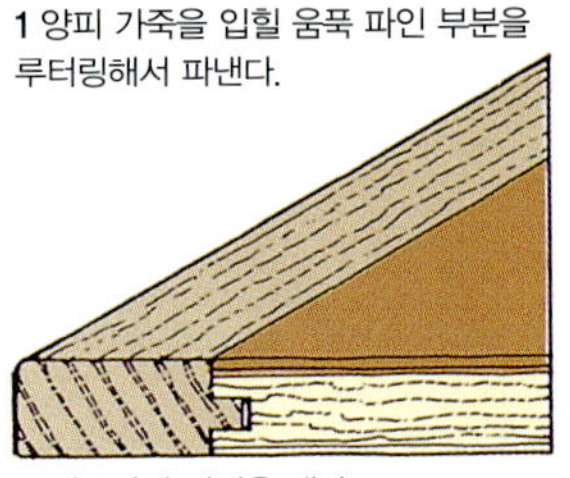

2 테두리에 리핑을 댄다.

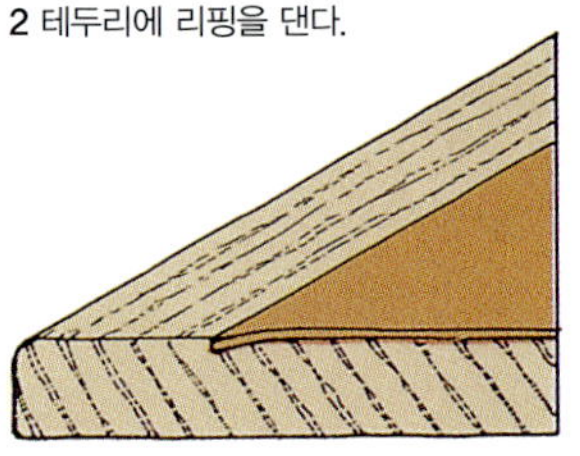

3 양피 가죽을 V자 홈으로
밀어붙인다.

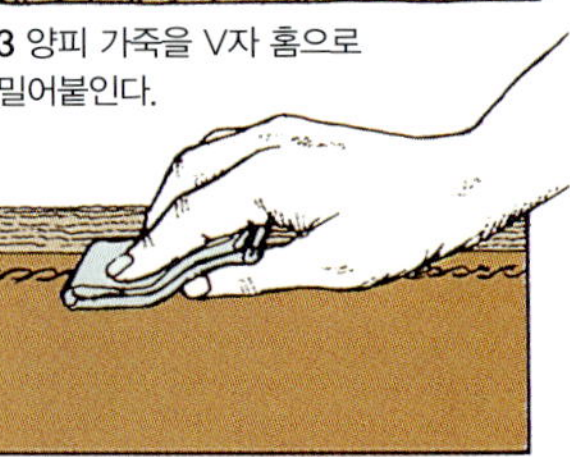

4 다듬은 면을 움푹 파인 부분
안으로 밀어붙인다.

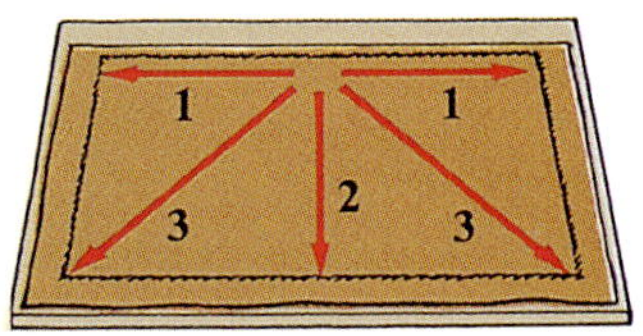

5 각 면 쪽으로 문지른다.

6 자로 긁어 절단선을 표시한다.

7 절단선을 따라 가죽을 잘라낸다.

13장 · 결속 부품과 부속품

이번에는 홈 작업장에 필요한 결속 부품과 부속품에 대해 살펴보자. 나사와 못은 DIY 작업뿐 아니라 다른 목가구 작업에도 항상 필요하므로 필요한 크기와 치수를 보유하고 있어야 한다. 손잡이, 자물쇠, 고품질 경첩 같은 부속품은 비교적 가격이 비싸 필요할 때마다 구입하는 것이 좋다. 목가구 작업에서 접착제를 사용한 접합은 가장 흔한 작업임에 틀림없다. 요즘 사용되는 접착제는 용도마다 전문화되어 있어 목작업자들은 다양한 유형의 접착제를 갖추고 있다. 그러나 모든 접착제를 오래 보관할 수 있는 것은 아니다. 따라서 일정 기간 보관하고 있던 접착제를 막상 필요할 때 모두 사용할 수 없을 수도 있다. 그래서 대량으로 구입하면 더 저렴한 가격에 살 수도 있지만 작업을 많이 하지 않는 이상 소량으로 구매하는 것이 경제적이다.

목가구 작업용 접착제

수세기 동안 접착제는 기계적으로 보강할 필요 없이 목재를 접합하는 데 사용되어왔다. 그러나 오래된 가구를 보면 예전에 사용했던 접착제는 습기로 인해 접착력을 잃고 결국 맞춤부가 느슨해지는 단점이 있다는 것을 발견하게 된다. 오늘날 목가구 작업자들은 열이나 습기에 강한 접착제, 천천히 건조되는 접착제, 보관 수명이 긴 접착제, 빨리 경화되는 접착제 등 서로 다른 성질을 갖는 다양한 종류의 우수한 접착제를 사용할 수 있다. 이들 접착제들은 접착력이 매우 뛰어나 접착 부위 주변에 있는 목재 섬유보다 오히려 강한 면을 보이기도 한다.

동물성 접착제

동물성 접착제는 목가구 작업자들이 오래 전부터 사용해오던 접착제로, 접착 성능을 제공하는 단백질을 얻기 위해 동물 피부와 뼈를 사용해서 만든다. 이 접착제는 한때 표준 목가구 작업용 접착제로 쓰였지만 지금은 거의 사용되지 않는다. 다만 열가소성이 있어 이것이 장점으로 작용하는, 수작업으로 무늬목을 입힐 때 사용하기는 한다.

동물성 접착제는 보통 펄(Pearl)이나 작은 알갱이 형태로 제공된다. 덮개가 있는 접착제 포트를 가스나 전기 가열 기구로 가열하며 물과 함께 녹여 바로 사용할 수 있다. 천천히 경화되는 접착제도 사용할 수 있다. 이 접착제는 젤리 같은 점도를 갖고 있으며, 앞서 설명한 방법에 따라 접착제 포트 안에 녹여 사용할 수도 있고 접착제 용기를 뜨거운 물에 담가둔 채로 사용할 수도 있다.

동물성 접착제는 비독성이다. 이 접착제는 대패질이나 연마를 할 수 있는 단단한 접착제 선을 형성하고 열이나 습기를 가하면 다시 유연하게 만들 수 있다. 이처럼 열과 습기에 민감한 성질은 종종 구조적인 약점이 되기도 하지만 가구를 보수할 때는 장점이 된다.

용융 접착제

용융 접착제는 원통형 막대 형태로 판매되는데, 전기로 가열시키는 특수 목적용 건(Gun)을 사용해 원하는 부위에 접착제를 바른다. 이 접착제는 사용하기 편리하고 수초 만에 경화되기 때문에 실물 크기의 모형이나 지그를 만드는 데 이상적이다. 목재 외에 다른 재료를 붙일 수 있는 막대로 사용할 수 있다.

용융 접착제를 무늬목 작업을 위한 얇은 시트 형태로도 만들 수 있다. 이런 유형의 용융 접착제를 무늬목과 기초 사이에 바른 다음 가열시킨 가정용 전기 다리미로 접착제를 활성화시킨다.

용융 접착제 건(Gun)
방아쇠를 당기면 접착제가 녹아 노즐 밖으로 나온다.

덮개가 달린 접착제 포트

펄(Pearl) 접착제

PVA 접착제

폴리비닐 아세테이트(PVA) 화이트 접착제(White glue)는 가장 저렴하고 사용하기 편리한 목가구 작업용 접착제이다. 바로 사용할 수 있는 물에 떠 있는 PVA 유상액(乳狀液)으로, 물이 증발되거나 목재 안으로 흡수되면 경화된다.

이 접착제는 일반 용도로 쓰기에 알맞은 비독성 접착제로, 보관 수명이 무한정 길기 때문에 따뜻한 곳에서도 보관할 수 있다. 강인한 반가요성(半可撓性) 접착선은 특히 접합부가 오랫동안 응력을 받게 될 때 시간이 지남에 따라 성능이 떨어질 수도 있다. 일반적인 화이트 접착제는 물에 대한 저항력이 약하지만 완전 방수인 외장용 제품도 있다.

농도가 약간 진한 노란색 지방족 수지인 PVA 접착제는 탄력이 적고 열과 습기에 강한 상태로 건조된다. 화이트 접착제와는 달리 이 접착제는 연마할 때 연마지에 잘 붙지 않는다. 이 밖에 틈을 메우는 성능을 강화시킨 PVA 제품이나 큰 부분에 사용할 수 있도록 경화 속도가 느린 PVA 제품도 있다.

요소수지 접착제

요소수지 접착제는 뛰어난 방수 충진 접착제로, 화학 반응으로 경화한다. 분말 형태로도 만드는데, 일단 물과 혼합한 상태로 접합되는 양쪽 면에 모두 바른다.

어떤 요소수지 접착제는 별도의 액상 촉매나 경화제(Hardner)와 함께 사용할 수 있도록 만들어지기도 한다. 경화제를 접합부 반쪽에 바르고 물과 혼합한 분말 요소수지 접착제를 나머지 반쪽에 바른다. 접합부가 연결되면 제작물을 죔쇠로 고정시킨다.

경화되지 않은 재료를 취급할 때는 보호 고글과 안경을 착용하고 환기가 잘되는 작업장에서 작업해야 한다.

레조르시놀수지 접착제

요소수지 접착제와 상당 부분 비슷한 레조르시놀수지 접착제는 완벽한 방수 및 내후성 접착제이다. 수지와 경화제가 별도로 나뉘어 있다. 제조업체 중에는 수지와 경화제를 모두 액상으로 만들기도 하지만 어떤 것은 분말 형태로 섞어 만들기도 한다. 이 두 경우 모두 접착제를 바르기 전 먼저 수지와 경화제를 섞은 다음 접합부 양쪽에 바른다. 경화된 접착제는 적갈색 접착선을 형성하기 때문에 엷은 색상의 목재에서는 눈에 확 뜨인다. 날씨가 더우면 경화 시간이 빨라지고 15℃ 이하에서는 경화가 전혀 되지 않을 수도 있다. 경화되지 않은 접착제를 취급할 때는 장갑과 눈 보호장구를 착용하고 작업장을 환기시킨다.

접촉 접착제

접촉 접착제를 양쪽 면에 얇은 층으로 바른다. 접착제가 경화된 후 두 부분을 서로 대면 바로 붙는다. 목재 블록이나 롤러로 압력을 가해서 접착제가 붙기 전까지 구성 요소의 위치를 조절할 수 있는 개선된 제품도 있다. 이 접착제는 멜라민 라미네이트를 주방 조리대에 붙이는 용도로 널리 사용되지만 부드러운 틱소트로픽(젤 같은) 버전은 무늬목 작업에 사용되기도 한다. 솔벤트 계열의 접촉 접착제는 빨리 경화되지만 가연성이 높고 불쾌한 냄새가 난다. 이 접착제는 환기가 잘되는 작업장에서만 사용하도록 한다. 수성 접촉 접착제는 더 안전하지만 건조되는 데 오래 걸린다.

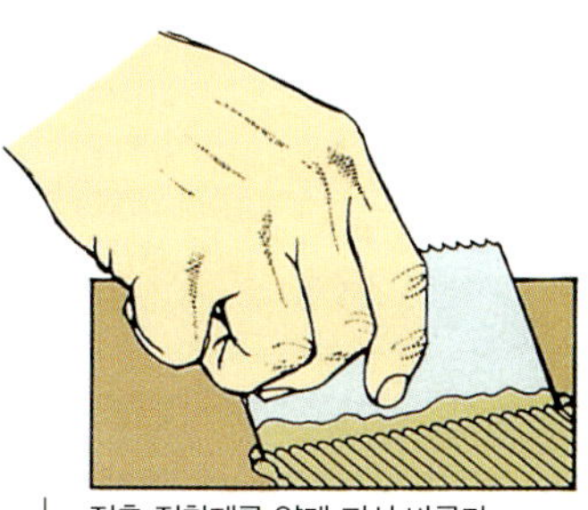

접촉 접착제를 얇게 펴서 바른다.

에폭시수지 접착제

에폭시수지 접착제는 수지와 경화제가 별도로 구성되어 있는 합성 접착제로, 보통 바르기 전에 이 둘을 혼합해 사용한다. 가장 흔히 사용하는 형태는 튜브에 담겨 판매되는 것으로, 서로 다른 재료를 접합하기 위한 일반용 접착제이다. 이 접착제는 비교적 농도가 진하기 때문에 문질러 접합하는 방법(Rub-jointing)을 제외하고는 목작업에는 적합하지 않다. 하지만 액상 에폭시수지 접착제는 목재를 접합하는 데 사용할 수 있다. 에폭시수지 접착제는 화학적 반응에 의해 경화되어 상당히 튼튼하고 용해되지 않아 투명한 접착선을 형성한다. 보통 에폭시수지 접착제는 몇 시간 만에 경화되지만 경화가 빨리 진행되는 제품도 있다. 경화되지 않은 접착제는 변성 알코올을 묻힌 천으로 제작물 표면을 닦아낸다.

접착제 사용

접착 효과를 높이려면 접합부가 잘 준비되어야 한다. 접합되는 면은 깨끗하고 그리스가 없어야 하며 평평하고 매끈해야 한다. 목재의 접합을 잘되게 하려고 접합면을 서로 문지를 필요는 없다.

수분함유량

목재의 수분함유량은 접합 품질에 영향을 미칠 수도 있다. 수분함유량이 20% 이상이라면 접착제에 따라 만족스럽게 경화되지 못할 수도 있다. 만약 5% 이하면 접착제가 빨리 흡수되어 접착이 불량하게 될 수도 있다.

접착제 바르기

제조업체에서 별도로 사용법을 제공하지 않는 한 접착제를 바르는 가장 좋은 방법은 접합면 양쪽에 천천히 고르게 바르는 것이다. 이것은 특히 장부맞춤에서 중요하다. 장부맞춤에서는 장부를 장붓구멍에 삽입할 때 대부분의 접착제가 긁혀 나와 맞춤에 충분한 접착제가 공급되지 못할 수도 있다. 수지와 경화제가 별도로 구성된 몇몇 접착제는 바르는 방법이 다르다. 수지를 한쪽 접합면에 바르고 경화제를 다른 쪽 접합면에 바른다. 이렇게 되면 접합부를 마무리하기 전에는 경화가 진행되지 않아 크고 복잡한 제작물을 조립할 수 있는 시간이 충분해진다.

맞춤 고정시키기

대부분의 맞춤은 접착제가 경화되는 동안 고정되어야 한다. 이처럼 고정시켜놓으면 접합면이 서로 접촉된 상태로 유지될 수 있고 남은 접착제를 맞춤 밖으로 짜낼 수 있다. 경화가 시작되기 전 축축히 적신 천으로 맞춤 주위에서 나온 접착제를 닦아낸다. 몇 분 뒤 조립부로 돌아가 맞춤 내 압력으로 접착제가 흘러나왔는지 확인한다. 만약 그렇다면 죔쇠 나사를 좀더 돌리고 흘러나온 접착제를 닦는다.

문질러 접합하기

잘 맞는 맞댐맞춤은 종종 죔쇠로 고정시키지 않고도 대기압 상태에서 튼튼하게 접합된다. 이런 접합을 하려면 면에 접착제를 바르고 두 부재를 서로 문질러 접합 부위 위에서 남은 접착제를 짜내고 공기를 빼낸다. 이런 맞춤을 문질러 접합하기라고 한다.

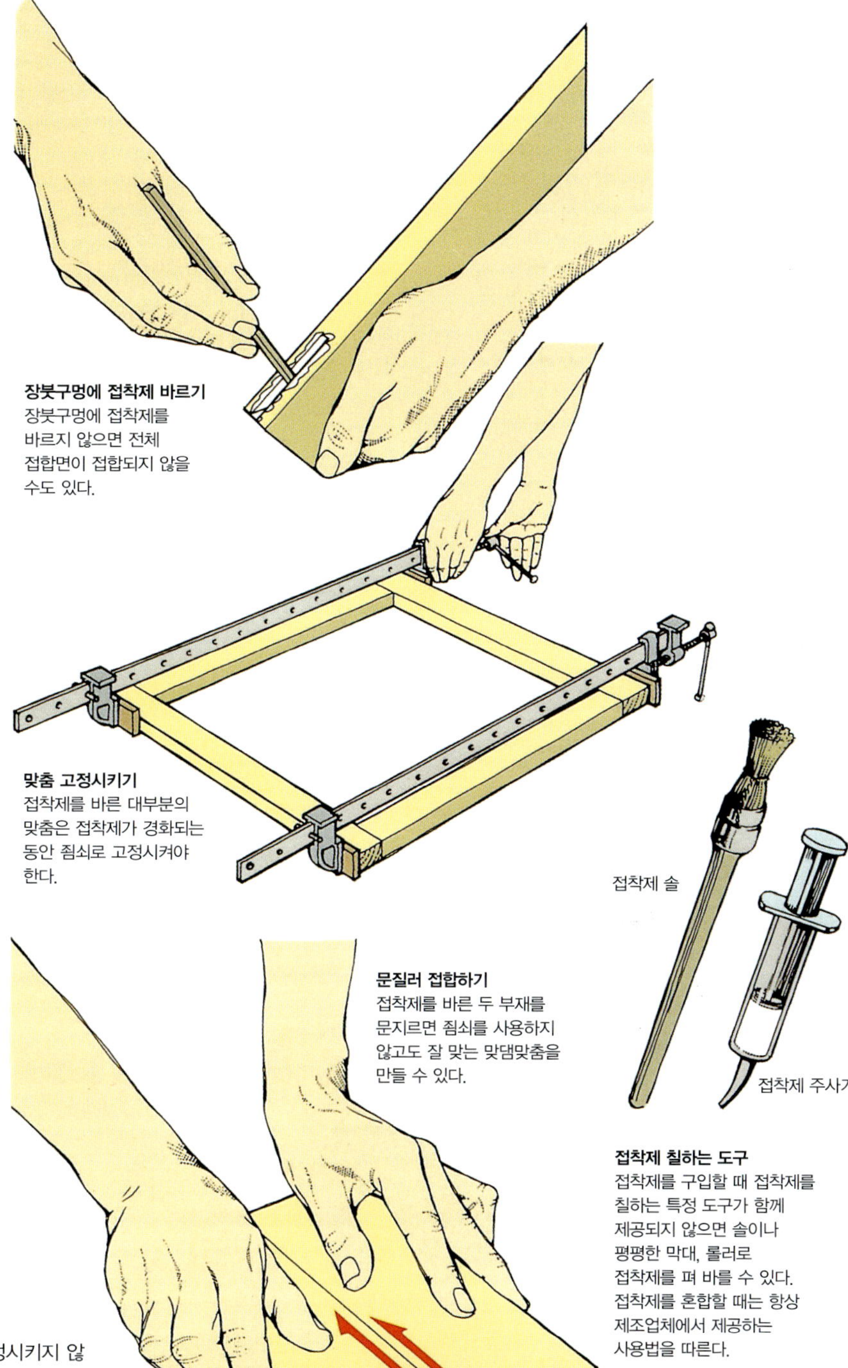

장붓구멍에 접착제 바르기
장붓구멍에 접착제를 바르지 않으면 전체 접합면이 접합되지 않을 수도 있다.

맞춤 고정시키기
접착제를 바른 대부분의 맞춤은 접착제가 경화되는 동안 죔쇠로 고정시켜야 한다.

문질러 접합하기
접착제를 바른 두 부재를 문지르면 죔쇠를 사용하지 않고도 잘 맞는 맞댐맞춤을 만들 수 있다.

접착제 솔

접착제 주사기

접착제 칠하는 도구

접착제를 구입할 때 접착제를 칠하는 특정 도구가 함께 제공되지 않으면 솔이나 평평한 막대, 롤러로 접착제를 펴 바를 수 있다. 접착제를 혼합할 때는 항상 제조업체에서 제공하는 사용법을 따른다.

접착제 솔

와이어 브리들이 접착제 솔의 털을 단단하게 만든다. 솔의 털이 마모되면 제거한다.

접착제 주사기

접착제를 바르기 힘든 맞춤 부위에 정확한 양의 목작업 접착제를 발라야 할 때는 접착제 주사기를 사용한다.

나사못

나사못은 주로 목재를 연결하는 데 사용한다. 나사못의 결합력은 상당히 강해 쉽게 분리되지 않는다. 이 밖에도 경첩, 자물쇠, 손잡이 같은 부속품을 고정시키는 데도 사용한다. 대부분의 일반 나사못은 강철로 만들지만 종종 강도를 높이기 위해서 표면경화 열처리를 하기도 한다. 황동으로 만든 나사못은 장식용으로 더 잘 어울리며, 스테인리스로 만든 나사못은 실외에서도 부식에 대한 저항성이 매우 크다. 이 두 나사못은 오크같이 산성을 띠는 목재에 사용할 수 있다. 산성을 띠는 이런 목재는 보통 철로 만든 결속 부품을 사용하면 녹이 생기기 쉽다. 철로 만든 나사에 내식성을 주기 위해서 아연 도금을 하기도 하고 장식 코팅으로 크롬 도금이나 옻칠을 하기도 한다.

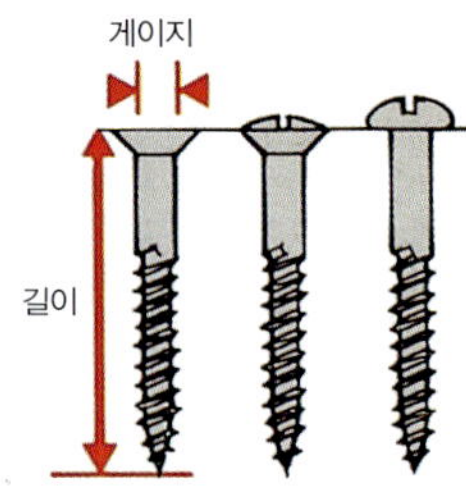

게이지

길이

나사못 크기를 재는 방법

나사못 크기

나사못의 크기는 나사가 실제 목재 안으로 파고 들어가는 부분의 길이로 규정된다. 예를 들어 접시머리 나사못에서는 못의 끝에서 끝까지의 길이가 그 나사못의 크기이지만 둥근머리 나사못에서는 못의 끝에서 머리의 밑면 까지의 길이가 그 나사못의 크기가 된다. 나사못의 크기는 6~150mm이다. 나사못으로 고정시키려는 목재나 판재의 두께보다 약 3배 정도 더 긴 나사못을 선택한다. 나사못이 목재 뒤까지 튀어나올 정도로 길지 않더라도 나사못을 박을 때 못 끝이 목재의 표면에서 적어도 3mm 이상 떨어지지 않으면 나사못에 의해 목재 섬유가 변형되어 불룩하게 튀어나온 자국이 생기게 된다.

나사못은 실제 지름이나 게이지(Gauge)로도 등급을 나타내기도 한다. 이 때는 실제 치수 대신 0에서 20까지 숫자로 표시한다. 숫자가 클수록 큰 나사못을 의미한다. 예를 들어 No 5 나사못은 지름이 약 3mm이고 No 14 나사못은 약 6mm이다. 튼튼한 결속 부품을 원할 때는 가능한 한 게이지가 큰 나사못을 선택한다. 그러나 나사못의 실제 지름이 목재 폭의 10분의 1보다 작아야 한다. 아래 표에는 나사못을 크기에 따른 다양한 게이지 크기로 나타냈다.

전통적인 나사못

전통적인 나사못의 약 60%에는 나사산이 있다. 나사못을 목재에 대고 돌리면 이 나선형 나사산이 목재 안으로 파고들어 목재 안에 박힌다. 나사산이 없는 원통형 자루는 꽂임촉 역할을 하며, 목재나 부착물을 제 위치에 고정시키는 넓은 나사못머리 위에 얹혀 있다.

나사산   자루   나사못 머리

이중 나사산 나사

최근에 새로 개발된 이중 나사산 나사는 굵은 나사산이 쌍으로 있어 칩보드나 MDF에도 사용할 정도로 강력한 결합력을 갖고 있다. 기존 나사못과 비교하면 나사 길이의 대부분에 나사산이 있고 좁은 자루로 인해 목재가 쪼개질 위험성이 적다. 나사산의 경사도가 커 나사를 빨리 박을 수 있다.

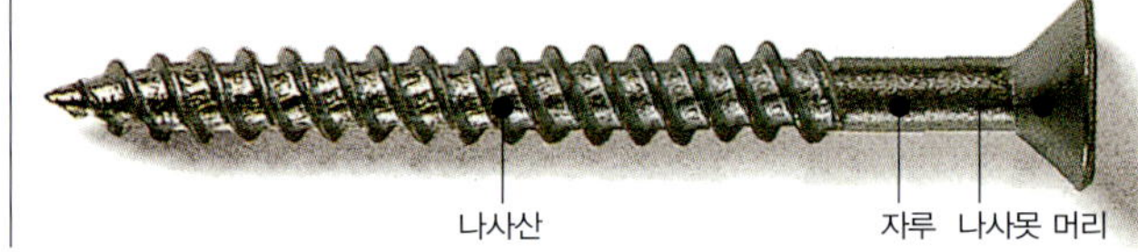

나사산   자루   나사못 머리

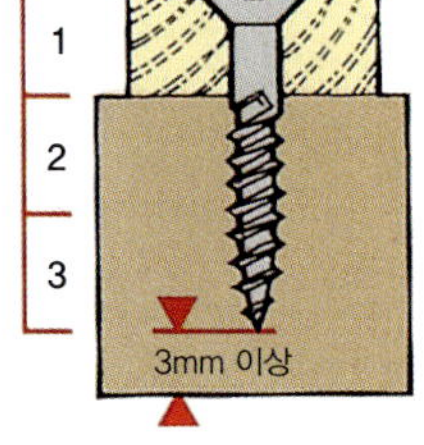

나사못 길이를 선택하는 방법

나사못의 길이는 적어도 목재 두께의 3배는 되야 한다.

3mm 이상

파일럿 구멍

목재가 쪼개지는 것을 막기 위해서는 목재에 파일럿 구멍을 먼저 뚫어야 한다. 나사산의 폭보다 약간 좁은 드릴에 끼우는 날을 사용한다.

나사 크기																	
길이		**게이지 번호**															
미터	인치	0	1	2	3	4	5	6	7	8	9	10	12	14	16	18	20
6mm	$\frac{1}{4}$ in	0	1	2														
9mm	$\frac{3}{8}$ in		1	2	3			6		8							
12mm	$\frac{1}{2}$ in			2	3	4	5	6	7	8							
16mm	$\frac{5}{8}$ in				3	4	5	6	7	8		10					
18mm	$\frac{3}{4}$ in				3	4	5	6	7	8	9	10	12				
22mm	$\frac{7}{8}$ in					4		6	7	8							
25mm	1 in				3	4	5	6	7	8	9	10	12	14			
32mm	$1\frac{1}{4}$ in					4	5	6	7	8	9	10	12	14			
38mm	$1\frac{1}{2}$ in					4		6	7	8	9	10	12	14	16		
44mm	$1\frac{3}{4}$ in							6	7	8	9	10	12	14	16		
50mm	2 in							6	7	8	9	10	12	14	16	18	20
57mm	$2\frac{1}{4}$ in							6		8		10	12	14			
63mm	$2\frac{1}{2}$ in							6		8	9	10	12	14	16		
70mm	$2\frac{3}{4}$ in									8		10	12	14			
75mm	3 in							6		8		10	12	14	16	18	20
89mm	$3\frac{1}{2}$ in									8		10	12	14	16		
100mm	4 in									8		10	12	14	16	18	20
112mm	$4\frac{1}{2}$ in											10	12	14			20
125mm	5 in											10	12	14	16		
150mm	6 in												12	14	16		

나사못 머리 홈

나사못 머리를 움푹 파내 만든 나사못 머리 홈은 일정한 형태를 갖고 있는 나사드라이버의 끝을 끼울 수 있도록 특정 형태로 디자인되어 있다.

일자 나사못

직선 모양의 나사드라이버 끝을 머리 전체에 끼울 수 있도록 한개의 직선 홈이 있다.

십자 나사못

십자 모양의 나사드라이버 끝을 끼우도록 십자 모양의 홈이 있다.

클러치 헤드 나사못

도난 방지용 나사못으로 주로 자물쇠나 귀중한 물건을 고정시키는 데 사용한다. 보통 일자 모양의 나사드라이버로 삽입하지만 나사드라이버를 시계 반대 방향으로 돌리면 끝이 겹치게(Ride out) 된다.

일자 나사못

십자 나사못

클러치 헤드 나사못

나사못 머리

전통적인 나사못과 이중 나사산 나사못 모두 일정한 형태의 나사못 머리로 만들어진다.

접시 모양
윗면이 평평한 나사못 머리로, 제작물 표면과 평평하게 삽입된다. 나사못 머리와 맞도록 접시머리 나사 구멍을 파야 한다.

돌출된 모양
접시머리 나사 구멍에 삽입하나 나사못 머리 윗면이 약간 반구형으로 튀어나와 있다. 결속 부품이 노출돼야 할 때 종종 사용된다.

둥근 모양
일반적으로 평평한 판재를 목재에 고정시킬 때 사용한다. 나사못 머리 윗면은 반구형이지만 밑면은 평평하다.

접시 모양　　　　돌출된 모양　　　　둥근 모양

나사 컵과 커버

많은 목가구 작업자들은 노출된 나사못 머리를 싫어한다. 그러나 나사못 머리를 감추거나 외관을 좋게 만드는 부속품이 몇 가지 있다.

움푹 들어간 나사 컵
분리할 수 있는 접시 모양 나사를 위한 튼튼한 황동 고리(collar)로, 제작물 표면과 수평으로 놓인다.

표면에 부착되는 나사 컵
황동을 압착해 만들며, 접시 모양 나사나 돌출 모양의 나사를 위한 돌출된 고리(Raised collar)가 있다. 나사못 머리 밑은 지지 면적이 커 연재에 접합한다.

반구형 커버
매칭되는 나사 컵 테두리 위로 눌러서 끼워 나사못 머리가 보이지 않도록 만드는 플라스틱 반구형(Dome) 이다.

크로스 헤드 커버
몰딩된 플라스틱 커버로, 밑면에 있는 마개(Spigot)를 나사 홈에 끼워 단단히 고정시킨다.

거울 나사 커버
크롬으로 도금한 황동 반구형 커버로, 나사산이 있는 마개가 있어 거울을 고정시키도록 디자인된 특수 접시머리 나사의 윗면에 고정시킨다.

나사 컵과 커버
1 움푹 들어간 나사 컵
2 표면에 부착되는 나사 컵
3 반구형 커버
4 십자머리 커버
5 거울 나사 커버

못

건축용으로 사용할 수 있는 못은 종류가 다양하다. 그러나 목작업자들은 일반적으로 실제 모형을 만들거나 인공 판재에 못을 박기 위해 제한된 범위의 못만 사용한다. 목재로 만든 하부 골격에 쿠션을 고정시킬 때는 전용 압정과 못이 필요하다. 다음은 가장 일반적으로 사용되는 못의 크기를 나타낸다.

원형 와이어 못
대략의 목작업이나 실제 크기의 모형을 만들 때 사용하는 튼튼한 결속 부품.
마감: 광택 강
크기: 25〜150mm

원통형 와이어 못
자루의 단면이 원통형인 일반용 못으로, 목재가 쪼개지는 위험을 줄이기 위해 디자인되었다. 이 못의 대가리는 목재 표면 안으로 박아 넣을 수 있다.
마감: 광택 강
크기: 25〜150mm

대가리가 없는 못
좁은 자루가 달린 마감용 못으로, 큰 맞댐맞춤이나 연귀맞춤에 사용된다. 이 못의 대가리는 목재 표면 안으로 박을 수 있다.
마감: 광택 강
크기: 40〜100mm

패널 못
얇은 합판이나 하드보드를 고정시키거나 작은 맞춤을 고정시키는 데 사용한다.
마감: 광택 강
크기: 12〜50mm

주름진 이음 못
대략의 골격을 만들기 위한 연귀맞춤이나 맞댐맞춤에 사용한다. 부재의 표면과 수평이 되도록 두 맞춤부에 박아 넣는다.
마감: 광택 강
크기: 6〜22mm

목재 연결 못
스파이크가 있는 금속판으로, 골격 연결부를 고정시키는 데 사용한다. 두 연결부에 걸쳐서 스파이크를 목재 안으로 박아 넣는다.
마감: 아연도금 강
크기: 25×125mm/175×350mm

납작 못
이 못은 쿠션을 댄 하부 골격에 천을 입히는 데 사용한다. 이 못의 뾰족한 끝을 목재에 박는다. 넓은 못대가리가 천을 잡아준다.
마감: 청색 강
크기: 12〜30mm

쿠션 씌우개 못
쿠션 장식용 천이나 끈을 고정시키기 위한 장식 못이다.
마감: 황동 또는 크롬, 청동
크기: 12mm

장식용 끈 못
작은 고정 못으로, 쿠션 장식용 끈을 고정시키는 데 사용하는 보이지 않는 못이다.
마감: 장식 끈과 어울리는 다양한 색
크기: 9〜13mm

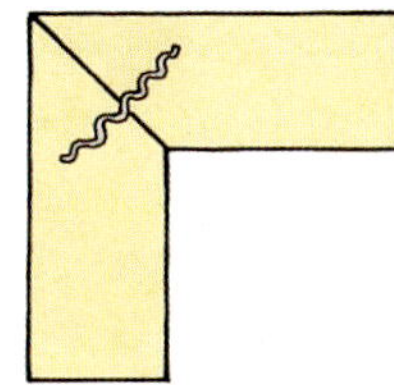

주름진 이음 못
이음부에 걸쳐서 박아 넣는다.

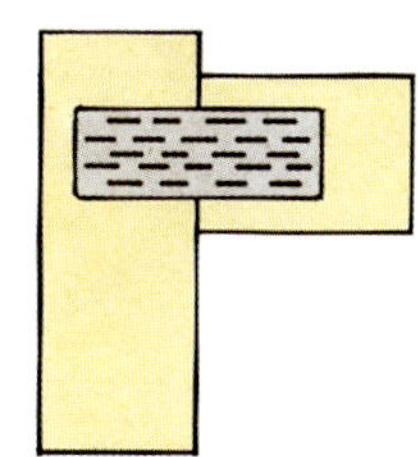

목재 커넥터
튼튼한 맞댐맞춤을 만드는 데 사용한다.

못과 결속 부품
1 패널 못
2 원형 와이어 못
3 원통형 와이어 못
4 대가리가 없는 못
5 주름진 이음 못
6 목재 연결 못
7 납작 못
8 쿠션 씌우개 못
9 장식용 끈 못

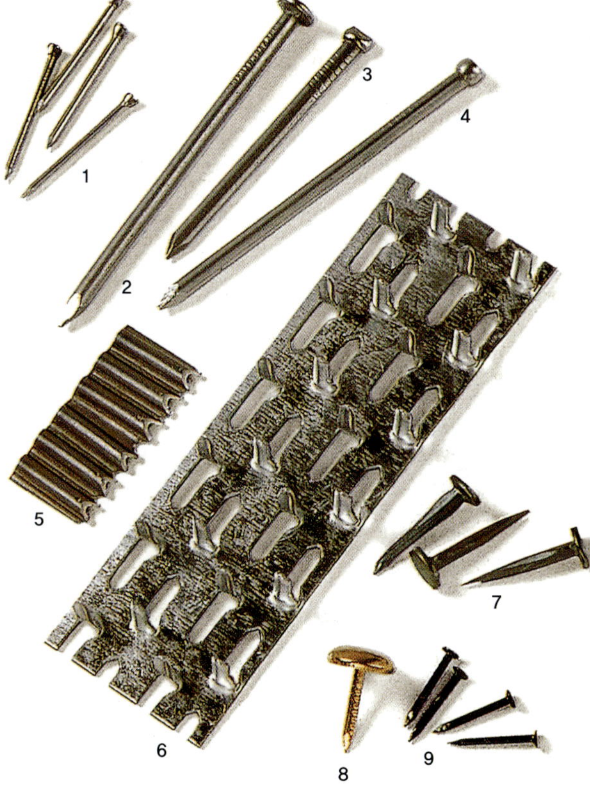

경첩

서랍장 문이나 펼쳐 여는 보조판을 위해 만들어진
경첩은 값은 비싸지만, 관절 부위가 느슨하거나
나사 홈이 얕거나 날개(Leaf)가 튼튼하지 못한
저가 경첩은 문제가 될 수가 있다.
괜찮은 물건의 외관을 해칠 수 있기 때문이다.

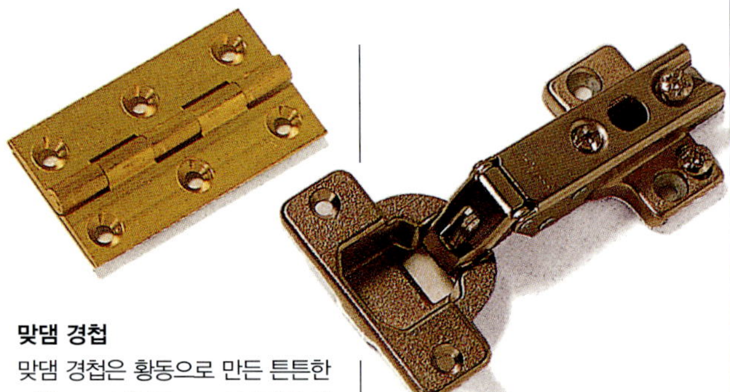

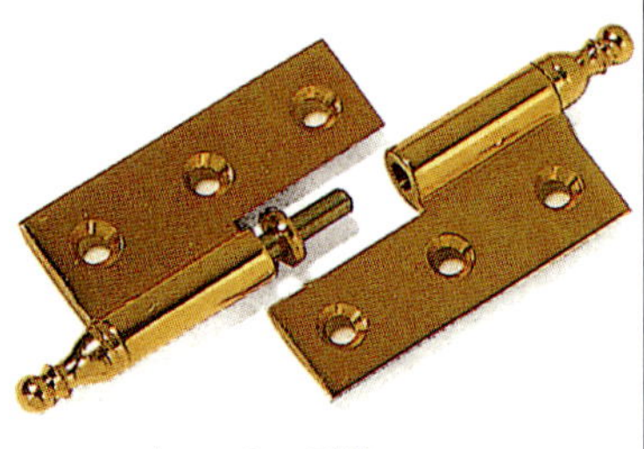

맞댐 경첩

맞댐 경첩은 황동으로 만든 튼튼한 경첩으로, 전통적으로 서랍장을 만드는 데 사용되어왔다. 넓은 맞댐 경첩은 비교적 면이 넓어서 옷장이나 큰 찬장에 적합하다. 좁은 맞댐 경첩은 작은 서랍장이나 상자를 만드는 데 쓰인다. 맞댐 경첩은 삽입형 문이나 부착형 문을 다는 데 사용할 수도 있다.

피아노 경첩

중간 끊김 없이 2m 길이로 된 피아노 경첩은 특히 단단히 고정시킬 필요가 있을 때 사용한다. 이 경첩은 제작물에 맞게 절단해 사용한다.

수평 경첩을 사용할 때는 목재에 움푹 파인 부분을 만들 필요가 없다.

리프트 오프 경첩

리프트 오프 경첩은 화장대 측면 거울처럼 경첩으로 고정된 부분을 가끔 떼어야 할 필요가 있을 때 사용된다. 좋은 경첩은 튼튼한 황동으로 만들며, 보통 강철로 만든 핀이 있다. 왼손잡이용과 오른손잡이용이 있다.

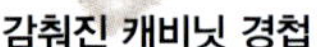

수평 경첩

수평 경첩은 맞댐 경첩과 같은 목적으로 사용되지만 가벼운 문에만 쓰인다. 이 유형의 경첩을 달 때는 목재에 움푹 파인 부분을 만들 필요가 없어 설치하기가 쉽다.

감춰진 캐비닛 경첩

주방에 있는 찬장의 부착형 문에는 일반적으로 최신 감춰진 경첩이 사용되는데, 이 경첩은 조절이 가능해 여러 문을 정확하게 한 줄로 정렬시킬 수 있다. 감춰진 경첩에는 대부분 문에 뚫린 구멍에 끼워 넣는 원형 돌기(Boss)와 서랍장에 나사로 고정되는 받침판이 있다. 이 경첩은 서로 맞댄 채 이웃한 문끼리 부딪히지 않게 문을 열도록 설계되었다. 스프링이 달린 제품은 문을 닫은 상태를 유지시킨다.

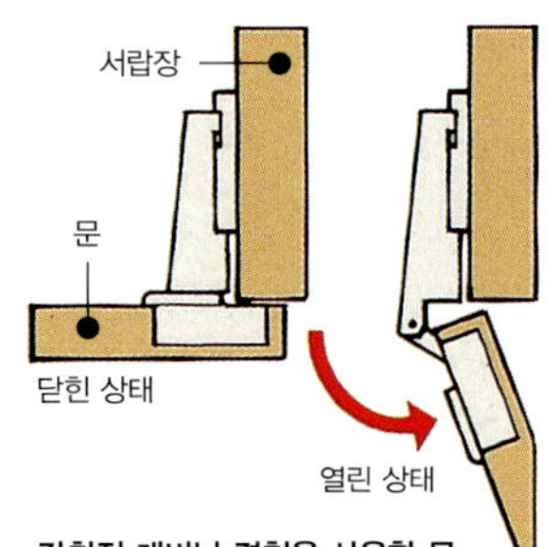

감춰진 캐비닛 경첩을 사용한 문

눈에 보이지 않는 소스 경첩

실린더 경첩과 같은 상황 속에서 사용되지만 좀더 무거운 문에 쓰인다.

실린더 경첩

이 경첩을 사용하면 문을 완전히 180도로 젖혀 열 수 있다. 특히 둘로 접히는 문이나 콘서티나 도어(Concertina door)에 적합하다. 또한 이 경첩은 보통 삽입형 문이나 부착형 문에도 사용할 수 있다. 목재에 뚫린 구멍에 끼워 사용하기 때문에 문을 닫으면 보이지 않는다.

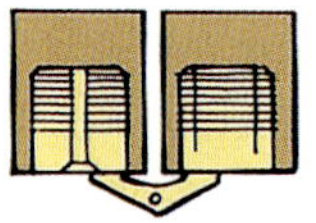

L자형 경첩

L자형 경첩은 부착형 문을 다는 세심한 작업에 사용된다. 이 경첩을 사용하면 문을 180도로 열 수 있다.

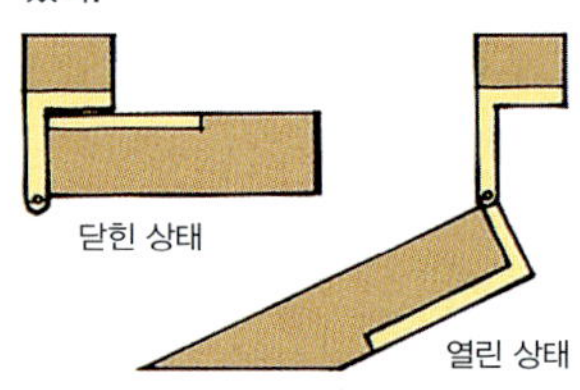

L자형 경첩을 사용한 문

수평 고정 플랩 경첩

조절 가능한 이 경첩은 펼쳐서 여는 부착형 문을 수평으로 눕혀 열 수 있다.

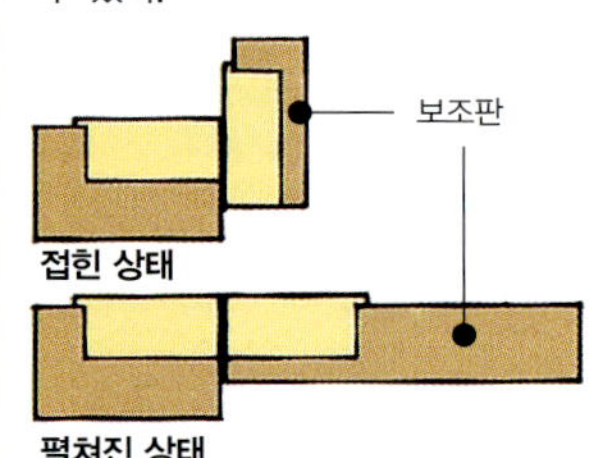

안쪽 펼침 경첩

폭이 넓은 날개(Leaf)를 목재의 움푹 파인 부분에 넣어 고정시킨다. 튼튼한 황동으로 만든 전통적인 안쪽 펼침 경첩은 사무용 책상의 펼쳐 여는 보조판에 사용한다.

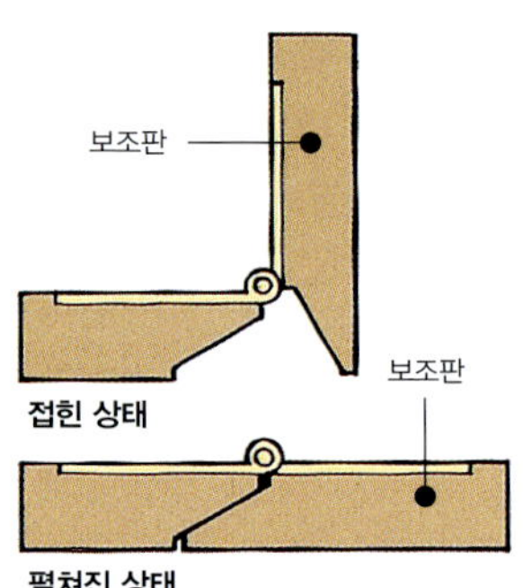

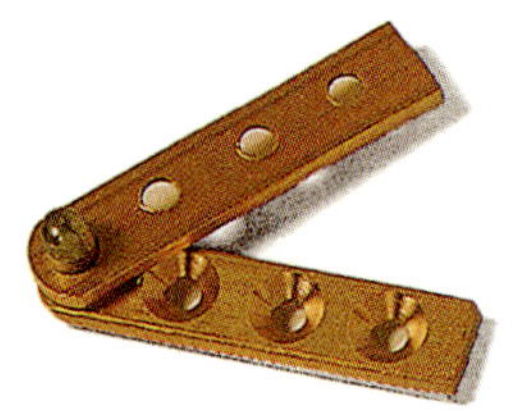

중심 경첩

문이나 덮개, 펼쳐 여는 보조판 측면의 움푹 파인 부분에 끼워 넣어 고정시킨다. 문을 닫으면 경첩이 보이지 않는다.

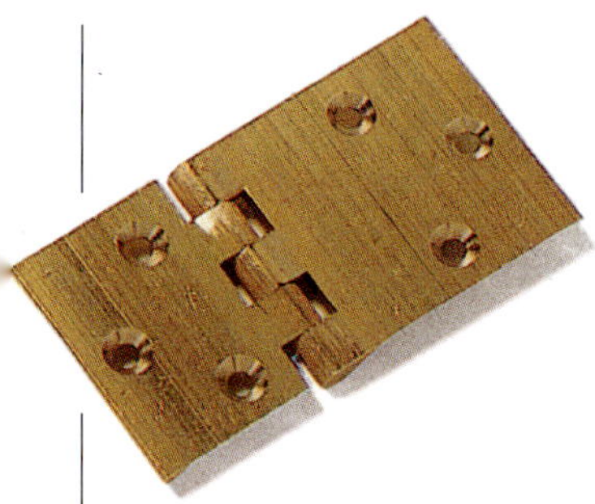

테이블 경첩

이 경첩은 안쪽 펼침 경첩의 한 종류로, 아래로 접힌 규격맞춤으로 만든 탁자 보조판을 고정시키는 데 사용한다.

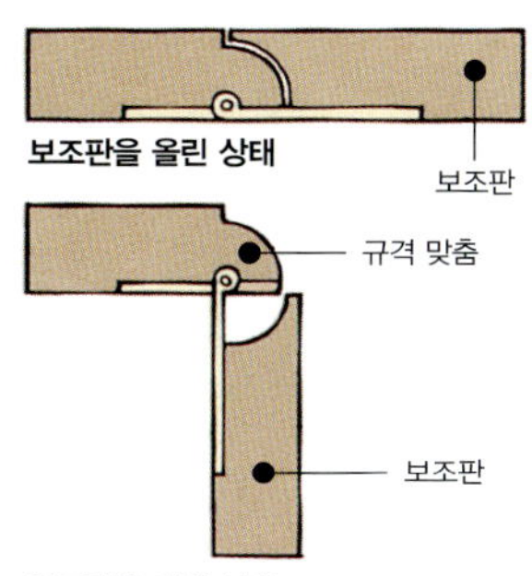

보조판을 올린 상태

보조판을 내린 상태

카운터 경첩

카운터 경첩은 접으면 두께가 두 배가 되고 펼치면 넓이가 두 배가 되는 탁자 상판에 사용한다. 이 경첩은 또 아래로 접히는 보조판에도 사용할 수 있다. 날개(Leaf)가 장부촉 모양이므로 나사에 가해지는 전단력에 잘 버틸 수 있다.

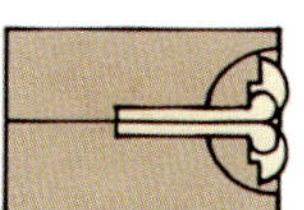

탁자 상판을 접음

탁자 상판을 펼침

맞댐 경첩 달기

맞댐 경첩를 달 때는 날개를 문이나 서랍장의 움푹 파인 부분에 넣어 고정시킨다. 이때 정확히 관절 부분의 절반이 문의 페이스 밖으로 튀어나온다. 아니면 서랍장 측판의 정면 코너가 일직선으로 이어지도록 경첩을 오프셋으로 달 수도 있다. 부착형 문에도 위 두 방법 중 한 방법으로 경첩을 달 수 있다.

경첩은 보통 문의 위쪽 측면이나 아래쪽 측면에서 동일한 거리만큼 떨어진 지점에 단다. 만약 문에 골격이 있다면 경첩을 가로대의 측면과 일직선으로 정렬시킨다.

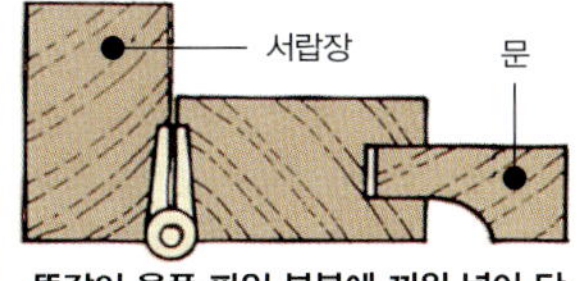

똑같이 움푹 파인 부분에 끼워 넣어 단 맞댐 경첩

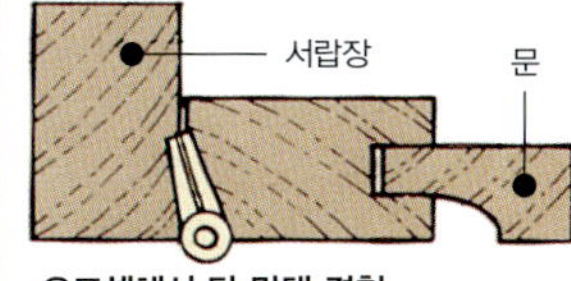

오프셋해서 단 맞댐 경첩

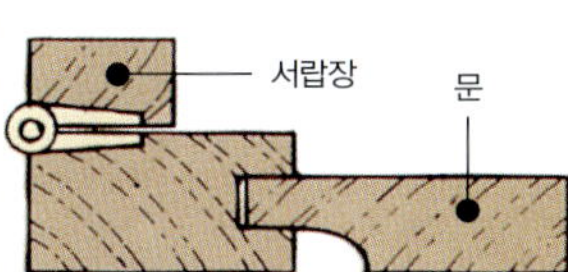

맞댐 경첩을 단 레이온 문

경첩의 위치와 움푹 파인 부분의 깊이를 직각자와 표시 게이지로 표시한 다음 잘려나갈 부분을 가로질러 톱질자국을 낸다.1 움푹 파인 부분의 뒤쪽 측면부를 따라 끌과 나무망치로 판 다음 끌로 잘려나갈 부분을 깎아낸다.2 각 경첩을 끼우고 나사를 박아 고정시킨다.

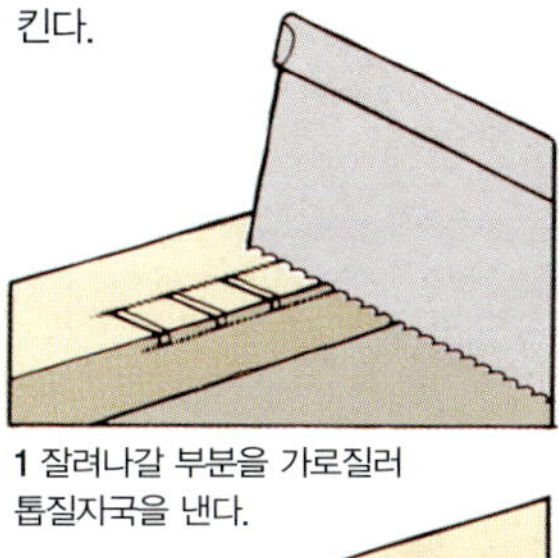

1 잘려나갈 부분을 가로질러 톱질자국을 낸다.

2 끌로 잘려나갈 부분을 깎아낸다.

관절맞춤 만들기

펨브로크 테이블의 접히는 보조판을 지탱하는 회전축을 따라 회전하는 나무 브래킷을 하부 골격과 연결할 때 깊은 맞댐 경첩을 사용할 수도 있다. 그러나 이 경첩은 관절맞춤이라고 부르는 일체형 목재 경첩만큼 튼튼하지는 못하다.

맞춤 표시하기

목재의 두께로 맞춘 절단 게이지를 사용해 맞춤의 각 절반 끝과 나란한 선을 네 면 모두에 긋는다. 측면에 대각선을 긋는다.1 대각선이 교차되는 점에 컴퍼스의 뾰족한 끝을 대고 목재 두께와 같은 지름으로 원을 그린다.2 관절맞춤에 모따기 선을 표시하려면 직각자로 각 원의 원주가 대각선과 교차하는 점을 통과하는 선을 긋는다.3 이 선을 제작물 전체 둘레로 연장해 긋는다.

맞춤 절단 하기

표시된 원과 만날 때까지 제작물의 각 측면을 가로질러 모따기 선을 따라 톱질해간 다음 톱질자국을 기준으로 관절 부분의 제거할 부분을 잘라낸다.4 제작물에 45도 가이드 블록을 죔쇠로 고정시켜 맞춤턱대패로 대패질해 각각 모따기 한다.5 나무줄이나 줄로 관절 끝을 둥글게 만든 다음 일정한 형태의 연마 블록으로 매끈하게 다듬는다. 제작물 각 부분을 다섯 등분으로 나누고 표시 게이지로 양쪽 관절 부위에 선을 표시한다.6 관절 사이에 제거할 부분을 표시한다. 이때 한쪽에는 관절이 세 개 있어야 하고 다른 쪽에는 관절이 두 개 있어야 한다. 각 선을 기준으로 잘려나갈 부분에 장부톱으로 선을 따라 톱질해내려간 다음 실톱으로 제거할 부분을 잘라낸다. 끌을 빗각면 아래로 향하게 잡고 관절 사이의 목재를 파내서 오목한 돌출부를 만든다. 가능하면 인 채널 둥근끌로 관절 끝을 다듬는다.7 그 다음 두 부재가 꽉 끼일 정도로 서로 맞을 때까지 줄로 다듬는다.

두 부재를 조립한 다음 두 나뭇조각 사이에 제작물을 고정해서 일직선으로 정렬한다. 드릴프레스를 사용해서 관절부 중심을 관통해서 구멍을 뚫는다.8 이때 철이나 황동으로 만든 회전축 막대의 지름과 구멍의 크기가 일치해야 한다. 구멍 안으로 회전축 막대를 두들겨 집어넣고 수평이 되도록 줄질한다.

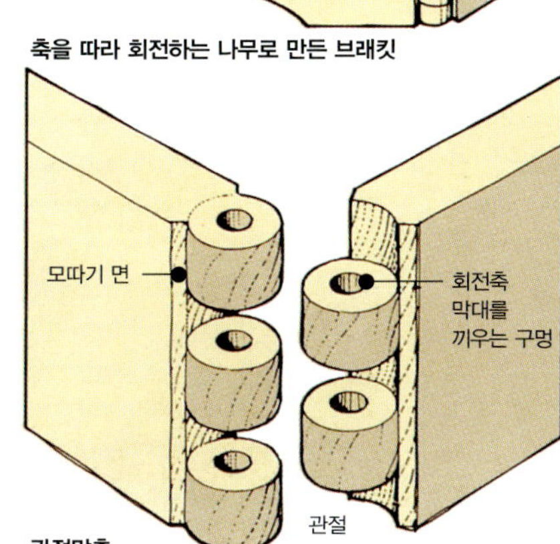

축을 따라 회전하는 나무로 만든 브래킷

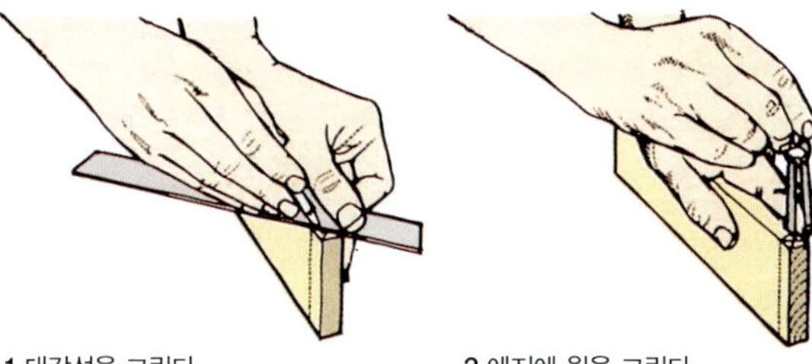

관절맞춤

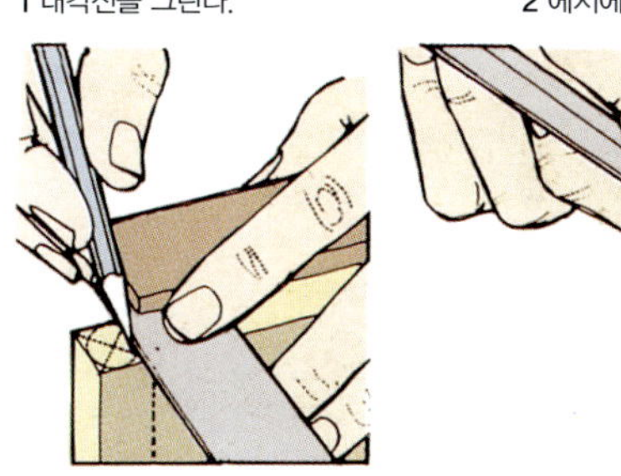

1 대각선을 그린다.

2 에지에 원을 그린다.

3 관절 모따기 선을 표시한다.

4 제거할 부분을 깎아낸다.

5 각 모따기 면을 대패로 깎아낸다.

6 관절 끝을 표시한다.

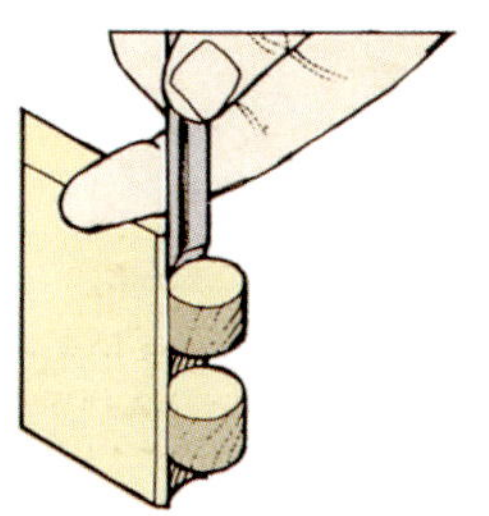

7 관절 끝을 다듬는다.

8 관절에 구멍을 뚫는다.

조립식 부속품

특히 현장에서 조립해야 하는 큰 구조물을 만들 때는 접착제보다는 기계적 체결 부품으로 연결해서 만든 구성요소나 중간 조립품을 사용하는 것이 더 편리하다. 운송을 위해 앞으로 해체할 필요가 있는 제작물을 만들 때도 이러한 조립식 부속품을 사용하는 것이 편리하다. 일반적으로 조립식 부속품은 직각으로 자른 맞댐맞춤에 사용할 수 있도록 디자인되었으며, 정확하게 위치시킬 수 있도록 정교한 구멍이 뚫려 있다. 따라서 이러한 부속품은 전동공구나 기계공구를 갖추고 있는 목가구 작업자가 주로 많이 사용한다.

칩보드 인서트 (Chipboard insert)

보통 나사못만으로는 칩보드의 측면을 튼튼하게 고정시킬 수 없다. 미리 뚫은 구멍 안으로 나사산이 있는 나일론 인서트를 밀어 넣고 나사를 이 인서트 안으로 박으면 인서트가 확장되면서 맞춤부가 단단하게 고정된다.

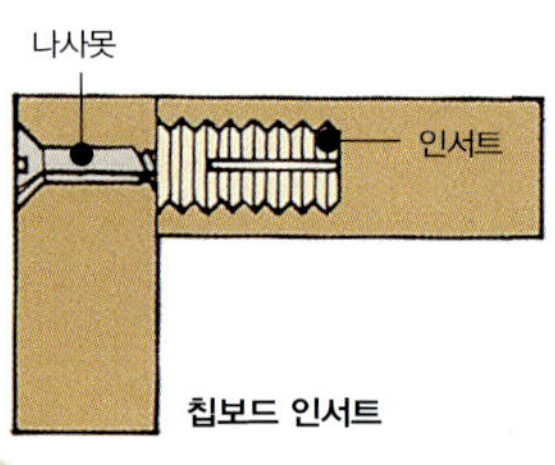

칩보드 인서트

나사 커넥터

특별히 거친 나사산이 있는 나사 커넥터는 인서트 없이 인공 판재를 연결하는 데 사용한다. 기존의 십자 나사드라이버로 이 커넥터를 파일럿 구멍에 박아 넣는다. 멜라민 수지로 덮인 보드를 제외한 다른 판재는 접시머리 구멍으로 박는다.

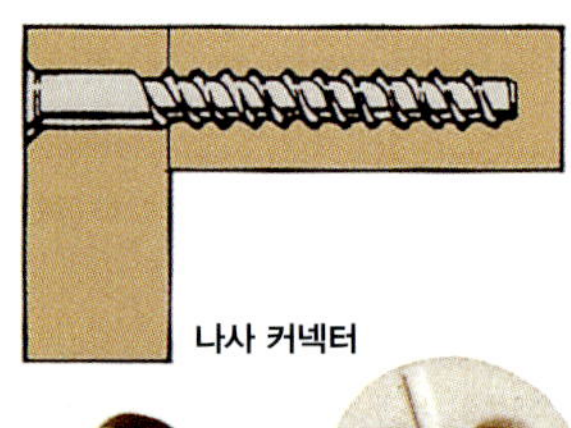

나사 커넥터

나사 소켓

나사산이 있는 금속 소켓으로, 이 부속품을 사용하면 원목 판재나 인공 판재에 볼트를 박을 수 있다. 나사드라이버로 이 소켓을 뚫어 놓은 구멍 안으로 박는다. 이때 이 소켓이 목재 표면과 수평이 되거나 약간 안으로 들어가도록 박는다. 기계 나사는 이 소켓 중심에 있는 나사산이 있는 구멍 안으로 삽입된다.

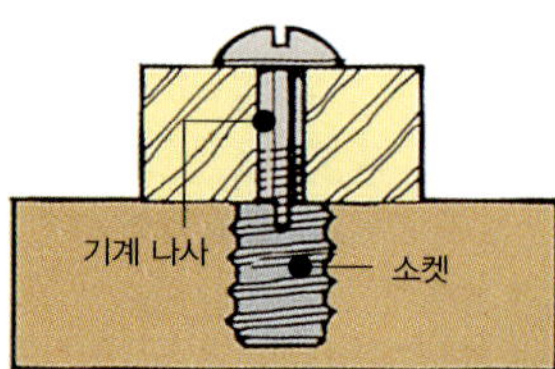

기계 나사 — 소켓

나사 소켓

티 너트와 볼트

티 너트는 나무로 만든 골격을 연결하기 위한 체결 부품으로, 간단하지만 그다지 완벽하지는 않다. 각 부재에 정확한 구멍을 뚫고 너트를 그 구멍 중 하나에 박는다. 이것과 매칭되는 나사산이 있는 볼트를 끼워 죄면 너트가 당겨져 두 부재가 단단히 고정된다.

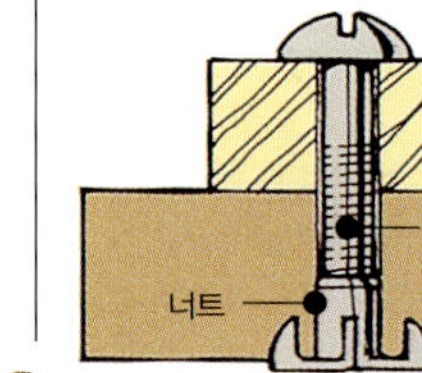

너트 — 나사산이 있는 볼트

티 너트

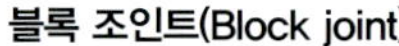

블록 조인트 (Block joint)

두 플라스틱이 서로 연결된 형태인 이 조립식 부속품은 판재를 직각으로 연결하는 데 사용한다. 각 판재에 각각의 블록을 나사로 고정시키며, 고정 볼트나 테이퍼된 금속판이 이 두 블록을 서로 잡아당긴다.

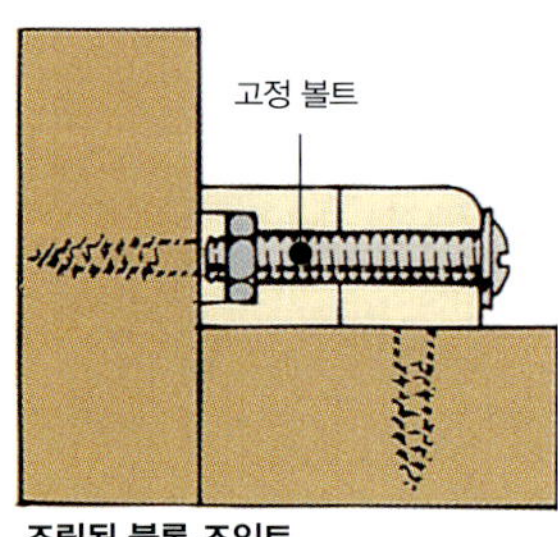

고정 볼트

조립된 블록 조인트

캠 고정

비교적 단정하게 판재를 연결할 때는 크랭크 모양으로 구부러진 나일론 못이 있는 캠 고정을 사용한다. 이 나일론 못 한쪽은 한 부재의 측면에 삽입되고 반대쪽은 다른 부재에 박혀 있는 원형 돌기에 끼워진다. 십자 나사드라이버를 돌리면 보스에 있는 캠이 돌면서 두 부재를 함께 결속시킨다.

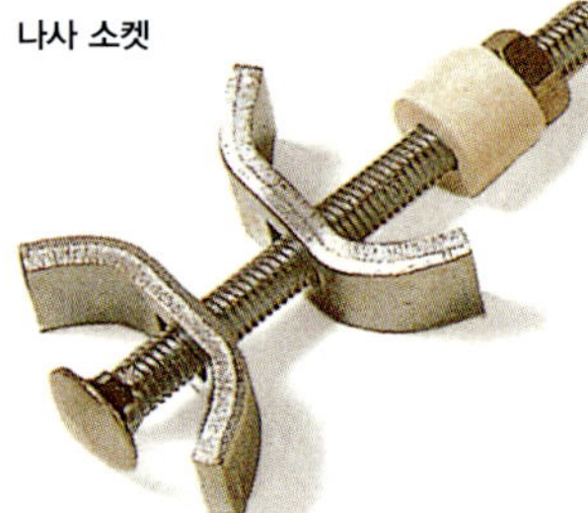

나일론 못

원형 돌기

분리된 캠 고정

패널 커넥터

패널 커넥터는 제작물 측면과 측면을 볼트로 연결할 때 사용한다. 커텍터를 끼우기 위해서 각 판재의 밑면에 멈춘 구멍(Stopped hole)을 뚫고 연결 볼트를 수용하도록 두 구멍을 연결하는 좁은 채널을 판다. 스패너로 육각 너트를 돌리면 워크탑(Worktop)이 서로 당겨지며, 각 측면에 있는 나무로 만든 위치 조절 나무못으로 인해 일직선으로 정렬된다.

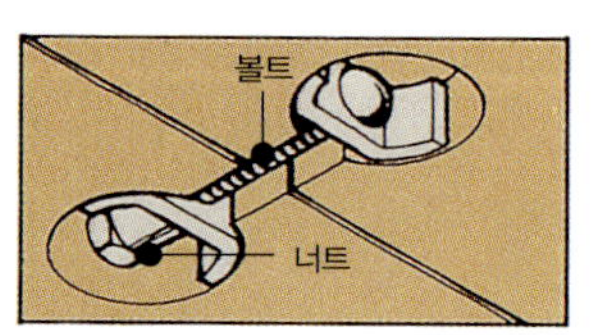

볼트

너트

패널 커넥터

캐비닛 커넥터 (Cabinet connector)

캐비닛 커넥터는 인접한 칩보드나 주방 캐비닛, 기타 붙박이 가구를 연결하는 데 사용하는 단정한 볼트이다. 나사드라이버로 나사산이 있는 볼트를 돌리는 동안 늑골이 달린 너트는 제자리에 고정된다.

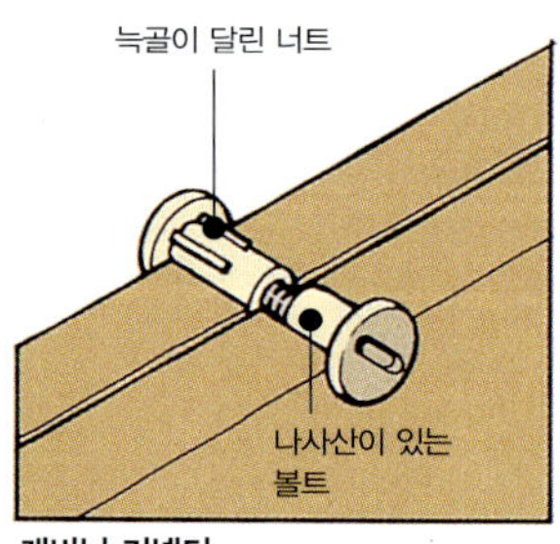

늑골이 달린 너트

나사산이 있는 볼트

캐비닛 커넥터

테이퍼 커넥터

테이퍼 커넥터는 완벽하진 않지만 벽 찬장이나 큰 골격 구조물을 받치는 데 효과적으로 사용할 수 있는 숨은 체결 부품이다. 두 부분이 모두 테이퍼된 주먹장 형태로 되어 있어 한쪽을 다른 쪽 안으로 밀어 넣어 서로 결합시킨다.

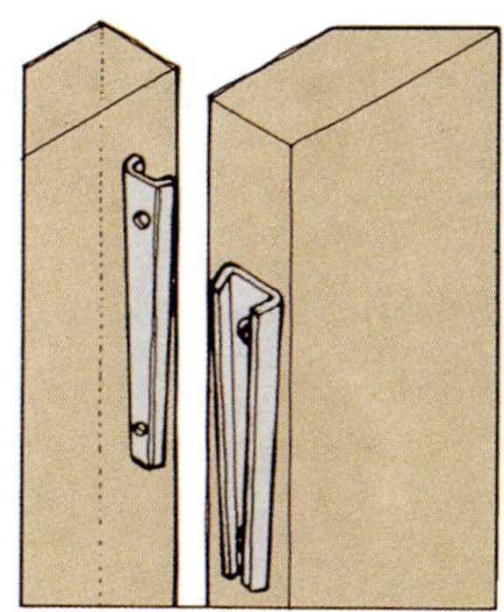

분리된 테이퍼 커넥터

볼트와 원통 너트

이 체결기구는 매우 튼튼해 탁자나 의자의 골격을 잇는 데 사용할 수 있다. 볼트를 다리를 통해 가로대 끝 안으로 밀어 넣고 그 안에 박혀 있는 배럴 너트의 나사 구멍으로 돌려 넣는다. 마구리면에 있는 위치 나무못은 앨런 키(Allen key)로 볼트를 죌 때 가로대가 정확히 정렬되도록 잡아주는 역할을 한다.

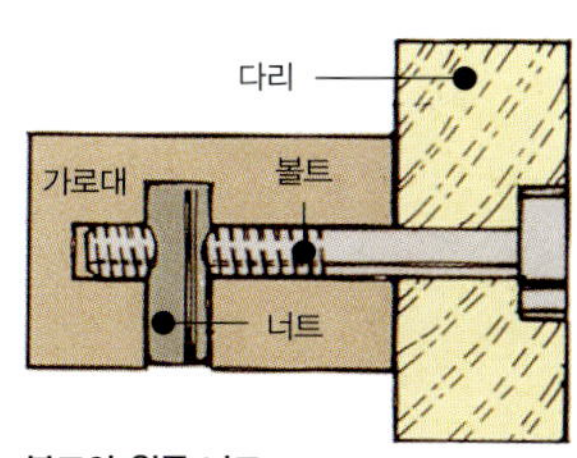

볼트와 원통 너트

코너 플레이트

금속으로 만든 코너 플레이트는 각 모퉁이에서 탁자 가로대를 잇는 데 사용한다. 이 부품의 양쪽 측면에 있는 가장자리는 가로대에 있는 좁은 홈에 끼워지고 나사못은 조립부를 단단히 지탱한다. 탁자 다리의 안쪽 모퉁이에 나사를 박아 고정시킨 행커 볼트는 판에 있는 구멍을 관통하며, 날개 너트를 돌리면 가로대의 직각 돌출부로 다리가 당겨져 단단히 고정된다.

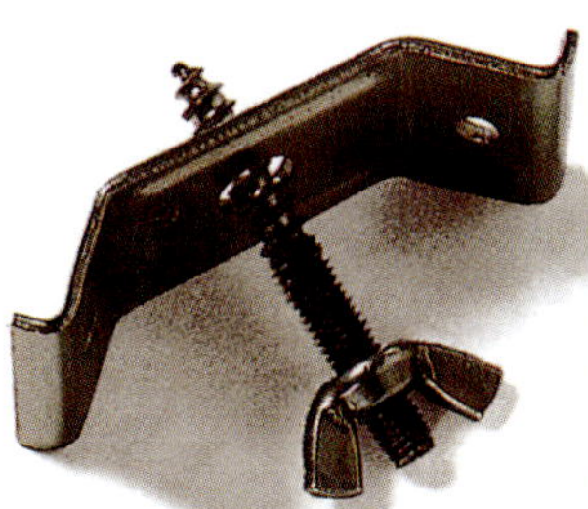

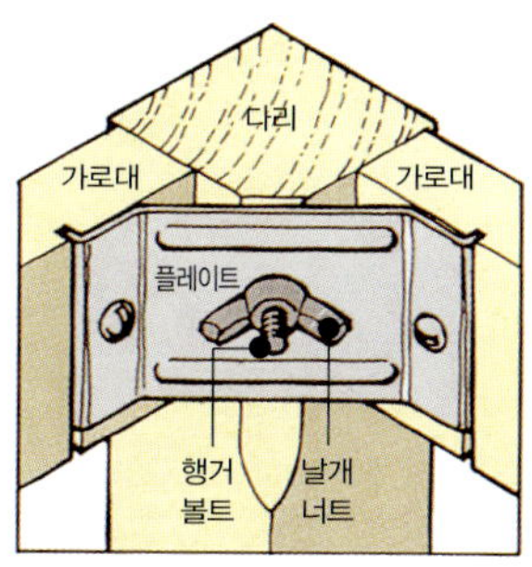

코너 플레이트

수축 플레이트

이 직각 플레이트는 목재가 갖고 있는 수축 성질을 고려해 원목 탁자 상판을 하부 골격에 고정시키도록 디자인되어 있다. 가로대 위쪽 가장자리와 수평이 되도록 판을 가로대 안쪽 면에 나사로 고정시킨다. 상판의 나뭇결 방향과 수직인 판 슬롯에 둥근머리 나사를 박아 판을 상판에 고정시킨다.

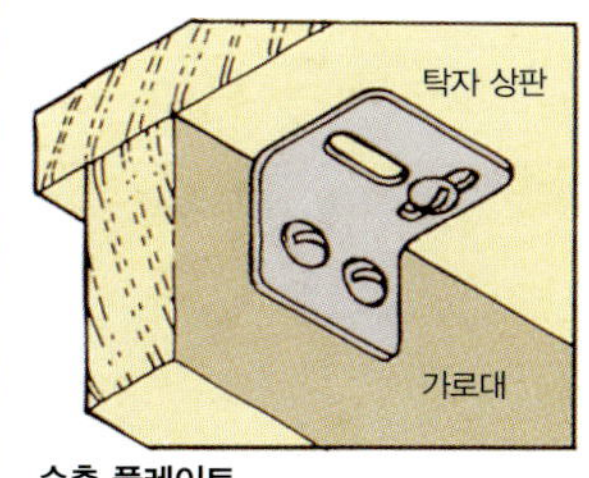

수축 플레이트

자물쇠와 잠금쇠

작고 정교하게 만든 자물쇠를 가구와 상자에 달 수 있다. 그러나 대부분의 가구 자물쇠는 힘으로도 열 수 있어 완벽한 보안 수단이 되지는 못한다. 일상적인 보관 용도로 사용하고자 할 때는 간단한 잠금쇠를 사용하면 열쇠를 사용하는 불편함을 해소할 수 있다.

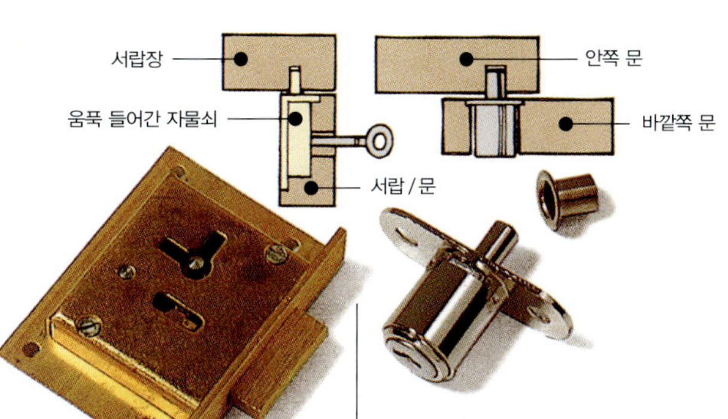

캐비닛 자물쇠

기존 캐비닛 자물쇠는 서랍이나 찬장을 잠그기 위한 도구로 사용된다. 표면에 있는 자물쇠는 부착형 문이나 서랍 안쪽에 직접 나사로 고정시킨다. 목재 안으로 삽입할 수 있다면 목재 표면과 수평으로 놓이는, 더욱 깔끔하게 움푹 들어간 자물쇠(Recessed lock)를 설치할 수 있다. 위로 젖혀 여는 상자에 사용되는 비슷한 자물쇠는 스트라이커 판(Striker plate)이 달려 있는데, 이것에는 잠금 방식으로 된 갈고리 모양의 핀이 있다. 캐비닛 자물쇠에는 종종 서로 수직인 열쇠 구멍이 두 개 있어 수직으로나 수평 어느 쪽으로도 부착시킬 수 있다. 왼손잡이용과 오른손잡이용 두 가지가 있다.

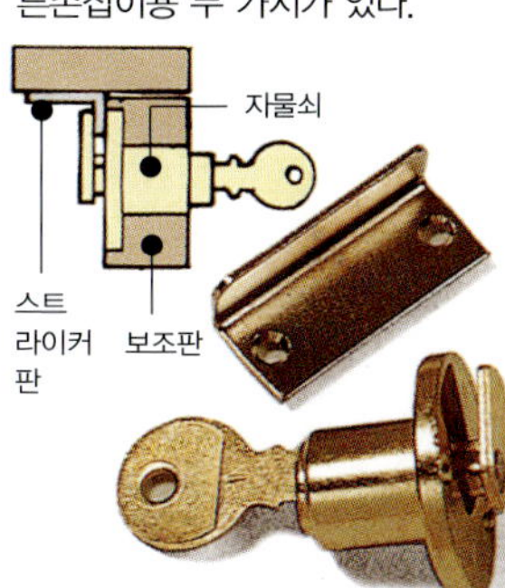

내려서 젖히는 보조판 자물쇠

원통형의 내려 젖히는 보조판 자물쇠는 사무용 책상이나 조리대의 접히는 보조판 안쪽 면과 완벽한 수평이 되도록 설계되어 있다. 키는 보조판을 닫을 때만 제거할 수 있으며, 키를 넣고 돌리면 스프링이 있는 볼트가 작동된다.

미닫이문 자물쇠

서로 겹치는 미닫이문을 잠그기 위해서는 특별한 원통형 자물쇠가 필요하다. 바깥쪽 문에 부착되어 있는 자물쇠는 누름 버튼에 의해서 작동되는데, 이 누름 버튼을 누르면 안쪽 문에 있는 소켓 안으로 볼트가 들어간다. 키를 돌리면 볼트가 당겨져 나온다.

장식쇠

장식쇠는 작은 장식 금속판으로, 목재 안의 열쇠 구멍을 둘러싼다. 대부분의 장식쇠는 표면에 핀을 박아 고정시키지만 튀어나오지 않고 움푹 들어간 형태의 제품도 있다.

자석 잠금쇠

케이스에 넣은 작은 자석을 측면에 나사로 고정시키거나 측면 구멍에 박아 넣는다. 이 자석은 문에 고정된 평평한 금속 스트라이커 판을 잡아당긴다.

볼 잠금쇠

이 잠금쇠는 스프링이 있는 강철로 만든 볼로 이루어져 있다. 이 볼은 문 측면에 삽입되어 있는 원통형 황동 케이스 안에 있다. 문을 닫으면 이 볼이 골격에 나사로 고정시켜 놓은 금속 스트라이커 판에 움푹 들어간 부분 안으로 들어간다.

자석 터치 빗장

이 빗장이 있는 붙박이장에는 손잡이를 달 필요가 없다. 문을 누르면 스프링이 작동해 문이 열린다.

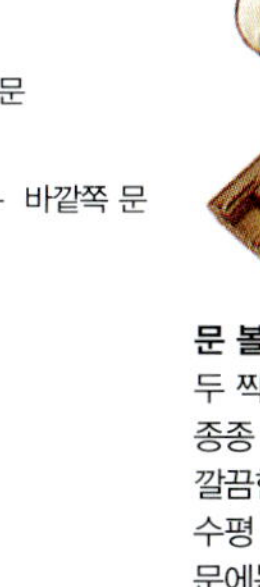

문 볼트

두 짝 문이 달린 찬장은 종종 한쪽 문에 한 쌍의 깔끔한 표면 부착 볼트나 수평 볼트를 달고 다른 쪽 문에는 자물쇠나 잠금쇠를 단다.

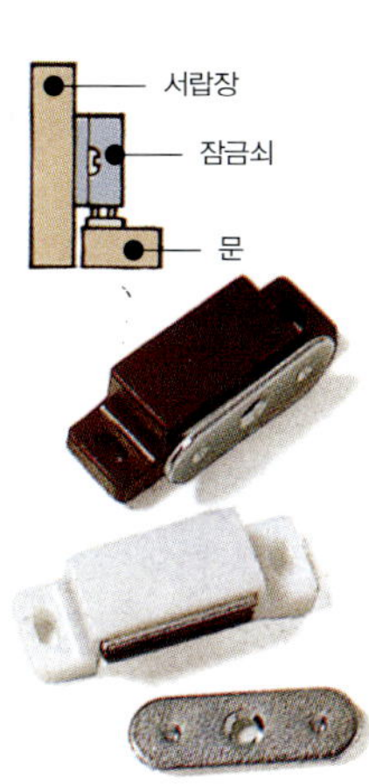

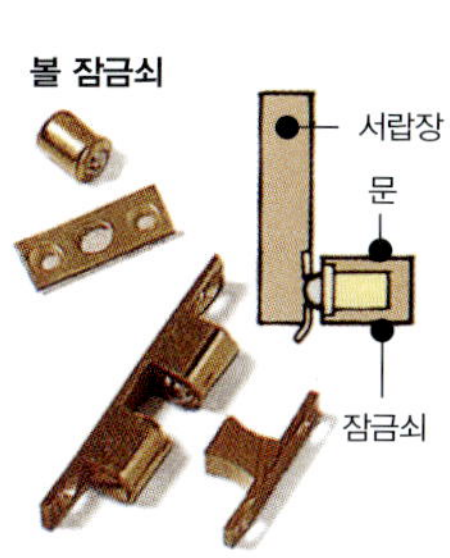

자석 잠금쇠

표면에 붙이는 볼 잠금쇠

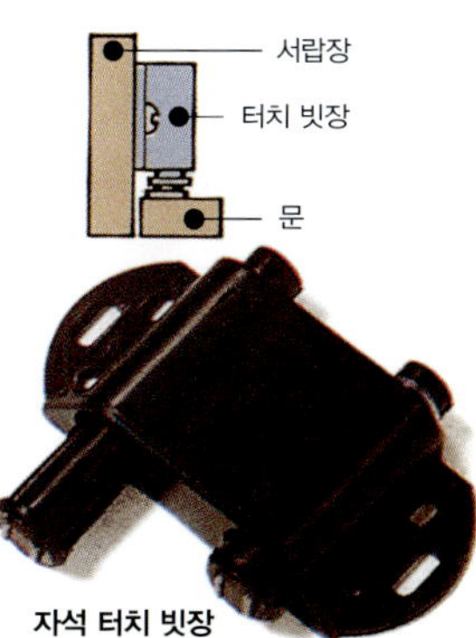

자석 터치 빗장

스테이와 손잡이

스테이는 아래로 열어 젖히는 보조판을 수평 위치에서 잡도록 설계된 부품으로, 경첩에 가해지는 하중을 지탱한다. 또한 경첩이 있는 문을 90도까지 열수 있으며 큰 상자의 덮개나 높이 달린 위로 젖혀 여는 문을 받히는 데 사용할 수도 있다. 손잡이는 본질적으로 중요한 기능을 하는 부품이지만 서랍이나 서랍장의 외관을 뛰어나게 하기 위한 장식 부품으로 사용되어왔다. 만들려는 제품의 스타일과 규모에 맞는 적절한 크기와 형태를 갖는 손잡이를 선택한다.

캐비닛 손잡이

고전적인 캐비닛 손잡이는 각각 양쪽 끝이 두 회전축에 달려 있는 구조로 되어 있다. 눈에 띄는 백조 목 형상의 손잡이에서 더 튼튼하고 장식적인 판 손잡이에 이르기까지 다양한 형태가 있다.

물방울 손잡이

드롭 손잡이 중앙에는 눈물 모양이 새겨져 있거나 장식 손잡이가 달려 있다. 이 손잡이는 종종 작은 서랍의 가운데에 부착된다.

고리 당김 손잡이

드롭 손잡이와 비슷하지만 뒷받침판의 윗면에 손잡이가 있다.

문/서랍 손잡이

전통적인 둥근 문 손잡이나 서랍 손잡이는 목재, 금속, 세라믹으로 만들며, 옷장에서 장식품 진열장에 이르기까지 다양한 가구에 맞도록 여러 크기로 되어 있다. 이 손잡이를 붙이는 방법으로는 손잡이 뒷면에서부터 나사를 박는 방법도 있고 서랍장 정면을 통과해서 손잡이 안으로 일반 나사못이나 기계 나사를 박는 방법도 있다.

손잡이

1 백조 목 손잡이 캐비닛 손잡이
2 판 손잡이
3 고리 당김 손잡이
4 물방울 손잡이
5 서랍 당김 손잡이
6 문/서랍 손잡이
7 수평 손잡이
8 D손잡이
9 미닫이문 손잡이

수평 손잡이

회전축으로 회전하는 손잡이나 D자 모양의 손잡이가 서랍 정면에 움푹 들어가 있고, 접시머리 나사못으로 고정되는 두꺼운 황동 뒷받침판과 수평으로 놓인다.

서랍 당김 손잡이

일체형이며 원래 군대용 서랍장(Chest)으로 사용되었다. 이 손잡이는 찬장이나 서랍장에 고정된 손잡이만큼 튼튼하다.

D손잡이

금속, 플라스틱, 나무로 만들어진 홀쭉한 손잡이로, 단순한 최신 스타일 가구에 어울린다. 이 손잡이에는 기계나사를 고정시킬 수 있도록 나사산이 있는 삽입물이 있다.

미닫이문 손잡이

서로 겹치는 미닫이 문에 접착제로 붙일 수 있도록 원형이나 사각형으로 움푹 파인 손잡이가 달려 있다.

풀 플랩 스테이

가장 단순한 펄 플랩 스테이는 양쪽 끝에 나사를 박아 고정시킨다. 암(Arm)을 따라 중간쯤에 회전하는 맞춤부가 있어 스테이를 서랍장 안으로 다시 접어 넣을 수 있다. 이 밖에 서랍장 안쪽에 수평이나 수직으로 고정되어 있는 막대 위로 조용히 미끄러져 움직이는 슬라이딩 스테이도 있는데, 이것이 좀더 우수하다. 마찰 스테이는 보조판의 움직임을 억제해서 보조판이 자체 하중에 의해 천천히 그리고 부드럽게 젖혀진다. 작은 나사드라이버로 마찰량에 의해 보조판이 젖혀지는 속도를 조절할 수 있다.

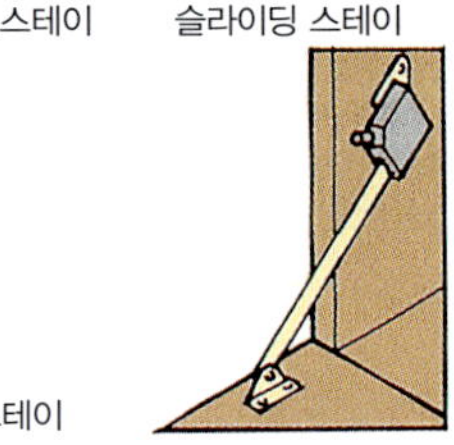

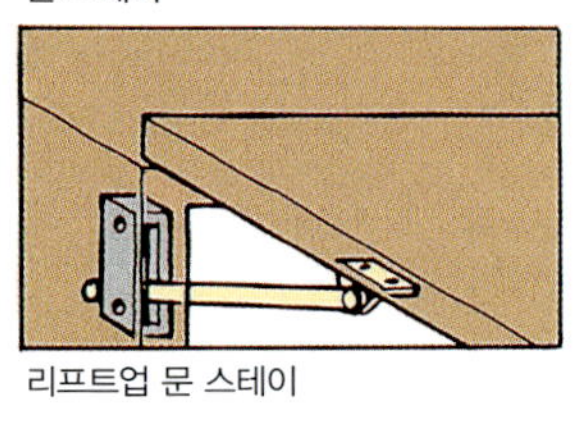

문 스테이

문 스테이는 서랍장 문이 최대 90도까지 회전되도록 제한해서 문이 활짝 열려 경첩에서 떨어져나가거나 너무 많이 열리지 않도록 해준다. 문에 나사로 고정시킨 단단한 금속 암(Arm)이 서랍장에 고정된 회전하는 나일론 부품을 관통해 미끄러지며 움직인다.

리프트업 문 스테이

리프트업 도어나 덮개에 사용되는 스테이는 문이나 덮개를 올리면 자동으로 잠긴다. 문이나 덮개를 닫으려 살짝 들어올리면 잠긴 상태가 풀린다. 문이나 덮개가 갑자기 닫히는 것을 막아주는 마찰 스테이도 있다.

ㄱ

가로켜기(Crosscutting) 나뭇결을 가로질러 톱질해 절단하는 방법.

가죽숫돌(Strop) 가죽 스트립에 대고 문질러서 면도날처럼 날카로운 절삭날을 만드는 과정. 또는 그때 사용하는 가죽 자체.

거친 나뭇결(Wild grain) 방향이 바뀌어 가공하기 어려운 불규칙한 나뭇결.

건조(Seasoning) 목재의 습기 함유량을 낮추는 것.

걸릿(Gullet) 톱니 사이의 공간.

겹침문(Bifold door) 문을 옆으로 열 때 경첩이 달린 두 판이 접히게 만든 형식의 미닫이문.

경사면(Bevel) 수직 이외의 각도로 다른 면과 비스듬히 만나는 면. 또는 그러한 면을 절단하는 것.

경사진 헌치(Sloping haunch) 이음부를 조립했을 때 그것이 보이지 않도록 일정한 각도로 절단한 장부 허리.

경재(Hardwood) 속씨식물 그룹에 속하며, 대부분 잎이 넓은 활엽수 목재에서 절단한 목재.

경화(Cure) 화학 반응의 결과로 굳어지는 현상.

고밀도 코팅(Closed-coat) 서로 조밀하게 채워진 연마 입자가 있는 사포를 설명하기 위해 사용하는 용어.

곧은 나뭇결(Straight grain) 가공물이나 나무의 주축으로 배열된 나뭇결.

곧은결(Edge-grain) 정목제재 방식을 지칭하는 또다른 용어.

공급(Feed) 가공품을 작동하는 칼날 또는 커터로 밀어 넣는 것.

관절부(Knuckle) 자재판이 부착되고 핀이 지나가는 경첩의 원통형 부분.

광합성(Photosynthesis) 빛에너지가 엽록소에 의해 흡수되어 그 식물이 살아가는 데 필요한 영양물이 생성되는 과정.

교차형 나뭇결(Cross grain) 가공물 또는 나무의 주축에서 벗어난 나뭇결.

균열(Checks) 불균일한 건조로 인해 목재가 쪼개지는 현상.

기둥(Pilaster) 캐비닛 앞면에 부착된 얇은 직사각형 목재 기둥.

기초 재료(Ground work) 무늬목을 접착하는 받침판, 원목, 인공 판재 등을 말한다.

긴 나뭇결(Long grain) 가공물의 주축을 따라 배열된 나뭇결.

끼움고리(Ferrule) 정 또는 기타 수공구의 연결부 끝이 삽입되는 손잡이 부분을 강화하는 금속 칼라.

ㄴ

나뭇결(Grain) 목재 섬유 재질의 일반적 방향 또는 배열.

노팅(Knotting) 마감에 얼룩을 일으킬 수 있는 수지질 옹이를 코팅하는 데 사용하는 셸락계 실러(sealer).

녹청(Patina) 목재나 금속이 자연적인 노화 과정을 거치면서 형성되는 색과 무늬.

ㄷ

단면도(Section) 가공물을 절단했을 때의 형상을 보여주는 축적 도면.

돌출부(Shoulder) 장부 또는 촉의 한쪽 또는 양쪽 끝에 나 있는 사각형 끝부분.

동물성 접착제(Animal glue) 동물 피부와 뼈로 만든 단백질계 목재용 접착제.

드러난(Barefaced) 돌출부가 하나만 있는 연결부에 대한 설명.

등측도면(Isometric drawing) 주축이 균등하게 경사져 있는, 투시 효과를 나타내는 축도

ㄹ

라미네이트(Laminate) 얇은 목재 스트립을 서로 접착시켜 만든 구성품. 또는 목재 스트립을 접착시켜 하나의 부속품으로 만드는 작업.

라민보드(Laminboard) 서로 접착시킨 좁은 스트립을 얇은 합판 사이에 채워 넣은 수공 건축용 판재.

래칫(Ratchet) 한 방향으로만 움직이게 허용하는 장치.

랙(Rack) 측면 압력을 가해 프레임 또는 골격을 찌그러트리는 작업.

러너(Runner) 서랍을 지탱하고 서랍이 그 위에서 미끄러져 움직이도록 하는 목재 조각.

레이오프(Lay off) 페인트나 바니시를 칠할 때 붓질을 위로 올려서 마감하는 방법.

리핑(Lipping) 수공 판재 패널 또는 테이블 상판의 모서리에 대는 보호용 원목 스트립.

ㅁ

마구리면(End grain) 섬유를 가로질러 절단한 후 드러나는 목재 표면.

맞춤턱(Rebate) 가공품 모서리를 따라 층이 나 있는 움푹 파인 홈으로, 보통 이음부의 일부로 사용된다. 또는 그러한

홈을 만드는 과정을 말한다.

먼지막이판(Dust panel) 서랍을 열고 닫을 때 마찰로 인해 발생되는 먼지로부터 서랍 내용물을 보호하기 위해 수평으로 부착한 패널.

멈춤(Stop) 서랍 앞면 또는 문을 닫을 때 멈추도록 막는 목재 조각.

멈춤못(Pawl) 작동하는 칼날 또는 커터에 의해 제작물이 뒤로 튕겨져 나올 때 제작물을 붙잡게 설계된 회전축이 있는 레버.

무늬(Figure) 무늬결 패턴을 지칭하는 또 다른 용어.

무늬목(Veneer) 수공 판재와 같은 덜 비싼 재료의 표면에 씌우기 위해 얇게 잘라낸 목재.

물결 나뭇결(Curly grain) 불규칙한 물결 모양을 나타내는 목재 나뭇결.

물결 무늬(Curl figure) 가지가 큰 줄기 또는 몸통과 만나는 목재 부분에서 절단된 목재에 있는 나뭇결 패턴.

밀대(Push stick) 가공물을 칼날이나 커터로 주입하는 데 사용하는 노치가 있는 막대.

ㅂ

배턴(Batten) 기다란 목재 조각.

밴딩(Banding) 장식 테두리를 만드는 데 사용하는 평평하거나 패턴을 넣은 무늬목 조각.

버(Burr) 나무 줄기에서 사마귀혹 모양처럼 생긴 부분. 슬라이스 가공할 때 무늬목에 반점이 생긴다. 그리고 연마 후에 칼날의 절단면을 따라 남겨진 얇고 기다란 금속 조각.

버튼(Button) 언더 프레임에 고정시키기 위해 테이블 상판 밑에 나사로 고정시킨 목재로 만든 장치.

변재(Sapwood) 밀도가 더 높은 심재 주변을 둘러싼 새 목재.

보어(Bore) 구멍을 뚫는 것.

복합 연귀(Compound mitre) 두 면이 어떤 각도로 맞춰진 이음 부위.

부석(Pumice) 연마해서 미세한 연재 분말로 만들고 목재 마감면의 텍스처를 바꾸기 위해 사용하는 밝은 색의 화산암.

블록보드(Blockboard) 얇은 합판 사이에 단면이 대략 사각형인 원목 조각을 채운 수공 건축 판재.

블리드(Bleed) 천연 목재 수지와 같은 물질이 코팅에 침투해 얼룩을 만드는 과정.

블리스터(Blister) 접착제가 불충분해 무늬목이 작게 튀어나온 부분.

비드(Bead) 선반으로 가공하는 둥글고 볼록한 형태. 또는 미세하게 몰딩 가공해 만든 목재 조각. 비딩이라고도 한다.

ㅅ

산화(Oxidize) 녹스는 것처럼 금속 산화물 층이 형성되는 현상

상감(Inlay) 주위 면과 수평을 이루도록 목재 및 금속 조각을 준비된 오목한 부분에 삽입하는 방법. 또는 그러한 재료 조각 자체.

상감 세공(Marquetry) 장식 모양이나 그림을 만들기 위해 상대적으로 작은 무늬목 조각을 대는 방법.

선 긋기(Scribe) 끝이 뾰족한 공구로 표시하기. 또는 가공물 모서리에 표시하거나 형상을 만들어서 벽이나 천장과 같은 다른 면에 정확히 맞도록 만드는 작업.

섬유보드(Fibreboards) 복원 목재 섬유로 만든 다양한 건축용 판재

세로켜기(Ripsawing) 나뭇결과 수평으로 절단하는 방법.

세팅 인(Setting in) 조각한 가공품의 미세한 형상.

셸락(Shellac) 프렌치 광택제를 제조하는 데 사용하는 곤충의 분비물.

소프트닝(Softening) 가공물을 금속 바이스나 죔쇠의 물림턱으로부터 보호하기 위해 사용하는 스크랩 목재 조각.

수직 나뭇결(Vertical grain) 정목제재의 다른 용어.

수직 창살(Muntin) 프레임–패널 문의 중앙 수직 부재. 또는 넓은 서랍 바닥의 두 부분을 나누고 지탱하는 홈이 나 있는 긴 목재 조각.

숨은 장붓구멍(Stopped mortise) 목재를

다 관통하지 않는 장붓구멍.

숨은 헌치(Secret haunch) 경사진 헌치를 지칭하는 또다른 용어.

슈(Shoe) 지–죔쇠의 조절식 물림턱.

스로트(Throat) 원형톱의 칼날과 그 프레임 사이의 여유 거리. 또는 평면 밑부분에 있는 마우스 위로 밀어 깎아내기 위한 출구.

스윕(Sweep) 조각끌의 곡면 부분을 설명할 때 사용하는 용어.

스윙(Swing) 선반 베드에서 회전할 수 있는 가공품의 최대 지름.

스키버(Skiver) 책상이나 테이블 상판에 접착하기 위해 준비한 얇은 가죽.

스트라이커 플레이트(Striker plate) 걸쇠나 자물쇠가 멈추는 금속판.

슬래시 제재(Slash-sawn) 평면제재를 지칭하는 또다른 용어.

슴베(Tang) 손잡이 안으로 집어넣는 끌이나 줄의 뾰족한 끝.

시너(Thinner) 페인트, 니스, 광택제의 농도를 낮추기 위해 사용하는 재료.

실물 모형(Mock-up) 설계를 시험하기 위해 스크랩 재료로 만든 임시 구조물

심재(Heartwood) 목재 줄기를 형성하는 성숙재.

ㅇ

아웃채널(Out-cannel) 칼날 외부에 비스듬한 사면이 나 있는 둥근끌을 설명할 때 사용하는 용어

아웃피드(Outfeed) 칼날 또는 커터 뒤에 있는 기계의 작업대 일부를 설명할 때 사용하는 용어

아크(Arc) 컴퍼스로 그렸을 때 나타내는 연속된 곡선의 일부.

양각 목조각(Relief carving) 배경을 잘라내고 주변에서 돌출되는 모티프를 남겨두는 조각 방법.

연귀(Mitre) 동일한 각도(보통 45도)의 사면을 양쪽 끝에서 잘라 두 나무 부재 사이에 만든 이음매. 또는 그러한 이음매를 절단하는 것.

연재(Softwood) 겉씨식물 종에 속하는 침엽수에서 절단한 목재.

열가소성(Thermoplastic) 열에 의해 다시

연화될 수 있는 재료를 설명할 때 사용하는 용어.

열경화성(Thermosetting) 일단 경화된 후에는 다시 열로 연화될 수 없는 재료를 설명할 때 사용하는 용어

오픈 그레인(Open grain) 고리 모양의 구멍이 많은 목재를 설명할 때 사용하는 용어. 다른 말로는 결이 거친 목재라고도 한다.

저밀도 코팅(Open-coat) 연마재가 넓게 분포한 연마지를 설명할 때 사용하는 용어.

완벽한 목재(Clear timber) 결함이 없는 고품질 목재.

웨이니 에지(Waney edge) 두꺼운 판자의 자연적인 물결 모양 모서리. 아직 나무 껍질로 덮여 있을 수 있다.

이중 절연(Double insulated) 사용자가 감전되지 않도록 보호하기 위해 부도체 플라스틱으로 감싸는 것.

인간공학(Ergonomics) 평균적인 신체(특히 작업자 또는 기계 운전자)와 환경 간 관계를 연구하는 학문.

인공 건조(Kiln drying) 온풍 및 스팀을 함께 사용해 목재를 건조시키는 방법.

인채널(In-cannel) 칼날 내부에 연마된 사면이 나 있는 둥근 끌을 설명하기 위해 사용하는 용어.

인체 측정학(Anthropometry) 인체 치수를 비교 연구하는 분야.

인피드(Infeed) 칼날 또는 커터 앞의 기계 가공물 일부를 설명할 때 사용하는 용어.

ㅈ

작은 막대 장부(Stub tenon) 목재를 다 관통하지 않는 짧은 장부.

작은 막대 장붓구멍(Stub mortise) 숨은 장붓구멍을 지칭하는 또다른 용어

작은 장부(Tusk tenon) 바닥 들보를 연결하는 데 사용하는 쐐기가 달린 관통 장부. 관통 장부 아래에 추가적으로 작은 장부가 있어 지지력을 높인다.

장부(Tenon) 해당 장붓구멍으로 맞춰 끼워 넣는 목재 끝에 있는 돌출된 촉.

장붓구멍(Mortise) 촉 또는 장부를 연결하기 위해 목재에 만든 직사각형 홈.

장식쇠(Escutcheon) 열쇠구멍의 금속 라이닝 또는 그 주위의 보호판.

전단력(Shear force) 가로 하중에 의해 구조물에 가해지는 힘.

점성(Viscosity) 유체가 흐르는 성질을 유지하는 정도.

접촉 접착제(Contact glue) 이전에 접착제를 바른 두 면을 서로 붙였을 때 죔쇠로 고정시키지 않아도 자체적으로 결합되는 접착제.

정목제재(Quarter-sawn) 성장륜이 판재의 면과 45도 미만인 목재를 설명할 때 사용하는 용어.

조각나무 세공(Parquetry) 상감 세공과 비슷한 작업으로, 무늬목을 기하학적 형태로 절단해 장식 패턴을 만드는 작업.

조립식 부속품(Knock-down fittings) 특히 나중에 분리될 수 있는 구성품을 접합하기 위한 기계 장치.

조이너(Joiner) 창문, 문, 계단과 같은 건축 구성부의 제조를 전문으로 하는 목재 작업자.

중력 가드(Gravity guard) 가공품이 통과할 때 높이 올라갔다가 다시 무게에 의해 내려가는 칼날 또는 커터 가드.

지그(Jig) 작업이 정확히 반복되도록 가공물 또는 공구를 고정시키는 장치.

짧은 나뭇결(Short grain) 목재 섬유의 전체적인 방향이 목재의 좁은 단면을 가로질러 배열된 경우를 설명할 때 사용하는 용어.

쪼개짐(Splitting out) 커터나 드릴이 가공품의 바닥이나 뒷면을 뚫고 나가 파괴되는 경우.

ㅊ

챔퍼(Chamfer) 목재 또는 판재의 모서리를 따라 나 있는 45도 사면.

처짐 받침대(Lopers) 내려지는 보조판을 지탱하기 위해 캐비닛에서 당겨지는 레일.

천연 건조(Air drying) 목재를 톱으로 잘라 쌓아놓고 공기 중에서 자연적으로 건조시키는 건조 방법.

촉(Tongue) 판재의 모서리를 따라 절단한 돌출된 부분으로, 다른 판재의 해당 홈에 끼워 맞추는 부분. 또는 서로 잇는 두 판재의 홈에 끼워 맞추는 합판 조각.

촉매(Catalyst) 화학반응 속도를 촉진하거나 증가시키는 물질.

추재(Latewood) 성장기 후반에 나무의 나이테에 형성된 부분.

춘재(Earlywood) 성장기 초반에 나무의 나이테에 형성된 부분.

측면(Face edge) 표면에 직각으로 대패질된 면으로, 다른 치수와 각도는 이 면을 기준으로 측정된다.

측면경사제재(Rift-sawn) 성장륜이 판재의 면과 30도 이상, 60도 미만으로 만나는 목재를 설명할 때 사용하는 용어.

측면도(Side elevation) 가공물의 측면을 보여주는 축적 도면.

칩보드(Chipboard) 작은 목재 알갱이와 접착제를 압착해 만든 평평한 건축용 판재.

ㅋ

카브리올 레그(Cabriole leg) 오목 곡선으로 점점 가늘어지면서 내려오는 상부 볼록면이 있는 18세기에 개발된 가구의 다리.

카운터보어(Counterbore) 볼트 및 나사 머리가 판재의 표면 아래로 들어가도록 구멍을 뚫는 것. 또는 그 구멍 자체.

칼날 균열(Knife checks) 부적절하게 조절된 무늬목 슬라이스 가공 장치로 인해 생기는 무늬목을 가로질러 난 균열.

컵(cup) 특히 목재의 너비를 가로지르는 수축으로 인한 굽힘.

코브(Cove) 가공물의 모서리를 따라 나 있는 오목 몰딩. 또는 우묵하게 파인 곳을 지칭하는 또다른 용어.

코어(Core) 수공 판재에서 적층, 입자, 목재 스트립의 중심층.

콜릿(Collet) 절단기 축을 붙잡는 둘 또는 그 이상의 부분으로 만든 테이퍼진 슬리브.

콤 제재(Comb-grain) 정목제재방식을 지칭하는 또다른 용어.

크라운 컷(Crown-cut) 통나무에서 접선 방향으로 슬라이스 가공되어 계란형 또는

곡선 나뭇결 패턴이 만들어진 무늬목을 설명하는 데 사용하는 용어.

크레스트 레일(Crest rail) 의자 등받이의 상단 가로대 구성부.

크로스 밴딩(Cross-banding) 나뭇결을 가로질러 자른 무늬목 스트립으로, 보통 장식 테두리로 사용한다.

클로(Claw) 못을 뽑을 때 사용하는 갈라진 부분(장도리).

키커(Kicker) 서랍을 뺐을 때 위쪽으로 기울어지지 않도록 만들기 위해 서랍 측면 위에 고정시킨 목재 조각.

킥백(Kickback) 작동 중인 칼날 또는 커터에 의해 제작물이 기계 작업자에게 튀는 현상. 또는 전동공구에서 칼날 또는 커터가 걸려 전동공구가 뒤로 튀는 현상.

ㅌ

택 래그(Tack rag) 먼지를 쓸어내기 위한 수지를 채운 천. 태키 래그라도도 함.

템플릿(Template) 가공품을 정확하게 가공하는데 도움이 되는 형판.

톱날 휨(Set) 톱질자국을 톱날 자체보다 더 넓게 내기 위해 톱니를 좌우로 굽히는 것.

톱질 쐐기못(Sawing peg) 노치가 모서리 위로 돌출되도록 작업대에 죔쇠 또는 나사로 고정되어 있는 금속판 또는 목재판.

트리폴리(Rottenstone) 부석과 비슷하지만 더 미세하게 연마된 연마재 분말. 특히 해안 기후에 적합한 외장용 바니시.

틱소트로픽(Thixotropic) 액화되는 시점에서 휘젓거나 칠해질 때까지 젤리 같은 농도를 갖는 페인트의 성질.

ㅍ

파도 나뭇결(Wavy grain) 세포 구조의 변화가 심한 나무에서 잘라낸 목재에서 발견되는 나뭇결 패턴을 설명할 때 사용하는 용어.

파일럿 구멍(Pilot hole) 목재 나사를 유도하도록 나사 삽입 이전에 미리 뚫어놓는 지름이 작은 구멍.

파티클 보드(Particle board) 작은 목재 칩이나 조각을 접착제와 혼합하여 압력을 가해 만든 건축용 판재.

판목제재(Plain-sawn) 성장륜이 목재의 면과 45도 이하의 각도로 만나는 목재를 설명할 때 사용하는 용어.

펜스(Fence) 공구의 절삭날을 가공물 모서리와 지정된 거리로 유지하기 위해 사용하는 조절식 가이드.

평면도(Plan A) 제작물의 상단면을 보여주는 축적 도면.

평면제재(Flatgrain) 판목재를 지칭하는 또다른 용어.

평면켜기(Flat-sliced) 통나무 일부에서 절단한 무늬목의 좁은 판을 설명하기 위해 사용하는 용어.

폭스 웨이징(Fox wedging) 목재 쐐기를 사용해 장부를 숨은 장붓구멍으로 늘리는 접합 절차.

폴리에틸렌 글리콜(PEG) 목재를 처리하기 위해 기존의 건조 과정 대신 사용하는 안정화 약품.

표면 경화(Case-hardened) 두께 방향으로 습기 함유량이 달라 균일하지 않게 건조된 목재를 설명하는 데 사용하는 용어.

표면 품질(Face quality) 제작물의 눈에 보이는 면을 덮는 데 사용하는 고품질 무늬목을 설명하는 용어.

표면(Face side) 평평하게 대패질한 면으로, 모든 다른 치수와 각도는 이 면을 기준으로 측정된다.

풀오버 솔루션(Pull-over solution) 최근에 칠한 목재 마감을 부분적으로 녹여서 빛나도록 만들기 위해 사용하는 시너 혼합물.

용매제(Flux) 땜납 전 금속 표면을 세척하는 데 사용하는 물질.

플리치(Flitches) 무늬목으로 슬라이스 가공하기 위해 통나무에서 톱질한 목재 조각. 또는 슬라이스 가공한 무늬목 다발.

필렛(Fillet) 좁고 기다란 목재.

ㅎ

하급 무늬목(Backing grade) 앞면에 접착시키는 고품질 무늬목을 조화시키기 위해 판재 뒷면에 접착시키는 값싼 무늬목 등급.

하우징(Housing) 나뭇결을 횡단 절단한 홈.

할로우(Hollows) 선반가공에서 생성된 오목한 형태.

할로우그라운드(Hollow-ground) 중심 방향으로 두께가 감소되는 원형톱날을 설명하기 위해 사용하는 용어.

합금(Alloy) 둘 이상의 원소를 혼합해 특정한 성질을 갖는 조성으로 만금 금속.

합판(Plywood) 여러 목재 무늬목판을 압력을 가해 결합해 만든 건축용 판재.

헌치(Haunch) 골격 모서리에서 상부 부재와 어긋나지 않게 하는 장부의 짧은 부분.

혼(Hone) 접합부를 절단하는 동안 장부촉이음의 끝을 지탱하는 목재에 남아 있는 폐재 잉여부. 이 혼은 접합부를 조립한 후 톱으로 자른다.

홈(Groove) 나뭇결 방향으로 절단한 길고 좁은 통로. 또는 그러한 통로를 절단한 것.

회전절단(Rotary-cut) 통나무를 고정된 칼날에 대해 회전시켜 통나무에서 벗겨낸 연속 무늬목 시트를 설명할 때 사용하는 용어.

휨(Winding) 휘거나 뒤틀린 판재의 상태를 휨 또는 뒤틀림이라고 말한다.

도판 저작권 목록

THE SUPPLY OF **WOOD SAMPLES**: C. F. ANDERSON & SON LTD., ANNANDALE TIMBER & MOULDING CO. PTY. LTD., THE ART VENEER CO. LTD., JOHN BODDY'S FINE WOOD & TOOL STORE LTD., EGGER LTD., FIDOR, GENERAL WOODWORKING SUPPLIES, HIGHLAND FOREST PRODUCTS PLC., E. JONES & SON, RAVENSBOURNE COLLECE OF DESIGN AND COMMUNICATION, SEABOARD INTERNATIONNAL LTN., F. R. SHADBOLT & SONS. LTN. **HANDTOOLS**: THE ART VENEER CO LTD., JOHN BODDY'S FINE WOOD & TOOL STORE LTD., BURTON MECALL LTD., E. C. EMMERICH. GARRETT WADE CO. LTD., GEORGE HIGGINS LTD., RECORD MARPLES LTD., SKARSTEN MANUFACTURING CO. LTD., ALEC TIRANTI LTD., **POWER TOOLS**: THE BLACK & DECKER CORPORTION, BLACK & DECKER PROFESSIONAL PRODUCTS DIVISiON, ROBERT BOSCH LTD., LEROY SOMER ELECTRIC MOTORS LTD., M & M DISTRIBUTORS LTD., **MACHINE TOOLS**: BLACK & DECKER PROFESSIONAL PRODUCTS DIVISiON, CORONET LATHE AND TOOL CO., HEGNER LTD., RECORD MARPLES LTD., ROBERT SORBY LTD., STARTRITE MACHINE TOOL CO. LTD., TYME MACHINES LTD., WARREN MACHINE TOOLS LTD. **BENCHES & ACCESSORIES**: EMMERICH (BERLON) LTD. **WOOD FINISHES**: ENGLISH ABRASIVES & CHEMICALS LTD. GRACO LTD. RUSTINS LTD., JOHN MYLAND LTD. **FIXINGS & FITTINGS**: EUROPEAN INDUSTRIAL SERVICES LTD., JOHN MYLAND LTD., WOODFIT LTD. **ILLUSTRATION** p. 10 MICHAEL WOODS DRAWING **EQUIPMENT** p. 74 GELLIOT WHITMAN ADDITIONAL **REFERENCE** SYPPLIED BY ADVANCED MACHINERY IMPORTS LTD., AMERICAN PLYWOOD ASSOCIATION, AUSTRALIAN PARTICLEBOARD RESEARCH INSTITUTE INC., p & J DUST EXTRACTION LTD., BORDEN LTD., CIBA-GEIGY PLASTICS, CLICO TOOLING LTD., COUNCIL OF FOREST INDUSTRIES OF BRITISH COLUMBIA, DUNLOP ADHESIVES. EURO MODELS, EVODE LTD., FELDER WOODWORKING MACHINES, FINISH PLYWOOD INTERNATIONAL, WALTER FISCHER, FURNITURE INDUSTRY RESEARCH ASSOCIATION, LOUISIANA-PACIFIC, HITACHI POWER TOOLS (U. K.) LTD., LUNA TOOLS AND MACHINERY LTD., MICROFLAME LTD., THEODOR NAGEL (GMBH & CO.), IAN & BETTY NORBURY - THE WHITE KNICHT GALLERY. PLYWOOD ASSOCIATION OF AUSTRALIA LTD., RYOBI LTD , TIMBER DEVELOPMEfT ASSOCIATION (N S W) LTD., TIMBER RESEARCH AND DEVELOPMENT ASSOCIAT10N, TIMBER TRADE FEDERATION. JOHN TIRANTI. U. S. FOREST PRODUCTS LABORATORY. VEREIN DEUTSCHER HOLZEINFUHRHAUSER E. Y., WOODWORKINC MACHINES OF SWITZERLAND LTD., CARL ZEISS JENA LTD., SPECIAL **CONSULTANTS**: FREDRIC SPALDING - MACHINE TOOLS. LES REED VENEERINC & MARQUETRY. JOHN PERKINS - OTHER MATERIALS. JIM CYMMINS, U. S. CONSULTANT INDEX COMPILED BY JILL FORD PROOFREAD BY PHILIP HIND **DESIGNER-MAKERS** : ASHLEY CARTRIGHT PAGES 43BL; 45TR. CHRIS AUGER PAGE 44TR. DAVID COLWELL PAGE 49BR DAVID FIELD PAGE 48TL, TR. DAVID PYE PACE 45C. DEREK PEARCE PAGE 48B. DESMOND RYAN PAGES 44B. 45BL GORDON RUSSELL PAGE 46TR HUGH SCRIVEN PAGES 45TL; 47CR, 49TL, TR HUW DAVIES PAGE 46CR. IAN NORBURY PAGES 275: 281TL JANE CLEAL PAGE 42BL. BC. MATTHEW MORRIS PAGE 49CR. MIKE SCOTT PAGE 47B NICHOLAS DYSON PAGES 47TL. TR; 49CL. PAUL PHILLIPS PAGE 49BL. RICHARD LA TROBE-BATEMAN PAGE 42BR. ROBERT WILLIAMS PAGES 41B; 46BR ROD WALES PAGES 45BR, 46TL, BL. STEPHEN HOUNSLOW PAGE 47CL. STEWART LINFORD PAGE 41T STUART GROVES PAGE 44TL ALL **PHOTOGRAPHS** By INKLINK EXCEPT: BEN JENNING PAGES 124, 125R. BLACK & DECKER PROFESSIONAL PRODUCTS DIVISiON PAGES 133, 147CR; 187. BUCKINGHAMSHIRE COLLECE OF HIGHER EDUCATTON PAGES 42BL, BC; 46TR, 49CR, BL. CARTWRIGHT DESIGNS PAGES 43BL; 45TR. DAVID FIELD PAGE 48TL, TR. GEORG OTT WERKZEUG-UND MASCHINEN FABRIK GMBH & CO. PAGE 212BR HUGH SCRIVEN PAGES 45TL; 47CR; 49TL, TR. JOHN PERKINS PACE 141TR, BR. KODAMA WOODWORK PAGE 46CR. NICHOLAS DYSON FURNITURE LTD. PAGES 47TL, TR; 49CL. PEARL DOT LTD. PACES 41B. 46BR RICHARD LA TROBE-BATEMAN PAGE 42BR. ROBERT BOSCH LTD. PACES 148B. 149TR. ROD WALES PAGE 46TL THEO BERGSTROM PAGE 41T TRANNON FURNITURE PAGE 49BR. WARREN MACHINE TOOLS PAGES 186, 188, 190. 191, WOODWORKER MAGAZINE PAGE 44TR

사진 위치 L=왼쪽. R=오른쪽. T=위. TL=위 왼쪽. TR=위 오른쪽, C=가운데, UC=위쪽 가운데, LC=아래쪽 가운데, CL= 가운데 왼쪽, CR=가운데 오른쪽, B=아래, BL=아래 왼쪽, BR=아래 오른쪽, BC=아래 가운데.

지은이 | 앨버트 잭슨, 데이비드 데이(Albert Jackson, David Day)
런던에 있는 로열 예술대학에서 가구 디자인 전공으로 석사학위를 받았으며 다양한 분야에서 작가,
디자이너, 일러스트레이터로 활동했다. 이들은 직접 가구 제작 및 수선 작업을 보여주는 텔레비전
시리즈를 포함한 많은 텔레비전 프로그램에 출연했으며, 지금은 DIY의 바이블이 되어버린 베스트셀러
『완벽한 DIY 매뉴얼Collins Complete DIY Manual』을 펴내기도 했다.

옮긴이 | 김재묵
홍익대학교 미술대학과 동대학 산업미술대학원(가구디자인 전공)을 졸업하고 미국 뉴욕주립대학
미술대학원에서 조각 · 가구디자인 전공으로 석사학위를 받았다. 그라피스 실내디자인실장,
한집디자인 연구소 책임 디자이너, 경민대학 가구 · 실내디자인과 교수 및 가구산업센터장을 지냈다.
현재 캘리포니아주립대학 실내디자인과에서 가구디자인 · 실내디자인을 강의하고 있으며,
미국 실내디자인 교육가 협회(IDEC)정회원이자 디자인전문회사 Design Onll의 디렉터이다.

아름다운 목가구 만들기

처음 펴낸 날 | 2006년 8월 9일
다섯 번째 펴낸 날 | 2021년 3월 25일

지은이 | 앨버트 잭슨 · 데이비드 데이
옮긴이 | 김재묵

펴낸이 | 김태진
펴낸곳 | 다섯수레
등록번호 | 제3-213호
등록일자 | 1988년 10월 13일

주소 | 경기도 파주시 광인사길 193(문발동) (우-10881)
전화 | 031) 955-2611
팩스 | 031) 955-2615
홈페이지 | www.daseossure.co.kr

인쇄 · 제본 | (주)상지사피앤비

ISBN 978-89-7478-260-3 13500